BANJIN JIAGONG SHIYONG SHOUCE

钣金加工实用手册

钟翔山　主编

U0381695

化学工业出版社

·北京·

图书在版编目（CIP）数据

钣金加工实用手册/钟翔山主编. —北京：化学工业出版社，2012.10（2025.5 重印）

ISBN 978-7-122-15288-6

Ⅰ.①钣… Ⅱ.①钟… Ⅲ.①钣金工-技术手册 Ⅳ.①TG38-62

中国版本图书馆 CIP 数据核字（2012）第 210921 号

责任编辑：贾　娜　　　文字编辑：张绪瑞
责任校对：陶燕华　　　装帧设计：王晓宇

出版发行：化学工业出版社（北京市东城区青年湖南街 13 号　邮政编码 100011）
印　　装：北京盛通数码印刷有限公司
850mm×1168mm　1/32　印张 23　字数 648 千字
2025 年 5 月北京第 1 版第 16 次印刷

购书咨询：010-64518888　　　售后服务：010-64518899
网　　址：http://www.cip.com.cn
凡购买本书，如有缺损质量问题，本社销售中心负责调换。

定　　价：**69.00 元**

前言

FOREWORD

钣金加工是对金属板材、型材和管材进行冷、热态成形，装配，并以焊接、铆接及螺栓连接等连接方式制造金属构件的加工，涉及钳工、冲压、金属切削、焊接、热处理、表面处理、铆接、装配等多种专业工种，是一项传统的加工制造技术。近年来，钣金加工技术在机械、冶金、航空、造船、化工、国防等行业应用非常广泛，据统计，市场上钣金零件占到全部金属制品的90%以上。

伴随着我国经济快速、健康、持续、稳定地发展，研制、应用的机器设备种类越来越多，需求量越来越大，涉及的钣金构件越来越广、越来越复杂和多样，另外，钣金制造过程中也大量融入了先进工艺方法，这对从事钣金加工的技术人员提出了越来越高的要求。为了给广大从事钣金加工相关工作的工程技术人员提供较为全面的技术参考，我们编写了本手册。

本手册针对钣金加工的工作性质，较为详尽地介绍了钣金加工技术。主要内容包括：钣金加工技术基础、钣金展开的原理与方法、常见钣金件的展开计算、钣金的展开放样技术、钣金的预加工及辅助加工、钣金下料加工技术、钣金成形加工技术、钣金连接加工技术、钣金装配加工技术等。本手册内容丰富，重点突出，图文并茂，实用性强，可为从事钣金加工相关工作的工程技术人员提供帮助，也可供大中专院校相关专业师生学习参考。

本手册由钟翔山主编，钟礼耀、钟翔屿、孙东红、钟静玲、陈黎娟为副主编，参加资料整理与编写的有曾冬秀、周莲英、周彬林、刘梅连、欧阳勇、周爱芳、周建华、胡程英、李澎、彭英、周四平、李拥军、李卫平、周六根、王齐、曾俊斌，参与部分文字处理工作的有钟师源、孙雨暄、欧阳露、周宇琼、谭磊、付英、刘玉燕、付美等。全书由钟翔山整理统稿，钟礼耀、钟翔屿、孙东红校审。本手册编写过程中，得到了同行及有关专家、高级技师等的热情帮助、指导和鼓励，在此一并表示由衷的感谢！

由于编者水平所限，书中不足之处在所难免，敬请广大读者和专家批评指正！

编　者

目 录
CONTENTS

第1章 钣金加工技术基础

1.1 钣金加工技术的特点及应用

钣金加工是对金属板材、型材和管材在不改变其截面特征的情况下，进行的下料或冷、热态成形，再以焊接、铆接及螺栓连接等连接方式进行装配，最后制造出所要求金属构件的加工方法，主要涉及钳工、下料、冲压、金属切削、焊接、热处理、表面处理、铆接、装配等多种专业工种。

(1) 钣金加工技术的特点

由于钣金加工大多是在基本不改变金属板材、型材和管材等断面特征的情况下，对原材料进行冷或热态分离、成形的加工，因被加工金属是在再结晶温度以下产生塑性变形，故不产生切屑。

采用钣金加工可以制成各种不同形状、尺寸及性能的产品，且制造的钢结构产品具有较高的强度和刚度，能充分地利用其承载能力。

在钣金结构制造过程中，组成结构的各个零件可按照一定的位置、尺寸关系和精度要求，通过焊接、铆接、咬接或胀接等连接方法组合装配成构件，因此，设计的灵活性大。

综合上述分析，钣金加工主要具有以下特点。

① 相对于锻、铸件的生产加工，钣金构件具有重量轻、能节省金属材料、加工工艺简单、能降低生产成本、节省生产费用等优点。

② 经过焊接加工的钣金构件，大多加工精度低，且焊接变形大，因此，焊后变形与矫正量较大。

③ 由于焊接件为不可拆连接，难以返修，因此，需采取合理的装配方法与装配程序，以减少或避免废品，对大型或特大型产品常要进行现场装配，故应先在厂内试装，试装中宜用可拆卸连接临时代替不可拆卸连接。

④ 装配过程中，常需经选配、调整与多次测量、检验才可保证产品质量。

(2) 钣金加工的应用

由于钣金加工具有生产效率高、质量稳定、成本低以及可加工复杂形状工件等一系列优点，因此，在机械、汽车、飞机、轻工、国防、电机电器、家用电器以及日常生活用品等行业应用十分广泛，占有非常重要的地位。据统计：钣金件占整个汽车制造件的60%～70%；飞机钣金件占全机零件总数的40%以上；机电及仪器、仪表中钣金件占生产零件总数的60%～70%；电子产品中钣金件占零件总数的85%以上；市场上的日用品的钣金件占到全部金属制品的90%以上。

随着科技的发展及加工技术的进步，一大批钣金计算机辅助设计（CAD)、计算机辅助制造（CAM)、计算机辅助工艺设计（CAE）等新技术及大量的数控下料、成形、焊接等新设备（如：激光切割、等离子切割、水切割、数控回转头压力机及数控折弯、焊接机械手、焊接机器人等）在各行业得到广泛运用。目前，钣金加工技术正努力朝着高速、自动、精密、安全等方向发展，各种高速压力机及具备自动加工、自动搬运和储料等功能的冲压柔性制造系统（FMS）和各种数控钣金加工用压力机相继得到开发与发展，可以预见，钣金加工技术水平将会进一步提高，钣金构件的应用领域将会越来越广，应用数量将会越来越多。

1.2 钣金用钢材的品种及规格

用于钣金加工的钢材种类很多，涉及的钢号品种也较多。为了表明金属材料的牌号、规格等，通常在材料上做一定的标记，常用的标记方法有涂色、打印、挂牌等。金属材料的涂色标志用以表示钢类、钢号，涂在材料一端的端面或外侧。成捆交货的钢应涂在同一端的端面上，盘条则涂在卷的外侧。具体的涂色方法在有关标准中做了详细的规定，可以根据材料的色标对钢铁材料进行鉴别。表1-1给出了常见钢材的涂色标记。

表 1-1　常见钢材的涂色标记

钢号	涂色标记	钢号	涂色标记
05～15	白色	锰钢	黄色＋蓝色
20～25	棕色＋绿色	硅锰钢	红色＋黑色
30～40	白色＋蓝色	铬钢	蓝色＋黄色
45～85	白色＋棕色	W12Cr4V4Mo	棕色一条＋黄色一条
15Mn～40Mn	白色两条	W18Cr4V	棕色一条＋蓝色一条
45Mn～70Mn	绿色两条	W9Cr4V2	棕色两条

在钣金生产加工过程中，仅仅识别钢号是远远不够的，由于生产中使用的钢材都是钢厂按照一定的尺寸规格供货的，为提高产品质量及钢材利用率，以降低生产成本，还必须合理地选择钢材品种和规格。

此外，钣金产品在制造、运输和起重、生产成本控制等方面，还常常需要计算其理论质量。

1.2.1　钣金用钢材的品种、规格

根据所用钢材的品种断面形状的不同，钣金加工用钢材可分为板材、钢管、型钢和钢丝四大类。各类尺寸标注及规格主要有以下方面。

(1) 板材

板材主要有钢板、扁钢、花纹钢板等，板材交货时，其尺寸规格、厚度允许偏差应符合相应的国家标准，附录A给出了钢板及钢带、花纹钢板等金属材料的尺寸规格及厚度允许偏差。

① 钢板。钢板规格是按钢板厚度标注的，如常说24的钢板，就是指厚度 $t=24\text{mm}$ 的钢板。钢板常用于制造压力容器、箱体、机身和钢结构件等。按厚度分薄钢板和厚钢板两大类。

薄钢板是指厚度在 0.2～4mm 之间的钢板。薄钢板宽度为 500～1500mm，长度为 1000～4000mm，薄钢板也有成卷供应的。薄钢板有热轧薄钢板和冷轧薄钢板两种。常用在汽车、电气、机械等工业部门中制造机壳、水箱、油箱、冲压件等。有的薄钢板在轧制后，经酸洗、镀锌、镀锡后使用，还有表面涂塑料的复合薄钢板，这些薄钢板主要用作冲压件或要求耐腐蚀的构件，如容器、水槽、通风管道及屋面瓦楞板等。

厚钢板是厚度在 4mm 以上的钢板。通常把 4～25mm 厚的钢板称为中板，25～60mm 厚的钢板称为厚板，超过 60mm 的钢板是在专门的特厚轧钢机上轧制的，称为特厚钢板。厚钢板的宽度为 600～3000mm，长度为 4000～12000mm。

厚钢板按其用途分为锅炉钢板、压力容器钢板、船用钢板、桥梁钢板和特殊钢板等。

冲压加工中应用最多的是板厚在 4mm 以下的轧制薄钢板，按国家标准 GB/T 708—2006 规定，钢板的厚度精度可分为Ⅰ（特别高级的精整表面）、Ⅱ（高级的精整表面）、Ⅲ（较高的精整表面）、Ⅳ（普通的精整表面）四组，每组按拉深级别又可分为 Z（最深拉深）、S（深拉深）、P（普通拉深）三级。在冲压工艺资料和图样上，对材料的表示方法有特殊的规定，如：

$$钢板\frac{\text{B-1.0}\times 1000\times 1500-\text{GB/T 708—2006}}{\text{0.8-Ⅱ-S}-\text{GB/T 13237—1991}}$$

表示：08 钢板，板料尺寸为 1.0mm×1000mm×1500mm，普通精度，高级的精整表面，深拉深级的冷轧钢板。

② 扁钢。扁钢规格用扁钢的宽度与厚度共同标注。如 40×5 扁钢，即为宽度为 40mm、厚度 t=5mm 的扁钢。

③ 花纹钢板。花纹钢板的标注方法与钢板相同，也是用厚度表示，但是，花纹钢板的厚度不包括花纹的高度。根据材质，有普通碳素结构钢花纹板、不锈钢花纹板和铝及铝合金花纹板等类型；根据花纹钢板表面图案的不同，主要有菱形、扁豆形等花纹。

④ 带料。带料又称卷料，有各种不同的宽度和长度。宽度在 300mm 以下，长度可达几十米，成卷状供应，主要是薄料，适用

于大批量冲压件自动送料的生产。

（2）钢管

钢管分无缝钢管和有缝钢管两大类。无缝钢管是由整块金属轧制而成的，断面上没有接缝。无缝钢管的材料有普通碳素钢、优质碳素钢和合金结构钢等多种。无缝钢管按断面形状有圆形和异形两种，异形钢管有方形、椭圆形、三角形、六角形等多种形状。根据钢管壁厚不同还分厚壁管和薄壁管。无缝钢管主要用作地质钻探管，石油化工用的裂化管，锅炉用管等重要构件。冷拔无缝钢管外径为 5～200mm，壁厚为 0.25～14mm，长度为 1500～9000mm。

有缝钢管又称焊接钢管，用钢带弯形后焊接，有镀锌和不镀锌两种。镀锌管又称白铁管，表面镀有锌，可以防止生锈，常用作低压水管、煤气管、油管等。不镀锌钢管又称黑铁管，用作普通低压、无压力的管道或一般结构件。

钢管的标注方法有法定公制标注方法、沿袭的英制方法和行业习惯的公称直径标注三种方法，如图 1-1 所示。

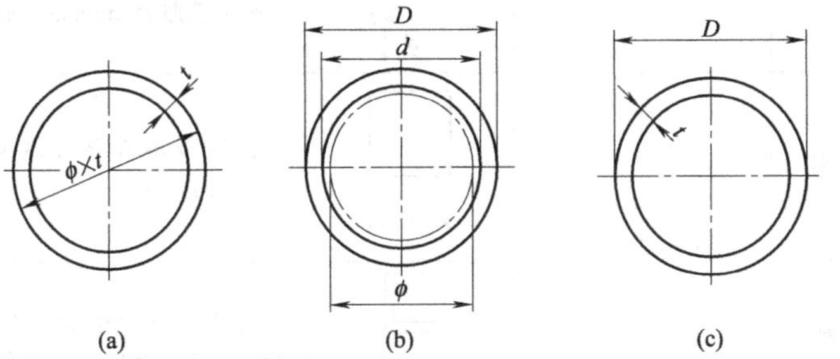

图 1-1　钢管的不同标注方法

① 公制标注方法。钢管公制标注是用钢管的外径 ϕ× 壁厚 t 表示的。例如：钢管 ϕ159×8 表示钢管外径尺寸为 159mm，壁厚为 8mm，见图 1-1（a）。

② 英制标注方法。英制标注方法是按钢管的通径表示的。如：3/4″钢管表示钢管的有效通径为 3/4″。实际内径 d 因为考虑了管壁对流体的摩擦阻力而大于 3/4″，见图 1-1（b）。

③ 公称直径标注方法。公称直径标注方法直接用管材的公称

直径标注，用 D 表示，见图 1-1（c）。

（3）型钢

型钢按断面形状的不同，可分为简单断面型钢和复杂断面型钢。简单断面型钢有圆钢、方钢、六角钢、扁钢和角钢，复杂断面型钢有槽钢、工字钢、钢轨及异形钢材和模压型钢等。

在生产加工及工程施工中，为方便于型钢的表示，可常用表 1-2 所示的型钢标记。

表 1-2　型钢的标记

名称	标记		尺寸含义	标记示例
	符号	尺寸		
圆钢	ϕ	d	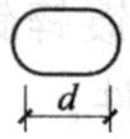	ϕ20 表示外径公称尺寸为 20mm 的圆钢
钢管		$d\times t$	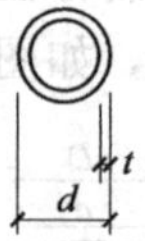	ϕ20×2 表示外径公称尺寸为 20mm、管厚为 2mm 的钢管
方钢	□	b	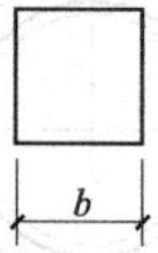	□30 表示外形公称尺寸为 30mm 的方钢
方管		$b\times t$	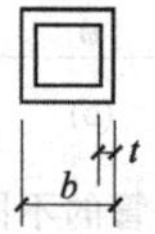	□30×2 表示外形公称尺寸为 30mm、管厚为 2mm 的方管
扁钢	▭	$b\times h$	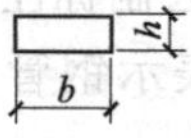	▭30×10 表示外形公称尺寸分别等于 30mm、10mm 的扁钢
空心扁钢		$b\times h\times t$	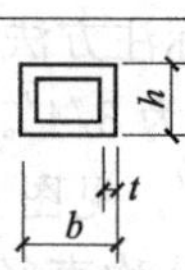	▭30×16×2 表示外形公称尺寸分别等于 30mm、16mm，壁厚为 2mm 的空心扁钢

续表

名称	标记		尺寸含义	标记示例
	符号	尺寸		
六角钢	⬡	s	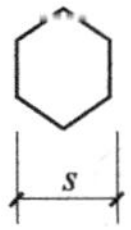	⬡40 表示相对两边长的距离为 40mm 的六角钢
空心六角钢		$s\times t$	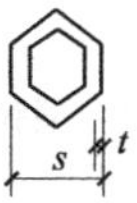	⬡40×2 表示相对两边长的距离为 40mm、壁厚为 2mm 的空心六角钢
等边角钢	∟	$A\times A\times t$	见图 1-2(a)	∟63×63×6 表示两个边的宽度都是 63mm，角钢边厚度 $t=$6mm 的等边角钢
不等边角钢	∟	$A\times B\times t$	见图 1-2(b)	∟90×120×8 表示角钢一个边的宽度为 120mm，另一个边的宽度为 90mm，角钢边的厚度 $t=$8mm 的不等边角钢
槽钢	⊏	$H/10$	见图 1-2(c)	⊏16a 表示槽钢的高度 $H=$160mm，腹板厚度为普通的 a 型槽钢
工字钢	I	$H/10$	见图 1-2(d)	I12.6 表示工字钢的高度为 126mm 的普通工字钢

常用的型钢主要有角钢、槽钢及工字钢等，型材一般应详细地标注相应的标准，型钢的外形尺寸规格及其重心位置可查阅相关的国家标准。

① 角钢。角钢分为等边角钢和不等边角钢。其规格都是用角钢的两个边的宽度和角钢边的厚度共同标注的。例如：等边角钢 63×63×6 表示角钢的两个边的宽度都是 63mm，角钢边的厚度$t=$6mm，见图 1-2 (a)；不等边角钢 90×120×8 表示角钢一个边的宽度为 120，另一个边的宽度为 90，角钢边的厚度 $t=$8mm，见图

1-2（b）。

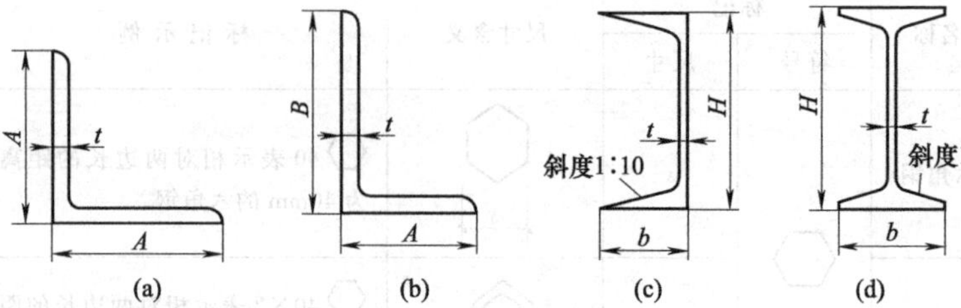

图 1-2　型钢型号

② 槽钢。槽钢的型式标注是用槽钢高 H 的 1/10 数值及腹板厚度的类型共同表示的。例如：槽钢 16a 表示槽钢的高度 $H=160$mm，腹板厚度为普通的，即 a 型槽钢［见图 1-2（c），腹板的具体厚度可查阅相应的国家标准］。如果是 b 型槽钢，可表示为槽钢 16b。其腹板厚度比 a 型厚 2mm。

③ 工字钢。工字钢规格的标注与槽钢相同，也是用 $H/10$ 的数值标注，例如：工字钢 12.6 表示工字钢的高度为 126mm 的普通工字钢，见图 1-2（d）。

(4) 钢丝

钢丝通常用热轧线材（盘料）为原料，经冷拉制成。钢丝应用广泛，品种繁多，分类也比较复杂。钢丝按化学成分可分为碳素钢钢丝、合金钢钢丝；钢丝按截面形状可分为圆形钢丝、异形钢丝（方形、矩形、椭圆形、三角形钢丝等）；钢丝按用途可分为一般用途钢丝、焊接钢丝、制钉钢丝、制绳钢丝、弹簧钢丝等；钢丝按表面状态可分为光面钢丝、光亮热处理钢丝、酸洗钢丝、黑皮钢丝、镀层钢丝等；钢丝按尺寸可分为细钢丝（0.1～0.5mm）、较细钢丝（0.5～1.5mm）、中等细度钢丝（1.5～3.0mm）、较粗钢丝（3.0～6.0mm）、粗钢丝（6.0～8.0mm）。

1.2.2 钣金用钢材的理论质量计算

金属材料的理论质量 G 计算方法是：材料的截面积 A 乘以长度 L，再乘以材料的密度 ρ。计算公式为

$$G=AL\rho/1000$$

式中　G——金属材料的理论质量，kg；

A——金属材料的截面积，mm^2，表 1-3 给出了各种钢材截面面积的计算公式；

L——金属材料的长度，m；

ρ——金属材料的密度，g/cm^3，表 1-4 给出了常用金属材料的密度。

表 1-3　钢材截面面积的计算公式

钢材名称	截面积的计算公式	代号说明
方钢	$A=a^2$	a——边宽
圆角方钢	$A=a^2-0.8584r^2$	a——边宽 r——圆角半径
钢板、扁钢、带钢	$A=at$	a——边宽 t——厚度
圆角扁钢	$A=at-0.8584r^2$	a——边宽 t——厚度 r——圆角半径
圆钢、圆盘条、钢丝	$A=0.8584d^2$	d——外径
六角钢	$A=0.866a^2=2.598s^2$	a——对边距离 s——边宽
八角钢	$A=0.8284a^2=4.8284s^2$	
钢管	$A=3.1416\delta(D-\delta)$	D——外径 δ——壁厚
等边角钢	$A=d(2b-d)+0.2146(r^2-2r_1^2)$	d——边厚 b——边宽 r——内面圆角半径 r_1——端边圆角半径
不等边角钢	$A=d(B+b-d)+0.2146(r^2-2r_1^2)$	d——边厚 b——短边宽 B——长边宽 r——内面圆角半径 r_1——端边圆角半径
工字钢	$A=hd+2\delta(b-d)+0.8584(r^2-r_1^2)$	h——高度 b——腿宽 d——腰厚 δ——平均腿厚 r——内面圆角半径 r_1——端边圆角半径
槽钢	$A=hd+2\delta(b-d)+0.4292(r^2-r_1^2)$	

表 1-4 常用金属材料的密度

材料名称	密度/(g/cm^3)	材料名称	密度/(g/cm^3)
碳钢	7.85	锡青铜	8.70～8.90
铸钢	7.80	无锡青铜	7.50～8.20
灰铸铁	6.80～7.20	工业用铝	2.70
可锻铸铁	7.20～7.40	镁合金	0.74～1.81
硬质合金(钨)	13.90～14.90	硅钢片	7.55～7.80
高速钢	8.30～8.70	锡基轴承合金	7.34～7.75
紫铜	8.90	铅基轴承合金	9.33～10.67
黄铜	8.40～8.85		

在冷作产品中，应用最广、应用量最大的材料是钢板，在计算钢板的质量时，由于 ρ 为 7.85 g/cm^3，故将钢板面积 A 代入上述公式，可得钢板质量 G 的计算公式

$$G=7.85At$$

式中 G——钢板的理论质量，kg；

A——钢板的面积，m^2；

t——钢板的厚度，mm。

1.3 常用钣金材料的工艺性能

零件加工工艺方案的确定除与加工零件的形状、精度，企业所具有的结构设备等有关外，还与零件所用的材料关系极大，即使对同一强度等级的材料，不同加工材料的化学成分对零件的加工工艺也会带来不同的影响，从而直接影响着钣金件的生产加工，因此，分析并了解不同材料的加工工艺特性，对钣金件加工工艺以及生产操作的规范的制定都具有重要的意义，以下是一些常用钣金材料的加工工艺性能。

(1) 普通碳素结构钢的工艺性能

一般说来，钣金件以普通碳素结构钢（如：Q195、Q215、Q235 等）和优质碳素结构钢（如：08、10F、20 等）最为常用，

该类钢种的冷、热成形，气割，碳弧气刨，水火矫形等工艺性都已趋于完善。除在成形上因厚度增加受变形率限制，加热受温度上限限制外，其他限制不多。

在加工较厚板料时，为增加板料的变形程度，降低板料的变形抗力，多用热成形或局部加热毛坯的拉深成形工艺，但应避免在某些温度区间加热，如碳钢加热到 200～400℃时，因为时效作用（夹杂物以沉淀的形式在晶界滑移面上析出）使塑性降低，变形抗力增加，这个温度范围称为蓝脆区，这时钢的性能变坏，易于脆断，断口呈蓝色。而在 800～950℃范围内，又会出现热脆区，使塑性降低，因此，在板料热态拉深操作过程中，应特别注意实际变形热压的温度不应处于蓝脆区和热脆区。在操作时，应考虑加热设备与压力机间的位置对变形热压温度的影响，并谨慎使用降温吹风设备，以避免蓝脆及热脆的发生。

(2) 合金钢的工艺性能

常用于制造钣金结构件的合金钢通常为 16Mn、15MnV 等低合金高强度结构钢，它们的工艺性能如下。

① 16Mn。16Mn 钢一般都是热轧状态供货，不需要热处理，特别是厚度小于 20mm 的轧材，其力学性能都很高，因此，热压后一般都直接使用。对于厚度大于 20mm 的钢板，为提高钢材的屈服强度和低温冲击韧性，可采用正火处理后使用。

另外，其气割性能与普通低碳结构钢相同。气割边缘 1mm 内虽有淬硬倾向，但由于淬硬区域很窄，可通过焊接消除。因此，该钢种的气割边缘不需机械加工，可直接进行焊接。

碳弧气刨性能也与普通低碳结构钢相同。气刨边缘内虽有淬硬倾向，但由于淬硬区域也很窄，可通过焊接消除，因此，该钢种的气刨边缘不需机械加工，可直接进行焊接。其结果与机械加工后进行焊接的热影响区硬度基本相同。

与 Q235 相比，16Mn 钢屈服强度都在 345MPa 以上，比 Q235 高，故冷成形力大于 Q235 钢。对于大厚度热轧钢材，采用正火或退火后，冷成形性能能得到极大的改善。但当板厚达到一定厚度（$t \geqslant 32$）时，须在冷成形后进行去应力热处理。

当加热到800℃以上时，能获得良好的热成形性能，但16Mn钢加热温度不宜超过900℃，否则，容易出现过热组织，降低钢材的冲击韧性。

此外，16Mn钢经3次火焰加热矫形并水冷后的力学性能无明显改变，具有与原母材同样的抗脆性破坏能力，因此，该钢种可以进行水火矫形，但对动载荷结构不宜采用水火矫形。

② 15MnV。较薄的15MnV与15MnTi钢板，其剪切和冷卷性能与16Mn钢相似，但对板厚$t \geqslant 25mm$的热轧钢板，在剪切边缘上容易隐存因剪切的冷作硬化引起的小裂纹。这种裂纹有可能在钢材出厂前就已产生。因此，应加强质量检查，一但发现，应经过气割或机械加工去除有裂纹的边缘。此外，较厚的15MnV类钢热轧板，冷卷时容易产生断裂，可通过930～1000℃的正火处理，提高其塑性和韧性，改善冷卷性能。

另外，该类钢的热成形和热矫形性能良好，加热温度为850～1100℃热成形时，多次加热对屈服强度的影响不大；且气割性能良好，碳弧气刨性能也良好，碳弧气刨对焊接接头的性能无不良影响。

具有同样工艺性能的15MnV类钢还包括15MnTi、15MnVCu、15MnVRE、15MnNTiCu等。

③ 09Mn2Cu、09Mn2。该类钢具有较好的冷冲压性能。09Mn2Cu、09Mn2、09Mn2Si中厚钢板的冷卷工艺性、热压工艺性、气割、碳弧气刨、火焰矫形与Q235一样。

④ 18MnMoNb。该类钢的缺口敏感性高，经火焰气割的切口存在淬硬倾向，为防止弯曲时产生裂纹，应对气割后的钢板经580℃保温1h，进行消应力退火。

(3) 不锈钢的工艺性能

不锈钢的种类很多，按化学成分可分为两大类，即铬钢和镍铬钢。铬钢中含多量铬或再含有少量镍、钛等元素；镍铬钢中含多量铬和镍或再含有少量钛、钼等元素。按金相组织的不同，分为奥氏体型、铁素体型、马氏体型等几类。由于化学成分和金相组织的不同，各类不锈钢的力学性能、化学性质、物理性能也有较大差异，使不锈钢材料应用的工艺难度相对增加。

常用的不锈钢牌号有两类：

甲类：属于马氏体型铬钢，如1Cr13、2Cr13、3Cr13、4Cr13等。

乙类：属于奥氏体型镍铬钢，如1Cr18Ni9Ti、1Cr18Ni9等。

以上两类不锈钢具有如下加工工艺性能。

① 为了获得好的塑性，应使材料处于软态，所以要进行热处理。甲类不锈钢的软化热处理是退火，乙类不锈钢的软化热处理是淬火。

② 在软态下，两类不锈钢的力学性能都具有较好的加工工艺性，特别是具有较好的冲压变形工艺性，适合于变形基本工序的冲压加工，但不锈钢的材料特性与普通碳钢相比，是大不相同的，即使是拉深用不锈钢材料，其垂直塑性的异向性特性值也远低于普通碳钢，同时，又因为屈服点高，冷作硬化严重，所以不仅在拉深过程中容易产生皱折，而且板料在凹模圆角处产生的弯曲和反向弯曲变形引起的回弹，往往都会在制件的侧壁形成凹陷或挠曲。故对于不锈钢的拉深，需要有很高的压料力，而且要求对模具进行细致的调整。

由于不锈钢冷作硬化现象很强烈，拉深时容易产生皱折，因此在实际操作过程中，要采取如下一些措施，以便保证拉深作业顺利进行：一般要在每次拉深后进行中间退火，不锈钢不像软钢那样可以经过3～5次进行中间退火，通常是每经过一次拉深后就要进行中间退火；变形量大的拉深件，最终拉深成形后，要紧接着进行消除残余内应力的热处理，否则拉深件会产生裂纹，去内应力的热处理规范是甲类不锈钢加热温度250～400℃，乙类不锈钢加热温度350～450℃，然后在上述温度下保温1～3h；采用温热拉深方法可以得到较好的技术经济效果，例如对1Cr18Ni9不锈钢加热到80～120℃，能减少材料的加工硬化和残余内应力，提高拉深变形程度，减小拉深系数。但奥氏体不锈钢加热到较高温度（300～700℃）时，并不能进一步改善其冲压工艺性。拉深复杂零件时，应选用油压机、普通液压机等设备，使其在不高的拉深速度（0.15～0.25m/s左右）下变形，可以得到较好的效果。

③ 与碳钢或有色金属相比，不锈钢冲压另一特点是变形力大，弹性回跳大。因此，为保证冲压件尺寸和形状的精度要求，有时要增加修整、校正以及必要的热处理。

④ 奥氏体不锈钢不同品种间的屈服强度差别较大，因此，在剪切、成形的工序中注意加工设备的承受能力。

(4) 有色金属及合金的工艺性能

对有色金属及合金成形过程中接触到的设备，其模具表面光滑程度的要求均较高。

① 铜和铜合金　常用的铜和铜合金有纯铜、黄铜和青铜。纯铜和牌号为 H62 及 H68 的黄铜，冲压工艺性均好，比较起来，H62 比 H68 的冷作硬化较强烈。

青铜用作耐蚀、弹簧和耐磨零件，不同牌号间性能差别较大。一般说来，青铜比黄铜的冲压工艺性差些，青铜比黄铜的冷作硬化强烈，需要频繁的中间退火。

大部分黄铜和青铜在热态下（600～800℃以下）具有较好的冲压工艺性，但加热会给生产上带来许多不便，并且铜和许多铜合金在 200～400℃的状态下，塑性反而比室温时有较大的降低，因而一般不采用热态冲压。

② 铝合金　钣金构件中常用的铝合金主要有硬铝、防锈铝、锻铝等。

防锈铝主要是铝锰或铝镁合金，热处理效果很差，只能通过冷作硬化来提高强度，它具有适中的强度和优良的塑性及抗腐蚀性。硬铝和锻铝属于热处理能强化的铝合金。锻铝大多是铝镁硅合金，热状态下强度较高，热处理强化效果差，在退火状态下具有很好的塑性，适于冲压和锻造加工。硬铝是铝铜镁合金，强度较高，热处理强化效果好。

防锈铝可用退火方法来获得最大的塑性，硬铝和锻铝既可用退火方法也可用淬火方法来获得最大的塑性。它们在淬火以后的状态有较高的塑性和对冲压有利的综合力学性能，因而具有比退火状态更好的冲压工艺性。

硬铝和锻铝属于热处理能强化的铝合金，它们有一个特点，即淬火后随时间延长逐渐强化，这种现象称为“时效强化”。时效强化具有一定的发展过程，不同牌号材料的发展速度也不相同。由于这类铝合金具有时效强化的特点，因此，对此类铝合金的冲压加工必须在时效强化发展完成之前完成，一般车间要求在淬火后1.5h内完成加工。

在铝合金中，铝镁合金（大部分为防锈铝）的冷作硬化比较强烈，因此用这类材料制造复杂零件时，通常要进行1～3次中间退火。在深拉深成形后还要进行消除内应力的最终退火。

为改善加工工艺性，生产中还采用在铝合金处于温热状态下冲压。温热冲压多用于冷作硬化后的材料，材料经温热（大约100～200℃左右）后，既保留了部分冷作硬化又改善了塑性，可以提高冲压变形程度和冲压件的尺寸精度。

温热冲压时，必须严格控制加热温度，过低会引起冲压件产生裂纹，过高又会引起强度急剧降低，也会引起裂纹。在冲压过程中，凸模容易过热，当它超过一定温度后，就会使冲压材料强烈软化，引起拉深件断裂。凸模温度保持在小于50～75℃，可以提高温热拉深的变形程度。温热冲压中，必须采用特制的耐热润滑剂。

③ 钛和钛合金　钛和钛合金的工艺性较差，其强度较高，变形力大，冷作硬化程度强烈，除少数牌号可以对变形不大的零件进行冷冲压外，大多采用热冲压。热冲压的加热温度较高（300～750℃），且因牌号不同而不同，加热温度过高会使材料变脆，不利于冲压。由于钛是一种化学性质非常活跃的元素，对氧、氢、氮等元素的化合所需温度都不高，而与氧、氢、氮等生成的化合物都是产生脆性的主要因素，因此，钛及合金的加热受到严格的限制。需要高温加工时，必须在保护气体中进行，或采用全保护的无泄漏包装进行整体加热。在操作钛和钛合金的冲压件时，应采取尽可能低的冲压速度。

此外，钛材的切断可采用机械方法，如锯切、高压水切割、车床、管切断机床等，锯切速度宜慢，绝不可以用氧-乙炔焰等通过加热进行气割，也不宜用砂轮锯切割，避免切口的热影响区受到气体的污染，同时，切口处毛边过大，还要增加毛边处理的工序。

钛和钛合金管可以冷弯，但回弹现象明显，通常在室温下是不锈钢的2～3倍，因此，钛管的冷弯中要处理好回弹量，此外，钛管的冷弯弯曲半径不得小于管外径的3.5倍。冷弯时，为防止局部出现椭圆度超差或出现皱折现象，可在管内充填经过干燥的河沙，并用木锤或铜锤夯实。弯管机冷弯时，应加芯轴。热弯时，预热温度应在200～300℃。

对于90°翻边，应分别用30°、60°、90°三套模具分次压制，避免出现裂纹。

1.4 钣金加工的工作内容和工艺流程

冷作钣金加工是围绕着板材、型材和管材等原材料而进行的下料、切割、成形、连接等工序的加工，具有其自身的加工特色及特点，因此，形成了自身独特的加工工作内容和生产流程与操作规范。

(1) 钣金加工的工作内容

钣金加工的具体工作内容与钣金构件的结构、复杂程度有关，一般说来，其工作内容及工作步骤主要有以下几项。

① 看懂钣金零件图　看懂零件图是钣金加工的前提，只有看懂零件图，才能进一步分析清楚零件的结构，了解构件的形状、组成部分、尺寸和有关技术要求等，从而进行后续的加工。钣金零件图既是加工的基础，也是产品检验的依据，是生产中的重要技术文件。

② 展开放样　在看懂钣金零件图的基础上，应根据钣金构件的材料种类、结构特点、形状及尺寸要求，在分析和选择制造工艺的基础上，通过对所加工构件进行适当工艺处理（如：加放加工余量、确定弯曲构件中性层的弯曲半径等）后进行必要的计算（对于计算过于复杂的零件，生产中也可通过试验决定）和展开，从而获得产品制造过程中所需要的用1∶1比例准确绘制的零件全部或部分的展开图（该展开图即为放样图）、展开数据、划线或检验样板等。展开放样是钣金加工的第一道工序，从本质上说，也是制订工

艺规程（规定钣金构件制造工艺过程和操作方法等的工艺文件）工作内容之一。

工艺规程的编制属于钣金构件的生产技术准备，一般由工程技术人员负责完成。但在不同的行业、不同规模的企业，根据构件复杂程度的不同，工艺规程的编制也可能略有不同，或出现由冷作钣金技师、高级冷作钣金工负责完成的情况。通常普通冷作钣金工对展开放样往往仅需根据相关的展开放样图等技术文件，完成对所加工构件展开放样图的划线（号料）、负责制作样杆、样板等任务。

③ 生产加工　根据相关的钣金加工技术文件，利用各种钣金加工设备和工具，采用各种加工方法（包括热处理、表面处理等），制造出符合钣金零件图要求的产品。

通常，钣金加工的制造程序，主要包括备料、放样、加工、装配、连接、矫正及检验等工艺过程。备料主要是指原材料和零件坯料的准备，其中包括钢材的质量计算及矫平与矫直等。当坯料尺寸比原材料规格要求大时，还需要进行拼接，此时备料工作又包括划线、下料、连接等内容。放样是根据产品的机械图样画出放样图，用以确定零件或制品的实际形状和尺寸，以便制作样板并利用样板在原材料（或坯料）上划出加工线、各种位置线等（即号料）。下料就是以号料时所划出的线型为基准，采用剪切、冲裁或气割等方法，把零件或坯料从原材料上分离下来。依据制件的要求不同，有的坯料还需经过模具进行冲压和其他方法才能加工成形。成形时按性质不同可分为弯曲成形和压制成形等，按成形时的温度不同又分为冷作成形和热压成形。

钢结构的装配与连接是将各种钢结构零件组装成部件或产品，并用焊接、铆接、螺栓连接等方法连接成整体。钢结构的整个装配过程，都要有细致严密的质量检查，以防止因不合格的材料，不正确的工艺规范，不符合公差要求的零件或部件进入装配而影响产品质量。

检验中发现零件、部件及制品发生变形时，通常要进行一定的矫正工作，这也是钢结构制造工艺中的一个重要特点。

最后为提高构件表面的防腐、耐磨、装饰等功能，完成生产加工的构件常要进行后续涂装（主要有电镀、喷漆等）处理。而为保证构件各加工工序及出厂成品的质量，还必须执行严格的检验制度（包括：加工者本身的自检及专职检验人员的专检）。

(2) 钣金加工的工艺流程

钣金加工的工艺流程指生产过程中，按一定顺序逐渐改变零件形状、尺寸、材料性能或零部件的装焊等，直至制造出合乎形状及尺寸要求的钣金件所进行的加工全过程，对于一个较复杂的结构件，其生产加工一般要经过：材料准备、展开放样、切割坯料、成形及装配等诸多工序内容才能完成，又由于冷作钣金加工常与焊接、金属切削、热处理和检验等工艺结合，形成完整的产品制造过程，因此，其加工工艺流程常包含上述加工工序内容，如图1-3所示。

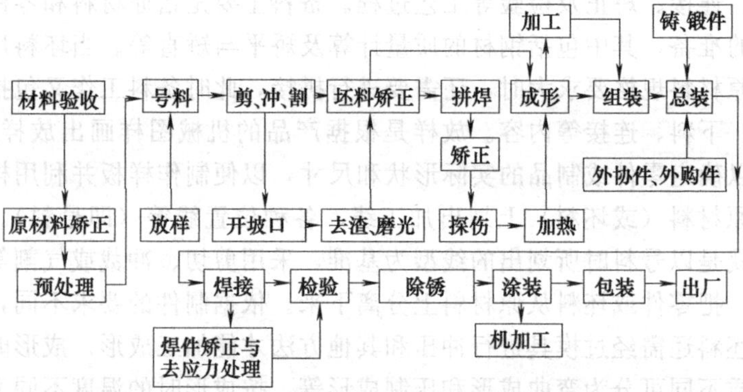

图 1-3　钣金加工的工艺流程

工艺流程是指导整个零部件加工流程、组织和管理生产加工的重要技术文件。对于不在一个车间甚至一个工厂内完成的零件加工，它又是各车间工序流转、分工协作、相互衔接配合的重要依据。

由于工艺流程是对构件中的每一个零部件从原材料到整个构件完成所规定通过的整个路线，所以也称为工艺路线。

(3) 钣金加工的工艺规程

工艺流程规定了零件的加工流程，而具体的加工内容则是由工艺规程进行指导和控制的。

工艺规程是工艺技术人员根据产品图纸的要求和该工件的特点、生产批量以及本企业现有设备和生产能力等，在拟订出的几种可能工艺方案中进行周密的综合分析与比较之后，优选出的 种技术上可行、经济上合理的最佳工艺方案，它是指导零件生产过程的技术文件。在技术文件中，明确了该零件所用的毛坯和它的加工方式、具体的加工尺寸；各道工序的性质、数量、顺序和质量要求；各工序所用的设备型号、规格；各工序所用的加工工具（如：辅具、刀具、模具等）形式；各工序的质量要求和检验方法等。一般说来，一个大型复杂钣金结构件，钣金工往往需要在电焊工、起重工等专业工种的配合下完成，而钣金件对于采用压力加工（如：压力机、油压机等）直接完成的加工工艺，往往称为冲压工艺；对于采用焊接加工进行构件组装的加工工艺，则往往称为焊接工艺，而对于组装加工中既要进行机械加工，又由焊接、铆接等加工工艺组成时，则直接称为装配工艺或铆装工艺等。

需要注意的是，工艺规程不是一成不变的，在生产实践中要不断改进和完善，其合理性针对不同的企业、不同的生产工况，甚至不同的操作工人技术水平也是不同的。但一个总的原则是，编制工艺规程应保证技术上的先进性、工艺上的可行性、经济上的合理性，同时保持良好的劳动条件。

如图 1-6 所示零件为某企业产品上的手轮本体，采用 2mm 厚的 LF3-M（5A03）制成，生产批量较大，要求零件成形后，经检测无明显料厚变薄及裂纹的产生。图 1-4 为其剪切下料工艺，由于零件主要采用压力机配合相应的模具完成，因此，其后续加工称为冲压加工，图 1-5、图 1-6 为该零件的冲压加工工艺。

工艺卡片中之所以对模具及量具（检具、样板）实行代号管理，目的是为便于模具及量具的生产、技术管理需要。同样，为生产及技术管理的需要，有些企业通常将冲压件等的下料安排为一独立的车间，其冲压加工的作业指导书也统称下料卡片。有些企业依据自身的特点，冲压件的下料有可能与冲压车间合为一体，此时下料卡片与冲压卡片也可能合二为一。

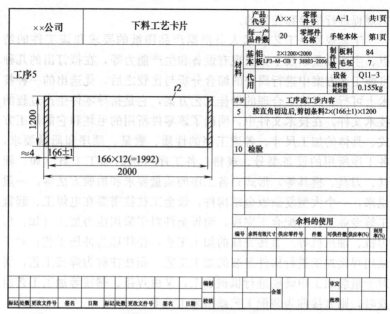

××公司	下料工艺卡片	产品代号	A××	零部件号	A-1	共1页
		每一产品件数	20	零部件名称	手轮本体	第1页

材料			制件数	
基本	铝板	2×1200×2000 LF3-M-GB T 38803-2006	板料	84
			毛坯	7
代用			设备	Q11-3
			材料消耗定额	0.155kg

工序5

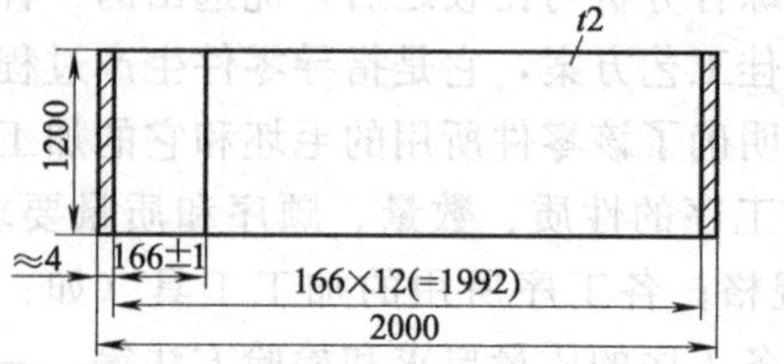

序号	工序或工步内容
5	按直角切边后,剪切条料2×(166±1)×1200
10	检验

余料的使用

编号	余料有效尺寸	供应零件号	件数	可供件数	供应率(%)	利用率(%)

标记	处数	更改文件号	签名	日期	标记	处数	更改文件号	签名	日期	编制		会签	审定	
										校核			批准	

图 1-4　手轮本体下料卡片

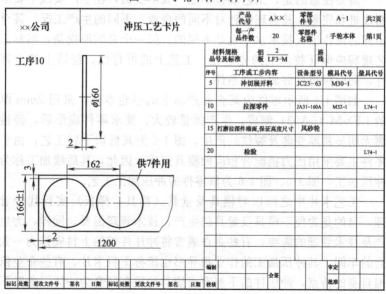

××公司	冲压工艺卡片	产品代号	A××	零部件号	A-1	共2页
		每一产品件数	20	零部件名称	手轮本体	第1页

材料规格品号及标准	铝板	2 LF3-M	路线

工序10

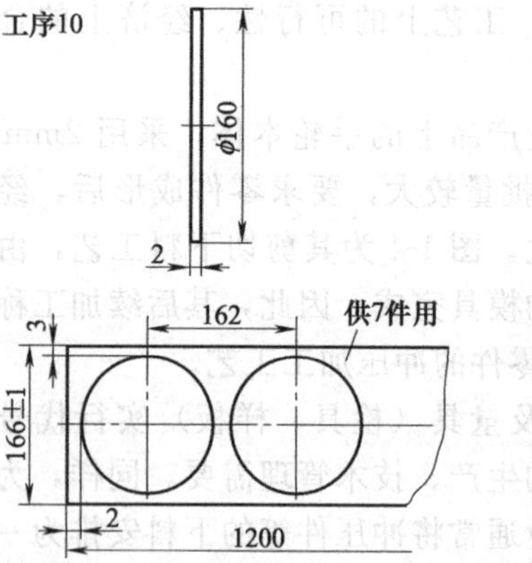

序号	工序或工步内容	设备型号	模具代号	量具代号
5	冲切展开料	JC23-63	M30-1	
10	拉深零件	JA31-160A	M32-1	L74-1
15	打磨拉深件端面,保证高度尺寸	风砂轮		
20	检验			L74-1

标记	处数	更改文件号	签名	日期	标记	处数	更改文件号	签名	日期	编制		会签	审定	
										校核			批准	

图 1-5　手轮本体冲压工艺卡片

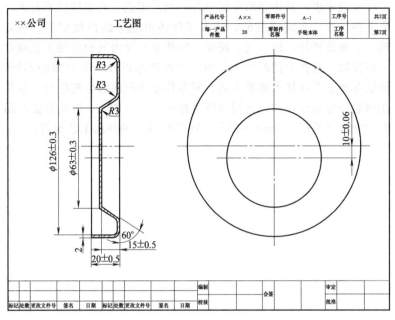

××公司	工艺图	产品代号	A××	零部件号	A–1	工序号		共2页
		每一产品件数	20	零部件名称	手轮本体	工序名称		第2页

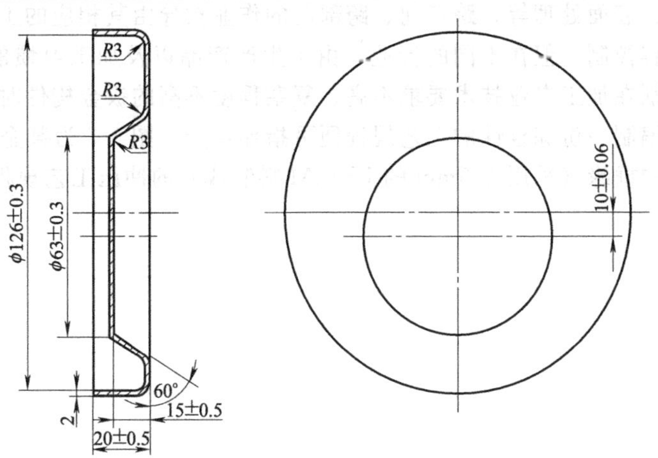

										编制			会签		审定	
标记	处数	更改文件号	签名	日期	标记	处数	更改文件号	签名	日期	校核					批准	

图 1-6　手轮本体冲压工艺卡片

厂		零件组别	交接路线	钣金冲压工艺规程	用于	机型	资料编号	
车间		4			成批		第1页	共1页

序号	工序内容	工艺装备及工具 名称	工艺装备及工具 编号	机床设备名称规格	工种	工时定额
1	下料1100mm×$134.8^{+0.5}_{0}$mm			龙门剪床	下	
J	检验				检	
2	弯曲成形端面	弯曲模	512 H_2–010	冲床(315t)	冲	
J	检验				检	
3	绕弯成形弧度	绕弯模	512 H_2–005	绕弯机	钣	
4	手工校形,制下陷,去余料	反切外样手打模	517 H_2–040		钣	
J	检验	反切外样板			检	
5	淬火$\sigma_b\geqslant$390MPa					
J	检验				检	
6	校正外形	手打模	517 H_2–040		钣	
J	检验	反切外样板			检	
7	表面阳极处理					

毛料尺寸		1100×$134.8^{+0.5}_{0}$	零件名称	框缘
条料尺寸			零件图号	H_2–0312 0 3
净重			装配图号	H_2–0312–0
材料定额	单件		每机件数	1
材料定额	单机		材料	LY12M–厚1.5

制造依据	外形	展开	反外	切内	反内	切外	毛料	
			√					

草图说明:

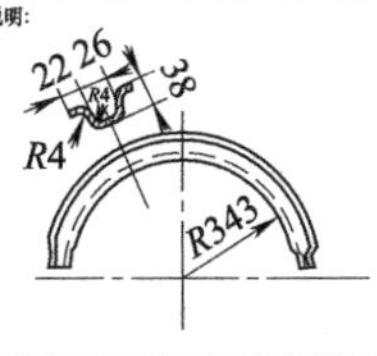

更改符号	更改单编号	更改者	日期
编写	校对	审批	

图 1-7　框缘的冲压工艺规程

一般来说，具体到所有钣金件的加工工艺，它也往往不是由一个下料、冲压车间完成的，许多零件还可能穿插机械加工、热处理、表面处理等，跨车间、跨部门的作业指导由其相应的工艺规程内容控制，但在不同的行业，由于生产产品以及加工习惯的不同，特别在加工专业技术要求不高、复杂程度不高的钣金构件时，也往往编制一份综合性的工艺规程便可指导生产。图 1-7 为某企业产品上的框缘（采用 1.5mm 的 LF12M 料制成）的冲压工艺规程。

第2章 钣金展开的原理与方法

2.1 求构件实长线的方法

在钣金件的加工过程中，经常会遇到各种形状的工件，如通风管、变形接头等，要完成其加工，首先就要对钣金进行展开，即将物体表面按其实际形状和大小，摊在一个平面上。钣金展开是钣金下料的准备工序，也是钣金件正确加工的前提，要正确绘制出钣金展开图，就必须先知道这个展开图的实际尺寸或构成展开图的各有关实际尺寸，由于展开图不能依照尚未制造出来的实物画出，而用来画展开图所需要的全部素线的实长在设计图纸中又往往不能直接得到，这是因为当立体表面上的素线与投影面不平行时，设计图纸中的投影图是不反映它的实长的，所以在展开前必须用作图方法，求出线段的实长。

线段实长的求解方法有旋转法、直角三角形法、直角梯形法、辅助投影面法等。掌握和运用这些求线段实长的方法，是掌握钣金展开技能的前提和基础。

(1) 旋转法

旋转法就是将倾斜线环绕垂直于某投影面的轴线，旋转到与另一投影面平行的位置，则在该投影面上的投影线段，即为倾斜线的实长。为了作图方便，轴线一般过倾斜线的一个端点，也就是以该端点为圆心，以倾斜线为半径进行旋转。

① 旋转法求实长的原理　图 2-1 所示是旋转法求实长的原理。AB 是一般位置线段，它倾斜于任一投影面。AB 在 V 面的投影 $a'b'$和在 H 面的投影 ab，都比实长缩短。假设过 AB 的一端点 A 作

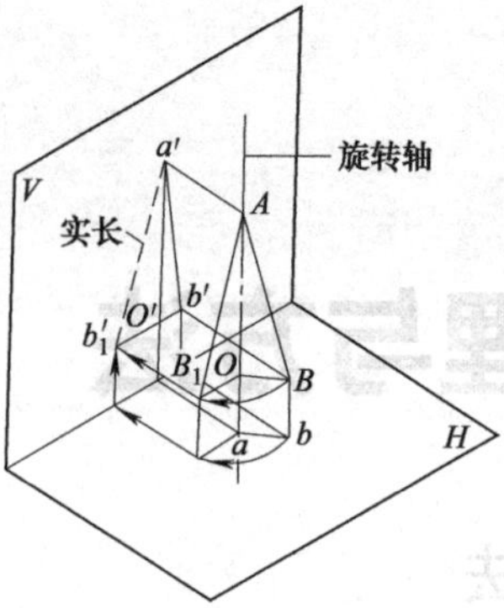

图 2-1　旋转法求实长的原理

垂直于 H 面的轴 AO，当 AB 线绕 AO 轴线旋转到与 V 面平行的位置 AB_1 时，它在 V 面上的投影 $a'b_1'$（图中以虚线表示实长）便反映其实长。

② 旋转法求实长的作图方法　图2-2 是运用旋转法求实长的具体作图方法。其中：图 2-2（a）是将水平投影 ab 进行旋转，使之与正立投影面相平行，得出点 a_1、b_1，连接 a_1b' 或 $a'b_1$，就是线段 AB 的实长；图 2-2（b）是将正立投影 $a'b'$ 进行旋转，使之与水平投影面相平行，得出 a_1、b_1，连接 a_1b 或 ab_1 就是所求 AB 线段的实长。

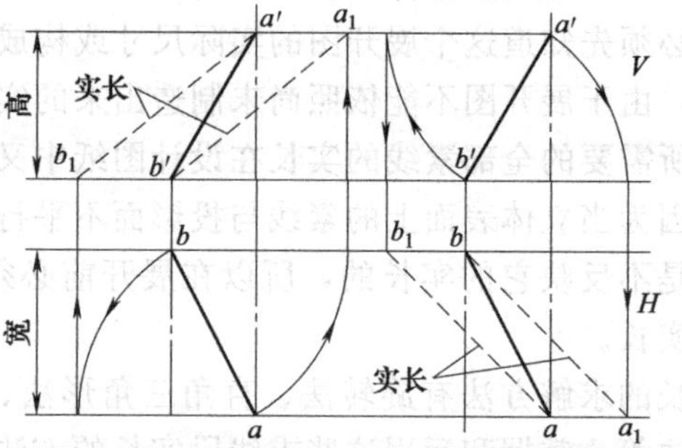

(a) 将AB的水平投影旋转　(b) 将AB的正立投影旋转

图 2-2　用旋转法找实长

③ 实例　图 2-3 为用旋转法求斜棱锥棱线实长示意图。从投影图中可以看出，斜棱锥的底面平行于水平面，它的水平投影反映其实形和实长。其余的四个面（侧面）是两组三角形，其投影都不反映实形，要求得两组三角形的实形，必须求出其棱线的实长。由于形体前后对称，故只需求出两条侧棱的实长，便可画出展开图。

作展开图的具体步骤：

a. 用旋转法求侧棱 Oc、Od 的实长。如图 2-3（a）所示，以 O

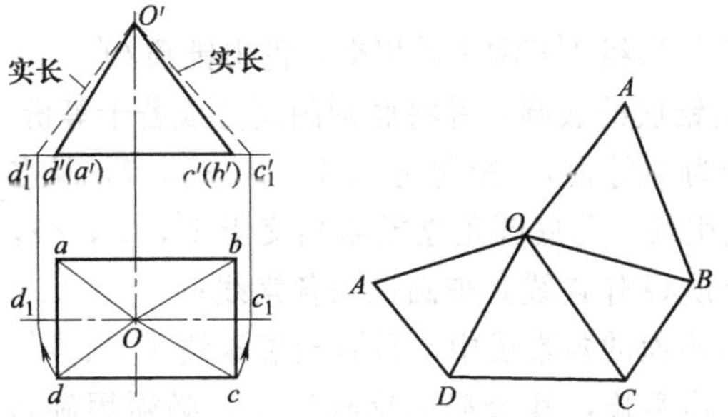

(a) 投影图求实长　　(b) 用实长作展开图

图 2-3　旋转法求斜棱锥棱线的实长

为圆心，分别以 Oc、Od 为半径作旋转，交水平线于 c_1、d_1。从 c_1、d_1 向上引垂直线，与正立投影 $c'd'$ 的延长线交于 c_1'、d_1'，连接 $O'c_1'$、$O'd_1'$就是侧棱 Oc 和 Od 的实长。

b. 在图上适当位置作一线段 AD 使长度等于 ad，再分别以 A、D 两点为圆心，以 Od'为半径作弧，交于 O 点，画出△AOD；再以 O 为圆心，Oc_1'为半径作弧，与以 D 为圆心、dc 为半径所作的弧交于 C 点，连接 OC、DC 得△DOC。用同样的方法画出其余两个侧面△COB 和△BOA，即得三棱锥侧面的展开图。

图 2-4 所示为截头正圆锥，求素线实长和展开时，应先补画出锥顶，成为完整的圆锥，然后在锥面上作出一系列素线，并用旋转法求出这些素线被截去部分素线的实长（也可用留下部分素线的实长），就可作出展开图。

求被截去部分素线实长的作图步

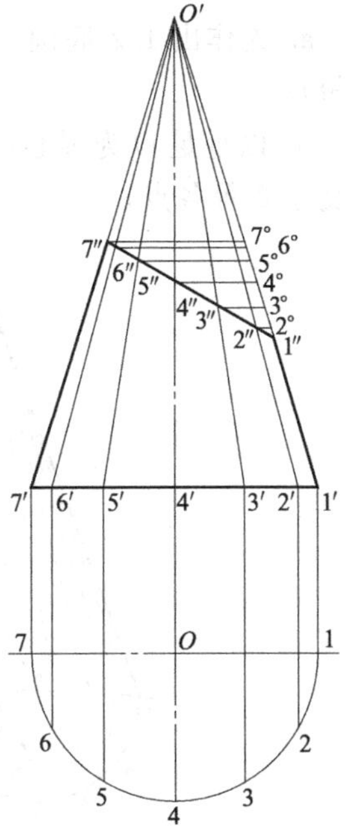

图 2-4　旋转法求截头正圆锥素线的实长

骤如下：

a. 延长外形线 $1'1''$ 和 $7'7''$ 相交，得出锥顶 O'；

b. 作出锥底的底圆，并将底圆圆周分成若干等份（这里把 1/2 底圆圆周分为 6 等份），得等分点 1，2，…，7，从各等分点向主视图作垂直引线，与底圆正立投影相交于 $1'$，$2'$，…，$7'$ 各点，再由各点与锥顶 O' 作连线，得圆锥面各素线；

c. 在圆锥面的各素线中，只有轮廓素线 $1''1'$、$7''7'$ 平行于正立投影，反映其实长，其余都不反映实长，必须用旋转法求出其实长。方法是从 $7''$，$6''$…，$2''$ 作 $7'1'$ 的平行线，与 $O'1'$ 轮廓素线交于 $7°$，$6°$，…，$2°$ 各点，$O'6°$，$O'5°$，…，$O'2°$ 分别为 $O'6''$，$O'5''$，…，$O'2''$ 的实长。

图 2-5 为用旋转法求斜圆锥素线实长示意图。其作图步骤如下：

a. 先作出 1/2 底圆，将底圆圆周分为若干等份（图中分为 6 等份）；

b. 以垂足 O 为圆心，$O1$，$O2$，…，$O6$ 为半径作弧，与 1～7 线交于 $2''$ 等各点；

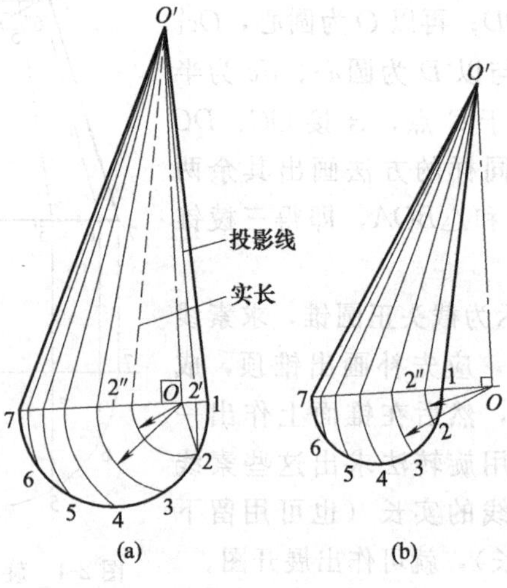

图 2-5　旋转法求斜圆锥素线实长

c. 作 $2''$等各点与 O'的连线，$O'2''$等就是过等分点各素线的实长。也就是说，$O'2'$是 $O2$ 素线的正立投影线，$O'2''$是 $O2$ 素线的实长。

图 2-6 所示为用旋转法求方圆接头棱线的实长并将其展开示意图。

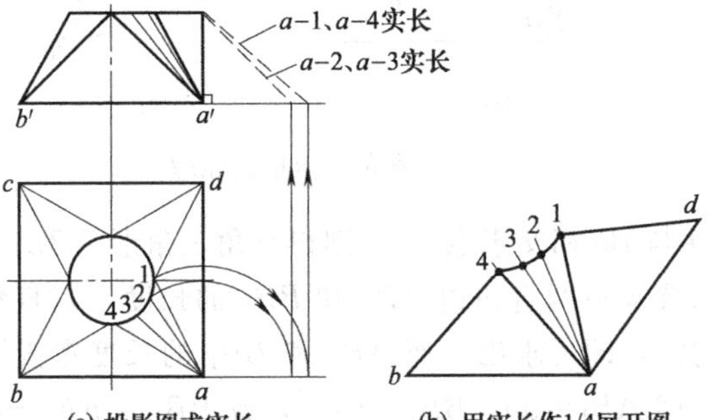

图 2-6　旋转法求方圆接头棱线的实长

其棱线实长的作图步骤为：

a. 画出主视图和俯视图，等分俯视图圆口，连接相应的素线；

b. 将素线 $a1$、($a4$)、$a2$、($a3$) 旋转，并向上引垂直线，在主视图右方得出它们的实长 $a-1$、($a-4$) 和 $a-2$、($a-3$)；

c. 用素线实长、方口边长和圆口等分弧展开长，依次画出 1/4 展开图。

凡属方管与圆管相对接的过渡部位，必须要有方圆接头。方口可以是正方形口，也可以是矩形口，圆口可以在中心位置，也可以偏向一边或偏向一角，因此，这类接头的形式可以多种多样，但求方圆接头实长的方法基本上是一样的。

(2) 直角三角形法

直角三角形法是一种常用的求实长方法。

① 直角三角形法求实长的原理及作图方法　如图 2-7 (a) 所示为直角三角形法求实长的原理图。线段 AB 与投影面不平行，其投影 ab 及 $a'b'$不反映实长。在 $ABba$ 平面内，过 A 点作一直线平

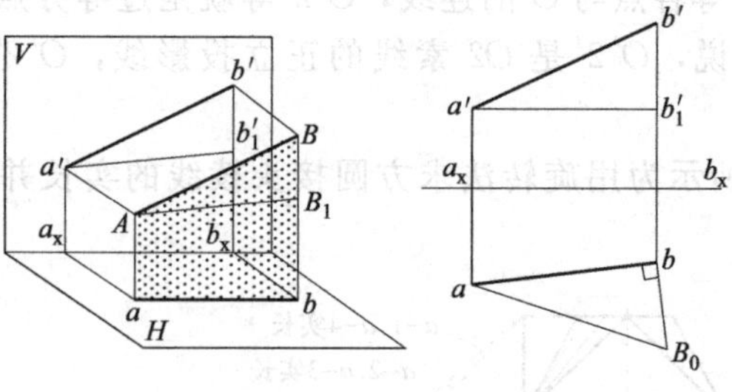

(a) (b)

图 2-7 直角三角形法原理

行于 ab，并与 Bb 相交于点 B_1，则得直角三角形 ABB_1。在这个三角形中，只要知道两直角边 AB_1 和 BB_1 的长度，则直角三角形的斜边 AB 的实长即可求出。而 AB_1 和 BB_1 的长度在投影图上是可以求得的，即 $AB_1=ab$，$BB_1=b'b_1'$，或 $BB_1=b'b_x-a'a_x$。知道这样两个直角边就可以唯一地画出所求的直角三角形。

图 2-7（b）是运用直角三角形法求实长的方法。已知 AB 直线的投影为 ab 及 $a'b'$，欲求 AB 实长，可先过点 a' 作水平线，交 bb' 连线于点 b_1'，$b'b_1'$ 即为所求的一个直角边长。再以俯视图中 ab 为另一直角边，过点 b 引垂线并截取 $bB_0=b'b_1'$，连接 aB_0，即为该线段实长。

② 实例 图 2-8 所示为一大小方口接头，试求出其上素线 AC 及辅助线 BC 的实长。

从图中可看出，实长 AC 可以在以 aC 和 Aa 为两直角边的直角三角形中求得，而实长 BC 可以在直角三角形 BbC 中求得。在这两个三角形中，$Aa=Bb=h$，即等于接头的高度。另外两个直角边 aC 和 bC 分别等于 AC 和 BC 在俯视图中的投影 ac、bc。这样，AC 和 BC 的实长就可以按下列步骤求得：

a. 作一直角 B_0OC_0；

b. 在该直角的水平边上分别截取 OA_0、OB_0 等于俯视图中的 ac、bc，在垂直边上截取 OC_0，等于主视图高度 h；

c. 连接 C_0A_0 和 C_0B_0，则斜边 C_0A_0 和 C_0B_0 即为所求 AC 和

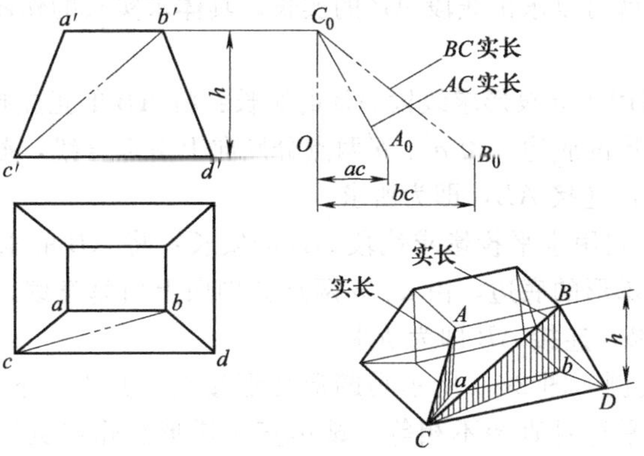

图 2-8　直角三角形法求实长

BC 的实长。

(3) 直角梯形法

直角梯形法也是一种常用的求实长方法。

① 直角梯形法求实长的原理及作图方法　图 2-9 所示为利用直角梯形法求实长的原理图。图中一般位置线段 AB 在 V 面和 H 面上都不能反映实长，但线段 AB 的两个端点与 V 面之间的距离可以在 H 面上得到，即 Aa 和 Bb，同样，A、B 两点与 H 面之间的距离也可以在 V 面上得到，即 Aa′和 Bb′。根据这一原理，用直

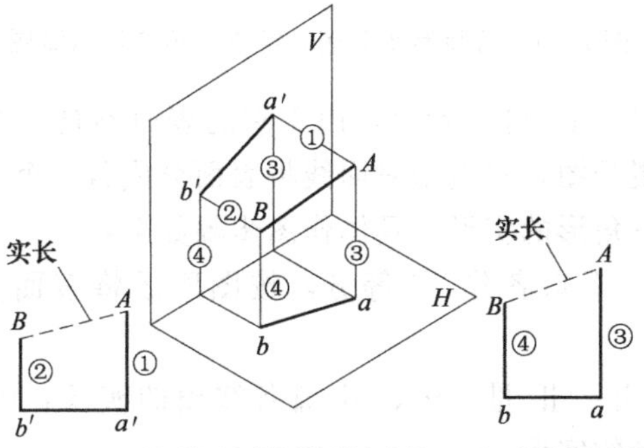

(a) 利用主视图投影求实长　(b) 利用俯视图投影求实长

图 2-9　利用直角梯形法求实长的原理

角梯形法就可以求出线段 AB 的实长。具体求实长的作图方法有以下两种：

a. 利用正立投影求线段 AB 的实长：将 AB 的正立投影 $a'b'$ 作为直角梯形的底边，由 a'、b' 两点分别向上引垂直线，截取长度为 Aa'、Bb'，连接 AB，即为所求。

b. 是利用水平投影求线段 AB 的实长：将 AB 的水平投影 ab 作为直角梯形的底边，由 a、b 两点分别向上引垂直线，截取长度为 Aa、Bb，连接 AB 即为所求。

② 实例　图 2-10 所示马蹄形变形接头，其上、下口都是圆，但两圆不平行且直径不相等，试用直角梯形法作出其实线长及展开图。

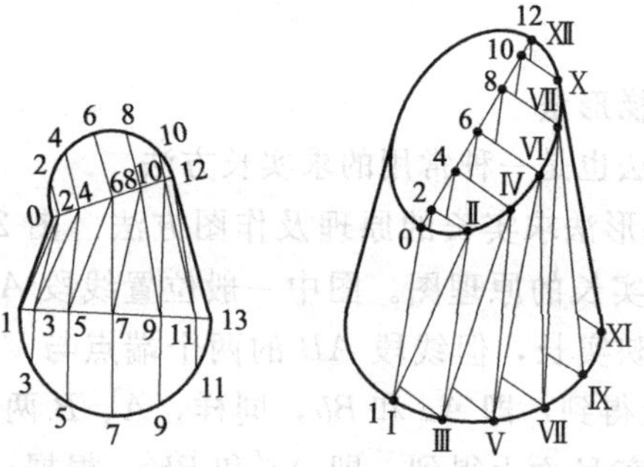

(a) 投影图　　(b) 组成直角梯形示意图

图 2-10　马蹄形变形接头组成直角梯形示意图

从图 2-10（a）可以看出，由于它的表面不是一个圆锥面，为了作出它的展开图，只能用来回线将表面分成若干个三角形，且逐个求出这些三角形的实形。具体作图步骤如下：

a. 将上、下口各作 12 等分，按图所示将表面分成 24 个三角形。

b. 求Ⅰ-Ⅱ、Ⅱ-Ⅲ、…、Ⅵ-Ⅶ各线段的实长，由此再作出这一系列三角形的实形。

如此类实例，若采用旋转法或直角三角形法求实长，均必须作出线段在俯视图上的投影。由于马蹄形变形接头的顶面与水平投影面倾斜，因此顶面在俯视图上反映为一椭圆，显然，这两种方法作展开图，都比较麻烦，此时，宜采用直角梯形法。

如将图 2-10（b）中的Ⅰ-1-Ⅱ-2-Ⅲ-3…Ⅻ-12 折叠面伸展摊平成图 2-11 所示，则图中上面的折线Ⅰ-Ⅱ-Ⅲ…Ⅻ，即为实长Ⅰ Ⅱ、Ⅱ-Ⅲ、…、Ⅵ-Ⅶ等的连线。这种求实长的方法就是直角梯形法。

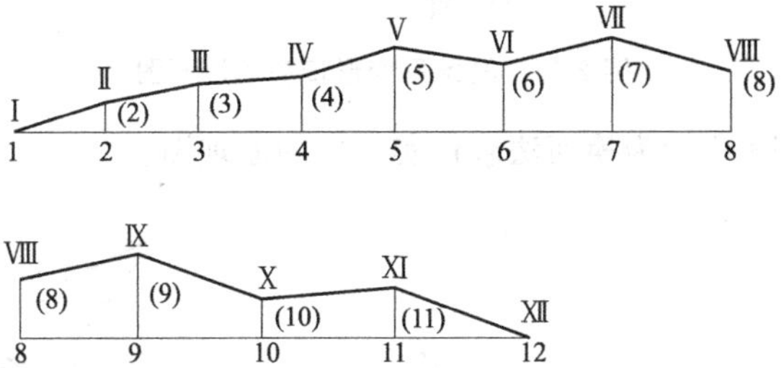

图 2-11　用直角梯形法求线段实长

为了求出梯形，可对照图 2-10（a）、图 2-10（b），从图中可以看出，图 2-11 中水平线 1-2-3…12，就是图 2-10（a）中的 1-2、2-3、3-4…11-12 的折线长。各垂直线（2）、（3）、…、（11）的长度，即为图 2-10（a）中的 2-2、3-3、…、11-11 的相应长度。

从作图方法可知，直角梯形法也是以倾斜线的一个投影为底边，以倾斜线两端点距同一投影面的距离为两直角边，组成直角梯形后，则该直角梯形的斜边，即为所求线段的实长。其中直角三角形可以看作为直角梯形法中一直角边的长度等于零的特殊情况。

采用以上方法求得马蹄形变形接头表面上各个三角形的两根边线，另一边线即为上、下圆口等分弧的展开长。这样就可用已知三边作三角形的方法，作出一系列三角形的实形，依次排列，即得马蹄形变形接头的展开图（见图 2-12）。

（4）换面法

除上述介绍的求实长线方法外，常用的还有换面法。

① 换面法求实长的原理及作图方法　换面法的原理是使空间线段保持不动，另作新投影面使之与所求线段平行，并与原来的一个投影面垂直，则该线段在新投影面上的投影便反映它的真实长

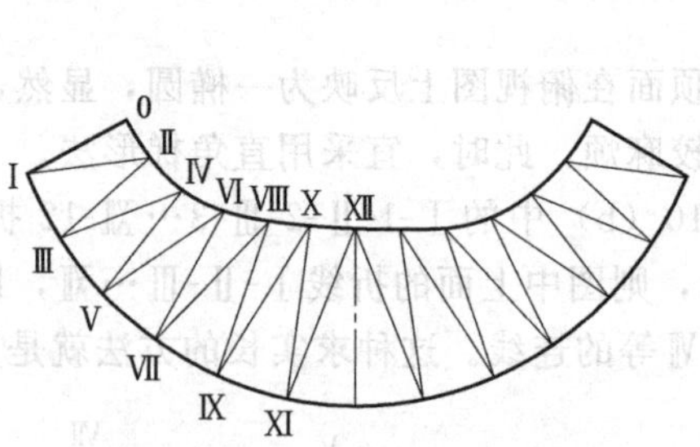

图 2-12　马蹄形变形接头的展开图

度。图 2-13 所示为换面法求作实长的的原理图。

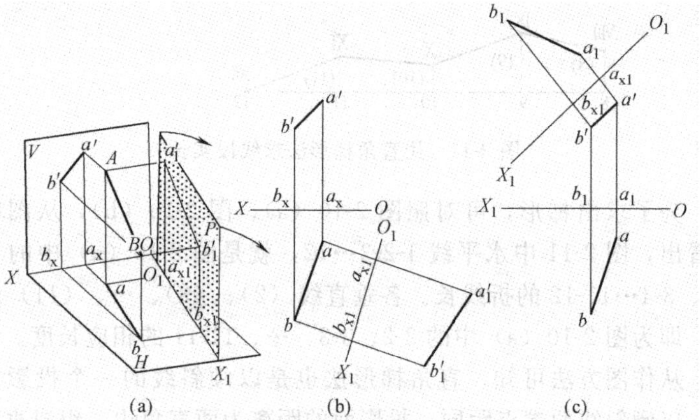

图 2-13　换面法求作实长的原理图

由图 2-13（a）可知，直线段 AB 与 H 和 V 两投影面都不平行，其投影都不能反映实长。这时可以作一新投影面 P，使之与 AB 平行，并与平面 H 垂直，则新投影 $a_1'b_1'$ 反映 AB 的实长。对图 2-13（a）所示空间作进一步分析，可以看出换面法的以下几个投影关系。

a. 由于新投影面 P 平行于 AB 并垂直于 H 面，那么反映在 H 面投影上，新投影面 P 与 H 面的交线 O_1X_1（称为新投影轴），必然与直线 AB 的 H 面投影 ab 平行，即 $O_1X_1 /\!/ ab$。

b. 因为 P 面与 V 面同时垂直于 H 面，故 P 面投影 $a_1'b_1'$ 到 O_1X_1 的距离和 V 面投影 $a'b'$ 到 OX 的距离，必然同时反映了空间

直线两端点 A、B 到 H 面的垂直距离，而且它们彼此相等，即 $a_1'a_{x1}=a'a_x=Aa$ 和 $b_1'b_{x1}=Bb$。为了便于称呼，把新作的与 AB 平行的反映实长的投影 $a_1'b_1'$ 叫做新投影，把原来不反映实长的投影 $a'b'$ 叫做旧投影或替换的投影，并把与它们同时垂直的 H 面投影叫做不变投影。这样，换面法的这个投影关系可以表达为新投影到新轴的距离等于旧投影到旧轴的距离。

c. 因为 P 面和 V 面都垂直 H 面，所以展开后，直线上任一点的 P 面投影与 H 面投影的连接必须垂直于新投影轴 O_1X_1，即不变投影与新旧两个投影的连线分别垂直于新旧两个投影轴。

按照换面法的上述投影关系，其作图步骤应该是：

a. 如图 2-13（b）所示，作一新投影轴 O_1X_1 平行于 ab。

b. 过 a、b 两点向 O_1X_1 轴引垂直线，并交 O_1X_1 于 a_{x1}、b_{x1} 两点。

c. 将 V 面投影 a'、b' 到 OX 轴的距离搬到新投影面上，即在垂线上量取 $a_{x1}a_1'=a_xa'$，$b_{x1}b_1'=b_xb'$。

d. 连接 a_1'、b_1' 两点，即为 AB 直线的新投影 $a_1'b_1'$，它反映 AB 的实长。

② 实例　图 2-14 所示是利用辅助投影面法求圆柱截面的实形。

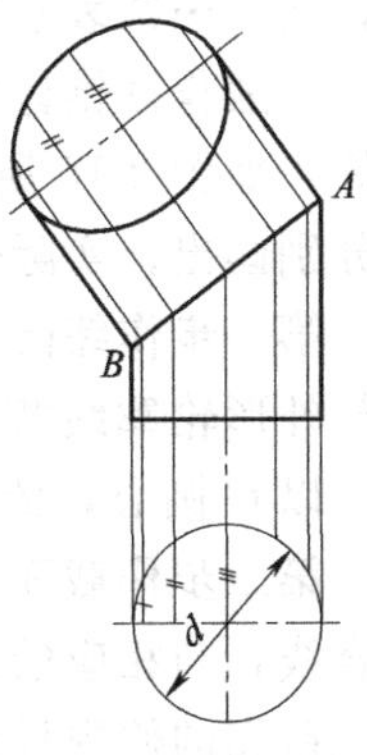

图 2-14　利用辅助投影面法求圆柱截面的实形

作图步骤如下：

a. 作出主视图和俯视图，将俯视图的 1/2 圆周进行 6 等分；

b. 过等分点向上引垂直线，得出素线在主视图中的位置；

c. 从等分点向下引垂直线，与底中心线相交，即截面各素线间的宽度；

d. 过截面斜口上各素线之交点向平行于截面斜口的长轴引垂直线，然后按照“宽相等”的规则，把俯视图中各等分点与底圆中心线之距离，依次相对应地画到辅视图中，得出各点；

e. 顺连各点，即为截面之实形——椭圆。

图 2-15 所示是利用辅助投影面法求正圆锥截面的实形。图中

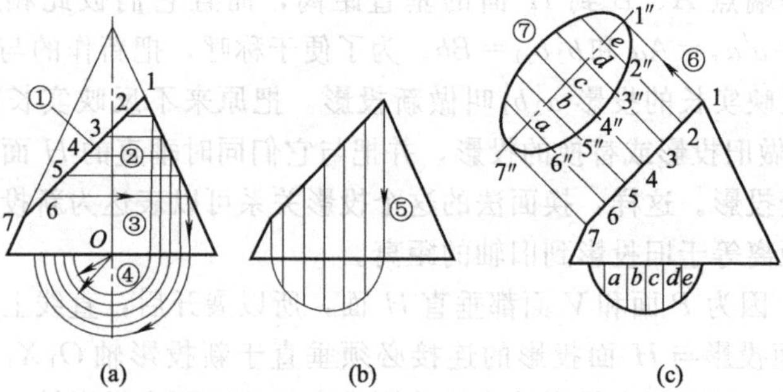

图 2-15　利用辅助投影面法求正圆锥截面的实形

①，②，…⑦表示作图与连线的先后顺序。

一般作圆锥体的截面实形不必在锥面上引素线，而采用纬圆法较好，如图 2-15 所示。为使图面线条清晰，本例将作图的三个步骤分别画出，实际作图时不必分开。作图步骤如下。

第一步作纬圆：将截面的投影线 6 等分；作上述等分点的水平线与外形轮廓线相交；由轮廓线上各交点向下引垂直线，交于锥底；以 O 圆心，依次把各纬圆画出，见图 2-15（a）。

第二步作截面俯视图：通过主视图里截面线各等分点，向下引垂直线，与相应的纬圆相交，得出一系列交点；顺连各交点，就能得出截面的俯视投影，见图 2-15（b）。

第三步求截面实形：作平行于截面的椭圆长轴 1″7″；由截面各等分点 1～7 向长轴 1″7″引垂直线；按照宽度相等的原则，把截面在俯视图里一系列的宽度 a、b、c、d、e 依次画到辅助投影图里去，得出 2″、3″、4″、5″、6″各点；顺连各点，即为所求正圆锥截面之实形，见图 2-15（c）。

图 2-16 所示是利用辅助投影面法求斜圆锥截面的实形。

用辅助视图作斜圆锥截面的实形，类似于正圆锥截面实形的作法。但是斜圆锥有一个特点，就是锥顶偏向一边，其轴线也是倾斜的，使得它一系列纬圆的圆心不在一条轴线的同一点上。因此，作纬圆时，不是作同心圆，而是一个纬圆一个圆心。掌握了这一特点，就可仿照前述三个步骤把截面实形的辅助视图画出来。

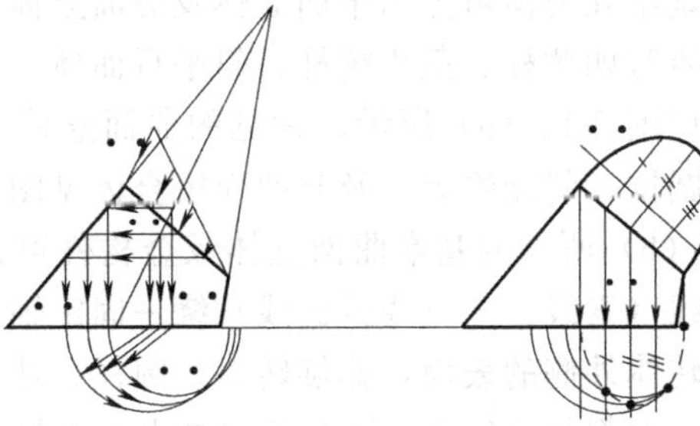

图 2-16　用辅助投影面法求斜圆锥截面的实形

具体作图步骤如下：

第一步作纬圆：将截面线 4 等分；作等分点的水平线，与轮廓线相交；由轮廓线上各点向下引垂直线，与底圆相交；等分点水平线与轴线相交各点为纬圆的圆心，把圆心引向底圆；分别以纬圆的圆心和相应半径作纬圆。

第二步作截面的俯视图，方法参照图 2-15。

第三步作截面实形。根据俯视图里所求得的截面形状的宽度，作 1/2 辅助视图，就能画出该斜圆锥截面的 1/2 实形。

(5) 求实长线方法的比较

根据上述分析、介绍，可对求实长线的四种方法的求实长原理作一个简单的比较：

旋转法是通过改变空间图形的位置，而不改变投影面的位置进行实长线求解的。

换面法则是通过改变投影面的位置，而不改变空间图形的位置来进行实长线的求解。

直角三角形法及直角梯形法（直角三角形法可看成是直角梯形法的特例）求解实长线时，则既不改变空间图形的位置，也不改变投影面的位置。

2.2　钣金构件的展开

钣金构件尽管形状复杂多样，但大多由基本几何体及其组合体构成。其中：基本几何体可分为平面立体及曲面立体两种。常见的平面立体（主要有四棱柱、截头棱柱、斜平行面体、四棱锥等）及其平面组合体如图 2-17（a）所示，常见的曲面立体（主要有圆柱体、球体、正圆锥、斜圆锥等）及其曲面组合体见图 2-17（b）。

由图 2-17（b）所示的基本曲面立体钣金构件可以看出，有一种是由一条母线（素线——直线或曲线）绕一固定轴线旋转，形成的旋转体。旋转体外侧的表面，称旋转面。圆柱、球、正圆锥等都是旋转体，其表面都是旋转面，而斜圆锥体及不规则的曲面体等就不是旋转体。显然，圆柱体是一条直线（母线）围绕着另一条直线始终保持平行和等距旋转而成。正圆锥体是一条直线（母线）与轴线交于一点，始终保持一定夹角旋转而成。球体的母线是一条半圆弧，以直径为轴线旋转而成。

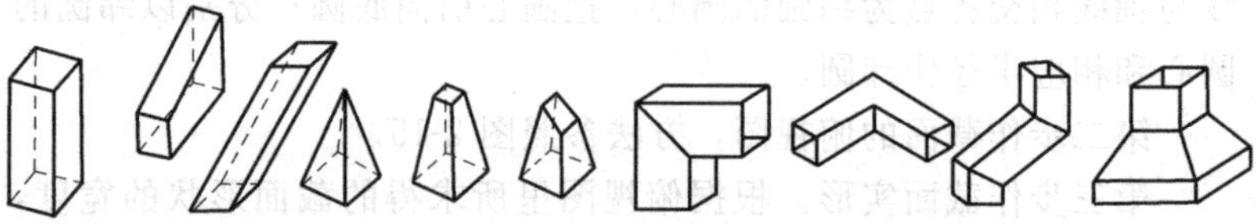
(a)

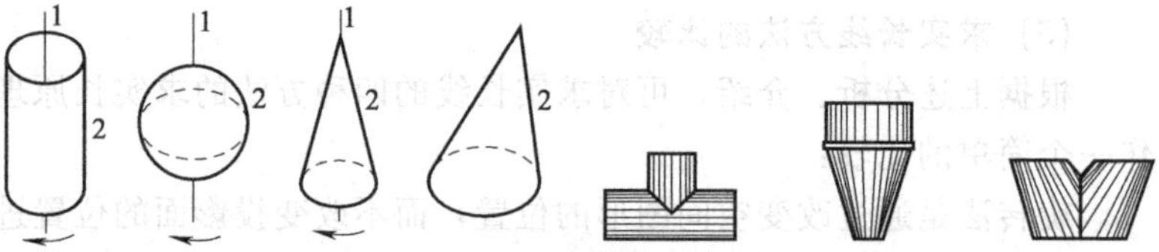

(b)

图 2-17　钣金构件的几何形状

1—轴线；2—素线

形体表面分可展表面和不可展表面两种。要判断一个曲面或曲面的一部分是否可展，可用一根直尺靠在物体上，旋转尺子，看尺子能否在某个方向上和物体表面全部靠合，如果能靠合，记下这一位置，再在附近任一点选定一个新的靠合位置，如果每当靠合后的尺子所在直线都互相平行，或者都相交于一点（或延长后交于一点），那么该物体的被测量部位的表面就是可展的。也就是说：凡表面上相邻两条直线（素线）能构成一个平面时（即两条直线平行或相交)，均可展开。属于这类表面的有平面立体、柱面、锥面等；凡母线是曲线或相邻两素线是交叉线的表面，都是不可展表面，如圆球、圆环、螺旋面及其他不规则的曲面等。对于不可展表面，只能作近似展开。

2.2.1 可展表面的三种展开方法

可展表面的展开方法主要有三种方法，即：平行线法、放射线法及三角形法。其展开操作的方法如下。

(1) 平行线法

按照棱柱体的棱线或圆柱体的素线，将棱柱面或圆柱面划分成若干四边形，然后依次摊平，作出展开图，这种方法叫平行线法。

平行线法展开的原理是：由于形体表面由一组无数条彼此平行的直素线构成，所以可将相邻的两条素线及其上下两端夹口线所围成的微小面积，看成近似的平面梯形（或长方形），当分成的微小面积无限多的时候，则各小平面面积的和，就等于形体的表面积；当把所有微小平面面积按照原来的先后顺序和上下相对位置，不遗漏地、不重叠地铺平开来的时候，截体的表面就被展开了。当然，不可能把截体表面分成无限多部分小平面，但是却可以分成几十块乃至几块小平面。

凡属素线或棱线互相平行的几何体，如矩形管、圆管等，都可用平行线法进行表面展开。图 2-18 为棱柱面的展开。

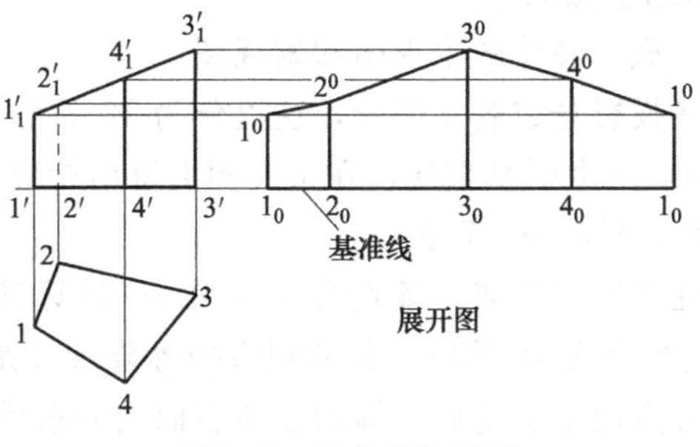

图 2-18 棱柱面的展开

作展开图的步骤如下：

① 作出主视图和俯视图；

② 作展开图的基准线，即主视图中 $1'$-$4'$的延长线；

③ 从俯视图中照录各棱线的垂直距离 1-2、2-3、3-4、4-1，将其移至基准线上，得 1_0、2_0、3_0、4_0、1_0 各点，并通过这些点画垂直线；

④ 从主视图中 $1'$、$2'_1$、$3'_1$、$4'_1$各点向右引平行线，与相应的垂直线相交，得出 1^0 、2^0 、3^0 、4^0 、1^0 各点；

⑤ 用直线连接各点，即得展开图。

图 2-19 所示为斜截圆柱体的展开。

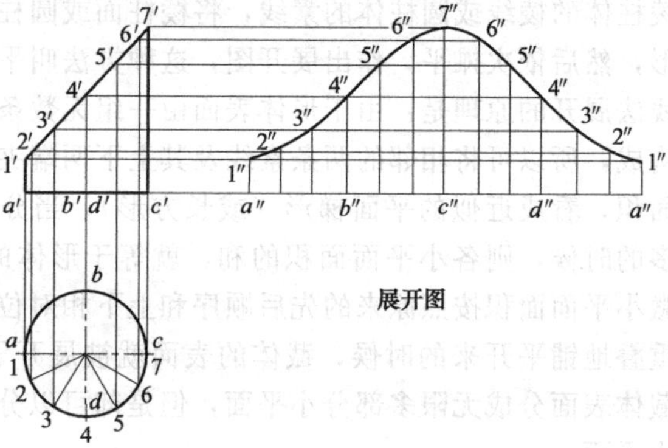

图 2-19 斜截圆柱体的展开

作展开图的步骤如下：

① 作出斜截圆柱体的主视图和俯视图。

② 将水平投影分成若干等份，这里分为 12 等份，半圆为 6 等份，由各等分点向上引垂直线，在主视图上得出相应的素线，并交斜截面圆周线于 $1'$，…，$7'$各点。

③ 将圆柱底圆展开成一条直线（可用 πD 计算其长度），作为基准线，将直线分成 12 等份，截取相应的等分点（如 a''、b''等）。

④ 自等分点向上引垂线，即圆柱体表面上的素线。

⑤ 从主视图上的 $1'$，$2'$，…，$7'$分别引平行线，与相应的素线交于 $1''$，$2''$，…，$7''$，即展开面上素线的端点。

⑥ 将所有素线的端点连成光滑曲线，就能得出斜截圆柱体 1/2 的

展开图。再以同样的方法画出另一半的展开图，即得所求的展开图。

由此，可以清楚地看出平行线展开法有如下特征：

① 只有当形体表面的直素线都彼此平行，而且都将实长表现于投影图上时，平行线展开法才可应用。

② 采用平行线法进行实体展开的具体步骤为：任意等分（或任意分割）俯视图，由各等分点向主视图引投射线，在主视图得一系列交点（这实际上就是把形体表面分成若干小部分）；在与（主视图）直素线相垂直的方向上截取一线段，使其等于截面（周）长，且照录俯视图上各分点，过此线段上的各照录点引此线段的垂线与由主视图中第一步所得交点所引的素线的垂直线对应相交，再把交点顺次相连接（这实际上就是把由第 1 步所分成的若干小部分依次铺平开来），便可得展开图。

(2) 放射线法

在锥体的表面展开图上，有集束的素线或棱线，这些素线或棱线集中在锥顶一点，利用锥顶和放射素线或棱线画展开图的方法，称为放射线法。

放射线法展开的原理是：把形体任意相邻的两条素线及其所夹的底边线，看成一个近似的小平面三角形，当各小三角形底边无限短，小三角形无限多的时候，那么各小三角形面积的和与原来的截体侧面面积就相等，又当把所有小三角形不遗漏、不重叠、不折皱地按原先左右上下相对顺序和位置铺平开来的时候，则原形体表面也就被展开了。

放射线法是各种锥体的表面展开法，不论是正圆锥、斜圆锥还是棱锥，只要有一个共同的锥顶，就能用放射线法展开。图 2-20 所示

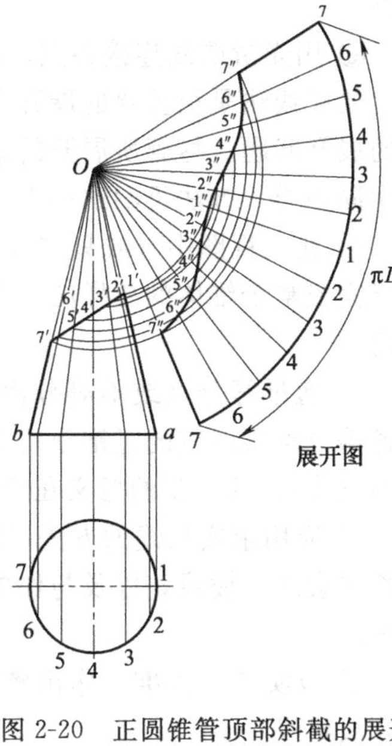

图 2-20 正圆锥管顶部斜截的展开

为正圆锥管顶部斜截的展开。

作展开图的步骤如下：

① 画出主视图，把上截头补齐，形成完整的正圆锥。

② 作锥面上的素线，方法是将底圆作若干等分，这里作12等分，得1，2，…，7各点，从这些点向上引垂直线，与底圆正投影线相交，再将相交点与锥顶O连接，与斜面相交于1′，2′，…，7′各点。其中2′，3′，…，6′几条素线都不是实长。

③ 以O为圆心，Oa为半径画出扇形，扇形的弧长等于底圆的周长。将扇形12等分，截取等分点1，2，…，7，等分点的弧长等于底圆周等分弧长。以O为圆心，向各等分点作引线（放射线）。

④ 从2′，3′，…，7′各点作与ab相平行的引线，与Oa相交，即为O2′，O3′，…，O7′的实长。

⑤ 以O为圆心，O至Oa各相交点的垂直距离为半径作圆弧，与O1，O2，…，O7等对应素线相交，得交点1″，2″，…，7″各点。

⑥ 用光滑曲线连接各点，即得正圆锥管顶部斜截的展开图。

放射线法是很重要的展开方法，它适用于所有锥体及锥截体构件的展开问题。尽管所展开的锥体或截体千形百态，但其展开方法却大同小异，方法可归纳如下。

① 在二视图中（或只在某视图中）通过延长边线（棱线）等手续完成整个锥体的放样图，当然对于带有顶点的截体是无需这一步的。

② 通过等分（或不等分而任意分割）俯视图周长的方法，作出各等分点所对应的过锥顶的素线（包括棱锥的侧棱和侧面上过顶点的直线），这一步的意义在于分割锥体或截体表面成若干小部分。

③ 应用求实长线的方法（以旋转法为常用），把所有的不反映实长的素线、棱线，以及与作展开图有关的直线一一不漏地求出实长来。

④ 以实长线为准，作出整个锥体侧表面的展开图，同时作出所有放射线。

⑤ 在整个锥体侧面展开图的基础上，以实长线为准，再画出截体的展开图。

(3) 三角形法

制件表面无平行的素线或棱线，又无集中所有素线或棱线相交于一点的锥顶，可采用三角形展开法。三角形展开法适用于任何几何形体的展开。

三角形法展开是将制件表面分成一组或多组三角形，然后求出各组三角形每边的实长，再把这些三角形依照一定的规律按实形摊平到平面上而得到展开图，这种画展开图的方法称为三角形法。

尽管放射线法也是将钣金制品表面分成若干三角形来展开的，但它和三角形法不同的地方主要是三角形的排列方式不一样。放射线法是将一系列三角形围绕一个共同的中心（锥顶）拼成扇形来作展开图的；而三角形法是根据钣金制品的表面形状特征来划分三角形的，这些三角形不一定围绕一个共同的中心来进行排列，很多情况下是按 W 形来排列的。另外，放射线法只适用于锥体，而三角形法可适用于任何形体。

三角形法虽然适用于任何形体，但由于此法比较繁琐，所以只有在必要时才采用。如当制件表面无平行的素线或棱线，不能用平行线法展开，又无集中所有素线或棱线的顶点，不能用放射线法展开时，才采用三角形法作表面展开图。图 2-21 为凸五角星的展开。

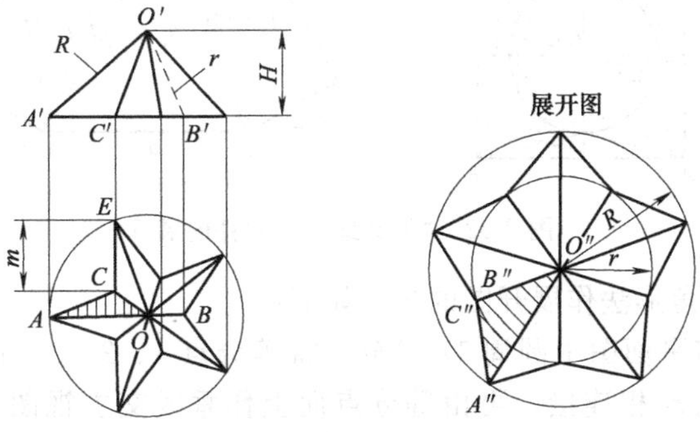

图 2-21　凸五角星的展开

用三角形法作展开图的步骤如下：

① 用圆内作正五边形的方法画出凸五角星的俯视图。

② 画出凸五角星的主视图。图中 $O'A'$、$O'B'$ 即 OA、OB 线的实长，CE 为凸五角星底边的实长。

③ 以 $O''A''$ 为大半径 R，$O''B''$ 为小半径 r，作出展开图的同心圆。

④ 以 m 的长度在大小圆弧上依次度量 10 次，分别在大小圆上得到 A''…和 B''…等 10 个交点。

⑤ 连接这 10 个交点，得出 10 个小三角形（如图中 $\triangle A''O''C''$），这就是凸五角星的展开图。

图 2-22 所示“天圆地方”构件，可以看作是由四个锥体的部分表面和四个平面三角形组合而成的。这类构件的展开，如果应用平行线法或放射线法，是可以的，但是作起来都比较麻烦，为了简便易行，可以使用三角形法展开。

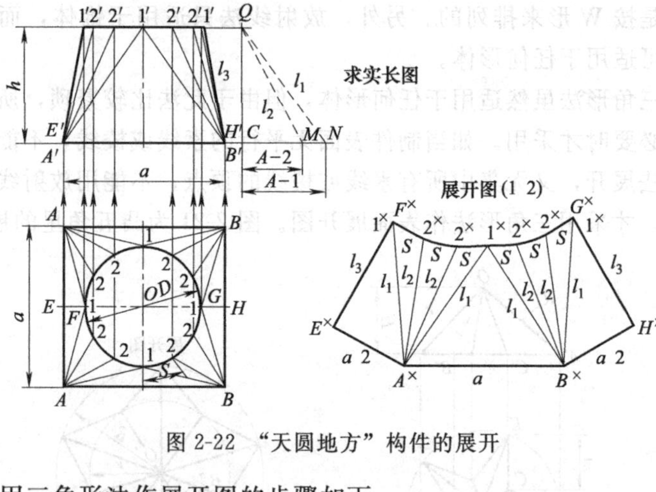

图 2-22 “天圆地方”构件的展开

用三角形法作展开图的步骤如下：

① 将平面图中圆周 12 等分，将等分点 1、2、2、1 和相近的角点 A 或 B 相连接，再由等分点向上作垂线交主视图上口于 1′、2′、2′、1′各点，而后再与 A' 或 B' 相连接。这一步的意义在于：把天圆地方的侧表面分割成若干小三角形，本例分成了十六个小三

角形。

② 由二视图前后左右对称关系来看，平面图右下角的1/4，与其余三部分相同，上口和下口在平面图中反映实形和实长，由于GH是水平线，因而在主视图中相应线段投影$1'H'$就反映实长，而$B1$、$B2$却在任一投影图中都不反映实长，这就必须应用求实长线的方法求出实长来，这里采用了直角三角形法（注：$A1$等于$B1$，$A2$等于$B2$）。在主视图旁，作两个直角三角形，使一直角边CQ等于h，另一直角边为$A2$和$A1$，则斜边QM、QN即实长线。这一步的意义在于找出所有小三角形边线长，进而分析各边线的投影是否反映实长，倘若不反映实长，则必须用求实长的方法一一不漏地求出实长。

③ 作展开图。作线段A^xB^x使其等于a，以A^x和B^x分别为圆心，实长线QN（即l_1）为半径分别画弧交于1^x，这就作出了平面图中小三角形△$AB1$的展开图；以1^x为圆心，平面图中S弧长为半径画弧，与以A^x为圆心，实长QM（即l_2）为半径画弧相交于2^x，这就作出了平面图中小三角形△$A12$的展开图。以2^x为圆心以S长为半径画弧，与以A^x为圆心、实长QM为半径所画弧相交于2^x，这就作出了小三角形△$A22$的展开图，依此类推，一直作出所有小三角形的展开图为止。E^x由以A^x为圆心、$a/2$为半径，以及以1^x为圆心、$1'B'$（即l_3）为半径所画弧相交得到。展开图中仅画出了全部展开图的一半。

本例选择FE为接缝的意义在于：把形体（截体）表面上分割成的所有小三角形，以它们的实际大小，按原先左右相邻位置，不间断、不遗漏地、不重叠地、不折皱地铺平在同一平面上，从而把形体（截体）表面全部展开。

由此，可以清楚地看出三角形法展开略去了形体原来两素线间的关系（平行、相交、异面），而用新的三角形关系来代替，因而它是一种近似的展开方法，三角形法展开的具体步骤如下。

① 正确地将钣金构件表面分割成若干小三角形，正确地分割形体表面是三角形法展开的关键，一般来说，应具备下列四个条件的划分才是正确的划分，否则就是错误的划分：所有小三角形的全

部顶点都必须位于构件的上下口边缘上；所有小三角形的边线不得穿越构件内部空间，而只能附着在构件表面上；所有相邻的两个小三角形都有而且只能有一条公共的边；中间相隔一个小三角形的两个小三角形，只能有一个公共顶点；中间间隔两个或两个以上小三角形的两个小三角形，或者有一个公共顶点或者没有公共顶点。

② 考虑所有小三角形的各边，看哪些反映了实长，哪些不反映实长，凡不能反映实长的必须根据求实长的方法一一求出实长。

③ 以图中各小三角形的相邻位置为依据，用已知的或求出的实长为半径，依次把所有小三角形都画出来，最后再把所有的交点，视构件具体形状用曲线或用折线连接起来，由此得到展开图。

(4) 三种展开方法的比较

根据上述分析可知：三角形展开法能够展开一切可展形体的表面，而放射线法仅限于展开素线交汇于一点的构件，平行线法也只限于展开素线彼此平行的构件。放射线法与平行线法可看成是三角形法的特例，从作图的简便性来看，三角形法展开步骤较为繁琐。一般说来，三种展开方法按以下条件选用。

① 如果构件的某一平面或曲面（不管其截面封闭与否）上所有的素线在一投影面上的投影，都表现为彼此平行的实长线，而在另一投影面上的投影，只表现为一条直线或曲线，那么这时可以应用平行线法展开。

② 如果一锥体（或锥体的一部分）在某投影面上的投影，其轴线反映实长，而锥体的底面又垂直于该投影面，这时具备应用放射线展开法的最有利条件（“最有利条件”并不是指必要条件，因为放射线展开法中有求实长步骤，所以不论锥体处于何种投影位置，总可以求出所有必要素线实长，进而展开锥体侧面）。

③ 当构件的某一平面或某一曲面在三视图中均表现为多边形，也就是说，当某一个平面或某一个曲面既不平行又不垂直于任一投影面时，应用三角形法展开。特别是作不规则形体展开图时，三角形法展开的功效更为显著。

2.2.2 不可展表面的近似展开

如果一个形体的表面无法不遗漏、不重叠、不折皱地全部铺平在同一个平面上，那么其就是不可展表面，按照它们形成机理的不同，可分为不可展旋转面、直纹不可展曲面两种。不可展旋转面是由曲线所构成的母线（素线）绕定轴旋转而成的旋转体表面，图2-23（a）所示的球面及图2-23（b）所示的抛物面等便属于不可展旋转面。形成旋转面的母线习惯上又称为经线，母线 AB 上任意一点 C 随着母线旋转所形成的平面曲线就叫作旋转面的纬线，旋转一周形成的圆叫纬圆，见图2-23（c）；直纹不可展曲面是指这样的曲面，即过曲面上的任何一点都可以至少作一条直线，这些直线既不平行又不相交（即使延长也永不相交），而呈空间异面状态，如图2-23（d）所示的直纹锥状面和图2-23（e）所示的直纹柱状面等便属于直纹不可展曲面。

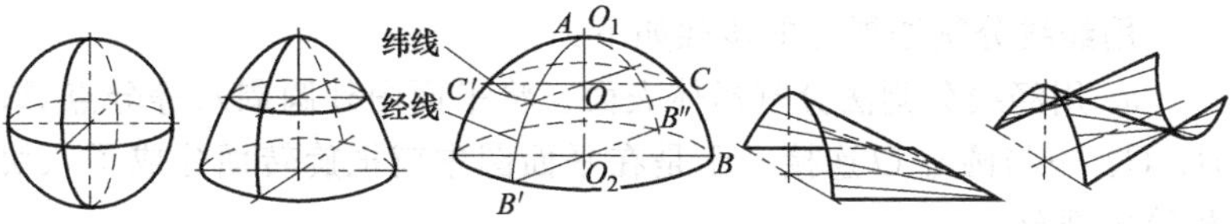

图2-23 不可展表面的种类

尽管不可展曲面不能百分之百精确地展开来，但是却可以近似地展开来。例如，一个乒乓球，可以把它的表面撕成很多小块，然后把每一小块都看成是一小块平面，然后把这些被认定的小平面铺到同一个平面上，这样，乒乓球表面就被近似地展开了。根据这一设想，就可得到不可展曲面近似展开的原理：根据被展曲面的大小和形状，将其表面按某种规则分割成若干部分，再假定所分成的每一小部分都是可展的曲面，最后，再应用适当的展开方法，把所认定的每一小块可展曲面一一展开，从而得到不可展曲面的近似展开图。

（1）不可展旋转面的近似展开

按将不可展旋转表面分割成若干小部分所用规则的不同，不可

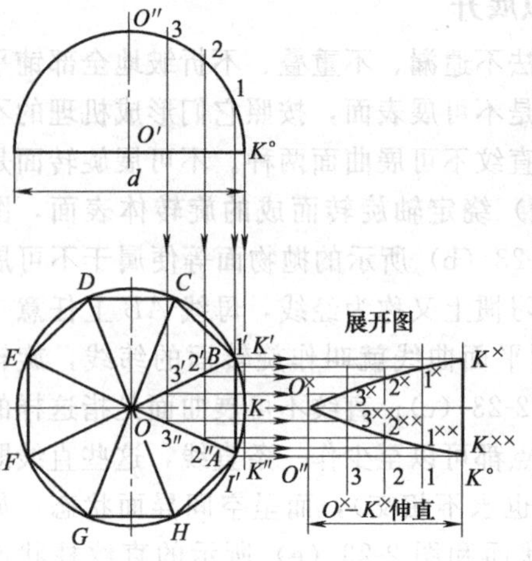

图 2-24　半球面的经线分割法展开

展旋转面所采用的方法分经线分割法、纬线分割法、经线纬线联合分割法几种，其展开操作的方法如下。

① 经线分割法　经线分割法的展开原理是顺着经线的方向把不可展旋转面分成若干部分，然后把每两相邻经线之间的不可展曲面，看成是沿经线方向单向弯曲的可展曲面，这样就可以用平行线法展开每一小块曲面。图 2-24 为半球面的经线分割法展开。

用经线分割法展开的步骤如下：

a. 用经线分割法分割形体表面。将平面图外圆周八等分点 A、B、C、…与圆心 O 连接，于是在平面图中就把旋转面分成了八块相等的部分。

b. 假定相邻两经线之间的不可展曲面被沿经线方向单向弯曲的曲面代替，或者说，把相邻经线之间的不可展曲面看成是沿经线方向弯曲的可展曲面。

c. 用平行线法作出每一小块的展开图，现以 OAB 部分为例说明如下：首先添加一组平行素线，过主视图 $O''K^{\circ}$ 上任意点 1、2、3 及 K° 引铅垂线交平面图中 OB 于 $1'$、$2'$、$3'$、K'，交 OA 于 $1''$、$2''$、$3''$、K''，于是 $1'1''$、$2'2''$、$3'3''$、$K'K''$ 就是一组互相平行、且在平面图中反映实长的可展曲面的素线，然后在 $K'K''$ 的垂线方向上，将主视图中的 $K^{\circ}O''$ 伸直并照录其上 1、2、3 各点，过照录点引 $K'K''$ 平行线，与由平面图 O、$1'$、$1''$、$2'$、$2''$、…K'、K'' 各点所引 $K'K''$ 的垂线同名对应相交，把交点用平滑曲线顺次相连，于是就得到不可展旋转面的八分之一近似展开图。

② 纬线分割法　纬线分割法的展开原理是在旋转面上画了若

干条纬线；再假定位于相邻两纬线之间的不可展旋转面，近似为以相邻纬线为上下底的正圆锥台的侧表面，然后再把各个正圆锥台的侧表面全部展开，从而得到不可展旋转面的近似展开图。图 2-25 为半球面的纬线分割法展开。

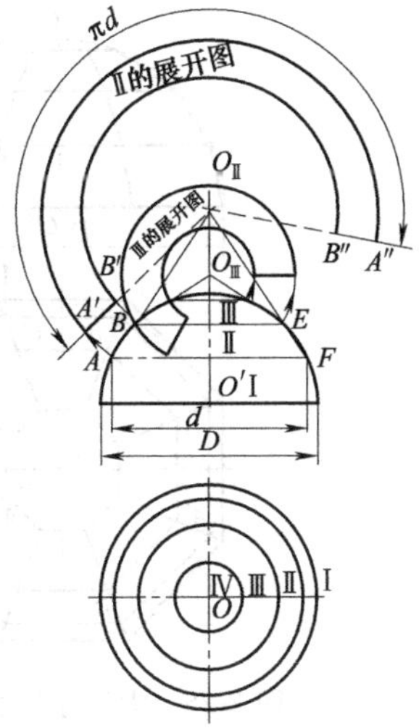

图 2-25　半球面的纬线分割法展开

用纬线分割法展开的步骤如下：

a. 用纬线分割法分割形体表面。在主视图中任作三条纬线（就是三条水平线），于是就把旋转面分成四部分。

b. 把第Ⅰ、Ⅱ、Ⅲ部分看作是三个大小不同的正圆锥台的侧面，把第Ⅳ部分看作是平面圆形。

c. 利用扇形展开法作每一部分的展开图。现以图中第Ⅱ小部分的展开为例，说明如下：首先延长 AB、EF，使与旋转轴线交于 $O_{Ⅱ}$，$O_{Ⅱ}$ 就是展开图的圆心；然后量出 AF 的尺寸，AF 就是小圆锥台Ⅱ的下底直径 d；以 $O_{Ⅱ}$ 为圆心，以 $O_{Ⅱ}A$、$O_{Ⅱ}B$ 分别为半径画弧，在外弧上截取 $A'A''$ 长等于 πd，然后连接 $O_{Ⅱ}A'$、$O_{Ⅱ}A''$，于是 $A'B'B''A''A'$ 就是第Ⅱ小部分的展开图，其他各块也用同法展开后，就得到不可展旋转面的近似展开图。

③ 经线纬线联合分割法　经线纬线联合分割法就是在一个构件的展开中同时采用了经线分割法及纬线分割法，经线纬线联合分割法适用于大型的旋转面的近似展开，像直径十几米乃至几十米的房盖、大油罐等等。如图 2-26 所示为大尺寸半圆弧球面的经线纬线联合分割法展开。

用经线纬线联合分割法展开的步骤如下：

a. 用经线、纬线联合分割旋转面成若干部分，把平面图外圆周八等分（等分数目越多就越精确），然后将等分点与中心 O' 相连

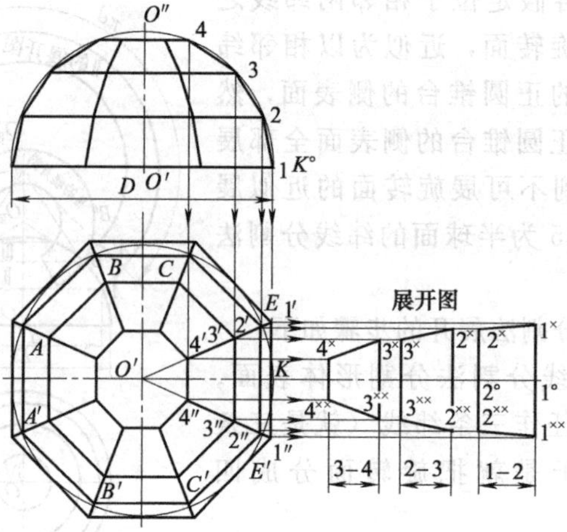

图 2-26 大尺寸半圆弧球面的经线纬线联合分割法展开

接（这是经线分割）；过主视图 $O''K^{\circ}$ 上任意点 1、2、3、4，作铅垂线交平面图中 $O'E$ 于 $1'$、$2'$、$3'$、$4'$ 各点，交 $O'E'$ 于 $1''$、$2''$、$3''$、$4''$ 各点，用折线连接 1234，过 1、2、3、4 作水平线。然后，以 O' 为圆心，以 $O'1'$（$O'1''$）、$O'2'$（$O'2''$）、$O'3'$（$O'3''$）、$O'4'$（$O'4''$）分别为半径画圆，于是把旋转面用纬线法分割完毕；在平面图中把经线和纬线的交点用折线依次连接起来；如果把中心的八边形当成一块下料，那么上述各连线就把旋转面分割为二十五个小块，例如 $1'2'2''1''1'$、$2'3'3''2''2'$、$3'4'4''3''3'$ 就是其中的三块。

b. 把所分成的二十五块不可展曲面都看作是平面，也就是其中的二十四块为平面小梯形，另一块（顶部）是平面正八边形。

c. 分别展开各块小平面。很明显，顶部的那块料的展开图就是平面图的中心部位的正八边形，其他各块小平面梯形的展开图均可用平行线法得出，今以展开 $1'2'2''1''1'$ 为例说明如下：在 $1'1''$ 的垂线方向上截取 $1^{\circ}2^{\circ}$，使 $1^{\circ}2^{\circ}$ 等于主视图中相应弧长 12，过 1°、2° 作 $1'1''$ 的平行线，与由 $1'$、$2'$、$2''$、$1''$ 所作的 $1'1''$ 垂线同名对应相交于 $1^{\times}$、$2^{\times}$、$2^{\times\times}$ 和 $1^{\times\times}$，连接 $1^{\times}2^{\times}2^{\times\times}1^{\times\times}1^{\times}$，于是得 $1'2'2''1''1'$ 部分的展开图。再从主视图上来看，由下到上，每一层的八

个小梯形都是全等的，因此，只要分别画出每层中的一块展开料，其他各块展开料也就成为已知的了。

(2) 不可展直纹曲面的近似展开

直纹不可展曲面的近似展开，可采用三角线展开法，它的表面分割的规则与三角形展开法中的分割规则完全相同，即不可展直纹曲面的分割法是用三角形法。如图 2-27 为不可展直纹锥状面的三角形法展开。

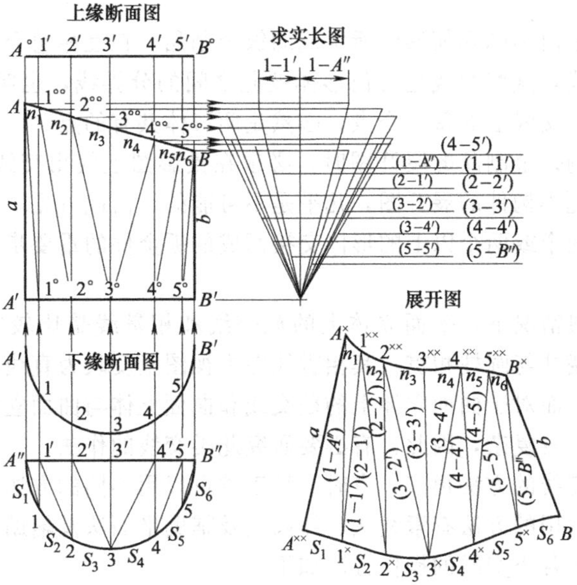

图 2-27　不可展直纹锥状面的三角形法展开

用三角形法展开的步骤如下：

① 分割形体表面成若干小三角形。将平面图中 $A''B''$ 六等分，过各等分点引铅垂线交 $A''B''$ 于 $1'$、$2'$、$3'$、…、$5'$，交主视图中 AB 和 $A'B'$ 于 $1^{\circ\circ}$～$5^{\circ\circ}$、1°～5° 各点，而后如图中所表示的那样，连成十二个小三角形。

② 求实长。本构件上缘反映实长，下缘在平面图中反映实长，左右边线在主视图中反映实长；唯有十一条连线不能反映实长，这

可用直三角形法求出实长来，在求实长图上，只标出了直角边长 $11'$和 $1A''$，其他未标，凡实长均用括号表示，如 $1A''$的实长用 ($1A''$) 表示。

③ 按上节所示的三角形法展开方法进行展开，便可得到不可展直纹锥状面的近似展开图。

2.3 求作相贯体交线的方法

对于由不同几何形体所组成的钣金制品，在互相组合的部位会产生交线，这些交线是几何形体彼此之间的分界线，也叫接合线、相贯线。交线上的每一个点，必然是两形体共有的点。

绘制钣金制品的展开图时，必须在投影图上找出交线，否则，要作出此类构件的展开图，几乎是不可能的。由此可见，作交线是展开由两个或两个以上的形体交接而成的钣金件的重要步骤和前提条件。

一般情况下，平面立体上的截交线和相贯线是比较容易作出的，如棱柱与圆柱相贯，其相贯线在主视图里反映为直线，作图比较简单，而对于曲面立体上的截交线和曲面立体与曲面立体相贯的相贯线就较复杂，因此，有必要研究此类交线的作法。

作交线的方法很多，有时一种工件可以用不同的方法作出它的交线。常用的方法有素线法、纬圆法及辅助平面法及辅助球面法几种，求作各类交线的操作方法如下。

(1) 素线法

素线法也称辅助线法，是一种在曲面上找点的方法，是根据曲面体自身的特点产生的，如圆柱面和圆锥面可以看作是由许多素线围聚而成的，而素线法求作交线就是通过在曲面上作辅助线，使曲面上的各点投影具有相应的位置，然后，根据投影的“三等”关系，便可把交线上各点的位置从其他视图里找出来。

素线法主要用于作圆柱体、圆锥体上的相贯线。图 2-28 是素线法在圆柱面和圆锥面上找点的原理图。

图 2-28 (a) 所示是在圆柱面上找点。可以把圆柱看成是由许

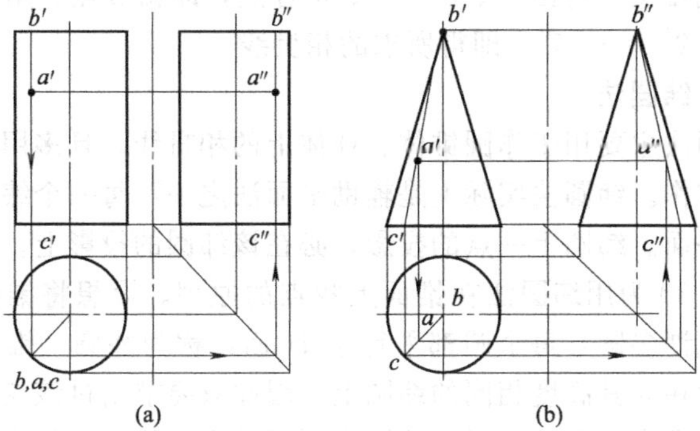

图 2-28 用素线法在圆柱面和圆锥面上找点

多直线沿着圆周密集排列而成，这些直线就是素线。圆柱面上任意一点 A 一定在过该点的素线 BC 上，因此只要求出该素线的投影，就能求出该点的投影。

图 2-28（b）所示是在圆锥面上找点。可以设想圆锥面是由许多素线组成的，圆锥面上任意一点 A，必在过 A 点的素线 BC 上，只要求出该素线的投影，即可求出该点的投影。

图 2-29 所示圆柱直交于圆锥面右侧的中间位置，其相贯线的可见部分和不可见部分是完全对称的，圆锥面上的交线可以用素线法作出。

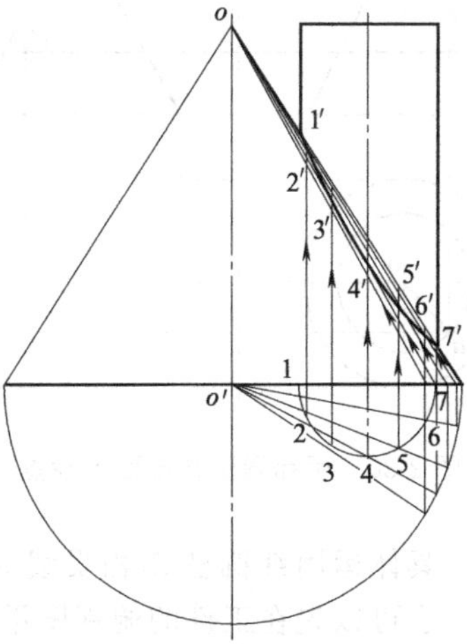

图 2-29 用素线法作圆柱与圆锥直交的交线

具体作图步骤如下：①在俯视图里等分圆管，由 o 点过圆管的等分点 2、3、…、7 等引素线，与底圆圆周相交，向上引垂直线，与底圆投影线相交；②由与底圆投影线相交的各点，向锥顶 o' 引一系列素线；③过圆管等分点 2、3、…、6 各点向主视图引垂直线，与主视图里相应的素线相交，得出 2′、3′、…、6′各点，即相贯点。用光滑曲线顺连 1′、2′、…、7′，即得所求的相贯线。

(2) 纬圆法

纬圆法主要用于作圆锥体、球体上的相贯线，且多用在球面上交线的求作。纬圆法实际上是辅助平面法之一，每一个纬圆就是一个辅助平面。纬圆上一点的投影，必在该纬圆的投影上。

图 2-30 为用纬圆法在锥面上找点的原理。设想将锥面沿水平方向切成许多圆，每个圆都平行于 H 面，称为纬圆。锥面上任意一点必然在与其高度相同的纬圆上，因此只要求出过该点的纬圆投影，就可求出该点的投影。从图中可以看出，纬圆在俯视图里反映为圆，而在主视图和侧视图上均积聚为一条与底圆相平行的直线。

图 2-31 为用纬圆法在球面上找点的原理。设想将球面沿水平方向切成许多圆，即纬圆。球面上任意一点必然在与其高度相同的某一纬圆上，因此只要求出过该点的纬圆投影，就能求出该点的投影。

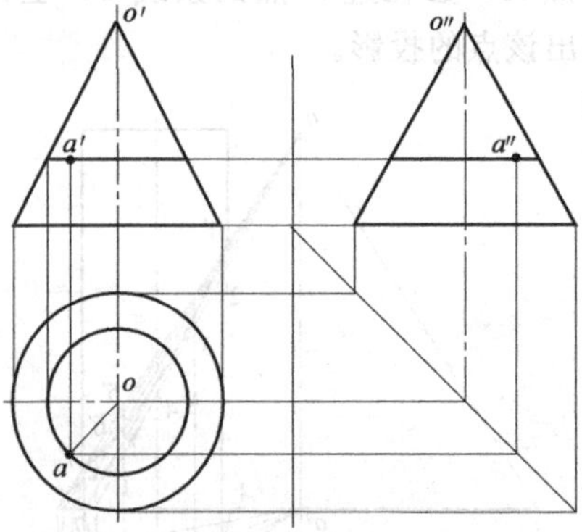

图 2-30　用纬圆法在锥面上找点

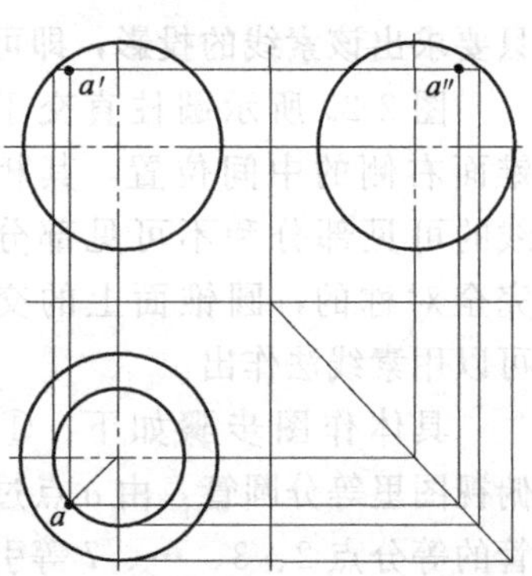

图 2-31　用纬圆法在球面上找点

具体运用纬圆法作相贯线时，可以先在工件的主视图里作纬圆，也可以先在工件的俯视图里作纬圆，应根据工件形状的特点去选择最合适的作图步骤。图 2-32 所示为用纬圆法作圆柱与圆锥直交的交线。与图 2-29 不同的是圆柱与圆锥为偏交，圆柱的一小部分偏出锥底之外。

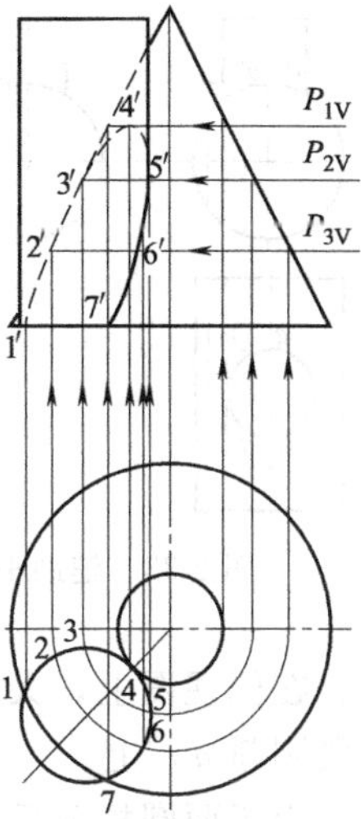

图 2-32 用纬圆法作圆柱与圆锥直交的交线

从图 2-32 中可以看出，该制品的相贯线也不能在俯视图里反映出来，因为与圆柱的水平投影相重合。根据这一特点，如果先在主视图里作纬圆，难以判断特殊点（最高相交点）的位置，而最高点的位置，最好从俯视图里圆管与圆锥的纬圆切点 4 得到，因此，这样的钣金制品应先从俯视图里作纬圆为好。

具体作图步骤如下：

① 先在俯视图里找出特殊点 1、4、7 三点。将圆管与圆锥体相贯的圆弧分成若干等份（图中分为 6 等份），得 2、3…等分点，过这些等分点作纬圆。

② 按照用纬圆法找点的投影规则，把俯视图里画好的三个纬圆画到主视图里去，即 P_{1V}、P_{2V}、P_{3V}。

③ 从俯视图 1，2，3，4…各等分点向上引垂直线，与纬圆 P_{1V}、P_{2V}、P_{3V}等相交得 1′，2′，…，7′各点，用圆滑曲线连接各点，即圆柱与圆锥直交的交线。

当然，在实际工作中，可以把圆柱移至与 V 面平行的中心线上，作展开图时比较方便。只有在特殊情况下，才用本例的方法作交线。

（3）辅助平面法

辅助平面法就是在相贯体上选取适当的辅助平面，使辅助平面与两个相贯的几何体相交，这样，在两个形体上都会产生截交线，两条截交线的交点就是相贯点。辅助平面法主要用于求作曲面立体上的相贯线，一般，在求作曲面立体相贯线上的交点（结合点）最常用的辅助平面主要采用以下三种：①过某形体素线又垂直于水平投影面的平面；②过某形体素线又垂直于正立投影面的切面；③同时截切两形体的水平切面。

图 2-33 所示为两个圆柱相贯体，选取了四个平行于侧视图的

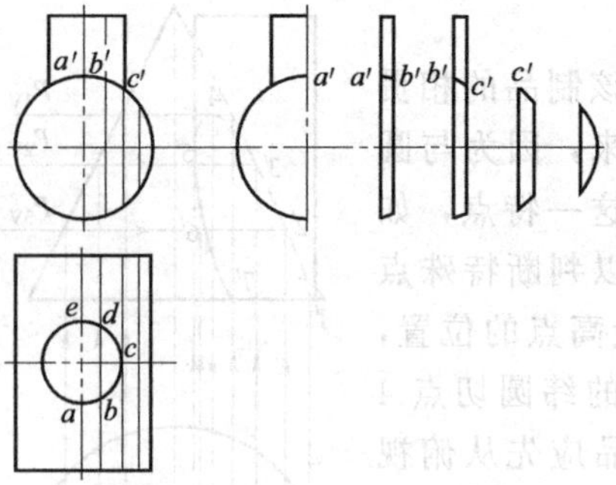

图 2-33 辅助平面法原理图

辅助平面，分别与这两个圆柱体相交，得到 a、b、…、e 等相贯点。

图 2-34 所示是用辅助平面法作两圆柱相贯的交线，是应用辅助平面法找相贯点的一个实例。

在俯视图上，小圆柱积聚为一个圆，所以两圆柱的交线投影，也落在这个圆上。在侧视图上，大圆柱积聚为一个圆，所以两圆柱的交线重合于一段圆弧 $a''c''$ 上。

由于两圆柱前后左右对称相交，最高点（或最左点、最右点）b'、d' 和最低点 a'（c'）可在视图中直接求出。

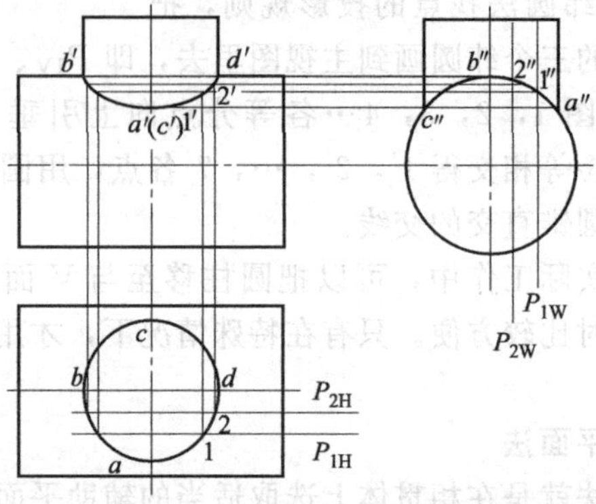

图 2-34 用辅助平面法作两圆柱相贯的交线

其余作图步骤如下：①选取辅助平面 P_1、P_2、…、P_n，使之平行于正立面（如图 2-34 中 P_{1H}、P_{2H}），在俯视图里与相贯线的投影交于 1、2、…各点，在侧视图上与相贯线的投影交于 1″、2″、…各点；②用辅助平面法的原理，由俯视图里的 1、2、…向上引垂直线，由侧视图上的 1″、2″、…向左引水平线，得交点 1′、2′、…；③用光滑曲线将交点和特殊点顺连起来，即为所求。

在实际工作中，对上述圆管一类制品，都是先等分圆管的截交面——圆，以此来确定辅助平面的位置，对作展开图比较有利。

因为通过对圆管的等分，可以用计算的圆周长对等分弧线进行准确展开。另外，也不一定要作三面视图，一般只作两面视图就够了，如图 2-35 所示。

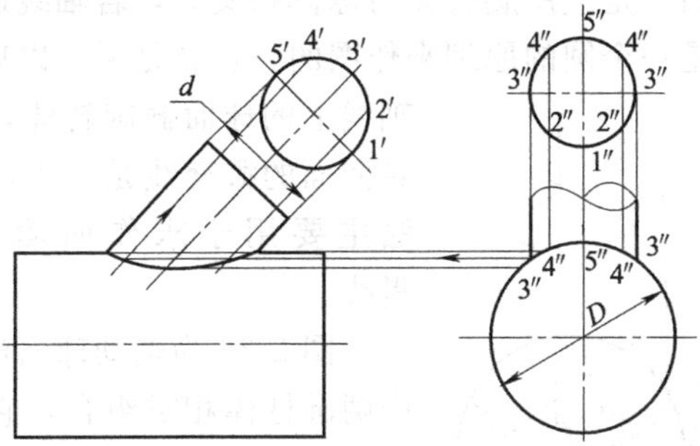

图 2-35　用辅助平面法作小圆管与大圆管斜贯的交线

图 2-35 为小圆管与大圆管斜贯。用辅助平面法作相贯线的具体步骤如下：①在主视图和侧视图上，作斜管的正截面图，并作若干等分（图中为 8 等分）；②过各等分点作斜圆管的素线，在侧视图上素线与大圆管的积聚投影相交，得交点 3″、4″、…，就是相贯点的侧立投影；③分别由各相贯点的侧立投影向正投影作投影连线，与相应的斜圆管素线相交，交点就是相贯点的正立投影；④把各点用圆滑曲线顺序连接起来，即相贯线的正立投影。

通过上述实例，可以归纳出采用辅助平面法求作任何相交形体交线的作图步骤：

① 在某一视图中确定切面的位置（也就是画出一组或几组平行线）；

② 应用素线法或纬圆法，把切面在甲形体上的截交线投到另一视图中，再把切面在乙形体上的截交线也投到这一视图中；

③ 找出同一切面上的两条截交线的交点，然后将交点用描点法连接起来，就得到结合线在该视图上的投影；

④ 应用素线法或纬圆法（一般利用第②步中的素线或纬线而

无需重画），把各结合点投到最初确定切面位置的视图中，然后用描点法画出结合线。

（4）辅助球面法

若两旋转体相贯，两轴线相交且平行于同一投影面时，用辅助球面法求其相贯的交点比较方便。

辅助球面法是应用旋转体与球体相交时，若轴线通过球心，它们的相贯线是一个圆的原理来作图的，也就是说，以球心在旋转体轴线上的球面截旋转体，则球面与旋转曲面的截交线是一个圆。辅助球面法主要用于求作曲面立体上的相贯线。

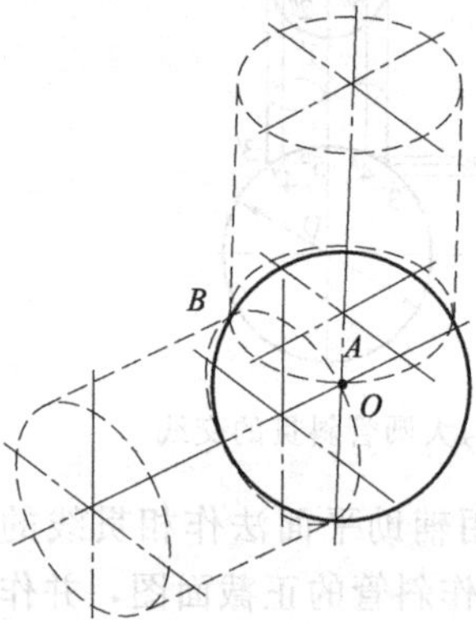

图 2-36　辅助球面法的原理

图 2-36 为辅助球面法的原理。图中两圆柱体相贯组合，它们的轴线相交于 O 点，以 O 点为球心，以适当的长度为半径作球面，同时交于两圆柱体，得出两圆截交线，这截交线相交于 A、B 两点，这两点是两圆柱面的共有点，也就是两圆柱相贯线中的相贯点。

图 2-37 是用辅助球面法作不等径圆管三通的相贯线。

具体作图步骤如下：

① 作出特殊点 a、b、c、d。以轴线交点 o 为球心，以 o 至 d 的距离 R_1 为半径作球面，所得两截交线的交点 b、d，即特殊点之一。如果所作的球超过了 b、d，则这两截交线就没有交点，因为 b、d 就是最高点。再以 o 为圆心，大圆柱的半径 R_3 为半径作球面，所得两截交线的交点 a 和看不见的

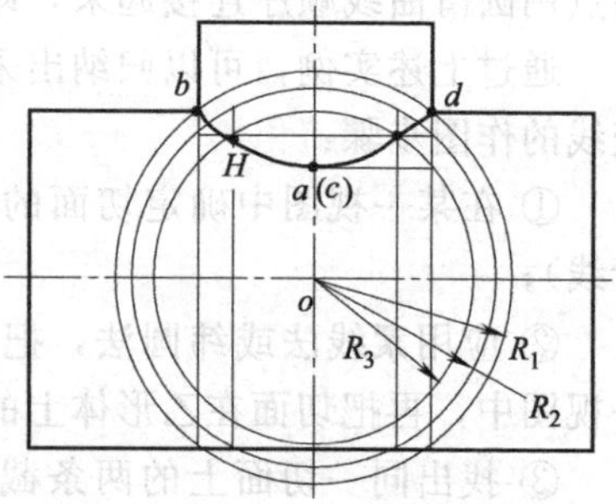

图 2-37　用辅助球面法作不等径圆管三通的截交线

交点 c，即特殊点之二。如果半径小于 R_3，所作的球面就得不到与大圆柱相交的截交线，因为 a（或 c）就是最低点。

② 以大于 R_3 小于 R_1 的半径 R_2 作球面，得出其他截交线的交点 H 等。

③ 以圆滑曲线顺连 b、H、a…各点，即为所求。

图 2-38 所示是圆柱与圆锥斜交，这两个旋转体的轴线有一个共同的交点 O，两根轴线又平行于同一个投影面，因此可以用辅助球面法作相贯线。若圆柱不是正交而是偏交，即两轴线没有共同的交点，或不平行于同一投影面，就不能用辅助球面法作相贯线。

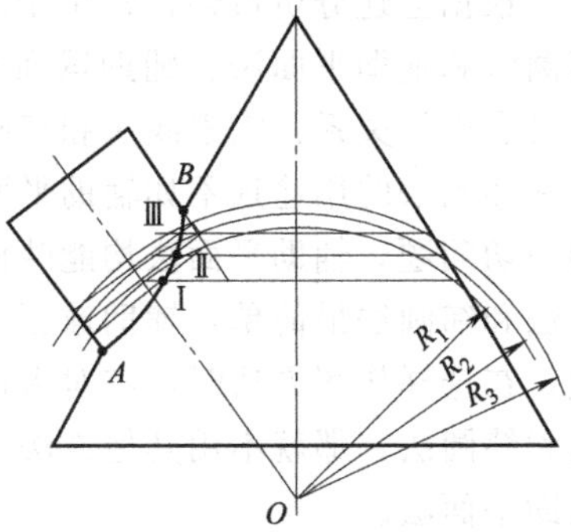

图 2-38 用辅助球面法作圆柱与圆锥斜交的交线

由于两形体是正交，它们的轮廓线之交点 A、B 是相贯线的最低点和最高点，即两个特殊点。要在两点的中间求出一系列的相贯点，才能得到相贯线。

具体作图步骤如下：①运用辅助球面法，以 O 为圆心，在 A、B 两点中间选择若干位置为半径作一系列的圆（图中为清晰起见只作三个圆），这些圆都要通过两形体的轮廓线，从而得出一系列的交点；②过圆柱轮廓线上的交点作圆柱轴线的垂直线，过圆锥轮廓线上的交点作圆锥轴线的垂直线，两组垂直线相交，得到Ⅰ、Ⅱ等一系列的交点，即相贯点；③用圆滑曲线顺连相贯点和特殊点，即得圆柱与圆锥斜交的交线。

通过上述实例，可以归纳出采用辅助球面法求作交线的作图步骤：

① 以两相交旋转体轴线的交点为圆心作一系列辅助球面，也就是作一系列同心圆（圆的半径不得过大和过小，否则同一球面的截交线没有交点）；

② 找出同一球面在两相交形体上的截交线，这只要把圆与形

体的交点相应连接即可，然后再找到同一球面在两相交形体上的截交线的交点，最后用描点法把上述交点，以及不求自有的结合点（即两形体边线交点）顺序连接起来，得结合线。必须注意，这两个步骤都是在同一视图上进行的。

（5）求交线方法的选择与应用

根据上述分析可知，常用于求作相贯线的方法主要有素线法、纬圆法和辅助平面法、辅助球面法四种。从作图的应用范围来看，其具有以下关系：①素线法和纬圆法是辅助平面法的基础；②素线法和纬圆法的用途远不如辅助平面法广泛；③辅助球面法所能解决的一切问题，辅助平面法均能胜任；④从作图的简便程度来看，素线法和纬圆法最简单，辅助球面法次之，辅助平面法最为复杂。因此，在选择作图方法时，应对求作的交线进行分析，如果能用素线法和纬圆法，那就不用其他方法，如果能用辅助球面法，那就不用辅助平面法。

一般情况下，素线法和纬圆法这两种方法是可以交替使用的，但素线法一般多应用于具有主、俯二视图以及主、左或右视图表达的钣金构件，而纬线法一般只应用于具有主、俯视图表达的钣金构件。

尽管选择素线法和纬圆法求作交线最迅速、最简便，但使用有一共同的条件，即：在二视图或三视图中，相交形体的结合线必须在其中的一个视图上表现出来，也就是说，相交形体的结合线必须在某一视图中是已知的。如果在任何一个视图上都没有已知的结合线，素线法和纬圆法将无法使用，此时，便只能采用辅助平面法求作了。

一般来说，两相交形体中，如果有一个是柱形体（棱柱或圆柱、椭圆柱等），且柱形体垂直于某投影面，那么在这种情况下，柱形体在该投影面上的投影或者就是结合线，或者包含了结合线，由此结合线在投影图中就成为已知的了，因而可以满足素线法和纬圆法的使用条件。

而是否选择辅助球面法求作交线，必须满足以下的使用条件：①两相交形体必须都是旋转体；②两旋转体的轴线必须空间相交，交点就是辅助球面的球心；③两旋转体的轴线必须同时平行于某投影面（一般为正立投影面），即两轴线必须在同一视图上表现为实长，以上三个条件缺一不可。

(6) 作交线的注意事项

在求作交线时应注意以下几点。

① 首先应分析制件的形状特点，然后选择最适宜的方法作交线。

② 相贯线的特殊点如最高点、最低点，一般需首先求出。

③ 连接相贯点时要注意，两个相贯点位于一个表面的相邻素线上，同时也位于另一个表面的相邻素线上，这两点才可以相连，否则就不能相连。

④ 应分清所求曲线的可见部分和不可见部分。两个表面可见部分的相贯线、点才是可见的，否则是不可见的。有可见部分和不可见部分时，一定要求出可见部分和不可见部分的分界点。

2.4 板厚处理和加工余量

在钣金展开料的生产过程中，在正确求作展开图过程中，还需要考虑到加工材料厚度的影响，即进行适当的板厚处理。这是因为任何一个钣金制件，板料必然都有厚度，也就是有里皮、外皮和板厚中心层［见图 2-39（a）］，在加工过程中，它们将发生不同的变形。

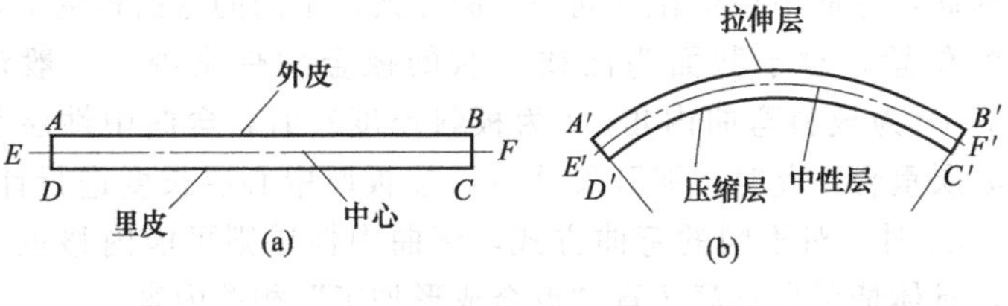

图 2-39　金属板的弯曲变形

图 2-39（b）所示的金属板弯曲时，里皮因挤压而缩短，外皮因拉伸而伸长，而在某些情况下，板厚中心层也将发生变形，板料

中只有某一层的金属变形前后长度不变（板厚中性层），因此，在展开下料时，确定中性层位置，并以中性层作为标准的展开长度就是在展开图求作中必须考虑的问题，而消除板厚对构件尺寸和形状的影响，保证钣金构件的加工要求所采取的相应措施，这一实施过程就叫板厚处理。

另一方面，在展开料的生产加工以及钣金构件的连接与装配中，还必须考虑加工余量。这是因为，当板料采用气割下料时，由于切割加工的需要，在钣金展开料中就必须考虑气割间隙的加工余量，而在钣金构件的铆接、焊接等连接过程中，又必须在展开料中留出足够的连接用料等。

在生产加工实际中，影响展开下料尺寸的因素往往是多方面的，既有因生产设备、手段的不同，也有因加工方法的不同等造成的影响，但解决的措施不外乎板厚处理及加工余量两个方面。

2.4.1 板厚的处理方法

一般，在钣金构件精度要求不高的情况下，对于厚度小于1.2mm 的板料，可以不考虑厚度问题；如果板料厚度大于1.2mm，则板料会对工件尺寸和形状产生一定的影响，就必须考虑。具体有以下几方面。

(1) 截面为“曲线”形状构件的板厚处理

由上述分析可知，当板料弯曲时，里皮压缩，外皮拉伸，它们都改变了原来的长度，只有板厚中性层长度不变，但弯曲时长度不变的中性层受多种因素的影响，如材料性能、模具结构、弯曲方式等，因此，弯曲中性层在不同的弯曲方式、不同的弯曲程度下，有不同的位置。对于截面为曲线形状的钣金构件来说，一般认为 $r/t \geq 3$（r 为板料弯曲内角，t 为板料厚度）时，弯曲中性层与板厚中心层重合，此时，展开尺寸可以按板厚中心层长度进行计算；而 $r/t < 3$ 时，对不同的弯曲方式，弯曲中性层则可能内移也可能外移，具体情况参见第 7 章“钣金成形加工”相关内容。

(2) 截面为“折线”形状构件的板厚处理

板料弯折成折线形状时的变形与弯曲成弧状的变形是不同的，如图 2-40 所示截面为方形的直管，由于板料仅在角点处发生急剧

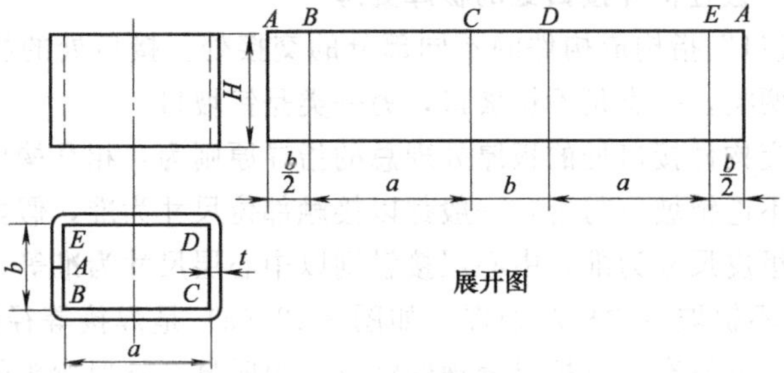

图 2-40　方形直管的板厚处理

弯折，除里皮长度变化不大外，板厚中心层与外皮都发生了较大的长度变化，所以矩形截面管的展开长度应以里皮的展开长度为准，这一以里皮为展开基准的原则，同样适用于其他呈折线形截面的构件。

(3) 锥形构件的板厚处理

对锥形的钣金构件在求作展开图时，一般应以板厚中心层的高度为准。

如图 2-41 (a) 所示的“天圆地方”构件，其侧表面均为倾斜状（所有锥体都是如此），因此上下口的边缘也不是平的，上下口都是外皮高里皮低，作展开图时，高度应取上下口板厚中心处的垂直距离 h，倘若板并不很厚，或者将来还要修边加工，那么可取上下边线的总高度；上口为圆形，故按中径为准计算，这里取中径值约等于 $D-t$ 计算展开图，下口为方形，故按里皮展开计算，这里可取边长值约等于 $a-2t$ 画图，见图 2-41 (b)。

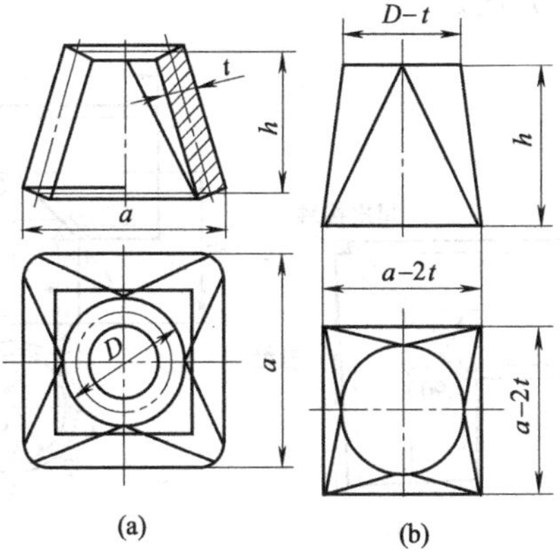

图 2-41　锥形构件的板厚处理

(4) 钣金构件接口处的板厚处理

“接口”指构成构件的不同部分的交接处。接口处的板厚处理可分为两类，一类是不铲坡口，另一类是铲坡口。

相交构件接口处的板厚处理总的指导原则为：相交构件的展开高度，不论铲坡口与否，一般都以接触部位尺寸为准，假如里皮接触则以里皮尺寸为准，中心层接触则以中心层尺寸为准等。

① 不铲坡口的板厚处理　如图 2-42（a）是焊接等径圆管 90°弯头接口处没有进行板厚处理的情形，很明显，不但弯头的角度不对，而且在接口的中部还有缝隙（俗称缺肉），既影响产品质量又增加焊接难度，图 2-41（b）所示为经过板厚处理的接口处情形，由图可知，两个圆管在接口处完全吻合，对弯头内侧，圆管外皮在 A 处接触，而弯头外侧，圆管里皮在四处接触，中间 O 点附近可以看成是圆管中径接触；由板的厚度 t 而形成的自然坡口，A 处坡口在里，四处坡口在外。由上述分析不难得出：圆管的展开高度，A 处以圆管外皮的高度为准，B 处以圆管的里皮高度为准，O 处以圆管的板厚中心层的高度为准。因此得出求作展开图时，板厚处理规则：截面图上的等分点 1～8，其中 1、2、8 三点画在外皮上，因为它们离 A 点近，同样 4、5、6 三点要画在里皮上，而 3、7 两点画在中径上。这样画好后才可以用平行线法作展开图。

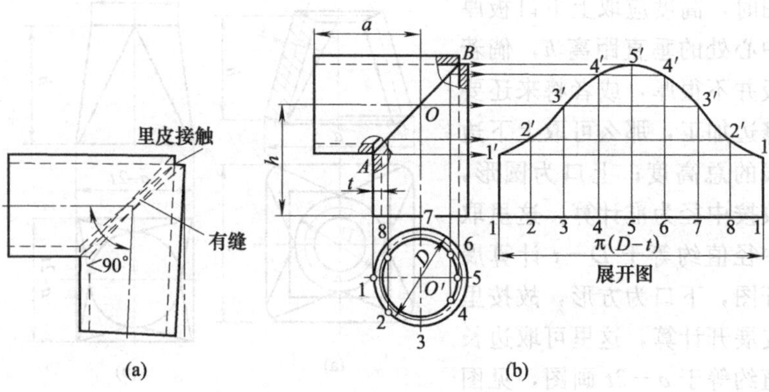

图 2-42　不铲坡口弯头的板厚处理

图 2-43 为不铲坡口的 T 形三通构件的板厚处理情形，支管的里皮和主管的外皮相接触，因此，支管展开图中的各处高度，应以里皮为准画出，主管孔的展开图，应以外皮为准画出。只有这样，才能使接口处严密而无缝隙。

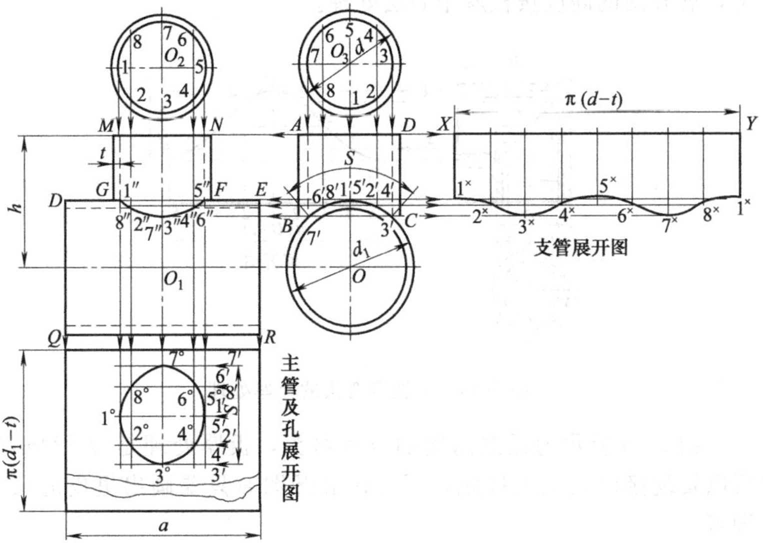

图 2-43　不铲坡口 T 形三通的板厚处理

② 铲坡口的板厚处理　一般说来，只有厚钢板才采用铲坡口加工，铲坡口的目的不仅便于焊接，提高接口强度，也是取得吻合接口的重要途径。坡口的形式根据板厚和具体施工要求的不同，可以分成 X 形坡口［见图 2-44 (a)］和 V 形坡口［见图 2-44 (b)］两大类。

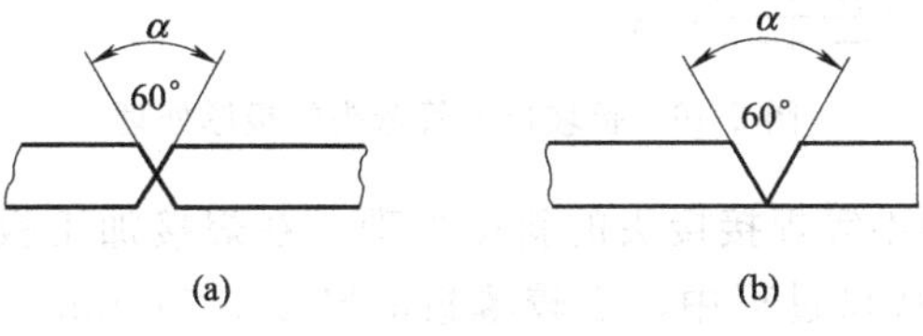

图 2-44　铲坡口的板厚处理

X 形坡口用于双面焊接，V 形修切坡口用于单面焊接。它们的修切角度 α 一般在 60°左右。

图 2-45 所示 90°圆管弯头，铲成 X 形坡口后，显然是板厚中心层接触，因此在展开图中只画出板厚中心层（图中的双点画线）即可，展开图的高度按板厚中心层处理。

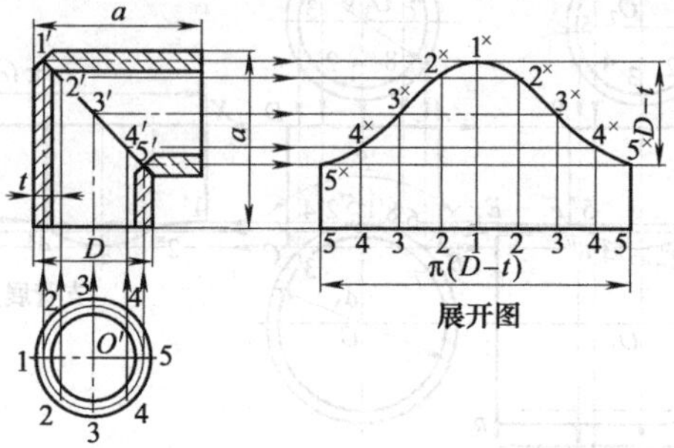

图 2-45　铲坡口弯头的板厚处理

图 2-46 所示为任意角度的方管弯头，板厚处理是 V 形坡口，可以发现接口处里皮接触，因此作展开图时只要画出里皮的尺寸即可。

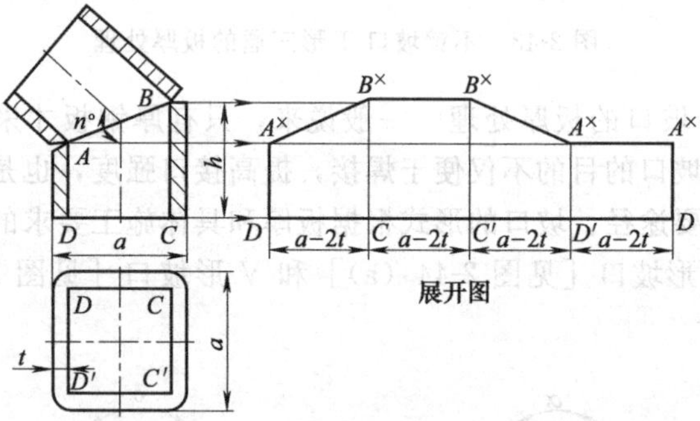

图 2-46　铲坡口方管弯头的板厚处理

③ 板厚不等焊接接头的斜度处理　在焊接加工板料厚度不等的钣金构件接口过程中，当较薄板的厚度 $t<10$mm，且两板厚度差超过 3mm；或当较薄板的厚度 $t>10$mm，但两板厚度差超过薄

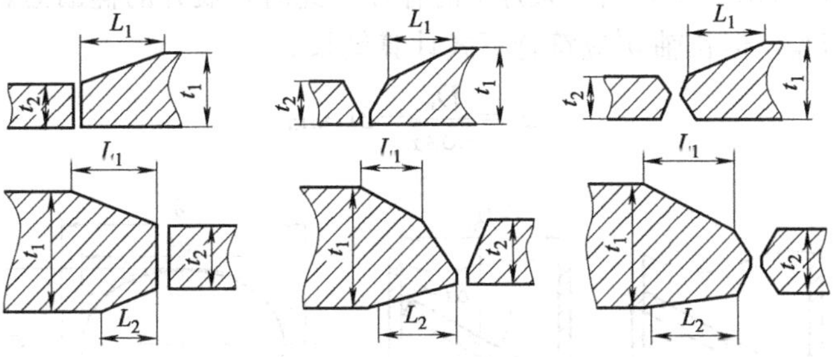

图 2-47　不同板厚焊缝接头的削薄处理

板厚度的 30%，或超过 5mm 时，均应按图 2-47 所示的要求单面或双面削薄厚板的边缘，或按同样要求采用堆焊方法将薄板边缘焊出斜面。

(5) 非弯曲成形的板厚处理

常见非弯曲成形的壁厚处理有如下几种类型。

① 厚度占据了构件的有效尺寸　当板料厚度占据了构件的有效尺寸时，其相邻构件的下料尺寸便应相应减小，如图 2-48 (a) 中件号 1 的下料高度尺寸 h 应等于 $B-t_2$；件号 2 的宽度尺寸 b 应等于 $A-2t_1$；图 2-48 (b) 件号 2 的宽度尺寸 b 应等于 $H-2t$；图 2-48 (c) 件号 2 的宽度尺寸应采用 L'，L'可用图解法或计算法求得。

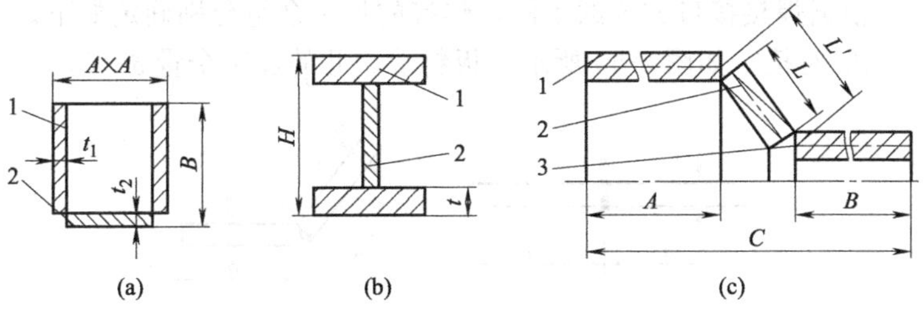

图 2-48　非弯曲成形的板厚影响

② 筒内插板的板厚处理　当在圆筒内倾斜安放未做板厚处理的内插板［见图 2-49 (a)］时，展开为一椭圆，其短轴 $b=D_n$，长轴 $a=D_n/\tan\alpha$，当在圆筒内倾斜安放做过板厚处理的内插板［见

图 2-49（b）］时，由于板厚 t 的存在，此时，展开的椭圆短轴 b 仍等于 D_n，但长轴 a'应符合下式计算结果。

$$a' = \frac{D_n}{\cos\alpha} - 2t\tan\alpha$$

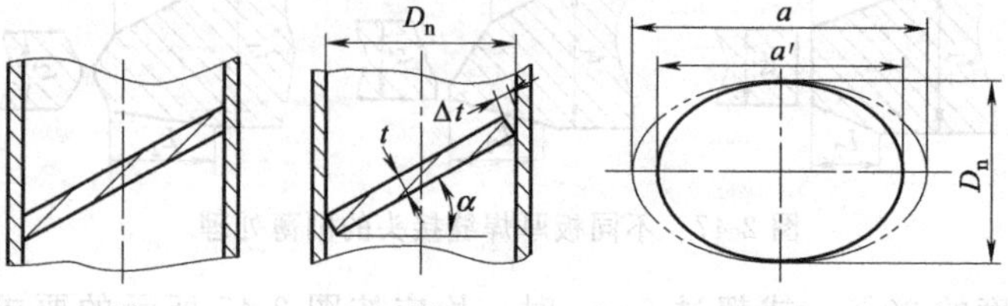

图 2-49　筒内插板的壁厚处理

图 2-49（c）给出了板厚处理与否的内插板长轴、短轴的对比。

2.4.2　加工余量的确定

从上述分析可知，在钣金件的制作过程中，由于下料及连接、装配的需要，在求作的展开图中，往往要进行工艺处理，即加放一定的修边余量，这种加放的修边余量就叫加工余量，而加放了加工余量的展开图称为展开料，展开料是生产加工中划线、放样的最终依据。加工余量的种类及确定方法主要有以下几方面。

（1）焊接时的加工余量

根据焊接接口方式的不同，焊接的加工余量分别确定如下。

① 对接　如图 2-50 所示，板料Ⅰ、Ⅱ的加工余量 $\delta=0$。

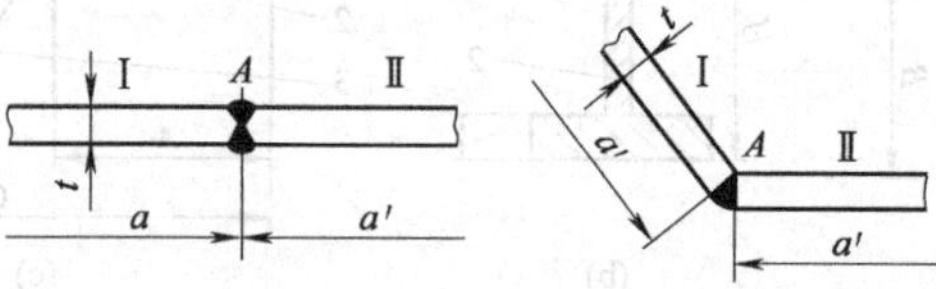

图 2-50　对接焊的加工余量

② 搭接　如图 2-51 所示，设 l 为搭接量，如 A 居 l 中点，则板料Ⅰ、Ⅱ的加工余量 $\delta=\frac{l}{2}$。

③ 薄钢板（1.2～1.5mm）用气、电焊连接，当采用图 2-52（a）所示的对接形式时，加工余量 $\delta=0$，采用图 2-52（b）、（c）、（d）相连接时，加工余量 $\delta=5\sim12$mm。

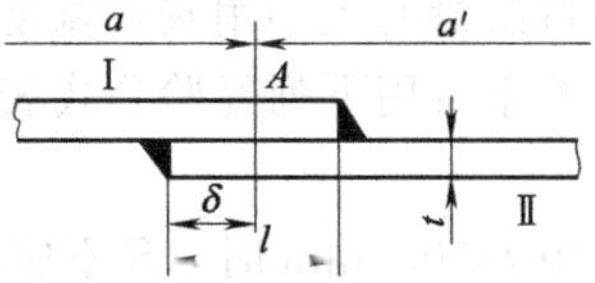

图 2-51 搭接焊的加工余量

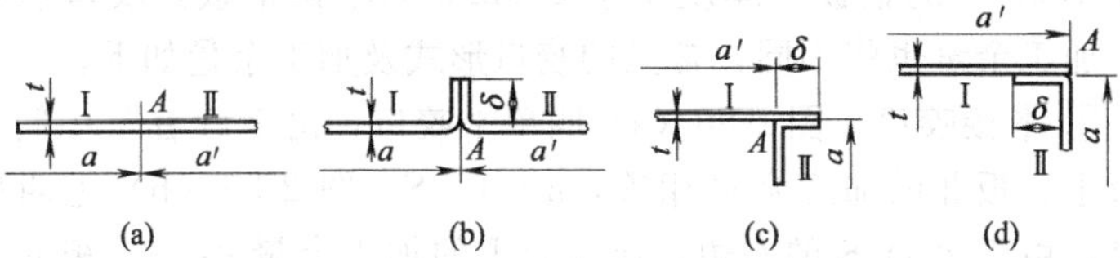

图 2-52 薄钢板气、电焊的加工余量

（2）铆接时的加工余量

根据铆接形式的不同，铆接的加工余量分别确定如下。

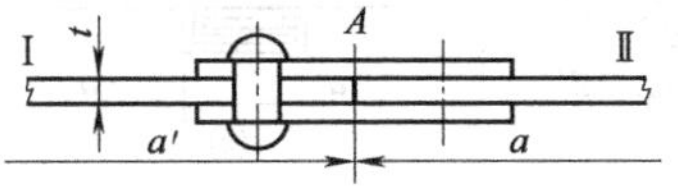

图 2-53 用夹板对接铆的加工余量

① 用夹板对接 如图 2-53 所示，板料Ⅰ、Ⅱ的加工余量 $\delta=0$。

② 搭接 如图 2-54 所示，设搭接量为 l，A 在中间，则板料Ⅰ、Ⅱ的加工余量 $\delta=\frac{l}{2}$。

③ 角接 如图 2-55 所示，板料Ⅰ的加工余量 $\delta=0$，板料Ⅱ的加工余量 $\delta=l$。

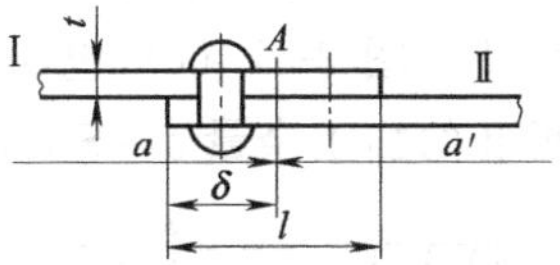

图 2-54 搭接铆的加工余量

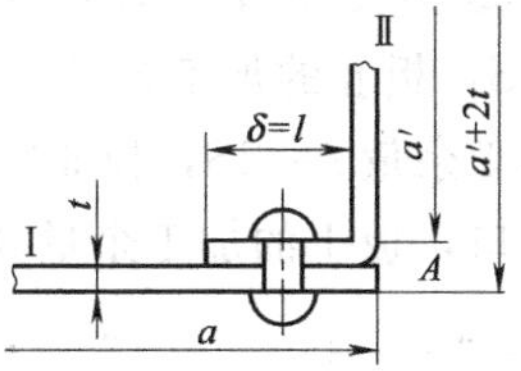

图 2-55 角接铆的加工余量

（3）咬口时的加工余量

咬口连接方式是将工件两端或两块板料的边缘折边扣合，并彼此压紧，使之成为一体，通常咬口的宽度叫单口量，用 S 表示。

咬口余量的大小用咬口宽度 S 来计量。咬口宽度 S 与板厚 t 有关，其关系可用下列经验公式表示

$$S=(8\sim12)t$$

式中 $t<0.7$mm 时，S 不应小于 6mm。

咬口连接方式主要适用于板厚小于 1.2mm 的普通钢板，厚度小于 1.5mm 的铝板和厚度小于 0.8mm 的不锈钢板。咬口形式不同，加工余量也将不同，常见的咬口形式及加工余量如下。

① 平接咬口　图 2-56（a）叫单平咬口，由于 A 在 S 中间，所以板Ⅰ、板Ⅱ的加工余量相等，$\delta=1.5S$；图 2-56（b）也叫单平咬口，由于 A 在 S 的右边，所以板Ⅰ的加工余量 $\delta=S$，板Ⅱ的加工余量 $\delta=2S$；图 2-56（c）叫双平咬口，由于 A 点在 S 的右边，所以板Ⅰ的加工余量 $\delta=2S$，板Ⅱ的加工余量 $\delta=3S$。

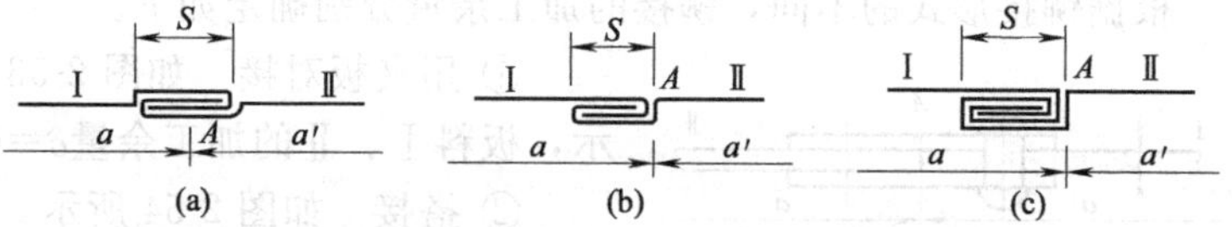

图 2-56　平接咬口的加工余量

由图可以看出，A 点的位置对于确定加工余量影响很大，例如图 2-56（a）中，如 A 点不在 S 中间而在 S 右端，则板Ⅰ的加工余量 $\delta=S$，板Ⅱ的加工余量 $\delta=2S$，这与原先的加工余量就不同了。

② 角接咬口　图 2-57（a）叫外单角咬口，板Ⅰ的加工余量 $\delta=2S$，板Ⅱ的加工余量 $\delta=S$；图 2-57（b）叫内单角咬口，板Ⅰ的加工余量 $\delta=2S$，板Ⅱ的加工余量 $\delta=S$；图 2-57（c）也叫外单角咬口，板Ⅰ的加工余量 $\delta=2S+b$，板Ⅱ的加工余量 $\delta=S+b$；图

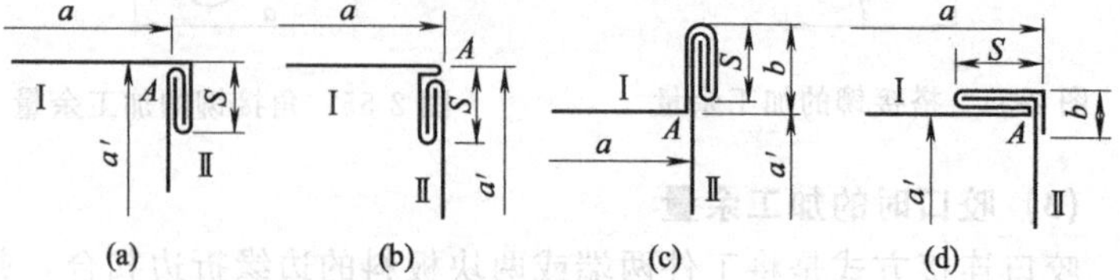

图 2-57　角接咬口的加工余量

2-57（d）叫联合角咬口，板Ⅰ的加工余量 $\delta=2S+b$，板Ⅱ的加工余量 $\delta=S$，这里 b=6～10mm。

(4) 构件边缘卷圆管的加工余量

构件的边缘卷圆管有两种用途，一是增加构件的刚度，二是避免飞边扎伤使用人员。卷管分两种，一种是空心卷管，一种是卷入铁丝，如图 2-58 所示，假设板厚为 t，卷管内径（或铁丝直径）为 d，L 为卷管部分的加工余量，则

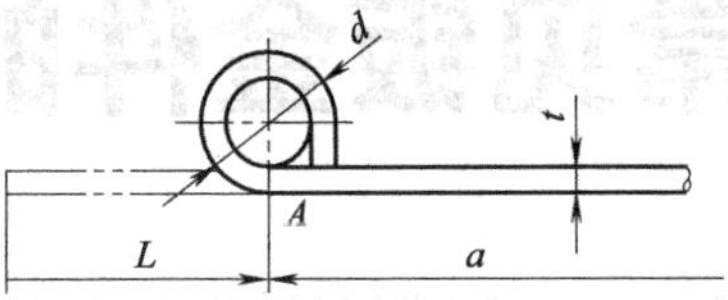

图 2-58　边缘卷圆管的加工余量

$$L=\frac{d}{2}+2.35(d+t)$$

另外，卷圆的直径 D 应该大于板厚 t 的三倍以上。

(5) 厚板料或型钢焊接时的加工余量

在厚板料或型钢焊接时，需要预留 1～5mm 的焊缝，这时的加工余量不再是正值而是负值。

(6) 切割加工时的加工余量

坯料切割下料时，由于切割间隙的影响，坯料将会缩小，因此，下料时要考虑切割间隙，留出加工余量。进行切割下料的加工方法主要有气割、等离子切割等，其切割间隙值见表 2-1。

表 2-1　火焰及等离子切割的切割间隙值　　mm

材料厚度	火焰切割		等离子切割	
	手工	半自动	手工	半自动
≤10	3	2	9	6
10～30	4	3	11	8
30～50	5	4	14	10
50～65	6	4	16	12
65～130	8	5	20	14
130～200	10	6	24	16

第3章 常见钣金件的展开计算

3.1 常见圆管构件的展开计算

正确、快速地绘制钣金构件展开图是生产合格钣金件的前提和基础，在实际生产中，为达到这一目的，常在运用上述介绍的各种展开方法的基础上，配合适当的展开计算对钣金件进行计算展开，从而使钣金的展开变得更快捷，且精度更高。

钣金件的计算展开就是用解析计算代替图解法的放样、作图过程，通过计算出展开图中点的坐标、线段长度和曲线的解析表达式，再通过计算机绘图软件绘出图形，或由计算机直接绘出图形和进行切割。

考虑到钣金件的图解法展开在生产中依然在运用，为此，以下各类钣金构件展开图的绘制将融入适当的计算展开进行。

常见的圆管构件主要由以下结构件组成，其展开计算如下。

3.1.1 等径直角弯头的展开计算

如图 3-1 所示两节等径弯头可视为截平面与圆管轴线成 45°截割后组成，斜口为椭圆，其展开为正弦曲线。两节对称展开图相同。曲线横坐标值等于圆管展开周长 $\pi(d-t)$，各点纵坐标值可通过圆管断面圆周等分角计算得出。计算公式为

$$y_n=\frac{1}{2}(d-2t)\cos\alpha_n \quad (\text{当}0\leqslant\alpha\leqslant90^\circ\text{时})$$

$$y_n=\frac{1}{2}d\cos\alpha_n \quad (\text{当}90^\circ<\alpha\leqslant180^\circ\text{时})$$

式中　y_n——展开周长等分点至曲线坐标值，mm；

d——圆管外径，mm；

t——板厚，mm；

α_n——圆管断面等分角，(°)。

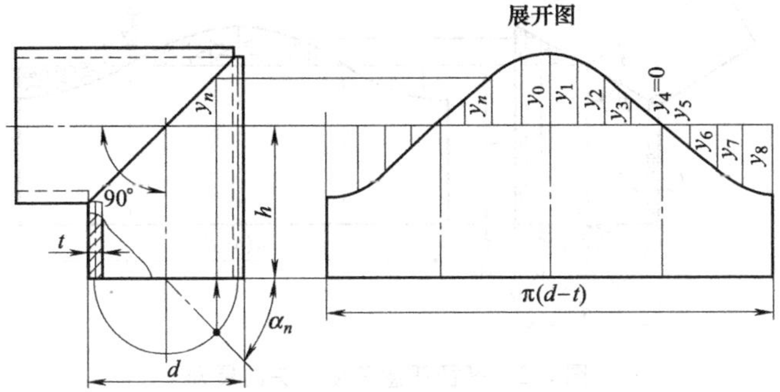

图 3-1　等径直角弯头的展开

上述计算公式，依据圆周等分数 n 数值的不同而应作相应的变化，假设圆周等分数为 16 时，则各等分点的计算公式分别为（后续各例所述与此相同，不再重复）

$\alpha_1=\frac{360°}{16}=22.5°$，$\alpha_2=45°$，$\alpha_3=67.5°$，$\alpha_4=90°$，$\alpha_5=112.5°$，$\alpha_6=135°$，$\alpha_7=157.5°$，$\alpha_8=180°$。

$$y_0=\frac{1}{2}(d-2t)\cos0°=0.5(d-2t)$$

$$y_1=\frac{1}{2}(d-2t)\cos22.5°=0.462(d-2t)$$

…

$$y_5=\frac{1}{2}d\cos112.5°=-0.191d$$

$$y_6=\frac{1}{2}d\cos135°=-0.354d$$

$$y_7=\frac{1}{2}d\cos157.5°=-0.462d$$

$$y_8=\frac{1}{2}d\cos180°=-0.5d$$

3.1.2 等径任意角度弯头的展开计算

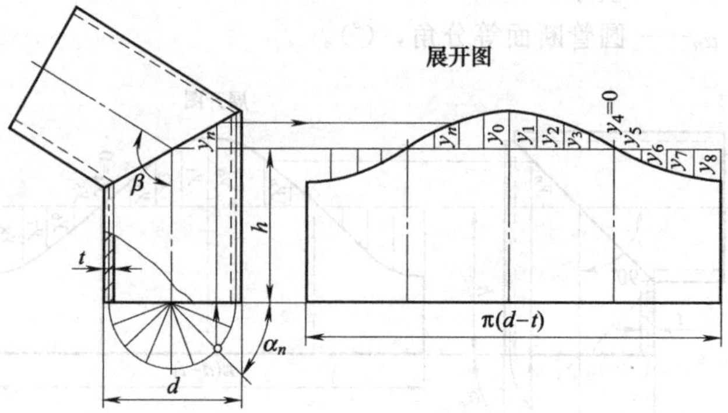

图 3-2　等径任意角度弯头的展开

如图 3-2 所示等径任意角度弯头的展开计算公式为

$$y_n=\frac{1}{2}(d-2t)\cot\frac{\beta}{2}\cos\alpha_n \quad (\text{当}0\leqslant\alpha\leqslant 90°\text{时})$$

$$y_n=\frac{1}{2}d\cot\frac{\beta}{2}\cos\alpha_n \quad (\text{当}90°<\alpha\leqslant 180°\text{时})$$

式中　y_n——展开周长等分点至曲线坐标值，mm；

d——圆管外径，mm；

t——板厚，mm；

β——两管轴线夹角，(°)；

α_n——圆管断面等分角，(°)。

3.1.3 三节等径直角弯头的展开计算

多节等径直角弯头是由若干截体圆管组合而成，通常按两端节和多中节组合，且两端节相等，图 3-3 为三节等径直角弯头展开图，其展开计算公式为

$$\beta=\frac{90°}{N-1}$$

$$\frac{h}{2}=R\tan\frac{\beta}{2}$$

$$h=2R\tan\frac{\beta}{2}$$

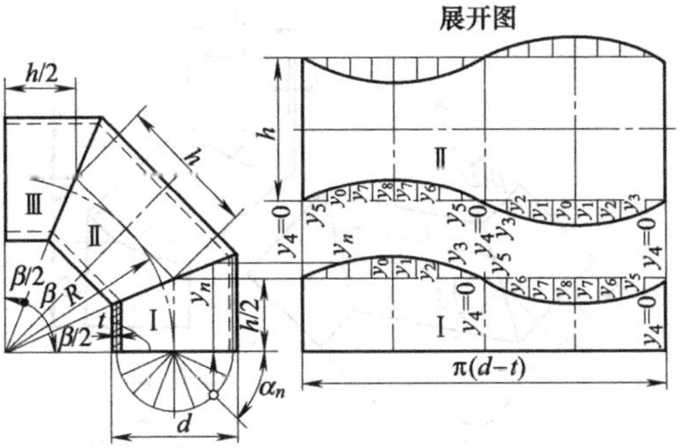

图3-3　三节等径直角弯头的展开

$$y_n=\frac{1}{2}(d-2t)\tan\frac{\beta}{2}\cos\alpha_n \quad (当0\leqslant\alpha\leqslant90^\circ时)$$

$$y_n=\frac{1}{2}d\tan\frac{\beta}{2}\cos\alpha_n \quad (当90^\circ<\alpha\leqslant180^\circ时)$$

式中　β——中心角，(°)；

N——节数；

$h/2$，h——端节、中节轴线长度，mm；

R——弯头中心半径，mm；

y_n——展开曲线坐标值，mm；

d——圆管外径，mm；

t——板厚，mm；

α_n——圆管断面等分角，(°)。

3.1.4　三节蛇形管的展开计算

图 3-4 所示的三节蛇形管两端节轴线平行于正投影面，在主视图中反映实长；中节向右、后倾斜，三节在主视图中不反映实形。图中已知尺寸为 H、h_1、h_2、a、d、t 及 ϕ。

其展开计算公式为

$$y_n=\frac{1}{2}(d-2t)\tan\frac{\beta}{2}\cos\alpha_n \quad (当0<\alpha\leqslant90^\circ时)$$

$$y_n=\frac{1}{2}d\tan\frac{\beta}{2}\cos\alpha_n \quad (当90^\circ<\alpha\leqslant180^\circ时)$$

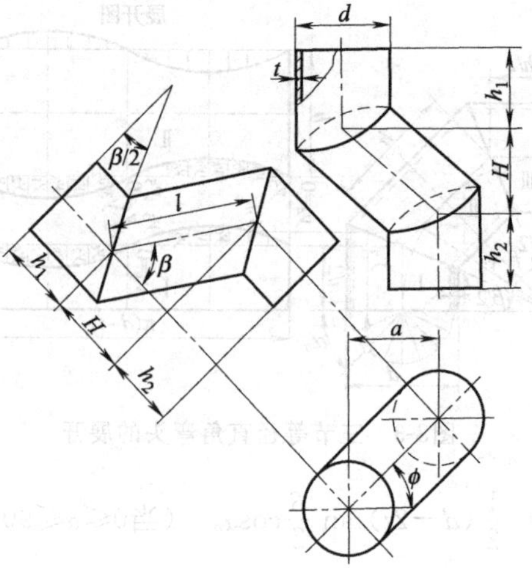

图 3-4　三节蛇形管的展开

$$l=\sqrt{H^2+\left(\frac{a}{\cos\phi}\right)^2}$$

$$\cos\beta=\frac{H}{l}$$

式中　y_n——展开周长等分点至曲线坐标值，mm；

l——中节轴线长度，mm；

α_n——圆管断面等分角，(°)；

$\beta/2$——计算角，(°)。

3.1.5　异径斜交三通管的展开计算

图 3-5 所示为支管与主管成 β 角斜交三通管，已知尺寸为 D、d、h、c、l 及 β。从图中可以看出两管斜交既有里皮接触（支管轴线以右部分）又有外皮接触（支管轴线以左部分）。当板厚不大时，为便于计算，一律用中径进行。

其展开计算公式为

$$y_n=\frac{1}{\sin\beta}\sqrt{R^2-r^2\sin^2\alpha_n}+\frac{r\cos\alpha_n}{\tan\beta}$$

$$h_n=h-y_n$$

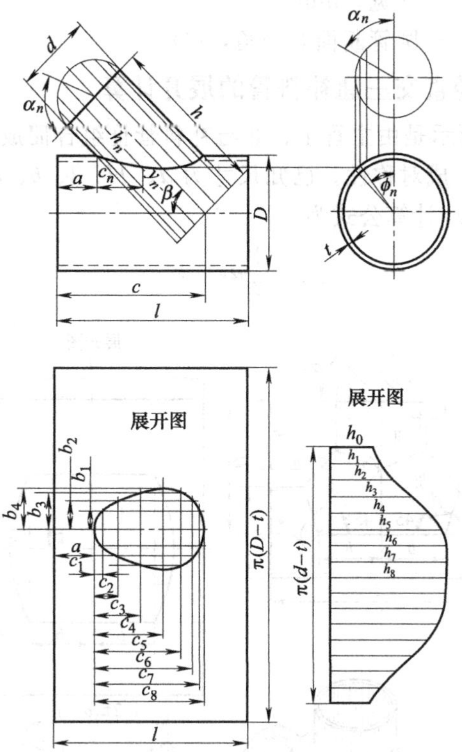

图 3-5 异径斜交三通管的展开

$$a=c-\left(r\sin\beta+\frac{R+r\cos\beta}{\tan\beta}\right)$$

$$c_n=(y_0-y_n)\cos\beta+r\sin\beta(1-\cos\alpha_n)$$

$$\tan\phi_n=\frac{r}{R}\sin\alpha_n$$

$$b_n=\frac{\pi R\phi_n}{180^\circ}$$

式中 R，r——主、支管半径，mm；

y_n——展开周长等分点至曲线坐标值，mm；

h_n——支管展开素线实长；

c_n——孔长，mm；

b_n——孔宽，mm；

α_n——圆管断面等分角，(°)。

3.1.6 等径直交三通补料管的展开计算

图 3-6 所示是由主管Ⅰ、Ⅱ与补料管Ⅲ组合而成。三管相贯线为平面曲线，成对称性。已知尺寸为 d、H、l、b、t 及 45°。展开曲线坐标值 y_n 计算公式为

$$y_n=\frac{1}{2}d\cot\beta\cos\alpha_n$$

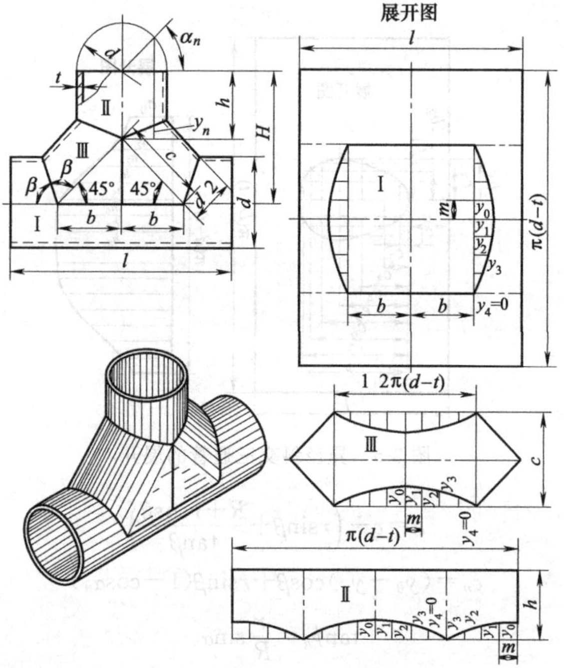

图 3-6 等径直交三通补料管的展开

由于 $\beta=\frac{1}{2}(180°-45°)=67.5°$，将 β 值代入上式则得

$$y_n=\frac{1}{2}d\cot67.5°\cos\alpha_n=0.207d\cos\alpha_n$$

$$c=\sqrt{2}b$$
$$h=H-b$$

式中　d——圆管外径，mm；

α_n——圆管断面等分角，(°)。

3.1.7　等径 Y 形管的展开计算

图 3-7 所示等径 Y 形管也是三通管的一种，其三管相贯线为平面曲线。当各管轴线平行于正投影面时，其相贯线在正面投影为三条汇交于一点的直线，绘图时可直接画出。已知尺寸为 d、h、l、t 及 β。各管展开曲线坐标值 y_n 计算公式为

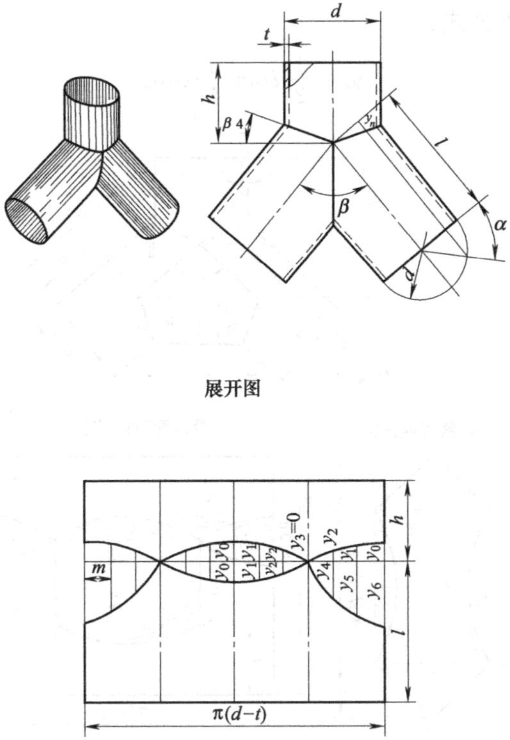

图 3-7　等径 Y 形管

$$y_n=\frac{1}{2}d\tan\frac{\beta}{4}\cos\alpha_n \quad (当0\leqslant\alpha\leqslant90°时)$$

$$y_n=\frac{1}{2}d\cot\frac{\beta}{2}\cos\alpha_n \quad (当90°\leqslant\alpha\leqslant180°时)$$

式中 y_n——圆管展开周长等分点至截口曲线坐标值，mm；

d——圆管外径，mm；

β——两支管轴线交角，(°)；

α_n——圆管断面等分角，(°)。

3.1.8 等径Y形补料管的展开计算

图3-8所示等径Y形补料管是由两节任意角弯头与管Ⅰ和补料管Ⅲ组合而成。已知尺寸为 d、h、a、l、t 及 β。各管展开曲线坐标值 y_n 计算公式为

$$y_n=\frac{1}{2}d\tan\frac{\beta}{4}\cos\alpha_n$$

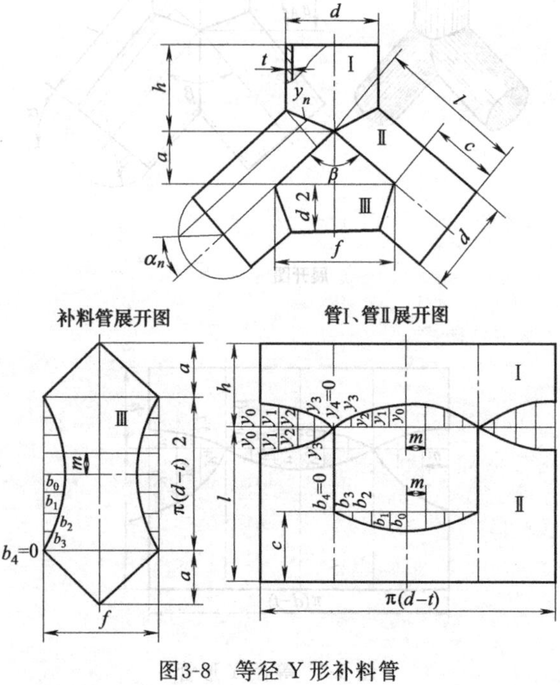

图3-8 等径Y形补料管

$$b_n=\frac{1}{2}d\tan\left(45°-\frac{\beta}{4}\right)\cos\alpha_n$$

$$f=2a\tan\frac{\beta}{2}$$

$$c=l-\frac{a}{\cos\frac{\beta}{2}}$$

式中 y_n，b_n——圆管展开周长等分点至曲线坐标值，mm；

d——圆管外径，mm；

β——两支管轴线交角，(°)；

α_n——圆管断面等分角，(°)。

3.1.9 等径人字形三通管的展开计算

图 3-9 所示为两组多节等径直角弯头组成的人字形三通管。已知

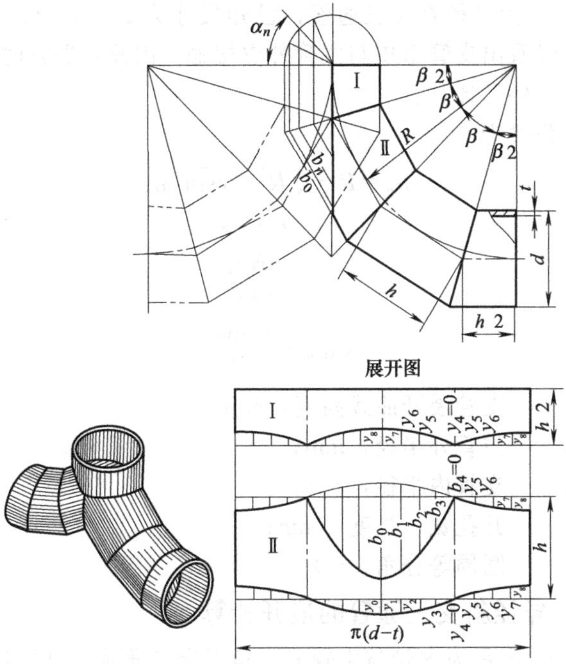

图 3-9 人字形三通管

尺寸为弯头中心半径 R、圆管外径 d、板厚 t 及节数 N（$N=4$）。

为避免作图繁琐，应使人字形管只在两节内结合（只切割两节管）。通过计算得出：当由四节等径直角弯头组成的人字形三通管中心半径 $R\geqslant1.336d$ 时，只在两节内结合。

若 R 小于上述比值时则在三节内结合（切割三节管）。为避免切割三节管，设计人字形三通管时，应取 $R\geqslant1.4d$。管Ⅱ切口部分素线长度 b_n 可通过计算得出。

计算公式为

$$b_n=\frac{1}{2}d\cos\alpha_n(\tan15^\circ+\cot30^\circ)=d\cos\alpha_n$$

式中 d——圆管外径，mm；

α_n——圆管断面等分角，(°)。

3.1.10 异径直交三通管的展开计算

图 3-10 为异径直交三通管，已知尺寸为 D、d、t、H、l。从视图中可以看出支管里皮与主管外皮接触。因此，展开时支管按内径，主管按外径计算。

计算公式为

$$h_n=R-\sqrt{R^2-r\sin^2\alpha_n}$$

$$b_n=r\sin\alpha_n$$

$$c_n=\frac{\pi R\beta_n}{180^\circ}$$

$$\sin\beta_n=\frac{r\sin\alpha_n}{R}$$

式中 h_n——支管展开曲线高度，mm；

R——主管外半径，mm；

r——支管内半径，mm；

b_n，c_n——开孔宽、长度，mm；

α_n——圆周等分角，(°)。

3.1.11 异径斜交三通管的展开计算

图 3-11 所示为支管与主管成 β 角斜交三通管，已知尺寸为 D、d、h、c、l 及 β。从图中可以看出两管斜交既有里皮接触（支管轴

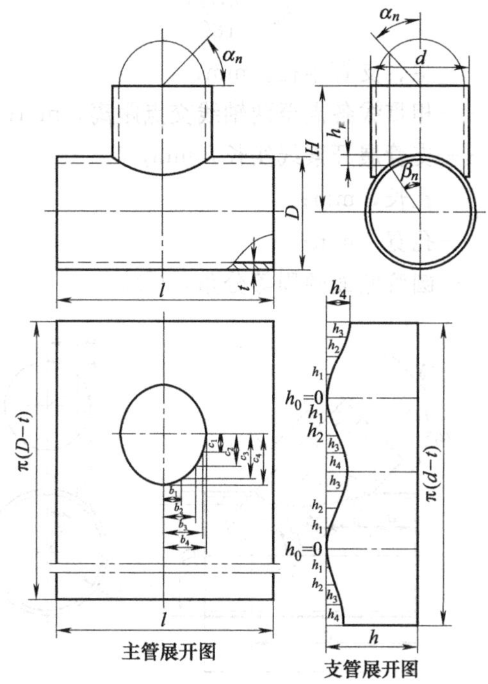

图 3-10　异径直交三通管

线以右部分）又有外皮接触（支管轴线以左部分）。计算展开料时，当板厚不大用内径或外径所确定的展开图及开孔尺寸，对构件质量影响甚微，可不考虑。为减少计算上的繁琐，凡属这类相贯件一律用外径进行计算。

计算公式为

$$y_n=\frac{1}{\sin\beta}\sqrt{R^2-r^2\sin^2\alpha_n}+\frac{r\cos\alpha_n}{\tan\beta}$$

$$h_n=h-y_n$$

$$a=c-\left(r\sin\beta+\frac{R+r\cos\beta}{\tan\beta}\right)$$

$$c_n=(y_0-y_n)\cos\beta+r\sin\beta(1-\cos\alpha_n)$$

$$\tan\phi_n=\frac{r}{R}\sin\alpha_n$$

$$b_n=\frac{\pi R\phi_n}{180^\circ}$$

式中　R，r——主、支管半径，mm；

y_n——相贯线各点至两轴线交点距离，mm；

h_n——支管展开素线实长，mm；

c_n——孔长，mm；

b_n——孔宽，mm；

α_n——圆管断面圆周等分角，(°)。

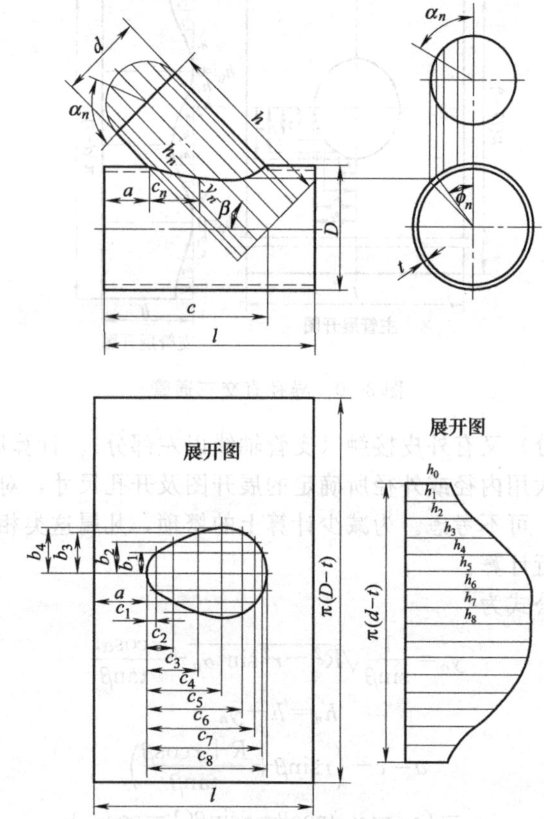

图 3-11　异径斜交三通管

3.1.12　异径偏心直交三通管的展开计算

图 3-12 所示为异径偏心直交三通管，偏心距为 y。已知尺寸主、支管外径 D、d，板厚 t、l 及 h。

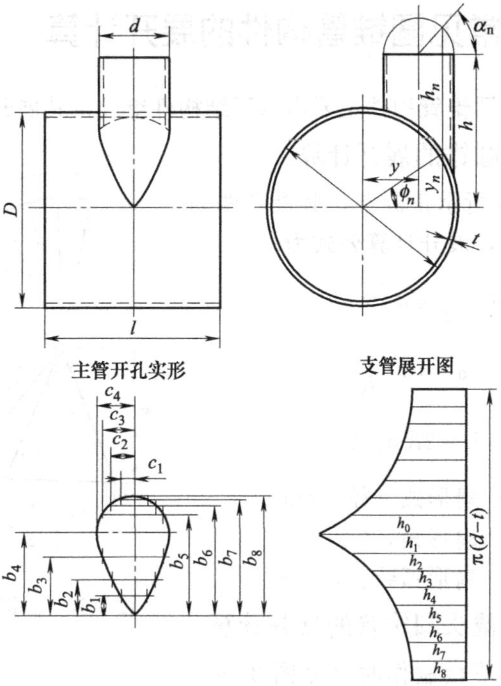

图 3-12　异径偏心直交三通管

计算公式为

$$h_n = h - \sqrt{R^2 - (r\cos\alpha_n + y)^2}$$

$$c_n = r\sin\alpha_n$$

$$\cos\phi_n = \frac{r\cos\alpha_n + y}{R}$$

$$b_n = \frac{\pi R\phi_n}{180^\circ}$$

式中　R，r——主、支管外半径，mm；

b_n，c_n——孔长、孔宽，mm；

h_n——支管展开素线实长，mm；

α_n——支管断面圆周等分角，(°)；

ϕ_n——计算角，(°)。

3.2 常见圆锥管构件的展开计算

常见的圆锥管构件主要由以下结构件组成，其展开计算如下。

3.2.1 正圆锥的展开计算

图 3-13 所示正圆锥，其展开图为一段扇形弧，展开计算公式为

$$R=\frac{1}{2}\sqrt{d^2+4h^2}$$

$$\alpha=180°\frac{d}{R}$$

$$L=2R\sin\frac{\alpha}{2}$$

式中 R——扇形弧半径，mm；

α——扇形角，(°)；

L——扇形弧弦长，mm。

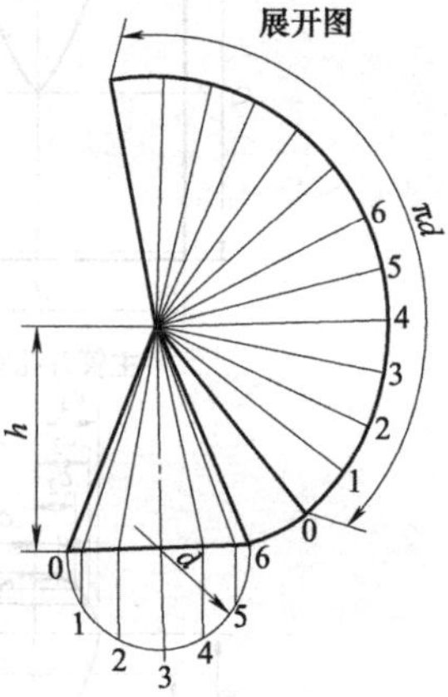

图 3-13 正圆锥的展开

3.2.2 正截头圆锥管的展开计算

当采用薄板制作时（见图 3-14），已知尺寸为 d、H、D，其展开计算公式为

$$R=\sqrt{\left(\frac{D}{2}\right)^2+\left(\frac{DH}{D-d}\right)^2}$$

$$r=\frac{d}{D}R$$

$$\alpha=180°\frac{d}{r}$$

$$L=2R\sin\frac{\alpha}{2}$$

$$h=R-r\cos\frac{\alpha}{2}$$

当 $\alpha>180°$时，$h=R+r\sin\dfrac{\alpha-180°}{2}$

式中各符号见图 3-14。

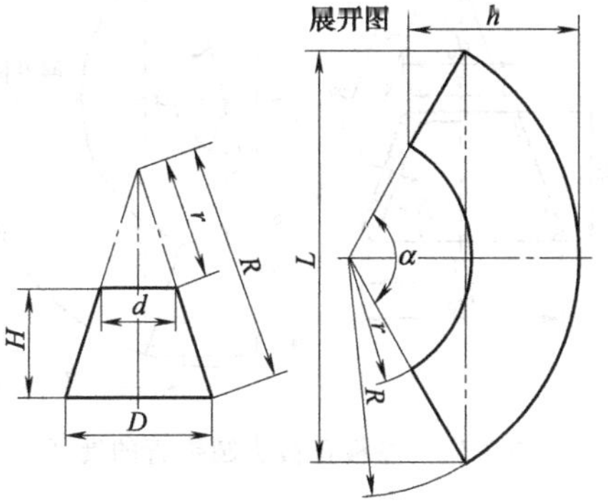

图 3-14　薄板正截头圆锥管的展开

当采用厚板制作时（见图 3-15），已知尺寸为大小头外径 D_0、d_0、板厚 t、高 H，展开时须进行板厚处理，其展开计算公式为

$$\tan\beta=\frac{2H}{D_0-d_0}$$

$$d=d_0-t\sin\beta$$

$$D=D_0-t\sin\beta$$

$$r=\frac{d}{2\cos\beta}$$

$$R=\frac{D}{2\cos\beta}$$

$$\alpha=180°\frac{d}{r}$$

$$L=2R\sin\frac{\alpha}{2}$$

$$h=R-r\cos\frac{\alpha}{2}$$

当 $\alpha>180°$时，$h=R+r\sin\dfrac{\alpha-180°}{2}$

式中各符号见图 3-15。

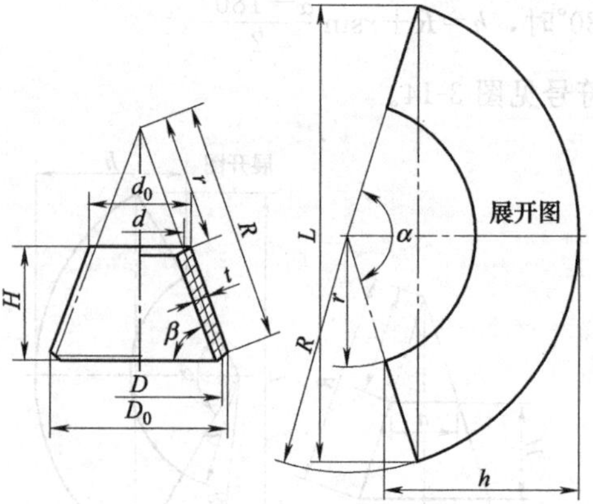

图 3-15　厚板正截头圆锥管的展开

3.2.3　斜切圆锥管的展开计算

图 3-16 所示圆锥管被一与水平面成 β 角的正垂面切割。展开尺寸为斜切后各素线实长。已知尺寸为 R、H、h 及 β。

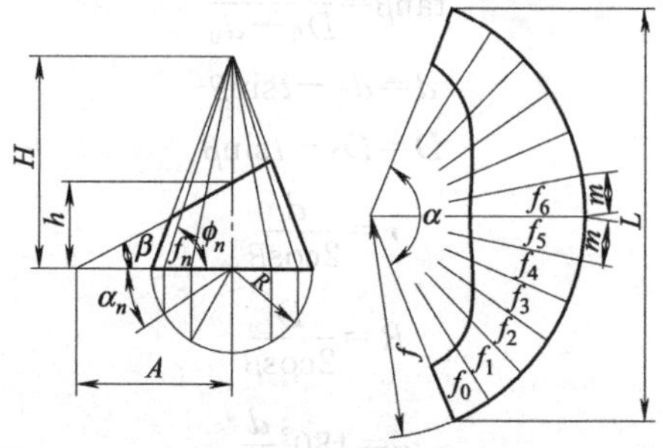

图 3-16　斜切圆锥管

计算公式为

$$f=\sqrt{R^2+H^2}$$

$$\alpha=\frac{360^\circ R}{f}$$

$$L=f\sin\frac{\alpha}{2}$$

$$m = D\sin\frac{180°}{n}$$

$$\tan\phi_n = \frac{H}{R\cos\alpha_n}$$

$$A = h\cot\beta$$

$$f_n = \frac{\sin\phi_n \sin\beta(A - R\cos\alpha_n)}{\sin\phi_0 \sin(\phi_n \pm \beta)}$$

3.2.4　斜圆锥的展开计算

斜圆锥轴线倾斜于锥底圆平面，用平行于锥底的平面截切斜圆锥时断面为圆，用垂直于轴线平面截切斜圆锥时，其断面一般为椭圆。

斜圆锥的展开原理也是用素线分割斜圆锥面为若干三角形小平面，用许多三角形平面去逼近斜圆锥面，并依次求出各三角形边长，再顺次将其一一展开为平面图形，如图 3-17 所示，图中已知尺寸为 D、h，且右边线垂直于锥底平面。

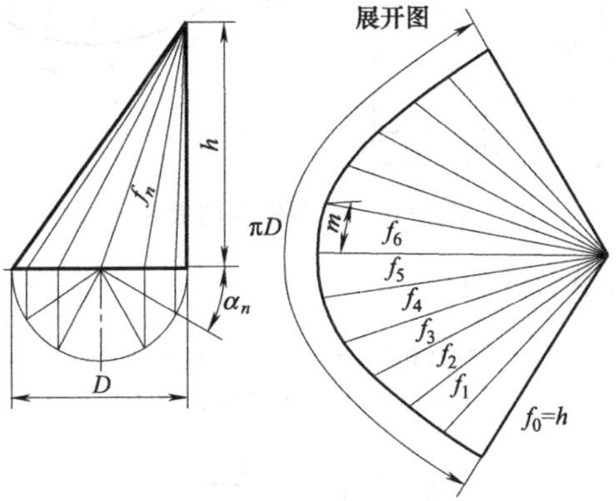

图 3-17　斜圆锥

计算公式

$$f_n = \sqrt{2R^2(1 - \cos\alpha_n) + h^2}$$

$$m = \sin\frac{180°}{n}$$

式中　f_n——素线实长，mm；

m——等分弧弦长，mm；

n——圆周等分数。

3.2.5　斜圆锥管的展开计算

图 3-18 为厚板制作的斜圆锥管，展开时须以板厚中心线所确定的斜圆锥管为准进行展开计算，已知尺寸为大小口外径 D_1、d_1、板厚 t、中心高度 h 及偏心距 l。

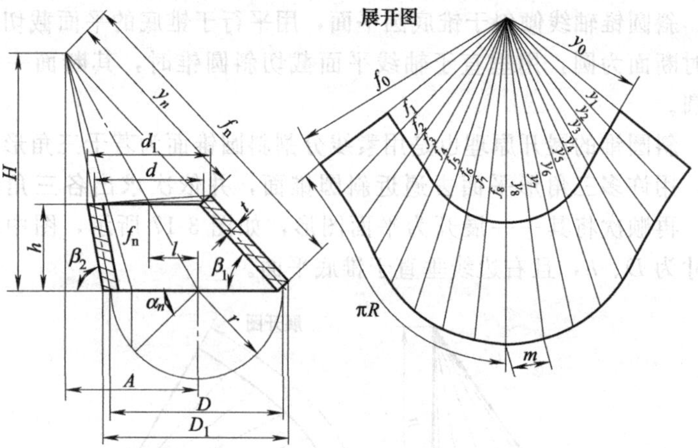

图 3-18　斜圆锥管的展开

其展开计算公式为

$$\tan\beta_1=\frac{h}{\frac{1}{2}(D_1-d_1)+l}$$

$$\tan\beta_2=\frac{h}{\frac{1}{2}(d_1-D_1)+l}$$

$$D=D_1-\frac{t}{2}(\sin\beta_1+\sin\beta_2)$$

$$d=d_1-\frac{t}{2}(\sin\beta_1+\sin\beta_2)$$

$$A=\frac{Dl}{D-d}$$

$$H=\frac{Ah}{l}$$

$$f_n=\sqrt{\left(A-\frac{D}{2}\cos\alpha_n\right)^2+\left(\frac{D}{2}\right)^2\sin^2\alpha_n+H^2}$$

$$y_n=f_n\left(1-\frac{h}{H}\right)$$

$$m=D\sin\frac{180°}{n}$$

式中　D_1，d_1——大、小口外径，mm；

D、d——大、小口中心直径，mm；

h——中心高度，mm；

l——偏心距离，mm；

f_n、y_n——斜圆锥素线长度，mm。

3.2.6　圆管-圆锥管直角弯头的展开计算

圆管、圆锥管同属于回转体，在两回转体相贯中，若轴线相交且平行于投影面同时又共切于球面时，其相贯线为平面曲线。由于曲线平面垂直于投影面，因此，相贯线在该面上投影为直线。如图3-19所示，已知尺寸为 D、d、h。其展开计算公式为

$$c=\frac{1}{2}\sqrt{D^2+4h^2}$$

$$\tan\theta_1=\frac{2h}{D}$$

$$\sin\theta_2=\frac{r}{c}$$

$$\phi_0=\theta_1+\theta_2$$

$$H=\frac{D}{2}\tan\phi_0$$

$$R_1=\frac{H-h+r}{\tan\phi_0}$$

$$R_2=\frac{H-h-r}{\tan\phi_0}$$

$$h_1=h+r\cos\phi_0$$

$$A=h_1\cot\beta$$

$$\tan\beta=\frac{d}{R_1+R_2}$$

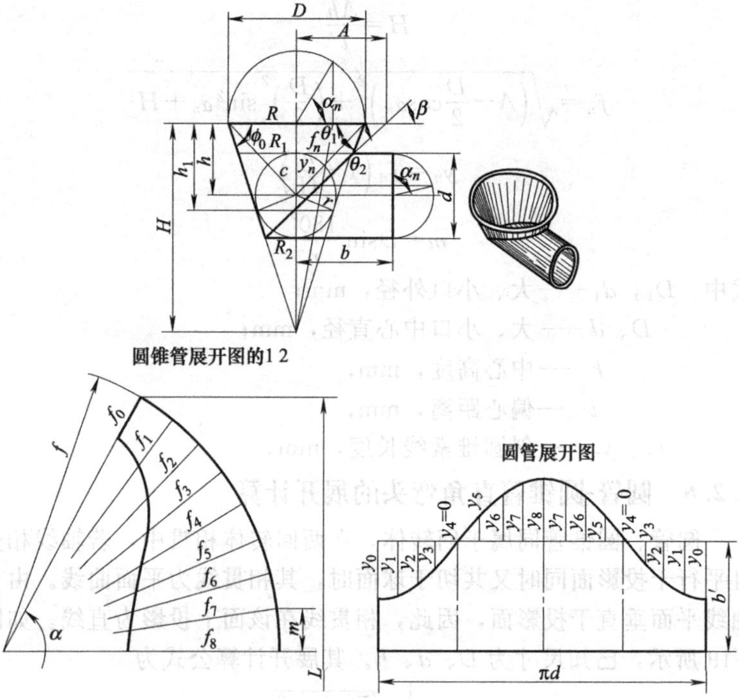

图3-19　圆管-圆锥管直角弯头的展开

$$\tan\phi_n=\frac{2H}{D\cos\alpha_n}$$

$$f_n=\frac{\sin\phi_n\sin\beta\left(A-\dfrac{D}{2}\cos\alpha_n\right)}{\sin\phi_0\sin(\phi_n\pm\beta)}$$

$$f=\sqrt{R+H^2}$$

$$\alpha=\frac{360^\circ R}{f}$$

$$L=2f\sin\frac{\alpha}{2}$$

$$m=D\sin\frac{180^\circ}{n}$$

$$y_n=\frac{d}{2}\tan(90^\circ-\beta)\cos\alpha_n$$

$$b'=b+R_2-\frac{d}{2}\cot\beta$$

式中　f_n——圆锥管素线实长，mm；

y_n——圆管展开曲线坐标值，mm。

3.2.7　两节任意角度圆锥管的展开计算

图 3-20 所示为两节任意角度圆锥管弯头，已知尺寸为 D、d、h_1、h_2 及 α 角。从图中可以看出，如果将管Ⅰ掉转 180°后便可与管Ⅱ构成一正截头圆锥台。于是，圆锥管弯头展开图便可通过圆锥台展开图求得。也就是说，首先按已知尺寸计算并作出圆锥台管展开图，然后再按“3.2.3　斜切圆锥管的展开计算”求出第Ⅱ节斜切后各素线 f_n 实长，并从圆锥台管展开图中依次截取所求线长，便可得出两管展开图。

计算公式如下。

① 有关参数计算［图 3-20（a）］

$$h=h_1+h_2$$

$$\tan\phi_0=\frac{2h}{D-d}$$

$$\tan\phi_1=\frac{2h_1}{D}$$

$$c=\sqrt{\left(\frac{D}{2}\right)^2+h^2}$$

$$R_1=c\sin(\phi_0-\phi_1)$$

$$\alpha_1=180°-\left(\phi_0+\frac{\alpha}{2}\right)$$

$$\beta=90°-\frac{\alpha}{2}$$

$$a=\frac{R_1}{\sin\frac{\alpha}{2}}$$

$$R_2=a\cos\alpha_1$$

$$A=(h_1+a\sin\alpha_1)\cot\beta-R_2$$

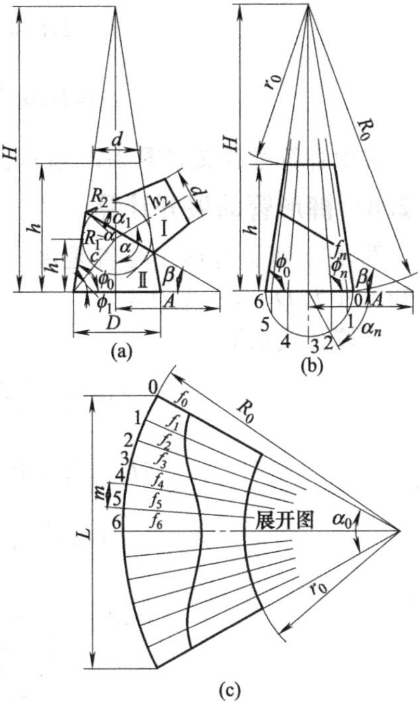

图 3-20　两节任意角度圆锥管弯头

$$H=\frac{Dh}{D-d}$$

② 圆锥管展开尺寸计算［图 3-20（b）］

$$\tan\phi_n=\frac{2H}{D\cos\alpha_n}$$

$$f_n=\frac{\sin\phi_0\sin\beta\left(A-\frac{D}{2}\cos\alpha_n\right)}{\sin\phi_n\sin(\phi_n\pm\beta)}$$

$$R_0=\sqrt{\left(\frac{D}{2}\right)^2+H^2}$$

$$r_0=\sqrt{\left(\frac{d}{2}\right)^2+(H-h)^2}$$

$$\alpha_0=180°\frac{D}{R_0}$$

$$L=2R_0\sin\frac{\alpha_0}{2}$$

$$m=D\sin\frac{180°}{n}$$

式中各符号意义如图 3-20 所示。

3.2.8　裤形管的展开计算

图 3-21 所示裤形三通管是由大小相同的斜圆锥管组合而成，已知尺寸为 D、d、A 及 β。

计算公式如下

$$B=\frac{Ad}{2(D-d)}$$

$$H=\left(\frac{A}{2}+B\right)\cot\frac{\beta}{2}$$

$$h=\frac{A}{2}\cot\frac{\beta}{2}$$

$$\tan\phi_n=\frac{H}{A+\frac{D}{2}\cos\alpha_n}$$

$$\tan\beta_n=\frac{D\sin\alpha_n}{2A+D\cos\alpha_n}$$

$$y_n=\frac{D\cos\alpha_n}{2\cos\beta_n}\sqrt{\cos^2\beta_n\tan^2\phi_n+1}$$

$$i_n=\sqrt{B^2+Bd\cos\alpha_n+\left(\frac{d}{2}\right)^2+(H-h)^2}$$

当 $0\leqslant\alpha\leqslant90°$时：$f_n=\sqrt{A^2+AD\cos\alpha_n+\left(\frac{D}{2}\right)^2+H^2}-(y_n+i_n)$

当 $90°<\alpha\leqslant180°$时：$f_n=\sqrt{A^2+AD\cos\alpha_n+\left(\frac{D}{2}\right)^2+H^2}-i_n$

$$m=D\sin\frac{180°}{n}$$

式中各符号意义如图 3-21 所示。

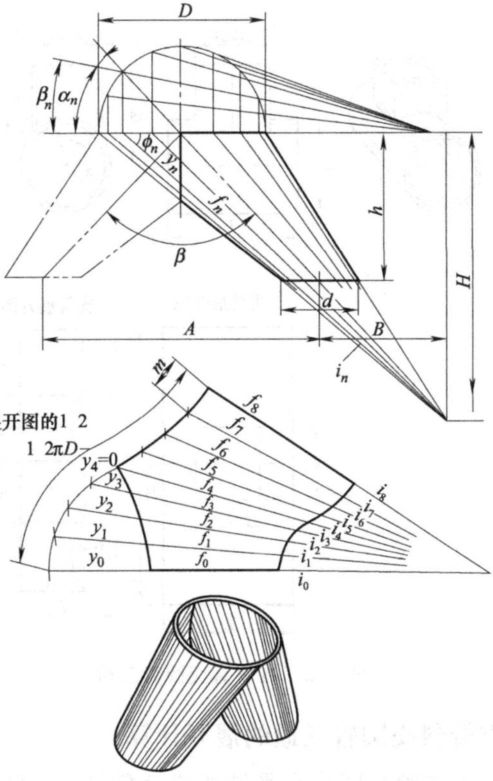

图 3-21　裤形三通管

3.2.9　方管直交圆管三通的展开计算

图 3-22 为方管与圆管垂直相交三通管。已知尺寸为 A、D、H、L、t，其展开计算公式为

$$a=A-2t$$

$$\sin\beta=\frac{a}{D}$$

$$f=\frac{\pi D\beta}{180^{\circ}}$$

$$h=H-\frac{D}{2}\cos\beta$$

式中各参数意义见图 3-22。

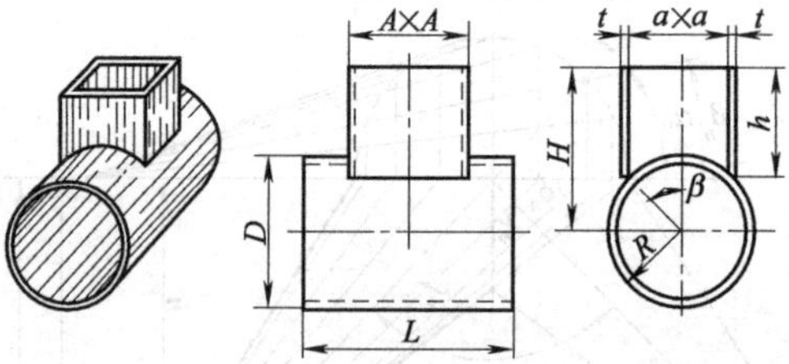

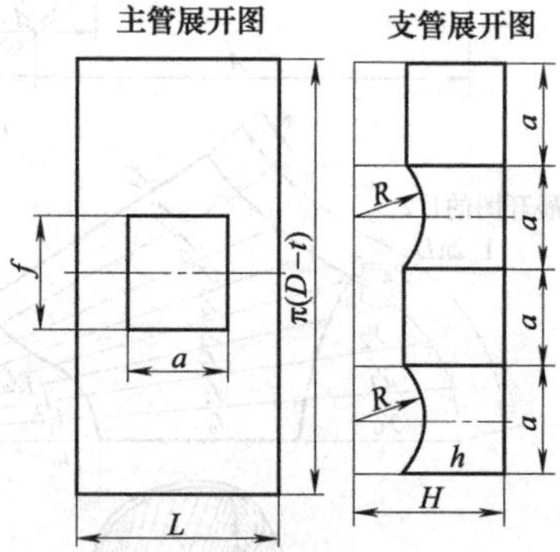

图 3-22　方管直交圆管三通

3.2.10　方管斜交圆管三通的展开计算

图 3-23 为方管与圆管水平轴线成 β 角斜交。已知尺寸为 A、

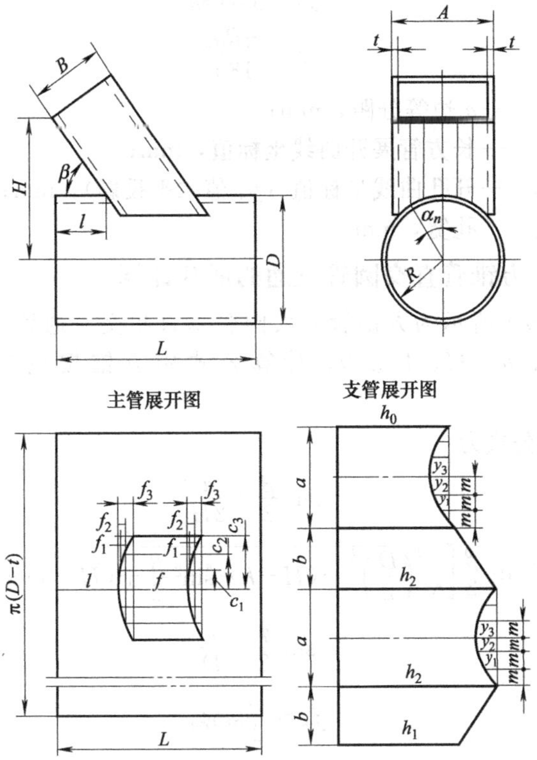

图 3-23　方管斜交圆管三通

B、D、H、L、t、l 及 β，其展开计算公式为

$$a=A-2t、b=B-2t$$

$$h_0=\frac{1}{\sin\beta}\left(H-\sqrt{R^2-\frac{a^2}{4}}\right)$$

$$h_1=h_0+t\cot\beta$$

$$h_2=h_0+(B-t)\cot\beta$$

$$\sin\alpha_n=\frac{m_n}{R}$$

$$y_n=\frac{R}{\sin\beta}(1-\cos\alpha_n)$$

$$f_n = y_n \cos\beta$$

$$c_n = \frac{\pi R \alpha_n}{180°}$$

式中　m_n——a 边等分距，mm；

y_n——长方管展开曲线坐标值，mm；

f_n——开孔曲线坐标值（y_n 值水平投影），mm；

c_n——孔宽，mm。

3.2.11　方锥管直交圆管三通的展开计算

图 3-24 所示为方锥管与大圆管垂直相交三通管。已知尺寸为 a、D、h、H、L 及 t。计算公式中方锥按里口，圆管按外径。

计算公式为

$$\tan\frac{\beta}{2} = \frac{a}{2H}$$

$$c = 2\sin\frac{\beta}{2}\left[\sqrt{\left(\frac{D}{2}\right)^2 - (H-h)^2\sin^2\frac{\beta}{2}} + (H-h)\cos\frac{\beta}{2}\right]$$

$$\sin\frac{\phi}{2} = \frac{c}{D}$$

$$f_n = \frac{D}{2}\sin\phi_n$$

$$b_n = \frac{\pi(D-t)\phi_n}{360°}$$

$$c_n = \frac{D}{2}(1-\cos\phi_n)\tan\frac{\beta}{2}$$

$$y_n = \frac{D(1-\cos\phi_n)}{2\cos\frac{\beta}{2}}$$

$$R = \frac{1}{2}\sqrt{2a^2 + 4H^2}$$

$$r = \sqrt{\left(\frac{c}{2}\right)^2 + (H-h)^2 + (H-h)D\cos\frac{\phi}{2} + \left(\frac{D}{2}\right)^2}$$

式中　b_n——开孔宽度，mm；

c_n——开孔曲线水平投影长度，mm；

f_n——方锥管曲线宽度坐标值，mm；

y_n——方锥管曲线高度坐标值，mm。

式中其余各符号的意义如图 3-24 所示。

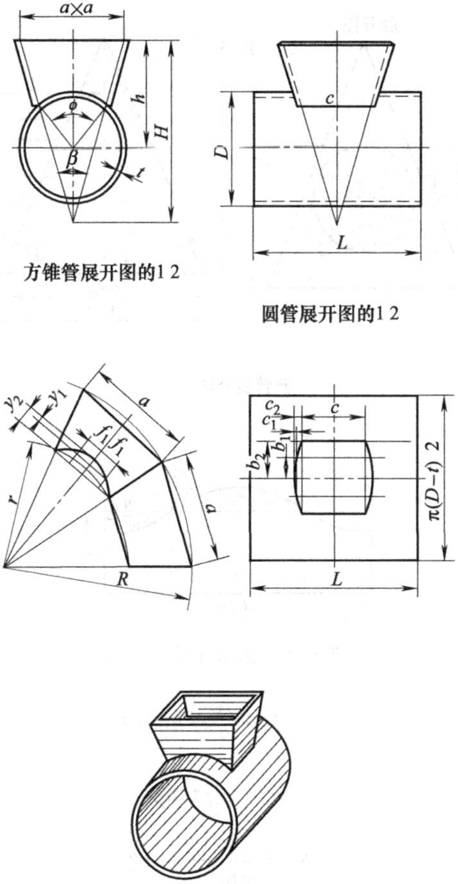

图 3-24　方锥管直交圆管三通

3.2.12　圆管平交方锥管的展开计算

图 3-25 所示为圆管与方锥管右侧面水平相交。已知尺寸为 A、d、t、H、h 及 L。

计算公式为

$$\tan\beta=\frac{2H}{A}$$

$$a=A-2t\sin\beta$$

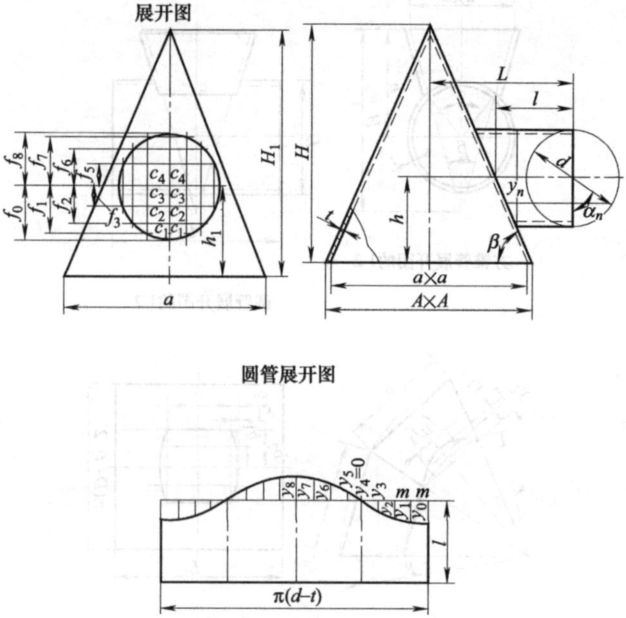

图3-25　圆管平交方锥管

$$l=L-\frac{A}{2}+h\cot\beta$$

$$H_1=\frac{a}{2}\tan\beta$$

$$h_1=\frac{h}{\sin\beta}-t\cot\beta$$

当 $0\leqslant\alpha\leqslant90^\circ$ 时：$y_n=\frac{d}{2}\cos\alpha_n\cot\beta$

当 $90^\circ<\alpha\leqslant180^\circ$ 时：$y_n=\frac{1}{2}(d-2t)\cos\alpha_n\cot\beta$

当 $0\leqslant\alpha\leqslant90^\circ$ 时：$f_n=\frac{d\cos\alpha_n}{2\sin\beta}$

当 $90° < \alpha \leqslant 180°$ 时：$f_n = \frac{1}{2}(d-2t)\ \frac{\cos\alpha_n}{\sin\beta}$

$$c_n = \frac{d}{2}\sin\alpha_n$$

$$m = \frac{\pi(d-t)}{n}$$

3.3 常见异形管台的展开计算

常见的异形管台主要由以下结构件组成，其展开计算如下。

3.3.1 长方曲面罩的展开计算

如图 3-26 所示长方曲面罩底口为长方形，左右侧板和前后板均为以 R 为半径弧面板组合而成，已知底口中性层尺寸 A、B 及弧面半径 R，则展开计算公式为

$$a = A - 2R$$

$$b = B - 2R$$

$$c_n = R\cos\alpha_n\tan\beta + \frac{b}{2}$$

$$f_n = R\cos\alpha_n + \frac{a}{2}$$

$$m = \frac{\pi R}{4n}$$

式中　c_n、f_n——曲线坐标值，mm；

　　　n——1/4 圆周等分数。

3.3.2 变径长圆台的展开计算

如图 3-27 所示变径长圆台是由两个 1/2 正截头圆锥管及侧垂板组合而成，已知尺寸为 R、r、A、H，按中性层尺寸计算，则展开计算公式为

$$h = \frac{RH}{R-r}$$

$$F = \sqrt{R^2 + h^2}$$

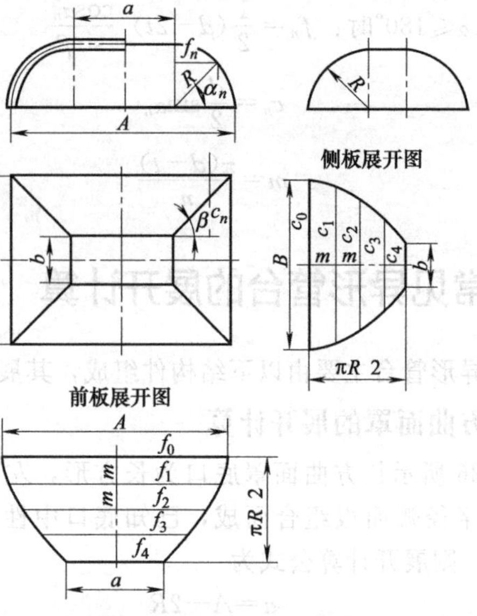

图 3-26　长方曲面罩的展开

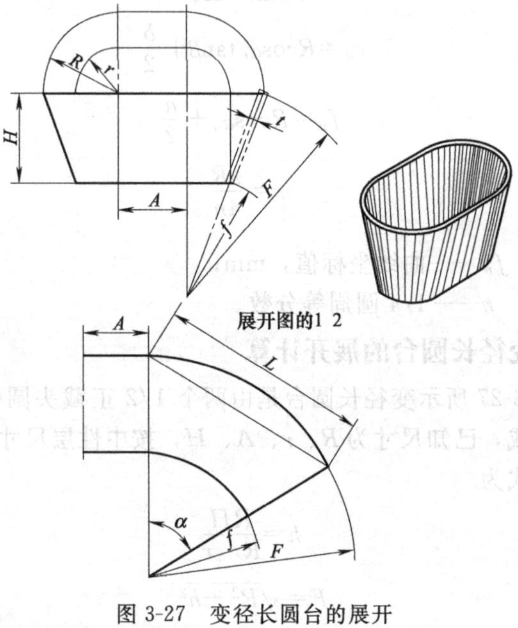

图 3-27　变径长圆台的展开

$$f=\sqrt{r^2+(h-H)^2}$$

$$\alpha=180°\frac{R}{F}$$

$$L=2F\sin\frac{\alpha}{2}$$

式中　h——截头圆锥高度，mm。

3.3.3　圆顶细长圆台的展开计算

如图 3-28 所示圆顶细长圆台是由斜圆锥管与三角形平面组合而成，已知尺寸为 R、r、h、t 及 L。

展开计算公式为

$$H=\frac{hR}{R-r}$$

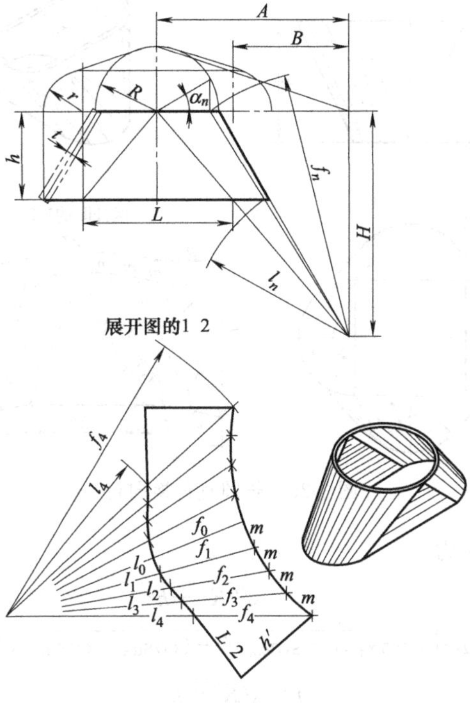

图3-28　圆顶细长圆台的展开

$$A=\frac{LR}{2(R-r)}$$

$$B=A\left(1-\frac{h}{H}\right)$$

$$f_n=\sqrt{A^2-2AR\cos\alpha_n+R^2+H^2}$$

$$l_n=\sqrt{B^2-2Br\cos\alpha_n+r^2+(H-h)^2}$$

$$h'=\sqrt{h^2+(R-r)^2}$$

$$m=\frac{\pi R}{2n}$$

式中各符号见图 3-28。

3.3.4 长圆直角换向台的展开计算

图 3-29 所示为长圆直角换向台，已知尺寸为 R、h。

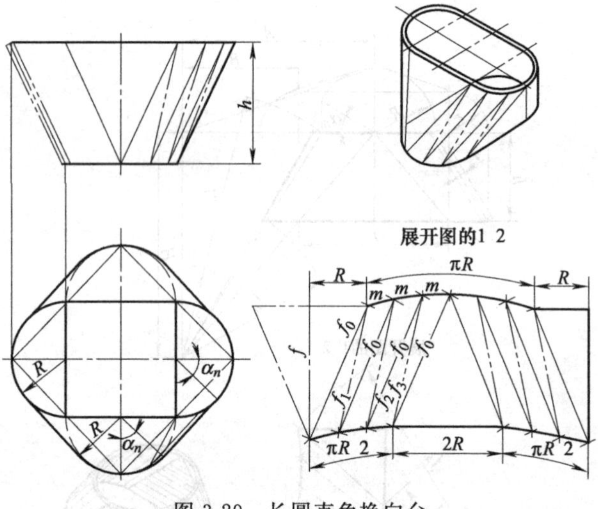

图 3-29 长圆直角换向台

计算公式为

$$f_0=\sqrt{2R^2+h^2}$$

$$f_n=\sqrt{R^2[(\sin\alpha_{n-1}-\sin\alpha_n)^2+(\cos\alpha_n-\cos\alpha_{n-1})^2]+h^2}$$

$$f=\sqrt{R^2+h^2}$$

$$m=\frac{\pi R}{n}$$

式中　f_n——盘线实长，mm；

　　n——半圆周等分数。

式中其余各符号见图 3-29。

3.3.5　任意角度变径连接管的展开计算

如图 3-30 所示任意角度变径连接管，俗称斜马蹄，在现场一般仅对上下口径和有关尺寸提出要求，对管身曲面不作要求，它不属于斜切圆锥管或斜圆锥管，因此，不能用上述两种管展开法展开。本例计算展开所作盘线（首尾相连各素线和点画线）并非真正直线，其计算值一般为近似值，但相差甚微，不影响构件质量。已知上下口中性层半径 R、r，错心距 y 及顶口斜角 β，则展开计算公式为

$$f_n=\sqrt{(R\cos\alpha_n-y-r\cos\alpha_n\cos\beta)^2+(h-r\cos\alpha_n\sin\beta)^2+(R-r)^2\sin^2\alpha_n}$$

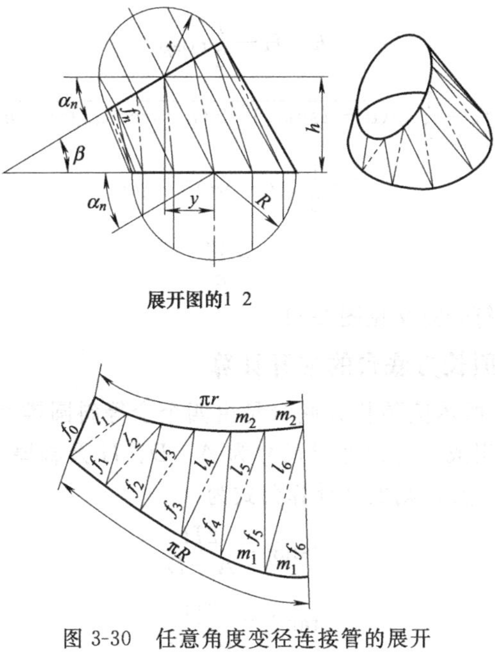

图 3-30　任意角度变径连接管的展开

$$l_n=\sqrt{(R\cos\alpha_n-y-r\cos\alpha_{n+1}\cos\beta)^2+(h-r\cos\alpha_{n+1}\sin\beta)^2+(R\sin\alpha_n-r\sin\alpha_{n+1})^2}$$

$$m_1=\frac{\pi R}{n}$$

$$m_2=\frac{\pi r}{n}$$

式中　f_n，l_n——盘线实长，mm；

n——半圆周等分数。

3.3.6　圆顶方底台的展开计算

图 3-31 所示圆顶方底连接管是由四个斜圆锥面和四个三角形平面组合而成，已知尺寸为圆外径 D、方外口 A、高 H 及板厚 t；展开尺寸为 a、d、h、f_n，则展开计算公式为

$$\tan\beta=\frac{2H}{A-D}$$

$$a=A-2t\sin\beta$$

$$d=D-t\sin\beta$$

$$h=H-\frac{t}{2}\cos\beta$$

$$f_n=\frac{1}{2}\sqrt{(a-d\sin\alpha_n)^2+(a-d\cos\alpha_n)^2+4h^2}$$

$$f=\frac{1}{2}\sqrt{(a-d)^2+4h^2}$$

$$m=\frac{\pi d}{n}$$

式中各符号意义见图 3-31。

3.3.7　圆顶长方底台的展开计算

图 3-32 所示圆顶长方底台是由四个全等斜圆锥面和四个对称三角形平面组成，已知外形尺寸为 A、D、H 及板厚 t；展开尺寸为 a、d、h、f_n，则展开计算公式为

$$\tan\beta_1=\frac{2H}{A-D}$$

$$\tan\beta_2=\frac{2H}{B-D}$$

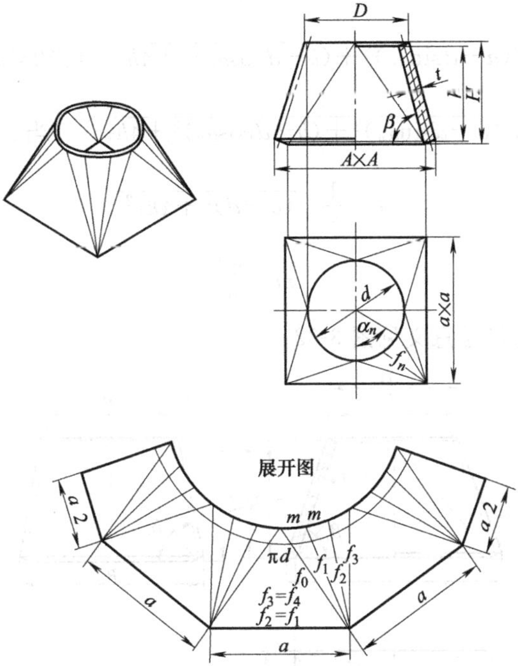

图 3-31 圆顶方底

$$d_1=D-t\sin\beta_1$$

$$d_2=D-t\sin\beta_2$$

$$d=\frac{1}{2}(d_1+d_2)=D-\frac{t}{2}(\sin\beta_1+\sin\beta_2)$$

$$a=A-2t\sin\beta_1$$

$$b=B-2t\sin\beta_2$$

$$h_1=H-\frac{t}{2}\cos\beta_1$$

$$h_2=H-\frac{t}{2}\cos\beta_2$$

$$h=\frac{1}{2}(h_1+h_2)=H-\frac{t}{4}(\cos\beta_1+\cos\beta_2)$$

$$f_0=\frac{1}{2}\sqrt{a^2+(b-d_2)^2+4h_2{}^2}$$

$$f_n=\frac{1}{2}\sqrt{(a-d\sin\alpha_n)^2+(b-d\cos\alpha_n)^2+4h^2}\quad（当0<\alpha<90°时）$$

$$f_n=\frac{1}{2}\sqrt{(a-d\sin\alpha_n)^2+(b-d\cos\alpha_n)^2+4h_1{}^2}\quad（当\ \alpha=90°时）$$

$$f=\frac{1}{2}\sqrt{(a-d)^2+4h_1{}^2}$$

$$m=\frac{\pi d}{n}$$

式中各符号意义见图 3-32。

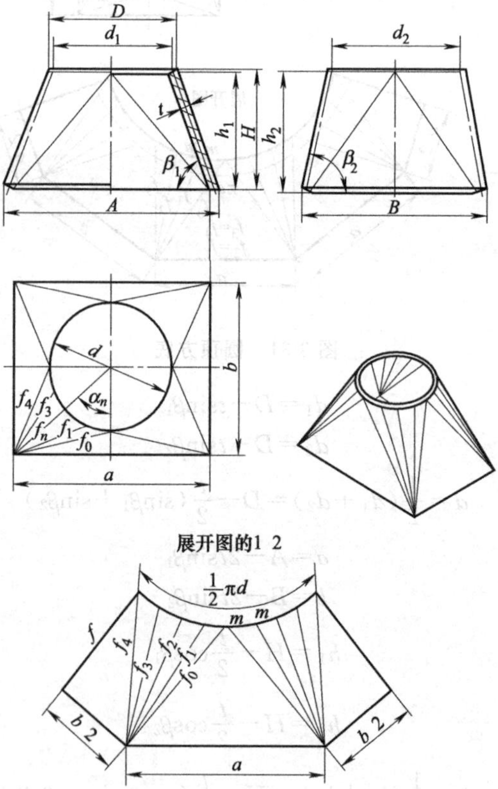

图 3-32　圆顶长方底台的展开

3.3.8 圆方偏心过渡连接管的展开计算

图 3-33 所示为顶圆直径、底方尺寸、相等偏心过渡连接管。已知尺寸为顶圆中径 d、底方里口 a，高 h 及偏心距 y。

计算公式为

当 $0\leqslant\alpha<90^\circ$ 时：$f_n=\sqrt{\left(\frac{a}{2}+y-\frac{d}{2}\cos\alpha_n\right)^2+\left(\frac{d}{2}\sin\alpha_n-\frac{a}{2}\right)^2+h^2}$

当 $\alpha=90^\circ$ 时：$f_n=\frac{1}{2}\sqrt{(a-2y)^2+(d\sin\alpha_n-a)^2+4h^2}$

当 $90^\circ<\alpha\leqslant180^\circ$ 时：$f_n=\frac{1}{2}\sqrt{(a-2y+d\cos\alpha_n)^2+(d\sin\alpha_n-a)^2+4h^2}$

$$f=\sqrt{y^2+h^2}$$

$$m=\frac{\pi d}{n}$$

式中各符号意义见图 3-33。

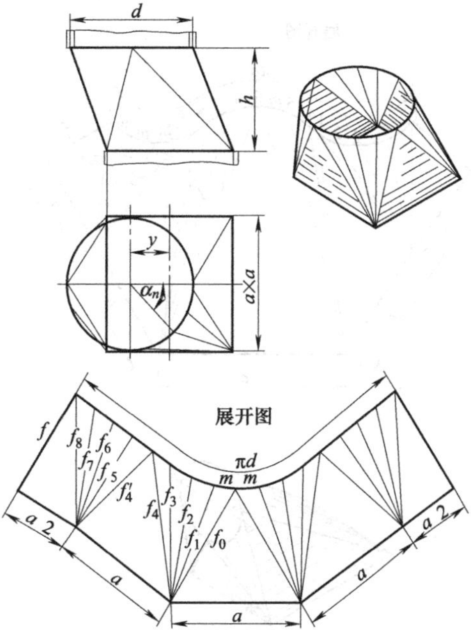

图 3-33 圆方偏心过渡连接管

3.3.9 圆长方直角过渡连接管的展开计算

圆长方直角过渡连接管是以方四角为锥顶、由两种不同锥度部分斜圆锥面和四个三角形平面组成。见图 3-34。圆顶 6 为最高过渡点。0 为最低点，k、k'切点（不在圆水平直径端）是平、曲面的分界点，该点与底角点连线为平曲面分界线。展开放样时须准确求出 k、k'点，切勿以直径端点 3 代之。图中已知尺寸为 d、a、b、h 及 l。

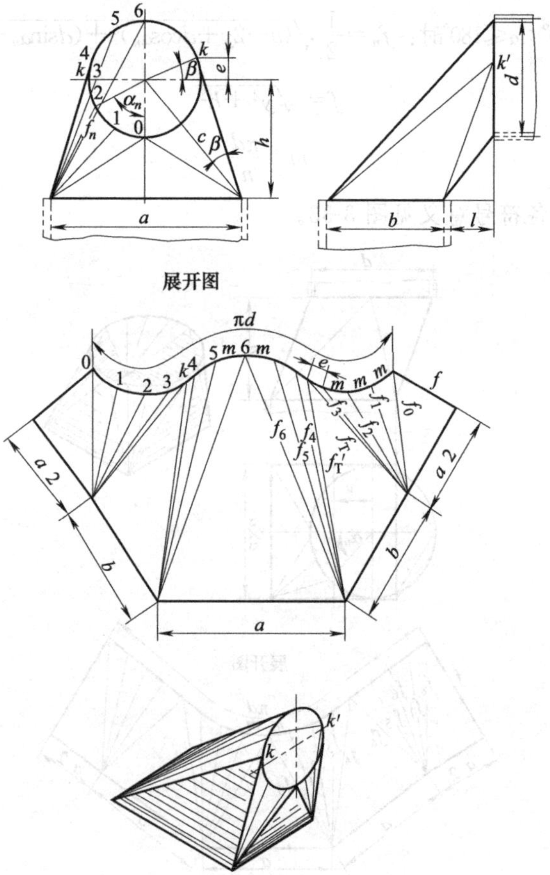

图 3-34　圆长方直角过渡连接管

计算公式为

$$c=\frac{1}{2}\sqrt{a^2+4h^2}$$

$$\sin\beta-\frac{d}{2c}$$

当 $0\leqslant\alpha\leqslant 90°$时：$f_n=\frac{1}{2}\sqrt{(a-d\sin\alpha_n)^2+(2h-d\cos\alpha_n)^2+4l^2}$

当 $90°<\alpha\leqslant 180°$时：$f_n=\frac{1}{2}\sqrt{(a-d\sin\alpha_n)^2+(2h-d\cos\alpha_n)^2 | 4(b+l)^2}$

$$f_T=\frac{1}{2}\sqrt{[a-d\sin(90°+\beta)]^2+[2h-d\cos(90°+\beta)]^2+4l^2}$$

$$f'_T=\frac{1}{2}\sqrt{[a-d\sin(90°+\beta)]^2+[2h-d\cos(90°+\beta)]^2+4(b+l)^2}$$

$$f=\sqrt{l^2+\left(h-\frac{d}{2}\right)^2}$$

$$e=d\sin\frac{\beta}{2}$$

$$m=\frac{\pi d}{n}$$

式中各符号意义见图 3-34。

3.3.10 圆顶方底裤形三通管的展开计算

圆顶方底裤形三通管两腿是以 R 为半径的腰圆结合线，如图 3-35 所示。已知尺寸为方外口边长 A，圆外径 D，板厚 t，高 H 和两腿间距 l。展开放样尺寸为 a、d、h、f_n。

计算公式

$$\tan\beta_1=\frac{2H}{2A+l-D}$$

$$\tan\beta_2=\frac{2h-d}{l}$$

$$h=H-\frac{t}{2}\cos\beta_1$$

$$d=D-t\sin\beta_1$$

$$a=A-t(\sin\beta_1+\sin\beta_2)$$

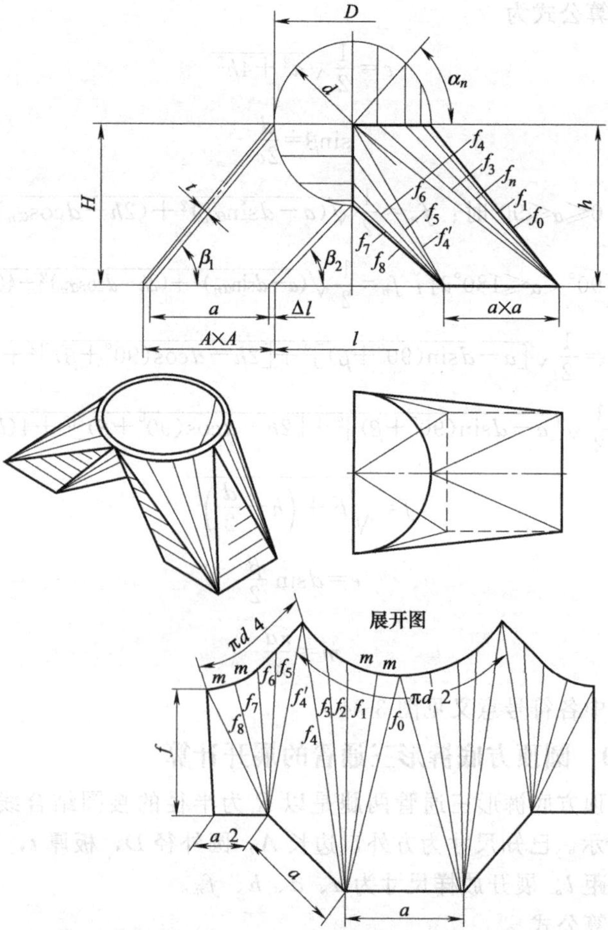

图 3-35　圆顶方底裤形三通管

$$\Delta l = t\sin\beta_2$$

当 $0 \leqslant \alpha \leqslant 90°$时：$f_n = \sqrt{\left(\frac{l}{2} + A - t\sin\beta_1 - \frac{d}{2}\cos\alpha_n\right)^2 + \frac{1}{4}\ (a - d\sin\alpha_n)^2 + h^2}$

当 $90° < \alpha \leqslant 180°$时：$f_n = \frac{1}{2}\sqrt{(2h + d\cos\alpha_n)^2 + \ (a - d\sin\alpha_n)^2 + \ (l + 2t\sin\beta_2)^2}$

$$f_n' = \frac{1}{2}\sqrt{(l + 2t\sin\beta_2)^2 + (a - d)^2 + 4h^2}$$

$$f=\sqrt{\left(\frac{l}{2}\right)^2+\left(h-\frac{d}{2}\right)^2}$$

$$m=\frac{\pi d}{n}$$

3.4 常见多面体构件的展开计算

常见的多面体构件主要由以下结构件组成，其展开计算如下。

3.4.1 正四棱锥的展开计算

如图 3-36 为薄板正四棱锥，已知尺寸为锥底边长 A 及锥高 H，则展开计算公式为

$$R=\frac{1}{2}\sqrt{A^2+4H^2}$$

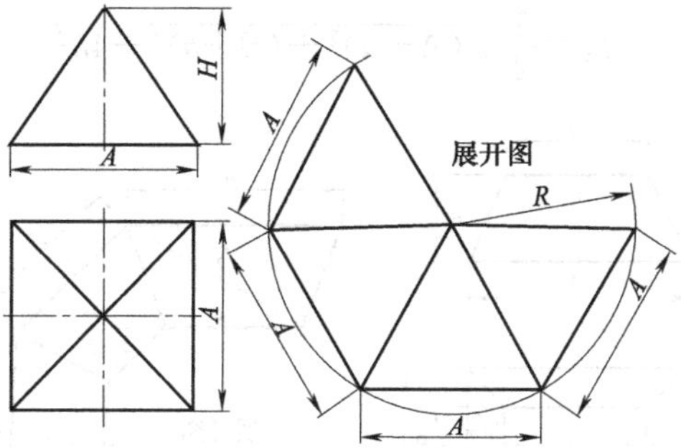

图 3-36 薄板正四棱锥的展开

图 3-37 为厚板正四棱锥，则其展开计算公式为

$$\tan\beta=\frac{2H}{A}$$

$$a=A-2t\sin\beta$$

$$R=\frac{1}{2}\sqrt{a^2+4(H-t)^2}$$

3.4.2 矩形台的展开计算

如图 3-38 为薄板非锥体矩形台，即矩形台的各条棱线不汇交

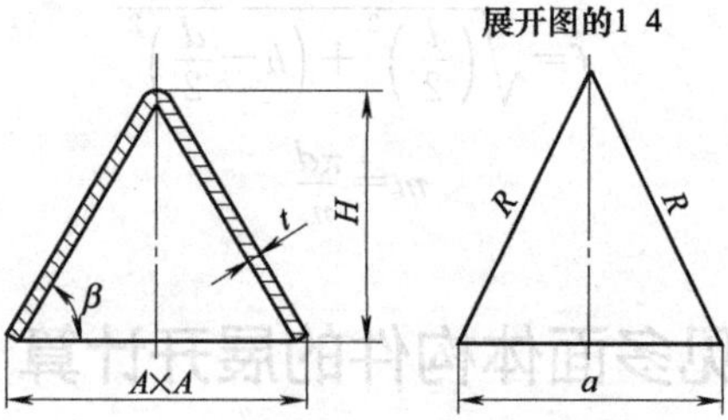

图 3-37　厚板正四棱锥的展开

于一点（对于锥体矩形台，即棱线汇交于一点，其展开可按图3-38方法作出），已知尺寸为 A、B、a、b 及 h，则展开计算公式为

$$f_1=\frac{1}{2}\sqrt{(A-a)^2+(B-b)^2+4h^2}$$

$$f_2=\frac{1}{2}\sqrt{(A+a)^2+(B-b)^2+4h^2}$$

$$f_3=\frac{1}{2}\sqrt{(A-a)^2+(B+b)^2+4h^2}$$

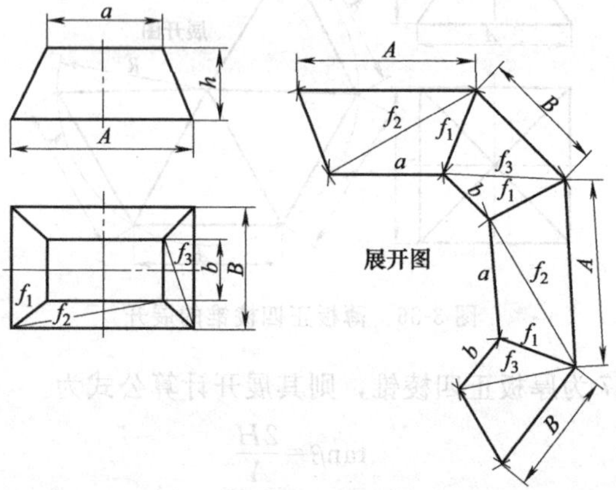

图 3-38　薄板非锥体矩形台的展开

图 3-39 为厚板非锥体矩形台，已知尺寸为 A、B、C、D、h 及 t，则展开计算公式为

$$\tan\beta_1=\frac{2h}{A-D}$$

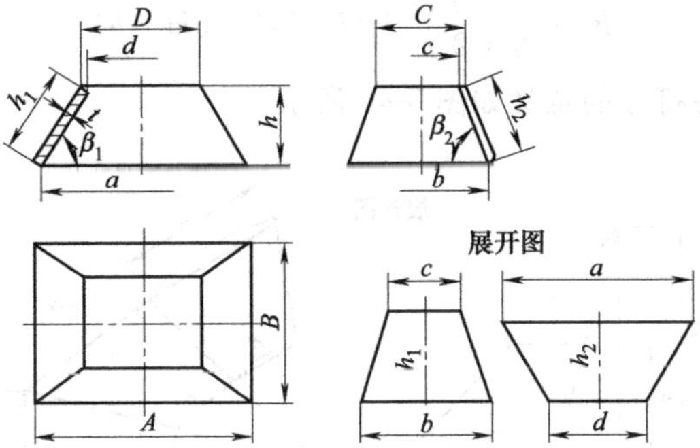

图 3-39 厚板非锥体矩形台的展开

$$\tan\beta_2=\frac{2h}{B-C}$$

$$h_1=\frac{h}{\sin\beta_1}-t\cot\beta_1$$

$$h_2=\frac{h}{\sin\beta_2}-t\cot\beta_2$$

$$a=A-2t\sin\beta_1$$

$$b=B-2t\sin\beta_2$$

$$c=C-2t\sin\beta_2$$

$$d=D-2t\sin\beta_1$$

3.4.3 斜四棱锥台的展开计算

图 3-40 所示斜四棱锥台已知尺寸为 a、b、c、h，试计算展开。

计算公式为

$$H=\frac{h(a+c)}{a+c-l}$$

$$l=\frac{b}{a}(a+c)$$

$$R_1=\sqrt{\left(\frac{a}{2}\right)^2+(a+c)^2+H^2}$$

$$R_2=\sqrt{\left(\frac{a}{2}\right)^2+c^2+H^2}$$

$$R_3=\sqrt{\left(\frac{b}{2}\right)^2+(l-b)^2+(H-h)^2}$$

式中各符号的意义如图 3-40 所示。

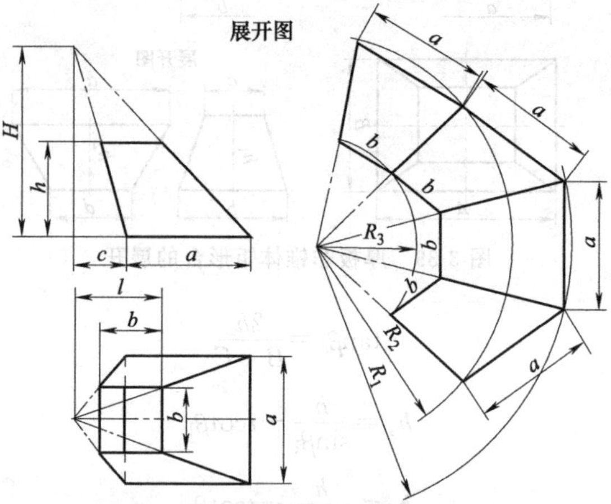

图 3-40　斜四棱锥台的展开

3.4.4　直角曲面方弯头的展开计算

如图 3-41 为由四块板料拼接而成的直角曲面方弯头，已知尺寸为 A、R、t，则展开计算公式为

$$R'=R+t$$

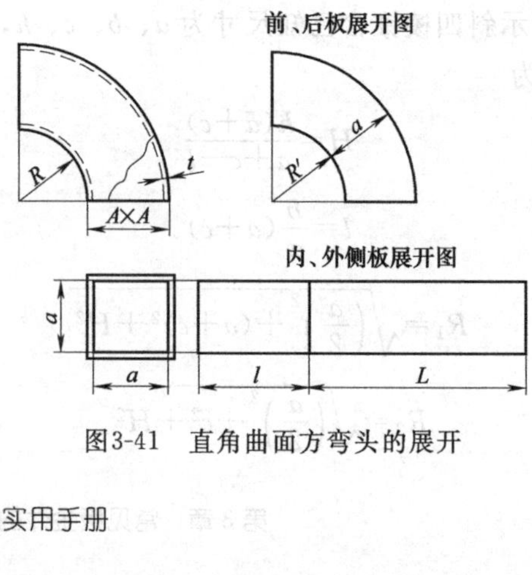

图3-41　直角曲面方弯头的展开

$$a=A-2t$$

$$l=\frac{\pi}{2}\left(R+\frac{t}{2}\right)$$

$$L=\frac{\pi}{2}\left(R+A-\frac{t}{2}\right)$$

3.4.5 直角换向等口矩形台的展开计算

如图 3-42 为直角换向等口矩形台，已知尺寸为 A、B、H 及 t，当采用薄板制作时，其展开计算公式为

$$h=\frac{1}{2}\sqrt{(A-B)^2+4H^2}$$

当采用厚板制作时，其展开计算公式为

$$\tan\beta=\frac{2H}{A-B}$$

$$h'=\frac{H}{\sin\beta}-t\cot\beta$$

$$a=A-2t\sin\beta$$

$$b=B-2t\sin\beta$$

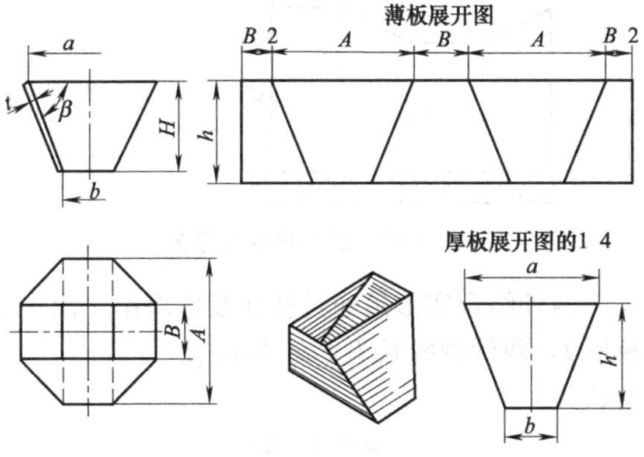

图 3-42 直角换向等口矩形台的展开

3.4.6 两节任意角度方弯头的展开计算

在图 3-43 所示两节任意角度方弯头中，管Ⅰ平行于正投影面，主视图反映棱线及轴线实长；管Ⅱ平行于水平面，俯视图反映棱线

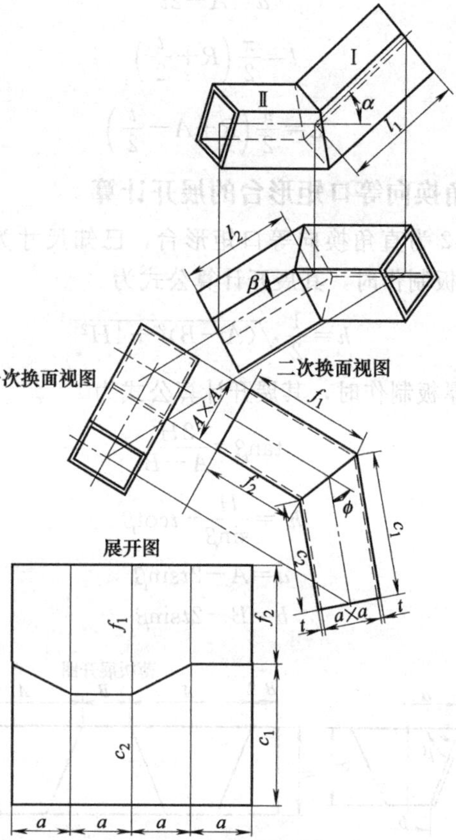

图 3-43　任意角度方弯头

及轴线实长。两管结合实形须通过换面投影求出。图中已知尺寸为方口 A，板厚 t，两管轴线长 l_1、l_2 及 α、β。

计算公式为

$$a=A-2t$$

$$c_1=l_1+\left(\frac{A}{2}-t\right)\tan\frac{\phi}{2}$$

$$c_2=l_1-\frac{A}{2}\tan\frac{\phi}{2}$$

$$\cos\phi=\cos\alpha\cos\beta$$

$$f_1 = l_2 + \left(\frac{A}{2} - t\right)\tan\frac{\phi}{2}$$

$$f_2 = l_2 - \frac{A}{2}\tan\frac{\phi}{2}$$

式中　c_1，c_2——管Ⅰ棱线实长，mm；

f_1，f_2——管Ⅱ棱线实长，mm；

ϕ——计算角，(°)。

3.4.7　方漏斗的展开计算

如图 3-44 所示方漏斗由斗体和方嘴组成，已知尺寸为 A、B、H、t、L 及 β，其展开计算公式为

$$l_1 = L + \frac{b}{2}\cot\frac{\beta}{2}$$

$$l_2 = L - \frac{b}{2}\cot\frac{\beta}{2}$$

$$a = A - t(\sin\alpha_1 + \sin\alpha_2)$$

$$b = B - 2t$$

$$b' = \sqrt{(l_1 - l_2)^2 + b^2}$$

$$\tan\alpha_1 = \frac{2H - B\cot\frac{\beta}{2}}{A - B}$$

$$\tan\alpha_2 = \frac{2H + B\cot\frac{\beta}{2}}{A - B}$$

$$h_1 = \sqrt{\left(\frac{b}{2}\cot\frac{\beta}{2} + H\right)^2 + \left(\frac{a-b}{2}\right)^2}$$

$$h_2 = \sqrt{\left(H - \frac{b}{2}\cot\frac{\beta}{2}\right)^2 + \left(\frac{a-b}{2}\right)^2}$$

$$f_1 = \sqrt{\left(\frac{a+b}{2}\right)^2 + \left(H - \frac{b}{2}\cot\frac{\beta}{2}\right)^2 + \left(\frac{a-b}{2}\right)^2}$$

$$f_2 = \frac{1}{2}\sqrt{(a-b)^2 + 4{h_2}^2}$$

$$f_3 = \frac{1}{2}\sqrt{b^2 + 4{h_2}^2}$$

式中各符号意义见图 3-44。

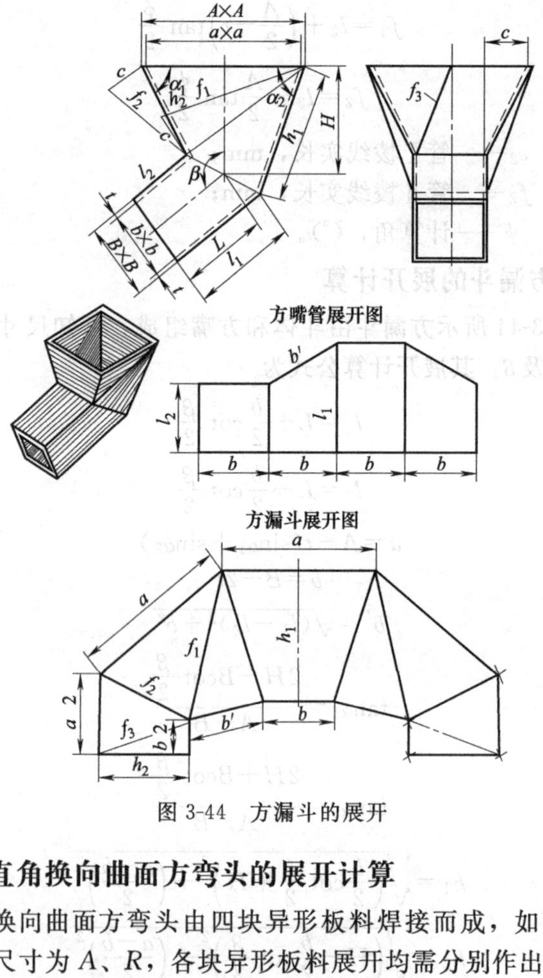

图 3-44　方漏斗的展开

3.4.8　直角换向曲面方弯头的展开计算

直角换向曲面方弯头由四块异形板料焊接而成，如图 3-45 所示。已知尺寸为 A、R，各块异形板料展开均需分别作出。

计算公式为

$$\sin\beta_n=\frac{R\sin\alpha_n}{R+A}$$

$$\cos\phi_n=1-\sin\alpha_n$$

$$\cos\gamma_n=\frac{R\cos\alpha_n}{R+A}$$

$$a_n=R\cos\alpha_n$$

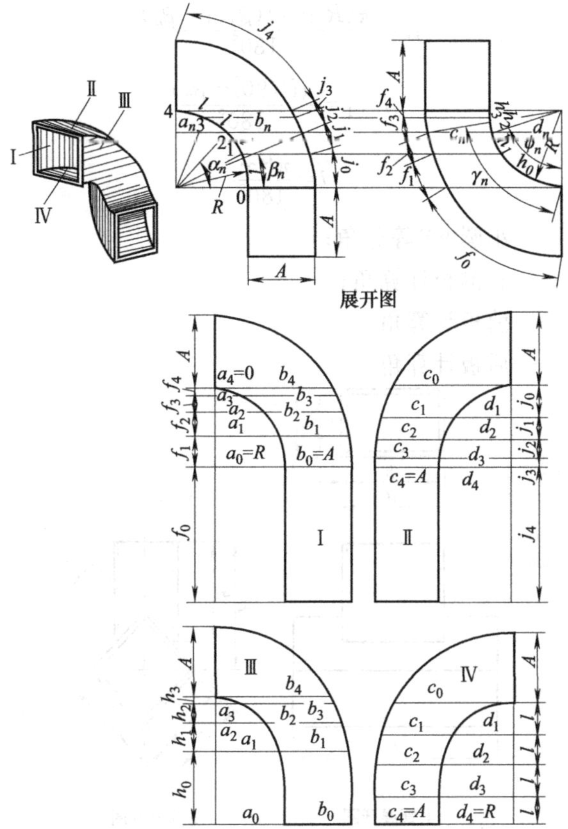

图 3-45　直角换向曲面方弯头

$$b_n=(R+A)\cos\beta_n-R\cos\alpha_n$$

$$c_n=(R+A)\sin\gamma_n-R\sin\phi_n$$

$$d_n=R\sin\phi_n$$

$$f_0=\frac{\pi(R+A)\gamma_n}{180°}$$

$$f_n=\frac{\pi(R+A)(\gamma_{n+1}-\gamma_n)}{180^0}$$

$$h_n=\frac{\pi R(\phi_{n+1}-\phi_n)}{180^0}$$

$$j_n=\frac{\pi(R+A)(\beta_{n+1}-\beta_n)}{180^\circ}$$

$$j_{n+1}=\frac{\pi R(90^\circ-\beta_n)}{180^\circ}$$

$$l=\frac{\pi R\alpha_1}{180^\circ}$$

式中　α_n——小圆 90°等分角；

β_n——右侧板计算角；

ϕ_n——前板计算角；

γ_n——后板计算角。

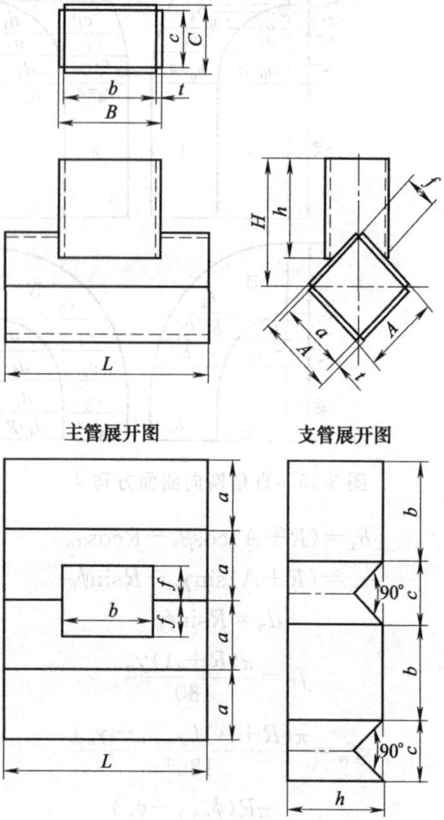

图 3-46　方三通管

式中其余各符号的意义如图 3-45 所示。

3.4.9 方三通管的展开计算

方口相贯件展开图法一般比较简单，不像圆管相贯那样复杂。因此，计算式也较为简单。方管构件的板厚处理：如为厚板件，按里口计算展开；如为薄板件，可忽略板厚影响。图 3-46 所示为长方管与方管垂直相交三通管，已知尺寸为 A、B、C、t、H 及 L。

计算公式为

$$a=A-2t$$

$$c=C-2t$$

$$b=B-2t$$

$$f=0.707c$$

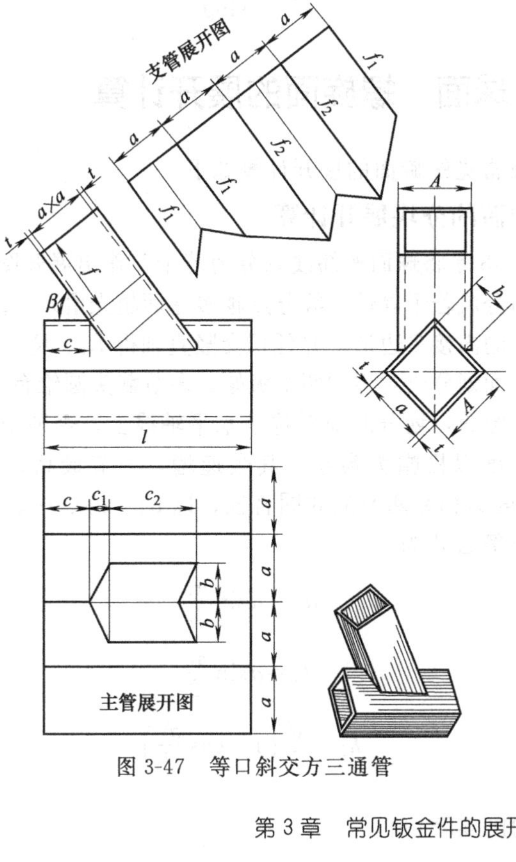

图 3-47 等口斜交方三通管

3.4.10 等口斜交三通管的展开计算

图 3-47 为方管斜交三通管，已知尺寸为 A、c、f、l、t 及 β。计算公式为

$$a=A-2t$$

$$b=0.707a-t$$

$$f_1=f+\frac{a}{2\sin\beta}$$

$$f_2=f_1+\frac{a}{\tan\beta}$$

$$c_1=0.707\frac{b}{\tan\beta}$$

$$c_2=\frac{a}{\sin\beta}$$

3.5 球面、螺旋面的展开计算

球面及常见螺旋面的展开计算如下。

3.5.1 球面的分块展开计算

如图 3-48 是将球面按纬线划分为若干节作出展开图，具体作法是：将球面分成若干等份（等分点越多球面越光滑），过等分点连纬线同时作圆的内接多边形，并延长交竖直轴得 R_1、R_2、…、R_n。于是，便将球面划分成对称的两个极帽、多节截头圆锥台和一个中节。中节相当于圆筒，划分时应对称于水平轴线上，否则中节就不存在了，各节高度以极帽为最小，其余递增，中节最高。各节结合线（纬线）长度为相邻两节的共同直径，以 d_1、d_2、…、d_n 表示。

展开计算公式为

$$d_1=d\sin\frac{\alpha_1}{2}$$

$$d_n=d\sin\frac{\alpha_n}{2}$$

$$h_1=\frac{d}{2}\left(1-\cos\frac{\alpha_1}{2}\right)$$

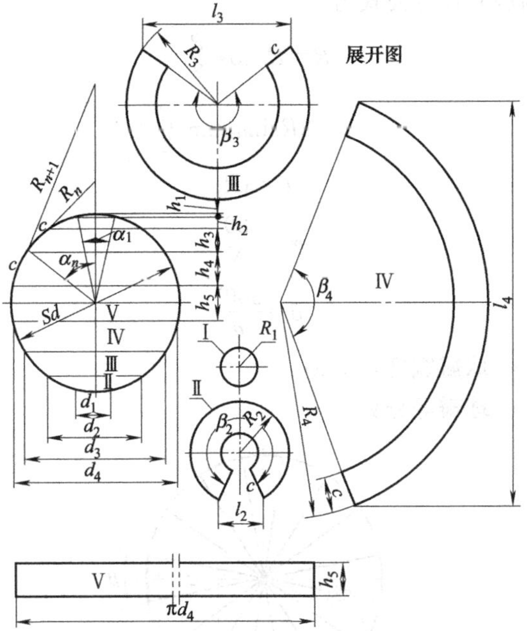

图 3-48　球面的分块展开

$$h_n = \frac{d}{2}(1-\cos\alpha_n) - \sum_{i=1}^{n-1} h_{n-1}$$

$$c_n = \frac{1}{2}\sqrt{(d_n - d_{n-1})^2 + 4{h_n}^2}$$

$$R_n = \frac{d_n c_n}{d_n - d_{n-1}}$$

$$\beta_n = 180^\circ \frac{d_n}{R_n}$$

$$l_n = 2R_n \sin\frac{\beta_n}{2}$$

式中各符号意义见图 3-48。

3.5.2　球面的分带展开计算

图 3-49 所示球面分带展开就是将球面按经线划分成若干长条带，用这些长条带取代球表面，而后将它一一展开，假设球面等分

数为 n，则展开计算公式为

$$R=R_0\cos\frac{\beta}{2}$$

$$c_n=2R\sin\alpha_n\tan\frac{\beta}{2}$$

$$l=\pi R$$

$$\alpha=\frac{180°}{N}$$

$$\beta=\frac{360°}{n}$$

式中 c_n——球瓣宽度，mm；

N——球瓣等分数。

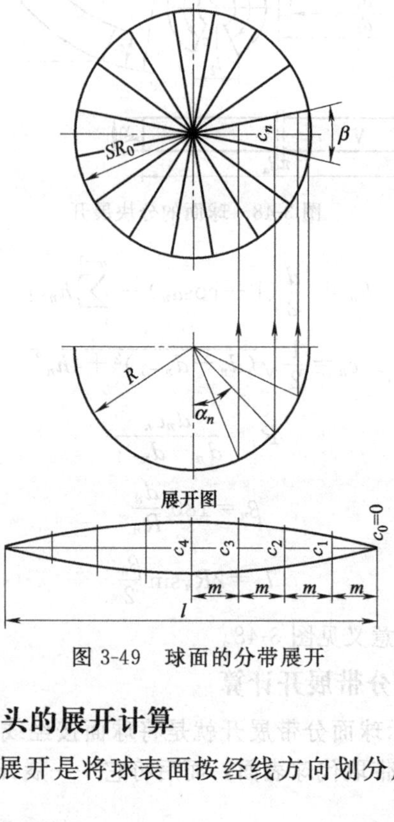

图 3-49 球面的分带展开

3.5.3 球体封头的展开计算

球体封头的展开是将球表面按经线方向划分成若干瓣作出展

开，如图 3-50 所示。具体作法与前例基本一致，即用封头中径画出主俯两视图，取极帽直径 $d_1=R$（标准封头极帽直径等于封头直径的 1/2），适当划分球面 1-5 为 n 等分，本图划为 4 等分。过等分点引水平线（纬线），同时引球面切线交竖直轴于 O_1、O_2、O_3、O_4 得出展开图各纬圆半径 R_1、R_2、R_3、R_4。

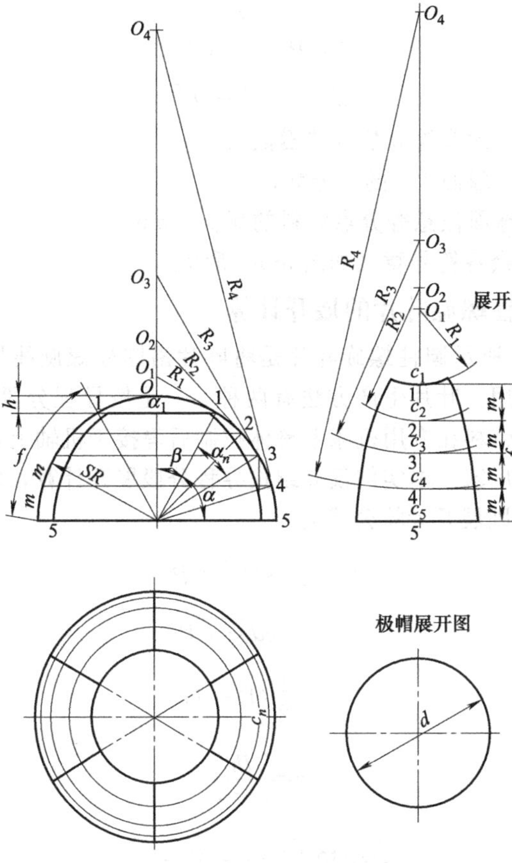

图 3-50　球体封头

计算公式为

$$\sin\beta=\frac{d_1}{D}$$

$$R_n=R\tan(\beta+\alpha_n)$$

$$c_n=\frac{2\pi R}{N}\sin(\beta+\alpha_n)$$

$$f=\frac{1}{2}\pi R\left(1-\frac{\beta}{90°}\right)$$

$$m=\frac{f}{n}$$

$$h=R(1-\cos\beta)$$

$$d=\sqrt{d_1{}^2+4h^2}$$

式中　N——封头等分数（球瓣数）；

n——球面 1-5 的等分数；

c_n——球面任意等分点瓣料的弧长，mm。

式中其余各符号意义如图 3-50 所示。

3.5.4　圆柱螺旋叶片的展开计算

图 3-51 所示圆柱螺旋叶片是将叶片沿圆柱螺旋线焊接于机轴上作输送器用。叶片生产方法有两种：一是按导程分段落料拼接；二是用长条带料在专用机床上整体拉制后焊接于机轴上，此法仅用于专业生产厂家。本实例仅介绍按导程分段展开计算，已知尺寸为 D、d、P，则展开计算公式为

$$L=\sqrt{(\pi D)^2+P^2}$$

$$l=\sqrt{(\pi d)^2+P^2}$$

$$h=\frac{1}{2}(D-d)$$

$$r=\frac{lh}{L-l}$$

$$\alpha=360°\left[1-\frac{L}{2\pi(r+h)}\right]$$

$$c=2(r+h)\sin\frac{\alpha}{2}$$

式中　l，L——内外螺旋线实长，mm；

P——导程，mm；

h——叶片宽度，mm；

r——叶片展开里口半径，mm；

α——切缺角，(°)；

c——切口弦长，mm。

从图 3-51 展开图中可看出，一个导程螺旋叶片展开图为一切缺圆环，但在现场中，为节省材料，对圆环一般不作切缺处理，而是切口拉制后直接沿螺旋线焊接于机轴上，这样组装后，一个导程叶片略大于原导程尺寸。

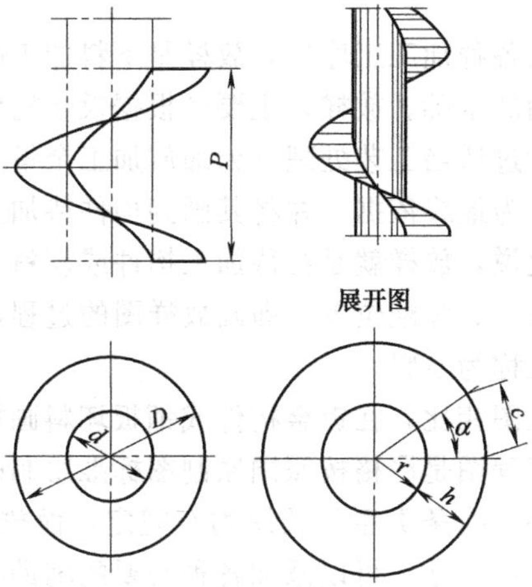

图 3-51　圆柱螺旋叶片的展开

第4章 钣金的展开放样技术

4.1 放样的工具

在钣金件的各种加工工序中，放样是下料加工的前提准备，也是保证下料正确的基础。放样，主要是根据钣金构件加工工艺方法的不同，以进行过适当工艺处理（如加放加工余量等）后形成的展开料或设计图纸为最终依据，并将其画到构件待加工部位或坯料上的过程。简单地说，放样就是在待加工构件或坯料上画出展开料或待加工部位的加工、装配位置，即画放样图的过程，而其中的划线操作，习惯上又称为号料。

与绘制工程图相比，在钣金构件或钢板坯料画放样图有较大的差异：首先，工程图是严格按照国家制图标准绘制的，如可采用放大或缩小的比例，线条类型、长短均有规定，而放样图则较随便，例如可以不必标注尺寸，可以添加各种必要的辅助线，也可去掉与下料无关的线条等，但仅限于1∶1的比例；其次，两者的目的也不同，绘制工程图的目的在于清晰、完整地表达构件的形状、尺寸、材质及加工要求等所有信息，而画放样图的目的在于精确地反映实物形状，以便于工件的加工；最后，两者所用的工具、操作方法也完全不同。

划线是钣金工最基本的操作技能，是板料、型材展开下料的前提，也是后续零部件加工、组装的重要组成部分。划线需要利用划线工具来完成。常用的划线工具名称及用途如表4-1所示。

画放样图时，除可选用表4-1所述的常用划线工具外，有时还使用以下放样工具。

表 4-1　常用的划线工具名称及用途

工具名称	型　　式	用　　途
平板	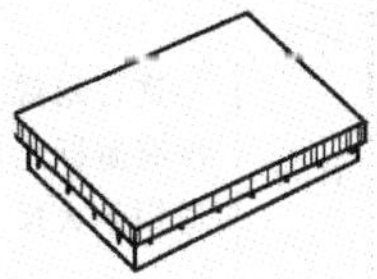	一般用铸铁制成，表面经过精刨或刮削加工，它的工作表面是划线及检测的基准，工作面的精度分为六级，有 000、00、0、1、2 和 3 级。一般用来划线的平板为 3 级，其余用作质量检验
划针	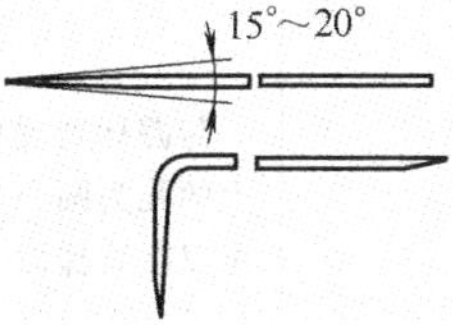	一般用直径 $\phi3\sim6$ 弹簧钢丝或碳素工具钢刃磨后经淬火制成，也可用碳钢丝端部焊上硬质合金磨成。划针长约 200～300mm，尖端磨成 15°～20°，用于钢材上划线
划线盘	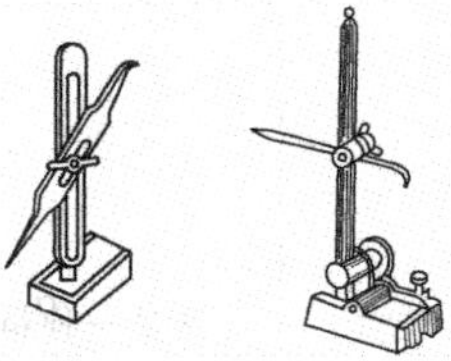	划线盘调整使用方便，划针的一端焊有高速钢尖，可用于钢材上划线，一端弯成钩状，可便于找正使用
划规	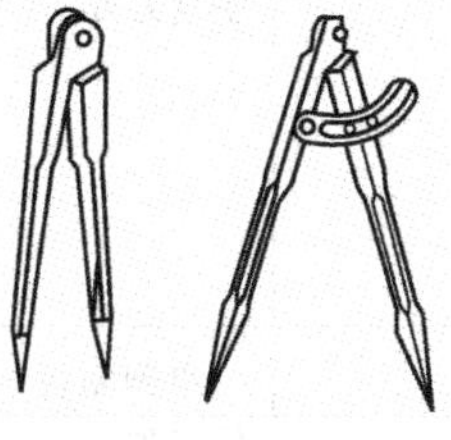	用工具钢或不锈钢制成，两脚尖端经淬硬或焊上一段硬质合金。用于划圆、圆弧，等分角度及等分线段等
游标划规	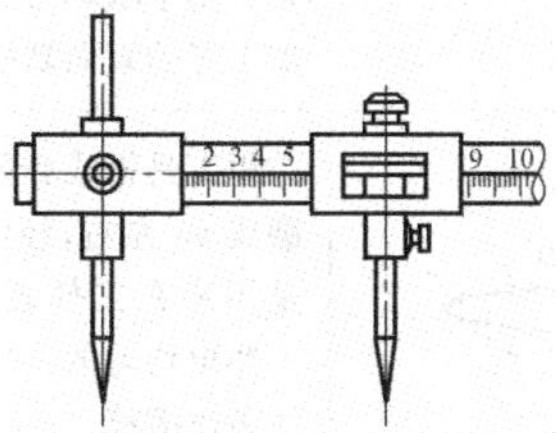	游标划规带有游标刻度，游标划针可调整距离，另一划针可调整高低，适用于大尺寸划线和在阶梯面上划线

续表

工具名称	型　式	用　途
大尺寸划规	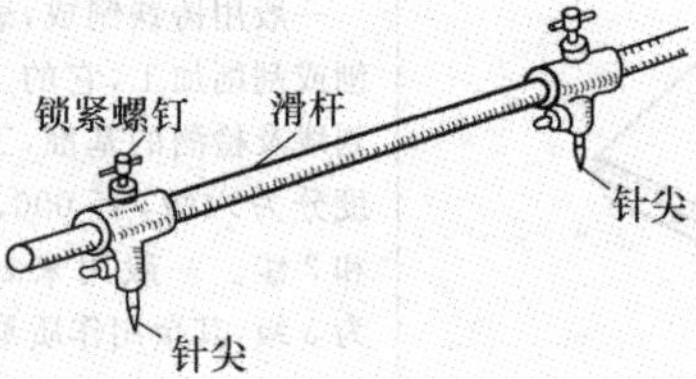	这种划规与游标划规相似，但没有游标刻度和高低调整装置，适用于大尺寸划线
专用划规	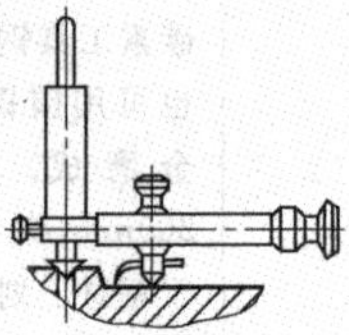	与游标划规相似，可利用零件上的孔为圆心划同心圆或弧，也可以在阶梯面上划线
游标高度尺	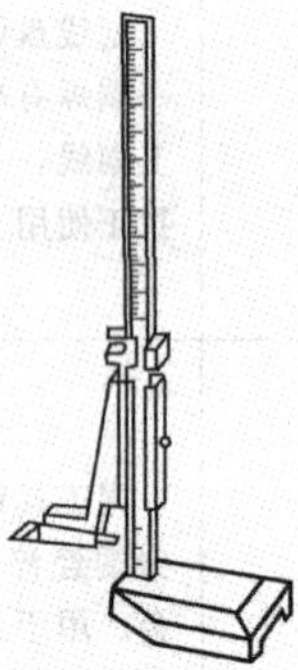	这是一种精密的划线与测量结合的工具，使用时，要注意保护划刀刃
单脚划规	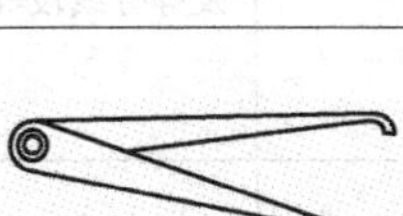	单脚划规一般是利用工具钢锻造加工制成，脚尖经淬火硬化。用于求圆形工件的中心，沿加工好的直面划平行线
样冲	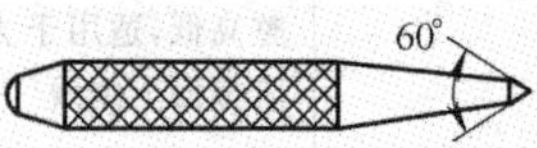	用工具钢或弹簧钢制成，尖端磨成60°左右，经淬火硬化，主要是用来在工件表面划好的线条上冲出均匀的冲眼，以免划出的线条被擦掉

续表

工具名称	型　式	用　途
中心架	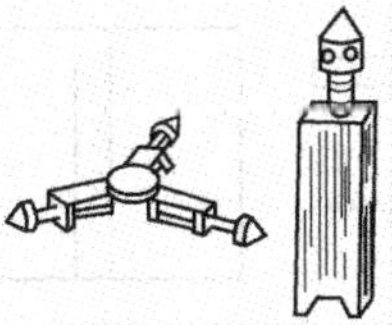	用于划空心圆形工件时定圆心
方箱	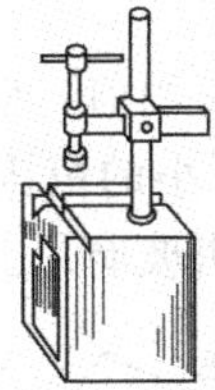	用铸铁制成的空心立方体，各表面均经过刮削加工，相邻平面互成直角，相对平面相互平行。用夹紧装置把小型工件固定在方箱上，划线时只要把方箱翻90°，就可把工件上相互垂直的线在一次安装中划出，方箱上的V形槽平行于相应平面，是放置圆柱形工件用的
90°直角尺	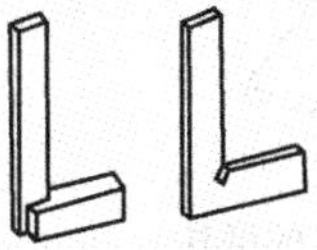	划线时用来找正工件在平台上的竖直位置。也可用作划垂直线或平行线的导向工具
V形铁	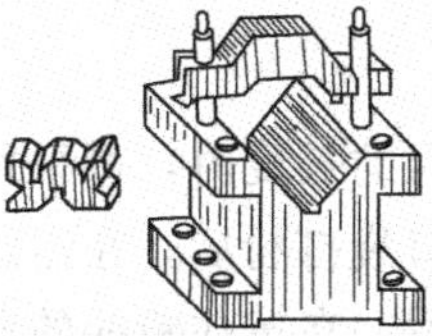	用铸铁或碳钢精制而成，相邻各面互相垂直。划线时用来支承轴类零件
千斤顶	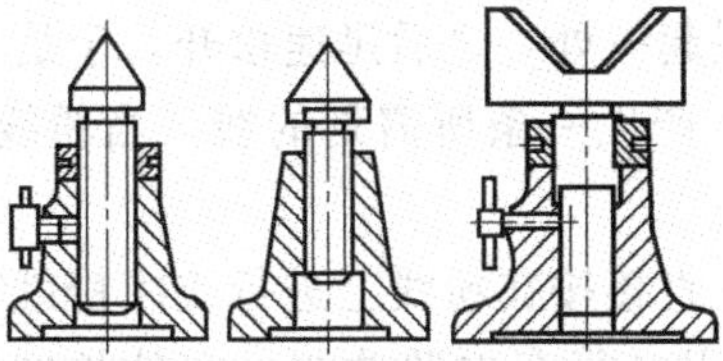	用于支承毛坯或形状不规则的工件进行找正、划线时使用

(1) 石笔

石笔通常都是用滑石切制而成，也叫滑石笔，形状有条形［见图4-1 (a)］和方形［见图4-1 (b)］。与划针一样，石笔也是在金属材料上划线的工具，由于所划的线条能耐一定程度的雨水冲刷，且划线后一般不打样冲，因此，使用方便，但划线精度不如划针高，常用于大外形尺寸钢板、型材且精度要求不高件的划线。

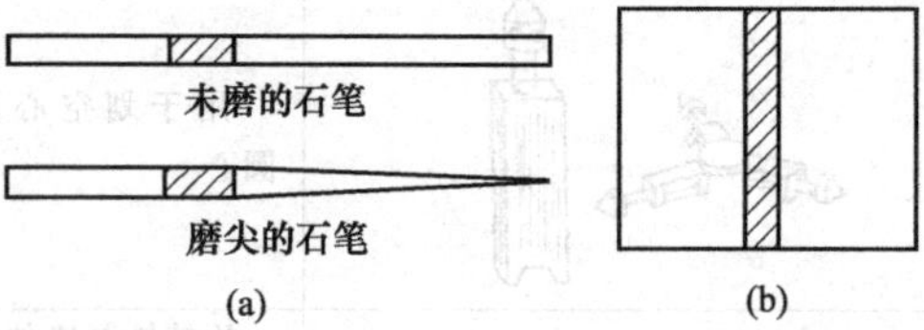

图 4-1　石笔

石笔的使用方法与划针相同，但使用前，应将其端部磨尖，使划出的线条宽度保持在 0.5mm 甚至更小的范围内。磨石笔一般多在黏附一定程度焊接飞溅物的普通透明玻璃片上进行（见图 4-2）。

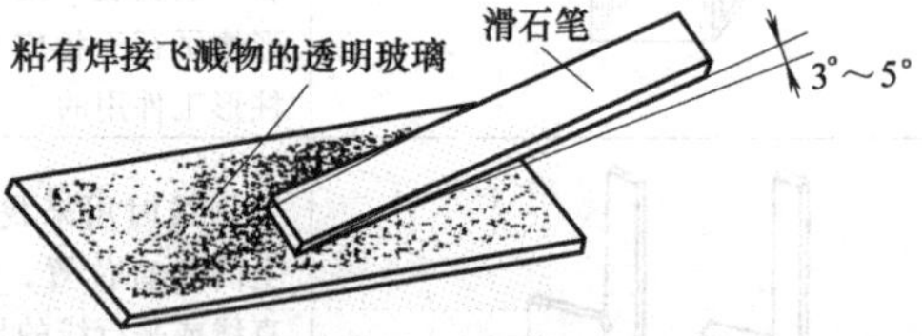

图 4-2　石笔的磨法

(2) 粉线

当所划直线的长度超出钢直尺的长度时，可采用粉线划线。划线的方法是将粉线通过粉笔或粉口袋打粉后，在需画直线的两端用手按住粉线，并将粉线拉紧，然后，在按住粉线的前方用拇指和食指将粉线捏住，垂直向上提起一处，之后迅速松开，于是，提起的已拉紧粉线便回弹到钢板上产生一条所需划的线。当粉线较长时，需两人配合划线。

对粉线打粉一般用粉笔直接按在粉线上进行或用粉口袋（见图 4-3）进行。粉口袋一般可用自行车内胎改制，有效长度以 100～150mm 为宜。扎系处的扎紧程度以达到往复拉粉线无明显阻力，且不漏粉为宜。两端的扎紧处应便于解开，以便更换粉线材料。

使用粉线时，应注意以下几点：①为保证所弹出粉线的精度，粉线的粗细一般应控制在 0.8～1mm 左右为宜，粉线表面不应光

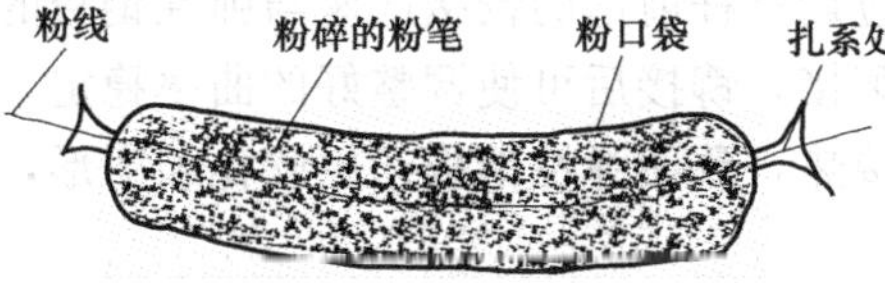

图 4-3　粉口袋

滑，否则，影响粉线着粉效果；②打粉过程中，粉线不可产生抖动，避免粉线已经涂上的粉因此而脱落，这在弹较长直线时尤应注意；③弹粉线时，粉线、钢板都不得有水或呈潮湿现象，且应保证弹粉钢板表面的清洁；④在露天弹粉线时，要注意风对粉线的影响，不能因风的作用使尚未弹的粉线产生弯曲；⑤弹线的钢板应平直，避免中间部位出现上凸现象，否则，粉线弹出后，会因中部高出而出现粉线回弹位置偏离，造成弹出的粉线呈折线，这对于开卷后的卷板，尤应注意；⑥对不锈钢、铝等材料最好采用墨线，以便于观察识别；⑦由于粉线是通过粉附着在钢板上实现划线的，故不耐雨水冲刷，甚至隔夜或着露水、大雾等都能失去，因此，粉线打完后，应立即进行后续加工，否则，需对粉线打上样冲或用石笔重新描出。

(3) 钢丝

当所需直线较长时，用粉线弹直线发生困难，可采用钢丝划线法进行。钢丝划直线时，钢板整体应平直，应严格控制局部的扭曲程度，避免产生对直角尺测量精度的影响，具体见图 4-4。

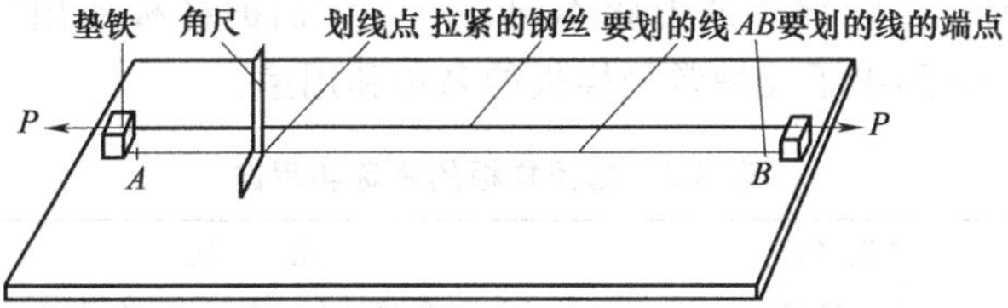

图 4-4　钢丝划直线

(4) 曲线尺

对圆柱、圆锥类的斜截面展开后，产生的曲线都不是圆，因此，不便用圆规划出。尽管可采用描点法，但较麻烦，为此，可采用图 4-5 示的曲线尺。曲线尺是通过调整螺栓来获得不同的曲率的。使用时，应调整杆前部的铰接底座与弹性钢板的固定连接，调整好后可采用铆接，铆接后可使调整好的曲率稳定，但不得采用焊接，避免因焊接热，致使弹性钢板产生软化和变形，丧失弹性，影响使用效果。

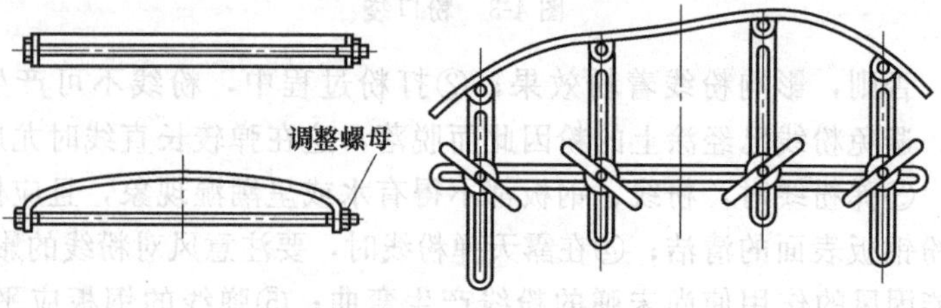

图 4-5　曲线尺

(5) 样板

对于形状复杂的构件，为了下料时准确、方便快捷，一般都采用样板。样板的类型有下料样板、成形样板与检验样板。样板是根据工艺图中具体的技术要求，在生产加工批量较大、单件数量较多时，一般在 0.3～1mm 的薄钢板（镀锌板、马口铁）上按照 1∶1 的比例所画出的反映零部件或构件相互之间的尺寸和真实图形的模型。样板制成后，必须在样板上标明图号、名称、件数、库存编号等，并应经专业检查人员检查、核对无差错后，方可投入使用，以保证放样的正确，同时利于样板的管理。

通常加工零部件的形状不同，所制作出的样板的用途也就不同。表 4-2 列出了几种常用样板的名称和用途。

表 4-2　常用样板的名称和用途

序号	样板名称	用　　途
1	平面样板	在板料及型材上一个平面进行划线下料
2	弧形样板	检查各种圆弧及圆的曲率大小
3	切口样板	各种角钢、槽钢切口、弯曲的划线标准
4	展开样板	各种板料及型材展开零件的实际料长和形状
5	划孔线样板	确定零部件全部孔的位置
6	弯曲样板	各种弯曲零件及制作胎模零件的检查标准

样板的制作公差一般取加工构件公差的1/4～1/3，一般不应小于表4-3所示的尺寸允差。

表4-3　样板制作的尺寸允差　　mm

尺寸名称	允差	尺寸名称	允差
相邻中心线间公差	±0.2	长度、宽度公差	±0.5
板与邻孔中心线距离公差	±0.5	样板的角度公差	±20′
对角线公差	±1.0		

4.2　基本图形的作法

在制作样板（放样）、加工零件外形轮廓划线（号料）等操作时，都必须绘制一些基本几何图形，熟练地掌握基本几何图形的作法是钣金加工的基础。这是因为任何复杂的物体，都是由圆柱、圆锥、棱锥、球等基本几何图形组成的，而这些几何体又都是由直线、圆弧、圆以及封闭的或开口的曲线等线条组成的。

(1) 直线和角的划法

各类直线和角的划法见表4-4。

表4-4　直线和角的划法

名称	作图条件与要求	图　形	操作要点
平行线的划法	作$\overline{ab}$的平行线，相距为S	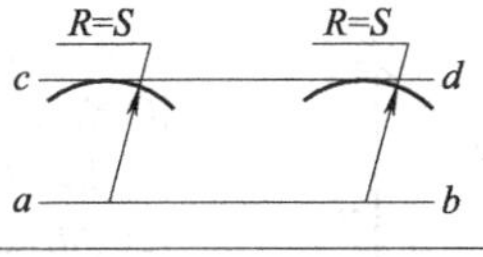	①在$\overline{ab}$线上分别任取两点为圆心，以S长为半径，作两圆弧 ②作两圆弧的切线$\overline{cd}$，则$\overline{cd}//\overline{ab}$
	过p点作$\overline{ab}$的平行线	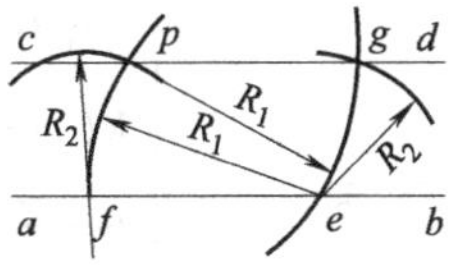	①以已知点p为圆心，取R_1（大于p点到$\overline{ab}$的距离）为半径画弧交$\overline{ab}$于e ②以e为圆心、R_1为半径画弧交$\overline{ab}$于f ③以e为圆心，取$R_2=\overline{fp}$为半径画弧交于g，过p、g两点作$\overline{cd}$，则$\overline{cd}//\overline{ab}$

名称	作图条件与要求	图形	操作要点
垂直线的划法	作过$\overline{ab}$上定点p的垂线	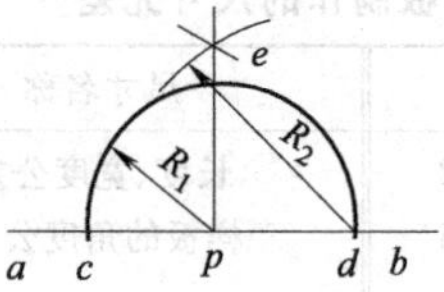	①以p为圆心，任取适当R_1为半径画弧，交$\overline{ab}$于c、d点 ②分别以c、d点为圆心，取$R_2(>R_1)$为半径画弧得交点e，连接$\overline{ep}$，则$\overline{ep}\perp\overline{ab}$
	作过$\overline{ab}$外，任意点p的垂线	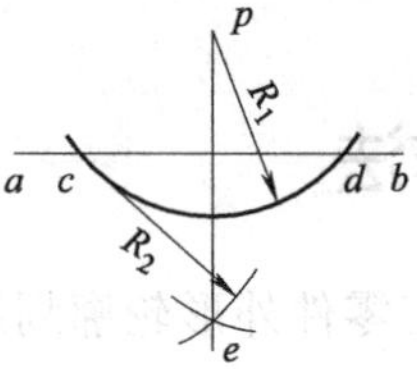	①以p为圆心，任取适当R_1为半径画弧，交$\overline{ab}$于c、d点 ②分别以c、d点为圆心，任取R_2为半径画弧得交点e，连接$\overline{ep}$，则$\overline{ep}\perp\overline{ab}$
	作过$\overline{ab}$端点外定点p的垂线	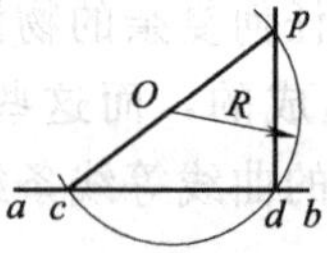	①过p点作一倾斜线交$\overline{ab}$于c，取$\overline{cp}$中点为O ②以O为圆心，取$R=cO$为半径画弧交$\overline{ab}$于d点，连接$\overline{dp}$，则$\overline{dp}\perp\overline{ab}$
	作过$\overline{ab}$的端点b的垂线	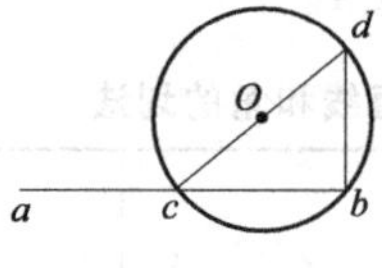	①任取线外一点O，并以O为圆心，取$R=Ob$为半径画圆交$\overline{ab}$于c点 ②连接cO并延长，交圆周于d点，连接$\overline{bd}$，则$\overline{bd}\perp\overline{ab}$
	作过$\overline{ab}$的端点b，用3∶4∶5比例法作垂线	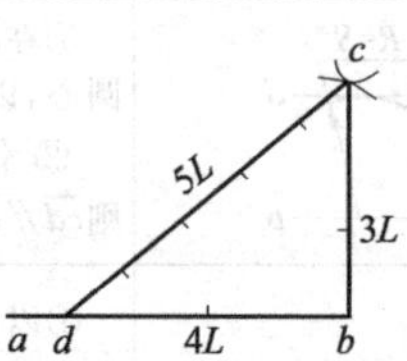	①在$\overline{ab}$上取适当之长为半径L，然后以b为顶点量取$bd=4L$ ②以d、b为顶点，分别量取以$5L$、$3L$长作半径交弧得c点，连接$\overline{bc}$，则$\overline{bc}\perp\overline{ab}$
线段的等分	作$\overline{ab}$的2等分线	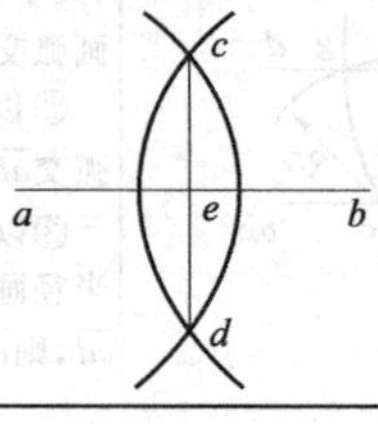	①分别以a、b为圆心，任取$R\left(>\frac{\overline{ab}}{2}\right)$为半径画弧，得交点$c$、$d$两点 ②连接$\overline{cd}$并与$\overline{ab}$交于$e$，则$ce=be$，即$\overline{cd}$垂直平分$\overline{ab}$

续表

<table>
<tr><th>名称</th><th>作图条件与要求</th><th>图　形</th><th>操 作 要 点</th></tr>
<tr><td>线段的等分</td><td>作$\overline{ab}$的任意等分线(本例为5等分)</td><td>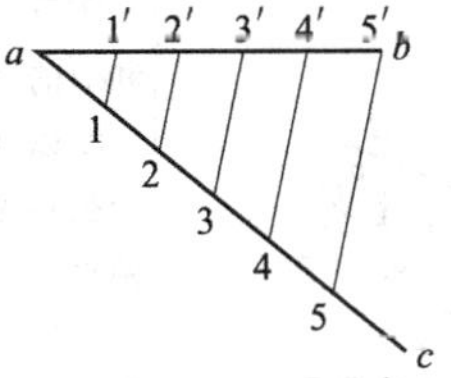
</td><td>①过 a 作倾斜线$\overline{ac}$，以适当长在$\overline{ac}$上截取 5 等分，得 1、2、3、4、5 各点
②连接 b5 两点，过$\overline{ac}$线上 4、3、2、1 各点，分别作 b5 的平行线交$\overline{ab}$于 4′、3′、2′、1′各点，即把 ab5 等分</td></tr>
<tr><td rowspan="3">角度的等分</td><td>∠abc 的 2 等分</td><td>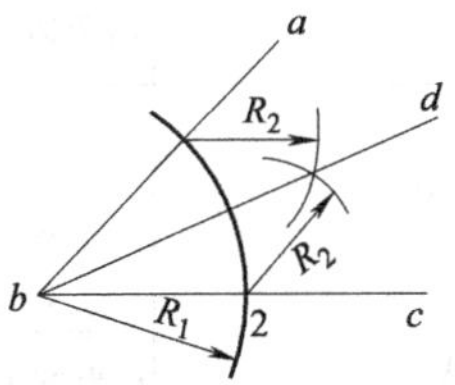
</td><td>①以 b 为圆心，适当长 R_1 为半径，画弧交角的两边于 1、2 两点
②分别以 1、2 两点为圆心，任意长 R_2 $\left(>\frac{1}{2}\text{1-2 距离}\right)$ 为半径相交于 d 点
③连接$\overline{bd}$，则$\overline{bd}$即为∠abc 的角平分线</td></tr>
<tr><td>∠abc 的 3 等分</td><td>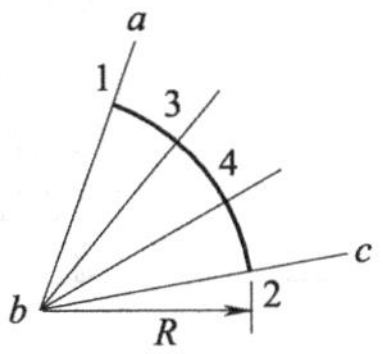
</td><td>①以 b 为圆心，适当长 R 为半径，画弧交角的两边于 1、2 两点
②将弧 12 用量规截取 3 等分为 3、4 两点
③连接 b3、b4 即为∠abc 的三等分线</td></tr>
<tr><td>90°角的 5 等分</td><td>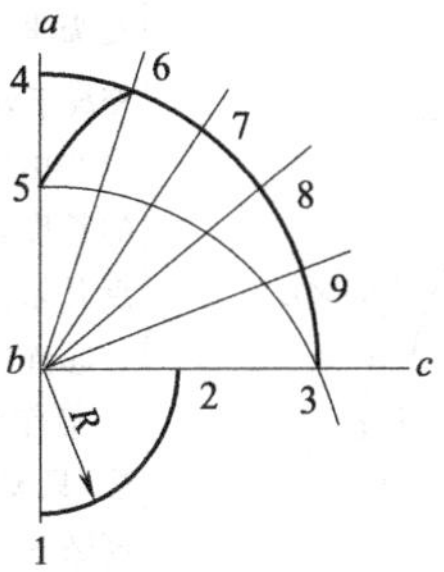
</td><td>①以 b 为圆心，适当长 R 为半径，画弧交$\overline{ab}$延长线于点 1 和$\overline{bc}$于点 2，量取点 3，使$\overline{23}=\overline{b2}$
②以 b 点为圆心，$\overline{b3}$为半径画弧交$\overline{ab}$于点 4
③以点 1 为圆心，$\overline{13}$为半径画弧交$\overline{ab}$于点 5
④以点 3 为圆心，$\overline{35}$为半径画弧交弧 34 于点 6
⑤以弧 a6 长在弧 34 上量取 7、8、9 各点
⑥连接 b6、b7、b8、b9 即为 90°角∠abc 的 5 等分线</td></tr>
</table>

续表

名称	作图条件与要求	图形	操作要点
角度的等分	作无顶点角的角平分线	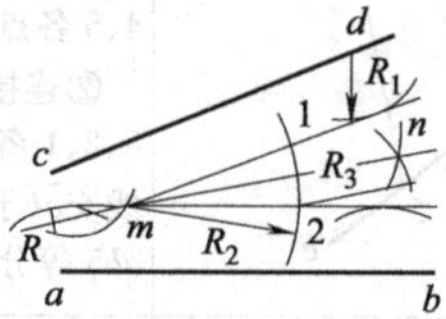	①取适当长 R_1 为半径，作$\overline{ab}$和$\overline{cd}$的平行线交于 m 点 ②以 m 为圆心，适当长 R_2 为半径画弧交两平行线于 1、2 两点 ③以 1、2 两点为圆心，适当长 R_3 为半径画弧交于 n 点 ④连接$\overline{mn}$，则$\overline{mn}$即为$\overline{ab}$和$\overline{cd}$两角边的角平分线
作已知角	作$\angle a'b'c'$等于已知角$\angle abc$	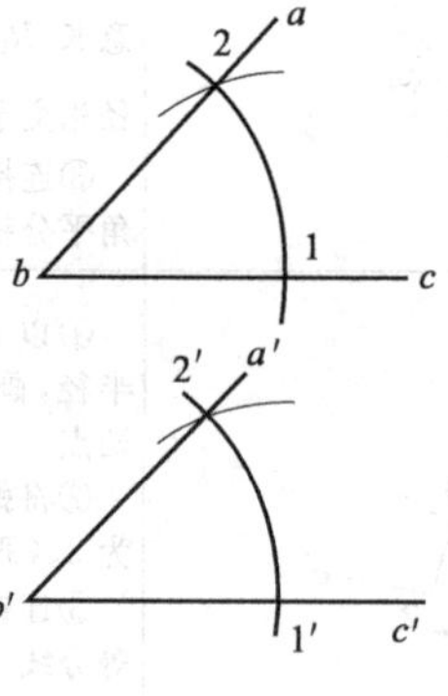	①作一直线$\overline{b'c'}$ ②分别以$\angle abc$ 的 b 和$\overline{b'c'}$的 b'为圆心，适当长 R 为半径画弧，交$\angle abc$ 于 1、2 点和$\overline{b'c'}$于点 1′ ③以 1′点为圆心，取$\overline{12}$为半径画弧交于 2′ ④连接 $b'2'$并适当延长到 a'，则$\angle a'b'c' = \angle abc$
	用近似法作任意角度（图中为 49°）	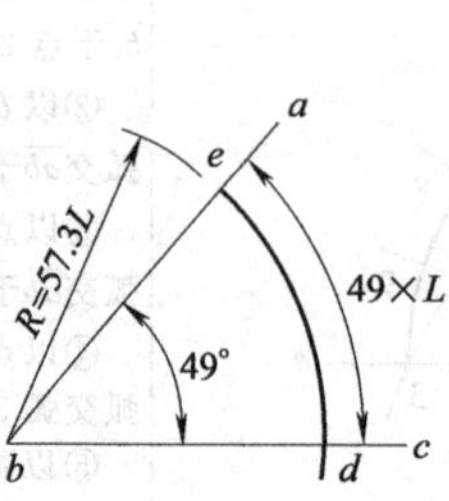	①以 b 为圆心，取 $R=57.3L$ 长为半径画弧（L 为适当长度）交$\overline{bc}$于 d ②由于作 49°角，可取 $49\times L$ 的长度，在所作的圆弧上，从 d 点开始用卷尺量取到 e 点 ③连接 be，则$\angle ebd=49°$ ④作任意角度，均可用此方法，只要半径用 $57.3\times L$ 以角度数$\times L$ 作为弧长（L 是任意适当数）

续表

名称	作图条件与要求	图　　形	操 作 要 点
已知三角形三边长为 a、b、c，求作该三角形		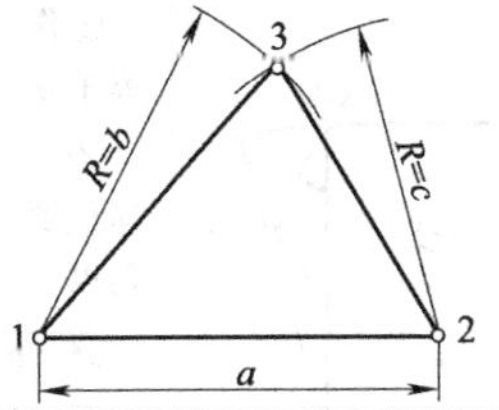	①作直线段$\overline{12}$使其长为 a，以 1 和 2 分别为圆心，以半径 $R=b$ 和 $R=c$ 分别画弧交于 3 点 ②连接$\overline{13}$和$\overline{23}$，那么△123 即为所求作的三角形
作倾斜线（图中斜度为 1∶6）		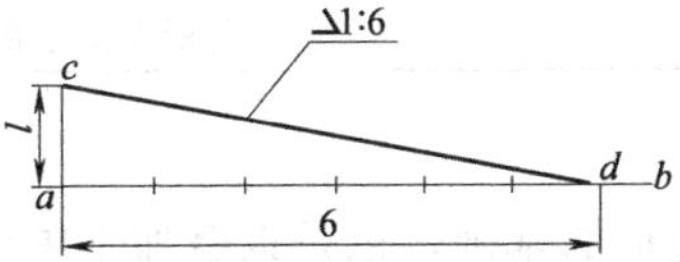	①画直线 ab，再作直角 cad，在垂直线上定出任意长度 ac ②再在 ab 上定出相当于 6 倍 ac 长度的点 d，连接点 d、c 所得的直线，即得到与直线 ac 的斜度为 1∶6 的倾斜线
已知正方形的边长为 a，求作该正方形		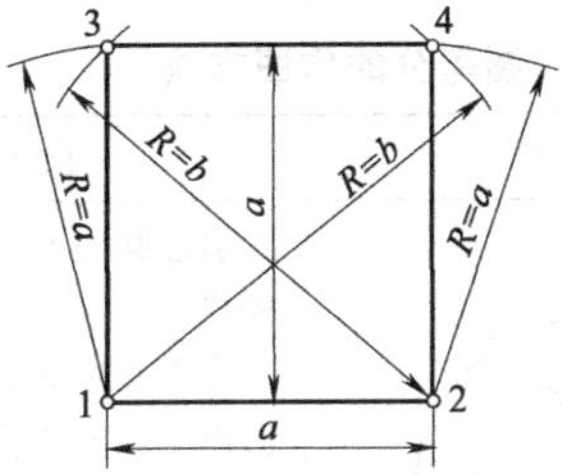	①作一水平线，取$\overline{12}$等于已知长度 a，分别以点 1、2 为圆心，已知长度 a 为半径画圆弧，与分别以点 1、2 为圆心，以 b($b=1.414a$)为半径所画的圆弧相交，得交点为 3、4 ②分别以直线连接各点，即得所求正方形
已知矩形两边长度 a 和 b，求作该矩形		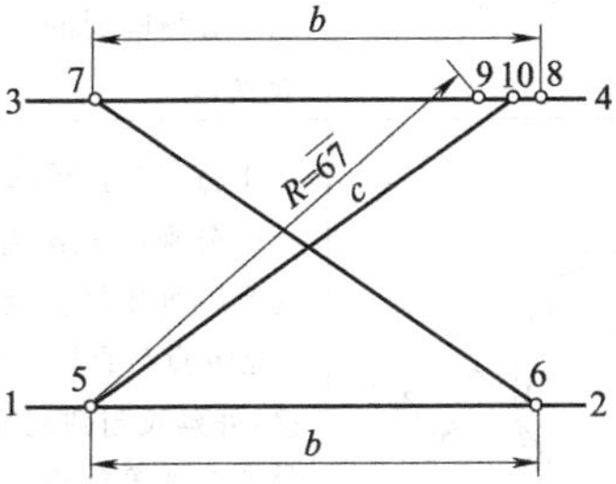	①先画两条平行线$\overline{12}$和$\overline{34}$，其距离等于已知宽度 a ②在$\overline{12}$和$\overline{34}$线上分别取等于已知长度 b 的点为 5、6、7、8，以点 5 为圆心，$\overline{67}$对角线长为半径画圆弧与直线$\overline{34}$相交，交点为 9 ③连接点 5 及$\overline{89}$之中点 10，则$\overline{510}$即为所求对角线长 c ④分别以 5、6 为圆心，以对角线长 c 为半径画弧，其与$\overline{34}$的交点，即为矩形的另两个顶点，点 5、6 分别与$\overline{34}$的交点相连接便得到所求的矩形

续表

名称	作图条件与要求	图形	操作要点
已知矩形两边长度 a 和 b，求作该矩形		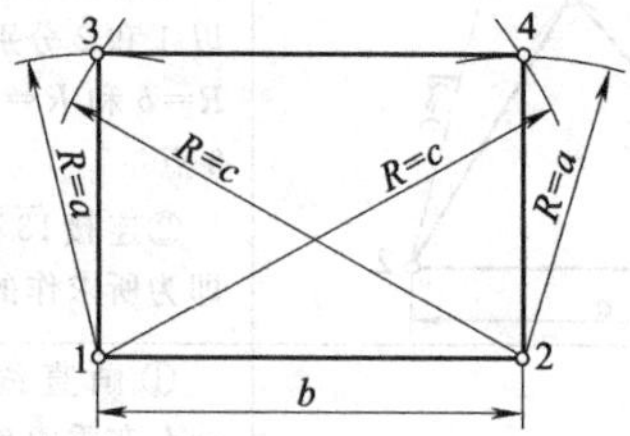	①作一水平线 $\overline{12}$，使其长度等于 b ②分别以点 1、2 为圆心，已知长度 a 为半径画圆弧，与分别以点 1、2 为圆心，以 $c(c=\sqrt{a^2+b^2})$ 为半径所画的圆弧相交，得交点为 3、4 ③分别以直线连接各点，即得所求正方形

(2) 圆等分的作法

圆的等分是作正多边形的基础，也是钣金加工中用来确定展开料或钻孔点画线位置等常用的方法。其作图方法见表 4-5。

表 4-5 圆等分的作图方法

作图条件与要求	图形	操作要点
求圆的 3、4、5、6、7、10、12 等分的长度	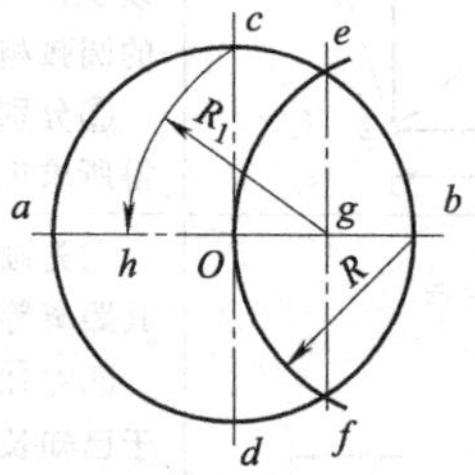	①过圆心 O 作 $\overline{ab}\perp\overline{cd}$ 的两条直径线 ②以 b 为圆心、R 为半径画弧交圆周于 e、f，连接 $\overline{ef}$ 并交 $\overline{ab}$ 于 g 点 ③以 g 为圆心，$R_1=\overline{cg}$ 为半径画弧交 $\overline{ab}$ 于 h ④则 $\overline{ef}$、$\overline{bc}$、$\overline{ch}$、$\overline{bo}$、$\overline{eg}$、$\overline{ho}$、$\overline{ce}$ 长分别等分该圆周的 3、4、5、6、7、10、12 等分长
作圆 O 的任意等分（图中 7 等分）	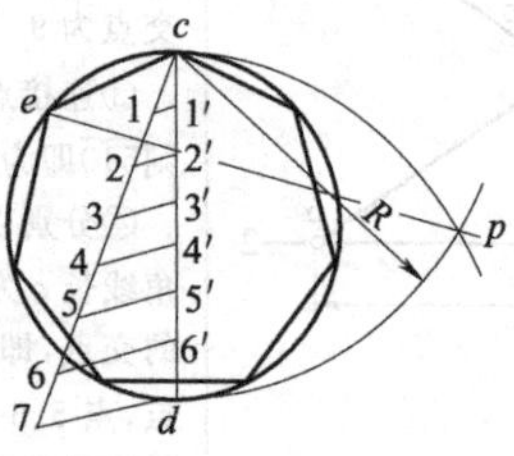	①将圆的直径 $\overline{cd}$ 7 等分 ②分别以 c、d 为圆心，取 $R=\overline{cd}$ 为半径画弧得 p 点 ③p 点与直径等分的偶数点 $2'$ 连接，并延长与圆周交于 e 点，则 $\overline{ce}$ 即是所求的等分长 ④用 $\overline{ce}$ 长等分圆周，然后连接各点，即为正七边形

作图条件与要求	图　　形	操 作 要 点
作 ab 半圆弧的任意等分（图中 5 等分）	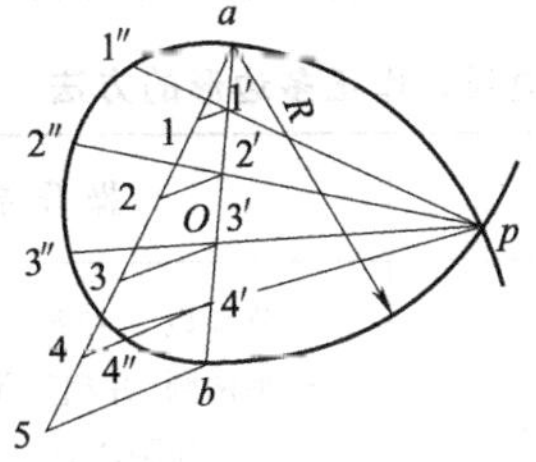	①将直径 $\overline{ab}$5 等分 ②分别以 a、b 为圆心，以 $R=\overline{ab}$ 为半径，画弧得 p 点 ③分别连接 $p1'$、$p2'$、$p3'$、$p4'$，并延长与圆周得交点为 $1''$、$2''$、$3''$、$4''$点，即各点将半圆弧 5 等分

圆的等分也可以用计算法求得，其计算公式是

$$s=2R\sin\frac{180^\circ}{n}$$

式中　s——等分圆周的弦长；

R——圆的半径；

n——圆的等分数目。

采用计算法等分圆时，只需先利用上式计算出等分圆周的弦长 s 值，再利用分规直接在圆上截取各点后，直接连接各点便可。如采用计算法 6 等分圆时，可先计算出等分圆周的弦长 s $\left(s=2R\sin\frac{180^\circ}{n}=2R\sin\frac{180^\circ}{6}=R\right)$，然后利用圆规，先以圆上任意点为圆心，以 $s=R$ 长为半径，依次画弧，便可将圆 6 等分，依次连接各点，即形成正六边形，如图 4-6 所示。

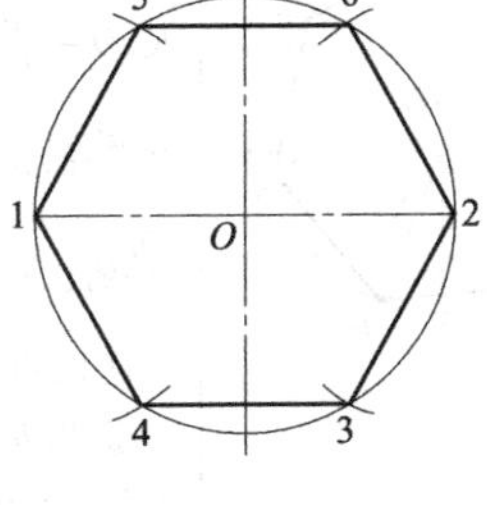

图 4-6　圆的六等分

(3) 正多边形的作法

正多边形的画法在几何作图中得到广泛的应用。在圆内作正多边形的方法，也常用来等分圆周。其作图方法见表 4-6。

表 4-6　已知边长，作正多边形的方法

作图条件与要求	图　形	操 作 要 点
已知一边长 $\overline{ab}$，作正五边形	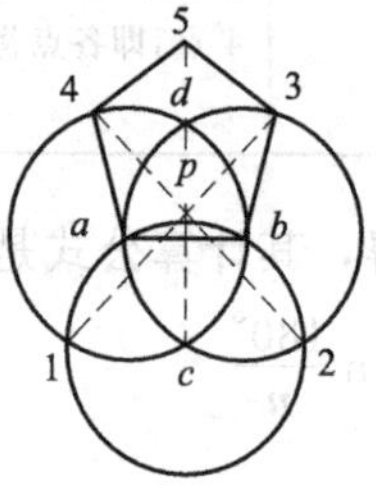	①分别以 a 和 b 为圆心，取 $R=\overline{ab}$ 为半径画两圆，并相交于 c、d 两点 ②以 c 为圆心，取 $R=\overline{ab}$ 为半径画圆，分别交 a 圆于点 1、b 圆于点 2 ③连接 c、d 交 c 圆于 p 点，分别连接 1、p 并延长交 b 圆于点 3，连接 2、p 并延长交 a 圆于点 4 ④分别以点 3、4 为圆心，$R=\overline{ab}$ 为半径相交于 5，连接各点即为正五边形
已知一边长 $\overline{ab}$，作正六边形	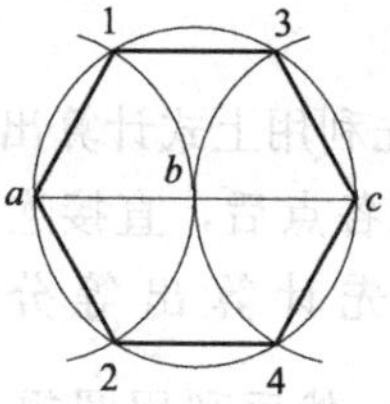	①延长 $\overline{ab}$ 到 c，使 $\overline{ab}=\overline{bc}$ ②以 b 为圆心，取 $R=\overline{ab}$ 为半径画圆 ③分别以 a 和 c 为圆心，取 $R=\overline{ab}$ 为半径画圆弧，交圆周于点 1、2、3、4 点，连接各点即为正六边形
已知一边长 $\overline{ab}$，作正七边形	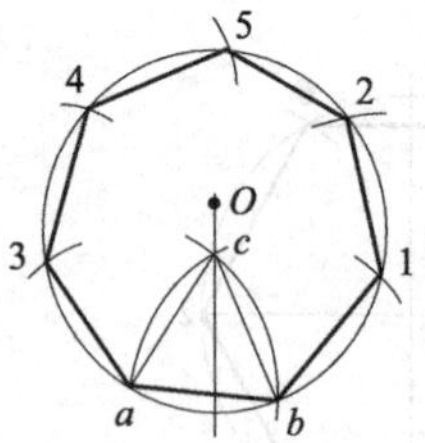	①分别以 a、b 为圆心，取 $R=\overline{ab}$ 为半径画弧交于 c 点 ②过 c 作 $\overline{ab}$ 的垂线 ③由于作七边形，可以 c 向上取 O 点使 $\overline{cO}=\frac{\overline{ab}}{6}$（若作九边形，应以 c 向上取 3 倍 $\frac{\overline{ab}}{6}$ 的长，若作五边形，应以 c 向下取 $\frac{\overline{ab}}{6}$ 的长） ④以 O 为圆心，取 $\overline{Oa}$ 为半径画圆 ⑤以 $\overline{ab}$ 为长，在圆周上量取 1、2、3、4、5 点。连接各点即为正七边形

(4) 圆弧、椭圆的作法

圆弧是构成各种图形的基础，圆弧的作法见表 4-7。

表 4-7　圆弧的作图方法

作图条件与要求	图　　形	操作要点
已知弦长 ab 和弦高 cd 作圆弧	图1	①连接 ac、bc，并分别作垂直平分线相交于点 O ②以 O 为圆心，aO 长为半径画弧，即为所求圆弧
已知弦长 ab 和弦高 cd 作圆弧（近似作法）	图2	①连接 ac 并作垂直平分线，并在其上量取 cd/4 得 e ②分别连接 ae、ce 并作垂直平分线，并在其上量取 cd/16 长，得 f、g 点 ③同理将弦长作垂直平分线，量取 cd/64 长，依次类推得到近似的圆弧（图中画一半）
已知弦长 ab 和弦高 cd 作圆弧（准确作法）	图3	①分别过 a、c 点作 cd 和 ab 平行线的矩形 adce ②连接 ac，过 a 作 ac 垂线交 ce 延长线于 f ③在 ad、cf、ae 线上各取相同等分，分别得 1、2、3、1″、2″、3″和 1′、2′、3′点（图中 3 等分） ④分别连接 11″、22″、33″和 1′c、2′c、3′c 并得对应相交各点，圆滑连接各点，即得所求圆弧（图中画一半）

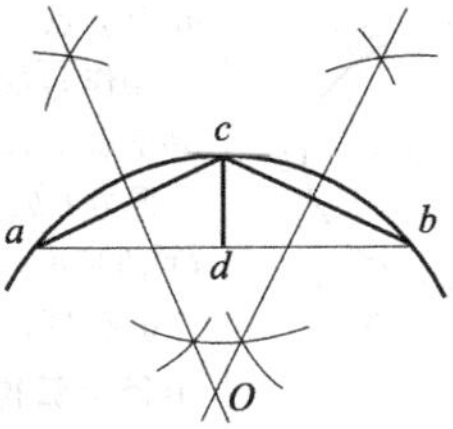

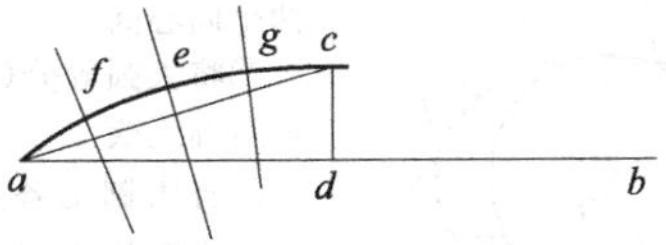

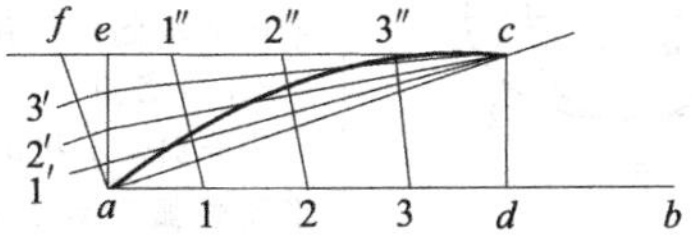

椭圆也是钣金件中常见的图形，其作法很多，椭圆的常用作法见表 4-8。

表 4-8　椭圆的作法

<table>
<tr><th>已知条件与要求</th><th>图　形</th><th>操作要点</th></tr>
<tr><td>已知长轴$\overline{ab}$和短轴$\overline{cd}$作椭圆（用四心作法）</td><td>
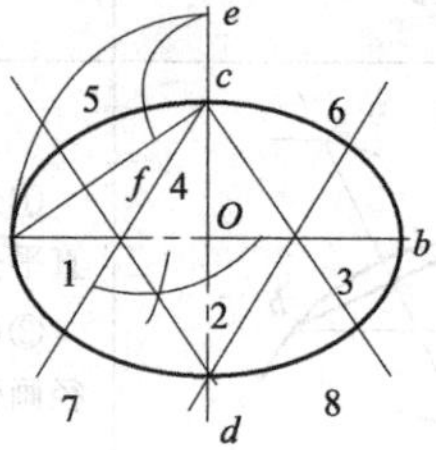

</td><td>①作$\overline{cd}$垂直平分$\overline{ab}$，并交于 O 点
②连接$\overline{ac}$，以 O 为圆心，取$\overline{aO}$为半径画弧交$\overline{Oc}$延长线于 e 点
③以 c 为圆心，$\overline{ce}$为半径画弧交$\overline{ac}$于 f 点
④作$\overline{af}$的垂直平分线，并分别交$\overline{ab}$于点 1、$\overline{cd}$于点 2
⑤在$\overline{Ob}$、$\overline{Oc}$线上，分别截取$\overline{O1}$、$\overline{O2}$的长度得 3、4 两点
⑥分别以点 2、4 为圆心，以$\overline{c2}$为半径画弧得弧$\overset{\frown}{56}$和$\overset{\frown}{78}$。分别以点 1、3 为圆心，以$\overline{a1}$为半径画弧得弧$\overset{\frown}{57}$和$\overset{\frown}{68}$，即完成所作的椭圆</td></tr>
<tr><td>已知长轴$\overline{ab}$和短轴$\overline{cd}$作椭圆（用同心作法）</td><td>
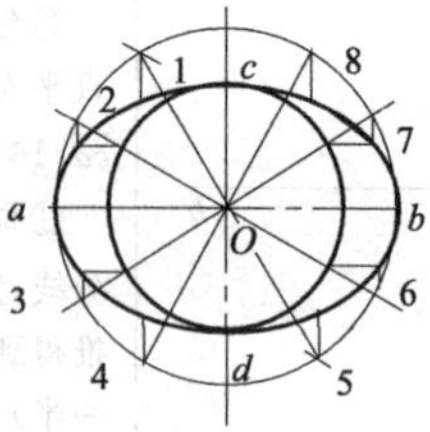

</td><td>①以 O 为圆心，$\overline{Oa}$和$\overline{Oc}$为半径作两个同心圆
②将大圆等分（图中 12 等分）并作对称连线
③将大圆上各点分别向$\overline{ab}$作垂线与小圆周上对应各点作$\overline{ab}$的平行线相交
④用圆滑曲线连接各交点得所求的椭圆</td></tr>
<tr><td>已知短轴$\overline{cd}$作椭圆</td><td>
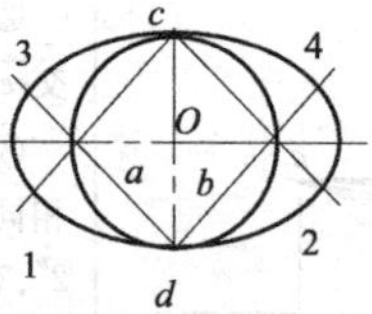

</td><td>①取$\overline{cd}$的中点为 O，过 O 作$\overline{cd}$的垂线与以 O 为圆心，$\overline{cO}$为半径的圆相交于 a、b 两点
②分别以 c 和 d 为圆心，取$\overline{cd}$为半径画弧交$\overline{ca}$、$\overline{cb}$和$\overline{da}$、$\overline{db}$的延长线 1、2、3、4 各点
③分别以 a 和 b 为圆心，取$\overline{a1}$为半径画弧$\overset{\frown}{13}$和$\overset{\frown}{24}$，即完成所求之椭圆</td></tr>
<tr><td>已知大、小圆半径 R、r，作心形圆</td><td>
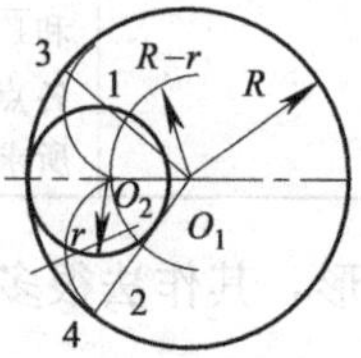

</td><td>①以 O_1 为圆心，取 R-r 为半径画弧交圆 O_2 于 1、2 两点
②连接 $O_1$1 和 $O_1$2 并延长与圆 O_1 交于 3、4 两点
③分别以 1 和 2 为圆心，取 r 为半径画弧 $3O_2$、$4O_2$，即由弧$\overset{\frown}{34}$、弧$\overset{\frown}{4O_2}$、弧$\overset{\frown}{3O_2}$ 组成一个心形圆</td></tr>
</table>

续表

已知条件与要求	图　　形	操 作 要 点
已知两圆心距$\overline{O_1O_2}$,半径R、r,作蛋形圆	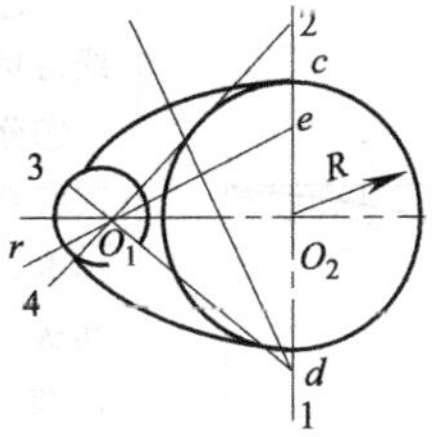	①过 O_2 作$\overline{O_1O_2}$垂线交圆 O_2 圆周于 c、d 两点 ②截取$\overline{ce}=r$,连接$\overline{eO_1}$并作$\overline{eO_1}$的垂直平分线交$\overline{cd}$延长线于点 1。同理得点 2 ③连接$\overline{1O_1}$和$\overline{2O_1}$并延长交圆 O_1 于 3、4 两点 ④分别以 1 和 2 为圆心,取$\overline{1c}$为半径画弧$\overset{\frown}{3c}$、$\overset{\frown}{4d}$,即得所求蛋形圆

(5) 其他曲线的作法

除上述曲线外，常见的还有抛物线、双曲线等，其作法见表4-9。

表 4-9　其他曲线的作法

名称	已知条件与要求	图　　形	操 作 要 点
抛物线的作法	已知导线和焦点画抛物线	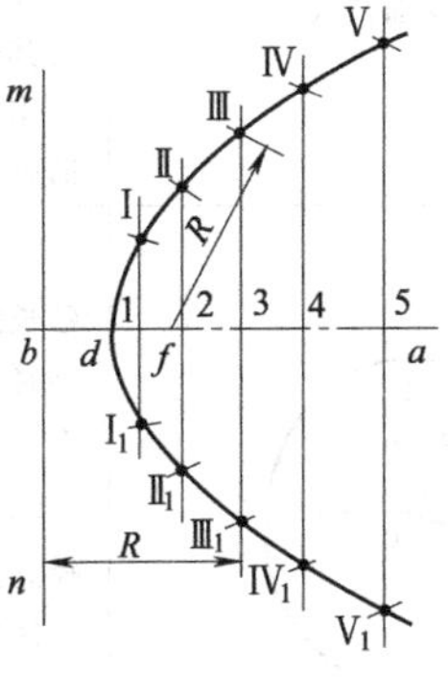	①通过焦点 f 作抛物线的轴,此轴垂直于导线$\overline{mn}$并交于 b 点 ②等分$\overline{bf}$得中点 d,d 点就是抛物线的顶点 ③从 d 点沿焦点方向,取任意数目的、距离渐进的点,如 1、2、3…,并通过这些点画$\overline{mn}$的平行线 ④以 f 点为圆心,用$\overline{b1}$、$\overline{b2}$、$\overline{b3}$…作半径,画圆弧,分别交过点 1 的平行线于Ⅰ、$Ⅰ_1$,过点 2 的平行线于Ⅱ、$Ⅱ_1$…点 ⑤用曲线板连接所得各点,即为抛物线

续表

名称	已知条件与要求	图形	操作要点
抛物线的作法	已知抛物线的1/2跨度为$\overline{ad}$，拱高为$\overline{cd}$，作抛物线	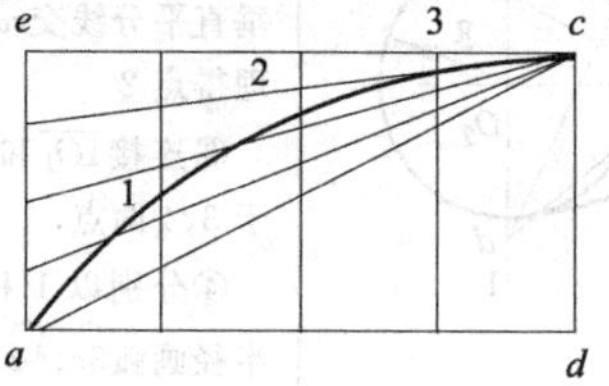	①过 a 和 c 作$\overline{cd}$和$\overline{ad}$平行线得矩形，交点为点 e ②分别将$\overline{ad}$、$\overline{ce}$和$\overline{ae}$作相同的等分(图中4等分)，把$\overline{ad}$和$\overline{ce}$上的等分对应相连和从 c 点与$\overline{ae}$上的等分点的连线对应相交于1、2、3各点 ③用曲线圆滑连接 a、1、2、3、c 各点，即得所求抛物线
双曲线的作法	已知双曲线顶点间距离$\overline{aa_1}$和焦点间距离$\overline{ff_1}$画双曲线	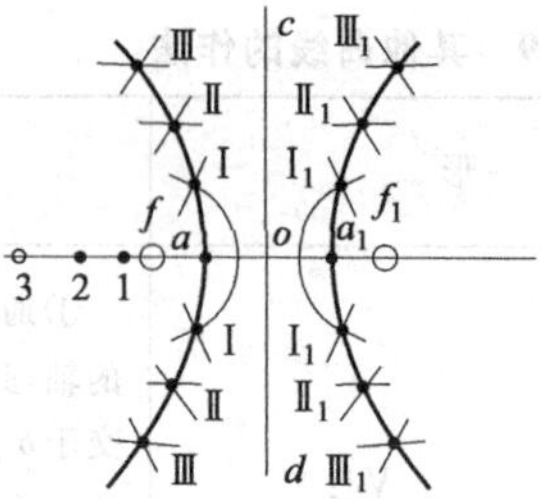	①沿轴线在焦点 f 的左面任意截取1,2,3…点 ②用焦点 f 和 f_1 作圆心，分别用$\overline{a1}$和$\overline{a_11}$作半径各作两圆弧，得交点Ⅰ、Ⅰ和$Ⅰ_1$、$Ⅰ_1$ ③仍用 f 和 f_1 作圆心，分别用$\overline{a2}$和$\overline{a_12}$作半径各作两圆弧，又得交点Ⅱ、Ⅱ和$Ⅱ_1$、$Ⅱ_1$…，用同样的方法，得其他各点 ④用曲线圆滑连接各点，即画成双曲线
渐开螺旋线的作法	已知正方形 $abcd$ 画渐开线	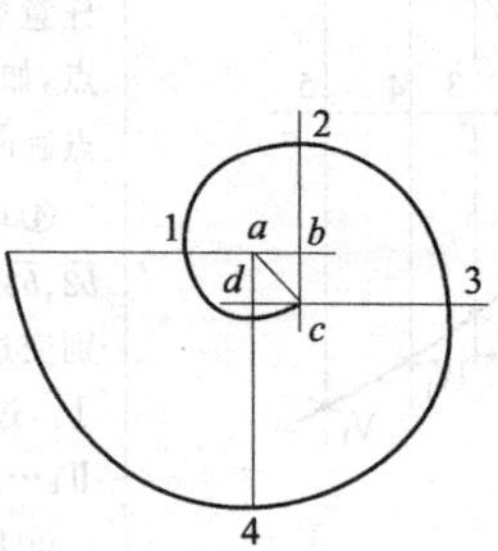	①分别作$\overline{ab}$、$\overline{bc}$、$\overline{cd}$和$\overline{ad}$的延长线，以 a 为圆心，取$\overline{ac}$为半径，自 c 点起作圆弧得点1 ②以 b 为圆心，取$\overline{b1}$为半径画弧交$\overline{cb}$延长线于点2 ③同理以 c、d 为圆心，取$\overline{c2}$、$\overline{d3}$为半径画弧得3、4点，依次类推得所求的渐开螺旋线

续表

名称	已知条件与要求	图　形	操作要点
等距螺旋线的作法	已知圆 O 画渐开线	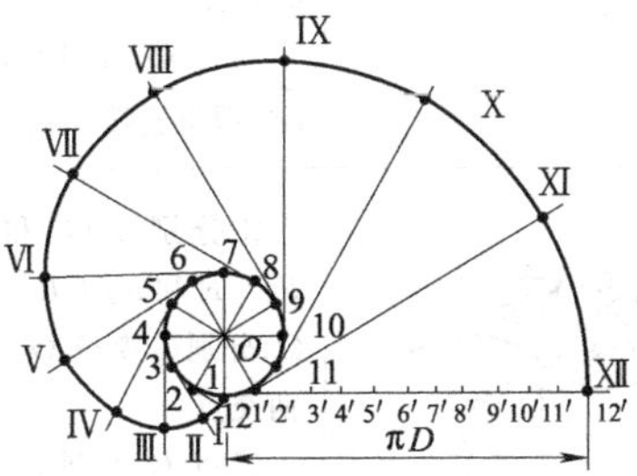	①分圆周为若干等份(图中为 12 等份)，得各等分点 1、2、3…、12 ②画出各等分点与圆心 O 的连线，过圆上各点作圆的切线 ③在点 12 的切线上取 $\overline{1212'}$ = 圆周长，并将此线段分成 12 等份，得各分点 1′、2′、3′…、12′ ④在圆周各点的切线上分别截取线段，使其长度分别为 $\overline{1\mathrm{I}}=\overline{121'}$、$\overline{2\mathrm{II}}=\overline{122'}$、$\overline{3\mathrm{III}}=\overline{123'}$、… 、$\overline{11\mathrm{XI}}=\overline{1211'}$ ⑤圆滑连接 12、Ⅰ、Ⅱ、…、Ⅻ 各点，即得圆的等距螺旋线

(6) 各种圆弧连接的作法

各种圆弧连接是形成一些较复杂形状连接的基础，各种圆弧连接的作法见表 4-10。

表 4-10　各种圆弧连接的作法

已知条件与要求	图　形	操　作　要　点
用已知半径 R 连接锐角两边	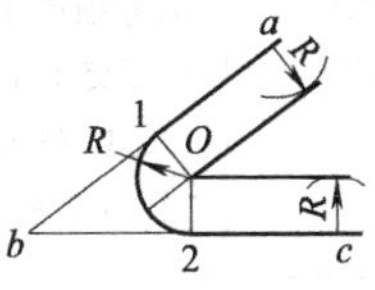	①分别在锐角两边内侧作两平行线，相距 R 得交点 O ②过 O 点分别作两锐角边的垂线为 1、2 两点 ③以 O 为圆心，用已知 R 为半径画弧 $\overset{\frown}{12}$，即得连接圆弧
用半径尺连接 90°角两边	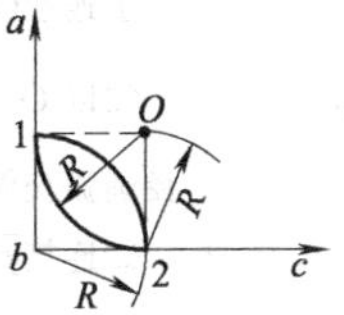	①以 b 为圆心，用已知 R 为半径画弧交 $\overline{ab}$、$\overline{bc}$ 于 1、2 两点 ②分别以 1 和 2 为圆心，同样 R 为半径交于 O 点，再以 O 为圆心，同样 R 画弧 $\overset{\frown}{12}$，即得连接圆弧

续表

已知条件与要求	图　　形	操 作 要 点
用半径 R 连接 R_1 圆弧和 $\overline{ab}$ 直线	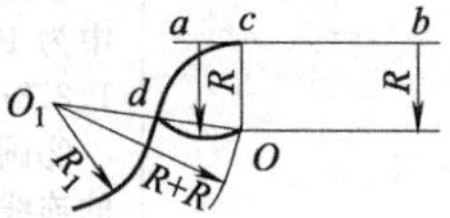	①以 O_1 为圆心，用 R_1+R 为半径画弧与距 $\overline{ab}$ 直线为 R 的平行线相交于 O 点 ②连接 O、O_1 和过 O 作 $\overline{ab}$ 垂线得 d、c 点 ③以 O 为圆心，R 为半径圆弧 $\overset{\frown}{cd}$，即得连接圆弧
用半径 R 连接两已知 R_1 和 R_2 的圆弧	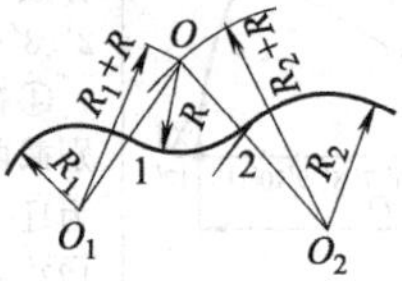	①分别以 O_1 和 O_2 为圆心，以 R_1+R 和 R_2+R 为半径画弧交于 O，分别连接 O、O_1 和 O、O_2 得 1、2 两交点 ②以 O 为圆心，R 为半径画弧 $\overset{\frown}{12}$，即得连接圆弧
用半径 R 连接两已知 R_1 和 R_2 的圆弧（内外弧连接）	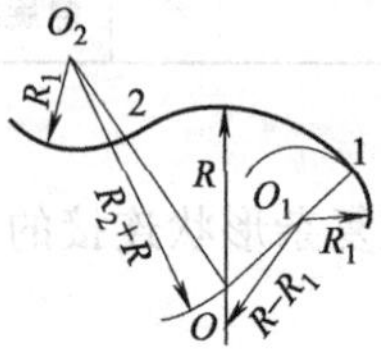	①分别以 O_1 和 O_2 为圆心，以 $R-R_1$ 和 R_2+R 为半径画弧交于 O，连接 O、O_1 和 O、O_2 得 1、2 两交点 ②以 O 为圆心，R 为半径画弧 $\overset{\frown}{12}$，即得连接圆弧
用半径 R 连接两已知 R_1 和 R_2 的圆弧（两弧连接）	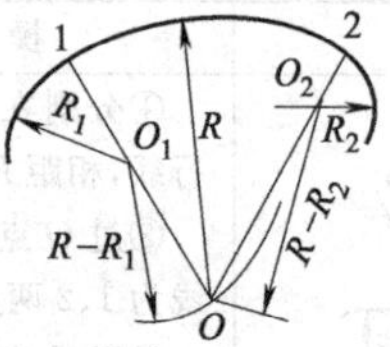	①分别以 O_1 和 O_2 为圆心，以 $R-R_1$ 和 $R-R_2$ 为半径画弧交于 O，分别连接 O、O_1 和画 O_2 并延长与弧交于 1,2 点 ②以 O 为圆心，以 R 为半径画弧 $\overset{\frown}{12}$，即得连接圆弧
从圆外一点 p 作圆的切线	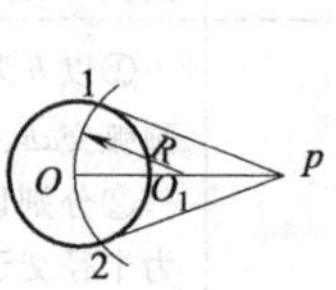	①连接 $\overline{Op}$，并取中点为 O_1 ②以 O_1 为圆心，取 $R=\frac{\overline{Op}}{2}$ 为半径画弧交圆 O 于 1、2 两点 ③连接 $\overline{p1}$、$\overline{p2}$，即为相切线

续表

<table>
<tr><th>已知条件与要求</th><th>图　形</th><th>操　作　要　点</th></tr>
<tr><td rowspan="2">O_1 圆和 O_2 圆作两圆的切线</td><td>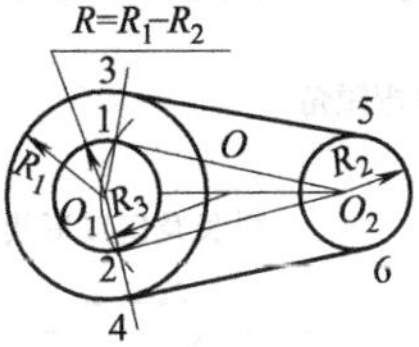
</td><td>①以圆 O_1 为圆心，取 $R=R_1-R_2$ 为半径画圆
②连接 O_1、O_2 并取中点 O，并以 O 为圆心取 $R_3=\frac{\overline{O_1O_2}}{2}$ 为半径画弧得 1、2 两交点
③分别连接 $\overline{1O_2}$ 和 $\overline{2O_2}$，并延长到圆 O_1 上得 3、4 两点
④分别过 3、4 两点作 $\overline{1O_2}$ 和 $\overline{2O_2}$ 平行线 $\overline{35}$、$\overline{46}$，即为所求切线</td></tr>
<tr><td>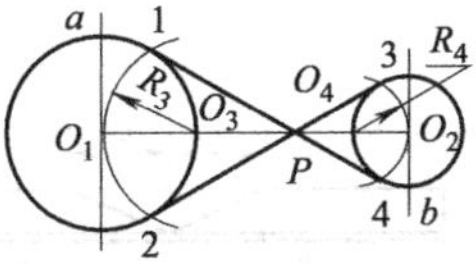
</td><td>①连接 $\overline{O_1O_2}$，分别过 O_1 和 O_2 作 $\overline{O_1O_2}$ 垂线交 O_1 圆和 O_2 圆于 a、b 点
②连接 $\overline{ab}$ 交 $\overline{O_1O_2}$ 于 P 点
③分别取 $\overline{PO_1}$ 和 $\overline{PO_2}$ 的中点，得 O_3 和 O_4 两点，并分别以 O_3 和 O_4 为圆心，取 $R_3=\frac{\overline{PO_1}}{2}$ 和 $R_4=\frac{\overline{PO_2}}{2}$ 为半径画弧，分别交于 1、2、3、4 各点
④连接 $\overline{23}$、$\overline{14}$ 即为所求切线</td></tr>
</table>

4.3 型钢弯曲件的切口形状

型钢（生产中运用最多的主要是角钢与槽钢）弯曲件的切口形状直接影响到型钢的弯曲质量，切口通常依据图样要求画出实样图，再通过样板号料或用直尺直接在工件上进行号料，最后根据弯曲件的加工要求，对切口选择冲切、切割或铣切等方式进行加工。

(1) 角钢弯曲切口形状及料长

① 角钢内弯任意角外尖角　图 4-7 (a)、(b)、(c) 分别为角钢切口内弯成锐角、直角、任意角时的切口和料长，左边图为工件成形后的形状和尺寸，右边为切口形状和料长。

② 角钢内弯 90°外圆角　图 4-8 为角钢内弯 90°外圆角，其中：

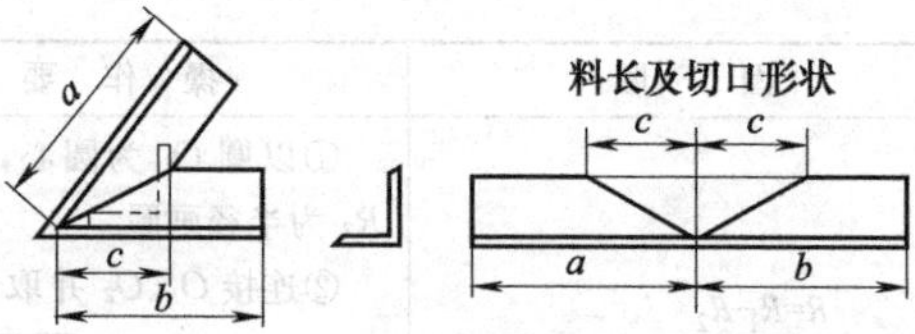

(a) 内弯锐角

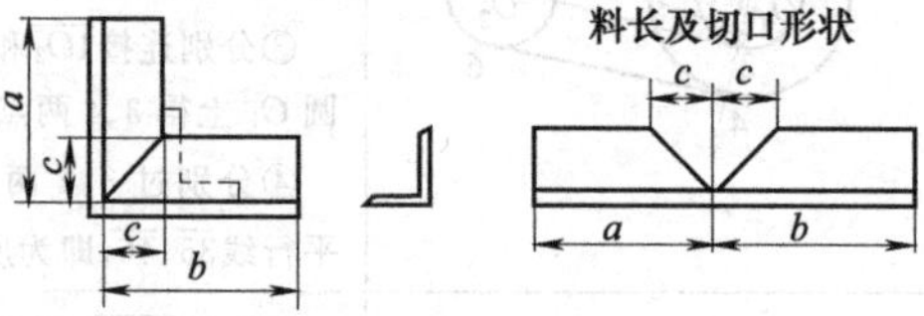

(b) 内弯直角

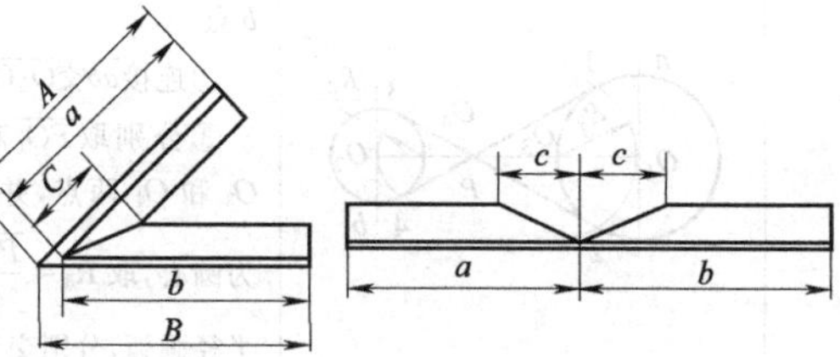

(c) 内弯任意角

图 4-7　角钢内弯各种角度料长及切口形状

图 4-8（a）为切口位于 45°角分线上，图 4-8（b）为 45°角分线上的切口形状及料长，图 4-8（c）为切口位于直角边线上，图 4-8（d）为直角边线上的切口形状及料长。

图 4-8 中弯曲面中心弧长 c 的计算公式为

$$c=\frac{1}{2}\pi\left(R+\frac{d}{2}\right)$$

式中　c——弯曲面中心层弧长，mm；

R——内圆弧半径，mm；

d——角钢的厚度，mm。

③ 角钢内弯各种框形　图 4-9 为角钢内弯各种框形，其中：图 4-9（a）为角钢内弯矩形框时的切口形状及料长，图 4-9（b）为

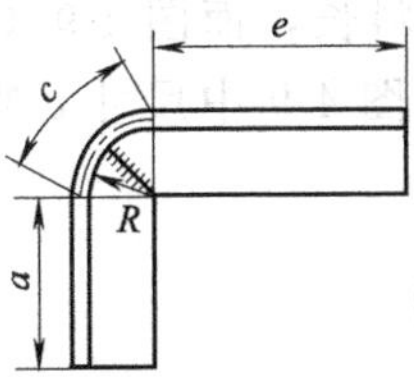

(a) 切口位于45°角分线上

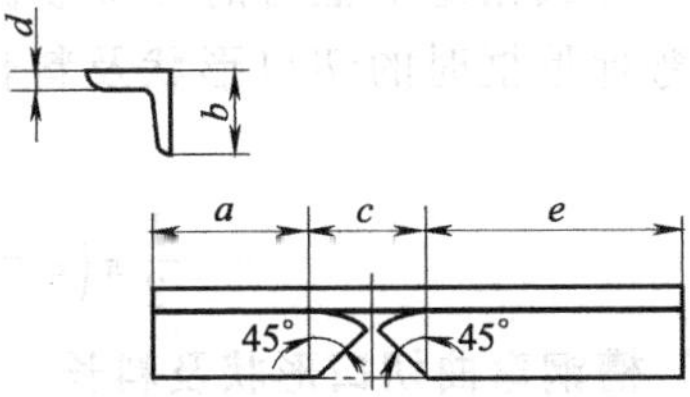

(b) 45°角分线上的切口形状及料长

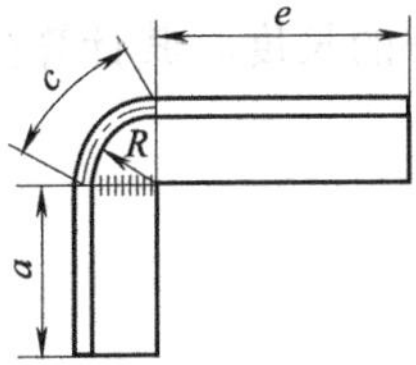

(c) 切口位于直角边线上

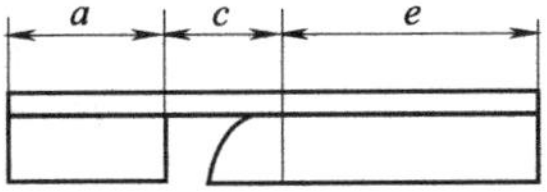

(d) 直角边线上的切口形状及料长

图 4-8　角钢内弯 90°外圆角料长及切口形状

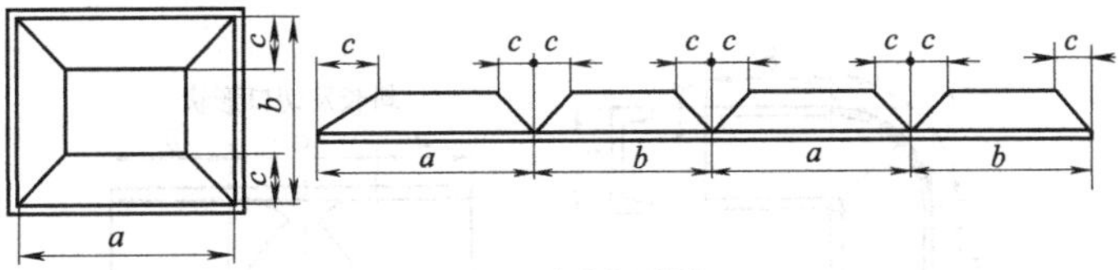

(a) 内弯矩形框

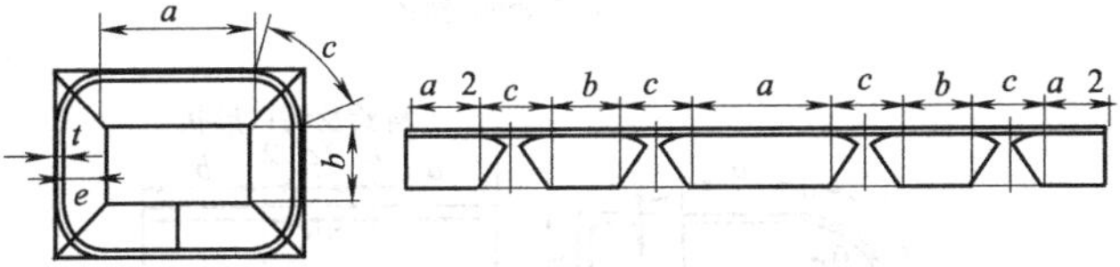

(b) 内弯圆角矩形框

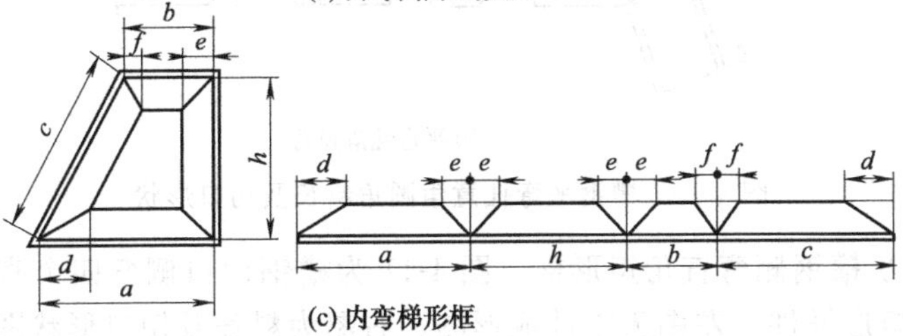

(c) 内弯梯形框

图 4-9　角钢内弯各种框形的料长及切口形状

角钢内弯外圆角矩形框时的切口形状及料长，而图 4-9（c）则为角钢内弯梯形框时的切口形状及料长。图 4-9 中尺寸 c 的计算公式为

$$c=\frac{1}{2}\pi\left(e-\frac{t}{2}\right)$$

（2）槽钢弯曲切口形状及料长

① 槽钢平弯任意角圆角切口形状　图 4-10 为槽钢平弯任意角圆角切口形状，号料的关键是计算圆弧 c 的长度，其计算公式为

$$c=\frac{\pi\alpha\left(h-\frac{t}{2}\right)}{180^\circ}$$

式中　c——弯曲立面中心弧长，mm；

h——槽钢宽度，mm；

t——翼板厚度，mm；

α——弯曲角度，（°）。

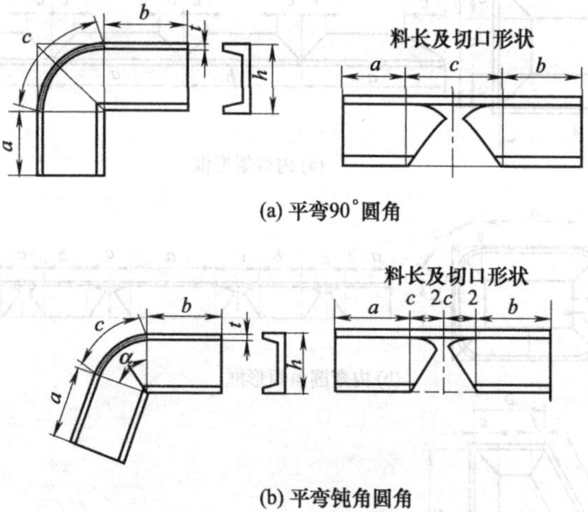

图 4-10　槽钢平弯任意角圆角料长及切口形状

② 槽钢侧弯直角矩形框　图 4-11 为槽钢切口侧弯四个直角成为一矩形框件，左图为工件成形图，右图为料长及切口形状图（图中仅示出一半长度）。

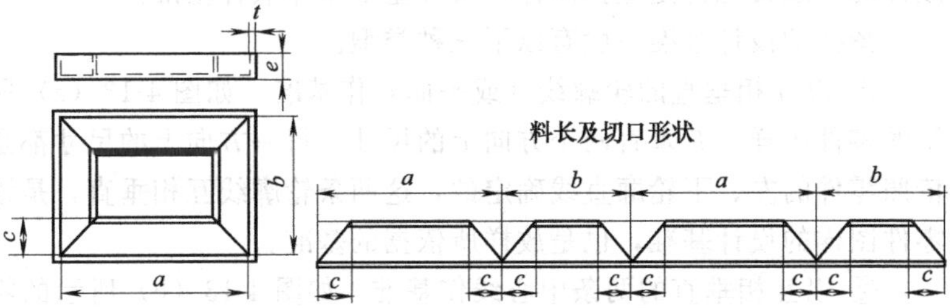

图 4-11　槽钢侧弯直角矩形框料长及切口形状

③ 槽钢侧弯圆角矩形框　图 4-12 为槽钢切口侧弯圆角矩形框的料长及切口形状；右图为槽钢平弯 90°圆角时的料长及切口形状。图中尺寸 c 的计算公式为

$$c=\frac{1}{2}\pi\left(h-\frac{t}{2}\right)$$

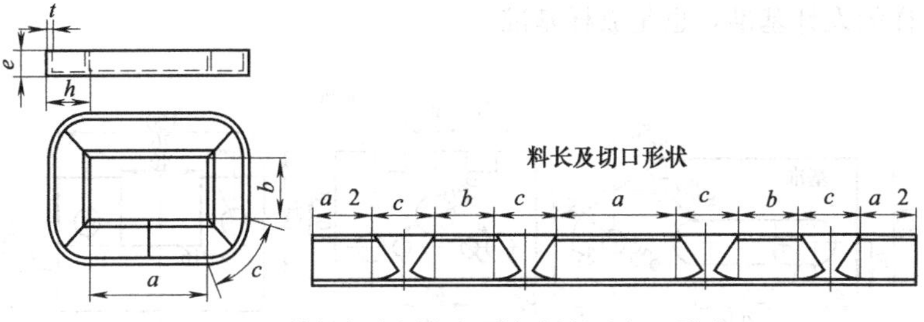

图 4-12　槽钢侧弯圆角矩形框料长及切口形状

4.4　放样的操作及注意事项

放样一般是在放样工作台上进行，放样前应先熟悉图纸，核对图纸各部尺寸是否正确，如无问题，方可准备好划线工具进行放样工作，具体进行放样操作时，应注意以下方面。

(1) 选择好放样基准

在按图样放样时，划线要遵守一个规则：即从基准开始。在设计图样上，用来确定其他点、线、面位置的基准，称为设计基准。

放样时，通常也都是选择图样的设计基准来作放样基准。

图样的设计基准一般有以下三种类型。

① 以互相垂直的轮廓线（或平面）作基准　如图 4-13（a）所示的零件图样，有垂直两个方向上的尺寸。每一方向上的尺寸都是依照零件的左、下轮廓直线确定的，这两条轮廓线互相垂直，是该零件图样的设计基准，也是放样所依据的基准。

② 以互相垂直的两条中心线作基准　如图 4-13（b）所示的零件图样，两个方向上的尺寸与其中心线有对称性，其他尺寸也从中心线起始标注。因此，这两条互相垂直的中心线是该零件图样的设计基准，也是放样基准。

③ 以一条轮廓线及与其垂直的中心线作基准　如图 4-13（c）所示的零件图样，高度方向上的尺寸是依底边轮廓线为依据标注的，所以底边轮廓线是高度方向上的基准；而宽度方向上的尺寸对称于中心线，所以中心线是宽度方向上的基准。它们既是该零件图样的设计基准，也是放样基准。

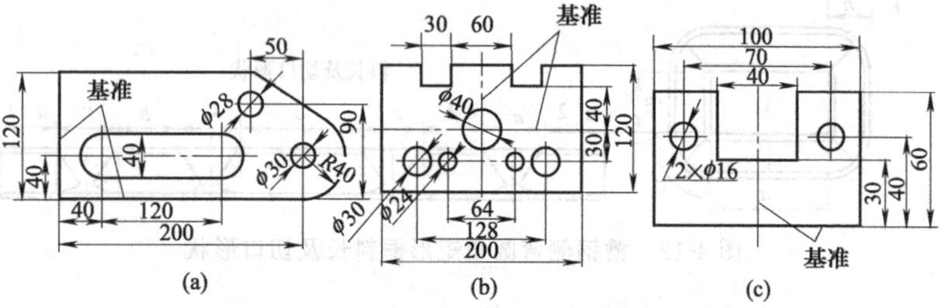

图 4-13　放样基准的确定

（2）零件图形的放样

对于平面图形的放样可直接在坯料上进行，但放样时，要结合零件的使用及加工方法，在选择好放样基准之后，再进行放样。图 4-14（b）～（d）为图 4-14（a）所示钢板制加强肋板的放样顺序，从图样显示的零件形状及实际应用情况分析，并结合判断图样的设计基准，其轮廓线 AOB 段显然是放样基准。

放样步骤如下：①划出放样基准线 $AO \perp AB$，见图 4-14（b）；

②在 AO 上截取 $AO=450\text{mm}$，在 OB 上截取 $OB=300\text{mm}$，过 A 点作 AO 的垂线并截取 $AD=100\text{mm}$，过 B 点作 OB 的垂线并截取 $BC=100\text{mm}$，见图 4-14（c）；③连接 CD，即完成该零件的放样，见图 4-14（d）。

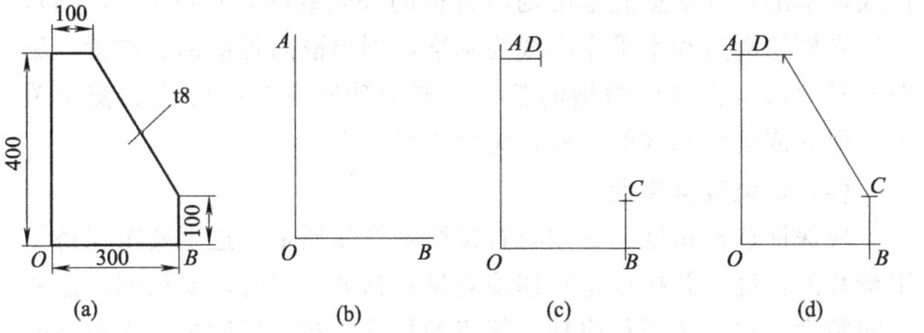

图 4-14　加强肋板的放样实例

(3) 装配基准的放样

装配基准放样的作用之一，就是将划出的实样作装配基准使用。

装配基准的放样，多在工作平台上用石笔来划，当实样图使用时间较长或重复使用时，可在基准点、划线处以及重要的轮廓线上打上样冲眼，以便不清时重新描划。

装配基准的放样也是先判断出图样的设计基准，作放样基准，再依先外后内、先大后小的顺序来划线。

图 4-15 为一构件底座的图样和放样顺序。该底座由槽钢构成，从其图样标注的尺寸和图样特点来看，其右框轮廓边和水平中心线

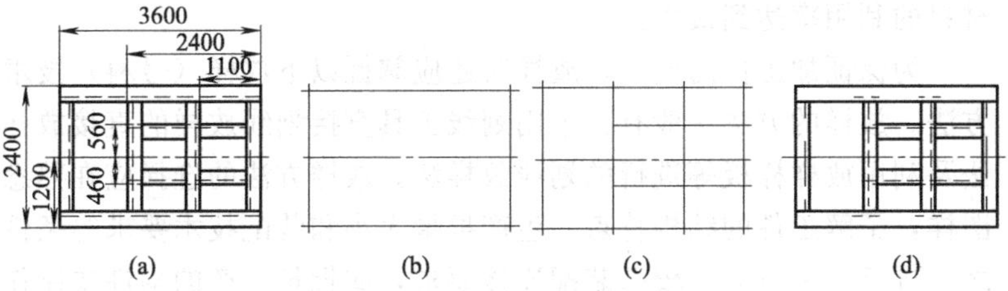

图 4-15　槽钢底座的放样

是图样的设计基准和放样基准。这类构件往往采用地样装配法来进行装配。即在平台上划出构件的实样，然后将各槽钢件按轮廓线和结合位置进行拼装。

放样步骤如下：①划出右框轮廓边和与之垂直的水平中心线，作放样基准，并依据此基准划出方框的外轮廓线，见图 4-15（b）；②以右框轮廓边和水平中心线为基准，划出框内各槽钢的位置，见图 4-15（c）；③划出槽钢的朝向，划清楚所有交接位置的交接关系，即完成装配基准的放样，见图 4-15（d）。

(4) 保证放样精度

应保证放样精度，否则将直接影响产品质量。这就要求保持使用量具的精度，并按规定定期检查量具精度，同时，要依据产品的不同精度要求，选择相应精度等级的量具。在进行质量要求较高的重要构件施工前，还要进行量具精度的检验。一般划线、号料的尺寸允差见表 4-11。

表 4-11　划线的尺寸允差　mm

尺寸名称	允差/mm	尺寸名称	允差/mm
相邻两孔中心距离允差	±0.5	构件外形尺寸允差	±1.0
板与邻孔中心线距离允差	±0.1	两端两孔中心距离允差	±1.0
样冲孔与邻孔中心距离允差	±0.5		

(5) 放样的方法

放样时，一项重大的原则便是：合理选择零件的排样方法，最大限度地提高原材料的利用率。为此，应优化排样形式，同时将各种同材料、同料厚的零件集中起来套排，减少废料的产生，尽量使材料的利用率达到最大。

为保证加工件的质量，放样时还应掌握以下放样（号料）技术方法。放样的方法一般有：采用划线工具直接划线放样的直接放样法及利用放样样板等进行的划线放样法。放样方法的选择应在熟悉图样，了解工件的结构特点、生产批量大小和装配技术要求等条件之后进行，一般对有较高装配连接要求，或批量生产的构件要制作划线样板。

划线样板可根据企业的生产设备情况，采用数控激光切割、转塔冲床、线切割等加工，也可采用先手工剪切再进行锉削修整或铣切加工的方法进行。

对于较大尺寸样板，由于样板容易出现变形，既影响放样的精度，而且使用不便。为保证样板使用的方便及使用精度，可在样板平面上（不超出外形）用铆接或螺钉连接适当立筋，如小角钢，并在适当位置加上拉手。但要注意，加立筋和拉手不允许用焊接方法连接，防止样板变形。

由于板材放样仅仅是在平面上划线，使用的放样样板也多为平板结构，相对较为简单，而型材由于具有一定的截面形状，因此，放样较为复杂且要用到一些专用的工具，采用一些具体的操作方法。

① 型钢放样方法　由于型钢的截面形状不同，其放样方法也有不同之处。

对于整齐端口长度的型钢放样，一般采用样杆或卷尺确定长度尺寸，再利用过线板画出端线，见图 4-16（a）。

对于有中间切口或异形端口的型钢放样，首先应利用样杆或卷尺确定切口位置，然后利用切口处形状样板画出切口线，见图 4-16（b）。

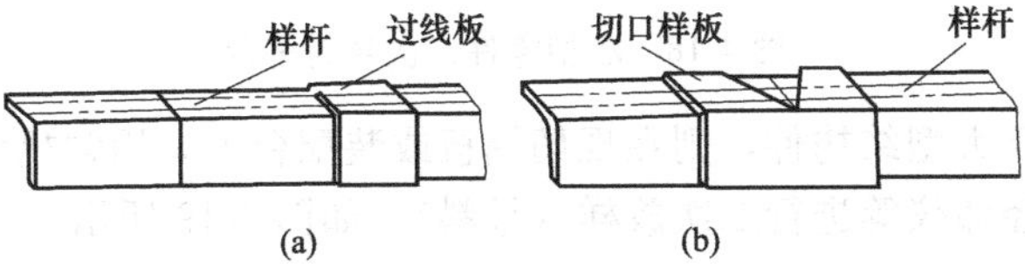

图 4-16　型钢放样（号料）的方法

当工件出现各种各样的端部形状时，为使放样准确、快速，放样前要准备好相应的端部形状划线样板，如图 4-17 所示。

样板上开的方孔和卷起的翻边，是为了在使用时手持方便，有利于划线操作。

对于型钢上孔位置的放样，一般先用勒子画出边心线，再利用样杆确定长度方向上孔的位置，利用过线板在型钢上画出孔的纵向

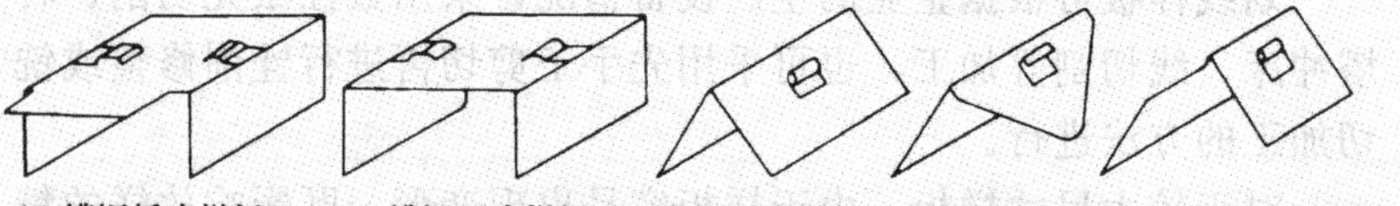

图 4-17　各种型钢的划线样板实例

中心线，然后再用样杆在中心线上画出孔的位置。

② 二次放样　对于某些加工前无法准确下料的零件，如某些热成形零件、有装配余量要求的管状零件等，经常在一次放样（号料）时留有充分的余量，待加工后或装配时再进行二次放样（号料）。

在进行二次号料前，结构形状必须矫正准确，消除结构上存在的变形，并在精确定位后，方可进行二次放样。中小型零件可直接在平台上定位划线，如图 4-18 所示。

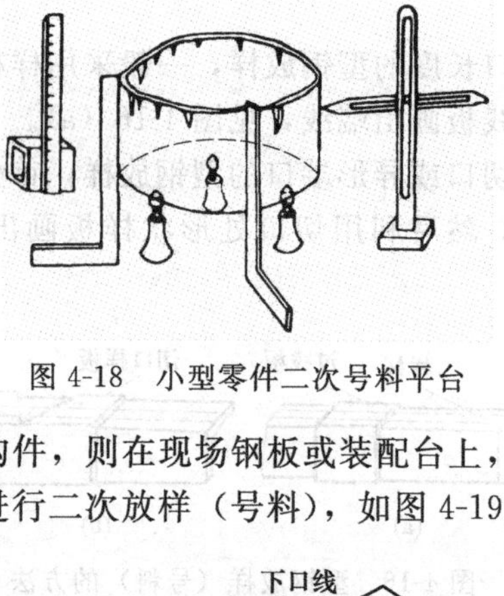

图 4-18　小型零件二次号料平台

对于大型结构件，则在现场钢板或装配台上，用常规划线工具并配合经纬仪等进行二次放样（号料），如图 4-19 所示。

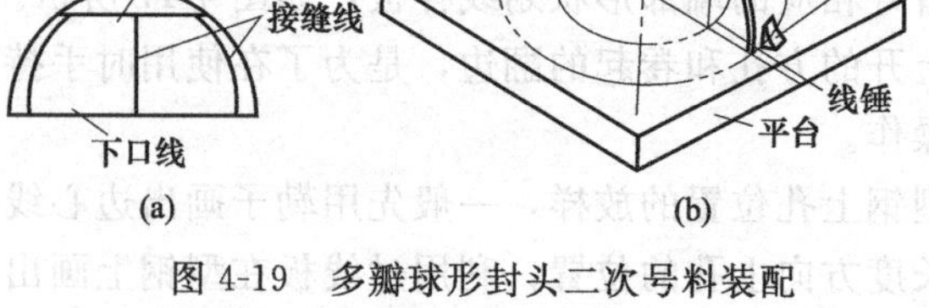

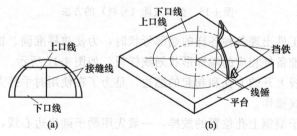

图 4-19　多瓣球形封头二次号料装配

某些装配定位线或结构上的某些孔口，需要在零件加工后或装配过程中通过二次放样（号料）确定，如图 4-20 所示。

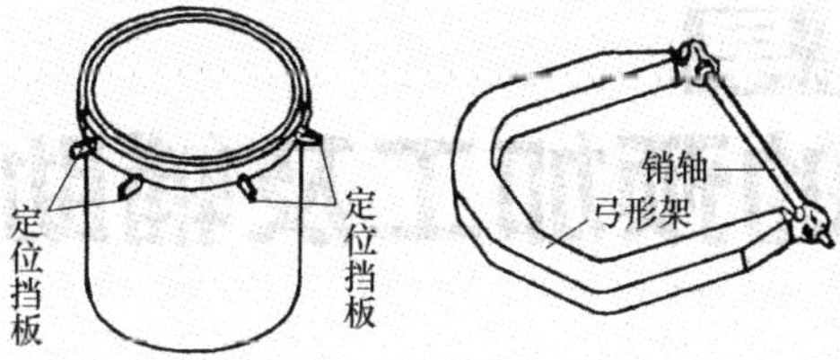

(a) 挡板定位线　　(b) 销轴定位线

图 4-20　装配定位线的二次放样

第5章 钣金的预加工及辅助加工

5.1 金属材料的表面清除处理

预加工与辅助加工是钣金下料、成形以外的加工工序，主要包括金属材料的表面清理、去毛刺、矫正、钻孔、攻螺纹、套螺纹、材料的改性处理等内容。

金属材料的表面清理是钣金件加工的重要辅助加工工序之一，它贯穿于钣金件加工的始终，既包括对原材料及坯料表面油污、锈蚀、氧化皮等的去除（该加工工序往往也是金属材料表面处理的前期处理，故又称为金属材料表面预处理），也包括钣金加工件毛坯、工序加工件锈蚀、毛刺、飞边、氧化层等污物的清除及零件表面涂装前，加工表面的清洗或焊接飞溅、焊渣、锈蚀等的清理等工作。做好材料表面的清理是保持或提高设备的耐腐蚀性、保证产品质量的一项重要措施。

(1) 表面油污的清除

表面油污的清除主要有电除油、热碱除油及清洗液除油等方法。其中：电除油是利用除油剂的化学清洗功能、阴极析氢鼓泡的机械清洗功能去除工件表面的油污；热碱除油则是利用纯碱助剂和添加剂等组成的碱性溶解在较高温度下浸泡，通过对污物具有的吸附、卷离、湿润、溶解、乳化、分散及化学腐蚀等多种作用将油除去，二者均消耗大量电能和热能，成本较高。

为降低成本，生产中常用自制的碱液除油，表 5-1 给出了几种常用的化学除油用碱液配方和使用方法。

表 5-1　几种化学除油用碱液配方和使用方法　　g/L

序号	苛性钠	磷酸三钠	碳酸钠	水玻璃	其他成分	工艺参数，温度时间	适用范围
1	50～55	25～30	25～30	10～15	—	90～95℃浸、喷 10min	钢铁重油污
2	40～60	50～70	20～30	5～10	—	80～90℃浸、喷至净	
3	60～80	20～40	20～40	5～10	—	70～90℃浸至净	
4	70～100	20～30	20～30	10～50	—	70～90℃浸、喷 2～10min	镍铬合金钢
5	—	—	20～30	—	重铬酸钾 1～2	60～90℃浸、喷 5～10min	黑色、有色金属轻油污
6	750	—	—	—	亚硝酸钠 225	250～300℃浸 15min	钛合金
7	5～10	50～70	20～30	10～15	—	80～90℃浸 5～8min	铜、铜合金
8	—	70～100	—	5～10	OP-1 乳化剂 1～3	70～80℃浸至净	
9	—	20～40	50～60	—	皂粉 1～2	70～80℃浸至净	黄铜、锌等
10	5～10	50	30	—	—	70～80℃浸、喷 10min	铝及其合金重油污
11	—	40～60	40～50	2～5	湿润剂 3～5mL/L	70～80℃浸 5～10min	
12	—	20～25	25～30	5～10	—	60～80℃浸、喷至净	铝、镁、锌、锡及其合金

注：除油后用冷水或 40～60℃热水漂洗或喷淋，除尽表面残液。

常用金属清洗液有：汽油、煤油、苯、二甲苯等有机溶剂，其对油溶性污物的清洗能力很强，并且适用于各种金属材料，但价格较贵。此外，还可采用市场上出售的多功能金属清洗液清洗，市售的金属清洗液常以粉剂、膏剂或胶剂供货，使用时加入95%以上的水即可使用。它对水溶性、油溶性污物都能清洗，而且作业安全，对环境污染小，成本不及汽油的1/3，在国内外取得了广泛应用。表5-2给出了几种金属清洗液配方与使用。

表 5-2 金属清洗液配方与使用

组分(余量为水)		主要工艺参数	适用范围
名称	含量/%		
XH-16	3～7	常温、浸渍	钢铁
SL9502	0.1～0.3	常温、浸、擦、喷	
664 清洗剂	2～3	75℃浸漂 3～4min	钢铁脱脂，不宜铜、锌
平平加清洗剂	1～3	60～80℃浸漂 5min	铝、铜及其合金、镀锌钢件
8201	2～5	常温漂浸至净	铜及其合金
TX-10 清洗剂	0.2	4～6min	铝及其合金

(2) 锈蚀的去除

金属材料表面的锈蚀、氧化皮的去除方法，主要有机械除锈法和化学除锈法两种。

① 机械除锈法　机械除锈法是通过机械设备直接利用适当工具或介质对材料表面进行磨削、摩擦、滚动、喷射等机械加工，以达到除锈、抛光目的的加工方法。常用的主要有：喷砂、弹丸和抛丸除锈、滚光、砂轮磨光等。

喷砂法是目前广泛用于钢板、钢管、型钢及各种钢制设备的方法，它能清除工件表面的铁锈、氧化皮等各种污物，并产生一层均匀的粗糙表面。喷砂法质量好、效率高，但粉尘大，必须在密闭的喷砂室内进行。

弹丸法是利用压缩空气导管中高速流动的气流，使铁丸冲击金属表面的锈层，达到除锈的目的。铁丸直径一般为0.8～1.5mm，压缩空气压力一般为0.4～0.5MPa。弹丸除锈法用于零件或部件的整体除锈，这种除锈法生产率不高。

抛丸法是利用专门的抛丸机将铁丸或其他磨料高速地抛射到原材料表面上，以除去表面的氧化皮、铁锈和污垢。

此外，对管端的除锈可采用图 5-1（a）所示的钢丝轮除锈法进行，钢丝轮除锈效果良好，但对氧化皮的去除效果不明显。而采用图 5-1（b）所示的砂带除锈法不仅能够达到理想的除锈效果，而且能够彻底去除氧化皮，除锈效果比钢丝轮法彻底，并且效率高。对于不锈钢、钛等对铁离子敏感的材料的除锈，只能用不锈钢钢丝轮，不得用碳钢钢丝轮。

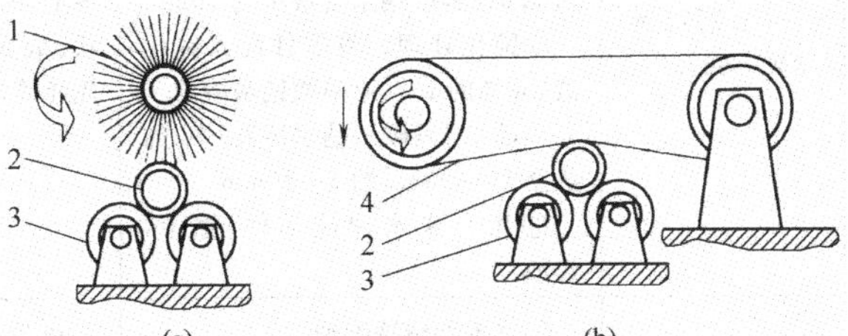

图 5-1 管端的除锈

1—钢丝轮；2—钢管；3—滚动支架；4—砂带

对于其他局部需要除锈的表面，一般多采用砂轮磨削或钢丝轮刷的方法进行处理，也可采用刮刀、砂纸等工具和材料刮掉或磨去铁锈的手工除锈。手工除锈由于不需专业设备，使用简单，故应用很普遍，尤其是特大型钢铁制件只能手工除锈除黑皮，但劳动强度大，工效低，质量差，锈孔里的锈难以除去；而利用专用设备的机械除锈具有去除氧化皮彻底，质量高，但要有专门的设备，要消耗大量的能源，成本高，噪声大、粉尘大、污染环境，而且不适合形状复杂的工件和壁薄板件，应用受到限制。

经过除锈后的金属材料，应防止除锈后的部位再次发生锈蚀。因此，原材料及零件经喷砂、抛丸等除锈后，一般在 10～20min 范围内，应随即进行防护处理。

② 化学除锈法　化学除锈法一般多采用无机酸与锈皮作用，使之产生化学溶解和机械剥离而实现去锈。化学法除锈具有方法简

单、成本低，能适用于形状复杂、不同锈蚀程度零件的除锈，表5-3给出了几种常见金属除锈剂的配方及除锈工艺。

表5-3 几种常见金属除锈剂的配方及除锈工艺

类型	配方(质量百分比)	工艺	说明
钢材精密零件	铬酐15%，磷酸15%～17%，硫酸1%～1.2%，水66.8%～69%	①将零件清洗除油(用汽油、丙酮等) ②将零件浸入除锈液中，加热至80～90℃，约30～40min ③用自来水冲洗零件约0.5～1min ④立即进行中和处理：将零件浸入0.5%碳酸钠水溶液中约5min ⑤钝化处理。将零件浸入钝化液(50%的10%亚硝酸钠水溶液+50%的0.5%碳酸钠水溶液)中，加热至80～90℃，约5～10min ⑥用自来水冲洗零件，擦干，封油	此配方可除去零件轻微锈蚀，对零件的尺寸、形状、表面粗糙度、光泽等均无影响
一般钢材、铸铁零件	丙酮40%，磷酸38%，对苯二酚12%，水10%	①将零件清洗除油 ②在常温下将零件浸入除锈液中约2～4min ③用自来水冲洗，中和处理，钝化处理(与钢材精密零件处理工艺同)	可除去严重锈蚀，但对金属基体有一定影响。整个除锈过程时间不能太长，否则会使零件发暗
铜材零件	硫酸0.3%～0.4%，氯化钠0.03%，铬酐8%，水90%～92%	①将零件清洗除油 ②在常温下将零件浸入除锈液中1～2min ③立即用自来水冲洗0.5～1min ④中和处理。将零件浸入2%碳酸钠水溶液中2min ⑤用自来水冲洗，擦干	此配方对黄铜零件除锈效果更佳，并有钝化作用，处理后黄铜零件呈金黄色
铝材零件	磷酸18%，铬酐7%，水75%	同铜材除锈工艺	此配方适用于铝材零件除轻锈，对金属基体影响不大，除锈后零件表面光泽，显铝本色

(3) 毛刺的去除

切割或剪切下料等所得的钣金坯料，或经其他加工后的表面，其棱边常会产生毛刺。焊接所产生的飞溅、焊渣也是毛刺。所有毛刺都应去除。最常用去除毛刺的方法为机械去毛刺，常用的机械去毛刺方法及操作要点见表 5-4。

表 5-4 常用的机械去毛刺方法

方法	基本工具与设备示例说明	操作要点说明
手工錾削	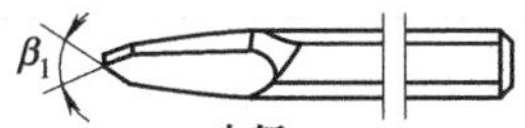 尖錾 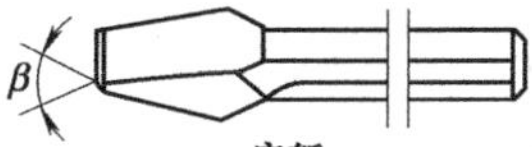 扁錾	錾子由 T7、T8 工具钢制成，热处理头部 58～62HRC。用于各种材料的修边、錾小平面、切断、去大毛刺。尖錾 β_1 一般取 45°～50°使用，当加工软料时，使用 β 为 30°～50°的扁錾；加工中等料时，使用 β 为 50°～60°的扁錾；加工较硬料时，使用 β 为 60°～70°的扁錾，操作时，保持錾子与工件成 50°～60°的夹角
机械凿削	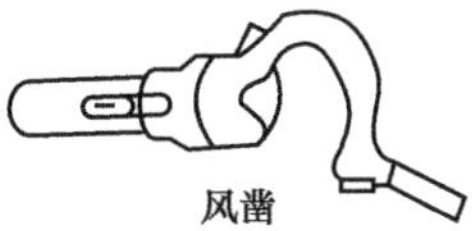 风凿 主要有风凿或电凿(又名风铲)	用于中硬以下材料去大毛刺、修边，焊件开坡口
刮削	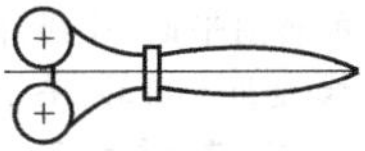 去毛刺刮刀 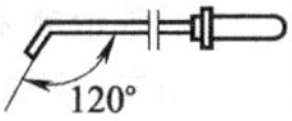 拉刮刀	去各种毛刺、修缘、刮除固体污垢
锉削	 普通锉刀截面形	单齿纹锉铝及软料；双齿纹锉硬料；粗齿锉大余量、粗表面或软料；细齿锉小余量、较光表面。金刚石涂层锉刀适于锉玻璃、陶瓷、有色金属、淬硬钢。其他锉刀只适于中硬以下材料
手工打磨	砂布、砂轮、油石、粘(涂)覆磨料的织物	修边、去刺、除锈、去固体油污

方法	基本工具与设备示例说明	操作要点说明
刷除	 刷子 刷丝有:金属丝,包括高强度钢丝、不锈钢丝、铜丝、铝丝;非金属丝,有尼龙丝、化纤丝、动植物丝等。丝上可粘(涂)覆各种磨料(碳化硅、氧化铝、氮化硼、金刚石等)	用于各种材料除锈、去小毛刺、修边、抛光、配用清洗液可除油
机械磨切	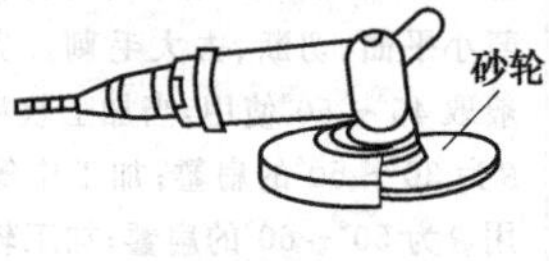 手提风动砂轮机 主要有手提风动或电动两种。磨轮有三类: 砂轮,适用于除有色金属、塑料、橡胶以外的各种材料;刷轮,刷丝同手工刷,适于各种材料;布轮,适于各种材料的抛光(加抛光膏),除微小毛刺	去毛刺、修边、抛光、配用清洗液可除油
砂带磨	手持式电动砂带机、砂带磨床 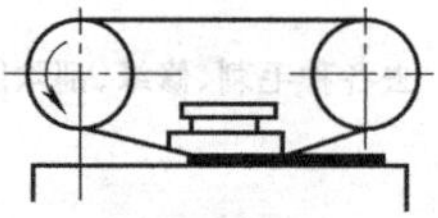 砂带磨床工作原理	适于各种材料的除锈、去小毛刺及抛光 砂带磨床可磨削平面、外圆、内圆和型面。砂带线速度(m/s):有色金属22～30;钢10～25;玻璃纤维30～50,为防砂带堵塞,可加干磨剂或磨削液,其生产效率是普通磨削的五倍,精度高(如平面度可达1μm),表面可达 Ra 0.8～0.2μm,成本较低
滚动或振动抛光	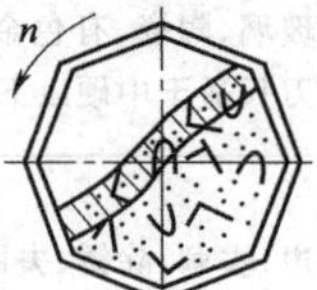	各种材料小件的除锈、去小毛刺及抛光 工作介质:各种磨料块、砂金属丸、玻璃球、干果壳、水 滚筒转速为10～50r/min,粗磨取高值,精磨取低值

5.2 矫正

板料、型材、管料等金属原材料或钣金坯料在轧制、冷拔、挤压、切割过程中因残余应力不均匀、储运不当及钣金构件在冲、焊等加工过程中因受外力，都可能引起翘曲、弯曲、扭曲等变形。消除这些变形统称为矫正，矫正是对几何形状不合乎产品要求的钢结构及原材料进行修正，使其产生一定程度的塑性变形，从而达到产品所要求的几何形状的修正方法，各种变形必须经过矫正处理才能进行后续的加工或装配。矫正是钣金加工中重要的辅助加工方法之一。一般说来，矫正工作包括以下四方面的内容。

① 下料前对原材料的矫正。例如板料的滚弯，要经过开卷、矫平，才能下料。其他板材、型材，由于运输、存放不得法，其中一些可能产生了“畸变”，也要调平矫直后才能下料。

② 对钣金坯料或中间工序件的矫正。如对板件的矫平、型钢件的矫直，一般是在下料以后或成形以后进行。

③ 对焊接变形的矫正。主要包括部件及产品因焊接、成形等引起的形状、尺寸的变形。

④ 对变形部位的修正。钢结构产品在使用过一段时期以后进行修理，对所有变形部位进行修正。

5.2.1 矫正的要领及方法

钢材及构件在不同阶段时，其内部均存在不同的残余应力，并因残余应力作用而导致钢材或构件产生塑性变形。钢材或中间工序件的变形会影响零件的号料、切割和其他加工工序的正常进行，降低加工精度。零件加工中产生的变形如不加以矫正，则会影响整个结构的正确装配、降低装配质量，甚至影响构件的强度和使用寿命。为此，应在明确允许变形量的基础上（表 5-5 给出了一般轧材下料前的允许偏差值），对制件进行分析，从而确定矫正方法。

(1) 矫正的要领

在选定矫正方法、实施具体的矫正操作前，应按以下步骤掌握矫正要领。

表 5-5　一般轧材下料前的允许偏差值

偏　差	简　图	允 许 值
钢板扁钢局部挠度	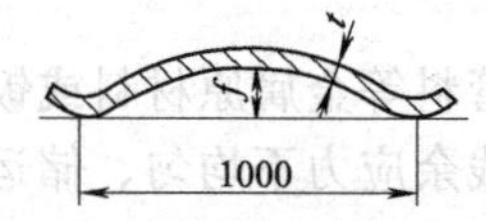	$t\geqslant14$ $f<1$ $t<14$ $f\leqslant1.5$
角钢、工字钢、槽钢、钢管、其他型钢的直线度	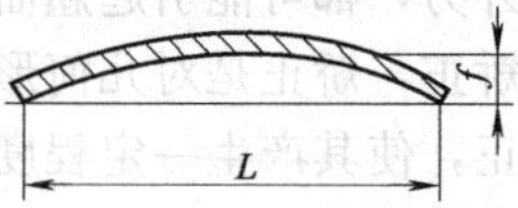	$f\leqslant\frac{L}{1000}\leqslant5$
角钢翼板的垂直度	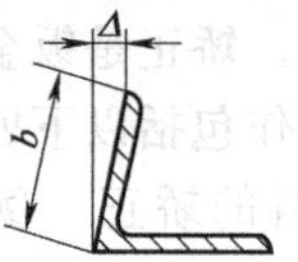	$\Delta\leqslant\frac{b}{100}$
工字钢、槽钢翼板的倾斜度	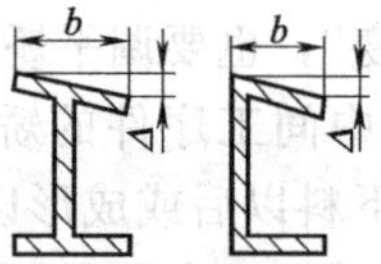	$\Delta\leqslant\frac{b}{80}$

① 分析变形产生的原因　工件变形的原因一般有两种情况：一是受外力后产生的变形；一是由于内应力而引起的变形。对受外力而产生塑性变形的工件，一般是针对变形部位采取矫正措施。对凡属由于内应力引起变形的工件，一般不是针对变形部位采取矫正措施，而是针对产生应力的部位采取措施，消除其内应力，或使内应力达到平衡，工件就能平直。

② 分析钢结构的内在联系　有些钢结构是由许多梁柱组成，这些梁柱互相联系，互相制约，形成一个有机的整体。矫正时，既要看到它们的表面联系，又要分析它们互相制约的内在因素，这样才能得到较好的矫正效果。

③ 找准变形的位置及方向　不同规格的钢材和不同形状的构件，无论何种原因造成的变形，都必须仔细检查变形的根源，找准确变形的中心位置及方向，以便于制定相应的矫正措施。同时，便于矫正后运用长度一定的直尺进行检查。

④ 确定矫正方法　根据实施分析，可按照实际情况采用相应的矫正方法。

(2) 矫正的方法

常用钣金矫正的方法有机械矫正、手工矫形及火焰矫正三类。机械矫正一般用于金属原材料及大型钣金坯料（板料、型钢等）的矫直、矫平；手工矫形主要用于消除成形后钣金件形状尺寸的缺陷或受生产加工设备限制无法用机械矫正时的校形；火焰矫正主要用于大型钣金加工件的矫直、矫平，由于受加工场地及加工设备的影响很小，因此，尤其适用于野外、非工作场地的作业。

钢材及构件变形的根本原因都是因为材料内一部分纤维受到拉应力作用要伸长，却受到周围纤维的压缩；同时，另一部分纤维受到压应力作用要缩短，却受到周围纤维的拉伸。因拉应力、压应力总是要趋于平衡分布，于是便造成了钢材的变形。

各种矫正方法尽管操作手法不同，但基本原理大多是采取反向变形的方法，即通过各种矫正方法造成新的方向、相反的变形以抵消型材或构件原有的变形，使其达到规定的形状和尺寸要求。

矫正的目的就是通过施加外力、锤击或局部加热，使伸长的纤维缩短、缩短的纤维伸长，最后使各层纤维长度趋于一致，即拉应力、压应力趋于平衡，从而消除变形或使变形减小到规定的范围之内。

各种矫正变形方法有时也可结合使用。如在火焰加热矫正的同时可对工件施加外力进行锤击；在机械矫正时对工件局部加热，或机械矫正之后辅以手工矫正，都可以取得较好的矫正效果。

目前，大量钢材的矫正，一般都在钢材预处理阶段由专用设备进行。成批制作的小型焊接结构和各种焊接梁，常在大型压力机或撑床（撑直机）上进行矫正；大型焊接结构如火车车厢、汽车和客车车体则主要采用火焰矫正。

钢材和工件的矫正要耗费大量工时，如船舶、列车、桁架类大型复杂钢件结构，从材料准备到总体装配焊接结束，在各个工艺阶段要穿插5次以上的矫正工序。因此，在金属结构制造工程中，从钢材准备吊运到成形组装都应当采取各种保护措施，尽量避免和减少变形的发生。

5.2.2 机械矫正

机械矫正是借助于机械设备对变形工件及变形钢材等进行的矫正，一般采用冷矫正。冷矫正是工件在常温下进行的矫正，是通过锤击延展等手段进行的。这种矫正将会引起钢件表面产生冷作硬化，即强度、硬度增加，塑性、韧性降低。因此，只适用于塑性较好的低碳钢钢材或铝材等；当变形程度大，如果用冷矫正时会产生裂纹或折断，或由于设备能力不足，冷矫正无法超过屈服点，克服不了工件的刚性，或工件材质很脆无法采用冷矫时用热矫，热矫正是在将钢材加热至700～1000℃高温时进行的，工件大面积加热可利用地炉，小面积加热则使用氧-乙炔烤炬。热矫正适用于变形较大、塑性较差的碳钢和合金钢钢材或低温下使用的低碳钢钢材等。

用于机械矫正的设备有滚板机、滚圆机、专用矫平、矫直机及各种压力机，如机械压力机、油压机、螺旋压力机等。机械矫正的方法及适用范围见表 5-6。

表 5-6 机械矫正的方法及适用范围

类别		简图	适用范围
拉伸机校正		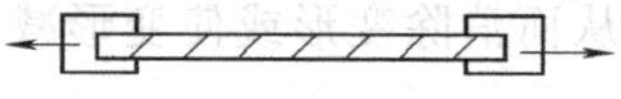	薄板翘曲、型材扭曲、管带线材矫直
压力机矫正		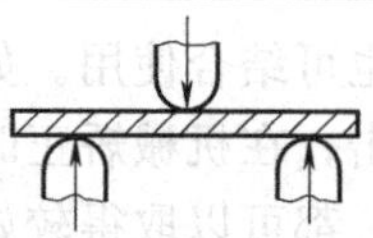	板、管、型材的局部矫正
撑直机矫正		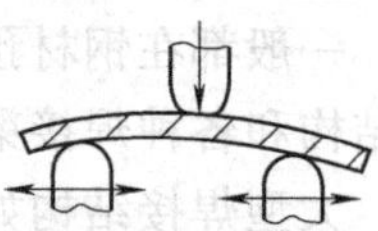	角钢、槽钢、工字钢矫直，还可用于弯曲
辊式矫正机	正辊	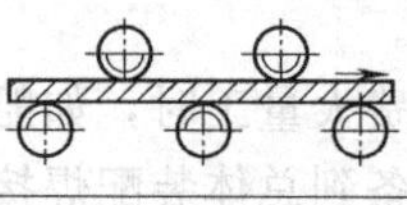	板、管、型材矫正
	斜辊	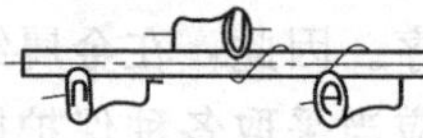	圆截面材矫正

续表

类别		简图	适用范围
辊式矫正机	斜辊	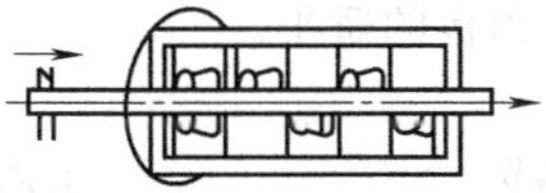	圆截面的薄壁细管精校
		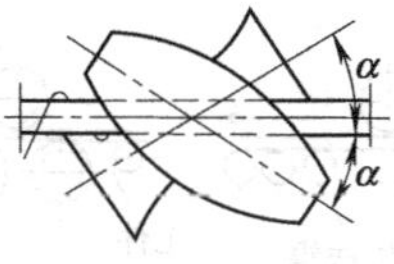	圆截面厚壁管材、棒材矫正

采用机械矫正能达到的矫正精度见表 5-7。

表 5-7　常用矫正设备的矫正精度

设备		矫正范围	矫正精度/mm
辊式矫正机	多辊板材矫正机	板材矫平	1.0～5.0
	多辊角钢矫正机	角钢	1.0
	矫直切断机	卷材(线材、棒料、扁钢、带材)矫直、切断	0.5～0.7
	斜辊矫正机	圆截面管材、棒料的矫直	坯料 0.5～0.9 精料 0.1～0.2
压力机	卧式弯曲压力机	工字钢、槽钢、杆状焊接构件	1.0
	立式弯曲压力机		
	手动压力机	坯料的矫正	精料 0.05～0.15
	摩擦压力机		
	液压机	工字钢、槽钢、H 钢、杆状焊接构件	

(1) 板料的矫正

钢板的变形一般在多辊矫平机上矫正。矫平时，钢板愈厚，矫正愈容易；钢板愈薄，愈容易变形，矫正愈困难。通常，厚度在 3mm 以上的钢板，在五辊或七辊矫平机上矫平，厚度在 3mm 以下的薄钢板，必须在九辊、十一辊或更多辊矫平机上矫平。

多辊矫平机的辊压矫正原理如图 5-2 所示。其工作部分由上、下两列辊轴组成，通常有 5～11 个工作轴辊，下列为主动辊，通过轴承和机体连接，由电动机带动旋转，其位置不能调节。上列为从动辊，可通过手动螺杆或电动升降装置作垂直调节，改变上下辊列的距离，以适应不同厚度钢板的矫平。

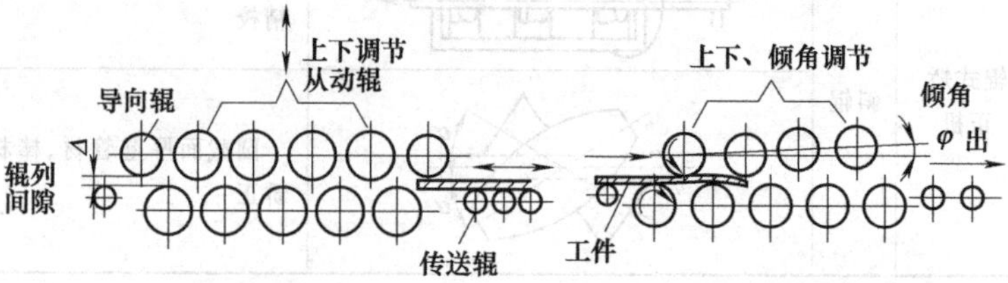

(a) 辊列平行矫正　　(b) 辊列倾斜矫正

图 5-2　多辊矫平机的辊压矫正原理

辊压工作时，钢板随着轴辊的转动而啮入，并在上下辊轴间受方向相反力的作用，使钢板产生小曲率半径的交变弯曲。当应力超过材料的屈服极限时，则产生塑性变形，使板材内原长度不相等的纤维，在反复拉伸和压缩中趋于一致，从而达到矫正的目的。

多辊矫平机轴辊的排列方式主要有两种，图 5-2（a）为辊列平行矫正，上下两列轴辊平行排列，上下辊列的间隙略小于被矫正钢板的厚度，钢板通过后便产生反复弯曲，再通过最后的导向辊得以矫平。

上列两端的两个辊轴为导向辊，直径较小，受力不大，不起弯曲作用，只起引导钢板进入矫正辊的作用，或把钢板导出矫正辊时调平钢板。

导向辊可单独上下调节其所需的高度，以保证钢板的最后弯曲得以调平。通常钢板在矫平机上要反复来回滚动多次才能获得较高的矫正质量。

图 5-2（b）为辊列倾斜矫正，上辊列倾斜排列，上下辊列的轴心连线形成很小的夹角，上辊既能作升降调节，还能借转角机构改变倾角的大小，使上下辊列的间隙向出口端逐渐增大。

当钢板在辊列间通过时，其弯曲曲率逐渐减小；头几对轴辊进行的是钢板的基本弯曲，继续进入时其余各对轴辊对钢板产生拉力，到最后一个辊轴前，钢板在附加拉力作用下变形已趋近于弹性弯曲，钢板获得矫正。因此，这类矫平机依靠后辊轴对钢板产生的附加拉力可提高钢板的矫正效果，不必设置可单独调节的导向辊。这类矫平机多用于薄板的矫正。

根据板料产生变形形式不同，在矫平操作时采取的措施也有所不同。表 5-8 给出了在多辊矫平机上矫正有特殊变形板料或较小的坯料（或零件）时，可采取的一些特殊措施。

表 5-8　板料几种特殊情况的矫平

钢板特征	矫平方法	
	简图	说明
松边钢板(钢板中部较平,两侧纵向呈波浪形)	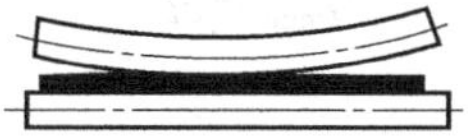	调整托辊,使上校辊向下挠曲
	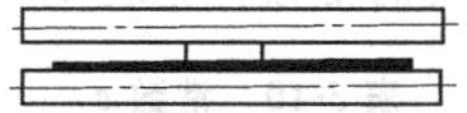	在钢板中部加垫板
紧边钢板(钢板中部纵向呈波浪形,两侧较平)	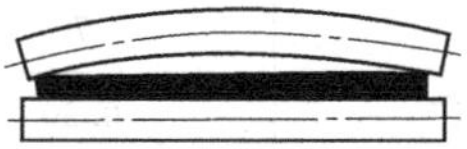	在钢板两侧加垫板
	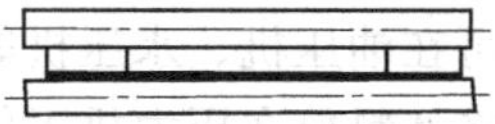	调整托辊,使上校辊向上挠曲
单边钢板(钢板一侧纵向呈波浪形,另一侧较平)		在紧边一侧加垫板
		调整托辊使上校辊倾向变形边
小块坯料	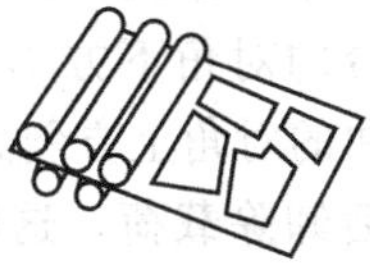	将厚度相同坯件组合均布于大平板上,然后翻身再矫

一般板材需往复多次经过多辊板材矫平机才能达到目的。矫正次数决定于被矫正板材内的应力度系数 α 的大小。α 越大，越易矫平。α 与矫平次数的关系见表 5-9。

表 5-9 α与矫平次数的关系

α	≤1	4～6	>6	≥10
矫平次数	无法矫平	3	1	适用于高强度钢

被矫正板材内的应力度系数 α 按下式确定

$$\alpha=\frac{Et}{2\sigma_s\rho}$$

式中 ρ——矫正曲率半径；

E——被矫形材料弹性模量。

最小矫正曲率半径 $\rho_{\min}$ 为

$$\rho_{\min}=cl$$

式中 l——辊距；

c——与辊数 n 有关的常数，见表 5-10。

表 5-10 常数 c

辊数 n	5	7	9
c	1.17	0.90	0.80

厚板的矫平通常也可在油压机、水压机等压力设备上进行，用压力机矫平的方法是：将坯料放在压力机工作台上，使其凸起部朝上，在两个最低部位垫上两块等厚垫板作为支点，若坯料变形曲率较小，可减小支点距离，然后在凸出部上面加一方钢，压方钢直到坯料原变形部位变平后再稍许下凹，下凹量等于回弹量，去压后板料变平为止，为防止过压，可在受力部位下放一适当厚度保险铁，当坯料被压下抵住保险铁时即可停压，见图 5-3 (a)；扭曲变形矫正时，应先将板料接触平台的对角下方 B 和 C 处放置两块相同厚度的垫板，并在 A、D 翘曲的对角上方斜置一根方钢或钢轨，然后加压至 A、D 与台面接触后卸除载荷，这时用平尺检查平整程度。如不符合要求，再在 B 和 C 处加高垫板，直至矫正为此，见图 5-3 (b)。

若钢板的变形较复杂时，既有弯曲也有扭曲，则矫平操作顺序是：先矫正局部变形，再矫正整体变形；先矫正扭曲后矫正弯曲。

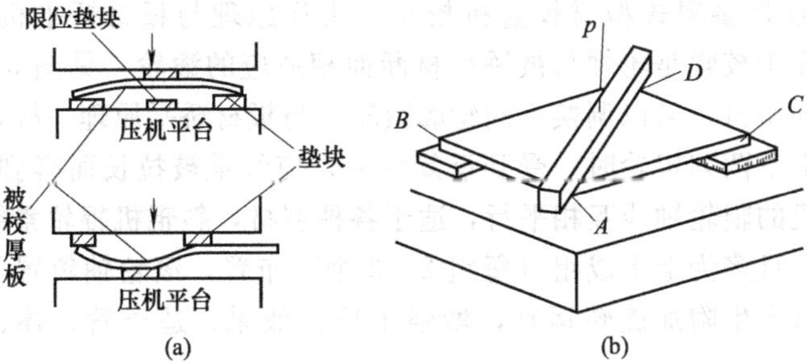

图 5-3 压力机上矫平板材

(2) 型材的矫正

管材、型钢等型材的校直多采用冷矫，型材冷矫的最小曲率半径 R_{min} 及最大挠度见表 5-11，其中：表中 L 为弯曲弦长，t 为板厚。

表 5-11 型材冷矫的最小曲率半径 R_{min} 与最大挠度

型材	简　图	中性轴	R_{min}	最大挠度
扁钢	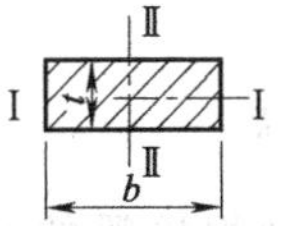	Ⅰ-Ⅰ Ⅱ-Ⅱ	$50t$ $100b$	$L^2/400t$ $L^2/800t$
角钢	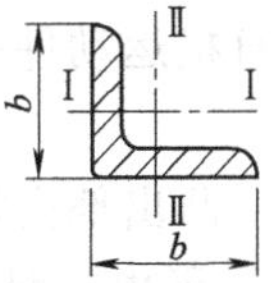	Ⅰ-Ⅰ Ⅱ-Ⅱ	$90b$	$L^2/720b$
槽钢	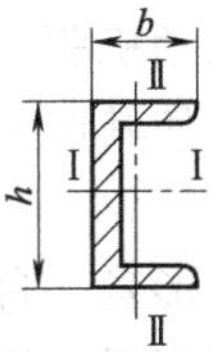	Ⅰ-Ⅰ Ⅱ-Ⅱ	$50h$ $90b$	$L^2/400h$ $L^2/720b$
工字钢	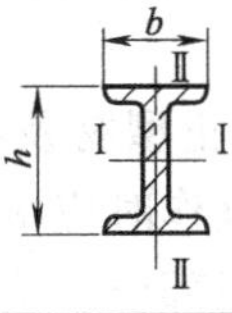	Ⅰ-Ⅰ Ⅱ-Ⅱ	$50h$ $50b$	$L^2/400h$ $L^2/400b$

① 用多辊式型材校直机校直　工作原理与板材矫平机相似，区别在于校辊是轮廓与被矫型材断面相适应的滚轮，见图 5-4。矫正不同型材，可以调换不同轮廓滚轮。与板材矫平原理一样，型材通过上下两列辊轮时，受到反复弯曲，使纤维被拉长而得到矫正。正辊机的辊轮轴线互相平行，适于各种型材，斜辊机辊轮素线为双曲线，且多为上下成组（每组 2～3 个）布置，滚轮轴斜置，使被矫圆材产生附加旋转运动，增强了矫正效果，适于管、棒、线材矫正。

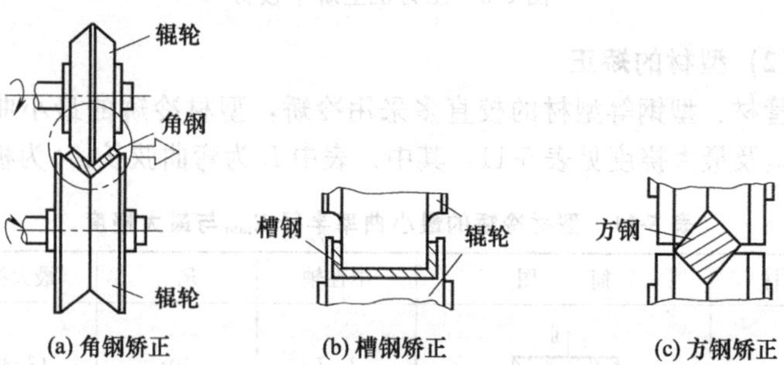

图 5-4　型材冷矫

② 用型材撑直机矫正　型钢和各种焊接梁的弯曲变形也可采用型钢撑直机反向弯曲法矫正变形，撑直机运动件呈水平布置，运动件一般多为双头，见表 5-6。

工作时，型钢置于支撑和推撑之间，凸出部由推撑挡住，压向支撑，并可沿长度方向移动，支撑的位置可由操纵手轮适当调节，以适应型钢不同程度的弯曲。当推撑由电动机驱动作水平往复运动时，便周期性地对被矫正型钢施加推力，使其产生反向弯曲而达到矫正的目的。

推撑的初始位置可以调节，以控制变形量。台面设有滚柱以支撑型钢，减小型钢来回移动时的摩擦。型钢撑直机也可用于型钢的弯曲加工，即为弯曲和矫正两用机。

③ 用压力机矫正型材　用压力机矫正型材及各种焊接梁的矫正原理、顺序和方法同厚板材压平，但操作时应根据工件尺寸和变形部位，合理设置工件的放置位置、加压部位、垫铁厚度和垫放的

部位，以及是否需要垫铁和方钢、垫铁和方钢的尺寸等，以便提高矫正的质量及速度。表 5-12 给出了在压力机上矫正型材的方法。

表 5-12　在压力机上矫正型材的方法

名　　称	简　　图	矫正方法说明
角钢翼边向内或向外倾斜	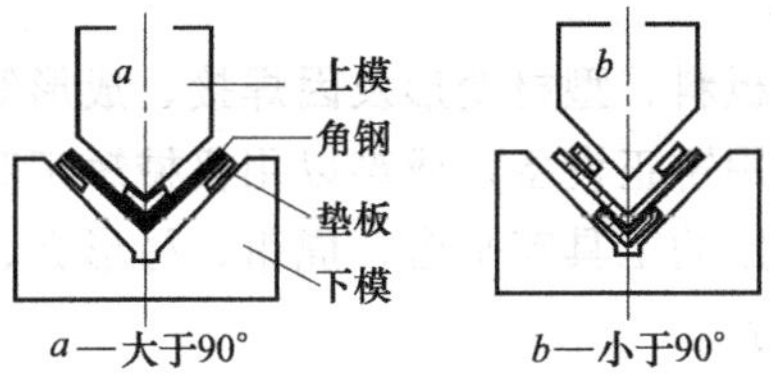	矫正时，利用角模将角钢两侧翼边矫正成 90°直角
角钢弯曲	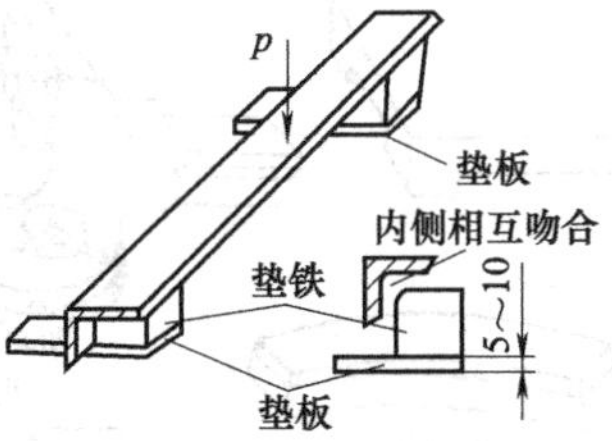	矫正时，将角钢放在两端的垫铁上，翼边与垫板平齐，这样能稳定角钢，达到矫正效果
槽钢立弯	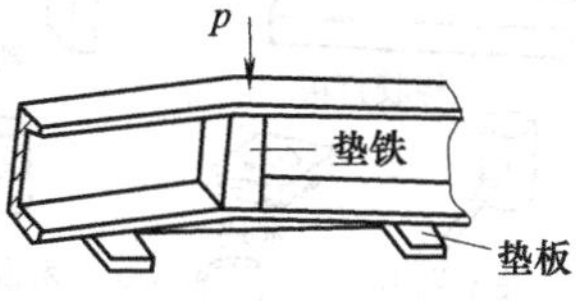	矫正时，在槽钢内侧弯曲顶点处，置以垫铁而起传递外力的作用，使槽钢容易接受矫正平直
槽钢平弯	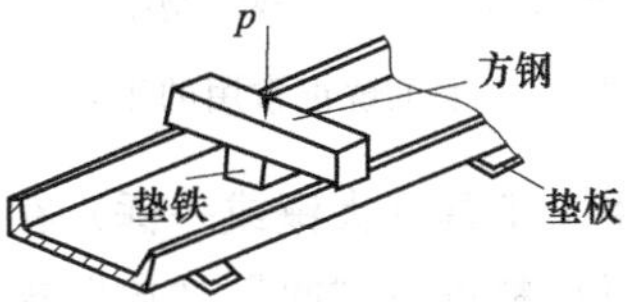	矫正时，在弯曲顶点处的两侧翼边上置以方钢，中部加以支承垫铁，从而达到矫直的目的
槽钢扭曲	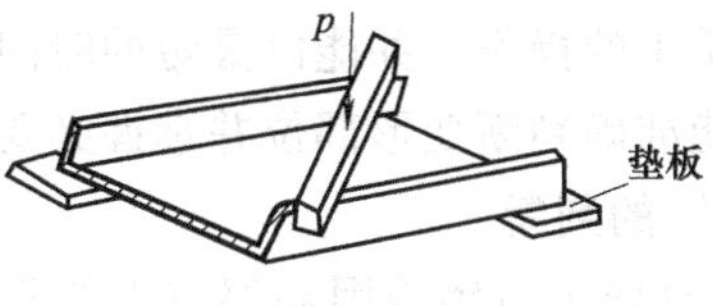	矫正时的方法与前述厚板扭曲相同

一般型钢可冷矫的最小曲率半径及最大挠度见表 5-11。若超出此表所规定的范围，应采取适当的工艺措施（如热压、型材中间退火加多次矫正等措施）来防止型钢在矫正时，截面再出现新的畸变和扭曲变形。

5.2.3 手工矫正

对尺寸较小的板料、型材变形及因焊接、成形等而造成的钣金构件变形，当无专用矫正设备，或难以用机械矫正时，可采用手工矫正。手工矫正常用的工具有平台、虎钳、弓形夹、铁砧、各类榔头等，如图 5-5 所示。

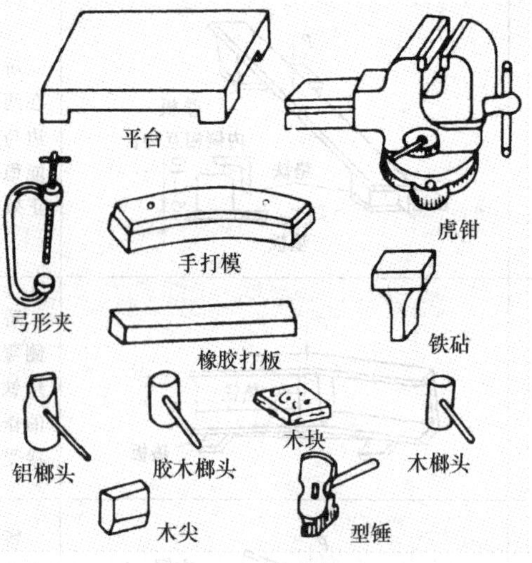

图 5-5 手工矫正常用的工具

手工矫形是使用手工工具（大锤或手锤）在工作平台上捶击工件的特定部位，通过对坯料进行“收”、“放”操作，从而使较紧部位的金属得到延伸，最终使各层纤维长度趋于一致来实现矫形的。

要正确地实现矫正的操作，并能以最短的时间、最少的捶击完成，就要求操作者能准确判断变形部位并掌握必要的操作要领。

(1)“松”、“紧”的判断

“松”、“紧”是冷作工对钢板因局部应力的不同，使钢板出现了凹凸不平现象的叫法，习惯上，对变形处的材料伸长了、呈凹凸不平的松弛状态称为“松”；而未变形处材料纤维长度未变化、处于平直状态的部位称为“紧”。矫正时，将紧处展松或松处收紧，取得松紧一致即可达到矫正目的，捶击紧处就起到放的作用。所用锤头或拍板（甩铁）材料硬度不能高于被矫材料，橡胶、木材、胶木、塑料、铝、铜、低碳钢是常用材料。

在矫正之前，应检查钢板的变形情况。钢板的“松”或“紧”可以凭经验判断：看上去有凸起或凹下，并随着按压力的移动能起伏的区域是“松”的现象，而看上去较平的区域就是“紧”的现象。一块不平的薄钢板放在无孔的平台上，由于它的刚性差，有的部位翘起，有的部位与平台附贴。若薄板四周平整、能贴合平台，但中间凸起，也就是中间松，四周紧。因此要用手锤捶放四周，捶击方向由里向外，捶击点要均匀并愈往外愈稠密，捶击力也愈大，这样可使四周材料放松，消除凸起，如图 5-6（a）所示；若薄板中间贴合平台，周边扭动成波浪形，此时周边松。可先用橡胶带抽打周边，使材料收缩。如果板料周边有余量，可用收边机收缩周边，修整后将余量切割掉。矫正时要捶击中间，捶击方向由外向里，捶击点要均匀而且愈往里愈密，捶击力也愈大，如图 5-6（b）所示。

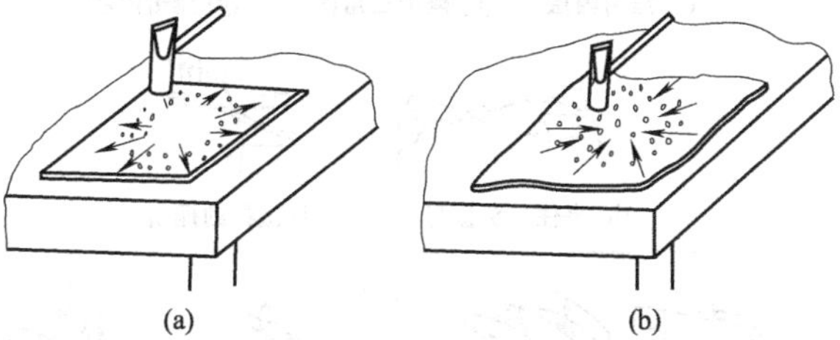

图 5-6　薄板的手工矫正

有的钢板变形，松紧处一时难辨，可以从边缘内部的适当部位进行环状捶击，使其无规律的变形，变成有规律的变形，然后再把紧的部位放松。如遇有局部严重凸起而不便放松四周时，可先对严重凸起处进行局部加热，使凸起处收缩到基本平整后，再进行冷作矫正。在矫正时，应翻动工件，两面进行捶击。

需要说明的是：手工矫正的操作手法应在判定板料“松”、“紧”部位的基础上，再根据板料的刚性等特性有针对性的使用，同样对图 5-6 所示板料变形，若为厚板，由于产生的主要是弯曲变形。因此，则可采用以下两种方法进行矫正：①直接捶击凸起处，捶击力要大于材料的屈服点，使凸起处受到强制压缩或产生塑性变形而矫平；②捶击凸起区域的凹面，捶击凹面可用较小的力量，使材料凹面扩展，迫使凸面受到相对压缩，从而使厚板得到矫平。

(2) 各种变形的手工矫正方法

表 5-13 给出了各种变形的手工矫正方法。表中的箭头在图 (a)、图 (b)、图 (c)、图 (e)、图 (g) 中，指逐步捶击点的移动方向，其余指施力方向。捶击用力应轻而均匀、点要密。

表 5-13　各种变形的手工矫形

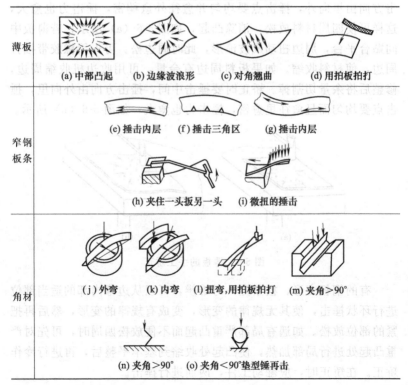

薄板	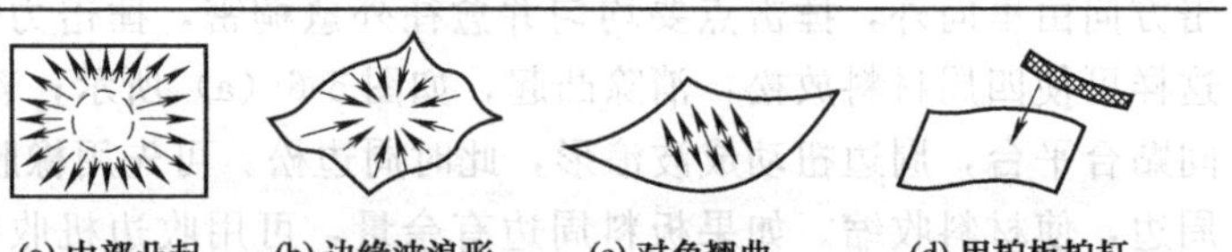 (a) 中部凸起　(b) 边缘波浪形　(c) 对角翘曲　(d) 用拍板拍打
窄钢板条	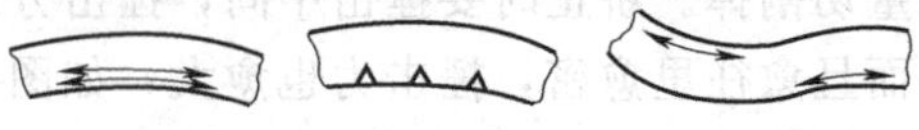 (e) 捶击内层　(f) 捶击三角区　(g) 捶击内层  (h) 夹住一头扳另一头　(i) 微扭的捶击
角材	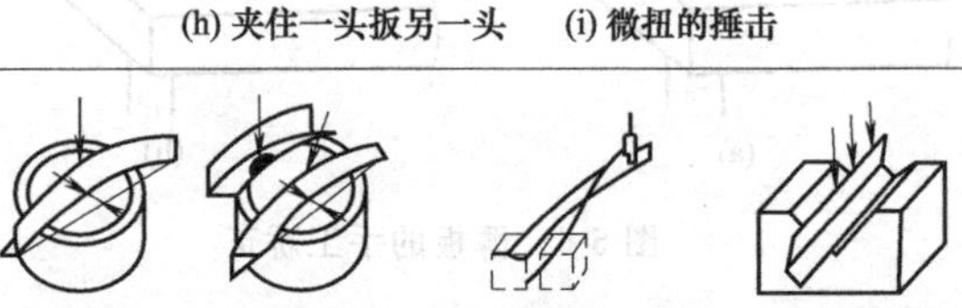 (j) 外弯　(k) 内弯　(l) 扭弯，用拍板拍打　(m) 夹角＞90° 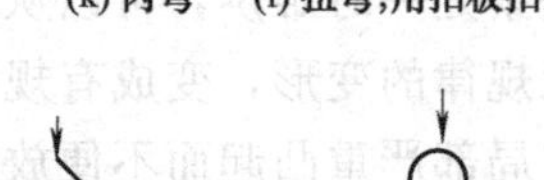 (n) 夹角＞90°　(o) 夹角＜90°垫型锤再击

续表

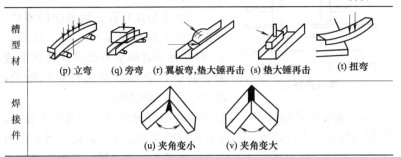

槽型材	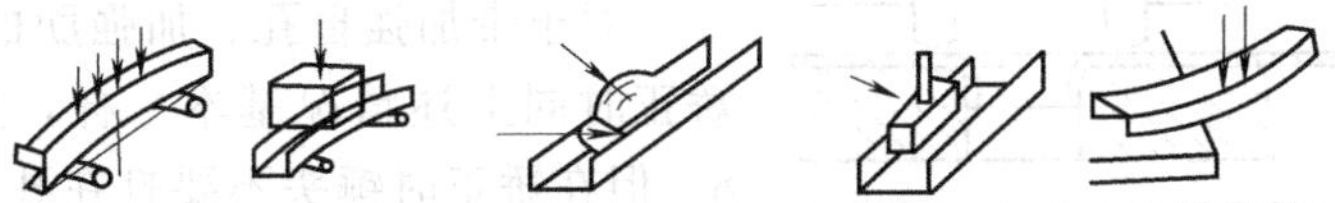 (p) 立弯　(q) 旁弯　(r) 翼板弯,垫大锤再击　(s) 垫大锤再击　(t) 扭弯
焊接件	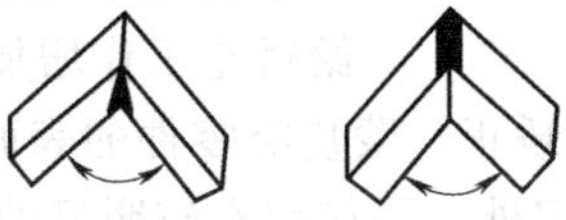 (u) 夹角变小　(v) 夹角变大

说明：图（a）、图（b）、图（c）、图（e）、图（g）箭头为捶击顺序，图（a）、图（b）、图（c）沿箭头方向增加捶击力度与击点密度。图（u）、图（v）阴影区为捶击区，用斩口锤操作。

(3) 典型钣金件的操作方法

钣金件的形状繁多，在加工中产生的变形也是多种多样的，对于不同的变形，其手工矫正操作的方法也有所不同。

① 带孔零件的矫正　钣金零件腹板面上带减轻孔、减轻加强孔、凸边孔、加强肋等。这些孔在零件加工过程中，一般在淬火前制出，淬火后变形较大，矫正方法略有不同。

对于不带加强边、减轻孔的零件，由于淬火后，在其周边容易产生松动，矫正时一般用橡胶带抽打，使材料收缩，如图 5-7（a）所示。如产生扭曲，可放在橡胶垫上，用锤敲打扭曲处，如图 5-7（b）所示。当上述方法不能消除时，可沿孔的四周捶击。

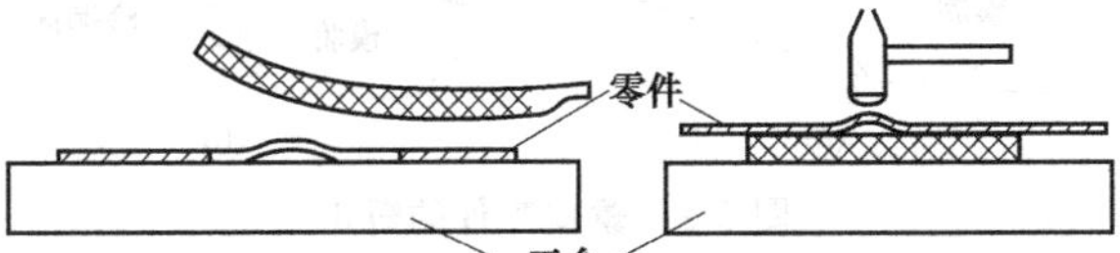

(a) 用橡胶带抽　(b) 垫橡胶敲打

图 5-7　不带加强边、减轻孔零件的矫正

对于带加强边、减轻孔、凸边孔的零件，由于这种零件淬火后，孔周围相对其他部分发“紧”，原因是在成形时，孔周围材料受压，以及淬火时，有加强边强度较大，孔不易变形，但在零件其他部位就可能引起较大变形，产生扭曲。矫正时把零件放在胎模上，

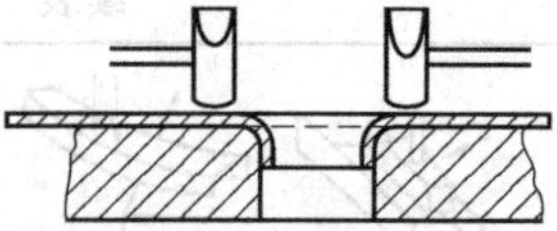

图 5-8 带加强边、减轻孔零件的矫正

在孔周围均匀捶击，如图 5-8 所示。

对于带加强盲孔、加强肋的零件，矫正时同上述情况基本一样，见图 5-8。但在矫正时锤头不要打在孔面上或加强肋上，否则会引起材料的松动，给矫正工作增加困难。

② 蒙皮零件的矫正　蒙皮类零件的表面质量一般都要求很高，除划伤等缺陷有规定外，不应留有较明显的痕迹。因此，矫正用的工具，如硬木锤、铝锤、滚轮及平台等表面要光滑，表面粗糙度一般为 $Ra1.6\mu m$ 左右。矫正时尽可能使用硬木锤，当用铝锤时，可涂油进行捶击，使加工接触表面之间都有一油层，打击后基本没有锤印。

较厚的单曲度蒙皮，当有小的凸起或边缘有波浪不直时，可垫以硬橡胶来矫正。双曲度蒙皮，一般都用滚轮来放辗“紧”的部位，仅在区域很小或无法滚辗时才用锤击。

滚辗时，首先按模胎检查“松”、“紧”的部位，一般的规律是，如中间空说明边“紧”，应滚边使中间贴紧，见图 5-9（a）；若两头翘表明边“松”，应滚中间，见图 5-9（b）。

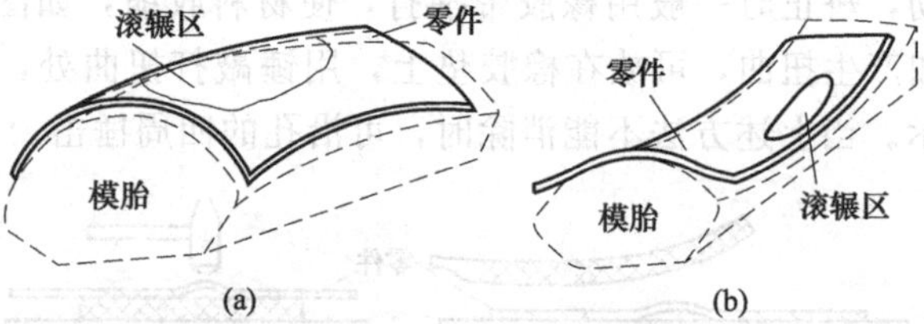

图 5-9　蒙皮零件的矫正

滚辗时所使用的滚轮，如图 5-10 所示。一般上滚轮是平的，下滚轮则须根据所滚辗的零件确定，当零件曲度较大或需往里卷时，应使用尖滚轮，曲度

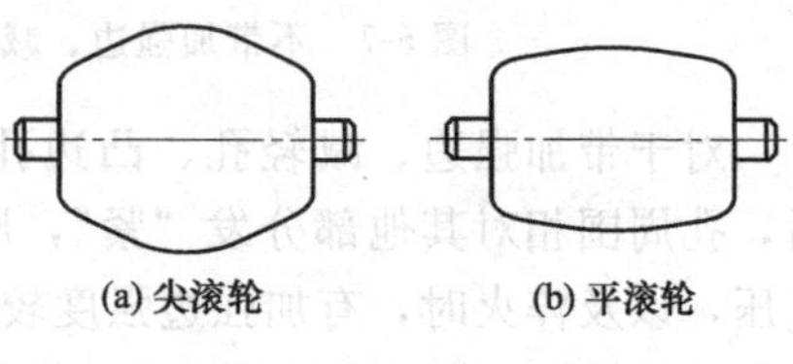

图 5-10　滚辗用的下滚轮

较小或向外张时，应使用平滚轮。滚轮滚压的程度，一般在伸展量大或材料较硬的情况下，滚轮应压得紧些，放辗也得快些。相反，当放辗量小或材料较软时，滚轮应该压得轻些。在靠近滚辗区的周围，也应该进行适当的轻度滚辗，以便消除滚辗部位对周围的影响。对于带孔的零件，孔的周围应尽量不滚或少滚，否则容易“松”动。如果变形大时，最好在矫正以后再开孔。

③ 单弯边件的矫正　板料折弯件及角钢等单弯边件，常见的变形有扭曲、外凸、反凹、不平、角度不对等。

a. 扭曲的矫正　当零件刚性小时用手扭正，刚性较大（如图 5-11 所示）时可夹在台虎钳上用扳手扭正。

b. 外凸的矫正　外凸的矫正如图 5-12 所示，即将底面凹边放开。从弯曲最严重处开始，同时配合修平底面。

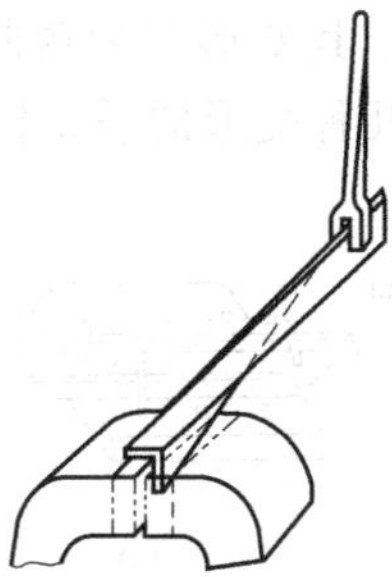

图 5-11　扭曲的矫正

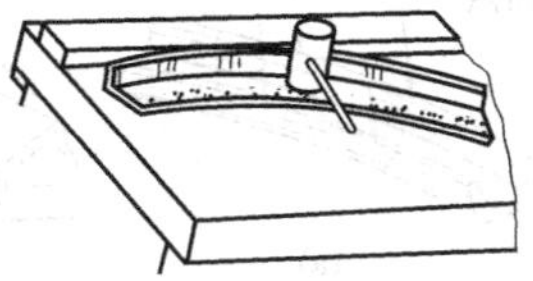

图 5-12　外凸的矫正

c. 反凹的矫正　对零件纵向反凹可用规铁加垫，木尖校正，木尖角度比零件角度小 0.5°，R 与零件一致，见图 5-13。

d. 矫正角度　当弯边处的角度偏大时，可用木尖校弯曲内圆角半径如图 5-14（a）所示；角度偏小时，在顶铁上敲击 R 使零件

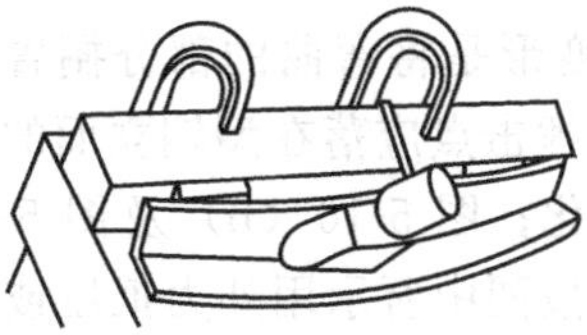

图 5-13　反凹的矫正

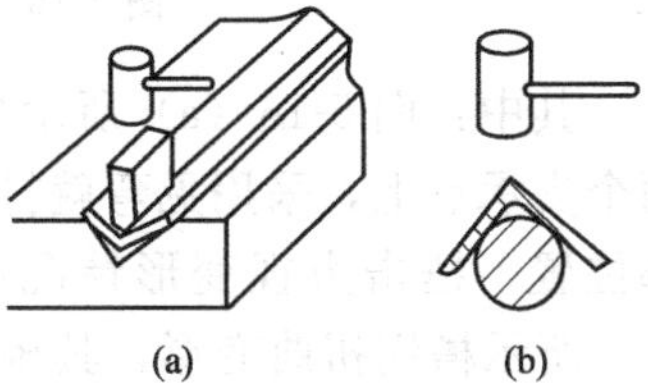

图 5-14　校正偏大角度

角度增大，见图 5-14（b）。

e. 弯边的矫正　弯边收缩过多或展放过多会引起弯边不平。应先检查弯曲内圆角半径与平台的贴合度。若中间空［图 5-15（a)］，弯边处收缩不够，应收 A 处边缘；若两端空，中间贴合［图 5-15（b)］，表明弯边处展放不够，应展放 A 处边缘。

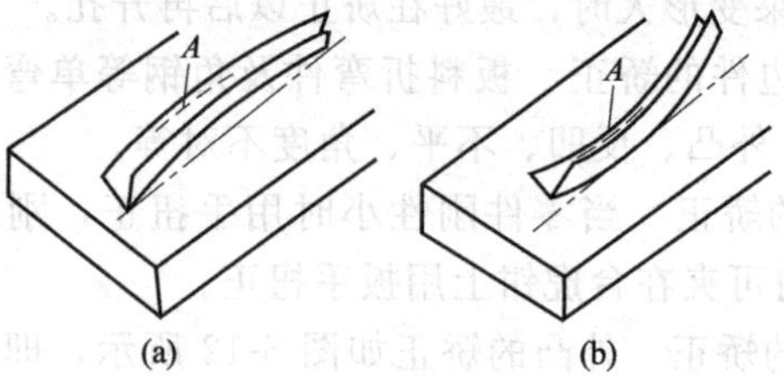

图 5-15　弯边的矫正

④ 框板件的矫正　对于槽钢类框板件，其变形多为弯曲变形，有时也会产生扭曲，图 5-16 给出了槽钢的几种变形的矫正情况。

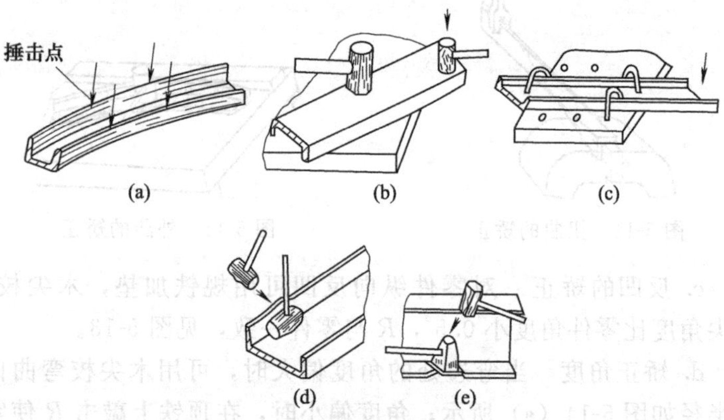

图 5-16　槽钢变形的矫正

其中：图 5-16（a）所示槽钢弯曲变形是将弯曲的部分搁置在两个支承点上，采用见弯就打的方法，捶击点应落在型钢立面的根部位置，捶击力视变形情况而随时变化；图 5-16（b）及图 5-16（c）所示槽钢扭曲变形，其矫正方法是按图中所示用外力抵压或采用大弯卡固定，从而使力量集中，提高矫正效果，减少工作中的弹性震动；图 5-16（d）及图 5-16（e）所示局部变形，其矫正方法是在变形的部位，采用大锤（或垫铁）在内侧支承，外侧用锤击打，有利于较快地消除变形。

⑤ 环状件的矫正　环状件变形有淬火后腹板翘曲、弯边角度不对等。

a. 校正腹板平面翘曲。在平台上检查翘曲情况，将贴合处置于平台边缘，两手将起翘处压平，如图 5-17 所示，并在平台上校平腹板面。

b. 校正弯边角度。对于外缘弯边角度偏大时，采用收边校正角度，对于孔弯边角度偏大时，采用放边校正角度。

⑥ 焊接件的矫正　对用各种截面形状的型钢经焊接而成的焊接件，因受热胀冷缩的影响，都有不同程度的变形，尤其在无焊接夹具的情况下，变形就更大，为使焊接件达到质量要求，常采用手工矫形。

a. 焊接角钢角度的矫正。两根角钢焊接在一起，如图 5-18 所示，当夹角小于 90°时，可用厚口錾子，沿焊缝 OB_1 段阴影区捶击，使受捶击处的材料伸展，角度增大。如果夹角大于 90°时，可捶击 OB 段，使角度缩小。

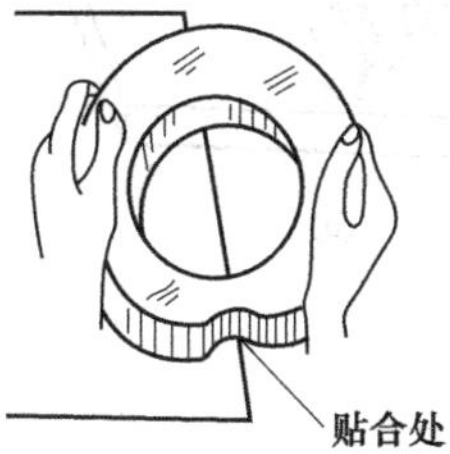

图 5-17　校正腹板翘曲

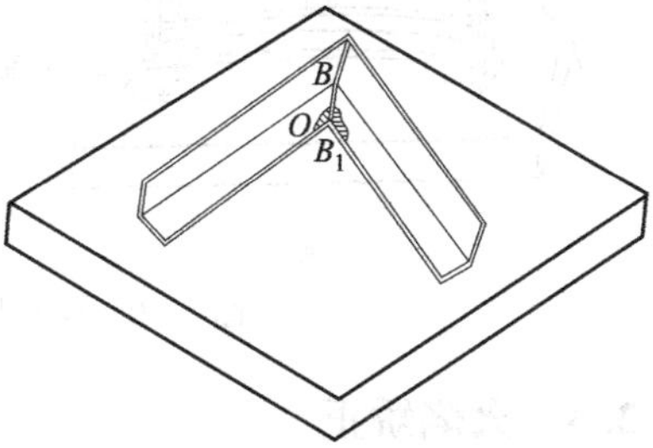

图 5-18　焊接角钢角度的矫正

b. T 形焊接件角度的矫正。T 形焊接件在大部分情况下，是将 T 形铁的端头焊在 L 形铁的横向，并相互垂直。$\angle B$ 与$\angle B_1$ 互为补角，如图 5-19 所示。焊后如果$\angle B$ 小于 90°，可捶击$\angle B$ 的阴影区，使$\angle B$ 增大，$\angle B_1$ 相应减小，直至两角相等为止。

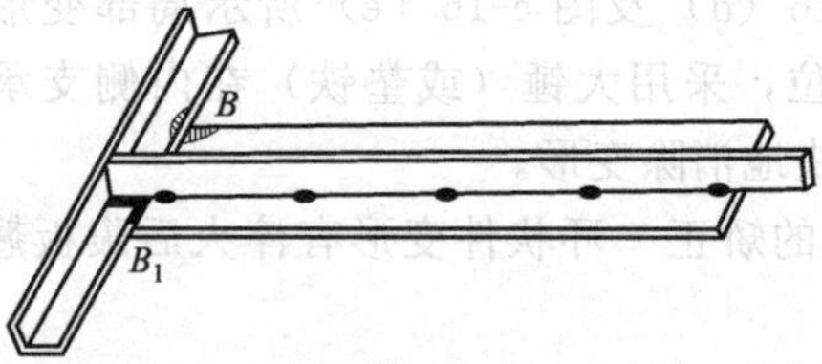

图 5-19　T 形焊接件角度的矫正

c. 矩形框架的矫正。焊后框架 AD 与 BC 边出现双边弯曲现象，可将框架立于平台上，外弯边 AD 朝上，BC 边两端垫上垫板，捶击凸起点 E，见图 5-20（a）。如果四边都略有弯曲，可分别向外或向内捶击凸起处。当尺寸误差不太大时，可用捶击法矫正其尺寸，把框架竖起来，捶击较长一边的端头，使其总长缩短。如 B 角和 D 角小于 90°，采用图 5-20（b）所示的方法，捶击 B 点使其扩展。

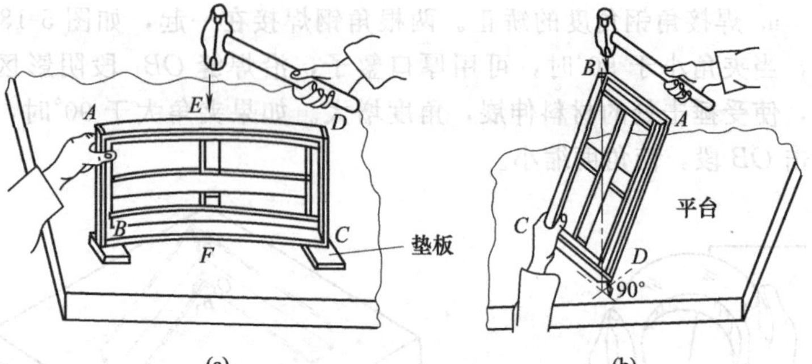

图 5-20　保证尺寸的矫形

5.2.4　火焰矫正

利用氧-乙炔火焰（或其他气体火焰），对钢结构件局部进行不均匀的加热和冷却，造成不相同的膨胀与收缩，使被加热区产生残留的压缩塑性变形，用以达到矫正原有的变形，这种工艺方法称为火焰矫正。

（1）火焰矫正的基本原理

火焰矫正的基本原理是利用钢材受热后向各方向伸长，线胀系

数为 1.2×10^{-5}℃$^{-1}$，当冷却时按照 1.48×10^{-6}℃$^{-1}$的收缩率收缩，故收缩后的长度比未加热前有所缩短。火焰矫正就是根据这种特性，对钢结构件变形的适当位置进行加热，待冷却时产生一种很大的收缩应力，使其产生和变形相反的塑性变形，来达到矫正变形的目的。

收缩应力与加热温度 t 和钢材的弹性模量 E 有关。例如低碳钢的弹性模量 $E=210\text{GPa}$，若加热温度 $t=700$℃时，则冷却后所产生的应变为 $700\times1.48\times10^{-6}$，故收缩应力：

$$\sigma_{缩}=700\times1.48\times10^{-6}\times210=0.218\text{GPa}=218\text{MPa}$$

如果加热温度再提高，将会产生超过屈服点的收缩应力。对于低碳钢及塑性好的材料，当收缩应力超过屈服点时，随着产生变形而引起应力的重分配，即应力转化为变形，而实际残存的应力大大减小，所以不会出现裂纹。但对中碳钢由于塑性较低，应力引起的变形小，实际存在的应力仍很大，因而容易产生裂纹；所以凡塑性差的材料，一般不应采用火焰矫正。

以上说明火焰矫正是将钢结构件局部加热达到塑性状态，依靠金属的膨胀来取得压缩力的来源。那么金属在什么情况下才能达到塑性变形状态呢？例如在常温时，低碳钢的屈服点 $\sigma_s=240\text{MPa}$，弹性模量 $E=210\text{GPa}$。根据虎克定律，弹性应变极限 λ_ε 可由下式求得（考虑屈服点以下材料以弹性变形为主，仅有微量的塑性变形）

$$\lambda_\varepsilon=\frac{\sigma_s}{E}=\frac{240}{210\times10^3}=1.143\times10^{-3}$$

如果加热钢材，使温度升高，金属的线胀系数 $\alpha=1.2\times10^{-5}$℃$^{-1}$，则热变形 λ_t 可由下式求得

$$\lambda_t=\alpha t$$

若金属完全刚性固定不能自由膨胀，并令金属加热至 t 时，热应力达到屈服点，则热变形 λ_t 与弹性应变极限 λ_ε 应相等，即 $\lambda_\varepsilon=\lambda_t$。此时，$t=0.001143\div0.000012\approx100$℃。

由此可见将低碳钢加热到 100℃时，其热应力就可以达到屈服点（当温度在 600℃时，屈服点应力可以认为等于零），因而加热温度超过 100℃时就会产生塑性变形，这种塑性变形在冷却后是不

会复原的，因此产生了残留的变形和应力。用火焰矫正时，是进行局部加热，是一种刚性状态下的加工，所以与上述情况是相一致的。由于金属变形的形成是由本身残留变形的作用而引起的结果，而火焰矫正金属的变形，却又利用了它的新的残留变形。

在火焰矫正过程中，为获得更好的矫形效果和工作效率，在火焰加热后再实施捶击和施加外力［见图 5-21 (a)］，或随即用水急冷加热区［水喷嘴距焊嘴 25～30mm，见图 5-21 (b)］，故习惯上又称为水火矫正。

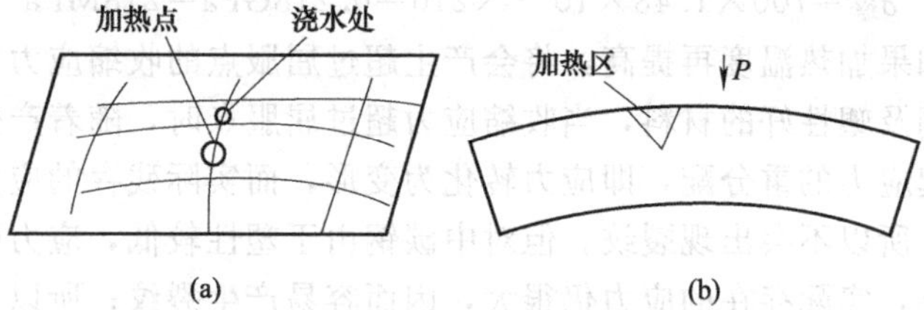

图 5-21　提高矫形效果的方法

(2) 采用火焰矫正的条件

由火焰矫正的基本原理可知：在完全刚性固定下，金属加热至塑性状态的温度时，约每平方厘米能产生 2000kg 以上的热应力，这样大的力往往不能用人力和机械力来得到，因此，火焰矫正主要用于大型结构件的矫正。

此外，采用火焰矫正只要加热不超过相应的温度，金属组织没有产生变化，由于加热时间不长，也不会引起晶粒的长大，因此火焰矫正对金属的性能影响也不大。然而，火焰矫正是有一定条件限制的，主要应注意以下几点。

① 淬硬倾向　对淬硬倾向较为敏感的钢种，要注意加热温度，尤其是加热后的冷却速度不能过快，以免产生淬硬组织。因此，这类钢材不能采用水火矫正，矫正后的环境温度也不能过低，常用钢材的水火矫正的性能见表 5-14。

② 处理状况　由于火焰矫正是通过局部应力的不均匀性来达到矫形的目的，因此，经过热处理的构件由于已经做了消除内应力的处理，采用水火矫形很难达到预期效果。因此凡是采用水火矫形

的构件，必须在进行水火矫形完毕之后，方可进行热处理。

表 5-14　常用钢材的水火矫正的性能

钢种		实验结论及注意事项
普通碳素结构钢与优质碳素结构钢	低合金高强度结构钢	
Q235、20	—	该类钢经火焰矫正后，对钢材性能影响不大
—	14MnNbb	对焊接疲劳梁进行火焰矫正实验表明，火焰矫正对钢材性能影响不大
—	16Mn	具有良好火焰矫正和水火弯板性能。水火弯板加热温度在 650℃左右时，力学性能几乎不受影响，即使在 850～900℃加热后仍然具有足够的强度和塑性
—	15MnV 15MnVN 14MnVTiRE 10MnPNbRE	可以用氧-乙炔焰局部加热矫正，不影响钢材力学性能
—	15MnTi	可以用氧-乙炔焰局部加热矫正。薄钢板还可用水火弯板
—	08MnPRE	局部火焰加热的温度为 600～700℃为宜。超过这个温度范围，将出现魏氏组织
—	09MnPRE	薄板在 700～800℃为宜
—	12MoAlV	建议避免用水火矫正

③ 焊接结束时间　引起变形的焊接应力，经过一段时间后能够得到部分或大部分甚至全部的释放，随之的火焰矫形效果也因矫形前的应力较低而达不到预期的效果。进行火焰矫形应当在焊接结束后尽快进行，以提高矫正效果。

④ 适用范围　火焰矫正的适用范围比较广泛，可以矫正刚性焊件、铸钢件、锻件和具有塑性的各种黑色金属及有色金属，特别适用于那些无法采用其他方法进行矫正的大型结构件的矫正。但对高碳钢和高合金钢及铸铁等材料，由于含碳量高，脆性大，火焰加热时易于形成裂缝，因此不宜采用火焰矫正法。

此外，金属经过火焰矫正以后，加热部分的抗腐蚀能力会有所降低，所以对于常与海水接触部分的材料（例如船体的底部外壳等），则应尽量避免用火焰进行矫正其变形。

另外，因火焰矫正是在加热过程中以压缩塑性变形为基础进行的矫正，因此要将金属短的纤维拉长到相应的尺寸是不可能的，所以对于这样一类制件的变形，其变形亦不能采用火焰矫正。

(3) 火焰矫正的操作方法

火焰矫正的操作方法如下。

① 被矫构件的摆放　被矫构件的摆放不得由于局部加热、自重等因素产生其他变形。对于弯曲和板的凸凹不平的矫正，其弯曲和凸凹部位应向上。

② 加热位置　加热位置是关系到矫形效果的关键，应为焊缝或收缩最严重地方的对称部位。确定加热位置时既需要掌握热矫形原理，同时也需要对焊接变形、应力分布进行判断的经验。

③ 加热形状　需要矫形的构件几何形状、焊缝分布、材料断面的不同，决定了加热形状的不同。常用的加热形状有以下几种。

a. 点状加热。点状加热适用于变形总量大，但变形分散相对均匀、单位变形量相对较小的焊缝分布在板类周围的焊接变形的构件。点状加热主要应用于对板的局部矫平。其原理是将不平的板面随机地划成若干小区后，依次对当前凸起最高的小区进行加热。通过若干矫平小区的积累，实现整体不平的矫正，因此，加热点宜小不宜大。当加热的点数达到 3～5 点或更多点时，被矫正构件一般会发出一声沉闷的“砰”声。这是钢板内局部应力释放的一种现象，说明了该加热矫形部位已部分达到目的。但在整体矫形后，还要进行全面检查，对仍然未达到理想的部位，重新进行矫形，但加热点应选择未加热的地方。

以图 5-22 所示的盖板为例，由于四周均布焊缝，盖板中间向上凸起。变形特点为大面积地向一侧凸起。点状加热时，应当保持凸起面向上，加热顺序为从凸起最高的点开始。待第一点冷却后，再以新出现的最高凸起点加热（见图 5-22 中的加热序号）。当被矫形钢板的厚度为 4～8mm 时，为了提高矫正效果，加热停止时，立即捶打加热点的周围数捶，然后再击打加热点。打击用锤的锤顶应呈圆弧形，锤顶边缘不应存在棱角，以免产生锤痕。对于能够进行水火矫形的钢种，捶击加热点结束后，用水立即浇加热点，进行强化冷却，达到提高矫形效果和工作效率的目的。在作业环境能承受的前提下，用水量大比用水量小强，水的压力大比水流量大冷却效果好一些。加热点的位置、间距、顺序等不是一成不变的，要根据焊接应力大小、变形程度等许多因素确定，这往往需要一定的实践经验。

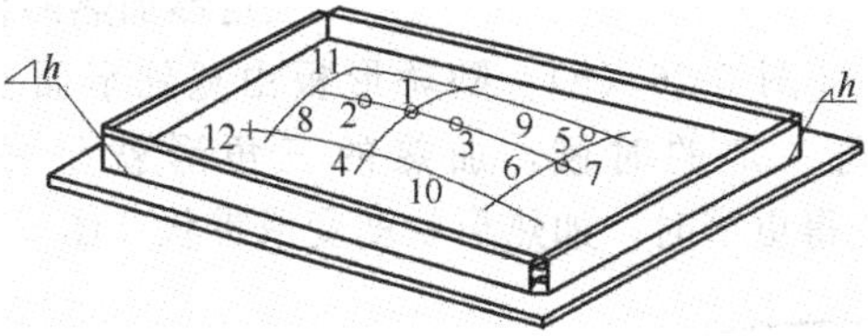

图 5-22　平板凸凹的点状加热

b. 线状加热。线状加热主要应用于呈角（弧形）变形焊接构件的矫正，工字梁的上下翼缘板（见图 5-23）。

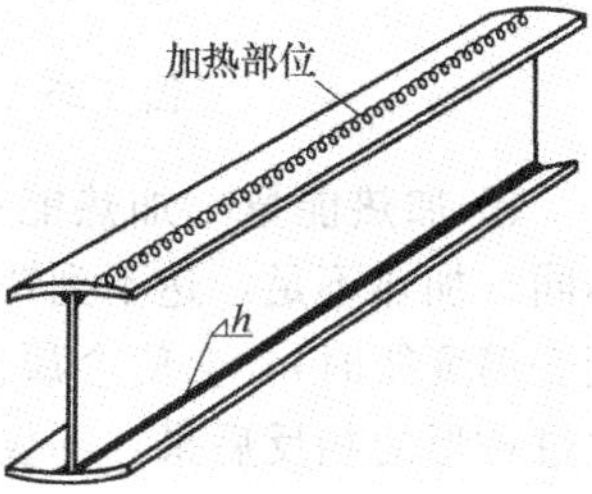

图 5-23　角变形的线状加热
h—加热宽度

线状加热分直线、螺旋线、U形线三种（见图 5-24），直线加热宽度最窄。虽然 U 形线和螺旋线的加热宽度是直线的一倍至数倍，但从整体上来讲，仍然属于线状。线状加热的特点是加热线的横向收缩大于纵向收缩，横向收缩随着加热线的宽度增加而增加。加热线的宽度要根据实际情况而定，一般为钢板厚度的 0.5～2 倍。线状加热采取浇水强制冷却的原则，和点状加热不同

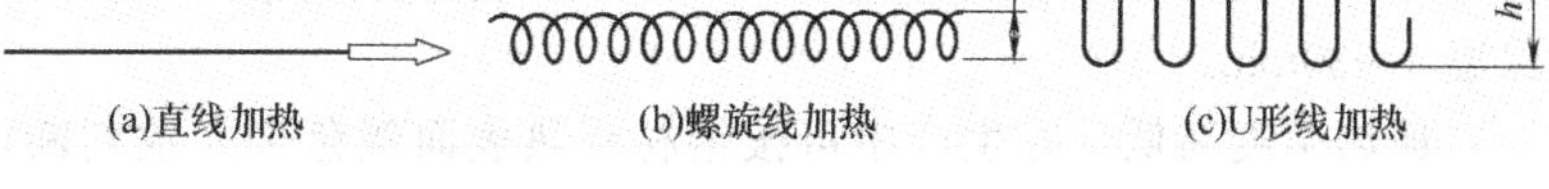

图 5-24　线状加热的种类

之处在于线状加热和浇水为连续进行。浇水位置以保持不明显影响加热的前提下，距离越近越好。

c. 三角形加热。三角形加热主要适用于侧弯变形（见图5-25），其加热区为三角形。由于加热区面积大，收缩量大，常用于矫正厚度较大，刚性较强的焊接构件的矫形。由于加热面积大，可同时用两个或多个烤炬进行加热。

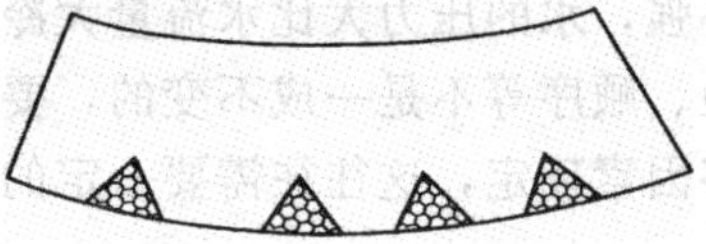

图 5-25　三角形加热

三角形加热的横向深度与三角形的顶角 α [图 5-26（a）] 随矫形板由宽到窄而呈由小到大变化；当板窄到一定的时候，加热的三角形就呈弓形 [图 5-26（b）]；当板变得更窄时，加热形状就变成带状 [图 5-26（c）]。

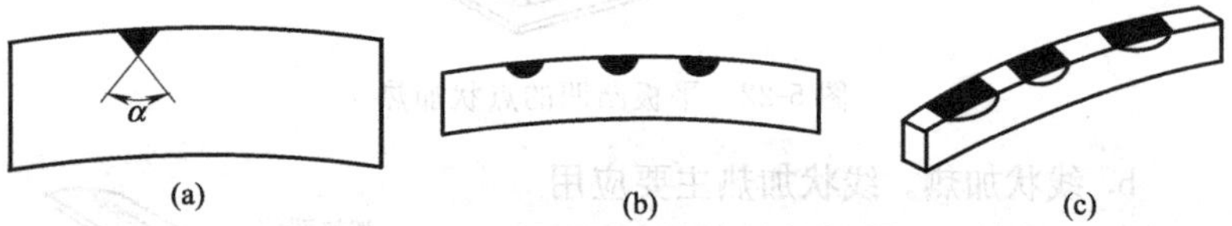

图 5-26　三角形加热的几种形式

④ 加热能量　加热能量不同，矫正变形的能力和矫正效果也不同。加热不足，达不到矫正的目的；加热过量、温度过高（超过相变温度线时），会使金属晶粒增大，有损金属的组织，并容易产生过矫形的相反后果，不仅增加了需要进行反矫形的工作，还有可能造成因无法再进行矫正而使焊接结构件报废。因此，除恰当地选择火焰加热部位、火焰加热形状外，还应控制火焰加热能量。一般对低碳钢、低合金钢火焰加热为 600～800℃；对小件板料的加热矫平，也可采用将多件叠合用夹具压平后入炉整体加热后再进行火焰矫正的方法进行，此时，铝合金不高于 300℃，H62 黄铜为 400～450℃，厚 0.3～1.5mm 的钛合金校形温度 TA2 为 500～600℃；TC1 为 550～650℃；TC3 和 TC4 为 650～700℃，且都要预热 2～3min 后保温 5～30min。

加热温度高低，在生产中可按钢材受热表面颜色来大致判断，其准确程度与经验有关，详见表 5-15。

表 5-15　钢材表面颜色与相应温度（暗处观察）

颜色	温度/℃	颜色	温度/℃
深褐红色	550～580	亮樱红色	830～900
褐红色	580～650	橘黄色	900～1050
暗樱红色	650～730	暗黄色	1050～1150
深樱红色	730～770	亮黄色	1150～1250
樱红色	770～800	白黄色	1250～1300
淡樱红色	800～830		

⑤ 加热次数　同一部分的加热次数一般只加热一次，最多不应超过两次。因为第三次加热的效果不及总效果的 20％甚至更低。

(4) 常见钢材的火焰矫正方法

火焰矫正是一种手工操作，必须根据工件变形情况，控制好火焰加热的时间、部位、温度等方面才能获得较好的矫正效果，表 5-16 给出了常见钢材乙炔火焰矫正的方法。

表 5-16　常见钢材的乙炔火焰矫正方法

坯料	原变形	加热方式	简　图	说　明
薄钢板（厚度不大于 8）	中部凸起	点状加热	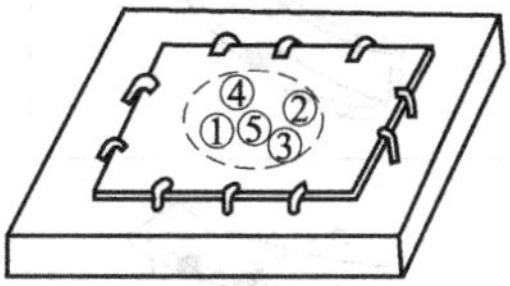	凸部朝上，用卡马钉卡上。加热点距 50～100，变形量大取小值。加热点直径≥15，板厚取大值。点数：变形面积大则取点多。加热顺序见图，辅以捶击
		线状加热	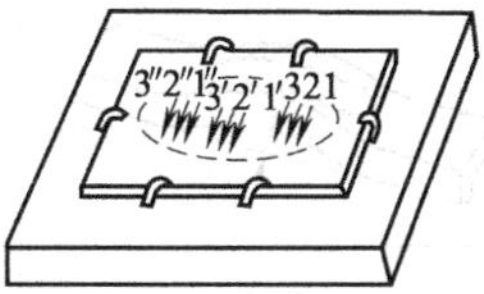	凸部朝上卡于平台。加热线轨迹有直线、波浪线与螺旋线三种，后两种的宽度为(0.5～2)t。沿加热线纵向收缩小于横向收缩。变形量大时，可加大线宽，减小线距
	一边波浪形	线状加热	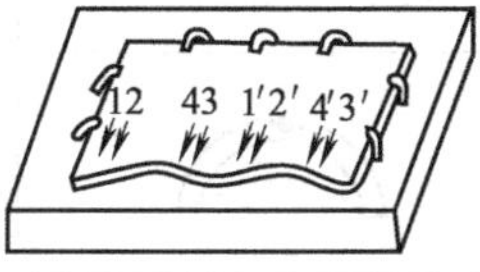	凸部朝上，卡住未变形的三边，先加热凸部两侧，再向凸部围拢可重复加热

续表

坯料	原变形	加热方式	简图	说明
厚钢板	拱弯	线状加热	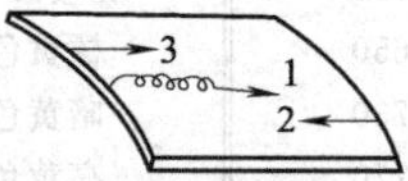	放在平台上，由最高处加热到 600～800℃，加热深度不超过 1/3 板厚可重复加热
钢管	弯曲	点状加热	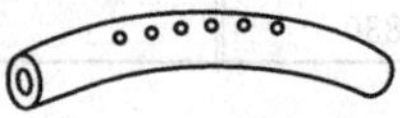	加热凸面（单排点或多排点），由点到点速度要快，一排一排加热
T 形钢	侧弯	三角加热	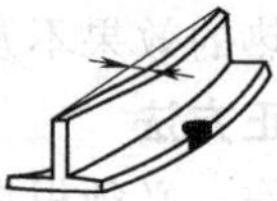	加热水平板鼓出部位
	侧弯		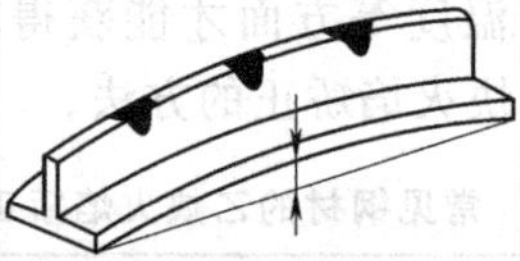	加热垂直板鼓出部位
角钢	外弯	三角加热		加热凸起部位
工字钢	侧弯	三角加热		加热凸起部位
槽钢	局部旁弯	线状加热	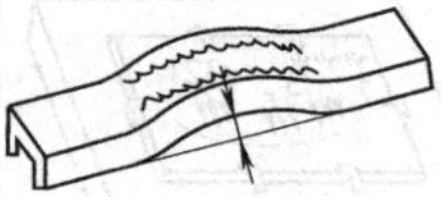	两支焊枪同时作波浪形加热
钢筒	局部曲率过大	线状加热	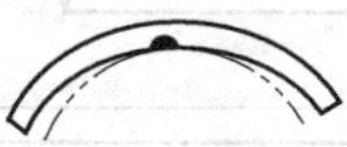	沿母线加热
	局部曲率过小		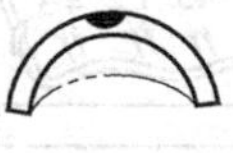	

表 5-17 火焰矫正变形的操作实例

名称	制件变形情况	图　例	矫正方法与说明
锅炉管子的矫直	管子外径 83mm，内径 76mm，在长度 7.5m 上具有 10mm 的弯曲	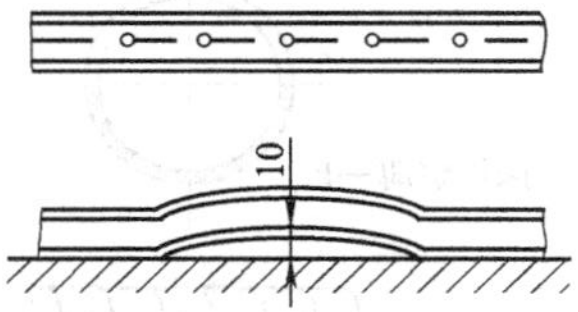	①将管子放在平台上找正垫好，使管子和平台的间隙最大等于管子的弯曲挠度 ②采用 900℃ 温度，在管子的凸面进行点状加热（见图中“○”点）。烤具移动速度约每秒 40mm ③冷却后检查尚有 3～4mm 弯曲，然后再在“○”点之间重复第一次的加热方法即被矫直
传动轴的矫直	轴的实际直径为 82mm，长度为 1690mm，经过测量有 6mm 比较均匀的弯曲，中部变形略大	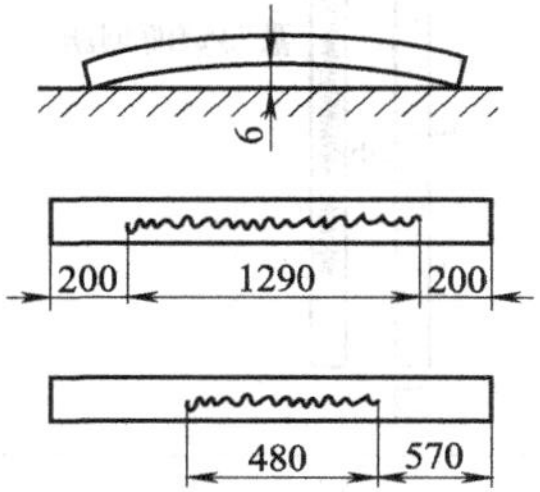	①在矫正前先放平台上找正把轴垫好 ②加热温度约 500℃，加热线宽度平均为 25mm（中间一段约 30mm），两端留有 200mm 长度不进行加热 ③待冷却后检查，弯曲由 6mm 下降至 2mm。第二次加热是在弯曲的局部进行，加热温度约 700℃，宽度保持 30mm 左右，冷却后全部达到平直要求

续表

名称	制件变形情况	图例	矫正方法与说明
轧制方钢局部弯曲的矫直	方钢的厚度为 120mm，宽度为 460mm，长度为 6000mm，中间有局部弯曲为 40mm	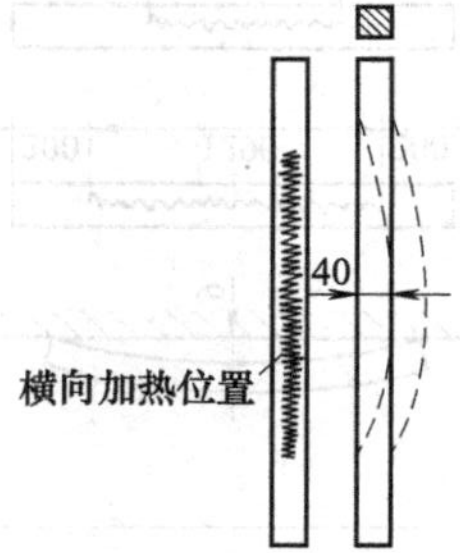	①由于方钢有很大的厚度，故取两个 7 号烤具同时加热，在移动时作横向摆动，加热线横向布置，宽度约 100mm，加热温度 800～850℃，加热深度 8～10mm ②待冷却后，局部弯曲正好消除
厚壁焊接圆管局部弯曲的矫直	焊接圆管的直径为 820mm，壁厚为 25m，长度为 8400mm，中间局部有 10mm 弯曲	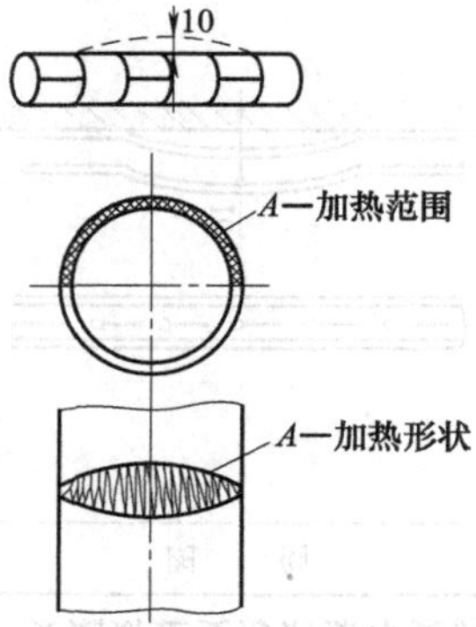	①这种焊接圆管因长度较大，壁部较厚，如果借助机械压力效果更为显著，只用火焰矫正亦可 ②矫正时先找出凸出的最高点，加热应沿半圆进行，加热范围要两端小而中间大（见图中 A） ③加热温度约为 800℃，为了使壁厚热透，加热速度要慢一些，约每秒 10mm，加热深度为 5～8mm，中间温度应略高一些

续表

名称	制件变形情况	图例	矫正方法与说明
畸形制件的矫正	这种制件是在∟50×50×5×3000的角钢上，焊有一个U形件，焊后具有扭曲、水平和垂直方向的弯曲	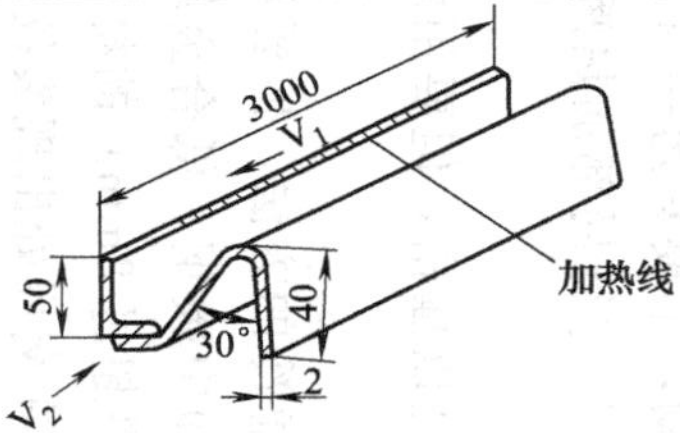	①首先在图中V_1位置加热，加热温度约为900℃，速度中等，约每秒15～20mm ②待冷却后再加热V_2的位置。经过V_1和V_2两个横向加热线以后，变形显著减小。冷却后尚有局部弯曲，再在变形处加热一次，最后用平锤击打即被矫平(因为角钢被矫直后，U形板的变形也随着消失)
60T翻斗车侧门变形的矫正	翻斗车侧门存在着两种变形。一个是水平方向的弯曲，一个是垂直方向的弯曲，结构系型钢与钢板焊接而成，轮廓尺寸较大	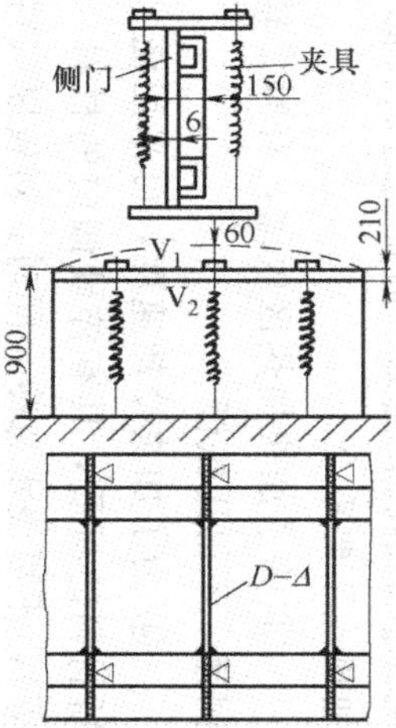	①水平方向的刚度比垂直方向较小，所以要先矫正垂直方向的变形 ②在平台上把制件夹起来(三处)，加热位置见图中V_1和V_2处 ③由两人同时加热V_1的焊缝位置，速度较快约每秒9～11mm，温度约850～900℃。加热V_2处角钢边缘，速度较慢约每秒7～9mm，温度为900℃ ④当垂直方向矫直后，将制件放平，用同样方法将侧门压平(这时水平弯曲约100mm)，采用横向加热，加热位置在加强筋的两端(见图中△) ⑤为了消除焊接应力的影响，在矫正前，可以先把每一个方格内的焊缝加热一次

(5) 火焰矫正操作实例

由于火焰矫正不需要特定的专门设备和场地，加工方便、灵活，且通过加热可以获得较大的矫正力，这对于矫正大型制件的变形，效果特别显著。而对于小的零件变形，火焰矫正往往不如手工和机械矫正方便和经济。表 5-17 给出了几种火焰矫正变形的操作实例。

(6) 火焰矫正操作注意事项

进行火焰矫正操作时，应注意以下事项。

① 加热速度要快，热量要集中，尽力缩小加热区外的受热范围。这样可以提高矫正效果，在局部获得较大的收缩量。

② 加热时，焊嘴要做圈状或线状晃动，不要只烤一点，以免烧坏被矫钢材；当第一遍矫正过后，需重复进行局部加热矫正时，加热点不要重合。

③ 为了加快加热区收缩，有时常辅之以捶击，但要用木锤或铜锤，不得用铁锤。

④ 为了加快冷却速度，可采用浇水急冷的方法，但要注意被矫材料的材质，具有淬硬倾向的材料（如中碳钢、低合金结构钢等），不可浇水急冷。同时，对较厚（料厚超过 8mm）的材料，由于其表层和内部冷却速度不一致时，容易在交界处出现裂纹，故也不宜采用浇水急冷，一般生产加工经验，只有在钢板厚度小于 8mm 时，可以在火焰矫正以后用水急冷（即水火矫正）。

5.3 孔的加工

在钣金件的连接、装配等加工过程中，常需将两个或两个以上金属构件利用孔或螺纹孔连接起来，或需要装配定位孔等，为此，必须在钣金件上利用钻头、丝锥等工具完成孔的加工。孔加工与螺纹加工是钣金预加工的重要内容之一。

5.3.1 钻孔

常见的孔加工方法，主要有钻孔、扩孔、锪孔与铰孔等。不同的孔加工方法必须配合不同的加工工具才能完成，不同孔加工方法所获得孔的精度及表面粗糙度不相同，钻孔属孔的粗加工，其加工孔的精度一般为 1T11～1T13，表面粗糙度 Ra 约为 50～15.5μm，故只能用作加工精度要求不高的孔。

(1) 孔加工设备

常使用的孔加工设备有台式钻床、立式钻床、摇臂钻床和手电钻等，其构造如图 5-27 所示。

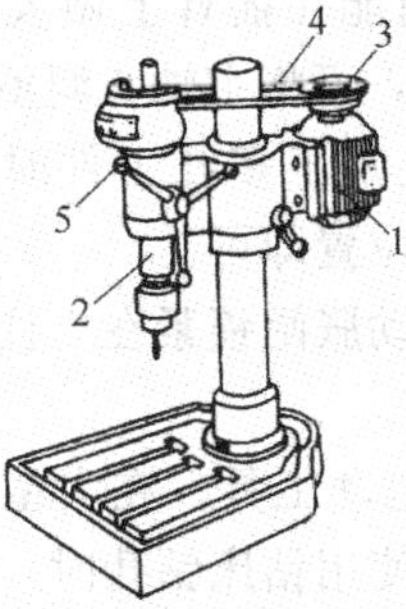

(a)台式钻床
1—电动机；2—主轴；
3—带轮 4—V带 5—手柄

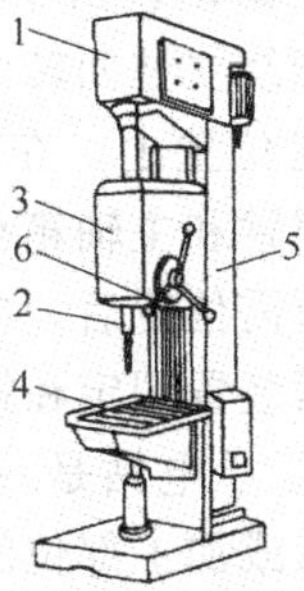

(b)立式钻床
1—主轴变速箱；2—主轴；3—进刀机构；
4—工作台；5—立柱；6—手柄

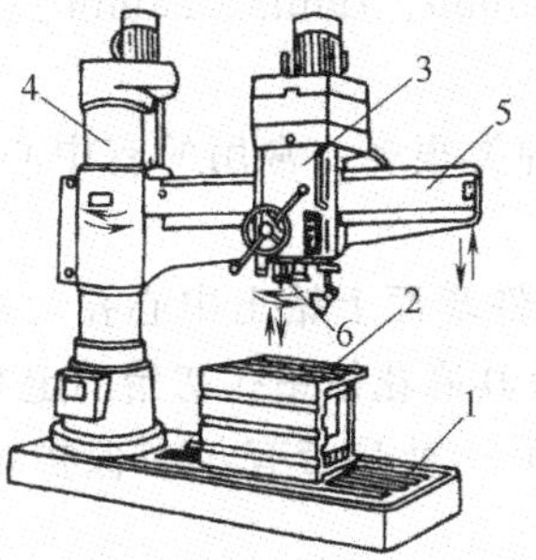

(c)摇臂钻床
1—机座；2—工作台；3—主轴箱；
4—立柱；5—摇臂；6—主轴

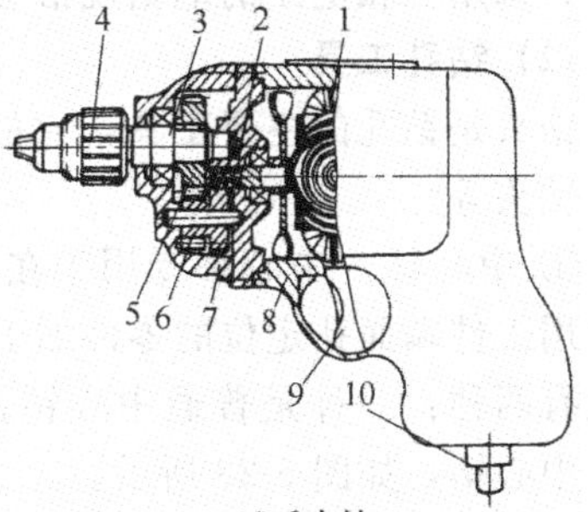

(d)手电钻
1—电动机；2—小齿轮；3—主轴；
4—钻夹头；5—大齿轮；6—齿轮；
7—前壳；8—后壳；9—开关；10—电线

图 5-27 钻孔设备结构

① 台式钻床 台式钻床简称台钻，是一种小型钻床，一般加工直径在 12mm 以下的孔。

② 立式钻床　立式钻床简称立钻。一般用来钻中型工件上的孔，其最大钻孔直径有25mm、35mm、40mm、50mm几种。

③ 摇臂钻床　摇臂钻床的主轴转速范围和进给量较大，加工范围广泛，可用于钻孔、扩孔、铰孔等多种孔加工。

工作时，工件安装在机座1或其上的工作台2上［见图5-27(c)］，主轴箱3装在可绕垂直立柱4回移的摇臂5上，并可沿摇臂上水平导轨往复运动。由于主轴变速箱能在摇臂上做大范围的移动，而摇臂又能绕立柱回转360°，因此，可将主轴6调整到机床加工范围内的任何位置上。在摇臂钻床上加工多孔工件时，工件不动，只要调整摇臂和主轴箱在摇臂上的位置即可。

主轴移到所需位置后，摇臂可用电动胀闸锁紧在立柱上，主轴箱可用偏心锁紧装置固定在摇臂上。

④ 手电钻　手电钻是一种手提式电动工具。在大型工件装配时，受工件形状或加工部位的限制不能使用钻床钻孔时，即可使用手电钻加工。

手电钻电压分别为单相（220V、36V）或三相（380V）两种。采用单相电压的电钻规格有6mm、10mm、13mm、19mm、23mm五种；采用三相电压的电钻规格有13mm、19mm、23mm三种。

(2) 钻孔工具

钻头是钻孔的主要工具，它的种类很多，常用的有中心钻头、麻花钻头等。

① 中心钻　中心钻专用于在工件端面上钻出中心孔，主要用于利用工件端面孔定位的零件加工及其麻花钻钻孔初始的定心。其形状有两种：一种是普通中心钻；另一种是带有120°保护锥的双锥面中心钻，如图5-28所示。

② 麻花钻　麻花钻由于钻头的工作部分形状似麻花状故而得名。它是生产中使用最多、最广的钻孔工具，ϕ0.1～80mm的孔都可用麻花钻加工出来。图5-29给出了麻花钻的结构，标准麻花钻由柄部、颈部和工作部分组成。

a. 柄部。柄部是钻头的夹持部分，用来传递钻孔时所需的扭矩。它的形状有直柄和锥柄两种。直柄传递的扭矩较小，一般用于

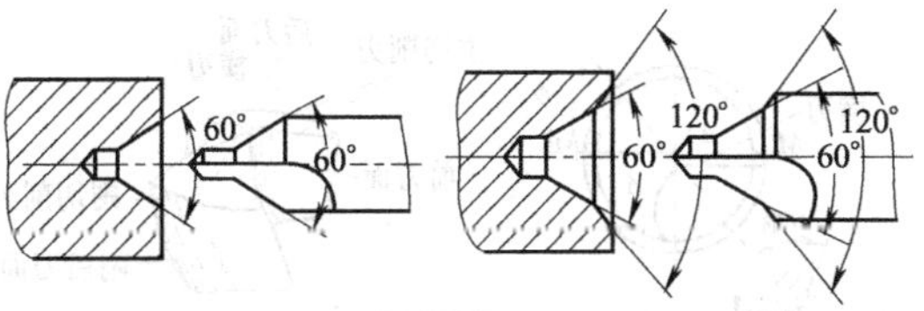

(a)加工普通中心孔的中心钻　(b)加工双锥面中心孔的中心钻

图 5-28　中心孔与中心钻

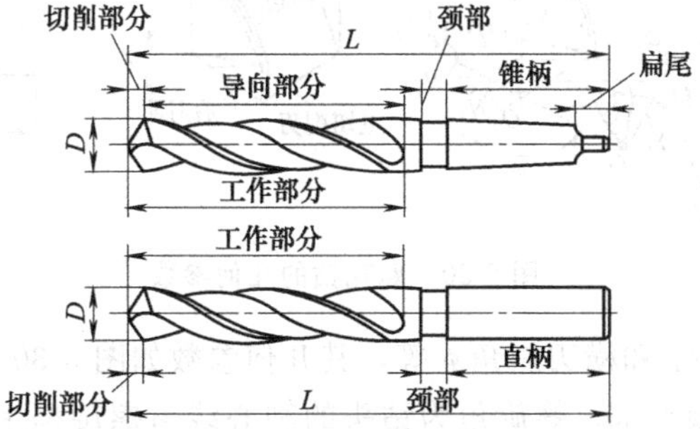

图 5-29　麻花钻的结构

ϕ13mm 以下的钻头，借助钻夹头夹紧在钻床主轴上。锥柄可传递较大的扭矩，一般用于大于 ϕ13mm 的钻头。它采用莫氏 1～6 号锥度，可直接插入钻床主轴孔内。锥柄端部的扁尾可增加传递扭矩和方便拆卸钻头。

b. 颈部。颈部位于工作部分与柄部之间，它是为磨削钻柄外圆时而设的砂轮越程槽，也用来刻印规格和商标。

c. 工作部分。工作部分是钻头的主体，它由切削部分和导向部分组成。切削部分担负主要的切削工作，包括两个主刀刃、两个副刀刃和横刃等；导向部分是由螺旋槽、刃带、刃背组成，起着引导钻头切削方向的作用。

钻头材料多用高速钢（高合金工具钢）制成。直径大于 8mm 的长钻头也有制成焊接式的，其工作部分用高速钢、柄部用 45 钢制成。

麻花钻头切削部分的几何角度，主要有螺旋角 ω、前角 γ、后

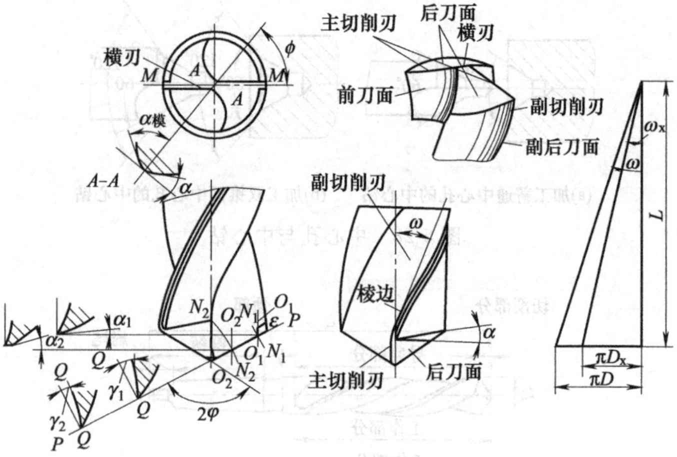

图 5-30　麻花钻的几何参数

角 α、顶角 2φ 和横刃斜角 ϕ 等，其几何参数如图 5-30 所示。

ⅰ. 螺旋角 ω。螺旋角为钻头的轴心线与螺旋槽上最外缘处螺旋线切线之间的夹角。它的大小影响主切削刃的前角、钻头刃瓣强度和排屑情况。螺旋角愈大，切削愈容易，但钻头强度愈低；螺旋角小则相反。标准麻花钻的螺旋角直径在 10mm 以上为 30°；直径在 10mm 以下为 18°～30°。

ⅱ. 前角 γ。前角是前刀面与基面之间的夹角。主切削刃上任一点的前角是在主截面（N_1-N_1 或 N_2-N_2）中测量的。由于麻花钻的前刀面是螺旋面，因此沿主切削刃上各点的前角是变化的；螺旋角愈大，前角也愈大，前角在外缘处最大，约为 30°；自外圆向中心逐渐减小（见图 5-30 上 $\gamma_1>\gamma_2$），在离中心 $D/3$（D 为钻头直径）处变为负值，靠近横刃处为 $\gamma=-30°$左右，在横刃上的前角达－60°～－50°。

ⅲ. 后角 α。由于钻头的主切削刃是绕钻头中心轴旋转的，其上各点的运动方向是圆周的切线方向，所以主切削刃上，后角是在轴向剖面（O_1-O_1 或 O_2-O_2）中测量的。后角是过切削刃上选定点后刀面的切线与切削平面之间的夹角。钻头主切削刃上的后角，随刀刃上各点直径的不同而不同。刀刃最外缘处后角最小，约为8°～14°，在靠近横刃处后角最大，约为20°～25°，一般把钻头中心处后角磨得较大，外缘处后角磨得较小，这样有利于使横刃得到较大的前、后角，既可增加横刃的锋利性，又可使钻头切削刃中心处的工作后角与外缘处的后角相差不多。

ⅳ. 顶角 2φ。顶角又称锋角，是两条主切削刃之间的夹角。分为设计制造时的顶角（$2\varphi_0$）和使用刃磨时的顶角（2φ）。标准麻花钻 $2\varphi_0=118°$，使用时顶角（2φ）的大小，根据加工条件在刃磨时决定。

ⅴ. 横刃斜角 ϕ。横刃斜角是横刃与主切削刃之间的夹角，在刃磨后面时形成的。标准麻花钻的横刃斜角为50°～55°。

(3) 钻孔的方法

钻孔是依靠钻孔设备及钻头完成的，钻孔时，工件固定，钻头装在钻床主轴上做旋转运动，称为主体运动（v）。同时钻头沿轴线方向移动，称为进给运动（S），如图5-31所示。

① 钻孔的操作步骤　钻孔的操作一般可按以下操作步骤进行。

a. 钻孔前划线。钻孔前，必须按孔的位置、尺寸要求，划出孔位的十字中心线，并打上中心样冲眼。要求冲眼要小，位置要准确；并且按孔的大小划出孔的圆周线；对直径较大的孔，要划出几个大小不等的检查圆或几个与孔中心线对称的方格，作为钻孔时的检查线，如图5-32所示；然后将中心样冲眼敲大，以便准备落钻、定心。

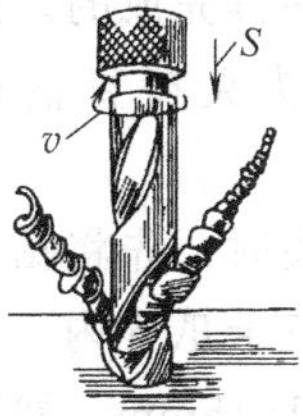

图5-31　钻孔时运动分析

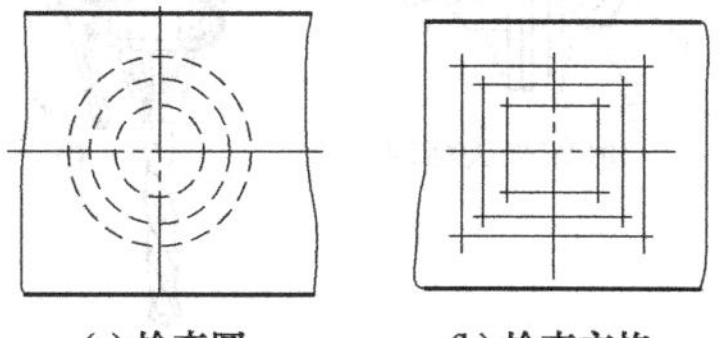

(a) 检查圆　(b) 检查方格

图5-32　孔位检查线

b. 装夹工件。钻孔时，牢固地固定工件是非常重要的。否则，工件会被钻头带着转动，有可能损坏工件和钻床，也威胁人身安全。根据工件大小不同，可用不同的装夹方法，如图 5-33 所示。

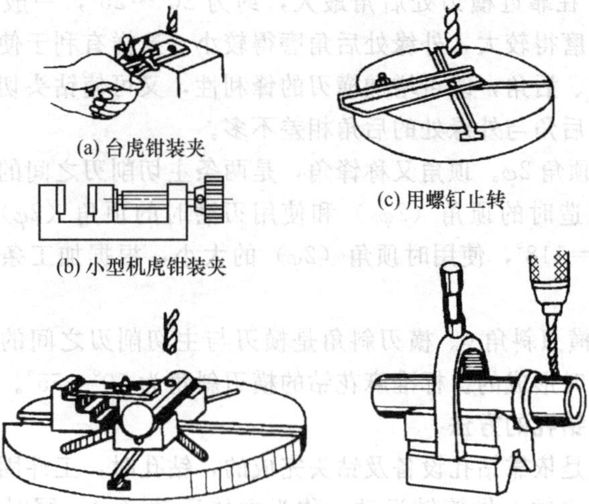

(a) 台虎钳装夹

(b) 小型机虎钳装夹

(c) 用螺钉止转

(d) 压板螺栓装夹

图 5-33　工件的装夹方法

在台钻或立式钻床上钻孔，一般可用手虎钳、平口钳、台虎钳装夹。长工件钻孔时可用手把持，用螺钉靠住（止转）工件。对圆柱形件可垫在 V 形铁上装夹。较大工件可用压板螺栓直接装夹在工作台上。

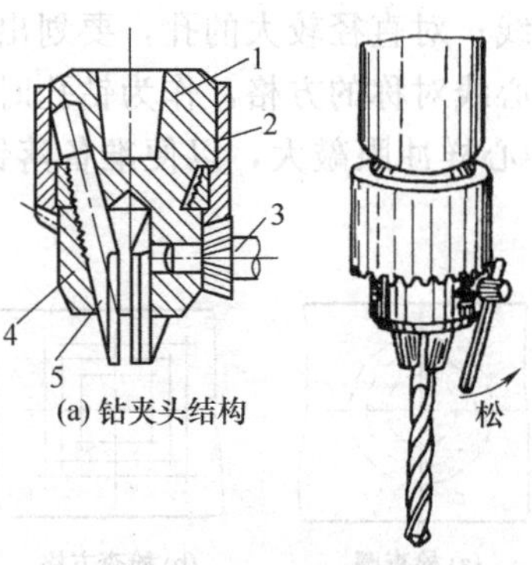

(a) 钻夹头结构

(b) 钻夹头工作情况

图 5-34　直柄钻头装拆

1—夹头体；2—夹头套；3—钥匙；4—环形螺母；5—卡爪

c. 夹持钻头。钻头的夹持是借助专用夹具完成的。图 5-34 所示为钻夹头夹持直柄钻头的情形。

夹持钻头时，先将钻头柄塞入钻夹头的三卡爪 5 内，其夹持长度不能小于 15mm。然后用钻头夹头专用钥匙 3 旋转夹头外套 2，使环形螺母 4 带动三个长爪沿斜面移动，使三个卡爪同时张开或合拢，达到松开或夹紧钻头的目的。

d. 钻孔前检查。钻孔操作前，应再次对照加工图纸，检查钻孔位置及钻头尺寸的正确性、工件夹持的牢固性等，并调整好钻床转速等。

e. 钻孔。经钻孔前检查合格后，方可进行钻孔操作，应做到安全操作。

f. 钻孔后清理。一处孔加工完成后，应及时清理工作台面，以便进行后续工件或另一处位置孔的加工，全部工件完成钻孔后，应及时清理钻床，并拆卸、保管好钻头。

② 钻孔的操作要领　钻孔操作要领主要有以下几方面。

a. 钻孔的操作方法。钻孔时，对一般工件可按以下方法进行。

先对准样冲眼试钻一浅锥坑。如钻出的锥坑与钻孔划线圆不同心，可移动工件或钻床主轴来纠偏。当偏离较多时，可用样冲重新冲孔纠正，或用錾子錾出几条槽来纠正，如图 5-35 (a) 所示。钻较大孔时，因大直径钻头的横刃较长，定心困难，最好用中心钻先钻出较大的锥坑，如图 5-35 (b) 所示，或用小顶角 ($2\varphi=90°\sim 100°$) 短麻花钻先钻出一个锥坑。经试钻达到同心要求后，必须将工件或钻床主轴重新紧固，才能重新进行钻孔。

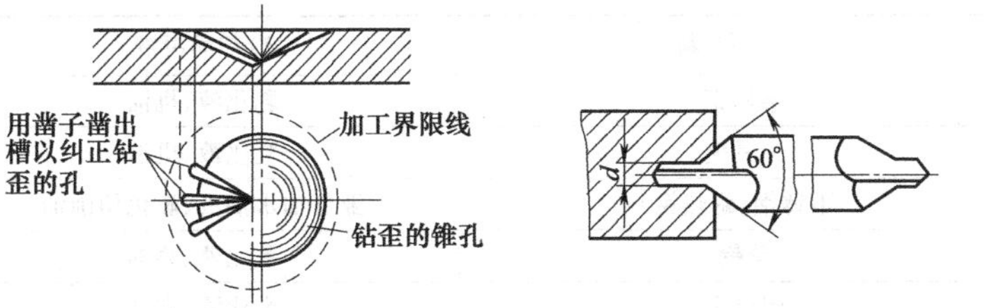

(a) 通过錾槽纠正孔的歪偏　(b) 用中心钻钻引导孔为大孔定心

图 5-35　钻孔定心

钻通孔在即将钻透时，应用手动进给，轻轻进刀直到钻透。对薄工件尤应特别注意。

钻不通孔时，可通过钻头长度和实际测量尺寸来检查所钻的深度是否准确。

在工件未加工表面，或材料较硬面上钻孔时，开始应手动进给。

钻孔径大于30mm的孔，要分两次钻成。先用0.5～0.7倍孔径的钻头钻孔，再用所需孔径钻头扩孔。

钻直径小于4mm的小孔时，只能用手动进给，开始时应注意防止钻头打滑，压力不能太大，以防钻头弯曲和折断，并要及时提起钻头进行排屑。

钻深孔（孔深与孔径之比大于3）时，进给量必须小，钻头要定时提起排屑，以防止排屑不畅引起切屑阻塞扭断钻头或损伤内孔表面。

b. 冷却润滑液选择。钻头在钻孔过程中，由于钻头和工件的摩擦与切屑的变形会产生高热，容易引起钻头主切削刃退火，失去切削能力和很快使钻头磨钝。为了降低钻头工作时的温度、延长钻头的使用寿命，提高钻削的生产率、保证钻孔质量，在钻孔时，必须注入充足的冷却润滑液。

钻孔一般属于粗加工工序，采用冷却润滑液的目的主要是以冷却为主。钻孔常用冷却润滑液见表5-18。

表5-18　钻孔常用冷却润滑液

工件材料	冷却润滑液
结构钢	乳化液、机油
工具钢	乳化液、机油
不锈钢、耐热钢	亚麻油水溶液、硫化切削油
紫钢	乳化液、菜油
铝合金	乳化液、煤油
冷硬铸铁	煤油
铸铁、黄铜、青铜、镁合金	不用
硬橡胶、胶水	不用
有机玻璃	乳化液、煤油

c. 切削用量的选择。钻孔时的切削用量，是指钻头在钻削时的切削速度、进给量和切削深度的总称。

钻孔时的切削速度（v），是指钻削时钻头直径上一点的线速度（m/min）。钻孔时的进给量（f），是指钻头每转一周向下移动的距离（mm/r）。钻孔时的切削深度（a_p）等于钻头半径，即$a_p=\frac{D}{2}$(mm)。

钻孔时，只需选择切削速度（v）和进给量（f）。此两项多凭经验选择。一般情况下，用小直径钻头钻孔时，速度应快些，进给量要小些；用大直径钻头钻大孔时，速度要慢些，进给量可适当大些；钻硬材料时，速度慢些，进给量小些；钻软材料时，速度可快些，进给量大些。

d. 钻头顶角的选择。钻头顶角 2φ 的具体数值可根据不同钻削材料按表 5-19 选择。

表 5-19　钻头顶角选择　　(°)

加工材料	顶角(2φ)	加工材料	顶角(2φ)
钢和生铁(中硬)	116～118	钢锻件	125
锰钢	136～150	黄铜和青铜	130～140
硬铝合金	90～100	塑料制品	80～90

主切削刃刃磨好后，应检查顶角 2φ 是否为钻头轴线平分，两主切削刃是否对称等长，且各为一条直线；检查主切削刃上外缘处的后角是否符合要求数值和横刃斜角是否准确。

(4) 钻孔常见缺陷分析

采用麻花钻钻孔常见的缺陷及其产生的原因分析如表 5-20 所示。

(5) 钻孔的安全要求

钻孔的安全要求主要有以下几方面：

① 钻孔前清理好工作场地，检查钻床安全防护设施及润滑状况，整理好装夹器具。

② 扎紧衣袖，戴好工作帽。严禁戴手套操作。

③ 零件要装夹牢固，不能手握零件钻孔。

④ 清除切屑不允许用嘴吹、用手拉，要用毛刷清扫。卷绕在钻头上的切屑，应停车清理。

表 5-20 麻花钻钻孔常见缺陷及其产生原因分析

常见缺陷	产生原因
孔径钻大超差	①钻头两切削刃不对称,摆差大;钻头横刃长;钻头弯曲或钻头切削刃崩缺,有积屑瘤 ②钻削时,进给量过大 ③钻床主轴摆差大
孔壁表面粗糙	①钻头切削刃不锋利或后角太大 ②进给量太大 ③切削液选择不当或供量不足 ④切屑堵塞螺旋槽,擦伤孔壁
孔位移、孔歪斜	①孔位线划得不准确,样冲眼打得不准 ②钻头横刃太长,定心不稳 ③零件未紧固,钻削时摆动 ④零件表面不平整,有气孔、砂眼 ⑤钻头与零件表面不垂直或零件安装时未清理切屑 ⑥进给量太大,进给不均匀
孔不圆、钻削时振动	①钻头的两切削刃不对称、摆差大;钻头后角太大 ②零件未夹紧 ③钻床的主轴轴承松动 ④钻头的切削角度及刃磨形式不对
钻头折断或寿命低	①钻头崩刃或切削刃已钝,但仍继续使用 ②切削用量选择过大 ③钻削铸造件遇到缩孔 ④钻孔终了时,由于进给阻力下降,使进给量突然增加

⑤ 钻通孔时，零件底部应加垫铁。

⑥ 钻床变速应停车。

5.3.2 扩孔、锪孔及铰孔

扩孔、锪孔及铰孔也是钣金构件中常见的孔加工方式，相对于钻孔加工，其操作及加工方法具有自身的特点。

(1) 加工工具

与钻孔加工一样，钻孔加工所用的设备，扩孔、锪孔及铰孔加工基本上都可用，但需利用自身的刀具加工。

① 扩孔与锪孔的工具　扩孔是用扩孔钻或钻头来扩大工件上已冲压或钻出孔的操作方法，其加工工具为扩孔钻或直径较大的麻花钻，标准扩孔钻的形状似麻花钻，其结构如图 5-36 所示。

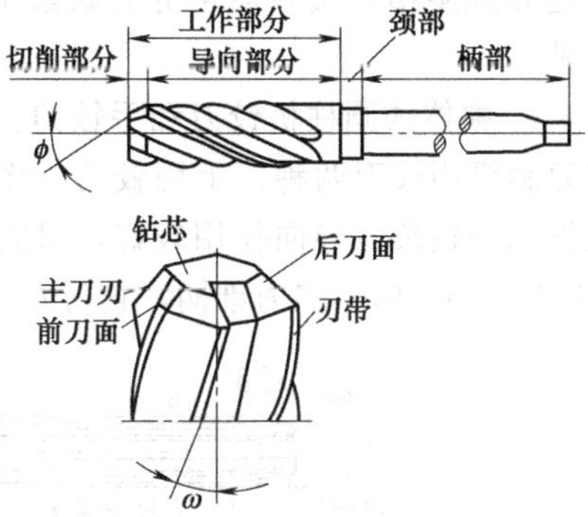

图 5-36　扩孔钻的结构

扩孔钻因中心不切削，且产生切屑体积小，所以不需大容屑槽，因此，与麻花钻结构相比有了较大区别，主要表现在扩孔钻钻心粗、刚度好，切削刃多（3～4 个），且不延伸到中心处而没有横刃，导向性好，切削平稳。实际生产中，多用麻花钻改磨成扩孔钻。

锪孔是用锪孔钻在已有的孔口表面，加工出所需形状的沉坑或表面的一种孔加工方法。根据所加工锪孔表面的不同，可在国家标准中选用不同的锪孔钻，但由于锪孔钻并不像其他刀具那样使用广泛，故在实际生产中多用麻花钻改制成锪钻，图 5-37 所示为常用的锪钻及其应用。

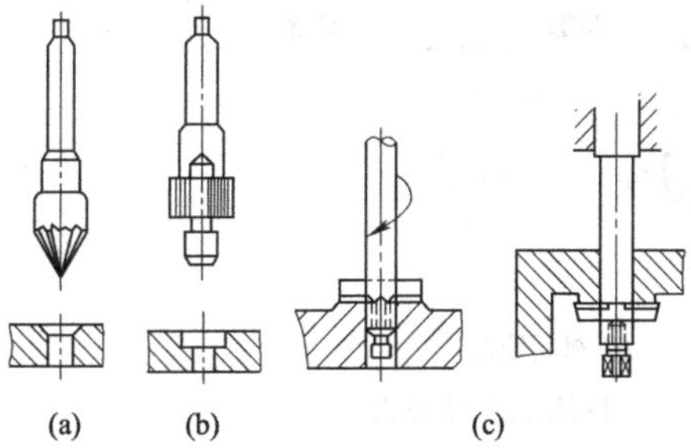

图 5-37　常用的锪钻及其应用

图 5-37（a）为锥面锪钻，顶角 60°的用于清除毛刺，75°的用于锪沉头铆钉沉坑，90°的用于锪沉头螺钉沉坑；图 5-37（b）为圆柱形锪钻，用于锪圆柱形沉坑，锪钻上有定位圆柱，使沉坑圆柱面与孔同轴，底面与孔垂直；图 5-37（c）为端面锪钻，用于锪平面孔口凸台。

② 铰孔的工具　铰孔是用铰刀对已经粗加工的孔进行精加工的一种孔加工方法，主要工具是铰刀。铰刀的类型很多，按使用方

式可分为手用和机用；按加工孔的形状，可分为圆柱形和圆锥形；按结构可分为整体式、套式和可调式三种；按容屑槽型式，可分为直槽和螺旋槽；按材质可分为碳素工具钢、高速钢和镶硬质合金片三种。

a. 整体式圆柱机铰刀和手铰刀。一般常用的为整体式圆柱手用铰刀和机用铰刀两种。手用铰刀［图 5-38（a）］用于手工铰孔，其工作部分较长，导向作用较好，可防止铰孔时产生歪斜。机用铰刀［如图 5-38（b）］多为锥柄，它可安装在钻床或车床上进行铰孔。

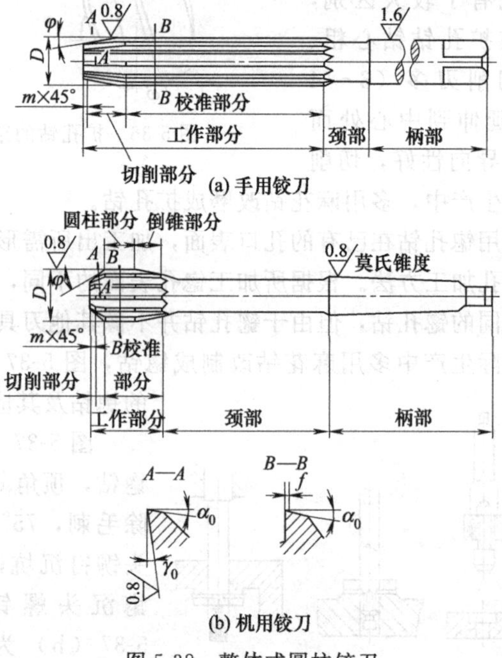

图 5-38 整体式圆柱铰刀

铰刀由工作部分、颈部和柄部三部分组成。工作部分又有切削部分与校准部分。主要结构参数为：直径（D）、切削锥角（2φ）、切削部分和校准部分的前角（γ_0）、后角（α_0）、校准部分刃带宽（f）、齿数（z）等。

机铰刀一般用高速钢制作，手铰刀用高速钢或高碳钢制作。

b. 锥铰刀　锥铰刀用于铰削圆锥孔，如图 5-39 是用来铰削圆锥定位销孔的 1∶50 锥铰刀。

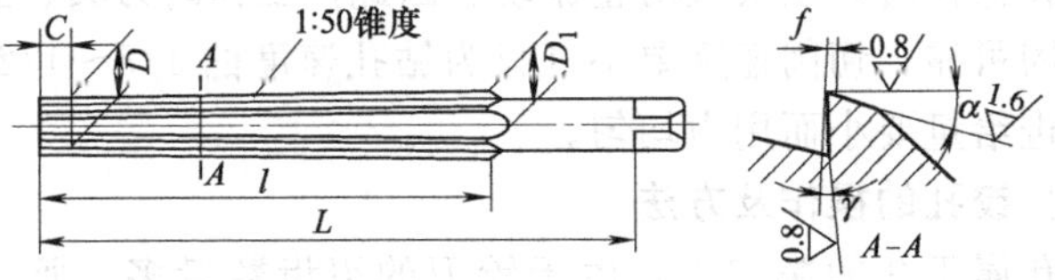

图 5-39　1∶50 锥铰刀

1∶10 锥铰刀是用来铰削联轴器上铰孔的铰刀；莫氏锥铰刀用来铰削 0～6 号莫氏锥孔的铰刀，其锥度近似于 1∶20；1∶30 锥铰刀用来铰削套式刀具上锥孔的铰刀。

c. 硬质合金机用铰刀　为适应高速铰削和铰削硬材料，常采用硬质合金机用铰刀。其结构采用镶片式，如图 5-40 所示。

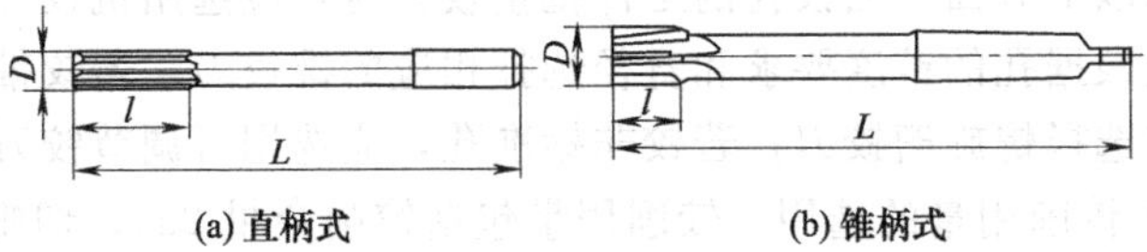

图 5-40　硬质合金机用铰刀

硬质合金铰刀片有 YG 类和 YT 类两种。YG 类适合铰铸铁类材料，YT 类适合铰钢类材料。

直柄硬质合金机用铰刀直径有 6mm、7mm、8mm、9mm 四种，按公差分一、二、三、四号，不经研磨可分别铰出 H7、H8、H9 和 H10 的孔。锥柄硬质合金铰刀直径范围为 10～28mm，分一、二、三号，不经研磨可分别铰出 H9、H10 和 H11 级的孔。如需铰出更高精度的孔，可按要求研磨铰刀。

(2) 扩孔及锪孔的操作及方法

扩孔常作为孔的半精加工及铰孔前的预加工。它属于孔的半精加工，一般尺寸精度可达 IT10，粗糙度可达 $Ra6.3\mu m$。

扩孔操作时，其进给量为钻孔的 1.5～2 倍，切削速度为钻孔的 1/2。实际生产中，一般用麻花钻代替扩孔钻使用。而扩孔钻多用于成批大量生产。

锪孔加工所用的锪孔钻一般用短钻头改制，以减小振动，切削刃要对称，以保持切削平稳；后角及外缘前角应较小，以防扎刀。

锪孔操作时，主要应防止振动。因此，工作时刀具、工件的装夹要牢固可靠；切削速度要小（只为钻孔速度的1/3～1/2）；手动进给，进给量要小而用力均匀。

(3) 铰孔的操作及方法

铰孔属于孔的精加工，由于铰刀的刃齿数量多，所以导向性好，切削阻力小，尺寸精度高，一般加工精度可达IT9～IT7，表面粗糙度$Ra3.2 \sim 0.8\mu m$。

铰孔的精度主要由刀具的结构和精度来保证，因此，铰孔操作时，首先应正确地选用铰刀，然后选择合适的铰削余量、冷却润滑液，并进行合理的操作，主要有以下几方面的内容。

① 铰刀的选择　选择铰刀，应根据不同的加工对象来选用，可考虑以下方面。当铰孔的工件批量较大时，应选用机铰刀；若铰锥孔应根据孔的锥度要求和直径选择相应的锥铰刀；若铰带键槽的孔，应选择螺旋槽铰刀；若铰非标准孔，应选用可调节铰刀。

② 铰削用量的选用　铰削用量包括铰削余量$2a_p$、切削速度v和进给量f。

a. 铰削余量。铰削余量是指上道工序（钻孔或扩孔）完成后留下的直径方向的加工余量。铰削余量过大，会使刀齿切削负荷增大，变形增大，切削热增加，被加工表面呈撕裂状态，使尺寸精度降低，表面粗糙度值增大，加剧铰刀磨损。铰削余量也不宜太小，否则，上道工序的残留变形难以纠正，原有刀痕不能去除，铰削质量无法保证。正确的铰削余量如表5-21所示。

表5-21　铰削余量　mm

铰孔直径	<5	5～20	21～32	33～50	51～70
铰削余量	0.1～0.2	0.2～0.3	0.3	0.5	0.8

b. 机铰切削速度v。为了得到较小的表面粗糙度值，必须避免产生刀瘤，减少切削热及变形，因而应采取较小的切削速度。用高速钢铰刀铰工件时，$v=4 \sim 8m/min$；铰铸铁件时，$v=6 \sim 8m/min$；

铰铜件时，$v=8\sim12\text{m/min}$。

c. 机铰进给量 f。进给量要适当，过大铰刀易磨损，也影响加工质量；过小则很难切下金属材料，形成对材料挤压，使其产生塑性变形和表面硬化，最后形成刀刃撕去大片切屑，使表面粗糙度值增大，并增加铰刃磨损。

机铰钢及铸件时，$f=0.5\sim1\text{mm/r}$；机铰铜和铝件时，$f=1\sim1.2\text{mm/r}$。

③ 冷却润滑液的选用　铰孔时，为冲掉切屑，减少摩擦，降低工件和铰刀温度，防止产生刀瘤，应正确地选用冷却润滑液。冷却润滑液可参照表 5-22 选用。

表 5-22　铰孔时的冷却润滑液

加工材料	冷却润滑液
钢	①10%～20%乳化液 ②铰孔要求高时，采用 30%菜油加 70%肥皂水 ③铰孔要求更高时，可采用菜油、柴油、猪油等
铸铁	①不用 ②煤油，但要引起孔径缩小，最大收缩量 0.02～0.04mm ③低浓度乳化液
铝	煤油
铜	乳化液

④ 手工铰孔的方法　手工铰孔是利用手工铰刀配合手工铰孔工具利用人力进行的铰孔方法。

a. 手工铰孔工具。常用的手工铰孔工具有：铰手、活扳手等，如图 5-41 所示。

ⅰ. 铰手。铰手俗称铰杠，它是装夹铰刀和丝锥并扳动铰刀和丝锥的专用工具。常用的有固定式、可调节式、固定丁字式、活把丁字式四种。其中可调节式铰手只要转动右边手柄或调节螺旋钉，即可调节方孔大小，在一定尺寸范围内，能装夹多种铰刀和丝锥。丁字铰手适用于工件周围没有足够空间，铰手无法整周转动时使用。

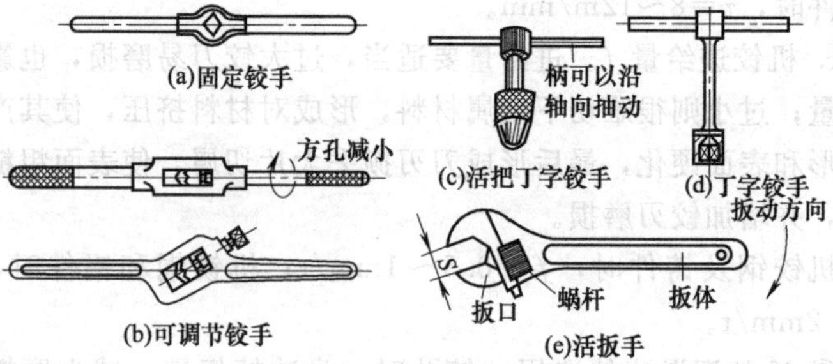

图 5-41　手工铰孔的工具

ⅱ. 活扳手。在一般铰手的转动受到阻碍而又没有活把丁字铰手时，才用活扳手。扳手的大小要与铰刀大小适应，大扳手不宜用于扳动小铰刀。否则，容易折断铰刀。

b. 手工铰孔要点。手工铰孔的要点主要有以下几方面，如图 5-42 所示。

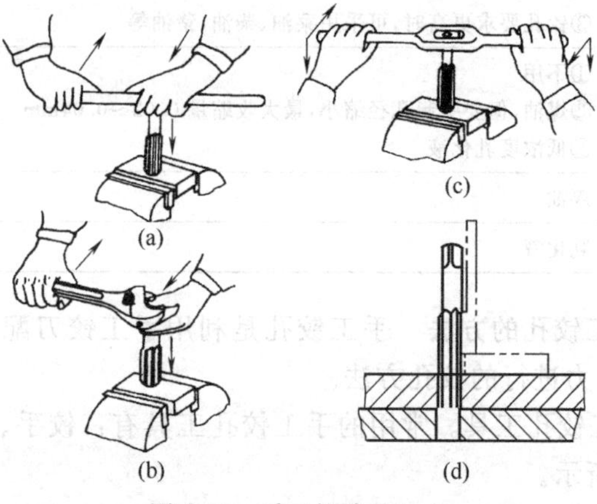

图 5-42　手工铰孔的要点

ⅰ. 工件要夹正，将铰刀放入底孔，从两个垂直方向用角尺校正，方向正确后用拇指向下把铰刀压紧在孔口上。对薄壁工件的夹紧力不得过大，以免将孔压扁。

ⅱ. 试铰时，套上铰手用左手向下压住铰刀并控制方向，右手平稳扳转铰手，切削刃在孔口切出一小段锥面后，检查铰刀方向是否正确，歪斜时应及时进行纠正。

ⅲ. 在铰削过程中，两手用力要平衡，转动铰手的速度要均匀，铰刀要保持垂直方向进给，不得左右摆动，以避免在孔口出现喇叭口或将孔径扩大。要在转动中轻轻加力，不能过猛，掌握用力均匀，并注意变换每次铰手的停歇位置，防止因铰刀常在同一处停歇而造成刀痕重叠，以保证表面光洁。

ⅳ. 铰刀不允许反转，退刀时也要顺转，避免切屑挤入刃带后擦伤孔壁，损坏铰刀。退刀时要边转边退。

ⅴ. 铰削锥孔时，要常用锥销检查铰入深度。

ⅵ. 铰刀被卡住时不要硬转，应将铰刀退出，清除切屑，检查孔和刀具；再继续进行铰削时，要缓慢进给，以防在原处再被卡住。

ⅶ. 铰定位销孔，必须将两个装配工件相互位置对准固定在一起，用合钻方法钻出底孔后，不改变原有状态一起铰孔。这样，才能保证定位精度和顺利装配。当锥销孔与锥销的配合要求比较高时，先用普通锥铰刀铰削，留有一定余量，再用校正锥铰刀进行铰削。

ⅷ. 铰刀是精加工工具，使用完后擦拭干净，涂上机油保管。

(4) 常见铰孔缺陷原因分析

铰孔时，常见的加工缺陷产生的原因见表 5-23。

表 5-23 常见铰孔缺陷产生原因分析

常见缺陷	产生的原因
粗糙度达不到要求	①铰刀刃口不锋利或崩刃，切削部分和修整部分不光洁 ②切削刃上粘有积屑瘤，容屑槽内切屑粘积过多 ③铰削余量太大或太小 ④切削速度太高，以致产生积屑瘤 ⑤铰刀退出时反转，手铰时铰刀旋转不平稳 ⑥润滑冷却液不充足或选择不当 ⑦铰刀偏摆过大
孔径扩大	①铰刀与孔的中心不重合，铰刀偏摆过大 ②进给量和铰削余量太大 ③切削速度太高，使铰刀温度上升，直径增大 ④操作粗心(未仔细检查铰刀直径和铰孔直径)

续表

常见缺陷	产生的原因
孔径缩小	①铰刀超过磨损标准，尺寸变小仍继续使用 ②铰刀磨钝后再使用，而引起过大的孔径收缩 ③铰钢料时，加工余量太大，铰好后内孔弹性复原而孔径收缩 ④铰铸铁时加了煤油
孔中心不直	①加工前的预加工孔不直，铰小孔时由于铰刀刚性差，而未能将原有的弯曲度得到纠正 ②铰刀的切削锥角太大，导向不良，使铰削时方向发生偏斜 ③手铰时，两手用力不均匀
孔呈多棱形	①铰削余量太大和铰刀刀刃不锋利，使铰削时发生"啃刀"现象，产生振动而出现多棱形 ②钻孔不圆，使铰孔时铰刀发生弹跳现象 ③钻床主轴振摆太大

5.3.3 螺纹加工

常见的螺纹加工方法，主要有攻螺纹（攻丝）、套螺纹（套丝）等。用丝锥在工件孔中切削出内螺纹称为攻螺纹（攻丝）。用板牙在圆柱杆上切削出外螺纹称为套螺纹（套丝）。

(1) 丝锥

丝锥是加工内螺纹的刀具，有手用丝锥、机用丝锥和管螺纹丝锥三种。每一种丝锥都有相应的标志，包括：制造厂商标；螺纹代号；丝锥公差带代号；丝锥材料（高速钢标 HSS，碳素工具钢或合金工具钢制造的丝锥可不标）等。

① 手用和机用丝锥　通常由 2～3 支组成一套。手用丝锥中，M6～M24 的丝锥由两支组成一套，M6 以下、M24 以上的丝锥由三支组成一套，细牙丝锥不论大小均为两支一套。机用丝锥为两支一套。每套丝锥的大径、中径、小径都相等（故又称等径丝锥），只是切削部分的长短和锥角不同。切削部分从长到短，锥角（2φ）从小到大依次称为头锥（初锥）、二锥（中锥）、三锥（底锥）。头锥切削部分长为 5～7 个螺距，锥角 $\varphi=4^\circ$；二锥切削部分长为 5.5～4 个螺距，锥角 $\varphi=10^\circ$；三锥切削部分长为 1.5～2 个螺距，锥角 $\varphi=20^\circ$。攻螺纹时，所切削的金属头锥占 60%，二锥占 30%，

三锥起定径和修光作用，切削较少，约占10%。

② 管螺纹丝锥　管螺纹丝锥分圆柱式和圆锥式两种。圆柱管螺纹丝锥与手用丝锥相似，但它的工作部分较短，一般以两支为一套，可攻各种圆柱管螺纹。圆锥管螺纹丝锥的直径从头到尾逐渐加大，而螺纹齿形仍然与丝锥中心线垂直，保持内外锥螺纹齿形有良好接触，但管螺纹丝锥工作时的切削量较大，故机用为多，也有手用的。

③ 丝锥的构造　丝锥是用碳素工具钢或高速钢制造，其构造如图5-43所示。

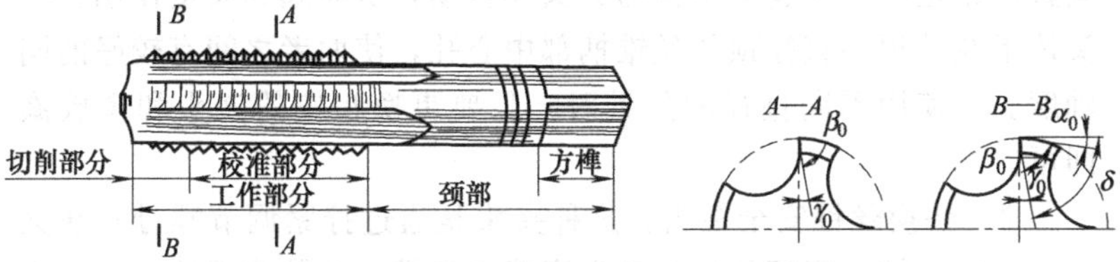

图5-43　丝锥的构造

丝锥由工作部分和柄部组成。工作部分包括切削部分和校准部分，工作部分沿轴向开有3～4条容屑槽，以形成切削部分锋利的切削刃，起主切削作用。切削部分前角 $\gamma_0=8°\sim10°$，后角铲成 $\alpha_0=6°\sim8°$。前端磨出切削锥角，切削负荷分布在几个刀齿上，使切削省力，便于切入。丝锥校准部分有完整的牙型，用来修光和校准已切出的螺纹，并引导丝锥沿轴向前进，其后角 $\alpha_0=0°$；柄部端的方头装在机床上或铰手内，用于传递力矩。

(2) 攻螺纹

与钻孔与铰孔加工类型一样，攻螺纹也有手工攻螺纹与机床攻螺纹两种。

① 攻螺纹的工具　其所用的工具分别为：铰手、攻螺纹安全夹头及快换丝锥安全夹头等。

a. 铰手。铰手又称丝锥扳手，手用丝锥攻螺纹时，一定要用铰手。铰手的结构形式见图5-41。一般攻M5以下的螺纹孔，宜用固定式铰手。可调铰手有150～600mm六种规格，可攻M5～M24

的螺纹孔。当需要攻工件高台阶旁边的螺纹孔或箱体内部的螺纹孔时，需用丁字铰手。

b. 攻螺纹安全夹头。在机床上攻螺纹时，采用安全夹头来装夹丝锥，可以对丝锥起到安全保护、防止折断、更换方便的作用；同时在不改变机床转向的情况下，可以自动退出丝锥。但这些作用不一定集中在一个夹头上，主要根据攻螺纹需要，加以选择，其结构力求简便、使用方便可靠。常用的安全夹头有以下两种。

ⅰ. 弹性摩擦攻螺纹安全夹头。这种安全夹头是通过旋转调整螺母来调节扭矩大小的。在攻螺纹过程中，当切削力矩突然超过所调整的扭矩时，外套就不再随夹头体转动，从而起到安全作用。夹头体下端的顶尖直径顶住丝锥柄部中心孔，使两者之间有较好的同轴度。当使用不同直径的丝锥时，只要更换相应的夹头和橡胶圈即可。

ⅱ. 快换丝锥安全夹头。这种夹头是通过拧紧调节螺母，在夹头体、中心轴、摩擦片之间产生摩擦力来带动丝锥攻螺纹的。夹头左端有一套快换装置，可快换各种不同规格的丝锥。事先将丝锥与可换套组装好，拧动左旋螺纹锥套，即可进行更换。根据不同的螺纹直径，调整调节螺母的松紧，使其超过一定扭矩时打滑，便可起到安全保护作用。

② 攻螺纹前底孔直径的确定　底孔直径通常根据工件材料塑性的优劣和钻孔时孔的扩张量来确定，使攻螺纹时既保证有足够的空隙来容纳被挤压出的金属，又要保证切削出完整的牙型。

a. 攻普通螺纹时底孔直径的确定。攻普通螺纹的底孔直径根据所加工的材料类型由下式决定。

ⅰ. 加工钢或塑性较高的材料时，钻头直径 d_0 为

$$d_0=D-P$$

ⅱ. 加工铸铁和塑性较小的材料时，扩张量较小，钻头直径 d_0 为

$$d_0=D-(1.05\sim1.1)P$$

式中　D——螺纹大径，mm；

P——螺距，mm。

钻普通螺纹底孔的钻头直径也可参照表 5-24 选取。

表 5-24　普通螺纹攻螺纹前钻底孔的钻头直径　　mm

螺纹直径 D	螺距 P	钻头直径 d_0	
		铸铁、青铜、黄铜	钢、可锻铸铁、紫铜、层压板
2	0.4	1.6	1.6
	0.25	1.75	1.75
5.5	0.45	5.05	5.05
	0.35	5.15	5.15
3	0.5	5.5	5.5
	0.35	5.65	5.65
4	0.7	3.3	3.3
	0.5	3.5	3.5
5	0.8	4.1	4.2
	0.5	4.5	4.5
6	1	4.9	5
	0.75	5.2	5.2
8	1.25	6.6	6.7
	1	6.9	7
	0.75	7.1	7.2
10	1.5	8.4	8.5
	1.25	8.6	8.7
	1	8.9	9
	0.75	9.1	9.2
12	1.75	10.1	10.2
	1.5	10.4	10.5
	1.25	10.6	10.7
	1	10.9	11
14	2	11.8	12
	1.5	15.4	15.5
	1	15.9	13
16	2	13.8	14
	1.5	14.4	14.5
	1	14.9	15

续表

螺纹直径 D	螺距 P	钻头直径 d_0	
		铸铁、青铜、黄铜	钢、可锻铸铁、紫铜、层压板
18	5.5 2 1.5 1	15.3 15.8 16.4 16.9	15.5 16 16.5 17
20	5.5 2 1.5 1	17.3 17.8 18.4 18.9	17.5 18 18.5 19
22	5.5 2 1.5 1	19.3 19.8 20.4 20.9	19.5 20 20.5 21
24	3 2 1.5 1	20.7 21.8 25.4 25.9	21 22 25.5 23

b. 攻英制螺纹时底孔直径的确定。英制螺纹攻螺纹时，钻底孔的钻头直径一般按下列经验公式计算。

ⅰ. 加工钢或塑性材料时

$$d_0=(D-0.9P)\times 25.4(\text{mm})$$

ⅱ. 加工铸铁或塑性较小的材料时

$$d_0=(D-0.98P)\times 25.4(\text{mm})$$

式中　P——英制螺纹螺距，即每英寸牙数的倒数，如 12 牙/英寸，即 $P=\frac{1}{12}$。

③ 攻螺纹底孔深度的确定　攻不通孔（盲孔）螺纹时，由于图纸上通常只标注具有完整螺纹部分的深度 H，但因丝锥切削部

分有锥角，端部不能切出完整的牙型，所以钻底孔深度 H_1 要大于螺纹孔深度 H，一般可按 $H_1=H+0.7D$ 确定，式中 D 为螺纹大径。

④ 丝锥前角 γ_0 的选定　丝锥前角的大小，主要根据加工材料的性质决定，一般可参照表 5-25 所列数据选用，当丝锥前刃面磨损严重时，应按表中所列数值进行修磨。

表 5-25　丝锥的前角　(°)

被加工材料	前角(γ_0)	被加工材料	前角(γ_0)
铸青铜	0	中碳钢	10
铸铁	5	低碳钢	15
合金钢	5	不锈钢	15～20
黄铜	10	铝及铝合金	20～30

⑤ 手工攻螺纹操作要点　手工攻螺纹的操作方法及工作要点主要有以下几方面。

a. 螺纹底孔的孔口要倒角，通孔螺纹的两端都要倒角，以防止丝锥切入和切出时孔口螺纹崩裂。

b. 工件装夹要平正牢靠。攻螺纹时丝锥在孔口应放正，然后用一只手压丝锥，另一只手转动铰手，并随时观察和校正丝锥位置，使丝锥的位置正确无误。当攻下 3～4 个螺纹牙后，就不必再加压力，只需两手均匀用力转动铰手即可。

c. 丝锥进入孔内时，每转动 0.5～1 圈要倒转 0.5 圈，以使切屑割断，从而易于从孔中排出。在攻 M5 以下螺纹、较深螺孔，尤其是攻高塑性材料螺纹时，更应及时倒转。攻不通孔螺纹时，要经常退出丝锥，及时排除孔中切屑。当攻到底孔时，更要及时清除积屑，以免丝锥被卡住。

d. 先用头锥攻，再用二锥攻。在更换丝锥过程中，要用手将丝锥先旋入到不能再转时，然后用铰手转动。攻塑性材料螺孔时，要加润滑油。

e. 丝锥退出时，先用铰手将丝锥倒转松动，然后取下铰手用手旋出，以防破坏螺孔表面的光洁度。

⑥ 攻螺纹常用的方法　攻螺纹造成废品的主要原因是丝锥与底孔的轴线不重合。常用的方法有以下两种。

a. 钻底孔与攻螺纹一次装夹完成。对于单件手攻螺纹时，应钻完底孔后，在钻床上用钻夹头夹一个60°的圆锥体，顶住丝锥柄部中心孔后先用铰杠攻几扣，保证垂直，然后卸下零件，再手攻螺纹。

机攻时，钻完底孔后，换机用丝锥直接攻螺纹。

b. 攻螺纹常用的工具及夹具。对于数量较多的零件攻螺纹，为了保证攻螺纹质量，提高效率，常用的攻螺纹工具见图5-44。

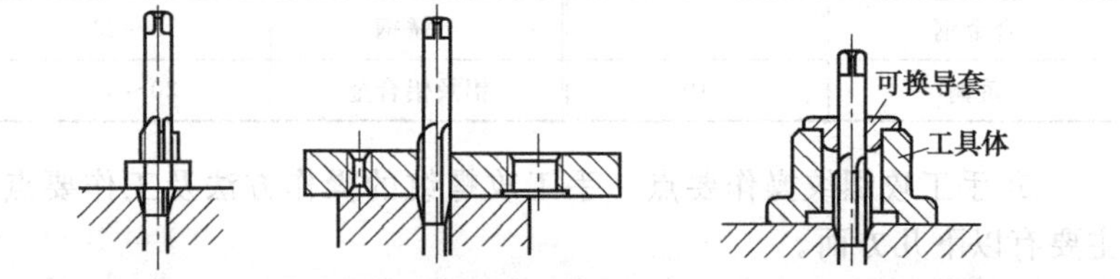

(a)利用光制螺母校正丝锥　(b)板形多孔校正丝锥工具　(c)可换导套多用校正丝锥工具

图 5-44　校正丝锥垂直的工具

对于特殊零件也可采用立式攻螺纹夹具［见图 5-45 (a)］和卧式攻螺纹夹具［见图 5-45 (b)］。

⑦ 折断丝锥的取出方法　攻螺纹中，丝锥发生折断，其取出方法主要有以下几种。

a. 用冲子或錾子，顺着退出方向打丝锥的断槽，开始轻打，逐渐加重。振松后，便可退出。

b. 用弹簧钢丝插入断丝锥槽中，把断丝锥旋出。其方法是在带方榫的断丝锥上，旋上两个螺母，把弹簧钢丝塞进两段丝锥和螺母间的空槽内，然后用铰杠向退出方向扳动断丝锥的方榫，带动钢丝，便可把断丝锥旋出。

c. 使用专门工具旋出断丝锥。由钳工按丝锥的槽形及大小制造旋出工具（见图 5-46）。

d. 用气焊在断丝锥上焊上一个六角螺钉，然后按退出方向扳

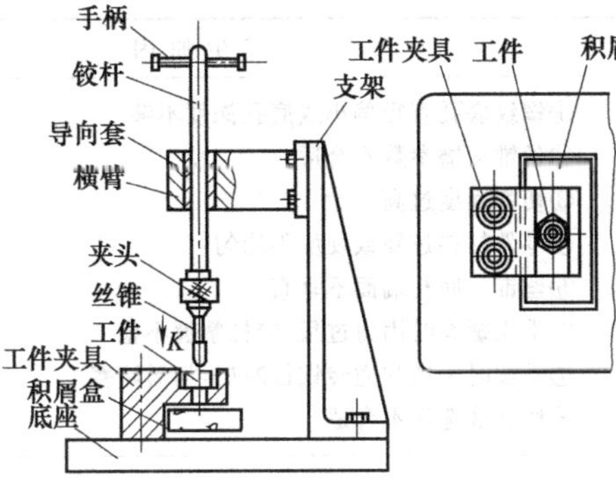

(a)

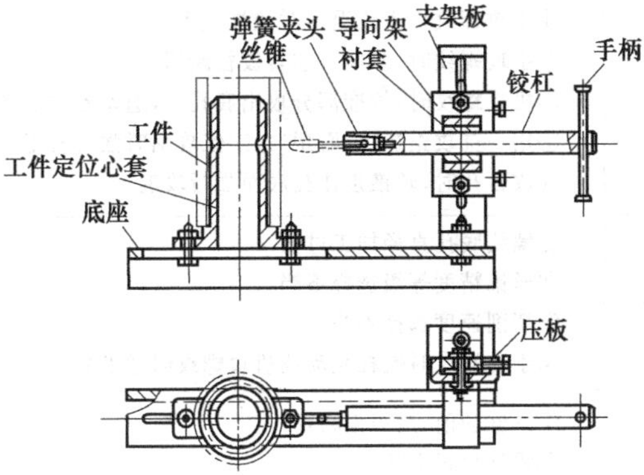

(b)

图 5-45　攻螺纹的夹具

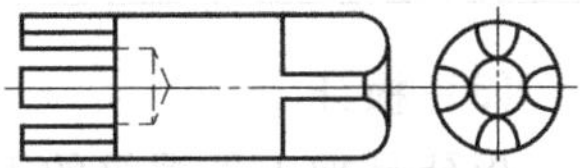

图 5-46　旋出断丝锥工具

动螺钉，把断丝锥旋出。

e. 将断丝锥用气焊退火，然后用钻头把断丝锥钻掉。

f. 用电脉冲加工机床，将断丝锥通过电蚀除掉。

⑧ 攻螺纹常见缺陷分析　攻螺纹中常见的缺陷有丝锥损坏和零件报废等，其产生的常见原因见表 5-26。

表 5-26　攻螺纹时常见缺陷分析

常见缺陷	产生原因
丝锥崩刃、折断或过快磨损	①螺纹底孔直径偏小或底孔深度不够 ②丝锥刃磨参数不合适 ③切削速度过高 ④零件材料过硬或硬度不均匀 ⑤丝锥与底孔端面不垂直 ⑥手攻螺纹时用力过猛,铰杠掌握不稳 ⑦手攻时未经常逆转铰杠断屑,切屑堵塞 ⑧切削液选择不合适
螺纹烂牙	①螺纹底孔直径小或孔口未倒角 ②丝锥磨钝或切削刃上粘有积屑瘤 ③未用合适的切削液 ④手攻螺纹切入或退出时铰杠晃动 ⑤手攻螺纹时,未经常逆转铰杠断屑 ⑥机攻螺纹时,校准部分攻出底孔口,退丝锥时造成烂牙 ⑦用一锥攻歪螺纹,而用二、三锥攻削时强行校正 ⑧攻盲孔时,丝锥顶住孔底而强行攻削
螺纹中径超差	①螺纹底孔直径加工过大 ②丝锥精度等级选择不当 ③切削速度选择不当 ④手攻螺纹时铰杠晃动或机攻螺纹时丝锥晃动
螺纹表面粗糙、有波纹	①丝锥的前、后刃面粗糙 ②零件材料太软 ③切削液选择不当 ④切削速度过高 ⑤手攻螺纹退丝锥时铰杠晃动 ⑥手攻螺纹未经常逆转铰杠断屑

(3) 板牙

板牙是加工外螺纹的刀具，按所加工螺纹类型的不同，有圆板牙及圆锥管螺纹板牙两类。用合金工具钢或高速钢制作并经淬火处理。

① 圆板牙　圆板牙形状和螺母相似，在靠近螺纹外径处钻了几个排屑孔，并形成切削刃。其结构如图 5-47 所示。

板牙由切削部分和校准部分组成。圆板牙孔两端的锥角($2\varphi=40°\sim50°$)是切削部分。切削部分不是圆锥面，而是经过铲磨而成的阿基米德螺旋面，形成后角 $\alpha=7°\sim9°$。它的前角 γ 大小沿切削刃而变化，因为前刀面是曲线形，前角在曲率小处为最大，曲率大处为最小，一般粗牙 $\gamma=30°\sim35°$，细牙 $\gamma=25°\sim30°$。板牙中间一段是定径部分，也是导向部分。它的前角比切削部分的前角小4°～6°，后角为0°。圆板牙的外圆周上有四个锥坑和一条V形槽，用于定位和紧固。

② 圆锥管螺纹板牙　这种板牙专门用来套小直径管子端的锥形螺纹，其结构如图5-48所示。圆锥管螺纹板牙只是在单面制成切削锥，只能单独使用，其他部分的结构与圆板牙相似。

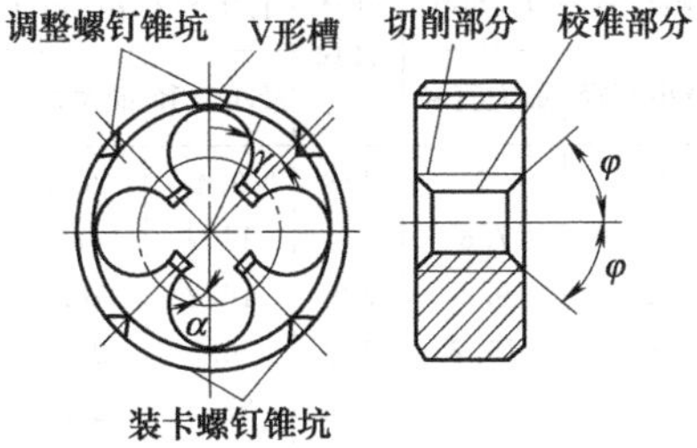

图5-47　圆板牙

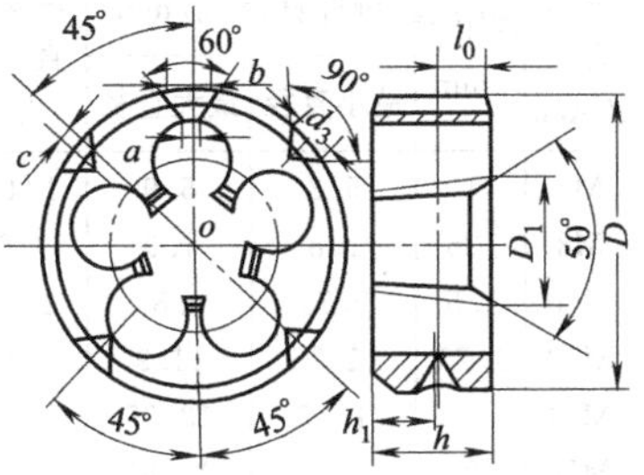

图5-48　圆锥管螺纹板牙

(4) 套螺纹

在圆柱杆上加工出螺纹，通常采用手工操作完成，称为手工套螺纹。

① 套螺纹的工具　手工套螺纹用的工具主要为圆板牙架，圆板牙架用以安装板牙，常见结构如图5-49所示。使用时，调整螺钉和拧紧紧定螺钉，将板牙紧固在板牙架中。

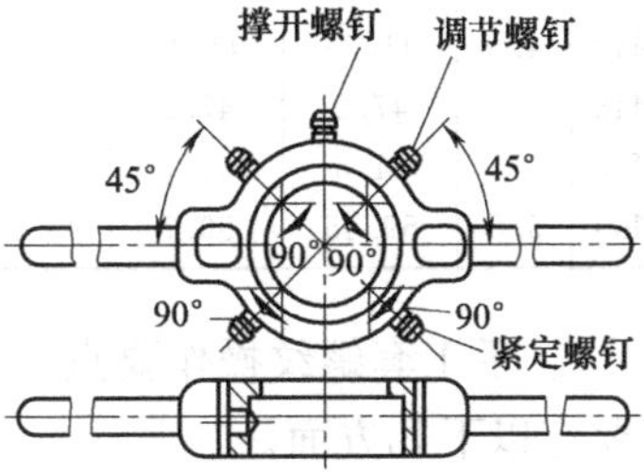

图5-49　圆板牙架

② 套螺纹前圆杆直径的确定　与丝锥攻螺纹一样，用圆板

牙在工件上套螺纹时，材料同样因受挤压而变形，牙顶将被挤高一些。所以套螺纹前圆杆直径应稍小于螺纹的大径尺寸，一般圆杆直径用下式计算

$$d_0=d-0.13P$$

式中 d_0——套螺纹前圆杆直径，mm；

d——螺纹大径，mm；

P——螺距，mm。

套螺纹前圆杆直径也可按表 5-27 确定。

表 5-27　板牙套螺纹时圆杆的直径

粗牙普通螺纹				英制螺纹			圆柱管螺纹		
螺纹直径 d/mm	螺距 P/mm	圆杆直径 d_0/mm		螺纹直径/in	圆杆直径 d_0/mm		螺纹直径/in	管子外径 d_0/mm	
		最小直径	最大直径		最小直径	最大直径		最小直径	最大直径
M6	1	5.8	5.9	1/4	5.9	6	1/8	9.4	9.5
M8	125	7.8	7.9	5/16	7.4	7.6	1/4	12.7	13
M10	1.5	9.75	9.85	3/8	9	9.2	3/8	16.2	16.5
M12	1.75	11.75	11.9	1/2	12	15.2	1/2	20.5	20.8
M14	2	13.7	13.85	—	—	—	5/8	25.5	25.8
M16	2	15.7	15.85	5/8	15.2	15.4	3/4	26	26.3
M18	5.5	17.7	17.85	—	—	—	7/8	29.8	30.1
M20	5.5	19.7	19.85	3/4	18.3	18.5	1	32.8	33.1
M22	5.5	21.7	21.85	7/8	21.4	21.6	1.125	37.4	37.7
M24	3	23.65	23.8	1	24.5	24.8	1.25	41.4	41.7
M27	3	26.65	26.8	1.25	30.7	31	1.875	43.8	44.1
M30	3.5	29.6	29.8	—	—	—	1.5	47.3	47.6
M36	4	35.6	35.8	1.5	37	37.3			
M42	4.5	41.55	41.75						
M48	5	47.5	47.7						
M52	5	51.5	51.7						
M60	5.5	59.45	59.7						

③ 手工套螺纹操作要点　手工套螺纹的操作方法及工作要点主要有以下几方面。

a. 套螺纹前，圆杆端头要倒成 15°～20°斜角，顶端最小直径

要小于螺纹小径，以易于板牙对正切入，如图 5-50 所示。

b. 套螺纹时，切削力矩很大，圆杆套螺纹部分离钳口要近。夹紧时，要用硬木或厚铜板 V 形块作衬垫来夹圆杆，要求既能夹紧又不夹坏圆杆表面，圆杆套螺纹部分离钳口应尽量近些，如图 5-51 所示。

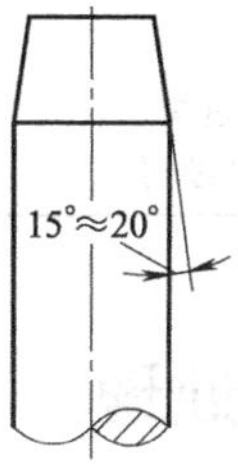

图 5-50　套螺纹时圆杆的倒角

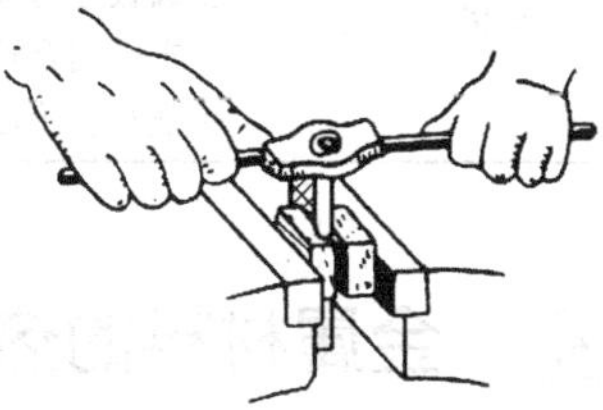

图 5-51　夹紧圆杆的方法

c. 套螺纹时，板牙端面与圆杆轴线应垂直，用左手掌端按压板牙，右手转动板牙架。当板牙已旋入圆杆套出螺纹后，不再用力，只要均匀旋转。为了断屑，需时常倒转。套钢杆螺纹时，要加切削润滑液，以提高螺纹表面光洁程度和延长板牙寿命，一般用乳化液或机油润滑，要求较高时用菜油或二硫化钼。

④ 套螺纹常见缺陷分析　套螺纹常见缺陷分析见表 5-28。

表 5-28　套螺纹常见缺陷分析

常见缺陷	产生原因
圆板牙崩齿、破裂和磨损过快	①圆杆直径偏大或端部未倒角 ②圆杆硬度太高或硬度不均匀 ③圆板牙已磨损仍继续使用 ④套螺纹时圆板牙架未经常逆转断屑 ⑤套螺纹过程中未使用切削液 ⑥套螺纹时，转动圆板牙架用力过猛
螺纹表面粗糙	①圆板牙磨钝或刀齿有积屑瘤 ②切削液选择不合适 ③套螺纹时圆板牙架转动不平稳，左右摆动 ④套螺纹时，圆板牙架转动太快，未逆转断屑
螺纹歪斜	①圆板牙端面与圆杆轴线不垂直 ②套螺纹时，用力不均，圆板牙架左右摆动

续表

常见缺陷	产生原因
螺纹中径小	①圆板牙切入后仍施加压力 ②圆杆直径太小 ③圆板牙端面与圆杆不垂直,多次校正引起
烂牙	①圆杆直径太大 ②圆板牙磨钝有积屑瘤 ③未选用合适的切削液,套螺纹速度过快 ④强行校正已套歪的圆板牙或未逆转断屑

5.4 金属材料的热处理与表面处理

在钣金加工过程中，为使加工的零件或产品获得较好的力学、工艺性能及良好的表面质量、产品使用寿命等，往往要对加工前后的金属材料进行热处理及表面处理。金属材料的热处理及表面处理往往统称为金属材料的改性处理。

金属材料经过适当的改性处理，既可提高零件的强度、硬度、塑性和韧性，又可提高零件的耐蚀性、装饰性，美化外观，延长其使用寿命。因此，金属材料的热处理及表面处理是钣金加工中不可缺少的重要工艺环节。

5.4.1 金属材料的热处理

金属材料的热处理是一种将金属材料在固态下加热到一定温度并在这个温度停留一段时间，然后把它放在水、盐水或油中迅速冷却到室温，从而改善其力学性能的工艺方法。

热处理主要有两方面的作用：一是获得零件所要求的使用性能，如提高零件的强度、韧性和使用寿命等；二是作为零件加工过程中的一个中间工序，为消除生产过程中妨碍继续加工的某些不利因素（如改善切削加工性、冲压性），以保证继续加工正常进行。

(1) 钢的热处理方法

钢是由铁、碳和少量的硅、锰、硫、磷等元素及杂质组成的，其中，铁和碳两种元素对金属材料组织和性能的影响最大，并且含量也较多。因此可以说，钢基本上是以铁和碳两种元素为主组成的铁碳合金。

由两种或两种以上的金属元素（或金属与非金属元素）经熔合或烧结在一起，固体时具有金属特性的物质称为合金。在大多数情况下，合金具有以下特性：合金液态时的各种元素能够互相溶解形成均匀合金溶液。经过冷却为固态后，由于合金中各元素之间的相互作用不同，可以得到由不同的组织构成的合金结构。钢的热处理就是利用钢的组织随温度变化的规律，操作时，通过选定合适的加热温度、加热速度和保温时间等参数，以改变钢的组织结构，从而获得所需要性能的工艺方法。

金属材料的性能主要决定于它的化学成分、内部组织状态和晶粒的粗细，而不同的钢材及加工零件要达到不同的力学性能，因此，采用的热处理方法也是不同的。实际操作中，热处理方法分普通热处理和表面热处理两大类。常用钢的热处理方法见图 5-52。

- 热处理
  - 普通热处理
    - 退火
    - 正火
    - 淬火
    - 回火
  - 表面热处理
    - 表面淬火
      - 感应加热表面淬火
      - 火焰加热表面淬火
      - 激光加热表面淬火及其他
    - 化学热处理
      - 渗碳
      - 渗氮
      - 碳氮共渗及其他

图 5-52　钢的热处理方法

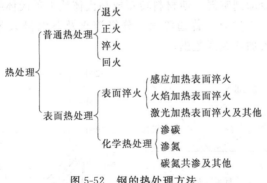

① 普通热处理　普通热处理方法可分为退火、正火、淬火和回火四种，俗称“四把火”。

a. 退火。退火是将材料加热到某一温度范围，保温一定时间，然后缓慢而均匀地冷却到室温的操作过程。根据不同的目的，退火的规范也不同，所以退火又分为去应力退火、球化退火和完全退火等。

钢的去应力退火，又称低温退火，加热温度大约是 500～

650℃，保温适当时间后缓慢冷却。目的是消除变形加工、机械加工等产生的残余应力。球化退火可降低钢的硬度，提高塑性，改善切削性能。减少钢在淬火时发生变形和开裂的倾向。钢的完全退火，又称重结晶退火，即加热温度比去应力退火高，当达到或超过重结晶的起始温度，经适当的时间保温后再缓慢冷却。完全退火的目的是细化晶粒，消除热加工造成的内应力，降低硬度。

各种退火的加热温度范围如图 5-53 所示。

b. 正火。正火是将钢件加热到临界温度以上，保持一段时间，然后在空气中冷却，其冷却速度比退火快。正火的目的是细化组织，增加强度与韧性，减少内应力，改善切削性能。

正火与完全退火加热温度、保温时间相当，主要不同在于冷却速度。正火为自然空冷（快），完全退火为控制炉冷（慢），因此同一材料，正火后强度、硬度要高。

c. 淬火。淬火是将材料加热到某一温度范围保温，然后以较快的速度冷却到室温，使材料转变成马氏体或下贝氏体组织的操作过程。淬火方法有：普通淬火、分级淬火及等温淬火等。图 5-54 为碳钢淬火加热温度范围。

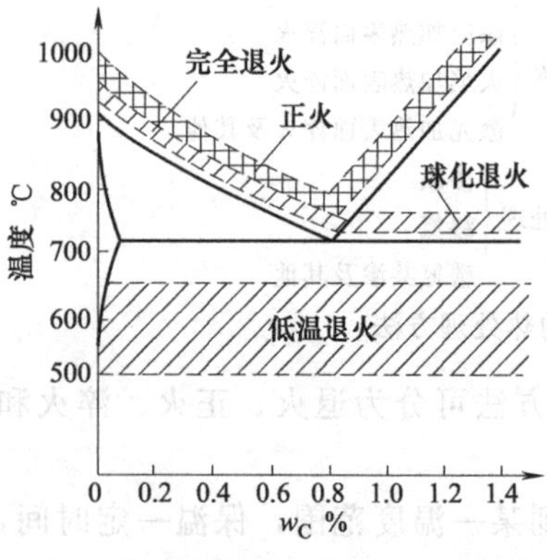

图 5-53 退火与正火的加热温度范围

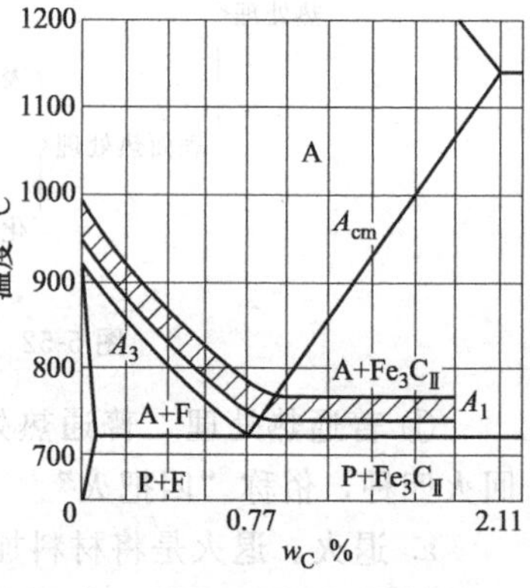

图 5-54 碳钢淬火加热温度范围

d. 回火。回火是将已淬火钢件重新加热到奥氏体转变温度以下的某一温度并保温一定时间后再以适当方式（空冷、油冷）冷至室温。

钢的回火是紧接淬火的后续工序，一般都是在淬火之后马上进行，工艺上都要求淬火后多少小时马上必须进行。回火方法有：低温回火（加热温度在150～250℃）、中温回火（加热温度在350～500℃）、高温回火（加热温度在500～650℃）三种。

回火的目的是为减少或消除淬火应力，提高塑性和韧性，获得强度与韧性配合良好的综合力学性能，稳定零件的组织和尺寸，使其在使用中不发生变化。

e. 调质。淬火和高温回火的双重热处理方法称为调质。调质是热处理中一项极其重要的工艺，通过调质处理可获得强度、硬度、塑性和韧性都较好的综合力学性能，主要用于结构钢所制造的工件。

② 表面热处理　表面热处理就是通过物理或化学的方法改变钢的表层性能，以满足不同的使用要求。常用的表面热处理方法如下。

a. 表面淬火。表面淬火是将钢件的表面层淬透到一定的深度，而中心部分仍保持淬火前状态的一种局部淬火方法，它是通过快速加热，使钢件表层很快达到淬火温度，在热量来不及传到中心时就迅速冷却，实现表面淬火，根据加热方式及其设备的不同，又可分为感应加热表面淬火、火焰加热表面淬火等。

表面淬火的目的在于获得高硬度的表面层和具有较高韧性的内层，以提高钢件的耐磨性和疲劳强度。

b. 渗碳。为增加低碳钢、低合金钢等的表层含碳量，在适当的催化剂中加热，将碳从钢表面扩散渗入，使表面层成为高碳状态，并进行淬火使表层硬化，在一定的渗碳温度下，加热时间越长，渗碳层越厚。根据钢件要求的不同，渗碳层的厚度一般在0.5～2mm之间。

c. 渗氮。渗氮通常是把已调质并加工好的零件放在含氮的介质中在500～600℃的温度内保持适当时间，使介质分解而生成的新生态氮渗入零件的表面层。渗氮的目的是提高工件表面的硬度、耐磨性、疲劳强度和抗咬合性，提高零件抗大气、过热蒸气腐蚀的能力，提高耐回火性，降低缺口敏感性。

(2) 有色金属的热处理

任何热处理过程都包括加热、保温和冷却三个阶段，有色金属也不例外，但与钢的热处理原理不同，有色金属的热处理具有其自身的特点。

① 铝合金的热处理　纯铝由于其强度低，故不适宜作结构材料。为了提高其强度，常在纯铝中加入合金元素（如硅、铜、镁、锰等），形成铝合金。这些铝合金一般仍具有密度小（约为5.5～5.88g/cm^3）、耐蚀、导热性好等特殊性能。

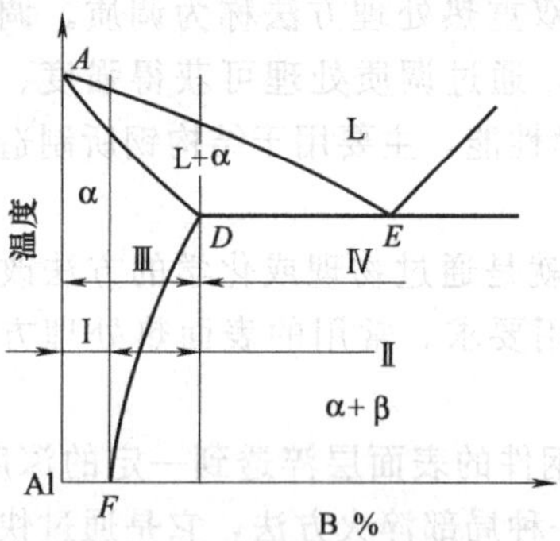

图 5-55　铝合金分类示意图

Ⅰ—不能用热处理强化的铝合金；

Ⅱ—能热处理强化的铝合金；

Ⅲ—形变铝合金；

Ⅳ—铸造铝合金（B代表合金成分）

a. 铝合金的分类。铝合金按其成分和工艺特点可分为形变铝合金与铸造铝合金两大类。以铝为基的二元合金大都按共晶相图结晶，由图 5-55 可见，成分在 D 点以左的合金，当加热到固溶线以上时，可得到均匀的单相固溶体，其塑性很好，宜于进行压力加工，故称为形变铝合金。

形变铝合金又可分为两类：成分在 F 点以左的合金，其 α 固溶体成分不随温度而变，故不能用热处理使之强化，属于不能用热处理强化的铝合金；成分在 D～F 点之间的铝合金，其 α 固溶体成分随温度而变化，可用热处理强化，故属于能热处理强化的合金。

铸造铝合金成分位于 D 点右边的合金，由于有共晶组织存在，适于铸造，故称为铸造铝合金。

铸造铝合金中也有成分随温度而变化的 α 固溶体，故也能用热处理强化。但距 D 点越远，合金中 α 相越少，强化效果越不明显。

应该指出，上述分类并不是绝对的。例如，有些铝合金，其成分虽超过 D 点，但仍可压力加工，因此仍属于形变铝合金。

b. 形变铝合金的热处理方法。形变铝合金的热处理方法主要有以下几方面。

ⅰ. 退火。为了消除冷变形产生的残余应力，铝合金可进行退火，其加热温度一般为200～300℃。为了消除加工硬化，应进行中间退火，加热温度应在再结晶温度以上，一般用350～415℃。

ⅱ. 淬火与时效。这是能热处理强化的铝合金的最后热处理。形变铝合金淬火温度较低，一般在500℃左右，且淬火温度范围很窄。铝合金加热时，如温度超过规定范围，易产生过热甚至过烧(位于晶界的低熔点共晶体熔化)，反之，如加热温度低于规定温度范围，则因溶入固溶体的强化相数量不足，使时效后铝合金的强度及塑性下降。故形变铝合金必须严格控制淬火加热温度（一般允许温度波动范围为5～15℃）。形状简单的小尺寸零件，淬火冷却介质一般采用10～30℃的水，形状复杂的零件，则应采用60～80℃的热水。

一般硬铝采用自然时效，时效时间不少于4天。超硬铝及锻铝一般采用人工时效。当铝合金零件在较高温度下工作时，也应采用人工时效（温度应稍高于工作温度），以使铝合金在工作时性能稳定。

经时效后的铝合金，在切削加工后，还应进行去应力与稳定尺寸的回火，称为稳定化回火。稳定化回火温度不高于人工时效温度，时间为5～10h。对自然时效的硬铝，常采用（90±10)℃、时间为2h的稳定化回火。

ⅲ. 回归处理。对自然时效后的铝合金，为了恢复其塑性，以利于继续加工或适应修理时变形的需要，应进行回归处理。回归处理是将已经时效硬化的铝合金，重新加热到200～270℃，经短时间保温，使强化相重新溶入α固溶体中，然后在水中急冷，可使合金恢复塑性。如将其在常温下放置，则与新淬火的合金一样，仍能进行正常的自然时效。但每次回归处理后，其强度有所下降，故一般回归处理次数以3～4次为限。

② 铜合金的热处理　纯铜为贵重金属，其突出的优点是具有

优良的导电性、导热性及良好的耐蚀性，但强度不高，硬度很低，塑性很好，主要用作各种导电材料、导热材料等。为了利用纯铜性能上的优点，并改善其力学性能，可在纯铜中加入合金元素制成铜合金。这些铜合金一般仍具有较好的导电、导热、耐蚀、抗磁等特殊性能及足够高的力学性能。

铜合金按生产工艺可分为加工铜合金和铸造铜合金，按化学成分又可分为三类，即以 Zn 为主加元素的黄铜，以 Sn、Al、Be、Si、Cr 为主加元素的青铜，以 Ni 为主加元素的白铜。白铜是铜镍合金，它主要用来制作精密机械、仪表中耐蚀零件及电阻器、热电偶等。普通机器制造业中，应用较广的是黄铜和青铜。

a. 黄铜的热处理。黄铜是以锌为主加元素的铜合金。常用的热处理方法是退火。它又分为：

ⅰ. 去应力退火。它可防止黄铜零件应力腐蚀破裂及切削加工后的变形。对硬化后的黄铜，去应力退火后还可获得较高的弹性极限和提高塑性。退火加热温度一般用 200～300℃。

ⅱ. 再结晶退火。它可以消除黄铜零件的加工硬化，恢复塑性。常用的温度为 500～700℃。

b. 青铜的热处理。除黄铜、白铜外，其余的铜合金统称为青铜。它又可分为普通青铜（锡青铜）与特殊青铜（无锡青铜，如铝青铜、铅青铜、硅青铜、铍青铜等）两类。

硅青铜、铝青铜、铍青铜等青铜均可进行热处理强化，常用作高强度、耐磨零件或结构件。

铝青铜中含 Al 量不大于 5%～7%时，塑性很好，适于冷加工；含 Al 量 10%左右时，经 800℃加热后淬火处理，强度可达最高。

铍青铜经 800℃水淬，350℃经 2h 人工时效强化热处理后，σ_b=1200～1400MPa，δ=2%～4%，硬度可达 330～400HB，不仅强度、硬度、弹性和耐磨性很高，而且抗蚀性、导热性、导电性均非常好，且无磁性、受冲击时不产生火花等，承受冷、热压力加工的能力很强，一般在压力加工后的淬火状态供应，而制造厂制成零件可不再进行淬火时效处理。

硅青铜冷、热加工性能都很好，当加入 Ni 和 1%～1.5%的 Mn 时，可通过淬火时效进一步提高合金的强度和耐磨性，还具有很高的导电性、抗蚀性和耐热性，广泛用于航空工业（作导向衬筒等重要零件）和长距离架空的电话线和送电线等。

(3) 常用钣金材料的热处理工艺规范

钣金件在生产加工过程中，为达到消除应力、细化晶粒，提高零件强度和韧性等功效，常需进行各类退火，表 5-29～表 5-31 给出了常用钣金材料各类退火的工艺规范。

表 5-29　常用钣金材料的再结晶退火和去应力退火温度

金属材料		去应力退火温度/℃	再结晶退火温度/℃
钢	碳素结构钢及合金结构钢	500～650	650～750
	碳素弹簧钢	280～300	—
铝及铝合金	工业纯铝	≈100	350～420
	普通硬铝合金	≈100	350～370
钛及钛合金	工业纯钛	480～ 595	650～ 750
	α 钛合金(含 5%Al)	640～660	800～850
铜及铜合金	纯铜及黄铜	270～300	600～700

表 5-30　常用结构钢完全退火及正火工艺规范

钢号	完全退火				正火			
	加热温度/℃	保温时间/h	冷却速度/(℃/h)	冷却方式	加热温度/℃	保温时间/h	冷却方式	硬度(HBS)
20	880～900	2～4	≤100	炉冷至500℃以下出炉空冷	890～920	透烧	空冷	<156
35	850～880		≤100		860～890			<165
45	800～840		≤100		840～870			170～217
20Cr	860～890		≤80		870～900			≤270
40Cr	830～850		≤80		850～870			179～217
35CrMo	830～850		≤80		850～870			—
20CrMnMo	850～870		≤80		880～930			190～228

表 5-31 钣金材料软化退火工艺规范

高温退火规范				低温退火(再结晶退火)规范			
材料名称	加热温度/℃	加热时间/min	冷却方式	材料名称	加热温度/℃	保温时间/min	冷却方式
08 ,10 ,15	760～780	20～40	在箱内空冷	08,10,15,20	600～650	>120	空冷
Q195,Q215	900～920	20～40	在箱内空冷	T1,T2	400～450	>60	空冷
20,25,30,Q235,Q255	700～720	60	随炉冷却	H80,H68	500～540	>60	炉冷至150℃空冷
30CrMnSiA	650～700	12～18	空冷	L1,L2,L3,L4,L5,L6,LF2, LF21	220～250	40～45	空冷
L1,L2,L3,L4,L5,L6	300～350	30	由 250℃起空冷	MB1,MB8(镁合金)	260～350	60	空冷
1Cr18Ni9Ti	1150～1170	30	在气流中或水中冷却	TA1	550～600	30～60	空冷
T1,T2	600～650	30	空冷	TA5	650～700	30～60	空冷
Ni(纯镍)	750～850	20	空冷	—	—	—	—

为获得高的硬度、耐磨性及较高的强度、韧性等性能，常需对钢材进行淬火，表 5-32 给出了常用钢的淬火工艺规范。

钢经过淬火后一般很少直接使用，由于淬火后获得的组织硬度高；塑性差，脆性大，在交变载荷和冲击载荷作用下极易断裂，而且组织稳定性差，在室温下就能缓慢分解，产生体积变化而导致工件变形。所以，淬火后的零件必须进行回火处理才能使用，并根据不同的使用要求，确定不同的回火工艺规范。表 5-33 给出了部分常用钢材的淬火工艺规范及回火温度和硬度对照。

5.4.2 金属材料的表面处理

金属表面处理是一种通过处理使金属表面生成一层金属或非金属覆盖层，用以提高金属工件的防腐、装饰、耐磨或其他功能的工艺方法。

表 5-32　常用钢的淬火工艺规范

钢号	加热 温度/℃	加热 时间/h 箱式	加热 时间/h 盐浴	冷却介质	硬度(HRC)	钢号	加热 温度/℃	加热 时间/h 箱式	加热 时间/h 盐浴	冷却介质	硬度(HRC)
45	820～850	0.5～0.7	0.3～0.4	水、碱浴	55	T8	780～800	1～1.2	0.4～0.5	盐水、碱浴、硝盐	62～64
40Cr	830～860	0.6～0.8	0.45	油	＞55	T10	790～810				62～65
9Mn2V	790～810	1.2～1.5	0.5～0.6	油、硝盐、碱浴	62～63	65Mn	780～840	0.8	—	油或水	57～64
CrWMn	820～840				63～65	35CrMo	850～870	0.70	0.35	油或水	22～30
GCr15	830～850				61～63	60Si2Mn	850～890	0.7～0.9	—	油或水	＞60
Cr12	960～980	0.5～0.7	0.3～0.4	油或硝盐分级	62～64	20CrMnTi	830～850	1.5	0.55	油	≥56
Cr12MoV	1024～1040				62～63	W18Cr4V	1220～1250	0.3～0.5	0.15～0.3	盐浴分级、油	61～63

表 5-33　常用钢材的淬火工艺规范及回火温度和硬度对照

钢号	淬火 加热温度/℃	淬火 冷却剂	淬火 硬度(HRC)	回火温度/℃ 180±10	240±10	360±10	480±10	540±10	580±10	620±10
35	860±10	水	＞50	51±2	47±2	40±2	33±2	28±2	HBS	HBS
45	830±10	水	＞55	56±2	53±2	45±2	34±2	30±2	250±20	220±20
T8	790±10	水-油	＞62	63±2	58±2	51±2	39±2	34±2	29±2	25±2
T10	780±10	水-油	＞62	63±2	59±2	52±2	41±2	36±2	30±2	26±2
9Mn2V	800±10	盐浴	＞62	62±2	58±2	50±2	38±2	—	—	—
GCr15	840±10	油	＞61	62±2	58±2	50±2	38±2	—	—	—

(1) 金属表面处理的方法

金属表面处理的方法见图 5-56。钣金加工中常用的主要有：电镀、化学镀、磷化、发蓝等。

表面处理：
- 发蓝（高温碱性和酸性、常温）
- 磷化（高、中、低和常温磷化）
- 镀膜（电镀、化学镀）
- 涂膜（涂金属、涂漆等）
- 着色

图 5-56　金属表面处理的方法

①电镀　电镀是一种在工件表面通过电沉积的方法生成金属覆盖层，从而获得装饰、防腐及某些特殊性能的工艺方法。根据工件对腐蚀性能的要求，镀层可分为阳极镀层和阴极镀层两种，阳极镀层能起到电化学保护基体金属免受腐蚀的作用，阴极镀层只有当工件被镀全部覆盖且无孔隙时，才能保护基体金属免受腐蚀。常用镀层的选择见表 5-34。

表 5-34　镀层的选择

镀层用途	基体材料	电镀类别
防止大气腐蚀	钢、铁 铝及其合金 镁及其合金 锌合金 铜及其合金	镀锌、磷化、氧化 阳极氧化 化学氧化 防护装饰镀铬 镀锡、镍
防止海水腐蚀	钢	镀镉
防止硫酸、硫酸盐、硫化物作用	钢	镀铅
防止饮食用具的腐蚀	钢、铁	镀锡
防止表面磨损	钢、铁	镀铬
修复尺寸	钢、铁 铜及其合金	镀铬、铁 镀铜
提高减摩性能	钢	镀铅、银、铟
提高反光性能	钢、铜及其合金	镀银、铜-镍-铬
提高导电性能	黄铜	镀银
提高钎焊性	钢、黄铜	镀铜、镀锡
防腐装饰性	钢、铁、铜、 锌合金、铝及其合金	防护装饰镀铬、 阳极氧化处理

② 化学镀　化学镀是借助于溶液中的还原剂使金属离子被还原成金属状态，并沉积在工件表面上的一种镀覆方法，其优点是任何外形复杂的工件都可获得厚度均匀的镀层，镀层致密，孔隙小，并有较高的硬度，常用的有化学镀铜和化学镀镍。

③ 喷镀　喷镀是一种利用电能把加热到熔化或接近熔化状态的喷镀材料微粒，喷在工件表面上而起到保护层或其他作用的方法。喷镀广泛用于巨大结构物或建筑物，如桥梁、水利工程设备及船舶，也用于化学及食品工业。喷镀工艺有喷锌、铝、钼、锡及陶瓷等。

④ 刷镀　刷镀是一种新的电镀技术，也是通过电沉积使工件表面获得金属镀层的方法，与通常的电镀方法不同点是不需镀槽，通过有包套的镀笔（阳极）与工件（阴极）接触运动，同时镀液不断喷淋于镀笔与工件之间，进行电化学反应，使电解液中的金属离子被还原而沉积在工件表面上。因此操作简便，特别适用于小面积、镀层薄、局部损坏需要修复或不易拆卸的大型机械工件的修复。

⑤ 磷化处理　磷化处理是将钢件浸入磷酸盐为主的溶液中，使其表面沉积，形成不溶于水的结晶型磷酸盐化学覆盖膜层，使获得装饰、耐蚀、绝缘等性能。常用的磷化处理溶液为磷酸锰铁盐和磷酸锌溶液，磷化处理后的磷化膜厚度一般为 5～15μm，其抗蚀能力是氧化膜的 2～10 倍，膜层与基体结合十分牢固，既有较好的防蚀能力和较高的绝缘性能，还与漆膜结合力好，是油漆涂装的良好底层。

⑥ 钢的氧化处理　钢的氧化处理是将钢件在空气-水蒸气或化学药物中，室温或加热到适当温度，使其表面形成一层蓝色或黑色氧化膜，以改善钢的耐腐蚀性和外观的处理工艺，又叫发蓝处理。

氧化膜是一层致密而牢固的 Fe_3O_4 薄膜或 $Zn_3(PO_4)_2$ 与 CuSe、Se 等黑色化合物薄膜，厚 0.5～4.5μm，经皂化和油封处理，可提高氧化膜的防腐蚀能力和润滑性能。

⑦ 有色金属的氧化处理　铝及铝合金在自然条件下很容易生成致密的 Al_2O_3 氧化膜，其厚度为 0.010～0.015μm，可防止空气

中水分和有害气体进一步氧化和侵蚀。但在碱性和酸性溶液中却很容易被腐蚀。为了在铝及铝合金表面获得更好的保护膜，应采用化学氧化法和电化学氧化法进行氧化处理，并通过阳极氧化膜的多孔结构和强吸附性能及化学反应，使金属表面着色成各种色彩的膜层，既抗蚀、绝缘、耐磨，又美观实用。

⑧ 涂膜处理　钢的涂膜分为涂金属层和涂非金属层，涂金属层的方法有热浸镀、热喷涂和堆焊。热浸镀简称热镀，就是将钢件浸入熔点较低的液态金属中，使钢件基体与熔融金属生成合金层，并在合金层表面再吸附一层熔融金属，待取出后冷凝成镀层。常用的有热镀锌、铝、锡、铅及其合金。

热喷涂是用电弧、离子弧或燃烧火焰高温将金属粉末、金属丝、陶瓷、石墨等熔融，堆敷在钢件基体表面或利用气流使之高速雾化，并使雾化的金属熔滴喷向钢件基体，冷凝后形成结合层。此涂层具有耐磨、耐蚀、抗氧化、减摩等性能，见表 5-35，广泛应用于提高机械零部件的力学性能和使用寿命以及修复废旧零部件。

表 5-35　热喷涂材料及应用效果

<table>
<tr><th>涂层使用场所</th><th>使用效果</th><th>热喷涂材料</th></tr>
<tr><td>硫酸生产沸腾炉的复水管</td><td>火焰喷涂和等离子喷涂耐 SO_2 气体腐蚀</td><td rowspan="12">① Zn、Al、Al-Zn、Ni、Sn、塑料等耐腐蚀材料
② Al_2O_3、Si、CrSi、Ni-Cr、TiO_2、镍包氧化铝、镍包碳化铬等抗高温氧化材料
③ 碳化铬、WC-Co、Al_2O_3- TiO_2、镍包 WC、铝包 WC 等耐磨材料
④镍包石墨、铜包石墨、镍包二硫化钼、铜基合金等自润滑、减摩材料</td></tr>
<tr><td>输电铁塔、电视铁塔</td><td>电弧喷涂，长效防腐</td></tr>
<tr><td>化工厂的钢铁构件</td><td>喷涂铝层，已使用 20 多年</td></tr>
<tr><td>汽轮机叶片</td><td>火焰喷涂，防水中蚀、盐蚀</td></tr>
<tr><td>大型立式乙醇储罐</td><td>火焰喷涂＋封孔，15 年使用完好</td></tr>
<tr><td>船闸闸门、河闸门</td><td>电弧火焰喷涂，40 年使用完好</td></tr>
<tr><td>油田大型储油罐</td><td>喷涂铝涂层，防止大气海洋腐蚀</td></tr>
<tr><td>压缩机高速轴颈和转子</td><td>等离子喷涂修复和强化，耐磨</td></tr>
<tr><td>机床、柴油机活塞环和钢套</td><td>等离子喷涂，寿命提高 1～3 倍</td></tr>
<tr><td>内燃机曲轴、汽车曲轴</td><td>火焰喷涂耐磨层，修复尺寸</td></tr>
<tr><td>减速箱巴氏合金轴瓦</td><td>火焰喷涂耐磨层</td></tr>
<tr><td>钛合金人工关节、人工牙齿</td><td>热喷涂陶瓷，解决了腐蚀及生物相容性等问题</td></tr>
</table>

钢的非金属涂层主要是各种高分子涂料。涂料的施工称为涂装，分手工涂刷、喷漆和自动静电喷涂、电泳涂装及粉末涂装。涂层的用途及涂层材料如表 5-36 所示。

表 5-36 非金属涂料及涂层用途

树脂涂料	主要优点	缺点	用途
丙烯酸树脂	涂装干燥快、耐候性好	耐溶剂性较差	①防护用：防锈污、防潮、耐酸碱、耐油 ②装饰用：色彩艳丽、有光泽及美观，具立体及舒适感 ③标志用：交通及地面标志，区间标志、广告 ④功能用：绝缘、消声阻燃、防火、防尘、磁性、导电、屏蔽 ⑤特种用：耐湿、隐身、耐高温、隔热烧蚀、减摩、减振
过氯乙烯类树脂	干燥快，耐化学药品和水性好	耐溶剂性较差	
醇酸树脂	耐候性、附着性好	耐化学药品及水性较差	
酚醛树脂	耐化学药品、油及水性好	耐候性较差，易发黄	
环氧树脂	耐化学药品、溶剂及水性好	耐候性较差	
聚氨酯树脂	耐化学药品、耐候及耐磨性好	容易发黄	
有机硅树脂	耐候性和耐热性好	附着性较差	
氯化橡胶	干燥快、耐化学药品及水性好	耐溶剂性较差	

(2) 常用表面处理工艺规范

一般说来，金属材料的表面处理是钣金构件的最后加工工序，目的是获得较好的防腐、耐磨及外观装饰等性能，因此，在执行金属材料的表面处理工艺规范前，必须完成金属材料的表面所有清理工作，如：清除材料表面的铁锈、油污，边缘飞边、毛刺等加工。

① 磷化处理　磷化处理按溶液的磷化温度可分为高温磷化、中温磷化和常温磷化，钢零件磷化处理工艺及操作过程见表 5-37、表 5-38。

表 5-37　钢零件磷化处理工艺及其性能

工艺分类	处理溶液				膜层耐蚀性			
	组分的质量浓度/(g/L)	温度/℃	时间/min	步骤/步	膜厚/m	膜附着力/级	$CuSO_4$点滴时间/min	室内防锈期/h
常温磷化	磷酸锰铁盐 30～40 硝酸盐 140～160 氟化钠 2～5	0～40	30～45	4	6～7	1	3.5	＞1000
常温磷化	磷酸二氢钠 80 工业磷酸 7mL/L 硝酸盐 6 氟化钠 8 活化剂 4	0～40	5～10	4	4～5	1	＞3.5	＞1400（2个月）
中温磷化	磷酸二氢锌 25～40 硝酸锌 30～90 硝酸镍 2～5	50～70	15～20	12	5～10	1	1.5	24
高温磷化	磷酸锰铁盐 30～35 硝酸锌 55～65	90～98	10～15	12	10～15	1	1.5	24
备注	常温磷化处理工艺仅有 4 步，即将钢件浸入常温除油除锈二合一处理液（或常温除油除锈除氧化皮三合一处理液）中，浸渍 2～15min 后除净，水洗 1～2min，再浸入常温磷化液磷化，经一定时间后取出晾干或风干即可							

表 5-38　钢零件高温磷化处理过程

步骤	工序	溶液成分/(g/L)	处理温度/℃	处理时间/min
1	去油	氢氧化钠（NaOH）40～80 碳酸钠（Na_2CO_3）30～50 磷酸钠（$Na_3PO_4 \cdot 12H_2O$）30～50 硅酸钠（Na_2SiO_3）5～20	＞85	1～5
2	冷水洗	流动自来水	室温	1～3
3	热水洗	加热自来水	＞60	1～3
4	酸洗	盐酸（HCl）200	室温	2～5
5	冷水洗	流动自来水	室温	1～3
6	热水洗	加热自来水	＞60	1～3

续表

步骤	工序	溶液成分/(g/L)	处理温度/℃	处理时间/min
7	磷化	高温磷化处理液	75～80	20
8	冷水洗	流动自来水	室温	1～3
9	热水洗	加热自来水	>60	1～3
10	中和	肥皂 20～30	60～70	1～3
11	皂化	肥皂 60～100	60～70	20～30
12	干燥	热风吹或烘烤	80～120	全干为止

② 钢的氧化处理　钢的氧化处理按化学方法分为碱性发蓝、酸性发蓝和蒸气发蓝等，按使用温度又可分为高温发蓝、中温发蓝和常温发蓝。发蓝处理工艺及过程见表 5-39、表 5-40。

表 5-39　钢铁工件发蓝处理工艺

工艺分类	溶液成分的质量浓度/(g/L)	溶液温度/℃	处理时间/min	备注
碱性发蓝	氢氧化钠 650 亚硝酸钠 250 水 1L	135～143	20～120	加入 50～70g/L 硝酸锌和 80～110g/L 重铬酸钾，可缩短处理时间
酸性发蓝	$Ca(NO_3)_2$　80～100 MnO_2　10～15 H_3PO_4　3～10	100	40～50	—
热法氧化	熔融碱金属盐	300	12～20	将钢件放在 600～650℃ 的炉内加热后，再浸入发蓝液
回火发蓝	回火炉内气氛，再喷洒发黑剂	回火温度	—	可利用普通炉或流态粒子炉

续表

工艺分类	溶液成分的质量浓度/(g/L)	溶液温度/℃	处理时间/min	备注
常温发蓝	H_2SeO_4 10 $CuSO_4 \cdot 5H_2O$ 10 HNO_3 2～4mL/L SeO_2 20 NH_4NO_3 5～10 氨基磺酸酐 10～30 聚氧乙烯醚醇 1	0～40	5～10	硒化物体系,国外配方,碳钢发蓝膜呈亮晶黑色;低碳低合金铬钢发蓝膜,呈亮晶蓝黑色
	$CuSO_4 \cdot 5H_2O$ 3～5 SeO_2 2～3 NH_4NO_3 3～5 复合酸 5～7 复合添加剂 9～11 H_2O 余量	0～40	8～15	硒-铜体系和钼-铜体系国内配方,发蓝膜呈亮晶蓝黑色,均匀平滑

表 5-40 钢铁工件碱性发蓝处理工艺过程

步骤	工序	溶液		工艺条件		备注
		组成	质量浓度/(g/L)	温度/℃	时间/min	
1	化学除油	氢氧化钠 碳酸钠 磷酸三钠 水玻璃	30～50 30～50 30～40 5～10	>60	10～15	相比常温除油除锈除氧化皮三合一处理方法,耗费能源和工时
2	水洗	流动自来水	—	室温	1～3	
3	酸洗	硫酸 缓蚀剂	150～200 0.5～1	50～60	5～10	
4	水洗	流动自来水	—	室温	1～3	
5	氧化处理	氢氧化钠 硝酸钠	550～650 130～180	135～145	15～20	相比常温发蓝处理方法,能耗大,处理时间长,效率低,成本高
6	水洗	流动自来水	—	室温	1～3	
7	补充处理	重铬酸钾或肥皂	30～50	85～90	10～15	
8	水洗	流动自来水	室温	1～3		
9	干燥浸油	吹风,防锈油或机油		室温	全干,浸油 96h (4d)	

③ 有色金属的氧化及着色处理　铝及铝合金的氧化及着色处理工艺见表 5-41，铜及铜合金的着色处理工艺见表 5-42。

表 5-41　铝及铝合金的氧化及着色处理工艺

<table>
<tr><th rowspan="2">工艺分类</th><th rowspan="2">溶液成分及浓度/(g/L)</th><th colspan="4">工艺条件</th><th rowspan="2">膜厚/μm</th><th rowspan="2">膜色</th><th rowspan="2">应用</th></tr>
<tr><th>温度/℃</th><th>时间/min</th><th>电压/V</th><th>电流/(A/dm²)</th></tr>
<tr><td rowspan="2">化学氧化着色</td><td>氧化液：
Na_2CO_3　50
Na_2CrO_4　5
NaOH　25</td><td>80～100</td><td>15～20</td><td rowspan="2">—</td><td rowspan="2">—</td><td>0.3～4</td><td>无色透明</td><td rowspan="2">还有铬酸盐和磷酸盐-铬酸盐氧化着色方法，适用于纯铝、铝镁、铝锰合金的大批量生产</td></tr>
<tr><td>钝化着色液：
CrO_3　20</td><td>室温</td><td>5～15s</td><td>0.5～1</td><td>金黄色</td></tr>
<tr><td rowspan="2">电化学氧化着色</td><td>H_2SeO_4 150～200mL/L</td><td>20～25</td><td>30</td><td rowspan="2">12～16</td><td rowspan="2">0.9</td><td rowspan="2">～8.4</td><td rowspan="2">古铜色</td><td rowspan="2">膜成形后立即水洗并沸水封闭处理、烘干，应用较广泛，耐蚀性良好</td></tr>
<tr><td>CrO_3 30～100mL/L
$H_2C_2O_2$　20～100mL/L
$SnSO_4$ 20</td><td>15～25</td><td>2～3</td></tr>
</table>

表 5-42　铜及铜合金的着色处理工艺

金属	颜色	溶液成分的质量浓度/(g/L)	溶液温度/℃	着色时间/min	备注
纯铜	黑色	氢氧化钠(NaOH)　50 过硫酸钾(K_2SO_5)　10	100	3～5	NaOH 加热到100℃加入粉末K_2SO_5，将工件放入槽内着色，至铜件上析氧为止，再加入K_2SO_5
	古铜色	硫化钾(K_2S)　10～50	室温 70	2～3	工件在溶液中呈紫红色，取出冲洗、干刷则呈巧克力似的古铜色
	仿金色	硫代硫酸钠($Na_2S_2O_3$)　120 醋酸铅[$Pb(C_2H_3O_2)_2$]　40	60～70	数秒	呈金黄色后应立即冲洗干燥，时间过长易转为浅红、紫色

续表

金属	颜色	溶液成分的质量浓度/(g/L)	溶液温度/℃	着色时间/min	备注
黄铜	蓝色	醋酸铅 15～30 硫代硫酸钠 60 醋酸(CH_3COOH) 30	82	—	—
	金属绿色	硝酸亚铁[$Fe(NO_3)_2 \cdot 6H_2O$] 7.4 硫代硫酸钠 44.7	71	—	—
	浅棕色	硫化钡(BaS) 3.7 碳酸铵[$(NH_4)_2CO_3$] 1.9	—	—	着色后立即刷洗,然后再次着色,色泽更为清晰

第6章 钣金下料加工技术

6.1 常用的下料方法及其应用

钣金加工所用的材料形式主要有板材、型钢及管料等几种。为加工出所需形状等要求的钣金构件，首先应将原材料按需要切成坯料，这一过程称为下料。下料是钣金加工的第一道工序。

下料的方法很多，生产中所用的主要有：剪切、冲裁及切割、切削等几种类型。表6-1给出了各种下料类型所包含的常见下料方法及其应用。

表6-1 常见下料方法及其应用

分类	方法	设备	应用
剪切	手工剪切	手剪、手提振动剪、手动剪板机	用于料厚 $t \leqslant 4$mm 的低碳钢，铝、铜及其合金，纸板、胶木板、塑料板等板料的直线、曲线加工，加工件精度低、生产效率低，但成本低
	机床直线剪切	平口剪床	剪切力大、生产率高，用于直线外形的板料加工，材料同手工剪切
		斜口剪床	剪切力较小，适宜中、大件直线、大圆弧及坡口的板料加工，剪切厚度达40mm，材料同手工剪切
	短步剪切	振动剪床	适宜复杂曲线、穿孔、切口加工，还可剪钛合金，材料同手工剪切
	圆盘滚刀剪切	直圆滚剪	适宜剪切条料、直线、圆弧，精度较低，切口有毛刺，宜中小件小批生产，材料同手工剪切，剪切厚度达30mm
		下斜式圆滚剪	剪直线、圆弧（R 较小），其余同直圆剪切，剪切厚度达30mm
		全斜式圆滚剪	复杂曲线，其余同直圆剪切，剪切厚度达20mm，精度±1mm

续表

分类	方法	设备	应　用
冲裁	冲裁	压力机	常用于板料、型材($t\leqslant 10mm$)的落料、冲孔、切断、切口等加工,精度高(落料 IT10,冲孔 IT9),生产率高,适宜于中、大批量生产
切割	火焰切割	气割机、割炬	可用于纯铁、低碳钢、中碳钢及部分低合金钢等板料、型材的下料、内外形修边等加工,精度达±1mm,成本低
	等离子切割	切割设备、割炬	碳钢、不锈钢、高合金钢、钛合金、铝铜及其合金、非金属等材料的内外形下料。切口较窄、切厚达200mm,精度达±0.5mm,并可水下切割
	碳弧气刨	直流焊机、气刨钳	用于高合金钢、铝、铜及其合金等材料的切割、修边、开坡口、去大毛刺等加工
	电火花线切割	电火花线切割机	用于各种导电材料的精密切割,切厚可达 300mm 以上,精度达±0.01mm,可切出任意形状的平面曲线和侧壁斜度<30°的工件,尤其适于冲裁模制造
	激光切割	激光切割机	各种材料的精密切割,切厚可超过 10mm,切缝 0.15~0.5mm,精度≤0.1mm,但设备昂贵
	高压水切割	超高压(≥400MPa)水切割机	可用于各种金属、非金属(如玻璃、陶瓷、岩石),可配入磨料,精度高,切陶瓷厚达 10mm 以上,设备昂贵
切削	手工作业	弓锯	用于各种型、棒、管、板材等各种金属及非金属材料的切割,并可锯槽、锯硬料,工具廉价、操作简单,但劳动强度大,生产率低
		手持动力锯、手控锯动机	用于各种型、棒、管、板料等各种未淬硬金属,非金属的加工,生产率高,噪声大
		电动割管机	用于 ϕ200~1000mm 金属、塑料管材加工
		切管架	中、小径管材的加工
		手控砂轮切割机	各种金属、非金属(有色金属、橡塑材料除外)的型、棒、管料加工
	机床作业	锯床	各种未淬硬金属的型材、棒料、管料以及塑料、木材的加工,生产率高
		刨边机、刨床	用于板材的切割、修边、开坡口等加工,精度高,材料同锯床
		钣金铣床、铣床	板材切割、修边,精度高,可切复杂曲线,材料同锯床
		车床、镗床	用于各种材料的棒材、管料的切断、开坡口、修边,加工精度高

应该指出的是，下料方法应针对企业现有的加工设备、生产能力以及所加工钣金构件的精度要求、生产批量、加工经济性等情况来选择。

6.2 板材的下料

板材是钣金加工中使用最普遍的原材料，根据所用板材厚度、形状、精度要求的不同，其所采用的加工方法也有所不同，最常用的方法主要有：剪切、冲切、数控转塔冲及气割、激光切割、等离子切割等。

6.2.1 板料剪切

剪切下料是利用上下刀刃为直线的刀片或旋转滚刀片的剪切运动来剪裁板料毛坯，是一种可得到各种直线、曲线外形（有时还可得到内形）坯料的加工方法，它适用于除淬硬钢、硬脆材料（如铸铁、陶瓷、玻璃、硬质合金等）以外的各种材料。

板料的剪切加工较为简单，图6-1为剪板机工作原理简图，上刀片8固定在刀架1上，下刀片7固定在下床面4上，床面上安装有托球6，以便于板料5的送进移动，后挡料板9用于板料定位，位置由调位销10进行调节。液压压料筒2用于压紧板料，防止板料在剪切时翻转。栅板3是安全装置，以防工伤事故。工作时，由工作曲轴带动剪板机滑块运动，利用上、下剪刃的相对运动切断材料。

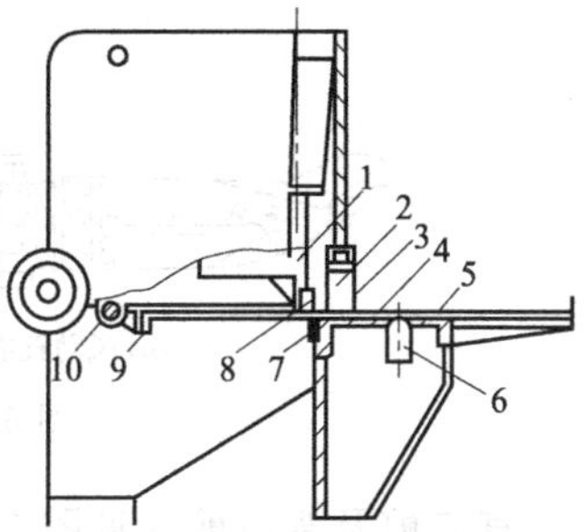

图6-1 剪切工作原理简图

1—刀架；2—压料筒；3—栅板；4—下床面；5—板料；6—托球；7—下刀片；8—上刀片；9—后挡料板；10—调位销

根据施加剪切力形式的不同，剪切主要有手工剪切和机械剪切两种形式。

(1) 手工剪切

手工剪切是利用手工剪切设备对板料或卷料进行的剪切分离，是一种最简单的原始操作方法，剪切设备简单，但工人劳动强度大、加工效率低，主要用于薄料的单件生产和小批量生产时的备料或半成品的修整工序。

① 手剪的工具　手工剪切工具主要有直口剪、弯口剪、台剪及手提气动剪等，如图 6-2 所示。

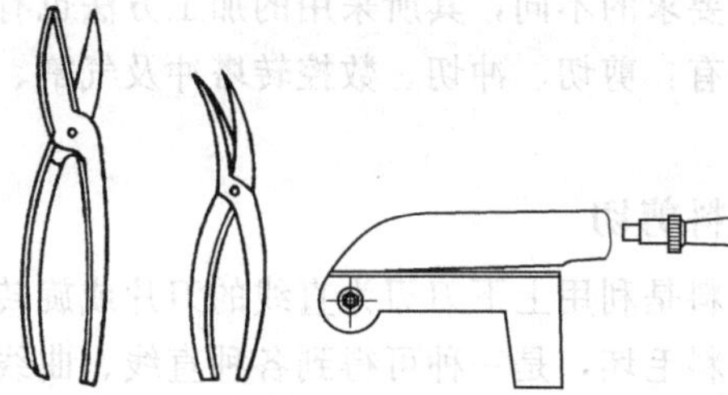

(a) 直口剪　(b) 弯口剪　(c) 台剪

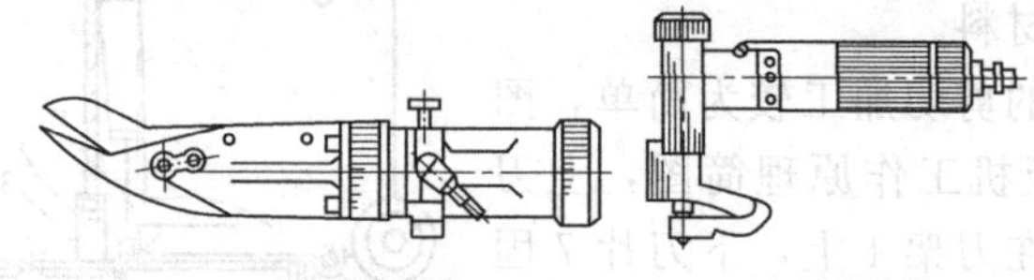

(d) 风动直剪　(e) 风动冲剪

图 6-2　手剪工具

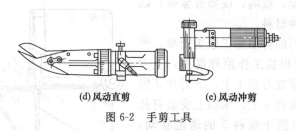

直口剪及弯口剪［见图 6-2（a）、（b）］是最简单的手剪工具，直口剪由于剪切刃为直线，故用于剪切直线轮廓的板料，可剪铝板厚 1.5mm，钢板厚 1mm；弯口剪因剪切刃为曲线，所以用于剪切曲线轮廓的板料，可剪铝板厚 2mm，钢板厚 0.8mm；图 6-2（c）为台剪，使用时，它的下刀片不动，上刀片由杠杆操纵，剪切时，比手剪省力，主要适用于 1.5～2mm 厚的板料剪裁；图 6-2（d）、（e）所示风动直剪及风动冲剪属半机械化的手剪工具，剪切厚度可达 2.5mm。

② 手剪的操作　手剪的操作步骤及方法如下。

a. 右手握剪把（如图 6-3 所示），剪把不能露出掌心过长，尾端不能握在手掌中。

b. 左手持料，上剪刃与剪切线对正。剪切时，剪刃张开剪刃全长的 3/4，剪切中，剪刃不完全合拢，应留 1/4 剪刃长，如图 6-4 所示。

图 6-3 正确握剪方法

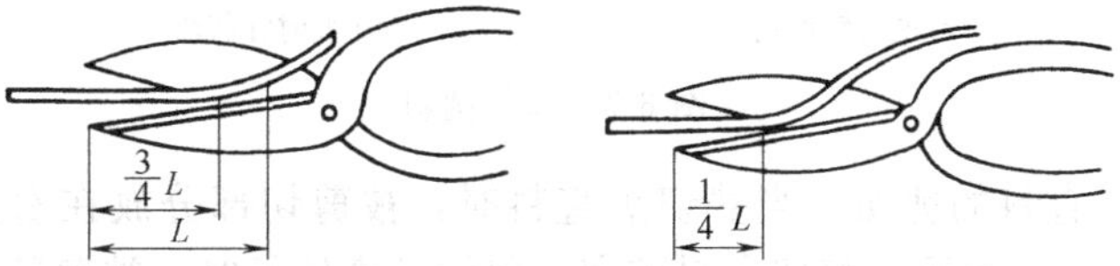

(a) 剪切开始

(b) 剪切终了

图 6-4 剪刃工作状态

c. 在剪切刃闭合时，压线连续剪切，剪口要重合，两刃之间保持 0～0.2mm 间隙（料薄取小值，料厚取大值），如图 6-5 所示。

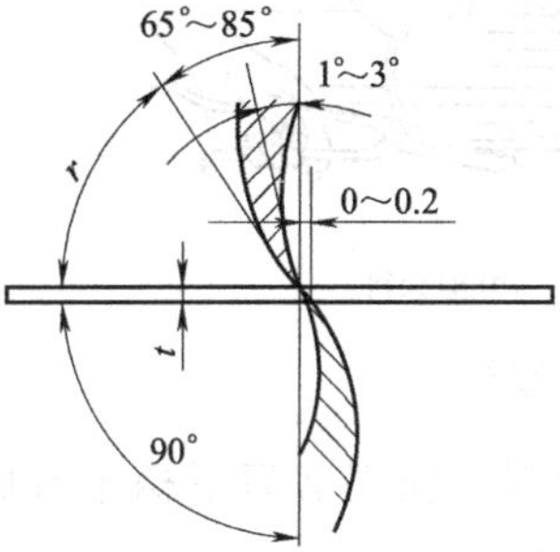

图 6-5 剪刃间隙

d. 剪切凹角应先钻止裂孔或在凹角处留一定距离不剪开，用手掰断连接处，再锉修到剪切尺寸；对于角形件，先锯开角根再剪开，如图 6-6 所示。

③ 不同零件的手剪操作要点 对于不同的零件结构，手工剪切时应采取不同的剪切方法，常见典型件的手剪操作要点主要有以下几点。

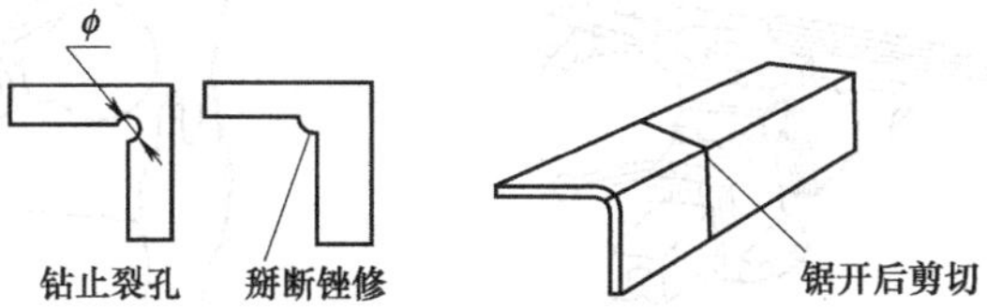

图 6-6 剪切凹角及角材

a. 圆料的剪切。剪切圆料时，当余料狭小时，可按逆时针剪切，如图 6-7（a）所示。当余料较宽时，应顺时针剪切，如图 6-7（b）所示。

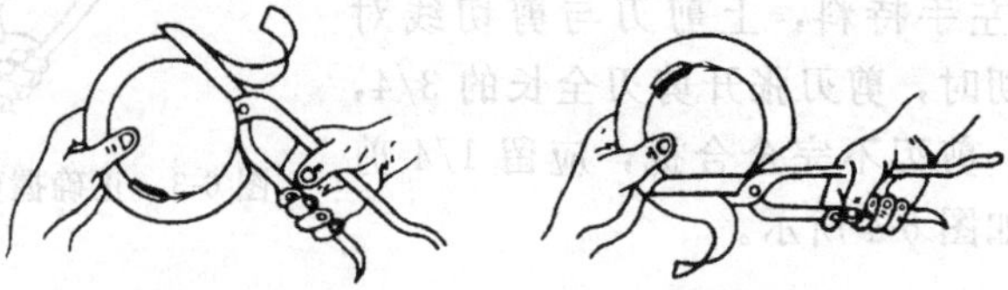

(a) 逆时针剪切　　(b) 顺时针剪切

图 6-7　剪切圆料

b. 直料的剪切。当剪切短直料时，被剪切部分放在右边，如图 6-8（a）所示。剪切余料较宽，剪切长度较长时，被剪部分放在左边，如图 6-8（b）所示。

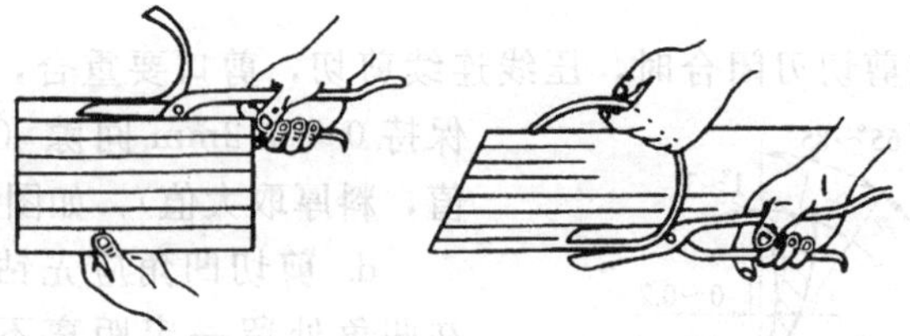

(a) 剪短料　　(b) 剪长料

图 6-8　手剪剪直料

c. 厚条料的剪切。剪切较厚条料时，应把剪刀下柄用台虎钳夹住，上柄套一根管料，如图 6-9 所示。

d. 内孔的剪切。剪切内孔的方法是：先在板料上开两个大孔，再用弯剪采用螺旋线剪切，逐渐扩大，如图 6-10 所示。

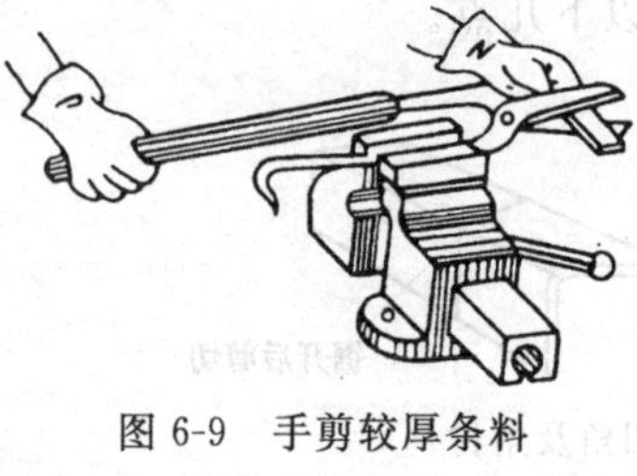

图 6-9　手剪较厚条料

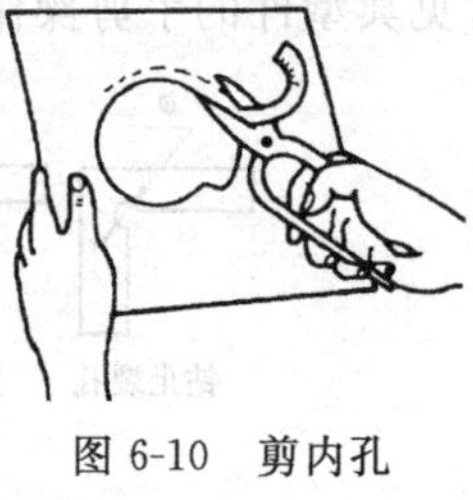

图 6-10　剪内孔

(2) 錾切与剋切

錾切与剋切是手工剪切的另一种方式，若受加工设备及操作空间、零件结构等因素限制时，可选用錾子錾切或剋子剋切方法进行下料加工。

① 錾子錾切　錾子錾切是利用錾子刃口的切削运动对工件进行加工，既可用于材料的切断，也可清除毛刺、切除余料等，每次錾削的金属层厚度为 0.5～2mm。

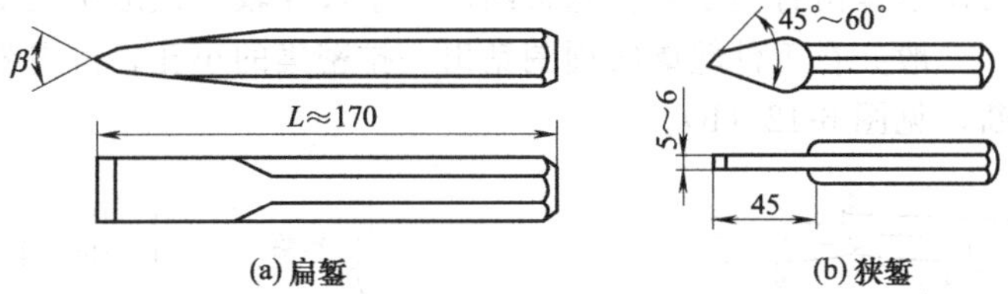

图 6-11　錾子的种类

常用錾切用的錾子为扁錾和狭錾（见图 6-11），一般采用 45、T8、65Mn 等碳素工具钢和弹簧钢锻造制成，并经刃磨与淬火加低温回火后使用。表 6-2 给出了不同钢号錾子和剋子的热处理工艺及硬度。

表 6-2　不同钢号錾子和剋子的热处理工艺及硬度

钢号	淬火规范		回火温度/℃(黄蓝色相间的温度)		
	加热温度/℃	冷却液(浸入深度 5～6mm)	240±10	280±10	320±10
			硬度(HRC)(刃口部分约 15mm 长的被处理过的一段)		
45	830±10(淡樱红色)	水	53±2	51±2	—
T8	780±10(樱红色)	水	—	56±2	54±2
65Mn	820±10(淡樱红色)	油	—	54±2	52±2

当加工软料（如低碳钢、电磁纯铁等）时，使用 β 为 30°～50° 的扁錾；加工中等硬度料（如中碳钢等）时，使用 β 为 50°～60°的扁錾；加工较硬料（如高强度钢、高碳钢、弹簧钢等）时，使用 β 为 60°～70°的扁錾。

錾削前，应先将待加工板料放在铁砧或平板上，视情况可在板料的切缝下垫上软铁等辅助材料或选用C形卡头或压板等夹具固定。錾断不超过2mm厚的薄板料时，可将板料夹在台虎钳上錾断，见图6-12（a）。用扁錾沿钳口并斜对板面（约45°）自右向左錾切，并使錾切线与钳口平行。

錾断厚板料时，可在铁砧（或平板）上錾削。錾削前，应先在板料下面垫上软铁材料，以防损伤錾子切削刃。先按划线錾出凹痕，再用手锤击打錾子，使它折断。对于尺寸较大或形状较复杂的板料，一般先在工件轮廓线周围钻出一排密集的小孔，再用錾子进行錾断，见图6-12（b）。

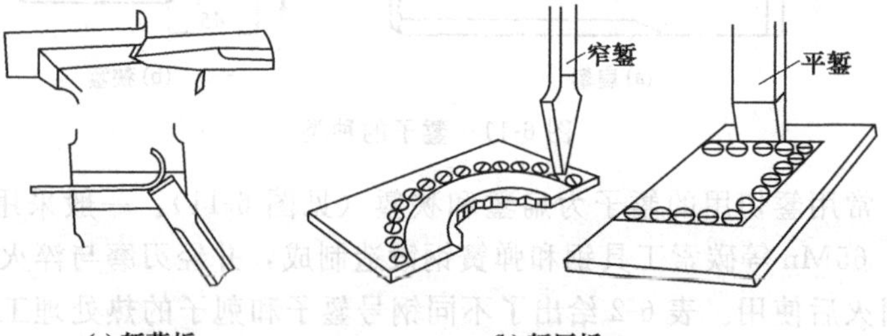

图6-12　錾断板料

② 剋子剋切　剋子剋切是利用剋子刃口的切削运动对工件进行的加工，主要适用于较薄板料及在工件上切除铆钉头和螺栓头。常用的剋子分上、下剋子（见图6-13），使用材料、刃磨及处理方法与錾子相同。其中：上剋子刃口为“单锋”形状，下剋子通常利

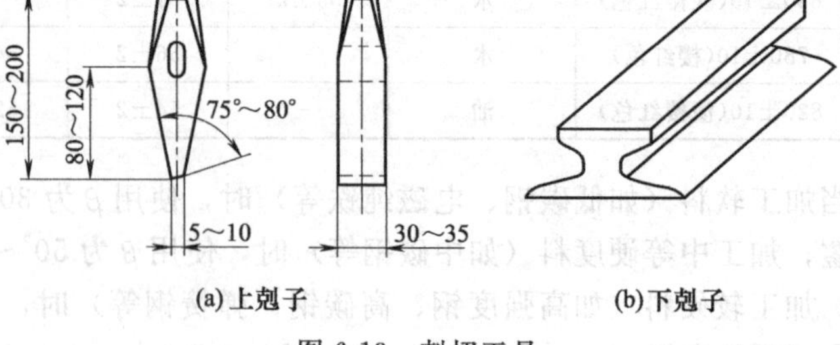

图6-13　剋切工具

用废剪刃片或钢轨加工而成。

剋子的剋切需与大锤配合使用，常用于大型厚（大于 3mm）板料的切断，剋切操作应由两人配合进行。剋切前，应将板料平放在下剋子上，废料部分探出下剋刃，以过剋切线找正，使剋切线与下剋刃重合，上剋刃对准切口线置于板料上，要探出 1/3 剋刃宽，并与下剋刃相靠。图 6-14 为剋切料厚 4mm 的 Q235A 板料零件的加工操作方法。

剋切直线时，要保持上剋子的前面与板料垂直、刃口与板料成 10°～15°的倾角，如图 6-14（a）所示，要保持上剋子的合适倾角顶部与下剋子靠紧，随时纠正剋切偏差。

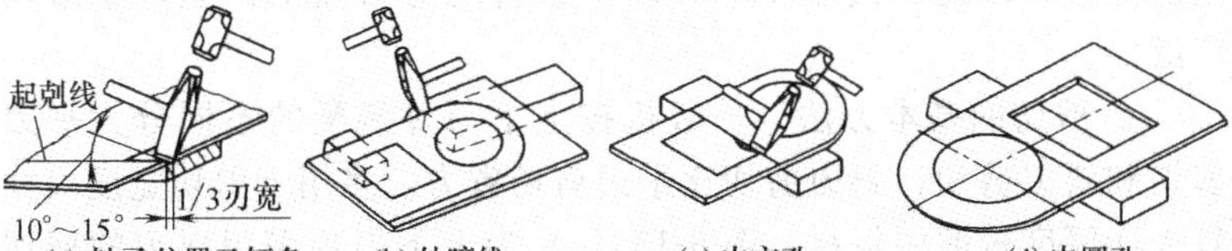

(a) 剋子位置及倾角　(b) 外瞳线　(c) 内方孔　(d) 内圆孔

图 6-14　剋子剋切方法

剋切曲线时，由于上、下剋刃均为直线，其剋切出的线也只能为直线段，所以沿曲线剋切的实质是围绕曲线剋切成一个外切多边形，每次剋切量越小，剋切出的直线段越短越接近曲线。同时，板料转动越频繁，锤击越短促，越容易剋切出近似曲线，见图 6-14（b）。

剋切内方孔时，为使剋切的开口准确，首先对准下剋刃划直线，并将上剋刃尖角倾斜 10°～15°与板料接触，轻轻捶击开口，待剋切出 2～3 倍刃宽的长度时，再将上剋刃平放于起剋处清根切透即可，见图 6-14（c）。

剋切内圆孔时，为便于起剋，首先应选好起剋点，一般选在便于扶持板料的位置，过起剋点作内圆的切线，以便对准下剋刃，见图 6-14（d），剋切方法与图 6-14（b）的外曲线一样。

用手工剪切设备剪切的条料及块料，一般会发生较大的弯曲变形，故在使用前，必须将其校平。

(3) 机械剪切

机械剪切是利用专用的剪切机械设备对板料等进行的的剪切分离，是钣金加工中最普遍采用的剪切方法，生产加工效率高。

机械剪切设备主要有剪板机、振动剪切机、滚剪机等。根据剪切设备的不同，剪切方法可分为平剪、斜剪、振动剪及滚剪等。常用的剪切板料设备主要有剪板机、振动剪切机等。

① 剪板机　剪板机主要用于板料的切断，且只能剪切直线。剪板机按传动方式的不同分为机械传动剪板机和液压传动剪板机，剪切板厚小于 10mm 的剪板机多为机械传动结构，剪切板厚大于 10mm 的剪板机多为液压传动结构。由于厚板的剪切易产生弯曲和扭曲变形，因此，板厚 12mm 以下板料的剪切加工在生产中采用广泛。

a. 剪切的基本方法。剪板机按上下刀片装配的不同分为平刃剪切和斜刃剪切，斜刃剪切比平刃剪切省力，多用于剪切宽度尺寸较大而厚度较薄的板材。图 6-15（a）为上下刀片采用斜刃的剪切示意图。

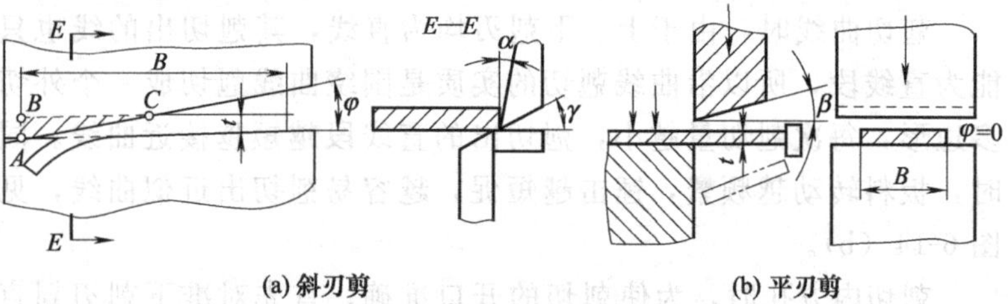

图 6-15　剪切的形式

斜刃剪切可大大减小剪切力。斜刃剪板机下刃口呈水平状态，上刃口与下刃口呈一定角度的倾斜状态，在上下刃口间进行剪切，由于上剪刃是倾斜的，剪切时刃口与材料的接触长度比板料宽度小得多。因此，这种剪板机行程大、剪力小、工作平稳，适用于剪切厚度小、宽度大的板料。

一般上剪刃的倾角 φ 在 1°～6°之间。板料厚度为 3～10mm 时，取 $\varphi=1°\sim3°$，厚度为 12～35mm 时，取 $\varphi=3°\sim6°$。γ 为前角，可

减小剪切时材料的转动；α 为后角，可减少刃口和材料的摩擦。γ 一般取 15°～20°，α 一般取 1.5°～3°。

图 6-15（b）为应用平刃剪板机的平刃剪示意图，在上下平行的刃口间进行剪切。β 一般取 0°～15°，这种剪板机行程小，剪切力大，适用于剪切厚度大、宽度小的板料。

b. 剪板机型号的选用。剪板机标定的主要规格是 $t \times B$，t 为标定的最大允许剪切材料厚度，B 为标定的最大允许剪切板料宽度。选用的剪板机不能用于加工超过宽度 B 及最大允许板料厚度 t 的工件。

但在剪切较高强度材料（如弹簧钢、高合金钢板）时，还应核对一下最大允许板料厚度 t_{max}。这是因为剪板机设计时，一般是按剪切中等硬度材料（抗拉强度 500MPa 左右的 25～30 钢）来考虑的。因此，如果被剪材料的抗拉强度 $\sigma_b > 500MPa$，则最大容许剪切板料厚度 t_{max}，可按下式核算

$$t_{max} = \sqrt{\frac{500}{\sigma_b}} t$$

式中 t——剪板机标定的最大允许剪切板料厚度，mm；

σ_b——要剪裁的材料抗拉强度，MPa；

t_{max}——最大容许剪切板料厚度，mm。

通过上式，换算出来的最大容许剪切板料厚度若小于要剪切的材料厚度，在此剪板机上即可使用。表 6-3 为剪板机的技术规格型号。

表 6-3 剪板机的技术规格

参数	型号				
	Q11-1×1000	QY11-4×2000	Q11-4×2500	Q11-12×2000	Q11Y-16×2500
被剪板厚/mm	1	4	4	12	16
被剪板宽/mm	1000	2000	2500	2000	2500
剪切角	1°	2°	1°30′	2°	1°～4°
行程数(次/分钟)	65	22	45	30	8～12
后挡料距离	500	25～500	650	750	900
功率/kW	0.6	6.5	7.5	13	22
结构形式	机械下传动	液压下传动	机械传动		液压传动

c. 剪切间隙的选取。剪板机上、下刀片间隙的大小，对剪切件的剪切断面和表面质量影响很大。间隙过小时，将使板料的断裂部位易挤坏，并增加剪切力，有时还会使机床损坏；间隙过大，则会使板料在剪切处发生变形，形成较大的毛刺。

剪切的合理间隙值与所剪裁的材料、板料厚度 t 有关，其值可参照表 6-4 选取。

表 6-4　剪板机的合理间隙范围　　mm

材料种类	间隙(t)	材料种类	间隙(t)
电磁纯铁	6～9	不锈钢	7～13
软钢(低碳钢)	6～9	低合金钢	6～10
硬钢(中碳或高强度钢)	8～12	硬铝、黄铜	6～10
电工硅钢	7～11	防锈铝	5～8

注：表中 t 为所剪板料的厚度。

d. 剪切工艺方法。剪板机是利用上、下刀刃为直线的刀片来剪裁板料毛坯的，剪切时，为了将板料裁剪成一定形状及尺寸的坯料，在剪板机上设置有挡料装置，挡料装置由前挡料板、后挡料板、侧挡料板及专用的角形挡料板组成。前、后挡料板和侧挡料板可安装固定在剪板机工作台或床身上，并随时可通过调整机构进行前、后、左、右位置的调整，角形挡料板一般安装在台面的 T 形槽内，可根据板料所要裁剪的形状将其安装并紧固在床面的不同位置。在进行剪板下料操作时，首先应严格遵守剪切下料安全操作规程；其次，应保证被剪板料剪切表面的直线性和平行要求，并尽量减少板材扭曲，以获得高质量的制件。为此，应根据所剪切板料的不同，相应地选取不同的剪切工艺方法。

ⅰ. 一般宽度条料剪切。对于一般宽度的板料剪切，可按划线或用后挡板定位，并用丝杠调整后挡板的位置进行。剪切时用压板先将板料压紧，再将装有上剪刃的拖板下行，板料在上、下剪刃交错时被剪开，剪切断面一般不用后续加工，即可保证剪切质量，如图 6-16 (a) 所示，

ⅱ. 较大宽度条料剪切。对于较大宽度条料的剪切，若将板料再采用后挡板定位时，其外悬部分会因自重而下垂，且外悬量和板

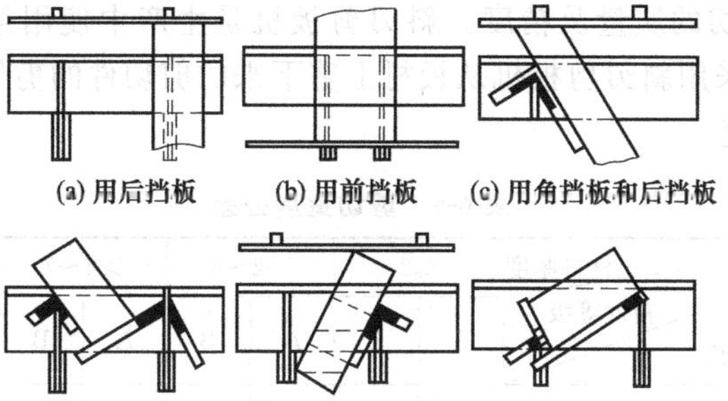

(a) 用后挡板　(b) 用前挡板　(c) 用角挡板和后挡板

(d) 用两个角挡板　(e) 用后挡板及角挡板　(f) 用角挡板及前挡板

图 6-16　利用挡板剪料

料厚度的比值 B/t 越大，定位误差也越大。因此，当条料宽度超过 300～400mm 时，应采用前挡板定位，如图 6-16（b）所示，至于前挡板的位置可用通用测量工具或样板定位。

ⅲ. 梯形和三角形毛料剪切。剪切梯形和三角形毛料时，可利用侧挡板配合其他挡板定位。安装时，可先将样板放在台面上对齐下刃口，再调整侧挡板并固定。然后，再根据样板调整后挡板，剪切时同时利用侧挡板和后挡板定位，如图 6-16（c）所示。此外，也可以利用侧挡板和其他挡板共同定位的方法，如图 6-16（d）～图 6-16（f）所示。

ⅳ. 剪窄料。在剪切窄料时，由于板料距压料装置较远而压不到，为了安全顺利地剪切，可加与被剪板料同等厚度的垫板和压板压牢进行剪切，压板可厚些，如图 6-17 所示。对薄板可不加垫板，直接通过压板将板料压牢。

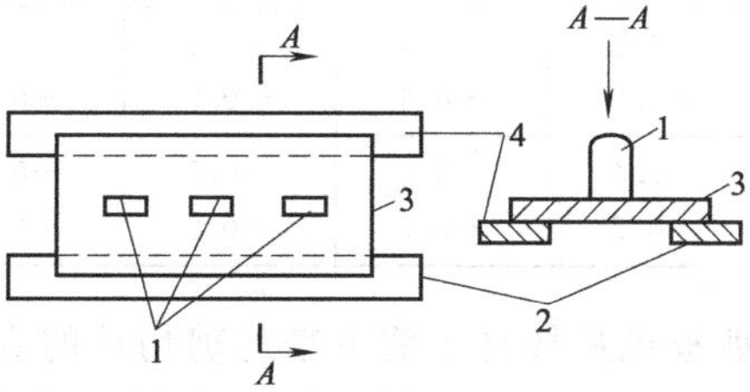

图 6-17　加垫板剪切窄料

1—压料装置；2—被剪钢板；3—压板；4—垫板

e. 剪切的质量及精度。斜刃剪板机是生产中使用最广泛的剪切设备，采用斜刃剪板机从板材上剪下来的剪切件的剪切宽度可按表 6-5 确定。

表 6-5　剪切宽度公差　mm

材料厚度 / 精度等级 / 剪切宽度	≤2		>2～4		>4～7		>7～12	
	A	B	A	B	A	B	A	B
≤120	±0.4	±0.8	±0.5	±1.0	±0.8	±1.5	±1.2	±2.0
>120～315	±0.6		±0.7		±1.0		±1.5	
>315～500	±0.8	±1.2	±1.0	±1.5	±1.2	±2.0	±1.7	±2.5
>500～1000	±1.0		±1.2		±1.5		±2.0	
>1000～2000	±1.2	±1.8	±1.5	±2.0	±1.7	±2.5	±2.2	±3.0
>2000～3150	±1.5		±1.7		±2.0		±2.5	

注：剪切宽度的精度等级分为 A 和 B 级。

如果条料宽度就是工件的尺寸时，其所能达到的尺寸精度就是下料精度，可按表 6-6 确定。

表 6-6　斜刃剪板机下料精度　mm

板厚 t	宽　度				
	<50	50～100	100～150	150～220	220～300
<1	+0.2 −0.3	+0.2 −0.4	+0.3 −0.5	+0.3 −0.6	+0.4 −0.6
1～2	+0.2 −0.4	+0.3 −0.5	+0.3 −0.6	+0.4 −0.6	+0.4 −0.7
2～3	+0.3 −0.6	+0.4 −0.6	+0.4 −0.7	+0.5 −0.7	+0.5 −0.8
3～5	+0.4 −0.7	+0.5 −0.7	+0.5 −0.8	+0.6 −0.8	+0.6 −0.9

采用斜刃剪板机从板材上剪下来的剪切件的直线度、垂直度的公差可由表 6-7、表 6-8 查得。剪切毛刺高度允许值由表 6-9 查得。

表 6-7 剪切直线度的公差 mm

剪切宽度 \ 精度等级 \ 材料厚度	≤2		>2~4		>4~7		>7~12	
	A	B	A	B	A	B	A	B
≤120	0.2	0.3	0.2	0.3	0.4	0.5	0.5	0.8
>120~315	0.3	0.5	0.3	0.5	0.8	1.0	1.0	1.6
>315~500	0.4	0.8	0.5	0.8	1.0	1.2	1.2	2.0
>500~1000	0.5	0.9	0.6	1.0	1.5	1.8	1.8	2.5
>1000~2000	0.6	1.0	0.8	1.6	2.0	2.4	2.4	3.0
>2000~3150	0.9	1.6	1.0	2.0	2.4	2.8	3.0	3.6

注：1. 剪切直线度的精度等级分为 A 和 B 级。

2. 本表适用于剪切宽度为板厚 25 倍以上及宽度为 30mm 以上的金属剪切件。

表 6-8 剪切垂直度的公差 mm

剪切宽度 \ 精度等级 \ 材料厚度	≤2		>2~4		>4~7		>7~12	
	A	B	A	B	A	B	A	B
≤120	0.3	0.4	0.5	0.7	0.7	1.0	1.2	1.4
>120~315	0.5	1.0	1.0	1.2	1.5	1.8	2.0	2.2
>315~500	0.8	1.4	1.4	1.6	1.8	2.0	2.2	2.4
>500~1000	1.2	1.8	1.8	2.0	2.2	2.4	2.6	3.0
>1000~2000	2.0	2.6	3.0	6.0	6.0	6.5	—	—

注：剪切垂直度的精度等级分为 A 和 B 级。

表 6-9 剪切毛刺高度允许值 mm

精度等级 \ 材料厚度	≤0.3	0.3~0.5	0.5~1.0	1.0~1.5	1.5~2.5	2.5~4.0	4.0~6.0	6.0~8.0	8.0~12.0
E	≤0.03	≤0.04	≤0.05	≤0.06	≤0.08	≤0.10	≤0.12	≤0.14	≤0.16
F	≤0.05	≤0.06	≤0.08	≤0.12	≤0.16	≤0.20	≤0.25	≤0.30	≤0.35
G	≤0.07	≤0.08	≤0.12	≤0.18	≤0.32	≤0.35	≤0.40	≤0.60	≤0.70

注：剪切毛刺高度的精度等级分为 E、F、G 三级。

② 振动剪切机　振动剪切机又称剪切冲型机、短步剪。振动剪一般根据划线或样板进行剪切，常用于加工料厚在 2mm 以下、

曲率半径较大的内、外轮廓切面的剪切，也可以用于对冲压成形后的大、中型零件的切边。

a. 振动剪切机的结构及工作原理。振动剪切机的外形结构如图 6-18（a）所示。

振动剪切机由机座、床身、上下切刀和传动系统组成。上切刀固定在刀座上，通过连杆与偏心轴相连，由电动机带动以每分钟 1500～2000 次的快速往复振动，行程约 2～3mm，上切刀与下切刀的刀刃相对倾斜夹角 20°～30°，且上、下切刀本身都具有较大的倾角（约为 0°～15°），见图 6-18（b）。剪刃较窄，且两刀尖通常处于接触状态，重叠量约为 0.2～1.0mm。

振动剪切机在剪切材料时，是利用机械传动产生的高速往返运动的刀刃与下刀刃形成相对的交错运动将板料一小段一小段剪下的，这种加工工艺方法称为振动剪，由于剪切过程不连续，所以生产效率很低，且剪切质量差，裁件边缘粗糙，有微小的锯齿形，毛坯形状及加工精度差，但因振动剪切机结构简单，操作方便，对剪切不同形状、尺寸零件和毛坯的适应性好。

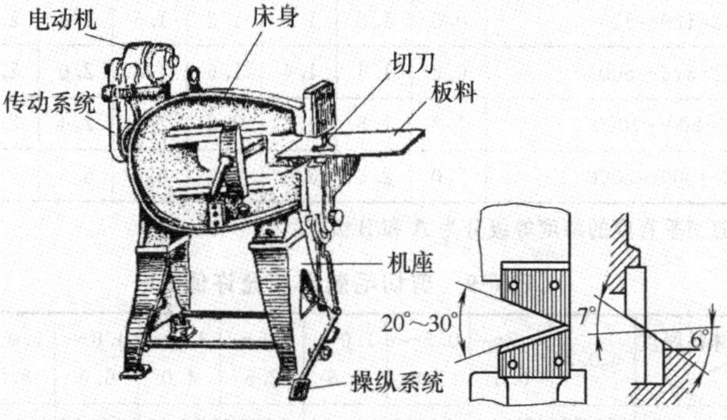

(a) 外形　　(b) 上、下切刀

图 6-18　振动剪切机

b. 振动剪切机型号的选用。在选用振动剪切机时，主要根据板料厚度来选择。振动剪切机主要是通过沿板料上的划线来剪切直线、曲线及内孔轮廓的工作。有时也用来修剪冲压半成品。如果增加行程和封闭高度调整机构，换上相应的冲剪工具，还可以进行折边、冲槽、压筋、切口成形等冲压工序。对大型板料的剪切，一般可选用手提式振动剪切机。表 6-10 为常用的 Q34 系列振动剪切机的技术规格。

表 6-10 振动剪切机的技术规格

技术参数		规格型号			
		Q34-2.5 型	Q34-4 型	Q34-5 型	Q34-6.3 型
板料厚度/mm	剪切	2.5	4	5	6.3
	冲型	—	1.5	2	4
	折边	—	3	3.5	3.5
	冲槽	—	—	3	3
	切口	—	—	3	3
	压型	—	—	3	3
	压筋	—	—	2.5	2.5
	翻边	—	—	3.5	3.5
喉口深度/mm		870	1050	1050	1260
剪切速度/(m/min)		—	—	5	5
行程次数/(次/分钟)		1420	850/1200	1400/2800	2000/1000
行程长度/mm		6.6	7	1.7/3.5	1.7/6
功率/kW		1	2.8	1.5	1.9/1.8

注：表中规格系指剪切 σ_b=400MPa 的板料，σ_b 值不同，应予换算。

③ 滚动剪切机　滚动剪切机又称圆盘滚剪机（圆盘剪），按其滚刀数量可分多滚式和单滚式两种结构。单滚式滚动剪切机只有一对圆盘剪刃，而多滚式滚动剪切机在主轴上安装有多种组合成对的圆盘剪刃，一般用于将板料同时剪裁成宽度一致的条料或带料，可以大大提高生产率。

滚动剪切可以实现直线的剪切，也可以沿曲线剪切。利用滚剪能剪圆形或曲线形的特点，某些小批生产大型冲压件，可用它代替冲模下料或切边，但剪切质量和生产率都不高。生产中运用最多的是单滚式滚动剪切机，其结构如图 6-19 所示。

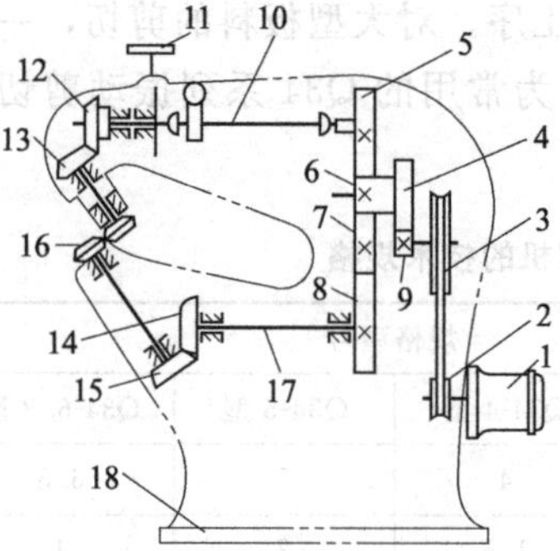

图 6-19　滚动剪切机

1—电动机；2,3—带轮；4～9—齿轮；10—摆动轴；11—操纵手柄；12～15—锥形齿轮；16—滚刃；17—传动轴；18—机座

a. 滚动剪切的方法。滚动剪切是用一对转动方向相反的圆盘剪刃来进行板料剪切的。按圆盘剪刃的配置不同，滚动剪切方法可分为三种。如图 6-20 所示，直配置适用于将板料剪裁成条料，或将方坯料剪切成圆坯料；斜直配置适用于剪裁成圆形坯料或圆内孔；斜配置适用于剪裁任意曲线轮廓的坯料。

b. 滚动剪切机型号的选用。选用滚动剪切机时，主要的额定工艺参数是容许剪切的最大厚度。用圆盘剪来剪切曲线轮廓的毛坯时，还需知道剪板机容许剪切的最大直径和最小曲率半径。例如 Q23-4×1000 型滚动剪切机，可剪的最大板厚为 4mm，最大直径为 1000mm。

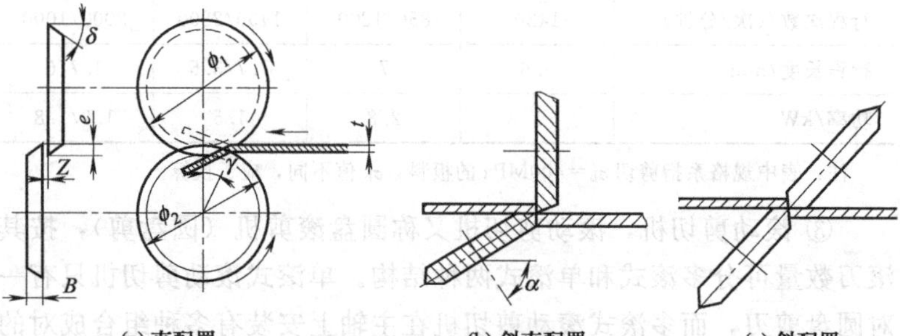

图 6-20　圆盘剪刃的配置方法

用滚剪剪曲线轮廓毛坯时，其曲率半径有一定的限制，最小曲率半径与剪刃直径、板料厚度有关。滚动剪切机剪裁的最小曲率半径见表 6-11。

表 6-11　滚动剪切机剪裁的最小曲率半径　　mm

剪刃直径	板料厚度		
	<1	1.5～2.5	3～6
	最小曲率半径		
75	40	45	50
90	50	75	85
100	50	75	90
125	50	90	90

下料加工时，常用的滚动剪切机的技术规格型号如表 6-12 所示。

表 6-12　滚动剪切机的技术规格

技术参数	型号	
	Q23-3×1500	Q23-4×1000
剪切板料厚度/mm	0.5～3	1～4
剪切板料强度极限 σ_b/MPa	≤450	≤450
主机悬臂长(喉口)/mm	1500	1000
尾架悬臂长/mm	1075	740
剪刃直径/mm	60	80
板料剪切直径/mm	400～1500	350～1000
板料剪切宽度/mm	150～1200	150～750

c. 滚剪的质量及精度。采用滚剪剪切条料的最小宽度偏差见表 6-13。

表 6-13　滚剪剪切条料的最小宽度偏差　　mm

条料宽度	板料厚度		
	约 0.5	0.5～1	1～2
约 20	−0.05	−0.08	−0.10
20～30	−0.08	−0.10	−0.15
30～50	−0.10	−0.15	−0.20

6.2.2　板料冲裁

冲裁加工是利用模具在压力机压力的作用下，将事先放在冲模凸、凹模刃口之间的板料或条料一部分与另一部分以撕裂形式加以分离，从而得到所需形状和尺寸的平板毛坯或制件的一种冷冲压加工方法。

(1) 冲裁工作原理

冲裁加工是在瞬间完成的，其工作原理是通过凸、凹模刃口之间产生剪裂缝的形式实现板料分离的，在模具刃口尖锐，凸、凹模间间隙正常时，板料的分离过程大致经过弹性变形、塑性变形及断裂分离三个阶段，图 6-21 给出了板料冲裁变形的全过程。

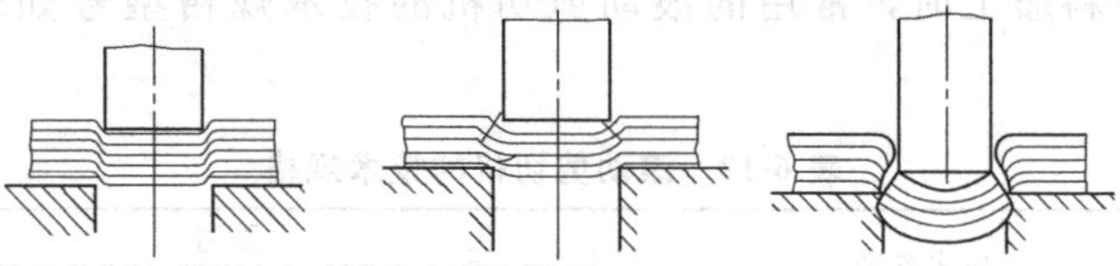

(a) 弹性变形阶段　(b) 塑性变形阶段　(c) 断裂分离阶段

图 6-21　板料冲裁变形过程

(2) 冲裁加工的工艺要求

采用冲裁加工工艺，能完成较复杂形状零件的加工，冲裁件料厚 t 一般不限，但目前可以达到的工艺水平为：薄料、超薄料冲裁，$t<0.5\sim0.05$mm，$t_{min}\leqslant0.01$mm；厚料、超厚料冲裁，$t>4.75\sim16$mm，$t_{max}\leqslant25$mm，冲孔 $t_{max}\leqslant35$mm；较常用的冲裁料厚 $t\leqslant3$mm，更多的料厚范围为 $t>0.5\sim2$mm。为提高冲裁质量，简化模具制造，对所加工的冲裁件具体有以下方面的要求。

① 一般来说，金属冲裁件内外形的经济精度为 IT12～IT14 级，一般要求落料件精度最好低于 IT10，冲孔件最好低于 IT9 级。

② 一般适用于普通冲压的常用板材主要有：碳素结构钢板、优质碳素结构钢板、低合金结构钢板、电工硅钢板、不锈钢板等黑色金属以及纯铜板、黄铜板、铝板、钛合金板、镍铜合金板等有色金属和绝缘胶木板、纸板、纤维板、塑料板等非金属。

③ 冲裁件的外形或内孔应尽可能设计成简单、对称。避免尖锐的尖角，一般应有 $R>0.5t$（t 为料厚）以上的圆角。冲裁件的凸出悬壁和凹槽不宜过长，其宽度 b 要大于料厚 t 的两倍，即 $b>$

$2t$。冲孔尺寸不宜过小，否则凸模强度不够，一般，对低碳钢冲孔，许可的最小冲孔尺寸约等于料厚，其他材料的具体数值见表6-14及表6-15。

表6-14　用自由凸模冲孔的最小尺寸

材　　料	冲孔最小直径或最小边长	
	圆孔	矩形孔
硬钢	$1.3t$	t
软钢及黄铜	t	$0.7t$
铝	$0.8t$	$0.6t$
夹布胶木及夹纸胶木	$0.4t$	$0.35t$

表6-15　用带护套凸模冲孔的最小尺寸

材　　料	冲孔最小直径或最小边长	
	圆孔	矩形孔
硬钢	$0.5t$	$0.4t$
软钢及黄铜	$0.35t$	$0.3t$
铝及锌	$0.3t$	$0.28t$

④ 冲裁件的孔与孔之间和孔与边缘之间的距离 a 不能过小，否则凹模强度不够，容易破裂，且工件边缘容易产生膨胀或歪扭变形。最小距离数值应取 $a \geqslant t$（对圆孔），或 $a \geqslant 1.5t$（对矩形孔）。

(3) 冲裁模的结构形式及其选用

根据冲裁加工工序组合方式的不同，冲裁模可分为：简单冲模、复合冲模和级进冲模三种。根据冲裁零件材料的不同，冲裁模还可分为金属冲裁模和非金属冲裁模两类。不同形式的模具结构适用于不同生产批量、不同制造精度的板料加工。

① 简单冲模　简单冲模又称单工序模，它是在冲床滑块一次冲程中，只能完成一种冲孔或落料的冲裁工序。按其导向的方式不同，可分为无导向模、导板模和导柱模。

a. 无导向模　如图6-22所示为敞开式无导向模，其凸模与凹模均通过固定板用螺钉和销钉固定在上、下模座上，用固定挡料销

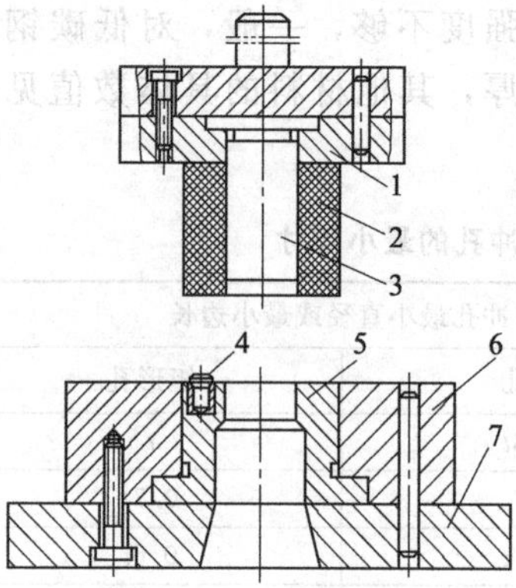

图 6-22　无导向模

1—凸模固定板；2—橡胶；3—凸模；
4—固定挡料销；5—凹模；
6—下模座；7—凹模固定板

定位，卸料工作由箍在凸模上的硬橡胶完成。该模具的优点是结构简单，制造成本低，缺点是模具无导向装置，凸模的运动只能依靠冲床滑块导向，工作中不易保证合理的均匀间隙，制件精度不高，模具安装困难，工作部分容易磨损，生产率低，安全性较差，所以这种模具只适用于生产批量不多，精度要求不高，外形比较简单零件（坯料）的冲裁工作。一般来说，无导向单工序冲裁模通常在以下场合使用。

ⅰ. 冲裁件尺寸精度不高，一般低于 IT12 级。

ⅱ. 冲裁料厚较大，通常 $t \geqslant 1$mm。

ⅲ. 冲裁件形状为圆、方、矩形、长圆或多角以及类似或接近的、规则而简单的几何形状，冲裁件圆滑、平直、无锐角与齿形、小凸台，以及细小枝芽、悬壁等冲切形状。

ⅳ. 冲裁件产量不大。

ⅴ. 对冲裁件冲切面质量、毛刺及平面度无要求。

ⅵ. 冲裁件尺寸较大，推荐最小冲裁件尺寸：长×宽×料厚≥25mm×10mm×1mm；更小尺寸及更薄料厚的冲裁工件，为安全计，不推荐用敞开模冲制。

b. 导板模　导板模如图 6-23 所示，它与无导向模不同之处是在凹模的上部，装有一块起导向

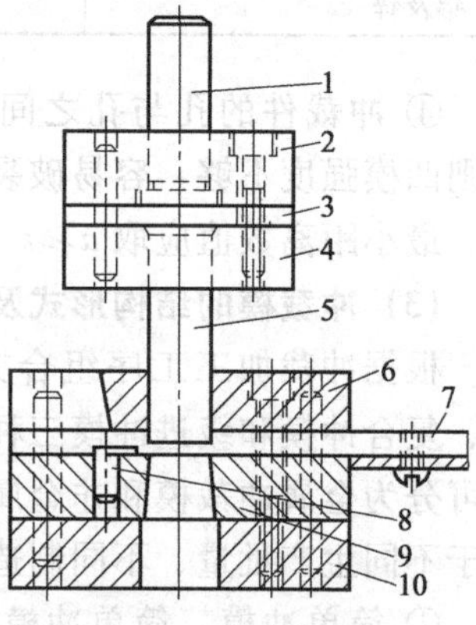

图 6-23　导板模

1—模柄；2—上模座；3—垫板；
4—凸模固定板；5—凸模；6—导板；
7—导料板；8—钩形挡料销；
9—凹模；10—下模座

作用的导板。在冲裁工作中，凸模始终在导板孔内运动，同时导板又起卸料作用。条料送进是由固定在凹模上的钩形挡料销和导尺定位。

这种模具的优点是工作时凸、凹模之间的间隙能得到保证，提高了制件的精度，使用寿命较长，安装容易，安全性较好。缺点是模具制作比较麻烦，导板孔需要与凸模配制，冲压设备行程小时，才能保证工作时凸模始终不脱离导板，一般用于板料厚度 $t>0.5$mm 的形状简单，尺寸不大的单工序冲裁或多工序的级进模的冲裁工作。对形状复杂、尺寸较大的零件，不宜采用这种结构形式，最好采用有导柱导套型导向的模具结构。

c. 导柱模　导柱模如图 6-24 所示。本身具有两个导柱和导套，导柱的下端压入下模座的孔内，导套压入上模座的孔内，导柱与导套之间为间隙配合，常采用 H6/h5 或 H7/h6。工作时利用导柱和导套的配合而起导向作用。模具的凸模通过凸模固定板利用螺钉和

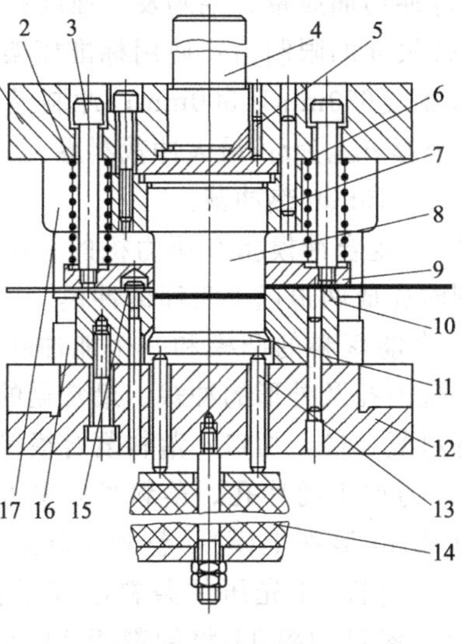

图 6-24　导柱模

1—上模座；2—卸料弹簧；3—卸料螺钉；4—模柄；5—止转销；6—垫板；7—凸模固定板；8—凸模；9—卸料板；10—凹模；11—顶件板；12—下模座；13—顶杆；14—橡胶；15—固定挡料销；16—导柱；17—导套

销钉与上模座固定，凹模由螺钉和销钉直接固定在下模座上。条料送进后，前面、左右用固定挡料销定位，以保证条料在冲模上有正确的位置。上模装有卸料板起卸料作用。这种模具的优点是导向作用好，保证了凸、凹模之间的间隙均匀，能提高制件的精度，减轻工作部分的磨损，模具安装方便。缺点是模具制造复杂、成本高，适用于生产批量大，精度要求高的零件冲裁工作。一般来说，有导向的单工序冲裁模通常在以下场合使用。

ⅰ. 冲裁件尺寸精度较高，一般高于 IT12 级，可达到 IT10 级，甚至更高一些。

ⅱ. 冲裁件料厚 t 一般不限，但目前可以达到的工艺水平为：薄料、超薄料冲裁，$t<0.5\sim0.05$mm，$t_{min}\leqslant0.01$mm；厚料、超厚料冲裁，$t>4.75\sim16$mm，$t_{max}\leqslant25$mm，冲孔 $t_{max}\leqslant35$mm；较常用的冲裁料厚 $t\leqslant3$mm，更多的料厚范围为 $t>0.5\sim2$mm。

ⅲ. 适用冲压零件的生产性质为成批、大批量生产。

ⅳ. 对冲裁件冲切面质量、毛刺及平面度有一定要求。

ⅴ. 对冲裁件尺寸的限制为：使用标准模架，推荐最大冲裁件凹模尺寸为长×宽$\leqslant$630mm×500mm；冲制最小圆孔直径 $d_{min}\geqslant(0.5\sim0.6)t$，推荐 $d_{min}\geqslant t$；最大冲裁料厚 $t_{max}\leqslant12\sim16$mm，推荐 $t_{max}\leqslant10$mm，$t>10$mm 热冲裁。

② 复合冲模　复合冲模指在压力机的一次冲压行程中，在模具同一工位上同时完成两道以上工序的冲模。这种模具最大特点是本身结构具有一个能落料的凸模和一个能冲孔的凹模组成的凸凹模，可以同时实现内孔及外形的冲裁。最常见的冲裁工序复合模主要有：冲孔、落料复合模，切口、落料复合模等。

图 6-25 (a) 为加工的冲孔、落料件，图 6-25 (b) 为倒装式复合模（落料凹模 11 装在上模），整套模具采用导柱 12 及导套 2 导向。冲裁时，卸料板 14 先压住条料起校平作用，随着压力机滑块的继续下行，落料凹模 11 将卸料板 14 压下与凸模 9、凸凹模 13 共同作用，将零件外形冲出，压力机滑块上行时，卸料板 14 在聚氨酯块 15 作用下将条料从凸凹模上卸下，而打料杆 7 受压力机横杆的推动，通过打料板 8、推杆 6 与卸料块 10 将零件从

落料凹模型腔中推出，冲孔废料则直接由凸凹模孔漏到压力机台面上。

图 6-25（c）为正装复合模，其工作过程与倒装式相似，冲出的零件由压力机的下顶缸或通过弹性缓冲器由顶杆 14 通过卸料块 12 顶出，条料及冲孔废料则由压机横杆通过上模的卸料板 9 及打杆 8 推出。

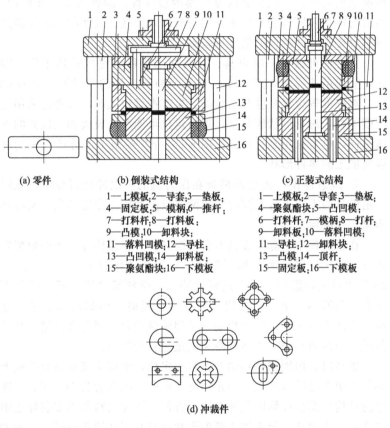

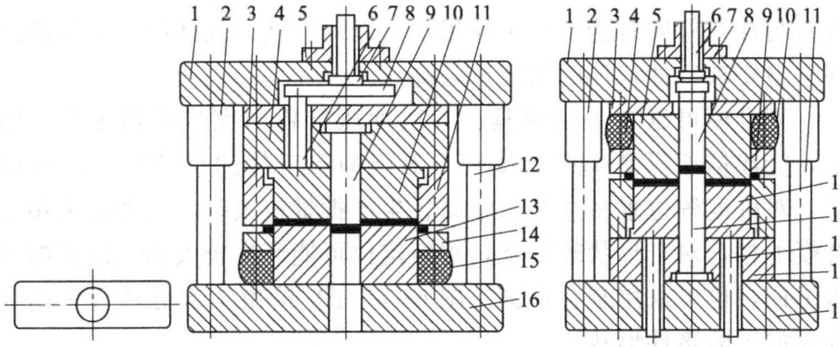

(a) 零件

(b) 倒装式结构

1—上模板;2—导套;3—垫板;
4—固定板;5—模柄;6—推杆;
7—打料杆;8—打料板;
9—凸模;10—卸料块;
11—落料凹模;12—导柱;
13—凸凹模;14—卸料板;
15—聚氨酯块;16—下模板

(c) 正装式结构

1—上模板;2—导套;3—垫板;
4—聚氨酯块;5—凸凹模;
6—打料杆;7—模柄;8—打杆;
9—卸料板;10—落料凹模;
11—导柱;12—卸料块;
13—凸模;14—顶杆;
15—固定板;16—下模板

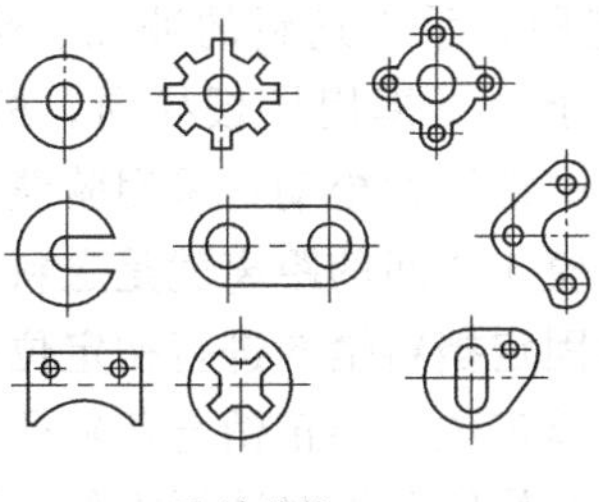

(d) 冲裁件

图 6-25　冲孔、落料的复合模

倒装式复合模由于冲孔废料可以从压力机工作台孔中漏出，工件从上模推下，比较容易引出去，操作方便、安全，能保证较高的生产率。因此，应优先采用。但冲裁时，因刚性推件装置对工件不起压平作用，工件平整度及尺寸精度比用弹性推件装置时要低些，故主要用于厚料的冲裁。

而正装式复合模，冲孔废料由上模带上，再由推料装置推出，工件则由下模的推件装置向上推出，条料由上模卸料装置脱出，三者混杂在一起，万一来不及排除废料或工件而进行下一次冲压，就易崩裂模具刃口，但正装式复合模的顶件板、卸料板均是弹性的，条料与冲裁件同时受到压平作用，所以对较软、较薄的冲裁件能达到平整要求，冲裁件的精度也较高。

复合模可以在一副模具、一次冲压行程中完成几道工序，因此，能成倍地提高生产效率。一般当冲压工件的尺寸精度或同轴度、对称度等位置精度要求较高且生产批量较大时，可考虑采用复合模下料，对于形状较复杂，重新定位可能产生较大加工误差的冲压工件，也可采用复合模具。图 6-25（d）给出了部分适合采用复合模加工的零件形状。

③ 级进冲模　级进冲模指在压力机的一次冲压行程中，在同一副模具的不同工位上同时完成两道以上冲压工序的冲模，又称跳步模、连续模。

在级进模中，除了需具有普通模具的一般结构外，还需根据要求设置始用挡料装置、侧压装置、导正销和侧刃等结构件。图 6-26 为用导正销定距、手工送料的冲孔、落料级进模。其工件如图中右上角所示。上、下模用导板导向。模柄 1 用螺纹与上模座连接。为防止冲压中螺纹的松动，采用骑缝的紧定螺钉 2 拧紧。冲孔凸模 3 与落料凸模 4 之间的距离就是送料步距 A。

送料时，由固定挡料销 6 进行初定位，由两个装在落料凸模上的导正销 5 进行精定位。导正销与落料凸模的配合为 H7/r6，其连接的结构应保证在修磨凸模时装拆方便，因此落料凸模安装导正销的孔是一个通孔。导正销头部的形状应有利于在导正时插入已冲的孔，它与孔的配合应略有间隙。为了保证首件的正确定距，在带导正销的级进模中，常采用始用挡料装置。它安装在导板下的导料板中间。在条料冲制首件时，用手推始用挡料销 7，使它从导料板中伸出来抵住条料的前端即可冲第一件上的两个孔。以后各次冲裁时就由固定挡料销 6 控制送料步距作初定位。

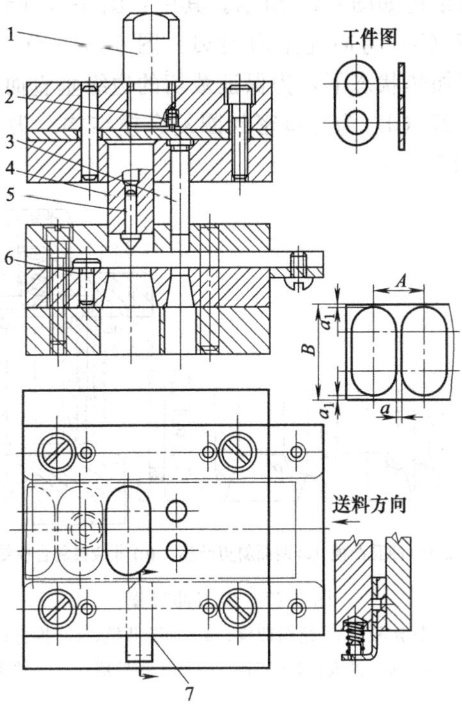

图 6-26 用导正销定距、手工送料的冲孔、落料级进模

1—模柄；2—螺钉；3—冲孔凸模；4—落料凸模；5—导正销；6—固定挡料销；7—始用挡料销

级进模是一种多工序、高效率、高精度的冲压模具，与单工序模和复合模相比，级进模构成模具的结构复杂、零件数量多、精度及热处理要求高、模具装配与制造复杂，要求精确控制步距，适用于批量较大或外形尺寸较小、材料厚度较薄的冲压件生产。

④ 非金属冲裁模　根据非金属材料组织与力学性能的不同，非金属材料的冲裁方式有尖刃凸模冲裁和普通冲裁模冲裁两种。

a. 尖刃凸模冲裁。尖刃凸模冲裁主要用于冲裁如皮革、毛毡、纸板、纤维布、石棉布、橡胶以及各种热塑性塑料薄膜等纤维性及弹性材料。

尖刃凸模结构如图 6-27 所示。其中：图 6-27（a）为落料用外斜刃，图 6-27（b）为冲孔用内斜刃，图 6-27（c）为裁切硫化硬橡胶板时，在加热状态下，为保证裁切的边缘垂直而使用的凸模两面斜刃；图 6-27（d）为毛毡密封圈复合模结构。尖刃凸模的斜角 α 取值见表 6-16。

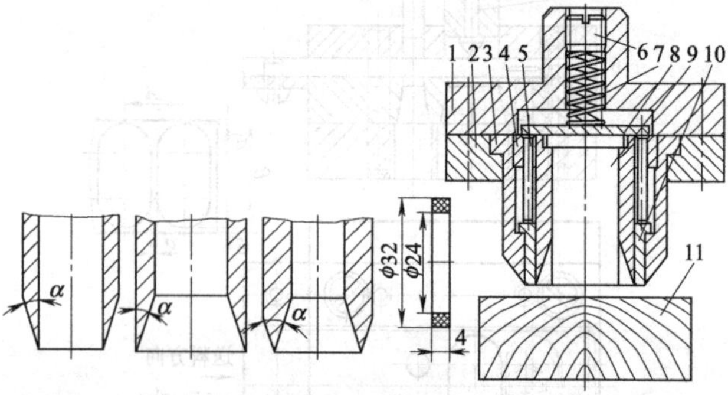

(a) 落料凸模 (b) 冲孔凸模 (c) 两面斜刃凸模 (d) 非金属复合模结构简图

图 6-27 尖刃冲裁模

1—上模；2—固定板；3—落料凹模；4—冲孔凸模；5—推杆；6—螺塞；7—弹簧；8—推板；9—卸料杆；10—推件器；11—硬木垫

表 6-16 尖刃凸模斜角 α 的取值

材料名称	$\alpha/(^\circ)$
烘热的硬橡胶	8～12
皮、毛毡、棉布纺织品	10～15
纸、纸板、马粪纸	15～20
石棉	20～25
纤维板	25～30
红纸板、纸胶板、布胶板	30～40

设计时，其尖刃的斜面方向应对着废料。冲裁时，在板料下面垫一块硬木、层板、聚氨酯橡胶板、有色金属板等，以防止刃口受

损或崩裂，不必再使用凹模。可安装在小吨位压力机或直接用手工加工。

b. 普通冲裁模冲裁。对于一些较硬的如云母、酚醛纸胶板、酚醛布胶板、环氧酚醛玻璃布胶板等非金属材料，则可采用普通结构形式的冲裁模进行加工。由于这些材料都具有一定的硬度与脆性。为减少断面裂纹、脱层等缺陷，应适当增大压边力与反顶力，减小模具间隙，搭边值也比一般金属材料大些。对于料厚大于1.5mm而形状又较复杂的各种纸胶板和布胶板零件，在冲裁前需将毛坯预热到一定温度后再进行冲裁。

(4) 冲裁主要工艺参数的确定

为保证冲裁加工件的质量，在制定冲裁加工工艺及进行相关冲模设计时，应做好以下工艺参数的确定。

① 冲裁力的计算　冲裁力是选用合适压力机的主要依据，也是设计模具和校核模具强度所必需的数据，对普通平刃口的冲裁，其冲裁力的计算公式为

$$F=Lt\sigma_b$$

式中　F——冲裁力，N；

L——冲裁件周长，mm；

t——板料厚度，mm；

σ_b——材料的抗拉强度，MPa。

在冲裁加工中，除冲裁力外，还有卸料力、推件力和顶件力，将冲裁后紧箍在凸模上的料拆卸下来的力称为卸料力，以 $F_{卸}$ 表示；将卡在凹模中的料推出或顶出的力称为推件力与顶件力，以 $F_{推}$ 与 $F_{顶}$ 表示，各种力的大小一般由冲裁力 F 乘以系数（0.04～0.12）。系数的具体选取可参阅相关冲压计算资料。

冲裁时所需总冲压力为冲裁力、卸料力、推件力和顶件力之和，这些力在选择压力机时是否都要考虑进去，应根据不同的模具结构分别对待：

采用刚性卸料装置和下出料方式的冲裁模的总压力 $F_{总}=F_{冲}+F_{推}$；

采用弹性卸料装置和下出料方式的冲裁模的总压力 $F_{总}=$

$F_{冲}+F_{推}+F_{卸}$；

采用弹性卸料装置和上出料方式的冲裁模的总压力 $F_{总}=F_{冲}+F_{卸}+F_{顶}$；

根据冲裁模的总压力选择压力机时，一般应满足：压力机的公称压力≥$1.2F_{总}$。

当冲裁设备的吨位满足不了冲裁力的需要时，可通过采用阶梯冲裁（设计高低不同的模具冲头结构）、斜刃冲裁（将凸模或凹模修成斜刃形状）或热冲（将被冲材料加热到蓝脆温度区以上）等措施实现。

② 冲裁模间隙的确定　冲裁间隙 Z 是指冲裁凸模和凹模之间工作部分的尺寸之差，即：$Z=D_{凹}-D_{凸}$。

冲裁间隙对冲裁过程有着很大的影响。它的大小直接影响到冲裁件的质量，同时对模具寿命也有较大的影响。冲裁间隙是保证合理冲裁过程的最主要的工艺参数。在实际生产中，合理间隙的数值是由实验方法来确定的。合理间隙值有一个相当大的变动范围，约为（5%～25%）t 左右，由于没有一个绝对合理的间隙数值，加之各个行业对冲裁件的具体要求也不一致，因此各行各业甚至各个企业都有自身的冲裁间隙表，在具体确定间隙数值时，往往是参照相关的冲裁间隙表来选取。一般来说，取较小的合理间隙有利于提高冲件的质量，取较大的合理间隙则有利于提高模具的寿命。因此，在保证冲件质量的前提下，应采用较大的合理间隙。

除此之外，冲裁的双面间隙 Z 还可按下式进行计算

$$Z=mt$$

式中　m——系数，见表 6-17 和表 6-18；

　　　t——板料厚度，mm。

表 6-17　机械制造及汽车、拖拉机行业的 m 值

材料名称	m 值
08 钢、10 钢、黄铜、纯铜	0.08～0.10
Q235、Q255、25 钢	0.1～0.12
45 钢	0.12～0.14

表 6-18　电器仪表行业的 m 值

材料类型	材料名称	m 值
金属材料	铝、纯铜、纯铁	0.04
	硬铝、黄铜、08 钢、10 钢	0.05
	锡磷青铜、铍合金、铬钢	0.06
	硅钢片、弹簧钢、高碳钢	0.07
非金属材料	纸布、皮革、石棉、橡胶、塑料 硬纸板、胶纸板、胶布板、云母片	0.02 0.03

③ 凸、凹模工作部分尺寸的确定　在冲裁作业中，模具工作部分尺寸及精度是影响冲裁件尺寸公差等级的首要因素，而模具的合理间隙也要靠模具工作部分的尺寸及其公差来保证。因此，在确定凸、凹模工作部分尺寸及其制造公差时，必须考虑到冲裁变形规律、冲裁件公差等级、模具磨损和制造的特点。

a. 冲裁凸、凹模尺寸计算的基本原则　冲裁凸、凹模尺寸计算的基本原则是：

ⅰ. 冲孔时，孔的直径决定了凸模的尺寸，间隙由增加凹模的尺寸取得。

ⅱ. 落料时，外形尺寸决定了凹模的尺寸，间隙由减小凸模的尺寸取得。

ⅲ. 由于凹模磨损后会增大落料件的尺寸，凸模磨损后会减小冲孔件的尺寸。为提高模具寿命，在制造新模具时应把凹模尺寸做得趋向于落料件的最小极限尺寸，把凸模尺寸做得趋向于冲孔件的最大极限尺寸。

b. 冲裁模间隙保证的方法　冲裁模制造时，常用以下两种方法来保证合理间隙：

ⅰ. 分别加工法。分别规定凸模和凹模的尺寸和公差，分别进行制造。用凸模和凹模的尺寸及制造公差来保证间隙要求。该种加工方法加工的凸模和凹模具有互换性，制造周期短，便于成批制造。

ⅱ. 单配加工法。用凸模和凹模相互单配的方法来保证合理间隙。加工后，凸模和凹模必须对号入座，不能互换。通常，落料件选择凹模为基准模，冲孔件选择凸模为基准模。在作为基准模的零件图上标注尺寸和公差，相配的非基准模的零件图上标注与基准模相同的基本尺寸，但不注公差，其冲裁间隙按基准模的实际尺寸配作，并保证间隙值在 $Z_{\min} \sim Z_{\max}$ 之内。单配加工法多用于形状复杂、间隙较小的冲模。

c. 凸、凹模分别加工时的工作尺寸计算　凸模和凹模分别加工时的工作尺寸按以下两种情况计算。

ⅰ. 冲孔模

$$d_{凸}=(d_{\min}+x\Delta)_{-\delta_{凸}}^{\ 0}$$

$$d_{凹}=(d+Z_{\min})=(d_{\min}+x\Delta+Z_{\min})_{\ 0}^{+\delta_{凹}}$$

ⅱ. 落料模

$$D_{凹}=(D_{\max}-x\Delta)_{\ 0}^{+\delta_{凹}}$$

$$D_{凸}=(D_{凹}-Z_{\min})=(D_{\max}-x\Delta-Z_{\min})_{-\delta_{凸}}^{\ 0}$$

式中　$d_{凸}$，$d_{凹}$——冲孔凸模和凹模的基本尺寸；

$D_{凹}$，$D_{凸}$——落料凹模和凸模的基本尺寸；

$d_{\min}$——冲孔件的最小极限尺寸；

$D_{\max}$——落料件的最大极限尺寸；

$\delta_{凸}$、$\delta_{凹}$——分别为凸模和凹模的制造偏差，凸模偏差取负向，凹模偏差取正向。一般可按零件公差 Δ 的 1/4～1/3 来选取，对于简单的圆形或方形等形状，由于制造简单，精度容易保证，制造公差可按 IT6～IT8 级选取；

$Z_{\min}$，$Z_{\max}$——冲裁模初始双面间隙的最小、最大值，按各行业或各企业相关间隙表选取；

Δ——冲裁件的公差；

x——磨损系数，其值在 0.5～1 之间，可按冲裁件的公差等级选取，即：当工件公差为 IT10 以上时，取 $x=1$；当工件公差为 IT11～IT13 时，取 $x=0.75$；当工件公差为 IT14 以下时，取 $x=0.5$。

d. 凸、凹模单配加工的步骤　单配加工法常用于复杂形状及薄料的冲裁件，其凸、凹模基本尺寸的确定原则是保证模具工作零件在尺寸合格范围内有最大的磨损量。单配加工凸模和凹模制造尺寸的步骤如下。

ⅰ. 首先选定基准模。

ⅱ. 判定基准模中各尺寸磨损后是尺寸增大、减小还是不变。

ⅲ. 根据判定情况，增大尺寸按冲裁件上该尺寸的最大极限尺寸减 $x\Delta$ 计算，凸、凹模制造偏差取正向，大小按该尺寸公差 Δ 的 1/4～1/3 选取；减小尺寸按冲裁件上该尺寸的最小极限尺寸加 $x\Delta$ 计算，凸、凹模制造偏差取负向，大小按该尺寸公差 Δ 的 1/4～1/3来选取；不变尺寸按冲裁件上该尺寸的中间尺寸计算，凸、凹模制造偏差取正负对称分布，大小按该尺寸公差 Δ 的 1/8 选取。

ⅳ. 基准模外的尺寸按基准模实际尺寸配制，保证间隙要求。

(5) 冲裁设备

用于板料冲裁加工的设备主要为曲柄压力机。曲柄压力机按机身的结构特点分为开式压力机和闭式压力机两种。开式压力机工作台面在前、左、右三面敞开，便于安装调整模具和操作，但刚性较差，吨位为 25kN～4MN，图 6-28 为开式压力机的几种类型；闭式压力机为框架式加工，前后敞开，刚性较好，吨位为 1.6MN 以上。

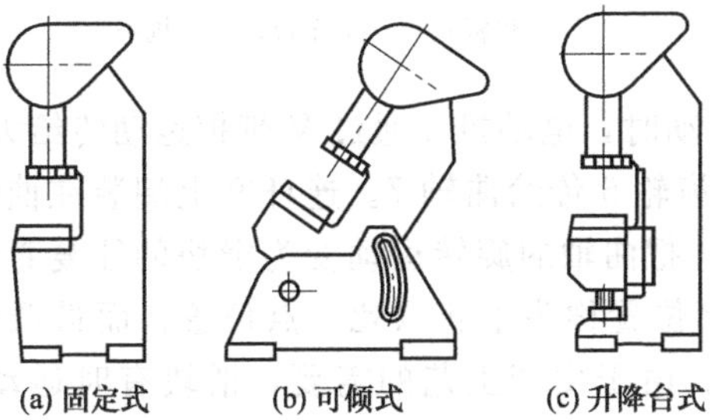
(a) 固定式　(b) 可倾式　(c) 升降台式

图 6-28　开式压力机的类型

尽管曲柄压力机的种类较多，但工作原理基本相同。简单地说，就是通过曲柄机构（曲柄连杆机构、曲柄肘杆机构等）增力和改变运动形式，利用飞轮来储存和释放能量，使曲柄压力机产生大工作压力来完成冲压作业。以下以JB23-63曲柄压力机为例来说明其结构与运动原理，JB23-63曲柄压力机属开式可倾压力机，见图6-29。

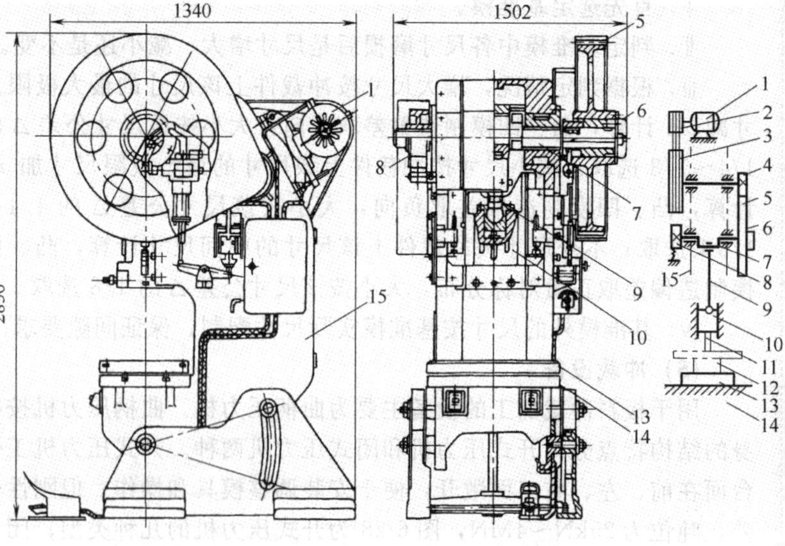

图6-29　JB23-63曲柄压力机结构与运动原理

1—电动机；2—小带轮；3—大带轮；4—小齿轮；5—大齿轮；6—离合器；7—曲轴；8—制动器；9—连杆；10—滑块；11—上模；12—下模；13—垫板；14—工作台；15—机身

压力机运动时，电动机1通过V带把运动传给大带轮3，再经小齿轮4、大齿轮5传给曲轴7。连杆9上端装在曲轴上，下端与滑块10连接，把曲轴的旋转运动变为滑块的往复直线运动，滑块10运动的最高位置称为上止（死）点位置，而最低位置称为下止（死）点位置。由于生产工艺的需要，滑块有时运动，有时停止，所以装有离合器6和制动器8。由于压力机在整个工作时间周期内进行工艺操作的时间很短，大部分时间为无负荷的空程。为了使电动机的负荷均匀，有效地利用设备能量，因而装有飞轮，大带轮同时起飞轮作用。

当压力机工作时，将所用模具的上模 11 装在滑块上，下模 12 直接装在工作台 14 上或在工作台面上加垫板 13，便可获得合适的闭合高度。此时将材料放在上下模之间，即能进行冲裁或其他变形工艺加工，制成工件。

(6) 冲裁模设计应用要领

冲裁加工是通过冲裁模完成的，冲裁模是保证冲裁零件的形状、尺寸、精度要求的关键，因此，板料的冲裁加工很大程度上取决于设计经济、合理、实用的冲裁模，在冲裁模设计应用时必须注意到以下要领。

① 需仔细分析零件的冲裁工艺性，使制定的加工工艺及模具结构能满足加工的需要。如：对有尖角板件的冲裁加工，一般在工艺上可利用两条直线相交，形成尖角的原理来进行加工工序的安排。图 6-30 (b) 是利用凸模的一条直刃与条料的一边相交得到图 6-30 (a) 所示工件；图 6-30 (d) 则是条料由右向左送进，先冲出一边外形，再冲裁落料得到图 6-30 (c) 所示工件。若需一次冲裁，则往往对凸凹模等工作零件采用镶拼结构，以利于后续的维修及更换。

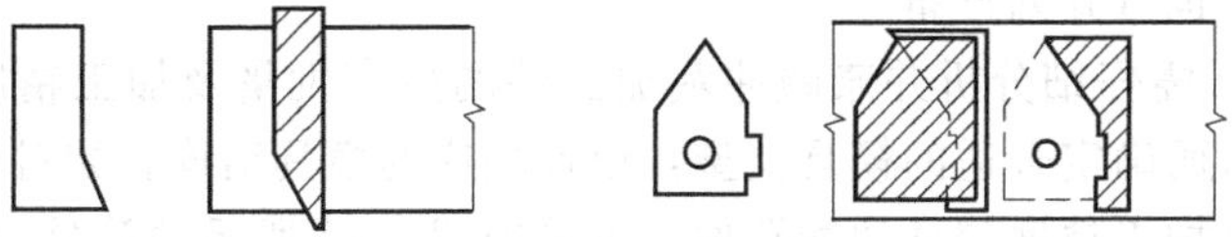

图 6-30　尖角板件的冲裁

又如对板料上多处密集孔，冲裁工艺性差零件冲裁，若采用一次性冲裁则凹模强度不足，且冲裁的零件易发生孔边缘的材料外凸变形，此时，可用间隔的位置，只制造一半的凹模，第一次用挡料销 B 挡料，冲几个孔Ⅰ，第二次用挡料销 A 挡料，冲几个孔Ⅱ。也可以冲一次后，将条料翻过来，仍用挡料销 B 冲剩余的孔，如图 6-31 所示。

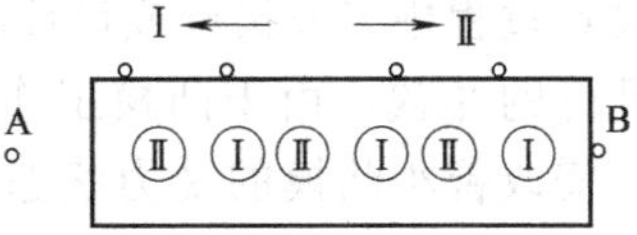

图 6-31　密集孔的冲裁

② 需仔细分析冲裁加工件的加工精度，从而确定合适的加工方法，设计相应的模具结构。如加工 2.5mm 厚的 20 钢制成的冲孔件加工，若粗糙度 Ra 要求不低于 0.8～1.6μm，且加工孔的精度达 IT9 级，则采用普通的冲孔模根本达不到要求，此时，需选用精密冲裁或采用挤光加工工艺。

③ 采用单工序冲裁模加工板料时，应合理安排冲裁顺序，主要有以下原则。

a. 先落料再冲孔或冲缺口，后继工序的定位基准要一致，以避免定位误差和尺寸链换算。

b. 冲裁大小不同、相距较近的孔时，为减少孔的变形，应先冲大孔后冲小孔。

④ 采用级进模加工板料时，冲裁顺序的安排主要有以下原则。

a. 先冲孔或冲缺口，最后落料或切断。先冲出的孔可作后续工序的定位孔，当定位也要求较高时，则可冲裁专供定位用的工艺孔（一般为两个）。

b. 采用定距侧刃时，定距侧刃切边工序安排与首次冲孔同时进行，以便控制送料进距。采用两个定距侧刃时，可以安排成一前一后，也可并列排布。

⑤ 需仔细分析并兼顾冲裁加工件的生产批量及加工精度的关系，从而确定合适的模具类型，设计相应的模具结构。如对小批量生产且加工精度较低的冲孔件，可采用图 6-32 所示的简易冲孔模。凸模 2 和凹模 3 由孔型互相对应的安装板 4 定位装在上下模板上，用橡胶套 1 压料和脱料。但如加工精度较高，即使生产批量不大也应采用导板模或模架导向冲模。

⑥ 需仔细分析所设计模具工作零件、模具结构的受力，从而在设计过程中采取措施或设计改进模具的结构。如对板料或管料等小孔件的冲裁，由于凸模工作条件恶劣，易受力后产生折断，为此，需改善小凸模的受力状态，图 6-33 为采用的小凸模自身导向方法。即：将小凸模 3 的加粗部分和卸料板 5、导套 4 成滑动配合，起导向作用，凸模的工作部分与导套之间的配合间隙要略为大些，从而提高凸模寿命。

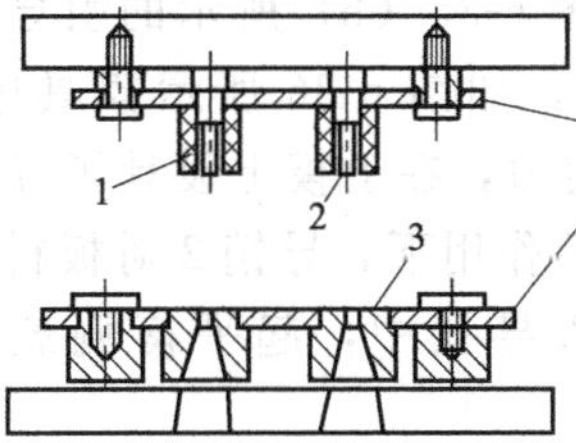

图 6-32　简易冲孔模

1—橡胶套；2—凸模；
3—凹模；4—安装板

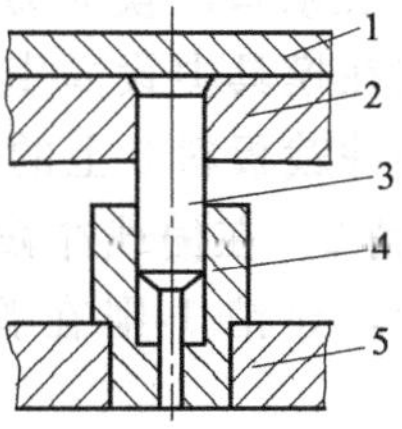

图 6-33　小凸模的自身导向

1—垫板；2—固定板；3—小凸模；
4—导套；5—卸料板

再比如，在剪切或落好料的半成品中冲切图 6-34 所示的各种缺口时，由于冲切缺口为不封闭结构，凸模、凹模刃口侧面所受的水平侧压力将无法相互平衡抵消，为消除该侧向力可能使缺口凸模发生偏移而导致冲切间隙的不均匀等影响，或使缺口凸模发生歪斜，甚至折断等致命缺陷，因此，在模具设计中，通常采用以下处理方法。

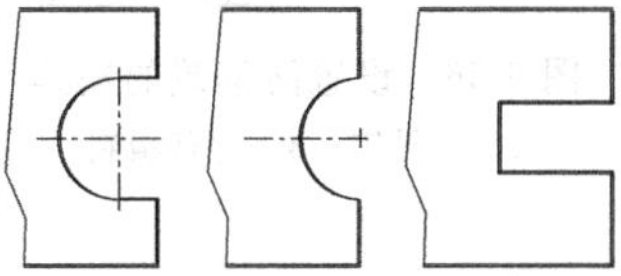

图 6-34　各种形状的缺口

a. 加固缺口凸模强度及刚度，如：加大零件外形尺寸、选用较高强度的模具材料，使其足以抵抗侧向力的频繁作用。

b. 在冲切缺口相对应的定位部位设置如图 6-35（a）所示的挡块 5。

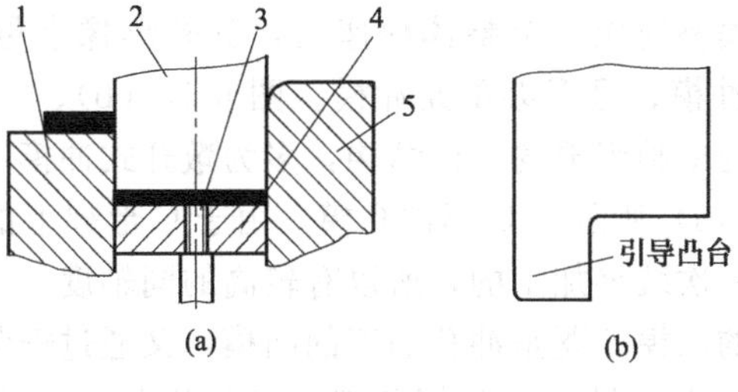

图 6-35　消除侧向力影响的方法

1—凹模；2—缺口凸模；3—顶料杆；4—卸料板；5—挡块

c. 在缺口凸模非刃口部位设置如图 6-35（b）所示的引导凸台，或在模具中设置其他防偏载结构，如图 6-36 所示模具中，为减小冲裁板料 3 上的槽口所受的侧向力，在上模上设计了导销 1、导销 2，在偏载冲裁时，在各自弹簧作用下，导销 2 对板料实施压紧，导销 1 则在弹簧作用下插入导孔中，起平衡偏载的作用。

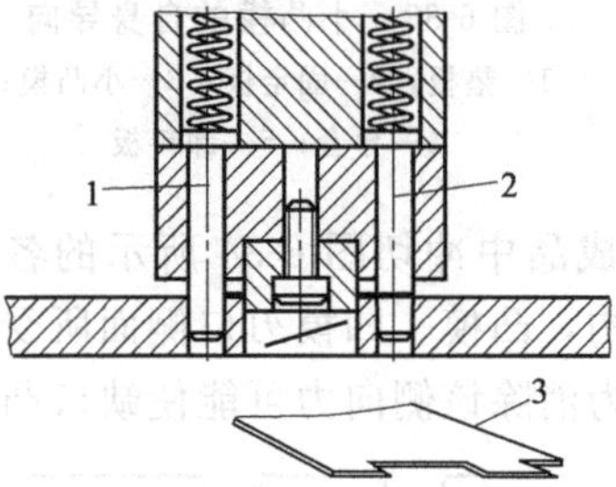

图 6-36　设置防偏载的模具

1,2—导销；3—冲裁板料

其中 b、c 项解决办法主要的工作原理是：在缺口未进行冲切、侧向力尚未产生之前，缺口冲切凸模便与凹模或挡块紧贴，以完成对缺口冲切凸模的保护，装配时要求，缺口冲切凸模与凹模或挡块为无间隙或小间隙（一般约取 1/3 的标准单面冲裁间隙）配合，且配合面要光洁，导正可靠。

⑦ 对生产中出现的形状简单、多品种、小批量生产的小尺寸冲裁件，一般采用通用冲裁模完成零件的加工。通用模具结构简单，在同一副模具中经简单更换相应的上、下模操作便可实现不同形状和尺寸规格零件的冲裁。因此，对生产组织管理，缩短零件生产周期，降低制造成本都很有益。

常见的通用冲裁模按其上、下模座的组成形式可分为两类，图 6-37（a）为上模座和下模座连成一个整体模座的通用冲裁模结构，由于上、下模座连成一个整体模座后，其外形像字母“C”，故习惯称为 C 形冲模、弓形架单元冲模。图 6-37（b）、（c）为上模座和下模座均为单独组成的分体结构，多为敞开式冲模。

图 6-37（a）所示的 C 形冲孔模，由于 C 形架上的凹模孔和导套装配孔是一次装夹加工的，所以有较高的同轴度。

模具中的凸模 5 既是冲孔加工的凸模，又通过安装在模座 1 上孔内的导套 4 进行导向，头部还起模柄作用与压力机滑块进行连接。为保证冲模的精度，凸模 5 与导套 4 内孔应加工成 H6/h5 间

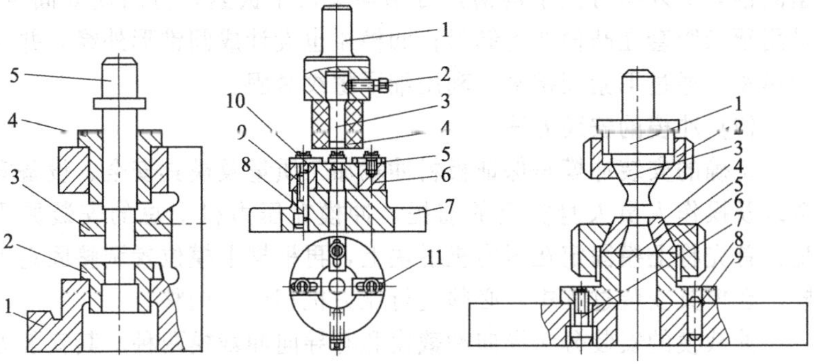

(a) C形冲孔模

1—模座;
2—凹模;
3—卸料板;
4—导套;
5—凸模

(b) 通用冲裁模

1—模柄; 2, 9—螺钉;
3—凸模; 4—卸料橡胶;
5—定位板; 6—凹模套;
7—模座; 8—销钉;
10—凹模; 11—调节螺钉

(c) 通用冲孔模

1—模柄; 2—上紧固锥套;
3—凸模; 4—凹模;
5—凹模套; 6—下紧固锥套;
7—螺钉; 8—底座;
9—销钉

图 6-37　通用冲裁模的结构

隙配合精度，同轴度不超过 0.003mm；凹模 2 直接安装在模座的下孔内。卸料板 3 用螺钉固定在模座的中间。

整个冲模结构紧凑、加工工艺性能良好，只要更换模柄凸模 5、凹模 2、卸料板 3（工作尺寸及形状改变），即可冲裁不同形状的轴、孔类零件。

图 6-37（b）为另一种可冲裁方形、矩形等外形形状的通用落料与冲孔模结构。整套模具通用性强，在冲压不同形状及不同直径的孔时，只要更换凸模 3、凹模 10 即可。

当需要落料时，可以适当拆去部分定位板 5，并将凸模 3 和凹模 10 换成落料凸模、凹模便可进行落料冲裁。若需冲孔时，可更换凸模 3 和凹模 10，按落料件外形调整三个定位板 5 使之定位便可进行冲孔。

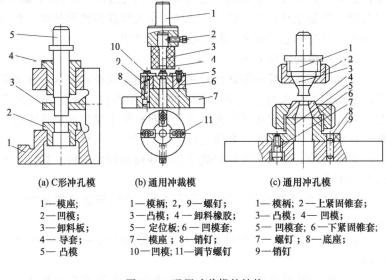

图 6-37（c）为一副通用冲孔模结构。模柄 1 的下端设计有细牙螺纹，外旋上紧固锥套 2，其圆锥角为 60°；凸模 3 上半部也设计成锥形，并以锥面卡在紧固锥套内并依靠圆锥面自动定中心；上

紧固锥套 2 外缘有扳手沟槽，可用勾头扳手扳紧，将凸模 3 固定；采用硬橡胶套在凸模 3 上卸料；凹模 4 也设计成圆锥形外缘，并与凹模座 5 通过下紧固锥套 6 利用细牙螺纹紧固。

(7) 冲模的安装方法

正确的安装冲模是保证板料冲裁加工质量及模具安全、设备安全以及操作人员人身安全的前提，冲模在压力机上总的安装原则是：首先将上模固定在压力机滑块上，再根据上模位置调整固定下模。在模具安装过程中，必须进行压力机相应的调整。

冲裁模的安装分无导向冲裁模和有导向冲裁模两种。其安装方法分别如下。

① 无导向冲裁模的安装　无导向冲裁模的安装比较复杂，其方法如下。

a. 模具安装前，先应做好压力机和模具的检查工作，主要检查内容有：

ⅰ. 所选用压力机的公称压力必须大于模具工艺力的 1.2～1.3 倍；

ⅱ. 冲模各安装孔（槽）位置必须与压力机各安装孔（槽）相适应；

ⅲ. 压力机工作台面的漏料孔尺寸应大于或能通过制品及废料尺寸，若直接落于工作台面，要留有人工清除的空间；

ⅳ. 压力机的工作台和滑块下平面的大小应与安装的冲模相适应，并要留有一定的余地。一般情况下，冲床的工作台面应大于冲模模板尺寸 50～70mm 以上；

ⅴ. 冲模打料杆的长度与直径应与压力机的打料机构相适应。

此外，还应熟悉所要冲制零件形状、尺寸精度和技术要求，掌握所冲零件的相关工艺文件和本工序的加工内容；熟悉本冲裁模的种类、结构及动作原理、使用特点等，最后还应对模具和压力机台面进行清洁及压力机工作状态的检查。

b. 检查冲模的安装条件，冲模的闭合高度必须要与压力机的装模高度相符。冲模在安装前，其闭合高度必须要先经过测定，模具的闭合高度 H_0 的数值应满足

$$H_{min}+10(mm)\leqslant H_0\leqslant H_{max}-5(mm)$$

式中　H_0——模具的闭合高度，mm；

H_{max}——压力机最大闭合高度，mm；

H_{min}——压力机最小闭合高度，mm。

如果模具闭合高度太小，不符合上述要求，可在压力机台面上加一个磨平的垫板，使之满足上述要求才能进行装模，如图 6-38 所示。

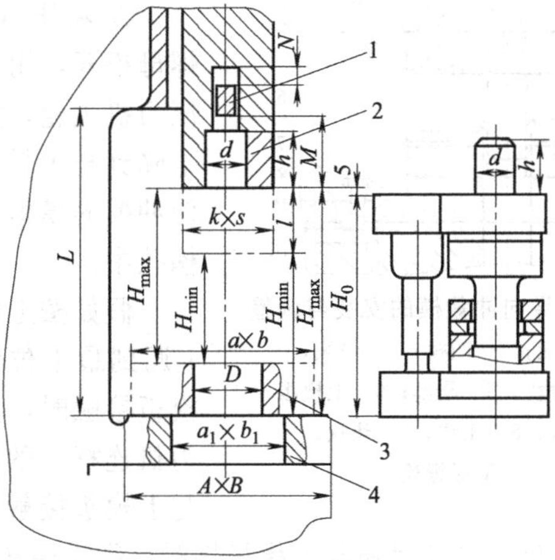

图 6-38　压力机和模具安装的尺寸关系

1—顶件横梁；2—模柄夹持块；3—垫板；4—工作台

图中其他尺寸所表示的意义分别为：

N——打料横杆的行程；

M——打料横杆到滑块下表面之间的距离；

h——模柄孔深或模柄的高度；

d——模柄孔或模柄的直径；

$k\times s$——滑块底面尺寸；

L——台面到滑块导轨的距离；

l——装模高度调节量（封闭高度调节量）；

$a \times b$——垫板尺寸；

D——垫板孔径；

$a_1 \times b_1$——工作台孔尺寸；

$A \times B$——工作台尺寸。

当多套冲模联合安装在同一台压力机上实现多工位冲压时，其各套冲模的闭合高度应相同。

c. 将冲模放在压力机的中心处，见图 6-39。其上、下模用垫块 3 垫起。

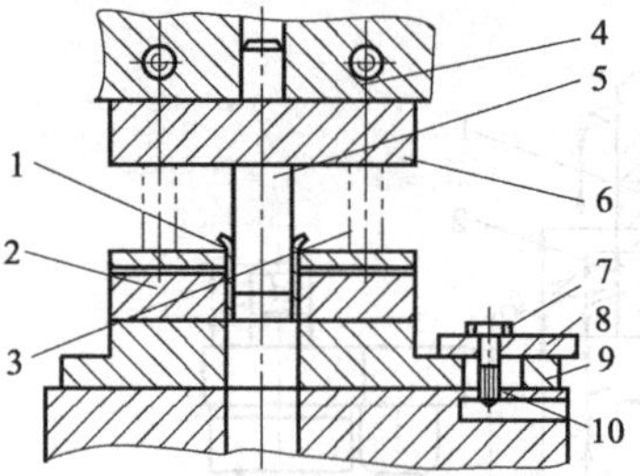

图 6-39 无导向冲裁模的安装与调整

1—硬纸板；2—凹模；3—垫块；4—压力机滑块；5—凸模；6—上模板；7—螺母；8—压块；9—垫块；10—T 形螺栓

d. 将压力机滑块 4 上的螺母松开，用手或撬杠转动压力机飞轮，使压力机滑块下降到与上模板 6 接触，并使冲模的模柄进入滑块的模柄孔中。

假如按上述要求将滑块 4 调到最下位置还不能与上模板接触时，则需要调整压力机连杆上的螺杆，使滑块与上模板接触。如果连杆调整到下极点，仍不能使滑块与上模板接触，则需要在下模底部垫以垫块将下模垫起，直到接触为止。

e. 滑块的高度调整好后，将模柄紧固在压力机滑块上。

f. 调整凸、凹模的间隙，即在凹模的刃口上，垫以相当于凸、凹模单面间隙值厚的硬纸板 1 或铜片，并用透光法调整凸、凹模的间隙，并使之均匀。

g. 间隙调好后，将螺栓 10 插入压力机台面槽内，并通过压块 8、垫块 9 和螺母 7 将下模紧固在压力机上。注意，紧固螺栓时要对称、交错地进行。

h. 开动压力机进行试冲，在试冲过程中，若需调整冲模间隙，可稍松开螺母 7，用手锤根据冲模间隙分布情况，沿调整方向轻轻锤击下模板，直到冲模间隙合适为止。

② 有导向冲裁模的安装方法　有导向的冲裁模，由于导柱、导套导向，故安装与调整要比无导向的冲裁模方便和容易，其安装要点如下。

a. 按无导向冲裁模的安装要求分别做好模具安装前的技术准备、模具和压力机台面的清洁及压力机的检查工作。

b. 将闭合状态下的模具放在压力机台面上。

c. 把上模和下模分开，用木块或垫铁将上模垫起。

d. 将压力机滑块下降到下极点，并调整到能使其与模具上模板上平面接触，如图 6-40 所示。

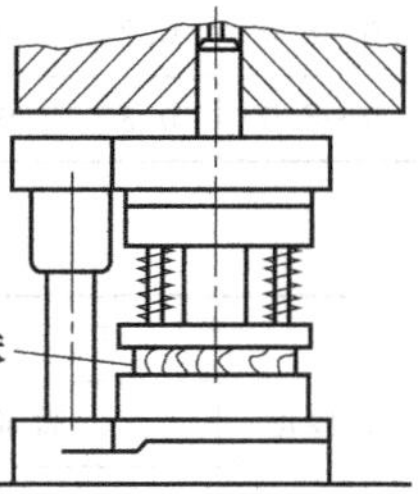

图 6-40　模具的安装

e. 分别把上模、下模固紧在压力机滑块和压力台面上，螺钉紧固时要对称、交错地进行。滑块调整位置应使其在上极点时，凸模不至于逸出导板之外或导套下降距离不得超过导柱长度的1/3为止。

f. 紧固牢固后，进行试冲，试冲合格转入正式生产。

(8) 板料冲裁的质量及精度

板料冲裁加工件的质量指切断面质量、尺寸及形状精度等方面。冲裁件的表面粗糙度数值一般在 $Ra12.5\mu m$ 以下，具体数值可参考表 6-19。

表 6-19　冲裁件剪切面的近似表面粗糙度

材料厚度 t/mm	≤1	>1～2	>2～3	>3～4	>4～5
表面粗糙度 $Ra/\mu m$	3.2	6.3	12.5	25	50

板料冲裁加工件的尺寸精度与冲模的制造精度有直接的影响。冲模的精度愈高，冲裁件的精度也愈高。表 6-20～表 6-22 所提供的冲裁件尺寸精度，是指在合理间隙情况下对铝、铜、软钢等常用材料冲裁加工的数据。表中普通冲裁精度、较高冲裁精度分别指采用 IT8～IT7 级、IT7～IT6 级制造精度的冲裁模加工获得的冲裁件。

表 6-20 冲裁件外径尺寸的公差 mm

材料厚度	工作外径尺寸							
	普通冲裁精度加工件				较高冲裁精度加工件			
	<10	10～50	50～150	150～300	<10	10～50	50～150	150～300
0.2～0.5	0.08	0.10	0.14	0.20	0.025	0.03	0.05	0.08
0.5～1.0	0.12	0.16	0.22	0.30	0.03	0.04	0.06	0.10
1.0～2.0	0.18	0.22	0.30	0.50	0.04	0.06	0.08	0.12
2.0～6.0	0.24	0.28	0.40	0.70	0.06	0.08	0.10	0.15
6.0～8.0	0.30	0.35	0.50	1.00	0.10	0.12	0.15	0.20

表 6-21 冲裁件内径尺寸的公差 mm

材料厚度	工作内径尺寸					
	普通冲裁精度加工件			较高冲裁精度加工件		
	<10	10～50	50～150	<10	10～50	50～150
0.2～1	0.05	0.08	0.12	0.02	0.04	0.08
1～2	0.06	0.10	0.16	0.03	0.06	0.10
2～4	0.08	0.12	0.20	0.04	0.08	0.12
4～6	0.10	0.15	0.25	0.06	0.10	0.15

表 6-22 孔间距离的公差 mm

材料厚度	普通冲裁精度加工件			较高冲裁精度加工件		
	中心距离					
	50 以下	50～150	150～300	50 以下	50～150	150～300
1 以下	±0.1	±0.15	±0.2	±0.03	±0.05	±0.08
1～2	±0.12	±0.2	±0.3	±0.04	±0.06	±0.10
2～4	±0.15	±0.25	±0.35	±0.06	±0.08	±0.12
4～6	±0.2	±0.3	±0.4	±0.08	±0.10	±0.15

注：适用于本表数值所指的孔应同时冲出。

6.2.3 板料的数控冲切

随着计算机和工业自动化技术的飞速发展，钣金制造业中计算机辅助设计（CAD）和辅助制造（CAM）技术得到普及，如今，无论是大中型的钣金制造企业还是小规模的钣金制造车间，钣金的下料加工都比较普遍地使用数控转塔冲床，实现了钣金下料的数控冲切。

数控冲模回转头压力机是由计算机控制并带有模具库的数控冲切及步冲压力机，它通过计算机辅助设计/自动编程软件，可对钣金展开零件进行单零件或多零件加工编程优化，通过数控方式对板材进行 x、y 方向精确定位，自动选配机床转塔模具库中的模具进行自动加工。

(1) 数控转塔冲床的工作原理

数控转塔冲床从床身外形上分主要有两种，即开式与闭式，或称 C 形与 O 形。C 形机身特点是主传动转塔、旋转模具以及转塔定位等精密部件安装在主床身上，板料定位机构及送进系统部件安装在副床身上，见图 6-41，它由储存模具的回转头 1、支撑并安放待冲切板料的工作台 2、夹紧并移动板料的夹钳 3 及相关的控制系统组成。

O 形机身则采用封闭的框架结构，刚性好，能有效抵挡步冲时的侧推力，机床的精度保持性好，模具寿命高，冲裁件的质量好。

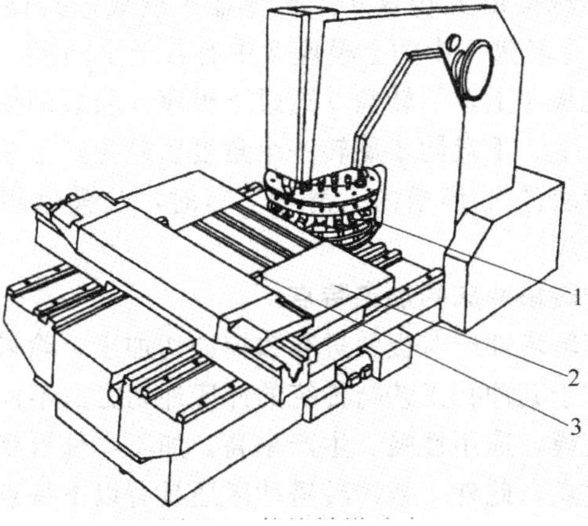

图 6-41　数控转塔冲床

1—回转头；2—工作台；3—夹钳

工作原理如图6-42所示，待冲切的板材被夹钳10夹持在工作台上。工作台由上、下两块滑块和传动系统组成，上、下滑块分别由电液脉冲电机用滚珠丝杠、滚珠螺母传动系统来驱动，使上滑块和下滑块分别沿 x、y 方向运动，从而使板材沿 x、y 方向送进。

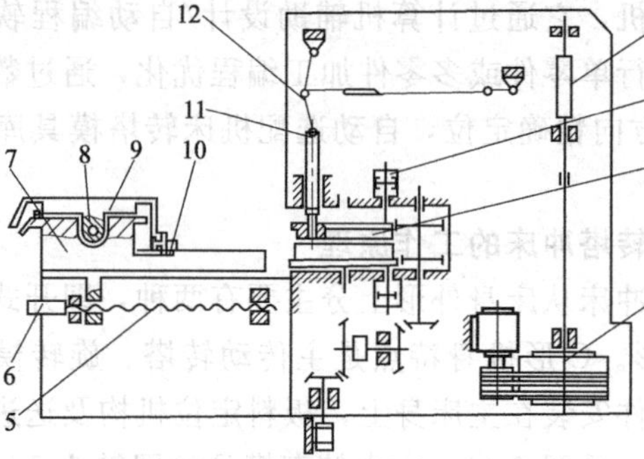

图6-42 数控转塔冲床的工作原理

1—蜗杆副；2—定位销；3—回转头；4—离合器；5,8—滚珠丝杠；6—液压马达；7—工作台；9—上滑块；10—夹钳；11—滑块；12—肘杆机构

冲床的回转头由上转盘1、下转盘9组成，其详细结构如图6-43所示。在上转盘1中的上模座2中有若干个凸模，上模座2通过轴颈固定在板4上，下转盘9通过下模座8安装凹模。在转换模具时，回转头上、下盘同步旋转一个角度后停止，上模座2的颈部嵌入压力机滑块的T形槽内。滑块下行时，凸模也随同下行，完成一个冲切工序。

(2) 数控转塔冲床的加工特点

采用数控转塔冲床对板料进行数控冲切加工，除采用了数控加工技术外，由于其冲孔工艺与传统的冲床冲切方法不同，因而具有自动、快速换模，通用性强、生产率高，加工零件形状不受模具结构的限制等优点。此外，数控转塔冲床还具有以下特点。

① 采用多副模具。压力机的上、下转盘中装有多副模具，供加工时选用，突破了冲压加工离不开专用模具的概念。

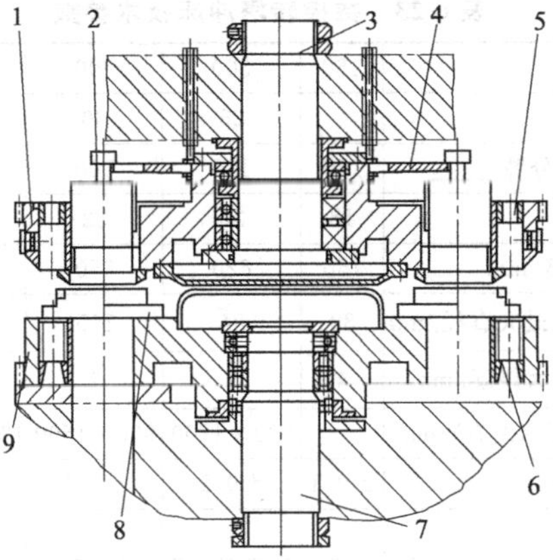

图 6-43 数控转塔冲床的回转头

1—上转盘；2—上模座；3—上中心轴；4—板；5—上定位孔；
6—下定位孔；7—下中心轴；8—下模座；9—下转盘

② 具有较高的运动精度和可靠性。采用高精度的滚珠丝杠和滚动导轨，使其具有较高的运动精度和可靠性。

③ 冲压件精度高。定位精度一般在±0.1mm，最高可达±0.05～±0.07mm。

④ 生产率高。与普通冲孔相比，可提高生产率4～10倍，尤其对单件、小批量生产可提高生产率20～30倍。

⑤ 费用低。减少模具设计与制造费用，缩短了生产准备周期。

⑥ 劳动强度低。除去装料与卸料以外，所有孔均可自动冲出，同时可节省生产的占地面积。

(3) 数控转塔冲床的加工应用

采用数控转塔冲床对板料进行数控冲切加工，可以一次性完成零件上不同尺寸和不同形状的孔加工，也可采用小冲模以步冲方式冲裁较大的圆孔、方孔、腰形孔及各种曲线形状的零件轮廓，还可进行特殊加工工艺，如百叶窗、浅拉伸、沉孔、翻边孔、加强筋、压印等。表6-23列出了数控转塔冲床的技术参数。

表6-24给出了某国产数控设备有限公司生产的VT-300型数控转塔冲床的产品参数。

表 6-23　数控转塔冲床技术参数

公称压力/kN		160	300	600	1000	1500
滑块行程/mm			25	30	40	50
滑块行程次数/(次/分钟)		120	100	100	50	60
模具数量/个		18	20	32	30	32
滑头中心到床身距离/mm		750	620	950	1300	1520
冲压板料尺寸	冲孔最大直径/mm	80	84	105	115	130
	最大厚度/mm	4	3	4	6.4	8
被加工板料尺寸(前后×左右)/mm			600×1200	900×1500	1300×2000	1500×2500
孔距间定位精度/mm		±0.1	±0.1	±0.1	±0.1	±0.1
主电机功率/kW			4	4	10	10
机器总质量/kg			8000	20000	30000	40000

表 6-24　VT-300 型数控转塔冲床的产品参数

公称压力/kN	300	板材最大移动速度(1mm 板厚)/(m/min)	85
最大加工板材尺寸/mm	1250×2500	转盘速度/(r/min)	30
最大加工板材厚度/mm	6.35	控制轴数	4
一次冲孔最大直径/mm	ϕ88.9	旋转工位个数	2
模位数/个	32	空气压力/MPa	0.6
孔距精度/mm	0.10	外形尺寸/mm	5020×2680×2340
1mm 步距时最高冲孔频率/(次/分钟)	600	机器质量/t	15
25mm 步距时最高冲孔频率/(次/分钟)	350	机身	闭式 O-Type

为适应当前制造业快速、高效、复合以及生产柔性的市场要求，数控转塔冲床技术正朝着数字化、集成化和智能信息化的方向发展。

6.3　型材的下料

型材是钣金构件的重要组成原材料之一，钣金常用的型材主要有：角钢、槽钢、工字钢及圆钢、扁钢、管料等。不同的型材根据生产企业加工设备的不同，其下料方法也是多样的，其中应用最广泛的主要有：锯切下料、冲切下料等。

6.3.1 型材锯切

锯切是通过锯齿的切割运动切断材料或锯出工件上的切口、沟槽等的加工方式，根据锯切运动时施力方式的不同，可分为手工锯切及机械锯切；根据所用锯条种类的不同，可分为带锯、盘锯、摩擦锯等。

(1) 手工锯切

手工锯切是用手锯把金属材料（或工件）分割开来的下料加工方式之一，手锯主要由锯弓和锯条两部分组成。

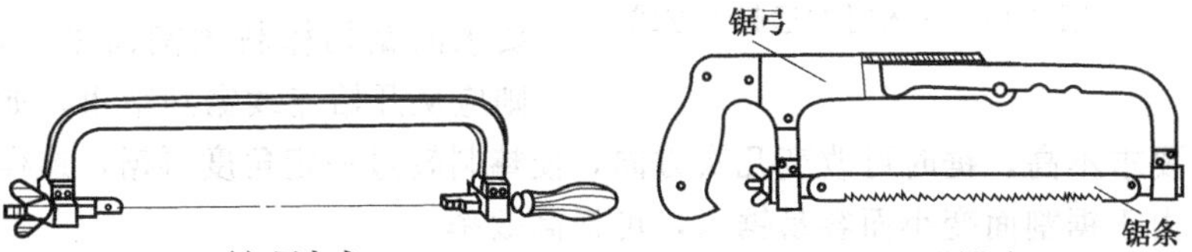

图 6-44　手锯

锯弓用来张紧锯条，有固定式和可调节式两种，如图 6-44 所示。锯条一般用渗碳钢冷轧而成，也有用碳素工具钢或合金钢制成，经热处理硬化。常用的锯条是长 300mm（两安装孔间的长度）、宽 12mm、厚 0.8mm 这一种。

① 锯齿的选用　手工锯切最主要的作业工具是锯齿，锯齿的齿距是按每英寸（25.4mm）长度内的齿数确定的，分为粗、中、细 3 种。选用不同的锯齿类型可完成各种材质型材、管件、板料的切割下料。锯齿类型的选择是根据被锯切材料的力学性能和厚度确定的（参见表 6-25）。

表 6-25　锯齿的类型与选用范围

锯齿类型	锯齿数量 $n(n/25.4\text{mm})$	应用范围
粗	14～18	锯割软钢、黄铜、铝、纯铜、铸铁、塑料等材料
中	22～24	锯割中等硬度的钢、厚壁铜管
细	32	薄片金属、薄壁管和硬材料

普通锯条最好用于中等硬度以下材料的锯切，当用细齿锯条锯切硬材料，或利用涂金刚石锯条锯切玻璃、陶瓷、淬硬钢时，起锯时利用锯条的前端靠在一个面的棱边上，与材料表面倾斜角 α 约为 15°左右，并保证有三个齿同时接触材料。为了使起锯的尺寸准确，可先用左手拇指靠稳锯条侧面作引导，轻加压力作短距离来回推拉，这样才能使锯条容易吃进，见图 6-45。

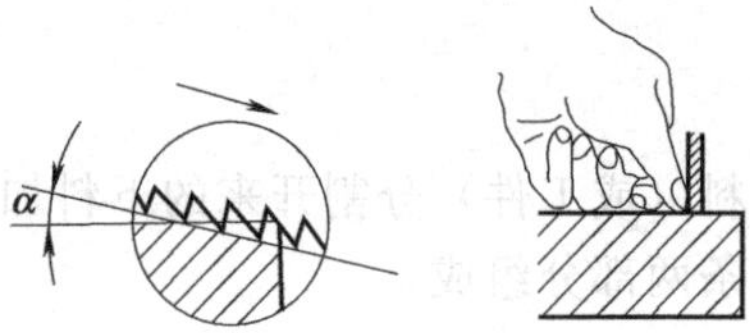

图 6-45　切入时的远起锯方式

② 各种工件的锯割方法　锯切不同的型材，或锯切不同要求的同一种型材，其锯割方法也是有所不同的。

a. 棒料的锯切。如果所要求的锯切棒料锯割面平整，则应从开始连续锯到结束。如要求不高，锯时可改变几次方向，使棒料转过一定角度再锯，这样由于锯割面变小而容易锯入，可提高效率。

b. 管材的锯切。锯切管材不能一直锯到底，否则锯齿容易被卡住而崩齿，正确的锯割方法是：当管料被锯透后，将管料沿推锯的方向转动一个适当的角度再锯，这样使管材多转几个方位，每个方位锯透到内壁即可。

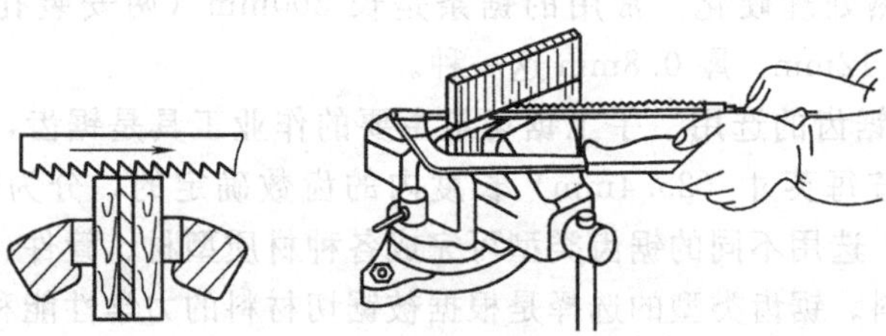

(a)　　(b)

图 6-46　薄板料的锯削方法

c. 薄板料的锯割。锯割薄板料时应尽可能从宽面上锯下去，当只能从板料的狭面上锯下去时，可用两块木板夹持，连木块一起锯下，以避免锯齿被钩住，同时也提高了板料的刚度，使锯削时不发生颤动，如图 6-46（a）所示。也可以把薄板料直接夹在台虎钳上，用手锯进行横向斜推锯，使锯齿与薄板接触的齿数增加，避免锯齿崩裂，如图 6-46（b）所示。

d. 扁钢的锯割。锯割扁钢时，为得到整齐的缝口，应从扁料较宽的面下锯，这样锯缝深度较浅，锯条不致卡住或损坏锯齿和锯条。

e. 角钢与槽钢的锯割。锯割角钢与槽钢，应采用分别从两面（或三面）进行，但每锯断一个平面后，必须改变夹持位置。

(2) 机械锯切

除手工锯切外，常用的锯切工具还有：手锯、高低速圆盘锯、摩擦锯、金属带锯和弓形摆锯等，一般均为机械锯切，图 6-47（a）、（b）、（c）分别为常用的手持风动锯、砂轮切割机及弓锯机等锯切设备外形。

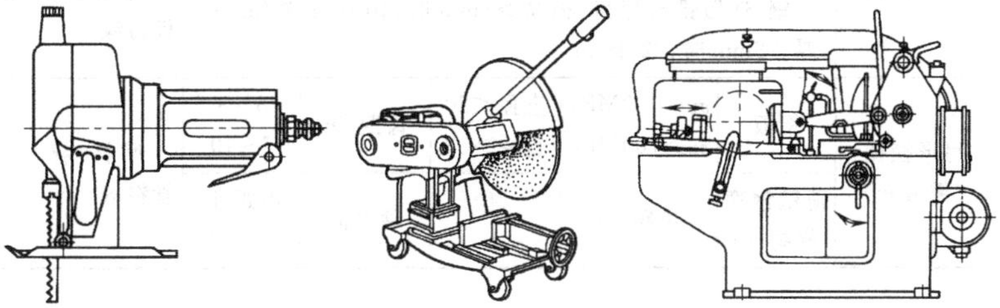

(a) (b) (c)

图 6-47 机械锯切设备

上述锯切设备不仅可用于型材的下料，也可用于其他金属材料的切割，锯切材料时，一般可根据锯切材料的性质和尺寸大小选择使用，见表 6-26。

6.3.2 型材的冲切

在生产中，对角钢、槽钢等型材及异型材的切断一般是采用锯切或铣削等机械加工方法保证，但当零件生产批量较大，品种较多时，传统的机械加工方式则因生产效率较低，不利于经济效益的提高，而多考虑采用型材冲裁模加工。

表 6-26 各种锯切工具、技术要求及应用范围

<table>
<tr><th>所用工具</th><th colspan="5">技术要求</th><th>应用范围</th></tr>
<tr><td>高速圆盘锯</td><td colspan="5">切削速度≥1700m/min，锯片尺寸 ϕ200mm×32mm×1.5mm，齿数为104，侧面向心角15′～20′，前角8°，后角45°</td><td>铝、铜等有色金属导管等</td></tr>
<tr><td>低速圆盘锯</td><td colspan="5">切削速度≤31m/min，进给量≤0.4m/min，应有液冷装置</td><td>型钢、方钢等</td></tr>
<tr><td rowspan="2">摩擦锯（砂轮）</td><td colspan="5">型号：G46ZYIXPB，砂轮片尺寸：ϕ300mm×32mm×2mm
速度：2810r/min</td><td>碳钢、不锈钢管、钢型材等</td></tr>
<tr><td colspan="5">型号：G80ZYISPB，砂轮片尺寸：ϕ200mm×32mm×1mm
速度：2810r/min</td><td>小尺寸有色和黑色导管等</td></tr>
<tr><td>金属带锯</td><td colspan="5">纯铜、铝及铝合金等：选斜矩形齿，4个/in
黄铜、青铜等：选长锥台形齿，6～8个/in
钢：选短锥台形齿，板厚＞8mm时，10～14个/in；板厚＜8mm时，22个/in</td><td>板、管、型材，多为条料及样板边缘</td></tr>
<tr><td rowspan="2">弓形摆锯（需液冷）</td><td>钢板</td><td>σ_b＜700MPa
σ_b＞700MPa</td><td>直径＜20
直径＞33</td><td>齿距/in</td><td>6～8
7～10</td><td rowspan="2">型材、棒材、管料等</td></tr>
<tr><td>薄壁钢管
黄铜、铜</td><td>齿距/in</td><td>10
4</td><td>硬青铜</td><td>齿距/in
10～12</td></tr>
</table>

(1) 型材冲裁加工的特点

大多数型材的加工都为单面冲切，冲切力不平衡，料与冲头都承受偏移力，易造成冲头折断或使料偏移，由于受型材结构特性的影响，冲裁多在型材轧制成形斜面上进行，从而使冲切凸模所受侧向推力加剧，凸模工作稳定性进一步变差，又由于冲切材料较厚，较大的冲切力易造成凸模刃口的甭刃或开裂。在凸模受到侧向推力的同时，被冲切的型材同样受一反作用力，造成型材冲切时翘曲力很大，影响操作的安全性。

(2) 型材冲裁模的设计要领

针对型材冲裁模加工的这些特点，在设计型材冲裁模时，应充分考虑到冲裁侧向力的影响，尽量控制或消除这种侧向力的影响。

通常采取的措施为：对工件及凸模设置挡料块（一般安放在凹模上，挡块的设置形式及位置，需结合冲切工件的形状及模具结构考虑，以有效地抵消剪切侧向力的影响）或部分加长凸模的非工作刃口部分的长度，使冲切之前，切断凸模与挡料块先紧贴，或使加长部位凸模紧贴凹模先行进入，由此抵消由于切断产生的偏移力，保证模具的寿命及切断的工件质量。

为防止型材冲切时可能发生的翘曲，从而影响冲裁质量及操作人员的安全。在模具中设置压料板预压和卸料装置。

为控制或消除型材冲裁时侧向力的影响，模具通常采用封闭式结构，使切刀所受侧向力在封闭式结构中得到较好的平衡，减小冲切时型材翘曲的趋向性。

(3) 常用的型材冲切模结构

图 6-48 为生产中常采用的角钢切断模。多用于厚度小于 6mm 的角钢，为了防止角钢切断时翘曲，压料板预压和卸料采用弹簧加

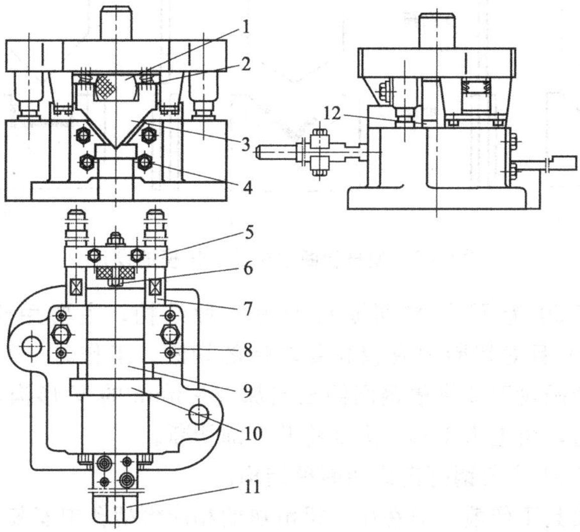

图 6-48　角钢切断模

1—橡胶；2—弹簧；3—上压板；4—下切刀压紧螺钉；5—挡料架；6—定位螺钉；7—支撑柱；8—压板；9—下压板；10—下切刀；11—托料架；12—上切刀

橡胶，保证操作的稳定及安全性。上下模采用导柱导向，上、下切刀由挡块来承担侧向推力。

工作时，毛坯沿托料架 11 和下压板 9 上的 V 形槽送到定位螺钉 6 处定位，上模下行时，上压板 3 与下切刀 10 及下压板 9、上切刀 12 分别将毛坯夹紧，上切刀 12 与下切刀 10 共同完成角钢的切断。

上切刀 12 与下切刀 10 的工作刃口夹角均取 90°，切断时可从两边逐渐切断，使冲裁力降低。下切刀 10 为对称设计，单面刃口磨损后，可翻转 180°使用。冲切时单面间隙可选用 0.3～0.4mm。

在角钢类型材切断模设计时，应保证型材与凹模贴合，即凹模型腔与型材角相同，凸模的含角比型材含角大，如图 6-49（a）、（b）所示，同样，对 U 形材的切断，也应保证凹模型腔与型材角相同，但凸模含角略小于 90°［见图 6-49（c）］，以减小切断力，提高断面质量。

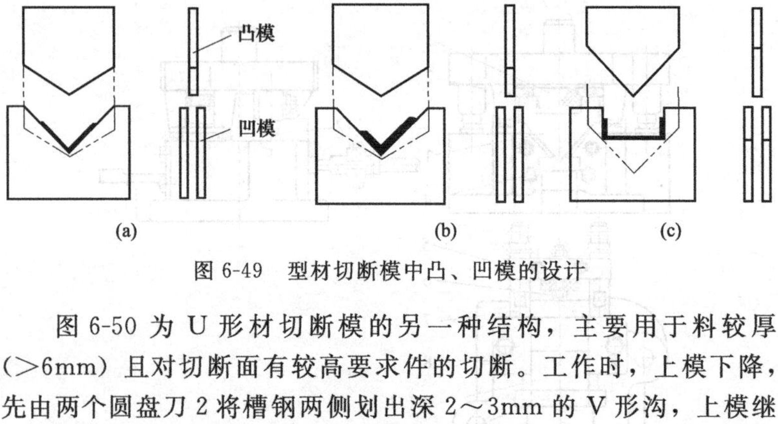

图 6-49　型材切断模中凸、凹模的设计

图 6-50 为 U 形材切断模的另一种结构，主要用于料较厚（>6mm）且对切断面有较高要求件的切断。工作时，上模下降，先由两个圆盘刀 2 将槽钢两侧划出深 2～3mm 的 V 形沟，上模继续下降时，由上刃 1 和下刃 3 将其全部切断。

图 6-51 为角钢打击式切断模结构。

该模具工作前，应在压力机滑块的相应模柄孔中安装锤头，工作时，把角钢放入 V 形槽中，随着压力机滑块的下行，锤头打击上模 1，其上安装的上刀片 8 随即下行，当其下行时，与下模 12 上的下刀片相切，就可把角钢切断。

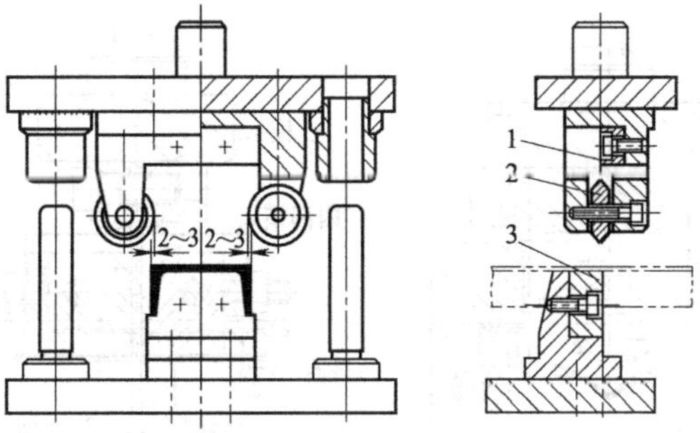

图 6-50　U 形材切断模

1—上刃；2—圆盘刀；3—下刃

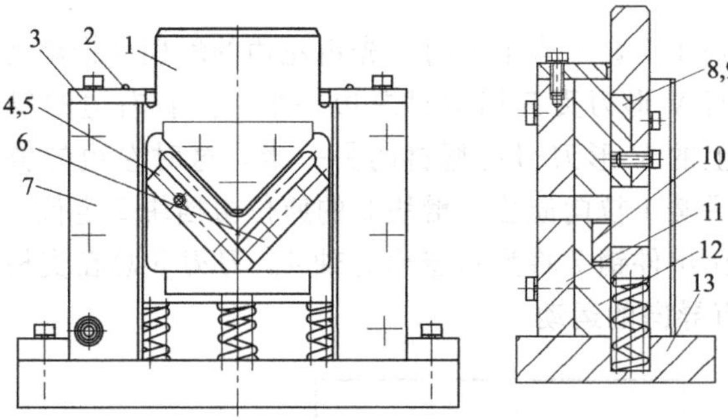

图 6-51　角钢打击式切断模

1—上模；2—油杯；3—上盖板；4—左下刀片；5,9,10—垫片；6—右下刀片；7—导向板；8—上刀片；11—模座；12—下模；13—下模板

可剪切不同厚度的角钢。切断厚度 6mm 以下的角钢，上、下刀片间的切断间隙取 0.3～0.4mm，切断大于 6mm 厚度的角钢，上、下刀片间的切断间隙取 0.5～1.0mm。

同样，异型材也可采用模具冲切完成，异型材冲切的加工方式一般有两种，即：裁断及端面切断，但不论采用何种方式，均是采用夹紧后再冲裁进行加工。因此，模具设计应先完成由内、外凹模将型材夹紧，再由凸模裁断。图 6-52 为异型材裁断模结构。

图 6-53 为类方管型材的端面切断模，既可一次性完成类方管型材的端面切断，也可一次性完成方盒形零件的修边。工作时，型

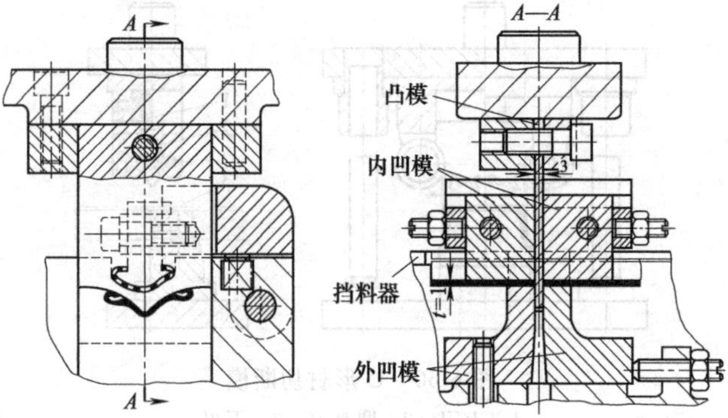

图 6-52　异型材裁断模

材装在芯轴 4 上，上模下行时，先由左边的斜楔 6 推动滑块 3 向右运动，由其 V 形刀刃 5 切型材左边一半，接着右边的斜楔 6 推动右边滑块上的 V 形刀刃切型材的另一半，这时左边的斜楔已脱离接触，由弹簧 1 拉向原位。滑块 3 的原位由挡块 2 定位。上模上行后，用手压出件销 7 将型材退出芯轴 4。刀刃 5 总在支柱 8 和芯轴 4 之间做有导向的运动。

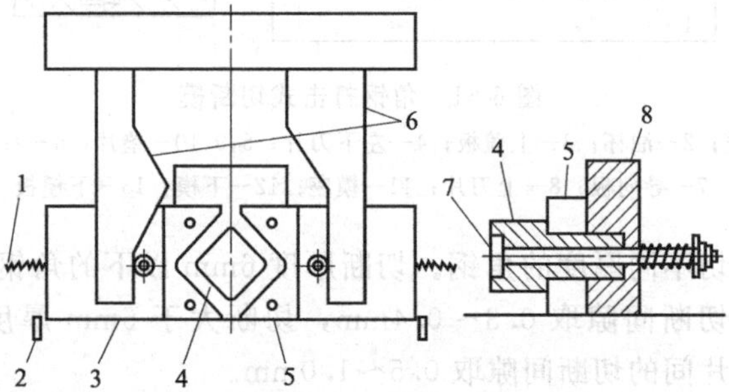

图 6-53　异型材的切断模

1—弹簧；2—挡块；3—滑块；4—芯轴；5—V 形刀刃；
6—斜楔；7—出件销；8—支柱

图 6-54（b）为切断图 6-54（a）所示异型材采用的打击式切断模。

工作时，先将异型材置于固定刀片 2 及活动刀片 7 内，定位块 3 控制切断的异型材长度。随着压力机滑块的下行，模柄 8 在压力机工作行程中推动活动刀片 7 下行，使其与固定刀片 2 相互搓动，将异型材切断。

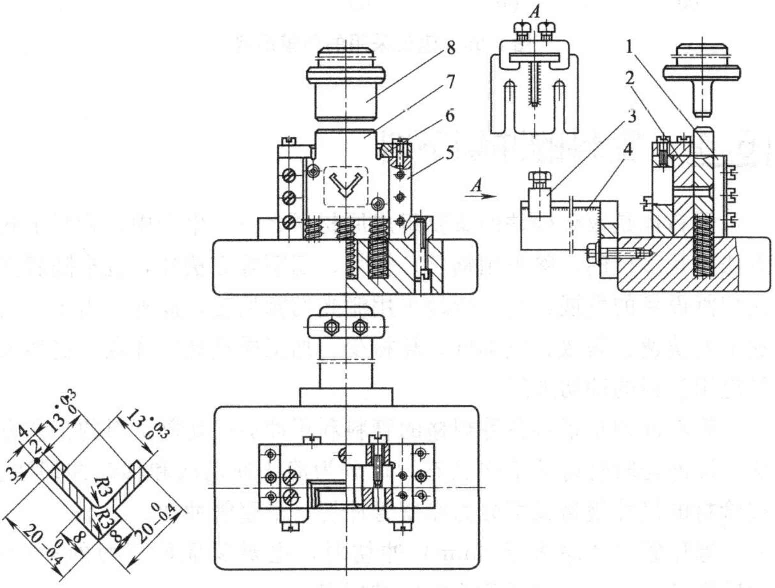

(a)异型材　　(b)打击式异型材切断模

图 6-54　异型材及其切断模

1—压板；2—固定刀片；3—定位块；4—支架；
5—框架；6—盖板；7—活动刀片；8—模柄

不论采用何种冲裁方式，异型材冲裁模的设计要点仍为控制或消除冲裁侧向力可能造成的变形及对冲切精度的影响。因此，型材冲裁模所设计的结构及其所采取的措施同样适用于异型材冲裁模的设计。相对于型材而言，异型材截面一般比型材更为复杂，对不同断面结构的异型材，为保证裁断质量，应妥善设计好凸模形状。图 6-55 为冲裁不同截面的异型材时建议采用的凸模形状。

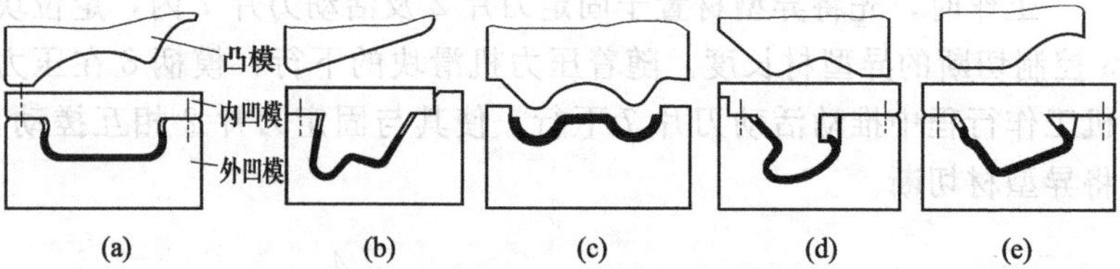

图 6-55 建议采用的凸模形状

6.4 管料的冲切下料

管料也是钣金构件的重要组成原材料之一，生产中，管料下料方法也是多样的，除采用锯切、铣切、切割等方法外，近来随着激光切割设备的发展，又广泛地采用激光切割加工，此外，由于冲切加工的快速、高效、成本低、耗材少、加工质量高等优点，仍然大量应用管料的冲切加工。

管料冲切是指将各种规格的管料利用冲剪机切割下料的工艺方法。按冲切时管材的工作状态，可分为静止冲切法和移动冲切法。按管材的尺寸规格又可分为厚壁管冲切、薄壁管冲切。

厚壁管（壁厚大于 3mm）冲切时，主要保证剪切面的精度；薄壁管冲切时，主要是防止管壁被压扁。

(1) 厚壁管冲切

常用的厚壁管冲切主要有以下方法。

① 垂直冲切法 厚壁管的垂直冲切如图 6-56（a）所示，冲切使用板状 V 形平头凸模和圆筒形凹模，凹模装配作用于管材的外侧，并沿其圆周方向开设有窄的沟槽，以供凸模在此沟槽内进行冲切下料。板状 V 形平头凸模一般用于厚度和直径均较大的管材冲切。

冲切时，板状 V 形平头凸模垂直下切，先将管料上部的 1/4 废料切断并掉进管料内，再继续下切至凹模底部时，即可将管料切断、排除废料并复位。然后，只需移动管材即可进行下次冲切，如图 6-56（b）所示。

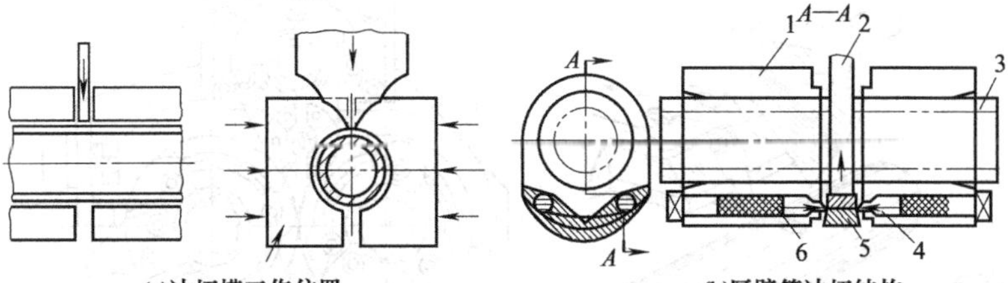

图 6-56　垂直冲切法

1—凹模；2—刀具；3—管材；4—刮板；5—刀尖；6—弹簧

② 双重冲切法　双重冲切法就是在第一道工序中，首先利用直头刨刀（右前方所示）沿切割线水平移动而刨出一个切口，然后在第二道工序中，再利用 V 形活动薄刀刃切入切口垂直移动至切断的加工方法，如图 6-57 所示。

在冲切过程中，由于第一道工序中的切屑已被刨刀向两侧外部推出，所以不易使管材产生歪斜。但其刨切口和底部冲切口已产生毛刺，切断质量较差。因此这种方法不适用厚壁管材的冲切，而适用于长度大和批量大的较厚管材切断。

③ 移动式双重冲切法　移动式双重冲切法就是先由第一把旋转刀刃在管材上冲切一个缺口，紧随由第二把刀刃完成管材切断的加工方法。两旋转刀刃固定在刀架上，由推力球轴承带动刀架做轴向移动，并与管材进给速度同步移动且做旋转运动，如图 6-58 所示。

冲切下料时，其冲切速度快，生产效率高，当管材的最大进给速度为 140mm/s 时，可每分钟冲切断 150 根管料，且最短管长为 910mm。

(2) 薄壁管冲切

① 垂直冲切法　对于管壁厚 $t<3$mm、管料外径 $D<50$mm 且管料的相对厚度 $t/D<0.1$ 的较薄壁管冲切，也可采用图 6-56 所示的垂直冲切法，由于冲切的管料壁较薄，冲切时最容易出现的问题是管料易被压扁和管壁歪斜。因此，管料冲裁模的设计始终是围绕控制管料被压扁的程度来进行的，设计要点主要有以下几点。

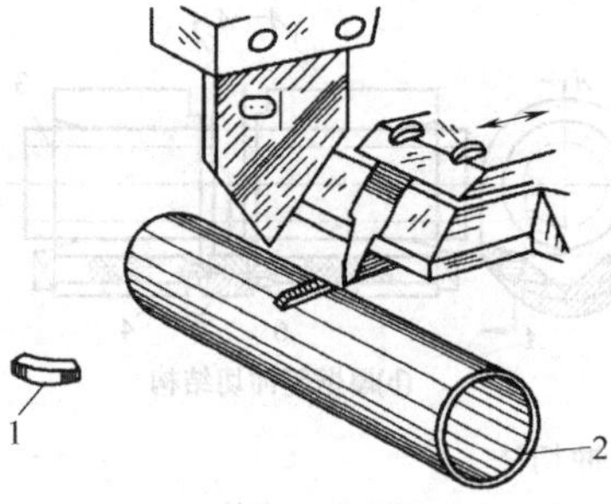

图 6-57 双重冲切法

1—切屑；2—管材

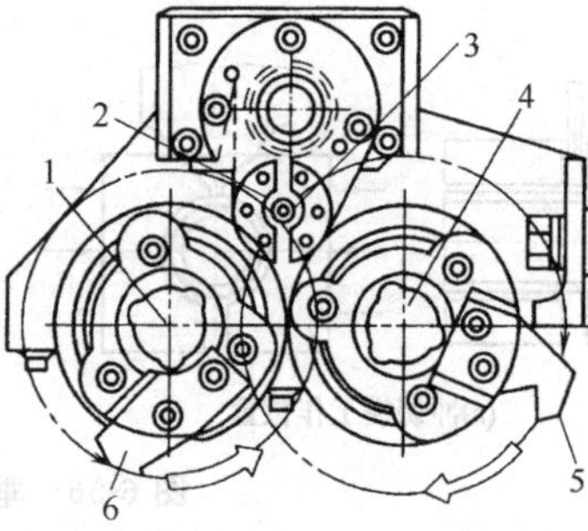

图 6-58 移动式双重冲切法

1—第一推力球轴承；2—固定刀；3—管材；4—第二推力球轴承；5—第二旋转刀；6—第一旋转刀

a. 合理设计组合凹模，凹模孔最好做成少许桃形，以便使管材在左、右凹模的侧向力作用下产生向上突起的反变形，从而补偿因切刀冲切管壁形成的压扁缺陷，以提高管材切断面的圆度，如图 6-59 所示，设计时，h 及 R_1 可按 $h=R+2$、$R_1=R-2$ 的经验数据选取。

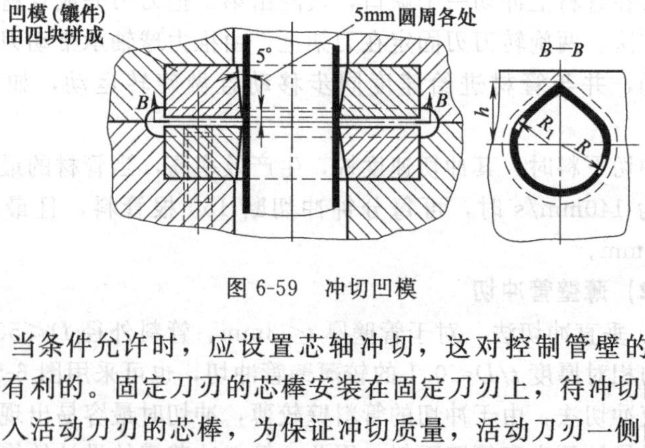

图 6-59 冲切凹模

b. 当条件允许时，应设置芯轴冲切，这对控制管壁的塌陷、变形是有利的。固定刀刃的芯棒安装在固定刀刃上，待冲切的管料部分套入活动刀刃的芯棒，为保证冲切质量，活动刀刃一侧的芯棒和管料内径之间的间隙取得比固定刀刃一侧芯棒的间隙略大一些，或将靠活动刀刃一侧的芯棒倒角，既便于送料又有利于控制管料切口可能发生的歪斜。

c. 当模具结构中需要设计斜楔机构时，应合理设计斜楔机构，要求有足够的刚度，能提供足够的合模力，当切刀冲切管料时，斜楔机构不允许有退让。

d. 合理确定切刀的形状及尺寸。为减小切刀对管料变形的影响，减小冲裁加工时切刀的径向力，生产中，切刀刃尖做成宽度为 b 并呈 30°的尖劈，尖劈后面做成圆弧形，如图 6-60 所示。

设计切刀时，应综合考虑管料圆度和刀刃刚度两种因素。一般刀刃顶角的角度取 30°，切断宽度 δ 取 2～4mm，刀刃尖劈宽度 b 取（0.5～2）t（薄壁取大值，厚壁取小值，t 为管料厚度），切刀宽度 $B \geqslant 1.5D$（D 为管料外径），单圆弧切刀圆弧半径 r 约按 $4R$（R 为管料内孔半径）设计，当然，圆弧半径 r 大，则冲切管料歪斜就小，但 r 也不能无限制地增大，因为 r 过大时，切刀刀刃形状细而长，不仅强度不足易折断，而且要求压力机的行程大。因此，只要满足 $r=4R$ 这个必要条件即可。

图 6-61 为冲切 $\phi 6\times 1$mm 的 20 钢无缝钢管的模具结构。

工作时，先将管材穿过侧导板 13、14 的定位孔，送至定位块 12，当压力机滑块下行时，两斜楔 6 推动两半凹模 8 夹紧管材，使管壁上部突出形成桃形，随着压力机滑块继续下行，切刀 5 开始切入管坯，直至管料全部切断为止。切下的管坯掉在下模座上的两托料架 11 之间，随第二次管料送进时将它推出去，定位块 12 在托料架 11 上可前后调整，以适应切断不同长度的管料。

② 短小管材冲切法　对于长度较小的管材，为防止冲切过程中管材被压扁，可在管内放置一根芯棒予以支撑而辅助冲切，如图 6-62（a）所示。先将活动芯棒固定在活动刀刃上且连成一体，装入管材的左端，再将固定刀刃芯棒装入管材的右段支撑。

冲切时，活动刀刃下行切断管材，然后再将手动推杆后退而取出切断件。这种方法所采用的模具结构，需要使活动芯棒和活动刀刃后退量大于冲切管材的长度，才能顺利取出切断件，因此仅适用于冲切长度较短的管件。

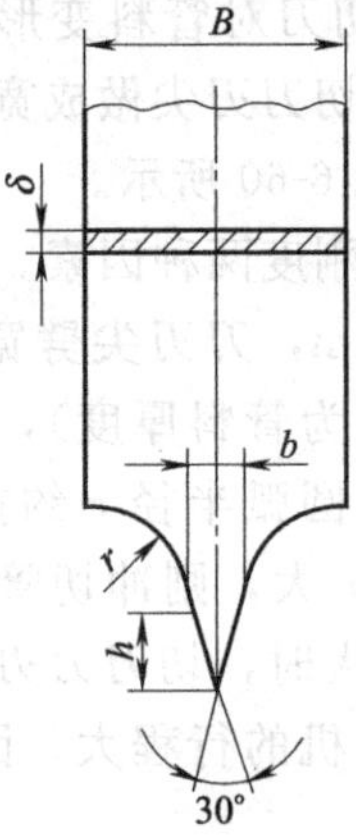

图 6-60　切刀的结构

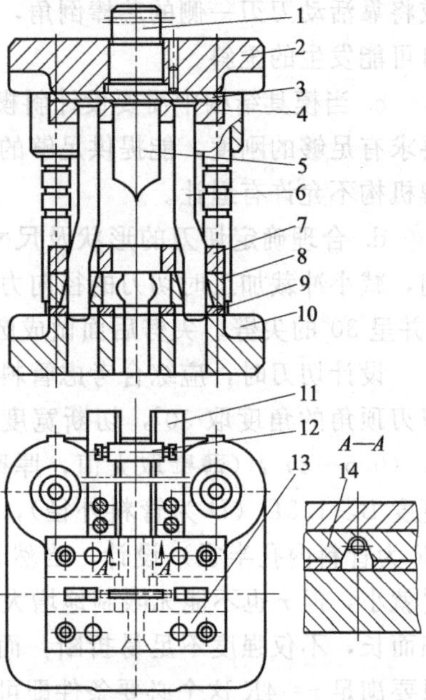

图 6-61　管料切断模

1—模柄；2—上模板；3,9—垫板；
4—固定板；5—切刀；6—斜楔；7—卸料板；
8—活动凹模；10—下模板；11—托料架；
12—定位块；13,14—侧导板

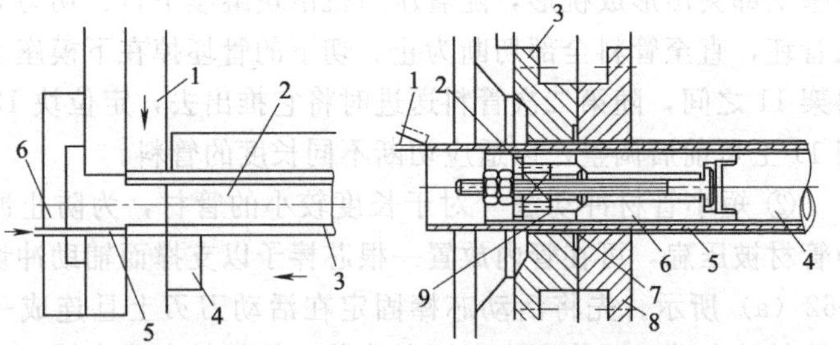

(a)移动冲切法

1—活动刀刃；2—固定刀刃的芯棒；
3—管材；4—固定刀刃；5—推杆；
6—活动刀刃的芯棒

(b)错动和旋转冲切法

1—定尺挡块；2—弹簧；3—活动刀刃；
4—固定芯棒座；5—管材；6—固定芯棒；
7—切断位置；8—固定刀刃；
9—活动芯棒

图 6-62　两种管内加芯棒冲切方法

③ 长直管材冲切法　对于薄壁长直管材的切断，可采用 Vulcam Tool 公司专利产品芯棒支撑双重冲切机，如图 6-62（b）所示。这是一种依靠装在管材四周的模具受力而做上下左右微微错动及偏心旋转，一部分一部分将管材切断的方法。

它是将活动芯棒装在送料侧的固定芯棒上，并设有冲断后能及时返回规定位置的机构，并利用送进料顶出切断件，从而避免了工件顶不出的缺陷，且切口面左右两端部质量较好。因此，该法更适用于内径精度高的低碳钢管。

若将其固定芯棒基座反装在左边，使送料和取料在同一方向进行，同时将送料器采用实心锥体，则可使送料依靠锥体斜面导入，而不再需要管料端部与送料器的紧密配合，并且固定芯棒基座外径只需取管径的 75%即可。改进后的设备尽管还可冲切不锈钢管等精度较低的管材，但其活动刀刃的移动量仍受到一定限制，且不适用于厚壁管材的冲切。

6.5 其他下料方法

在钣金生产加工中，除上所述下料方法外，还广泛采用气割、等离子切割、激光气割、水切割及铣切等下料方法。

6.5.1 气割

气割是现代钢材分割技术中应用最广泛的工艺方法之一，它是利用氧-乙炔气或氧-液化气火焰的热能，将工件切割处预热到一定温度后，喷出高速切割气流，使金属燃烧并放出热量而实现切割的方法。具有方便、适应性强的特点，能够实现非直线的、所有中厚度的包括钢板、型钢等所有低、中碳钢钢材、铸钢件的切割，同时，气割还不产生扭曲变形与冷作硬化现象。此外，气割还具有生产成本低等优点。在许多情况下，当钢板厚度达到 12mm 时，生产中，就有必要优先考虑采用气割。

按切割气产生的火焰不同，气割可分为氧-乙炔气切割、氧-液化石油气切割等。按操作方法不同又可分为手工气割、半自动气割和数控自动气割。生产中，应用最为广泛的为氧-乙炔气切割。

(1) 气割的原理

图 6-63 为气割原理示意。它利用气体火焰的热能将工件切割处预热至燃点，然后打开切割氧调节阀，喷出高速切割氧流，使金属氧化燃烧而放出巨热，同时将燃烧生成的氧化熔渣从切口吹掉，实现对金属的切割。金属切割的过程可简要归纳为：预热→燃烧→吹渣。

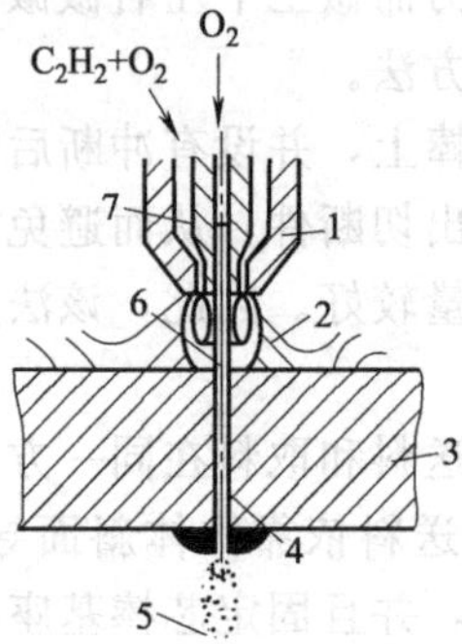

图 6-63 气割原理示意

1—预热嘴；2—预热焰；3—工件；4—割缝；5—熔渣；6—切割氧；7—切割嘴

乙炔气燃烧时，由于与氧气混合量比例不同，火焰的性质也不同，其可分为三种火焰：中性火焰、氧化火焰、碳化火焰。不同的切割火焰性质决定了不同切割的效果。

中性火焰是氧气和乙炔混合比为 1.0～1.2 燃烧时形成的火焰，这种火焰燃烧充分，对高温金属的增碳和氧化作用都小，温度可达3050～3150℃，是最适宜切割金属的一种火焰，中性焰的颜色非常明亮而且清晰。

氧化火焰外形基本与中性火焰相似，但因乙炔量少，而氧气过多（氧气与乙炔的混合比大于 1.2），所以内焰缩成圆锥形，整个火焰短而呈蓝紫色。

碳化火焰是乙炔量较多（氧气与乙炔的混合比小于1）的一种火焰。由于氧气不足，因此乙炔气燃烧进行得缓慢，火焰较长，而且有发烟现象，呈淡红色。

氧化火焰及碳化火焰都不适用于预热和气割。

(2) 气割所用设备和工具

采用不同的可燃气体进行气割，所使用的设备和工具也略有不同。

① 氧-乙炔气割设备及工具 氧-乙炔气割设备由氧气瓶和氧气减压器、乙炔气瓶和乙炔减压器、回火保险器和割炬等组成，如图 6-64 所示。

其中：氧气瓶是储存高压氧气的圆柱形容器，外表漆成天蓝色作为标志。氧气瓶属高压容器，有爆炸危险，使用中必须注意安全。

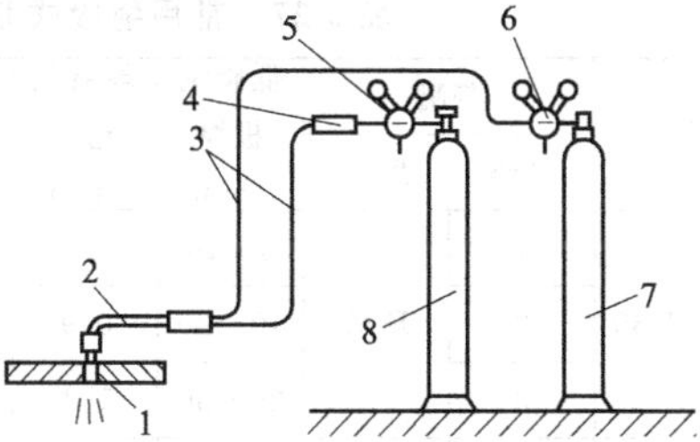

图 6-64　氧-乙炔气割设备

1—工件；2—割炬；3—胶管；4—回火保险器；5—乙炔减压器；6—氧气减压器；7—氧气瓶；8—乙炔瓶

乙炔气瓶是储存及运输乙炔的专用容器，外形与氧气瓶相似，但比氧气瓶略短、直径略粗，瓶体表面涂白漆，并用红漆在瓶体标注“乙炔”字样。为保证乙炔稳定和安全地储存，在乙炔瓶内充满了浸渍丙酮的多孔填料。

减压器是将高压气体降为低压气体的调节装置，其作用是将气瓶中流出的高压气体的压力降低到需要的工作压力，并保持压力的稳定。氧气和溶解乙炔气的减压器，必须选用符合气体特性的专用氧气减压器和乙炔气减压器。

胶管是输送氧气、乙炔气或液化石油气到割炬的橡胶软管，是用优质橡胶夹麻织物或棉纤维制成，氧气胶管的允许工作压力为1.5MPa，胶管孔径为8mm；乙炔胶管允许工作压力为0.5MPa，管径为10mm。为便于识别，氧气胶管采用红色，乙炔胶管采用绿色。

割炬的作用是使氧与乙炔按比例混合而形成预热火焰，并将高压氧气喷射到被切割工件上，使被切金属在氧射流中燃烧、吹除而成切口。

割炬按氧和乙炔混合方式不同分为射吸式和等压式两种，见图6-65，其中以射吸式割炬应用最多，且适于低压或中压乙炔，表6-27给出了常用射吸式割炬型号及其参数。

图 6-65（a）为射吸式割炬，射吸式割炬采用固定射吸管，更换切割氧孔径大小不同的割嘴，可适应不同厚度工件的需要，生产中使用广泛。工作时预热氧高速进入混合室，吸入周围乙炔气并以一定比例形成混合气由割嘴喷出，点燃后形成预热火焰。切割氧则经氧气管由割嘴中心孔喷出，形成高速切割氧流。

表 6-27 常用射吸式割炬型号及其参数

型号	割嘴		低碳钢板厚/mm	割嘴氧孔径/mm	气体压力/MPa		气体消耗量/(L/min)	
	号码	形式			氧气	乙炔气	氧气	乙炔气
G01-30	1	环形	3～10	0.7	0.2	0.001～0.1	13.3	3.5
	2		10～20	0.9	0.25		23.3	6.0
	3		20～30	1.1	0.3		36.7	5.2
G01-100	1	梅花形	10～25	1.0	0.3		36.7～45	5.8～6.7
	2		25～50	1.3	0.4		58.2～71.7	7.7～8.3

注：型号中G表示割炬，0表示手工，1表示射吸式，后缀数字表示气割低碳钢最大厚度（mm）。

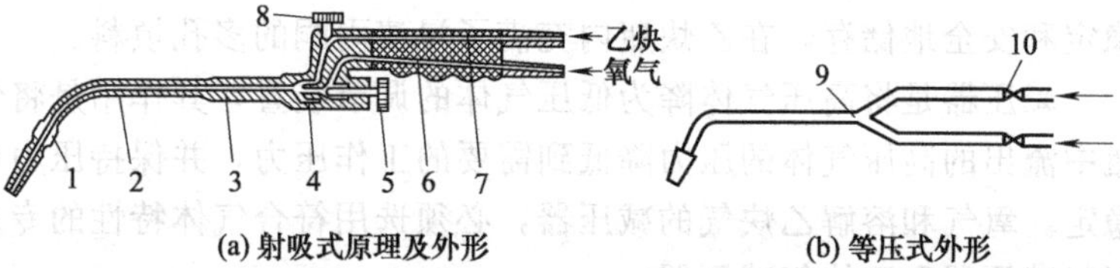

图 6-65 割炬构造原理

1—焊嘴；2,9—混合管；3—射吸管；4—喷嘴；5,10—氧气阀；6—氧气导管；7—乙炔导管；8—乙炔阀

图 6-65（b）为等压式割炬，等压式割炬的乙炔、预热氧、切割氧分别由单独的管路进入割嘴，预热氧和乙炔在割嘴内开始混合而产生预热火焰。它适用于中压乙炔，火焰稳定、不易回火。

② 氧-液化石油气气割设备及工具 氧-液化石油气气割设备主要由液化石油气瓶和汽化器、气体调压器、液化气割炬等组成。

其中：气瓶是储存液化石油气的容器，可分为15kg、20kg、30kg、40kg、50kg等多种规格。气瓶材料为Q235A、20、Q345(16Mn)等钢，经冲压成形后装焊而成，气瓶外面涂成银灰色漆，并标注“液化石油气”字样。

汽化器是在寒冷作业时，或液化气中丁烷质量分数大或饱和蒸气压低时所必备的装置。

气体调压器用于降低或调节瓶内气体压力至所需的工作压力，

稳定输出压力，并保证气割时供气量均匀。

根据液化气的燃烧特性，可利用乙炔气等压式割炬或改造后的射吸式割炬，但必须配制液化石油气专用割嘴。例如 G01-100 型乙炔割炬改造后的主要零件尺寸为：喷嘴孔径 1mm，射吸管直径 2.8mm，燃气接头孔径 1mm。目前市场上已有供液化石油气切割用的割炬，如 G07-100 型割炬等，这种割炬也可用于丙烷切割和天然气切割。

(3) 气割金属的条件及应用

金属气割过程的实质是金属在纯氧中燃烧的过程，而不是熔化的过程，因此，气割的金属应满足下列条件：

① 金属的燃点必须低于熔点。如果金属的燃点高于其熔点，则金属在尚未达到燃点时已经熔化，成为熔割，使切口高低不平，达不到切割要求，甚至完全不能切割。

② 金属氧化物的熔点应低于金属本身的熔点。这样能保证金属氧化物被及时吹除，使新的金属表面露出，切割得以连续进行。否则，金属氧化物熔点高，覆盖在被加热金属表面，将阻碍下面金属与切割氧流接触，使气割发生困难。

③ 金属氧化燃烧时产生的热量要大，且金属本身导热性小。热量大，上层金属氧化燃烧释放的热量对下层金属起预热作用，被割金属在厚度方向上均能迅速达到燃点，有利于割穿并能保证气割连续进行。若金属导热性好，则热量散失快，不利于气割。表 6-28 给出了常用金属及其金属氧化物的熔点。

表 6-28 常用金属及其金属氧化物的熔点

金属材料	金属熔点/℃	氧化物熔点/℃	金属燃点/℃
纯铁	1538	1300～1500	>1100
低碳钢	1500	1300～1500	
高碳钢	1300～1400	1300～1500	
灰铸铁	1200	1300～1500	
纯铜	1083	1236	
铝	660	2050	

根据气割金属的条件，气割主要用于碳素钢和低合金钢，如低碳钢，高锰钢，低铬、低铬钼及铬镍合金钢和钛合金等；对高碳钢和强度高的低合金钢，气割一般比较困难；铸铁、不锈钢、铜、铝等材料则不能气割，表 6-29 给出了不同金属的气割性能。

表 6-29　不同金属的气割性能

金　属	性　能
钢：含碳量在 0.4%以下	切割良好
钢：含碳量在 0.4%～0.5%	切割良好，为防止发生裂纹，应预热到 200℃，并且在切割之后要缓冷退火，退火温度应为 650℃
钢：含碳量在 0.5%～0.7%	切割良好，切割前必须预热至 700℃，切后应退火
钢：含碳量在 0.7%以上	不易切割
铸铁	不易切割
高锰钢	切割良好，预热后更好
硅钢	切割不良
低铬合金钢	切割良好
低铬及低铬镍不锈钢	切割良好
18-8 铬镍不锈钢	可以切割，但要有相应的作业技术
铜及铜合金	不能切割
铝	不能切割

注：表中含碳量为质量分数。

(4) 气割工艺规范的选择

采用氧-乙炔气割下料时，割嘴与工件表面距离一般取 3～5mm，对料厚 $t<4$mm 的薄板取 10～15mm。气体压力见表 6-30，割嘴倾角见表 6-31。

采用氧-液化石油气气割下料与氧-乙炔气割下料工艺参数的选择基本相同，但由于液化石油气燃烧时火焰温度比乙炔低，因此，预热时间长，耗氧量大。

(5) 气割下料的步骤

一般气割下料可按以下步骤及方法操作。

① 气割前准备　将工件表面的油污和铁锈清理干净，并将工

表 6-30　手工切割的气体压力

钢板厚度/mm	割炬		气体压力/MPa	
	型　号	割嘴号数	氧　气	乙　炔
<3	G01-30	1,2	0.3～0.4	0.001～0.12
3～12		1,2	0.4～0.5	
12～30		2,3,4	0.5～0.7	
30～50	G01 100	3,4,5	0.5～0.7	
50～100		5,6	0.6～0.8	
100～150	G01-300	7	0.8～1.6	
150～200		8	1.0～1.4	
200～250		9	1.0～1.4	

表 6-31　割嘴与工件表面的倾斜角度

工件厚度/mm	<10	10～30	>30		
			开始时	钢穿后	结束时
倾斜方向	后倾	后倾	前倾	垂直	后倾
倾角度数	0°～30°	80°～85°	80°～85°	0	80°～85°

件垫起一定的高度，使工件下面留有一定间隙，以利于氧化物铁渣的吹出。根据图样尺寸及形状的要求，在待加工钢板上利用划线工具划出下料线。

再根据所切割板料的厚度，通过表 6-27 选用割炬的型号及割嘴的号码与形式，如气割料厚 10mm 的 Q235 钢板，可选用 G01-30 型割炬，2 号环形割嘴，然后，检查割炬是否正常，检查的方法如图 6-66 所示。旋开割炬氧气调节阀，使氧气流过混合气室喷嘴，这时将手指放在割炬的乙炔进气管口上，如果手指感到有吸力，证明割炬正常，若无吸力或有推力，则证明割炬不正常，必须进行修理或更换。

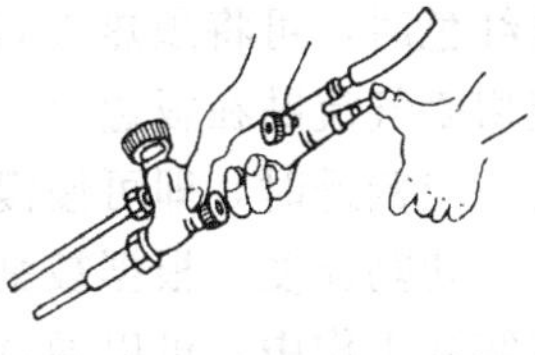

图 6-66　检查割炬方法

② 火焰的调整　调整火焰时，先微量打开氧气阀，再少量打

开乙炔阀，使可燃混合气体从割炬中喷出，然后用左手握住割炬中部，使割嘴朝人体外侧，右手点燃割炬，再用右手握割炬，调整氧气与乙炔阀门，使预热火焰为中性焰，判断乙炔焰性质最简便实用的方法，就是观察乙炔焰燃烧的形状。中性焰的长度适中，明显可见焰心、内焰和外焰三部分［见图 6-67（a）］；碳化焰较长，而且明亮，内焰比较突出［见图 6-67（b）］；氧化焰的长度较短，内、外焰无明显界限，亮度较暗［见图 6-67（c）］。

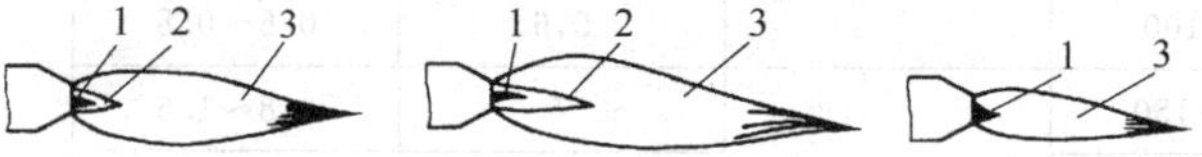

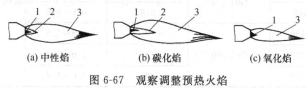

图 6-67 观察调整预热火焰

1—焰心；2—内焰；3—外焰

在预热火焰调至中性焰后，可反复试放切割氧，同时调节混合气调节阀，以保证乙炔焰在切割过程中也能保持为中性焰。同时，从不同侧面观察切割气流（俗称风线）的形状，要求其呈现均匀、清晰的圆柱形。否则，应关闭乙炔和氧气，用通针清透割嘴，直至获得规范的切割气流为止。

③ 气割 气割时，持炬姿势为：右手握住割炬的手柄，左手拇指、食指和中指扶持切割氧调节阀。无论是站姿还是蹲姿，都要重心平稳，手臂肌肉放松，呼吸自然，端平割炬，双臂依切割速度的要求缓慢移动或随身体移动。割炬的主体应与被割物体的上平面平行。

若从钢板的边缘开始切割，可先对板边进行预热，当预热点略呈红色时，可将预热火焰中心移出边缘外，慢慢打开切割氧气阀，使切割气流贴在板边上，可观察到切口处氧化熔渣随氧气流一起飞出。当割透时，即可慢慢移动割炬进行切割，如图 6-68 所示。

切割速度应根据被割钢板的厚度和切割面的质量要求而确定。在实际工作中，可以通过以下两种方法来判断切割速度是否合适：观察切割面的割纹，如果割纹均匀，后拖量很小，说明切割速度合适；在切割过程中，顺着切割气流方向从切口上部观察，如果切割速度合适，应看到切割处气流通畅，没有明显弯曲。

为充分利用预热火焰和提高效率，切割时，可根据被割钢板厚度将割嘴逆前进方向向后倾斜 0°～30°，钢板越薄，角度越大，如图 6-69 所示。

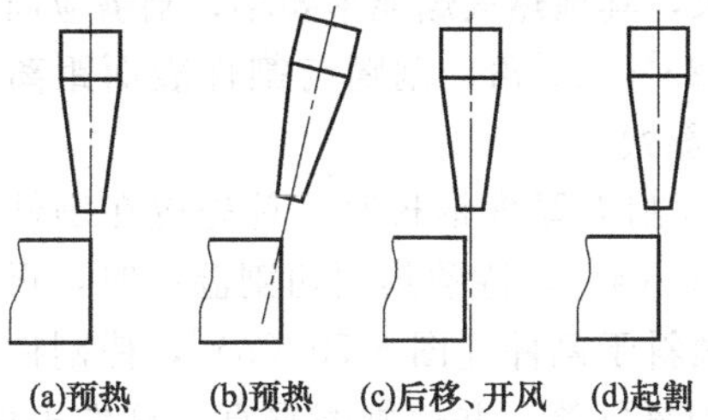

图 6-68　从钢板边缘起割的操作方法

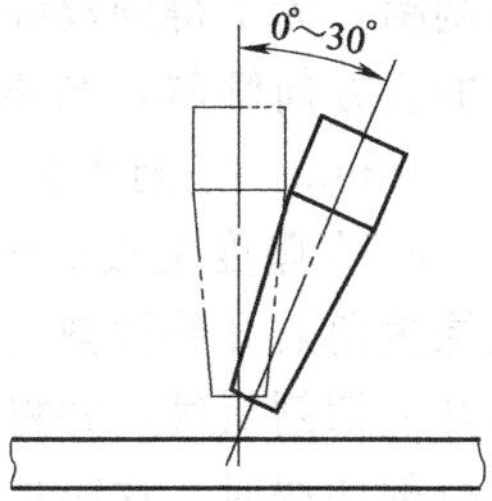

图 6-69　割嘴向后倾斜

如果需要在钢板中部某个位置开孔，则应注意在开放切割氧时，控制割嘴距钢板的距离、角度，以免溅起的熔渣堵塞割嘴。

在切割过程中，由于氧、乙炔气体供应不足、熔嘴堵塞割嘴、嘴头过热等原因，常会发生回火现象，此时应紧急关闭气源。正确的顺序是：先关闭乙炔阀，切断易燃气源，再关闭混合气阀。查清原因，处理完毕后再点火继续工作。

④ 气割结束　割至终点后，关闭切割氧气阀，同时抬起割炬。若不需继续使用时，先关闭乙炔阀，最后关闭混合气调节阀。放松减压器的调压螺杆，关闭乙炔和氧气瓶阀。工作结束后，卸下割炬、减压器，并妥善保管，盘起乙炔、氧气胶管，清理好工作场地。

(6) 低碳钢材气割下料的操作

氧-乙炔气割主要用于切割低碳素钢和低合金钢，广泛用于钢板、型材的下料及焊接前的开坡口、各种外形复杂板材的切割等加工。常见低碳钢材的气割下料操作方法主要有以下方面。

① 钢板的气割　切割不同厚度的低碳钢板，其操作方法有所不同。

a. 4～25mm 厚钢板的气割。气割 4～25mm 厚的钢板时，可选用 G01-100 型割矩，下料操作时，应保证切割气流（风线）的长度超出被切割板厚的1/3，割嘴与割件的距离大致等于焰心长度加上2～4mm。为提高切割效率，气割时，割嘴可向后倾斜20°～30°角。

b. 薄钢板的气割。气割薄钢板时，常选用G01-30型割矩及2号割嘴。为了得到较好的效果，其预热火焰能率要小，割嘴应向前进的反方向倾斜，与钢板成25°～45°角，割嘴与割件表面距离为10～15mm，气割速度要尽可能快。

c. 大厚度钢板的气割。气割大厚度钢板时，首先应在割件的边缘棱角处开始预热［图6-70（a）］，待预热到切割温度时，再逐渐开大切割氧气，并将割嘴倾斜于割件［图6-70（b）］，待割件边缘全部切透时，这时加大切割氧气流，并使割嘴垂直于割件表面，同时割嘴沿割线向前移动。气割速度要慢，割嘴要做横向月牙形摆动［图6-70（c）］。

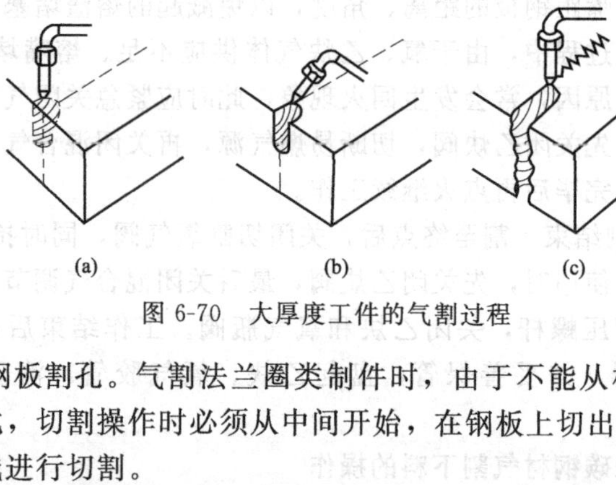

图6-70　大厚度工件的气割过程

d. 钢板割孔。气割法兰圈类制件时，由于不能从板边开始切割，因此，切割操作时必须从中间开始，在钢板上切出孔后，才能按切割线进行切割。

在钢板上穿孔的方法如图6-71所示，先对钢板需穿孔的地方进行预热，割嘴垂直于钢板［图6-71（a）］，加热到切割温度时，将割嘴提离钢板约15mm左右［图6-71（b）］，再慢慢开放切割氧气阀，并将割嘴倾斜一些［图6-71（c）］。

在整个割孔过程中，注意自己面部不要对着钢板表面，以免被溅起的熔渣烫伤。

e. 多层钢板的气割。在气割薄钢板时，还常把许多要切割的

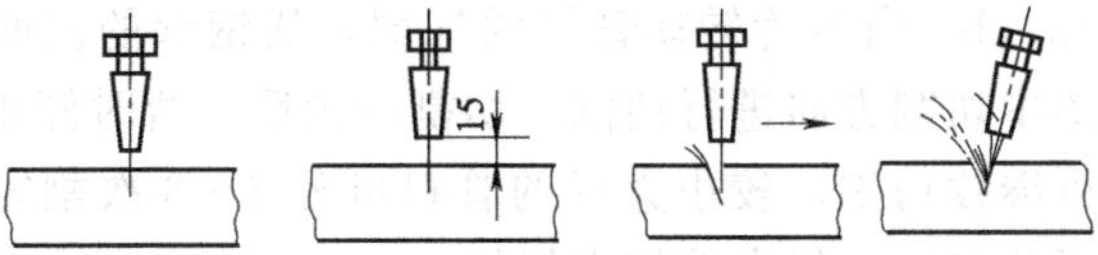

图 6-71　在钢板上穿孔

钢板叠在一起，以便能一次气割成功。多层钢板切割时，要求钢板之间必须密贴。因此，须采用压紧装置，同时要把钢板表面的锈污清除干净［图 6-72（a）］。上层钢板应向外移出一些［图 6-72（b）］，以便气割易于开始。气割规范应按多层钢板的总厚度来确定。为了避免上层钢板熔化过甚，可覆盖一块扁钢作为盖板进行气割。

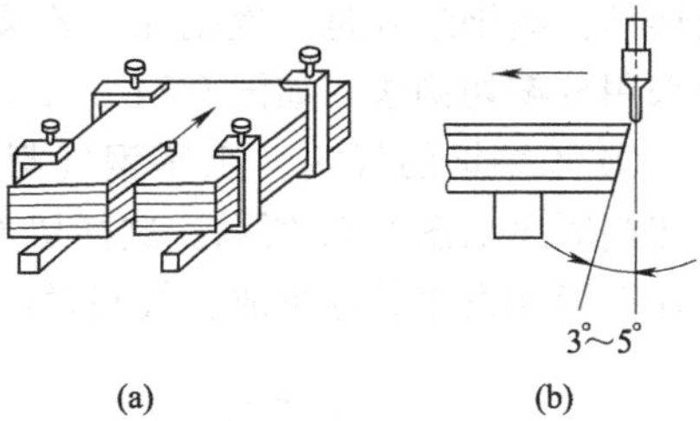

图 6-72　多层钢板的气割

② 钢管的气割　钢管气割时，预热火焰应垂直于钢管的表面，待割透以后，将割嘴逐渐倾斜，直到接近管料的切线方向后，再继续切割。

图 6-73（a）所示为固定钢管的气割，从管料的下部（仰视位置）开始预热，按图中 1 所示的方向进行切割，当切割到管料上部时，关闭切割氧，再将割矩移到管料的下部，沿图中 2 所示的方向继续切割。

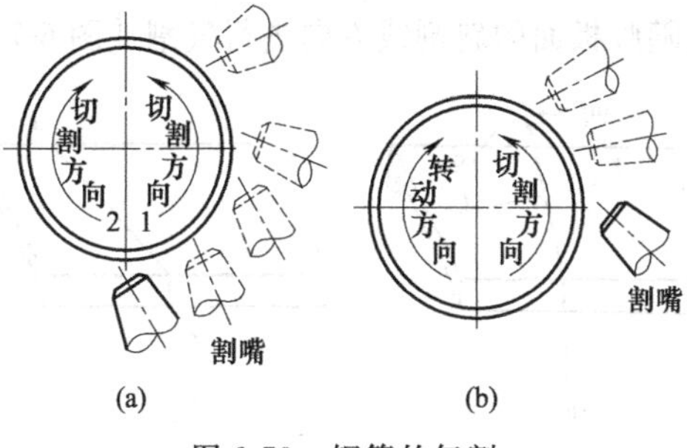

图 6-73　钢管的气割

图 6-73（b）所示为转动管料的气割，从钢管的侧面部位开始预热，按图中切割方向进行切割。切割一段后，暂时停止，将管料稍加转动再继续切割。较小直径的管料可分 2～3 次割完，较大直径的管料可分多次，但次数越少越好。

③ 圆钢的气割　圆钢气割时，可先从圆钢的一侧预热。预热火焰垂直于圆钢表面，开始气割时，在打开切割氧气阀的同时，将割嘴转为与地面垂直，待圆钢割透，割嘴再向前移动，同时稍作横向摆动。圆钢最好是一次割完，若圆钢直径较大，一次切不透时，可采用分瓣切割法，如图 6-74 所示。

④ 工字钢的气割　工字钢气割时，原则上是从下向上切割，其切割顺序如图 6-75 所示。这样切割不至于切割终了时余料坠落，砸坏割矩和发生其他事故。气割时，割嘴应与割线垂直。

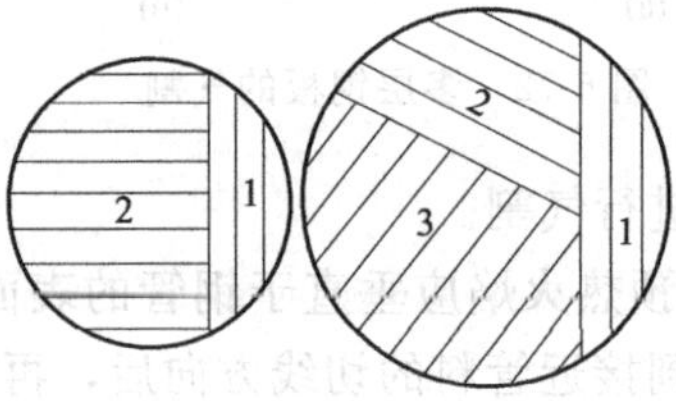

图 6-74　圆钢的气割

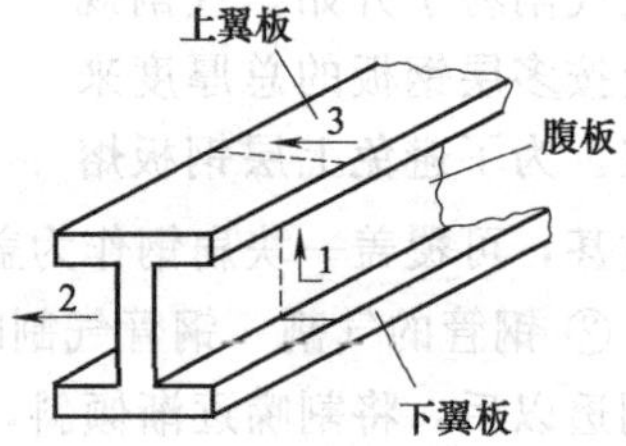

图 6-75　工字钢的气割

1—下翼板一侧与腹板一次割完；2—气割下翼板另一侧；3—最后气焊上翼板

⑤ 槽钢的气割　当槽钢按正线气割时，割嘴应垂直于被切割面［图 6-76（a）］。斜线切割时，除割嘴垂直于腹板面外，其余两个翼板、割嘴都要随腹板面的斜割线方向进行气割［图 6-76（b）］。

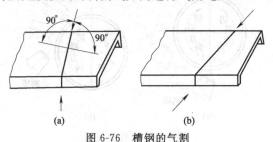

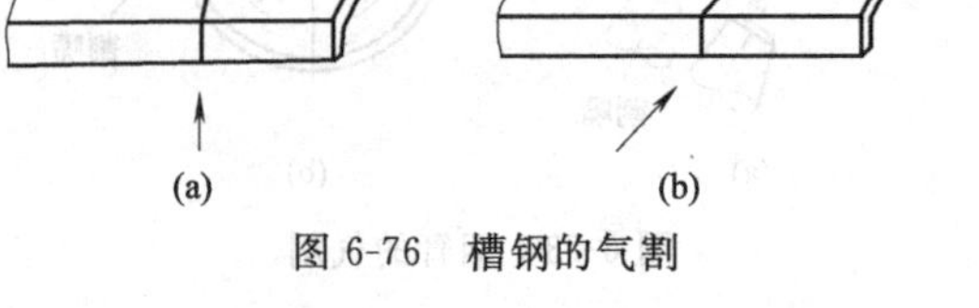

图 6-76　槽钢的气割

⑥ 焊接坡口的气割　焊接坡口的气割与一般气割相比，气割速度应稍快，预热火焰能率应适当大些，切割氧的压力亦应稍大。图 6-77（a）为用于钢板及管料坡口气割的形式；图 6-77（b）所示主要用于管料坡口的气割。采用图 6-77（b）的方法气割管料坡口时，预热火焰能率比图 6-77（a）方法气割时小些，以免钝边被熔化。

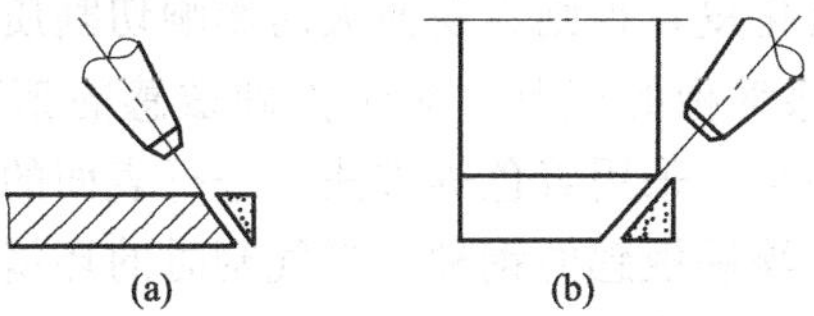

图 6-77　气割坡口的两种形式

(7) 影响气割质量的因素

气割的切割面质量根据切割面平面度、割纹深度、缺口的最小间距三项参数进行评定。此外气割的尺寸偏差也是常见质量问题。影响气割质量的因素有以下几点。

① 切割氧气的纯度。切割时应使用纯氧，如果纯度低于 98%，氧气中的杂质如氮气等在切割时就会吸收热量，并在切口表面形成其他化合物薄膜，阻碍金属燃烧，使气割速度降低，氧气消耗量增加。

② 切割氧气的压力。压力过低会引起金属燃烧不完全，降低了切割速度，且割缝之间有粘渣现象。过高的压力反而使过剩的氧气起冷却作用，使切口表面高低不平。

③ 切割氧气射流。最佳的射流长度可达 500mm 左右且有明晰的轮廓，此时吹渣流畅，切口光洁，棱角分明，否则粘渣严重，切口上下宽窄不一。

④ 持炬姿势和运炬平稳性。这一点对初学者尤为重要，如果持炬姿势不正确，就很难在切割操作时做到运炬平稳，这将直接影响到切割面的平面度和切割线精度，严重时会使切割无法顺利进行。

⑤ 预热火焰的调整。氧化焰温度过高，易使割件的切口棱边

出现塌角。碳化焰温度过低，易产生割不透的缺陷。氧化焰和碳化焰都不同程度地影响切割速度，进而影响切割质量。

⑥ 切割速度。切割速度过快，切割气流在切口处弯曲，很难得到平整的切割面，又极容易产生割不透等缺陷。切割速度过慢，则容易烧坏割件棱边，使切口加宽而影响割件尺寸。

⑦ 切割板料的表面质量。需要切割的板料必须经过化学除锈，使板料上没有氧化皮，否则容易回火而影响切割质量。

⑧ 淬硬敏感钢种的气割。对于淬硬敏感的钢种，对气割的边缘应根据有关规定，采用着色等方法，进行表面的裂纹检查及硬度检测。同时对于淬硬敏感的钢种，当气割时的环境温度较低时，可在气割前对气割部位进行预热。

(8) 气割常见缺陷与产生原因

表 6-32 给出了氧-乙炔切割面常见的缺陷与产生原因。

表 6-32 氧-乙炔切割面的缺陷及产生原因

缺陷	产生原因	缺陷	产生原因
过于粗糙（割纹太深）	氧气纯度低、切割氧压力过高、切割速度太快、预热火焰能率过大	上缘熔塌	预热火焰太强、切割速度太慢、割嘴离割件太近、切割氧压力过高
凹坑多	切割过程中断多、重新起割时衔接不好；表面氧化皮较厚又有铁锈等；切割坡口时，预热火焰不足；切割机导轨上有脏物，使小车颠簸	下缘粘渣多	氧气纯度低、切割氧压力低、预热火焰太强、切割速度太快或太慢
内凹	切割氧压力过高、切割速度过快	渗碳	割嘴离钢板太近；预热火焰呈碳化焰
倾斜	割炬与板面不垂直；切割气流歪斜，切翻氧压力过低；割嘴号小	后拖量大	切割速度太快，切割氧压力不足

6.5.2 等离子切割

等离子切割是利用气体介质通过电弧产生“等离子体”。等离子弧可以通过极大的电流，具有极高的温度，因其截面很小，能量高度集中，在喷嘴出口的温度可达20000℃，可以进行高速切割。

等离子弧按电源连接方式分为转移型和非转移型两种形式，见图6-78。转移型电弧是在电极和工件之间燃烧，水冷喷嘴不接电源，仅起冷却压缩作用。非转移型电弧是在电极和喷嘴之间燃烧，水冷喷嘴既是电弧电极，又起冷却压缩作用，而工件不接电源，因此非转移型等离子弧又称为等离子焰。

常用等离子弧的工作气体是氮、氩、氢，以及它们的混合气体等。根据它们切割的工作过程及原理的不同，又可分为双气流等离子气割、水压等离子气割、空气等离子气割等。

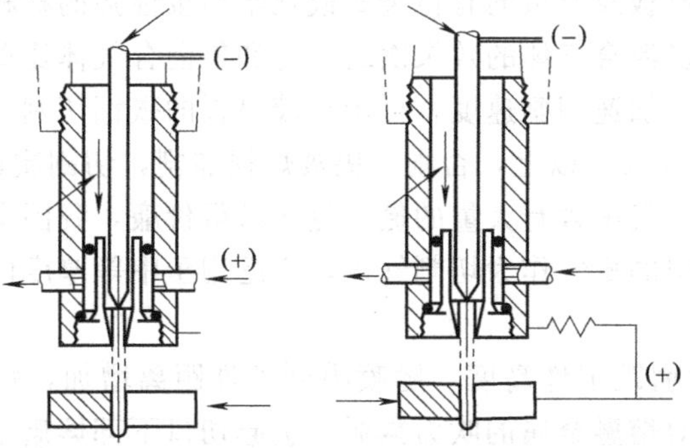

(a) 有一内部阳极的非转移型　(b) 以工件作为其阳极的转移型

图6-78　等离子切割的形式

(1) 等离子切割的应用

等离子切割一般是用来切割不能或不允许采用气割方法的材料，其切割效率比氧气切割高3倍以上，切割厚度可达150～200mm，能切割一般氧气所不能切割的不锈钢、耐热钢、铝、铜、镍、钨、钼、钛、铸铁及其合金等金属，也可用于切割花岗石、碳化硅、耐火砖、混凝土等非金属材料。

切割时，等离子切割电流与切割间隙的关系见表6-33。

表6-33　切割电流与切割间隙的关系

切割电流/A	20	60	120	250	500
切割间隙/mm	1.0	2.0	3.0	6.5	9.0

(2) **等离子切割的操作要点**

① 等离子气体种类的选择　目前等离子切割在生产中，通常采用氢气、氮气和氩气混合、氮气和氢气混合、氩气和氢气混合以及压缩空气等。由于离子气的导热性越好，等离子弧的温度越高；离子气的相对原子或分子质量越大，越易于排除割口处熔化的金属。因此，离子气的选择可依据切割材料的性质要求而确定。

氢气导热性好，切割速度快，但其相对分子质量小，排除熔体功能差，致使割口粗糙；氩气导热性差，切割速度较慢，但其相对原子质量大。因此，将氢气与氩气混合使用切割效果最好，可切割薄板、中厚板及厚板的有色金属或化学活泼性强的材料。

氮和氩混合气体的效果次之。氮和氢混合气体比单一氮气可提高热效应，加速切割速度，可用于较厚板的碳钢切割。但要求氮气纯度应在99.5%以上，否则，钨极烧损加剧，切割质量降低。

由于空气中含有大量的氮，氮气易得价廉，我国实际生产中常利用空气中的氮气作为切割气体，广泛用于中等厚度以下碳钢等的切割。

② 喷嘴距工件高度　随喷嘴到工件距离增加，弧柱有效热量减少，并对熔融金属的吹力减弱，引起切口下部熔瘤增多，切割质量明显降低。当距离过小时，喷嘴与工件间易短路而烧坏喷嘴。因此，电极在喷嘴内缩进量通常为2～4mm时，喷嘴距离工件的高度一般在6～8mm，空气等离子切割和水压等离子切割时还可以略小。

③ 极性的选择　当被切割材料厚度较大时，一般都选择直流正接，即电极接负极，被切割材料接正极。将电极接负极，喷嘴接正极，能量不如正接电弧集中，但比较容易控制，常用于切割较薄的材料或金属喷涂，也可用于各种非金属材料的切割。

④ 电极的选择　常用的有钍钨电极和铈钨电极。钍是一种具有放射性的元素，对人的健康有害。铈钨极具有使用寿命长、无放射性的特点，有替代钍钨极的趋势。

⑤ 等离子切割割炬的选择　气割所使用割炬的喷嘴结构如图6-79所示，大多采用圆柱形、圆锥形等单孔型或多孔型扩散型孔

道，多孔型孔道可使等离子弧在喷嘴处得到二次压缩，提高等离子弧刚性及切割质量。

割炬径向进气有利于提高喷嘴的使用寿命，增大孔道比（l/d）和减小孔道直径 d，更有利于压缩等离子弧。通常，喷嘴孔径的大小取决于等离子弧直径的大小，应根据电流和离子气流量决定，见表 6-34，并且孔径 d 确定时，孔长度 l 增大，则压缩作用增强。

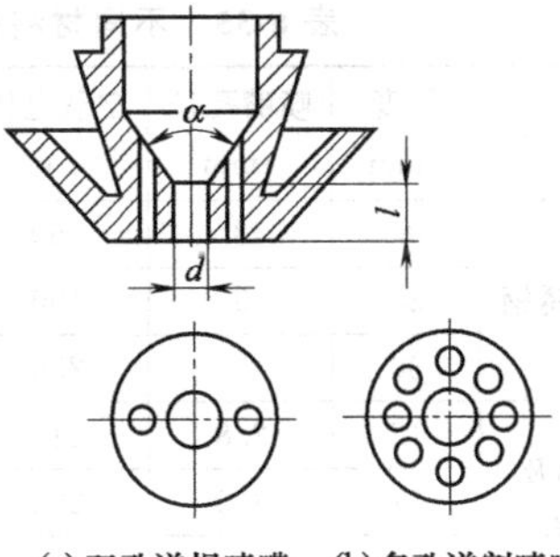

(a) 双孔道焊喷嘴　(b) 多孔道割喷嘴

图 6-79　喷嘴结构

表 6-34　切割喷嘴参数与许用电流的关系

孔径 /mm	孔道比 (l/d)	许用电流 /A	孔径 /mm	孔道比 (l/d)	许用电流 /A	备注
0.8	2.0～2.5	～14	2.8	1.5～1.8	240	转移型电弧；喷嘴材料为纯铜；壁厚为 2～2.5mm
1.2		～80	3.0		～280	
1.4		～100	3.5		380	
2.0		～140	6.0		>400	
2.5		～180	6.0～5.0		>450	

(3) 等离子切割的工艺参数

表 6-35～表 6-37 给出了各种不同厚度材料的不同切割方法工艺参数。

6.5.3　激光切割

激光切割是一种将激光束和气体束同时聚焦在工件表面上对材料进行切割的方法。由于激光切割无毛刺、没有热应力变形，精度高，割缝细，割缝质量优于等离子切割和火焰切割。另外，激光切割属于无接触加工方式，对加工材料不施加外力，故不会对板材造成变形。因此，在现代钣金加工业中，很多零件经过激光切割后就可以直接用于装配，不需要零件的后续处理。

表 6-35　不同材料的一般等离子切割工艺参数

材料	厚度 /mm	喷嘴孔径 /mm	空载电压 /V	切割电流 /A	切割电压 /V	切割速度 /(cm/min)	氮气流量 /(L/min)
不锈钢	8	3	160	185	120	75～84	35～39
	20	3	160	220	125	53～67	32～37
	30	3	230	280	140	58～67	45
铝及铝合金	12	2.8	215	250	125	140	74
	21	3.0	230	300	130	125～133	74
	34	3.2	240	350	140	58	74
纯铜	5	—	—	310	70	157	24
	18	3.2	180	340	84	50	28
	38	3.2	252	304	106	19	26
低碳钢	50	7	252	300	110	17	17.5

表 6-36　不同材料的水压等离子切割工艺参数

材料	厚度 /mm	喷嘴孔径 /mm	压水流量 /(L/min)	氮气流量 /(L/min)	切割电压 /V	切割电流 /A	切割速度 /(cm/min)
低碳钢	3	3～4	1.7～2	52～78	140～145	260	500
	6	3～4	1.7～2	52～78	145～160	300～380	380
	12	4～5	1.7	78	155～160	400～550	250～290
	51	5.5	2.2	123	190	700	60
不锈钢	3	4	1.7	78	140	300	500
	19	5	1.7	78	165	575	190
	51	5.5	2.2	123	190	700	60
纯铝	3	4	1.7	78	140	300	572
	25	5	1.7	78	165	500	203
	51	5.5	2	123	190	700	102

表 6-37　不同厚度钢的空气等离子切割工艺参数

材料	厚度 /mm	喷嘴孔径 /mm	空气流量 /(L/min)	空载电压 /V	切割电压 /V	切割电流 /A	切割速度 /(cm/min)
不锈钢	8,6,5	1.0	8	210	120	30	20,38,43
碳钢	8,6,5	1.0	8	210	120	30	24,42,56

激光切割特别适用于异形轮廓的切割，省却了模具投入费用，节省了加工费用，降低了产品制造成本，减少了模具的库存和保养费用，激光切割过程中的噪声也大大低于模具加工方式，且激光切割的适应性更强，可以切割工业上常用的各种金属板材，可以切割各种硬度的材料，还可以切割各种非金属板材。此外，激光切割的过程容易实现计算机控制，柔性控制更方便。切割图形读入CAD/CAM软件后，经过套料、排料等工艺编程后将自动生成切割程序，控制数控机床实行切割。尽管激光切割机价格较贵，但从总体上讲是经济的，并可替代模具冲切下料加工，目前，在钣金加工业中获得较为广泛的应用。

(1) 激光切割基本原理

图6-80为激光切割原理图。通过利用一个连续功率为0.25～16kW的激光器或频率为100Hz以上的脉冲激光器，再由光学系统将光束聚焦成一个直径为0.01mm或更小的光斑点，从而获得$10^8 \sim 10^{10} W/cm^2$的能量密度和10000℃的高温。

该聚焦后的焦点无论照射在任何坚硬材料的工件表面，工件表面一旦吸收能量后，都将在小于10^{-3}s的瞬间使材料局部迅速熔化或汽化，熔化后未汽化的液态金属或非金属，再通过吹入氧气束升温并清除干净。

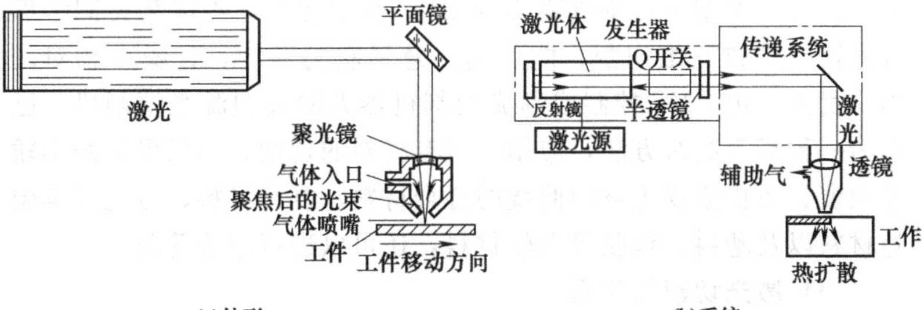

图6-80 激光切割原理

根据工件材料的性质，也可采用吹氮、氢、二氧化碳、氩或压缩空气等辅助气流排除切口液态金属，并保护切割表面。同时，精确控制光斑尺寸和焦点至切割表面的距离，还可获得光整的切断面。

(2) **激光切割的特点**

由于激光光束聚焦性好，光斑小，激光切割的加热面积只有氧气切割的 1/1000～1/10，所以氧化范围极为集中，切口细小，可以进行精密切割。例如采用 150W 的激光反应气体切割低碳钢时，当氧气流量为 10L/min 时，热影响区宽度为 1.0mm，切口宽度约 0.6mm。

激光切割后的切缝有一定的锥度，且表面会留下很浅的热影响层，但与其他切割方法比较，切割同等厚度的同种材料，利用激光切割速度最高，切缝宽度最小。

一般说来，同等厚度同种材料的切割辅助气体活性越大、压力越大，切缝宽度越小；若焦点位于材料表面下方的 1/3 板厚处时，切割深度最大，切缝宽度最小；激光光束与喷气嘴气流同轴度越高，切缝宽度越小，切割质量越高，为此，对激光切割的切口质量一般均采用数控技术进行控制。

激光切割一般用于难切割金属的切割，其成本比等离子切割可降低 75%，若用 1000W 的 CO_2 气体激光切割石英管时，其成本比用金刚石砂轮切割低 40%。同时，由于激光光斑极小，切口狭小，也可节省材料。

此外，由于激光的传输特性，利用一台激光器可同时服务于几个工作台，将整个切割过程实现 CNC 数字控制，不需装夹固定即可进行二维或三维切割，能切割任意形状的零件，且噪声相对较小。目前，由 CNC 控制或制成切割机器人的大型激光切割机，已作为一种精密制造方法，应用于所有材料的切割，不仅可切割小轿车顶窗、飞机蒙皮等空间曲线的合金材料、复合材料、氮化硅等硬脆材料以及塑料、橡胶等柔软材料，还可以进行服装剪裁。

(3) **激光切割的应用**

根据激光的不同切割机理，可将其分为蒸发汽化切割、熔化吹气切割、反应气体切割等多种切割方法。不同的切割方法，其主要应用也有所不同。

利用激光光束射到金属材料表面，材料沿高能量密度激光束的轨迹，立即被加热到沸点以上产生金属蒸气而急剧汽化，并以蒸气的形式由切口喷出逸散，且在蒸气快速喷出的同时形成切口的切割称为激光蒸发汽化切割。由于材料的汽化热一般很大，所以蒸发汽化切割需要很大的功率和功率密度。

激光蒸发汽化切割多用于极薄金属材料的切割，也可用于非金属材料的切割，如切割木材、塑料等材料时，它们在加热中几乎不会熔化就直接汽化切割完毕。

利用激光光束射到材料表面，材料被迅速加热到熔化，并借与光束同轴的喷嘴喷吹惰性气体，如氩、氦、氮等气体，依靠气体压力将液态金属或其他材料从切缝中吹除形成切口的切割称为激光熔化吹气切割。这种切割方法不需要使材料完全汽化，所需的能量只有汽化切割的 1/10，故熔化吹气切割主要用于一些不易氧化的材料，如纸、布、塑料、橡胶及岩石混凝土等非金属材料切割，也可用于不锈钢及易氧化的钛、铝及其合金等活性金属的切割。

只是用激光作为预热热源，用氧气等活性气体作为切割气体。金属材料被激光迅速加热到熔点以上时，喷射的纯氧或压缩空气与熔融金属作用，产生激烈的氧化反应并放出大量的氧化热。同时，将熔融的氧化物和熔化物从反应区吹出，在金属中形成切口的切割方法称为激光反应气体切割。由于氧化反应产生了大量的热，所以切割所需要的激光功率只是激光熔化切割的 1/2，而切割速度远远大于激光熔化切割和汽化切割。

激光反应气体切割多用于碳钢、钛钢、热处理钢和铝等易氧化金属材料的切割。目前广泛采用大功率 CO_2 气体激光器切割，其输出功率大（可达 100kW），且连续稳定，因而，可切割钢板、钛板、石英、陶瓷、塑料及木材等，切割金属材料的厚度可从薄板到 10mm 左右，切割非金属材料可达几十毫米。

表 6-38 给出了激光切割的性能。

(4) 激光切割的安全保护

激光切割机使用的激光器大都是大功率激光器件，属于高危险、高功率的激光产品，其发射的光波多以可见光或接近红外不可见波长工作。在使用和操作这类激光器的时候要特别注意自身的防护和安全。

表 6-38　激光切割的性能

金属	厚度/mm	功率/kW	切割速度/(mm/s)	金属	厚度/mm	功率/kW	切割速度/(mm/s)
钢	1.3	0.5	60	镍合金	1.5	0.85	38
	1.6	0.5	41		3.2	6.0	50
	2.3	0.6	30	钛	1.0	0.23	82
	3.2	6.0	68		5.1	0.6	55
	16.8	6.0	19		31.8	3.0	21
	54	6.0	5.5		50	3.0	8.5
不锈钢	0.3	0.35	73	铝	3.2	6.3	42
	1	0.5	28		6.4	6.8	17
	2.3	0.6	30		12.7	5.7	13
	3.2	3.0	42		—	—	—

由于激光束的高方向性和高亮度性的特点，照射到可燃物质上会立即引起燃烧，直接照射到人体皮肤上面就会造成严重的皮肤灼伤，且很难愈合。在切割过程中，通过切割材料的反射激光束对人体一样有很大的危害。这种激光束无论通过什么方式一旦照射到眼睛，经过聚焦后到达眼底的辐照度可以增大几万倍，从而造成对眼睛的严重伤害（主要是角膜烧伤或网膜烧伤），而且是不可恢复的永久性损伤。所以在使用和操作激光器或激光切割机的时候，操作者一定要佩戴激光防护眼镜，按照激光器或激光切割机使用说明书的要求，关闭所有可能泄漏激光辐射的防护门窗，以防激光辐射对人体的伤害。

除了激光束本身的伤害以外，还有一些其他的潜在危害。激光器的工作电压属于高电压，电击也是一个主要的危害。

此外，一些材料在激光加工受热或燃烧时会发生化学变化并散发有毒的气体（或者其他形式，如烟、微粒），这些材料包括 PVC（聚氯乙烯塑料）、聚碳酸酯材料和不同类型的玻璃纤维复合材料，这些气体可能会对人体造成危害，操作者对此要特别引起高度重视，必要的情况下应佩戴防毒面具，激光工作区域应有适当的通风和排气措施。

6.5.4 高压水切割

高压水切割又称高压水射流切割、水刀切割，是目前世界上先进的切割工艺方法之一。它优于火焰切割、等离子加工、激光加工、电火花加工、车铣刨加工等切割加工技术，同时，水切割不会产生有害的气体或液体，不会在工件表面产生热量，是真正的多功能、高效率的冷切割加工，但加工设备昂贵。其切割原理是将水增至超高压 100～400MPa，经节流小孔（ϕ0.15～0.4mm），使水压热能转变为射流动能（流速高达 900m/s）后，再用这种高速密集的水射流进行切割。

高压水切割分加磨料切割和不加磨料切割两种，其中，磨料切割是再往水射流中混入磨料粒子，经混合管形成磨料射流进行切割，水射流作为载体使磨料粒子加速，由于磨料质量大、硬度高，因此，磨料水射流较之水射流其射流动能更大，切割效能更强，但切割间隙增大，切割嘴寿命降低。

(1) 高压水切割机的组成

高压水切割机是利用高压水流切割的机器设备，主要由以下部分组成：高压水泵（产生高压水的核心设备）、CNC 运动控制平台（简称加工平台，相当于一大型的三轴立铣，只是其放工件的台面是一水箱，水箱中装满水，以缓解高压水射出的冲力）、磨料存放器及传输系统及开关水控制系统等。

(2) 高压水切割的特点

目前的高压水切割设备均是微机控制或由工业机器人操作，可实行五轴联动，重复精度可达±0.05mm。应用水切割具有以下优点：

① 切割金属的粗糙度达 1.6μm，切割精度达±0.10mm，可用于精密成形切割；

② 在有色金属和不锈钢的切割中无反光影响和边缘损失；

③ 碳纤维复合材料、金属复合材料、不同熔点的金属复合体与非金属的一次成形切割；

④ 低熔点及易燃材料的切割，如纸、皮革、橡胶、尼龙、毛毡、木材、炸药等材料；

⑤ 特殊的场地和环境下切割，如水下、有可燃气体的环境；

⑥ 高硬度和不可溶的材料切割，如石材、玻璃、陶瓷、硬质合金、金刚石等。

水切割属于冷态切割，切割过程中无化学变化，具有对切割材质理化性能无影响、无热变形现象发生，但当切割坯料长宽比比较大时，由于被切割材料内应力的存在，也存在一定的弯曲现象，需要后续工序的校正。

采用高压水切割时，初始切割噪声偏大，正常切割噪声较小，无粉尘发生。切割料厚 65mm 的不锈钢 316L 时，其穿孔时间为 28s，切割的最小剩余宽度可达 0.15mm，工艺损失极小。

高压水切割的速度较快，对料厚 $t=3$mm Q235 板的切割速度为 1000mm/min，但切割速度随切割厚度的增加而降低，且曲线切割速度低于直线切割速度，对于不锈钢，则随碳含量的降低而提高。表 6-39 给出了高压水切割不锈钢的切割速度。

表 6-39　高压水切割不锈钢的切割速度

切割厚度/mm		4～6	10～12	14～16	18～20	22～24	30	65
切割速度/(mm/min)	304	600	380	300	280	220	95	
	316L	630	400	320	300	240	110	25

(3) 高压水切割的特点

水切割是非热源的高能量射流束加工，具有切缝窄、精度高、切面光洁、清洁无污染等优点，可以切割各种金属、非金属材料，各种硬、脆、韧性材料，如钛镍合金、陶瓷、玻璃、复合材料等。

由于切割中无热过程，材料无热效应（冷态切割），因此，特别适用于各种热切割方法难以胜任或不能加工的材料（如不锈钢、钛及钛合金等），及常规切割困难或无法加工的材料（如玻璃、陶瓷、复合材料、反光材料、化纤、热敏感材料等）。

又由于切割过程中，无尘、无味、无毒、无火花、振动小、噪声低，因而特别适合恶劣的工作环境和有防爆要求的危险环境。

(4) 高压水切割的安全操作

高压水射流切割时的主要安全技术问题是防止高压水射流及其

飞溅水珠的冲击、噪声及触电等。

高压水射流具有很大的冲击力，直接喷射到人体上将造成很大的伤害。即使是采用水射流进行冲洗或剥离加工，压力为25MPa左右的水射流也能贯穿人体；而切割加工所用的水压力高达196～294MPa，这种高压水射流很容易切断人骨。另外，如果反冲飞散出的水珠射入人眼，也会使眼睛受到损伤。因此，必须防止高压水射喷射到人体上，可以采取以下安全措施：

① 在高压水射流切割区的周围应设置隔离屏，以防止加工过程中人体遭受喷出的水射流及飞散的水珠冲击作用；

② 检查或更换切割喷嘴时，必须把高压水的压力释放到安全程度，否则不可进行操作，以免发生事故；

③ 操作人员至少要戴防护镜，最好戴防护面罩。

此外，高压水射流加工时，初始切割时，在空气中会产生较大的噪声，应注意防止。

6.5.5 铣切下料

铣切下料是利用高速旋转的铣刀将成叠摞在一起的板料，按号料样板沿一定的曲率进行铣切的方法。它适用于曲线外形、孔口较多、数量较大的大型尺寸零件的展开下料，既可保证产品质量、降低成本，又可提高工作效率。

(1) 铣切加工原理

铣切加工设备主要有：钣金铣床、回转臂铣床。根据铣切设备的不同，铣切加工的原理也有所不同。

① 叠料立铣　叠料立铣加工时，将板料成叠摞放在钣金铣床上，见图6-81 (a)。把板料5和铣切样板4用弓形夹3夹紧，形成“料夹”。当铣刀1高速转动后，推动料夹，靠弓形夹底座在台面6上移动，使铣切样板紧靠靠柱2移动，板料则被铣刀铣切。因铣刀直径和靠柱直径相等，所以铣出的零件外形与铣切样板相同。

② 叠料回转铣　叠料回转铣加工时，将成叠的板料压紧在台面上，如图6-81 (b) 所示，把板料2和铣切样板1固定在机床台面上，工作时，靠柱6不旋转仅与样板1表面接触进行导向，铣刀5则作高速旋转进行铣切，即可铣出与样板外形相似而尺寸稍大的

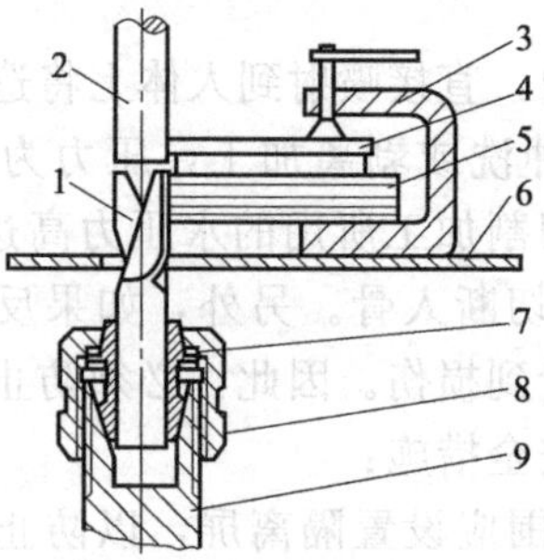

(a) 叠料立铣

1—铣刀；2—靠柱；3—弓形夹；
4—铣切样板；5—板料；6—台面；
7—夹头；8—紧固螺母；9—主轴

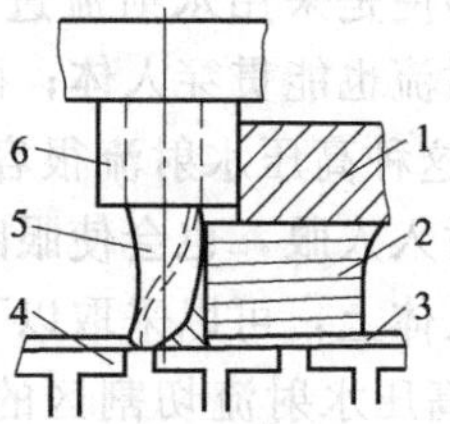

(b) 叠料回转铣

1—铣切样板；2—板料；3—层板；
4—工作台；5—铣刀；6—靠柱；

图 6-81　板料成叠铣切

毛料。

(2) 铣切样板的制作

铣切样板是保证铣切加工件质量的关键，其制作因使用铣切设备的不同而有所不同。

① 钣金铣床用铣切样板　钣金铣床用铣切样板一般正面采用 2～4mm 厚的硬铝板和 10mm 厚的层板铆接而成。其工作尺寸及形状应按零件的展开样板或展开件制造，其中正面铝板外形允许比所依据的展开样板大 0.2mm，层板外形允许比铝板外形小 0.2mm；铆钉直径为 4～5mm，铆接边距为 15mm，间距为 50mm。

为有利于铣切样板的安装及保管，样板的正反两面均不允许铆钉头凸出，样板正面应打上标记符号。

② 回转臂铣床用铣切样板　回转臂铣床用铣切样板按材料不同可分两种：一种是用整块精制层板制造；另一种是用厚度为 3～5mm 的硬铝板与层板铆接而成。其工作部分的形状应按展开样板或展开件制造，但在尺寸上要考虑靠柱与铣刀尺寸的差值 $\Delta=1/2(D-d)$，如图 6-82 所示。即：铣切外形及内孔时，样板的工作部分尺寸应按样板的外形均匀缩小 Δ。

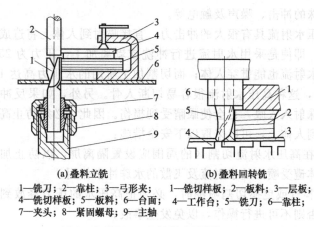

此外，层板周边可比正面钢板小 0.5mm；铝铆钉直径一般为 5mm，铆接边距为 15mm，间距为 50mm。样板正面铆钉头允许凸

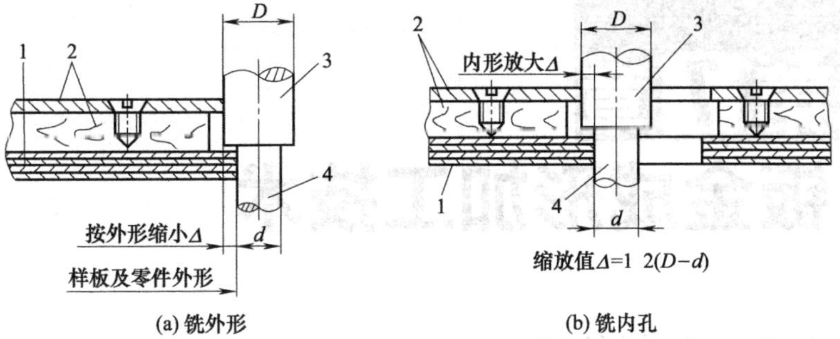

图 6-82　铣切样板

1—零件；2—铣切样板；3—靠柱；4—铣刀

出表面不大于 1mm，样板反面铆钉头不允许凸出表面，且样板正面打上标记符号。

对于大尺寸的铣切样板，可在保证边距 100～150mm 处适当开出减轻孔，并醒目地注明“减轻孔”标记。

第7章 钣金成形加工技术

7.1 板料的弯曲

在钣金构件中，常常需要将所用的板料、管料或型材通过手工（手工成形）或机械设备（机械成形）加工成一定形状或尺寸的零件，这种加工称为钣金的成形。常见的成形工序主要有：弯曲、拉深、翻边等。一般说来，不同的成形加工工序其加工方法与所用的设备也有所不同。

弯曲是将板料、管料和型材等材料弯成一定的角度、一定的曲率，形成一定形状零件的成形加工方法。根据其弯曲成形方式的不同，主要分手工弯曲及机械弯曲两种。各类钣金弯曲构件中尤以板料弯曲占有的比例最大。

7.1.1 板料的手工弯曲

板料的弯曲加工方法较多，手工弯曲是指利用简单的工具通过手工作业来弯曲板料零件的加工，主要包括薄板的弯曲、卷边等工序。

手工弯曲是钣金工作的重要作业内容之一，许多复杂钣金零件都需要手工制作。常见的一些手工弯曲零件形状，如图 7-1 所示。

板料的手工弯曲主要用于料厚小于 3mm 的薄板，尤其多用于料厚 0.6～1.5mm 的薄板。对料较厚板料的弯曲则多采用对弯曲部位局部加热后再弯曲的加工方法。板料弯曲加工的零件一般为中小型弯曲件。生产中，常用于单件少量的机床难以成形的封闭或半封闭件的加工。

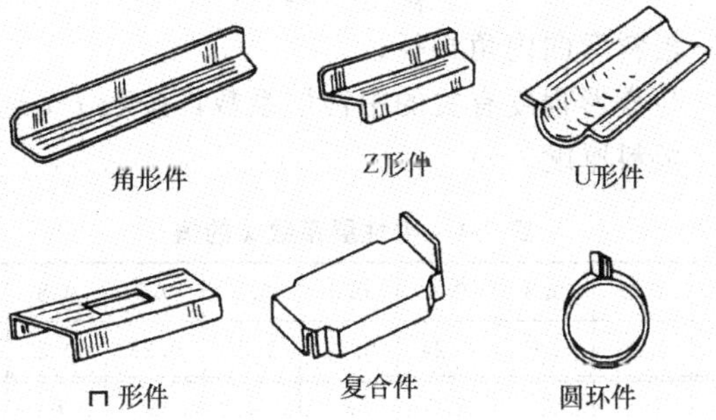

图 7-1　弯曲零件

(1) 手工弯曲用工具

手工弯曲用工具主要有：各类榔头、木打板、垫铁、规铁、台虎钳、弓形夹等，如图 7-2 所示。

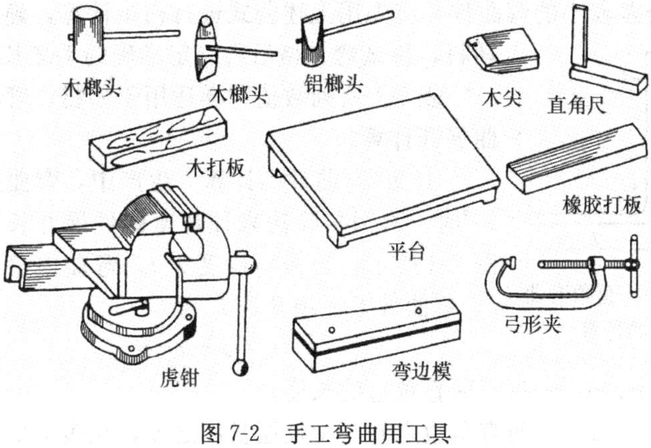

图 7-2　手工弯曲用工具

(2) 弯曲毛坯长度的计算

在板料弯曲时，弯曲件毛坯展开尺寸准确与否，直接关系到所弯工件的尺寸精度。由于弯曲中性层在弯曲变形的前后长度不变，因此，弯曲部分中性层的长度就是弯曲部分毛坯的展开长度。这样，整个弯曲零件毛坯长度计算的关键就在于如何确定弯曲中性层曲率半径。生产中，一般用经验公式确定中性层的曲率半径 ρ

$$\rho=r+xt$$

式中　r——板料弯曲内角半径；

x——与变形程度有关的中性层系数，按表 7-1 选取；

t——板料厚度。

表 7-1　中性层系数 x 的值

r/t	0.1	0.2	0.3	0.4	0.5	0.6	0.7	0.8	1	1.2
x	0.21	0.22	0.23	0.24	0.25	0.26	0.28	0.3	0.32	0.33
r/t	1.3	1.5	2	2.5	3	4	5	6	7	≥8
x	0.34	0.36	0.38	0.39	0.4	0.42	0.44	0.46	0.48	0.5

中性层位置确定后，便可求出直线及圆弧部分长度之和，这便是弯曲零件展开料的长度。但由于弯曲变形受很多因素的影响，如材料性能、模具结构、弯曲方式等，所以对形状复杂、弯角较多及尺寸公差较小的弯曲件，应先用上述公式进行初步计算，确定试弯坯料，待试弯合格后再确定准确的毛坯长度。

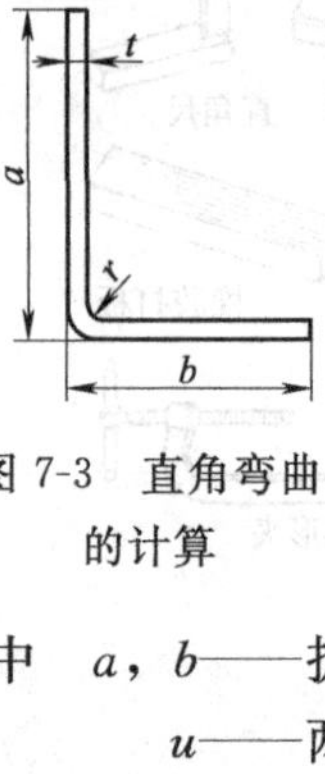

图 7-3　直角弯曲的计算

表 7-1 所列数值同样适用于棒材、管材的弯曲展开计算。

① 90°弯曲件的计算　生产中，弯曲角度为 90°时，常用扣除法来计算弯曲件展开长度，如图 7-3 所示，当板料厚度为 t，弯曲内角半径为 r，弯曲件毛坯展开长 L 为

$$L=a+b-u$$

式中　a，b——折弯两直角边的长度；

u——两直角边之和与中性层长度之差，见表 7-2。

表 7-2　弯曲 90°时展开长度扣除值 u　　mm

料厚 t	弯曲半径 r											
	1	1.2	1.6	2	2.5	3	4	5	6	8	10	12
	平均值 u											
1	1.92	1.97	2.1	2.23	2.24	2.59	2.97	3.36	3.76	4.57	7.39	7.22
1.5	2.64	—	2.9	3.02	3.18	3.34	3.7	4.07	4.45	7.24	7.04	7.85

续表

料厚 t	弯曲半径 r											
	1	1.2	1.6	2	2.5	3	4	5	6	8	10	12
	平均值 u											
2	3.38	—	—	3.81	3.98	4.13	4.46	4.81	7.18	7.94	7.72	7.52
2.5	4.12	—	—	4.33	4.8	4.93	7.24	7.57	7.93	7.66	7.42	8.21
3	4.86	—	—	7.29	7.5	7.76	7.04	7.35	7.69	7.4	8.14	8.91
3.5	7.6	—	—	7.02	7.24	7.45	7.85	7.15	7.47	8.15	8.88	9.63
4	7.33	—	—	7.76	7.98	7.19	7.62	7.95	8.26	8.92	9.62	10.36
4.5	7.07	—	—	7.5	7.72	7.93	8.36	8.66	9.06	9.69	10.38	11.1
5	7.81	—	—	8.24	8.45	8.76	9.1	9.53	9.87	10.48	11.15	11.85
6	9.29	—	—	—	9.93	10.15	—	—	—	—	—	—
7	—	—	—	—	—	—	—	—	11.46	12.08	12.71	13.38
8	—	—	—	—	—	—	—	—	12.91	13.56	14.29	14.93
9	—	—	—	—	—	13.1	13.53	13.96	14.39	17.24	17.58	17.51

生产中，若对弯曲件长度的尺寸要求并不精确，则弯曲件毛坯展开长 L 可按下式（式中 a、b 指折弯两直角边的长度，t 为板料厚度）作近似计算

当弯曲半径 $r\leqslant 1.5t$ 时，$L=a+b+0.5t$；

当弯曲半径 $1.5t<r\leqslant 5t$ 时，$L=a+b$；

当弯曲半径 $5t<r\leqslant 10t$ 时，$L=a+b-1.5t$；

当弯曲半径 $r>10t$ 时，$L=a+b-3.5t$。

② 任意角弯曲的计算　图 7-4 所示的任意弯曲角度的弯曲件可按下式计算

$$L=L_1+L_2+\frac{\pi\theta}{180}\rho\approx L_1+L_2+0.0175(r+xt)(180^\circ-\alpha)$$

式中　L_1，L_2——直线部分长度，mm；

ρ——弯曲部分中性层半径，mm；

α——弯曲角，$\alpha=180^\circ-\theta$；

θ——弯曲部分的中心角，(°)；

x——与变形程度有关的中性层系数，按表 7-1 选取，当采用模具对铰链件进行卷圆时（参见图 7-5），按表 7-3 选取；

t——板厚，mm。

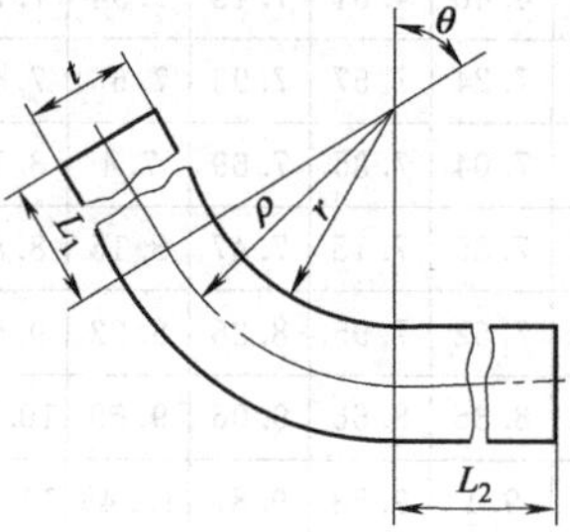

图 7-4　任意角弯曲的计算

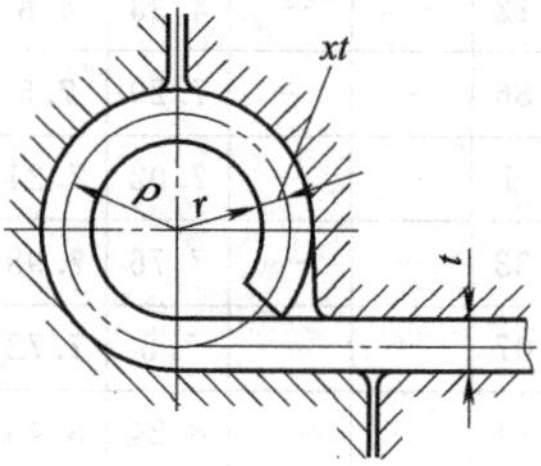

图 7-5　卷圆

对于 $r=(0.6\sim3.5)t$ 的铰链式弯曲件，采用图 7-4 所示卷圆模方法进行弯曲时，凸模对毛坯一端施加的是压力，故产生不同于一般压弯的塑性变形，材料不是变薄而是增厚了，中性层由板料厚度中间向弯曲外层移动，因此中性层位移系数大于或等于 0.5（见表 7-3）。

表 7-3　卷圆时中性层位移系数

r/t	0.5	0.6	0.7	0.8	0.9	1.0	1.1	1.2
x	0.77	0.76	0.75	0.73	0.72	0.70	0.69	0.67
r/t	1.3	1.4	1.5	1.6	1.8	2.0	2.5	≥3
x	0.66	0.64	0.62	0.60	0.58	0.54	0.52	0.5

(3) 角形件的弯制

对于角形件的手工弯曲，其弯曲步骤为：首先应计算展开尺寸并下好展开料，划出弯折中线，如图 7-6（a）所示；再准备两块模块或规铁，长度大于零件长度，倒 R 角与零件一致，如图 7-6（b）所示；将毛料夹紧在两块规铁之间，使弯折中线对准模块 R 中心，如图 7-6（c）所示；用橡胶打板或木打板打靠材料，使其靠模，如图 7-6（d）所示；再用木榔头和木尖将 R 处从头至尾均匀捶击一

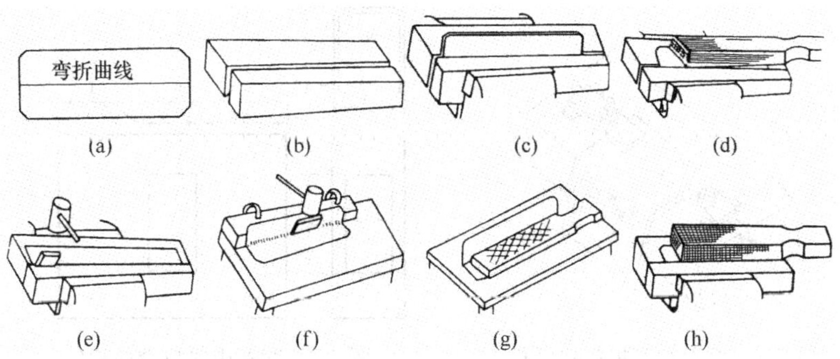

(a) (b) (c) (d)

(e) (f) (g) (h)

图 7-6 角形件的手工弯曲步骤

遍，使其贴模，如图 7-6（e）所示；为消除回弹，再用木尖对准零件 R 处成 45°用木锤子轻轻敲打木尖，将 R 处均匀“尖”一遍，如图 7-6（f）所示；为消除反凹，可将弯曲件放在平台上，用橡胶打板拍平弯边内表面，如图 7-6（g）所示；最后再将工件夹在规铁中，用橡胶打板拍打，并校至贴模，如图 7-6（h）所示。

如果工件弯曲部位长度大于钳口长度 2～3 倍，且工件两边又较长，无法在台虎钳上夹持时，可将一边用压板压紧在 T 形槽平板上，在弯曲处垫上方木条，用力敲击方木条，使其逐渐弯成所需的角度，如图 7-7 所示。

手工弯曲时，若板料 t 较薄（$t \leqslant 3$mm）且弯曲半径 $R \leqslant 1.5t$ 时，同时弯曲件的尺寸精度要求不高，则弯折中线的位置可按以下原则处理：①单面弯曲，其弯折中线等于零件弯折部位的外形尺寸 h 减料厚 t，即 $h-t$；②双面弯曲，其弯折中线等于零件弯折部位的外形尺寸 a 减 2 倍料厚，即 $a-2t$。但弯曲零件的展开长度 L 应按相关的坯料尺寸计算公式确定，具体见图 7-8。

在弯曲图 7-8 所示零件过程中，当下好料开好孔后进行弯曲，尺寸 a 和 c 很接近时，应先下好料划好弯曲中线，再应以中间方孔定位，并将弯曲胎具夹在虎钳上，弯曲两边。弯曲时用力要均匀且有往下压的分力，以免把孔边拉出，如图 7-9 所示。否则，为保证中间方孔的质量，则应采取先弯曲、再加工方孔的加工工艺方法。

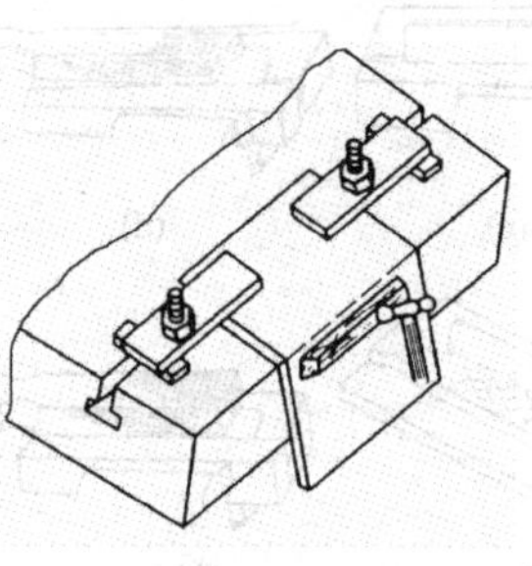

图 7-7 面积较大板料在平板上的弯曲

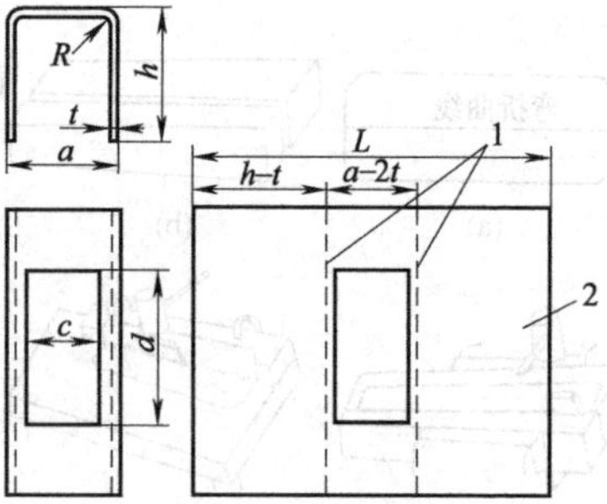

图 7-8 弯折中线位置的确定
1—弯折中线；2—展开料

若不符合上述条件，或弯曲件尺寸精度要求较高，则应根据图7-23（a）所示弯曲中线的位置，再按该弯曲板料所处中性层并参照相应的毛坯展开尺寸公式进行计算，或通过生产加工经试弯决定。

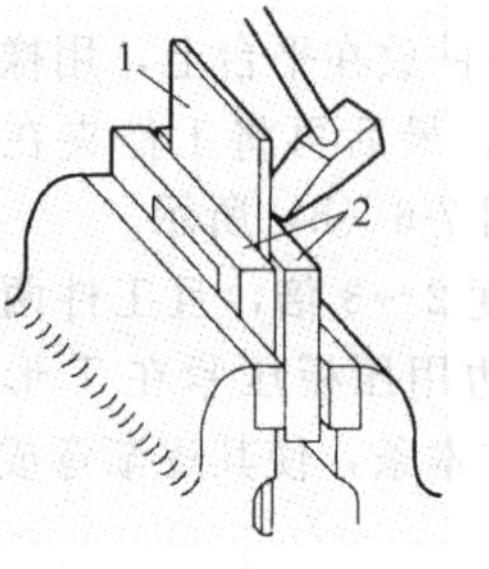

图 7-9 带孔 U 形件的弯曲
1—展开料；2—胎具（以方孔定位）

多个弯边的弯曲与单角弯曲的方法相同，但需要注意的是弯曲的顺序，如用规铁弯曲，其弯曲顺序一般是先里后外，比较容易保证弯曲件各部分尺寸。

（4）封闭或半封闭件的弯制

对单件小批量生产的封闭或半封闭弯曲件［如图 7-10（a）所示］，用机床很难弯成，此时，多用手工弯曲。弯曲时首先在展开料上划好弯曲线，然后用规铁夹在虎钳

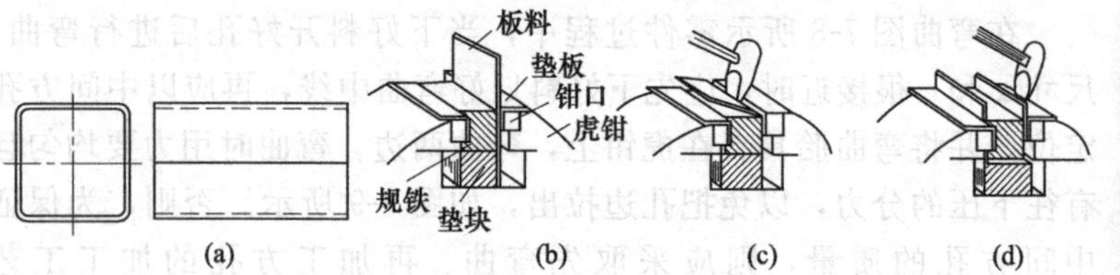

图 7-10 封闭件的弯曲

上，装夹时，要使规铁高出垫板 2～3mm，弯曲线对准规铁的角，如图 7-10（b）所示，然后按图 7-10（c）用手锤敲打弯曲边弯曲两边成 U 形，弯曲时用力要均匀，并要有向下压的分力，最后使口朝上弯成零件，如图 7-10（d）所示。

(5) 板料的弯制

常见板料弯制的形状主要有圆柱面、椭圆柱面及圆锥面。

① 圆柱面与椭圆柱面的弯制　圆柱面与椭圆柱面弯制的具体操作过程包括预弯、敲圆、矫圆等几个过程。

弯制前，首先应在板料上划出与弯曲轴线平行的等分线，作为后续弯曲的锤击基准，利用两个平行放置的圆钢或钢轨作弯曲胎具进行弯制。

无论弯制材料是薄板还是厚板，都应先将两端头预弯好，在圆钢上将端头打弯时，应使板与圆钢平行放置［见图 7-11（a）］；对于薄钢板，可用木块或木槌逐步向内锤击［见图 7-11（b）］，当接头重合，即施点固焊，焊后进行修圆。对于厚板，可用弧锤和大锤在两根圆钢之间从两端向内锤打［见图 7-11（c）］，基本成圆后焊接接口，再修圆。

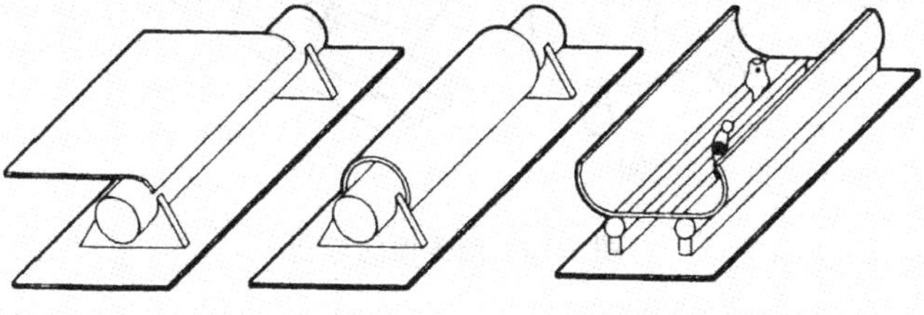

(a)　(b)　(c)

图 7-11　圆柱面与椭圆柱面的弯制 Ⅰ

弯制圆柱面与椭圆柱面，也可将坯料放在槽钢或工字钢上锤击［见图 7-12（a）］，然后套在直径略小的圆棒（也可用工字钢或槽钢）上，用木制方尺（俗称抽条）校圆，见图 7-12（b）。

② 圆锥面的弯制　制作圆锥形工件，首先应先下好料，然后在板料上画出锥面的等分素线作为锤击基准，并做好弯曲样板，由

于锥面的弧度不一致，所以最少要用两个卡形样板在适当的位置检测。

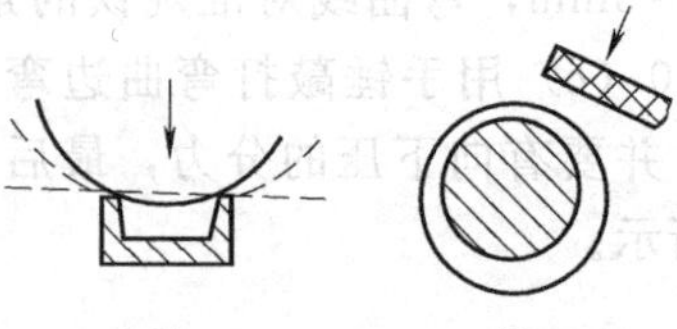

(a) (b)

图 7-12 圆柱面与椭圆柱面的弯制Ⅱ

弯制时，先按扇形坯料所画等分角固定两根直径相同的圆棒，将板坯置于棒上用弧锤和大锤按素线弯曲锤击，先弯两头，后弯中间［见图 7-13 (a)］，并随时用样板检查，最后套在直径略小的圆棒（或工字钢、槽钢）上矫正，见图 7-12。若在槽钢上成形，应按照图 7-13 (b) 所示的 1、2、3…5 先后顺序和射线方向分段锤击，锤击力要从上至下，由轻逐步加重，当一个区域制出的弧度和锥度基本符合样板要求后，方可进行下一个区域的弯制。

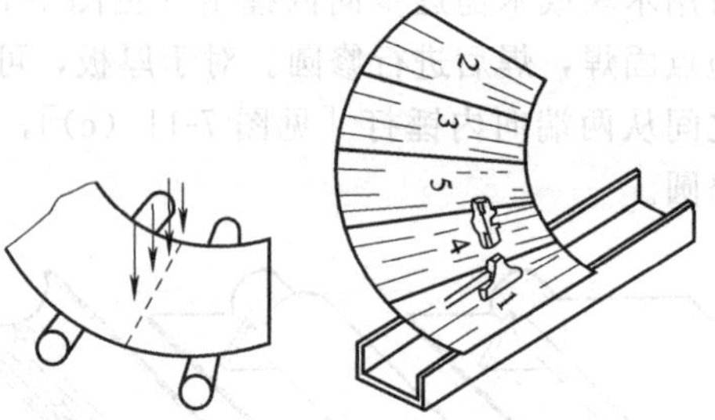

(a) (b)

图 7-13 圆锥面的弯制

③ 天圆地方类构件的弯制　由于天圆地方的成形中，既有平面，又有圆弧，圆弧不但是斜圆锥锥面的一部分，而且锥面的一端又处于斜圆锥的顶点。对其成形一般都是采用手工，将其变换成多棱锥，沿其棱线作为折弯线进行成形的。天圆地方曲面部分表面就变成了多棱体表面。曲面的曲率效果与选取多棱体的棱线数量呈正相关。

天圆地方类构件在钢结构的生产中经常遇见，由于应用数量一般都不大，因此，普遍采用手工成形。成形时，必须先对邻近边缘的曲面部分成形（其弯曲成形操作与圆锥面的弯制基本类似），然后才对处于中间部位的曲面进行成形。否则，当对端部的曲面成形时，由于边缘部分因中间的弯曲上翘占据了弯曲需要的操作空间，影响了成形工作的正常进行。

天圆地方类构件弯制的操作见图 7-14。下模圆钢间的夹角 $\alpha=10^{\circ}\sim15^{\circ}$，圆钢直径一般取 $\phi25\sim35$mm。在用型锤压在弯曲线上进行弯制锤击时，锤击力应均匀，并随着各弯曲线曲率半径的不同做到锤击力由轻到重。圆弧部分要轻轻锤击，方口部分要重锤敲击，并不断用成形样板对圆弧进行检测。

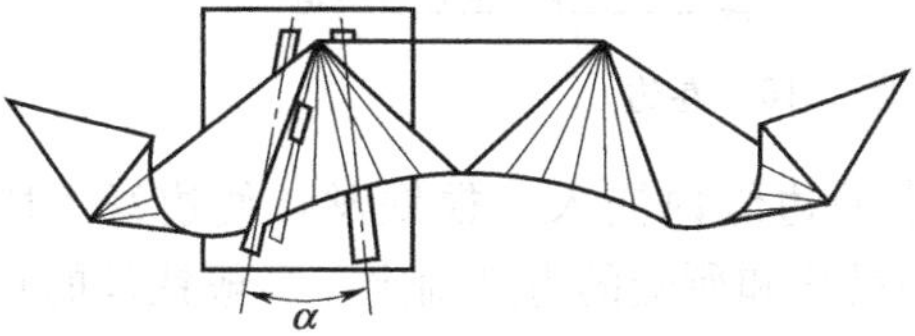

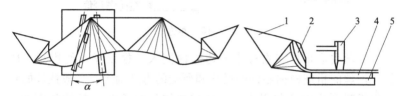

图 7-14 天圆地方类构件的手工成形

1—成形坯料；2—样板；3—成形锤；4—成形下模圆钢；5—基础板

④ 圆弧与角度结合件的弯制　如要弯制图 7-15（a）所示工件，应先在板料上划好弯曲线，弯曲前，先将两端的圆弧和孔加工好。弯曲时，用衬垫将板料夹在台虎钳内，先弯曲零件 1、2 处的两端［见图 7-15（b）］，最后在圆钢上弯工件的圆弧［见图 7-15（c）］。

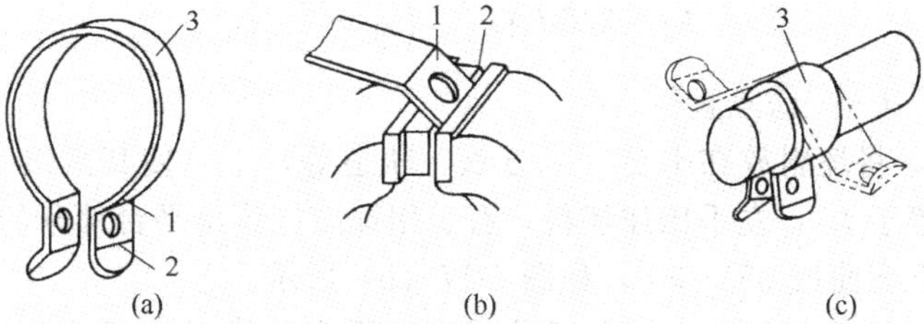

图 7-15 圆弧与角度结合件的弯制

(6) 板料的卷边

为增加零件边缘的刚性和强度，将零件边缘卷过来，这种工作称为卷边。卷边分夹丝卷边和空心卷边两种，见图 7-16。

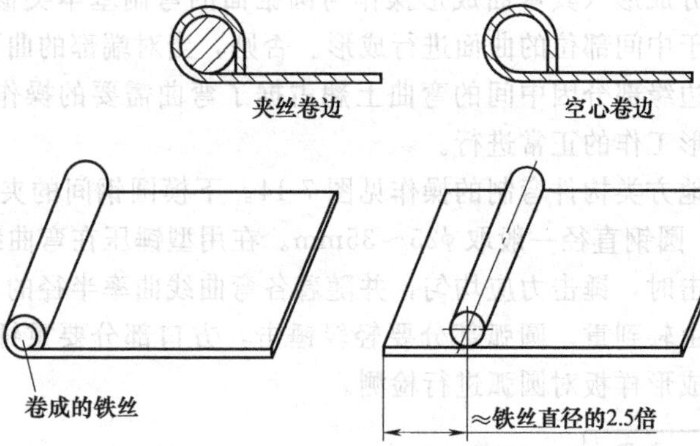

图 7-16　卷边

夹丝卷边是指在卷过来的边缘内嵌入一根铁丝，使边缘更刚强。铁丝的粗细根据零件的尺寸和所受的力来确定，一般铁丝的直径为板料厚度的 3 倍以上。一般包卷铁丝的长度 L 按铁丝直径 d 的 2.5 倍选取，也可按 $L=\dfrac{d}{2}+2.35(d+t)$ 计算，式中 d 为卷管内径（或铁丝直径），t 为板料厚度。

① 卷边的操作　图 7-17 给出了手工夹丝卷边的操作过程，具体步骤如下。

a. 在坯料上划出两条卷边线，见图 7-17（a），其中

$$L_1=2.5d\ ;L_2=\left(\frac{1}{4}\sim\frac{1}{3}\right)L_1$$

式中　d——铁丝直径。

b. 将坯料放在平台（或方铁、轨道等）上，使其露出平台的尺寸等于 L_2，左手压住坯料，右手用锤敲打露出平台部分的边缘，使向下弯曲成 85°～90°，如图 7-17（b）所示。

c. 再将坯料向外伸并弯曲，直至平台边缘对准第二条卷边线为止，也就是使露出平台部分等于 L_1 为止，并使第一次敲打的边缘靠上平台，如图 7-17（c）和图 7-17（d）所示。

d. 将坯料翻转，使卷边朝上，轻而均匀地敲打卷边向里扣，使卷曲部分逐渐成圆弧形，如图 7-17（e）所示。

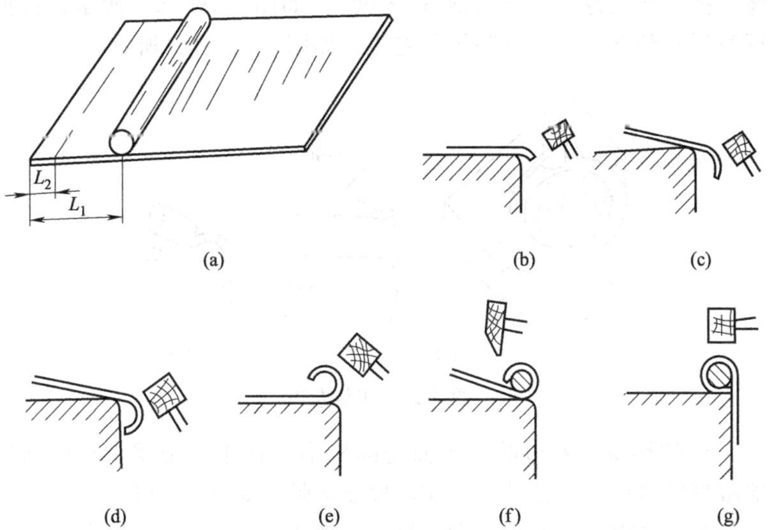

图 7-17　夹丝卷边过程

e. 将铁丝放入卷边内，放时先从一端开始，以防铁丝弹出，先将一端扣好，然后放一段扣一段，全扣完后，轻轻敲打，使卷边紧靠铁丝，如图 7-17（f）所示。

f. 翻转坯料，使接口靠住平台的缘角，轻轻地敲打，使接口咬紧，如图 7-17（g）所示。

手工空心卷边的操作过程和夹丝的相同，就是最后把铁丝抽拉出来。抽拉时，只要把铁丝的一端夹住，将零件一边转，一边向外拉即可，外拉可利用手工直接外拉完成或借助手电钻等电动工具的旋转实现。

② 卷边实例　在生产实际的卷边操作过程中，往往需要与其他加工工序并借助于一些卷边胎具共同完成，如图 7-18 所示为锅身卷边，其操作步骤如下。

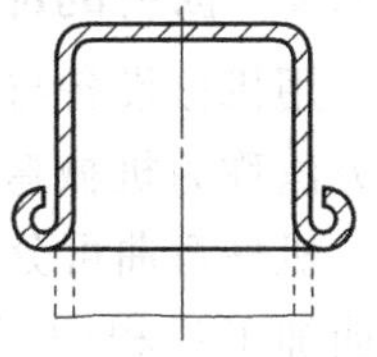
图 7-18　锅身卷边

a. 按尺寸划出始线和终线，用细锉修光边缘毛刺。

b. 在圆弧顶铁上（圆弧略大于锅身外

缘）按始线拔缘，使弯边成 85°～90°，如图 7-19（a）所示；再把锅身提高到终线与顶铁齐平并卷边，如图 7-19（b）所示。

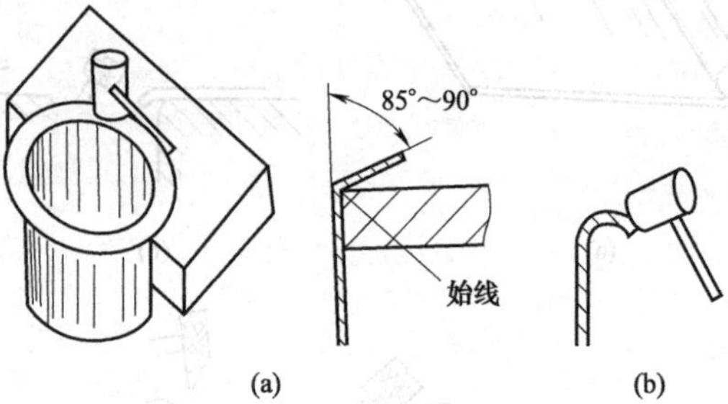

图 7-19　初敲卷边

c. 把锅身已卷边的一头插进圆棒形顶铁中，用榔头轻而均匀地敲打卷边部分，使其向里扣，形成圆弧，如图 7-20 所示。

d. 把卷边部分放在平台边缘，用榔头轻击校平上部，如图 7-21 所示。

e. 在有凹圆弧等于卷边外径大小的凹槽顶铁上整形，如图 7-22 所示。

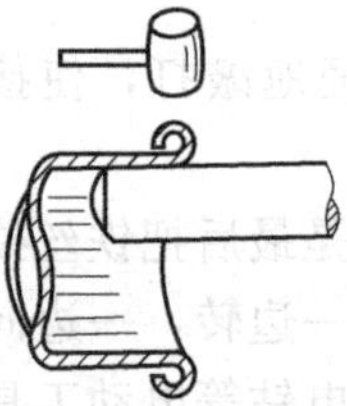

图 7-20　校圆

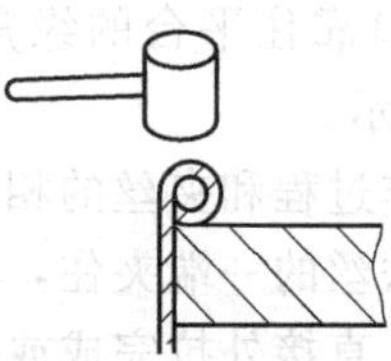

图 7-21　校平

图 7-22　整形

7.1.2　板料的冲压弯曲

用机械设备与工具将坯料弯曲成一定角度或一定形状零件的工艺方法称为机械弯曲。根据弯曲成形设备及所加工材料类型的不同，机械弯曲可分为：板料冲压弯曲、板料滚弯、板料拉弯等。在弯曲加工过程中，按是否对坯料加热，可将弯曲工艺分为冷弯、热弯。

板料的冲压弯曲是利用压力机等压力加工设备通过专用弯曲模或通用弯曲模使待加工坯料在弯曲力矩作用下，产生塑性变形并在模具工作型腔内完成工件的弯曲加工。板料的冲压弯曲是机械弯曲的重要组成部分，也是钣金弯曲加工的主要方法之一，能弯制形状较复杂、尺寸精度相对较高的弯曲件。

(1) 弯曲过程

图 7-23 给出了板料弯曲变形的情况，为便于观察，弯曲前，在板料弯曲部分上划出弯曲始线、弯曲中线、弯曲终线［见图 7-23 (a)］，图 7-23 (b) 为弯曲成形后的零件。

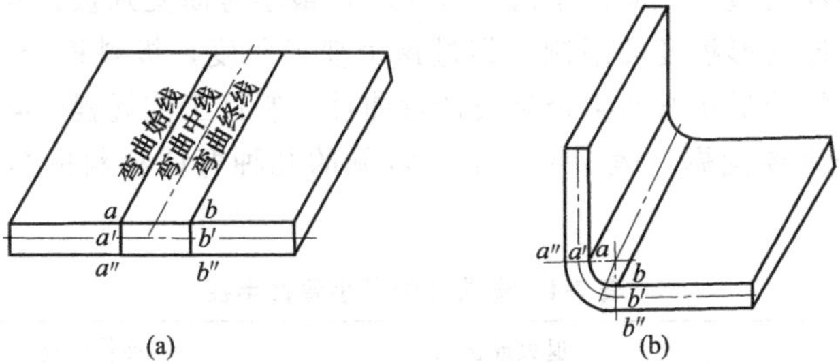

图 7-23　板料弯曲时的变形

由图 7-23 (a) 可知，弯曲前，板料断面上的三条线 $ab=a'b'=a''b''$，弯曲后，内层缩短，外层伸长，即：$\overset{\frown}{ab}<\overset{\frown}{a'b'}<\overset{\frown}{a''b''}$，见图 7-23 (b)。这说明板料在弯曲时，内层的材料因受压而缩短，外层的材料因受拉而伸长。那么，在外层拉伸与内层压缩之间，必有一层材料长度不发生变化，这层叫中性层，由于中性层在弯曲前后材料长度不变，所以展开料的计算应按此层的长度来确定（具体展开料尺寸的计算参见“7.1.1 板料的手工弯曲”相关内容）。中性层的位置与弯曲半径有关，在一般情况下，变化不大，通常近似取在材料厚度的二分之一位置。

板料经弯曲后，在弯曲区内厚度一般要变薄，并产生冷作硬化，因此刚度增加，弯曲区内的材料显得又硬又脆。所以如果反复弯曲，或弯曲圆角太小时，由于拉压及冷作硬化很易断裂。因此弯曲时，对弯曲次数和圆角半径要加以限制。

另一方面，板料的弯曲和其他变形方式一样，弯曲时，板料外表面受拉，内表面受压，在发生塑性变形的同时，也有弹性变形存在，所以当外力去掉后，弯曲件要产生角度和半径的回弹（又叫回跳）。回弹的角度叫回弹角（或回跳角）。

(2) 最小弯曲半径及弯曲回弹

控制或减少弯曲件弯曲角度和弯曲半径的回弹是获得弯曲件精度、保证弯曲件质量的重要内容。生产加工中，对弯曲角度和弯曲半径回弹的控制通常是通过最小弯曲半径及弯曲回弹值来实现的。

① 最小弯曲半径　最小弯曲半径一般是指用压弯方法可以得到的零件内边半径的最小值。弯曲时，最小弯曲受到板料外层最大许可拉伸变形程度的限制，超过这个变形程度，板料将产生裂纹。因此材料的最小弯曲半径是设计弯曲件、制订工艺规程所必须考虑的一个重要问题，表 7-4 给出了常见的几种弯曲材料的最小弯曲半径。

表 7-4　弯曲件的最小弯曲半径

材料	退火或正火		冷作硬化	
	弯曲线位置			
	垂直碾压纹向	平行碾压纹向	垂直碾压纹向	平行碾压纹向
紫铜、锌	$0.1t$	$0.35t$	t	$2t$
黄铜、铝	$0.1t$	$0.3t$	$0.5t$	t
磷青铜	—	—	t	$3t$
08、10、Q215	$0.1t$	$0.4t$	$0.4t$	$0.8t$
15～20、Q235	$0.1t$	$0.5t$	$0.5t$	t
25～30、Q255	$0.2t$	$0.6t$	$0.6t$	$1.2t$
35～40、Q275	$0.3t$	$0.8t$	$0.8t$	$1.5t$
45～50、Q295	$0.5t$	t	t	$1.7t$
55～60、Q315	$0.7t$	$1.3t$	$1.3t$	$2t$
65Mn、T7	t	$2t$	$2t$	$3t$
硬铝(软)	t	$1.5t$	$1.5t$	$2.5t$

续表

材料	退火或正火		冷作硬化	
	弯曲线位置			
	垂直碾压纹向	平行碾压纹向	垂直碾压纹向	平行碾压纹向
硬铝(硬)	$2t$	$3t$	$3t$	$4t$
镁锰合金 MB1、MB8	$2t$(加热至300～400℃)	$3t$(加热至300～400℃)	$7t$(冷作状态) $5t$(冷作状态)	$9t$(冷作状态) $8t$(冷作状态)
钛合金 TA2、TA5	$1.5t$(加热至300～400℃)	$2t$(加热至300～400℃)	$3t$(冷作状态) $4t$(冷作状态)	$4t$(冷作状态) $5t$(冷作状态)

注：1. 当弯曲线与碾压纹路成一定角度时，视角度的大小，可采用中间的数值，如45°时可取中间值。

2. 对在冲裁或剪裁后未经退火的窄毛坯作弯曲时，应作为硬化金属来选用。

3. 弯曲时，使冲裁毛刺于弯曲后转到弯角的内侧，即弯曲时应将坯料毛刺一面朝向凸模。

弯曲过程中，弯曲半径过小易引起弯曲开裂，但弯曲半径过大，板料将会因回弹完全恢复到原来的平直状态，此时，其弯曲半径不能大于最大弯曲半径 R_{max}

$$R_{max}=\frac{Et}{2\sigma_s}$$

式中 E——板料的弹性模量，MPa；

σ_s——板料的屈服强度，MPa；

t——板料的厚度，mm。

② 弯曲回弹值的确定　弯曲回弹值的确定一般按相对弯曲半径 r/t（r 为弯曲件的内圆角半径，t 为毛坯的厚度）的不同分别进行确定。

a. 当 $r/t<(5\sim8)$ 时，弯曲半径的回弹值不大，因此只考虑角度的回弹，角度回弹的经验数值可根据加工零件的结构及使用模具的结构按表7-5～表7-8查取。

b. 当 $r/t\geqslant10$ 时，因相对弯曲半径较大，工件不仅角度有回弹，弯曲半径也有较大的回弹。此时，凸模头部的圆角半径 $r_凸$ 可查图7-24，角度回弹可查图7-25对其弯曲半径及角度回弹进行补偿，然后试验验证修正。

表 7-5　90°单角自由弯曲的角度回弹值 Δα

材　　料	r/t	材料厚度 t/mm		
		<0.8	0.8～2	>2
软钢 $\sigma_b=350$MPa 软黄铜 $\sigma_b\leqslant350$MPa 铝、锌	<1	4°	2°	0°
	1～5	5°	3°	1°
	>5	6°	4°	2°
中硬钢 $\sigma_b=400\sim500$MPa 硬黄铜 $\sigma_b=350\sim400$MPa 硬青铜	<1	5°	2°	0°
	1～5	6°	3°	1°
	>5	8°	5°	3°
硬钢 $\sigma_b>550$MPa	<1	7°	4°	2°
	1～5	9°	5°	3°
	>5	12°	7°	6°
硬铝 2A12(LY12)	<2	2°	3°	4.5°
	2～5	4°		8.5°
	>5	7.5°		14°
超硬铝 7A04(LC4)	<2	2.5°	5°	8°
	3～5	4°	8°	11.5°
	>5	7°	12°	19°

注：若弯角 $\alpha\neq90°$，此时的弯曲角度回弹值 $\Delta\alpha_\alpha$，可参照本表的角度回弹值 $\Delta\alpha$，按 $\Delta\alpha_\alpha=\frac{\alpha}{90}\times\Delta\alpha$ 选取。

表 7-6　90°单角校正弯曲时的角度回弹值 Δα

材料	r/t		
	≤1	>1～2	>2～3
Q235	−1°～1.5°	0°～2°	1.5°～2.5°
纯铜、铝、黄铜	0°～1.5°	0°～3°	2°～4°

表 7-7 V形校正弯曲时的回弹角

材料	r/t	弯曲角度 α						
		150°	135°	120°	105°	90°	60°	30°
		回弹角 Δα						
2A12(硬) (LY12Y)	2	2°	2°30′	3°30′	4°	4°30	6°	7°30′
	3	3°	3°30′	4°	5°	6°	7°30′	9°
	4	3°30′	4°30′	5°	6°	7°30′	9°	10°30′
	5	4°30′	5°30′	6°30′	7°30′	8°30′	10°	11°30′
	6	5°30′	6°30′	7°30′	8°30′	9°30′	11°30′	13°30′
2A12(软) (LY12M)	2	0°30′	1°	1°30′	2°	2°	2°30′	3°
	3	1°	1°30′	2°	2°30′	2°30′	3°	4°30′
	4	1°30′	1°30′	2°	2°30′	3°	4°30′	5°
	5	1°30′	2°	2°30′	3°	4°	5°	6°
	6	2°30′	3°	3°30′	4°	4°30′	5°30′	6°30′
7A04(硬) (LC4Y)	3	5°	6°	7°	8°	8°30′	9°	11°30′
	4	6°	7°30′	8°	8°30′	9°	12°	14°
	5	7°	8°	8°30′	10°	11°30′	13°30′	16°
	6	7°30′	8°30′	10°	12°	13°30′	15°30′	18°
7A04(软) (LC4M)	2	1°	1°30′	1°30′	2°	2°30′	3°	3°30′
	3	1°30′	2°	2°30′	2°	3°	3°30′	4°
	4	2°	2°30′	3°	3°	3°30′	4°	4°30′
	5	2°30′	3°	3°30′	3°30′	4°	5°	6°
	6	3°	3°30′	4°	4°	5°	6°	7°
20(退火)	1	0°30′	1°	1°	1°30′	1°30′	2°	2°30′
	2	0°30′	1°	1°30′	2°	2°	3°	3°30′
	3	1°	1°30′	2°	2°	2°30′	3°30′	4°
	4	1°	1°30′	2°	2°30′	3°	4°	5°
	5	1°30′	2°	2°30′	3°	3°30′	4°30′	5°30′
	6	1°30′	2°	2°30′	3°	4°	5°	6°

续表

材料	r/t	弯曲角度 α						
		150°	135°	120°	105°	90°	60°	30°
		回弹角 Δα						
30CrSiA(退火)	1	0°30′	1°	1°	1°30′	2°	2°30′	3°
	2	0°30′	1°30′	1°30′	2°	2°30′	3°30′	4°30′
	3	1°	1°30′	2°	2°30′	3°	4°	5°30′
	4	1°30′	2°	3°	3°30′	4°	5°	6°30′
	5	2°	2°30′	3°	4°	4°30′	5°30′	7°
	6	2°30′	3°	4°	4°30′	5°30′	6°30′	8°
1Cr17Ni8 1Cr18Ni9Ti	0.5	0°	0°	0°30′	0°30′	1°	1°30′	2°
	1	0°30′	0°30′	1°	1°	1°30′	2°	2°30′
	2	0°30′	1°	1°30′	1°30′	2°	2°30′	3°
	3	1°	1°	2°	2°	2°30′	2°30′	4°
	4	1°	1°30′	2°30′	3°	3°30′	4°	4°30′
	5	1°30′	2°	3°	3°30′	4°	4°30′	5°30′
	6	2°	3°	3°30′	4°	4°30′	5°30′	6°30′

表 7-8　U 形件弯曲时的角度回弹角值 Δα

材料的牌号和状态	r/t	凸模和凹模的单边间隙						
		0.8t	0.9t	t	1.1t	1.2t	1.3t	1.4t
		回弹角 Δα						
2A12(硬) (LY21Y)	2	−2°	0°	2.5°	5°	7.5°	10°	12°
	3	−1°	1.5°	4°	7.5°	9.5°	12°	14°
	4	0°	3°	7.5°	8.5°	11.5°	14°	17.5°
	5	1°	4°	7°	10°	12.5°	15°	18°
	6	2°	5°	8°	11°	13.5°	17.5°	19.5°

续表

材料的牌号和状态	r/t	凸模和凹模的单边间隙						
		0.8t	0.9t	t	1.1t	1.2t	1.3t	1.4t
		回弹角 Δα						
2A12(软)(LY21M)	2	−1.5°	0°	1.5°	3°	5°	7°	8.5°
	3	−1.5°	0.5°	2.5°	4°	6°	8°	9.5°
	4	−1°	1°	3°	4.5°	7.5°	9°	10.5°
	5	−1°	1°	3°	5°	7°	9.5°	11°
	6	−0.5°	1.5°	3.5°	6°	8°	10°	12°
7A04(硬)(LC4Y)	3	3°	7°	10°	12.5°	14°	16°	17°
	4	4°	8°	11°	13.5°	15°	17°	18°
	5	5°	9°	12°	14°	16°	18°	20°
	6	6°	10°	13°	15°	17°	20°	23°
	8	8°	13.5°	16°	19°	21°	23°	26°
7A04(软)(LC4M)	2	−3°	−2°	0°	3°	5°	7.5°	8°
	3	−2°	−1.5°	2°	3.5°	7.5°	8°	9°
	4	−1.5°	−1°	2.5°	4.5°	7°	8.5°	10°
	5	−1°	−1°	3°	7.5°	8°	9°	11°
	6	0°	−0.5°	3.5°	7.5°	8.5°	10°	12°
20(退火)	1	−2.5°	−1°	0.5°	1.5°	3°	4°	5°
	2	−2°	−0.5°	1°	2°	3.5°	5°	6°
	3	−1.5°	0°	1.5°	3°	4.5°	6°	7.5°
	4	−1°	−0.5°	2.5°	4°	7.5°	7°	9°
	5	−0.5°	1.5°	3°	5°	7.5°	8°	10°
	6	−0.5°	2°	4°	6°	7.5°	9°	11°

(3) 冲压弯曲的工艺要求

采用冲压弯曲加工工艺，能完成较复杂形状零件的加工，且生产的零件具有精度较高、产品一致性好等优点。为提高弯曲质量，简化模具制造，对所加工的弯曲件具体有以下几方面的要求。

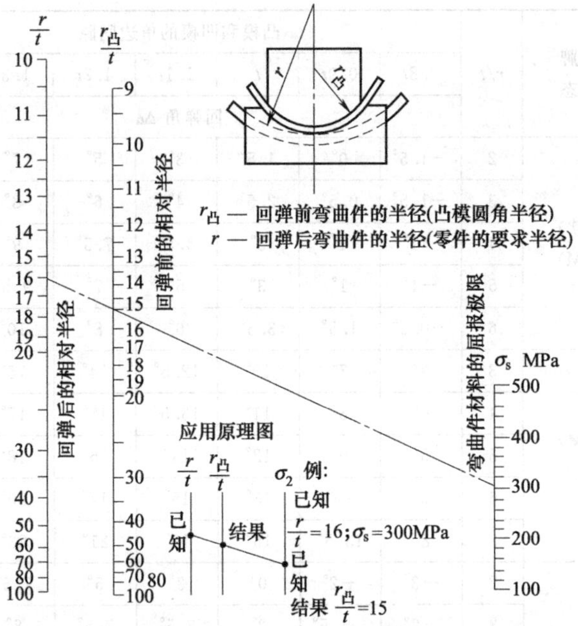

图 7-24 相对弯曲半径 $r/t \geqslant 10$ 的弯曲件半径回弹值

① 弯曲件的圆角半径不宜过大或过小。过大的圆角半径，由于受到回弹的影响，制件的弯曲角度与圆角半径不易保证。过小的圆角半径（即小于最小弯曲半径），因易于弯裂，要分两次或多次弯曲，即预先弯成具有较大圆角半径的弯角，然后再弯成所要求的弯曲半径，从而延长了生产周期，对弯曲工作也带来不利。

② 当相对弯曲半径 $r/t<0.5\sim1$ 时，应使弯曲线与材料的碾压纤维方向垂直。若制件有不同的弯曲方向，弯曲线与碾压纤维方向应保持 45°的夹角为宜（见图 7-26）。

③ 弯曲件的弯边高度不宜过小，其值 $h>r+2t$（见图 7-27）。否则弯边在模具上由于支承面不够，不容易形成足够的弯矩，很难得到形状准确的制件。如果弯边高度不符合上述规定范围，一般应采取工艺措施，即先加长弯边，弯曲后再将多余部分切除。

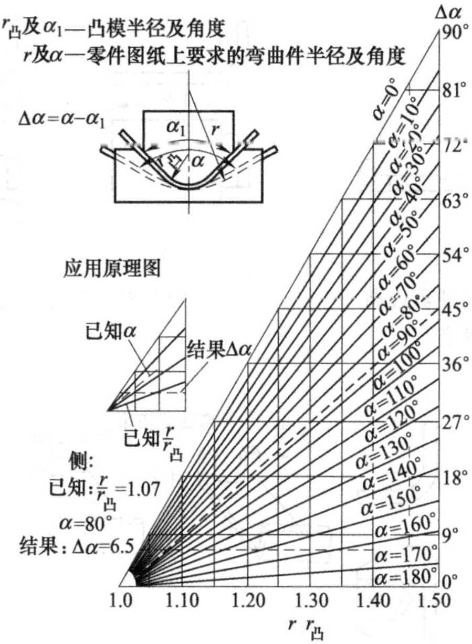

图 7-25　相对弯曲半径 $r/t \geqslant 10$ 的弯曲件角度回弹值

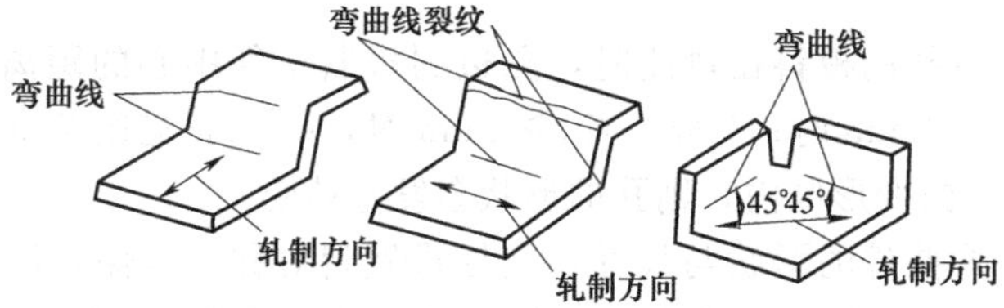

图 7-26　弯曲线与材料碾压纤维方向的关系

④ 凡弯曲阶梯形状的制件，因为在圆角根部易于撕裂，这时应减小不弯曲部分的长度 B，使其退出弯曲线之外［见图 7-28 (a)］。如果制件的长度不允许减小，必须在弯曲部分与不弯曲部分之间切槽，见图 7-28 (b)。

⑤ 弯曲边缘带有缺口的制件，预先不应将缺口制出，待成形后再行切除。这样可以避免制件在压弯过程中发生叉口现象或造成成形困难（见图 7-29)。

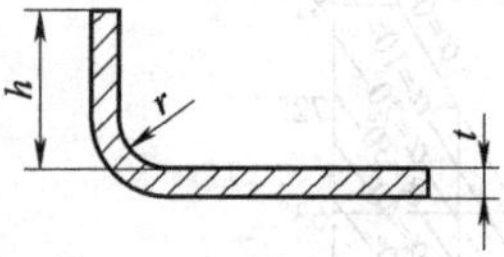

图 7-27　弯曲件弯边高度的确定

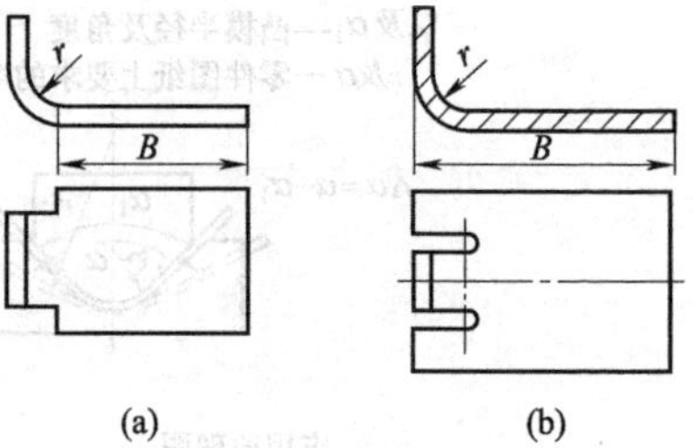

图 7-28　制件的局部弯曲

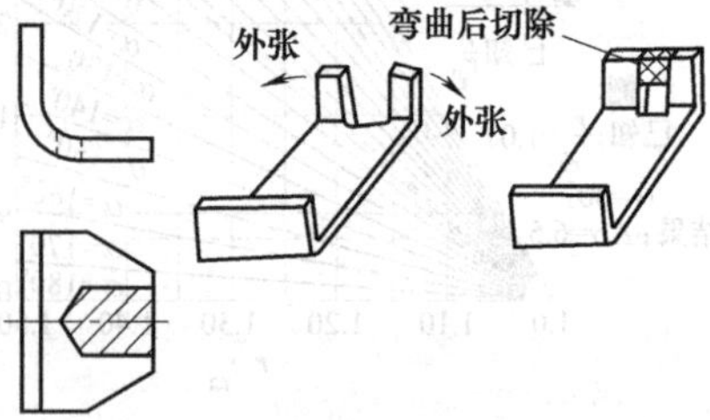

图 7-29　边缘带有缺口制作的弯曲

⑥ 带孔的板料在弯曲时，孔边到弯曲半径中心的距离 l 要保证：当 $t<2$mm 时；$l \geqslant t$，当 $t \geqslant 2$mm 时，$l \geqslant 2t$，见图 7-30。如果孔位于弯曲变形区内，则孔的形状会发生畸变。

⑦ 弯曲件的形状与尺寸，应尽量做到对称。以保证压弯时材料受力平衡，防止产生滑动，如图 7-31 所示弯曲件应使 $r_1=r_2$，$r_3=r_4$。

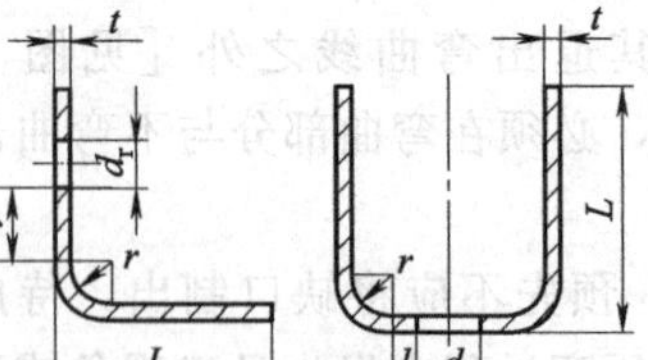

图 7-30　弯曲件孔眼位置的确定

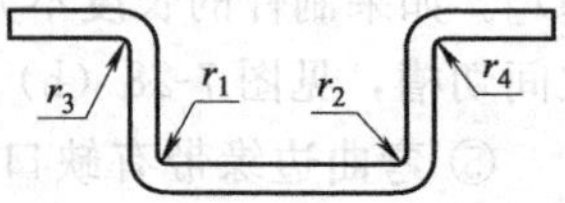

图 7-31　对称压弯制件

⑧ 由剪切或冲裁得到的坯料断面，因常带有毛刺，所以在压弯时容易引起应力集中。因此在弯曲前应将毛刺锉光，同时应使毛刺的一侧与凸模贴近处于受压区再行弯曲，以防制件外侧边缘产生裂纹。

(4) 弯曲模的种类及结构形式

弯曲模的种类很多，根据所加工弯曲件外形形状的不同，弯曲模可分为V形件弯曲模、U形件弯曲模、⎍形件弯曲模等；根据模具是否使用压料装置及其工作特性，又可将弯曲模分为敞开式、带压料装置式、摆块式、摆轴式等，常见的弯曲模种类及结构形式如下。

① V、U形件敞开式弯曲模　在压力机的一次冲压行程中完成一个弯曲工序的模具称为单工序弯曲模。采用敞开式弯曲模结构能完成弯曲形状及尺寸精度要求不高的简单弯曲件的加工。图7-32为V、U形件敞开式弯曲模结构，是最简单的模具结构形式。

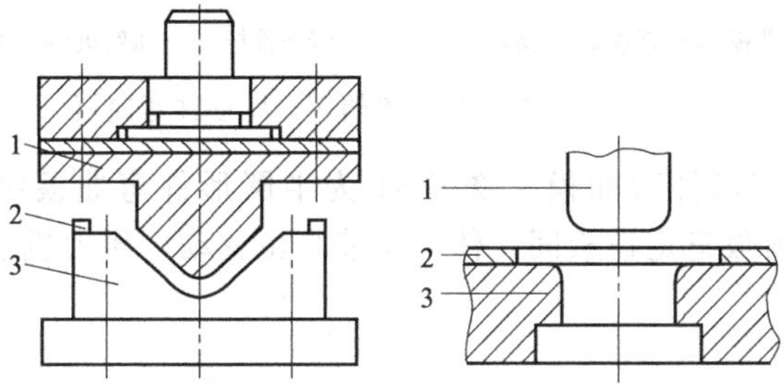

(a) V形件敞开式弯曲模　　(b) U形件敞开式弯曲模

图 7-32　V、U形件敞开式弯曲模

1—凸模；2—定位板；3—凹模

整套模具的上、下模均未采用压料装置，为敞开式，制造方便，通用性强，但采用这种模具弯曲时，板料容易滑动，弯曲件的边长不易控制，工件弯曲精度不高且U形件的底部不平整。

② 带有压料装置的V、U形件弯曲模　为提高弯形件的弯曲精度，防止弯曲坯料的滑动，可采用图7-33所示带有压料装置的弯曲模结构。

图 7-33（a）中弹簧顶杆 3 是为了防止压弯时坯料偏移而采用的压料装置，图 7-33（b）中设置了压料装置，冲压时，毛坯被压在凸模 1 和压料板 3 之间逐渐下降，两端未被压住的材料沿凹模圆角滑动并弯曲，进入凸模和凹模间的间隙，将零件弯成 U 形。由于弯曲过程中，板料始终处于凸模 1 和压料板 3 之间的压力作用下，因此能较好地控制 U 形件底部的平整，较好地保证弯曲的精度。

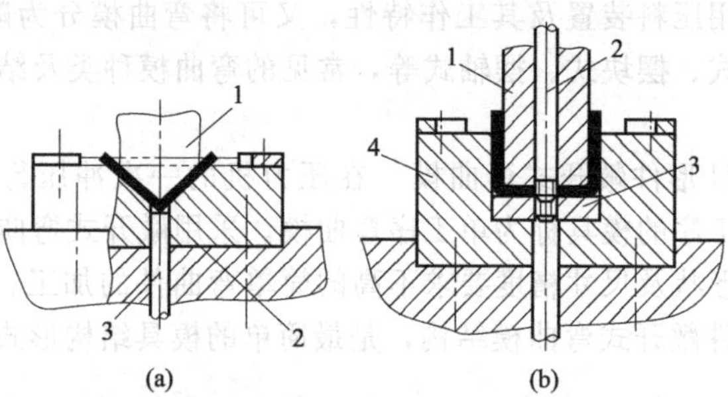

1—凸模；2—凹模；3—顶杆　1—凸模；2—推杆；3—压料板；4—凹模

图 7-33　带有压料装置的 V、U 形件弯曲模

③ 半圆形件弯曲模　图 7-34 为半圆形件弯曲模结构。工作时，将坯料放进定位板间，使之不能自由移动，压力机下行时，凸

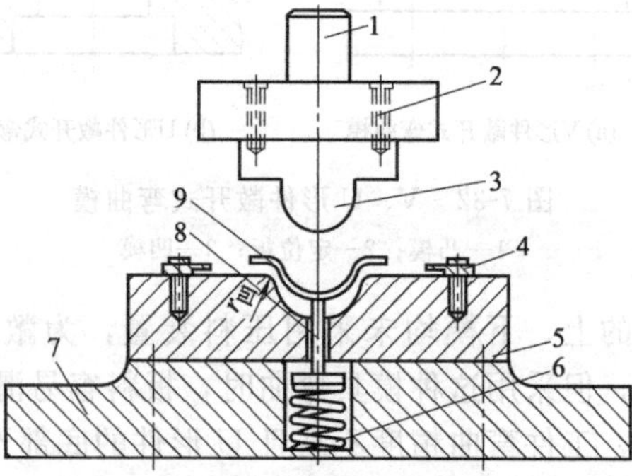

图 7-34　半圆形件弯曲模

1—模柄；2—螺钉；3—凸模；4—定位板；5—凹模；6—弹簧；
7—下模座；8—顶件器；9—零件

模下降到一定位置与材料表面接触，当凸模继续下降，坯料开始弯曲且凹模圆角 $r_{凹}$ 滑动，同时顶件器 8 向下运动并压缩弹簧，随着凸模的进一步下行，坯料被弯曲成形，同时弹簧压紧储存能量，当凸模上升时，顶杆借弹簧的弹力将零件顶出。

为保证坯料弯曲时受力的平衡，凹模 5 两边的圆角半径 $r_{凹}$ 应相等，凹模用两个定位销和四个螺钉固定在下模座 7 上，凹模有两个 U 形定位板 4。

④ 铰链件弯曲模　图 7-35 为铰链件弯曲模。其中：图 7-35（a）为铰链的预弯模，即先将平直的坯料端部预弯成圆弧，然后再进行后续的卷圆工序；图 7-35（b）为立式铰链弯曲模，具有结构简单、制造容易等优点，主要用于材料较厚而且长度较短，成形质量要求不高件的卷圆；图 7-35（c）为卧式铰链弯曲模，其利用斜楔 3 推动卷圆凹模 4 在水平方向进行弯曲卷圆，凸模 1 同时兼起压料作用，零件成形质量较好，但模具结构较复杂。两种模具结构，若对卷圆质量有较严格要求时，都应采用有芯棒卷圆。

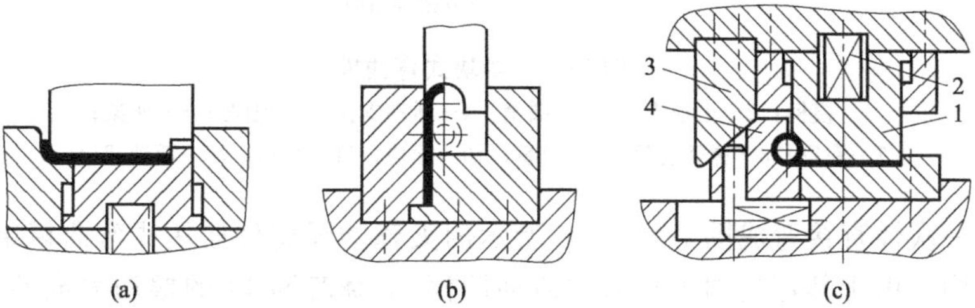

图 7-35　铰链件弯曲模

1—凸模；2—弹簧；3—斜楔；4—凹模

一般说来，当 $r/t>0.5$（r 为卷圆半径）并对卷圆质量要求较高时，应采用两道预弯工序，然后卷圆；当 $r/t=0.5\sim2.2$，但卷圆质量要求一般时，采用一次预弯即可卷圆；当 $r/t\geqslant4$ 或对卷圆有较严格要求的场合，都应采用有芯棒卷圆。

⑤ 封闭和半封闭弯曲件弯曲模　封闭和半封闭弯曲件的弯曲模较为复杂，弯曲模中多采用摆块及斜楔等结构。图 7-36（b）为

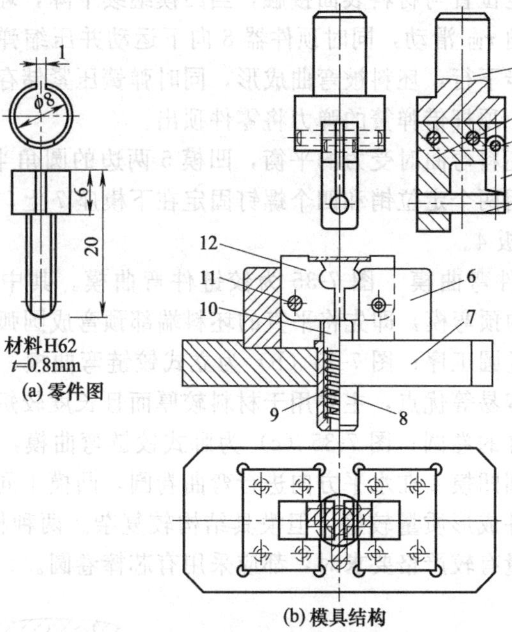

图 7-36　摆块式弯曲模

1—模柄；2—上模支架；3—圆销；4—活动支柱；5—型芯；6—座架；7—底座；8—弹簧套筒；9—弹簧；10—顶柱；11—芯轴；12—活动凹模

一次性直接弯成图 7-36（a）所示的夹箍类圆筒件摆块式弯曲模结构，由于其弯曲加工是通过活动凹模 12 绕芯轴 11 的摆动完成的，故称为摆动式弯曲模。采用摆块式弯曲模结构能完成弯曲半封闭及封闭类弯曲件的加工。

模具工作时，毛坯件利用活动凹模 12 上的定位槽定位。上模下行时，型芯 5 先将毛坯弯成 U 形，然后型芯 5 压活动凹模 12，使其向中心摆动，将工件弯曲成形。上模回升后，活动凹模 12 在弹簧 9 的作用下，被顶柱 10 顶起分开。工件留在型芯 5 上，由纵向取出。

图 7-37 为用于弯曲角小于 90°的封闭和半封闭弯曲件的带斜楔弯曲模结构。

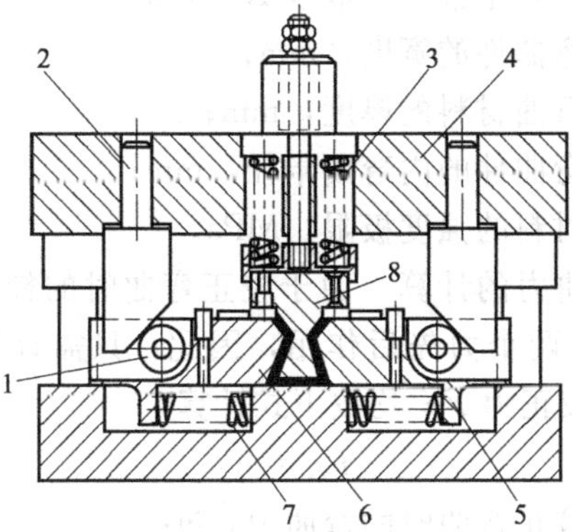

图 7-37 弯曲角小于 90°的带斜楔弯曲模

1—滚柱；2—斜楔；3—弹簧；4—上模板；5,6—凹模块；7—弹簧；8—凸模

模具工作时，毛坯件首先在凸模 8 作用下被压成 U 形件。随着上模板 4 继续向下移动，弹簧 3 被压缩，装于上模板 4 上的两块斜楔 2 压向滚柱 1，使装有滚柱 1 的活动凹模块 5、6 分别向中间移动，将 U 形件两侧边向里弯成小于 90°的角度。当上模回程时，弹簧 7 使凹模块复位。由于模具结构是靠弹簧 3 的弹力将毛坯压成 U 形件的，受弹簧弹力的限制，只适用于弯曲薄料。

(5) 弯曲主要工艺参数的确定

为保证弯曲加工件的质量，在制定弯曲加工工艺及其相关弯曲模设计时，应做好以下工艺参数的确定。

① 弯曲力的计算　弯曲力是指工件完成预定弯曲时需要压力机所施加的压力，弯曲力包括自由弯曲力和校正弯曲力两种。

a. 自由弯曲力的计算　自由弯曲时的弯曲力 $F_{自}$ 指板料产生弯曲变形时所需的压弯力。

对 V 形件的弯曲　$$F_{自}=\frac{0.6Kbt^2\sigma_b}{r+t}$$

对 U 形件的弯曲　$$F_{自}=\frac{0.7Kbt^2\sigma_b}{r+t}$$

式中　$F_{自}$——冲压行程结束时的自由弯曲力，N；

K——安全系数，一般取 $K=1.3$；

b——弯曲件的宽度，mm；

t——弯曲材料的厚度，mm；

r——弯曲件的内弯曲半径，mm；

σ_b——材料的强度极限，MPa。

b. 校正弯曲力的计算　由于校正弯曲时的校正弯曲力比压弯力大得多，而且两个力先后作用，因此，只需计算校正力。V 形件和 U 形件的校正力 $F_{校}$ 均按下式计算

$$F_{校}=Ap$$

式中　$F_{校}$——校正弯曲时的弯曲力，N；

A——校正部分的垂直投影面积，mm^2；

p——单位面积上的校正力，MPa，按表 7-9 选取。

表 7-9　单位面积上的校正力 *p*　　MPa

材料	料厚 t/mm		材料	料厚 t/mm	
	≤3	>3～10		≤3	>3～10
铝	30～40	50～60	25～35 钢	100～120	120～150
黄铜	60～80	80～100	钛合金 TA2	160～180	180～210
10～20 钢	80～100	100～120	钛合金 TA3	160～200	200～260

c. 顶件力或卸料力的计算　当弯曲模设有顶件装置或卸料装置时，其顶件力 $F_{顶}$ 或卸料力 $F_{卸}$ 可近似取自由弯曲力的30%～80%。

d. 压力机吨位的确定　压力机的吨位根据自由弯曲及校正弯曲两种情况分别确定。

自由弯曲时，考虑到压弯过程中的顶件力或卸料力的影响，压力机吨位 $F_{压}$ 为

$$F_{压}\geqslant(1.3\sim1.8)F_{自}$$

校正弯曲时，校正力比顶件力和卸料力大许多，$F_{顶}$ 或 $F_{卸}$ 的分量已无足轻重，因此压力机吨位为

$$F_{压}\geqslant F_{校}$$

② 弯曲模间隙的确定　凸模与凹模之间的间隙 Z 大小对弯曲

所需的压力及零件的质量影响很大。

弯曲V形工件时，凸、凹模间隙是靠调整压力机闭合高度来控制的，故不需要在模具结构上确定间隙。

弯曲U形类工件（生产中习惯称为双角弯曲），则必须选择适当的间隙，间隙的大小对于工件质量和弯曲力有很大的关系。对于一般弯曲件的间隙可由表7-10查得，也可由下列近似计算公式直接求得。

弯曲有色金属（紫铜、黄铜）时　　$Z=(1\sim1.1)t$

弯曲钢时　　$Z=(1.05\sim1.15)t$

当工件精度要求较高时，其间隙值应适当减少，取 $Z=t$，生产中，当对材料厚度变薄要求不高时，为减少回弹等，也取负间隙，取 $Z=(0.85\sim0.95)t$。

表7-10　弯曲模凹模和凸模的间隙　　mm

材料厚度 t	材料		材料厚度 t	材料	
	铝合金	钢		铝合金	钢
	间隙 Z			间隙 Z	
0.5	0.52	0.55	2.5	2.62	2.58
0.8	0.84	0.86	3	3.15	3.07
1	1.05	1.07	4	4.2	4.1
1.2	1.26	1.27	5	7.25	7.75
1.5	1.57	1.58	6	7.3	7.7
2	2.1	2.08			

③ 弯曲模工作部分尺寸计算　弯曲模工作部分的设计主要是确定凸、凹模圆角半径及凸、凹模的尺寸与制造公差等。

凸模圆角半径一般取略小于弯曲件内圆角半径的数值，凹模进口圆角半径不能太小，否则会擦伤材料表面。凹模深度要适当，过小，则工件两端的自由部分太多，弯曲件回弹大，不平直，影响零件质量；过大，则多消耗模具钢材，且需较长的压力机行程。

a. 凹模厚度 H 及槽深 h 尺寸的确定　对V形件弯曲，其模具的结构见图7-38，凹模厚度 H 及槽深 h 尺寸的确定见表7-11。

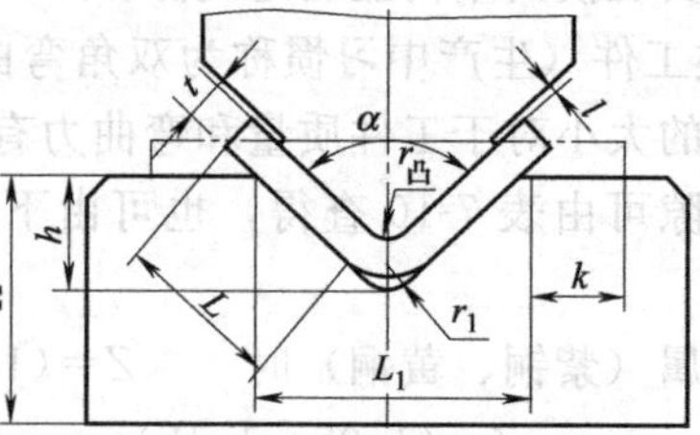

图7-38　弯曲V形件模具结构示意

表7-11　弯曲V形件尺寸 H 及 h 的确定　mm

材料厚度	<1	1～2	2～3	3～4	4～5	5～6	6～7	7～8
h	3.5	7	11	14.5	18	21.5	25	28.5
H	20	30	40	45	55	65	70	80

注：1. 当弯曲角度为85°～95°，$L_1=8t$ 时，$r_凸=r_1=t$。

2. 当 k（小端）$\geqslant 2t$ 时，h 值按 $h=\frac{L_1}{2}-0.4t$ 公式计算。

b. 弯曲圆角半径及深度的确定　V形与U形弯曲的圆角半径 $r_凹$、深度 L_0 的确定见图7-39及表7-12。

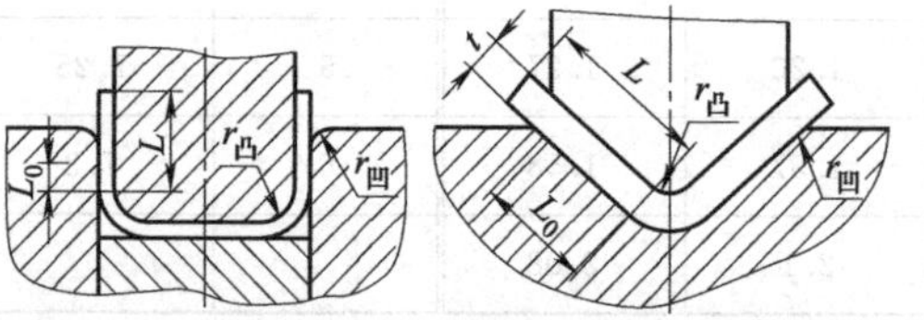

图7-39　弯曲模结构尺寸

c. 弯曲凸模和凹模工作尺寸计算

当工件要保证外形尺寸时，以凹模为基准（即凹模做成名义尺寸），间隙取在凸模上；若工件标注内形尺寸，则以凸模为基准（即凸模做成名义尺寸），间隙取在凹模上。

表 7-12　弯曲模的圆角半径 $r_凹$、深度 L_0　　mm

弯边长度 L	材料厚度 t							
	~0.5		0.5~2		2~4		4~7	
	L_0	$r_凹$	L_0	$r_凹$	L_0	$r_凹$	L_0	$r_凹$
10	6	3	10	3	10	4		
20	8	3	12	4	15	5	20	8
35	12	4	15	5	20	6	25	8
50	15	5	20	6	25	8	30	10
75	20	6	25	8	30	10	35	12
100	25	6	30	10	35	12	40	15
150	30	6	35	12	40	15	50	20
200	40	6	45	15	55	20	65	25

当工件要保证外形尺寸时，凹模尺寸 $L_凹$、凸模尺寸 $L_凸$ 分别按以下公式计算

$$L_凹=(L_{max}-0.75\Delta)^{+\delta_凹}_{0}$$

$$L_凸=(L_凹-2Z)^{0}_{-\delta_凸}$$

当工件要保证内形尺寸时，其凸模尺寸 $L_凸$、凹模尺寸 $L_凹$ 分别按以下公式计算

$$L_凸=(L_{min}+0.75\Delta)^{0}_{-\delta_凸}$$

$$L_凹=(L_凸+2Z)^{+\delta_凹}_{0}$$

式中　L_{max}——弯曲件的最大尺寸，mm；

L_{min}——弯曲件的最小尺寸，mm；

$L_凸$——凸模宽度，mm；

$L_凹$——凹模宽度，mm；

Δ——弯曲件宽度的尺寸公差，mm；

$\delta_凸$，$\delta_凹$——凸模和凹模的制造偏差，mm，一般按 IT9 级选用。

(6) 弯曲模设计应用要领

采用弯曲模能完成各类形状相对复杂件的加工，其中，弯曲模的设计是保证弯曲件形状、尺寸、精度要求的关键，为此，在设计

应用弯曲模时，必须注意到以下要领。

① 为经济、合理地生产出合格的弯曲构件，通常要求弯曲件的尺寸公差等级最好在 IT13 级以下，角度公差最好大于15′。表 7-13 为冲压弯曲件各类尺寸能达到的公差等级。

一般弯曲件的角度公差见表 7-14，表中精密级角度公差需增加整形工序方能达到。

表 7-13 弯曲件的公差等级

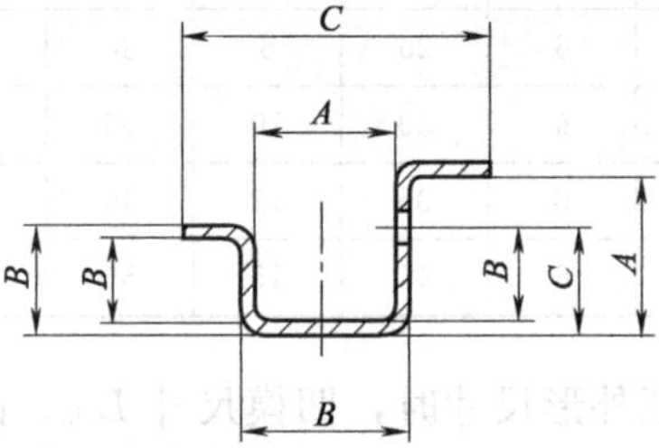

材料厚度 t/mm	A	B	C	A	B	C
	经济级			精密级		
≤1	IT13	IT15	IT16	IT11	IT13	IT13
>1～4	IT14	IT16	IT17	IT12	IT13～14	IT13～14

表 7-14 弯曲件角度公差

弯曲件短边尺寸/mm	>1～6	>6～10	>10～25	>25～63	>63～160	>160～400
经济级	±1°30′～±3°	±1°30′～±3°	±50′～±2°	±50′～±2°	±25′～±1°	±15′～±30′
精密级	±1°	±1°	±30′	±30′	±20′	±10′

② 制订正确合理的弯曲加工工艺方案是保证弯曲件质量的前提，一般在制订弯曲加工工艺方案时，对于简单形状的弯曲件（如V、U、Z、⌐⌙形等），主要考虑一次成形，此时，主要应考虑工序的安排能否保证工件形状尺寸、公差等级要求；对于形状较复杂

的弯曲件，一般采用两次或多次弯曲成形；对于特别小的工件，应尽可能用一套复杂的模具成形，这样有利于解决弯曲件的定位及操作的安全问题，也可利用条料、卷料等采用级进模成形；对多次弯曲件，一般先弯两端部分的角，后弯中间部分的角，且前次弯曲必须考虑后次弯曲有可靠的定位，后次弯曲不影响前次已成形的部分；对弯曲角和弯曲次数多的冲件、非对称形状的冲件，要注重分析所采用工艺的可靠性；对有孔或有切口等的冲件，要注意由于弯曲的作用特别容易引起或出现的尺寸误差，这时，最好是在弯曲之后再冲孔和切口。此外，对大型厚板的弯曲成形，也常借鉴模具或型胎在压力机上完成，此时，弯曲工艺主要应考虑经济、合理及具有较好的可操作性及维修性。

③ 在设计弯曲模时，应结合弯曲件的加工工艺性，仔细分析所加工零件的结构在弯曲加工过程中易出现的问题，并在模具设计时采取相应的措施，使设计的模具结构能满足加工的需要。如：在单角弯曲时，由于在弯曲过程中，弯曲力不平衡，板料易产生滑移，因此，在模具结构中，应有防滑移措施。图 7-40 为锐角弯曲件加工时常采用的措施：图 7-40（a）为常用的利用板上已有的孔或增加工艺孔定位；图 7-40（b）是利用模具的定位块防侧移，并配合强压边力对零件弯曲可能产生的滑移进行控制；而图 7-40（c）则是利用模具的强压料力，同时，运用斜楔进行弯曲，由于弯曲过程平稳、缓和，因此，弯曲零件的精度较好且可较好控制弯曲回弹。

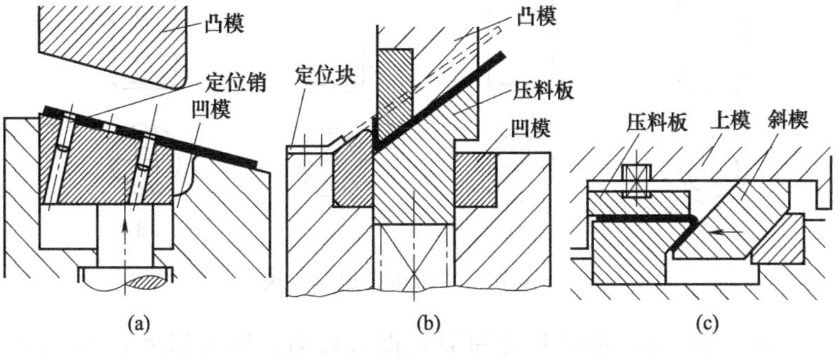

图 7-40　弯曲模的防滑结构

上述弯曲模的防滑结构适用于所有单角的弯曲，为增加压料板对板料的阻碍作用，除可增大弹簧作用力外，若零件对表面质量要求不高，则往往可采取以下措施。图 7-41（a）是在下模的卸料块内安装尖销，其 60°的尖角突出压料块平面 0.1～0.25mm，由凸模将板料压在尖角上。尖销由头部有螺纹的螺栓来调节突出高度，用有外螺纹的螺母锁固；图 7-41（b）是在上模的弹簧压板上增加尖头销，弯曲压料时，通过楔入板内，而不使板滑动。

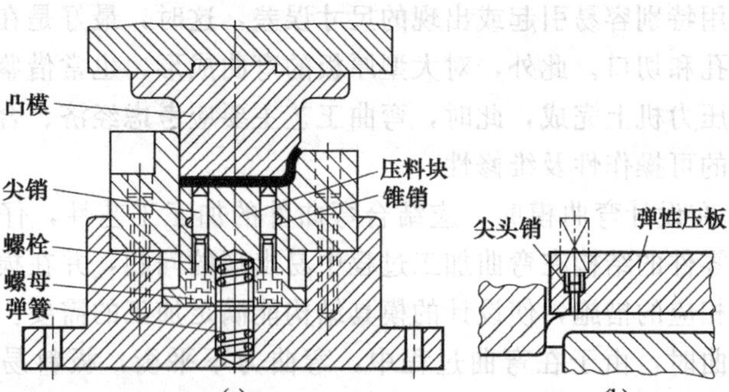

图 7-41 增大压料力的方法

常用的压料销形式如图 7-42 所示。

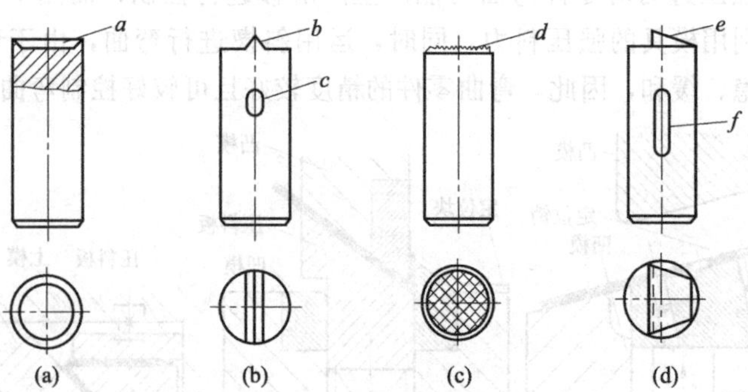

图 7-42 常用压料销的形式

图 7-42（a）是以其外周尖刃楔入板面，楔入深度在 0.12mm 以下；图 7-42（b）是有刃梗 *b* 的限动销，效果更好，为了不使圆

销转动，可用另一圆销通过长槽 c 防止转动；图 7-42（c）是头部有压花纹的销，用于板料窜动不大的场合，但使用后，板料上无明显的坑；图 7-42（d）用于板料窜动较大的场合，尖楔 e 为 8°～12°，后角为 25°～30°，长槽 f 也是为了插销防止转动用的。

又如在弯曲不对称多角弯曲件时，若采用图 7-43（a）所示弯曲模进行弯曲，当凸模往下压时，首先是 B 点接触材料，这时因坯料受力不均而产生偏移，接着 C 点接触使坯料受双向压力而弯曲。凸模继续下降时，由于 B 点受 A、C 两点摩擦阻力的作用，将使 B 角处的材料受到强烈的拉伸而出现断裂的现象，故无法保证制件的尺寸精度。若采用如图 7-43（b）所示的弯曲方法，即将凸、凹模工作部分制成倾斜状态，即可克服上述所存在的缺陷。这是因为材料受力点 B 位于垂直中心线上，压力中心 D 点正好平分 AC（即 $AD=DC$），因此当凸模下压时，A、C 两点受力是均匀相等的，防止了坯料发生偏移，同时改变了 B 角处材料受拉伸的情况，从而保证了制件的质量。

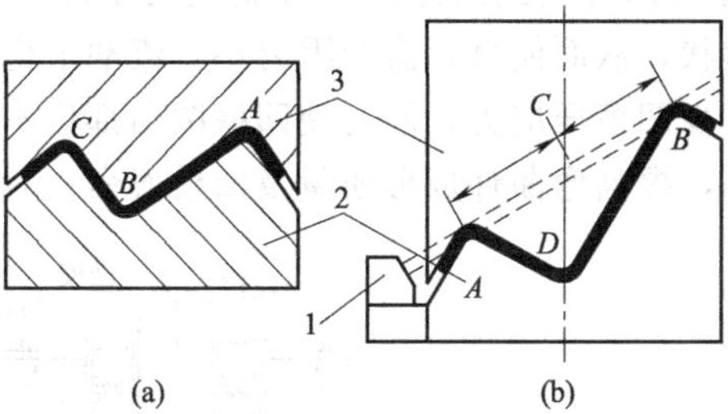

图 7-43　不对称多角弯曲件的弯曲方法

1—定位挡板；2—凹模；3—凸模

④ 需仔细分析弯曲加工件的加工材质和表面质量要求，对表面质量要求较高及易损的有色金属弯曲，为保证零件质量及模具使用寿命，应确定合适的加工方法，设计相应的模具结构。通常可选用的模具结构如下。

图 7-44（a）为在凹模上加滚轮，以减小摩擦，保护弯曲表面的模具结构；图 7-44（b）为只用滚轮的模具结构；图 7-44（c）

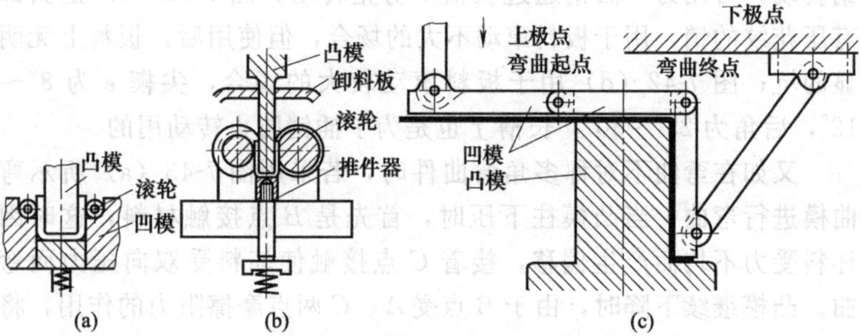

图 7-44 保护弯曲面的弯曲模结构

是用杠杆的弯曲模，由于完全消除了摩擦力，因而，有助于保护弯曲表面，可用于带凸缘也可用于不带凸缘工件的弯曲。

对厚板料、硬板料弯曲时，弯曲凹模宜采用图 7-45（a）所示的斜角形式。凹模口倾斜大约 30°，并保证与凸模间隙为 3t，然后采用圆角与直平面圆滑过渡，其中：$r_{d1}=(0.5\sim2)t$，$r_{d2}=(2\sim4)t$。必要时，还可以将模具的过渡部分制成便于向凹模内滑入的抛物线等几何形状，从而使材料流动阻力小，流动平稳，增大与凹模接触面积，减少凹模压应力，同时使凹模圆角部位不易结瘤，不对工件形成拉伤，提高弯曲件成形质量及凹模寿命；对厚板料的有色

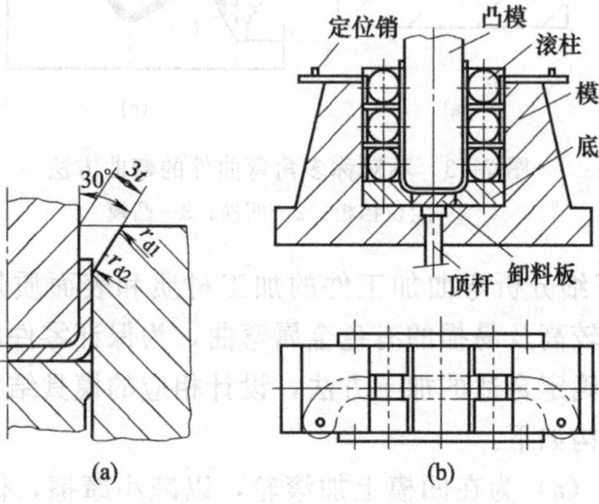

图 7-45 保护厚板弯曲面的弯曲模

金属弯曲，为防止弯曲时工件及凹模口均磨出沟条，且造成板料的偏斜，可采用图 7-45 (b) 所示滚柱模进行弯曲。工作时，工件坯料在定位销间定位后，凸模下行，坯料在滚柱间顺利弯曲到底块，凹模深度取 (8～12)t，可采用负间隙 (0.9～0.95)t、加大冲击力的方法来减小回弹。

此外，对有色金属的弯曲加工，凹模圆角部位应随时保持光滑、清洁，并热处理至 58～62HRC，若弯曲加工不锈钢，凹模工作部位最好设计成镶块结构，并采用铝青铜制造，见图 7-46。

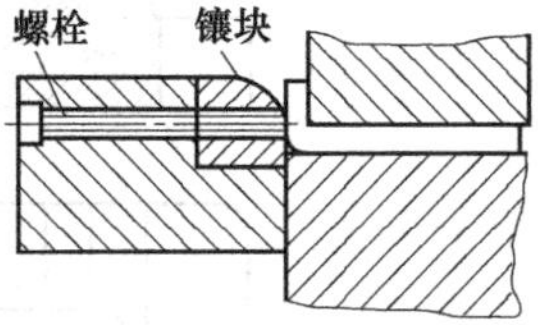

图 7-46　有色金属的弯曲

⑤ 对生产中出现的形状简单、多品种、生产批量不大的 V 形、U 形、Z 形等弯曲件，为缩短模具制造周期，降低产品制造成本，一般可采用通用弯曲模完成零件的加工。

图 7-47 为在压力机上使用的弯曲 V、U 形件的通用弯曲模结构。这种模具的特点是：两凹模 7 配合可做成四种角度，并与四种不同角度的凸模相配，弯曲不同角度的 V、U 形件。

工作时，坯料通过定位板 4 定位，其定位板可以根据坯料大小进行前后、左右调整。凹模 7 装在模座 1 中，并由螺钉 8 紧固，凹模又与模板加工成 H7/m6 过渡配合，从而保证工件的弯曲质量和精度。工件弯曲后，可由顶杆 2 通过缓冲器顶出，并防止工件底面挠曲。

图 7-48 为弯曲 U、⎍形件的通用弯曲模结构。

整套模具的工作零件（主凸模、副凸模及凹模）采用活动结构，以适应不同宽度、不同料厚、不同形状（U、⎍形）零件的加工。

一对活动凹模 14 装在模套 12 里，两凹模的工作宽度可根据不同的弯曲件宽度，通过调节螺栓 8 调节至合适尺寸。

一对顶件块 13 在弹簧 11 的作用下始终紧贴凹模，并通过垫板 10 和顶杆 9 起压料和顶件作用。一对主凸模 3 装在特制模柄 1 内，凸模的工作宽度可调节螺栓 2。

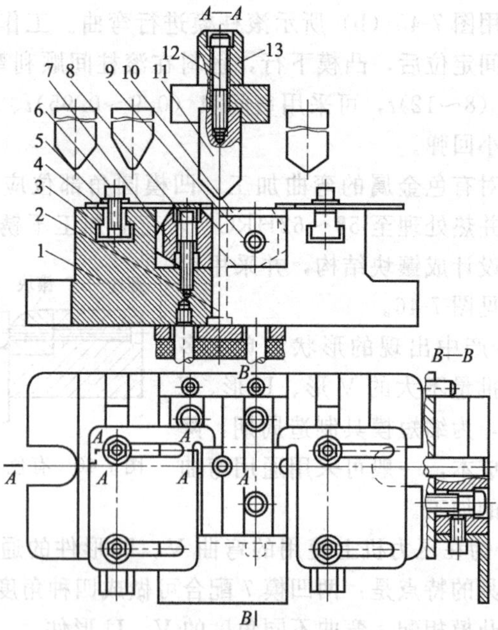

图 7-47 通用弯曲模

1—模座；2—顶杆；3—T 形块；4—定位块；5—垫圈；6,8,9,12—螺钉；7—凹模；10—托板；11—凸模；13—模柄

弯曲形件时，还需副凸模 7，副凸模的高低位置可通过螺栓 4、6 和斜顶块 5 调节。压弯 U 形件时，可把其调整到最高位置。

(7) 弯曲模的安装与调整

采用弯曲模在压力机上进行弯曲加工是弯曲加工的最主要形式，加工时应严格按冲压操作规程进行，严防发生误操作。为完成好零件的弯曲加工，首先应做好弯曲模的安装及调整。

① 弯曲模的安装方法　弯曲模的安装分无导向弯曲模和有导向弯曲模两种，其安装方法与冲裁模基本相同，与冲裁模一样，弯曲模的安装除了应进行凸、凹模间隙的调整、卸料装置等方面的调试外，两种弯曲模还应同时完成弯曲上模在压力机上的上下位置的调整，一般可按下述方法进行。

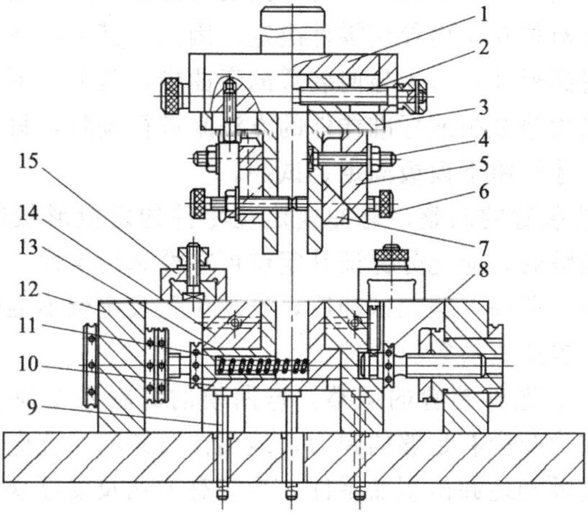

图 7-48 U、⎾⏋形件通用弯曲模

1—模柄；2,4—螺栓；3—主凸模；5—斜顶块；6—特制螺栓；7—副凸模；8—调节螺栓；9—顶杆；10—垫板；11—弹簧；12—模套；13—顶件块；14—凹模；15—定位装置

首先弯曲上模应先在压力机滑块进行粗略调整后，再在上凸模下平面与下模卸料板之间垫一块比毛坯略厚的垫片（垫片一般为毛坯厚度的1～1.2倍）或用试样，然后用调节连杆长度的方法，一次又一次地用手扳动飞轮（刚性离合器的压力机）或点动（带摩擦离合器的压力机），直到使滑块能正常地通过下止点而无阻滞或盘不动（即所谓“顶住”和“咬住”）为止。这样扳动飞轮数周，才能最后固定下模进行试冲。试冲前，应先将放入模具内的垫片取出，试冲合格后，可将各紧固零件再拧紧一次并再次检查，才能正式投入生产。

② 弯曲模的调整要点　采用弯曲模加工时，为保证弯曲件质量，必须对弯曲模进行仔细的调整，其调整及注意事项主要有以下几方面。

a. 凸、凹模间隙的调整。一般来说，按上述弯曲模的安装方法完成弯曲上模在压力机上的上下位置确定之后，弯曲上、下模间的间隙便也同时得到保证，对有导向的弯曲模，由于上、下模在压力机上的相对位置全由导向零件决定，因此，其上、下模的侧向间隙也同时得到保证；对无导向装置的弯曲模，其上、下模的侧向间隙，则可采用垫纸板或标准样件的方法来进行调整，只有在间隙调整完成后，才可将下模板固定、试冲。

b. 定位装置的调整。弯曲模定位零件的定位形状应与坯件相一致。在调整时，应充分保证其定位可靠性和稳定性。利用定位块及定位钉的弯曲模，假如试冲后，发现位置及定位不准确，应及时调整定位位置或更换定位零件。

c. 卸件、退件装置的调整。弯曲模的卸料系统应足够大，卸料用弹簧或橡胶应有足够的弹力；顶出器及卸料系统应调整到动作灵活，并能顺利地卸出制品零件，不应有卡死及发涩现象。卸料系统作用于制品的作用力要调整均衡，以保证制品卸料后表面平整，不至于产生变形和翘曲。

③ 调整弯曲模的注意事项　在弯曲模调整时，如果上模的位置偏下，或者忘记将垫片等杂物从模具中清理出去，则在冲压过程中，上模和下模就会在行程下止点位置时剧烈撞击，严重时可能损坏模具或冲床。因此，生产现场如果有现成的弯曲件时，就可把试件直接放在模具工作位置上进行模具的安装调整，这样就可避免事故的发生。

(8) 提高压弯制件质量的方法

影响压弯制件质量的主要因素是回弹、偏移、压裂及变形区域横截断面发生变化，采取的措施和方法主要有以下几方面。

① 影响回弹值的因素及预防方法　弯曲件的成形过程，是经过材料的弹性变形到塑性变形两个阶段，所以金属在塑性变形以后，不可避免有弹性变形存在，产生弯曲回弹且趋向于弯曲前的方向，从而使压弯后制件的角度和圆角半径发生变化，使制件的弯曲角度和圆角半径与压模（一般指凸模）产生一定的差值，即弯曲回弹。根据弯曲回弹产生的因素，可采取以下措施。

a. 从选用材料上采取措施。弯曲回弹的回弹角与材料的屈服极限成正比，与弹性模量 E 成反比。因此，在满足弯曲件使用要求的前提下，尽可能选用弹性模量 E 大、屈服强度 σ_s 小的材料，以减少弯曲时的回弹。另外，根据实验，当相对弯曲半径 r/t 为 1～1.5 时，回弹角最小。

b. 改进弯曲件的结构设计。在不影响弯曲件使用的前提下，可在弯曲件设计上改进某些结构，增强弯曲件的刚度以减小回弹，如可以在弯曲变形区设置加强筋，如图 7-49（a）、（b）所示，或采用 U 形边翼结构，如图 7-49（c）所示，通过增加弯曲件截面惯性矩，减少弯曲回弹。

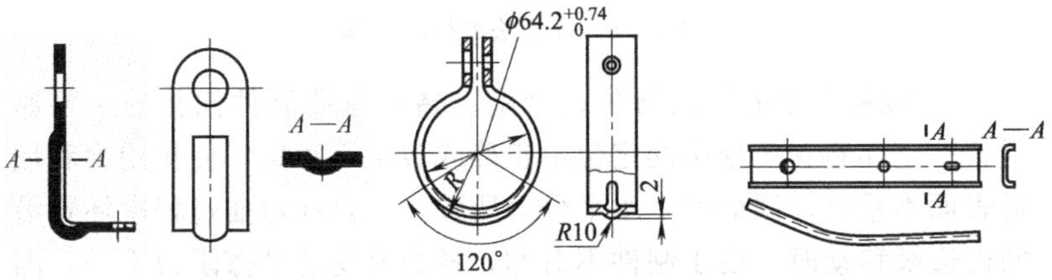

(a) 设置加强筋　　(b) 设置加强筋　　(c) 设置U形边翼

图 7-49　减少回弹的弯曲件结构

c. 回弹补偿。对弹性回弹较大的材料（如：Q275、45、50 等），可将凸模和顶件板做出补偿回弹的凸、凹面，使弯曲件底部发生弯曲，当弯曲件从凹模中取出后，由于曲面部分回弹伸直，而使两侧产生向里的变形，从而补偿了圆角部分向外的回弹，如图 7-50 所示。

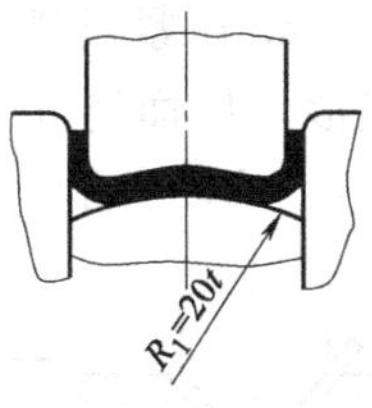

图 7-50　回弹补偿

对于较硬材料，可根据回弹值对模具工作部分的形状和尺寸进行修正。

d. 采取校正弯曲代替自由弯曲或增加校正工序。图 7-51 是把弯曲凸模的角部做成局部突起的形状而对弯曲变形区进行校正的模具结构。其控制弯曲回弹原理是：在弯曲变形终了时，凸模力将集中作用在弯曲变形区，迫使内层金属受挤压，产生伸长变形，卸载后弯曲回弹将会减少。一般认为，当弯曲变形区金属的校正压缩量为板厚的 2%～5%时就可得到较好的效果。

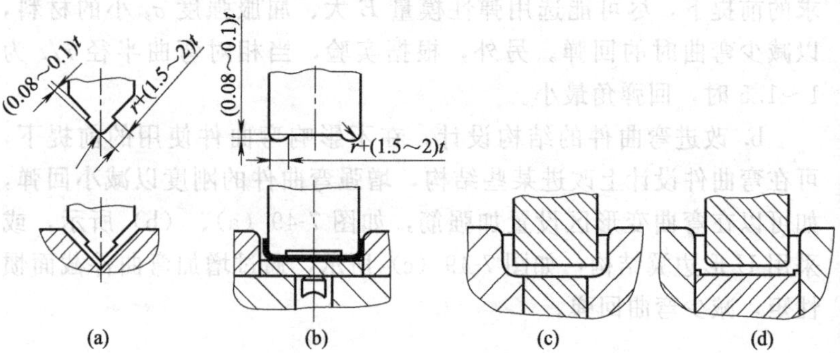

图 7-51　校正法的模具结构

② 偏移产生的原因与防止措施　造成弯曲制件偏移的主要原因，一是坯料在压模中的定位不正确或放置不稳定，使作用力和坯料表面不垂直，因而产生水平分力所致；二是在弯曲过程中坯料沿凹模边缘移动时，由于制件不对称，各边所受的摩擦阻力不一，因此坯料总是向阻力大的一边偏移，使阻力小的一边坯料很容易拉入凹模。偏移量的多少主要与凹模圆角半径、模具间隙、滑润条件等因素有关，尤其是不对称的弯曲件，偏移现象更为严重。为了克服制件在弯曲过程中的偏移，可以采用以下几种方法。

a. 压紧板料。采用压料装置，使毛坯在压紧状态下逐渐弯曲成形，从而防止毛坯的滑动，而且得到平整的工件，如图 7-52（a）、（b）所示。

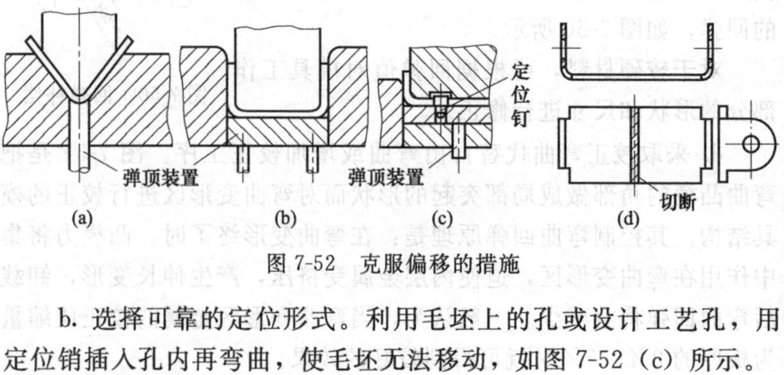

图 7-52　克服偏移的措施

b. 选择可靠的定位形式。利用毛坯上的孔或设计工艺孔，用定位销插入孔内再弯曲，使毛坯无法移动，如图 7-52（c）所示。

c. 使坯料受力均匀对称。压弯不对称形状制件时，常会遇到坯料因受力不均而引起移动。为了保证压弯时制件受力均匀，可将不对称形状组合成对称形状，弯曲后再截开，如图 7-52 (d) 所示。

③ 限制弯曲半径预防弯裂　因为弯曲件的弯曲部分外层纤维受拉，变形最大，当超过材料的极限变形值时，则容易弯裂。但是制件外层纤维拉伸变形的大小，主要决定于导致材料开裂的临界弯曲半径（即最小弯曲半径）。最小弯曲半径又与材料的力学性能、热处理状态、表面质量、弯曲角大小及弯曲线方向等因素有关。根据弯曲裂纹产生的因素，可采取的主要措施如下。

a. 选用表面质量好、无缺陷的材料作毛坯。对有缺陷毛坯，应在弯曲前清除干净，为防止弯裂，对板料上的较大毛刺应去除，小毛刺放在弯曲圆角的内侧。

b. 从工艺上采取措施。对比较脆的材料、厚料及冷作硬化的材料，采用加热弯曲的方法，或者采用先退火增加材料塑性再进行弯曲的方法。

c. 控制弯曲内角数值。一般情况下，弯曲的弯曲内角在设计时不宜小于允许的最小弯曲半径，否则，在弯曲时外层金属变形程度易超过变形极限而破裂。如果工件的弯曲半径小于允许的数值，则应分两次或多次弯曲，即先弯成较大的圆角半径，经中间退火后，再以校正工序弯成所要求的弯曲半径，这样可以使变形区域扩大，减小外层材料的伸长率。

d. 控制弯曲方向。弯曲加工及零件排样时，弯曲线与板料轧制方向按以下工艺规定。单向 V 形弯曲时，弯曲线应垂直于轧制方向，双向弯曲时，弯曲线与轧制方向最好成 45°，如图 7-53 所示。

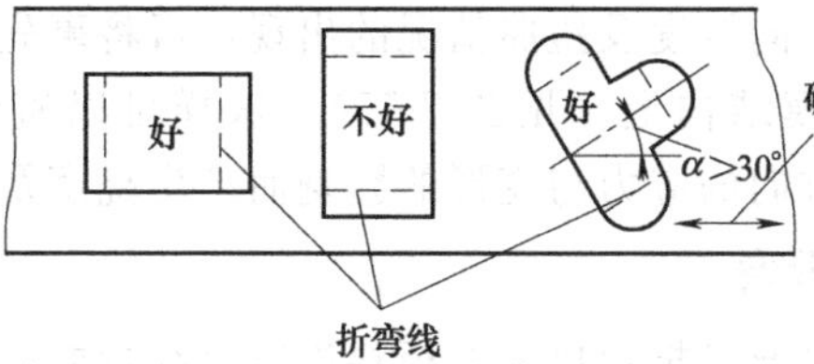

图 7-53　弯曲方向的控制

e. 改善产品结构的工艺性。选用合理的圆角半径，对小弯曲圆角及厚料的弯曲加工，可在局部弯曲部位增加工艺切口、开槽等；尽可能避免在弯曲区外侧有任何能引起应力集中的几何形状，如清角、槽口等，以避免根部断裂。如图 7-54（a）在小圆角半径弯曲件的弯角内侧开槽，保证弯曲小圆角半径不产生裂纹；图7-54（b）所示弯曲件改进前易发生撕裂，改进后将原容易撕裂处的清角移出弯曲区之外，推荐移出距离 $b \geqslant r$，保证弯曲时不产生裂纹。

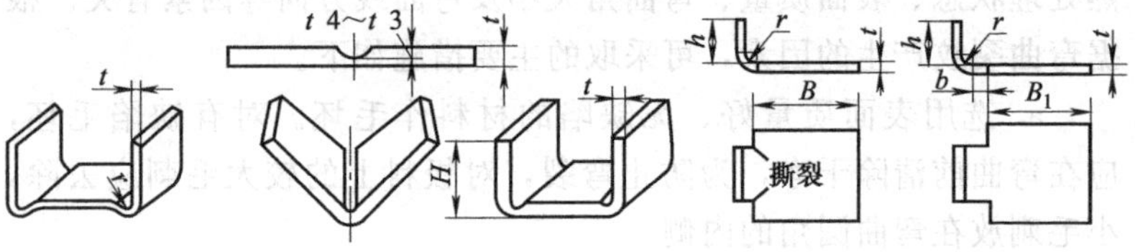

(a) 开槽　　(b) 清角移出弯曲区之外

图 7-54　改善产品结构的工艺性

f. 避免在蓝脆区和热脆区热弯。采用热弯加工工艺，选择热压温度时，应避免在蓝脆区和热脆区进行弯曲加工。这是因为：在加热过程的某些温度区间，往往由于过剩相的析出或相变等原因而出现脆性，使金属的塑性降低和变形抗力增加，如碳钢加热到200～400℃之间时，因为时效作用（夹杂物以沉淀的形式在晶界滑移面上析出）使塑性降低，变形抗力增加，这个温度范围称为蓝脆区，这时钢的性能变坏，易于脆断，断口呈蓝色。而在 800～950℃范围内，又会出现塑性降低现象，同样弯曲时出现断裂，该温度称为热脆区。

④ 改变模具工作部分的尺寸和结构，抑制挠度的产生　为防止弯曲件在宽度方向挠度及扭曲情况的出现，可将事先测量出的变形量 f 补加在压模结构上（见图 7-55）。这样可以避免制件成形后，由于受宽度方向的应力与变形的影响而产生挠度及扭曲变形。

7.1.3　板料的折弯

板料折弯主要通过折弯机来对板料进行直线弯曲，适合加工窄而长的直线零件。折弯机的弯曲作业是依靠固定在滑块及台面上的弯曲上、下模完成的。

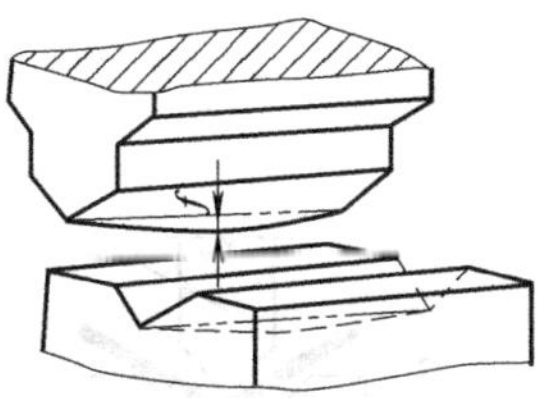

图 7-55　在压模上补加制件宽度方向的变形量

(1) 常用的折弯方法

根据所用折弯设备的不同，其折弯方法也有所不同，常用的方法有以下三种。

① 自由折弯　自由折弯的工作原理如图 7-56（a）所示，其 V 形下模 1 固定于压力机的工作台上，上模 2 随压力机的滑块作上、下往复运动。将板料 3 置于下模上，上模下行压弯板料，控制上模进入下模的深度（即滑压运动的下死点），就能获得具有不同弯曲角的工件。

其优点是：用一套简单的 V 形模可得到一系列不同的弯曲角。缺点是：压力机的垂直变形、板材性能的差异和微小变化都会使弯曲角度发生明显的变化（一般来说，滑块行程变化 0.04mm 会使弯曲角变化 1°），因此要求精确控制滑块运动的下死点，并对压力机的弹性变形和工件本身的回弹等进行补偿。

② 强制折弯　强制折弯的工作原理如图 7-56（b）所示，强制折弯是在折弯的最后阶段，上模 2 将板料 3 压靠在下模 1 的 V 形槽内，使其带有校正作用，使工件的回弹限制在较小的范围之内。但一套 V 形模仅能获得一定的弯曲角，所以工件的所有角度必须相等，否则就需更换模具。

③ 三点式折弯　三点式折弯的工作原理如图 7-56（c）所示，它除了下模 1 上有两处与板料 3 接触外，底部活动垫块 4 的上平面处也和板料接触，故称为“三点式”。

其滑块上设有液压垫，因此压力机的运动精度和变形，以及板料的性能变化等都不会影响工件的弯曲角，它仅取决于下模凹槽的深度 H（它由下模内腔与活动垫块构成）和宽度 W，且带有强制折弯的性质，所以可获得回弹小、精度高的工件。显然，调节并控制活动垫块的上、下位置，同样也可在一套模具上获得不同的工件弯曲角。

在现代折弯机上，已很少采用强制折弯方法，普遍采用的是自由折弯和三点式折弯。如目前，运用最广泛的液压板料折弯机，其

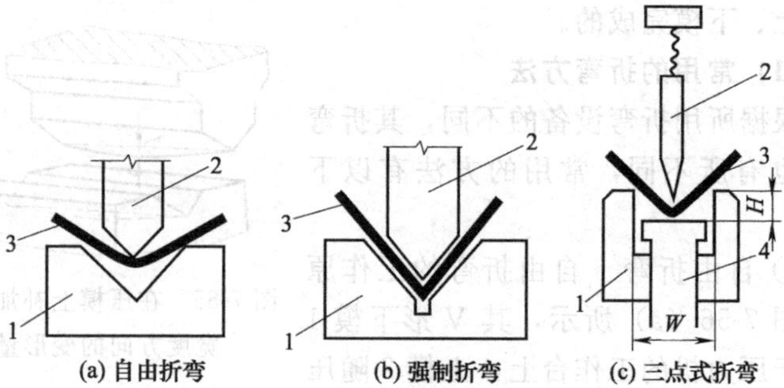

图 7-56　常用的折弯方法

1—下模；2—上模；3—板料；4—活动垫块

机床运动采用液压无级调压，采用自由折弯的工作方式，工作时，滑块的起落和上下位置的调节是通过液压缸进行精确调节。滑块的行程调节和后挡料定位的调整，多采用电动快调及手动微调，且多配有数显装置，并可选配数控系统，实现后挡料、滑块行程的自动控制，这种数控机构的挡料精度一般可达±0.1mm 以上，能对带有多个不同弯曲角工件的加工进行连续快速折弯，大大提高生产效率。

(2) 折弯模的种类及使用

折弯机安装的弯曲模可分为通用模具和专用模具两类。图7-57是通用弯曲模的端面形状。

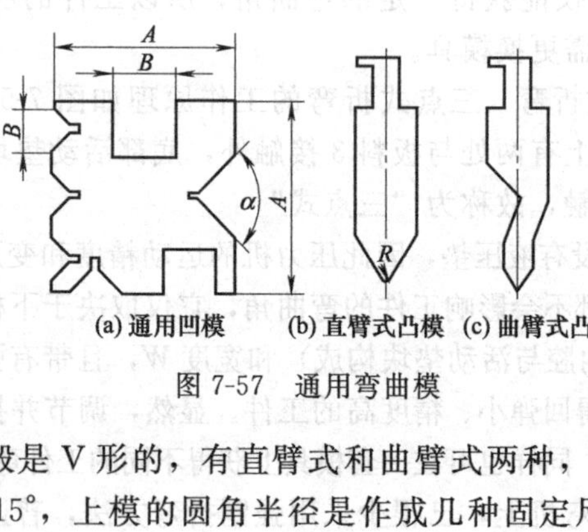

图 7-57　通用弯曲模

上模一般是 V 形的，有直臂式和曲臂式两种，圆角较小的上模夹角制成 15°，上模的圆角半径是作成几种固定尺寸组成一套，以便按工件需要更换。

下模一般是在四个面上分别制出适应机床弯制零件的几种固定槽口，一般为V形的，也有矩形的，都能弯制钝角和锐角零件，下模的长度一般与工作台面相等或稍长些。弯曲模上、下模的高度根据机床闭合高度确定，在使用弯曲模时其弯曲角度大丁18°。

在折弯机上选用通用弯曲模弯制零件时，对于下模槽口的宽度B不应小于零件的弯曲内圆角半径R与材料厚度t之和的两倍，再加上2mm的间隙，即：$B>2(t+R)+2$。这样在弯曲时毛坯不会因受阻或产生压痕与刮伤现象，同时为减少弯曲力，对硬的材料应选用较宽的槽口，而较软的材料，应选用较小的槽口，大的槽口会使直边弯成弧形。

在弯曲已具有弯边的坯料时，下模槽中心至其边缘的距离不应大于所弯部分的直边长，如图7-58（a）中的尺寸d必须小于尺寸c，否则无法放置坯料，已弯成钩形半成品再弯制时，应采用带避让槽的下模，如图7-58（b）所示。

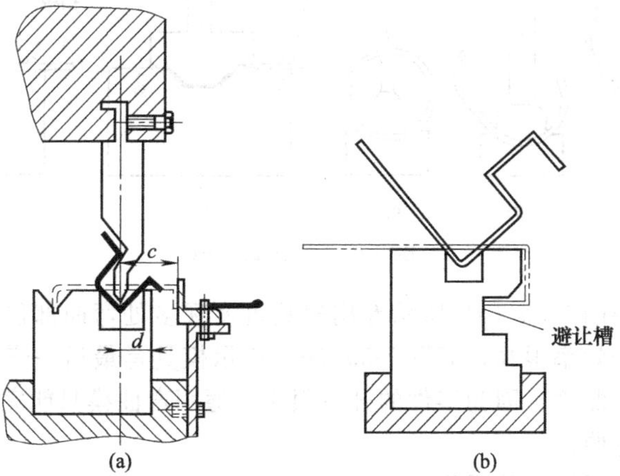

图7-58 带弯边件的弯曲

上模的选择也需根据零件形状和尺寸的要求进行。上模工作端的圆角半径应稍小于零件的弯曲半径，一般采用直臂式，而当直臂式上模挡碍时，应换成曲臂式上模。

用通用模具弯曲多角的复杂零件时，根据弯角的数目、弯曲半径和零件的形状，须经多次调整挡板和更换上模及下模。弯制时先后的次序很重要，其不但影响模具的结构和弯制零件的数量，并有时决定零件能否制出，一般原则是：弯曲时，应由外向内依次弯曲成形，即先弯外角，后弯内角，前次弯曲必须考虑使后次弯曲有可靠的定位，而后序弯曲不能影响前次弯曲的形状。

对生产量较大或零件形状特殊的弯曲件必须使用专用弯曲模。专用弯曲模可与通用弯曲模配合使用，也可单独弯制零件。图7-59为在折弯机上使用的专用弯曲模。

图7-59 (a)～(c) 为采用专用弯曲模经多工步折弯成圆管的过程，采用图7-59 (d) 所示专用模具可实现多处弯曲部位的一次成形，生产效率很高，而图7-59 (e) 所示模具是最后一道工序采用的专用弯曲模，因为零件的开口很小，通用弯曲模只能完成前几道工序的弯曲。

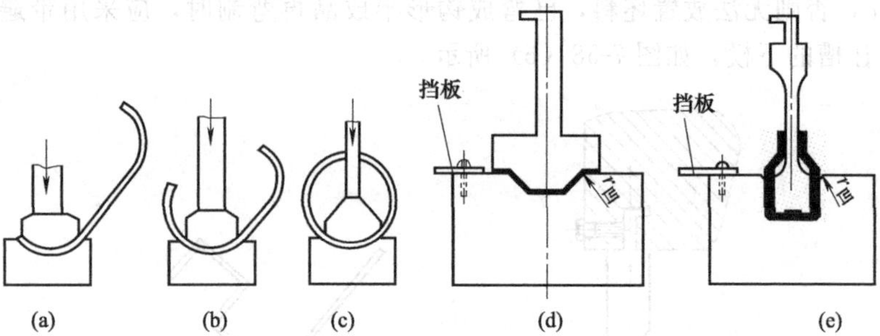

图 7-59　专用弯曲模

采用图7-59 (a) 所示专用模具可实现多处弯曲部位的一次成形，生产效率很高；而图7-59 (b) 所示模具是最后一道工序采用的专用弯曲模，因为零件的开口很小，通用弯曲模只能完成前几道工序的弯曲。

(3) 折弯机的操作

不论使用哪一种弯曲模，在操作折弯机之前，应作好以下操作准备工作：首先要移开工作台面及机床周围的障碍物，并润滑机床；其次，检查机床各部分工作是否正常，发现问题要及时修理，特别应检查脚踏板是否灵活，如发现有连车现象，决不允许使用。

一般来讲，折弯机可按以下过程进行操作。

① 将折弯机滑块下降至最低位置，调整滑块的最低点，使其到工作台面的闭合高度比上下两弯曲模总高度大 20～50mm。

② 升起滑块，安装上模和下模。一般步骤是先把下模放在工作台上，然后下降滑块再安装上模，在安装上模时，要保持两端平行，从滑块固模槽的一端，一边活动一边往里推至滑块的中间位置，使机床受力均衡，并用螺钉固定牢固。

为防止上模安装时掉下来碰伤下模或砸伤手，可在下模上放几块木块，最好是放几根直径一样的木棒，不但可防止上述事故，而且用木棒支持上模，往里推上模时，由于平行，既省力又安全。

③ 开动滑块的调整机构，使上模进入下模槽口，并移动下模，使上模顶点的中心线对正下模槽口的中心线，将下模固定。

目前，在某些折弯机上，考虑到上、下模安装调试的方便，也有将下模设计成下模垫及下模分体，其间以 U 形缺口连接的形式，尽管后续的模具更换较为方便，但首次安装调试仍应按上述步骤进行。

④ 升起滑块，按弯曲尺寸调整工作台后边装有的挡料机构，使上模模口与板料的弯曲线重合，若设备带数显或数控功能，则可采用电动调节，其定位尺寸可直接显示或编程控制，若设备不带电动调节功能，则坯料工作时的定位尺寸可采用手工调节，挡料机构的结构如图 7-60 所示。其中：支架 5 用紧固手柄 6 固定在工作台侧面的 T 形槽内，并可上下调节。滑块 2 沿支架 5 可前后移动，用以适应所需的位置。如调节量较小，挡料板 1 也可以借微调螺母 4 作前后调节，并用手柄 3 紧固。

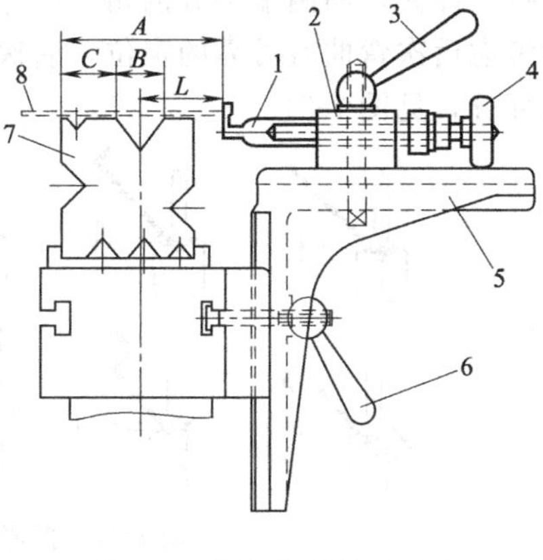

图 7-60 折弯机的挡料机构

1—挡料板；2—滑块；3,6—紧固手柄；4—微调螺母；5—支架；7—下模；8—坯料

工作时，一般标出测量尺寸 A 值，其值为

$$A=L+B/2+C$$

式中 A——下模侧面至挡板的距离，mm；

B——下模槽口宽度，mm；

C——下模侧面至下模槽口边缘的距离，mm；

L——弯曲线至坯料边缘的距离，mm。

A 值需经过试弯再作适当调整，折弯尺寸经首检、自检、专检合格后才能确定下来。

⑤ 按要求调整弯曲角度。弯曲角度只需调整上模进入下模的深度，就很容易达到要求。一般先用废料经几次试弯，便可确定进行弯曲工作。

(4) 折弯的顺序

对于需多次折弯成形的制件，其折弯的顺序一般是：由外向内进行。即先弯曲两端部分的角，后弯中间部分的角，且前次弯曲必须考虑后次弯曲有可靠的定位，后次弯曲不影响前次弯曲已经成形的部分，见图 7-61。

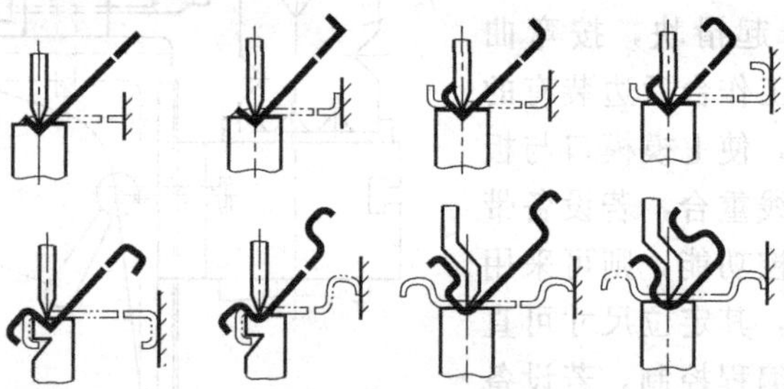

图 7-61　折弯的顺序

(5) 常见折弯件的加工方法

采用通用折弯机配合部分专用模进行弯曲，不仅投产快，而且十分经济，因此，在生产中应用十分广泛。

图 7-62 为常见的折边弯角成形的弯曲件及其弯曲模。

图 7-63 为常见的折叠成形的弯曲件及其弯曲模。

图 7-64 为常见的锁扣成形的弯曲件及其弯曲模。

图 7-65 为常见的弯角成形的弯曲件及其弯曲模。

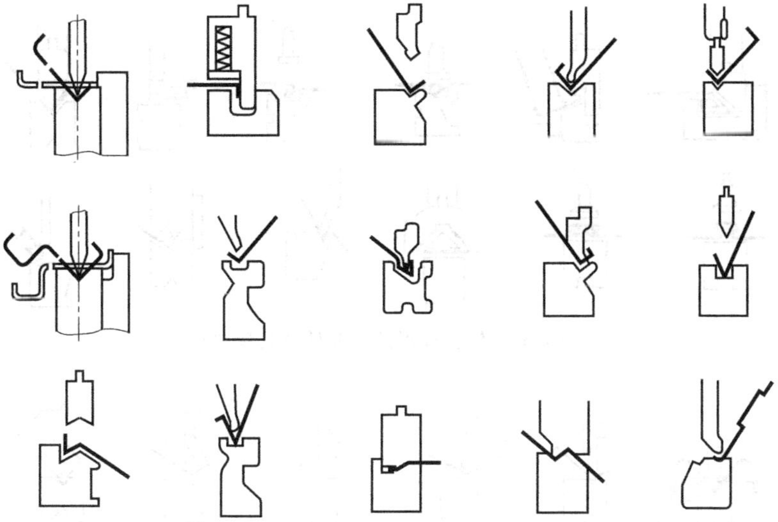

图 7-62 折边弯角成形的弯曲件及其弯曲模

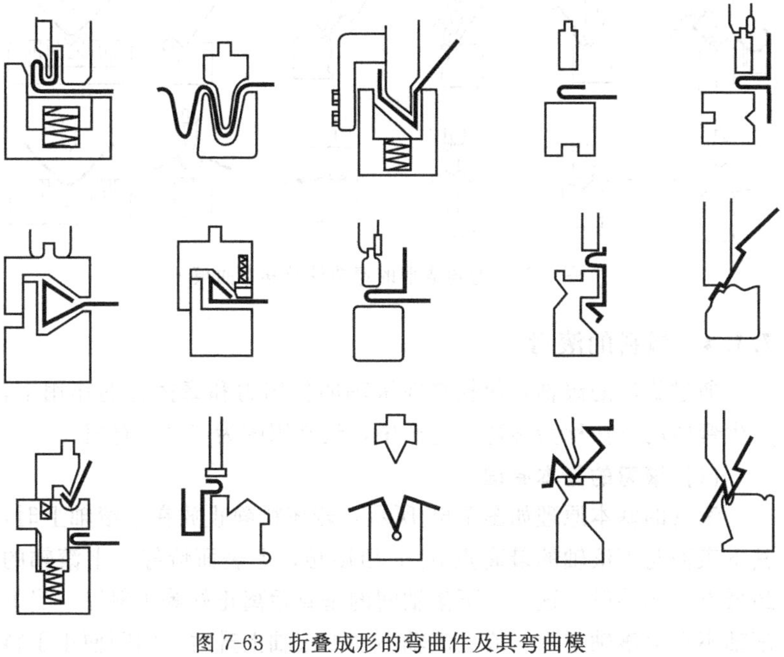

图 7-63 折叠成形的弯曲件及其弯曲模

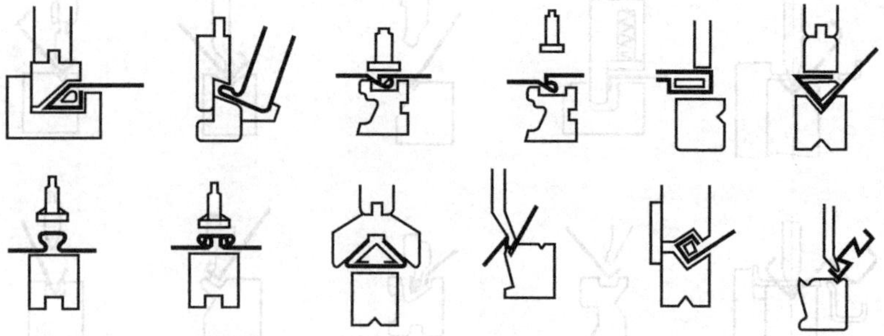

图 7-64　锁扣成形的弯曲件及其弯曲模

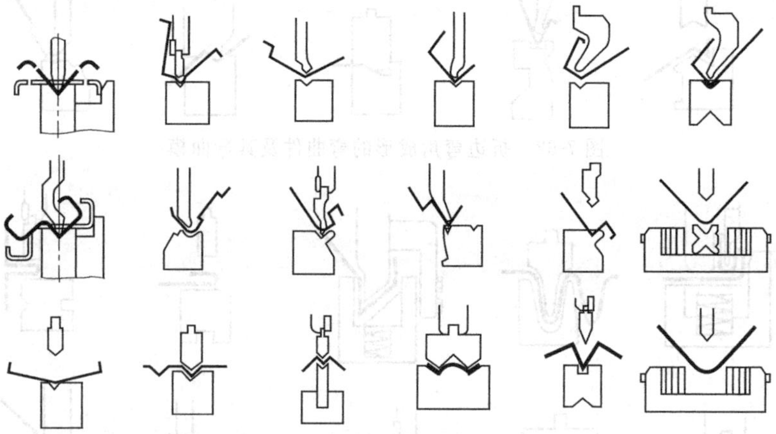

图 7-65　弯角成形的弯曲件及其弯曲模

7.1.4　板料的滚弯

通过旋转的滚轴，使板料在滚轴的作用力和摩擦力的作用下，产生弯曲的方法称为滚弯。生产中，最常用的为三轴滚弯机。

(1) 滚弯的基本原理

滚弯的基本原理如图 7-66 所示，若坯料静止放在下滚轴上时，其下表面与下滚轴的最高点 b、c 相接触，上表面恰好与上滚轴的最低点 a 相接触，这时上下滚轴间的垂直距离正好等于料厚。当下滚轴不动上滚轴下降，或上滚轴不动下滚轴上升时，间距便小于料厚，如果两滚轴连续不断地滚压，坯料在全部所滚到的范围内便形成圆滑的曲面，坯料的两端由于滚不到，仍是直的，在成形零件时，必须设法消除。

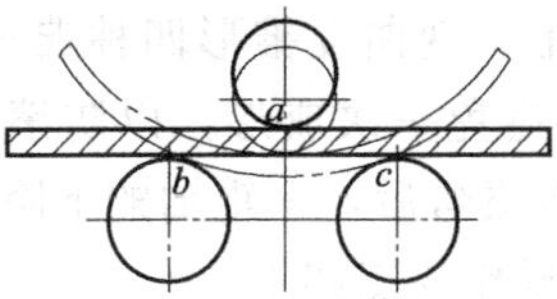

图 7-66　滚弯的基本原理

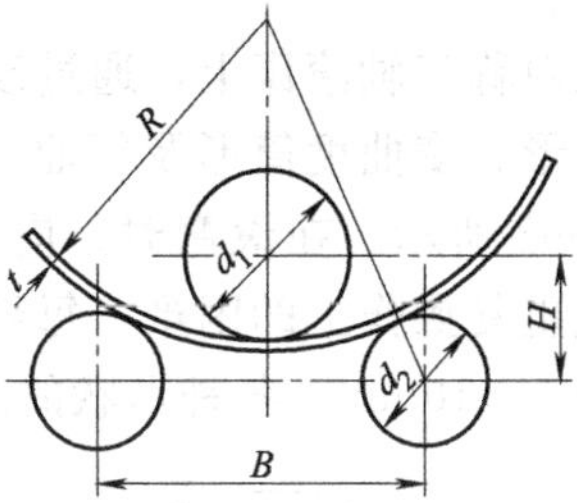

图 7-67　决定曲度的参数

坯料经滚弯后所得的曲度取决于辊轴的相对位置、板料的厚度和力学性能，如图 7-67 所示，它们之间的关系可近似地用下式表示

$$\left(\frac{d_2}{2}+t+R\right)^2=\left(\frac{B}{2}\right)^2+\left(H+R-\frac{d_1}{2}\right)^2$$

式中　d_1，d_2——滚轴的直径，mm；

t——板料厚度，mm；

B——两下辊的中心距，mm；

R——零件的曲率半径，mm。

滚轴之间的相对距离 H 和 B 都是可调的，以适应零件曲度的需要。由于改变 H 比改变 B 方便，所以一般都通过改变 H 来得到不同的曲度。由于板料的回弹量事先难于计算确定，所以上述关系式不能准确地标出所需的 H 值来，仅供初滚时参考。实际生产中，大都采取试测的方法，即凭经验大体调好上辊轴的位置后，逐渐试卷直到合乎要求的曲度为止。

(2) 滚弯加工的操作

操作三轴滚弯机的步骤为：首先升起上滚轴，根据毛坯厚度调整下滚轴间距，下滚轴的间距在上滚轴弯曲力许可的情况下，尽可能要小，由于调整麻烦，一般是根据坯料厚度合理地固定下来，厚度在 4mm 下时，间距为 90～100mm，厚度为 4～6mm

时，间距为 110～120mm。将毛坯放在下滚轴上，盖住两根下滚轴，然后按滚弯半径要求下降上滚轴，将毛坯局部压弯，再开动滚床使滚轴旋转，毛坯自动送进弯曲成形，升起上滚轴，最后取下零件。

在对称三轴滚床上，通过改变三根滚轴的相互位置，可滚制等曲度筒形、变曲度筒形及等曲度锥形、变曲度锥形四种典型零件，如图 7-68 所示。在滚弯时，应尽量避免一次成形，以防滚弯过度而造成重复操作上的困难，每经一次滚弯后，上辊轴的下降距离一般约为 5～10mm。各种形状的滚弯操作要点如下。

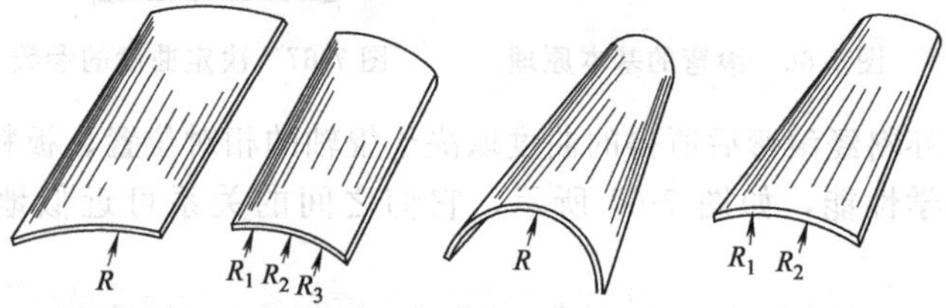

(a) 等曲度筒形件　(b) 变曲度筒形件　(c) 等曲度锥形件　(d) 变曲度锥形件

图 7-68　滚弯加工的典型零件

① 等曲度筒形件的滚弯　滚制等曲度筒形（圆柱形）件时，只要在滚弯过程中，保持上滚轴上下不动，三根滚轴相互平行，便可达到。曲度需经过几次从小到大地试滚，才能最后达到要求。值得注意的是坯料送进时一定要放正，否则滚出的零件是扭曲的，如图 7-69（b）所示。滚弯时最好划一条基准线，滚弯时，使基准线与上滚轴的轴线重合后才开始滚弯，如图 7-69（a）所示，这点对大型厚板料的滚弯尤为重要，因为这种零件事后的修整不但量大，而且相当困难。

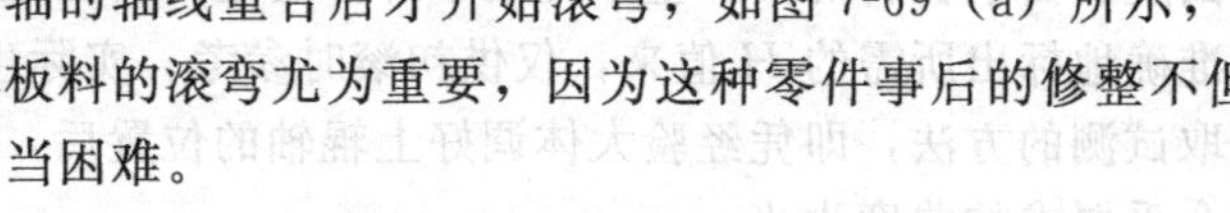

图 7-69　等曲度筒形件的滚弯

② 变曲度筒形件的滚弯　在滚弯过程中，三根滚轴保持相互平行，并随时改变上滚轴的上下位置，就可滚出变曲度的零件。如滚弯图 7-70 所示的筒形件，图中 $R_1>R_2>R_3>R_4>R_5$。生产中采用的方法是把这种零件近似地看作是由几个不同半径 R 的筒形组成，按半径 R 分段，依照弯曲半径由大往小逐次滚成。整个操作的步骤如下。

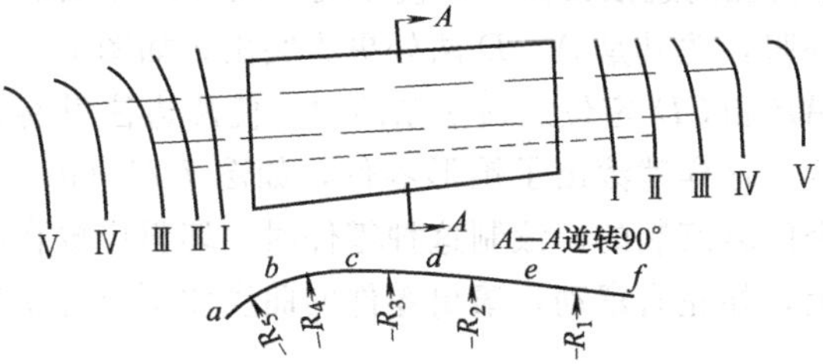

图 7-70　变曲度筒形件的滚弯

工序Ⅰ：以 R_1 调整上滚轴的位置，坯料从 a 端滚到 f 端，使 ef 段弯曲半径符合要求。

工序Ⅱ：以 R_2 调整下降上滚轴，从 a 端滚到 e，使 de 段弯曲半径符合要求。当上滚轴接近 e 点时，缓慢适量地上升，使之圆滑过渡，以防 R_1 和 R_2 间出现棱角。

依次从 a 到 d、从 a 到 c、从 a 到 b 来完成其他工序Ⅲ～工序Ⅴ。

若批量生产时，为提高效率，全批工件的工序都完成后，再进行后道工序。各工序每件最好都按样板或模胎进行检验，以免因故影响后续工序的进行。

③ 锥形零件的滚弯　从理论上讲，在弯卷过程中，两根下辊轴保持平行，上辊轴倾斜不上下移动，就可卷出等曲度的锥形零件。两下辊轴保持平行，上辊轴倾斜并上下移动，可卷出变曲度的锥形零件。实际上，还必须使坯料两端在辊轴间送给的速度不同，才能卷出符合要求的等曲度或变曲度的锥形零件。这是因为这种零件两端的曲度不同，展开长度也不同，因此在弯卷时，要求两端有不同的卷弯速度。曲度大的一端速度应慢些，曲度小的一端速度应

快些。由于卷弯时板料是同时承受三根辊轴的滚压，而辊轴一般是圆柱形的，所以根本不可能同时得到几种不同的速度，为解决这一问题，要求坯料上沿卷弯方向分几个区域，进行分段卷弯。

生产中常用的滚锥形零件的方法主要有矩形送料法、分区滚弯法及旋转送料法、小口减速法等。图 7-71 为锥形零件的矩形送料滚弯法。操作时：首先按图 7-71（b）所示的 *AEFD* 矩形中心线 *OH* 定位送料往两边滚出筒形，使中间一段滚出母线的直线度，这时四角往外张，尤其是 *A*、*D* 两处更为突出，如图 7-71（c）所示。然后再以 *AB* 和 *CD* 定位送料滚制两边，使两边往里卷，并滚出母线的直线度，这样就滚出了锥形零件，如图 7-71（d）所示。其实质是分三个区域滚制的，滚制这种零件时，坯料应放在滚轴长度的同一位置上，如左右窜动，滚出零件的曲度便不符合要求。

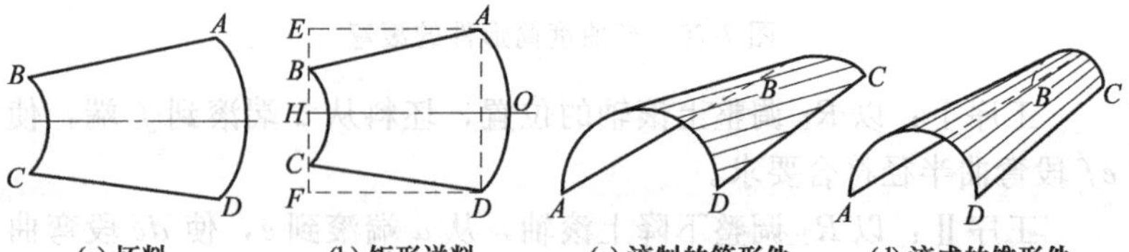

图 7-71　锥形零件的矩形送料滚弯

图 7-72 为锥形零件的分区滚弯法。操作时：首先将滚弯圆锥体的板坯按图示进行分段，滚弯时，先使上滚轮对准 5-5′线进行滚弯，至大端到 4 为止；然后上滚轮对准 4-4′线进行滚弯，至大端到 3 为止；最后依照上述步骤完成各区滚弯。

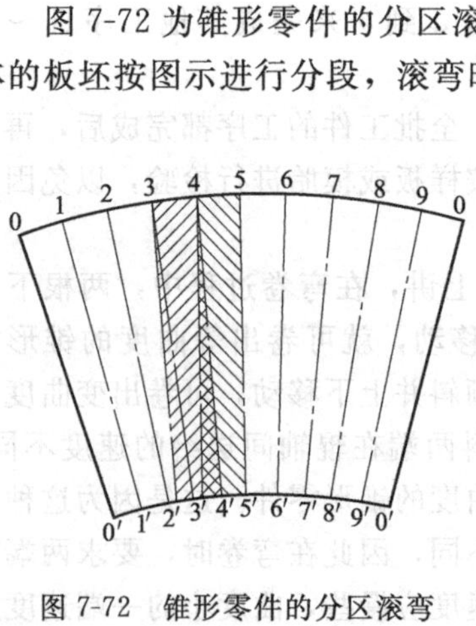

图 7-72　锥形零件的分区滚弯

前述分段的目的，是使分段两端的曲线长度差减少，使锥形零件能近似筒形件滚弯，然后通过各部位间转动坯料来补偿两端移动的速度差，以保证滚出零件的精确度。实践证明，区域越小，也就是坯料在滚弯时转动的次数越多，则质量越好，不过分得太多也没必要，应根据零件尺寸和锥度的大小来确定。

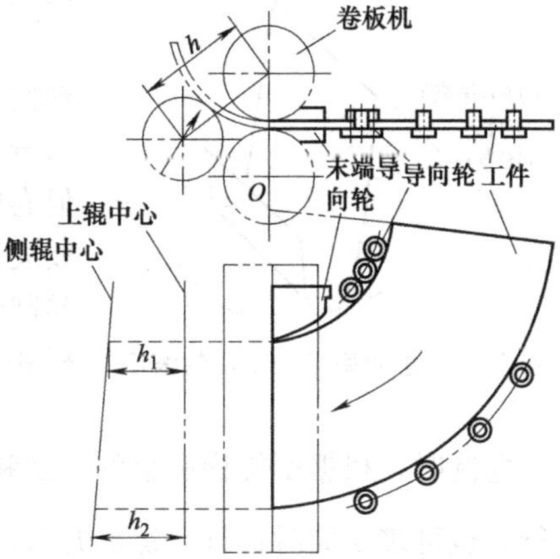

图 7-73 旋转送料装置的示意图

图 7-73 为旋转送料法滚弯圆锥面的装置。要使扇形毛坯材料滚弯成圆锥面，必须使坯料绕 O 点旋转送进，同时将侧辊的中心线调整，使之倾斜。为此，在卷板机前面的附加工作台的 T 形槽中，安装圆弧形布置的导向轮，强迫扇形材料绕 O 点旋转。末尾导向轮的作用是使材料的末尾部分脱离前面的导向轮后仍能旋转送进，滚成圆锥体。

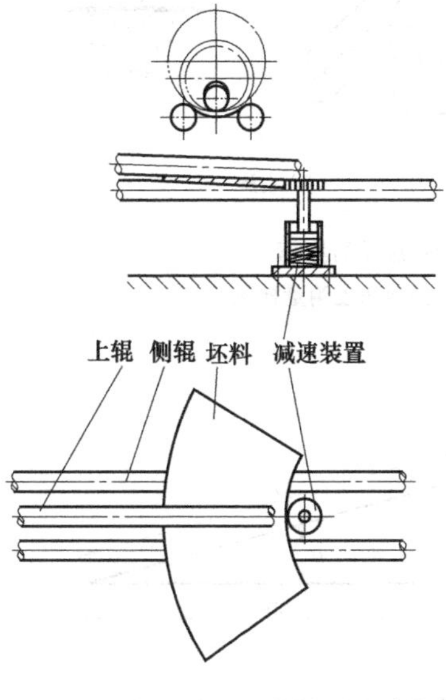

图 7-74 小口减速法装置的示意图

图 7-74 为小口减速法卷弯圆锥面的装置。将上辊调成倾斜位置，并在小口一端加一减速装置，增加毛坯小口端的送进阻力，使小口的送进速度减小，扇形坯料边送进边旋转滚弯。

④ 小曲率半径零件的滚压

对截面曲率半径相当小的零件，有时在三轴滚床上不能完全滚弯成形，这种零件一般需要两道工序弯曲，如图 7-75 所示。首先在三轴滚床上滚出使两侧符合要求的曲度，然后再在压弯机上用弯曲模弯制中间

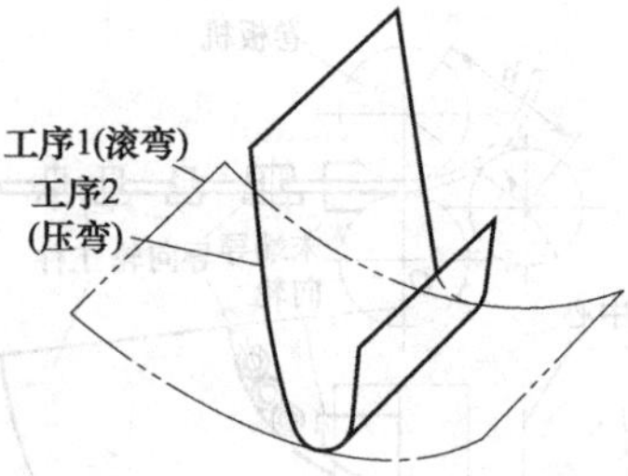

图 7-75　小曲率半径零件的滚压

曲度，使其最后符合要求。

⑤ 螺旋梯侧板的滚压　螺旋梯侧板实际上是属于圆柱形的一部分，其卷制方法与圆筒相同，但卷曲成形前与卷板机上辊的摆放夹角 α 应为螺旋梯的螺旋升角，卷制时的摆放角度可用样板测量。样板角度 $\beta=180^\circ-\alpha^\circ$，见图 7-76。

卷制时，根据螺旋梯侧板的长度和卷板机等具体情况，可单块进行，也可多块同时进行。螺旋升角 α 按 $\alpha=\arctan\dfrac{H}{2\pi r}$ 计算，式中各符号的意义见图 7-77。

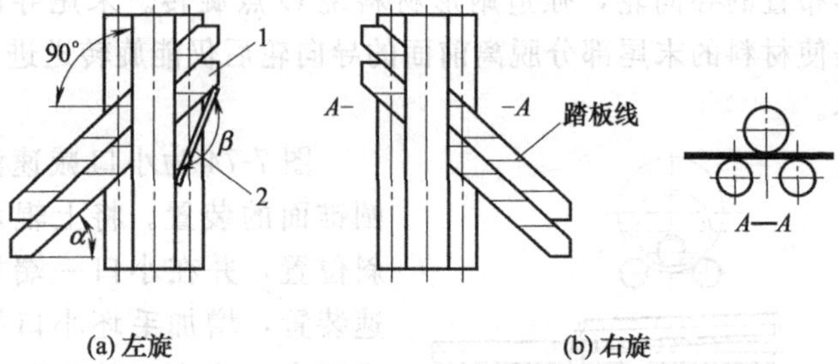

图 7-76　螺旋梯侧板的滚弯

1—螺旋梯侧板；2—倾斜角度测量样板

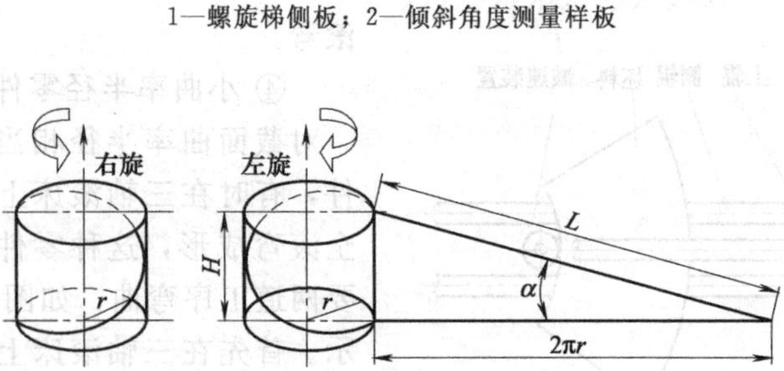

图 7-77　螺旋升角的计算

(3) 滚弯操作的注意事项

操作三轴滚弯机时，应注意以下几点。

① 如果滚床的两根下滚轴为主动轴时，滚轴与毛坯的咬合力较小，毛坯易打滑不动，因此一次滚弯的曲度不能太大。若零件有较大的曲度时，必须反复滚弯多次，每次适量地降低上滚轴，逐渐加大零件的曲度。如果三根滚轴均为主动轴时，一次可滚较大的曲度。

② 在三根滚轴均为主动轴的对称三轴滚床上滚制 4mm 以下的薄板时，可先根据零件曲度调好滚轴的位置，再开动旋转，然后直接送上毛坯进行滚制，送料时，必须使先送进的毛坯边缘高于里面的下滚轴的中心，为此，往里送料时，一边推一边往下压，使毛坯的前端抬起，便于咬入进行滚制。

在成批生产时，每次应将毛坯放在滚轴长度的同一位置，否则滚出的曲度不易一样。

③ 由于对称三轴滚床三根滚轴是对称排列的，在滚弯时，板料的进入端或出口端滚不到，存在直线段，长度约等于两个下滚轴中心距的一半。这部分直线段在校圆时难以完全消除，故一般应对板料端头进行预弯，见图 7-78（a）、（b），由于采用图 7-78（a）、（b）所示模具预弯需专门的预弯模，故生产中一般多用加垫板［见图 7-78（c）］法消除，也可采用预先在板料两端头留出足够余量，滚弯后切除的方法消除。

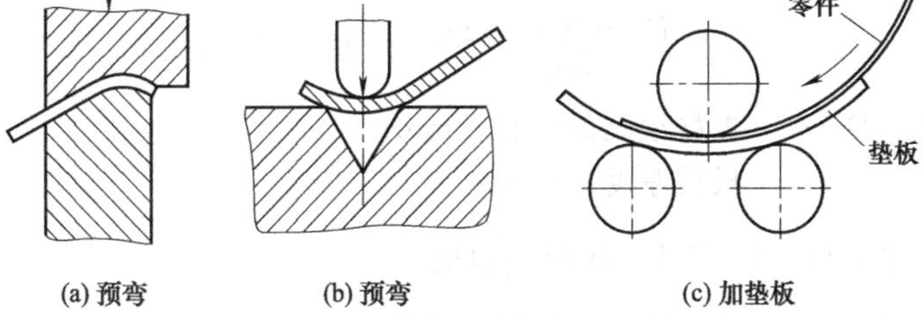

图 7-78　滚弯直线段的排除

图 7-78（c）所示加垫板消除滚弯直线段法是在两根下滚轴上放一块垫板（为减小滚床压力，垫板可事先滚好），垫板的厚度比

被弯曲的毛坯厚些，最好是厚一倍左右，长度比所弯曲的毛坯稍长些。滚弯时毛坯放在垫板的上面，借垫板来排除直线段。对曲度较大的零件，直线段应在滚弯前消除，如在滚弯后消除，由于零件的曲度本来就大，再加上垫板，很可能受横梁阻挡而不能滚制。对于曲度较小的零件，滚弯前或滚弯后，用垫板的方法都能消除直线段部分。

④ 滚弯时，由于滚轴对坯料有一定的压力，并与坯料表面产生摩擦，所以在滚制表面质量要求高的零件时，滚弯前应清洗滚轴及坯料的表面。对有胶纸等保护表面的坯料，也要注意清除纸面的金属屑和胶，并把胶纸搭接部分撕掉，否则影响零件的表面质量。

⑤ 滚弯加工不但用于板料，也可用于型材，型材滚弯与板料滚弯的最大不同点在于型材滚弯时，需要按型材的断面形状设计制造滚轮，将滚轮装在滚轴上，通过滚轮进行滚弯，所以每滚一样零件，就需更换一次滚轮。型材在滚弯过程中容易产生断面形状的畸变、扭曲等变形，事后的修整量大。因此一般在少量生产或完成辅助工序时采用。在成批生产时，除曲度简单或要求不高的零件采用滚弯成形外，大多是小件采用压弯，大件采用拉弯的方法成形。

(4) 热滚弯

钢板可在常温下滚弯（冷滚弯），也可在加热后滚弯（热滚弯）。一般认为，碳钢冷滚弯时，其塑性变形应不超过5%，即滚圆板材外圆周长与内圆周长之差与内圆周长的比值应不超过5%。用公式可表示为

$$\frac{\pi(D_{内}+2t)-\pi D_{内}}{\pi D_{内}}\times 100\%\leqslant 5\%$$

式中 $D_{内}$——板材滚圆的内径，mm；

t——板材厚度，mm。

化简得：$D_{内}\geqslant 40t$ 或 $t\leqslant \frac{1}{40}D_{内}$

即当 $D_{内}<40t$ 时，应采用热滚弯。

对于合金材料，由于其缺口敏感性高，冷滚弯时其塑性变形应控制在3%以内，即 $D_{内}\geqslant 67t$ 或 $t\leqslant \frac{1}{67}D_{内}$ 时可冷卷，否则应采用

热滚弯。

实际滚弯时，由于受上辊轴外径限制和回弹的影响，能达到的最小滚弯直径 $D_{内}=(1.1\sim1.2)D_{上}$，$D_{上}$ 为上辊外径。

热滚弯是将待加工材料在加热后进行的弯曲成形，随着加热温度的提高，金属材料的变形抗力将下降，塑性提高，因此，有利于常温下难以变形和制作的金属材料的加工，并提高设备的使用范围。在生产加工中，当滚弯机的加工能力不足或所加工材料的变形程度过大时，可采用热滚弯加工。

① 热滚弯的加热温度　常用材料的热滚弯加热温度见表 7-15。

表 7-15　常用材料的热弯曲温度

材料牌号	热弯曲温度/℃		材料牌号	热弯曲温度/℃	
	加热	终止		加热	终止
Q235A、15、20	900～1050	≥700	1Cr18Ni9Ti、12Cr1MoV	950～1100	≥850
15g、20g、22g	900～1050	≥700	H62、H68	600～700	≥400
16Mn(R)、15MnV(R)	900～1050	≥750	1060(L2)、5A02(LF2)、3A21(LF21)	350～450	≥250
18MnMoNb、15MnVN	900～1050	≥750	钛	420～560	≥350
0Cr13、1Cr13	1000～1100	≥850	钛合金	600～840	≥500

② 热滚弯加工注意事项　尽管热滚弯加工的基本原理与冷滚弯基本相同，但毕竟热滚弯的金属材料是在加热的状态下进行的，因此，热滚弯操作过程中应特别注意以下事项。

a. 热滚弯加工不必考虑弯曲回弹现象的发生，但热滚弯时出现的减薄、伸长和压痕等现象比冷滚弯显著。因此，在加热的工艺设计和热滚弯加工过程中必须予以充分重视。

b. 由于加热时，金属表面和内部温差的存在，使金属材料内外的膨胀程度不均匀，从而造成热应力。在加热过程中，金相组织的转变时间也是不同的，组织转变有先有后，又造成了组织间应力的产生，故对断面较厚的材料，应防止入炉时的炉温过高，致使坯料的加热速度过快，使热膨胀过大而产生应力裂纹；对要求退火或淬火+回火等热处理的材料，必须在热滚弯后另行进行。

c. 对于闭合圆筒的滚弯，卷至焊缝处刚好闭合即可。但是，为了防止筒节由于温度过高，过早卸下，因自重而产生变形，需继续在卷板机上滚动，进行降温冷却。当卷制的筒节曲率都达到要求时，应及时撤除上辊对筒节的下压力，让筒节在卷板机上空运转，避免热卷的减薄现象继续发生。根据材料的淬硬性能，可采取适当强制冷却措施，如空气吹冷等，以加快冷却速度。这一阶段的滚动，以保持筒节的曲率半径稳定为原则，直至筒节温度下降到很难看出表面红热的颜色（<500℃）时，方可卸下筒节。筒节卸下的摆放同样应注意因自重因素产生新的变形，热滚弯后，工件的合理放置方法见表 7-16。

表 7-16 热滚弯工件的放置方法

简　图	说　明
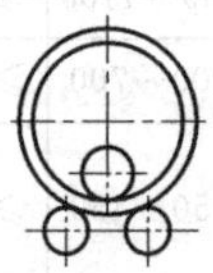	将热卷工件在终卷的曲率下不断滚动，直至表面颜色发暗，一般<500℃时，再从卷板机上卸下
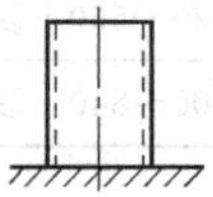	将热卷后的工件竖直放置于平台上
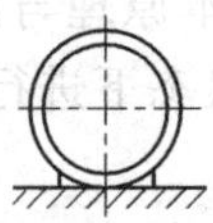	将热卷后的工件卧放于平台上，两边用斜楔塞住
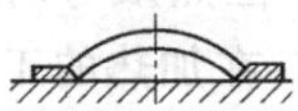	将热卷后的弧形板放置于平台上，两边用斜楔塞住

卷板机不仅可以卷制圆柱形筒节和圆锥形筒节，还可以卷制螺旋形梯子侧板、钢管、型钢以及矫平，甚至可以用来进行呈长线状的压形。

(5) 常见滚弯件的滚弯加工

常见的中、小型圆筒及圆锥筒的滚弯加工可依照滚弯件的操作方法进行，但对外形尺寸大、板料较厚构成的圆筒及圆锥筒滚弯时，则往往要针对性地采取一些措施。

① 大型圆筒的滚弯　大型圆筒通常划分成几个筒节（通过环缝）或几段圆弧（通过纵缝）等组焊而成，故其还牵涉到 个构件组焊的问题。又由于外形尺寸及重量都大，因此，其加工往往需要一些加工设备辅助完成。如滚弯内径为 ϕ5000mm、板厚 t 为 26mm 所制成的圆筒在 30mm×3000mm 的卷板机上滚弯时，由于该圆筒料较厚，展开料长达 15789.6mm，为便于板料的移动以及防止其发生弯折，故需要吊车配合，又为了测量并控制其滚弯圆筒的尺寸，还需要有测量样板。以下为其滚弯及滚弯后相应缺陷的调整方法，应该指出的是：下述滚弯缺陷的调整方法也同样适用于中小型滚弯件。

a. 吊车的配合。图 7-79（a）为始卷时吊车的配合情况，后端用吊车及管类配合；图 7-79（b）为始卷后前端吊车配合的情况，由于成形弧还不够大，故吊钩在筒体内侧。随着轴辊的继续旋转、吊车的继续上升和右移，曲面部分逐渐增大（曲面较直面的刚性大，曲率大比曲率小的刚性大），此时对刚性大的板可以撤去吊车配合，若刚性较差时，仍需用吊车配合一段。随着曲面的逐渐形成，视曲面的刚性状态，决定用或不用吊车配合，见图 7-79（c）。

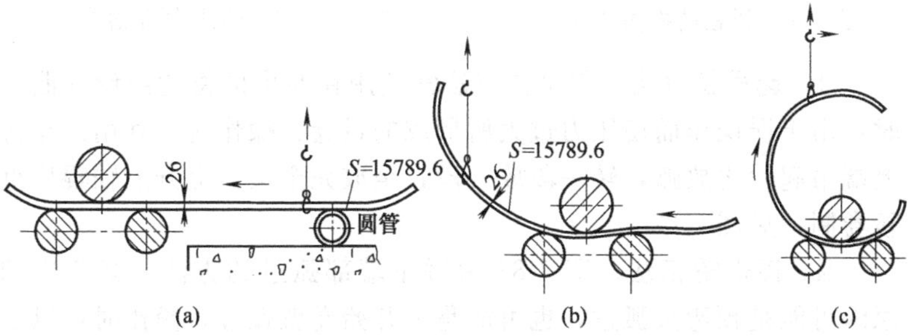

图 7-79　吊车的配合情况

b. 样板的检测位置。较厚板卷至一圈后，由于刚性的增加，基本就不需要吊车配合了，之后就应卡样板检查曲率，为了能卡出尽量接近实际曲率，必须在不受任何载荷的自由部位，左侧在板的坠力作用下，此时的曲率大于实际曲率，而右侧较短，基本处于自由状态，能反映真正的曲率，所以左侧是错误的，右侧是正确的，见图 7-80。

c. 过卷的处理方法。圆筒的滚弯成形时，应是分次分步逐渐完成的，因此，上轴辊的下压量也是分步分次实施的。为了使滚制好的圆筒，松开上轴辊之后减少其弹性变形，还应反复进行一两次滚轧，以便稳定筒体的尺寸。当上轴辊的下压量过大，将使圆筒曲率小于设计曲率，此现象称为过卷。过卷的处理主要有以下几种方法。

ⅰ. 人力加压法。人力加压法常用于曲率较大的储罐带板，操作时，利用下辊为支点，在远端站上一或两人施以压力，边加压边往后移动板，即可达到放弧的目的，见图 7-81。

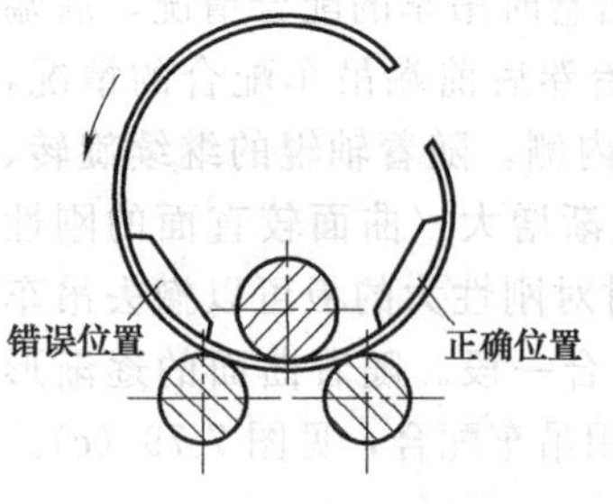

图 7-80　样板的检测位置

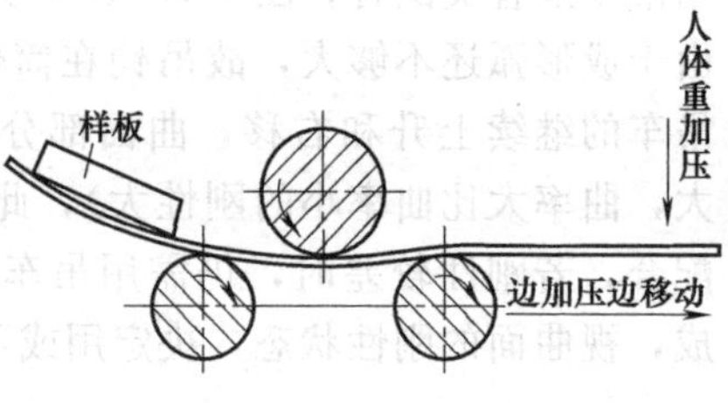

图 7-81　人力加压矫正过卷

ⅱ. 起吊拉直法。起吊拉直法常使用在曲率即将达到设计曲率时，由于误操作而使压力过大所形成的过卷，操作时，利用吊车将上端吊起使之放弧，转一段放一段，至放完全板。上升上轴辊后重新卷制，见图 7-82。

ⅲ. 锤击矫正法。图 7-83 为矫正端部弧过的方法，其产生的原因可能是预弯头弧过，也可能是一开始卷就弧过，操作时，以下轴辊为支点，用大锤击打，若只端头弧过，就只击端头，若近端头也弧过，可将板往外移一点再锤击，至吻合样板为止。

ⅳ. 减压放弧法。当卷制一段距离后，或卡样板或用眼观察发现过卷后，应立即停止卷制，除考虑采用上述几种方法外，还可用

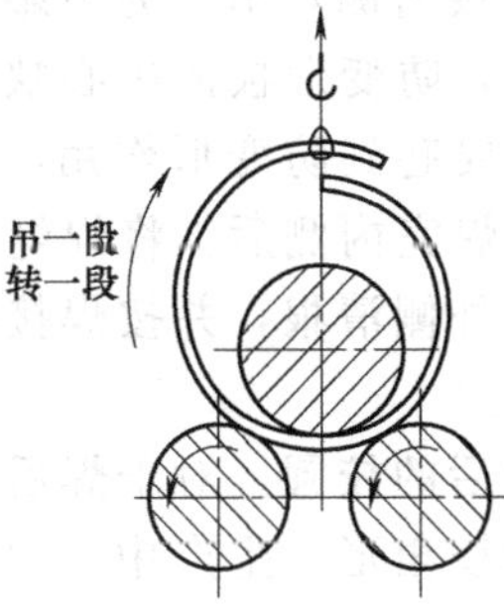

图 7-82　起吊法矫正过卷

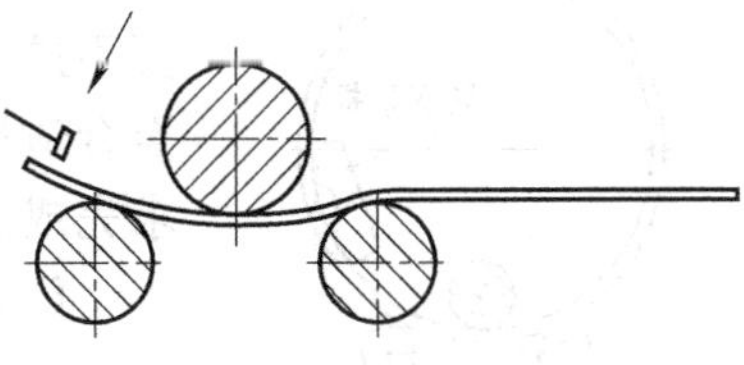

图 7-83　锤击法矫正端部及近端部过卷

减压倒卷法放弧，具体操作方法是：稍升起上轴辊，向后方向卷制，过卷了的筒体便可在稍小一点的压力下统一在另一个曲率内，从而达到放弧的目的。

Ⅴ. 反压法。反压法适于近端头弧过的情况，放弧时应本着由轻到重的原则来回滚几次，便可达到放的目的，然后再翻板重新卷制，见图 7-84。

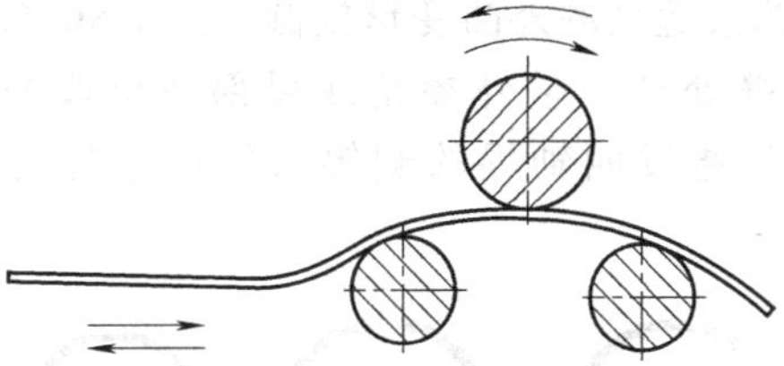

图 7-84　反压法矫正过卷

d. 保证对口处焊后曲率的方法。在卷制过程中，由于吊车的弹性配合，卷出的筒体不一定能保证设计曲率，但两端头皆在无约束的情况下卡定样板，所以端头一定是设计曲率，在点焊对口后，可同时点焊防变形板固定端头的曲率，以保证焊接后不会发生很大的误差，见图 7-85。

e. 焊接方法和顺序。对于大型筒体，为便于焊接并控制焊接变形量，应注意应用合适的焊接方法和合理的顺序，在内侧点焊防变形板后，一般应先将其用自锁绳扣吊出卷板机，使对口缝朝下，

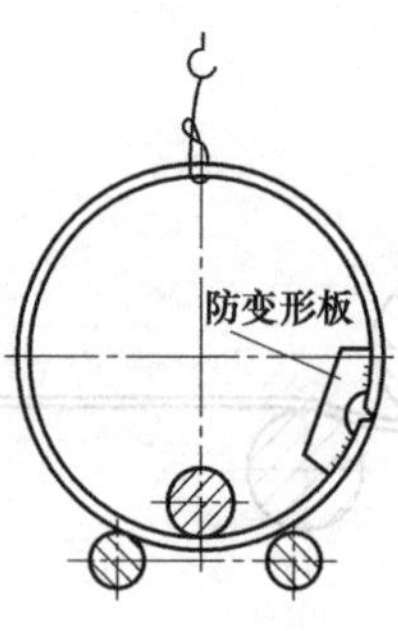

图 7-85　点焊防变形板保证对口焊后曲率

用手工电弧焊焊接内侧焊道，为不影响手工电弧焊焊接，防变形板的中心缺口要开大一些，既要起到防变形作用，又要不妨碍焊接；焊完内侧后，将焊缝转至合适操作位置外侧清根，并按焊接要求完成后续焊接。

f. 焊接完成后的校圆。对于焊后接口缝处所出现的棱角形，生产中，除可用大锤进行手工校圆外，还可按如图 7-86 所示方法进行滚轧矫正圆整。

图 7-86（a）为利用上辊轴直接下压的滚弯校圆，主要用于圆筒局部内凹的变形矫正；图 7-86（b）～（d）所示为通过垫板利用上辊轴的下压滚弯校圆法，在操作过程中，垫板厚度应以 3～8mm、宽 40～60mm 为宜，此外，在校正过程中，上辊的升降要灵活多变，以免伤及无变形区。通常图 7-86（b）所示方法主要用于圆筒的内凹变形校圆，图 7-86（c）所示方法主要用于圆筒接缝处的外凸变形校圆，图 7-86（d）所示方法主要用于圆筒接缝处全长呈外棱角或局部凸出段的校圆操作，图 7-86（e）所示为通过四轴辊的侧辊对圆筒呈外棱角的校圆操作方法。

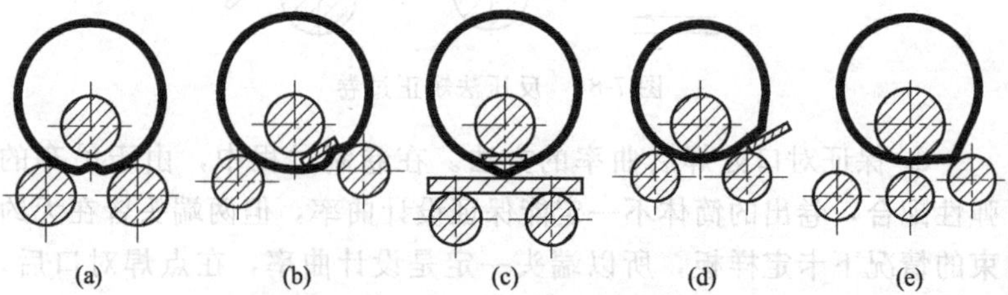

图 7-86　圆筒焊后接缝处的矫正圆整

在矫正过程中，上轴辊的加压应遵循："在还未进入变形区时就可开始下压至过压，出变形区前，就应升至常压"的原则进行。

② 大型圆锥筒的滚弯　与大型圆筒一样，大型圆锥筒的构成

也往往采用分段、分块的形式组焊而成。单块或单节圆锥筒的滚弯可采用前述的方法完成，在圆锥台的卷制过程中，有时开始卷制时，由于小端受阻和锥台还没有形成曲率，板不容易走动，其处理方法是在大端用撬棍拨动，见图 7-87（a），在卷制至近成形时，有时锥台不转动，其处理方法除微升上轴辊外，还可用撬棍在锥台大端外侧拨动，见图 7-87（b）。

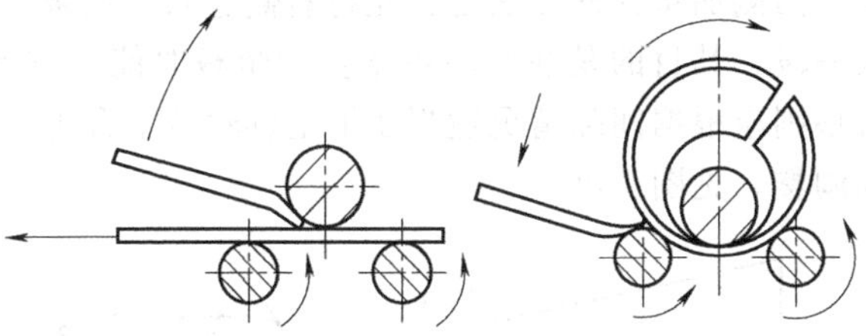

图 7-87　滚弯时坯料不动的处理

对圆锥台滚弯过程中出现的问题，可按以下方法进行矫正。应该指出的是：下述滚弯缺陷的调整方法同样适用于中小型圆锥筒滚弯件，对圆筒滚弯中出现的缺陷也可参照使用。

a. 接缝焊接缺陷的处理。斜圆锥台卷制成形后，下一道工序就是纵缝的点焊。一般对大尺寸规格的厚板件，其点焊直接在卷板机上进行；对小尺寸规格的薄板件，有时也可将构件取出卷板机，在平台上点焊，然后再回卷板机上校圆或直接在平台上校圆。

在卷板机上进行纵缝点焊时，对不同的斜圆锥台纵缝缺陷，其处理方法也是不同的，归结起来主要有以下几种。

ⅰ. 全长缝间隙大的处理方法。全长缝间隙大，说明曲率尚欠。若间隙较大时，可稍压下上轴辊并转一周，使之缩小曲率，间隙即可缩小，见图 7-88（a）；若间隙稍大时，可将对口转至适当位置，微压上轴辊，即可缩小

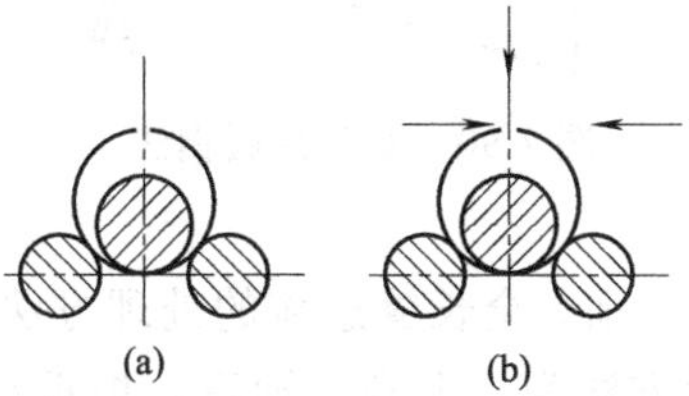

图 7-88　全长缝间隙大的处理

间隙，见图 7-88（b）。

ⅱ. 一端间隙合适另一端间隙大的处理方法。产生该缺陷的原因是上轴辊不平，低端压力大，高端压力小，压力大者间隙小，压力小者间隙大。处理方法主要有以下三种。

垫压法。操作时，先将间隙合适的左端点焊固定，再在右端用加垫铁的方法使间隙缩小，间隙小时可一侧加垫铁，间隙大时可两侧加垫铁，两侧加垫铁的方法是：先将右侧卷入一板条，但必须使之多卷入一段，其目的是往回转再垫左侧垫板时能更方便、快捷，两侧同时垫则应根据间隙情况适当压下上轴辊或上升上轴辊，间隙得以顺利调整，见图 7-89。

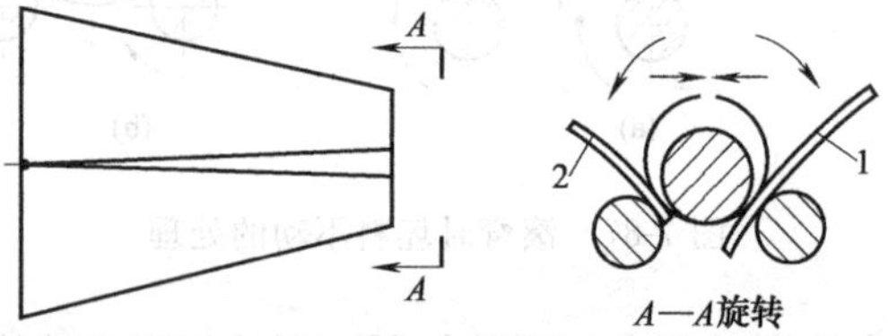

图 7-89　垫压法
1—先转入的长扁钢；2—后转入的短扁钢

双 F 形圆钢法。操作时，分别在两对接板端卡以 F 形圆钢，用力下压，间隙便会缩小，见图 7-90。

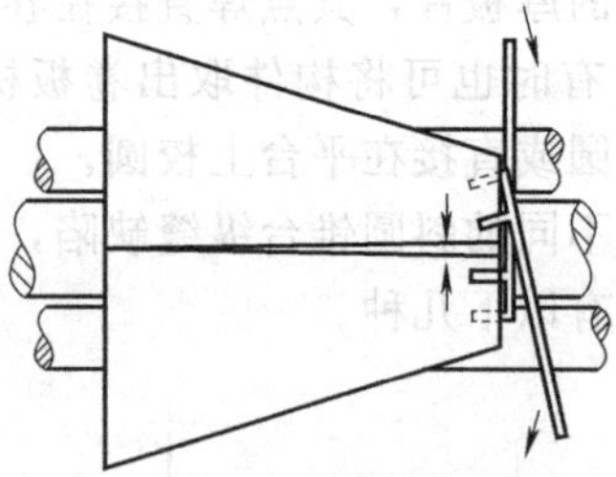

图 7-90　双 F 形圆钢法

过压法。操作时，将一端点焊牢固，若另一端间隙不大时，可用上轴辊过压；若间隙较大时，则用上轴辊过压的同时还要配以左右转动，以防压力过大集中于一部位产生不圆滑变形。此法效果明显，且比前两法省力。

ⅲ. 全长缝过掩的处理方法。全长缝过掩，说明曲率过大，处理方法为：上升上轴辊，根据接缝的位置，分别按图 7-91（a）或图 7-91（b）箭头方向转动筒体，再配以自重的因素，曲率半径便

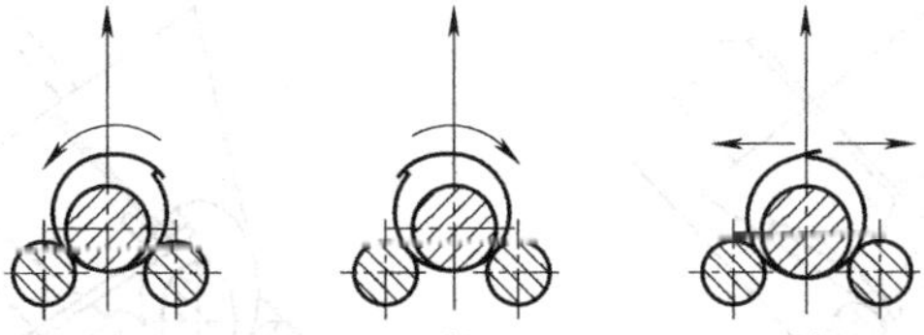

图 7-91　全长缝过掩的处理

会增大，过掩量缩小；也可按图 7-91（c）所示将筒体转至正上方，上升上轴辊，再配以自重的因素，过掩量也会变大。

ⅳ. 全长缝间隙小的处理方法。全长缝间隙小，说明曲率过大，其主要处理方法与全长缝过掩的处理相同。

ⅴ. 一端间隙合适另一端过掩或间隙小的处理方法。该缺陷的处理方法为：先将合适的一端点焊，另一端稍升起上轴辊，随着上轴辊的上升，过掩量逐渐缩小，当间隙合适时点焊固定。

ⅵ. 错口的处理方法。错口是由于扇形母线与上轴辊不平行所致，微量错口可用手工矫正，较大错口要用加垫铁的方法处理，即：在长的一角下轴辊之上转入一扁钢，错口小时可垫薄扁钢，错口大时可垫厚扁钢，但必须使端部呈钝刃状，以便顺利转入，且应使扁钢骑于端口，以增加矫正力，见图 7-92。

此外，通过转动筒体，变换待对缝位置也可调错口。

ⅶ. 错边的处理方法。错边可发生在端部，也可发生在中部，其处理方法相同。

操作时，可在一端使用 F 形圆钢提压，有意识造成过大的错边，以取得合适的错边部位，合适一点，点焊一点，直至端头，见图 7-93。操作时根据错边的方位，可随时变换 F 形圆钢的施力方向。

ⅷ. 上下错口或接口不吻合的处理方法。对于弯制的圆锥台若出现上下边错口或接口不吻合，可采用图 7-94 所示顶拉的方法，即通过适当的装配调整用工具，如图中所示的单端可调式拉杆、螺旋拉紧器等工具，使接口密合，再施行点焊，最后将调整用工具拆除。

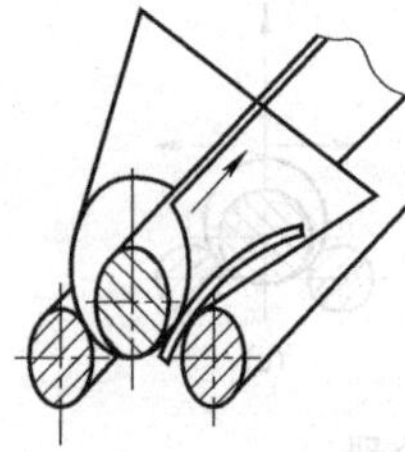

图 7-92　错口的处理

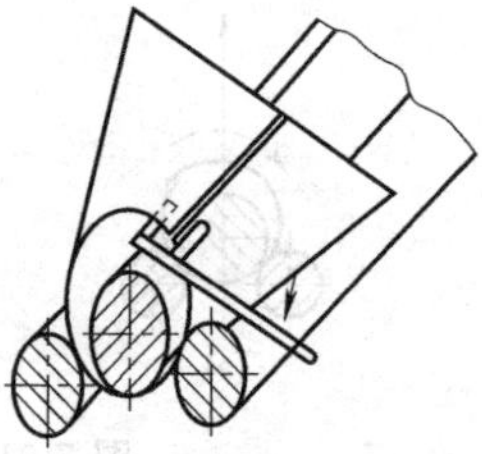

图 7-93　错边的处理

b. 焊接完成后的校圆。圆锥台焊接完成后，一般都需要校圆。校圆的方法可参照上述圆筒件的方法完成。

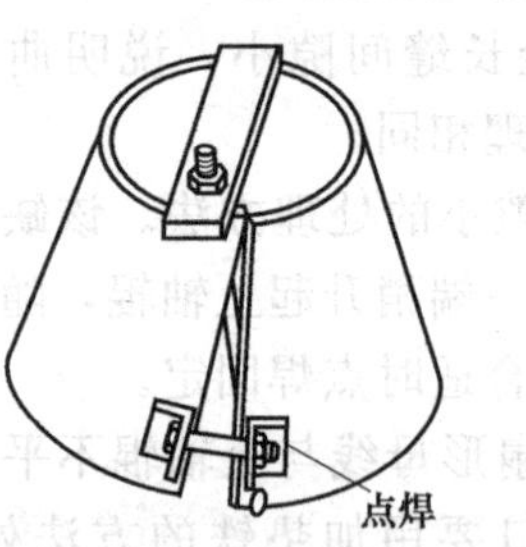

图 7-94　上下错口或接口不吻合的处理

(6) 常见滚弯缺陷分析

滚弯件由于操作不当，容易出现的缺陷主要有：歪扭、曲率不等、曲率过大、中间鼓形以及表面损伤等，见图 7-95。

① 歪扭　见图 7-95（a），出现歪扭的原因是上料时没有找正造成的。另外，在滚弯过程中，板料若出现横向位移，也可能使工件歪扭。因此，首先在上料时要保证钢板对正，滚弯过程中也应随时检查钢板是否对正。

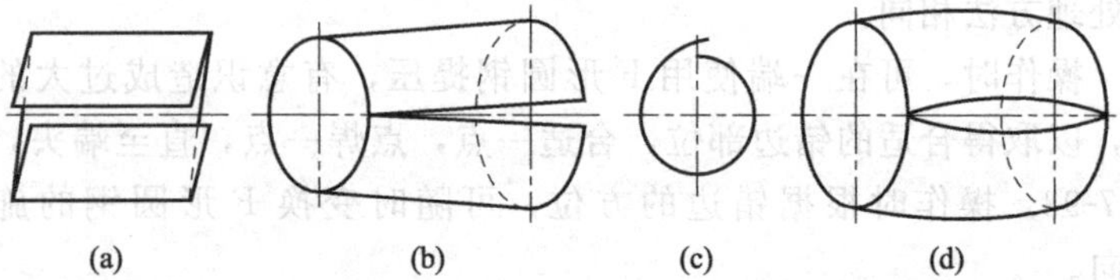

图 7-95　滚弯件的几种常见缺陷

常用来保证待滚弯钢板对正的方法主要有：

a. 视线检查。通过眼睛观察卷板机的上辊与坯料检查线的平行程度，见图 7-96（a）。

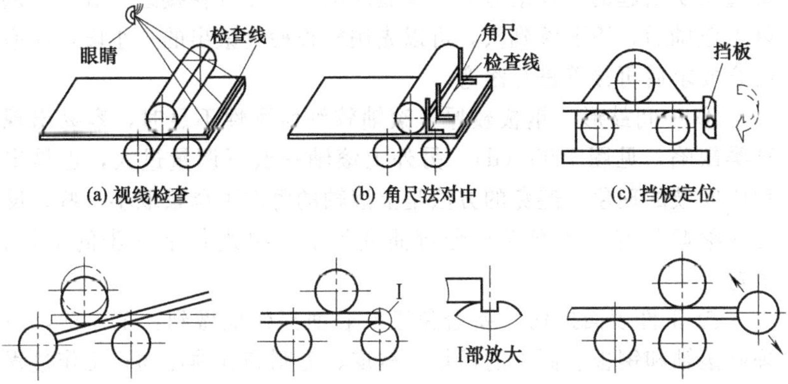

图 7-96　坯料对正的方法

b. 角尺法对中。通过角尺的检验，确定和调整坯料上的检查线与上辊间的相互位置，见图 7-96（b）。

c. 挡板定位。在滚弯机上设立专用的挡板，用来检验坯料的对中，见图 7-96（c）。

d. 倾斜进料定位。该方法适用于普通三辊卷板机，见图 7-96（d）。

e. 对中槽定位对中。该方法是在下辊上开一条对中检验槽，用来检验坯料的对中程度，适用于普通三辊卷板机，但该检验槽会对卷板的表面产生压痕的作用，对铝等硬度较低，或材料表面精度高的材料应用须谨慎，见 7-96（e）。

f. 侧辊定位对中。若常用四辊卷板机滚弯，当下边辊具有升降功能时，利用能够升降的边辊检验对中。但该法要求坯料的端部必须与检查线的平行程度符合精度要求，见图 7-96（f）。

② 曲率不等　由于上滚轴两端的调节量不一致，容易使工件产生两端曲率不一致的缺陷，见图 7-95（b）。因此，在滚弯过程中，应用样板检查工件两端的曲率是否相同，如有不同，应及时调节滚轴。

③ 曲率过大　见图 7-95（c），产生的原因是上滚轴向下调节

量过大所引起的。在滚弯时，要循序渐进，尤其在接近完成时，调好上滚轴后，不要滚到头，可以先用样板检查滚出的一小段，曲率符合要求后再接着进行滚弯。

④ 中间鼓形　钢板较厚、滚轴较细而刚性不足时，容易出现这类缺陷，见图 7-95（d）。另外上滚轴一次下调量过大，也易出现中间鼓的现象。避免的方法是上滚轴的每次下调量取小一些，反复多滚弯几遍，使钢板充分弯曲变形后，再进行下一步的下调、滚弯。

⑤ 工件表面损伤　要避免工件表面损伤应做到：工作前，清理好滚轴和钢板表面上的污物、锈皮、毛刺和其他污物；工作过程中，要不断吹扫钢板上剥落的氧化皮等杂物。

7.1.5 板料的拉弯

拉弯成形是在板料弯曲之前，先加一个轴向拉力，其数值使毛坯断面内的应力稍大于材料的屈服点，然后利用所安装的拉弯模上顶，以对板料施加拉力，使两边被夹紧的板料产生不均匀的应力和变形，并随板料与凸模型面逐渐完全贴合而弯曲成形的加工方法。有时，为了提高精度，最后再加大拉力，进行补拉。

(1) 拉弯加工原理

拉弯是在专用的拉弯机（拉弯设备按其结构特点，主要可分为两大类：转台式和转臂式）上进行的，图 7-97 所示为转臂式拉弯机拉弯的全过程。拉弯时，首先将坯料的两端用夹头 4 夹紧，并拉伸至一定程度，然后开动升降筒 7，转动转臂 2，使坯料 5 绕拉弯模 6 弯曲，最后补加拉力使其贴模，从而使坯料按拉弯模形状而成形。

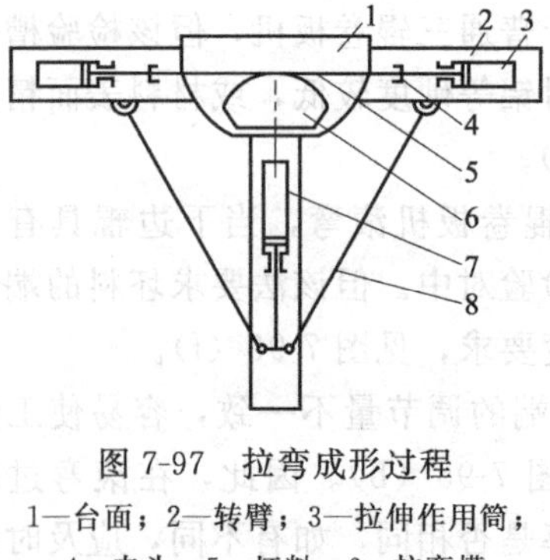

图 7-97　拉弯成形过程

1—台面；2—转臂；3—拉伸作用筒；4—夹头；5—坯料；6—拉弯模（凸模）；7—弯曲升降筒；8—拉杆

(2) 拉弯加工的特点及应用

拉弯的特点在于弯曲时给坯料以附加的拉力，使制件弯曲带的纤维全部都受到拉伸，没有受压缩的纤维存在，中性层则移至内侧，使弯曲带内的塑性变形增大，制件成形后的弯曲角度和弯曲半径保持卸载前的状态，几乎无变化，只是断面较原来坯料厚度稍微变薄。

由于拉弯使坯料在整个截面都得到塑性变形，回弹量很小。又由于拉弯是依靠拉弯模成形制件，因此可以控制坯料在弯曲过程中的扭曲和畸变，故采用拉弯加工能减少回弹，且拉弯的工件尺寸及精度很高，但由于拉弯时，必须要留出夹紧部分和与模胎不能贴紧的悬空部分，故拉弯加工的材料利用率较低。

拉弯加工主要用于弯曲材料塑性好、表面积大、曲度变化缓和光滑、质量要求高的大型零件加工，尤其适用于长度大、相对弯曲半径很大（曲度很小）的工件。

(3) 拉弯工艺规程

拉弯成形主要用于制造长度大、相对弯曲半径很大板料的弯曲加工，尤其适用于弯曲半径很大（曲度很小）的薄壁型材弯曲制件的成形。对相对弯曲半径小于 10～15mm 的零件，一般都不采用拉弯的方法进行弯曲，以免外层被拉裂。

制订型材零件拉弯工艺规程的关键问题是选择合理的拉弯用量，以求在最小的拉伸量下获得必需的准确度，由于生产中普遍采用先预拉、后弯曲、最后补拉的操作程序，因此所谓合理的拉弯用量，主要是指拉弯次数和补拉量。根据所加工零件结构及要求的不同，拉弯的具体工艺过程可选用一次拉弯和二次拉弯两种方案。

① 一次拉弯　一次拉弯成形的操作方案是先预拉、后弯曲、最后补拉。一次拉弯的工艺规程为：下料→淬火→在淬火后材料时效期内预拉 0.8%～1%→保持拉力不变，将型材毛料弯曲至贴合模具外形→补拉 1.0%～3%→检验。

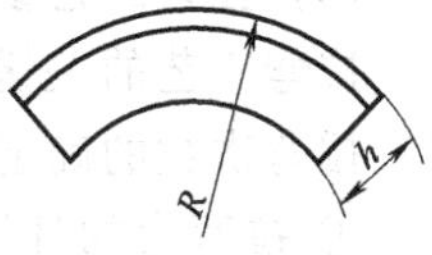

图 7-98　零件的相对弯曲半径 R/h

在一次拉弯中，为了获得理想的梯形应力分布，零件的相对弯曲半径 R/h（如图 7-98 所示），不能小于表 7-17 的数据。

表 7-17 一次拉弯相对弯曲半径极限值

材料牌号	零件相对弯曲半径 R/h		
	热处理状态		
	淬火及时效	新淬火	退火
7A04(LC4)	—	≥18	≥15
2A12(LY12)	≥20	≥15	≥15

注：1. h—型材剖面高度；R—内弯曲半径；
2. 材料牌号栏中带括号者为对应的旧牌号。

随着零件弯曲角的增大，摩擦力对于拉力传递的阻滞作用愈益显著，补拉效果逐渐降低，为此，必须相应增大零件相对弯曲半径下限。对精制层板模具，采用润滑时，新淬火状态下 7A04（LC4）、2A12（LY12）的一次拉弯极限条件如表 7-18 所示。

表 7-18 弯曲角增大时，一次拉弯相对弯曲半径极限值

弯曲角 α	90°	120°	150°	180°～220°
相对弯曲半径 R/h	23	27	34	38

② 二次拉弯　当零件的相对弯曲半径较小、弯曲角较大时，一次拉弯的效果较差，弯曲后的补拉难以完全消除型材内边的压应力，这时可以将拉弯成形分两步进行，即先用退火料预拉和弯曲，但不补拉，然后将毛料淬火，在新淬火状态下，再将毛料弯曲至完全贴模，完成补拉。

二次拉弯工艺规程为：下料→退火料预拉（0.2%～1%左右）→不变预拉力绕拉弯模弯曲→淬火→在新淬火状态下弯至贴模后进行补拉（补拉量 1.5%～3%）→修整检验。

(4) 拉弯工艺参数的确定

拉弯工艺的关键参数主要有：拉弯力的计算、坯料长度的确定、拉弯次数的确定等方面的内容。

① 拉弯力的计算　拉弯力的大小直接影响拉弯件的质量，是促使其产生拉裂和起皱的关键，因此拉弯时，应近似计算拉弯力，从而控制一次拉形的最大变形量，以便防止拉裂和起皱。

a. 板料拉弯力计算。板料拉弯成形通常简称为拉形，拉形所需的机床吨位，可以按毛料单位面积内产生 $0.9\sigma_b$ 的应力计算。因此，纵向拉形力 F 一般可取（见图 7-99）

$$F=0.9\sigma_b A$$

横向时凸模面的上顶力 F_1 为：$F_1=2F\cos(\alpha/2)$

式中 σ_b——材料的抗拉强度，MPa；

A——夹头夹紧材料的断面面积，mm^2；

α——毛料在模具上的包角，(°)。

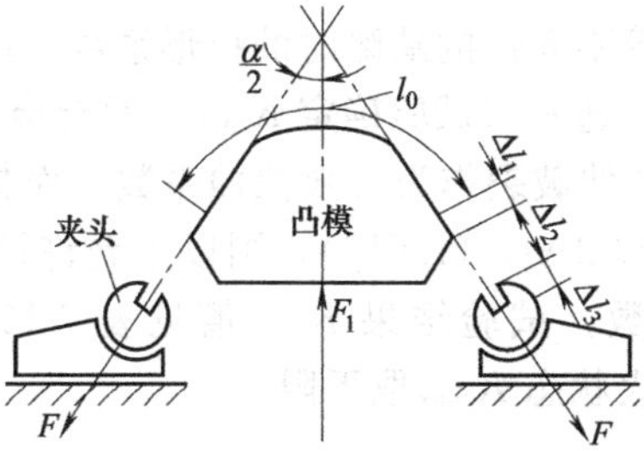

图 7-99 拉弯力的计算

b. 型材拉弯力计算。在一次拉弯过程中，为确定合理的拉伸量，在已知型材的截面积 S 后，需要首先计算出拉伸力 F，即

预拉力 $F_1=\sigma_{0.2}S$

补拉力 $F_2=(0.7\sim0.9)\sigma_b S$

将以上求得的拉伸力，再换算成拉弯机拉伸动作筒的单位液压压力。

② 坯料长度的确定　拉弯零件的坯料长度 $L_坯$ 一般按零件的展开长度 L 加上 200～300mm 的零件两端夹紧余量确定，即

$$L_坯=L+200\sim300\text{mm}$$

拉弯的回弹值一般要经过反复多次的修整确定，在不考虑回弹的拉弯模上，可采用两次拉弯获得较好的零件精度。

③ 拉弯次数的确定　零件的拉弯次数，一般根据该零件的拉弯系数、极限拉弯系数以及拉弯试验共同确定的。

a. 拉弯系数。拉弯系数是指板料拉弯成形后，零件伸长最大

处的纤维长度 l_{max} 与拉形前板料受拉处原始长度 l_0 之比，即

$$K_L=\frac{l_{max}}{l_0}=\frac{l_0+\Delta l}{l_0}=1+\delta$$

式中　Δl——拉形后板料受拉处的绝对伸长量，mm；

δ——受拉处长度上的平均伸长率，%。

生产中，常用 l_{max} 与 l_{min}（拉形后零件伸长最小处纤维长度）的比值近似表示 K_L，且 K_L 值越大，表示零件需要的拉弯变形量也越大。

极限拉弯系数是指在拉弯时，当板材濒于出现破裂、严重滑移线、粗晶、橘皮等不允许的缺陷时的拉形系数，用 K_{max} 表示。

实际生产中，通常由试验确定 K_{max}，铝合金 2A12（LY12）与 7A04（LC4）以拉伸破裂作为极限拉伸系数，而板厚为 1～1.5mm 的 5A03（LF3）和 2A12（LY12），则以不允许严重滑移线和粗晶作为极限拉伸系数，试验结果 K_{max} 值见表 7-19，其中退火状态 K_{max} 取上限，淬火状态 K_{max} 取下限。

表 7-19　极限拉伸系数 K_{max} 的试验数值

试验材料	试验状态	试验结果	试验板厚/mm			
			1.0	2.0	3.0	4.0
2A12(LY12)、7A04(LC4)	拉伸破裂	K_{max}	1.04～1.05	1.045～1.06	1.05～1.07	1.06～1.08
5A03(LF3)、2A12(LY12)	出现缺陷	K_{max}	试验板厚 1～1.5mm			
			严重滑移线		粗晶(退火或淬火)	
			1.02～1.025		1.025～1.03	

b. 拉弯次数的确定。生产实践中，零件拉弯次数一般根据零件形状复杂程度而定，当 $K_L<K_{max}$ 时，原则上拉形两次或三次，并要选择合理的热处理规范和拉形变形量，从而保证板料具有良好的塑性和不破裂、无缺陷的可能性。

一般说来，对凸峰形零件，纵向曲度较小的可一次拉成，曲度较大的两次拉成。马鞍形零件一般最少需两次拉成，原因是这类零件拉形时，坯料向中间滑动，中间容易起皱。对于纵向拉形的零

件，一般都一次拉成。

(5) 拉弯模的结构

拉弯模的结构较简单，一般按外形样板制造。由于拉弯回弹很小，故在制作拉弯模时，可不必考虑制件的回弹值，有时，为获得精确的成形质量，也可在拉弯成形后，对模具进行少量的修整。

常见的拉弯模有钢骨架玻璃钢模、木框环氧胶砂模和木质模等，其结构形式有实心和空心两种结构，木质和环氧胶砂拉形模采用实心结构，钢骨架表面层环氧胶砂和金属拉形模大多采用空心结构，且壁厚为50～100mm。

图7-100为角钢拉弯模。由上、下两块模板5和中间夹有一块垫板1组成，并用埋头螺钉2紧固连接成为一个整体。为减轻自重，在中部开有减轻孔4。按照装配需要和使用要求，模具的两端留有余量，一般为10mm左右。同时，模具的安装孔3应略大于机床台面的安装孔，并制成腰形，以便于工作中调整，为了使夹头能自由地进入模具后方，用以保证拉力方向与模具两端相切，模具的两端制有缺口和斜角，并倒成圆角（圆角R一般为20mm），这样既能减少两端拉弯余量，同时便于坯料金属的流动和防止划伤制件的表面。

图7-101为木质结构的凸峰形拉弯模和马鞍形拉弯模。

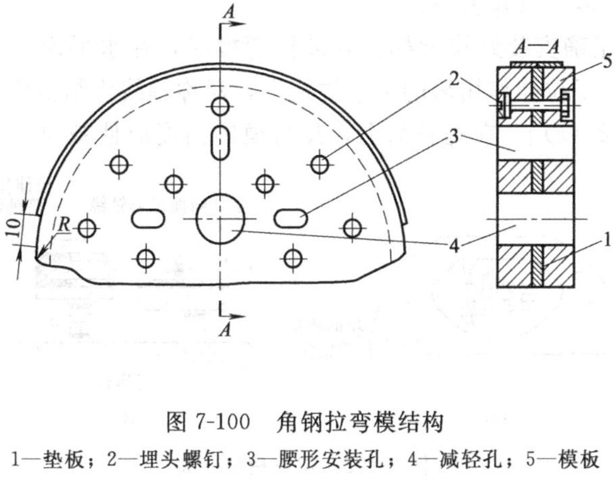

图7-100　角钢拉弯模结构

1—垫板；2—埋头螺钉；3—腰形安装孔；4—减轻孔；5—模板

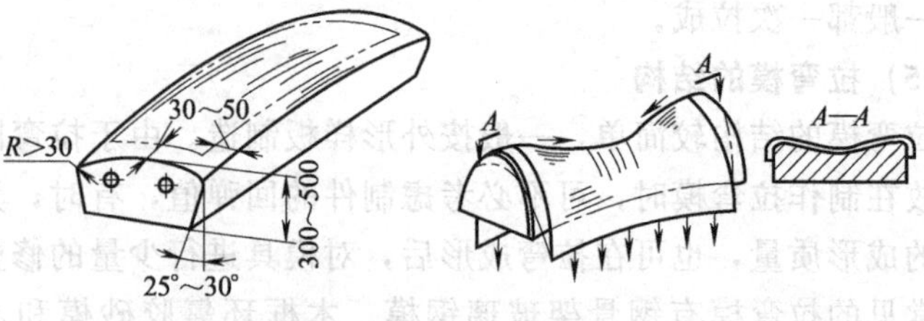

(a) 凸峰形结构模　　(b) 马鞍形结构模

图 7-101　木质结构拉弯模

为了防止拉形中擦伤零件，减少阻力，工作面的两侧应倒成圆角，其四周要比零件外形放大 30～50mm。为使拉力与横拉用模具边缘相切，保证最边缘的毛料也能与拉形模贴合，两侧应加工出 25°～30°的斜角和半径为 20～50mm 的圆角。

模具的高度、长度和宽度取决于零件形状和拉弯机型号，一般取为 350～700mm。

(6) 拉弯的操作要点

拉弯加工不但可加工板料，尤其适用于弯曲半径很大（曲度很小）的薄壁型材弯曲制件的成形。拉弯型材时，为减少回弹，在拉伸时采用较大的伸长率，一般先拉伸，得到约 1%的伸长率，在拉伸状态下沿凸模弯曲，然后补拉整形。但不论加工何种材料，拉弯时应注意以下操作要点。

① 正确安装好拉弯模。安装拉弯模时，在水平面上，凸模的顶点应位于拉伸作用筒的中芯轴线上，对称轴线应与机床轴线重合[图 7-102（a）]；在垂直面上，拉弯模的高度应使被拉型材断面重

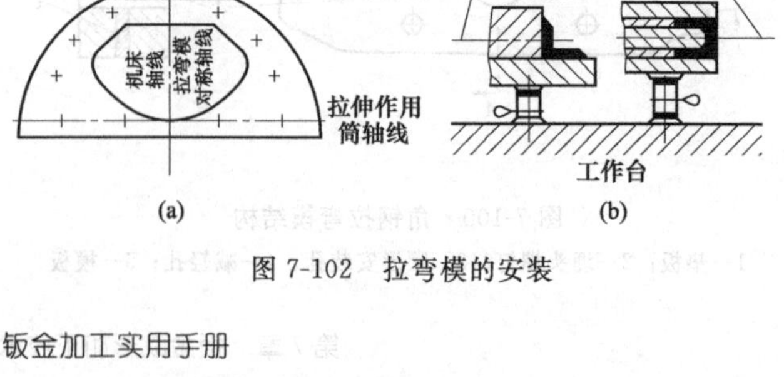

(a)　　(b)

图 7-102　拉弯模的安装

心轴线与拉伸作用筒的中芯轴线重合［图 7-102（b）］。这样才有利于坯料在拉弯过程中整个截面受力均匀，能顺利地嵌入拉弯模内而弯曲成形。

② 夹持坯料的夹头一定要牢靠。夹头内的夹块，应根据被拉材料的断面形状不同而异。图 7-103 所示为拉弯角钢和槽钢时所使用的夹块形状。为了使夹块能可靠地啮入坯料，其表面要制成齿形，以增加夹持效果，防止拉弯时坯料滑出。

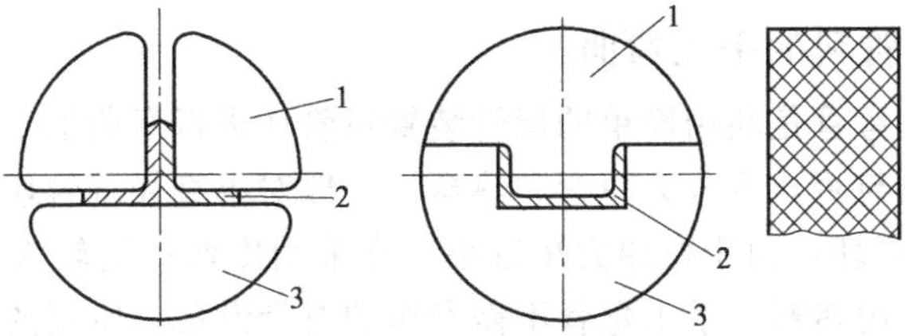

图 7-103　夹块的形状与要求

1—上下夹块；2—角钢和槽钢；3—夹块表面齿形

③ 工作接触表面应涂以润滑油。坯料夹持以后，要先在拉弯模与坯料的接触工作表面上涂以润滑油，以减轻拉弯时坯料与拉弯模之间的摩擦。拉弯时先进行预拉，然后在此拉伸状态下完成弯曲工作，最后再补加以拉力使其贴模，并要用木锤沿弯曲部位敲打坯料。待成形后，解除外力，卸下制件妥善安放。对零件相对弯曲半径较小的零件，弯曲速度要慢些，否则易拉断。加力时应根据材料的软硬程度调整拉弯机的表压，当硬度较大时拉力要相应大一些。

④ 弯制复杂截面型材时加垫块。弯制复杂截面的型材时，为了防止截面畸变和失稳，可以用铸锌、易熔合金、硬铝、塑料等加工成垫块，用细钢丝绳或橡胶绳串联，拉弯时垫在型材截面内。

⑤ 材料和断面相同的短零件，为提高生产效率，节省材料，可组合拉弯，中间留一定余量，圆滑衔接，拉弯后切开，如图 7-104 所示。

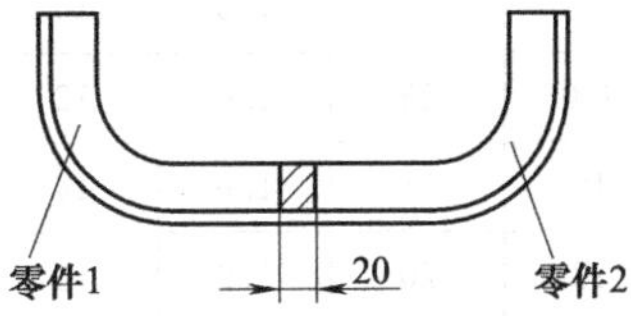

图 7-104　组合拉弯

7.2 管料的弯曲

在钣金构件中，常需对管料进行弯曲，管料弯曲是钣金弯曲加工的重要内容之一。将管料通过一定的加工方法弯曲成符合要求工件的过程称为管料弯曲，根据所弯曲方式的不同，主要有手工和机械两种加工方法，而根据弯曲过程中是否加热又可分为冷弯和热弯两种。

7.2.1 管料的手工弯曲

手工弯管是利用简单的弯管装置对管坯进行弯曲加工。根据弯管时加热与否，可分为冷弯和热弯。一般对小直径（管坯外径 $D \leqslant$ 25mm）管坯，由于弯曲力矩较小，常采用冷弯；而较大直径的管坯，多采用热弯。手工弯管不需专用的弯管设备，所用的弯管装置较简单，制造成本低，调节使用方便，但缺点是劳动量大，生产率低。因此，它仅适用于没有弯管设备的单件小批量生产场合。

管料冷弯曲时，弯曲半径最好大于管材直径的 4 倍，但弯曲半径也不能过小，否则弯曲时容易拉裂，最小弯曲半径值可参照表 7-20 选取。

表 7-20 各种管材的最小弯曲半径数值 mm

纯铜与黄铜管			铝材管			无缝钢管		
管料外径 D	最小弯曲半径 R_{min}	管壁厚 t	管料外径 D	最小弯曲半径 R_{min}	管壁厚 t	管料外径 D	最小弯曲半径 R_{min}	管壁厚 t
7.0	10	1.0	6.0	10	1.0	6.0	15	1.0
6.0	10	1.0	8.0	15	1.0	8.0	15	1.0
7.0	15	1.0	10	15	1.0	10	20	1.5
8.0	15	1.0	12	20	1.0	12	25	1.5
10	15	1.0	14	20	1.0	14	30	1.5
12	20	1.0	16	30	1.5	16	30	1.5
14	20	1.0	20	30	1.5	18	40	1.5

续表

不锈钢管			不锈无缝钢管			硬聚氯乙烯管		
管料外径 D	最小弯曲半径 R_{min}	管壁厚 t	管料外径 D	最小弯曲半径 R_{min}	管壁厚 t	管料外径 D	最小弯曲半径 R_{min}	管壁厚 t
14	18	2.0	6.0	15	1.0	12.5	30	2.25
18	28	2.0	8.0	15	1.0	15	45	2.25
22	50	2.0	10	20	1.5	25	60	2.0
25	50	2.0	12	25	1.5	25	80	3.0
32	60	2.5	14	30	1.5	32	110	3.0
38	70	2.5	16	30	1.5	40	150	3.5
45	90	2.5	18	40	1.5	51	180	4.0

(1) 管料弯曲的方法及装置

对于直径较小的铜管，可采用手工自由弯曲。弯曲时应先将铜管退火后，用手边弯曲边整形，最后修整弯曲产生的扁圆形状，使弯曲圆弧光滑圆整。操作时，切不可一下弯曲很大的曲度，易产生一种严重的弯曲变形死角，不利于后续的修整，如图 7-105 (a) 所示。

对于直径较小的钢管，可利用手工弯管装置冷弯成形。图 7-105 (b)是使用转盘式弯管装置的弯形，转盘圆周和靠铁侧面均设有圆弧槽，其大小可根据所弯管径的大小设计。当转盘和靠铁的位置相对固定后即可使用。使用时将管子插入转盘和靠铁的圆弧槽中，用钩子钩住管坯，按所需要的弯曲位置扳动手柄，使管坯跟随手柄弯到所需角度。

图 7-105 (c) 所示手动弯管装置，绕弯时弯曲模固定不动，而压块绕弯曲模旋转，迫使管子按模具成形。由于手动弯管工具只用于弯曲直径不大的管材，所以管内不必加填充材料。

图 7-105 (d) 所示定模式手动弯管装置，主要由平台 12、定模 14、滚轮 16 和杠杆 15 组成。操作时，定模固定在平台上，它具有与管坯外径相适应的半圆形凹槽。弯曲前，先将管坯 13 一端置于定模凹槽中，并用压板固紧，然后扳动杠杆，则固定在杠杆上的滚轮（也具有与管坯外径相适应的半圆形凹槽）便压紧管坯，迫

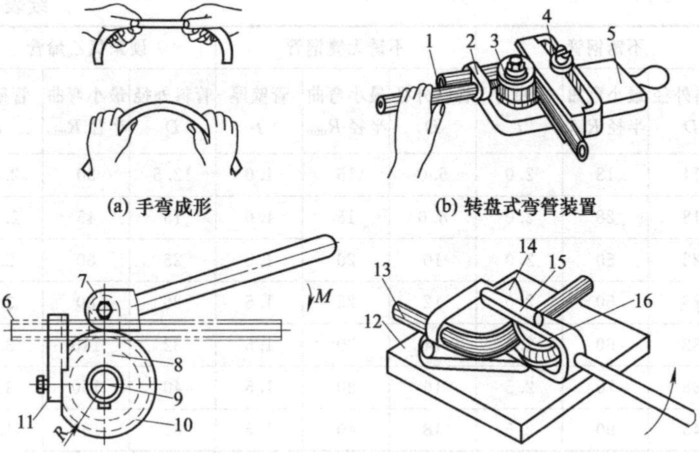

图 7-105　弯管的方法及装置

1—手柄；2—钩子；3—转盘；4—靠铁；5—底板；6—管子；7—带柄压块；8—耳环；9—芯轴；10—弯曲模；11—夹块；12—平台；13—管坯；14—定模；15—杠杆；16—滚轮

使管坯绕定模弯曲变形。当达到管件所要求的弯曲角时即停止弯曲，从而完成绕弯过程。

对于直径较大的管料，由于手工弯曲时所需力矩过大，可利用图 7-105 所示的弯管装置进行热弯，弯曲时，用喷灯或乙炔焰在管子弯曲处局部加热，加热温度随钢的性质而定，一般加热使钢管呈现樱红色时，即可采用手工弯曲成形。

在上述手工弯管装置中更换不同直径的转盘 3、弯曲模 10 及定模 14，即可完成不同管件弯曲半径的弯制。图 7-105 所示手工弯管装置同样适用于棒料及型材的手工弯制。

(2) 管料弯曲的操作

为保证弯管质量，应掌握并使用正确的弯曲操作方法，主要注意以下几方面。

① 填充物料的正确选用　为防止管材受压变形，对于直径大于 10mm 或形状要求较高管料的弯曲，必须在管内填充物料。填

充物料的选用，应根据管子材料、相对厚度及弯曲半径大小等因素确定，见表 7-21。其中填砂弯管是应用最广的热弯方法。

表 7-21　弯曲管子时管内填充材料的选择

管子材料	管内填充材料	弯形要求
钢管	普通黄砂	将黄砂充分烘炒干燥后，填入管内热弯或冷弯
一般纯铜管、黄铜管	铅或松香等低熔点化合物	将铜管退火后再填充冷弯。应注意铅在热熔时需严防滴水，以免溅出伤人
薄壁纯铜管、黄铜管	水	将铜管退火后灌水冰冻冷弯
塑料管	细黄砂(也可不填充)	温热软化后迅速弯曲

② 热弯成形的操作要点　当用手工弯管装置加热弯管时，其操作过程主要由灌砂、划线、加热和弯曲四个工序组成，操作要点分别如下。

a. 灌砂。手工弯管时，为防止管件断面畸变，通常需在管坯内装入填料。常用的填料有石英砂、松香和低熔点合金等。对于直径较大的管坯，一般使用砂子。灌砂前用锥形木塞将管坯的一端塞住，并在木塞上开有出气孔，以使管内空气受热膨胀时自由泄出，灌砂后管坯的另一端也用木塞塞住。装入管中的砂子应该清洁干燥，使用前必须经过水冲洗、干燥和过筛。因为砂子中含有杂质和水分，加热时杂质的分解物将沾污管壁，同时水分变成气体时体积膨胀，使压力增大，甚至将端头木塞顶出。砂子的颗粒度一般在 2mm 以下。若颗粒度过大，就不容易填充紧密，管坯弯曲时易使断面畸变；若颗粒度过小，填充过于紧密，弯曲时不易变形，甚至使管件破裂。

b. 划线。划线的目的，是确定管坯在炉中加热的长度及位置。管坯的加热长度可按以下方法确定：首先按图样尺寸定出弯曲部分中点位置，并由此向管坯两边量出弯曲的长度，然后再加上管坯的直径。

c. 加热。管坯经灌砂、划线后，便可进行加热。加热可用木炭、焦炭、煤气或重油作燃料。普通锅炉用的煤，不适宜用于加热管坯，因为煤中含有较多的硫，而硫在高温时会渗入钢的内部，使钢的质量变坏，若受条件限制，也可用氧-乙炔枪作局部加热。不论采用何种加热方式，加热应缓慢均匀，若加热不当，会影响弯管的质量。加热温度随钢的性质而定，普通碳素钢的加热温度一般在1050℃左右。当管坯加热到该温度后应保温一定的时间，以使管内的砂也达到相同的温度，这样可避免管坯冷却过快。管坯的弯曲应尽可能在加热后一次完成，若增加加热次数，不仅会使钢管质量变坏，而且增加了氧化层的厚度，导致管壁减薄。

d. 弯曲。管坯在炉中加热完毕即可取出弯曲。若管坯的加热部分过长，可将不必要的受热部分浇水冷却，然后把管坯置于弯管装置上进行弯曲。对于批量生产的弯管，最好制作出与管料断面吻合的靠模来进行弯管，这样可以提高生产效率和弯管质量，图 7-106 为手工弯管示意图。

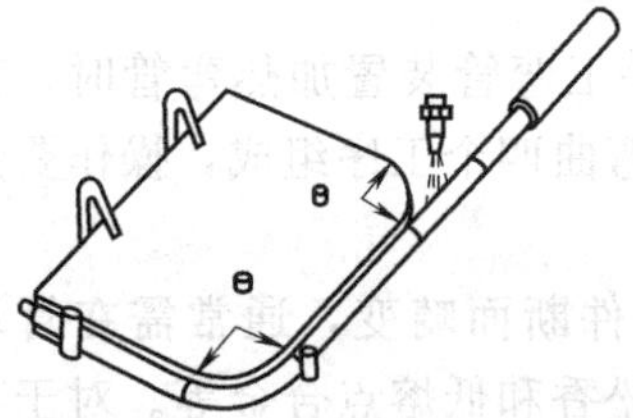

图 7-106　手工弯管示意图

弯形时，先将弯管模放在平台上固定好，把加热后的管料放在平台上，使其弯曲始点与模具上的弯曲始点对应起来，用销子将管料夹住，而后用套管或扳管器将管料顺模具的弧弯曲，使管外壁与模具紧贴。弯曲过程中，在管料弯曲处的外侧喷些冷水，以防管料外侧壁过分变薄。管坯弯曲后，如管件弯曲半径不符合要求，可采用以下方法调整：若弯曲曲率稍小，可在弯曲内侧用水冷却，使内层金属收缩；若弯曲曲率稍大，可在弯曲处的外侧喷冷水，使外层金属收缩，以缩小其曲率。

③ 管料多处弯曲的操作顺序　管料弯曲时，应注意：如果在同一管件上有几处需要弯曲，则应先弯曲最靠近管端的部位，然后再按顺序弯曲其他部位；如果管件是空间弯曲件（即几个弯曲部位的弯曲方向不在管件的同一平面内），则在平台上应先弯好一个弯，且后续管件的一端必须翘起定位，才能按顺序再弯其他部位。

④ 焊管的弯曲　有焊缝钢管弯曲时，应将管缝置于弯曲的中

性层位置，以防在管缝处开裂，见图7-107。

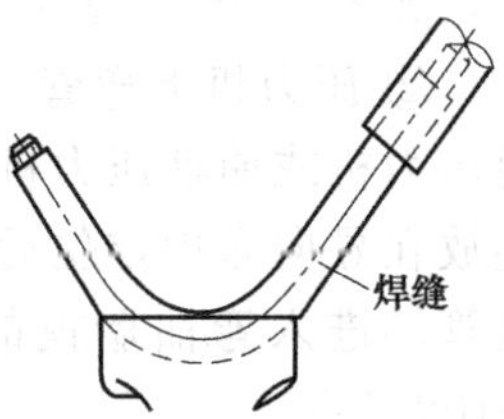

图 7-107　焊管的弯曲

7.2.2　管料的机械弯曲

根据圆管的相对壁厚的不同，圆管通常分为两类，相对壁厚 $t/D\leqslant 0.06$ 的称为薄壁管，$t/D>0.06$ 称为厚壁管。管料除可采用手工弯曲外，还常采用机械弯管。

(1) 常用的机械弯管方法

常用的机械弯管方法主要有以下几种。

① 弯管机上弯管　对于直径较大的管料，由于弯曲时所需力矩过大，且易引起剖面畸变及内壁起皱，因此管料常在弯管机上并在管料内插入芯棒后进行绕弯。绕弯时，将弯曲胎模固定在机床芯轴上，由电动机通过一套蜗轮与蜗杆传动装置带动弯曲胎模旋转，从而驱使管坯沿弯曲胎模绕弯成形，当弯曲胎模转动到管件要求角度时，通过撞击弯管机上的控制挡块使弯曲胎模停止转动，如图7-108（a）所示。

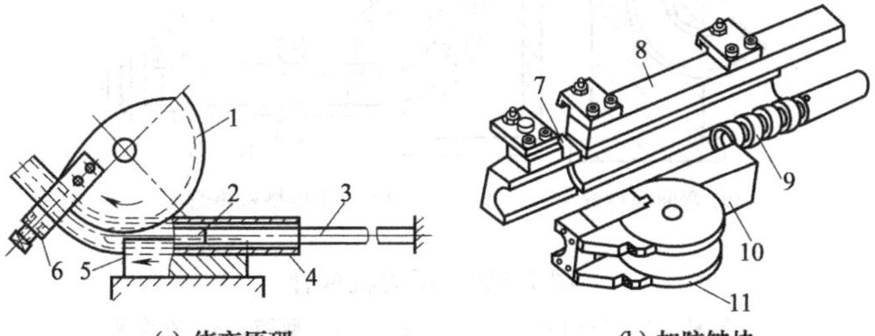

(a) 绕弯原理　　(b) 加防皱块

图 7-108　弯管机绕弯

1,11—弯曲胎膜；2—芯棒；3—拉杆；4—臂子；5—压块；6,7—夹块；8—移动式压块；9—多球链接芯棒；10—防皱块

若弯曲通风管、暖气管等大尺寸薄壁管件时，将管坯一端用夹块固定好后，还需要采用多球链接芯棒和移动式压块配合施压，并在管坯弯曲内侧增加防皱块，以便使管子在弯曲区得到更可靠的支

撑，如图 7-108（b）所示。

② 压力机上弯管　对于较小弯曲半径的弯头弯制时，可在普通压力机或曲柄压力机上借助弯管装置，在常温状态下，将直管坯放在导向套中定位后压柱下行，对管坯端口施加轴向推力，强迫管坯进入弯曲胎模的型腔，从而产生弯曲形成管弯头，见图 7-109（a）。

当弯头半径较大时，可在专用推挤机上采用热弯法成形，如图 7-109（b）所示。弯制前将管坯套在芯杆上，由管坯支撑辊支撑，牛角芯棒定形。弯制过程中，位于管坯末端的推板对管坯施加轴向推力 F，反射加热炉的热源对管坯进行加热。管坯在轴向推力作用下，边被加热边向前移动并通过牛角芯棒，最后由牛角芯棒末端推出而形成弯头。常用材料的热弯曲加热温度见表 7-15。

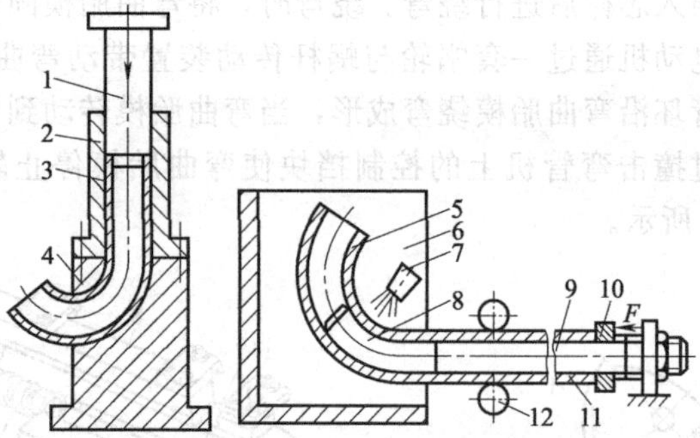

(a) 弯曲模冷弯　　(b) 专用推挤机热弯

图 7-109　压力机弯管

1—压柱；2—导向套；3,11—管坯；4—型腔；5—管弯头；6—加热炉；7—热源；8—牛角芯棒；9—芯杆；10—推板；12—支撑辊

(2) 弯管方法的选用

弯管方法的选用应根据所弯曲管料的结构及所加工的要求综合考虑，常用机械弯管方法的选用见表 7-22，对于非圆管通过更换模槽形状同样可实现机械弯管。

表 7-22　常用机械弯管方法

方法		简图	设备	说　明	适用范围
滚弯		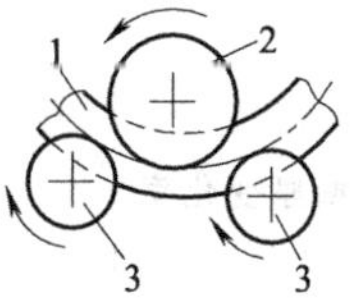 1—管子 2—上滚轮 3—下滚轮	型材弯曲机、卷板机	一般用于冷弯滚轮带型槽	$R/D_{外} \geqslant 10$，$t/D_{外} \geqslant 0.06$，适于圆柱形、圆锥形、矩形螺旋管，盘管，排管等特种管件
回弯（绕弯）	碾压式	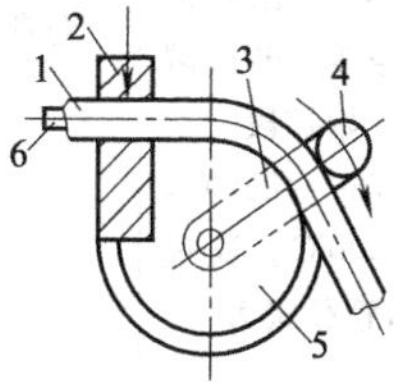 	弯管机	夹块 2 将管 1 压在带圆槽的固定式弯管模 5 上，转臂与驱动有半圆槽的压紧导轮 4(亦称滚轮)绕 5 转动将管坯碾弯；弯曲角由预定的挡块控制。6 为有芯轴弯管时用的芯轴，5 不转动	冷弯： 无心：$R/D_{外} \geqslant 1.5$，$t/D_{外} \approx 0.1$ 有心：$R/D_{外} \geqslant 2$，$t/D_{外} \geqslant 0.06$ 热弯： 充砂 $R/D_{外} \geqslant 4$，$t/D_{外} \geqslant 0.06$
	拉拔式	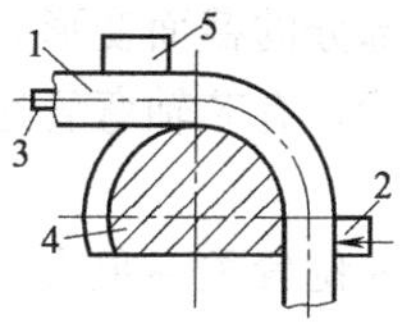 		圆管 1 由夹块 2 压在可转动的带半圆槽弯管模 4 上，4 转动时，由 2 拉着 1 前进使之弯曲。5 为滑槽或带槽滚轮	
压弯	自由弯曲	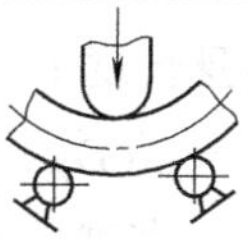	压力机或型材弯曲机	有芯轴或无芯轴 1 为芯轴（芯撑或称内壁支撑件）或管端垫盖	冷压或热压 $t/D_{外} \geqslant 0.06$ $R/R_{外} \geqslant 10$
	型模压弯（带矫正）	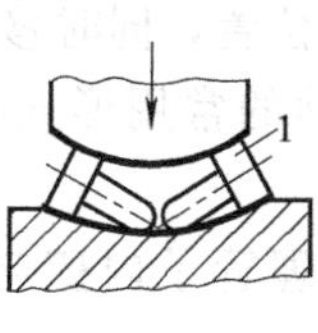 			$t/D_{外} \geqslant 0.06$ 加特殊内撑时，可用于 $R/D_{外} \geqslant 1$、弯曲角 $\alpha \geqslant 90°$ 急弯头 质量：圆度≤10% 外壁减薄率≤12.5% 一般用于热压

续表

方法		简图	设备	说　明	适用范围
挤弯	型模式	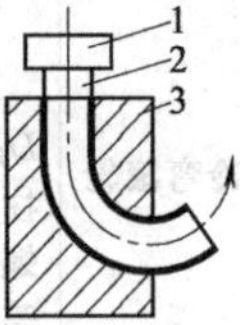 1—推板；2—压杆；3—型模	压力机	冷挤，壁厚变化率小（≤10%）	$1 \leqslant R/D_{外} < 1.5$的急弯头，$t/D_{外} \geqslant 0.06$ 圆度 $a=0.03 \sim 0.05$ 弯曲角 $\alpha \leqslant 0°$
	芯棒式	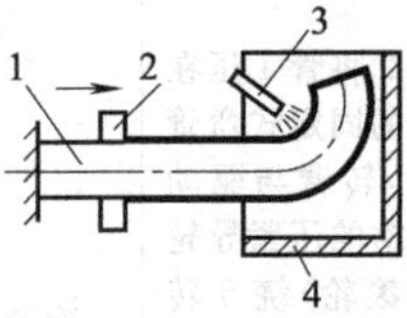 1—拉棒和牛角芯棒； 2—推力挡圈；3—热源； 4—反射炉	专用推挤机	热挤，壁厚基本一致，管坯内侧比外侧加热温度高，出口端温度高于始扩段 碳钢 750～850℃，不锈钢 900℃。通过芯棒后，管径胀大	

(3) 管料有芯轴冷弯

为防止管料在模具上回弯时，弯曲部分的截面变形，从而在管料中插入芯轴的弯管方法称为有芯轴弯管。有芯轴弯管适用于直径较大、壁厚较薄的管料弯曲。

弯管的质量与芯轴形状、尺寸及伸入位置关系很大。

① 芯轴的确定　对圆头式芯轴，弯钢管时，常取芯轴直径$d \geqslant 0.9D_{内}$ 或取 $d=D_{内}-(0.5 \sim 1.5)$；芯轴本身长度 $L=(3 \sim 5)d$，d 大时，L 取小值；芯轴中心超前伸入量 $e=\sqrt{(D_{内}-d)(2R+d)}$。实际操作时，因 e 不便测量，可将管料切成一些薄圆环，套在芯轴头部，沿模具半圆槽滑动，模拟出弯头的位置，同时移动芯轴，使芯轴刚能在环片内壁通过即可。弯管芯轴的常用形式与特点见表7-23。

② 弯曲注意事项　弯曲前要仔细清理管子内壁与外圆表面，弯曲时要进行润滑或采用喷油润滑。

表 7-23　弯管芯轴的常用形式及特点

<table>
<tr><th colspan="2">形式</th><th>简　图</th><th>特点</th><th>适 用 范 围</th></tr>
<tr><td rowspan="3">头部固定式</td><td>圆头式</td><td>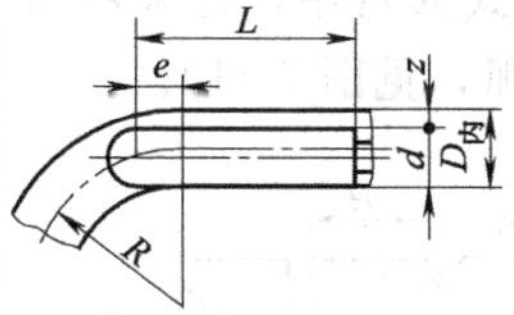
</td><td>制造方便
防扁效果较差</td><td rowspan="3">钢管：
$t/D_{外} \geqslant 0.05$，$R/D_{外}=2$
$t/D_{外}=0.035$，$R/D_{外} \geqslant 3$
铜管：
$t/D_{外} \geqslant 0.035$，$R/D_{外}=1.5$
$t/D_{外}=0.02$，$R/D_{外} \geqslant 3$</td></tr>
<tr><td>突出式</td><td>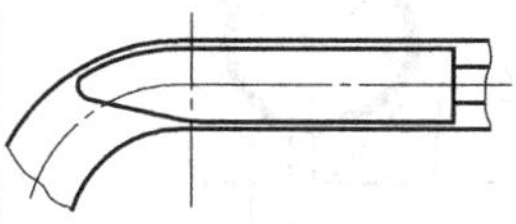</td><td>芯轴伸入量较大
防扁效果较好且有一定防皱作用</td></tr>
<tr><td>勺式</td><td>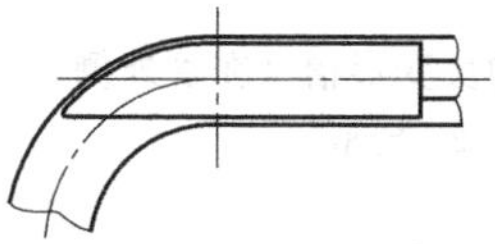</td><td>与外侧内壁接触面积更大
防扁效果好
具有一定防皱作用</td></tr>
<tr><td rowspan="3">头部活动式</td><td>单向关节式</td><td>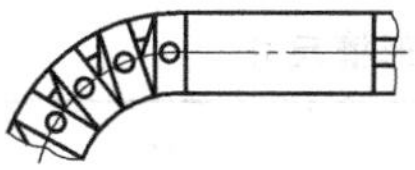</td><td rowspan="3">可伸入全部弯曲区与管子一起弯曲，防扁效果更好。弯后用油缸拉出芯轴即可矫圆管子
但单向关节式只能一个方向弯曲，伸入时要保证方向性，万向关节式与软轴式无方向性</td><td rowspan="3">与防皱板、顶锻机构配合，可用于 $R/D_{外} \geqslant 1.2$</td></tr>
<tr><td>万向关节式</td><td>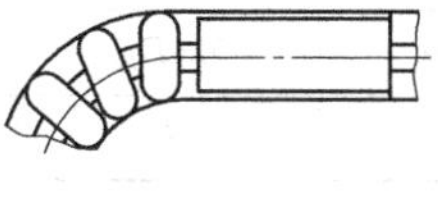</td></tr>
<tr><td>软轴式</td><td>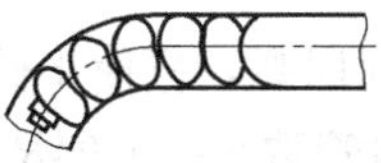</td></tr>
</table>

注：非圆截面管如矩形波导管参照以上选择。

除采用芯轴弯曲外，为防止弯曲后管料剖面椭圆度过大，也应采用带填料弯曲，常用填充料有松香、石英砂、低熔点盐类（如硫化硫酸钠、磷酸钠等）、易熔合金等。

(4) 管料无芯轴冷弯

对弯曲半径 $R>1.5D_{外}$ 的管料常采用无芯轴弯曲。为控制管料无芯轴弯曲时的变形，在管料进入弯曲变形区之前，常通过设置反变形滑槽（或滚轮）给管料预给一定量的反向变形，使管料外侧向外凸出，以抵消或减小弯曲管子断面的内凹。

① 反变形槽的尺寸　在拉拔式回弯中，常采用这一技术。反变形槽多为由 r_2、r_1 连成的双圆弧，见图 7-110。

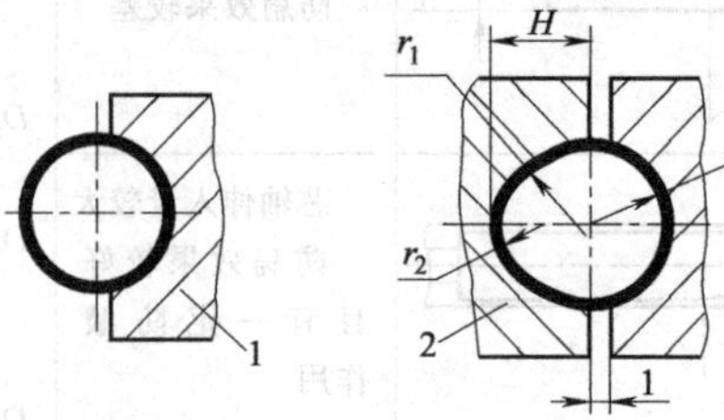

(a) 弯曲后　(b) 变形槽尺寸

图 7-110　拉拔式回弯的反变形槽（在管外侧）

1—弯管模；2—滑槽

反变形槽的尺寸取值如表 7-24 所示。

表 7-24　反变形槽尺寸

$R/D_外$	r	r_1	r_2	H
1.5～2	$0.5D_外$	$0.95D_外$	$0.37D_外$	$0.56D_外$
2～3.5		$1.0D_外$	$0.4D_外$	$0.545D_外$
≥3.5		—	r	r

注：R—管子中性层弯曲半径；$D_外$—管子外径；$R/D_外$ 称为管子的相对弯曲半径。

② 弯管模半圆槽的尺寸　考虑到回弹，应使半圆槽的半径 $r<D_外/2$。当 $R/D_外=3\sim4$ 时，合金钢管取 $r=0.94R$，碳素钢管取 $r=(0.96\sim0.98)R$，R 较大时取小值。由于制造误差，同一规格管子内径与壁厚不可能一致，为获得满意的圆度，应按实际尺寸将管子分组，配用不同尺寸芯轴。弯管模 2 的顶面通过管子中心，而夹块（或滑块或滚轮）1 的顶面与之相距约 1mm，如图 7-111 所示。

③ 无芯轴弯管的优点　与有芯轴弯管相比，无芯轴弯管有如下优点：大量减少弯管前的操作准备；管子外圆仍要仔细清理，但

内孔不需清理；省去芯轴；质量好、圆度好，改善了管壁被拉薄和因内壁振动引起的波浪形缺陷；弯曲时无振动，内壁无摩擦，减小弯曲力矩，提高弯管机使用能力与寿命。

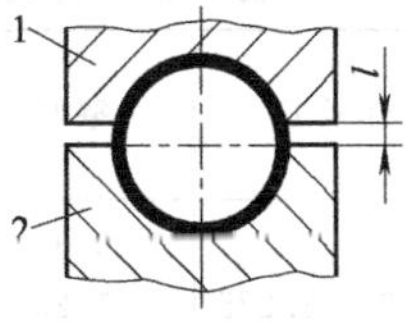

图 7-111 弯管模间隙

1—夹块；2—弯管模

(5) 管料弯曲的最小弯曲半径

与板料弯曲一样，为控制管料弯曲质量，管料弯曲时，其弯曲半径不应小于最小弯曲半径，表 7-25～表 7-29 给出了不同弯曲加工工艺的管料最小弯曲半径 R_{min} 的估算方法。

表 7-25 钢管不同弯曲工艺的最小弯曲半径 R_{min} mm

滚弯	三辊轴	$6D$
碾压式固定模回弯	无芯轴	$2.5D$
	有芯轴	$2D$

表 7-26 矩形管的最小弯曲半径 mm

尺寸	壁厚			
	2.11	1.65	1.24	0.89
12.7	41.28	84.45	47.63	50.0
19.05	50.8	50.8	63.5	77.2
27.4	77.2	77.2	88.9	101.6
28.58	77.2	77.2	88.9	101.6
31.75	88.9	88.9	101.6	—
38.1	114.3	114.3	127.0	—
44.45	152.4	167.1	177.8	—
50.80	177.8	217.9	228.6	—
63.5	228.6	267.7	—	—
77.2	304.8	381.0	—	—

(6) 典型弯管的操作方法

生产加工中，对不同直径及外形尺寸的管料，其弯曲加工工艺及弯曲操作方法也有所不同。

表 7-27 拉拔式回转模回弯钢管最小弯曲半径 R_{min} 的估算 mm

外径 D	壁厚	无芯轴	有芯轴		模具与球形芯轴联合使用
			柱状	球状	
12.7～22.225	0.89	7.5D	2.5D	3D	1.5D
	1.25	7.5D	2D	2.5D	1.25D
	1.65	4D	1.5D	1.75D	D
27.4～38.1	0.89	9D	3D	4.5D	2D
	1.25	7.5D	2.5D	3D	1.75D
	1.65	6D	2D	2.5D	1.5D
41.275～53.975	1.25	8.5D	3.5D	4.5D	2.25D
	1.65	7D	3D	3.5D	1.75D
	2.11	6D	2.5D	3D	1.5D
47.15～77.2	1.65	9D	3.5D	4D	2.5D
	2.11	8D	3D	3.5D	2.25D
	2.77	7D	2.5D	3D	2D
88.9～101.6	2.11	9D	3.5D	4.5D	3D
	2.77	8D	3D	4D	2.5D

表 7-28 圆钢的最小弯曲半径 R_{min} 的估算 mm

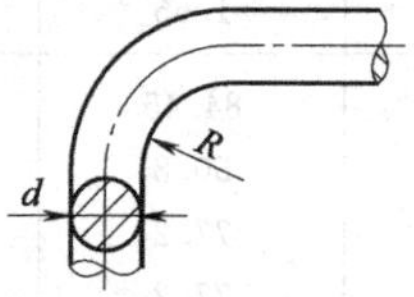

名　　称	状　　态	最小弯曲半径
碳素钢	热	$R_{min}=d$
	冷	$R_{min}=2.5d$
不锈钢	热	$R_{min}=d$
	冷	$R_{min}=(2\sim2.5)d$

① 中、小管料的弯曲　对于中、小外形直径的圆管，除可选用手工弯曲外，其常见的滚弯操作方法也分直接卷制和胎具卷制两种。

表 7-29　圆管的最小弯曲半径 R_{min} 估算　　　mm

材料	外径 D/mm	弯曲工艺	R_{min} 近似值
无缝钢管	<20	热弯	2D
	>20	冷弯	3D
不锈耐酸钢		充砂加热	2.5D
		火焰加热	3.5D
		不充砂冷弯	4D
钢管、铝管	≤15	冷弯	2D
	≤22		2.5D
	>22		3D

a. 直接卷制。为增加接触面，加强稳定性，并控制管料的弯曲变形，圆管的滚弯加工应将若干管件点焊成整体，点焊方法如图 7-112 所示，用扁钢将两管端点焊连为一体，扁钢宽度同管直径，为了减少焊点，可根据受力情况，尽量不在中部点焊。

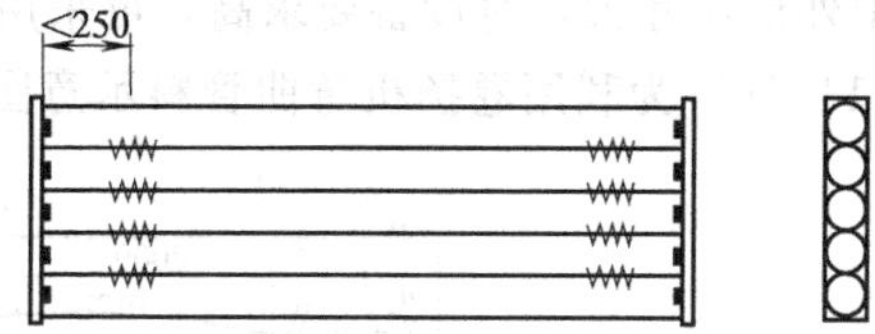

图 7-112　圆管卷制前的预连接

后续的滚弯成形与板料相同，为尽量减小椭圆度，应尽量分次卷成。

b. 胎具卷制。对椭圆度要求较高的圆管圈或圆钢圈，可用胎具在卷板机上卷制，其胎具结构如图 7-113 所示，该胎具是用两个半圆固定在三个轴辊上进行工作的，可用几层厚板焊接成毛坯，用车床加工出内外圆和中部的容纳圆管的半弧形槽，然后切开成两部分，并使对口留有一定量间隙，以保证两半相对时有足够的力（压上力之后稍松动也关系不大）。

滚弯时，将三组胎具用螺栓分别固定于上下轴辊上，并使凹槽

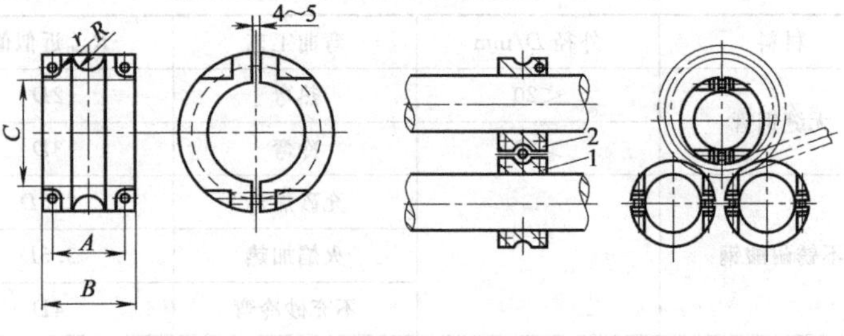

图 7-113 在三轴辊卷板机上卷制圆管胎具

1—下轴辊胎具；2—上轴辊胎具

在一平面内，升起上轴辊，将圆管放入两下轴辊凹槽内，压下上轴辊，通过调整上轴辊的压力便可卷制出符合设计曲率的圆管圈或圆钢圈。

② 大直径管料的弯曲 对于大曲率半径、大外形尺寸管料的弯曲，可采用卷扬机配合胎具进行弯形。图 7-114（a）所示为一大曲率弯管，由于外形尺寸大，对设备要求高，可采用卷扬机配合胎具弯形，图 7-114（b）为利用卷扬机弯曲管料示意图。

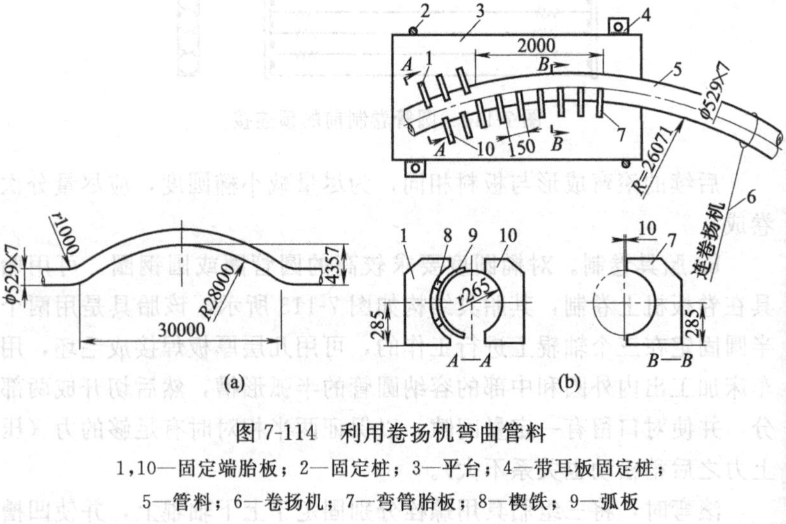

图 7-114 利用卷扬机弯曲管料

1,10—固定端胎板；2—固定桩；3—平台；4—带耳板固定桩；5—管料；6—卷扬机；7—弯管胎板；8—楔铁；9—弧板胎具在平台3上通过用12～16mm厚的钢板焊接而成，为防止卷扬机施力后胎具的移动，应在平台四周设置固定桩2、4。弯形时，将管料5放入胎具中，用楔铁配合弧板将管料固定，然后，开动卷扬机，使管料靠胎后即可停止拉力，随后可用外卡样板检查，以满足设计要求。

7.3 型材的弯曲

在钣金构件中，除需对板料、管料进行弯曲外，还需对所用的型材进行弯曲，与板料及管料的弯曲加工一样，型材的弯曲加工也分手工弯曲与机械弯曲两种，而根据弯曲过程中是否加热又可分为冷弯和热弯两种。

由于受型材结构特性的影响，在型材自由弯曲过程中，由于重心线与力的作用线不在同一平面上，所以型钢除受弯曲力矩外还受扭矩的作用，此外，型材外侧受拉应力，内侧受压应力，所以在弯曲时，截面易发生畸变，见图7-115。畸变程度取决于弯曲半径，弯曲半径愈小，畸变愈大。为避免或减小畸变，常采取校正弯曲，即用与型材截面形状相适应的胎模、滚轮或预先点焊加强筋板等方法来阻滞畸变的产生。

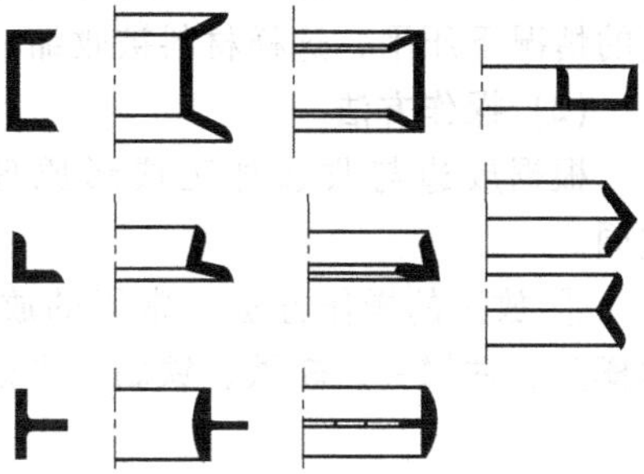

图7-115 几种型材在自由弯曲时截面发生畸变

这一点无论是采用手工弯曲还是机械弯曲加工方法都是必须要特别注意的。

7.3.1 型材的手工弯曲

钣金构件中，常用于手工弯曲的型材种类，主要有各种板料制作的型材及标准型材（如角钢、槽钢等）。尽管型材手工弯曲的方法基本相同，但为保证其弯曲质量，对于不同种类的型材，其所用的弯曲胎模结构并不相同，对较大、较厚的型材还广泛采取热弯方法。

(1) 操作原理

型材的手工弯曲操作原理是通过放边与收边来进行的。使坯件的某一边变薄伸长来制造曲线弯边零件的方法称为放边。收边则是使坯料某一边长度缩短、厚度变大来制造曲线形零件的方法。图7-116（a）是利用角钢用收边方法制造的内弯件，图7-116（b）则是用放边方法制造的外弯件。

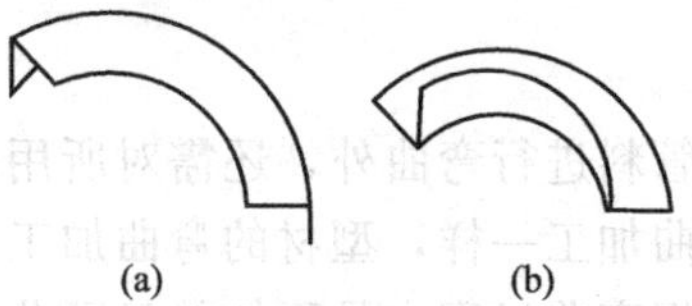

图 7-116　放边与收边

放边的加工原理是将零件的某一边（或某一部分）打薄或拉薄，从而使材料厚度变薄、面积增大、长度增大；收边则是先使毛坯起皱，再把起皱处在防止伸展恢复的情况下压平，这样材料被收缩，长度减小，厚度增大。

(2) 操作方法

根据放边与收边加工成形原理的不同，其操作方法也不尽相同。

① 放边的操作方法　常用的放边工具有木榔头、铝榔头、胶木榔头、铁榔头、轨铁、铁砧、平台、顶杆等，如图7-117所示。

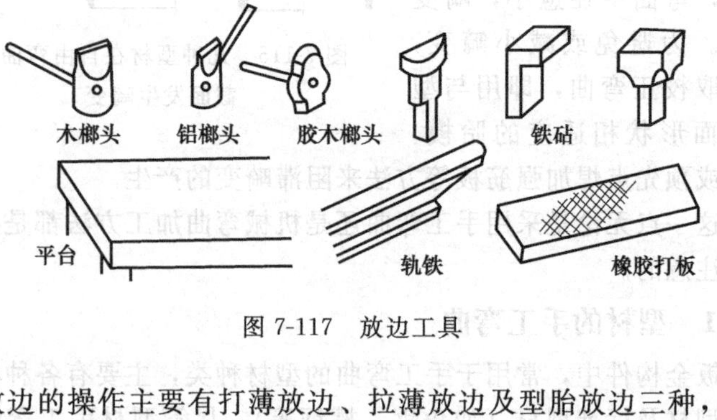

图 7-117　放边工具

放边的操作主要有打薄放边、拉薄放边及型胎放边三种，又以打薄放边及拉薄放边应用最为广泛。其中：打薄放边放边效果显著，但表面不光滑，厚度不均匀；拉薄放边虽表面光滑，厚度均匀，但易拉裂。其操作方法分别如下。

a. 打薄放边。制造凹曲线弯边的零件，生产数量较小时，可用直角型材在铁砧或平台上捶放角材边缘，使边缘材料厚度变薄、面积增大、弯边伸长，愈靠近角材边缘伸长愈大，愈靠近内缘伸长愈小，这样直线角材，逐渐被捶放成曲线弯边的零件。

其操作过程如图 7-118 所示：首先是计算出零件的展开尺寸，然后划线并剪切出展开毛料，划出弯曲线，在折弯机或其他设备上弯成角材后，进行捶放。放边时，角材底面必须与铁砧表面保持水平，锤痕要均匀并呈放射线形，捶击的面积占弯边宽度的 3/4［见图 7-118（a)］，角材位置不能太高或太低，否则在放边过程中角材要产生翘曲，不能沿角材的 R 处敲打［见图 7-118（b)］，捶击的位置要在弯曲部分，有直线段的角形零件，在直线段内不能敲打。

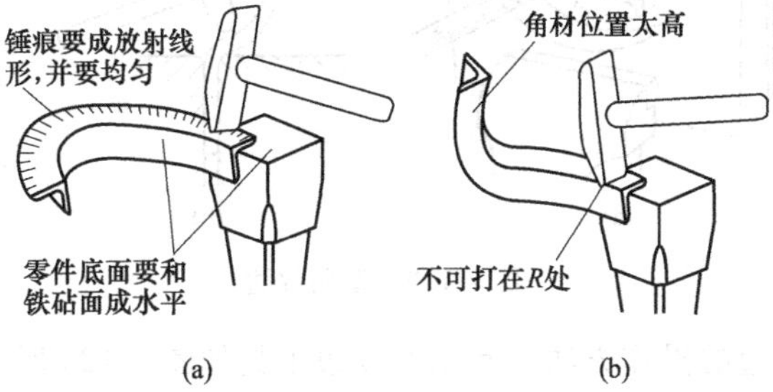

图 7-118　打薄放边

放边的操作适用胶木榔头或铝榔头，榔头端面要光滑，捶打时，榔头要拿稳、打平、打正，锤痕要均匀平滑，不能打出坑或锤印。在放边过程中，材料会产生冷作硬化，发现材料变硬后，要退火消除，否则继续捶放易打裂。另外在放边过程中，随时用样板或量具等检查外形，达到要求后进行修整、校正和精加工，最后再按尺寸要求划线，切割并锉光。

b. 拉薄放边。拉薄放边是用木锤在厚橡胶或木墩上捶放，利用橡胶或木墩既软又有弹性的特点，使材料伸展拉长。由于捶击时，锤痕两侧的材料还对受击线有拉伸作用，所以零件被击表面较光滑，但成形速度低。

这种方法，一般在制造凹曲线弯曲零件时，为防止裂纹，可事先用此法放展毛料，后弯制弯边，这样交替进行，来成形凹曲线弯边零件。

c. 型胎放边。当弯边高度较大，展放量大的凹曲线弯边零件，可采用型胎放边。操作时，先将坯件夹在型胎上，用木锤敲击顶木，顶木顶放板料使其伸展，如图 7-119（a）所示。放边时，应由弯边根部圆角处开始顶放［如图 7-119（b）所示］，按先两端后中间，将两端易变形的材料补充给中间部分的方式进行。使平面上的料展放成立弯边，而最外缘不动，最后符合弯边高度，敲至贴模。

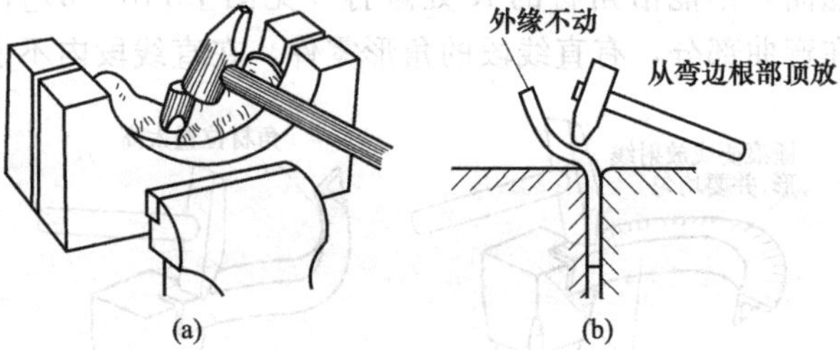

图 7-119　型胎放边

② 收边的操作方法　常用的收边工具如图 7-120 所示。

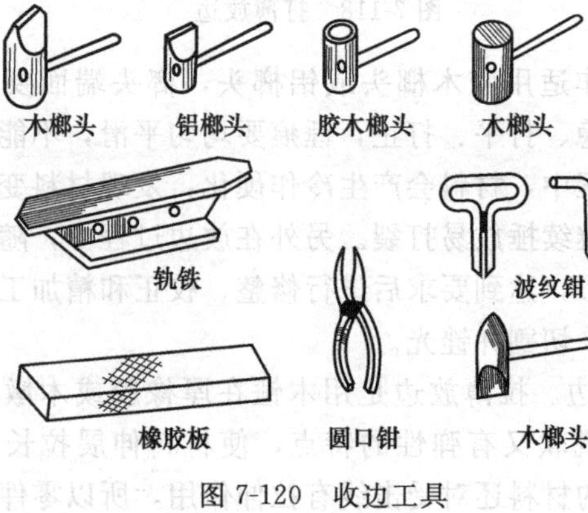

图 7-120　收边工具

用收边的方法除了可以把直角型材收成一个凸曲线弯边或直角形弯边零件外，还广泛地用来修整零件靠胎或手工弯边成形等方面。收边的操作主要有三种方法：用折皱钳收边、用橡胶打板收边及搂弯边收边。

a. 用折皱钳收边。操作时，先用折皱钳在收边部位折起若干个皱，皱纹要密、匀；如坯料厚，可放在硬木上用斩口锤斩出皱纹，使其达到所需的曲率，然后把皱褶波纹在防止其伸直复原的状态下，再在轨铁上用木锤逐个收平皱纹［见图 7-121（a)］，折皱钳可用 8～10mm 的钢丝弯曲后焊成，表面要光滑，以免划伤工件表面，形成的波纹形状要合理［见图 7-121（b)］。

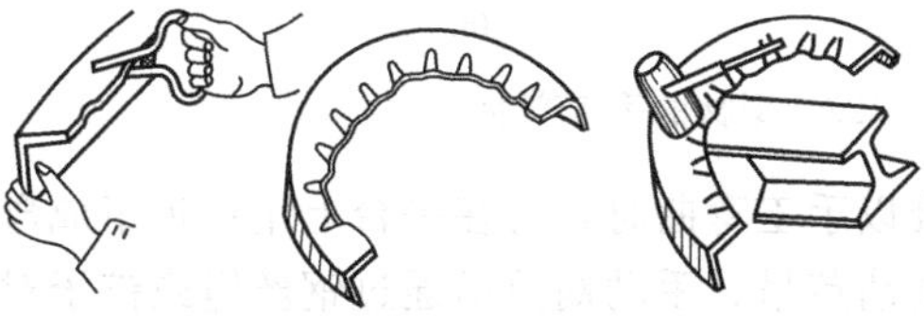
(a)

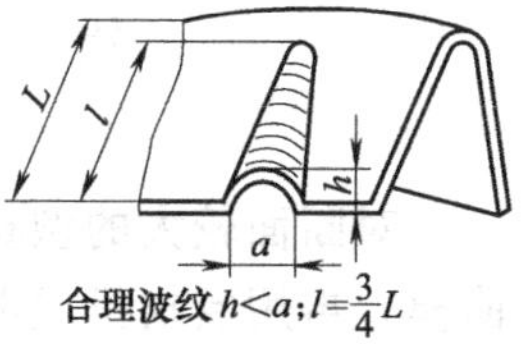

(b)

图 7-121　用折皱钳收边

b. 用橡胶打板收边。用橡胶打板收边即是在修整零件时，对板料“松动”部分，用橡胶抽打，使材料收缩。橡胶打板用中等硬度、宽 60～70mm、厚 15～40mm 的橡胶板制造，长度可根据需要确定。

c. 搂弯边收边。搂弯边收边即敲制凸曲线弯边部分进行收边。操作时，将坯料夹在型胎上，用铝锤顶住毛料，用木锤敲打顶住部分，从而坯料逐渐被收缩靠近型胎而收边。搂弯边收边方法主要用于手工弯凸曲线弯边时的收边，如图 7-122 所示。

需要说明的是，上述操作方法既可直接用于冷弯，也可配合局部或整体加热进行热弯，图 7-123 为角钢手工热弯成形的操作方法。

图 7-122　搂弯边收边

图 7-123 (a) 所示为角钢加热后卡在胎模 1 上进行的内弯加工，弯曲时，应同时用大锤击打水平边，以防止角钢翘起；图 7-123 (b) 为角钢的外弯加工，图示阴影区为弯曲过程中需配合的加热部位，为防止水平边的凹陷，应同时用大锤敲击立面（见 A—A 剖面），以防止夹角变小和水平面上翘。

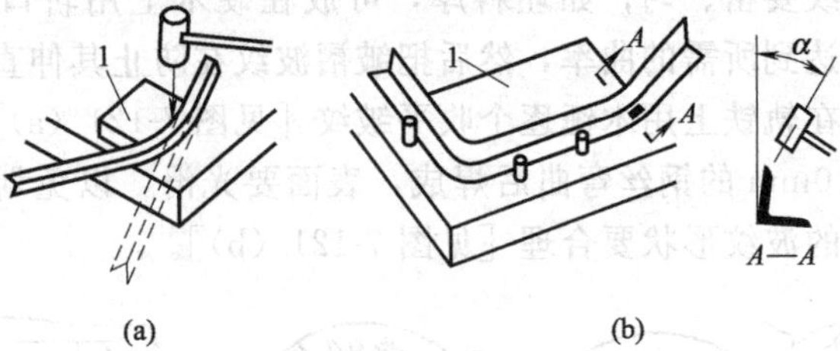

图 7-123 型材的手工弯曲

对断面较大的型材难以手工弯曲时，可在平台上用钢桩组成弯曲模，再用卷扬机或电动葫芦吊、手动葫芦吊通过钢丝绳或链子对型材施力，简单方便省力。

(3) 展开尺寸的计算

由于放边与收边所发生的变形不同，因此，其展开尺寸的计算也是不同的。

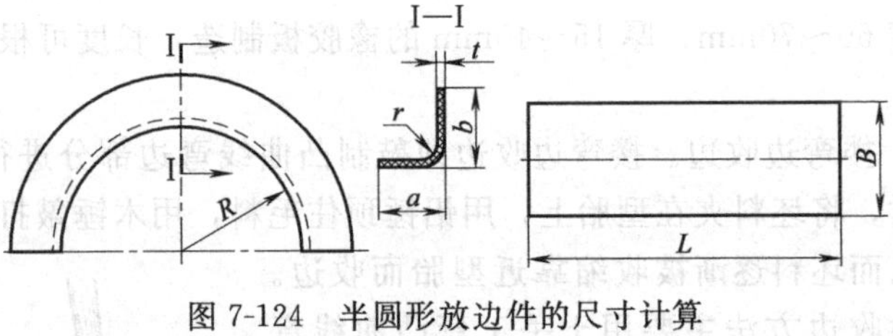

图 7-124 半圆形放边件的尺寸计算

① 放边零件展开尺寸的计算　如图 7-124 所示半圆形零件的展开宽度可用弯曲型材展开长度的计算公式来计算，即

$$B=a+b-\left(\frac{r}{2}+t\right)$$

式中　B——展开料宽度，mm；

a，b——放边宽度，mm；

r——圆角半径，mm；

t——材料厚度，mm。

展开长度由于在放边的平面中各处材料伸展程度的不同，外缘变薄量大、伸展得多，内缘变薄量小，伸展得少，所以展开长度约可取放边一边的宽度 b 一半处的弧长来计算，即

$$L=\pi\left(R+\frac{b}{2}\right)$$

式中　L——展开料长度，mm；

R——零件弯曲半径，mm；

b——放边一边的宽度，mm。

图 7-125 所示的直角形零件放边的展开宽度与上式相同，展开长度 L 等于直线部分和曲线部分之和，即

$$L=L_1+L_2+\frac{\pi}{2}\left(R+\frac{b}{2}\right)$$

式中　L_1，L_2——直线部分长度，mm；

R——零件弯曲半径，mm；

b——放边一边的宽度，mm。

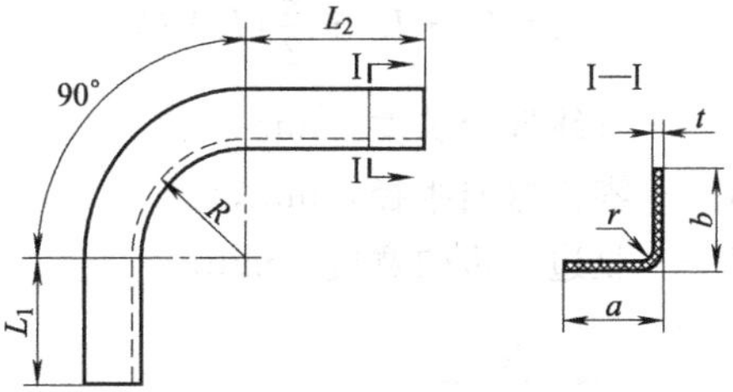

图 7-125　直角形放边件的尺寸计算

② 收边零件展开尺寸的计算　角材收边成半圆形零件，如图 7-126 所示。展开料按下式计算

$$B=a+b-\left(\frac{r}{2}+t\right)$$

$$L=\pi(R+b)$$

式中　L——展开料长度，mm；
　　B——展开料宽度，mm；
　a，b——弯边宽度，mm；
　　r——零件弯曲半径，mm；
　　R——圆角半径，mm；
　　t——材料厚度，mm。

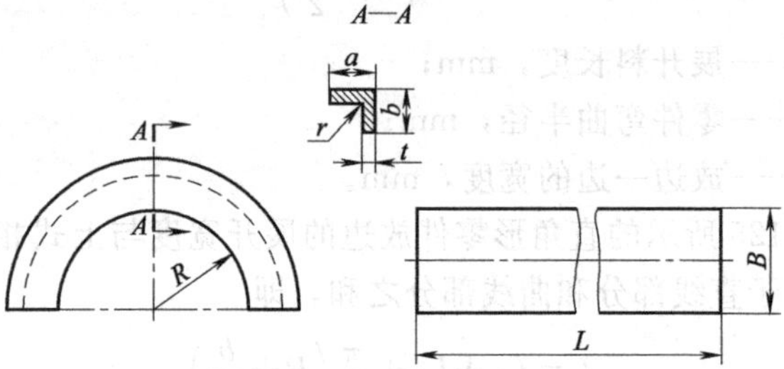

图 7-126　半圆形收边件的尺寸计算

图 7-127 为角材收边成直角形零件，其展开宽度与上式相同，展开长度 L 按下式计算

$$L = L_1 + L_2 + \frac{\pi}{2}(R + b)$$

式中　L_1，L_2——直线部分长度，mm；
　　R——零件弯曲半径，mm；
　　b——收边一边的宽度，mm。

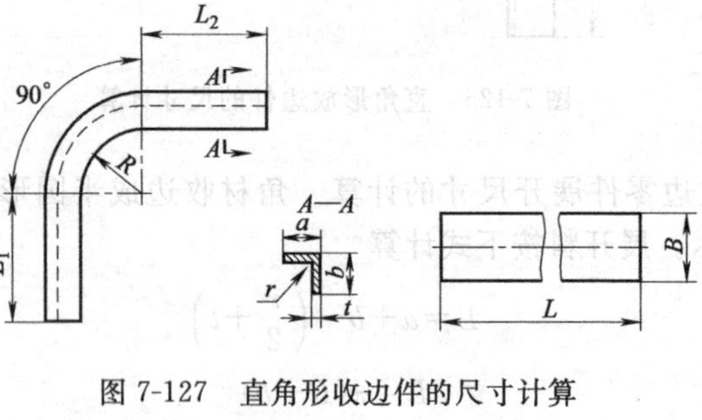

图 7-127　直角形收边件的尺寸计算

7.3.2 型材的机械弯曲

与板料的机械弯曲一样，型材弯曲也广泛采用机械弯曲，但与板料弯曲不同的是，为控制型材机械弯曲时型材截面的变形，各弯曲模或辊弯轮的截面形状往往需要根据型材断面来确定，因此，每弯曲一种不同的型材，往往需要更换弯曲模或辊弯轮。

(1) 型材的机械弯曲方法

型材的机械弯曲方法与板料的机械弯曲基本相似，主要有滚弯、回弯、胎模压弯等，受型材加工特性的影响，具有以下特点。

① 卷弯（滚弯） 在型材弯曲机（亦称滚床或滚形机）上卷弯，其工作原理同三辊、四辊卷板机。结构上的主要不同在于用轴向尺寸较小、轴向截形与型材截形相适应的滚轮取代卷板机的轴辊。因此在卷弯时可以控制截面的畸变。

② 回弯（绕弯） 原理与管料回弯相同，但因变形大，应有附加装置，夹住翼缘，以免畸变。

③ 胎模压弯 在各种压力机上进行，这是一种校正弯曲的方法。

④ 拉弯成形 适于各种型材，尤适于相对弯曲半径大的薄壁和非金属型材，在航天航空工业中广为应用。生产中型材拉弯的常用方法有四种：一次拉弯法（预拉—弯曲贴模—补拉校正），适用于弯曲程度较小、刚性小的中小制件；二次拉弯法（退火—预拉—弯曲贴模—补拉校正—淬火—拉弯校正），成形精度高，适于弯曲程度大、刚性大的铝合金制件；加侧压拉弯（在有侧压装置的拉弯机上进行），型材截面畸变很小；加热拉弯。按型材受载的不同可分成三种方法：先弯曲后施加纵向拉力，由于这种方法回弹最小，但因无预拉力，故只适于变形小的制件或二次拉弯的补校工序；先预拉、后弯曲，回弹最大，常用于 R/t 较小或二次拉弯的第一次成形；先预拉、再弯曲、最后补拉，兼有上述两种方法优点，应用广泛。

(2) 型材的最小弯曲半径

与管料弯曲一样，为控制型材弯曲质量，型材弯曲时，其弯曲半径不应小于最小弯曲半径。表 7-30 给出了不同型材不同的弯曲方式时的最小弯曲半径。

表 7-30　型材的最小弯曲半径计算　　mm

名　　称	简　　图	状态	最小弯曲半径
等边角钢外弯	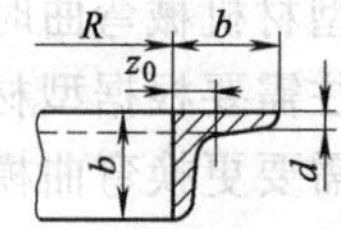	热	$R_{min} \approx 7b-8z_0$
		冷	$R_{min}=25b-26z_0$ 粗估 $R_{min} \approx 17b$
等边角钢内弯	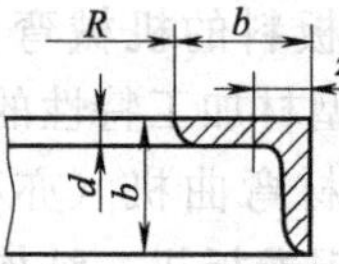	热	$R_{min} \approx 6(b-z_0)$
		冷	$R_{min}=24(b-z_0)$ 粗估 $R_{min} \approx 17.5b$
不等边角钢小边外弯	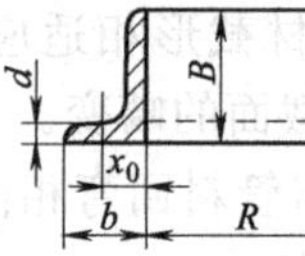	热	$R_{min} \approx 7b-8x_0$
		冷	$R_{min}=25b-26x_0$ 粗估 $R_{min} \approx 11.7B$
不等边角钢大边外弯	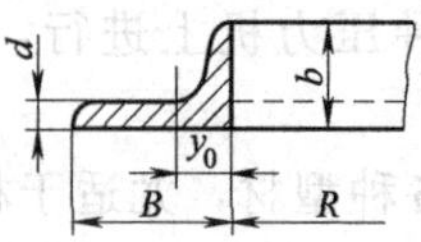	热	$R_{min} \approx 7b-8y_0$
		冷	$R_{min}=25b-26y_0$ 粗估 $R_{min} \approx 17.5B$
不等边角钢小边内弯	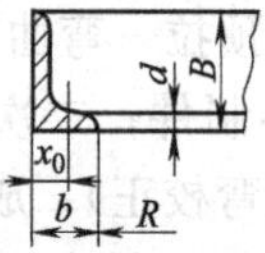	热	$R_{min} \approx 6(b-x_0)$
		冷	$R_{min}=24(b-x_0)$ 粗估 $R_{min} \approx 11.7B$
不等边角钢大边内弯	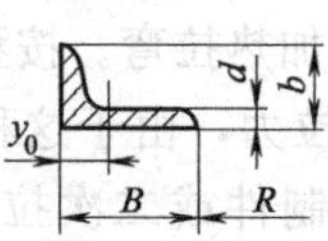	热	$R_{min} \approx 6(B-y_0)$
		冷	$R_{min}=24(B-y_0)$ 粗估 $R_{min} \approx 17.2B$
工字钢以 y_0-y_0 轴弯曲	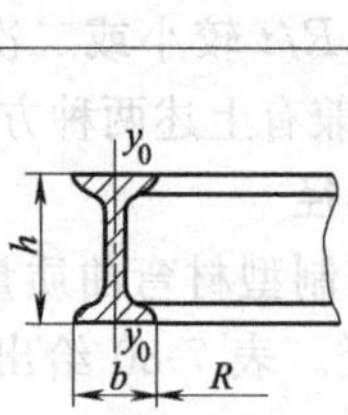	热	$R_{min} \approx 3b$
		冷	$R_{min}=12b$

续表

名　称	简　　图	状态	最小弯曲半径
工字钢以 x_0-x_0 轴弯曲	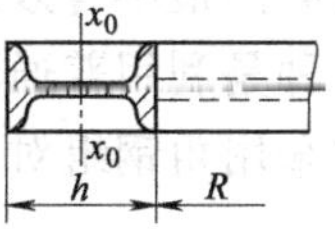	热	$R_{min}\approx3h$
		冷	$R_{min}=12h$
槽钢以 x_0-x_0 轴弯曲	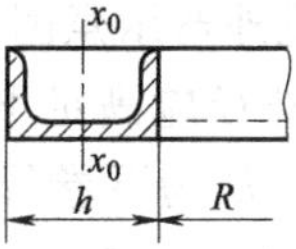	热	$R_{min}\approx3h$
		冷	$R_{min}=12h$
槽钢以 y_0-y_0 轴外弯	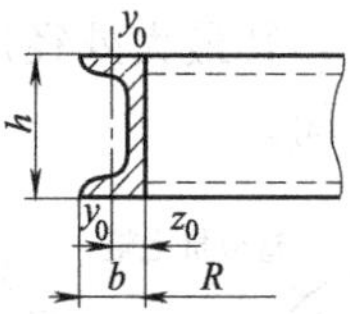	热	$R_{min}\approx7b-8z_0$
		冷	$R_{min}=25b-26z_0$ 粗估 $R_{min}\approx7.6h$ （中等尺寸）
槽钢以 y_0-y_0 轴内弯	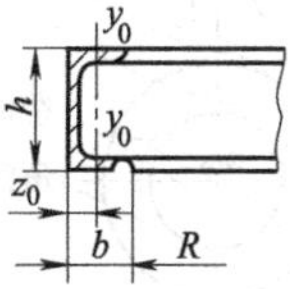	热	$R_{min}\approx6(b-z_0)$
		冷	$R_{min}=24(b-z_0)$ 粗估 $R_{min}\approx7.2h$ （中等尺寸）
扁钢弯曲	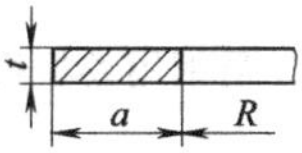	热	$R_{min}\approx3a$
		冷	$R_{min}=12a$
方钢弯曲	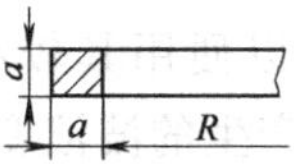	热	$R_{min}\approx a$
		冷	$R_{min}=2.5a$

注：表中 a、b、x_0、y_0、z_0 等尺寸的确定参见附录 B，也可查阅相应型钢的国家标准。

(3) 常用型材的滚弯加工

钣金构件中，常用的型材主要有：角钢、槽钢和工字钢等标准型钢。一般说来，型材弯曲加工的批量都不是很大，因此，生产中广泛采用卷板机（三辊）滚弯加工。以下以角钢的滚弯加工为例进行说明。

当角钢的弯曲半径较大，可采用卷板机冷弯成形。为了减少角钢截面的变形，一般有两种方法：一种是采用专用辊轮进行滚弯，但这种方法受卷板机下辊辊间的最小有效间距的影响，使卷制的角钢规格尺寸受到限制；另一种是利用普通卷板机进行滚弯，但为防止角钢滚弯时的变形，通常采用角钢组对，并焊接加强板加固等必要措施进行。

图 7-128 为角钢用卷板机外弯示意图，受卷板机下辊辊距 B 尺寸的限制，专用辊轮的最大外径应满足下式 $\phi_m < B-\varepsilon$，其中，ϕ_m 为角钢专用辊轮的最大外径；B 为下卷辊辊距；ε 为最小间隙，以两下辊轮不接触即可，一般取 5～15mm；角钢内弯时，因专用辊轮是安装在卷板机的上辊上，其最大外径尺寸应保证在调节上辊升降机构时，仍具有足够的空间。

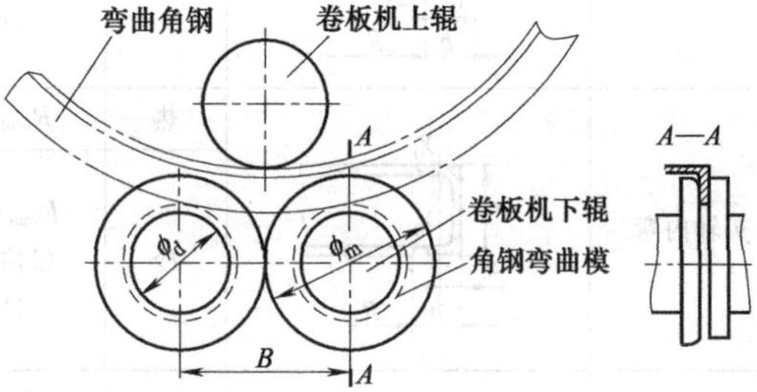

图 7-128　角钢用卷板机外弯

无论角钢的外弯还是内弯，设计的专用辊轮槽宽应比角钢边的厚度大 0.2～0.5mm 即可，以便用其较小的间隙控制角钢边在卷曲时，能够起到控制角钢边产生的波浪变形的作用。

为降低制造成本、提高专用辊轮的通用性，当所滚弯的角钢厚度不同时，可将角钢专用辊轮设计成可调节式结构（通过调节图中尺寸 b 的大小），见图 7-129，但不论采用哪种角钢弯曲模，弯曲模的槽深都应大于角钢边的最大高度，使角钢边的顶部与弯曲模的底部保持的间隙 $\Delta\varepsilon=2\sim5$mm。

由于设计专用辊轮进行滚弯，会不同程度地增加型材弯制的成本。因此，生产中最多采用的还是直接在卷板机上进行滚弯，此法适用于弯曲半径较大的角钢。采用这种方法时，为了防止和减少角钢截面发生的变形，可采取以下措施：将两角钢配对并采用断续焊拼焊成一体，然后进行卷制，如图 7-130（a）所示。

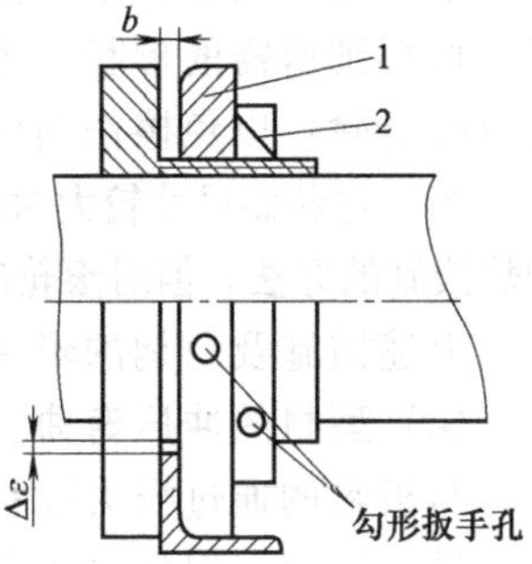

图 7-129 可调整式结构的角钢专用辊轮
1—可调整角钢料厚的专用辊轮；2—锁紧螺母

图 7-130（b）所示为角钢滚弯的另一种配对方法，当采用图 7-130（b）所示的点固焊时，为了增加角钢的稳定性，应在两角钢间增加补强板。补强板间的距离视角钢的失稳变形的程度来确定。当变形出现超差时，应增加补强板的数量。反之，可以减少。对于∠63×63 的等边角钢，补强板的距离 L 一般在 350～450mm 左右。

采取上述措施后，角钢的滚弯如图 7-131 所示。

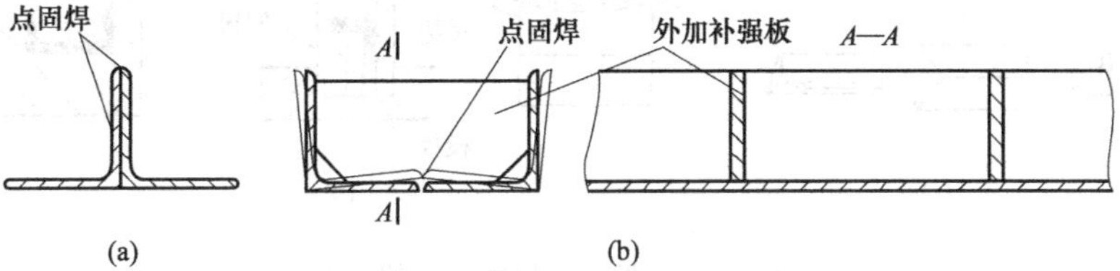

图 7-130 防止和减少角钢截面变形的措施

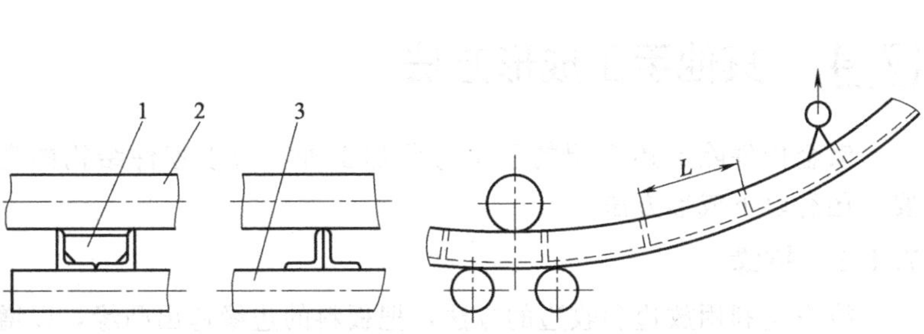

图 7-131 角钢的卷板机滚弯
1—补强板；2—卷板机上辊；3—卷板机下辊

型材在弯曲过程中，应逐渐减小弯曲半径，这样经多次往复滚弯即可得到所需的形状。为了保证制件的质量，工作时的氧化皮层应及时清除，以免擦伤制件表面。

当型材断面尺寸较大时，为防止轴辊的超荷而引起变形，可采用加热滚制的方法，但对滚轮应及时进行冷却，以保持正常的工作状态。

上述措施及角钢的辊弯加工同样适用于槽钢和工字钢。

(4) 型材的冲压弯曲

与板料的通过压力设备利用模具弯曲一样，型材也可通过冲压模具进行弯曲，但型材压弯时，其成形比板件困难，因为受不同平面方向直边的牵制和影响，容易使截面发生畸变［图 7-132 (a)］和出现翘曲的现象，甚至使弯曲工作无法顺利进行，所以型材制件在弯曲过程中，其变形部位应始终处于模具的夹持状态下［图7-132 (b)］。

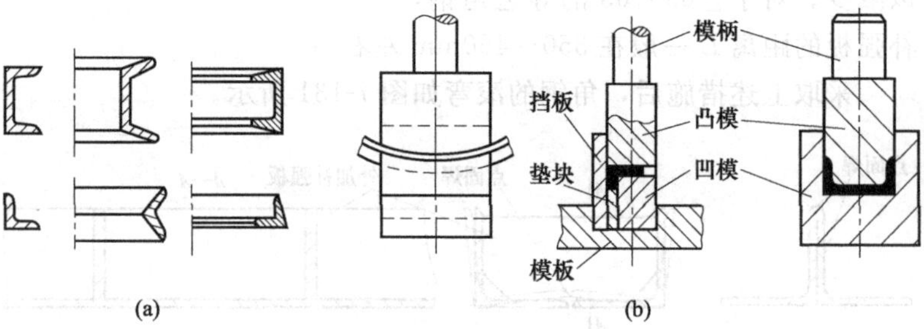

图 7-132　型材夹持状态下的压弯

7.4 其他手工成形方法

钣金构件除上述介绍的手工弯曲加工外，由于零件结构的需要，还有以下成形方法。

7.4.1 拔缘

拔缘是利用放边和收边的方法，把板料的边缘弯出凸缘，以增加刚度并减轻重量或用于连接。拔缘分内拔缘和外拔缘。用放边制造凹曲线弯边零件的方法称内拔缘。用收边制造凸曲线弯边零件的方法称外拔缘。拔缘实际上是收边放边操作的实际运用。内拔缘是为了增加刚性，同时又减轻重量。外拔缘主要也是为了增加刚性，一般无配合关系部位。

拔缘按操作方法可分为无模具拔缘、有模具拔缘两种。

(1) 无模具拔缘

无模具拔缘是用一般的通用拔缘工具在板材上进行手工拔缘，手工拔缘用工具除收边放边工具外，还有不同形状的砧座、角顶和手打模，如图 7-133 所示。

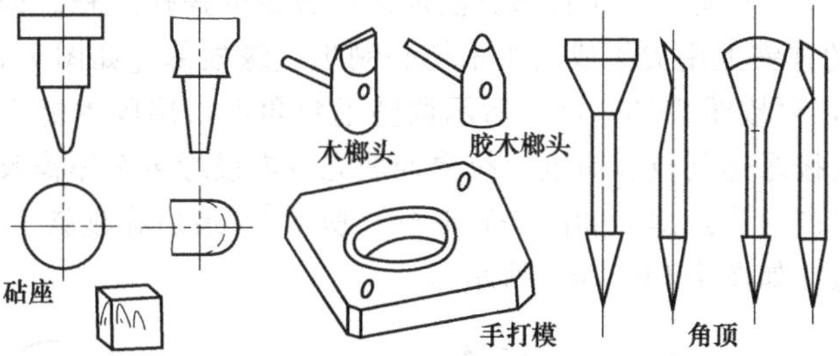

图 7-133 手工拔缘工具

① 操作步骤 手工拔缘的基本操作步骤如下。

a. 手工剪切坯料，锉光边缘毛刺。

b. 划出零件外缘的宽度线。

c. 在铁砧或方铁上用斩口锤、木锤敲打进行拔缘，如图 7-134 所示为外拔缘，先弯、后在弯边上打出波折，再打平波折，使弯边收缩成凸边，如果凸缘较高，可以多次收或放。

内拔缘与外拔缘操作基本相同，但因内拔缘是放边过程，因材

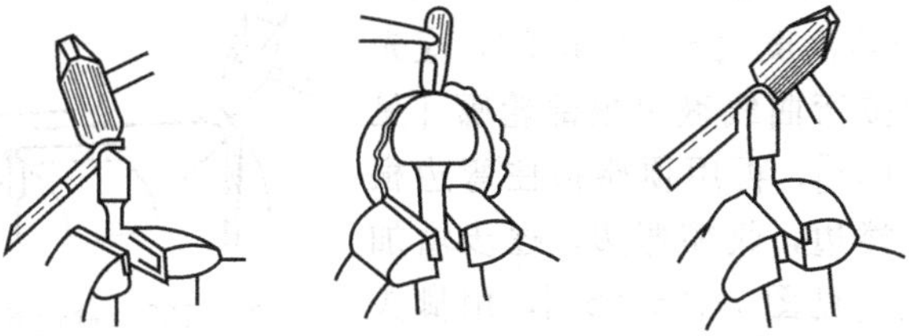

图 7-134 外拔缘

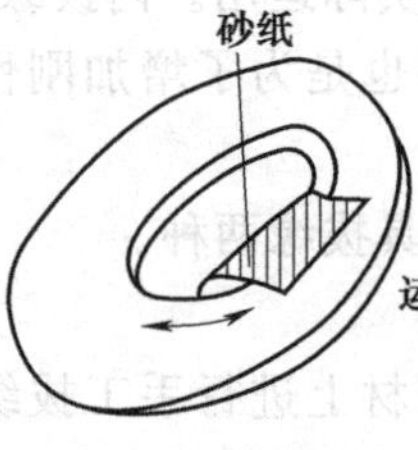

图 7-135　砂光边缘

料延伸，在拔缘时易产生裂纹，故成形难点是变薄量的控制及防止拉裂。为此，拔缘操作时，锤击的力量要均匀，点要密，并且，拔缘坯料边缘的毛刺还要顺圆周方向砂光，如图 7-135 所示。在拔缘过程中，如出现裂纹，应剪去修光再操作，必要时进行退火，消除硬化再拔缘。

图 7-136 所示为用打薄方法成形内拔缘的操作过程。即：先在有 R 的顶铁上用尖头或圆头木榔头制出拔缘根部［如图 7-136（a）所示］，再按图 7-136（b）所示调整毛料角度，用胶木榔头或铝榔头排放拔缘达到拔缘高度，拉薄伸展完成内拔缘再在厚橡胶板上用榔头将内弯边拉薄［如图 7-136（c）所示］，最后在顶铁上制 R 修整弯边［如图 7-136（d）所示］。

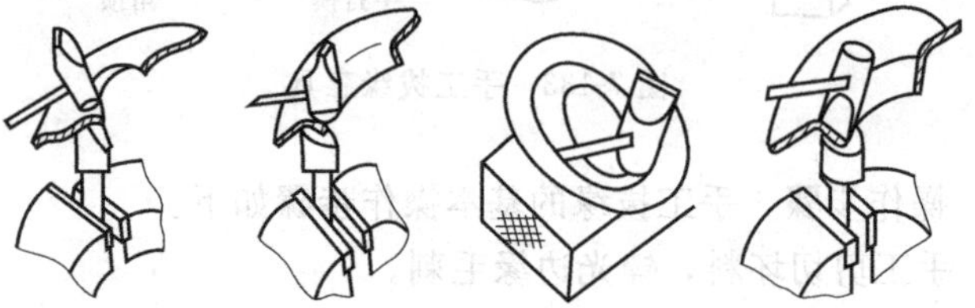

图 7-136　打薄成形内拔缘的过程

② 操作要点　进行手工拔缘时，应注意以下操作要点。

a. 弯边高度小于 10mm 时，应把毛坯放在大木榔头或铁棒上拔缘，以提高工效，如图 7-137 所示。

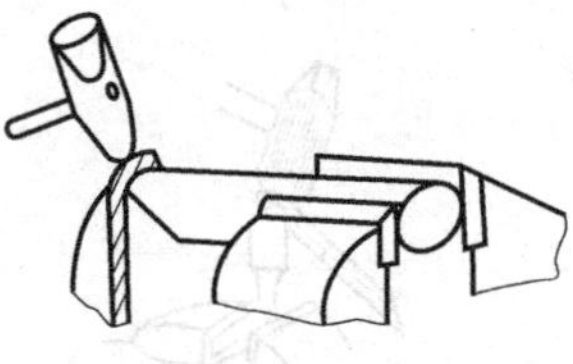
图 7-137　弯边高度小于 10mm 的拔缘

b. 弯边高度大于 10mm 时，应先在铁砧上按弯曲线敲出根部轮廓［见图 7-138（a）］，再用顶棒顶住弯边根部，向下搂边，收缩弯边，逐步增加弯边高度［见图 7-138（b）］，用榔头捶击时要转动材料，使材料变形均匀。

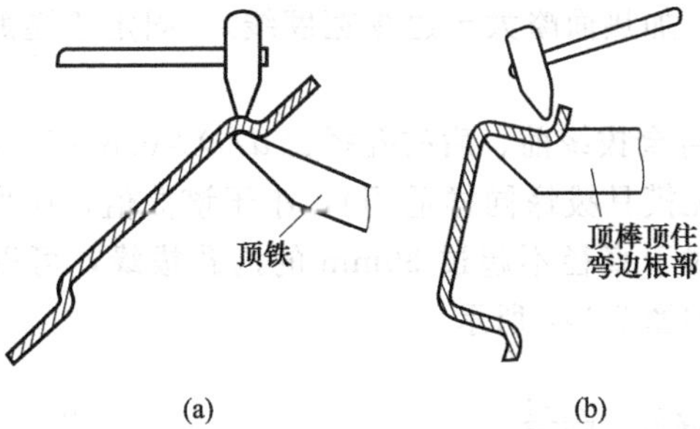

图 7-138　弯边高度大于 10mm 的拔缘

c. 拔缘时最好是用打毛的木榔头，新的木榔头和胶木榔头易使材料冷作硬化，效果不好，如图 7-139 所示。

(2) 有模具拔缘

有模具拔缘是利用型胎进行的拔缘操作，有内拔缘及外拔缘两种。

① 操作要点　从拔缘操作性质来看，有模具外拔缘相当于按型胎“搂边”，材料要变厚，因此，其操作要点与“搂边”基本相同。内拔缘则是一般坯料用销钉在型胎上定位，固定于型胎上收放，再按型胎的拔缘孔进行的操作，内拔缘的操作要点主要有：

a. 对大孔用木锤和顶木手工拔缘，在敲打时，不能敲打弯边边缘，这样容易变薄撕裂，应从根部向外拔缘，如图 7-140 所示。

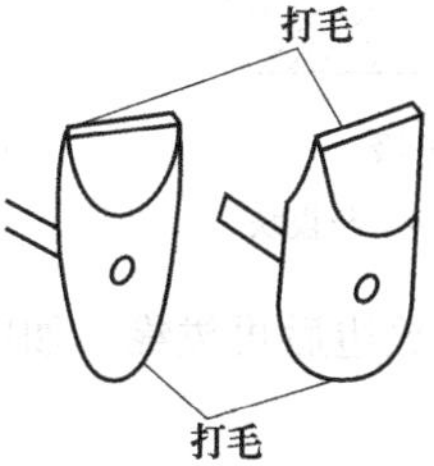

图 7-139　拔缘木榔头

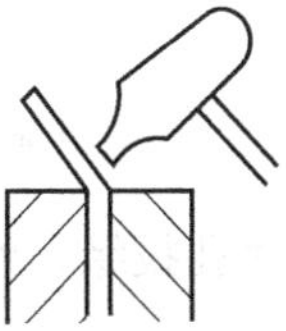

图 7-140　内拔缘的操作

b. 对于局部弯边，不易拔缘，在拔缘过程中，经常在厚橡胶上放边后再拔缘。有时也可以采取放余量的方法（见图 7-141），在敲弯边时，使余量部分的坯料拉至弯边处，使弯边处材料有外来补充，以改变材料变薄。也可采用加热拔缘的方法（钢坯加热到

750～780℃，加热面略大于边缘宽度线），固定于型胎上收放，一次成形。

c. 当铝合金拔缘前、后的孔径比 $d/D>0.8 \sim 0.85$ 时，可以一次拔缘（对无模具拔缘同样适用），小于该数值，应增加中间退火工序。一般对于直径不超过 80mm 的内孔拔缘，可以用木锤一次冲出弯边，如图 7-142 所示。

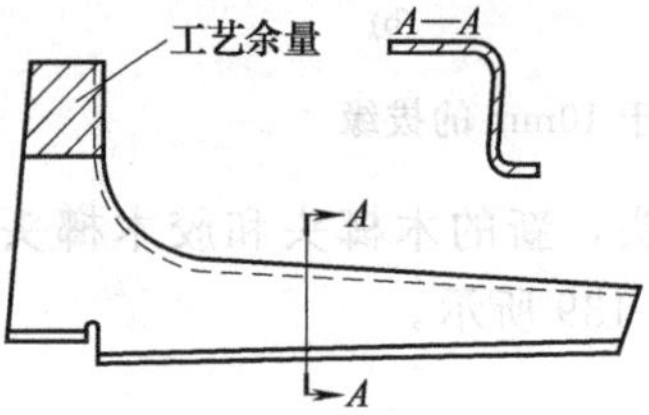

图 7-141　放工艺余量

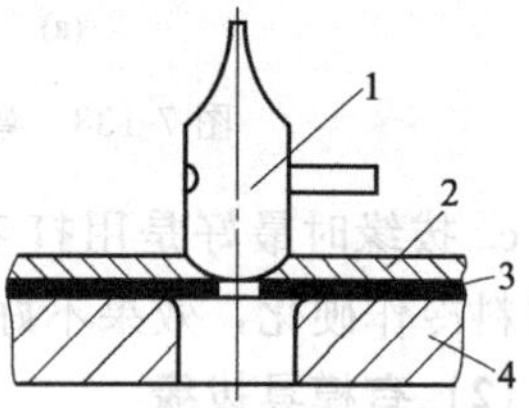

图 7-142　一次拔成

1—木锤；2—压板；3—坯料；4—模胎

d. 对于较大的圆孔或椭圆孔进行拔缘时，可用塑料板或精制层板等做一个凸块进行拔缘，如图 7-143 所示。

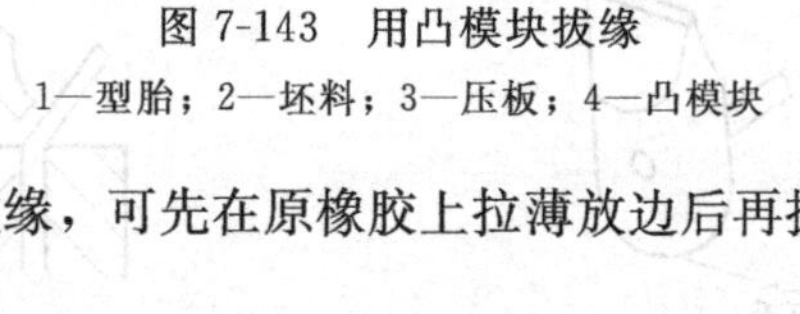

图 7-143　用凸模块拔缘

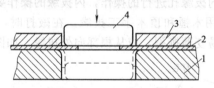

1—型胎；2—坯料；3—压板；4—凸模块

e. 对大孔拔缘，可先在原橡胶上拉薄放边后再拔缘，如图 7-144 所示。

f. 对于特殊形状的零件，如腰形盒子（如图 7-145 所示）有内、外拔缘，应注意在拔缘时先收边，后放边，先收小 R 处，后放大 R 处。

② 操作实例　如图 7-146 所示凹曲线拔缘零件，采用有模具内拔缘完成，因拔缘边高，故拔缘成形易产生裂纹，但方法正确不仅可防止裂纹，还可减少变薄。操作步骤如下。

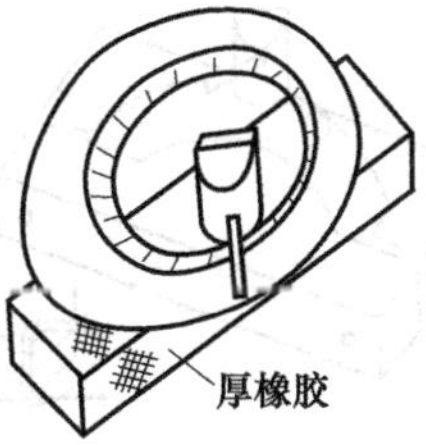

图 7-144 拉薄再拔缘

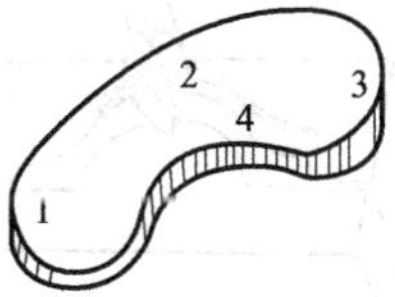

图 7-145 腰形盒子的拔缘顺序

a. 下料，去毛刺并砂光边缘。

b. 将毛料按模具定位并夹紧，见图 7-147。

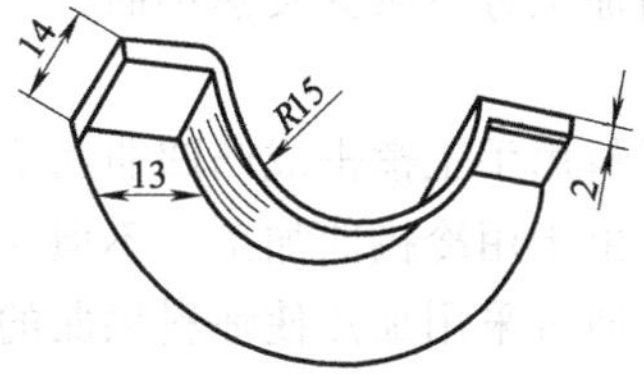

图 7-146 凹曲线拔缘零件

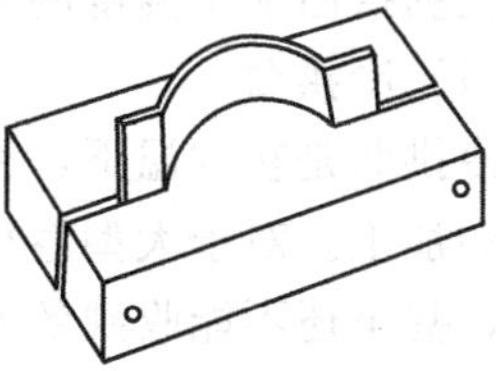

图 7-147 按模具弯曲

c. 先弯曲成形转角处，见图 7-148 (a)；再用尖榔头制半圆处弯边根部，见图 7-148 (b)。

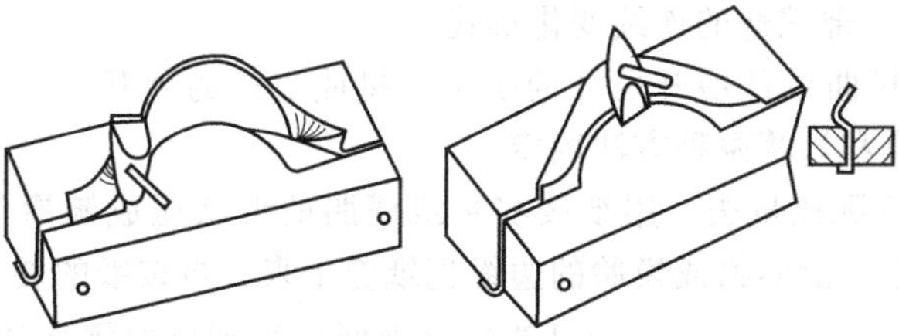

(a) (b)

图 7-148 凹曲线内拔缘的操作步骤Ⅰ

d. 顶、放弯边，从两端向中间弯曲边缘（外缘制小弯边），见图 7-149 (a)；最后从两端向中间平皱并校平，如图 7-149 (b) 所示。

e. 划线，剪切余料，去毛刺。

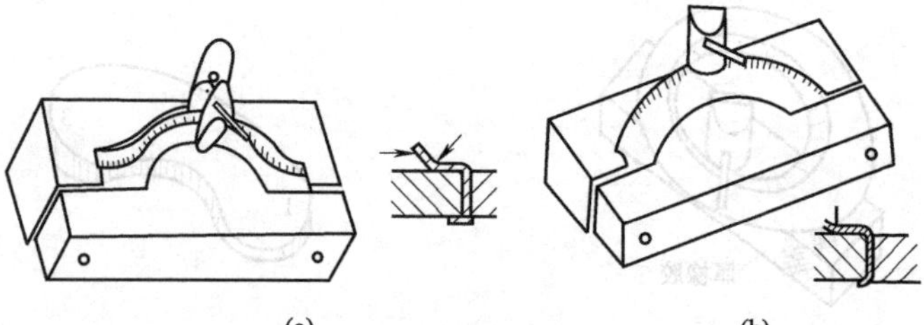

图 7-149　凹曲线内拔缘的操作步骤Ⅱ

7.4.2　拱曲

根据拱曲加工温度的不同，拱曲加工分冷拱曲及热拱曲。

(1) 冷拱曲

冷拱曲是在常温下，将较薄的板料用手工捶击成凸凹曲面形状零件的加工。对于大型厚板的拱曲，由于用冷拱曲加工，不但非常费劲，甚至还不能收到效果。因此，通常采用加热使坯料拱曲的热拱曲法。

冷拱曲加工的基本原理是：通过板料周边起皱向里收，中间打薄向外拉，这样反复进行，使板料逐渐变形，得到所需的形状，所以拱曲的零件一般都呈底部薄（小于料厚）、外缘壁厚增大（大于料厚）、中部减薄的连续变化形式。

① 拱曲零件展开尺寸的确定　拱曲零件的展开尺寸，常采用实际比量和计算两种方法确定。

a. 实际比量法　用纸按实物或模胎的形状压成皱褶包在实物或模胎上，沿实物或模胎的边缘把纸剪下来，再按纸的展开尺寸加上适当的余量便可得到拱曲零件的展开料。如果产品的数量较多，可将所得的尺寸经试做修改后，作出毛料样板，进行成批下料，这种方法不十分准确，公差较大。

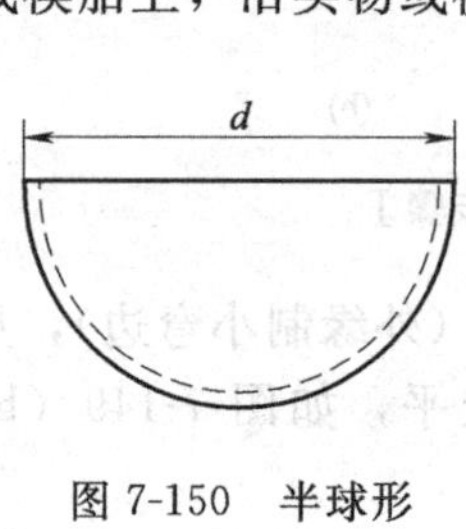

图 7-150　半球形拱曲零件

b. 计算法　这种方法是按零件的展开形状进行计算的。如图 7-150 所示的半球形拱曲零件，它的展开形状是圆形，只要求

出毛料的直径便可下料。坯料的直径可按下列公式计算

$$D=\sqrt{2d^2}=1.414d$$

式中　D——所求坯料直径，mm；

　　　d——半球形零件的直径，mm。

这种算法是取近似值，未考虑拱曲时料有伸展，因在拱曲好以后，还必须进行边缘的修剪，多余部分作为修边余量。

② 拱曲的方法及操作　常用的手工拱曲用工具有木榔头、金属榔头、砧座、顶杆和模具等，如图 7-151 所示。

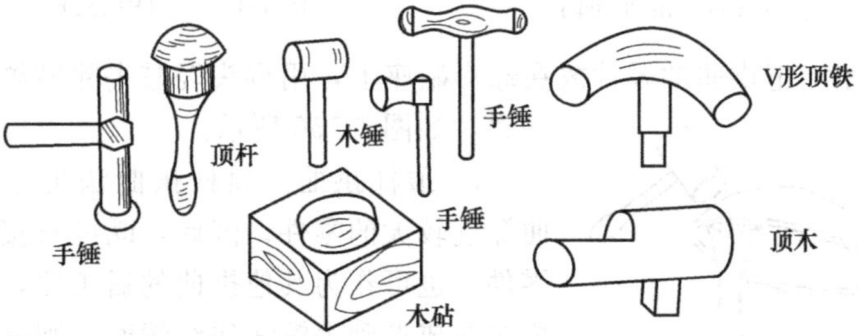

图 7-151　拱曲用工具

根据拱曲所用工具的不同，拱曲的方法主要有：砧座拱曲、顶杆拱曲、胎模拱曲及在步冲机上手工拱曲等。

a. 砧座拱曲。砧座拱曲是在砧座上利用拱曲手锤完成的手工拱曲操作。拱曲砧座可用硬木、铅砧等做成不同尺寸的浅坑。拱曲手锤锤面有不同的尺寸，可根据工件凹陷的大小和深浅选用，如图 7-152 所示。以下以半球形拱曲零件为例，介绍其锤拱步骤。

ⅰ. 先从毛料的外缘开始拱曲，如图 7-153 所示。

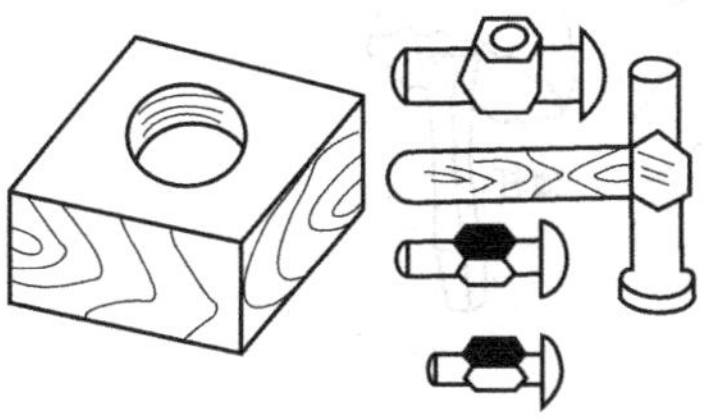

图 7-152　砧座及拱曲手锤

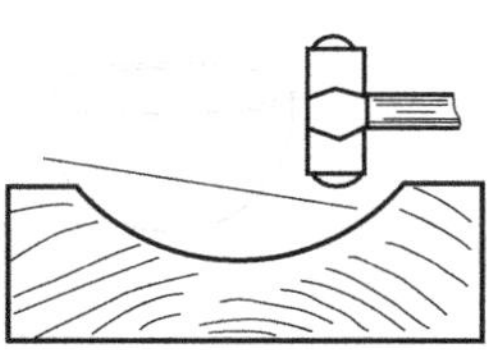

图 7-153　从外缘开始

ⅱ. 每锤一下即转动坯料，使圆周变形均匀，由外向内，逐渐进行，如图 7-154 所示。

ⅲ. 继续向中心进行，逐渐拱曲，直至完成所需深度，如图 7-155 所示。

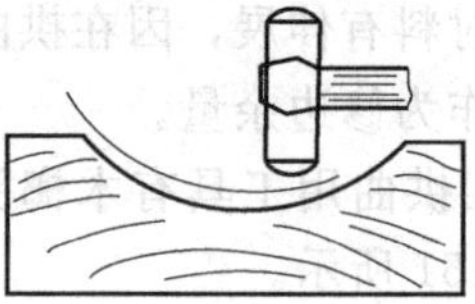

图 7-154　由外向内

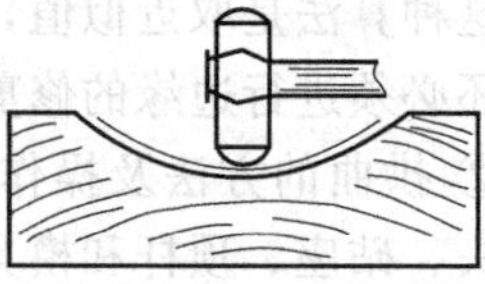

图 7-155　向中心进行

ⅳ. 把拱曲的零件放在球形砧座上，用榔头轻敲去除皱纹并修平整，如图 7-156 所示。

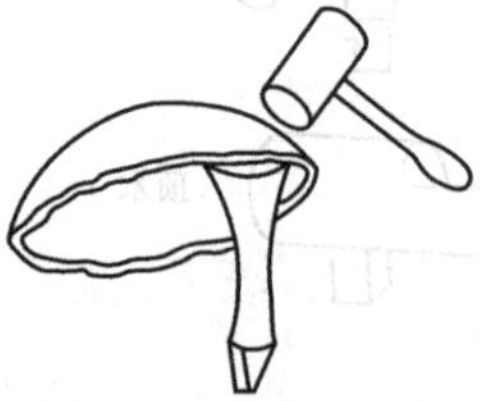

图 7-156　去皱

b. 顶杆拱曲。顶杆拱曲法可用于拱曲深度较大的零件，因此，既可直接成形零件，也可作为其他拱曲的后工序，如胎模拱曲成形到手锤无法继续时，则需套在顶杆上继续进行，大直径拱曲件在顶杆上对外缘收边可省去大的型胎以及在顶杆上矫正和修光外表面。

如图 7-157（a）所示半球形零件拱曲操作时，先将板料边缘用起皱钳作出皱褶［见图 7-157（b）］，再在顶杆上将皱褶拍平，使坯料向内弯曲，同时轻而匀散地用木锤敲击中部，使中部延展拱起

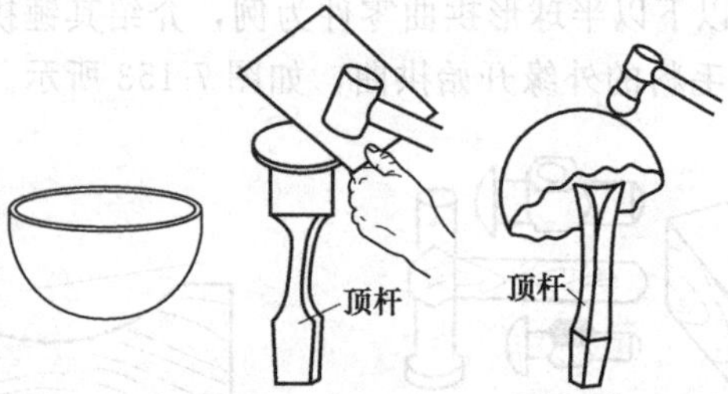

(a)　(b)　(c)

图 7-157　半球形零件的拱曲

[见图 7-157 (c)]，捶击的位置要稍过支承点，木锤要握紧，否则敲打时木锤易摆动打不准，容易打出凹痕，甚至打破。

捶击时不但要轻而均匀，而且要稠密，边捶击边旋转坯件。根据目视随时调整捶击部位，使表面光滑，均匀，凸出的部位不应再捶击，否则越打越凸起。

在加工过程中，发现坯料因冷作硬化变硬时，应立即进行退火，以防继续拱曲产生裂纹。为保证拱曲的顺利进行，拱曲前的坯料一般应作退火处理。

拱曲到达到图样要求（应计入回弹量）后，最后还要切边、修边和在顶杆上将零件修光。

c. 胎模拱曲　胎模拱曲适用于尺寸较大、深度较浅的零件。拱曲加工时可直接在胎模上进行。

拱曲时，先将坯料压紧在胎模上，用木锤从模腔的边缘开始逐渐向中心部位锤击，使坯料下凹，全部贴合模腔。由于拱曲变形量大，应分几次逐渐下凹完成，直到坯料全部贴合胎模，成为所需形状的零件（见图 7-158 中虚线所示），最后用平头锤在顶杆上打光锤击时打出的凸痕。

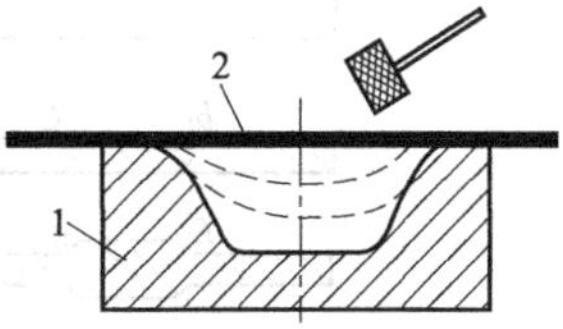

图 7-158　半球形零件的拱曲
1—胎模；2—坯料

在拱曲过程中，捶击应轻而均匀，使整个加工表面均匀地伸展，形成凸起的形状，并可垫橡胶、砂袋、软木来伸展坯料，不仅使表面平滑，而且伸展较快且不易拉裂。

d. 在步冲机上手工拱曲。将胎模安装在步冲机的工作台上，坯料压在胎模上，并随工作台转动，上模做上下的锤击运动，上模与下模间还有一个相对径向运动。采用步冲机拱曲的质量较好且效率高。

(2) 热拱曲

通过加热使板料发生的拱曲叫热拱曲。热拱曲一般用于板料较厚、形状比较复杂以及尺寸较大的拱曲零件。它和冷拱曲的区别在于，冷拱曲是通过收缩坯料的边缘、伸展坯件中部材料得到，而热拱曲是通过坯料的局部加热后冷却收缩变形而得到。如图 7-159 (a) 所示，对坯料三角形 ABC 处局部加热，受热后该区坯料要向周围膨胀，但因该区处于高温状态，力学性能比未加热部位低，因此，不但不能膨胀，反而被压缩变厚，冷却后缩小为 $A'B'C'$。如果沿坯料的四周对称而均匀地进行分压加热，便可以收缩成图 7-159 (b) 所示的拱曲零件。拱曲的程度与加热点的多少和每一点的加热范围有关。加热点愈多，也就是愈密，拱曲程度愈大。加热的方法有两种，一种是用炉子加热，另一种是用普通氧焊枪加热。当加热面积在 $300mm^2$ 以内时，用氧焊枪加热；当面积较大于 $300mm^2$ 时，则采用炉子加热。

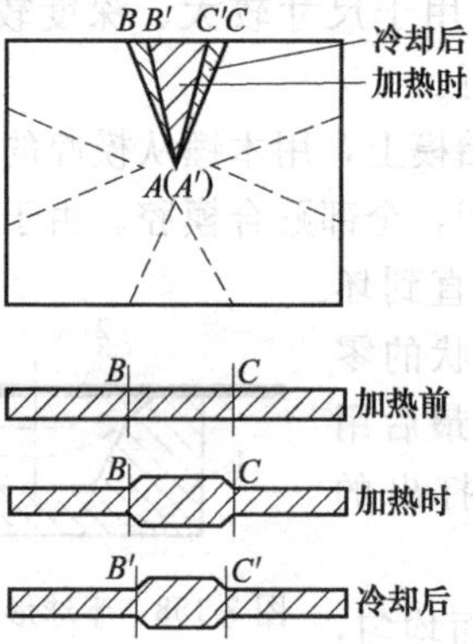

(a) 三角形加热

(b) 热拱曲件

图 7-159　热拱曲原理

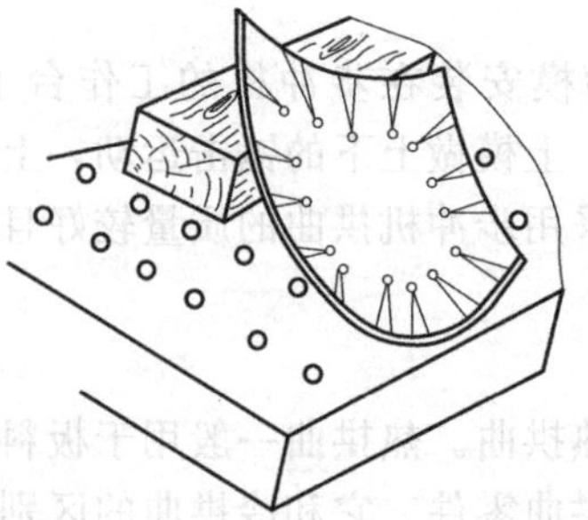
图 7-160　由平板料直接加热拱曲

拱曲时，若拱曲得不大，则可由平板料直接加热拱曲成所需要的零件，如图 7-160 所示。

由于热拱曲加工的劳动条件较差，劳动强度又较高，为尽量减少热加工的劳动量，一般都把弯曲度较大的一个方向的曲度（一般是横向），在常温下利用三轴滚床或压弯机弯曲好；弯曲度较小的方向的曲度，或者在常温下用机床或手工都加工不了的零件，才利用热加工来弯曲。

如拱曲图 7-161 所示的零件，一般先在压弯机上弯好横向曲度，再拿到热加工场地进行热拱曲加工。加工时，应先按样板确定好两边的加热点和范围，并作好标记，两头用木头垫好，防止摆动，中间用“乌铁”借平台上的孔压紧或压以重物，以使其在热拱曲前中间就有下垂的趋势，加热时可提高效果。按作好的标记，从一端向另一端进行加热，并配合手工修整。两边缘的坯料因被加热而收缩，使两端翘起。待冷却后按样板检查，如两端翘起得不够，再按上述办法加热收缩，但加热的地方不应与前次重复，直到符合样板为止。如果比样板翘得多时，再加热中间，就可使两端翘起的程度减小。这样反复加以修整至符合要求，最后再修整边缘。

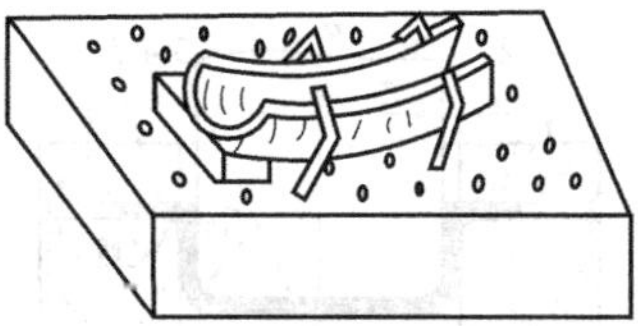

图 7-161　压弯后热拱曲

采用热拱曲加工时，为提高加热后收缩的效果，往往使用加热后用水冷却的方法，既提高了生产效率，又改善了劳动条件。

用加热的方法，不仅能拱曲零件，用来加工在常温下很难加工零件，如弯制角钢、槽钢等型材；也可以用于零件形状的校正。

7.5　板料的拉深成形

拉深成形是将平面板料在凸模压力作用下通过凹模形成一个开口空心零件的冲压成形工序。在各类钣金构件中，对于尺寸较大或较厚料组成的各种圆筒形件、半球形及抛物线形封头的加工，往往采用拉深成形。

7.5.1　拉深加工的过程及要求

一般来讲，拉深加工必须采用拉深模通过压力机的压力才能完成，一般情况下采用冷加工，只有对外形尺寸或变形较大的较厚板料的拉深成形才采用热加工。

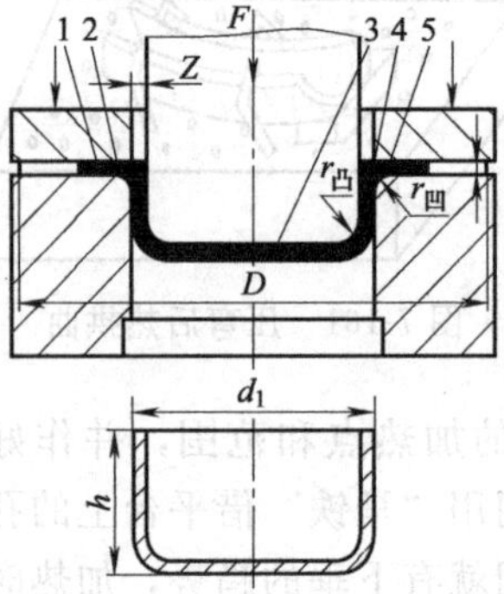

图 7-162　拉深工作过程示意图

1—凸缘部分；2—凹模圆角部分；3—圆筒底部；4—凸模圆角部分；5—筒壁部分

(1) 拉深过程

图 7-162 为将直径为 D、厚度为 t 的圆形平板毛坯置于凹模定位孔中，拉深成圆筒形件的拉深过程示意图。

拉深加工时，由于拉深力 F 与凸、凹模间间隙 Z 形成弯矩，凸模下行接触板料后向下施压，使板料弯曲下凹，并在凸、凹模圆角导引下拉入凹模洞口，板料慢慢演变成筒底（凸模下的中心部分板料）、筒壁（拉入洞口内的圆环部分板料）、凸缘（未被拉入洞口内的环形部分）三大部分；随着凸模的继续下降，筒底基本不动，环形凸缘不断向洞口收缩并被拉入凹模洞口转变成筒壁，于是筒壁逐渐加高，凸缘逐渐缩小，最后凸缘全部拉入凹模洞口转变为筒壁，则拉深过程结束。圆形板料变成了一个直径为 d_1、高度为 h 的开口空心圆筒。

(2) 拉深变形分析

根据拉深变形过程可知：拉深过程就是环形凸缘逐渐收缩向凹模洞口流动转移成为筒壁的过程。拉深过程是一个比较复杂的塑性变形过程，毛坯各部位按其变形情况可分成几个区域。

① 圆筒底部（小变形区）　凸模底部下压接触到板料中心区的圆形部分为筒底，在拉深过程中，这一区域始终保持平面形状，受着四周均匀径向拉力作用，可以认为是不产生塑性变形或很小塑性变形区域，底部材料将凸模作用力传给圆筒壁部，使其产生轴向拉应力。

② 凸缘部分（大变形区）　凹模上面的环状区域即凸缘，是拉深时的主要变形区。拉深时，凸缘部分材料因拉深力的作用产生径向拉应力 σ_1，在向凹模洞口方向收缩流动时，材料相互挤压产生切向压应力 σ_3。其作用与将毛坯 F_1 的一个扇形部分被拉着通过一

个假想的楔形槽而成为 F_2 的变形相似，见图 7-163。

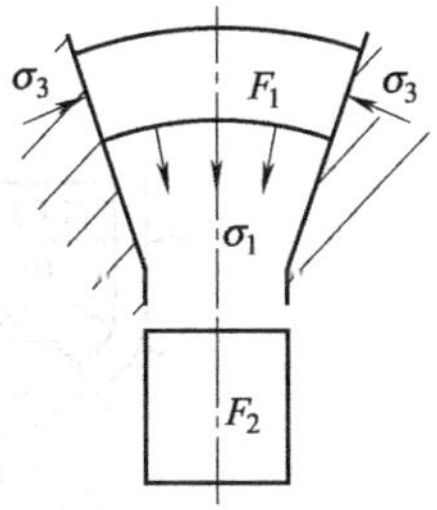

图 7-163　凸缘扇形小单元的变形

当凸缘较大、板料又较薄时，拉深时凸缘部分会由于切向压应力的作用而失去稳定而拱起，形成所谓“起皱现象”，故常用压边圈对凸缘进行压边。

③ 筒壁（传力区）　这是已变形区，由凸缘部分材料经切向压缩、径向拉伸收缩流动转移而成，基本上不再发生大的变形。在继续拉深时，起着将凸模的拉深力传递到凸缘上的作用，筒壁材料在传递拉深力的过程中自身承受单向拉应力作用，纵向稍有伸长，厚度稍有变薄。

④ 凹模圆角部分（过渡区）　凸缘与筒壁交合过渡部分，此处材料的变形较复杂，除有与凸缘部分相同的特点即受径向拉应力和切向压应力作用外，还承受凹模圆角的挤压和弯曲作用而形成的厚向压应力作用。

⑤ 凸模圆角部分（过渡区）　筒壁与筒底交合过渡部分，径向和切向承受拉应力作用，厚向受凸模圆角的挤压和弯曲作用而产生压应力作用，拉深过程中，径向有所拉长，厚度有所减薄，变薄最严重处发生在凸模圆角与筒壁相接部位，拉深开始时，它处于凸、凹模间，需要转移的材料少，受变形的程度小，冷作硬化程度低，又不受凸模圆角处有益的摩擦作用，需要传递拉深力的面积又较小。因此，该处成了拉深时最易破裂的“危险断面”。

(3) 拉深件的壁厚变化

拉深件壁厚不均匀从图 7-164 可以看出。图 7-164（a）是碳钢椭圆封头拉深壁厚变化情况，图 7-164（b）是有凸缘筒件用压边圈拉深的壁厚变化情况。

(4) 拉深加工的工艺要求

采用拉深加工工艺能完成形状复杂制件的加工，得到筒形、阶梯性、锥形、方形、球形和各种不规则形状的薄壁零件。但拉深件加工的精度与很多因素有关，如材料的力学性能和材料厚度、模具

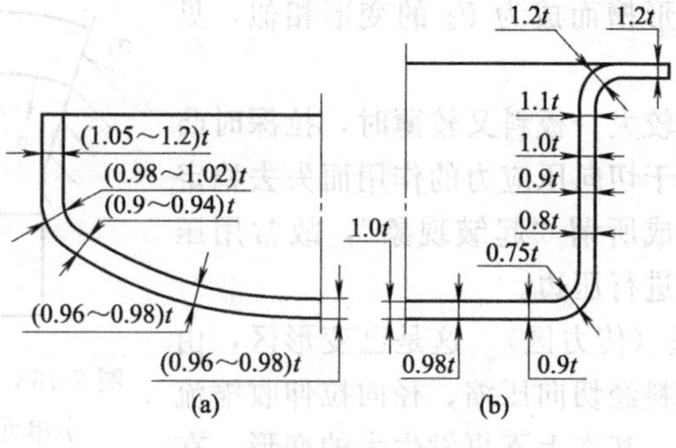

图 7-164　拉深件壁厚变化

结构和模具精度、工序的多少和工序的先后顺序等。拉深件的制造精度一般不高，合适的精度在 IT11 级以下，同时由于受拉深变形性能的影响，拉深件的工艺性好坏，直接影响到该零件能否用最经济、最简便的方法加工出来，甚至影响到该零件能否用拉深方法加工出来。对拉深件工艺性要求如下。

① 拉深件的形状应尽量简单、对称。在设计拉深件时，应结合拉深件的加工工艺性，尽量采用较容易成形并能满足使用要求的形式。图 7-165 是按拉深成形难易程度的分类。图中，各类拉深件，其成形难度从上到下依次增加。同类拉深件难度由左到右依次增加。其中：e 表示最小直边长度，f 表示拉深件的最大尺寸，a 表示短轴长度，b 表示长轴长度。

② 对于带凸缘的圆筒形拉深件，在用压边圈拉深时，最合适的凸缘在以下范围

$$d+12t\leqslant d_{凸}\leqslant d+25t$$

式中　d——圆筒件直径，mm；

t——材料厚度，mm；

$d_{凸}$——凸缘直径，mm。

③ 拉深深度不宜过大（即 H 不宜大于 $2d$）。当一次可拉成时，其高度最好为：

无凸缘圆筒件　　$H\leqslant(0.5\sim0.7)d$

④ 对圆筒拉深件，底与壁部的圆角半径 $r_{凸}$ 应满足 $r_{凸}\geqslant t$，凸

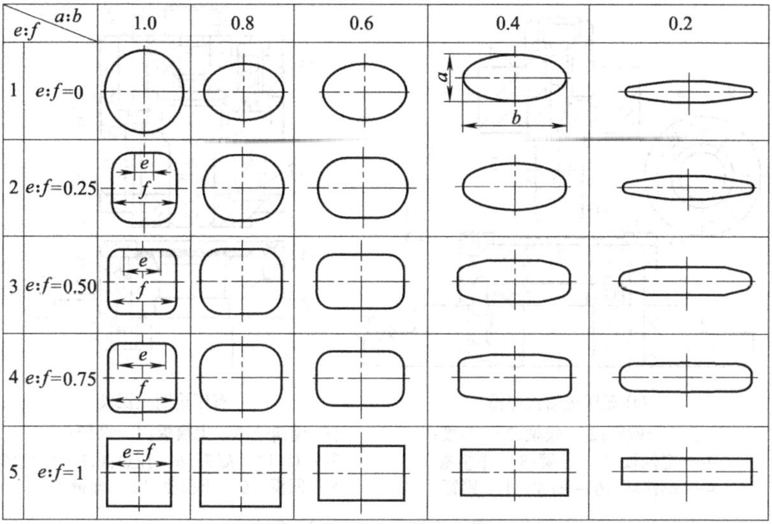
a:b
e:f
1.0
0.8
0.6
0.4
0.2
1 e:f=0
2 e:f=0.25
3 e:f=0.50
4 e:f=0.75
5 e:f=1
a
b
e
f
e=f
图 7-165　拉深成形难易程度的分类

缘与壁之间的圆角半径 $r_{凹} \geqslant 2t$，从有利于变形的条件来看，最好取 $r_{凸} \approx (3\sim5)t$，$r_{凹} \approx (4\sim8)t$。若 $r_{凸}$（或 $r_{凹}$）$\geqslant (0.1\sim0.3)t$ 时，可增加整形。

7.5.2　拉深模的结构形式及其选用

拉深件尽管形状多样，但拉深模的结构相对来说却较为规范。根据拉深工作情况及使用设备的不同，拉深模的结构也不同。拉深模结构的采用一般需经过必要的工序计算（主要包括毛坯直径、拉深系数、拉深次数、拉深高度等）之后，选择好拉深加工工艺方案才可相应地确定。

拉深加工可在一般的单动压力机上进行，也可在双动、三动压力机上进行。在单动压力机上工作的拉深模，可分为首次拉深及首次以后拉深用拉深模两种，按是否采用压边圈则可分为带压边和不带压边两种，按压力机使用种类的不同，则可分为在单动压力机上使用的拉深模、在双动压力机上使用的拉深模等。

(1) 首次拉深模

图 7-166（a）为不带压边装置的首次拉深模。拉深时，首先将

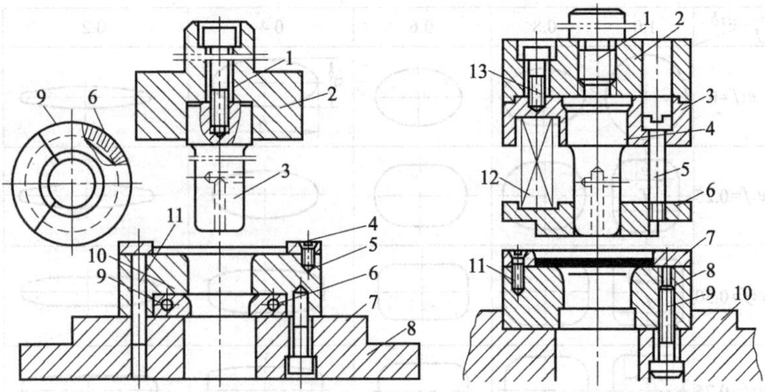

(a) 无压边圈拉深模

1,5,7—螺钉；2—模柄；3—凸模；
4—定位板；6—拉簧；8—下模板；
9—刮件环；10—凹模；11—销钉

(b) 有压边圈拉深模

1—模柄；2,3—上模板；4—凸模；
5,9,11,13—螺钉；6—压边圈；7—定位环；
8—凹模；10—下模板；12—弹簧

图 7-166　首次拉深模

平板毛坯放入凹模上的定位板内，凸模由压力机滑块带动向下移动，将坯料压入凹模，直至将坯料全部拉入凹模，并使拉深的工件上端超过刮件环。当压力机滑块带动凸模向上移动时，刮件环将工件从凸模刮下，完成一个拉深过程。

不带压边装置的首次拉深模一般用于拉深深度较小、可一次压成的浅拉深件。当凸模较小时，可采用整体结构，并通过凸模固定板固定。为使工件不贴紧在凸模上，在凸模上应设计有通气孔。

不用压边圈且一次可拉深完成的拉深凸模和凹模结构可参照图 7-167 设计。

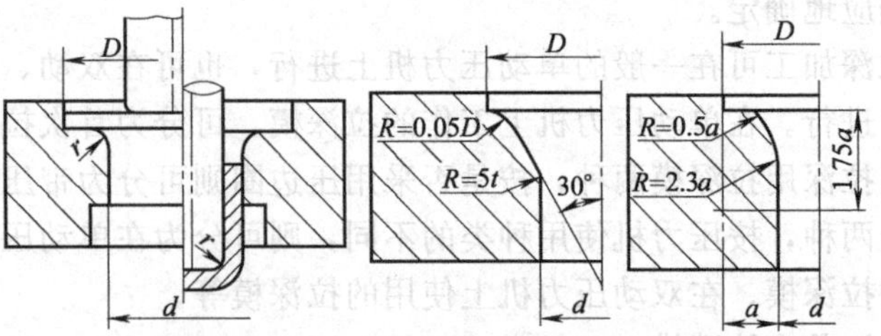

(a) 平端面带圆弧凹模口　(b) 带锥形凹模口　(c) 带渐开线形凹模口

图 7-167　不用压边圈的拉深凹模结构

图 7-167（a）为普通带圆弧的平端面凹模，主要适用于大件的加工。图 7-167（b）为带锥形凹模口、图 7-167（c）为带渐开线形凹模口适用于小件的加工，由于图 7-167（b）、（c）类凹模结构在拉深时毛坯的过渡形状呈曲面形状，因而增大了抗失稳能力，凹模口部对毛坯变形区的作用力也有助于它产生切向压缩变形，减小摩擦阻力和弯曲变形的阻力，对拉深变形有利，可以提高零件质量，但加工较困难。

图 7-166（b）为具有弹性压边圈的首次拉深模，其弹簧压边圈装于上模，当随凸模下行时，在弹簧力的作用下压紧坯料，使坯料在拉深过程中紧贴凹模。

由于受上模空间的限制，不能安装粗大的弹簧，所以这种模具仅适用于压力小的拉深件，通常用于拉深材料较薄、深度不大且易起皱的工件。

在拉深深度较大的工件时，由于需要较大的弹簧（或橡胶），若仍将弹簧放在模具上部则难以安装，故可采用装在下部的结构，以便于压边力的调节。

(2) 首次以后各次拉深模

图 7-168（a）所示为无压边圈的首次以后各次拉深模，它可将已经拉深成一定尺寸的半成品，再次拉深成形，一般可用于变形程度不大、拉深件壁厚要求均匀、并保证直径尺寸精度有轻微减薄的工件。对于这种模具，通常为防止摩擦损耗，需要将其凹模直壁工作部分的长度尽量减小些。

对于两次以上不带压边圈的拉深件拉深，其凸模和凹模的结构可参照图 7-169 设计。

图 7-168（b）为用于筒形件带压边圈的首次以后各次拉深模结构。定位器 11 采用套筒式结构，同时起压边及定位作用，压紧力由顶杆 13 传递的气缸力提供，为防止料拉深时起皱，调整限位顶杆 3 的位置可调节压边力的大小，使压边力保持均衡同时又可防止将坯料夹得过紧。

模具工作过程为：冲床滑块上行，模具开启，顶杆 13 在压力机气缸作用下通过定位器固定板 12 将定位器 11 顶起至与凸模 1 上

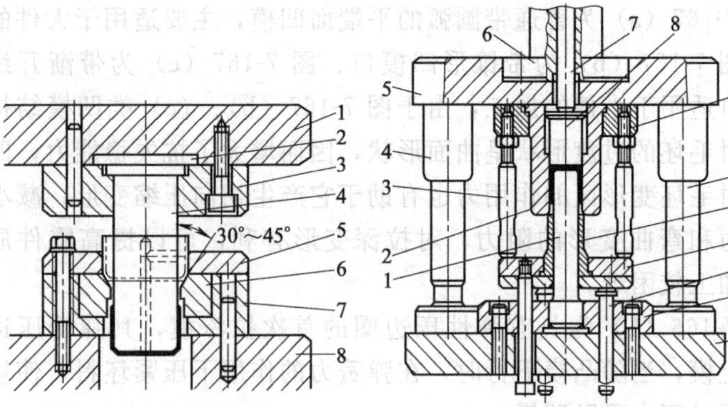

(a) 无压边再次拉深模

1—上模板；2—垫板；3—凸模固定板；
4—凸模；5—定位板；6—凹模；
7—凹模固定板；8—下模板

(b) 有压边再次拉深模

1—凸模；2—凹模；3—限位顶杆；4—导套；
5—上模板；6—模柄；7—打棒；8—卸件器；
9—固定板；10—导柱；11—定位器；
12—定位器固定板；13—顶杆；14—凸模固定板；
15—下模座

图 7-168 有压边装置的后续各次拉深模

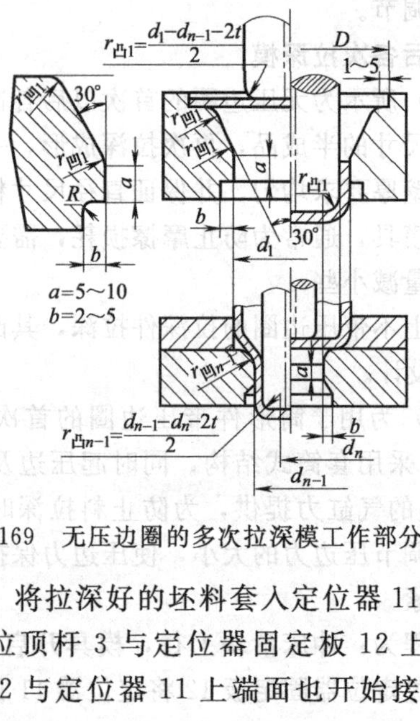

图 7-169 无压边圈的多次拉深模工作部分结构

端面平齐，此时，将拉深好的坯料套入定位器 11 外圈，压力机滑块开始下行，限位顶杆 3 与定位器固定板 12 上端面开始接触，与此同时，凹模 2 与定位器 11 上端面也开始接触，随着压力机滑块的逐渐下行，限位顶杆 3 对定位器固定板 12 逐步压下，凹模 2 与定位器 11 共同作用将半成品拉深件逐渐拉深成成品。当拉深完成，顶杆 13 在压力机气缸作用下将定位器 11 顶至与凸模 1 上端面平齐，与此同时，打棒 7 将拉深好的零件从凹模 2 型腔中顶出。

图 7-170 为带压边圈的多次拉深模工作部分（拉深凸模、凹模）结构。

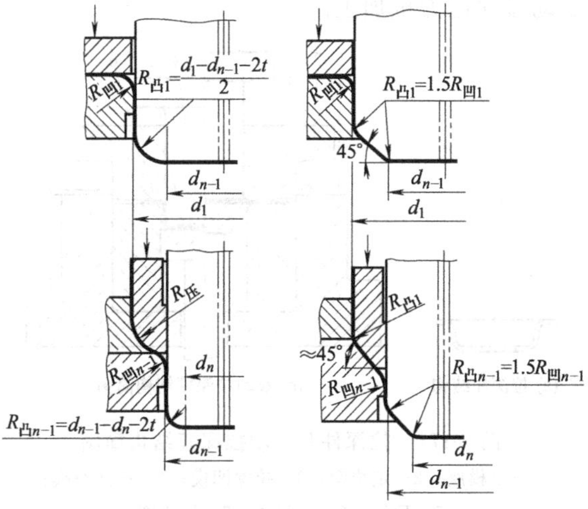

(a) 有圆角半径的凸模和凹模　　(b) 有斜角的凸模和凹模

图 7-170　带压边圈的多次拉深模工作部分结构

对直径 $d \leqslant 100$ 的拉深件及有凸缘或形状复杂的拉深件，为利于拉深成形，应注意前后道工序的冲模形状和尺寸具有正确的关系，做到前道工序制成的中间毛坯形状有利于在后续工序中成形，各拉深工序尺寸及其圆角半径等关系如图 7-170（a）所示，其中 t 为材料厚度。

对直径 $d > 100$ 的大、中型圆筒拉深件，其前几次拉深及最后成形前一次拉深，圆筒转角常使用 45°斜角连接的结构，以避免材料在圆角处的过分变薄，并有利于拉深成形，采用这种结构不仅使毛坯在下次工序中容易定位，而且能减轻毛坯的反复弯曲定位，改善拉深时材料变形的条件，减少材料的变薄，有利于提高冲压件侧壁的质量。但应注意的是：其底部直径的大小应等于下一次拉深时凸模的外径，前后道工序中凸模和凹模圆角半径、压边圈的圆角半径的关系如图 7-170（b）所示。

(3) 双动压力机用拉深模

用双动压力机拉深时，外滑块压边（或冲裁兼压边），内滑块拉深。图 7-171（a）所示拉深件，采用条料直接剪切下料并拉深成形，选用双动拉深压力机加工。

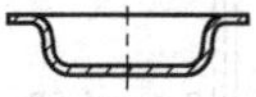

(a) 拉深件结构

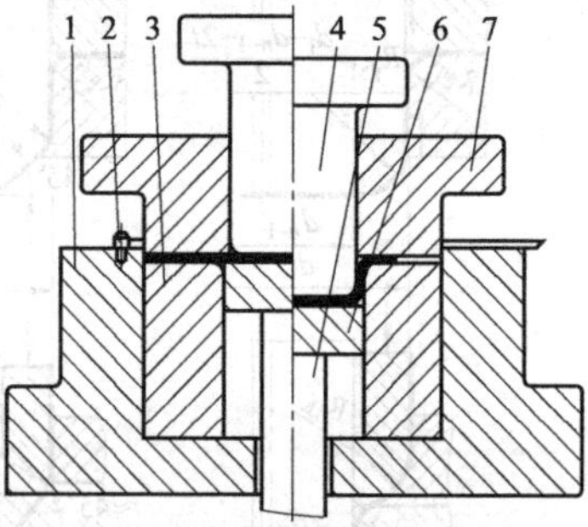

(b) 双动拉深模结构简图

图 7-171　拉深件及双动拉深模结构简图

1—下模座；2—定位销；3—拉深凹模；4—拉深凸模；5—顶杆；6—顶料块；7—压边圈

图 7-171（b）为上述零件的模具结构简图，条料经定位销 2 定位后，由压边圈 7 及下模座 1 共同作用实施落料后，拉深凸模 4 与拉深凹模 3、顶料块 6 共同将落料后的坯料拉深成形，最终由顶杆 5 带动顶料块 6 将拉深好的零件推出拉深凹模 3 型腔。

7.5.3　圆筒形件的拉深

圆筒形拉深件，可分为无凸缘筒形件和有凸缘筒形件。为完成零件的拉深，必须制订合理的拉深加工工艺，为此，先要确定拉深件的毛坯直径，然后，计算其拉深系数及拉深次数，最后根据各类旋转体拉深件工艺制订原则确定其加工工艺方案，主要有以下几方面。

(1) 拉深件毛坯尺寸的确定

由于拉深件拉深前后的毛坯厚度变化很小，因此，拉深变形前后体积不变就变为拉深前毛坯表面积和拉深后工件的表面积相等，这是拉深件毛坯直径计算的基本原则。

此外，坯料的形状一般与制品零件的横截面形状基本相似，且坯料的周边应该是光滑曲线，不应该有突变和尖角。也就是说，如果零件横截面是圆的，坯料形状也基本是圆的，如果零件横截面是方的，坯料形状也基本上是方的。

由于拉深模的间隙不均匀、拉深材料的各向异性等因素的影响，在大多数情况下，拉深后的零件口部或凸缘周边并不整齐，需将不平的顶端或凸缘的毛边切去，所以在计算毛坯尺寸时就必须先将修边余量加入进去。修边余量 Δh 取值见表 7-31、表 7-32。

表 7-31 无凸缘筒形件的修边余量 Δh mm

零件总高度 h	零件相对高度 h/d				附图
	0.5～0.8	0.8～1.6	1.6～2.5	2.5～4	
10	1	1.2	1.5	2	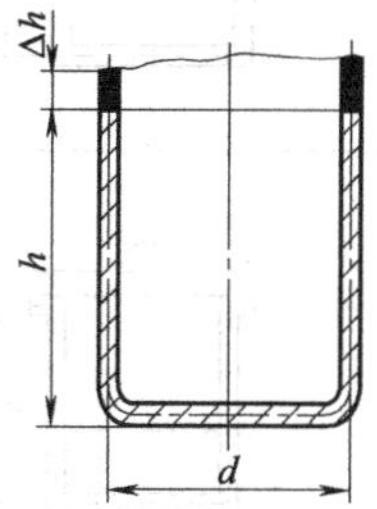
20	1.2	1.6	2	2.5	
50	2	2.5	3.3	4	
100	3	3.8	5	6	
150	4	5	6.5	8	
200	5	6.3	8	10	
250	6	7.5	9	11	
300	7	8.5	10	12	

在确定修边余量后，便可根据上述坯料展开尺寸原则，只要预先算出工件的质量、体积和展开面积，并使其等于坯料的质量、体积和面积，便可求得坯料的尺寸及形状，为方便起见，表 7-33 列出了常用旋转体拉深件毛坯直径计算公式，求解坯料尺寸时可直接套用，表 7-34 列出了部分简单形状的几何体表面积计算公式。

表 7-32　带凸缘筒形件的修边余量 Δh　　mm

凸缘直径 $D_凸$	凸缘的相对直径 $d_凸/d$				附　图
	<1.5	1.5～2	2～2.5	2.5～3	
25	1.6	1.4	1.5	1	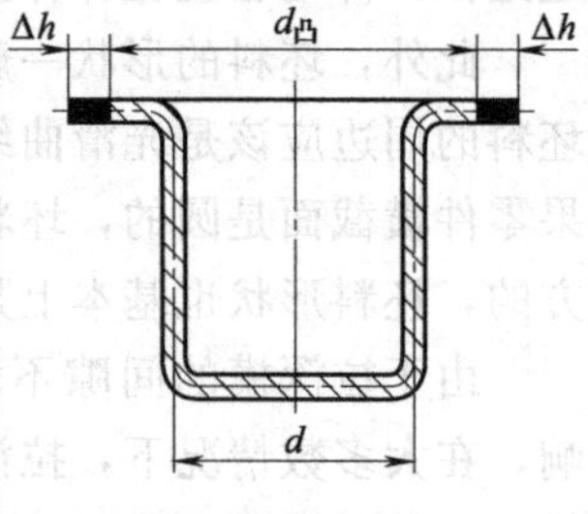
50	2.5	2	1.8	1.6	
100	3.5	3	2.5	2.2	
150	4.3	3.6	3	2.5	
200	5	4.2	3.5	2.7	
250	5.5	4.6	3.8	2.8	
300	6	5	4	3	

表 7-33　常用旋转体拉深件的毛坯直径计算公式

零 件 形 状	毛坯直径 D
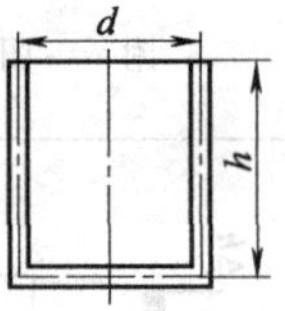	$D=\sqrt{d^2+4dh}$
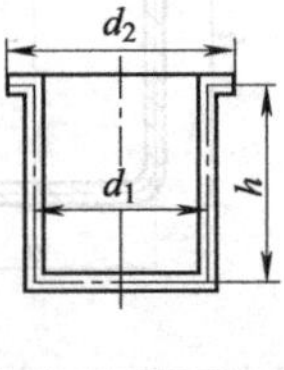	$D=\sqrt{d_2{}^2+4d_1h}$
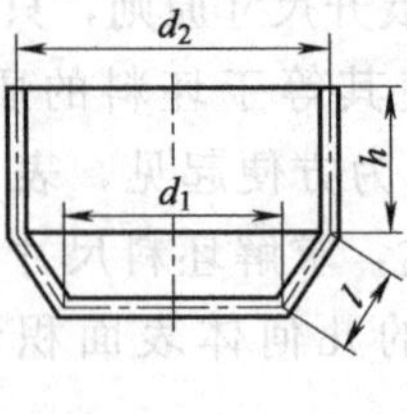	$D=\sqrt{d_1{}^2+2l(d_1+d_2)+4d_2h}$

续表

零件形状	毛坯直径 D
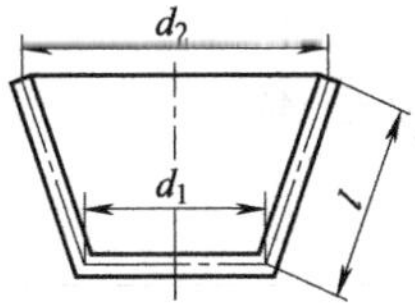	$D=\sqrt{d_1{}^2+2l(d_1+d_2)}$
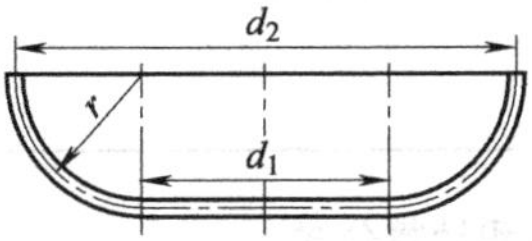	$D=\sqrt{d_1{}^2+2r(\pi d_1+4r)}$
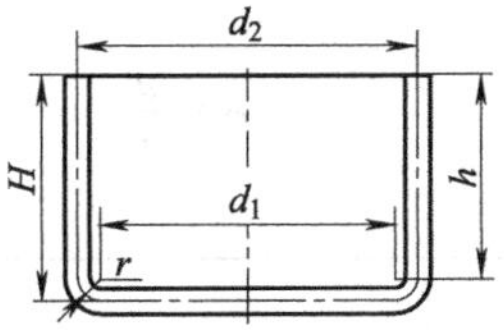	$D=\sqrt{d_1^2+4d_2h+6.28rd_1+8r^2}$ $=\sqrt{d_2^2+4d_2H-1.72rd_2-0.56r^2}$
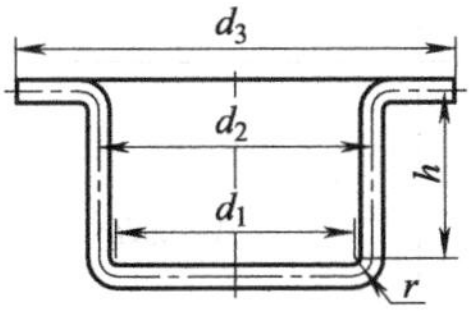	$D=\sqrt{d_1{}^2+2\pi rd_1+8r^2+4d_2h+d_3^2-d_2^2}$
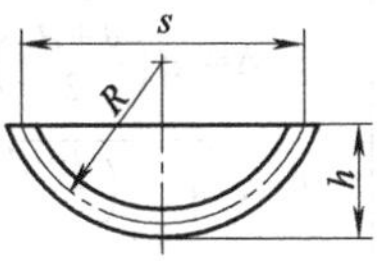	$D=\sqrt{8Rh}$或$D=\sqrt{s^2+4h^2}$

续表

零件形状	毛坯直径 D
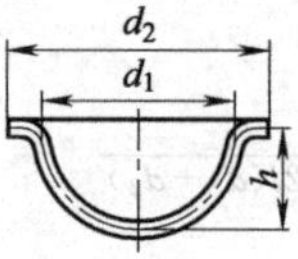	$D=\sqrt{d_2^2+4h^2}$
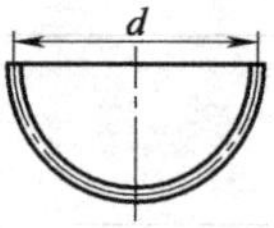	$D=\sqrt{2d^2}=1.414d$

表 7-34　简单形状的几何体表面积计算公式

平面名称	简　图	面积 A
圆	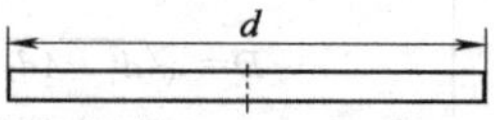	$A=\frac{\pi d^2}{4}$
环	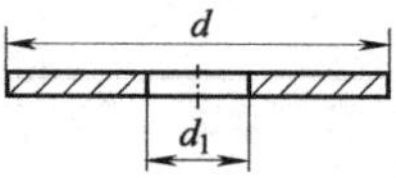	$A=\frac{\pi}{4}(d^2-d_1^2)$
圆筒壁	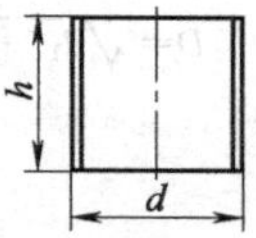	$A=\pi dh$
无顶圆锥壁	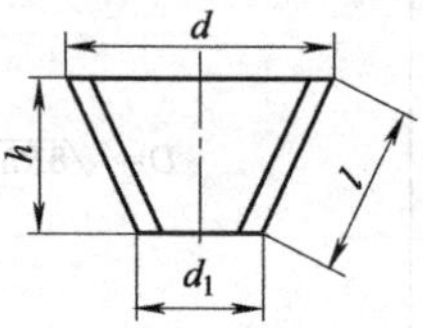	$A=\pi l\left(\frac{d+d_1}{2}\right)$ $l=\sqrt{h^2+\left(\frac{d-d_1}{2}\right)^2}$

续表

平面名称	简　图	面积 A
半球面	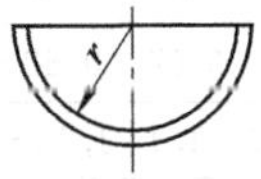	$A=2\pi r^2-\frac{\pi d^2}{2}$
小半球面	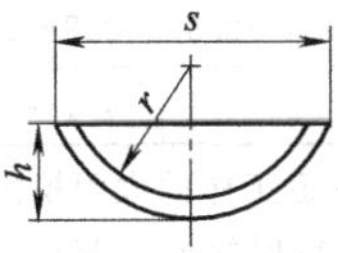	$A=2\pi rh$ $A=\frac{\pi}{4}(S^2+4h^2)$

(2) 拉深次数的确定

不同材料、不同外形的拉深件变形程度是不同的，为拉深出合格的零件，必须判定其变形程度，从而决定拉深次数，否则零件拉深过程中，就可能变形程度太大，超过危险断面处的拉应力而产生拉裂。

① 无凸缘筒形件拉深次数的确定　无凸缘筒形件的拉深次数可分别通过以下两种工艺计算方式来确定。

a. 计算拉深件的相对拉深高度 h/d 和材料的相对厚度 $t/D\times 100$，由表 7-35 直接查表获得拉深次数。

b. 采用公式直接计算拉深次数 n

$$n=1+\frac{\lg d_n-\lg(m_1 D)}{\lg m_n}$$

式中　n——拉深次数；

d_n——工件直径，mm；

D——毛坯直径，mm；

m_1——第一次拉深系数，查表 7-36；

m_n——第一次拉深以后各次的平均拉深系数，查表 7-36。

计算所得的拉深次数经取较大整数值，即为所求拉深次数。

② 带凸缘筒形件拉深次数的确定　带凸缘筒形件拉深过程中的变形程度也可用拉深系数来衡量，但由于拉深带宽凸缘圆筒件时，变形区的材料没有全部被拉入凹模，而剩下宽的凸缘，因此，

表 7-35 无凸缘筒形件的最大相对拉深高度 h/d

拉深次数	毛坯相对厚度 $t/D\times100$					
	2～1.5	1.5～1	1～0.6	0.6～0.3	0.3～0.15	0.15～0.08
1	0.94～0.77	0.84～0.65	0.7～0.57	0.62～0.5	0.52～0.45	0.46～0.38
2	1.88～1.54	1.6～1.32	1.36～1.1	1.13～0.94	0.96～0.83	0.9～0.7
3	3.5～2.7	2.8～2.2	2.3～1.8	1.9～1.5	1.6～1.3	1.3～1.1
4	7.6～4.3	4.3～3.5	3.6～2.9	2.9～2.4	2.4～2	2～1.5
5	8.9～7.6	7.6～7.1	7.2～4.1	4.1～3.3	3.3～2.7	2.7～2

注：大的 h/d 比值适用于在第一道工序的大凹模圆角半径（由 $t/D\times100=2$～1.5 时的 $r_{凹}=8t$ 到 $t/D\times100=0.15$～0.08 时的 $r_{凹}=15t$），小的比值适用于小的凹模圆角半径 $r_{凹}=(4\sim8)t$。

表 7-36 各种金属材料的拉深系数

材　料	第一次拉深 m_1	以后各次拉深 m_n
08 钢	0.52～0.54	0.68～0.72
铝和铝合金 8A06M、1035M、3A21M	0.52～0.55	0.70～0.75
硬铝 2A12M、2A11M	0.56～0.58	0.75～0.80
黄铜 H62	0.52～0.54	0.70～0.72
黄铜 H68	0.50～0.52	0.68～0.70
纯铜 T1、T2、T3	0.50～0.55	0.72～0.80
无氧铜	0.50～0.55	0.75～0.80
镍、镁镍、硅镍	0.48～0.53	0.70～0.75
康铜 BMn40-1.5	0.50～0.56	0.74～0.84
白铁皮	0.58～0.65	0.80～0.85
镍铬合金 Cr20Ni80	0.54～0.59	0.78～0.84
合金钢 30CrMnSiA	0.62～0.70	0.80～0.84
膨胀合金 4J29	0.55～0.60	0.80～0.85
不锈钢 1Cr18Ni9Ti	0.52～0.55	0.78～0.81
不锈钢 1Cr13	0.52～0.56	0.75～0.78
钛合金 BT1	0.58～0.60	0.80～0.85
钛合金 BT4	0.60～0.70	0.80～0.85
钛合金 BT5	0.60～0.65	0.80～0.85
锌	0.65～0.70	0.85～0.90
酸洗钢板	0.54～0.58	0.75～0.78

决不可应用无凸缘圆筒件的第一次拉深系数，只有当全部凸缘都转化为工件的圆筒壁时才能适用。表 7-37 为带凸缘的筒形件（10 钢）第一次拉深的极限拉深系数。

表 7-37 带凸缘的筒形件（10 钢）第一次拉深的极限拉深系数

凸缘的相对直径 $d_凸/d$	毛坯相对厚度 $t/D\times100$				
	2～1.5	1.5～1	1～0.6	0.6～0.3	0.3～0.15
<1.1	0.51	0.53	0.55	0.57	0.59
1.3	0.49	0.51	0.53	0.54	0.55
1.5	0.47	0.49	0.5	0.51	0.52
1.8	0.45	0.46	0.47	0.48	0.48
2.0	0.42	0.43	0.44	0.45	0.45
2.2	0.4	0.41	0.42	0.42	0.42
2.5	0.37	0.38	0.38	0.38	0.38
2.8	0.34	0.35	0.35	0.35	0.35
3.0	0.32	0.33	0.33	0.33	0.33

在确定带凸缘筒形件的拉深次数时，仅应用表 7-37 中的拉深系数是不能确切地表示出其变形程度的，在判定带凸缘件的拉深次数时，须应用相应于不同凸缘相对直径 $d_凸/d$ 的最大相对深度 h/d 进行，其值见表 7-38，若可以一次成形，则计算到此结束；若不能一次成形，则需初步假定一个较小的凸缘相对直径 $d_凸/d$ 值，并根据其值从表 7-37 中初选首次拉深系数 m_1，初算出相应的拉深直径 d_1，然后算出该拉深直径 d_1 的拉深高度 h_1，再验算选取的拉深系数及相对深度 h/d 是否满足表 7-37、表 7-38 的相应要求，若满足，则可按表 7-39 选取后续的拉深系数；若不满足，须重新假定凸缘相对直径 $d_凸/d$ 值，重复上述判定步骤，直至满足表 7-37、表 7-38 的相应要求后，再按表 7-39 选取后续的拉深系数，并计算后续相关的工序参数。

(3) 拉深力的计算

计算拉深力的目的在于选择设备和设计模具，计算拉深力的实用公式见表 7-40。

表 7-38 带凸缘的筒形件第一次拉深的最大相对深度 h/d

凸缘的相对直径 $d_凸/d$	毛坯相对厚度 $t/D \times 100$				
	2～1.5	1.5～1	1～0.6	0.6～0.3	0.3～0.15
<1.1	0.90～0.75	0.82～0.65	0.70～0.57	0.62～0.5	0.52～0.45
1.3	0.80～0.65	0.72～0.56	0.60～0.50	0.53～0.45	0.47～0.40
1.5	0.70～0.58	0.63～0.50	0.53～0.45	0.48～0.40	0.42～0.35
1.8	0.58～0.48	0.53～0.42	0.44～0.37	0.39～0.34	0.35～0.29
2.0	0.51～0.42	0.46～0.36	0.38～0.32	0.34～0.29	0.30～0.25
2.2	0.45～0.35	0.40～0.31	0.33～0.27	0.29～0.25	0.26～0.22
2.5	0.35～0.28	0.32～0.25	0.27～0.22	0.23～0.20	0.21～0.17
2.8	0.27～0.22	0.24～0.19	0.21～0.17	0.18～0.15	0.16～0.13
3.0	0.22～0.18	0.20～0.16	0.17～0.14	0.15～0.12	0.13～0.10

注：1. 大数值适用于零件圆角半径较大的情况［由 $t/D \times 100 = 2 \sim 1.5$ 时的 $r_凸$、$r_凹 = (10 \sim 12)t$ 到 $t/D \times 100 = 0.3 \sim 0.15$ 时的 $r_凸$、$r_凹 = (20 \sim 25)t$］和随着凸缘直径的增加及相对拉深深度的减小，其数值也逐渐减小到 $r \leqslant 0.5h$ 的情况；小数值适用于底部及凸缘小的圆角半径 $r_凸$、$r_凹 = (4 \sim 8)t$。

2. 本表使用于 10 钢，当塑性更大的材料取大值，塑性较小的材料取小值。

表 7-39 带凸缘的筒形件以后各次的拉深系数

压延系数	毛坯相对厚度 $t/D \times 100$				
	2～1.5	1.5～1	1～0.6	0.6～0.3	0.3～0.15
m_2	0.73	0.75	0.76	0.78	0.8
m_3	0.75	0.78	0.79	0.8	0.82
m_4	0.78	0.8	0.82	0.83	0.84
m_5	0.8	0.82	0.84	0.85	0.86

注：上述数值用于 10 钢；在应用中间退火的情况下，可将拉深系数减小 5%～8%。

(4) 拉深模间隙的确定

拉深模的单面间隙 Z 等于凹模孔径 $D_凹$ 与凸模直径 $D_凸$ 直径之差的一半，是影响拉深件质量的重要参数之一，间隙过小增加摩擦力，使拉深件容易破裂，且易擦伤表面和降低模具寿命，间隙过大，拉深件又易起皱，且影响零件精度。拉深模间隙一般按以下两种情况考虑。

表 7-40　计算拉深力的实用公式

拉深形式	拉深工序	公　式
无凸缘的筒形件	第一道	$F=\pi d_1 t\sigma_b k_1$
	第二道以及以后各道	$F=\pi d_n t\sigma_b k_2$
带凸缘的筒形件	各工序	$F=\pi d_1 t\sigma_b k_3$
横截面为矩形、方形、椭圆件等拉深件	各工序	$F=Lt\sigma_b k$

式中　F——拉深力，N；

d_1、d_2、…、d_n——筒形件的第 1 道、第 2 道、…、第 n 道工序中性层直径，按中性线（$d_1=d-t$、$d_2=d_1-t$、…、$d_n=d_{n-1}-t$）计算，mm；

t——材料厚度，mm；

σ_b——强度极限，MPa；

k_1、k_2、k_3——系数，见表 7-41、表 7-42；

k——修正系数，取 0.5～0.8；

L——横截面周边长度，mm。

表 7-41　筒形件拉深的系数 k_1、k_2

m_1	0.55	0.57	0.60	0.62	0.65	0.67	0.70	0.72	0.75	0.77	0.80
k_1	1.00	0.93	0.86	0.79	0.72	0.66	0.60	0.55	0.50	0.45	0.40
m_2	0.70	0.72	0.75	0.77	0.80	0.85	0.90	0.95	—		
k_2	1.00	0.95	0.90	0.85	0.80	0.70	0.60	0.50	—		

表 7-42　拉深带凸缘的筒形件的系数 k_3 的数值（08～15 钢）

$D_凸/d$	第一次拉深系数 $m_1=d_1/D$										
	0.35	0.38	0.4	0.42	0.45	0.5	0.55	0.6	0.65	0.7	0.75
3	1	0.9	0.83	0.75	0.68	0.56	0.45	0.37	0.3	0.23	0.18
2.8	1.1	1	0.9	0.83	0.75	0.62	0.5	0.42	0.34	0.26	0.2
2.5	—	1.1	1	0.9	0.82	0.7	0.56	0.46	0.37	0.3	0.22
2.2	—	—	1.1	1	0.9	0.77	0.64	0.52	0.42	0.33	0.25
2	—	—	—	1.1	1	0.85	0.7	0.58	0.47	0.37	0.28
1.8	—	—	—	—	1.1	0.95	0.8	0.65	0.53	0.43	0.33
1.5	—	—	—	—	—	1.1	0.9	0.75	0.62	0.5	0.4
1.3	—	—	—	—	—	—	1	0.85	0.7	0.56	0.45

注：表中 $D_凸$ 表示带凸缘筒形件的凸缘直径，d 为筒形件直径。上述系数也可以用于带凸缘的锥形及球形零件在无拉深筋模具上的拉深。在有拉深筋模具内拉深相同的零件时，系数需增大 10%～20%。

① 不用压边圈时，考虑起皱可能性，其单边间隙 $Z=(1\sim1.1)t_{max}$，其中 t_{max} 为材料厚度的最大极限尺寸。

② 用压边圈时，间隙值按表 7-43 选取。

表 7-43 有压边圈拉深时单边间隙值 Z mm

拉深工序	拉深件精度等级	
	IT11、IT12	IT13～IT16
第一次拉深	$Z=t_{max}+a$	$Z=t_{max}+(1.5\sim2)a$
中间拉深	$Z=t_{max}+2a$	$Z=t_{max}+(2.5\sim3)a$
最后拉深	$Z=t$	$Z=t+2a$

注：1. 较厚材料取括号中的小值，较薄材料（$t/D\times100=1\sim0.3$）取括号中的大值。

2. Z——凸、凹模的单向间隙，mm；

t_{max}——材料厚度最大极限尺寸，mm；

t——材料公称厚度，mm；

a——增大值，mm，见表 7-44。

表 7-44 增大值 a mm

材料厚度	0.2	0.5	0.8	1	1.2	1.5	1.8	2	2.5	3	4	5
增大值 a	0.05	0.1	0.12	0.15	0.17	0.19	0.21	0.22	0.25	0.3	0.35	0.4

在拉深矩形件时，考虑到材料在角落部分会大大变厚，拉深模间隙在矩形件的角部应取比直边部分间隙大 $0.1t$ 的数值。

在有硬性压边圈的双动压力机上工作时，对一定厚度的材料规定最小的间隙，既不将坯料压死不动，又不允许发生皱纹，其增大值 a 可按下式决定：$a\approx0.15t$，t 为材料厚度。

生产中，对精度要求较高的拉深零件，也常采用负间隙，即拉深间隙取 $(0.9\sim0.95)t$。

(5) 凸、凹模工作部分尺寸的确定

拉深模工作部分尺寸确定的内容主要有：凸、凹模圆角半径及凸、凹模的尺寸与制造公差等，这些参数直接影响到拉深加工件的尺寸精度及外观质量。

① 拉深凹模圆角半径的确定　拉深凹模的圆角半径对拉深过

程有很大的影响。一般说来，凹模圆角半径尽可能大些，大的圆角半径可以降低极限拉深系数，而且还可以提高拉深件质量，但凹模圆角半径太大，会削弱压边圈的作用，且可能引起起皱现象。当选取正常拉深系数时，首次拉深的凹模圆角半径 $r_{凹}$ 也可以按表 7-45、表 7-46 选取。

表 7-45 带压边圈的首次拉深凹模圆角半径 $r_{凹}$

拉深方式	毛料相对厚度 $t/D\times100$		
	2～1	1～0.3	0.3～0.1
无凸缘	$(6\sim8)t$	$(8\sim10)t$	$(10\sim15)t$
带凸缘	$(10\sim15)t$	$(15\sim20)t$	$(20\sim30)t$
有拉深筋	$(4\sim6)t$	$(6\sim8)t$	$(8\sim10)t$

表 7-46 无压边圈的首次拉深凹模半径 $r_{凹}$

材　　料	厚度 t	$r_{凹}$	
		第一次拉深	以后的拉深
钢、黄铜、紫铜、铝	4～6	$(3\sim4)t$	$(2\sim3)t$
	6～10	$(1.8\sim2.5)t$	$(1.5\sim2.5)t$
	10～15	$(1.6\sim1.8)t$	$(1.2\sim1.5)t$
	15～20	$(1.3\sim1.5)t$	$(1\sim1.2)t$

以后各次拉深的凹模圆角半径 $r_{凹n}$ 可逐渐缩小，一般可取 $r_{凹n}=(0.6\sim0.8)r_{凹n-1}$，但不应小于 $2t$。

② 凸模圆角半径 $r_{凸}$ 的确定　凸模圆角半径 $r_{凸}$ 对拉深的影响不像凹模圆角半径 $r_{凹}$ 那样显著，但过小的 $r_{凸}$ 会降低筒壁传力区危险断面的有效抗拉强度，使危险断面处严重变薄，若过大，会使在拉深初始阶段不与模具表面接触的毛坯宽度加大，因而这部分毛坯容易起皱。凸模圆角半径 $r_{凸}$ 的选取一般按如下原则。

a. 在第一次拉深，当 $\frac{t}{D}\times100>0.6$，取 $r_{凸}=r_{凹}$。

b. 当 $\frac{t}{D}\times100=(0.3\sim0.6)$，取 $r_{凸}=1.5r_{凹}$。

c. 当$\frac{t}{D}\times 100<0.3$，取$r_凸=2r_凹$。

d. 在中间各次压延，可取$r_凸=\frac{d_{n-1}-d_n-2t}{2}$，也可取和凹模圆角半径$r_凹$相等或略小一些的数值，即取$r_凸=(0.7\sim1.0)r_凹$，在最后一次拉深中，应取$r_凸$为等于零件半径的数值。

③ 凸模和凹模尺寸的确定　凸模和凹模尺寸的确定按以下原则进行。

a. 对于最后一道工序的拉深模，其凸模和凹模尺寸及其公差应按工件的要求确定。

b. 当工件要求外形尺寸时，以凹模尺寸为基准进行计算，即

凹模尺寸：$D_凹=(D-0.75\Delta)^{+\delta_凹}_{0}$

凸模尺寸：$D_凸=(D-0.75\Delta-2Z)^{0}_{-\delta_凸}$

c. 当工件要求内形尺寸时，以凸模尺寸为基准进行计算，即

凸模尺寸：$d_凸=(d+0.4\Delta)^{0}_{-\delta_凸}$

凹模尺寸：$d_凹=(d+0.4\Delta+2Z)^{+\delta_凹}_{0}$

d. 中间过渡工序的半成品尺寸，由于没有严格限制的必要，模具尺寸只要等于毛坯过渡尺寸即可。若以凹模为基准时，则

凹模尺寸：$D_凹=D^{+\delta_凹}_{0}$

凸模尺寸：$D_凸=(D-2Z)^{0}_{-\delta_凸}$

式中　D，d——工件外、内形的公称尺寸，mm；

Δ——工件的公差，mm；

Z——凸、凹模单边间隙，mm；

$\delta_凸$，$\delta_凹$——凸、凹模的制造公差。若工件的公差为IT13级以上，凸、凹模的制造公差为IT6～IT8级，若工件的公差为IT14级以下，凸、凹模的制造公差为IT10级。

(6) 圆筒形件的拉深加工工艺

圆筒形件的拉深加工工艺必须根据圆筒的具体结构确定。

① 无凸缘圆筒件拉深加工工艺的制订　无凸缘圆筒件的拉深加工工艺一般需根据其相应的拉深次数计算结果确定，图7-172为

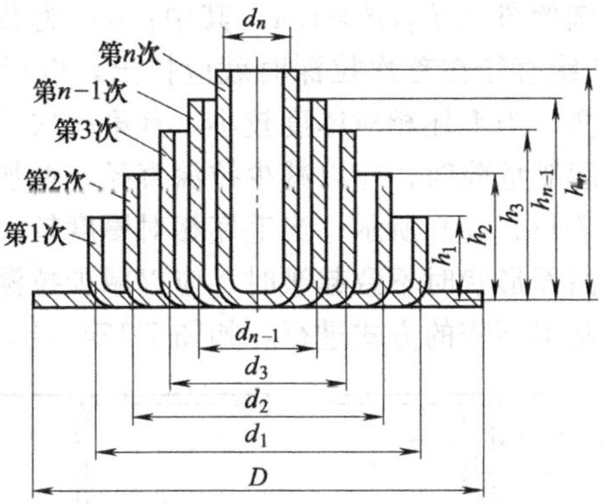

图 7-172　无凸缘圆筒件的拉深方法

需多次拉深的无凸缘圆筒件的拉深加工工艺。

在多次拉深加工时，对多次拉深加工硬化严重的材料，必须进行中间退火，无需中间退火所能完成的拉深次数见表 7-47。该原则同样适用于带凸缘圆筒件的拉深。

表 7-47　无需中间退火所能完成的拉深次数

材料	08、10、15 钢	铝	黄铜	纯铜	不锈钢	镁合金	钛合金
次数	3～4	4～5	2～4	1～2	1～2	1	1

② 带凸缘圆筒件拉深加工工艺制订　对窄凸缘圆筒件（$d_凸/d$=1.1～1.4，其中：$d_凸$ 为凸缘直径，d 为圆筒直径），应先拉成圆筒件，然后成形锥度凸缘，最后经校平获得平凸缘形状，见图 7-173。因此，对窄凸缘件的拉深与无凸缘圆筒件的拉深相似，其拉深系数的选定与无凸缘圆筒件完全相同，可作为一般无凸缘圆筒件来制订拉深工艺。

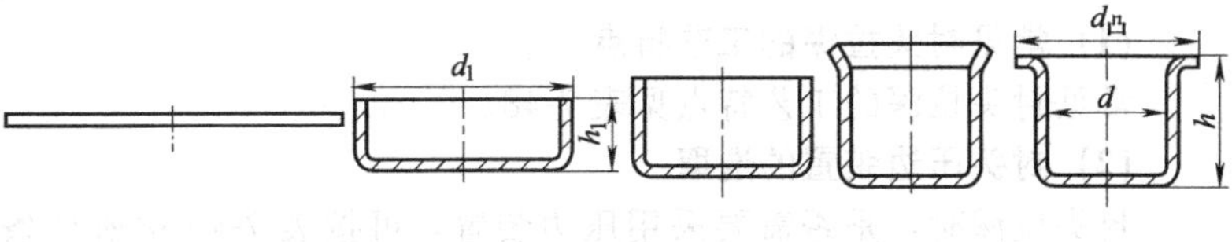

图 7-173　窄凸缘件的拉深方法

对宽凸缘圆筒件（$d_凸/d>1.4$，其中：$d_凸$ 为凸缘直径，d 为圆筒直径），凸缘直径在首次拉深时就应拉出，以后各次拉深中凸缘直径保持不变。当毛坯相对厚度较小，且第一次拉深成大圆角的曲面形状具有起皱危险时，应以减少拉深直径，增加拉深高度的方式进行，如图 7-174（a）所示；当毛坯相对厚度较大，在第一次拉深成大圆角的曲面形状时不致起皱时，应以减少拉深直径和圆角半径，拉深高度基本不变的方式进行，如图 7-174（b）所示。

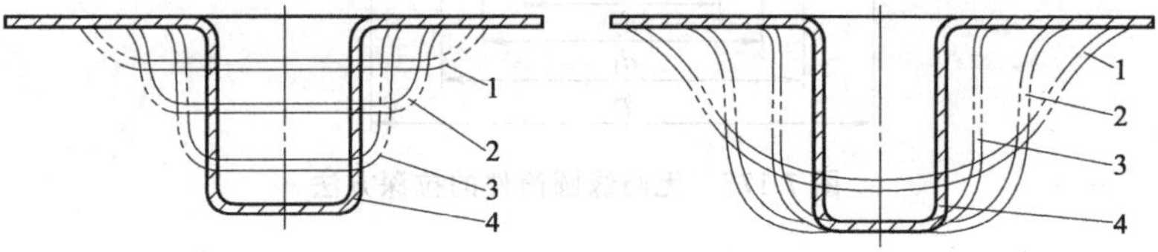

(a) 高度逐渐拉深法　　(b) 等高拉深法

图 7-174　宽凸缘件的拉深方法

另外，对宽凸缘件的拉深，在首次拉深时，拉入凹模的材料要比按面积计算所需的材料多（3～5）%，这些材料在以后各次拉深中一部分挤回到凸缘上，而另一部分就留在圆筒中，这为在以后各次拉深中不使凸缘部分再参与变形，避免拉破提供了保证。这一原则，对于料厚小于 0.5mm 的拉深件，效果更显著。事实上，这一原则是通过正确计算各次拉深高度和严格控制凸模进入凹模的深度来实现的。

7.5.4　常见封头的拉深

常见的封头制件，按底部形状可分成两大类，即平底封头（又称封盖）和凸形封头（常见的有椭圆形封头、蝶形封头和半球形封头）等类型。而根据封头形状及大小的不同，封头又可采用冷拉深和热拉深两种成形方法。

(1) 常见封头拉深的工艺特点

常见封头拉深的工艺特点见表 7-48。

(2) 封头压边装置的选取

封头拉深时，是否需要采用压边装置，可按表 7-49 中所列条件决定。

表 7-48　常见封头拉深的工艺特点

类型	名称	图　例	工 艺 特 点
整体式	平底封头		将平板坯料拉深成平底空心件，壁厚基本不变
	碟形封头		将平板形坯料拉深成碟形底空心件,壁厚基本不变
	球形封头		将平板形坯料,拉深成球形底空心件,壁厚基本不变
	环形封头	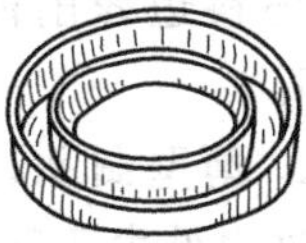	将平板形坯料拉深成槽形空心件,壁厚基本不变
分瓣组合式	球瓣	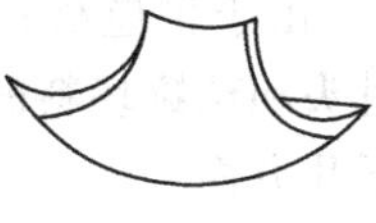	将平板形坯料压制成球形瓣,壁厚基本不变(利用多块球瓣组焊成封头)
	弯槽瓣	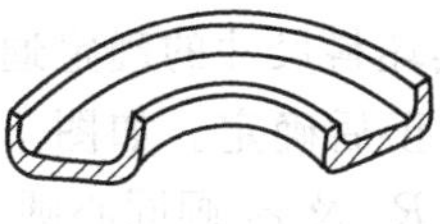	将平板形坯料压制成弯槽瓣,壁厚基本不变(利用多块弯槽瓣组焊成环形封头)

表 7-49　封头压边条件

名　　称	需　压　边
平底封头	$D-d \geqslant (21\sim22)t$
碟形及椭圆形封头	$D-d \geqslant (18\sim20)t$ 或 $\frac{t}{D}\times100 \leqslant 1.0\sim1.2$
球形封头	$D-d > (14\sim15)t$ 或 $\frac{t}{D}\times100 \leqslant 2.2\sim2.4$

注：D—坯料直径，d—封头内径，t—材料厚度。

(3) 封头的拉深加工

常见封头的拉深工艺要点主要有以下方面。

① 整体封头的拉深　当材料供应、封头成形和运输等条件能够满足整体成形时，应尽量采用整体成形。整体封头根据板料厚度的不同，可分为以下三种情况。

a. 中壁厚封头。当 $6t \leqslant D-d \leqslant 45t$ 时，称为中壁厚封头。这种封头可以用普通模具一次拉深成形，不需要采取特殊措施。

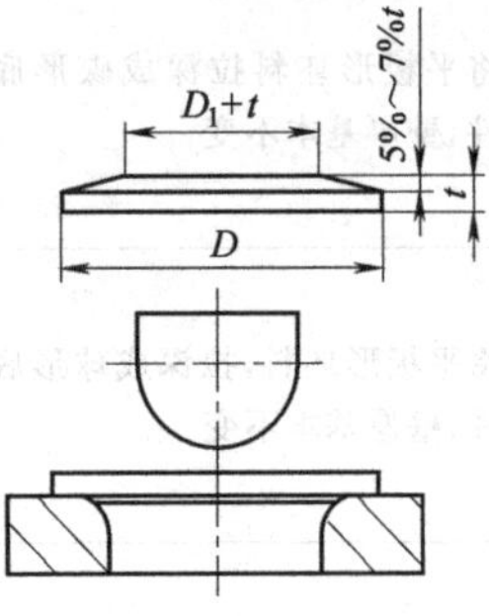

图 7-175　厚壁封头的拉深

b. 厚壁封头。当 $D-d<6t$ 时，称为厚壁封头。这种封头（尤其是直边高度大于 100mm 的球形封头）在拉深过程中边缘厚度剧增，增厚率常达 10%以上，拉深时必须增大模具间隙，或将坯料边缘削薄后进行拉深，见图 7-175。

c. 薄壁封头。当 $D-d>45t$ 时，称为薄壁封头。这种封头的拉深过程见表 7-50。

② 组合式封头的分瓣拉深　由于供应材料的尺寸、封头成形与运输条件的限制，对于大型封头和球罐坯料的展开都是采用分瓣式，分瓣拉深的特点主要有以下几方面。

a. 环形封头的弯槽瓣的拉深。环形组合式封头，一般可由 1/4～1/3 的弯槽瓣所组成，其坯料尺寸的确定通常是经初步计算，并留出余量，最后通过试验修正后确定。如图 7-176 所示 90°弯槽瓣，其展开料的作图是以半径 R_0 及 r_0 画同心圆，再按图中所定的 A、B、C、D 四点作为基准，周边放 15～20mm 的余量作下料线（即虚线），经试压后，测量制件尺寸，最后修正余量获得。

$$R_0=R+\frac{b}{2}+\frac{r\pi}{2}+H-2(r+t)$$

$$r_0=R_0-[b+r\pi+2H-4(r+t)]$$

再如图 7-177 所示的椭圆形封头，已知椭圆形长短轴半径 a 和 b，直边高 h，壁厚 t，圆顶部分的投影直径 d_n，若按圆周等分瓣数

表 7-50　薄壁封头的拉深过程与方法

拉深方法	图　　例	拉深加工过程	适用范围
多次拉深法	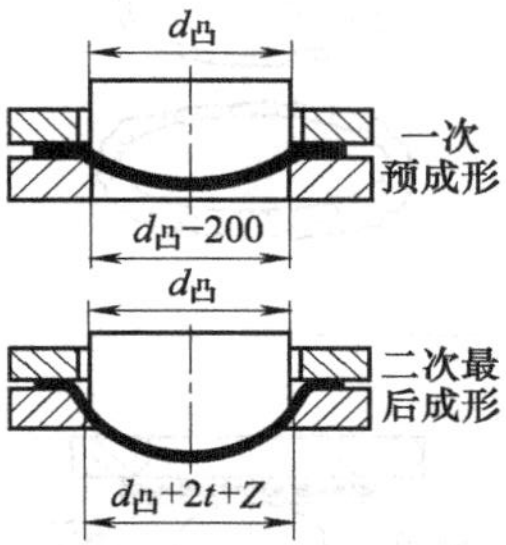	第一次用比凸模直径小 200mm 左右的凹模压成碟子形状，可用 2～3 块坯料叠压；第二次用配套的凹模拉深成所需的封头。必要时可分 3～4 次拉深	$d \geqslant 200$mm $45t < D-d < 100t$
用锥面压边圈拉深法	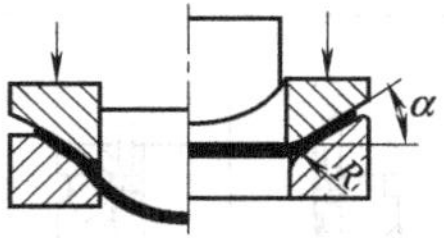	将压边圈及凹模工作面制成圆锥面，可改善拉深变形情况，一般 $\alpha=20° \sim 30°$	$45t < D-d < 60t$
用槛形拉深模拉深法	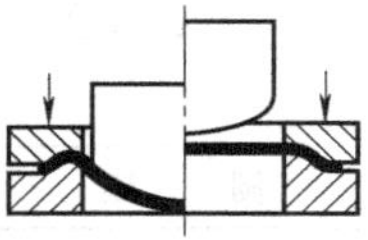	利用拉深筋来增大坯料法兰边的变形阻力和摩擦力，以增加径向拉应力，提高拉深效果	$45t < D-d < 160t$ （可冷压）

续表

拉深方法	图　　例	拉深加工过程	适 用 范 围
反拉深法	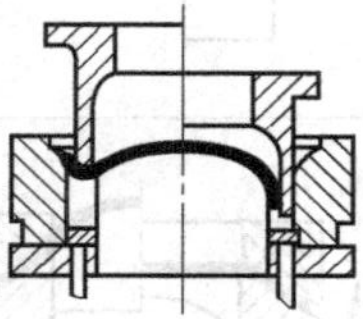	坯料在变形过程中，应力与正拉深基本相同，优点是可减少工序数目，提高制件质量	$60t<D-d<120t$
夹板拉深法	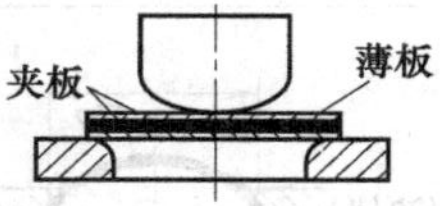	将坯料夹在两块厚钢板中间，或将坯料贴附一块厚钢板之上，周边焊成一整体，然后加热拉深	$t<4$ 的贵重金属或不宜直接与火焰接触的材料
加大坯料拉深法	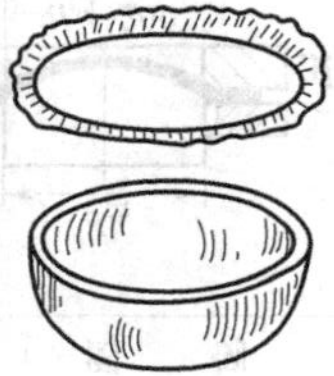	常与多次拉深法一起使用，最后将凸模及直边折皱部分割去，最后一次拉深通常采用冷压，坯料应比计算值大10%～15%左右，但不大于300mm	$60t<D-d<160t$

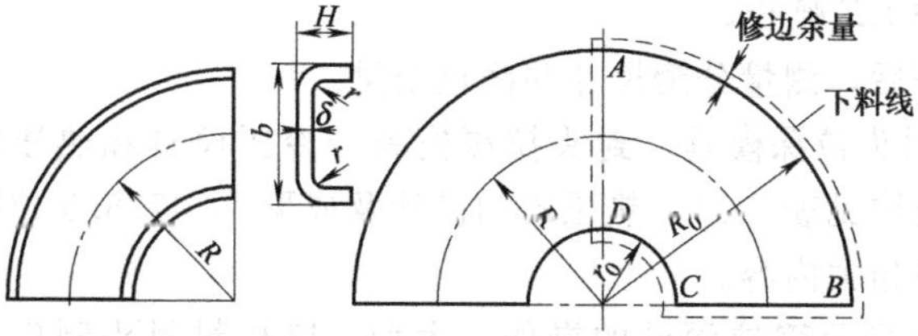

图 7-176　环形封头 90°弯槽瓣坯料尺寸的确定

n 进行分瓣拉深，则具分瓣坯料尺寸的确定方法如下：按图 7-177 (a) 中将 Fm 弧（包括直边部分）分为相等的任意等份（图中为 8 等份）；过等分点分别与 P 连线，作 $O'3$ 垂直于 $P3$ 直线，$3K$ 垂直于 OE 直线。

在图 7-177 (b) 中作直线 $O''A$，以 O'' 为圆心，以 $O'3$ 长为半径画弧交 $O''A$ 于 $3'$点，过此点上下截取 $3'2'$、$2'1'$、$1'F'$、$3'4'$、$4'5'$、$5'6'$、$6'7'$、$7'm'$分别等于 32 弧长、21 弧长、1F 弧长、34 弧长、45 弧长、56 弧长、67 弧长、$7m$ 弧长，并过等分点以 O''为圆心分别画弧，取圆弧长 $3°3°=2\pi K3/n$。

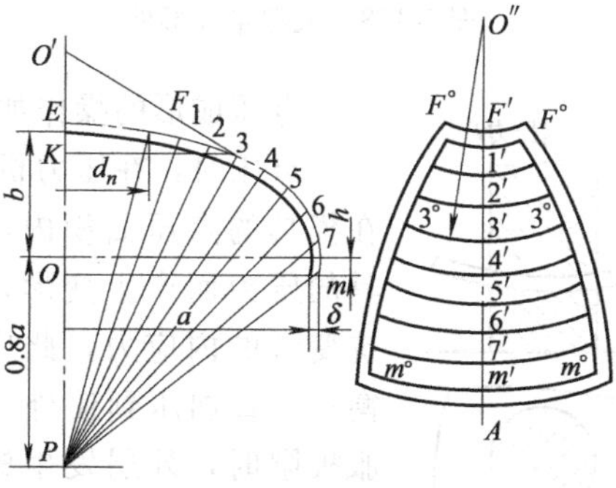

(a) 封头断面　　(b) 坯料尺寸

图 7-177　椭圆形封头分瓣坯料尺寸的确定

在 m'处放 10% 的拉深收缩量，即使 $m°m°$弧长等于 $1.1\times 2\pi\left(a+\frac{t}{2}\right)/n$；$F°F°$弧长等于 $d_n\pi/n$。圆滑连接 $F°3°m°$等各点，周边再放 15～25mm 的工艺余量，即得单瓣坯料图形。圆顶直径 $D_{顶}$

按 2 倍的 EF 弧长。

拉深后，测量分瓣尺寸并修正余量。

b. 封头拉深模具。封头拉深模具分冷压模具和热压模具，冷压模的结构见表 7-50，热压模的设计及成形见“7.5.5 拉深件的热成形”中相关内容。

c. 典型分瓣拉深件的操作。大型、厚板料封头制作时，受生产加工设备、制造成本等方面影响时，其拉深加工常采用点压成形，点压成形可用较小的模具压制大型的工件。图 7-178（a）所示大型半球形，它的内径为 6000mm，厚度为 20mm，材质为 16MnR 钢板，由于尺寸大、板料厚，需分成 11 瓣下料，每块球板约重 800kg，图 7-178（b）为其中一瓣的展开图形。

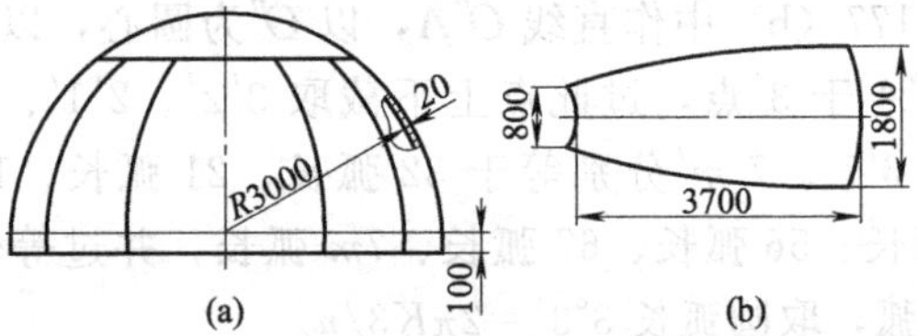

图 7-178　大型半球形件

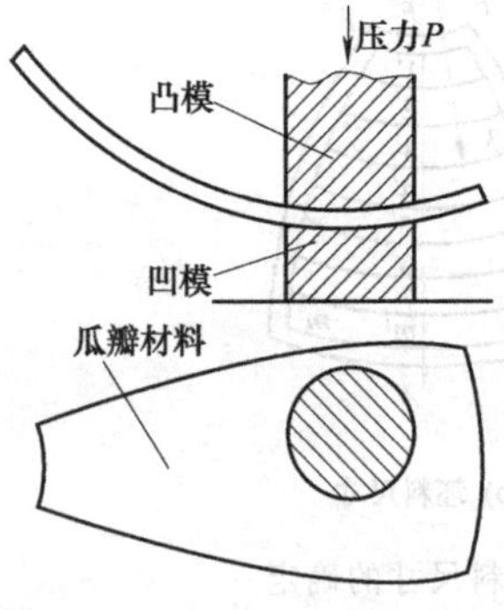

图 7-179　球瓣点压成形

点压成形的操作如图 7-179 所示。

点压时，在压力机的外力作用下，在模具的点压面积内，板料由于受模具的压力而产生变形，板料内出现抵抗变形的内应力，此应力与外力相平衡。一直加压到使外力等于材料的屈服极限时，外层发生塑性变形，并且由外表面向中心发展，此时停压，模具范围内的塑性变形保存下来，产生永久变形，逐步移动板料进行点压而达到球瓣的成形。

模具一般选用铸钢或铸铁材料经加工车制，一定的情况时也可以用钢板材料组拼。

点压成形模的尺寸主要包括：凸、凹模的宽度及半径，一般是先确定凸、凹模的宽度，再根据凸、凹模的宽度确定其成形半径值。由于凸、凹模的宽度直接影响到点压成形的效率，故多根据压力机的工作台面，工件的尺寸大小和施工的实际条件等因素确定。如本球瓣的压制采用 1200t 液压机，液压机立柱内操作面宽为 2600mm，经多次的实践总结，模具的宽度以 800～1000mm 为最佳，因加大模具直径虽然能减少点压次数，但操作不便，并需增加模具成本和操作压力；但减小模具直径时点压次数太多，移动板料的劳动强度增大而效率低，所以，此球瓣的凹模宽度选取 ϕ1000mm（见图 7-180），应该注意的是：凸模宽度应比相应的凹模宽度窄 50～100mm，以防压制时发生反变形，如此处球瓣的凸模宽度相应选取 ϕ950mm。

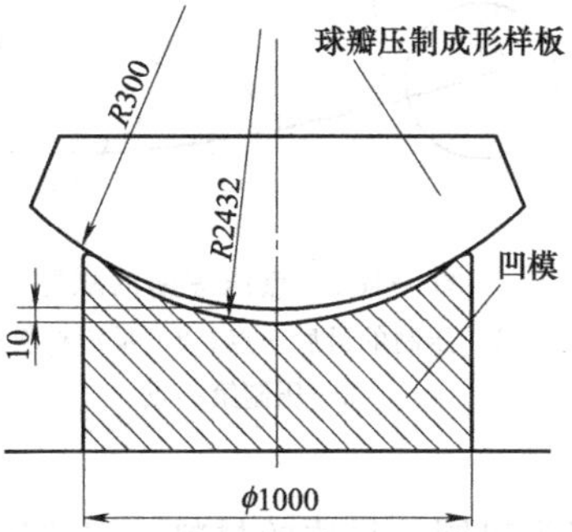

图 7-180　点压成形模具尺寸的确定

压制时，由于模具压制面积内板料的内层受压，外层受拉，在塑性变形的同时，也有弹性变形存在，同时因受未压制部分的拉力，点压面积内要产生曲率回弹。计算此回弹量比较复杂，在生产实践中，一般采用实样计算法确定，即通过在所设计的凸、凹模曲面半径和工件成形要求的曲面半径（钣金件成形半径）间留一间隙值，一般取 10～30mm 为合适，通过用改变压力的方法来压制并保证设计要求的球面半径，这种压制方法既容易保证所加工工件的尺寸，并且可压制多种曲率半径的球面。

因工件的曲面半径较大，板厚影响不大，故可直接用球面内径 R3000mm 作为球瓣压制成形的样板半径。当凹模曲面半径和工件成形要求的曲面半径（即球瓣压制成形的样板半径）的间隙取 10mm，可计算出凹模的曲面半径为 2432mm，如图 7-180 所示，此时，凸模的曲面半径也同时求出，为 2432mm，但凸模宽度取

950mm。应该说明的是，其他形状钣金件的点压成形，其模具尺寸的确定可按同样方法进行。

压制时，压力的选择应先进行试压，后用样板检查来确定较合适的压力值。本球瓣压制采用1200t液压机，经试压选用表压为90～120kgf/mm²，即采用450～600t的作用力进行压制。

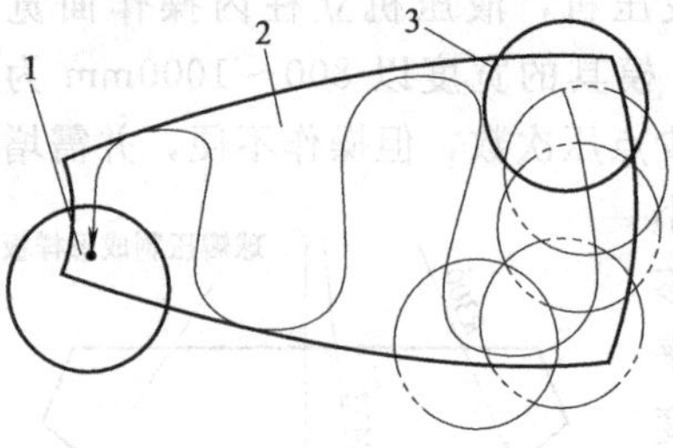

图 7-181 点压球瓣的顺序
1—压制的最后一点；2—瓜瓣材料；3—压制第一点

为减少移动板料次数，提高效率，压制顺序是从边缘开始逐步移动点压，如图7-181所示。根据材料和压制经验，一般压制两三遍即可成形。压制中每移动一次的距离不要太大，一般在100mm左右。压制一遍后用样板检查球瓣的纵横方向，因为对同一材质的材料，它的轧制纤维方向与成形弹性有关，顺轧制纤维方向成形较好，垂直轧制纤维方向成形反弹较大。所以第一遍压制完后用样板检查工件顺纤维方向曲率较小，垂直纤维方向曲率较大。所以在第二遍压制时，就应该在垂直纤维方向移动时距离减小，压点加密。一般在第二遍压制后基本成形，再用样板检查进行局部点的修压，局部修整时可换用半径较小的凸模点压，掌握合适的压力就可达到很好的成形质量。

7.5.5 拉深件的热成形

钣金件的弯曲、拉深等成形加工通常都是在常温下完成的，故称为冷成形，由于冷成形时，坯料不加热，无氧化皮，因而具有成形精度高、操作方便、生产成本低等优点，但是，金属材料在常温下制作时会出现冷作硬化，导致材料塑性指标下降，变形抗力增加。冷作硬化随变形程度的增大而增大。严重时金属材料因失去变形能力而产生断裂。变形率 ε 是衡量变形程度的一个重要指标，其一般按加工工件的外部纤维伸长率计算，表7-51给出了几种钣金构件变形率 ε 的计算公式。

表 7-51　变形率 ε 的计算

工件形状	变形率 ε 的计算公式
圆柱体	$\varepsilon=\frac{50t}{R}\left(1-\frac{R}{R_0}\right)\%$
球形、碟形表面	$\varepsilon=\frac{65t}{R}\left(1-\frac{R}{R_0}\right)\%$

注：式中 R_0 为截面重心层的原始曲率半径，mm。

在压力容器筒体制造中，当 $t\leqslant 20$，或当 $t>20$，但 $\varepsilon\leqslant 5\%$ 时，及当合金钢 $\varepsilon\leqslant 3\%$ 时，都可以冷作。如果超出上述范围，就要进行中间消除应力处理，或采用热成形。

为消除因冷成形产生的冷作硬化等不利因素，对于用厚板或型钢制成的钣金成形件，为减少成形力，提高材料的变形程度，一般都采用热成形。在钣金件的生产加工制造过程中，对于板料厚度超过 10～12mm 和每边厚度在 8～10mm 以上的型钢进行弯曲与拉深时，往往采用热成形。另外，在制造含铬等特种钢的零件时，因在常温下加工，会有严重的硬化、翘形和裂纹产生，所以也必须采用热成形。

(1) 热成形的特点及其温度范围

热成形通常包括热弯曲和热拉深两种加工，其加工成形特点及成形温度的选择主要有以下方面。

① 热成形的加工机理及特点　热成形的加工机理是基于金属材料随温度的增加，金属内部出现了回复、再结晶，增加了新的滑移系统，从而出现温度增加，金属强度指标降低，塑性指标增加等金属软化作用（表 7-52 给出了部分钢材在不同温度下的屈服强度）。金属产生的这种热塑性现象，使热压成形加工具有所需的成形力较低，易获得所需的成形形状等优点，而在再结晶温度以上进行的成形，由于再结晶作用可消除成形产生的内应力，因而又可避免冷作硬化的产生。

② 热成形温度的选择　为了保证成形件的质量，提高材料的变形程度，减小材料的变形抗力，在决定热成形温度时，必须根据不同材料的温度-力学性能曲线、加热对材料可能产生的不利影响

表 7-52 部分钢材在不同温度下的屈服强度 MPa

材料	在各种温度下的屈服强度						
	600℃	700℃	800℃	900℃	1000℃	1100℃	1200℃
Q235	160	112	80	50	30	21	15
Q275	200	124	82	52	36	22	15
10	140	98	68	47	32.5	22.5	17.8
50	215	136	86	56	37.5	22.8	14.6
70	240	150	92	59	37	24	17.6
T8	228	144	93	61	38	24	17.9
T10	235	150	93	58	37	21.5	13
65Mn	225	140	87	58	36	23	15
40Cr	220	139	86	57.5	36.5	23.2	15
CrWMn	246	154	99	65	41	26	17
9SiCr	252	162	104	66	43	27.4	17.5
0Cr13	200	125	84	55	36.5	24.4	16
W18Cr4V	570	370	230	145	90	55	35

（如氢脆、晶间腐蚀、氧化、脱碳等）以及材料的变形性质作出正确的选择。这是因为当金属受热时，晶粒本身与晶粒之间产生了各种物理化学变化。例如，析出扩散异相，溶解自由相及晶间杂质，氧化与脱碳等。这些物理化学变化对于塑性变形的影响，视金属的具体性质而异。例如低碳钢，在200～400℃之间时，因为时效作用（夹杂物以沉淀的形式析出，产生沉淀硬化），使变形抗力增加，塑性降低，这一温度范围称为冷脆区。而在800～950℃的范围内，又会出现热脆，使塑性降低。其原因是铁与硫形成的化合物 FeS 几乎不溶于固体铁中，形成低熔点的共晶体（Fe＋FeS＋FeO），如果处在晶粒边界的共晶体熔化，就会破坏晶粒间的结合。因此，选择变形温度时，碳钢应避开冷脆区和热脆区。

表 7-53 给出了部分钢料的热压温度，其余钢料见表 7-15。对要求退火或淬火＋回火处理的材料，必须在热成形完成后另行热处理。

表 7-53 各种钢材的热成形温度

材料	热成形温度/℃	
	加热	终止≥
Q235、15、20、25	900～1100	700
30、35、40、45、50	950～1050	780
16Mn、16MnR、15MnV、15MnVR、15MnTi、15MnVN、14MnMoV、18MnMoNb、18MnMoNbR、15MnVNRE	950～1050	750
Cr5Mo、12CrMo、15CrMo	1000～1100	750
14MnMoVBRE、12MnCrNiMoVCu	1050～1100	850
14MnMoNbB	1000～1100	750
0Cr13、1Cr13	1000～1100	850
1Cr18Ni9Ti、12Cr1MoV	950～1100	850
黄铜 H62、H68	600～700	400
铝及铝合金 1060(L2)、5A02(LF2)、3A21(LF21)	350～400	250
钛	420～560	350
钛合金	600～840	500

此外，在生产中对某些弯曲、拉深等成形工序也采用在蓝脆区以上，再结晶温度以下（500～800℃），有时甚至采用更低的温度（100～200℃）进行，这是因为成形温度低，加热时间短，有利于降低加热成本，而较低的加热温度又使成形件的氧化皮少，有利于减轻成形工件表面的压痕，提高坯料表面的成形质量，但易使成形件发生变形，热成形后往往需要进行冷矫形。

③ 热成形的判断 板料加热温度，一般是凭观察火色来判断，各种温度时的火色见表 7-54。应该说明，观察火色与环境的明暗有关，表 7-54 所列的颜色是从暗处观察火色所判断的温度。白天观察火色情况又有所不同。例如，从暗处观察，板料加热到 770～800℃时呈樱红色，如果在很明亮的环境下观察火色，当钢料呈樱红色时，其温度早已超过 800℃。

表 7-54　钢材加热到各种温度时的颜色

颜　色	温度/℃	颜　色	温度/℃
暗褐色	530～580	亮红色	830～900
红褐色	580～650	橙黄色	900～1050
暗红色	650～730	暗黄色	1050～1150
暗樱红色	730～770	亮黄色	1150～1250
樱红色	770～800	眩目白色	1250～1300
亮樱红色	800～830		

(2) 热压模工艺参数的确定

热成形所用的模具一般统称为热压模。热压模设计与冷成形模基本相同，与冷成形模设计不同的参数主要包括：热压模的间隙，凸、凹模工作部分尺寸的计算等。

① 热压模的间隙　板料加热后由于膨胀使厚度增加，同时热压变形使工件上部厚度也有所增加（特别是热拉深件），所以热压模的间隙要比冷压模大些，而且热拉深模的间隙又要比热弯曲模的间隙大些，具体数值可参阅表 7-55。

表 7-55　热压模的单侧间隙值（不包括料厚）　　mm

材料厚度	拉深模		弯曲模	
	最小间隙	最大间隙	最小间隙	最大间隙
6～8	0.50	1.00	0.40	0.80
10～12	0.80	1.25	0.60	1.00
14～16	1.00	1.50	0.85	1.25
18～20	1.40	1.80	0.05	1.50
22～24	1.75	2.20	1.30	1.75
25～30	2.00	2.50	1.50	2.00

② 凸、凹模工作部分尺寸的计算　设计热压模时，必须考虑到工件的冷缩现象。因此，凸、凹模工作部分尺寸要相应放大以弥补冷缩量。一般冷缩量可取 0.6%～0.75%之间。

此外，由于冷缩的原因，热压后工件紧紧地箍在凸模上，所以不论工件要求外部尺寸准确还是要求内部尺寸准确，热压模的设计均应以凸模的尺寸为基准，间隙均应以扩大凹模尺寸得到，如图7-182所示。

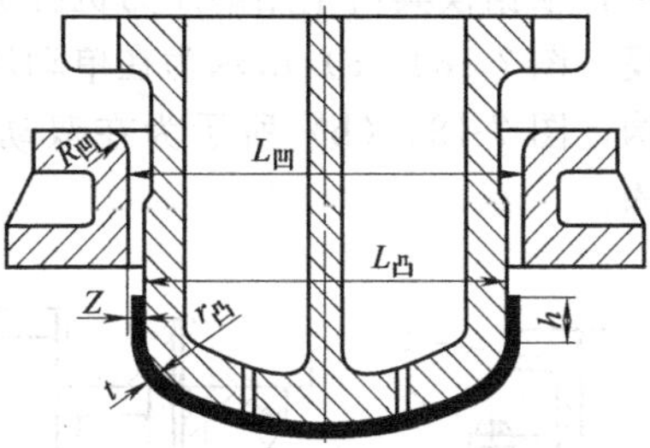

图 7-182 热压模的尺寸

当工件标注内形尺寸时：$L_{凸}=L_1(1+\alpha)+0.3\Delta$

当工件标注外形尺寸时：$L_{凸}=(L_2-2t)(1+\alpha)+0.3\Delta$

凹模尺寸则为：　$L_{凹}=L_{凸}+2t+2Z$

式中　$L_{凸}$，$L_{凹}$——凸模及凹模的基本尺寸，mm；

L_1，L_2——工件的内外最小极限尺寸，mm；

α——冷缩量（0.6%～0.75%）；

Δ——工件公差，mm；

Z——单侧间隙（不包括料厚），mm；

t——板料厚度，mm。

凸模和凹模的制造公差，对于圆形及方形件，可以规定凹模按IT11级精度制造，凸模可按IT9级精度制造。对于非圆形及其他较复杂的工件可规定凹模按IT11、IT12级精度制造，而凸模则按凹模配制。

③ 凸、凹模圆角半径的确定　热压模凸模的圆角半径$r_{凸}$，根据工件的圆角半径决定，一般不应小于板料厚度的1～1.5倍。凹模的圆角半径$r_{凹}$为板料厚度的2～3倍。

④ 采用压边圈的条件　热压件的板料厚度虽然较大，但当圆筒形拉深件侧壁b的高度较大时，也能产生起皱现象。一般认为不

产生起皱的最极限条件是：$b=h+\frac{1}{3}(r_{凸}+t)\leqslant 14t$，式中符号的意义见图 7-182，如果 b 的数值超过此极限时，就需要用压边圈。

(3) 热压模的结构

与冷压模一样，根据模具所采用的压力机种类的不同，可分为单动或双动热压模。图 7-183 (a) 所示为在单动压力机上拉深时所采用的热压模结构，图 7-183 (b) 所示为在双动压床上拉深时所采用的热压模结构。

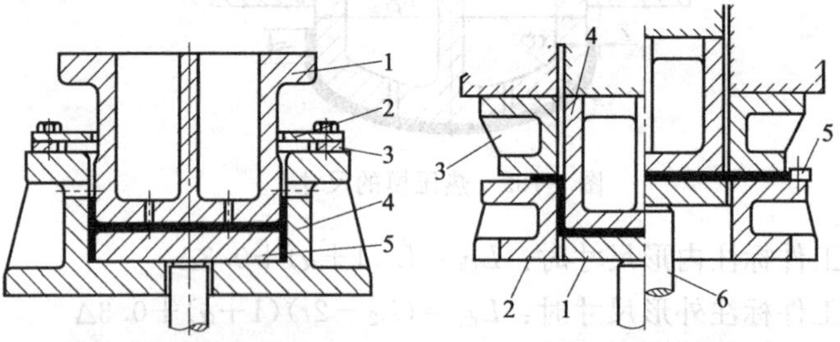

(a) 带刚性压边圈的拉深模
1—凸模；2—刚性卸料板；3—定位挡铁；4—凹模；5—压料板

(b) 双动压力机用拉深模
1—顶板；2—凹模；3—外环(压边兼卸料)；4—凸模；5—挡铁；6—顶杆

图 7-183 热压模的结构

在热拉深中，为了消除起皱现象，通常都不采用冷冲压模中的弹性压边装置，而是采用刚性压边装置。如图 7-183 (a) 所示模具采用压料板 5 进行压边，完成拉深后，又通过刚性卸料板 2 完成卸料，刚性卸料板 2 直接用螺钉固定在凹模 4 上进行卸料；图 7-183 (b) 所示模具外环 3 直接固定在双动压力机外滑块上进行压边，完成拉深后，又通过外环 3 进行卸料。

(4) 热压模的设计注意事项

尽管热压模的工作原理与冷压模相同，但由于其是在加热的状态下进行，因此，又与冷压模的设计有所不同，在热压模的设计过程中，主要应注意以下事项。

① 热压加工工艺的确定 在热弯曲时材料的拉伸变形是不能事先进行准确计算的，所以对于重要的零件，为了得到规定的长

度，最好在压弯后进行机械加工。

拉深件的修边留量也应比冷压时大3～4倍。另外，由于产生拉长现象，弯曲与拉深件上所有的孔，都要在弯曲与拉深工序之后进行加工。

对于弯曲件，其最小弯曲半径可取：$R_{最小} \geqslant (0.2 \sim 0.3)t$，其中$R_{最小}$为最小弯曲半径；$t$为板料的厚度。

对于拉深件，转弯部分的圆角半径不宜小于材料厚度的1～1.5倍。

② 卸件装置的设计　热压时，由于冷缩现象使工件紧紧箍在凸模上，所以热压模都要有卸件装置。

影响热压模卸件力的因素是很多的，如工件在拉深前后温度差，凸、凹模的间隙，工件表面的粗糙度等，但其中主要因素是工件拉深前后的温度差。

卸件装置应根据模具结构、压力机种类的不同有针对性地设计，除可采用图7-183所示的卸料方式外，为了减小卸件力，便于卸件，在产品设计许可的条件下，还可使凹模和凸模的侧壁向外倾斜1°～3°。

图7-184所示的弹簧式卸件装置为生产中广泛采用的一种热压模卸件装置。它是在凹模3侧壁上留几个槽，将方形的卸件铁1置于槽中，卸件铁的外端用弹簧片2压住，卸件铁的内端制成过渡圆弧状的斜坡。当凸模4带着工件往下时，卸件铁由于斜坡的作用会自动退回，而当凸模带工件继续往下时，只要超过卸件铁的位置，由于弹簧片的作用使卸件铁推向模膛而抵住凸模，当凸模上升时，工件被挡住而自动从凸模上卸下。

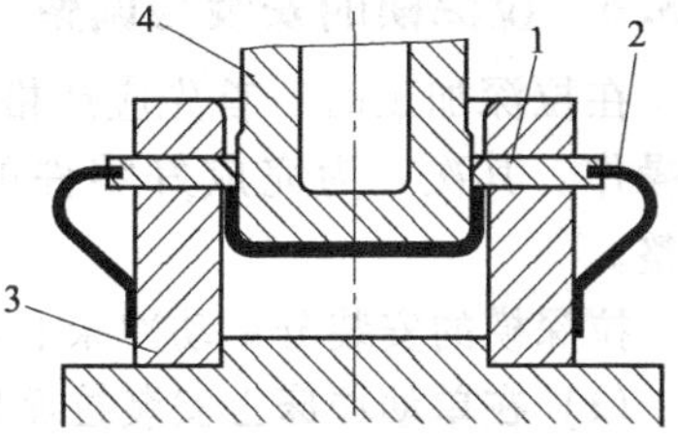

图7-184　弹簧式卸件装置

1—卸件铁；2—弹簧片；3—凹模；4—凸模

设计时要求弹簧片的弹力适量，卸件块的斜坡角度（与垂线间）最好为30°～45°。

③ 凸、凹模结构要点与用料　由于在加热状态，所加工材料

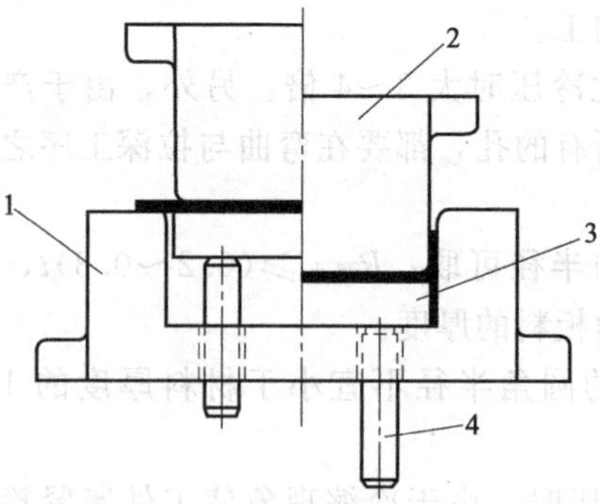

图 7-185　有压料板的弯曲模
1—凹模；2—凸模；3—托料板；4—顶杆

的强度较低，易发生变形。当弯曲或拉深钣金件时，工件中间的连边可能发生下弯与不平，连边越长，材料越薄，这种现象也越严重。为了消除这种现象，可以在凸模上加工通气孔（同样，拉深凸模也应开通气孔），最好在凹模内设有活动的压料板，以免加热后的板料下垂。图 7-185 所示为防止弯曲件的底部发生下弯与不平变形而设计的有压料板弯曲模结构。

热压模的凸、凹模一般应采用铸铁（如 HT20-40、HT25-47），对于尺寸较小的凸、凹模也可采用合金工具钢 5CrMnMo 或 5CrNiMo。

7.5.6　拉深模的安装与调整

在拉深加工时，首先应严格按冲压操作规程进行，严防发生误操作。其次，为完成好零件的拉深，应做好拉深模的安装及调整。

拉深模的安装分单动冲床上安装与双动冲床上安装两种。

(1) 在单动冲床上安装拉深模的方法

拉深模的安装调整与弯曲模相似。拉深模安装除了有打料装置、弹性卸料装置等在冲裁模、弯曲模调试中遇到的共同问题之外，还特有一个压边力的调整问题。若调整的压力过大，则拉深件易破裂，过小则易使拉深件出现皱折。因此，应边试、边调整，直到合适为止。

如果拉深对称或封闭形状的拉深件（如筒形件），则安装调整模具时，可将上模紧固在冲床滑块上，下模放在工作台上不紧固。先在凹模洞壁均匀放置几个与工件料厚相等的衬垫，再使上、下模吻合，就能自动对正，间隙均匀。在调整好闭合位置后，才可把下模紧固在工作台上。

如果是无导向装置拉深模，则安装时，需采用控制拉深间隙的方法决定上、下模相对位置，可用标准样件或垫片配合调试。

从某种程度说，压边圈压力的调整是拉深模加工成败的关键，压边圈压力的调整需根据模具所采用压边装置的不同而有针对性地采取措施。

目前，在生产实际中常用的压边装置有两大类，即弹性压边装置和刚性压边装置，弹性压边装置主要有橡胶压边装置、弹簧压边装置及气垫式压边装置三种类型。橡胶、弹簧压边装置具有结构简单、使用方便等优点，常用于中小型压力机的浅拉深零件的加工，一般来说，其调整压边力常用的方法主要有：调节橡胶或弹簧位置以改变其压缩量，改变橡胶的压缩面积，更换单位压力的橡胶，改变弹簧的数量，更换弹簧的刚度等。对气垫式压边装置可采取调节气缸压力、改变压边圈对坯料的接触面积或压缩量来实现对压边力的调整。气垫式压边装置具有压边效果好、调整方便等优点，是拉深类、成形类模具常用的压边方式。

刚性压边装置主要用于双动压力机上，其压边圈压力的调节主要是通过调整压边圈与凹模之间的间隙或接触面积以及双动压力机外滑块的单位压力等来实现。

(2) 在双动冲床上安装拉深模的方法

双动拉深模是应用于双动拉深机的拉深模具，一般用于大型或覆盖件的拉深加工，图 7-186 为用于大型覆盖件的双动拉深模结构。

双动拉深模的总体结构较为简单，一般分为凸模（凸模固定板）、压边圈和下模三部分。其结构多采用正装式结构（凹模装在下模），一般情况下，压边圈与凸模有导板配合。安装时，凸模和凸模固定板直接或间接地（通过过渡垫板）紧固在冲床内滑块上；压边圈直接或间接地（通过过渡垫板）紧固在冲床外滑块上；下模在冲床上则直接或间接地（通过过渡垫板）紧固在工作台上。

由于所用设备及模具结构的不同，其安装和调整与单动冲床模也不同，一般按如下步骤进行。

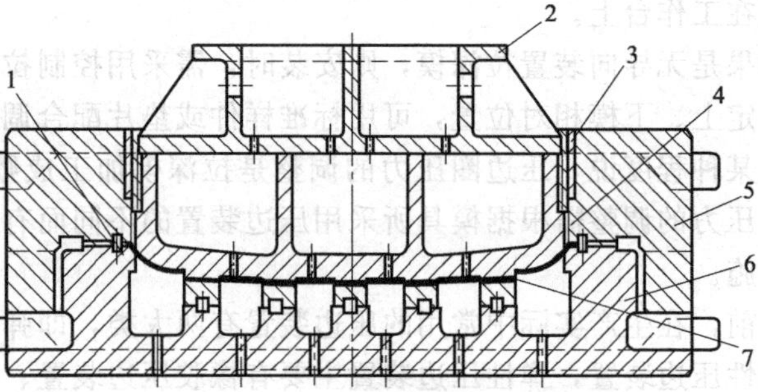

图 7-186　大型覆盖件的双动拉深模

1—拉深筋；2—凸模固定板；3—导板；4—凸模；5—压边圈；6—凹模；7—工件

① 准备工作　根据所用拉深模的闭合高度，确定双动冲床的内、外滑块是否需要过渡垫板和所需垫板的形式及规格。

过渡垫板是用来连接拉深模和冲床并调节内、外滑块不同闭合高度的辅助连接板，一般车间的双动压力机都准备有不同规格、不同厚度的过渡垫板。外滑块的过渡垫板用来将外滑块和压边圈连接在一起，内滑块的过渡垫板用来将内滑块与凸模连接在一起，下模的过渡垫板用来将工作台与下模连接。

② 模具预装　先将压边圈和过渡垫板、凸模和过渡垫板分别用螺栓紧固在一起。

③ 凸模的安装　凸模安装在内滑块上，安装程序如下：

a. 操纵冲床内滑块使它降到最低位置。

b. 操纵内滑块的连杆调节机构，使内滑块上升到一定位置，并使其下平面比凸、凹模闭合时的凸模过渡垫板的上平面高出约10～15mm。

c. 操纵内、外滑块使它们上升到最高位置。

d. 将模具安放到冲床工作台上，凸、凹模呈闭合状态。

e. 再使内滑块下降到最低位置。

f. 操纵内滑块连杆调节机构，使内滑块继续下降到与凸模过渡垫板的上平面相接触。

g. 用螺栓将凸模过渡垫板紧固在内滑块上。

④ 压边圈的安装　压边圈安装在外滑块上，其安装程序与凸模类似，最后将压边圈过渡垫板用螺栓紧固在外滑块上。

⑤ 下模的安装　操纵冲床内、外滑块下降，使凸模、压边圈与下模闭合，由导向件决定下模的正确位置，然后用紧固零件将下模过渡垫板紧固在工作台上。

⑥ 空车检查　通过内、外滑块的连续几次行程，检查模具安装是否正确和牢固，检查压边圈各处的压力是否均匀。一般双动冲床外滑块有四个连杆连接，所以通过调节四个连杆的长度，可以小量地调节压边圈的压力。

⑦ 试生产　由于覆盖件形状比较复杂，所以一般要经过多次试拉深和修磨拉深模的工作零件，方能确定毛坯的尺寸和形状，然后转入正式生产。

(3) 拉深模的调整

拉深模的调整要点主要有以下方面。

① 进料阻力的调整　在拉深过程中，若拉深模进料阻力较大，则易使制品拉裂；进料阻力小，则又会起皱。因此，在调整过程中，关键是调整进料阻力的大小。拉深阻力的调整方法是：

a. 调节压力机滑块的压力，使之在正常压力下工作。

b. 调节拉深模的压边圈的压边面，使之与坯料有良好的配合。

c. 修整凹模的圆角半径，使之合适。

d. 采用良好的润滑剂及增加或减小润滑次数。

② 压边力的调整　从一定程度说，压边圈压力的调整是拉深模加工成败的关键，压边圈压力的调整需根据模具所采用压边装置的不同而有针对性地采取措施。

调整方法是：当凸模进入凹模深度大约为 10～20mm 时，开始进行试冲，使其冲压开始时，压边圈起作用，使材料受到压边力的作用，在压边力调整到拉深件凸缘部位无明显皱折又无材料破裂现象时，再逐步加大拉深深度。在调试时，压边力的调整应均衡，一般可根据拉深件要求高度分两至三次进行调整，每次调整都应使工件既无皱折又无破裂现象。

用压力机下部的压缩空气垫提供压边力时，可通过调整压缩空气的压力大小来控制压边力。通过安装在模具下部弹顶机构中的橡胶或弹簧弹力来提供压边力的，可调节橡胶和弹簧的压缩量来调整压边力大小。

对于双动压力机的压边力，是由压力机外滑块提供的。压边力大小应通过调节连续外滑块的螺杆（丝杠）来调整。在调节时，应使连接外滑块的螺杆得到均衡的调节，以保证拉深工作的正常进行。

③ 拉深深度及间隙的调整　在拉深过程中，拉深深度和间隙不合适，都会导致工件成形不理想。

a. 在调整时，可把拉深深度分成 2～3 段来进行调整，先调整较浅的一段，再往下调深一段，直至调到所需的拉深深度为止。

b. 在调整时，先将上模固紧在压力机滑块上，下模放在工作台上先不固紧，然后在凹模内放入样件，再将上、下模吻合对中，调整各方向间隙，使之均匀一致后，再将模具处于闭合位置，拧紧螺栓，将下模固紧在工作台上，取出样件，即可试冲。

7.5.7 拉深件常见质量问题分析

拉深加工制成的拉深件，总的质量要求是：能满足零件图样的形状、尺寸要求，拉深零件应无裂纹、严重划痕、凹凸鼓起或折皱、翘曲等，此外，拉深零件应没有明显的、急剧的轮廓变化，不允许有任何锥角过大或缩颈现象。

除产品对拉深壁厚有特殊要求者外，对不变薄的复杂拉深件，其厚度变化允许变化约为 $(0.6\sim1.2)t$。多次拉深的零件外壁上或凸缘表面上也允许在拉深过程中所产生的轻微印痕。

在拉深加工过程中，对拉深加工中出现的问题，应仔细观察、细心分析，从拉深加工工艺、所操作拉深模各零部件的结构、拉深材料等众多的影响因素中找出具体的原因，并采取正确的处理措施，常见的封头拉深缺陷及对策见表 7-56。

润滑是为了减少冲压过程中的摩擦，防止封头及模具表面产生划痕，提高模具使用寿命的一项有效措施。对于不锈钢、有色金属及合金等尤为重要。常用的润滑剂见表 7-57。

表 7-56　封头拉深常见缺陷及对策

缺陷	简　图	产生原因	对　策
起皱及鼓包	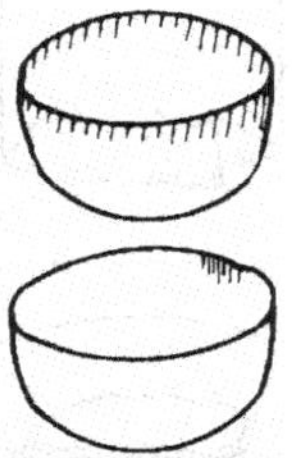	①周向压应力过大，拉深失稳 ②热拉深时，加热不均匀 ③压边力过小或不均匀 ④模具间隙过大 ⑤凹模圆角半径过大	①均匀加热并保温 ②改进压边方式 ③选择合理模具间隙与凹模圆角半径 ④增加拉深次数 ⑤工序间退火
直壁拉毛	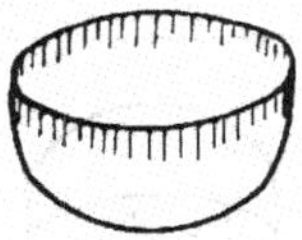	①凹模或压边圈工作表面太粗糙或有拉痕，或硬度不足 ②润滑不良 ③板坯边缘毛刺未除净 ④模具工作表面与板坯表面有氧化皮等污物	①减小表面粗糙度数值 ②选择合理润滑剂与润滑方法，见表7-57 ③仔细清理板坯与模具
外表环形纹	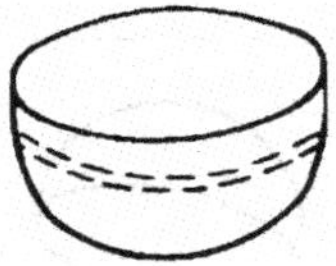	①加热规范(温度、速度)不当 ②凹模圆角过小 ③板坯尺寸过大 ④拉深速度不当	①选择合理加热期 ②加大凹模圆角 ③修正板坯尺寸 ④严守操作规程
纵向撕裂	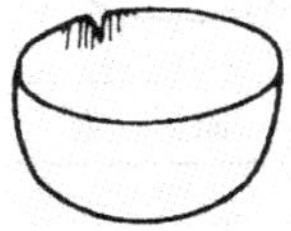	①板坯边缘有裂口或不光滑 ②脱模温度过低 ③加热规范不合理	①清理板坯边缘后再拉深 ②补焊裂口，打磨好后拉深 ③选择合理加热规范与脱模温度

续表

缺陷	简图	产生原因	对策
偏斜(高低不一)	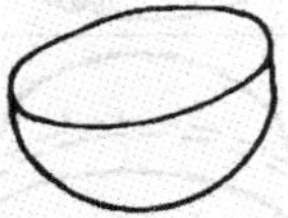	①板坯无定位或定位不准 ②压边力不均匀 ③加热不均匀	①合理定位 ②调整或修理模具 ③均匀加热并保温
椭圆	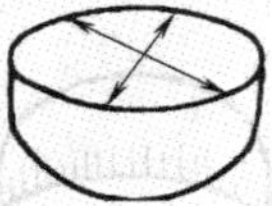	①成形后吊、运高度过高 ②脱模方法不当	①降低吊、运高度 ②改进脱模方法
零件底部拉脱	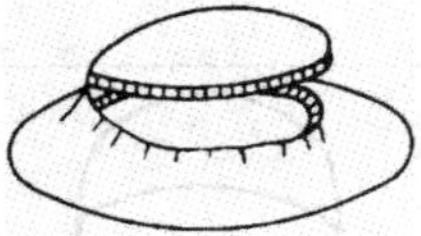	凹模圆角半径太小,材料实质上处于被切割状态(一般发生在拉深的初始阶段)	加大凹模圆角半径
圆筒件边缘折皱	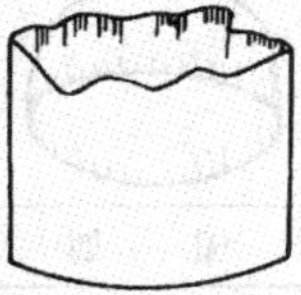	凹模圆角半径太大,在拉深过程的末阶段,脱离了压边圈,但尚未越过凹模圆角的材料,压边圈压不到,起皱后被继续拉入凹模,形成边缘折皱	减小凹模圆角半径或采用弧形压边圈

续表

缺陷	简图	产生原因	对策
凸缘平而壁部拉裂		材料承受的径向拉应力太大，造成危险断面拉裂	减小压边力；增大凹模圆角半径；加用润滑剂；或增加材料塑性
工件边缘呈锯齿状	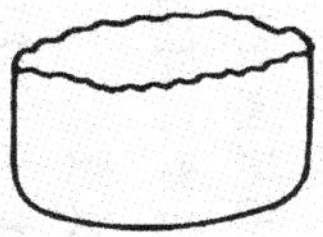	毛坯边缘有毛刺	修整毛坯落料模的刃口，以消除毛坯边缘的毛刺
工件边缘高低不一致	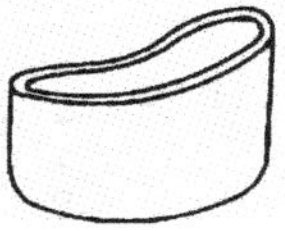	毛坯中心与凸模中心不重合，或材料厚薄不匀，以及凹模圆角半径和模具间隙不匀	调整定位，校匀间隙和修整凹模圆角半径

表 7-57　冲压过程中常用的润滑剂

冲压材料	润滑剂
碳素钢	石墨粉＋水或机油
不锈钢	石墨粉＋水或机油，滑石粉＋机油＋肥皂水
铝	机油，工业凡士林
钛	二硫化钼，石墨粉＋云母粉＋水

7.6 起伏成形

板料在冲压力的作用下，局部形成凹进与凸出，以此来改变制件或坯料的形状，这种成形方法称为起伏成形，起伏成形属于伸长类的成形加工，俗称压肋，如图 7-187 所示。

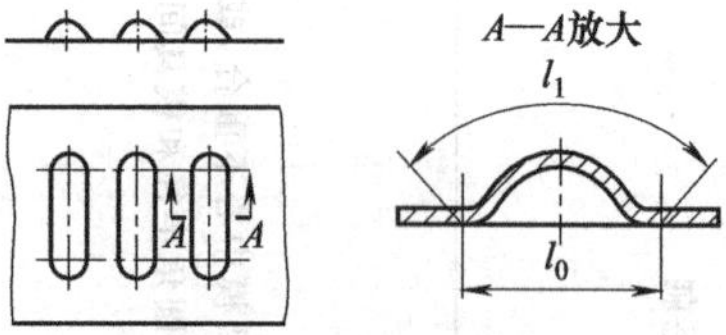

图 7-187　起伏成形

(1) 胀形的变形程度

起伏成形的极限变形程度，可以概略地按单向拉伸变形处理，即

$$\delta_{极}=\frac{l_1-l_0}{l_0}<(0.7\sim0.75)\delta$$

式中　$\delta_{极}$——起伏变形的极限变形程度；

δ——材料的伸长率，可查阅相关材料的力学性能标准；

l_0，l_1——变形前后长度；

0.7～0.75——视胀形时断面形状而定，球形肋取大值，梯形肋取小值。

如果计算结果符合上述条件，则可一次成形。否则，应先压制成半球形过渡形状，然后再压出工件所需形状，如图 7-188 所示。起伏成形主要用于增加钣金件的刚度和强度，如压加强肋、压凸包、压字、压花纹等，起伏成形常采用金属冲模。

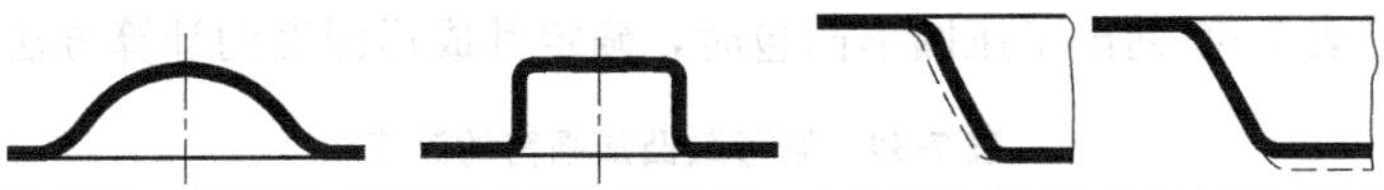

(a) 预成形　(b) 预成形　(c) 最后成形　(d) 最后成形

图 7-188　两次工序完成的凸形

表 7-58 列出了常见加强肋的形状、尺寸及加强肋间距、加强肋与工件边缘间的距离，可供设计及加工时参考。当加强肋与边框距离小于 (3～3.5)t 时，由于在成形过程中，边缘材料要向内收缩，成形后需增加切边工序，因此预先应留切边余料。

表 7-58　常见加强肋的形状、尺寸及加强肋间距

名称	图　例	R	h	D 或 B	r	α/(°)
压肋	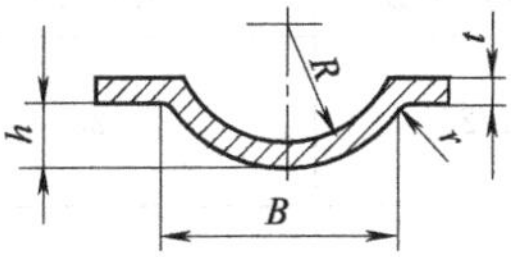	(3～4)t	(2～3)t	(7～10)t	(1～2)t	—
压凸	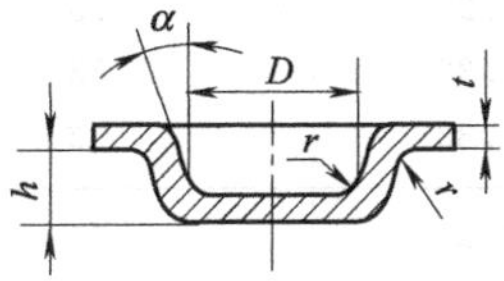	—	(1.5～2)t	≥3h	(0.5～1.5)t	15～30

图　例	D	L	l
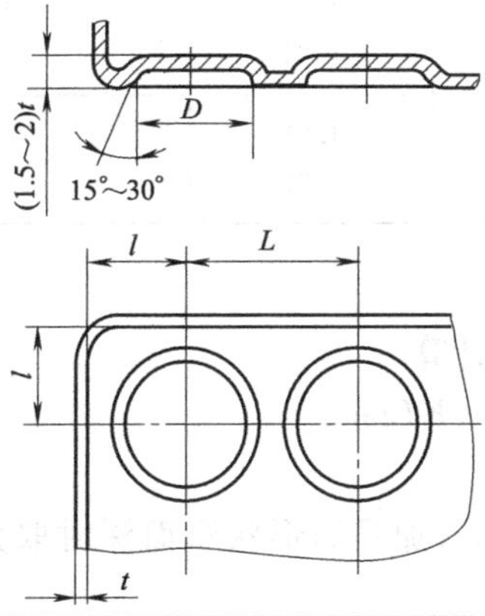	6.5	10	6
	8.5	13	7.5
	10.5	15	9
	13	18	11
	15	22	13
	18	26	16
	24	34	20
	31	44	26
	36	51	30
	43	60	35
	48	68	40
	55	78	45

表 7-59 列出了压圆形凸包时，确定其成形深度的计算方法。

表 7-59　圆形鼓凸加强窝的深度

图　　例	材　　料	深　　度
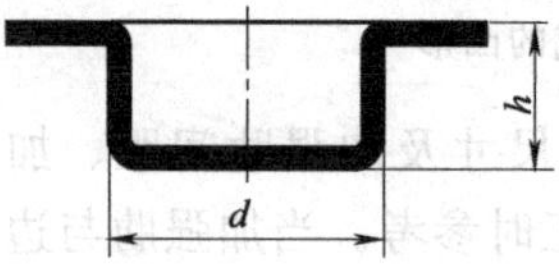	软钢	$h \leqslant (0.15 \sim 0.2)d$
	铝	$h \leqslant (0.1 \sim 0.15)d$
	黄铜	$h \leqslant (0.15 \sim 0.22)d$

表 7-60 是一些材料的极限胀形系数和极限变形程度的试验值。

表 7-60　极限胀形系数和切向许用伸长率的试验值

材　　料	厚度/mm	极限胀形系数 m	切向许用伸长率 $\delta \times 100$
高塑性铝合金［如 3A21(LF21-M)］	0.5	1.25	25
纯铝［如 1070A、1060(L1,L2) 1050A、1035(L3,L4) 1200、8A06 (L5,L6)］	1.0 1.5 2.0	1.28 1.32 1.32	25 32 32
黄铜 如 H62、H68	0.5～1.0 1.5～2.0	1.35 1.40	35 40
低碳钢 如 08F、10,20	0.5 1.0	1.20 1.24	20 24
耐热不锈钢 如 1Cr18Ni9Ti	0.5 1.0	1.26 1.28	26 28

(2) 胀形力的计算

起伏成形的变形力按下式计算

$$F = KLt\sigma_b$$

式中　F——变形力，N；

K——系数，$K=0.7 \sim 1$（加强肋形状窄而深时取大值，宽而浅时取小值）；

L——加强筋的周长，mm；

t——料厚，mm；

σ_b——材料的抗拉强度，MPa。

(3) 压肋模的结构形式

图 7-189 为货车车窗板的压肋模，由于压肋件一般外形较大，为节省贵重材料，检修方便，所以模具的工作部分多采用镶块式结构。

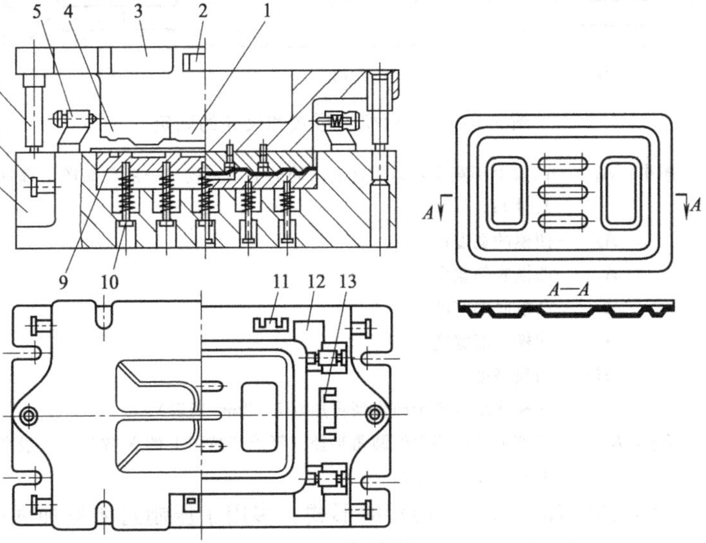

图 7-189 压肋模结构

1,4—成形镶块；2—润滑装置；3—上模板；5—卸料装置；6—导向装置；7—起重销；8—下模板；9—成形下模；10—弹簧；11,13—挡料板；12—下模镶块

压肋件的质量与压肋模的结构及尺寸有着密切的关系，正确合理地设计压肋模不仅使产品易于成形，易保证加强肋的形状和尺寸，避免各种缺陷，而且简化模具结构，易于制造。

图 7-190 给出了压肋模的凸、凹模结构的几种形式和尺寸的确定方法。

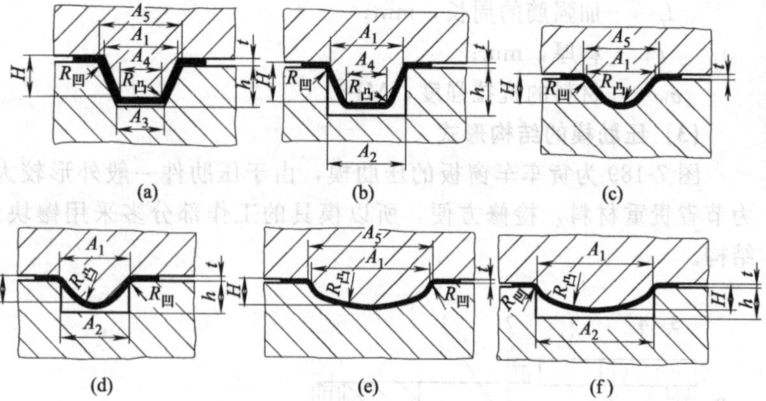

图 7-190 压肋模的形式和尺寸的确定

图中：A_1——凸模上部宽度，即工件上凸筋的上口宽度（一般产品图上都标注此尺寸）；

A_2——凹模的宽度；

A_3——凹模底部宽度；

A_4——凸模底部宽度；

A_5——凹模上部宽度；

H——凸模高度；

h——凹模深度（等于凸模高再加 0.5～2mm 间隙）；

$R_凸$，$R_凹$——分别为凸、凹模的圆角半径（等于产品图上的 R 数值，一般产品图上都标注此尺寸）。

图 7-190（a）、（c）、（e）的形式，多用于压制封闭形加强肋的转角处及“T”形肋交叉处等材料变形比较复杂的部位，可减少壁部的波浪变形。图 7-190（b）、（d）、（f）的形式，多用于压制条形肋或“T”形肋、封闭形肋的直线部分，即材料变形比较单一的部位。

第8章 钣金连接加工技术

8.1 钣金的焊接加工

将两个或两个以上的零件或部件以一定方式连接成新的构件或成品的加工方法称为连接。常用连接方法有螺栓连接、铆钉连接、粘接和焊接等。前两种连接方法是机械连接，是可以拆卸的，后两种连接方法为不可拆卸连接。

可拆卸连接往往比不可拆卸连接节省材料，而不可拆卸连接则可组成牢固不可分开的整体。实际生产中选用何种连接方法既要考虑其可靠性，也要考虑经济性。

焊接是根据被焊工件的材质（同种或异种），通过加热、加压或二者并用，并且用或不用填充材料，使工件的材质达到原子间的结合而形成永久性连接的工艺过程，是钣金件连接中广泛应用的加工方式，在机械制造、交通运输、石油化工、基建及国防等工业部门得到广泛的应用。

8.1.1 焊接加工概述

焊接加工按其工艺特点和母材金属所处的状态，可分为熔焊、压焊、钎焊三大类。其中：熔焊是利用局部加热的方法，将焊件的接合处加热到熔化状态，互相融合，冷凝后彼此结合在一起的焊接方法；压焊则是在焊接时不论对焊接加热与否，都施加一定的压力，使两个接合面紧密接触，促进原子间产生结合作用，以获得两个焊件的牢固连接的方法；钎焊是利用比焊件熔点低的钎料和焊件一同加热，使钎料熔化，而焊件本身不熔化，利用液态钎料湿润焊件，填充接头间隙，并与焊件相互扩散，实现与固态被焊金属的结合，冷凝后彼此连接起来的加工方法。

(1) 常用焊接方法分类

根据焊接过程特点的不同，常用的焊接方法分类如图 8-1 所示。

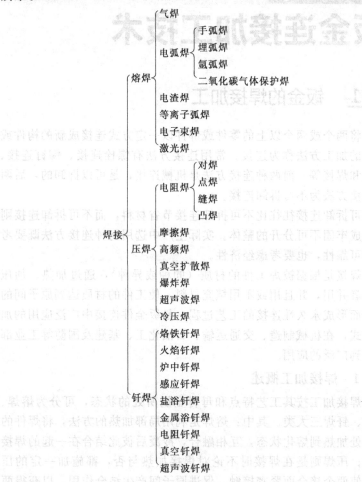

- 焊接
  - 熔焊
    - 气焊
    - 电弧焊
      - 手弧焊
      - 埋弧焊
      - 氩弧焊
      - 二氧化碳气体保护焊
    - 电渣焊
    - 等离子弧焊
    - 电子束焊
    - 激光焊
  - 压焊
    - 电阻焊
      - 对焊
      - 点焊
      - 缝焊
      - 凸焊
    - 摩擦焊
    - 高频焊
    - 真空扩散焊
    - 爆炸焊
    - 超声波焊
    - 冷压焊
  - 钎焊
    - 烙铁钎焊
    - 火焰钎焊
    - 炉中钎焊
    - 感应钎焊
    - 盐浴钎焊
    - 金属浴钎焊
    - 电阻钎焊
    - 真空钎焊
    - 超声波钎焊

图 8-1　焊接方法分类

(2) 各种焊接方法基本原理及用途

上述各种焊接方法的基本原理及用途见表 8-1。

表 8-1 各种焊接方法基本原理及用途

焊接方法	基本原理	用途
气焊	利用氧-乙炔或其他气体火焰加热焊件、熔化焊料及焊件表面部分而达到焊接目的。火焰温度约 3000℃	适宜于焊接较薄工件，铜、有色金属、铸铁及硬质合金及热塑性塑料，连接强度不如电弧焊
电渣焊	利用电流通过熔渣产生的电阻热来熔化母材和填充金属进行焊接。它的加热范围大，对厚的焊件能一次焊成，温度达 600～700℃	焊接大型和很厚的零部件（$t>$2mm 的各种钢材），也可进行电渣熔炼
手工电弧焊	利用电弧作为热源熔化焊条和母材而形成焊缝的一种焊接方法	应用范围广。适于焊短小焊缝及全位置焊缝
埋弧焊	电弧在焊剂层下燃烧，利用颗粒状焊剂作为金属熔池的覆盖层。焊剂靠近熔池处熔融并形成气包将空气隔绝使不侵入熔池，焊丝自动送入焊接区，焊缝质量好，成形美观	适用于长焊缝焊接，焊接电流大，生产率高
等离子焊	利用气体在电弧内电离后，再经过热收缩效应和磁收缩效应而产生的一束高温热源来进行熔焊。等离子体能量密度大、温度高，通常达 20000℃左右	可用于焊接不锈钢、高强度合金钢、耐热合金钢以及钛、铜及钛合金等。并可焊接高熔点及高导热性金属
气体保护电弧焊（亦称气电焊）	利用气体保护焊接区的电弧焊，气体作为金属熔池的保护层将空气隔绝。采用的气体有惰性气体、还原性气体和氧化性气体	用于自动或手工焊接铝、钛、铜等有色金属及其合金；氧化性气体保护焊用于普通碳素钢及低合金钢材料的焊接
真空电子束焊	利用电子枪发射的高能电子束在真空中轰击焊件，使电子的动能变为热能，以达到熔焊的目的	主要用于尖端技术方面的活泼金属、高熔点金属和高纯度金属的焊接
非真空电子束焊	利用电子枪发射高能电子束，此电子束具有足够的能量密度，能在大气中轰击焊件，以达到熔化金属、形成焊缝的目的	适于焊接不锈钢等材料，也有焊接结构钢的可能
铝热焊	铝粉及氧化铁粉按一定比例配制成的铝热焊剂，经点燃后形成铝热钢，将铝热钢注入预先设置的型腔内，使接头端部熔化达到焊接目的	主要用于钢轨连接或修理

焊接方法	基本原理	用途
激光焊	利用聚焦的激光光束对工件接缝进行加热熔化的焊接方法	适用于铝、铜、银、不锈钢、钨、钼等金属的焊接
电阻焊	利用电流通过焊件产生的电阻热、加压进行焊接的方法,可分点焊、缝焊、对焊。点、缝焊是把焊件加热到局部熔化状态同时加压。对焊时焊件加热到塑性状态或表面熔化状态,同时加压	可焊接薄板、板料、棒料。闪光焊用于主要工件的焊接,可焊异种金属(铝-钢、铝-铜),尺寸小到 ϕ0.01mm,大到 ϕ20000mm 的棒材,如刀具、钢筋、钢轨
摩擦焊	利用焊件之间摩擦产生的热量将接触区域加热到塑性状态,然后加压形成接头	用于焊接导热性好、易氧化的金属,如有色金属及其合金,异种金属;钢材,热塑性塑料也可
冷压焊	不加热,只靠强大的压力,使工件产生很大程度的塑性变形,工件接触面上金属产生流动,破坏了氧化膜,并在强大压力作用下,借助于扩散和再结晶过程使金属焊在一起	主要用于导线焊接
超声波焊	利用声极向焊件传递,由超声波振动产生的机械能并施加压力,从而实现焊接的方法	点焊和缝焊有色金属及其合金薄板、热塑性塑料
锻焊	焊件在炉内加热后,用锤锻使焊件在固相状态结合的方法	焊接板材为主
扩散焊	在一定的时间、温度或压力的作用下,两种材料在相互接触的界面上发生扩散和连接的方法	能焊弥散强化高温合金、纤维强化复合材料、非金属材料、难熔和活性金属材料
爆炸焊	以炸药爆炸为动力,借高速倾斜碰撞,使两异种(或同种)金属材料在高压下焊成一体的方法	制造复合板材
钎焊	采用比母材熔点低的材料作填充金属,利用加热使填充金属熔化,母材不熔化,借液态填充金属与母材之间的毛细现象和扩散作用实现焊件连接的方法	一般用于焊接薄的、尺寸较小的工件,如导线,蜂窝夹层、硬质合金刀具。可焊各种金属

(3) 焊接加工的特点

焊接生产是现代工业生产中主要的加工工艺之一，采用焊接结构具有节省金属材料、减轻结构质量、简化加工和装配工序、接头的密封性好、能承受高压、易实现机械化和自动化生产，缩短产品制造周期、提高质量和生产效率等一系列优点。

焊接也有不足之处，焊接由于局部和加热不均匀容易引起变形和产生内应力，焊后有时要作矫正处理，对重要构件还要进行焊后热处理，以消除内应力。通过热处理或加工硬化形成的金属内部有利组织性能，在焊接后受到破坏，焊接热影响区塑性下降，硬度增大，从而容易导致裂纹产生。另外，某些焊接方法会产生强光或有害气体和烟尘，必须采取相应的劳保措施，以保护工人的身体健康，这些不足之处需要在焊接生产中特别注意并采取一定的工艺措施和防护措施。

8.1.2　焊接接头形式及焊缝

焊接接头是用焊接方法连接的接头，由焊缝、熔化区和热影响区三部分组成。

(1) 焊接接头的形式

在钢结构焊接中，由于焊件厚度、结构形状和使用条件的不同，其接头形式和坡口形式也不同。焊接接头形式可分为对接接头、角接接头、T形接头及搭接接头四种。

① 对接接头　对接接头是把同一平面上的两被焊工件相对焊接起来而形成的接头。它是焊接结构中使用最多的一种接头形式。按照焊件厚度和坡口准备的不同，对接接头一般可分为不开坡口、V形坡口、X形坡口、单U形坡口和双U形坡口五种形式，如图8-2所示。

② 角接接头　角接接头是两被焊工件端面间构成大于30°、小于135°夹角的接头。根据焊件厚度和坡口准备的不同，角接接头可分为不开坡口、单边V形坡口、V形坡口以及K形坡口四种形式，如图8-3所示。

③ T形接头　T形接头（包括斜T形、三联接头和十字接头）是把互相垂直的或成一定角度的被焊工件（两块板或三块板）用角焊缝连接起来的接头，是一种典型的电弧焊接头，能承受各种方向的力和力矩。这种接头形式应用范围比较广，在船体结构中，约

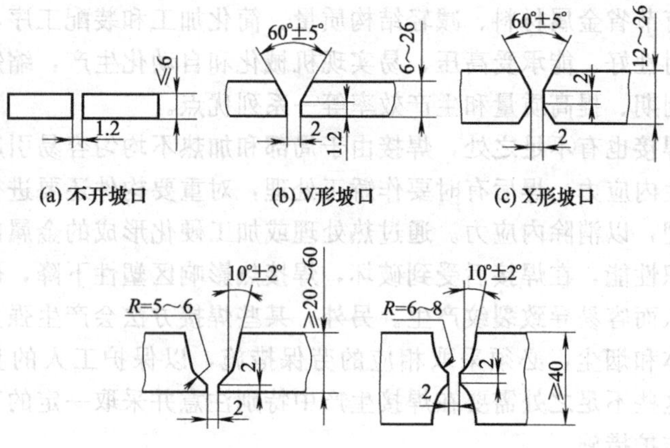

(a) 不开坡口　(b) V形坡口　(c) X形坡口

(d) 单U形坡口　(e) 双U形坡口

图 8-2　对接接头形式

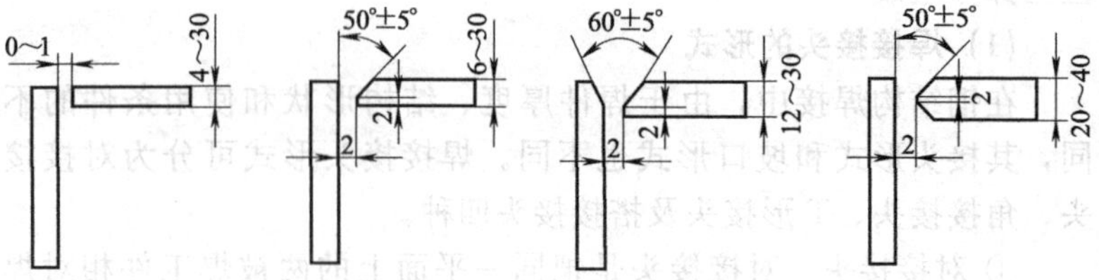

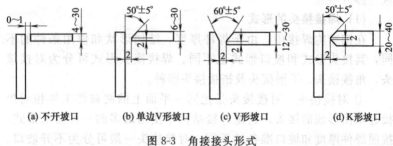

(a) 不开坡口　(b) 单边V形坡口　(c) V形坡口　(d) K形坡口

图 8-3　角接接头形式

70％的焊缝是采用这种接头形式。按照焊件厚度和坡口准备的不同，T 形接头可分为不开坡口、单边 V 形坡口、K 形坡口以及双 U 形坡口四种形式，如图 8-4 所示。

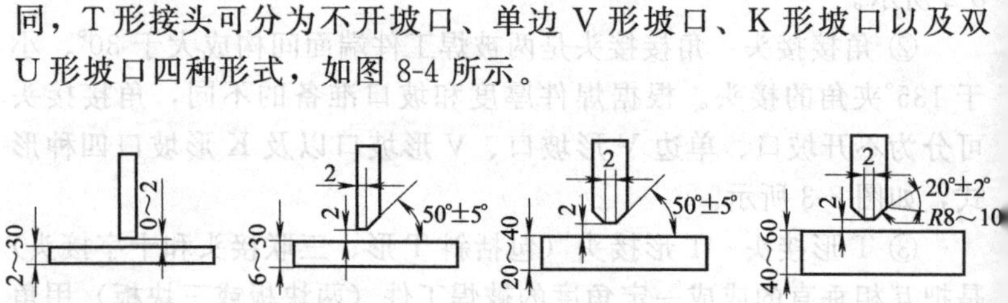

(a) 不开坡口　(b) 单边V形坡口　(c) K形坡口　(d) 双U形坡口

图 8-4　T 形接头形式

当T形接头作为一般连接焊缝，并且钢板厚度在2～30mm，可不必开坡口。若T形接头的焊缝，要求承受载荷时，则应按钢板厚度和对结构的强度要求，开适当的坡口，使接头焊透，以保证接头强度。

④ 搭接接头　搭接接头是把两被焊工件部分地重叠在一起或加上专门的搭接件用角焊缝或塞焊缝、槽焊缝连接起来的接头。根据其结构形式和对强度的要求，搭接接头可分为不开坡口、圆孔内塞焊、长孔内角焊三种形式，如图8-5所示。

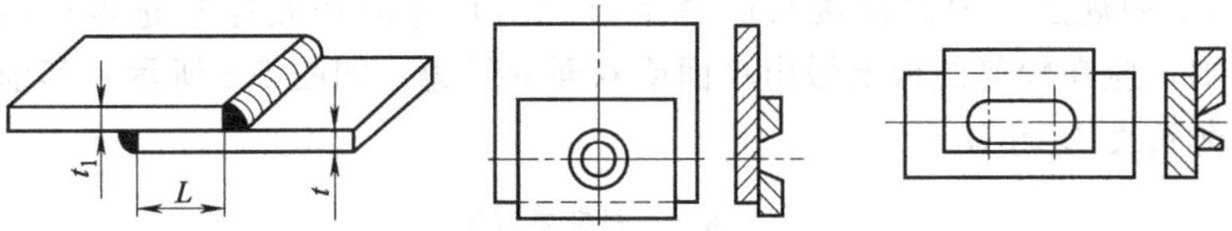

(a) 不开坡口　(b) 圆孔内塞焊　(c) 长孔内角焊

图8-5　搭接接头形式

不开坡口的搭接接头，一般用于12mm以下钢板，其重叠部分L长度$\geqslant 2(t_1+t_2)$，并采用双面焊接。这种接头的装配要求不高，接头的承载能力低，所以只用在不重要的结构中。

当遇到重叠钢板的面积较大时，为了保证结构强度，可根据需要分别选用圆孔内塞焊和长孔内角焊的接头形式。这种形式特别适于被焊结构狭小处以及密闭的焊接结构。圆孔和长孔的大小和数量，应根据板厚和对结构的强度要求而定。

(2) 焊接坡口的选取

在焊接件上开坡口是为了保证焊缝根部焊透，便于清除熔渣，获得较好的焊缝成形，而且坡口能起调节基本金属和填充金属的比例作用。钝边是为了防止烧穿，钝边尺寸要保证第一层焊缝能焊透。间隙也是为了保证根部能焊透。

选择坡口形式时，主要考虑的因素为：保证焊缝焊透，坡口形状容易加工，尽可能提高生产效率、节省焊条，焊后焊件变形尽可能小。

对于厚度在6mm以下的钢板焊接，一般不开坡口，但重要结构，当厚度在3mm时就要求开坡口。钢板厚度为6～26mm时，采用V形坡口，这种坡口便于加工，但焊后焊件容易发生变形。钢板厚度为12～60mm时，可采用X形坡口，这种坡口比V形坡口好，在同样厚度下，它能减少焊着金属量1/2左右，焊件变形和内应力也比较小，主要用于大厚度及要求变形较小的结构中。单U形和双U形坡口的焊着金属量更少，焊后产生的变形也小，但这种坡口加工困难，一般用于较重要的焊接结构。

对于不同厚度的板材焊接时，如果厚度差（$t-t_1$）未超过表8-2的规定，则焊接接头的基本形式与尺寸应按较厚板选取；否则，应在较厚的板上做出单面或双面的斜边，如图8-6所示。其削薄长度 $L \geqslant 3(t-t_1)$。

表8-2　厚度差范围

较薄板的厚度/mm	2～5	6～8	9～11	≥12
允许厚度差/mm	1	2	3	4

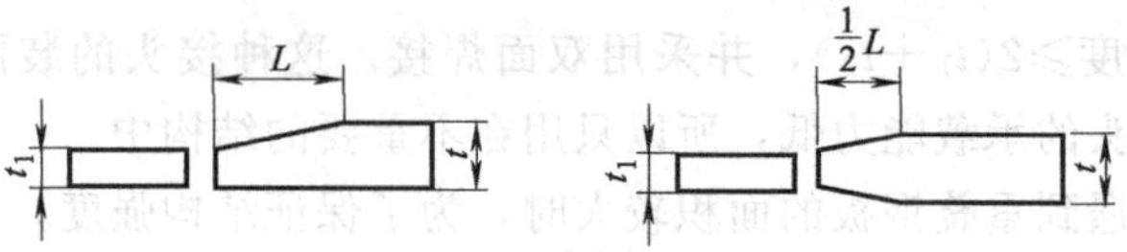

图8-6　不同厚度板材的对接

(3) 焊缝

焊缝是构成焊接接头的主体部分，包括对接焊缝和角焊缝两种基本形式。

① 焊缝的类型　根据焊缝是否承受载荷可分为工作焊缝和联系焊缝，如图8-7所示；按焊缝所在的空间位置又可分为平焊缝、立焊缝、横焊缝及仰焊缝等，如图8-8所示；按焊缝的断续情况可分为连续焊缝和间断焊缝，如图8-9所示，间断焊缝用于仅起联系作用和对密封没有要求的场合。

② 焊缝的形状和尺寸　焊缝形状和尺寸通常是指焊缝的横截面而言，焊缝形状特征的基本尺寸如图8-10所示，c 为焊缝宽度，

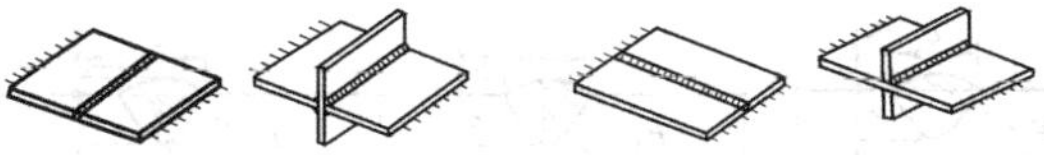

(a) 工作焊缝，外力与焊缝垂直　(b) 联系焊缝，外力与焊缝平行

图 8-7　工作焊缝和联系焊缝

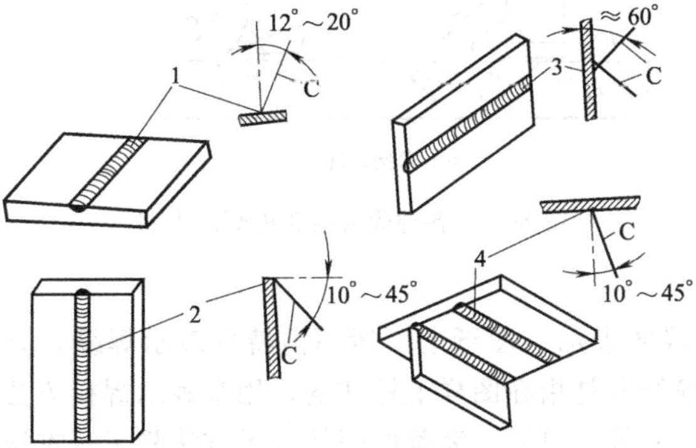

图 8-8　按空间位置分

1—平焊缝；2—立焊缝；3—横焊缝；4—仰焊缝

(a) 连续焊缝　(b) 间断交错式焊缝　(c) 间断链状式焊缝

图 8-9　连续焊缝和间断焊缝

简称熔宽；s 为基本金属的熔透深度，简称熔深；h 为焊缝的堆敷高度，称为余高量；焊缝熔宽与熔深的比值称为焊缝形状系数 ψ，即 $\psi=c/s$；焊缝形状系数 ψ 对焊缝质量影响很大，当 ψ 选择不当时，会使焊缝内部产生气孔、夹渣、裂纹等缺陷。通常，形状系数 ψ 控制在 1.3～2 较为合适。这对熔池中气体的逸出以及防止夹渣、裂纹等均有利。

焊缝中基本金属熔化的横截面积为 F_m，填充金属的横截面积为 F_t，焊缝的横截面积为 F_m+F_t，$F_m/(F_m+F_t)$ 是焊缝的熔合比 γ。熔合比 γ 的大小会影响焊缝的化学成分、金相组织和力学

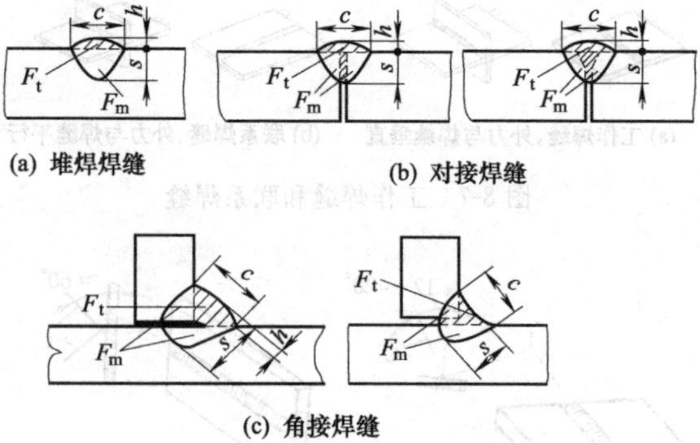

图 8-10　各种焊接接头的焊缝形状

性能。

③ 焊缝的表示　图纸上一般不需特别表示焊缝，只标注焊缝符号。焊缝符号是指在图样上标注的，用来表示焊接方法、焊缝形式和焊缝尺寸等的符号。完整的焊缝表示方法除了基本符号、辅助符号、补充符号以外，还包括指引线和一些尺寸符号及数据，并规定基本符号和辅助符号用粗实线绘制。

a. 基本符号。基本符号是表示焊缝横剖面形状的符号，它采用近似于焊缝横剖面形状的符号来表示。GB 324—2008《焊缝符号表示法》中规定了 13 种焊缝形式的符号，见表 8-3。

表 8-3　焊缝的基本符号

名　称	示 意 图	符　号
卷边焊缝（卷边完全熔化）	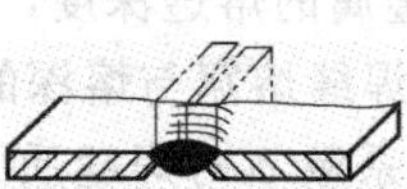	
I 形焊缝	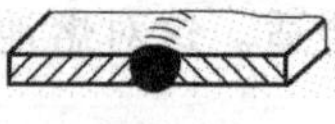	‖
V 形焊缝		V

续表

名　称	示 意 图	符　号
单边 V 形焊缝		
带钝边 V 形焊缝	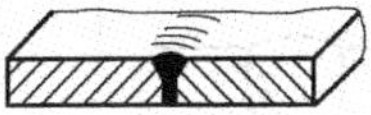	
带钝边单边 V 形焊缝		
带钝边 U 形焊缝		
带钝边 J 形焊缝		
封底焊缝	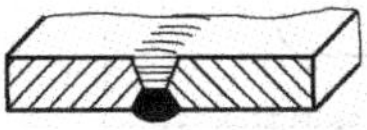	
角焊缝	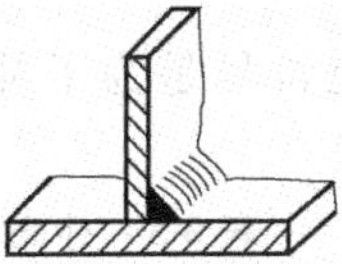	
塞焊缝或槽焊缝	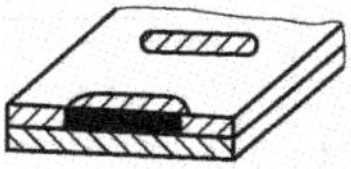 	
点焊缝	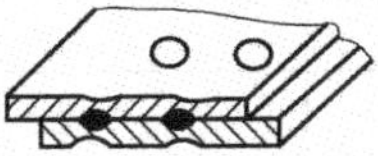 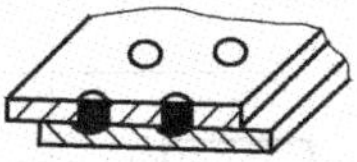	
缝焊缝	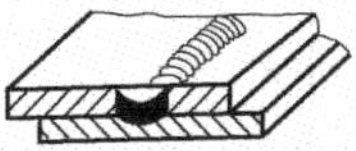 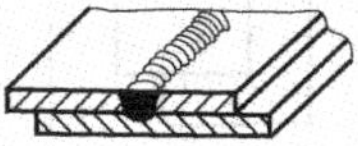	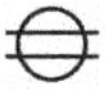

b. 辅助符号。辅助符号是表示焊缝表面形状特征的符号，符号及其应用见表 8-4。如果不需要确切说明焊缝表面形状时，可以不用辅助符号。

表 8-4 辅助符号及应用

名　　称	示 意 图	符　　号	应 用 示 例
平面符号	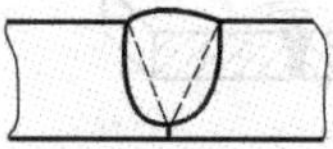 (焊缝表面齐平)	—	
凹面符号	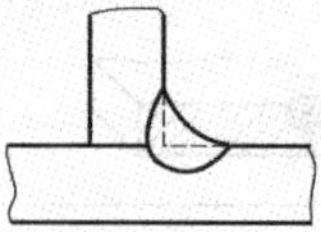 (焊缝表面凹陷)		
凸面符号	 (焊缝表面凸起)		

c. 补充符号。补充符号是为了补充说明焊缝的某些特征而采用的符号，见表 8-5。

表 8-5 补充符号

名称	示意图	符号	标注方法	含　　义
带垫板符号			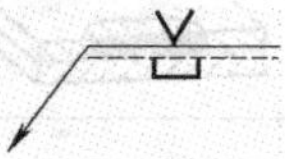	表示 V 形焊缝的背面底部有垫板
三面焊缝符号	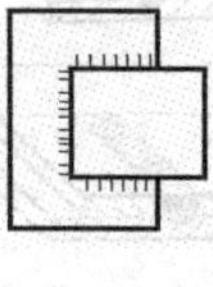		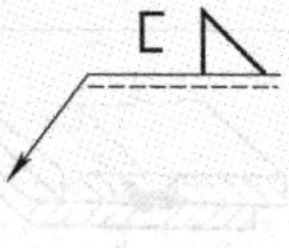	表示三面带有焊缝

续表

名称	示意图	符号	标注方法	含　义
周围焊缝符号	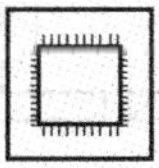		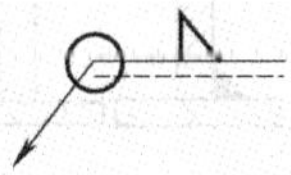	表示环绕工件周围进行焊接
现场符号			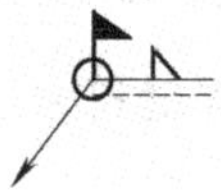	表示现场或工地上进行焊接

d. 焊接方法代号。常用焊接方法的代号见表 8-6。

表 8-6　常用焊接方法的代号

焊接方法	代号	焊接方法	代号	焊接方法	代号
电弧焊	1	非熔化及气体保护电弧焊	14	氧-丙烷焊	312
焊条电弧焊	111	钨极惰性气体保护焊	141	压焊	4
埋弧焊	12	非熔化极氩弧焊(TIG 焊)	142	超声波焊	41
丝极埋弧焊	121	电阻焊	2	摩擦焊	42
带极埋弧焊	122	点焊	21	锻焊	43
熔化及气体保护电弧焊	13	缝焊	22	钎焊	9
熔化及惰性气体保护焊	131	气焊	3	硬钎焊	91
熔化及非惰性气体保护焊	135	氧-乙炔焊	311	软钎焊	94

e. 指引线。指引线一般由带箭头的指引线（简称箭头线）和两条基准线（一条为实线，另一条为虚线）两部分组成，如图 8-11 所示。

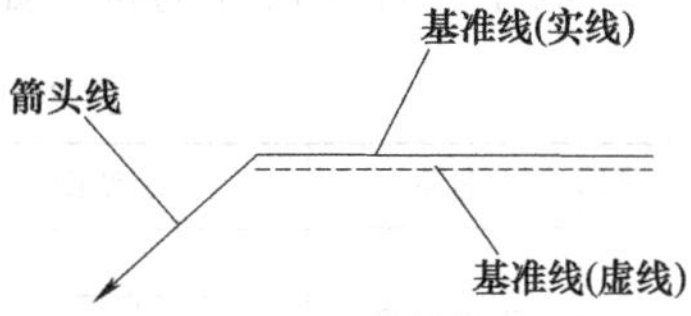

图 8-11　指引线的示意图

f. 焊缝标注的有关规定。如果焊缝在指引线箭头的同一侧，则将基本符号标在基准线的实线侧，见图 8-12（a）。如果焊缝不在指引线箭头的同侧，则将基本符号标在基准线的虚线侧［见图 8-12

(b)]，标对称焊缝及双面焊缝时，基准线可以不加虚线，见图 8-12 (c)、图 8-12 (d)。

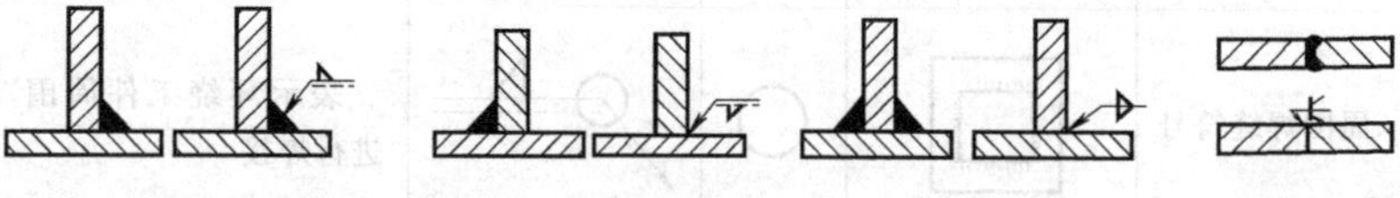

(a) 焊缝在接头的箭头侧　(b) 焊缝在接头的非箭头侧　(c) 对称焊缝　(d) 双面焊缝

图 8-12　焊缝标注的有关规定

当若干条焊缝的焊缝符号相同时，可使用公共基准线进行标注，见图 8-13。

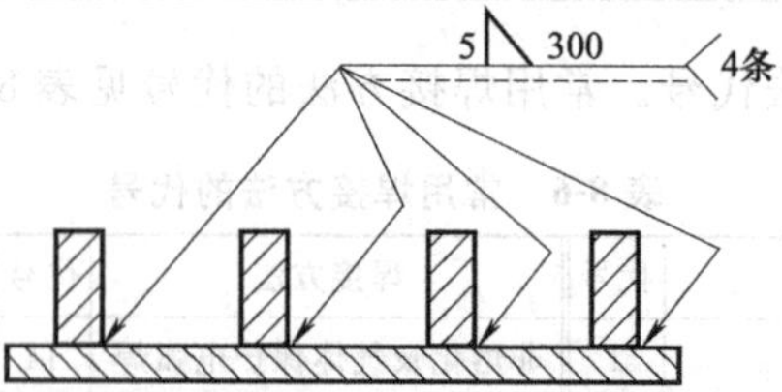

图 8-13　相同焊缝的标注

g. 焊缝尺寸的标注。焊缝尺寸的标注格式如图 8-14 所示。

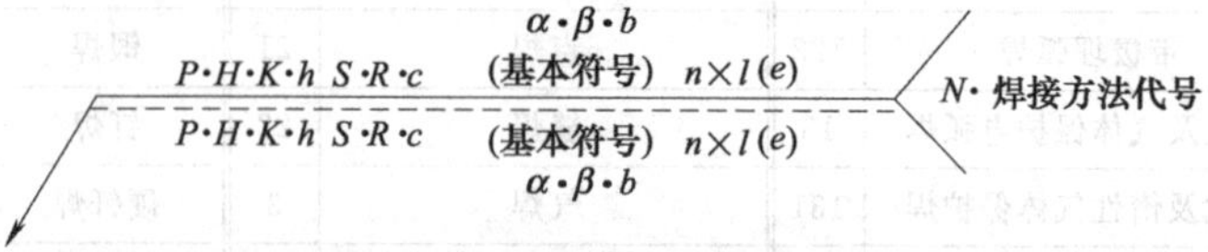

图 8-14 焊缝尺寸的标注格式

其中：焊缝尺寸的符号如表 8-7 所示。

表 8-7　焊缝尺寸符号

符号	名称	示意图	符号	名称	示意图
t	工件厚度	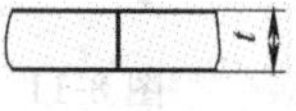	b	根部间隙	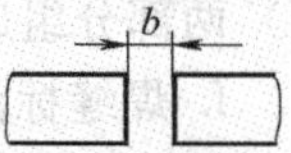
α	坡口角度	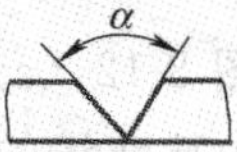	P	钝边	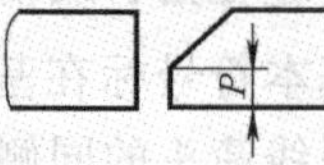

续表

符号	名称	示意图	符号	名称	示意图
c	焊缝宽度	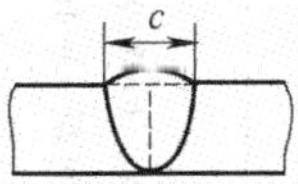	*d*	熔核直径	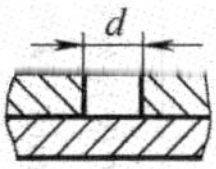
R	根部半径	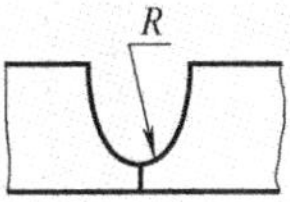	*S*	焊缝有效厚度	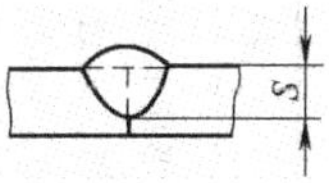
l	焊缝长度	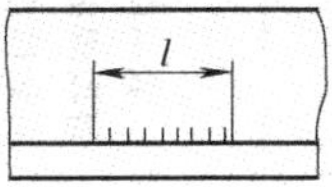	*N*	相同焊缝数量符号	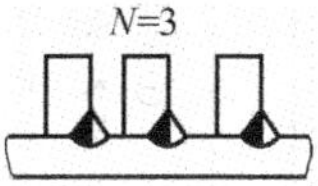
n	焊缝段数	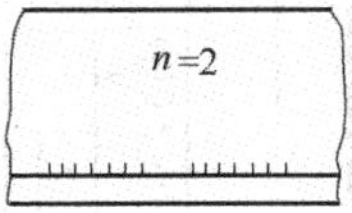	*H*	坡口深度	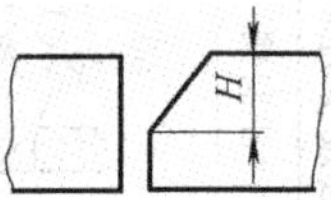
e	焊缝间距	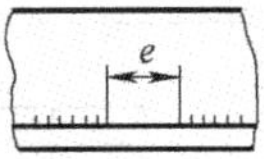	*h*	余高	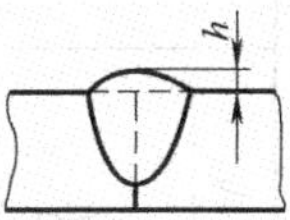
K	焊脚尺寸	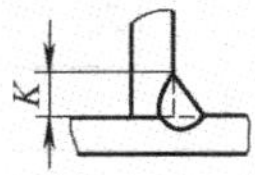	*β*	坡口面角度	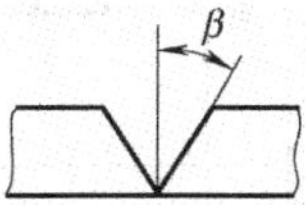

在标注焊缝尺寸时，应注意：焊缝横剖面上的尺寸，如钝边高度 P、坡口深度 H、焊脚高度 K、焊缝宽度 c 等标在基本符号左侧；焊缝长度方向的尺寸，如焊缝长度 l、焊缝间距 e、焊缝段数 n 等标注在基本符号的右侧；坡口角度 α、坡口面角度 β、根部间隙 b 等尺寸标注在基本符号的上侧或下侧；相同焊缝数量 N 标在尾部；常用焊接方法的代号标注参见表 8-6。

h. 焊缝标注实例。焊缝画法及标注实例见表 8-8。

表 8-8　焊缝画法及标注综合实例

焊缝画法及焊缝结构	标注格式	标注实例	说　　明
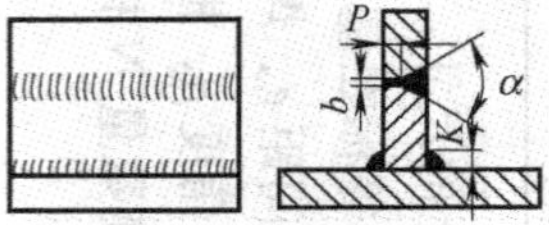	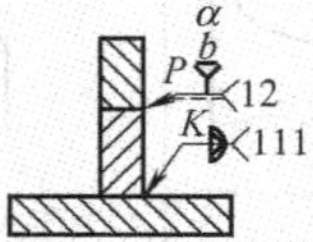	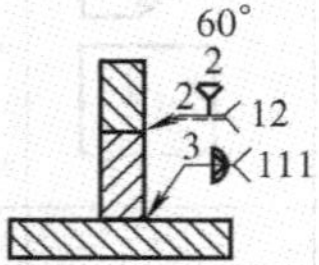	①用电弧焊形成的带钝边 V 形连续焊缝(表面平齐)在箭头侧。钝边 $P=2mm$,根部间隙 $b=2mm$,坡口角度 $\alpha=60°$ ②用焊条电弧焊形成的连续、对称角焊缝(表面凸起)。焊角尺寸 $K=3mm$
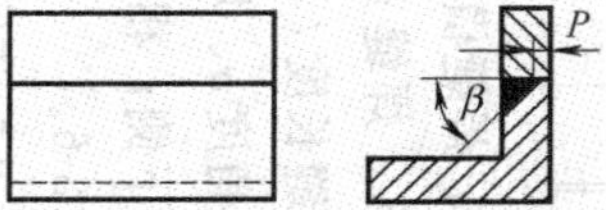	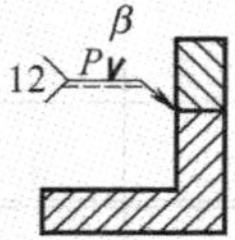	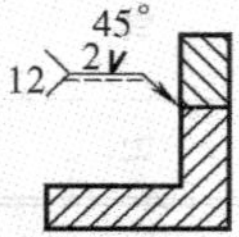	表示用埋弧焊形成的带钝边单边 V 形焊缝在箭头侧。钝边 $P=2mm$,坡口面角度 $\beta=45°$,焊缝是连续的
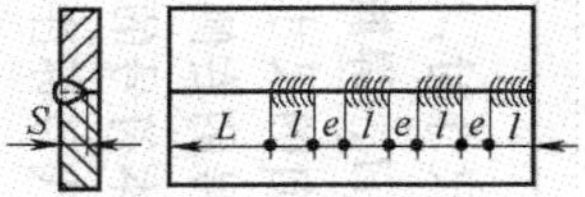	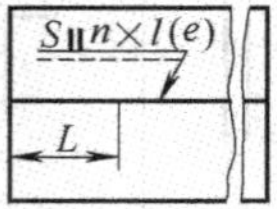	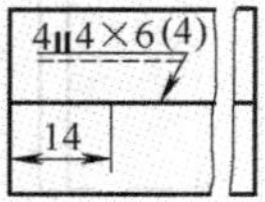	表示断续 I 形焊缝在箭头侧。焊缝段数 $n=4$,每段焊缝长度 $l=6mm$,焊缝间距 $e=4mm$,焊缝有效厚度 $S=4mm$
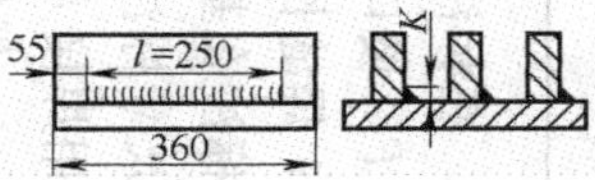	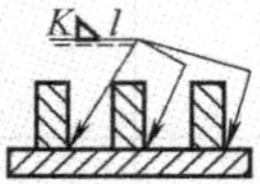	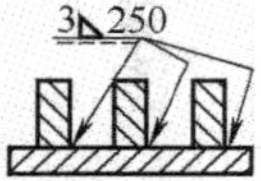	表示 3 条相同的角焊缝在箭头侧,焊缝长度小于整个工件长度。焊角尺寸 $K=3mm$,焊缝长度 $l=250mm$。箭头线允许折一次

8.1.3 焊接的缺陷及检验方法

尽管焊接加工的方法很多，各自操作的手法及产生缺陷的原因有所不同，但所产生的焊接缺陷类型及检验焊接缺陷的方法却基本相同。

(1) 焊接缺陷

焊接缺陷的种类很多，按其在焊缝中的位置，可分为内部缺陷和外部缺陷两大类。外部缺陷位于焊缝的外表面，用肉眼或低倍放大镜就能看到，如焊缝尺寸不符合要求、咬边、表面气孔、表面裂纹、烧穿、焊瘤及弧坑等；内部缺陷位于焊缝内部，需用无损探伤法或用破坏性试验才能发现，如未焊透、内部气孔、内部裂纹及夹渣等。一般说来，常见的焊接缺陷主要有以下几种。

① 焊缝表面成形不良　焊缝表面成形不良的主要特征是焊缝表面形状高低不平、焊波粗劣、焊缝宽度不均匀，有的部位焊缝太宽、有的部位太窄、焊缝高低不平，余高有的地方过高、有的地方过低，如图 8-15 所示。焊缝外形尺寸不符合要求，不仅造成焊缝成形难看，而且还会影响焊缝与基本金属的结合或造成应力集中，影响结构的安全使用。

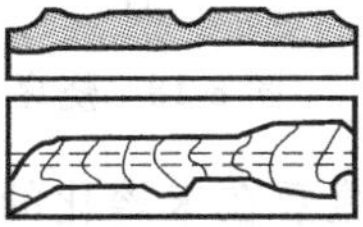

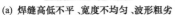

(a) 焊缝高低不平、宽度不均匀、波形粗劣

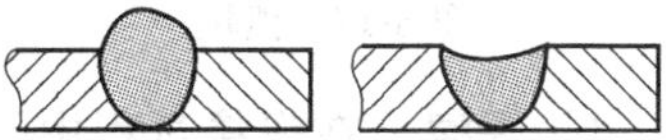

(b) 余高过高或过低

图 8-15　焊缝外形尺寸不符合要求

② 咬边　咬边又称咬肉，通常把基本金属和焊缝金属交界处的凹槽称为咬边，如图 8-16 中箭头所指处。由于咬边使基本金属的有效截面减少，不仅减弱了焊接接头的强度，而且在咬边处容易引起应力集中，承载后有可能在此处产生裂纹，所以承受静载的焊件，一般规定：当钢材厚度小于 10mm 时，基本金属咬边深度不得大于 0.5mm；当钢材厚度超过 20mm 时，基本金属咬边深度不得大于 1mm；承受动载荷的焊件，基本金属的咬边深度不得大于 0.5mm；特别重要的焊件，如高压容器、管道等咬边是不允许存

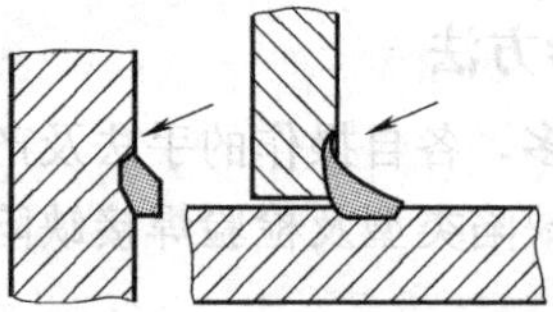

图 8-16　咬边

在的。

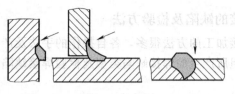

③ 弧坑　在焊缝末端或焊缝接头处，低于基本金属表面的凹坑称为弧坑，如图 8-17 所示。弧坑不仅使该处焊缝的强度严重减弱，同时弧坑内很容易产生气孔、夹渣或微小裂纹，所以在熄弧时一定要填满弧坑，使焊缝高于基本金属。

④ 烧穿　焊缝中形成的穿孔称为烧穿，如图 8-18 所示。烧穿不仅影响焊缝的外观，而且使该处焊缝的强度显著减弱，因而焊接过程中，应尽量避免这种缺陷的产生。产生烧穿的主要原因是：焊接电流过大，焊接速度过慢和焊件间隙太大。

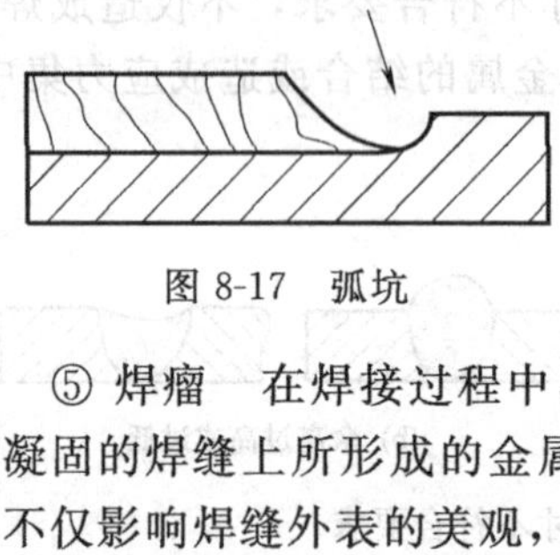

图 8-17　弧坑

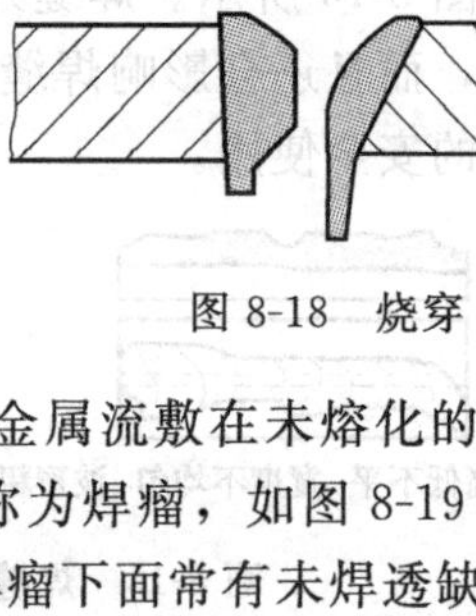

图 8-18　烧穿

⑤ 焊瘤　在焊接过程中，熔化金属流敷在未熔化的基本金属或凝固的焊缝上所形成的金属瘤，称为焊瘤，如图 8-19 所示。焊瘤不仅影响焊缝外表的美观，而且焊瘤下面常有未焊透缺陷，易造成应力集中。管道内部的焊瘤，还会影响管内的有效面积，甚至会造成堵塞现象。

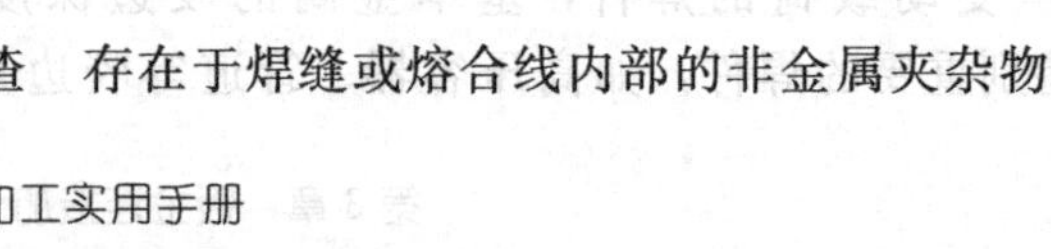

图 8-19　焊瘤

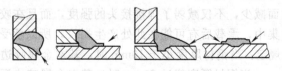

⑥ 夹渣　存在于焊缝或熔合线内部的非金属夹杂物称为夹渣，

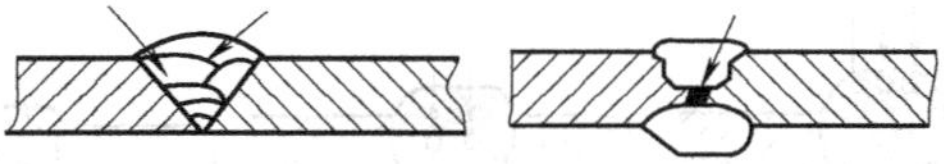

图 8-20　夹渣

如图 8-20 所示。夹渣对接头的性能影响比较大，由于夹渣多数呈不规则的多边形，其尖角会引起很大的应力集中，导致裂纹的产生。焊缝中的针形氮化物和磷化物夹渣，会使金属发脆。氧化铁及硫化铁夹渣，容易使焊缝产生热脆性。

⑦ 未焊透　基本金属和焊缝金属之间或焊缝金属之间，局部未熔合而留下的空隙，称为未焊透，如图 8-21 所示。该缺陷不仅降低了焊接接头的力学性能，而且在未焊透处的缺口和端部形成应力集中点，承载后往往会引起裂纹。尤其在对接焊缝中，未焊透这一缺陷是不允许存在的。

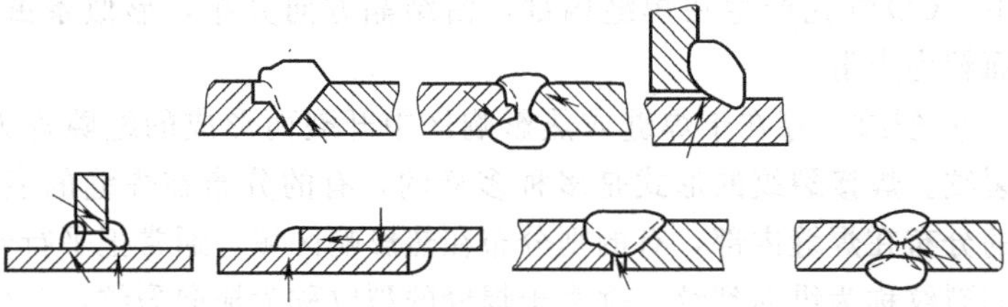

图 8-21　未焊透

⑧ 气孔　焊缝中由于气体存在而造成的空穴称为气孔。气孔的位置可能在焊缝表面，也可能在焊缝的内部。位于焊缝表面的气孔称为表面气孔，处于焊缝内部的气孔称为内部气孔。气孔的形状有球形、椭圆形、链状或厚蜂窝状等，如图 8-22 所示。在熔焊中，氢气和一氧化碳是形成气孔的主要原因。

氢气孔主要是由氢引起的。对于低碳钢和低合金高强钢，大多数氢气孔出现在焊缝的表面上，气孔的断面形状多为螺钉状，表面多呈圆喇叭口形，并在气孔的四周有光滑的内壁。在个别情况下，氢气孔也残存在焊缝的内部。此时，氢气孔多以小圆球状存在。

氮主要来自空气。因此在焊接中如没有足够充分的保护条件，电弧和焊接熔池中的金属就会受到空气的作用而形成氮气孔。在多

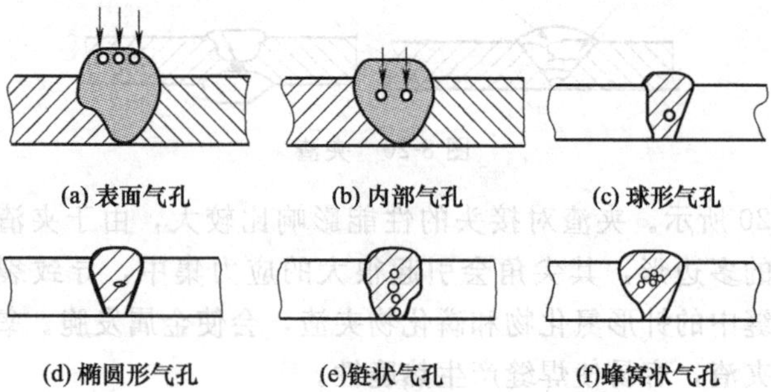

图 8-22　气孔的形状

数情况下，氮气孔存在于焊缝的表面，呈蜂窝状成堆出现。

在碳钢焊接的冶金反应中，产生大量的CO在结晶过程中来不及逸出，而残留在焊缝内部，形成一氧化碳气孔。因此，在多数情况下，CO气孔产生在焊缝内部，沿结晶方向分布，形似条虫状，表面较为光滑。

⑨ 裂纹　存在于焊缝或热影响区中开裂而形成的缝隙称为焊接裂纹。焊接裂纹的形式是多种多样的，有的分布在焊缝的表面，有的分布在焊缝内部，有的则分布在热影响区域。通常把平行于焊缝的裂纹称为纵向裂纹，垂直于焊缝的裂纹称为横向裂纹，产生在弧坑中的裂纹称火口裂纹或弧坑裂纹。

按照焊接裂纹产生的条件，裂纹大致可分为热裂纹、冷裂纹、再热裂纹及层状裂纹四种。

(2) 焊接检验的方法

焊接检验工作一般包括焊前检验、焊接过程中检验和成品检验。焊前检验的内容是：检查技术文件（图纸、工艺规程）是否齐全，焊接材料和原材料的质量检验，构件装配和焊接边缘的质量检验，焊接设备是否完善以及焊工操作水平的鉴定等。

焊接过程中的检验，主要是检查焊接设备运行情况，焊接规范是否正确以及执行工艺规程的情况等。

成品检验方法很多，可分为破坏性检验和非破坏性检验（无损检验）两大类，具体的检验方法见表8-9和表8-10。

表 8-9 非破坏性检验方法

名称	检验过程及应用
外观检验	一般以肉眼观察为主，有时也可以用 5～10 倍放大镜来检查。外观检验主要是为了检查焊缝外形尺寸是否符合有关标准以及图纸要求，焊缝的外形是否光滑平整，余高是否合适，焊缝与基本金属的过渡是否圆滑等；另外还要检查焊缝表面是否有裂纹、气孔、焊瘤、咬边，弧坑中是否有火口裂纹等缺陷
水压试验	不仅用来检验焊缝的致密性，同时也可以检验焊缝的强度。首先将容器灌满水，并堵好容器上的一切孔眼，然后用水泵把容器内水压提高，其压力一般为工作压力的 1.25～1.5 倍，待持续 10～30min 之后，再将压力降至容器的工作压力，并用 1～1.5kg 左右的圆头小锤，在距焊缝 15～20mm 处，沿焊缝方向轻轻敲打。若发现焊缝上有水滴或细水纹出现，可在漏水处作出标记，试压后进行修补。试验用水的温度应稍高于周围空气的温度，以防容器外表凝结露水
气压试验	小型受压容器或管子常采用气压试验来检验其密封性和强度。试验时将压缩空气注入容器或管子内，在焊缝表面涂抹肥皂水。如果发现有气泡的地方，说明该处有缺陷存在，并作出标记，以便修补；也可以将容器或管子放入水槽中，并注入压缩空气。如果发现有水泡冒出的地方，说明该处有缺陷
煤油试验	用于非受压容器的致密性试验。试验的方法是在焊缝一侧涂上白垩粉水溶液，待干燥后，在焊缝另一侧涂刷煤油。由于煤油渗透能力强，如果焊缝有缺陷，煤油就能渗透过去，在有白垩粉的一面形成明显的油渍，由此便可以确定缺陷的位置。为了准确地确定缺陷的大小和位置，应在涂煤油后立即观察
磁粉检验	用来检查铁磁性材料表面或近表面的裂纹、夹渣等缺陷。磁粉检验有干法和湿法两种：采用干法时，先使焊缝磁化，然后在焊缝表面撒上磁铁粉末；采用湿法时，在磁化的焊缝表面涂上磁粉混浊液。这两种方法都能显露焊缝或基本金属中的表面或近表面缺陷。经磁粉探伤后，焊件中就会有剩磁存在，这对某些焊件来说是不允许的，所以应进行退磁处理
着色探伤	在清除干净的焊缝表面涂上一层红色的着色剂，经一定时间后，流动性和渗透性良好的着色剂，便渗透到焊缝表面的缺陷内，然后再将焊缝表面擦干净，并在焊缝表面涂上一层白色显示液。当白色的底层上渗出了红色的条纹，则表示该处有缺陷存在

续表

名称	检验过程及应用
荧光探伤	把荧光液涂在焊缝表面,若焊缝表面有缺陷,由于荧光液具有很强的浸透能力,因此很快就可以渗透到裂纹中去,然后把零件表面擦干净,在暗室内用水银石英灯照射,这时渗入缺陷内的荧光粉在紫外线作用下就会发光,缺陷就被显示出来
X射线探伤	用来检验焊缝内部裂纹、未焊透、气孔、夹渣等缺陷。先将X射线管对正焊缝,然后将装有感光底片的塑料袋放在焊缝的背面,最后开机使X射线管放出X射线进行透视。根据底片上图像就可以判断缺陷的类型、位置和大小
γ射线探伤	γ射线具有更强的穿透能力,可检查厚度达300mm的焊缝,用来检验焊缝内部裂纹、未焊透、气孔、夹渣等缺陷。方法是在焊缝的背面先贴上装有感光底片的底片袋,然后将放射性元素(如镭、铀、钴等)放在三面密封一面开孔的铅盒内,并使开口面朝着要检验的焊缝进行拍照。根据底片上的图像就可以判断缺陷的类型、位置和大小
超声波探伤	可用来探测大厚度焊件(40mm以上)。对检查裂纹等平面形缺陷,灵敏度较高,又具有操作灵活方便等特点。方法是在光滑的焊缝及其附近刷上一层液体贴合剂(轻油或变压器油等),然后将探头与焊件表面接触,当超声波束经由探头到达金属内部,如遇到缺陷和零件底面时,就分别发生反射波束,在荧光屏上形成脉冲波形。根据这些脉冲波形,就可以判断缺陷位置和大小

表 8-10 破坏性检验方法

名称	检验目的	检验方法
化学分析	测定焊缝的化学成分	通常用6mm的钻头,从焊缝中钻取试样。取样时应把焊缝起弧及熄弧端(15mm)排除在外,屑末中不得有油、锈等污物,以免影响化学分析的结果。样品的钻取数量,视所分析元素多少而定,常规分析需试样约3～5g。经常分析的元素有碳、锰、硅、硫和磷等。对一些合金钢或不锈钢中的镍、铬、钼、钛、钒作分析时,要多取一些试样

续表

名称		检验目的	检验方法
金相组织检验		检查焊缝金属和基本金属热影响区的组织特点及确定有无内部缺陷	在焊接试板上截取试样,经过打磨、抛光、腐蚀等步骤,然后在金相显微镜下进行观察,必要时可把典型的金相组织摄制成金相照片,供分析之用。金相检验分为宏观和微观检验两种:宏观检验是用肉眼或5～10倍放大镜下,检查焊缝表面或断面的组织和缺陷;微观检验是在100～1500倍显微镜下,观察焊缝金属或热影响区的显微组织和显微缺陷
力学性能试验	拉伸试验	测定焊缝金属及焊接接头的抗拉强度、屈服强度、伸长率和断面收缩率	拉伸试样按标准做成板状试样、圆形试样和管状试样,然后在拉伸试验机上进行
	冲击试验	测定焊缝金属或基本金属热影响区在突加载荷时对缺口的敏感性	缺口位置由试验的目的决定,可以开在焊缝、熔合线或基本金属热影响区上,在冲击试验机进行
	弯曲试验	测定对接接头弯曲时的塑性	对接接头弯曲时的塑性,是根据试验接头部位出现第一条裂纹时的弯曲角度来确定
	压扁试验	测定管子焊接接头压扁时的塑性	根据试样上出现第一条裂纹时,管壁间的距离来确定。试验长度可等于管子直径,管子外部余高要去除
	硬度试验	测定焊接接头各个部分(焊缝金属、基本金属及热影响区等)的硬度	为减少误差,每一部分测定硬度的次数应不少于3点。硬度试验可在布氏、洛氏或维氏硬度机上进行

8.1.4 常用金属材料焊接方法的选用

金属的焊接性是指金属是否具有适应焊接加工以及焊接加工后能否在使用条件下安全运行的能力，主要包括两方面的内容：一是焊接接头产生工艺缺陷的倾向，尤其是出现各种裂缝的可能性，即工艺焊接性；二是焊接接头在使用中的可靠性，包括焊接接头的力学性能及其他特殊性能，即使用焊接性。工艺焊接性通常把材料在焊接时形成裂纹的倾向及焊接接头性能变坏的倾向作为评价金属材料焊接性的主要指标。使用焊接性是指焊接接头在使用中的可靠性，包括焊接接头的力学性能（强度、塑性、韧性、硬度以及抗裂纹扩展的能力等）和其他特殊性能（如耐热、耐蚀、耐低温、抗疲劳、抗时效等）。

(1) 影响焊接性的因素

金属的焊接性受多种因素的影响，但主要有以下方面：

① 材料因素　材料因素包括母材本身和使用的焊接材料，如焊条、焊丝、焊剂、保护气体等，由于它们在焊接时都参与到熔池或半熔化区的冶金过程，直接影响焊接质量。因此，正确选用母材和焊接材料是保证焊接性良好的重要基础。

② 工艺因素　对于同一母材，采用不同的工艺方法和工艺措施时，所表现的焊接性是不同的。

焊接方法对焊接性的影响表现在焊接热源能量密度大小、温度高低以及热输入量的多少方面。例如，对于有过热敏感的高强度钢，从防止过热的角度出发，宜选用热源热量集中的方法（如等离子弧焊接等），有利于改善焊接性。

工艺措施对防止焊接接头缺陷，提高使用性能也有重要的作用，如焊前预热、焊后缓冷和消氢处理等，对防止热影响区淬硬变脆，降低焊接应力，避免裂纹是比较有效的措施。另外，合理安排焊接顺序能减小焊接变形。

③ 结构因素　焊接接头的结构设计会影响应力状态，从而对焊接性能也发生影响。应使焊接接头处于刚度较小的状态，能够自由收缩，有利于防止焊接裂纹。同时，尽量避免增大母材厚度或焊缝体积，这样容易产生多向应力。

④ 使用条件　焊接结构的使用条件是多种多样的，如在高温、低温、腐蚀介质中及静载或动载条件下工作等。使用条件越不利，焊接性能就越不容易保证。

(2) 估算钢材焊接性的方法

金属材料的焊接性可通过估算和试验方法确定。

实际焊接结构所用的金属材料绝大多数是钢材。由于焊接热影响区的淬硬及冷裂倾向与钢材的化学成分直接有关，所以用化学成分来粗略地评价热影响区的淬硬及冷裂倾向。在各种元素中，碳的影响最明显，所以把各种合金元素对淬硬和冷裂的影响都折合成碳的影响。这样，将各种元素都按相当于若干含碳量折合并叠加起来，即得到所谓的“碳当量”。因此，常用碳当量法来估算被焊钢材的焊接性（硫、磷对钢材焊接性能影响也极大，但在各种合格钢材中，硫、磷一般都受到严格控制）。

碳钢及低合金结构钢常用的碳当量计算公式为

$$C_{当量}=C+\frac{Mn}{6}+\frac{Cr+Mo+V}{5}+\frac{Ni+Cu}{15}$$

式中 C、Mn、Cr、Mo、V、Ni、Cu 为钢中该元素含量的百分数。

根据经验，当 $C_{当量}<0.4\%$ 时，钢材的淬硬倾向不明显，可焊性优良，焊接时一般不需预热（但对厚大件或在低温下焊接，也应考虑预热）。

当 $C_{当量}=0.4\sim0.6\%$ 时，钢材的淬硬倾向逐渐明显，可焊性较差，需要采用适当的预热和一定的工艺措施。

当 $C_{当量}>0.6\%$ 时，钢材的淬硬倾向强，可焊性不好，需要采取较高的预热温度和严格的工艺措施。

利用碳当量法估算钢材可焊性是粗略的，因为钢材可焊性还要受结构刚度、焊后应力条件、环境温度等因素影响。例如，当钢板厚度增加时，结构刚度增大，焊后残余应力也较大，焊缝中心将出现三向拉应力，这时，钢材实际允许碳当量值将降低。可焊性较好的钢材，在低温下焊接时，也有可能出现裂缝。因此，在实际工作中确定材料可焊性时，除初步估算外，还应根据情况进行抗裂试验，并配合进行焊接接头使用可靠性的试验，以作为制订合理工艺规程的依据。

(3) 常用金属材料推荐的焊接方法

金属材料的焊接性不是一成不变的，同一种金属材料，采用不同的焊接方法及焊接材料，其焊接性可能有很大的差别。例如铸铁用普通焊条不易保证质量，但用镍基焊条则质量较好。随着焊接技术的发展，某些过去很难焊接的金属，现在也可能采用一定的方法焊接。例如化学活泼性极大的钛的焊接曾是极困难的问题，从氩弧焊应用比较成熟以后，钛及其合金的焊接结构已在工业中实际采用。由于新能源的发展，已产生了等离子焊、真空电子束焊、激光焊等新的焊接方法，使钨、钼、钽、铌、锆等难熔金属及其合金的焊接已成为可能。

根据目前的焊接技术水平，工业上应用的绝大多数金属材料都是可焊的，只是焊接时的难易程度不同而已。常用金属材料推荐的适用焊接方法可参考表 8-11 选用。

表 8-11 常用金属材料推荐的适用焊接方法

金属及合金＼焊接方法		手弧焊	埋弧焊	CO_2焊	氩弧焊	电渣焊	气电焊	氧-乙炔焊	气压焊	点缝焊	闪光焊	铝热焊	电子束焊	钎焊
碳钢	低碳钢	A	A	A	B	A	A	A	A	A	A	A	A	A
	中碳钢	A	A	A	B	A	A	A	A	B	A	A	A	B
	高碳钢	A	B	C	B	B	B	B	A	D	A	A	A	B
	工具钢	B	B	D	B	C	C	A	A	D	B	B	A	B
	含铜钢	A	A	C	B	A	A	A	A	A	A	B	A	B
铸钢	碳素铸钢	A	A	A	B	A	A	A	B	B	A	A	A	B
	高锰钢	B	B	B	B	A	A	B	D	B	B	B	A	B
铸铁	灰铸铁	B	D	D	B	B	B	A	D	D	D	B	C	C
	可锻铸铁	B	D	D	B	B	B	B	D	D	D	B	C	C
	合金铸铁	B	D	D	B	B	B	A	D	D	D	A	C	C
低合金钢	镍钢	A	A	C	B	D	D	A	A	A	A	B	A	B
	镍铜钢	A	A	C	—	D	D	A	A	A	A	B	A	B
	锰钼钢	A	A	C	—	D	B	A	B	A	A	B	A	B
	碳素钼钢	A	A	C	—	D	B	A	B	—	A	B	A	B
	镍铬钢	A	A	C	—	D	D	A	A	D	A	B	A	B
	铬钼钢	A	A	C	B	D	D	A	A	D	A	B	A	B

续表

金属及合金 \ 焊接方法		手弧焊	埋弧焊	CO_2焊	氩弧焊	电渣焊	气电焊	氧-乙炔焊	气压焊	点缝焊	闪光焊	铝热焊	电子束焊	钎焊
低合金钢	镍铬钼钢	B	A	C	B	D	D	B	A	D	B	B	A	B
	镍钼钢	B	B	C	A	D	D	B	B	D	B	B	A	B
	铬钢	A	B	C	—	D	D	A	A	D	A	B	A	B
	铬钒钢	A	A	C	—	D	D	A	A	D	A	B	A	B
	锰钢	A	A	C	B	B	B	A	B	D	A	B	A	B
不锈钢	铬钢M型	A	A	B	A	C	B	B	B	C	B	D	A	C
	铬钢F型	A	A	B	A	C	B	B	B	A	A	D	A	C
	铬镍钢A型	A	A	B	A	C	B	A	A	A	A	D	A	B
耐热合金	耐热超合金	A	A	C	A	C	C	A	B	A	A	D	A	C
	高镍合金	A	A	C	A	C	C	A	B	A	A	D	A	B
轻金属	纯铝	B	D	D	A	D	D	A	C	A	A	D	A	B
	非热处理型铝合金	B	D	D	A	D	D	A	C	A	A	D	A	B
	热处理型铝合金	B	D	D	B	D	D	B	C	A	A	D	A	C
	纯镁	D	D	D	A	D	D	B	C	A	A	D	B	B
	镁合金	D	D	D	A	D	D	B	C	A	A	D	B	C
	纯钛	D	D	D	A	D	D	D	D	A	D	D	A	C
	钛合金	D	D	D	A	D	D	D	D	B	D	D	A	D
铜合金	纯铜	B	C	C	A	D	D	B	C	C	C	D	B	B
	黄铜	B	D	C	A	D	D	B	C	C	C	D	B	B
	磷青铜	B	C	C	A	D	D	C	C	C	C	D	B	B
	铝青铜	B	D	C	A	D	D	C	C	C	C	D	B	B
	镍青铜	B	D	C	A	D	D	C	C	C	C	D	B	B
锆、铌		D	D	D	B	D	D	D	D	B	D	D	B	C

注：表中A—最适用，B—适用，C—稍适用，D—不适用。

8.1.5 焊条电弧焊加工

焊条电弧焊又称手工电弧焊，是用手工操纵焊条进行焊接的电弧焊方法，也是各种电弧焊方法中发展最早、目前仍然应用最广的一种焊接方法。

(1) 工作原理

焊条电弧焊是以外部涂有涂料的焊条与焊件间产生的电弧热将金属加热并熔化而实现焊接的，如图 8-23 所示。焊接前，把焊钳 3 和焊件 1 分别接到电焊机 4 输出端的两极，并用焊钳夹持焊条 2。焊接时，在焊条和焊件之间引燃焊接电弧 5，利用电弧产生的高温（6000～7000℃），将焊条和焊件被焊部位的母材熔化（熔点一般在 1500℃左右）形成熔池 6。随着焊条沿焊接方向移动，新的熔池不断形成，而原先的熔池液态金属不断冷却凝固，构成焊缝 7，使焊件连接在一起。

焊条外部的涂料在电弧热的作用下，一方面可以产生气体以保护电弧，另一方面可以产生熔渣覆盖在熔池表面，防止熔化金属与周围气体的相互作用。熔渣的更重要的作用是与熔化金属产生物理化学反应或添加合金元素，改善焊缝金属性能，见图 8-24。

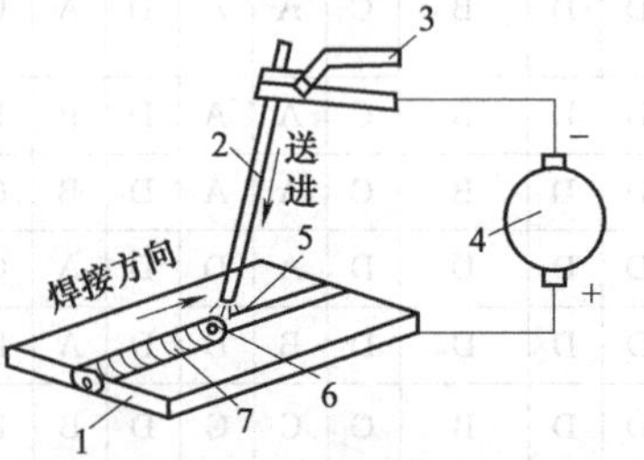

图 8-23 焊条电弧焊焊接过程

1—焊件；2—焊条；3—焊钳；4—电焊机；
5—焊接电弧；6—熔池；7—焊缝

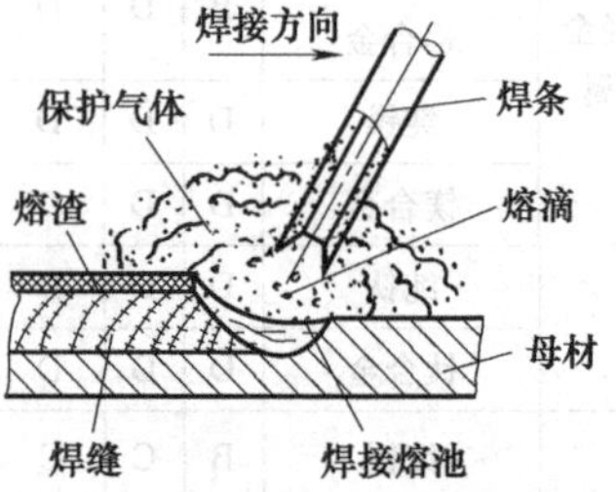

图 8-24 焊条电弧焊示意图

焊条电弧焊具有电弧温度较高、热量集中，设备简单，操作方便、灵活，能适应在各种条件下焊接等特点，是焊接生产中普遍应用的一种方法，广泛应用于碳素钢、合金钢、不锈钢、耐热钢、高强度钢、铸铁等金属材料的不同厚度及不同位置的焊接，也可用于铜合金、镍合金的焊接。

焊条电弧焊的缺点是生产效率低，劳动强度较大，焊接质量取决于工人的操作技术水平。

(2) 焊接电源

常用的焊条电弧焊的焊接电源（俗称电焊机）有直流弧焊发电机、交流弧焊变压器和弧焊整流器三大类。

① 直流弧焊发电机　直流弧焊发电机由一台三相异步电动机和一台直流发电机组成，三相异步电动机是以电能作为动力来驱动焊接发电机而获得焊接电流。常用的直流弧焊发电机有 AX-320 型、AX_1-500 型等型号。图 8-25 所示为直流弧焊发电机外形。直流弧焊发电机空载电压为 50～80V，工作时电压为 30V，电流的调节分粗调节和细调节两种。通过机头处的电流调节手柄移动电刷位置可实现电流的粗调节。粗调节共有三挡。电刷在第一挡位置时，电流最小；第三挡位置电流最大。焊接电流的细调节通过装在机壳顶部的可变电阻来实现。

弧焊发电机能获得稳定的直流电，因此引弧容易，电弧稳定，但运转时噪声大，空载损耗大，并且结构复杂，造价高，易损坏，维修较困难，因此，已逐渐被弧焊整流器所替代。

② 弧焊整流器　弧焊整流器也是一种直流电焊机。用交流电经过变压、整流后而获得直流电。弧焊整流器有硅弧焊整流器、晶闸管弧焊整流器及晶体管式弧焊整流器三种。由于晶闸管弧焊整流器具有噪声小、空载损耗小、体积小、重量轻、成本低、功率因数高、省电，以及调节性能好和便于实现自动化焊接的优点，所以目前使用越来越普遍。图 8-26 所示为 ZX5-400 型晶闸管式弧焊整流器外形。该整流器额定焊接电流为 400A。

③ 交流弧焊变压器　交流弧焊变压器输出的焊接电流为交流电。它具有结构简单、制造方便、成本低廉、使用可靠和维修方便等优点，因而应用普遍，为焊接低碳钢焊件最常用的焊接设备。图 8-27 所示为交流弧焊变压器外形。

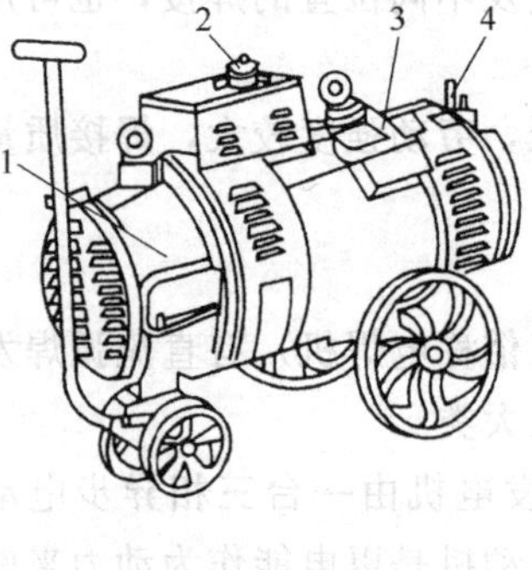

图 8-25　直流弧焊发电机

1—交流电动机；2—细调电流手柄；
3—直流发电机；4—粗调电流手柄

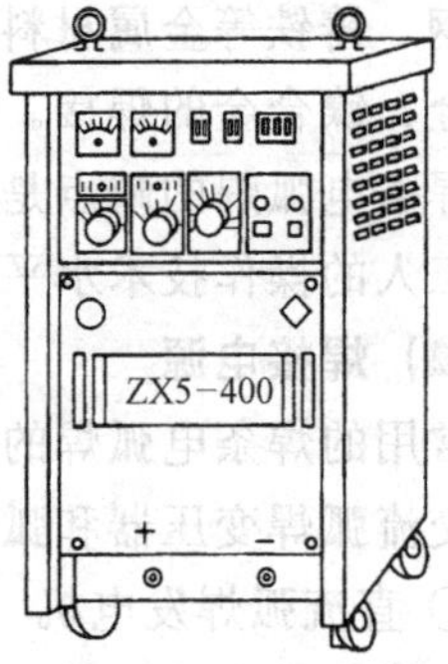

图 8-26　ZX5-400 型晶闸管式弧焊整流器

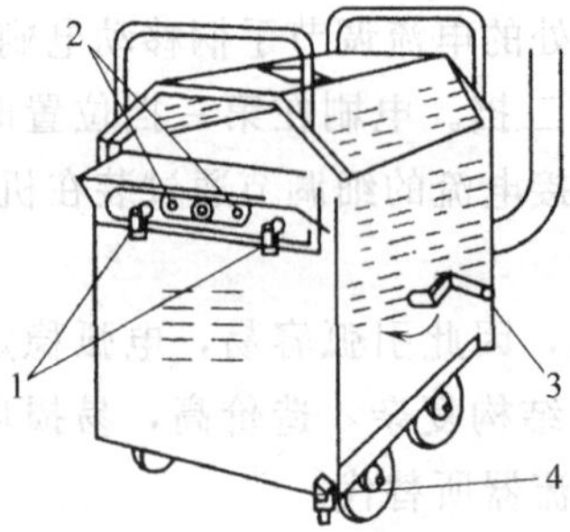

图 8-27　交流弧焊变压器

1—焊接电缆连接螺钉；2—接线柱（粗调电流）；3—调节手柄（细调电流）；4—接地螺钉

(3) 焊接用具

焊条电弧焊必备的焊接工具和辅具包括：焊接电缆、焊钳、面罩、焊接用手套和绝缘鞋、屏风板和钢丝刷、敲渣锤等。

① 焊接电缆　焊接电缆是用以实现焊钳、焊件对焊接电源的连接，以传导焊接电流。电缆外表应有良好的绝缘层，不允许导线裸露。外皮如有破损，应用绝缘胶布包好，以防破损处引起短路和发生触电等事故。

② 焊钳　焊钳是用来夹持焊条并传导电流以进行焊接的工具，其外形如图 8-28 所示。

焊钳应具有良好的导电性、绝缘性和隔热性，要求能迅速、牢固地夹持焊条和松开焊条，使用轻便、灵活。

③ 面罩　有头盔式和手持式两种，如图 8-29 所示。

面罩的作用是用来保护操作者的面部和眼睛免受强烈的电弧光伤害以及阻挡飞溅的熔渣。操作者通过面罩上可拆卸的护目镜片，

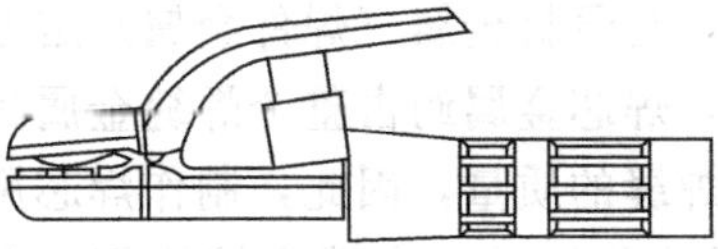

图 8-28　焊钳

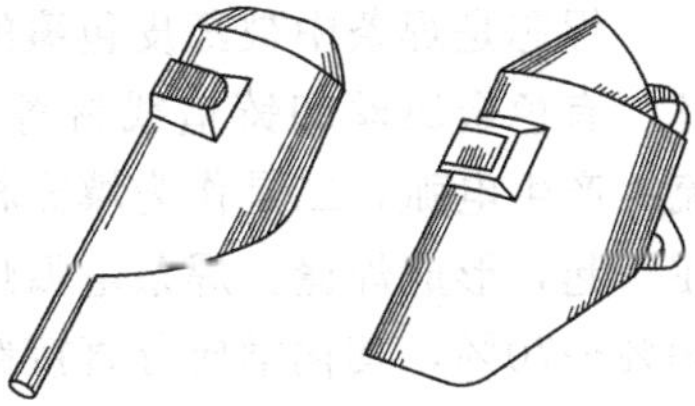

(a) 手持式　　(b) 头盔式

图 8-29　面罩

来观察焊接过程。护目镜的镜片颜色深浅，以看清焊接熔池为宜。

④ 焊接用手套和绝缘鞋　手套和绝缘鞋属劳动保护用品。手套为长袖。袖长以不妨碍肘关节活动为准。绝缘鞋要求厚底、高帮，能绝缘、隔热。焊工用手套和绝缘鞋要能有效地阻挡弧光的灼伤和飞溅熔渣的伤害，以及防止触电。

⑤ 屏风板　屏风板的作用有两个：一是使作业区与外界或其他操作者隔开，防止弧光和飞溅物伤害他人，或引起火灾；二是防止风吹引起电弧不稳。屏风板可因地制宜，做成各种形式。

⑥ 钢丝刷　钢丝刷用来清除焊接处的锈皮、污物等。

⑦ 锤子、扁铲、敲渣锤　这些工具都是用来清除焊渣的辅助工具。其中，敲渣锤的锤头两端常根据实际需要磨成圆锥形和扁铲形。

(4) 焊条

焊条是涂有药皮的供焊条电弧焊用的熔化电极，它由药皮和焊芯两部分组成，焊条的直径和长度是指焊芯的直径和长度，常用的直径 ϕ 有 1.6mm、2.0mm、2.5mm、3.2mm、4.0mm、5.0mm、8.0mm 等几种，长度范围 L 为 200～550mm，见图 8-30。

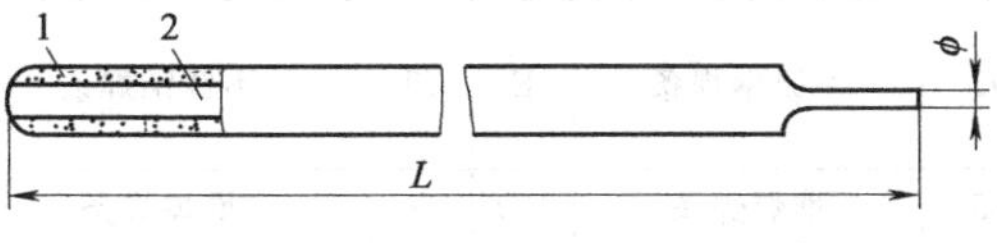

图 8-30　焊条的组成

1—药皮；2—焊芯

焊芯是焊条中被药皮包覆的金属芯。根据用途不同，焊芯有钢丝、有色金属丝和铸造线材等。焊芯的作用一是作为电极传导电流，产生电弧，二是作为填充材料，与母材金属（焊件金属）熔合在一起，形成焊缝。焊条电弧焊时，焊芯金属约占整个焊缝金属的50%～70%，其化学成分直接影响焊缝的质量，因此，制作焊芯用的金属都是经过特殊冶炼的。钢用焊芯的材料有碳素结构钢、合金结构钢和不锈钢三类。焊芯钢丝的牌号前用代号“H”注明，其后的表示方法与钢号表示方法相同。例如H08（碳素钢焊芯）、H08Mn2Si（合金结构钢焊芯）和H00Cr19Ni9（不锈钢焊芯）等。

涂敷在焊芯表面的有效成分称为药皮，也称涂层。焊条药皮是矿石粉末、铁合金粉、有机物和化工制品等原料按一定比例配制后压涂在焊芯表面上的一层涂料。

① 焊条的分类　焊条的型号和牌号种类繁多，按焊芯化学成分的不同，分成七个大类，也可按用途不同，分为十大类牌号，二者之间的对照关系见表8-12。

表8-12　焊条型号大类与牌号大类对照关系

焊条国标型号 焊条大类(按化学成分分类)			焊条牌号 焊条大类(按用途分类)			
编　号	名　称	代号	类别	名　称	代号	
					字母	汉字
GB 5117—1995	碳钢焊条	E	一	结构钢焊条	J	结
GB 5118—1995	低合金钢焊条	E	一	结构钢焊条	J	结
			二	钼和铬钼耐热钢焊条	R	热
			三	低温钢焊条	W	温
GB 983—1995	不锈钢焊条	E	四	不锈钢焊条	G	铬
					A	奥
GB 984—1985	堆焊焊条	ED	五	堆焊焊条	D	堆
GB 10044—1988	铸铁焊条	EZ	六	铸铁焊条	Z	铸
—	—	—	七	镍及镍合金焊条	Ni	镍

续表

焊条国标型号			焊条牌号			
焊条大类(按化学成分分类)			焊条大类(按用途分类)			
编　号	名　称	代号	类别	名　称	代号	
					字母	汉字
GB 3670—1992	铜及铜合金焊条	TCu	八	铜及铜合金焊条	T	铜
GB 3669—1993	铝及铝合金焊条	TAl	九	铝及铝合金焊条	L	铝
—	—		十	特殊用途焊条	TS	特

在同一类型焊条中，根据不同特性又分成不同的型号。某一型号的焊条可能有一个或几个品种，而根据焊条熔化后形成熔渣的化学性质，焊条又可分为酸性焊条（即普通焊条）和碱性焊条（即低氢型焊条）两类。当熔渣中的酸性氧化物（如二氧化硅、二氧化钛等）比碱性氧化物（如氧化钙等）多时，这种焊条称为酸性焊条；反之，称为碱性焊条。

例如：碳钢焊条型号按 GB 5117—1995 规定，是以熔敷金属的抗拉强度、药皮类型、焊接位置及焊接电流种类编制的。如 E4303、E5015、E5016 等，“E”表示焊条，前两位数字表示熔敷金属抗拉强度的最低值，单位 MPa；第三位数字表示焊条的焊接位置，“0”、“1”表示焊条适用于全位置焊接，“2”表示焊条适用于平焊及平角焊，“4”表示焊条适用于向下立焊；并且，第三位和第四位数字组合表示焊接电流种类及药皮类型，如“03”为钙钛型药皮，交流或直流正反接；“15”为低氢钠型药皮，直流反接；“16”为低氢钾型药皮，交流或直流反接。

酸性焊条药皮中的各种氧化物具有较强的氧化性，促使合金元素的氧化，对焊接区域内的水、油污、铁锈等不敏感。由于焊缝金属氧和氢含量较多，因此其力学性能较差，特别是冲击韧性比碱性焊条低，因此，使用酸性焊条，易使焊缝的力学性能变低，但酸性焊条药皮中的成分使得酸性焊条电弧稳定、脱渣容易、飞溅小，此外可使用交流或直流电源，劳动条件好，成本低。而碱性焊条由于药皮中主要含碱性氧化物，有较多的铁合金作为脱氧剂和掺合金剂，所以药皮有足够的脱氧性。与酸性焊条相比，碱性焊条在焊接过程时保护气体中的含氢量少，因而降低了焊缝中的含氢量，所以，碱性焊条又称低氢型焊条。碱性焊条焊接的焊缝金属力学性能较好，用于焊接重要结构。但由于氟的反电离作用，电弧稳定性差，为使电弧稳定燃烧，一般要使用直流电源，而且采用直流反接法进行焊接。此外，在使用碱性焊条操作时，飞溅大、有毒气体和烟尘多、毒性大、成本高。

因此，对于塑性、冲击韧度和抗裂性能要求较高，在低温条件下工作的焊缝，都应选用碱性焊条；当焊接部位有铁锈、油污等杂质并难于清理时，应选用酸性焊条。

② 焊条的选用原则　选用焊条是焊接准备工作中一个很重要的环节。在实际工作中，除了要认真了解各种焊条的成分、性能及用途外，还应根据被焊焊件的状况、施工条件及焊接工艺等综合考虑。选用焊条一般应考虑以下原则。

a. 焊接材料的力学性能和化学成分。

ⅰ. 对于普通结构钢，通常要求焊缝金属与母材等强度，应选用抗拉强度等于或稍高于母材的焊条。

ⅱ. 对于合金结构钢，通常要求焊缝金属的主要合金成分与母材金属相同或相近。

ⅲ. 在被焊结构刚性大、接头应力高、焊缝容易产生裂纹的情况下，可以考虑选用比母材强度低一级的焊条。

ⅳ. 当母材中 C 及 S、P 等元素含量偏高时，焊缝容易产生裂纹，应选用抗裂性能好的低氢型焊条。

b. 焊件的使用性能和工作条件

ⅰ. 对承受动载荷和冲击载荷的焊件，除满足强度要求外，还要保证焊缝具有较高的韧性和塑性，应选用塑性和韧性指标较高的低氢型焊条。

ⅱ. 接触腐蚀介质的焊件，应根据介质的性质及腐蚀特征，选用相应的不锈钢焊条或其他耐腐蚀焊条。

ⅲ. 在高温或低温条件下工作的焊件，应选用相应的耐热钢或低温钢焊条。

c. 焊件的结构特点和受力状态

ⅰ. 对结构形状复杂、刚性大及大厚度焊件，由于焊接过程中产生很大的应力，容易使焊缝产生裂纹，应选用抗裂性能好的低氢型焊条。

ⅱ. 对焊接部位难以清理干净的焊件，应选用氧化性强，对铁锈、氧化皮、油污不敏感的酸性焊条。

ⅲ. 对受条件限制不能翻转的焊件，有些焊缝处于非平焊位置，应选用全位置焊接的焊条。

d. 施工条件及设备

ⅰ. 在没有直流电源，而焊接结构又要求必须使用低氢型焊条的场合，应选用交、直流两用低氢型焊条。

ⅱ. 在狭小或通风条件差的场所，应选用酸性焊条或低尘焊条。

e. 改善操作工艺性能　在满足产品性能要求的条件下，尽量选用电弧稳定、飞溅少、焊缝成形均匀整齐、容易脱渣的工艺性能好的酸性焊条。焊条工艺性能要满足施焊操作需要。如在非水平位置施焊时，应选用适于各种位置焊接的焊条。如在向下立焊、管道焊接、底层焊接、盖面焊、重力焊时，可选用相应的专用焊条。

f. 合理的经济效益　在满足使用性能和操作工艺性的条件下，尽量选用成本低、效率高的焊条。对于焊接工作量大的结构，应尽量采用高效率焊条，如铁粉焊条、高效率不锈钢焊条及重力焊条等，以提高焊接生产率。

③ 常用钢材的焊条选用　常用钢号推荐选用的焊条见表 8-13，不同钢号相焊推荐选用的焊条见表 8-14。

表 8-13　常用钢号推荐选用焊条

类　别	接头钢号	焊条型号	对应牌号
碳素钢、低合金钢和低合金钢相焊	Q235A+Q345(16Mn)	E4303	J422
	20、20R+16MnR、16MnRC Q235A+18MnMoNbR	E4315	J427
		E5015	J507
	16MnR+15MnMoV 16MnR+18MnMoNbR	E5015	J507

续表

类　别	接头钢号	焊条型号	对应牌号
碳素钢、低合金钢和低合金钢相焊	15MnVR+20MnMo 20MnMo+18MnMoNbR	E5015	J507
		E5515-G	J557
碳素钢、碳锰低合金钢和铬钼低合金钢相焊	Q235A+15CrMo Q235A+1Cr5Mo	E4315	J427
	16MnR+15CrMo 20、20R+12Cr1MoV	E5015	J507
	15MnMoV+12CrMo、15CrMo 15MnMoV+12Cr1MoV	E7015-D2	J707
其他钢号与奥氏体高合金钢相焊	Q235A、20R、16MnR、20CrMo+0Cr18Ni9Ti	E309-16	A302
		E309Mo-16	A312
	18MnMoNbR、15CrMo+0Cr18Ni9Ti	E310-16	A402
		E310-15	A407

表 8-14　不同钢号相焊推荐选用的焊条

钢　　号	焊条型号	对应牌号
Q235AF、Q235A、10、20	E4303	J422
20R、20HP、20g	E4316	J426
	E4315	J427
25	E4303	J422
	E5003	J502
Q390(16MnD、16MnDR)	E5016-G	J506RH
	E5015-G	J507RH
Q390(15MnVR、15MnVRE)	E5016	J506
	E5015	J507
	E5515-G	J557
20MnMo	E5015	J507
	E5515-G	J557
15MnVNR	E6016-D1	J606
	E6015-D1	J607

续表

钢 号	焊条型号	对应牌号
15MnMoV、18MnMoNbR、20MnMoNbR	E7015-D2	J707
12CrMo	E5515-B1	R207
15CrMo、15CrMoR	E5515-B2	R307
12Cr1MoV	E5515-B2-V	R317
12Cr2Mo、12Cr2Mo1、12Cr1Mo1R	E6015-B3	R407
—	—	—
Q295(09Mn2V、09Mn2VD、09Mn2VDR)	E5515-C1	W707Ni
Q345(16Mn、16MnR、16MnRE)	E5003	J502
	E5016	J506
	E5015	J507
1Cr5Mo	E1-5MoV-15	R507
1Cr18Ni9Ti	E308-16	A102
	E308-15	A107
	E347-16	A132
	E347-15	A137
0Cr19Ni9	E308-16	A102
	E308-15	A107
0Cr18NiTi 0Cr18Ni11Ti	E347-16	A132
	E347-15	A137
00Cr18Ni10、00Cr19Ni11	E308L-16	A002
0Cr17Ni12Mo2	E316-16	A202
	E316 -15	A207
0Cr18Ni12Mo2Ti 0Cr18Ni12Mo3Ti	E316 L-16	A022
	E318 -16	A212
0Cr13	E410-16	G202
	E410-15	G207

常用焊条的应用见表 8-15。

表 8-15 常用焊条的应用

结构钢焊条				
型号	牌号	药皮类型	电流种类	主要用途
E4313	J421	高钛钾型	交直流	用于碳钢薄板立向下行焊及间断焊
E4303	J422	钛钙型	交直流	焊接较重要的低碳钢结构和同强度等级的低合金钢
E5016	J506	低氢钾型	交直流	焊接中碳钢及某些重要的低合金钢结构，如 16Mn 等
E5015	J507	低氢钠型	直流	焊接中碳钢及 16Mn 等重要的低合金钢结构
E5015-G	J507R	低氢钠型	直流	用于压力容器的焊接
E5015-G	J507RH	低氢钠型	直流	用于重要的低合金钢结构焊接，如船舶、高压管道及平台等

④ 焊条的烘干与保管　为保证焊接质量，焊条必须进行烘干与妥善的保管。由于碱性焊条药皮是采用水玻璃作黏结剂，酸性焊条是采用有机物作黏结剂，用木粉作造气剂。这些因素决定了焊条的烘干温度不宜过高。不同焊条的烘干温度见表 8-16。

表 8-16 焊条的烘干

焊条类型	烘干温度/℃	保温时间/h	最多烘干次数	使用时的保温温度/℃
碱性焊条	350～400	1	3	100
酸性焊条	150	1	3	100
不锈钢焊条	220～250	1	3	100
纤维素型焊条	100～120	1	3	80～100

经过烘干的焊条，须装入焊条保温筒中使用。每当取出一根焊条之后，须立即将保温筒盖好，避免空气中水汽使烘干了的焊条回潮。

(5) 焊接工艺参数的选择

焊条电弧焊时，焊接工艺参数主要是指焊条直径和牌号、焊接电流、电流种类和极性、电弧电压、焊接速度和层数。焊接工艺参数对焊接生产率和焊接质量有很大的影响，因此必须正确选择。但由于具体情况不同（如焊接结构的材质、工件装配质量、焊工的操作习惯等），同样的工件可选用不同的焊接工艺参数，因此，仅对选择焊接工艺参数的原则作简单介绍。

① 焊条直径的选择　焊条直径的选择主要取决于被焊工件的厚度。另外还应考虑接头形式、焊缝位置、焊接层次等。

厚度越大，要求焊缝尺寸也越大，就需选用直径大一些的焊条。表 8-17 中所列数据可供参考。

表 8-17　焊条直径的选择

被焊工件厚度/mm	≤1.5	2	3	4～7	8～12	≥13
焊条直径/mm	1.6	1.6～2	2.5～3.2	3.2～4	4～5	4～5.8

在厚板多层焊时，底层焊缝所选用的焊条直径一般均不得超过 4mm，以后几层可适当选用大直径焊条。

角接和搭接可以选用比对接较大直径的焊条。立焊、横焊、仰焊时焊条一般不超过 4mm，以免由于熔池过大，铁水下流使焊缝成形变坏。

② 焊接电流的选择　焊接电流的选择主要取决于焊条直径。焊接电流过大时，焊条本身的电阻热会使焊条发红，药皮变质，甚至大块自动脱落，失去保护作用，焊芯熔化过快，使焊接质量降低。焊接电流过小时，电弧不稳定。因此，对于一定直径的焊条有一个合适的电流使用范围，表 8-18 中列出了各种直径酸性碳钢焊条的合适电流使用范围。

表 8-18　酸性碳钢焊条使用电流参考表

焊条直径/mm	1.6	2.0	2.5	3.2	4.0	5.0	5.8
焊接电流/A	25～40	40～70	70～90	90～130	160～210	220～270	260～310

电流大小的选择，还应考虑工件的厚度、接头形式、焊接位置和现场使用情况。在工件厚度大、角焊缝、环境温度较低、散热较快等情况下，可选用电流的上限，而在工件厚度不大，在立、横、仰焊位置和用碱性焊条时，应适当减小焊接电流。

总之，在保证不烧穿和成形良好的情况下，尽量采用较大的焊接电流，配合适当大的焊接速度；以提高生产率。

实际电流选择是凭焊工的经验，可从下述几方面来判断电流选得是否合适：

a. 看飞溅　电流过大时，电弧吹力大，可看到有大颗粒的铁水向熔池外飞溅，焊接时爆裂声大。电流过小时电弧吹力小，铁水与焊渣不易分离。

b. 看焊缝成形　电流过大时焊缝低，熔深大，两边易产生咬边。电流过小时，焊缝窄而高，且两侧与母材熔合不好。

c. 看焊条情况　电流过大时，在焊了大半根焊条后，所剩焊条会发红，药皮会脱落。电流过小时，电弧不稳，焊条易粘在工件上。电流合适时，焊完后所剩焊条头呈暗红色。

③ 焊接层数的选择　在焊件厚度较大时，往往需采用多层焊。对于低碳钢和强度等级低的低合金钢，每层焊缝厚度对焊缝质量影响不大，但过大时，对焊缝金属塑性稍有不利影响，因此对质量要求较高的焊缝，每层厚度最好不大于4～5mm。经验认为：每层的厚度等于焊条直径的0.8～1.2倍时，生产率较高，并且比较容易操作。因此，可近似计算如下

$$层数\ n\approx t/d$$

式中 t——工件厚度，mm；

d——焊条直径，mm。

④ 电弧电压和焊接速度的选择　焊条电弧焊时，电弧电压和焊接速度由焊工根据具体情况灵活掌握，其原则：一是保证焊透；二是保证焊缝具有所要求的外形和尺寸。

电弧电压主要决定于弧长，一般弧长控制在1～4mm之间，相应的电弧电压在16～25V之间。电弧过长，易飘荡，飞溅增加，易产生气孔、咬边、未焊透等缺陷。在焊接过程中尽可能采用短弧焊接。立、仰焊时弧长应比平焊时更短一些。碱性焊条应比酸性焊条弧长短一些，以利电弧的稳定和防止气孔。

⑤ 焊接工艺参数与焊接线能量的关系　焊接线能量就是焊接能源输给单位长度焊缝的能量，以下式表示

$$q=IU/v$$

式中 q——焊接线能量，J/mm；

I——焊接电流，A；

U——电弧电压，V；

v——焊接速度，mm/s。

焊接线能量对一般低碳钢焊接接头的性能影响不大，故不作规定。但对强度等级较高的低合金钢等就有一定要求，如线能量太小，会由于冷却速度过高，可能产生裂纹；如焊接线能量太大，会使热影响区增宽，导致焊接接头的塑性和韧性降低。为此，常采用焊前预热和焊时保持一定的层间温度，既可防止产生裂纹，又可使焊接接头性能不下降。

重要的焊接结构，如锅炉、压力容器等必须通过试验、焊接工艺评定合格后，才能确定所用的焊接工艺和有关的工艺参数。

(6) 焊条电弧焊的基本操作

焊条电弧焊时，引弧、运条及收尾是最基本的操作，这些基本操作方法很多，焊工之间彼此也不完全相同，不宜硬行规定，现仅介绍常用的一些操作方法供参考。

① 引弧方法　引弧是手工电弧焊的基本技能。尤其在定位焊中，使用引弧更为频繁。

a. 划擦法引弧。划擦法是将焊条端部在焊件表面轻轻擦过，产生电弧后迅速移至焊接位置，迅速提起并控制焊条与焊件保持一定距离，使电弧保持稳定，如图 8-31 所示。

划擦法引弧比较容易掌握，但容易损坏焊件表面，对于表面要求严格的焊件，不易采用划擦法引弧。

在装配结构件进行定位焊时，其作法是：沿焊缝划擦引弧，焊好一点后，稍抬起焊条（以电弧不熄灭为准），迅速沿焊缝划过一段距离，进行第二点焊接，直至连续焊完焊缝上的全部焊点为止，如图 8-32 所示。

这种操作方法结合定位焊引弧频繁和划擦法引弧，使焊接、引弧连续进行，熟练掌握运用后，可提高工作效率和定位焊的外观质量。

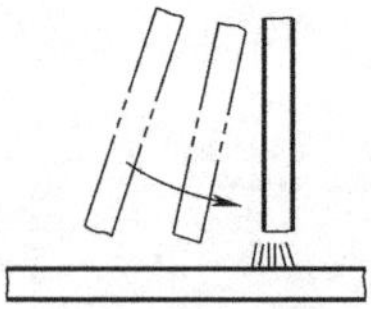

图 8-31　划擦法

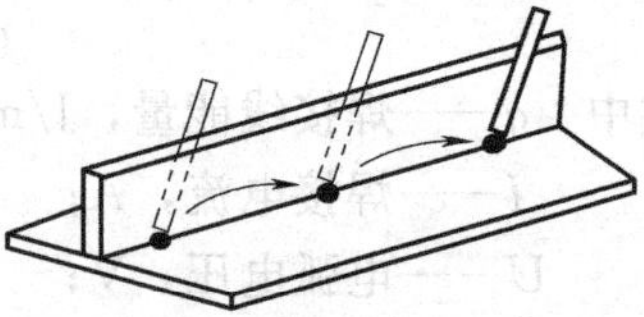

图 8-32　划擦法应用

b. 直击法引弧。直击法是将焊条垂直于焊缝，用焊条端部直接敲击焊缝位置，产生电弧后，迅速提起并控制焊条与焊件保持一定距离，使电弧保持稳定，如图 8-33 所示。

直击法引弧的敲击力、落点、提起焊条的速度较难控制。因此，这种引弧法较难掌握，容易出现焊条粘在焊件上的现象。此时，可迅速摆动焊钳，使焊条脱离焊件，如果仍然粘住，可松开焊钳脱离焊条，待焊条冷却后将焊条摇动扳下。

直击法引弧容易使焊条端部药皮脱落，失去保护而使焊点产生气孔，故采用时要加以注意。

② 运条方法　在手工电弧焊焊接过程中，焊条有三个方向上的基本运动：向下送进、横向摆动和沿焊缝的纵向移动，如图 8-34 所示。

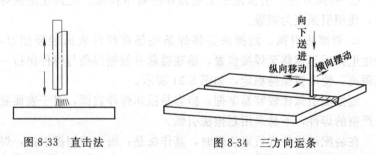

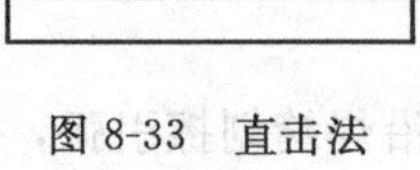

图 8-33　直击法

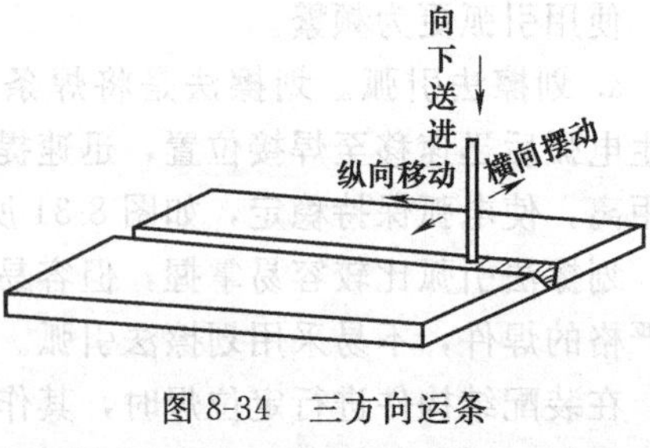

图 8-34　三方向运条

a. 焊条的向下送进。焊条的向下送进目的是随着焊条的熔化填充焊缝，并保持电弧的连续。向下送进时，要注意电弧长度对焊缝质量的影响。电弧过长，易摆动，容易使电弧的热量散失，空气容易侵入使焊缝产生气孔。合适的电弧长度一般以等于焊条直径，或略小于焊条直径为宜。

b. 焊条的横向摆动。焊条的横向摆动可使焊件的边缘充分熔接，使焊缝加宽。并有利于熔池中的熔渣浮出和气体逸出，以改善焊缝质量。

c. 沿焊缝的纵向移动。沿焊缝的纵向移动是形成焊缝的主运动。焊条的移动速度对焊缝成形有很大影响。速度过快，熔化不充分；速度过慢，会使焊缝过深，焊件过热，薄板焊接时，易造成烧穿。

综合以上三个方向上的基本运动即为手工电弧焊操作中的运条。运条的方法很多，有直线形、往复直线形、锯齿形、三角形、圆圈形等，如图 8-35 所示。

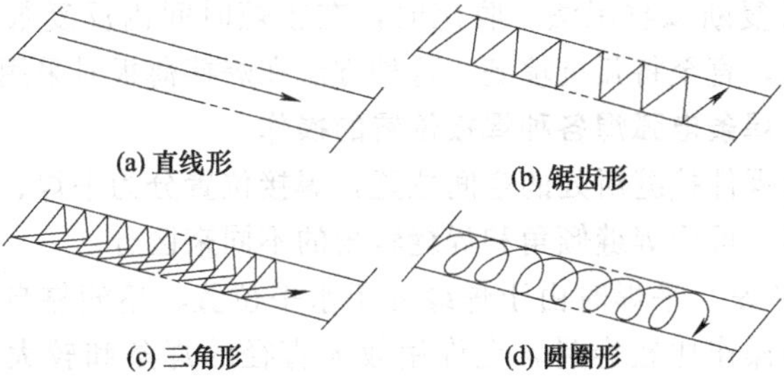

(a) 直线形　(b) 锯齿形　(c) 三角形　(d) 圆圈形

图 8-35　运条方法

运条方法的选用，是根据焊件厚度、焊缝位置、接头形式及焊接电流等多方面因素确定的。冷作工操作时用到的定位焊是以焊条向下送进和横向摆动为主的运条，而焊条沿焊缝方向的纵向移动距离较短，影响较小。所以，定位焊的运条是比较容易掌握的。

③ 焊缝的收尾方法　焊缝的收尾基本上就是引弧加收尾操作。要正确地掌握收尾方法，以保证焊接的质量。收尾的操作方法主要有以下三种。

a. 划圈收尾法。焊条在收尾处做划圈运动，待填满弧坑时拉断电弧，如图 8-36 所示。

定位焊时，引燃电弧后，直接在焊点处进行划圈收尾操作，可获得外形圆滑的焊点。

b. 后移收尾法。焊条在收尾处停止不动，压低电弧并后移，同时改变焊条角度，如图 8-37 所示。

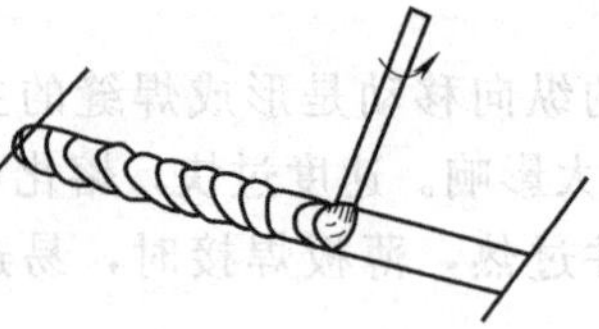

图 8-36　划圈收尾法

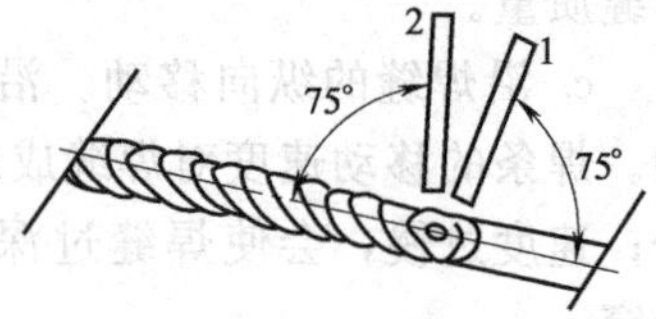

图 8-37　后移收尾法

焊条由图中 1 的位置转到 2 的位置。待填满弧坑后，再拉断电弧。

c. 反复断弧收尾法。收尾时，在较短时间内反复数次引燃和熄灭电弧，直至将弧坑填满。这种方法在焊接薄板时采用得较多。

(7) 焊条电弧焊各种焊接位置的操作

根据焊件接缝所处的空间位置，焊接位置分为平焊、立焊、横焊和仰焊，可用焊缝倾角和焊缝转角的不同来区分。

① 平焊　平焊时由于焊缝处于水平位置、熔滴靠自重进行过渡，所以操作比较容易，允许用较大直径的焊条和较大的焊接电流，生产率高，能获得优质的焊缝，所以应尽量在平焊位置上进行焊接。平焊操作技术是手工电弧焊接技术的基础。

a. 对接焊缝的平焊。焊接前，焊缝附近表面应清理干净，焊接时焊条应对准焊缝的间隙，并使焊条向焊接方向倾斜成 65°～80°的角度，如图 8-38 所示，便于熔池内的熔渣和铁水分离，避免熔渣超前。

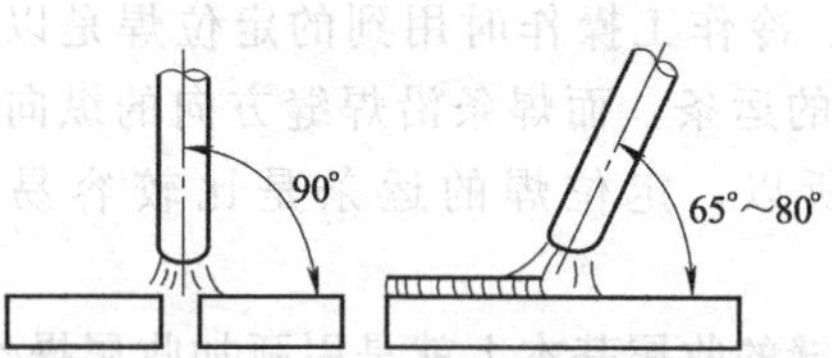

图 8-38　对接平焊时的焊条角度

ⅰ. 不开坡口的对接焊缝。薄板（料厚 $t<2$mm）焊接时的主要困难是容易烧穿。焊接时接头间隙应小于 0.5mm，采用小直径焊条和小电流，运条方法采用往复直线形或采用下坡焊，还可以采用卷边焊接。无封底对接焊适用于厚度 5mm 以下的板料对接［图 8-39（a）］，一次焊成。焊接时焊条沿焊缝中心作直线运条或作大

小波浪式摆动，但必须焊透，且反面焊漏不大于板厚的1/3～1/2。有封底的对接焊适用于厚度4～8mm的板料对接［图8-39（b）］。焊接时焊条沿焊缝中心线作左右摆动。先用较大电流在焊件的正面焊接，其熔深为板厚的2/3左右，然后清除反面焊瘤及间隙内的熔渣。封底焊时所用的电流应小于焊接正面时用的电流。双面对接焊适用于厚度6～12mm的板料对接［图8-39（c）］。焊接时焊条可作锯齿形或三角形运条，使焊件边缘充分熔化。在正面施焊时，可使用较大电流，使熔深大于板厚的1/2，焊完正面后，清除焊瘤和熔渣，再进行反面焊接，反面焊接的熔深也应达到板厚的1/2。

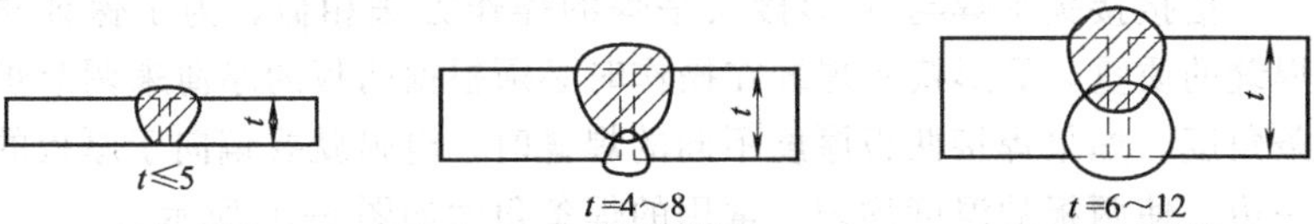

(a) 无封底对接焊　(b) 有封底对接焊　(c) 双面对接焊

图8-39　不开坡口的对接平焊

ⅱ. 开坡口的对接焊缝。当焊件厚度 $t \geqslant 6$mm时，为了保证焊缝根部焊透，应开坡口，坡口形式见图8-2，焊接可采用多层焊或多层多道焊。多层焊时，第一层打底焊用的焊条直径应不超过4mm，焊接电流不应太大或太小，太大容易烧穿，太小熔深又不够，焊时使焊着金属薄一些，不要太厚，这样即使发生气孔等缺陷，也容易在第二层焊时排除，运条方法采用直线形或往复直线形较好，焊接中间各层时，焊条直径可选用5mm，电流可稍大一些，这样可提高生产率，运条方法可采用月牙形、锯齿形、圆环形等。焊盖面层焊缝时，要求前一层焊道的熔化金属较焊件表面低1～2mm，焊接电流应稍小一些，运条方法可采用锯齿形等。

多层多道焊的焊接方法基本上与多层焊相似，所不同的是因为一道焊缝不能达到所要求的宽度，而必须由数道窄焊缝并列组成，以达到较大的焊缝宽度，焊接时宜采用直线形运条法，操作易掌握。

对于V形或X形坡口，一般采用多层多道焊，对于U形坡口（或厚度不大的V形坡口）一般采用多层焊。

b. 角接焊缝的平焊。平角焊缝主要是指T形接头平焊和搭接接头平焊。焊接的主要困难是根部不容易焊透，焊缝成形较困难。

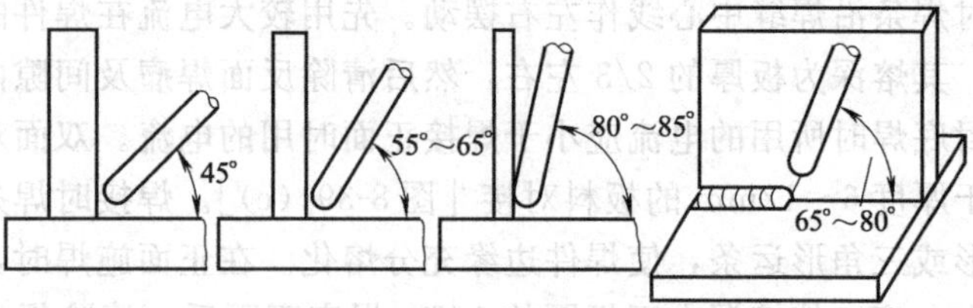

图 8-40　T形接头平焊时的焊条角度

搭接接头平焊与T形接头平焊的操作方法相似。为了保证角焊缝的质量，T形接头焊缝在操作时必须根据两板的厚薄来调节焊条角度。如果焊接两板厚度不同的焊缝时，电弧就要偏向于厚板的一边，使两板的温度均匀。常用的焊条角度如图 8-40 所示。

焊脚尺寸小于 8mm 的焊缝，通常采用单层焊来完成。当焊脚尺寸小于 5mm 时，可采用直线形运条和短弧进行焊接，焊条与水平板成 45°，与焊接方向成 70°～80°角，焊脚尺寸在 5～8mm 时，可采用斜圆环形或反锯齿形运条法进行焊接；当焊脚尺寸在 8～10mm 时，可采用两层焊法或两层三道焊法；当焊脚尺寸大于 12mm 时，可采用三层六道焊法、四层十道焊法来完成。多层角焊及多层多道角焊的焊道排列及焊条角度如图 8-41 所示。

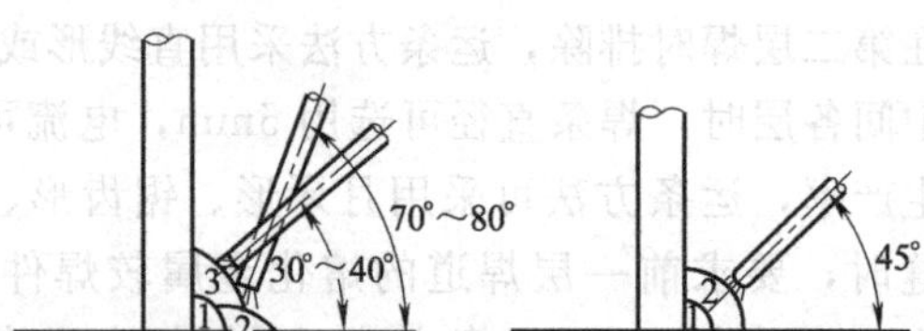

图 8-41　多层角焊和多层多道角焊的焊道排列及焊条角度

角焊缝在允许情况下，应尽可能转换成船形焊位进行焊接，这样可以应用平对接焊的运条方法，并采用较大的焊接电流，操作也较方便省力（见图 8-42）。

② 立焊　立焊时，熔滴在重力作用下有从熔池中流出的倾向，焊缝成形较困难。为了克服这种现象，必须使用短弧焊接，选用较小直径的焊条和较小的焊接电流，以便形成体积较小的熔滴。

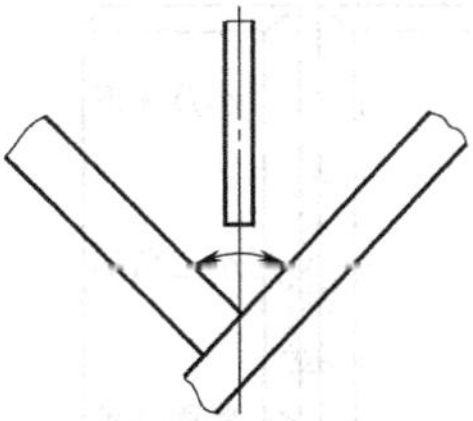

图 8-42　船形焊

a. 不开坡口的立对接焊。不开坡口的立对接焊常用于薄板的焊接。可采用跳弧法、灭弧法及幅度较小的锯齿形或月牙形运条法。

跳弧法就是当熔滴脱离焊条末端过渡到熔池后，立即将电弧向焊接方向提起，使熔化金属有凝固的机会，随后将提起的电弧拉回熔池，当熔滴过渡到熔池后，再提起电弧，具体运条方法如图 8-43 所示。

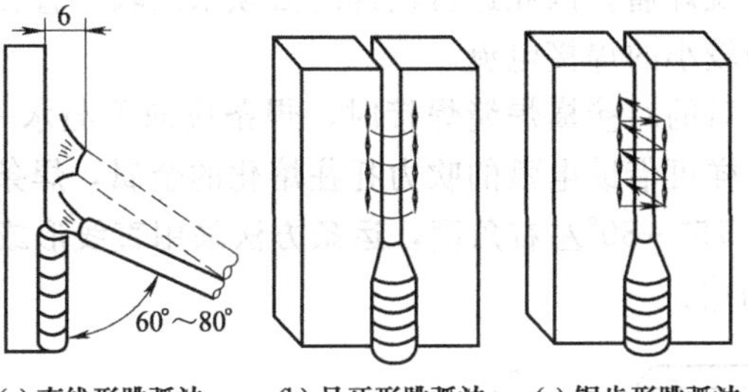

(a) 直线形跳弧法　(b) 月牙形跳弧法　(c) 锯齿形跳弧法

图 8-43　立焊跳弧法

灭弧法就是当熔滴从焊条末端过渡到熔池后，立即将电弧熄灭，使熔化金属有瞬时凝固的机会，随后重新在弧坑引燃电弧，这样交替进行。

b. 开坡口的立对接焊。钢板厚度大于 6mm 时，为了保证熔透，一般都要开坡口。施焊时，可采用多层焊，其运条方法如图 8-44（a）、（b）所示。

c. T 形接头立焊。T 形接头立焊，施焊时，焊条向下与焊缝成 60°～90°左右角，与焊件两边夹角成 45°，并采用短弧焊接，其运条方法如图 8-44（c）所示。

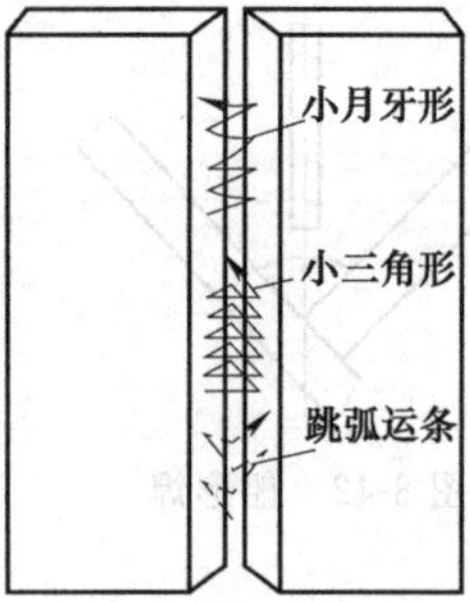

(a) 开坡口立对接焊的运条法

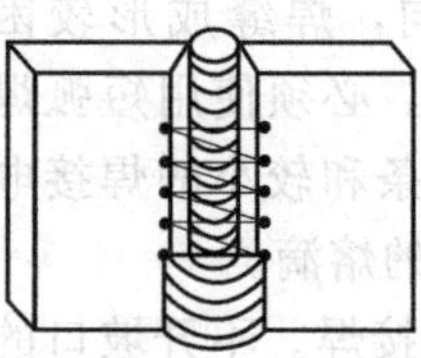

(b) 开坡口立对接焊的表层运条法

(c) T形接头立焊运条法

图 8-44　立焊运条法

③ 横焊　横焊时，由于焊缝处于焊件立面的横向位置上，熔化金属在重力作用下，可能偏向焊缝下面，而使焊缝上边出现咬边，下边出现焊瘤。因此进行横焊时必须采用较小直径的焊条，较短的电弧和较小的焊接电流。

不开坡口的对接横焊缝焊接时，焊条应向下与水平面成 15°左右角度，这样可借助电弧的吹力托住熔化的金属，焊条同时向焊接方向倾斜成 75°～80°左右角度，运条方法采用直线形或往复直线形[图 8-45（a）]。

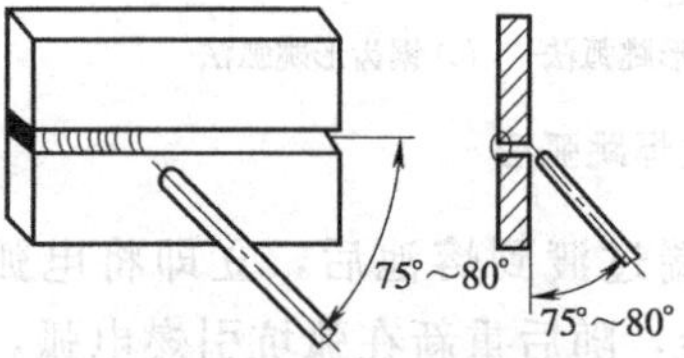

(a) 不开坡口横对接焊的焊条角度

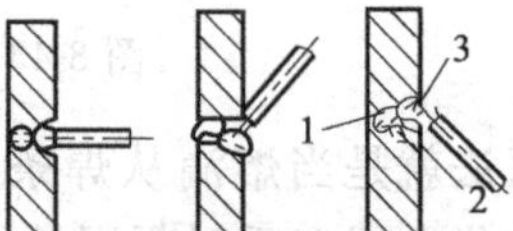

(b) 开坡口横对接焊各焊道焊条角度的选择

图 8-45　不开坡口和开坡口横焊缝的焊条角度

开坡口的对接横焊缝焊接时，宜采用多层多道焊，这样能更好地防止由于熔化金属下淌而造成焊瘤，保证焊缝成形良好。焊第一层时，焊条向上与水平面成 10°左右角度，做直线形或往复直线形运条。以后各层焊接时，焊条角度应随焊缝位置调整，各层焊缝应先焊下面，依次向上［图 8-45（b)］，并根据各道焊缝的具体情况始终保持短弧和适当的焊接速度。开坡口对接横焊缝采用多层多道焊时，各层、道排列的顺序如图 8-46 所示。

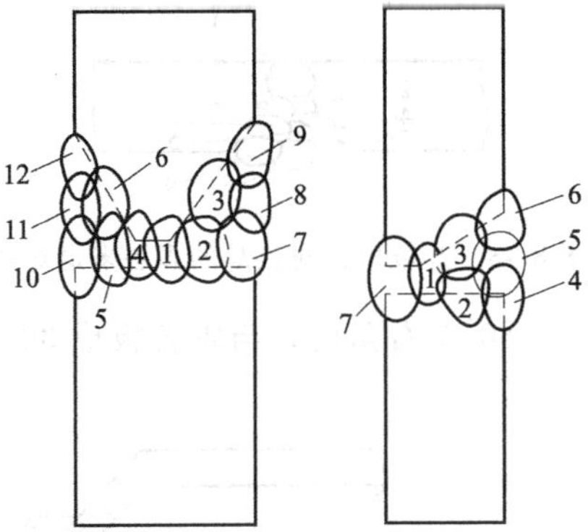

图 8-46 开坡口对接横焊缝的各层、道的排列顺序

④ 仰焊 仰焊是焊条位于焊件下方，仰视焊件进行焊接，是各种位置焊缝中最困难的一种焊接方法。焊接时，熔化金属在其重力作用下，有脱离熔池的倾向，因此要求电弧更短，这样才能保证小熔滴顺利过渡到熔池中去。

不开坡口仰对接焊时，焊条与焊缝两边钢板垂直，与焊接方向角度为 70°～80°左右（见图 8-47），采用直线形或往复直线形运条法。焊件厚度大于 5mm 的对接仰焊缝，一般都要开坡口，采用多层焊或多层多道焊。焊道排列顺序和其他位置的焊缝一样，焊条角度应根据每道焊缝的位置作相应的调整（见图 8-48)。

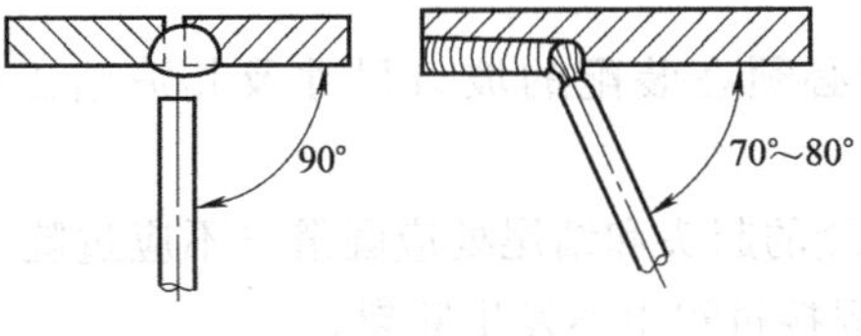

图 8-47 不开坡口仰对接焊的焊条角度

T 形接头的仰焊比对接接头仰焊容易掌握。焊脚尺寸小于 6mm 宜采用单层焊；大于 6mm 可采用多层焊或多层多道焊。焊条

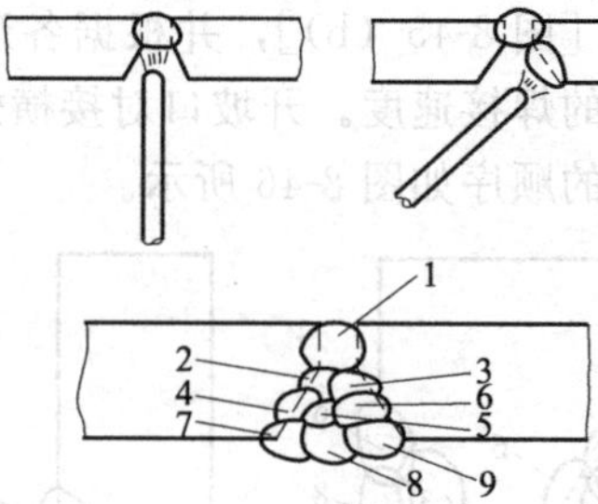

图 8-48　开坡口仰对接焊的多层多道焊法

与焊接方向成 70°～80°左右角度，与垂直板成 30°左右角度，如图 8-49 所示。

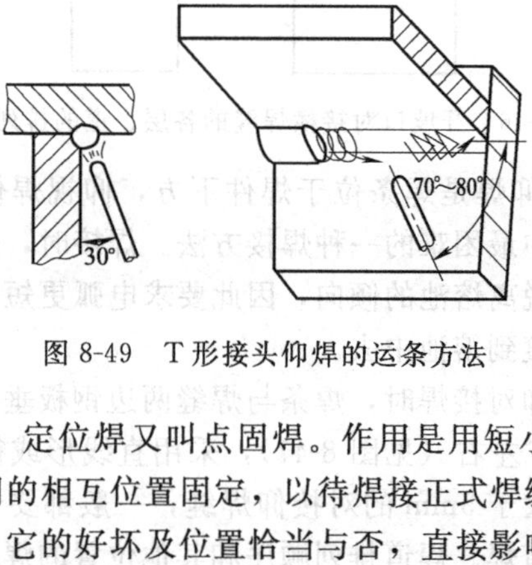

图 8-49　T 形接头仰焊的运条方法

⑤ 定位焊　定位焊又叫点固焊。作用是用短小的焊缝将装配好的各焊件之间的相互位置固定，以待焊接正式焊缝。定位焊是正式焊缝的基础，它的好坏及位置恰当与否，直接影响正式焊缝的质量以及焊件变形的大小。所以，对定位焊缝的焊接应与正式焊接一样重视。

a. 定位焊必须在装配的坡口尺寸及其清洁工作符合要求后进行。

b. 定位焊缝的起头和结尾处应圆滑（不应过陡），强度应能保证其在装配或焊接过程中不发生断裂。

c. 定位焊有缺陷时（如裂纹、未焊透、夹渣、气孔等）应铲除重焊。

d. 定位焊时，为了得到较大的熔深和平坦的焊缝，采用较正式焊接时大10%～15%左右的焊接电流。

e. 定位焊缝的长度和相互间距离，一般厚度≤4mm时，定位焊缝长度为10mm左右，间距为50～100mm；厚度在4～12mm范围内时，定位焊缝长度为10～20mm，间距为100～200mm；厚度大于12mm时，定位焊长度为15～30mm，间距为100～300mm。

f. 有坡口焊缝的定位焊的尺寸与上述相同，焊缝厚度最大不能超过坡口。

g. 为了减少焊件的变形，定位焊的位置和顺序必须适当地选择。例如平板装配时，定位焊应由中间向两边进行；在遇有焊缝交叉的地方或焊缝方向有急剧变化处，定位焊应离开50mm左右进行。

(8) 焊接质量分析

焊接缺陷的存在，将直接影响焊件的使用。为了保证焊接的质量，必须了解缺陷的性质、产生的原因及防止方法。焊接时产生的缺陷可分为外部缺陷和内部缺陷两大类。外部缺陷位于焊缝外表面，通过直接观察或借助低倍放大镜就可看到，如焊缝尺寸形状不符合要求、咬边、焊瘤、凹坑、塌陷、烧穿以及表面气孔、表面裂纹等。内部缺陷位于焊缝内部，这类缺陷可用无损检测方法来检查，如未焊透、未熔合、夹渣以及内部气孔、内部裂纹等。常见焊接缺陷产生原因及防止方法见表8-19。

表8-19 焊条电弧焊常见缺陷产生原因及防止方法

名称	产生原因	防止方法
焊缝尺寸及形状不符合要求	①焊接坡口角度不当 ②装配间隙不均匀 ③焊接电流过大、过小 ④技能不熟练	①选用正确的坡口 ②提高装配质量 ③选用合理的焊接工艺参数 ④提高操作技能
咬边	①焊接电流太大 ②焊条角度不正确	①选用合理的焊接电流 ②纠正焊条角度及运条方法
焊瘤	①焊接电流过大 ②焊条熔化过快 ③焊条偏斜	选用合理工艺参数

续表

名称	产生原因	防止方法
烧穿	①电流过大 ②焊接速度过慢 ③装配间隙太大	①减小焊接电流 ②提高操作技能
弧坑未填满	①焊接电流过大 ②熄弧过早 ③收弧方法不正确	①焊接过程中应逐层逐道清渣 ②增大焊接电流 ③减慢焊速
夹渣	①焊接过程中渣整理不干净 ②焊接电流太小 ③焊速过大	①正确选用坡口形式及装配间隙 ②加大焊接电流，减小焊速 ③合理选用焊条，随时调正焊条角度 ④加强清渣，认真操作
未熔合与未熔透	①电流过小 ②焊速过大 ③坡口角度过小 ④钝边太厚，间隙过小 ⑤焊条直径过大，焊条角度不正确	①选用合理装配工艺 ②采用合理焊接规范 ③短弧焊接

(9) 焊接操作的安全保护

焊条电弧焊操作时主要从防止触电、防止弧光辐射和通风除尘三个方面进行安全保护。

① 防止触电　焊接作业时，触电事故有两种：一是直接触电，即接触带电体；二是间接触电，即触及正常运行状态下不带电，由于绝缘损坏或设备发生故障而成为带电的物体。

焊接时的直接触电形式主要有：手或身体某部位在更换焊条、焊件时接触焊钳、焊条等带电部分，而脚或身体的其他部位对地面或金属结构之间绝缘不好，如在容器、管道内，阴雨、潮湿的地方或人体大量出汗的情况下进行焊接，容易发生触电，当手或身体某部位触及裸露而带电的接线头、接线柱、导线等而触电；在靠近高压电网的地方进行焊接因过分靠近而产生击穿放电。

焊接时的间接触电主要是焊接设备的漏电，主要有：设备因超负荷使用、内部短路发热，致使绝缘性能降低而漏电；线圈因雨淋、受潮导致绝缘损坏而漏电；电线、电缆的绝缘部分损坏而发生漏电等。

预防漏电的措施主要有：应严格按操作规程进行操作；焊接时应正确穿戴好防护用具；将焊接设备外壳可靠接地，这是因为当外壳漏电时，由于接地电阻很小（$\leqslant 4\Omega$），则电流绝大部分不经过人体，而经过接地线构成回路，从而可防止人体触电；选用合格的电线、电缆，并加强安全生产检查。

② 防止弧光辐射　防止焊接弧光和火花烫伤的危害，要正确穿戴防护服，选择适合作业条件的遮光镜。同时在焊接作业场所应设置弧光防护室或护屏。护屏要用阻燃材料制成，表面可涂黑色或灰色油漆，高度不应低于1.8m，下部要留25cm的空隙使空气流通。

焊工应穿棉帆布工作服，不应穿合成纤维材料的工作服。使用的面罩应遮住脸面和耳部，并且无漏光。

③ 通风除尘　焊接通风除尘是防止焊接烟尘和有害气体对人体危害的重要防护措施，应做好全面通风换气和局部通风换气。

全面通风换气是通过管道及风机等机械的通风系统进行全车间的通风换气。全面通风换气应采用引射排烟或吹-吸式通风的方式。

局部通风换气是通过局部排风的方式来实现，焊接烟尘和有害气体被排风罩口有效地吸走。局部通风设施有排烟罩、轻便小型风机、压缩空气引射器、排烟除尘机组等。

采用局部排风时，焊接工作地附近的风速应控制在30m/min，以保证电弧不受破坏。此外，为满足防火要求，焊接作业时，可燃及易燃易爆物料与焊接作业点火源距离不应小于10m。

8.1.6　CO_2 气体保护焊加工

气体保护焊简称“气电焊”，它是利用气体作为保护介质的一种电弧熔焊方法。它直接依靠从喷嘴中送出来的气流，在电弧周围造成局部的气体保护层，使电极端部、熔滴和熔池与空气机械隔离开，从而保证了焊接过程的稳定性，并获得高质量的焊缝。气体保护焊按保护气体的种类可分为 CO_2 气体保护焊、氩弧焊、氢原子焊等，生产中常用的是氩弧焊和 CO_2 气体保护焊。

CO_2 气体保护焊是以 CO_2 作为保护气体的电弧焊，它用焊丝作电极，靠焊丝和焊件之间产生的电弧熔化金属，以自动或半自动方式进行焊接。

(1) 加工特点

CO_2 气体保护焊是常用的一种气体保护电弧焊。目前已广泛应用于造船、汽车、机车车辆、农业机械等工业部门，主要用于焊接低碳钢和低合金结构钢。它具有以下加工特点。

① 成本低　可采用廉价的二氧化碳气体代替焊剂，所以 CO_2 保护焊的成本仅是埋弧自动焊和手工电弧焊的 40%左右。

② 质量较好　当选用合适的焊丝并注意操作时，焊接质量还是比较好的。由于电弧在气流压缩下燃烧热量集中，所以焊接热影响区较小，变形和产生裂缝倾向也小，故特别适用于薄板焊接。

③ 生产率高　由于焊丝送进自动化，电流密度大，电弧热量集中，所以焊接速度较快。另外焊后没有熔渣、节省了清渣时间，可比手工电弧焊提高生产率 1～3 倍。

④ 操作性能好　CO_2 保护焊是明弧焊，可以清楚地看到焊接过程，容易发现问题并及时处理。CO_2 保护半自动焊像手工电弧焊一样灵活，适于各种位置的焊接。

CO_2 气体保护焊的缺点是用较大电流焊接时，飞溅较大、烟雾较多、弧光强烈，焊缝表面成形不够美观。如果控制或操作不当，容易产生气孔，且设备比较复杂。

(2) 工作原理

钣金加工中，目前应用较多的是半自动焊。即焊丝送进靠机械自动进行，由焊工手持焊炬进行焊接操作。图 8-50 给出了 CO_2 气体保护焊的工作原理，焊接时，CO_2 气体通过喷嘴，沿焊丝周围喷射出来，在电弧周围形成局部的气体保护层，使熔滴和熔池与空气机械地隔离开来，从而保证焊接过程稳定持续进行，并获得优质的焊缝。

(3) 设备组成

CO_2 气体保护焊的焊接设备的主要组成如图 8-51 所示。焊接时，焊丝由送丝机构通过软管经导电嘴送出，CO_2 气体从喷嘴中以一定流量喷出，电弧引燃后，焊丝末端、电弧及熔池被 CO_2 气体所包围，可防止空气对金属的有害作用。

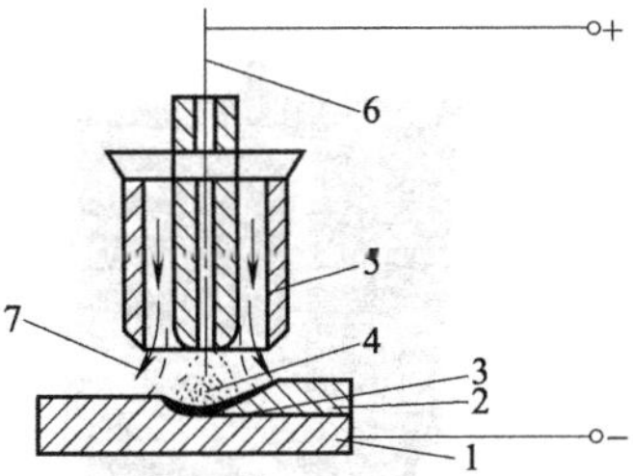

图 8-50　CO_2 气体保护焊的工作原理

1—焊件；2—焊缝；3—熔池；4—电弧；5—喷嘴；6—焊丝；7—CO_2 保护气流

CO_2 气体保护焊机的型号主要有 NBC-200、NBC-250、NBC-315、NBC-350、NBC-500等，典型的 NBC 系列 CO_2 气体保护焊焊机外形如图 8-52 所示，其中：图 8-52（a）为一体式结构；图 8-52（b）为分体式结构。

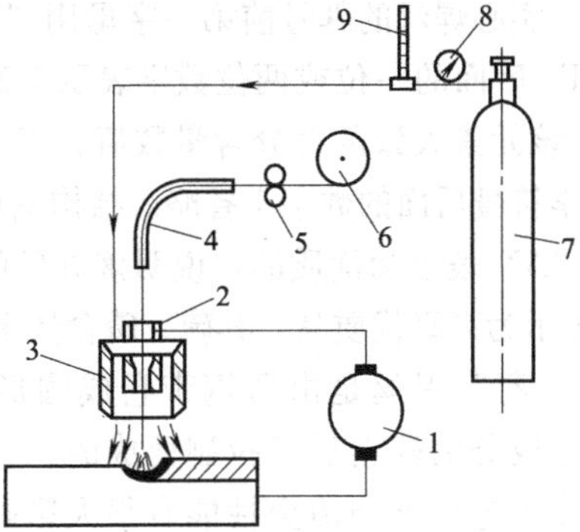

图 8-51　CO_2 气体保护焊的主要组成

1—弧焊电源；2—导电嘴；3—焊炬喷嘴；4—送丝软管；5—送丝机构；6—焊丝盘；7—CO_2 气瓶；8—减压器；9—流量计

(4) 焊丝

焊丝是焊接时作为填充金属或同时作为导电的金属丝，是气体保护焊、氩弧焊、电渣焊等各种焊接工艺方法的焊接材料。

焊丝的分类通常有以下几种：按焊接方法可分为 CO_2 焊焊丝、钨极氩弧焊焊丝、熔化极氩弧焊焊丝、埋弧焊焊丝和电渣焊焊丝等；按焊丝的形状结构可分为实心焊丝、药芯焊丝及活性焊丝等；

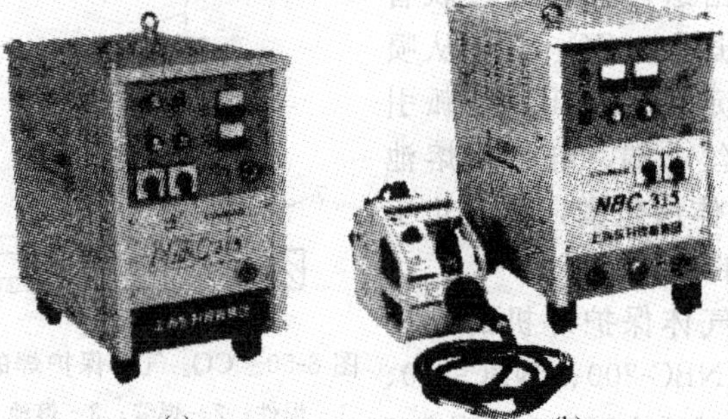

(a) (b)

图 8-52 NBC 系列 CO_2 气体保护焊焊机外形

按适用的金属材料可分为低碳钢焊丝、低合金钢焊丝、硬质合金堆焊焊丝、铝焊丝、铜焊丝及铸铁焊丝等。

① 实心焊丝 实心焊丝的牌号前第一字母用“H”表示焊接用实心焊丝，字母“H”后面的一位或两位数字表示含碳量，化学元素及其后面的数字表示该元素大致的百分含量数值。当合金元素含量小于1%时，该元素化学符号后面的数字1省略。结构钢焊丝牌号尾部标有“A”或“E”时：“A”表示为优质品，说明该焊丝的硫、磷含量比普通焊丝低；“E”表示为高级优质品，其硫、磷含量更低。

② 药芯焊丝 药芯焊丝是由薄钢带卷成圆形钢管或异形钢管的同时，填满一定成分的药粉后经拉制而成的一种焊丝。药芯焊丝的截面形状对焊接工艺性能与冶金性能有很大影响，药芯焊丝的截面形状越复杂，越对称，电弧燃烧越稳定，药芯焊丝的冶金反应和保护作用越充分，熔敷金属的含氮量越少。目前，ϕ2.0mm 以下的小直径药芯焊丝一般采用O形截面；ϕ2.4mm 以上的大直径药芯焊丝多采用E形或双层等复杂截面。常用的药芯焊丝截面形状如图8-53所示。

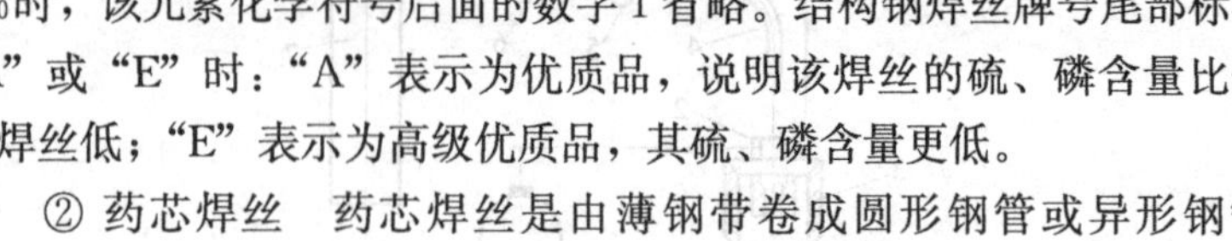
(a) O形 (b) T形 (c) 梅花形 (d) 双层药芯 (e) E形

图 8-53 常用药芯焊丝的截面形状

药芯焊丝具有以下特性。

a. 焊接飞溅小，由于药芯焊丝中加入了稳弧剂而使电弧稳定燃烧。熔滴为均匀地喷射状过渡，所以焊接飞溅小，并且飞溅颗粒也小，便于清理焊缝。

b. 焊缝成形美观。

c. 熔敷速度高于实心焊丝，药芯焊丝的电流密度高，所以焊丝熔化速度快。

d. 可进行全位置焊接，采用较大的焊接电流，如 ϕ1.2mm 的焊丝，其电流可以达到 280A。

药芯焊丝牌号中，第一个字母“Y”表示药芯焊丝，第二个字母及随后的三位数字与焊条牌号的编制方法相同。牌号中短横线后的数字表示焊接时的保护方法，其中：“1”表示气体保护，“2”表示自保护，“3”表示气保护自保护两用，“4”表示为其他保护形式。当药芯焊丝有特殊性能和用途时，在牌号后面加注起主要用途和起主要作用的元素字母，一般不超过两个字母。

③ 有色金属及铸铁焊丝　有色金属及铸铁焊丝牌号前用两个字母“Hs”表示焊丝，牌号第一位数字表示焊丝的化学组成类型：“1”表示堆焊硬质合金类型、“2”表示铜及铜合金类型，“3”表示铝及铝合金类型，“4”表示铸铁。牌号的第二、三位数字表示同一类型焊丝的不同牌号。

表 8-20 给出了常见金属材料采用 CO_2 气体保护焊或氩弧焊时推荐选用的焊丝。

表 8-20　常用金属材料焊接推荐选用的焊丝

钢号	CO_2 气体保护焊	氩弧焊	钢号	CO_2 气体保护焊	氩弧焊
Q235AF、Q235A、Q235B、Q235C、20、20g、20R	H08MnSi	—	0Cr18Ni10Ti、1Cr18Ni9Ti	—	H0Cr21Ni10Ti
16Mn、16MnR	H08Mn2SiA	H10MnSi	0Cr17Ni12-Mo2	—	H0Cr19Ni12-Mo2
15MnVR	H08Mn2SiA	H08Mn2SiA	0Cr18Ni12-Mo2Ti	—	Ho0Cr19Ni12-Mo2

续表

钢号	CO_2 气体保护焊	氩弧焊	钢号	CO_2 气体保护焊	氩弧焊
12CrMo、12CrMoG	—	H08CrMoA	0Cr19Ni13-Mo3	—	H0Cr20Ni14-Mo3
15CrMo、15CrMoG、15CrMoR	—	H13CrMoA	00Cr19Ni10	—	H00Cr21Ni10
12Cr1MoV、12Cr1MoVG	—	H08CrMoVA	0Cr18Ni9	—	H0Cr21Ni10
2Cr13	—	H02Cr13	15CrMo	—	H15CrMo、H18CrMoA

(5) CO_2 气体保护焊的焊接规范选择

正确选择焊接规范，对 CO_2 气体保护焊来说是非常关键的，它不仅直接影响焊接质量的好坏，而且也影响金属飞溅的大小。

① 极性　CO_2 气体保护焊时，为了保证电弧的稳定燃烧，一般采用直流反接，即焊件接负极，焊枪接正极。只有在堆焊或焊补铸钢件时，才采用正接法。

② 电弧电压　电弧电压是影响熔滴过渡、金属飞溅、短路频率、电弧燃烧时间以及焊缝宽度的重要因素。在大电流焊接时，电弧电压一般为30～50V。

③ 焊接电流　一般随着焊接电流的增大，熔深将显著增加，焊缝宽度和余高也相应有所增加。焊接电流的大小，应根据焊件的厚度、焊丝材料、焊丝直径、焊缝空间位置和需要的熔滴过渡形式来选择。

④ 焊接速度　随着焊接速度增大（或减小），则焊缝的宽度、余高和熔深都要相应减小（或增大）。

⑤ 焊丝伸出长度　焊丝伸出长度是指焊接时焊丝伸出导电嘴的长度。一般细丝 CO_2 气体保护焊，焊丝伸出长度约 8～14mm；粗丝 CO_2 气体保护焊，焊丝伸出长度约为 10～20mm。

⑥ CO_2 气体流量　CO_2 气体流量应根据焊接电流、焊接速度、焊丝伸出长度及喷嘴直径等来选择。当焊接电流越大、焊接速度越快、焊丝伸出越长时，CO_2 气体流量应大些。一般 CO_2 气体流量

范围约为 8～25L/min。

上述规范参数中，有些规范参数基本上是固定的。如极性、焊丝伸出长度和气体流量等。因此，CO_2 气体保护焊规范的选择主要是对焊丝直径、焊接电流、电弧电压和焊接速度等几个参数进行选用，这几个参数的选择要根据焊件厚度、接头形式和施焊位置等实际条件综合考虑。表 8-21 为常用的 CO_2 气体保护焊规范参数。

表 8-21　常用的 CO_2 气体保护焊规范参数

厚度/mm	接头形式	装配间隙 b/mm	焊丝直径 /mm	焊接电流 /A	电弧电压 /V	气体流量 /(L/min)
≤1.2	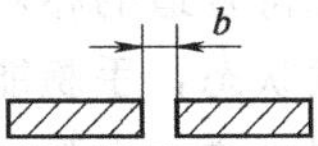	≤0.3	0.6	30～50	18～19	6～7
1.5			0.7	60～80	19～20	6～7
2	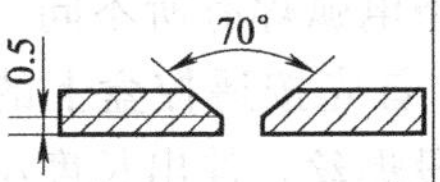	≤0.5	0.8	80～100	20～21	7～8
2.5						
3			0.8～0.9	90～115	21～23	8～10
4						
≤1.2	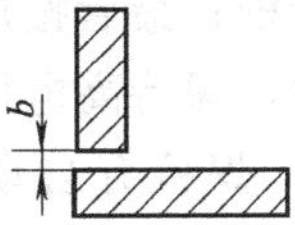	≤0.3	0.6	35～55	19～20	6～7
1.5			0.7	65～85	20～21	8～10
2		≤0.5	0.7～0.8	80～100	21～22	10～11
2.5			0.8	90～110	22～23	10～11
3			0.8～0.9	95～115	21～23	11～13
4			0.8～0.9	100～120	21～23	13～15

(6) CO_2 气体保护焊的基本操作

CO_2 气体保护焊的操作方法，按其焊枪的移动方向（向左或

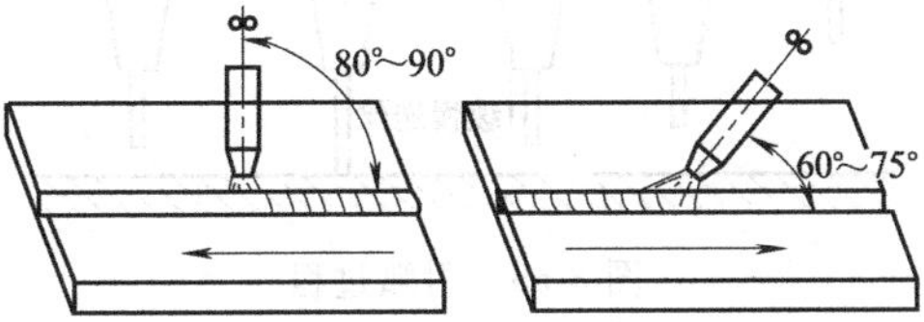

图 8-54　左向焊法和右向焊法示意图

向右），可分为左向焊法［见图 8-54（a）］和右向焊法［见图 8-54（b）］两种。

采用右向焊法时，熔池可见度及气体保护效果都比较好，但焊接时不便观察接缝的间隙，容易焊偏。而且由于焊丝直指熔池，电弧对熔池有冲刷作用，如果操作不当，可使焊波高度过大，影响焊缝成形。

采用左向焊法时，喷嘴不会挡住焊工视线，能够清楚地看到接缝，故不容易焊偏，并且能够得到较大的熔宽，焊缝成形。平整美观，因此，一般都采用左向焊法。同时，焊工必须正确控制焊枪与焊件间的倾角和喷嘴高度，使焊枪和焊件保持合适的相对位置。

焊接操作时，要保证持枪手臂处于自然状态，手腕能够灵活自由地带动焊枪进行各种操作。与焊条电弧焊一样，引弧、运弧及收弧是其最基本的操作，但操作手法与焊条电弧焊有所不同。

① 引弧　引弧的具体操作步骤为：首先按遥控盒上的点动开关或按焊枪上的控制开关，点动送出一段焊丝，伸出长度小于喷嘴与工件间应保持的距离；然后将焊枪按要求（保持合适的倾角和喷嘴高度）放在引弧处，此时焊丝端部与工件未接触。喷嘴高度由焊接电流决定。若操作不熟练时，最好双手持枪；最后按焊枪上的控制开关，焊机自动提前送气，延时接通电源，保持高电压。当焊丝碰撞工件短路后，自动引燃电弧。短路时，焊枪有自动顶起的倾向，引弧时要稍用力下压焊枪，防止因焊枪抬高，电弧太长而熄灭。整个引弧过程如图 8-55 所示。

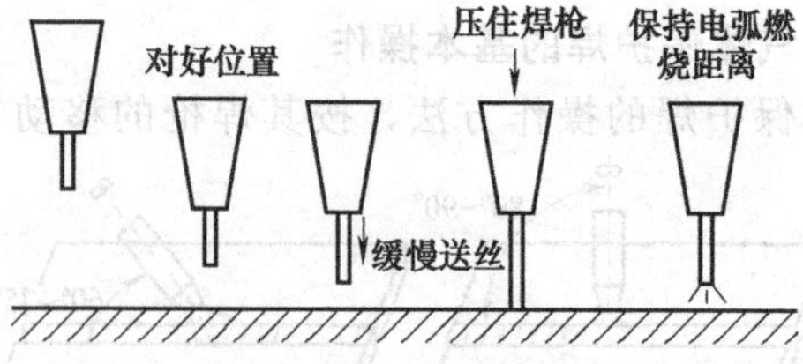

图 8-55　引弧过程

② 运弧　为控制焊缝的宽度和保证熔合质量，CO_2 气体保护焊也要像焊条电弧焊那样，焊枪要做横向摆动。通常，为了减少热

输入、热影响区，减小变形，不应采用大的横向摆动来获得宽焊缝，应采用多层多道焊来焊接厚板。焊枪的主要摆动形式及应用范围见表 8-22。

表 8-22 焊枪的主摆动形式及应用范围

应用范围及要点	摆动形式
薄板及中厚板打底焊道	
薄板根部有间隙、坡口有钢垫板时	
坡口小时及中厚板打底焊道，在坡口两侧需停留 0.5s 左右	
厚板焊接时的第二层以后横向摆动，在坡口两侧需停留 0.5s 左右	
多层焊时的第一层	
坡口大时，在坡口两侧需停留 0.5s 左右	

③ 收弧　CO_2 气体保护焊机有弧坑控制电路，则焊枪在收弧处停止前进，同时接通此电路，焊接电流与电弧电压自动变小，待熔池填满时断电。如果焊机没有弧坑控制电路，或因焊接电流小没有使用弧坑控制电路时，在收弧处焊枪停止前进，并在熔池未凝固时，反复断弧，引弧几次，直至弧坑填满为止。操作时动作要快，如果熔池已凝固才引弧，则可能产生未熔合及气孔等缺陷。

收弧时应在弧坑处稍作停留，然后慢慢抬起焊枪，这样就可以使熔滴金属填满弧坑，并使熔池金属在未凝固前仍受到气体的保护。若收弧过快，容易在弧坑处产生裂纹和气孔。

(7) CO_2 气体保护焊的操作技术

根据焊件组成材料的不同以及其接缝所处空间位置的不同，CO_2 气体保护焊的操作形成了不同的操作技术，主要有以下几方面。

① 板材各种位置焊接的操作技术　板材的焊接位置分为平焊、横焊和立焊等，焊接操作时，应注意以下内容。

a. 平焊。平板对接焊，一般采用左向焊法。薄板平对接焊，焊枪作直线运动，如果有间隙，焊枪可作适当的横向摆动，但幅度不宜过大，以免影响气体对熔池的保护作用。中、厚板V形坡口对接焊，底层焊缝应采用直线运动，焊上层时焊枪可作适当的横向摆动。

平角焊和搭接焊，采用左向焊法或右向焊法均可，不过右向焊法的外形较为饱满。焊接时，要根据板厚和焊脚尺寸来控制焊枪的角度。不等厚焊件的T形接头平角焊时，要使电弧偏向厚板，以使两板加热均匀。等厚板焊接时，如果焊脚尺寸小于5mm时，可将焊枪直接对准夹角处，其焊枪的位置如图8-56（a）所示；而当焊脚尺寸大于5mm时，需将焊枪水平偏移1～2mm，如图8-56（b）所示。

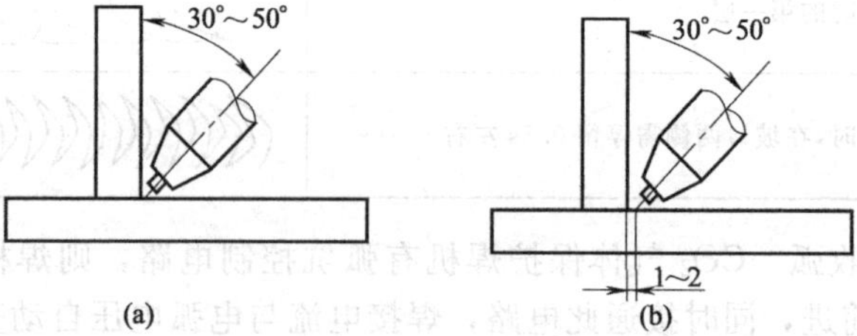

图8-56　平角焊时焊枪的位置

b. 横焊和立焊。立焊有两种操作方法，一种是由下向上焊接，焊缝熔深较大，操作时如适当地作三角形摆动，可以控制熔宽，并可改善焊缝的成形，这种焊法一般多用于中、厚板的细丝焊接；另一种是由上向下焊接，速度快，操作方便，焊缝平整美观，但熔深浅，接头强度较差，一般多用于薄板焊接。

横焊多采用左向焊法，焊枪作直线运动，也可作小幅度的往复摆动。图8-57（a）、（b）分别给出了立焊和横焊时焊枪与焊件的相对位置。

c. 仰焊。仰焊应采用较细的焊丝，较小的焊接电流及短弧，以增加焊接过程的稳定性。CO_2气体流量要比平、立焊时稍大一些。薄板件仰焊，一般多采用小幅度的往复摆动。中、厚板仰焊，

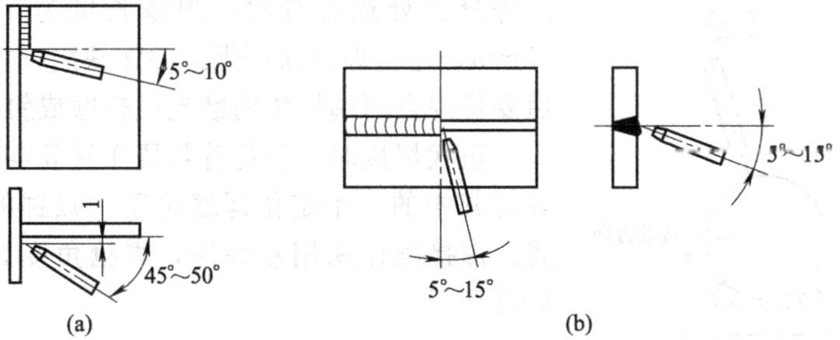

图 8-57　立焊和横焊时焊枪与焊件的相对位置

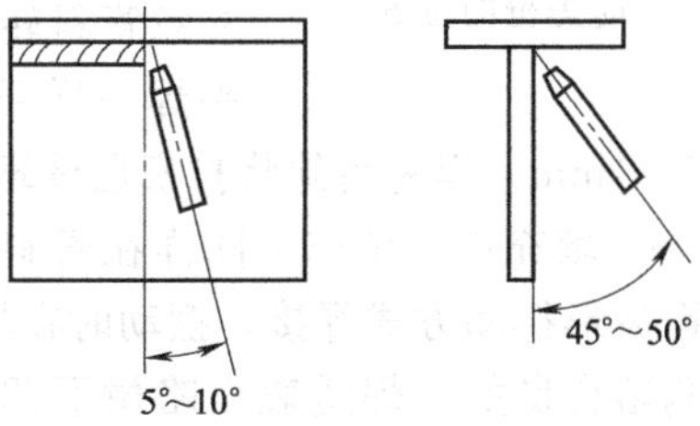

图 8-58　仰焊时焊枪的位置

应作适当横向摆动，并在接缝或坡口两侧稍停片刻，以防焊波中间凸起及液态金属下淌。仰焊时焊枪的空间位置如图 8-58 所示。

② 管料焊接的操作技术　由于焊丝的自动给进，管料对接的 CO_2 气体保护焊时，为配合并提高其工作效率，通常将焊件放在滚轮架上进行焊接，其焊接步骤如下。

a. 焊前准备。管料对接时，通常采用“V”形［见图 8-59 (a)］或“U”形［见图 8-59 (b)］坡口形式。

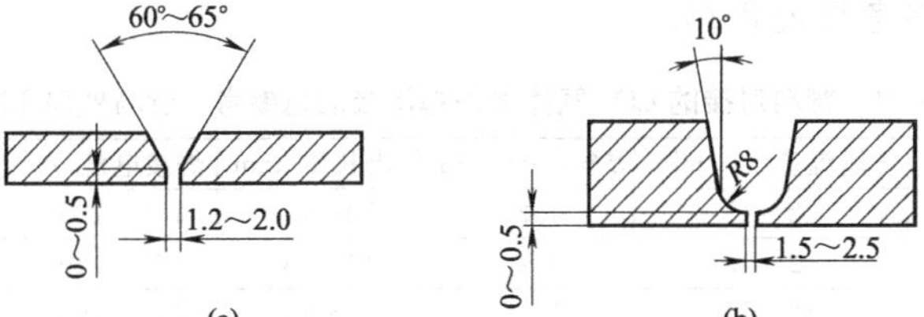

图 8-59　管料对接焊时的坡口形式

装配前，要将管料坡口及其端部内外表面 20mm 范围油污、水锈等清除干净，并用角向磨光机打磨至露出金属光泽。按图 8-59 的形式将管料装配合格后，进行定位焊接。定位焊在管料圆周

图 8-60　管料对接焊时焊枪的位置

上等分三处进行焊接，焊缝长度为 10～15mm，定位焊要保证焊透并无缺陷，焊接后要将焊点两端用角向磨光机打磨成斜坡。

正式焊接时，要将管料置于滚轮架上，并使其中的一个定位焊缝位于 1 点钟的位置。焊接操作采用左焊法，焊枪角度如图 8-60 所示。

b. 打底焊。在处于 1 点钟的定位焊缝上引弧，并从右向左边转动管料边焊接。注意管料转动要使熔池保持水平位置，同平焊一样要控制熔孔的直径比根部间隙大 0.5～1mm，焊完后须将打底层清理干净。

c. 填充焊。填充焊同样在管料 1 点钟处引弧，可采用月牙形或锯齿形摆动方式焊接，摆动时在坡口两侧稍做停留，以保证焊道两侧熔合良好，焊道表面略微下凹和平整，并低于焊件金属表面 1～1.5mm。操作时，不能熔化坡口边缘，焊后把焊道表面清理干净。

d. 盖面焊。盖面焊同样要在管料 1 点钟处引弧并焊接，焊枪摆动幅度略大，使熔池超过坡口边缘 0.5～1.5mm，以保证坡口两侧熔合良好。焊后要用钢丝刷清理焊缝表面，并检查焊缝表面有无缺陷，如有缺陷，要进行打磨修补。管料对接 CO_2 气体保护焊焊接规范参考见表 8-23。

表 8-23　管料对接的 CO_2 气体保护焊焊接规范参考（管料壁厚 10mm）

焊接步骤	气体流量/(L/min)	焊丝直径/mm	伸出长度/mm	焊接电流/A	电弧电压/V
打底焊	12～15	1.2	10～15	100～120	18～20
填充焊	12～15	1.2	10～15	120～140	19～22
盖面焊	12～15	1.2	10～15	120～150	21～23

③ 管板焊接的操作技术　管板的焊接采用 CO_2 气体保护焊时，一般采取插入式的装配形式。

装配前，管料待焊处 20mm 内、板件孔壁及其周围 20mm 范围内的油污、水锈要清除干净，并露出金属光泽。其装配示意图如

图 8-61 所示。

装配合格后进行定位焊，焊缝长度为 10～15mm，要求焊透并且不能有各种焊接缺陷。焊接时，应在定位焊对面引弧，采用左焊法，即从右向左沿管料外圆进行焊接，焊枪的角度如图 8-62 所示。

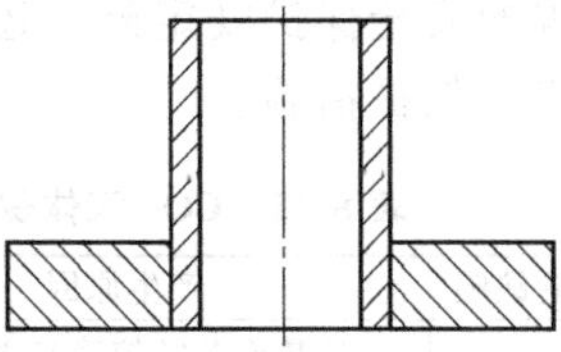

图 8-61　插入式管板的装配示意图

在焊至距定位焊缝约 20mm 处收弧，用角向磨光机磨去定位焊缝，并将起弧和收弧处磨成斜面，以便于连接。然后将焊件旋转 180°，在前收弧处引弧，完成焊接。收弧时一定要填满弧坑，并使接头处不要太高。

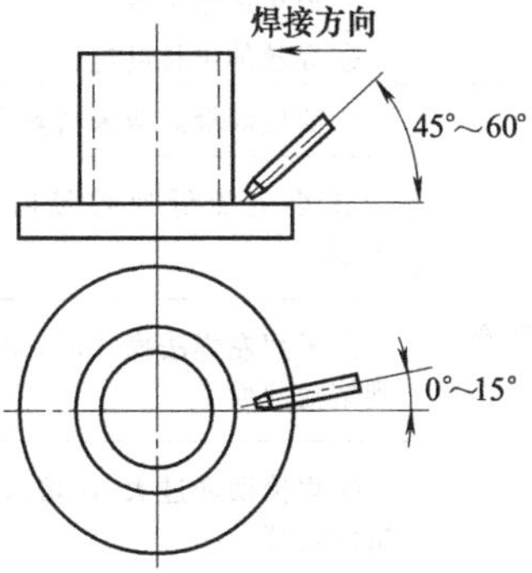

图 8-62　插入式管板 CO_2 焊焊枪角度

焊后用钢丝刷清理焊缝表面，并目测或用放大镜观察焊缝表面，不能有裂纹、气孔、咬边等缺陷，如有缺陷，需打磨掉缺陷并重新进行补焊。插入式管板 CO_2 焊焊接参数见表 8-24。

表 8-24　插入式管板 CO_2 焊焊接参数

管料规格 /mm	板厚 /mm	焊丝直径 /mm	气体流量 /(L/min)	伸出长度 /mm	焊接电流 /A	焊接电压 /V
ϕ50×6	12	1.2	12～15	10～15	110～150	20～23

(8) CO_2 气体保护焊焊接质量分析

在 CO_2 气体保护焊中，由于焊接材料、焊接规范参数及操作等原因，会造成焊缝形状不规则以及气孔、夹渣、烧穿、裂纹等缺陷，其具体产生原因及防止方法见表 8-25。

(9) CO_2 气体保护焊操作的安全保护

与焊条电弧焊一样，CO_2 气体保护焊操作存在着触电、弧光辐射及有害气体和烟尘三个方面的危害，因此，除了要遵守焊条电弧焊的安全保护规定外，还要针对 CO_2 气体保护焊的特点采取以下安全保护措施。

表 8-25　CO_2 气体保护焊常见缺陷产生原因及防止方法

焊缝缺陷	产生原因	防止方法
焊缝形状不规则	①焊丝未经校直或校直效果不好	①检修、调整焊丝校直机构
	②导电嘴磨损造成电弧摆动	②更换导电嘴
	③焊接速度过低	③调整焊接速度
	④焊丝伸出长度过长	④调整焊丝伸出长度
夹渣	①前层焊缝焊渣未清除干净	①认真清理每一层焊渣
	②小电流低速焊接时熔敷过多	②调整焊接电流与焊接速度
	③采用左焊法操作时，熔渣流到熔池前面	③改进操作方法使焊缝稍有上升坡度，使熔渣流向后方
	④焊枪摆动过大，使熔渣卷入熔池内部	④调整焊枪摆动幅度，使熔渣浮到熔池表面
烧穿	①对于给定的坡口，焊接电流过大	①按工艺规程调节焊接电流
	②坡口根部间隙过大	②合理选择坡口根部间隙
	③钝边过小	③按钝边、根部间隙情况选择焊接电流
	④焊接速度小，焊接电流大	④合理选择焊接参数
气孔	①焊丝表面有油、锈和水	①认真进行焊件及焊丝的清理
	② CO_2 气体保护效果不好	②加大 CO_2 气体流量，清理喷嘴堵塞或更换保护效果好的喷嘴，焊接时注意防风
	③气体纯度不够	③必须保证 CO_2 气体纯度大于99.5%
	④焊丝内硅、锰含量不足	④更换合格的焊丝进行焊接
	⑤焊枪摆动幅度过大，破坏了 CO_2 气体的保护作用	⑤尽量采用平焊，操作空间不要太小，加强操作技能

续表

焊缝缺陷	产生原因	防止方法
裂纹	①焊丝与焊件均有油、锈、水等	①焊前仔细清除焊丝、焊件表面的油锈、水分等污物
	②熔深过大	②合理选择焊接电流与电弧电压
	③多层焊时第一层焊缝过小	③加强打底层焊缝质量
	④焊后焊件内有很大的应力	④合理选择焊接顺序及消除内应力热处理
	⑤CO_2 气体含水量过大	⑤对 CO_2 气体进行除水、干燥处理
熔深不够	①焊接电流太小	①加大焊接电流
	②焊丝伸出长度过长	②调整焊丝的伸出长度
	③焊接速度过快	③调整焊接速度
	④坡口角度及根部间隙过小，钝边过大	④调整坡口尺寸
	⑤送丝不均匀	⑤检查、调整送丝机构
飞溅大	①短路过渡焊时，电感量过大或过小	①选择并调整合适的电感量
	②电弧在焊接过程中摆动	②更换导电嘴
	③焊丝和焊件清理不彻底	③加强焊丝和焊件的焊前清理
咬边	①焊接参数不当	①选择合适的焊接参数
	②操作不熟练	②提高操作技术

① 预防弧光危害　CO_2 气体保护焊产生的弧光比焊条电弧焊强烈得多，危害性更大。

预防弧光辐射主要是预防紫外线、红外线、可见光的危害，其中强烈的紫外线照射皮肤后可引起皮炎，出现红斑和小水泡。紫外线照射会引起电光性眼炎，造成眼红、流泪、刺痛。红外线主要是对组织的热作用，眼睛受强烈的红外线辐射时，会造成强烈的灼伤和灼痛，甚至灼伤视网膜。焊接电弧的可见光比肉眼能够承受的正常光强度约大一万倍，被电弧可见光近距离照射后看不见周围东西，产生通常所称的“晃眼”。

为预防弧光危害，主要从以下方面采取措施：焊工切勿将皮肤裸露在外，焊前仔细检查，是否有漏光现象；焊工密集工作的场所，相互间应设置遮光屏障。

② 预防灼伤和火灾　CO_2 气体保护焊的飞溅情况比焊条电弧焊严重，焊接时既要保护自己不被灼伤，又要防止火灾发生。为预防灼伤和火灾发生，要采取以下措施：根据现场情况，焊工应确保自己处在不被飞溅灼伤的最佳位置上焊接；焊接前应仔细观察焊接区域和周围环境（飞溅溅落到的地方）中是否存在易燃易爆物品，情况不明切勿焊接；工作结束后，应仔细认真检查工作场所及周围是否残留火苗，确认无事后，才可离开。

③ 预防有害气体和烟尘的危害　CO_2 气体保护焊时常见的有害气体有 CO_2、CO、NO_2 等，使用药芯焊丝时排放的烟尘较多，成分也较复杂，长期吸入，严重者可能导致尘肺、锰中毒等职业病，因此必须采取以下防护措施：焊工应增强个人防护意识，戴好防尘口罩；工作时焊工应处在“上风口”，减少有害气体的侵袭；加强通风排尘措施。

④ 安全使用 CO_2 气瓶　CO_2 气体保护焊的工作场地，必须遵守气瓶安全监察有关规定，主要有以下方面：CO_2 气瓶必须经过检验，气瓶颈部的检验钢印表明该瓶在允许年限以内，并有气瓶制造厂的钢印标志；CO_2 气瓶吊运时最好采用框架，防止高空坠落；CO_2 气瓶应直立应用，并有定位措施，防止倒下伤人；CO_2 气瓶要有遮阳措施，防止日光暴晒；CO_2 气瓶内气体不能用尽，剩余气压应不低于 1MPa。

8.1.7　氩弧焊加工

氩气是惰性气体，不与金属发生化学反应，不溶于液态金属，故能有效地防止空气对熔池的有害影响。氩弧焊是以氩气作为保护气体的一种气体保护焊。

(1) 加工特点

由于用惰性气体氩气作保护气体，因此，氩弧焊的质量较好，且具有以下加工特点。

① 氩弧焊可用于几乎所有金属和合金的焊接，最适于焊接各

类合金钢、易氧化的有色金属以及锆、钽、钼等稀有金属。目前，主要用于焊接铝、镁、钛及其合金、低合金钢、耐热钢、不锈钢等，对于低熔点和易蒸发的金属（如铅、锡、锌），焊接较困难。但氩气成本较高，氩弧焊的设备及控制系统比较复杂，为了防止保护气流被破坏；氩弧焊只能在室内进行焊接。

② 电弧和熔池区是气流保护，容易实现全位置自动化焊接，明弧可见，便于操作。

③ 电弧在气流压缩下燃烧，热量集中，熔池较小，所以焊接速度较快，热影响区较窄，工件焊后变形小。

④ 氩弧焊电弧稳定，飞溅小，焊缝致密，表面无熔渣，成形美观。

(2) 加工原理

氩弧焊按电极形式可分为熔化极氩弧焊和钨极（不熔化极）氩弧焊两种，其加工原理如图 8-63 所示。

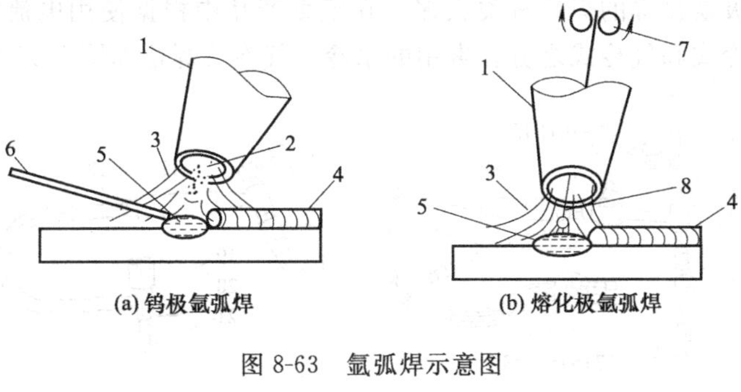

图 8-63　氩弧焊示意图

1—喷嘴；2—钨极；3—气体；4—成形焊缝；5—熔池；6—填充焊丝；7—送丝滚轮；8—焊丝

钨极氩弧焊常用高熔点的钨棒作为电极，在氩气的保护下，依靠钨棒和焊接件间产生的电弧热，来熔化基本金属及填充焊丝，在焊接时，高熔点的钨棒不熔化，只起导电与产生电弧作用，因所能通过的电流有限，故只适用于焊接厚 6mm 以下的工件。

熔化极氩弧焊采用连续送进的焊丝作为电极，在惰性气体（Ar、Ar+He）或活性气体（$Ar+O_2$、$Ar+CO_2+O_2$ 等）的保护

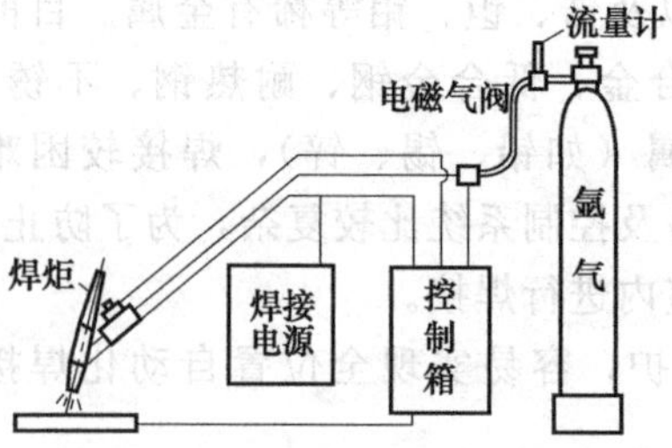

图 8-64　手工钨极氩弧焊示意图

下，依靠焊丝和焊件间产生的电弧热，来熔化基本金属及焊丝，由于焊接时，电极熔化成为填充金属，可采用较大电流，因此，适宜于焊接厚板。

（3）设备组成

氩弧焊按操作方法的不同可分为手工、半自动和自动焊，不同的焊接方式其组成设备也有所不同。

图 8-64 为手工钨极氩弧焊的设备组成示意图，可分为焊接电源系统、控制系统、供气系统和焊枪几部分。

手工钨极氩弧焊用的焊枪主要由焊枪体、喷嘴、电极夹、焊接电缆、气管等组成，其作用是夹持钨极，传导电流和输送氩气。手工钨极氩弧焊的焊枪种类很多，在定型产品中根据使用电流大小，有水冷式和气冷式之分。常用的水冷、气冷式焊枪如图 8-65 所示。

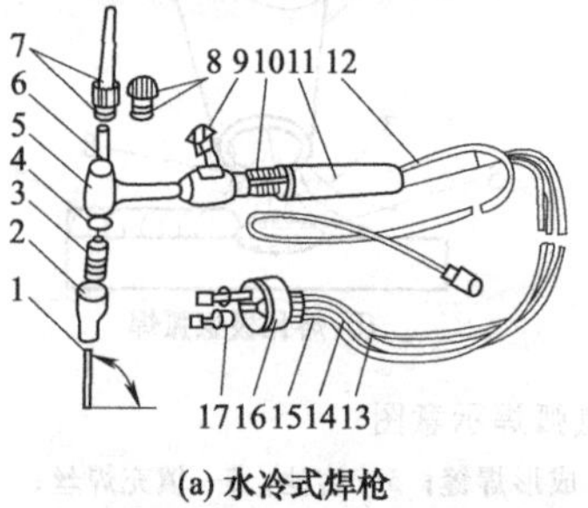

(a) 水冷式焊枪

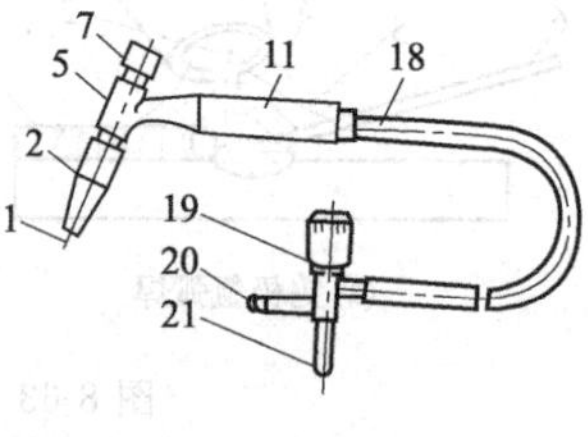

(b) 气冷式焊枪

图 8-65　常用的氩弧焊水冷、气冷式焊枪

1—钨极；2—喷嘴；3—导流件；4—密封圈；5—焊枪体；6—钨极夹头；7—盖帽；8—密封圈；9—船形开关；10—扎线；11—焊枪把；12—插头；13—进气管；14—出水管；15—水冷缆管；16—活动接头；17—水电接头；18—电缆；19—气开关手轮；20—通气接头；21—通电接头

自动钨极氩弧焊设备除含有上述手工钨极氩弧焊设备外，其送丝和电弧的移动都是采用机械装置自动进行的，焊接过程稳定，生产效率高，适用于直缝、环缝、管道对接接头的焊接，设备主要有

悬臂式、焊车式和机床式等。

熔化极氩弧焊设备组成与 CO_2 气体保护焊设备组成相近，主要包括焊接电源、气瓶、送丝机构、气管、电缆、焊枪等。其送丝机构和焊枪与 CO_2 焊的设备是相同的，送丝机构同样分为推丝式、拉丝式和推拉丝式。当焊丝直径小于 1.6mm 时，可采用拉丝式和推拉丝式机构；当焊丝直径大于 2mm 时，可采用推丝式机构，焊枪主要有鹅颈式和手枪式两种，如图 8-66 所示。

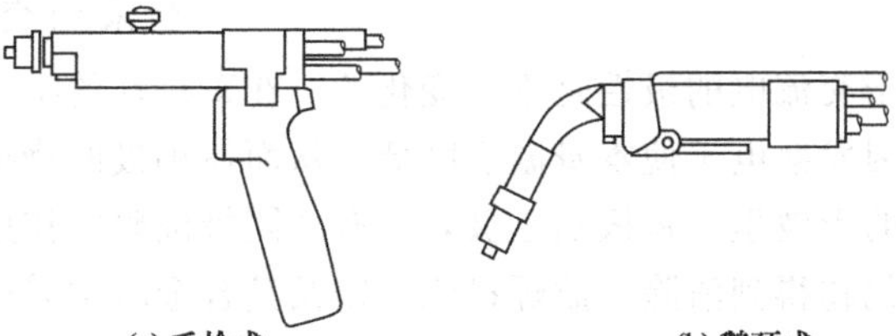
(a) 手枪式　　(b) 鹅颈式

图 8-66　熔化极氩弧焊的焊枪

焊接用氩气一般用钢瓶装运，钢瓶涂灰色漆，瓶外写深绿色“纯氩”字样。氩气中含有氧、氮、二氧化碳或水分时，会降低氩气的保护作用并造成夹渣气孔等缺陷。因此焊接铝、镁及其合金时，氩气纯度应≥99.9%，焊接不锈钢、耐热钢、铜及其合金时，氩气纯度应≥99.7%。

(4) 焊丝

氩弧焊的焊丝通常按照焊件母材的化学成分和焊缝力学性能选用，有时也可采用母材的切条作为手工钨极氩弧焊的填充焊丝。

常见金属材料采用氩弧焊时推荐选用的焊丝见表 8-20。

(5) 氩弧焊焊接规范的选择

直流弧焊发电机、弧焊整流器及弧焊变压器等都可作为钨极氩弧焊的弧焊电源，熔化极氩弧焊可选用单相整流器式、磁放大器式等弧焊电源。

当采用钨极氩弧焊，选用直流弧焊电源进行焊接时，一般都是采用直流正接，即焊件接正极，钨极接负极，如图 8-67（a）所示。这是因为采用直流正接不仅可以使熔深增加，而且钨极允许通过的

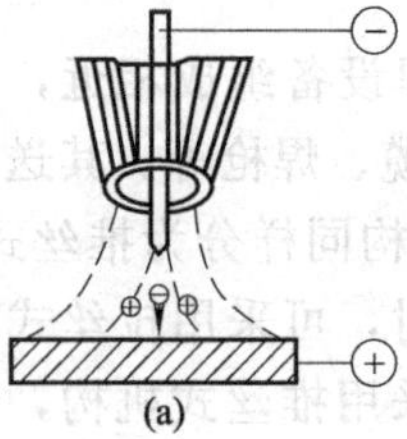

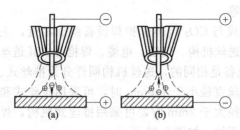

图 8-67 直流电源的极性接法

焊接电流也可以增大，故常用氩弧焊打底和焊接铜、不锈钢、碳钢等。在实际生产中，因直流反接［见图 8-67（b）］时钨极消耗量大，电弧又不稳定，故很少采用。

当采用交流弧焊电源时，由于交流电的极性是不断变化的。在正极性的半波里，钨极为负极，因发射电子使本身温度降低，从而使钨极的烧损减少；而在反极性的半波里，钨极是正极，又有“阴极破碎”作用，致使熔池表面氧化物得到清除。故焊接铝、镁及其合金时常采用交流弧焊电源。

当采用熔化极氩弧焊进行焊接时，为了使电弧稳定，减少飞溅，获得良好的焊缝成形，熔化极氩弧焊焊机均采用直流电源。

表 8-26 给出了不同金属材料氩弧焊时其弧焊电源及极性的选用。

表 8-26 不同金属材料氩弧焊时其弧焊电源及极性选用

金属材料	直流		交流
	正接	反接	
铝	不采用	可用	良好
铝合金	不采用	可用	良好
纯铜	良好	不采用	不采用
黄铜	良好	不采用	可用
碳钢	良好	不采用	可用
合金钢	良好	不采用	可用
不锈钢	良好	不采用	可用
铸铁	良好	不采用	可用

选用不同的氩弧焊焊接设备进行焊接，其焊接规范的选择也有

所不同，具体如下。

① 钨极氩弧焊焊接规范　钨极氩弧焊焊接规范主要是焊接电流、焊接速度、电弧电压、钨极直径和形状、气体流量与喷嘴直径等参数。这些参数的选择主要根据焊件的材料、厚度、接头形式以及操作方法等因素来决定。

a. 电弧电压。电弧电压增加（或减小），焊缝宽度将稍有增大（或减小），而熔深稍有下降（或稍为增加）。当电弧电压太高时，由于气体保护不好，会使焊缝金属氧化和产生未焊透缺陷。所以采用钨极氩弧焊时，在保证不产生短路的情况下，应尽量采用短弧焊接，这样气体保护效果好，热量集中，电弧稳定，焊透均匀，焊件变形也小。

b. 焊接电流。随着焊接电流增加（或减小），熔深和熔宽将相应增大（或减小），而余高则相应减小（或增大）。当焊接电流太大时，不仅容易产生烧穿、焊缝下陷和咬边等缺陷，而且会导致钨极烧损，引起电弧不稳及钨夹渣等缺陷；反之，焊接电流太小时，由于电弧不稳和偏吹，会产生未焊透、钨夹渣和气孔等缺陷。

c. 焊接速度。当焊枪不动时，氩气保护效果如图 8-68（a）所示。随着焊接速度增加，氩气保护气流遇到空气的阻力，使保护气体偏到一边，正常的焊接速度氩气保护情况如图 8-68（b）所示，此时，氩气对焊接区域仍保持有效的保护。当焊接速度过快时，氩气流严重偏移一侧，使钨极端头、电弧柱及熔池的一部分暴露在空气中，此时，氩气保护情况如图 8-68（c）所示，这使氩气保护作用破坏，焊接过程无法进行。因此，钨极氩弧焊采用较快的焊接速度时，必须采用相应的措施来改善氩气的保护效果，如加大氩气流量或将焊枪后倾一定角度，以保持氩气良好的保护效果。通常，在室外焊接都需要采取必要的防风措施。

d. 钨极。采用钨极氩弧焊焊接时，应选好钨极的直径及端部形状。

ⅰ. 钨极直径。钨极直径的选择主要是根据焊件的厚度和焊接电流的大小来决定。当钨极直径选定后，如果采用不同电源极性时，钨极的许用电流也要作相应的改变。采用不同电源极性和不同

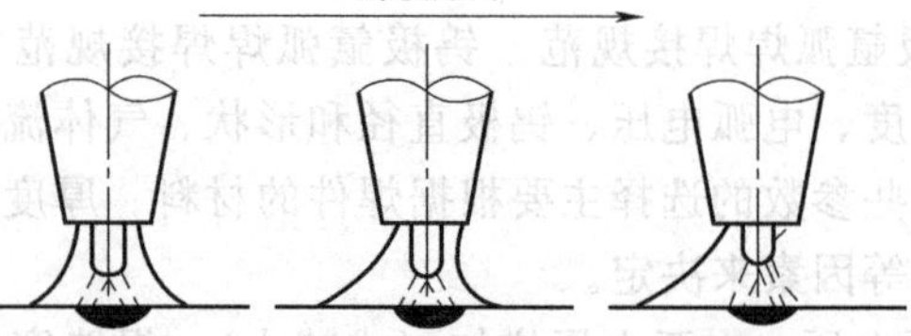

图 8-68　氩气的保护效果

直径钍钨极的许用电流范围见表 8-27。

表 8-27　不同电源极性和不同直径钍钨极的许用电流范围

电极直径/mm	许用电流范围/A		
	交流	直流正接	直流反接
1.0	15～80	—	20～60
1.6	70～150	10～20	60～120
2.4	150～250	15～30	100～180
3.2	250～400	25～40	160～250
4.0	400～500	40～55	200～320
5.0	500～750	55～80	290～390
8.4	750～1000	80～125	340～525

ⅱ. 钨极端部形状。钨极端部形状对电弧稳定性和焊缝的成形有很大影响，端部形状主要有锥台形、圆锥形、半球形和平面形，如图 8-69 所示，图中 D 为钨极直径；d 为端部直径，取 $d=D/3$，L 为 $(2\sim4)D$。不同形状的钨极适用范围见表 8-28，一般选用锥形平端的效果比较理想。

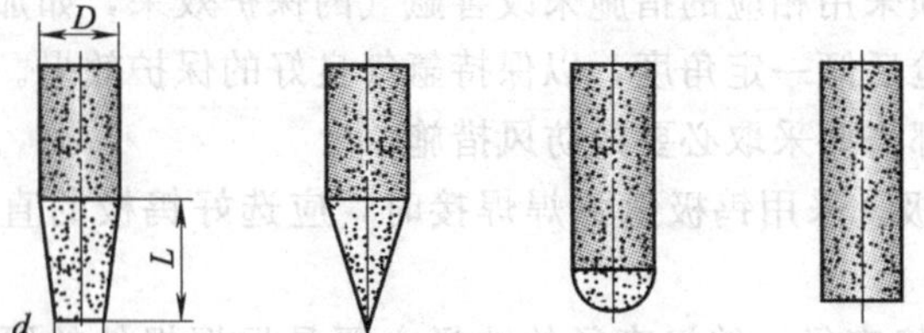

图 8-69　钨极端头形状

表 8-28　钨极端部形状的适用范围

钨极端部形状	适用范围	电弧稳定性	焊缝成形
锥台形	直流正接,大电流,脉冲 TIG 焊	好	良好
圆锥形	直流正接,小电流	好	焊缝不均匀
半球形	交流	一般	焊缝不易平直
平面形	—	不好	一般

e. 喷嘴。采用钨极氩弧焊焊接时，应做好喷嘴的选择，主要要选好喷嘴的样式及直径。

ⅰ. 喷嘴的样式。喷嘴的样式应根据不同的施工条件有针对性的选用，见表 8-29。

表 8-29　特定工作条件下的喷嘴

名称	样式	适用情况	名称	样式	适用情况
大口径喷嘴	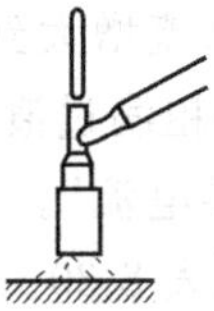	适用于保护范围要求宽广的场合	带气体透镜喷嘴	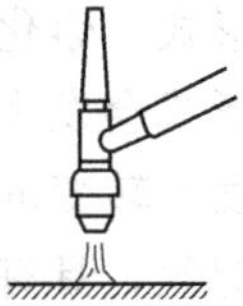	用于保护要求特别高的场合
长喷嘴	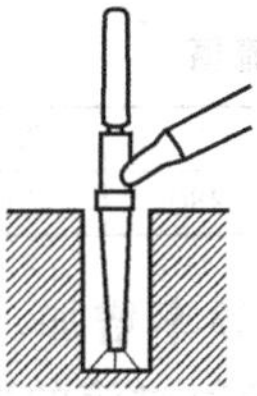	适用于焊缝比较深的场合	点焊喷嘴		与点焊接头组合使用

ⅱ. 喷嘴直径。喷嘴直径的大小直接影响保护区的范围。如果喷嘴直径过大，不仅浪费氩气，而且会影响焊工视线，妨碍操作，影响焊接质量；反之，喷嘴直径过小，则保护不良，使焊缝质量下降，喷嘴本身也容易被烧坏。一般喷嘴直径为 5～14mm，喷嘴直径 D 的大小可按经验公式确定，即：$D=(2.5\sim3.5)d$，其中；d 为钨极直径（mm）。

喷嘴距离工件越近，则保护效果越好；反之，保护效果越差，但过近造成焊工操作不便，一般喷嘴至工件间距离为 10mm 左右。

f. 氩气流量。氩气的流量越大，保护层抵抗流动空气影响的能力越强，但流量过大，易使空气卷入，应选择恰当的气体流量。氩气纯度越高，保护效果越好。氩气流量 Q 可以按照经验公式来确定，即：

$$Q=KD$$

式中，Q 为氩气流量，L/min；D 为喷嘴直径，mm；K 为系数，按 0.8～1.2 选取，使用大喷嘴时 K 取上限，使用小喷嘴时 K 取下限。

② 熔化极氩弧焊焊接规范　熔化极氩弧焊主要的焊接参数有焊丝直径、电弧电压、焊接电流、焊接速度、喷嘴孔径、焊丝伸出长度和氩气流量等。

a. 焊接电流与极性。由于短路过渡和粗滴过渡存在飞溅严重，电弧复燃困难及焊接质量差等问题，生产中一般都不采用，而采用喷射过渡的形式。熔化极氩弧焊时，当焊接电流增大到一定数值，熔滴的过渡形式会发生一个突变，即由原来的粗滴过渡转化为喷射过渡，这个发生转变的焊接电流值称为“临界电流”。不同直径和不同成分的焊丝，具有不同的临界电流值，见表 8-30。

表 8-30　不锈钢焊丝的临界电流值

焊丝直径/mm	0.8	1	1.2	1.6	2	2.5	3
临界电流/A	160	180	210	240	280	300	350

焊接电流增加时，熔滴尺寸减小，过渡频率增加。因此焊接时，焊接电流不应小于临界电流值，以获得喷射过渡的形式，但当电流太大时，熔滴过渡会变成不稳定的非轴向喷射过渡，同样飞溅增加，因此不能无限制地增加电流值。

另外，直流反接时，只要焊接电流大于临界电流值，就会出现喷射过渡，直流正接时却很难出现喷射过渡，故生产上都采用直流反接。

b. 电弧电压。对应于一定的临界电流值，都有一个最低的电弧电压值与之相匹配。电弧电压低于这个值，即使电流比临界电流大很多，也得不到稳定的喷射过渡。最低的电弧电压（电弧长度）

根据焊丝直径来选定，其关系式为

$$L = Ad$$

式中，L 为弧长，mm；d 为焊丝直径，mm；A 为系数（纯氩，直流反接，焊接不锈钢时取 2～3）。

c. 喷嘴直径及气体流量。熔化极氩弧焊对熔池的保护要求较高，如果保护不良，焊缝表面便起皱皮，所以熔化极氩弧焊的喷嘴直径及气体流量比钨极氩弧焊都要相应地增大，通常喷嘴直径为 20mm 左右，氩气流量则在 30～60L/min 之间。表 8-31 为不锈钢熔化极氩弧焊的焊接参数。

(6) 氩弧焊的基本操作

熔化极氩弧焊的基本操作与 CO_2 气体保护焊基本相近，操作时可参照 CO_2 气体保护焊操作进行。手工钨极氩弧焊的引弧、运弧及填丝是其最基本的操作，操作手法主要有以下内容。

① 引弧　手工钨极氩弧焊的引弧主要有以下两种方法。

a. 高频或脉冲引弧法。其操作要点是：首先提前送气 3～4s，并使钨极和焊件之间保持 5～8mm 距离，然后接通控制开关，再在高频高压或高压电脉冲的作用下，使氩气电离而引燃电弧。这种引弧方法的优点是能在焊接位置直接引弧，能保证钨极端部完好，钨极损耗小，焊缝质量高。它是一种常用的引弧方法，特别是焊接有色金属时更为广泛采用。

b. 接触引弧法。当使用无引弧器的简易氩弧焊机时，可采用钨极直接与引弧板接触进行引弧。由于接触的瞬间会产生很大的短路电流，钨极端部很容易被烧损，因此一般不宜采用这种方法，但因焊接设备简单，故在氩弧焊打底、薄板焊接等方面仍得到应用。

② 定位焊　为了固定焊件的位置，防止或减小焊件的变形，焊前一般要对焊件进行定位焊。定位焊点的大小、间距以及是否需要添加焊丝，这要根据焊件厚度、材料性质以及焊件刚性来确定。对于薄壁焊件和容易变形、容易开裂以及刚性很小的焊件，定位焊点的间距要短些。在保证焊透的前提下，定位焊点应尽量小而薄，不宜堆得太高，并要注意点焊结束时，焊枪应在原处停留一段时间，以防焊点被氧化。

表 8-31　不锈钢熔化极氩弧焊的焊接参数

母材厚度/mm	坡口形式	焊接位置	焊层数	焊接电流/A	电弧电压/V	焊接速度/(mm/min)	焊丝直径/mm	送丝速度/(m/min)	氩气流量/(L/min)
1.6	I形(无间隙)	—	1	85	15	375～525	0.8	4.6	15
2	I形(无间隙)	—	1	90	15	285～315	0.8	4.8	15
1.6	角焊缝	—	1	85	15	425～475	0.8	4.6	15
2	角焊缝	—	1	92	15	325～375	0.8	4.8	15
3	I形(带垫板)	平	1	220～240	22～25	400～550	1.6	3.5～4.5	14～18
		立	1	180～220	22～25	350～500	1.6	3～4	14～18
2.5	I形	平	1	160～240	20～25	330～600	1.6	2.5～3.5	14～18
6	I形	平	2	200～260	23～26	300～500	1.6	4～5	14～18
6	I形	立	正(1),反(1)	200～240	22～25	250～450	1.6	3.5～4.5	14～18
12	V形	平	正(4),反(1)	240～280	24～27	200～330	1.6	4.5～8.5	14～18
12	V形	立	正(5),反(1)	220～260	23～26	200～400	1.6	4～5	14～18
22	X形	平	正(7),反(4)	240～280	24～27	200～350	1.6	4.5～8.5	14～18
22	X形	立	正(10),反(4)	200～240	22～25	200～400	1.6	3.5～4.5	14～18
38	X形	平	正(9),反(9)	280～340	26～30	150～300	1.6	4.5～8.5	18～22
38	X形	立	正(11),反(11)	240～300	24～28	150～300	1.6	3.5～4.5	18～22

注："焊层数"栏括号内容为双面焊时正反面的焊层数。

③ 运弧　手工钨极氩弧焊时，在不妨碍操作的情况下，应尽可能采用短弧焊，一般弧长为 4～7mm。喷嘴和焊件表面间距不应超过 10mm。焊枪应尽量垂直或与焊件表面保持 70°～85°夹角，焊丝置于熔池前面或侧面，并于焊件表面呈 15°～20°夹角（见图 8-70）。焊接方向一般由右向左，环缝由下向上。

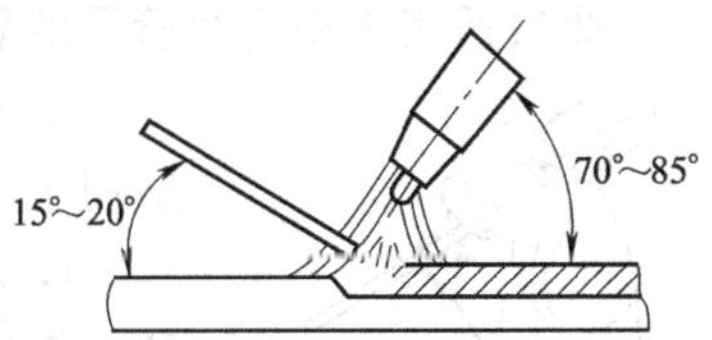

图 8-70　焊枪、焊丝和焊件间的夹角

焊枪的运动形式有以下几种。

a. 焊枪等速运行。此法电弧比较稳定，焊后焊缝平直均匀，质量稳定，因此，是常用的操作方法。

b. 焊枪断续运行。该方法是为了增加熔透深度，焊接时将焊枪停留一段时间，当达到一定的熔深后添加焊丝，然后继续向前移动，此法主要适宜于中厚板的焊接。

c. 焊枪横向摆动。焊接时，焊枪沿着焊缝横向摆动。此法主要用于开坡口的厚板及盖面层焊缝，通过横向摆动来保证焊缝两边缘良好地熔合。

d. 焊枪纵向摆动。焊接时，焊枪沿着焊缝纵向往复摆动，此法主要用在小电流焊接薄板时，可防止焊穿和保证焊缝良好成形。

④ 填丝　焊丝填入熔池的方法一般有下列几种。

a. 间歇填丝法。当送入电弧区的填充焊丝在熔池边缘熔化后，立即将填充焊丝移出熔池，然后再将焊丝重复送入电弧区。以左手拇指、食指、中指捏紧焊丝，焊丝末端应始终处于氩气保护区内。填丝动作要轻，不得扰动氩气保护层，防止空气侵入。这种方法一般适用于平焊和环缝的焊接。

b. 连续填丝法。将填充焊丝末端紧靠熔池的前缘连续送入。采用这种方法时，送丝速度必须与焊接速度相适应。连续填丝时，要求焊丝比较平直，用左手拇指、食指、中指配合动作送丝，无名指和小指夹住焊丝控制方向，如图 8-71 所示。此法特别适用于焊接搭接和角接焊缝。

c. 靠丝法。焊丝紧靠坡口，焊枪运动时，既熔化坡口又熔化焊丝。此法适用于小直径管子的氩弧焊打底。

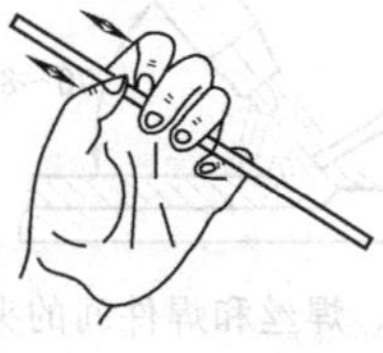

图 8-71　填丝操作方法

d. 焊丝跟着焊枪作横向摆动。此法适用于焊波要求较宽的部位。

e. 反面填丝法。该方法又叫内填丝法，焊枪在外，填丝在里面，适用于管料仰焊部位的氩弧焊打底，对坡口间隙、焊丝直径和操作技术要求较高。

无论采用哪一种填丝方法，焊丝都不能离开氩气保护区，以免高温焊丝末端被氧化，而且焊丝不能与钨极接触发生短路或直接送入电弧柱内；否则，钨极将被烧损或焊丝在弧柱内发生飞溅，破坏电弧的稳定燃烧和氩气保护气氛，造成夹钨等缺陷。

为了填丝方便、焊工视野宽和防止喷嘴烧损，钨极应伸出喷嘴端面，伸出长度一般是：焊铝、铜时钨极伸出长度为 2～3mm，管道打底焊时为 5～7mm。钨极端头与熔池表面距离 2～4mm，若距离小，焊丝易碰到钨极。在焊接过程中，由于操作不慎，钨极与焊件或焊丝相碰时，熔池会立即被破坏而形成一阵烟雾，从而造成焊缝表面的污染和夹钨现象，并破坏了电弧的稳定燃烧。

此时必须停止焊接，进行处理。处理的方法是将焊件的被污染处，用角向磨光机打磨至露出金属光泽，才能重新进行焊接。当采用交流电源时，被污染的钨极应在别处进行引弧燃烧清理，直至熔池清晰而无黑色时，方可继续焊接，也可重新磨换钨极；而当采用直流电源焊接时，发生上述情况，必须重新磨换钨极。

⑤ 收弧　焊接结束时，如果收弧不正确，在收弧处会产生弧坑裂纹、气孔及烧穿等缺陷，因此必须掌握正确的收弧方法。收弧时常采用以下几种方法。

a. 增加焊速法。当焊接快要结束时，焊枪前移速度逐渐加快，同时逐渐减少焊丝送进量，直至焊件不熔化为止。此法简单易行，效果良好。

b. 焊缝增高法。与上法正好相反，焊接快要结束时，速度减慢，焊枪向后倾角加大，焊丝送进量增加，当弧坑填满后再熄弧。

c. 电流衰减法。在新型的氩弧焊机中，大部分都有电流自动衰减装置，焊接结束时，只要闭合控制开关，焊接电流就会逐渐减小，从而熔池也就逐渐缩小，达到与增加焊速法相同的效果。

d. 应用收弧板法。将收弧熔池引到与焊件相连的收弧板上去，焊完后再将收弧板割掉。此法适用于平板的焊接。

为使氩气有效地保护焊接区，熄弧后须继续送气 3～5s，避免钨极和焊缝表面氧化。

(7) 氩弧焊各种位置的焊接操作

与其他种类的焊接一样，氩弧焊的操作位置主要也包括平焊、横焊及立焊、仰焊等，焊接操作时，应注意以下内容。

① 平焊　平焊时要求运弧尽量走直线，焊丝送进要有规律，不能时快时慢，钨极与焊件的位置要准确，焊枪角度要适当。几种常见接头形式平焊时，焊枪、焊丝和焊件间的夹角如图 8-72 所示。

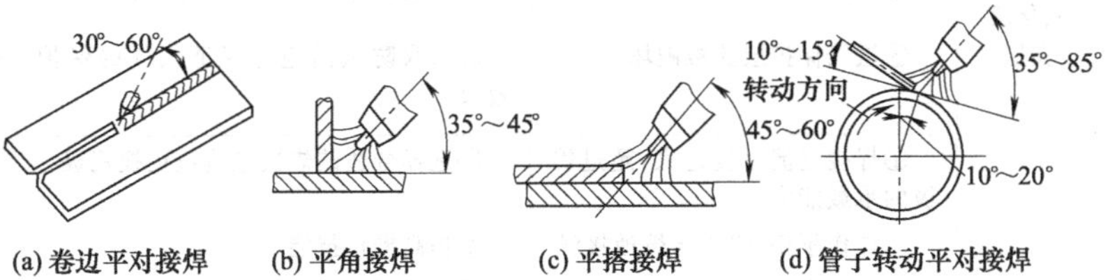

图 8-72　平焊时焊枪、焊丝和焊件间的夹角

② 横焊　横焊虽然比较容易掌握，但要注意掌握好焊枪的水平角度和垂直角度，焊丝也要控制好水平和垂直角度。如果焊枪角度掌握不好或送丝速度跟不上，很可能产生上部咬边、下部成形不良等缺陷。

③ 立焊　立焊比平焊难度要大，主要是焊枪角度和电弧长短在垂直位置上不易控制。立焊时以小规范为佳，电弧不宜拉得过长，焊枪下垂角度不能太小，否则会引起咬边、焊缝中间堆得过高等缺陷。焊丝送进方向以操作者顺手为原则，其端部不能离开保护区。

④ 仰焊　仰焊的难度最大，对有色金属的焊接更加突出。焊

枪角度与平焊相似，仅位置相反。焊接时电流应小些，焊件速度要快，这样才能获得良好的成形。

(8) 氩弧焊焊接质量分析

氩弧焊常见的缺陷有焊缝成形不良、烧穿、未焊透、咬边、气孔和裂纹等。钨极氩弧焊的缺陷产生原因及防止方法见表 8-32。熔化极氩弧焊的缺陷产生原因及防止方法见表 8-33。

表 8-32　钨极氩弧焊常见缺陷的产生原因及防止方法

缺陷	产生原因	防止方法
焊缝成形不良	①焊接参数选择不当 ②焊枪操作运动不均匀 ③送丝方法不当 ④熔池温度控制不好	①选择正确的焊接参数 ②提高焊枪与焊丝的配合操作技能 ③提高焊枪与焊丝的配合操作技能 ④焊接过程中密切关注熔池温度
夹渣或氧化膜夹层	①氩气纯度低 ②焊件及焊丝清理不彻底 ③氩气保护层流被破坏	①更换使用合格的氩气 ②焊前认真清理焊丝及焊件表面 ③采取防风措施等保证氩气的保护效果
夹钨	①焊接电流密度过大,超过钨极的承载能力 ②操作不稳,钨极与熔池接触 ③钨极直接在工件上引弧 ④钨极与熔化的焊丝接触 ⑤钨极端头伸出过长 ⑥氩气保护不良,使钨极熔化烧损	①选择合适的焊接电流或更换钨极 ②提高操作技能 ③尽量采用高频或脉冲引弧,接触引弧时要在引弧板上进行 ④提高操作技术,认真施焊 ⑤选择合适的钨极伸出长度 ⑥加大氩气流量等保证氩气的保护措施
咬边	①焊枪角度不对 ②氩气流量过大 ③电流过大 ④焊接速度太快 ⑤电弧太长 ⑥送丝速度过慢 ⑦钨极端部过尖	①采用合适的焊枪角度 ②减小氩气流量 ③选择合适的焊接电流 ④减慢焊接速度 ⑤压低电弧 ⑥配合焊枪移动速度,同时加快送丝速度 ⑦更换或重新打磨钨极端部形状

续表

缺陷	产生原因	防止方法
裂纹	①弧坑未填满	①收尾时采用合理的方法并填满弧坑
	②焊件或焊丝中C、S、P含量高	②严格控制焊件及焊丝中C、S、P含量
	③定位焊时点距太大，焊点分布不当	③选择合理的定位焊点数量和分布位置
	④未焊透引起裂纹	④采取措施保证根部焊透
	⑤收尾处应力集中	⑤合理安排焊接顺序，避免收尾处于应力集中处
	⑥坡口处有杂质、脏物或水分等	⑥焊前严格清理焊接区域
	⑦冷却速度过快	⑦选择合适的焊接速度
	⑧焊缝过烧，造成铬镍比下降	⑧选择合适的焊接参数，防止过烧
	⑨结构刚性大	⑨合理安排焊接顺序或采用焊接夹具辅助进行焊接
未焊透	①坡口、间隙太小	①3～10mm焊件应留0.5～2mm间隙，单面坡口大于90°
	②焊件表面清理不彻底	②焊前彻底清理焊件及焊丝表面
	③钝边过大	③按工艺要求修整钝边
	④焊接电流过小	④按工艺要求选用焊接电流
	⑤焊接电弧偏向一侧	⑤采取措施防止偏弧
	⑥电弧过长或过短	⑥焊接过程中选择合适的电弧长度
焊瘤	①焊接电流太大	①按工艺要求选用焊接电流
	②焊枪角度不当	②调整焊枪角度
	③无钝边或间隙过大	③按工艺要求修整及组对坡口
烧穿	①焊接电流太大	①选用合适的焊接电流
	②熔池温度过高	②提高技能，焊接中密切关注熔池温度
	③根部间隙过大	③按工艺要求组对坡口
	④送丝不及时	④协调焊丝进给与焊枪的运动速度
	⑤焊接速度太慢	⑤提高焊接速度

表 8-33 熔化极氩弧焊常见缺陷的产生原因及防止方法

缺陷	产生原因	防止方法
焊缝形状不规则	①焊丝未经校直或校直效果不好 ②导电嘴磨损造成电弧摆动 ③焊接速度过低 ④焊缝伸出长度过长	①检修、调整焊丝校直机构 ②更换导电嘴 ③调整焊接速度 ④调整焊丝伸出长度
夹渣	①前层焊缝焊渣未清除干净 ②小电流低速焊接时熔敷过多 ③采用左焊法操作时，熔渣流到熔池前面 ④焊枪摆动过大，使熔渣卷入熔池内部	①认真清理每一层焊渣 ②调整焊接电流与焊接速度 ③改进操作方法使焊缝稍有上升坡度，使熔渣流向后方 ④调整焊枪摆动幅度，使熔渣浮到熔池表面
气孔	①焊丝表面有油、锈和水 ②氩气保护效果不好 ③气体纯度不够 ④焊丝内硅、锰含量不足 ⑤焊枪摆动幅度过大，破坏了氩气的保护作用	①认真进行焊件及焊丝的清理 ②加大氩气流量，清理喷嘴堵塞或更换保护效果好的喷嘴，焊接时注意防风 ③必须保证氩气纯度大于99.5% ④更换合格的焊丝进行焊接 ⑤尽量采用平焊，操作空间不要太小，加强操作技能
烧穿	①对于给定的坡口，焊接电流过大 ②坡口根部间隙过大 ③钝边过小 ④焊接速度小，焊接电流大	①按工艺规程调节焊接电流 ②合理选择坡口根部间隙 ③按钝边、根部间隙情况选择焊接电流 ④合理选择焊接参数
熔深不够	①焊接电流太小 ②焊丝伸出长度过长 ③焊接速度过快 ④坡口角度及根部间隙过小，钝边过大 ⑤送丝不均匀	①加大焊接电流 ②调整焊丝的伸出长度 ③调整焊接速度 ④调整坡口尺寸 ⑤检查、调整送丝机构
咬边	①焊接参数不当 ②操作不熟练	①选择合适的焊接参数 ②提高操作技术
裂纹	①焊丝与焊件均有油、锈、水等 ②熔深过大 ③多层焊时第一层焊缝过小 ④焊后焊件内有很大的应力	①焊前仔细清除焊丝、焊件表面的油锈、水分等污物 ②合理选择焊接电流与电弧电压 ③加强打底层焊缝质量 ④合理选择焊接顺序，进行消除内应力热处理

(9) 氩弧焊操作的安全保护

钨极氩弧焊与熔化极氩弧焊均是在氩气保护下进行的焊接，焊接时，电流密度大，电弧温度高，弧光强烈，同时，焊接时将产生金属粉尘和有害气体、紫外线等，因此，具有一定的危害性，主要表现在：氩弧焊的紫外线强度要比焊条电弧焊强5～10倍，这样强的紫外线容易引起焊工的电光性眼炎和裸露皮肤的灼伤；氩弧焊时，金属粉尘和有害气体同时存在，其中臭氧和氮氧化物的浓度比焊条电弧焊高4～5倍，对操作者的呼吸器官有强烈的刺激作用；如果用钍钨极作电极，由于钍具有微量的放射性，在一般的规范和短时间操作时，对人体无多大危害。但在密闭容器内焊接或选用较强的焊接电流时，或在磨尖钍钨极时，对人体危害就比较大；氩弧焊的高频引弧有高频电磁场存在，对人体产生生物效应，具有一定的危害性。但高频引弧只瞬间存在高频电磁场，约2～3s，所以影响尚不大。

为此，进行氩弧焊操作时，除了要遵守焊条电弧焊的有关安全规定外，还要注意和采取以下措施。

① 焊机内的接触器、断路器的工作元件，焊枪夹头的夹紧力以及喷嘴的绝缘性能等，应定期检查。移动焊机时，应取出机内易损电子元器件，单独搬运。

② 高频引弧焊机或焊机装有高频引弧装置时，焊接电缆都应有铜网编织屏蔽套，并可靠地接地。根据焊接工艺要求，尽可能使用高压脉冲引弧、稳弧装置，防止高频电磁场的危害。

③ 焊机使用前应检查供气、供水系统，不得在漏水、漏气情况下工作。

④ 磨削钨极棒的砂轮机必须配备良好的排风装置，并戴口罩操作，尽量使用铈钨极或钇钨极。

⑤ 氩气瓶应小心轻放，竖直固定，防止倾倒，气瓶与热源距离应大于3m，在氩气中加入质量分数为0.3%的一氧化氮，可大大降低臭氧的产生。

⑥ 采取通风或送风措施，排除施焊中产生的有害物质。

⑦ 选用粗毛呢或皮革等面料制成的工作服，以防焊工在操作

中被烫伤或体温升高。

8.1.8 气焊加工

气焊是利用可燃气体和氧气通过焊炬混合燃烧所产生的高热，使焊件接头处的金属和焊丝熔化（有的不用焊丝），冷却后形成焊缝的一种焊接工艺方法。

气焊和电弧焊相比较，气焊的热量较分散，焊件受热面积及变形较大，生产率也较低。同时气焊火焰中的氢、氧等气体会和熔化金属相作用，改变焊缝金属的性能，因此，气焊质量往往不及电弧焊好。

气焊的优点是在焊接较薄制件时，不像电弧焊那样容易烧穿，在没有电源的地方，仍可进行工作，而且设备简单，操作方便灵活，目前仍较广泛地应用于碳素钢、合金钢、有色金属（如铜、铝等）的薄件、小件的焊接。主要用于 $t\leqslant 2$mm 钢材的对接、搭接、T形接、角接、卷边接的接头；铸铁的热补焊；铝和铝合金、铜和铜合金等 $t\leqslant 14$mm 的对接、卷边接头；堆焊；硬质合金堆焊等。

气焊常用的可燃气体是乙炔气（C_2H_2），使用的助燃气体是氧气（O_2）。

(1) 气焊所用气体、设备和工具

气焊和气割所用的气体、设备和工具是相同的，即主要有氧气瓶、溶解乙炔气瓶（或乙炔发生器）、减压器等，所不同的只是气割时使用割炬，而气焊时使用气焊炬。

气焊炬又称气焊枪，是进行气焊工作的主要工具。它的作用是使可燃气体（乙炔等）与助燃气体（氧气）按一定比例混合，并以一定流速喷出燃烧，生成具有一定能量、成分和形状的稳定的火焰，以便进行气焊工作。

焊炬按可燃性气体与氧气混合的方式不同分为射吸式和等压式，其中以射吸式焊炬使用较为广泛。

射吸式焊炬主要由进气管、调节阀、喷嘴、射吸管、混合气体管、焊嘴等部分组成，其结构原理如图8-73所示。

射吸式焊炬工作时，氧气由氧气通道进入喷射管，再从直径非常细小的喷嘴喷出。当氧气从喷嘴喷出时，就要吸出聚集在喷嘴周围的低压乙炔，这样氧气与乙炔就按一定比例混合，并以一定速度通过混合气体通道从焊嘴喷出。

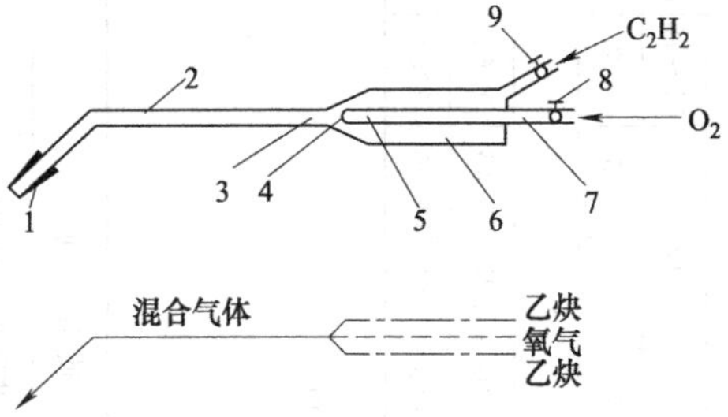

图 8-73 射吸式焊矩结构原理

1—焊嘴；2—混合气体通道；3—射吸管；4—喷嘴；5—喷射管；6—乙炔通道；7—氧气通道；8—氧气调节阀；9—乙炔调节阀

射吸式焊炬的优点是可以使用低压乙炔。缺点是施焊过程中，混合气体的成分不够稳定，所以在使用过程中，必须时刻注意火焰的形状与颜色，以判断混合气体的成分，随时调整火焰。

射吸式焊炬的主要技术数据见表 8-34。

由于焊矩的构造、工作原理与割炬预热部分基本相同，故割炬使用注意事项完全适用于焊炬，只是焊炬不需要进行风线检查。

(2) 气焊的操作要点

气焊的操作要点主要有以下几方面。

① 清理焊件接头　气焊前，应彻底清除焊件接头处的锈蚀、油污、油漆和水分等，否则将使焊缝产生气孔、夹渣等缺陷。清除方法大多是直接用焊炬的火焰烘烤，然后再用钢丝刷清理。接头处清理宽度每边约为 20～30mm。

② 正确选用焊剂　气焊熔剂（焊剂）的作用是驱除焊接时形成的氧化物，改善湿润性，并使焊缝组织致密。焊接低、中碳钢使用中性焰时，不需焊剂。焊铸铁、不锈钢与耐热钢时，多用有色金

表 8-34　射吸式焊炬的主要技术数据

焊炬型号	H01-6					H01-12					H01-20				
焊嘴号码	1	2	3	4	5	1	2	3	4	5	1	2	3	4	5
焊嘴孔径/mm	0.9	1.0	1.1	1.2	1.3	1.4	1.6	1.8	2.0	2.2	2.4	2.6	2.8	3.0	3.2
焊接范围/mm	1～2	2～3	3～4	4～5	5～6	6～7	7～8	8～9	9～10	10～12	10～12	12～14	14～16	16～18	18～20
氧气压力/(kgf/cm²)	2	2.5	3	3.5	4	4	4.5	5	6	7	6	6.5	7	7.5	8
乙炔压力/(kgf/cm²)	0.01～1.0														
氧气消耗量/(m³/h)	0.15	0.20	0.24	0.28	0.37	0.37	0.49	0.65	0.86	1.10	1.25	1.45	1.65	1.95	2.25
乙炔消耗量/(L/h)	170	240	280	330	430	430	580	780	1050	1210	1500	1700	2000	2300	2600

注：1. 气体消耗量为参考数据。

2. 焊炬型号的意义，其中：H—焊炬，01—射吸式，6、12、20—可焊接最大厚度（mm）。

3. $1kgf/cm^2=98.0665kPa$。

表 8-35　气焊用定型熔剂

牌号	名称	熔点/℃	使用说明
CJ101	不锈钢及耐热钢用气剂	≈900	焊前用密度 $1.3g/cm^3$ 的水玻璃拌匀成糊状
CJ201	铸铁用气剂	≈650	能有效驱除气焊产生的硅酸盐与氧化物，加速金属熔化
CJ301	铜气焊熔剂	≈650	气焊或钎接紫铜、黄铜
CJ401	铝气焊熔剂	≈560	能有效破坏氧化铝膜，也用于气焊铝青铜、镁及镁合金

属焊剂。在用量少时，也可自配气焊熔剂。例如，气焊热电偶丝可用硼砂，气焊灰铸铁用硼砂 50 份加苏打粉 50 份；气焊铬铁铝合金丝用硼砂 50 份加氟石 50 份；气焊铜及铜合金用硼砂 68 份、硼酸 10 份、氯化物 20 份及木炭粉 2 份；气焊铝和铝合金用氯化钾 48 份、氯化钠 35 份、氯化锂 9 份及氟化钠 8 份。表 8-35 给出了常见气焊定型熔剂的牌号及使用说明。

③ 焊炬移动方向　按焊炬和焊丝沿焊缝移动方向不同，分为左焊法与右焊法两种，如图 8-74 所示。

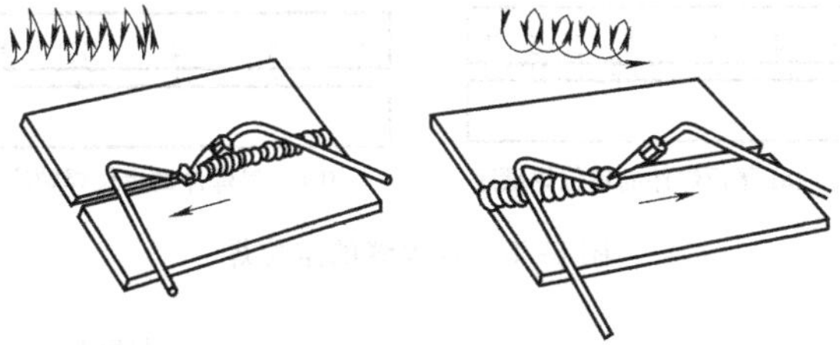

(a) 左焊法　　(b) 右焊法

图 8-74　左焊法和右焊法

当焊丝与焊炬从焊缝右端向左端移动，焊丝位于焊炬前面，焊接火焰指向焊件金属的待焊部分，这种焊法叫左焊法，如图 8-74 (a) 所示。左向焊法适用于焊接 3mm 以下薄板和易熔金属。这种方法操作简单，容易掌握，应用较普遍。

当焊丝与焊炬从焊缝的左端向右端移动，焊丝位于焊炬的后面，焊接火焰指向金属已焊部分，这种操作方法叫右焊法，如图 8-74 (b) 所示。适用于焊接厚度较大、熔点较高的焊件。这种焊法较难掌握，一般不习惯采用。

焊炬运动速度 $v_{气焊}$ (m/h) 与板厚 t 和焊体材料有关，其中：焊炬运动速度 $v_{气焊}=K/t$。式中 K 按表 8-36 确定。

表 8-36　系数 K 的取值

系数	低碳钢		铜	黄铜	铝	不锈钢	铸铁
	右焊法	左焊法					
K	12	15	24	12	30	10	10

④ 实施正确的定位焊　焊接时，首先应将焊件进行定位焊。如果焊件较薄时，定位焊可由焊件的中间开始。定位焊缝长度一般为5～7mm，间隔为50～100mm左右，定位焊的顺序如图8-75(a)所示：若焊件较厚时，定位焊从两端开始。定位焊缝长度为20～30mm，间隔为200～300mm，定位焊的顺序如图8-75(b)所示。定位焊缝不宜过长、过高和过宽。对较厚的焊件，定位焊时还要有足够的熔深。遇有两种不同度焊件定位时，火焰要侧重于较厚的焊件一边加热，否则薄件容易烧穿。

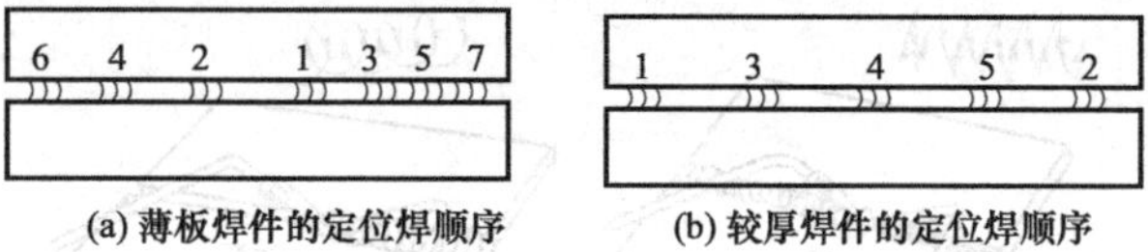

图8-75　直焊缝的定位焊

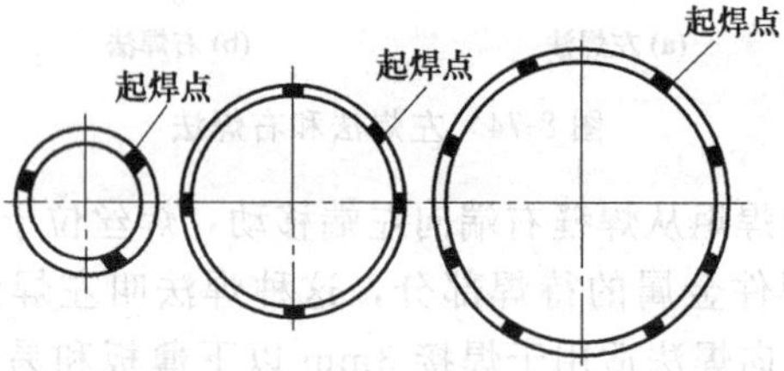

图8-76　管料的定位焊

气焊管料时，则应根据管径的大小，采用不同数量的定位焊焊缝定位，一般直径不超过70mm的管料只需点焊3处。随着管径的加大，定位焊焊缝数也要增多，但不论管径的大小，气焊时起焊点都应在两定位焊焊缝中间，如图8-76所示。

⑤ 实行正确的气焊操作　在焊接开始时，应先要对焊件进行预热。将火焰对准接头起点进行加热，为缩短加热时间，尽快形成熔池，可将火焰中心（焊炬喷嘴中心）垂直于工件。当熔池即将形成前，将焊丝伸向熔池同时进行加热，见图8-77(a)。

加热结束后，倾斜火焰中心，使焊嘴相对焊件表面倾斜成一定的倾角α［见图8-77(b)］，其中倾角α可参考图8-78选取。待焊

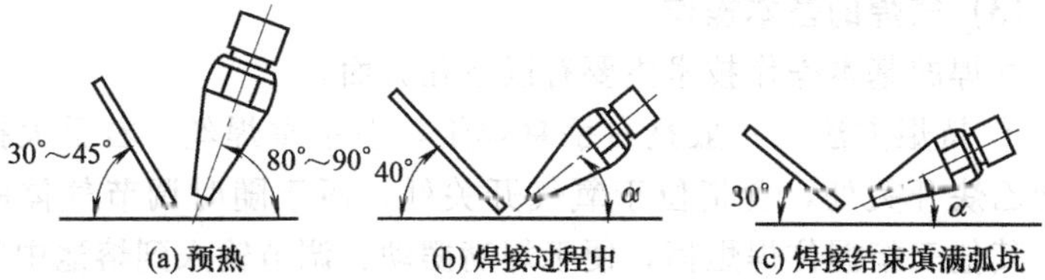

图 8-77　气焊过程

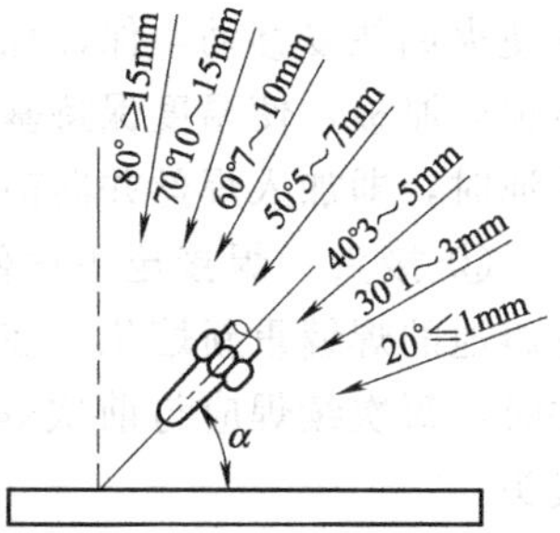

图 8-78　焊接低碳钢时，焊嘴倾角与焊件厚度的关系

丝熔滴填满熔池，便可移动火焰和焊丝连续进行后续的焊接。

倾角 α 大时，火焰集中，热量损失小，焊件受热大，升温快，适于焊接较厚的焊件；反之，焊件受热小，升温慢，适于焊接较薄的焊件。

当焊接结束时，为了使焊缝成形良好，要将最终的弧坑填满。这时可将火焰中心的倾斜角置于更小，并使火焰摆动，防止烧坏焊件，同时加热焊丝，使之加速形成熔滴，注满弧坑为止。

⑥ 正确选择氧乙炔火焰的种类　气焊不同的金属材料，对氧乙炔火焰种类的选择也是不同的。表 8-37 给出了各种金属材料对氧乙炔火焰的选择要求。

表 8-37　各种金属材料对氧乙炔火焰的选择

被焊材料	选用火焰	被焊材料	选用火焰
低碳钢 中碳钢 低合金钢 铬镍不锈钢 紫铜	均用中性焰	青铜	中性焰或轻微碳化焰
		黄铜 锰钢 镀锌铁皮	均用轻微碳化焰或氧化焰
		高碳钢 灰铸铁	均用碳化焰或轻微碳化焰
铝及铝合金 铅、锡 铬不锈钢	均用中性焰或轻微碳化焰	高速钢 硬质合金	均用碳化焰

(3) 气焊的基本操作

气焊的基本操作技术主要有以下几方面。

① 持炬方法　一般是右手拿焊炬，左手拿焊丝。右手大拇指位于乙炔开关处，食指位于氧气开关处，便于随时调节气体的流量，其他三指握住焊炬柄，便于焊嘴摆动、调节输入到熔池中的热量、变更焊接的位置，改变焊嘴与焊件的夹角。

② 起焊点的熔化　在起焊点处加热，焊炬倾角应大些。同时，应使火焰往复移动，保证加热均匀。如果焊件厚度不同，火焰应稍微偏向厚板，使温度保持基本一致。当起焊点处形成白亮而清晰的熔池时，即加入焊丝并向前移动焊炬进行焊接。

③ 接头　焊接至中途停顿再续焊时，应用火焰把原熔池和接近熔池的焊缝重新熔化，在形成新熔池后再送入焊丝。焊接重要工件时，每次续焊应与前次焊重叠 8～10mm，才可保证得到优质的接头。

④ 收尾 当焊到焊缝的终点时，应减小焊炬与焊件的夹角，同时加快焊接速度，并多加入一些焊丝，以防熔池扩大形成烧穿。收尾时为了不使空气中的氧、氮侵入熔池，可用温度较低的外焰保护熔池，待熔池填满后，火焰才可缓慢离开熔池。

⑤ 焊炬与焊丝的摆动　焊接过程中，焊炬与焊丝应做均匀协调的运动，以获得良好的焊缝质量，焊丝与焊炬有两个方向的运动，即沿焊缝横向摆动和纵向移动。焊丝除了上述运动外，还作向熔池方向送进运动，即焊丝末端在高温区和低温区之间作往复运动。焊接铸铁及有色金属时，焊丝还应搅拌熔池，挑出熔渣。焊炬和焊丝常见的几种摆动方法如图 8-79 所示。其中：图 8-79（a）、（b）、（c）适用于焊接各种较厚的大的焊件及堆焊；图 8-79（d）适用于各种薄板焊件的焊接。在焊接过程中，究竟用哪种摆动方法好，可根据具体情况，自行运用。

气焊操作对人身的危害与劳动安全保护基本与焊条电弧焊相同。

(4) 气焊工艺要点

气焊的工艺要点主要有以下几方面。

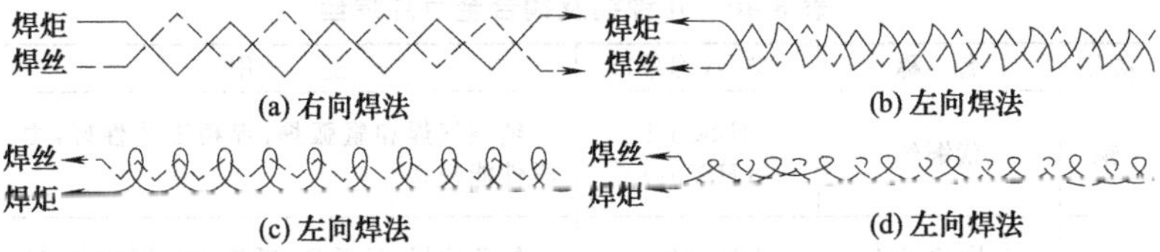

图 8-79 焊矩和焊丝的摆动方法

① 正确选择焊丝种类　焊丝在气焊时与熔化的焊件混合形成焊缝金属。一般情况下，应选用与母材成分相同的焊丝，如气焊低碳钢焊件一般用 H08A 焊丝，重要接头采用 H08MnA 焊丝。各种金属材料气焊用焊丝的选择见表 8-38～表 8-41。

表 8-38　各种钢材气焊用焊丝

类　别	焊丝牌号	适用钢种	备注
低碳钢、中碳钢、低合金结构钢焊丝	H08 H08A H08Mn H08MnA H08MnREA H10Mn2 H08Mn2Si	Q235 Q235、20、15g、20g 中碳钢 Q235、20、15g、20g 16Mn、15MnV、中碳钢 20 中碳钢 15MnV、15MnVN	一般焊件 电站锅炉管
珠光体耐热钢用焊丝	H10MoCrA、 H08CrMo H08CrMoA、 H13CrMo H13CrMoA H08CrMoVA H08Cr2Mo H08Cr2MoVNb	12CrMo 15CrMo 15CrMo 12MoVWBSiRE、 20CrMo、12Cr1MoV Cr2、25Mo、10CrMo910 12CrMoWVB、 12Cr3MoVSiTiB	
奥氏体不锈钢用焊丝	H0Cr19Ni9 H1Cr19Ni10Nb HCr18Ni11Mo3	0Cr18Ni9、 0Cr18Ni9Ti、1Cr18Ni9Ti Cr18Ni11Nb Cr18Ni12MoTi、 Cr18Ni12Mo3Ti	常用焊丝直径 1.2～2.0mm

表 8-39　有色金属和铸铁焊丝统一牌号

牌号	HS1××	HS2××	HS3××	HS4××
用途	堆焊硬质合金	铜及铜合金	铝及铝合金	铸铁

表 8-40　几种铜及铜合金气焊焊丝

类别	名　称	型号(牌号)	适　用
铜	紫铜丝	JBSCu-2 (HS201)	纯铜气焊和氩弧焊，焊接工艺性好，力学性能较高
黄铜	1号黄铜丝 锡黄铜丝	HSCuZn-1 (HS220)	氧乙炔焊、氩弧焊、钎焊、铜、铜合金、Ni合金填充材料
	2号黄铜丝 铁黄铜丝	HSCuZn-Z (HS222)	氧焊、钎焊、铜、铜镍合金、灰铸铁和钢，也可用于镶嵌硬质合金刀具等，用途很广，其流动性能较好
	4号黄铜丝 硅黄铜丝	HSCu2n-4 (HS224)	同HS222且其中0.5%的硅成分能有效控制锌的蒸发，消除气孔，力学性能较好
青铜	硅青铜丝 锡青铜丝 铝青钢丝 镍铝青铜丝	HSCuSi HSCuSn HSCuA1 HSCuA1Ni	氧乙炔气焊青铜的填充材料
白铜	锌白铜丝 白铜丝	HSCuZnNi HSCuNi	白铜的焊接

注：型号按GB 9460—88，括弧内为对照的牌号。

表 8-41　气焊铝及铝合金用焊丝

类别	母　材	GB 10858—89焊丝型号	丝材或母材切条
同种铝材焊接	L1	—	L1
	L2	SAl-2	L1、L2
	L3	—	L2、L3
	L4	SAl-2、SAl-3(HS301)	L3、L4
	L5	—	L4、L5
	L6	—	L5、L6
	LF2	SAlMg-2、SAlMg-3、SAlMg-5(HS331)	LF2、LF3
	LF3	SAlMg-3、SAlMg-5	LF3、LF5
	LF5	SAlMg-3	LF5、LF6
	LF6	—	LF6
	LF11	SAlMg-5(HS331)	LF11
	LF21	SAlMn(HS321)、SAlSi-2	LF2

续表

类别	母　材	GB 10858—89 焊丝型号	丝材或母材切条
异种铝材焊接	工业纯铝＋LF21	SAlMn、SAlSi-2	LF21
	LF2＋LF21	SAlMg-5	LF3
	LF3＋LF21	SAlMg-5	LF5
	LF5(或 LF6)＋LF21	SAlMg-5	LF6
	工业纯铝＋LF2	SAlMg-5	LF3
	工业纯铝＋LF3	SAlMg-5	LF5
	工业纯铝＋LF4	SAlMg-5	LF6
	工业纯铝＋LF6	—	LF6

注：1. 括弧内为对照牌号。
2. 焊其他铝合金牌号，也可用母材切条。

② 正确选用焊丝直径　钢板气焊的焊丝直径按表 8-42 选用。

表 8-42　按钢板厚选择气焊焊丝直径　mm

板厚 t	1～2	2～3	3～5	5～10	10～15	＞15
焊丝 d	1～2 或不用	2～3	3～4	3～5	4～6	6～8

③ 正确选用气焊接头形式　板件、管件气焊时，常用的对接接头为：焊缝坡口用 I 形、X 形、Y 形和卷边；壁厚 $t<3$mm 时用卷边或 I 形，壁厚大（板件≥5mm，管件≥2.5mm）采用 Y 形或 X 形，坡口角度 60°～70°、钝边 0.5～2mm（厚板取大值）、接头间隙 1～3mm（厚板取大值）。

④ 正确选用气焊工艺参数　表 8-43～表 8-46 给出了常见材料气焊的工艺参数。

表 8-43　低碳钢管对接的气焊工艺参数

壁厚 /mm	坡口形式及尺寸				火焰	施焊方法	焊丝
	坡口	坡口角度	钝边 /mm	接头间隙 /mm			
≤2.5 ≤8.0	I Y	— 60°～90°	— 0.5～1.5	1～1.5 1～2.0	中性焰或轻微碳化焰	左焊法	一般管件用 H08A 焊丝，电站锅炉用 20 钢管用 H08MnA 或 H08MnREA 焊丝 当壁厚≤2mm 时，焊丝直径为 ϕ1～2mm；当壁厚≤5mm 时，焊丝直径为 ϕ2.5～4mm；当壁厚≤7mm 时，焊丝直径为 ϕ4mm
≤2.0 3～4 5～7	I Y Y	— 60°～70° 60°～70°	— 1～1.5 1～2	2.0 1～2 2～3.5		右焊法	

表 8-44 铜及铜合金的气焊工艺要点

母材	焊丝	熔剂	火焰	预热温度	焊后处理
紫铜	HSCu 或母材切条	CJ301	中性	中、小工件：400～500℃，厚大件：600～700℃	500～800℃水韧处理
黄铜	HSCuZn-3、HSCuZn-4	CJ301、或自配熔剂，尤以气体熔剂为佳	中性或弱氧化焰	薄板不预热，一般 400～500℃；$t>15$mm 时 550℃	270～500℃退火
锡青铜	HSCuSn	CJ301	中性	350～450℃	焊接过程中不可移动和冲击焊件，缓冷
铝青铜	HSCuAl	CJ401	中性	500～600℃	焊后锤击或退火

表 8-45 铝及铝合金的气焊工艺及操作要点

焊件厚度/mm	<1.5	1.5～3	3～5	5～10	10～20	操作要点：①焊件表面须用四氯化碳、汽油等除去油污，焊口两侧除去氧化物；②熔剂用蒸馏水调成糊状涂在焊丝表面；③板厚>5mm，开 Y 形坡口，坡口角度 60°～70°，钝边 1.5～2mm，间隙≤3mm；④焊件厚度>5mm 或结构复杂的零件，可预热至 250℃；⑤火焰采用中性焰或轻微碳化焰；⑥焊件厚度<5mm，用左焊法
焊丝直径/mm	1.5～2	2.5～3	3～4	4～5.5	5.5	
熔剂	CJ401 或相应的自配熔剂					
焊炬和焊嘴	H01-6 1#	H01-6 1#～2#	H01-6 2#～4#	H01-12 1#～3#	H01-12 2#～4#	

注：焊补铸造铝合金可参照本焊接工艺。

表 8-46 铝-钢的气焊工艺参数

焊件材料	工件厚度/mm	火焰	熔剂	填充金属化学成分（质量分数）/%
纯铝＋Q235 钢	1～2	中性焰	CJ401	A188、Zn5、Sn7
硬铝＋Q235 钢	1～2	中性焰	CJ401	A187、Zn5、Sn8

注：按气焊铝的方法焊接，焊接时只熔化铝边。

铜-铝的气焊工艺要点：a. 较薄的铜、铝板采用卷边接头，板材较厚时开 45°坡口；b. 焊接用 H1AgCu40-35 银铜焊丝；c. 焊前将清理干净的焊丝在铜板上镀焊一层银铜薄层（焊剂用脱水硼砂），在铝板的接头处涂上 CJ401；d. 将焊件对齐后背面用耐火材料垫平，并防止在焊接过程中焊件发生移动；e. 焊接时火焰稍偏向铜板一侧，用银铜丝填满焊缝。焊接过程中要防止铝板熔化太快，并控制熔融铝不要流向铜板侧。

(5) 气焊焊接操作实例

以下以几个气焊实例介绍其具体操作过程。

① 低碳钢薄钢板的平对接气焊　料厚为 2mm 的 H08A 钢板采用如图 8-80 所示的不卷边平对接气焊进行连接，其气焊操作过程如下。

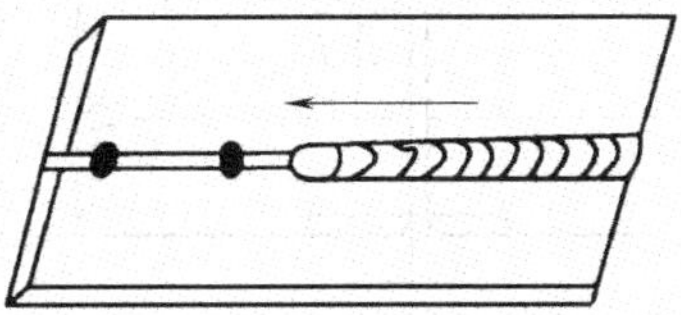

图 8-80　不卷边平对接气焊

a. 焊接参数的选取　料厚 $t \leqslant 3$mm 的薄钢板的气焊，其焊炬选用 H01-6，1 号焊嘴；氧气压力为 0.1～0.2MPa，乙炔气压为 0.001～0.1MPa；火焰性质为中性焰；从中间向两端进行定位焊，定位焊缝长 5～7mm，间距为 50～100mm；采用左焊法，从中间向两边交替施焊。

b. 操作要点　不卷边平对接气焊操作要点为：

ⅰ. 不卷边平对接气焊采用 I 形坡口形式，间隙 0.5～1mm。

ⅱ. 焊炬与焊件夹角取 30°～40°为宜（厚板），火焰气流不要正对焊件，可略向焊丝。

ⅲ. 焊炬做上下跳动，均匀填充焊丝，焊接速度适当，均匀。

② 中碳钢管的气焊　有 ϕ38mm×2.5mm 规格的 20 钢管需采用对接气焊进行连接，其气焊操作过程如下。

a. 操作准备　ϕ38mm×2.5mm 的中碳钢管对接，将管子端头制成 70°左右的 V 形坡口，并做好焊接接头处的清理工作；选用 ϕ3mm 的 H08MnA 焊丝；使用 H01-6 型焊炬，2 号焊嘴，中性焰；焊前先用气焊火焰将管子待焊处周围稍加预热，然后再进行焊接。

b. 操作要点　焊接时采用左焊法。火焰焰芯距离熔池保持 3～4mm，焊炬沿坡口间隙做轻微的往复摆动前移，不做横向摆动。开始焊接时，焊嘴的倾角可大些（约 45°），待形成熔池后焊嘴倾角可小至 30°左右，并保持这一角度向前施焊。焊丝应均匀快速添加，以减少母材的熔化，焊接速度应尽量快。每条接缝应一层焊完，并注意中间尽量不要停顿。焊完后，用气焊火焰将接头周围均匀加热至暗红色（600～680℃），再慢慢抬高焊炬，用外焰烘烤接头使其缓冷，以减少焊接残余应力。

③ 纯铜圆管的水平转动对接气焊　ϕ57mm×4mm 规格的纯铜管需采用如图 8-81 所示的对接气焊进行连接，其气焊操作过程如下。

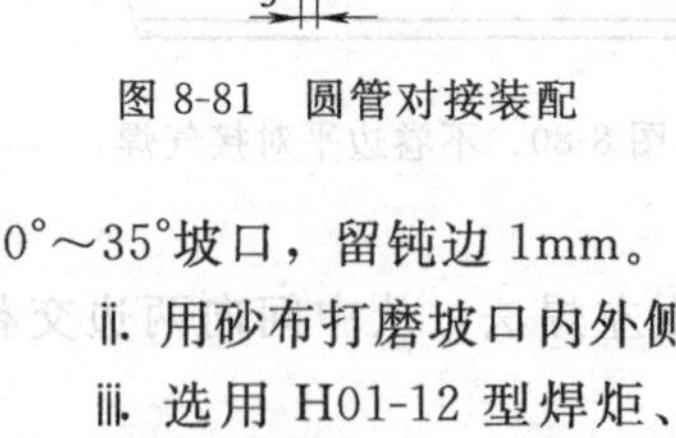

图 8-81　圆管对接装配

a. 操作准备　操作准备的过程主要为：

ⅰ. 将铜管接头端用车刀车成 30°～35°坡口，留钝边 1mm。

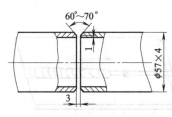

ⅱ. 用砂布打磨坡口内外侧及焊丝表面，露出金属光泽。

ⅲ. 选用 H01-12 型焊炬、3 号焊嘴，直径 4mm 的 HS201 焊丝，CJ301 熔剂。

ⅳ. 在 V 形槽上，圆管对接气焊装配如图 8-82 所示，装配间隙为 3mm。为防止热量散失，在铜管和 V 形架间垫一块石棉垫，用中性火焰对图 8-82 中 1、2 两点进行定位焊。

v. 用火焰加热焊丝，然后把焊丝放入熔剂槽中蘸上一层熔剂。

b. 操作要点　纯铜管水平转动对接气焊的操作要点主要为：

ⅰ. 在图 8-82 所示的 10°～15°位置进行预热，预热温度为 400～500℃。看到坡口处氧化，表明已达到预热温度。

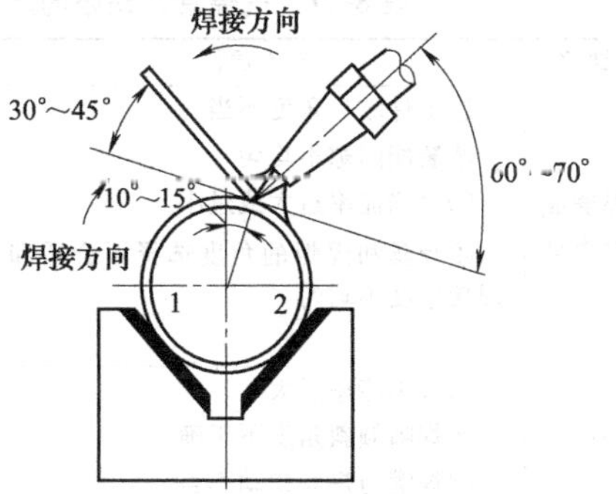

图 8-82　纯铜管水平转动对接气焊

ⅱ. 预热后，应压低焊嘴，使焰芯距铜管表面 4～5mm，焊嘴与管子切线方向成 60°～70°夹角。同时均匀转动铜管加热，加热到坡口处铜液冒泡现象消失时，说明已达到焊接温度，应迅速添加蘸有熔剂的焊丝。

ⅲ. 施焊时，焊嘴应做画圈动作，以防铜液四散和焊缝成形不良。

ⅳ. 收尾点应超过起焊点 10～20mm，熔池填满后方可慢慢抬起焊嘴，待熔池凝固后再撤走焊炬。

c. 焊后处理　用球面小锤轻轻敲击焊缝，将接头加热到 500～600℃（暗红色），放入水中急冷，可提高接头的塑性和韧性，取出后清除表面残渣。

(6) 气焊焊接质量分析

常见的气焊焊接缺陷，按其在焊缝中的位置不同，可分为外部缺陷和内部缺陷两大类。外部缺陷位于焊缝的外表面，用肉眼或低倍放大镜即可发现，如焊缝尺寸不符合要求、表面气孔、裂纹、咬边、弧坑、烧穿和焊瘤等；内部缺陷位于焊缝内部，需用无损探伤或破坏性试验等方法才能发现，如内部气孔、裂纹、夹渣和未焊透等。

气焊常见缺陷的产生原因及防止方法参见表 8-47。

表 8-47　气焊常见缺陷的产生原因及防止方法

缺陷	产生原因	防止方法
焊缝成形不良	①工件坡口角度不当 ②装配间隙不均匀 ③火焰能率过大或过小 ④焊丝和焊炬的角度选择不合适和焊接速度不均匀	①选择正确的焊接参数 ②提高气焊的操作水平 ③选择适当的火焰能率 ④提高气焊的操作水平;焊丝和焊嘴的角度要配合好;焊接速度要力求均匀
咬边	①火焰能率过大 ②焊嘴倾斜角度不正确 ③焊嘴与焊丝摆动不当	①正确地选择火焰能率 ②正确掌握焊嘴的倾角 ③焊嘴与焊丝摆动要适宜
烧穿	①接头处间隙过大或钝边太薄 ②火焰能率太大 ③气焊速度过慢	①选择合理的坡口,其坡口角度和间隙不宜过大,钝边不宜过小 ②火焰能率要适当,且在整条焊缝上保持一致 ③焊接速度要适当,且在整条焊缝上保持一致
焊瘤	①火焰能率太大 ②焊接速度过慢 ③焊件装配间隙过大 ④焊丝和焊嘴角度不当	①当立焊或仰焊时,应选用比平焊小些的火焰能率 ②调整焊接速度 ③焊件装配间隙不能太大 ④焊丝和焊炬角度要恰当
夹渣	①母材或焊丝的化学成分不当,焊缝金属中含有较多的 O_2、N_2 和 S ②焊件边缘、焊层和焊道间的熔渣未清除干净 ③火焰能率过小,使熔池金属和熔渣所得到的热量不足,流动性降低,而且熔池金属凝固速度过快,熔渣来不及浮出 ④焊丝和焊嘴角度不正确	①选用合格的焊丝 ②彻底消除锈皮和焊层间的熔渣 ③选择合适的火焰能率,注意熔渣的流动方向,随时调整焊丝和焊嘴的角度,使熔渣能顺利地浮到熔池的表面 ④调整焊丝和焊嘴的角度正确
未焊透	①焊接接头的坡口角度小、间隙过小或钝边太厚 ②火焰能率过小或焊接速度过快 ③焊件散热速度太快,熔池存在的时间短,以致与母材之间不能充分的熔合	①选用正确的坡口形式和适当的焊件装配间隙,并消除坡口两侧和焊层间的污物及熔渣 ②选择合适的火焰能率和焊接速度 ③对导热快、散热面大的焊件,需进行焊前预热或焊接过程中加热

续表

缺陷	产生原因	防止方法
气孔	气焊时，熔池周围充满着气体，气焊火焰燃烧分解的气体，工件上的铁锈、油污、油漆等杂质受热后产生的气体，以及使用返潮的气焊熔剂受热分解产生的气体，所有这些气体都不断地与熔池产生作用，一些气体通过化学反应或溶解等方式进入熔池，使熔池的液体金属吸收了相当多的气体。在熔池结晶过程中，如果熔池的结晶速度比较快，这些气体来不及排出，则留在焊缝中的气体就成为气孔	施焊前应将焊缝两侧 20～30mm 范围内的铁锈、油污、油漆等杂质清除干净；气焊熔剂使用前应保持干燥，防止受潮；根据实际情况适当放慢焊接速度，使气体能从熔池中充分逸出；焊丝和焊炬的角度要适当，摆动要正确；提高焊工的操作水平
过热和过烧	①火焰能率过大 ②焊接速度过慢，焊炬在某处停留时间过长 ③采用氧化焰焊接	①根据焊件厚度选用合适的焊炬和焊嘴 ②正确地掌握焊接速度，使熔池金属温度不至于过高 ③采用中性焰焊接
未熔合	①火焰能率过小 ②气焊火焰偏于坡口一侧，使母材或前一层焊缝金属未熔化就被填充金属覆盖而造成 ③坡口或前一层焊缝表面有锈或污物，焊接时由于温度不够，未能将其熔化而盖上填充金属	①焊嘴的角度要合适，采用稍大的火焰能率 ②焊炬摆动要适当，要注意观察坡口两侧熔化情况，焊速不宜过快，以确保母材或前一层焊缝金属的熔化 ③仔细清除坡口和焊缝上的锈和污物
弧坑	气焊薄板时，火焰能率过大或收尾时间过短，未将熔池填满所造成	收尾时应多添加焊丝，以填满弧坑；气焊薄板时，应正确选择火焰能率
热裂纹	当熔池冷却结晶时，由于收缩受到母材的阻碍，使熔池受到了一个拉应力的作用。熔池金属中的碳、硫等元素和铁形成低熔点的化合物。在熔池金属大部分凝固的状态下，低熔点化合物还以液态存在，形成液态薄膜。在拉应力的作用下，液态薄膜被破坏，结果形成热裂纹	严格控制母材和焊接材料的化学成分，严格控制碳、硫、磷的含量；控制焊缝断面形状，焊缝宽深比要适当；对刚性较大的焊件，应选择合适的焊接参数、合理的焊接顺序和方向；必要时应采取预热和缓冷措施

续表

缺陷	产生原因	防止方法
冷裂纹	焊缝金属在高温时溶解氢量多，低温时溶解氢量少，残存在固态金属中形成氢分子，从而形成很大的内压力。焊接接头内存在较大的内应力，被焊工件的淬透性较大，则在冷却过程中，会形成淬硬组织	严格去除焊缝坡口附近和焊丝表面的油污、铁锈等污物，减少焊缝中氢的来源；选择合适的焊接参数，防止冷却速度过快形成淬硬组织；焊前预热和焊后缓冷，改善焊接接头的金相组织，降低热影响区的硬度和脆性，加速焊缝中的氢向外扩散，起到减少焊接应力的作用。采用合理的装配、焊接顺序，以改善焊件的应力状态。重要的焊件焊后应立即进行消氢处理，以减少焊缝中的氢含量
错边	对接的两个焊件没有对正，而使板或管的中心线存在平行偏差的缺陷	板或管进行定位焊时，一定要将板或管的中心线对正

8.1.9 常用金属材料的焊接加工

不同金属材料的焊接性能是不同的，为保证焊接质量，其焊接加工工艺也必须针对性地采取措施。

(1) 低碳钢的焊接

由于低碳钢含碳量低，可焊性好，其具有以下焊接特点：①塑性很好，淬火倾向很小，焊缝和近缝区不易产生裂纹；②一般焊前不需预热，但对大厚度结构或在寒冷地区焊接时，可将焊件预热至150℃左右；③如工艺选择不当，可能会出现热影响区晶粒长大现象，温度越高，热影响区在高温停留时间越长，晶粒长大越严重；④可采用交、直流电源，全位置焊接，工艺简单。

低碳钢可采用焊条电弧焊、氩弧焊、CO_2 气体保护焊、埋弧焊等方法进行焊接。由于具有良好的可焊性，因此，不需要特殊工艺措施就能获得优质接头，所以一般不预热，焊后也不进行热处理（电渣焊除外）。但对不同的施焊环境条件，含碳量的不同，结构形式的不同，往往需要采取下列工艺措施。

① 焊后回火　焊后回火的目的一方面是为了减少焊接残余应力，另一方面则是为了改善接头局部的组织，平衡焊接接头各部分

的性能，回火温度一般取600～650℃。

② 预热　在低温下焊接，特别是焊接厚度大、刚度大的结构，由于环境温度较低，接头焊后冷却速度较快，所以裂纹倾向就增大，故较厚的焊件焊前应预热。例如梁、柱、桁架结构在下列情况下焊接：板厚30mm以内、施焊环境温度低于－30℃，板厚31～50mm、环境温度低于－10℃，板厚51～70mm、环境温度低于0℃，均需预热100～150℃。再如冬季安装检修发电厂管道时，预热温度要根据钢的含碳量、环境温度来确定，见表8-48。

表8-48　钢中含碳量、焊接现场温度和预热温度的关系

含碳量 w_C/%	厚度/mm	
	≤16	＞16
≤0.20	－20℃，不预热	－20℃，预热到100～200℃
0.21～0.28	－10℃，不预热	－10℃，预热到100～200℃

③ 正火处理　电渣焊接头要获得较好质量，焊后必须经正火处理。

(2) 中碳钢的焊接

由于中碳钢含碳量高，强度较高，可焊性较差，其具有以下焊接特点：产生热裂纹的倾向加大；热影响区容易产生低塑性的淬硬组织，且含碳量越高，板越厚，淬火的敏感性就愈大，如果焊件刚度较大，工艺规范和焊接材料选用不当，易产生近缝区冷裂纹；由于含碳量增高，对气孔的敏感性增加，故易产生气孔。这就要求焊接材料的脱氧性好，同时，对基本金属的除锈除油、焊接材料的烘干要求严格。

中碳钢常用焊条电弧焊进行焊接和焊补，为保证焊接时不出现裂纹、气孔等缺陷和获得良好的力学性能，通常要采取适当的工艺措施。

① 尽量选用碱性低氢型焊条　这类焊条的抗冷裂及抗热裂能力较强。当严格控制预热温度和熔合比时，采用氧化钛钙型焊条也能得到满意的要求。中碳钢焊条电弧焊时的焊条选用见表8-49。对于重要的中碳钢焊件也可选用铬镍不锈钢电焊条，其特点是焊前

不预热也不易产生冷裂纹，这类焊条有A302、A307、A402、A407等。采用这种焊条时，电流要小，熔深要浅，宜采用多层焊，但焊接成本较高。

表 8-49　中碳钢焊条电弧焊时的焊条选择

钢号	含碳量 w_C/%	焊接性	焊条型号(牌号)	
			不要求等强度	要求等强度
35	0.32～0.40	较好	E4303,E4301(J422,J423)	E5016,E5015(J506,J507)
ZG270-500	0.31～0.40	较好	E4316,E4315(J426,J427)	
45	0.42～0.50	较差	E4303,E4301,E4316(J422,J423,J426)	E5516,E5515(J556,J557)
ZG310-570	0.41～0.50	较差	E4315,E5016,E5015(J427,J506,J507)	
55	0.52～0.60	较差		E6016,E6015(J606,J607)
ZG340-640	0.51～0.60	较差		

② 预热　预热是中碳钢焊接的主要工艺措施，对厚度大、刚度大的焊件以及在动载荷或冲击载荷下工作的焊件进行预热显得尤其重要。预热可以防止冷裂纹，改善焊接接头的塑性，还能减少焊接残余应力。预热有整体预热和局部预热，局部预热的加热范围在焊缝两侧150～200mm。一般情况下，35钢和45钢（包括铸钢）预热温度可选用150～200℃。含碳量更高或厚度和刚度很大的焊件，裂纹倾向会大大增加，对这类焊件可将预热温度提高到250～400℃。

③ 做好焊前处理　焊接前，坡口及其附近的油锈要清除干净，最好开成U形坡口，坡口外形应圆滑，以减少基本金属的熔入量，同时，焊条使用前要烘干。

④ 正确操作　对多层焊的第一层焊道，在保证基本金属熔透的情况下，应尽量采用小电流，慢速施焊。每层焊缝都必须清理干净。

⑤ 最好用直流反接　采用直流反接进行焊接，可以减少焊件的受热量，降低裂纹倾向，减少金属的飞溅和焊缝中的气孔。焊接电流应较低碳钢小10%～15%，焊接过程中，可用锤击法使焊缝

松弛，以减少焊件的残余应力。

⑥ 焊件焊后必须缓冷　有时当焊缝降到150～200℃时，还要进行均温加热，使整个接头均匀地缓冷。为了消除内应力，可采用600～650℃的高温回火。

(3) 高碳钢的焊接

高碳钢因为含碳量更高，所以可焊性更差。其焊接特点与中碳钢基本相似，主要有：①高碳钢比中碳钢更容易产生热裂纹；②高碳钢对淬火更加敏感，近缝区极易形成马氏体淬硬组织，如工艺措施不当，则在近缝区就会产生冷裂纹；③由于焊接高温的影响，高碳钢焊接时，晶粒长大快，碳化物容易在晶界上积聚、长大，焊缝脆弱，使焊接接头强度降低；④高碳钢导热性能比低碳钢差，因此在熔池急剧冷却时，将在焊缝中引起很大的内应力，这种内应力很容易导致形成裂纹。

高碳钢的焊接多为焊补和堆焊。工艺方法多采用电弧焊和气焊。对动载结构通常不采用高碳钢作为基本金属。

高碳钢焊接时，一般不要求接头与基本金属等强度。焊条通常采用低氢型焊条。若接头强度要求低时，可用J506、J507等；接头强度要求高时常选用含碳量低于高碳钢的高强度低合金钢焊条，如J607、J707、J907Cr等。如不能进行焊前预热和焊后回火时，也可选用铬镍奥氏体不锈钢焊条（如A302或A307）等不锈钢焊条焊接。焊条在焊接前应进行400～450℃烘焙1～2h，以除去药皮内潮气及结晶水；并在100℃下保温，随用随取，以便减少焊缝金属中氧和氢的含量，防止裂纹和气孔的产生。

焊前要严格清理待焊处的铁锈及油污，焊件厚度大于10mm时，焊前应预热到200～300℃，一般采用直流反接，焊接电流应比焊低碳钢小10%左右。

预热温度应在250～350℃（采用奥氏体不锈钢焊条可不预热）。为降低熔合比，减少焊缝中的含碳量，高碳钢最好开坡口多层焊接。在U形或X形坡口多层焊时，第一层应用小直径焊条，压低电弧沿坡口根部焊接，焊条仅作直线运动，以后各层焊道应根据焊缝宽度，采用环形运条法，每层焊缝应保持3～4mm厚度。

对X形坡口应两面交替施焊。焊接时要降低焊接速度使熔池缓冷，在最后一道焊缝上要加盖“退火”焊道，以防止基本金属表面产生硬化层。焊件厚度在5mm以下时，可不开坡口从两面焊接，焊条应作直线往返摆动。

定位焊应采用小直径焊条焊透。由于高碳钢裂纹倾向大，定位焊缝应比焊低碳钢时长些，定位焊点的间距也应适当缩短，但不高出焊面。不在基本金属的表面引弧。收弧时，必须将弧坑填满，熔敷金属凸高出正常焊缝，以减少收弧处的气孔及裂纹。焊接时尽量采用小电流和慢的焊接速度使熔深减小，以减少母材的熔化；尽可能先在坡口上堆焊，然后再进行焊接；减少焊接应力，可采用锤击焊缝的方法。

焊后，焊件应进行600～650℃回火处理，以消除应力，固定组织，防止裂纹，改善性能。

(4) 合金结构钢的焊接

对于强度等级较低而且含碳量较低的一些合金结构钢，如09Mn2、09MnV等，其焊接热影响区的淬硬倾向并不大，但随着强度等级的提高，热影响区的淬硬倾向将增加，影响热影响区淬硬程度的因素有两方面：①材料及结构形式，如钢材的种类、厚度、接头形及焊缝尺寸等；②工艺因素，如工艺方法、焊接规范、焊口附近的起焊温度（相当周围的气温或预热温度）。为减缓热影响区的淬硬倾向，在工艺因素中往往通过选择合适的工艺规范，例如增大焊接电流、减慢焊接速度来避免热影响区的淬硬。

此外，随着钢材强度等级的提高，冷裂纹倾向也会加剧。冷裂纹主要发生在高强度钢的厚板中，影响其产生冷裂纹的因素主要有：焊缝及热影响区的含氢量、热影响区的淬硬程度和接头刚度所决定的焊接残余应力。

对于强度等级高、有淬火倾向的低合金钢而言，在刚度极大的焊接接头中，除了可能产生冷裂纹外，还可能产生属于冷裂纹性质的“延迟裂纹”。“延迟裂纹”是在焊后没有及时热处理地情况下，焊件停放一段时间后产生的冷裂纹。“延迟裂纹”在应力作用下，还会向基本金属及焊缝金属的纵深处发展。防止延迟裂纹可以从焊接材料的选用及其清理、预热及层间保温、焊后及时回火等方面进行控制。

合金结构钢焊接时，为保证焊接质量，焊接材料的选择依据是：①等强原则，即选择与母材强度相当的焊接材料，并综合考虑焊缝的塑性、韧性；②保证焊缝不产生裂纹、气孔等缺陷。

为了保证焊缝金属与母材等强度，对于不同板厚及坡口形式应选用不同等级的焊接材料。一般来说，适合于开坡口厚板的焊接材料用于不开坡口薄板时，焊缝的强度偏高，塑性和韧度偏低，还要考虑焊后是否要进行消除应力热处理，对于焊后进行消除应力热处理的焊接结构，要选择强度稍高一些的焊接材料。

此外，由于酸性焊条熔敷金属的塑性、韧性和抗裂性均不如碱性焊条，目前酸性焊条的适用范围仅限于屈服点为390MPa级及其以下钢种和当板厚小于25mm的场合，厚板或420MPa级及其以上的钢种应采用碱性焊条。

合金结构钢焊接时，焊接规范对热影响区淬硬组织的影响主要是通过冷却速度起作用。焊接线能量大，冷却速度则小；反之，线能量小，冷却速度就大。所以，从减小过热区淬硬倾向来看，焊接规范应该大些。但是，当线能量大时，接头在高温停留的时间长，过热区的晶粒长大严重，使热影响区塑性降低。所以，对于过热敏感性大的钢材，焊接时，焊接规范又不能太大，从而减少焊件高温停留时间，同时采用预热以减少过热区的淬硬程度。

焊后是否需要热处理，主要根据钢材的化学成分、厚度、结构刚性、焊接方法及使用条件等因素来考虑。如果钢材确定，主要决定于钢材厚度。要求抗应力腐蚀的容器或低温下使用的焊件，尽可能进行焊后消除应力热处理。

通常，焊后热处理或消除应力热处理的温度要稍低于母材的回火温度，以免降低母材的强度。表8-50是几种合金结构钢的预热和焊后热处理规范。

(5) 不锈钢的焊接

在不锈钢的焊接中，绝大部分是奥氏体不锈钢的焊接。奥氏体不锈钢具有良好的耐蚀性、塑性、高温性能和焊接性。但如果焊接材料选择不当或焊接工艺不正确，也会产生下列问题。

表 8-50　合金结构钢的预热和焊后热处理规范

强度级别 σ_b /MPa	钢号	预热温度/℃	焊后热处理温度/℃	
			电弧焊	电渣焊
295	Q295(09Mn2) Q295(09MnV) 09Mn2Si	不预热(t≤16mm)	不热处理	
345	Q345(16Mn) Q345(14MnNb)	100～150 (t≥30mm)	600～650 回火	900～930 正火 600～650 回火
390	Q390(15MnV) Q390(15MnTi) Q390(16MnNb)	100～150 (t≥28mm)	550 或 650 回火	950～980 正火 550 或 650 回火
420	Q420(15MnVN) 15MnVTiRE	100～150 (t≥25mm)		950 正火 650 回火
490	14MnMoV、 18MnMoNb	150～200	600～650 回火	950～980 正火 600～650 回火

① 晶间腐蚀。焊接奥氏体不锈钢时产生的晶间腐蚀一般是由于晶粒边界形成贫铬层而造成的。即在 450～850℃温度下，奥氏体中碳的扩散速度大于铬的扩散速度。当含碳量超过它在室温的溶解度（0.02%～0.03%），碳就不断地向奥氏体晶粒边界扩散，并和铬化合，析出碳化铬（$Cr_{23}C_6$）。但铬的原子半径较大，扩散速度较小，来不及向边界扩散，晶界附近大量的铬和碳就化合成碳化铬，造成奥氏体边界贫铬。当晶界附近的金属含铬量低于 12%时，就失去了抗腐蚀能力。在腐蚀介质作用下，即产生晶间腐蚀。受到晶间腐蚀的不锈钢，从表面上看没有痕迹，但在受到应力时即会沿晶界断裂。

② 奥氏体不锈钢焊缝中枝晶方向性很强，枝晶间有利于低熔点杂质的偏析，同时，奥氏体不锈钢导热能力比低碳钢约小一倍，膨胀系数比低碳钢大 50%左右，导热能力差和膨胀系数大使焊缝区形成较大的温差和收缩应力，所以奥氏体不锈钢焊缝很容易产生热裂纹。

为防止不锈钢焊接时晶间腐蚀的发生，焊接时应采取以下措施。

① 控制含碳量。碳是造成晶间腐蚀的主要元素，碳含量在0.08%以下时，析出碳的数量就较少，所以常控制基本金属和焊材的含碳量在0.08%以下。通常所说的超低碳不锈钢的含碳量小于0.03%，不会产生晶间腐蚀，因此应尽量选用含碳量小于0.03%的焊材。

② 添加稳定剂。在钢材和焊接材料中加入钛、铌等元素，能够提高抗晶间腐蚀的能力。

③ 进行固溶处理。在焊后把焊接接头加热到1050～1100℃，然后迅速冷却，稳定奥氏体组织。另外，也可以进行850～900℃保温2h的稳定化热处理。

④ 采取双相组织。在焊缝中加入铁素体形成元素，如铬、硅、铝、钼等，以使焊缝形成奥氏体+铁素体的双相组织。一般控制焊缝金属中铁素体含量为5%～10%，铁素体过多，也会使焊缝变脆。

⑤ 减少焊接线能量。在焊接工艺上，可采用小的焊接电流、大的焊接速度和短弧多道焊，待一层焊完冷却后再焊下一层，甚至可用浇冷水等措施来加速焊缝的冷却。另外还必须注意焊接顺序，与腐蚀介质接触的焊缝应最后焊接，尽量不使它受重复热循环作用。

为防止不锈钢焊接时热裂纹的发生，可采取以下措施。

① 控制焊缝组织。焊缝为奥氏体加少量铁素体双相组织，不仅能防止晶间腐蚀，也有利于减少钢中低熔点杂质偏析，阻碍奥氏体晶粒长大，防止热裂纹。

② 控制化学成分。应减少焊缝中碳、磷、硫元素的含量和增加铬、钼、硅、锰等元素的含量。

③ 选用小功率焊接参数和冷却速度快的工艺，减少熔合比，避免过热，提高抗裂性。

生产中，奥氏体不锈钢多采用焊条电弧焊及氩弧焊进行焊接。

① 焊条电弧焊。采用焊条电弧焊焊接时，焊前应将坡口及其两侧20～30mm内的焊件表面清理干净。装配点固焊过程中，尽

量注意不损伤不锈钢表面，以免降低产品的耐腐蚀性能。

1mm以下的薄板容易烧穿，一般不宜采用焊条电弧焊。当对接接头板厚超过3mm时必须要开坡口。坡口可以用机械加工、等离子切削、碳弧气刨等方法进行加工。为了避免焊接时碳和杂质进入焊缝，焊前应将焊缝两侧20～30mm范围内清理干净并用丙酮擦洗，然后涂上白垩粉，以免钢材表面被飞溅金属附着和划伤。

焊接时采用小电流快速焊。为避免基本金属过热和加强熔池保护，施焊时要用短弧焊，焊条不做横向摆动，以窄焊道为宜。焊接电流要比低碳钢降低20%左右，电流与焊条直径之比不超过25～30A/mm，而低碳钢焊接时不小于40～50A/mm。起焊时不能随便在钢材上引弧，施焊中运条要稳，收弧时应填满弧坑。

多层焊时，每焊完一层要彻底清除熔渣，仔细检查焊接缺陷，有缺陷时要及时铲除。待前道焊缝冷却到60℃以下时再焊后一道焊缝。在焊接顺序上要先焊非工作面，后焊与腐蚀介质接触的工作面。为了防止热裂纹和晶间腐蚀，条件允许时可以采取强制冷却，必要时，焊后进行热处理，以改善焊接接头的性能。

奥氏体不锈钢焊条电弧焊焊接规范见表8-51。

表8-51　奥氏体不锈钢焊条电弧焊焊接规范

焊件厚度/mm	焊条直径/mm	平焊焊接电流/A	立焊焊接电流/A	仰焊焊接电流/A
2	2	30～50	45～75	40～70
2～2.5	2～3	50～80		
2.5～3	3	70～100	65～120	60～110
3～5	3～4	80～140		
5～8	4	90～150	80～130	80～120
8～12	4～5	100～165		

② 氩弧焊。由于氩弧焊的焊接接头有较高的质量，所以，对于厚度较小的不锈钢焊件，通常采用氩弧焊，其中又以手工钨极氩弧焊应用最为普遍。手工钨极氩弧焊用于焊接0.5～3mm的不锈钢薄板，一般采用直流正接，也可以采用交流弧焊电源。厚度大于3mm的不锈钢，可采用熔化极氩弧焊，此时用直流反接或用交流

弧焊电源。

氩气的纯度不得低于99.6%。为了获得高质量的焊缝，常在氩气中掺入2%～5%氧气以细化熔滴尺寸，达到电弧稳定、成形良好以及去氢的目的。同时，必须采取背面充氩保护工艺，使焊缝背面受到氩气的保护，防止接头因氧化而产生未熔合缺陷，即背部焊道“发渣”现象，可以通过在工件背面充氩气或者在焊件背面用焊剂保护的方法来防止，如图8-83所示。

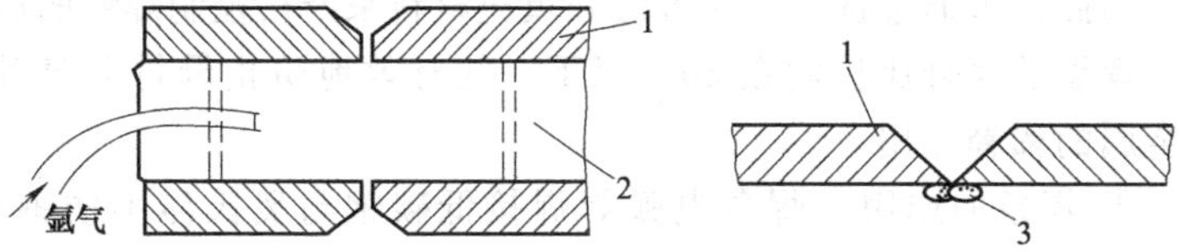

(a) 背部充氩　　(b) 背部涂焊剂

图8-83　管道手工钨极氩弧焊焊接时的背面保护措施
1—焊件；2—挡板；3—焊剂

焊接速度应适当快些，这有利于减小焊件的变形和减少焊缝中的气孔；但不应过快，以免造成焊缝不均匀和形成未焊透等缺陷。施焊过程中，焊枪不应作横向摆动，以减少过热区。手工钨极氩弧焊焊接规范见表8-52。

表8-52　手工钨极氩弧焊焊接规范

接头形式	焊件厚度/mm	钨极直径/mm	焊丝直径/mm	焊接电流/A	焊接速度/(m/h)	氩气流量/(L/h)	弧焊电源极性
对接	1.0	2	1.6	30～60	7～28	3～4	直流正接
对接	1.2	2	1.6	50	15	3～4	直流正接
对接	1.5	2	1.6	40～75	5～19	3～4	直流正接
搭接	1.0	2	1.6	40～60	6～8	3～4	交流
角接	1.0	2	1.6	45	14	3～4	交流
T形接	1.5	2	1.6	40～60	4～5	3～4	交流

(6) 不锈钢与碳钢的焊接

不锈钢与碳钢的焊接，属异种金属间的焊接，由于两种材料的物理性能和化学成分差别很大，因此焊接接头的成分和性能变化比较复杂，容易出现以下问题：焊缝金属容易产生裂纹，主要是母材金属对焊缝的稀释作用，导致奥氏体减少，产生淬硬的马氏体组织；由于在熔合区出现脆性层，导致焊接接头的塑性和韧性降低；熔合区出现硬化和软化，即增碳层和脱碳层现象，使焊接结构的高温持久强度降低；由于异种金属的各方面性能有差异，容易沿熔合线产生裂纹，焊后焊缝金属自动与母材金属剥离。

为此，可通过选择焊接方法和填充材料来严格控制焊缝的熔合比。焊缝的熔合比控制在 30％以下，能有效地防止母材金属对焊缝金属的稀释作用。

① 焊条的选用　焊条电弧焊焊接低碳钢与奥氏体不锈钢时，选用 A307 焊条。焊缝的熔合比可控制在 30％以下，焊缝组织为 5％铁素体和奥氏体的双相组织，能够显著提高焊缝的抗裂性能。

② 操作要领　焊接低碳钢与奥氏体不锈钢时，在低碳钢的坡口表面上先用含铬、镍量高的焊条堆焊一层奥氏体过渡层，然后将过渡层与不锈钢进行焊接，堆焊过渡层厚度一般为 5～6mm，焊接易淬火钢时，厚度可达到 9mm，其过渡层具体形式如图 8-84 所示。

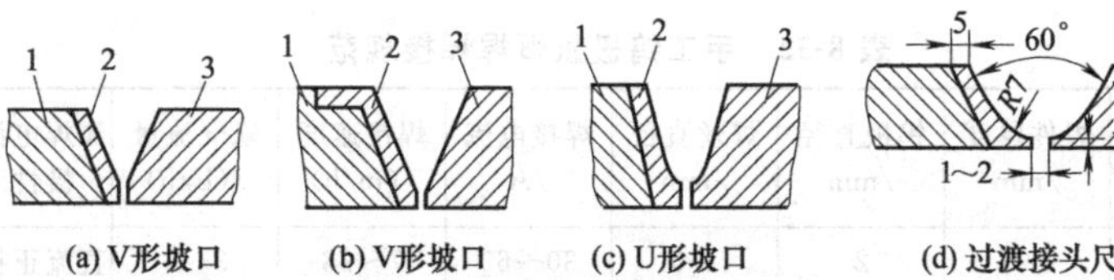

图 8-84　碳素钢与奥氏体不锈钢焊接时采用的过渡层

1—碳素钢；2—过渡层；3—奥氏体不锈钢

焊接时应采取焊前预热（采用奥氏体焊条除外）、焊后缓冷、细焊条、小电流、高电压、快速焊的焊接工艺。厚板对接焊采用多层多道焊，并控制层间温度不要过高，尽量缩短母材金属的受热作用时间，堆焊过渡层的要领是：①小电流、小熔深堆焊第一层；②堆焊二层后用砂轮修磨；③坡口角度尽量小，不应大于 60°。

8.1.10 焊缝强度计算及焊接缺陷的消除

对于采用焊接连接的重要钣金构件，为保证焊接质量，在焊接加工前，应进行焊缝（工作焊缝）强度的计算，焊后进行严格的焊缝检测，焊缝质量的检查方法参见表 8-9、表 8-10。

（1）工作焊缝的静强度计算

工作焊缝的静强度计算参见表 8-53～表 8-55。

表 8-53 碳钢焊条的静强度与疲劳强度

焊接方式	焊条	静强度			疲劳强度 σ_p/MPa
		σ_b/MPa	σ_s/MPa	δ/%	
手工电弧焊	D4301	431～490	362～411	22～28	196～225
	D4310 E4311	431～509	362～421	22～28	196～225
	D4312 E4313	470～539	382～450	17～22	245～294
	D4315 E4316	470～529	382～431	22～35	245～294
	D4320	431～470	362～401	25～30	205～235
埋弧焊	焊接状态	486	—	38.5	245.9
	焊后消除应力处理	434	—	38.5	208.9

表 8-54 焊缝静载强度计算的基本公式

接头名称	简图	计算公式	附注
对接焊缝	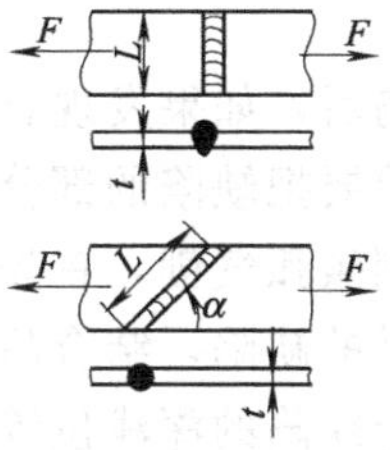	受拉：$\sigma=\frac{F}{tL}\leqslant[\sigma'_1]$ 受压：$\sigma=\frac{F}{tL}\leqslant[\sigma'_a]$ 受拉：$\sigma=\frac{F}{tL}\times\sin\alpha\leqslant[\sigma'_1]$ 受压：$\sigma=\frac{F}{tL}\times\sin\alpha\leqslant[\sigma'_a]$ 受剪：$\tau=\frac{F}{tL}\times\cos\alpha\leqslant[\tau']$	$[\sigma'_1]$——对接焊缝的许用拉应力 $[\sigma'_a]$——对接焊缝的许用压应力 $[\tau']$——对接焊缝的许用剪应力 L——焊缝长度(mm) t——焊件板厚(mm) α——斜对接焊缝与纵向力的夹角

续表

接头名称	简图	计算公式	附注
搭接焊缝	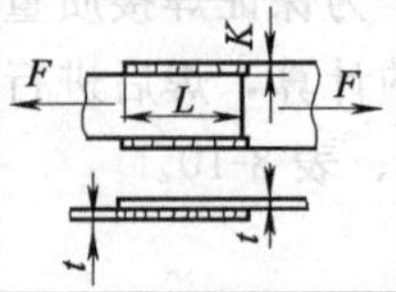	受拉或受压：$\tau=\frac{F}{2aL}\leqslant[\tau']$	$[\tau']$——角焊缝的许用剪切应力 a——角焊缝的计算厚度，一般取 0.7K $L\leqslant50K$
	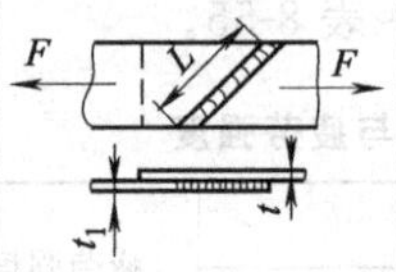	受拉或受压：$\tau=\frac{F}{aL}\leqslant[\tau']$	
	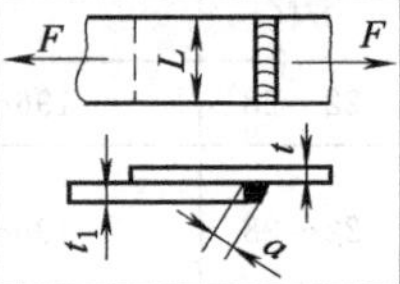	受拉或受压：$\tau=\frac{F}{2aL}\leqslant[\tau']$	

注：1. 若焊接时不用引弧板，计算时焊缝长度减 10mm。
2. 此表用于引弧板焊接长度的计算。

表 8-55　用系数计算焊缝容许应力

焊缝种类	应力状态	焊缝容许应力	
		一般 420～500N 焊条手工电弧焊	低氢型焊条电弧焊自动焊和半自动焊
对接焊缝	拉应力	0.9$[\sigma]$	$[\sigma]$
	压应力	$[\sigma]$	$[\sigma]$
	切应力	0.6$[\sigma]$	0.65$[\sigma]$
角焊缝	切应力	0.6$[\sigma]$	0.65$[\sigma]$

注：1. $[\sigma]$ 为母材拉伸容许应力。
2. 适用于低碳钢和 500N 以下低合金钢。

(2) 焊缝缺陷的碳弧气刨去除

焊缝经 X 射线、γ 射线或超声波探伤后，如果发现有气孔、夹渣等缺陷就要按规定进行返修。在修补前要把缺陷的部分去除。

去除焊缝缺陷的方法较多，如果采用碳弧气刨，首先要找准缺陷，实际生产中，常常将射线底片上显示的缺陷，结合超声波探伤方法，或与焊工及探伤人员共同分析确定缺陷的深浅位置。然后按估计的深浅和位置将焊缝刨去一块，当看到缺陷漏出来时就应该比较浅的刨一次，直到缺陷全部剖完为止。

实际生产中，碳弧气刨不但用于缺陷焊缝的去除，而且用于多余边料的切除、边缘的修整（如开焊接用坡口）及生产加工中超差件的修复利用、铸件毛边、飞刺、浇冒口等的清理。若加工件的精度要求不高或受生产加工现场条件限制，不便采用机械修边时，也往往选用碳弧气刨进行加工，碳弧气刨是一种常用的高效修边方法，且受生产场地限制较小的电、气焊加工方法，碳弧气刨适宜于狭窄位置的操作，采用碳弧气刨清理焊板具有比用风铲生产效率高(尤其在仰焊和立焊位置时)、噪声小、工人劳动强度小等优点。

碳弧气刨设备主要由电源设备、碳弧气刨枪及碳棒、空压机、电缆等组成，图 8-85 给出了碳弧气刨设备的组成。

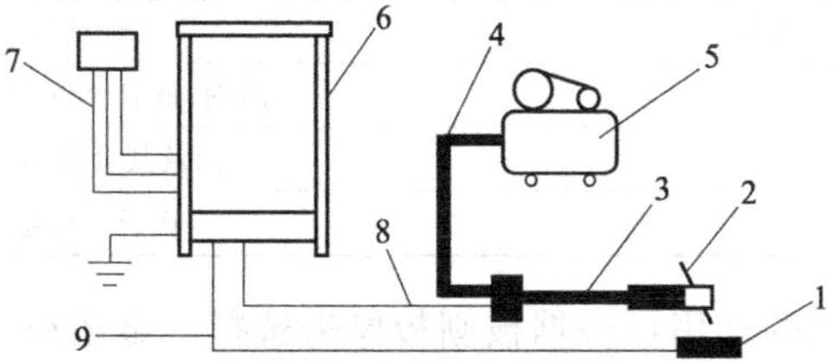

图 8-85　碳弧气刨设备的组成

1—母材；2—碳棒；3—碳弧气刨枪；4—碳弧气刨软管；5—空压机；6—焊机；7—输入电缆；8—碳弧气刨枪电缆；9—输出电缆

碳弧气刨的电源设备一般应选用功率较大的直流电焊机，常用的直流弧焊机发电机有 AX1-500 型（AB-500 型）、ZX5-400 等，也可以选用额定电流为 500A 的交流弧焊变压器，经硅元件单相全波整流后用于碳弧气刨。若焊机容量较小，一台不够时，可采用两台电焊机并联，也可以选用功率比较大的焊机整流器。

图 8-86 为碳弧气刨加工示意图，它是以夹在碳弧气刨钳上的镀铜碳棒作电极，工件作另一极，通电引燃电弧供金属局部熔化，刨钳上的喷嘴喷出气流，将熔化的金属吹掉，以刨出坯料边缘用来焊接的坡口，去除毛刺和焊渣或切割下料，可用来切割低碳钢、不锈钢、铸铁、铜、铝等材料。

碳弧气刨接电源的方式有两种，工件接焊机正极称为正接，否

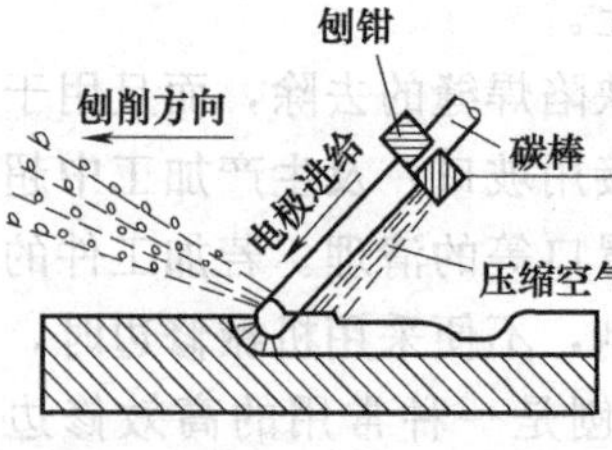

图 8-86　碳弧气刨加工示意图

则称为反接，表 8-56 给出了不同工件材料与碳弧气刨极性选择的关系。

碳棒是碳弧气刨加工的主要工具之一，由于碳棒在操作过程中不断被烧损，因此，对碳棒的要求是：耐高温，导电性良好，不易断裂，断面组织细，成本低等。一般多采用镀铜实心碳棒，其断面形状有圆形和扁形，扁形碳棒刨槽较宽，适用于大面积刨槽或刨平面。

表 8-56　碳弧气刨极性选择

极性	工件材料
反接	碳钢、低合金钢、不锈钢
正接	铜及其合金、铸铁
反接、正接均可	铝及其合金

碳棒直径的选用可根据被刨板厚来选择，金属板越厚，选用的碳棒直径越大，不同板厚选用的碳棒直径也不同。

碳棒直径大小还与所要求的刨槽宽度有关。一般碳棒直径应比所要求的槽宽小 2～4mm。

此外，工艺参数的选择对加工表面质量有较大的影响，如：刨削电流的大小直接影响刨槽尺寸，选择刨削电流大则槽宽深、表面较光滑，而且可采用较高刨削速度，因此，一般应采用较大的刨削电流。但返修焊缝时，刨削电流可取小些，以便发现缺陷。

表 8-57 给出了钢板板料厚度与碳弧气刨工艺参数。

表 8-57　钢板碳弧气刨工艺参数

板厚/mm	碳棒直径/mm	刨削电流/A	电弧长度/mm	碳棒伸出长度/mm	空气压力/MPa
3～6	4	160～190	2～3	50～60	0.3～0.4
6～10	5～8	200～240	2～3	80～90	0.4～0.45
10～14	8	240～280	2～3	80～100	0.45～0.5
14～20	10	270～320	2～3	80～120	0.5～0.6

(3) 防止或消除焊件变形的措施

焊接过程中，焊件局部受到不均匀的加热和冷却，从而产生残余应力，应力严重时会使焊件发生变形或开裂，若变形量过大，焊件无法矫正，焊件将会产生报废。生产中，广泛防止或消除焊件变形的措施主要有以下方面。

① 反变形法　在焊接时预先给一反方向的变形，见图 8-87。

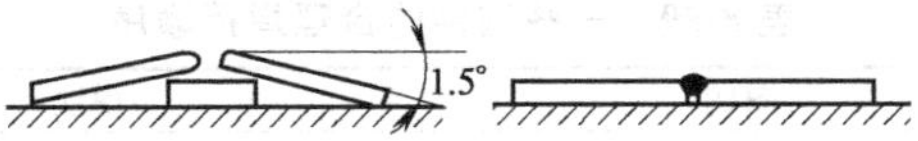

(a) 焊前　　(b) 焊后

图 8-87　反变形法

焊接工字梁时，上下盖板的反变形值见表 8-58。

表 8-58　工字梁手弧焊时的反变形量 x　　mm

简图	t / x / b	10	12	14	16	18	20	24	30	36	40
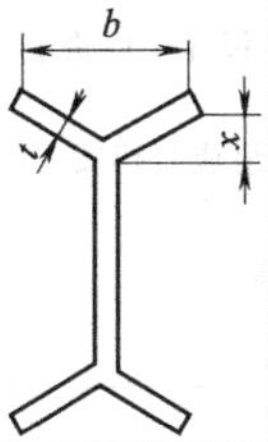	100	2.5	1.95	1.6	1.35	1.19	0.9	0.9	0.6	0.6	0.53
	200	5	3.9	3.2	2.7	2.38	2.1	1.79	1.4	1.2	1.06
	400	10	8.8	8.38	5.4	4.75	4.2	3.58	2.8	2.3	2.13
	1000	25	19.5	16	13.5	11.9	10.5	9	7	6	5.3

② 选用热源比较集中的焊接方法　针对焊件的变形，选用热源比较集中的焊接方法，如埋弧焊比手工电弧焊或气焊变形较小。

③ 选择合理的工艺方法　保证焊件装配要求，选择合理的工艺方法，如先装配后焊接等。

④ 刚性固定法　选用工艺装备控制焊件的焊接变形，如用装配夹具固定住再焊。

⑤ 选择合理的焊接方法　采用对称施焊法焊接（见图 8-88）和使用合理的施焊顺序，表 8-59 给出一些构件的合理的施焊顺序。

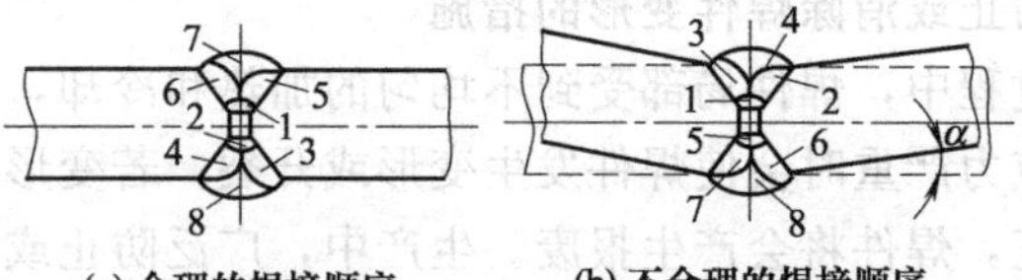

(a) 合理的焊接顺序　　(b) 不合理的焊接顺序

图 8-88　X 形坡口对接接头的角变形

表 8-59　一些构件的合理焊接顺序

名称	图例	说明
平板的拼装	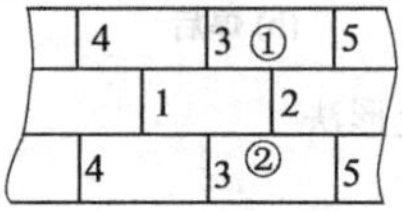	①由中间向四面点焊拼装 ②由中间向四面先焊所有横焊缝 1、2、3… ③由中间向四面后焊所有纵焊缝①,②…
工字梁组焊	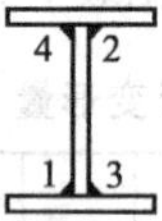	①装配成整体后进行焊接 ②焊接顺序:1,2,3,4 ③每条焊缝采用由中间向两边逆向分段焊法
Ⅱ形梁组焊	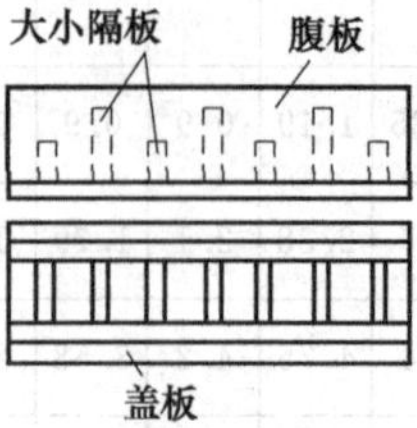	①边装配边焊接 ②将大、小隔板装配在盖板上,并进行焊接 ③焊好后再装配两块腹板,组成Ⅱ形梁 ④焊接腹板与隔板角焊缝 ⑤焊接腹板与盖板的长焊缝
平台的组焊	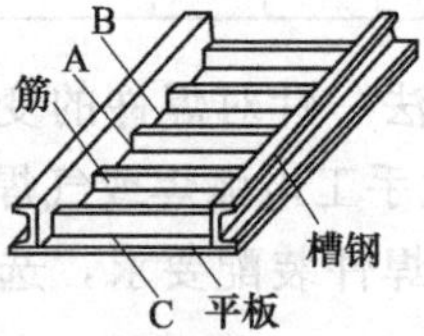	①边装配边焊接 ②先将筋装配在平板上,并焊接所有 C 焊缝 ③装配槽钢,焊 A 焊缝 ④焊 B 焊缝
节点板组焊	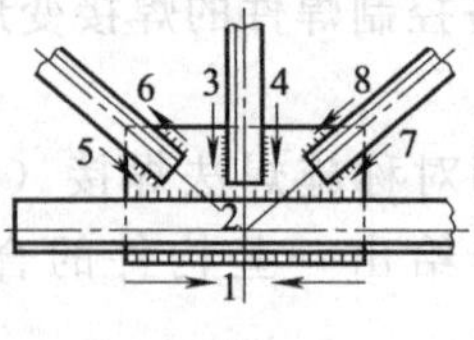	①装成整体后进行焊接 ②焊接顺序:1、2、3、4…

⑥ 减少焊接应力和变形　采用预热后焊接和焊后缓慢冷却、强迫散热减少受热区面积等减少焊接应力和变形的加工工艺方法。

⑦ 锤击焊缝法　在焊缝还未冷却时，用手锤锤击焊缝部位，使其伸长，补偿由于焊缝所引起的收缩。用圆头小锤对焊缝敲击可以减小某些接头的焊接应力和变形，并能细化晶粒，提高焊接接头的力学性能。

多层焊时，底层和表面层焊道一般不予锤击，其余各层焊道每焊完一层后，立即锤击，直至将焊缝表面打击成均匀的密密麻麻的麻点为止。

⑧ 采用焊后矫正法　对焊好构件的变形，采取各种矫正方法进行处理。

8.2 钣金构件的铆接

铆接是用铆钉把两个或更多零件连接成不可拆卸整体的操作方法。铆接过程如图 8-89 所示。铆接时，将铆钉插入待连接的两个工件的铆钉孔内，并使铆钉头紧贴工件表面，然后用压力将露出工件表面的铆钉镦粗而成为铆合头。这样，就把两个工件连接起来。

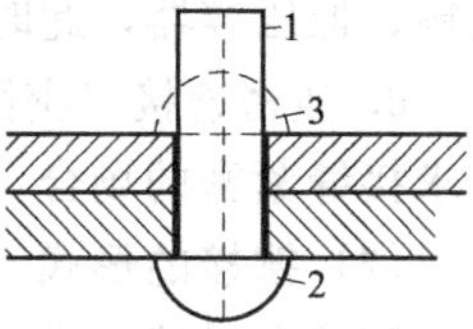

图 8-89　铆接过程
1—铆钉杆；2—铆钉原头；3—铆成的铆钉头（铆合头）

8.2.1　铆接的种类与形式

根据铆接的加工过程可知，铆接时，铆钉孔使连接件截面强度降低 15%～20%，且工人劳动强度大、铆接噪声大、生产率较低、经济性与紧密性均低于焊接和高强度螺栓连接，但铆接具有加工工艺简单、连接可靠、抗震耐冲击，韧性与塑性高于焊接的优点，因此，尽管随着焊接技术的不断进步，铆接结构在日益减少，但在异种金属的连接、某些重型和经常承受动载荷作用的钢结构中依然广泛应用。

(1) 铆接的种类

① 按铆接温度的不同，铆接可分为热铆和冷铆。

a. 热铆。铆接时，需将铆钉加热到一定温度后，再铆接。对钉杆直径>$\phi 10$ 的钢铆钉，加热到 1000～1100℃后，以 650～800N 力锤合，其连接紧密性好，在进行热铆时，要把孔径放大 0.5～1mm，才能使铆钉在热态下容易插入，由于钉杆与钉孔有间隙，故不参与传力。

b. 冷铆。铆接时，不需将铆钉加热，直接镦出铆合头。铜、铝等塑性较好的有色金属、轻金属制成的铆钉通常用冷铆法。对钢铆钉冷铆的最大直径，一般手铆为 $\phi 8$，铆钉枪铆为 $\phi 13$，铆接机铆为 $\phi 20$。在铆合时，由于钉杆被镦粗而胀满钉孔，可以参与传力。

② 按使用要求的不同，铆接可分为以下几种。

a. 铰接铆接。铆钉只构成不可卸的销轴，被连接的部分可相互转动，如各种手用钳、剪刀、圆规等的铆接。

b. 强固铆接。飞机蒙皮与框架、起重建筑的桁架等要求连接强度高的场合采用，铆钉受力大。

c. 紧密铆接。用于接合缝要求紧密，防漏的场合，如水箱、油罐、低压容器，此时铆钉受力较小。

d. 强密连接（密固铆接）。既要求铆钉能承受大的作用力，又要求接缝紧密的场合，如压力容器。

(2) 铆接的形式

铆接有对接、搭接、角接等多种形式。按铆钉排列方式的不同，有单排、双排与多排三种形式，见图 8-90。

通常，角钢、槽钢和工字钢凡边宽≤120mm 时，可用 1 排铆

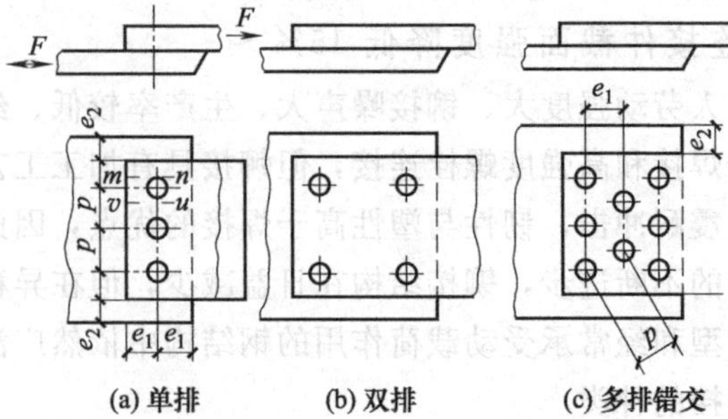

(a) 单排　　(b) 双排　　(c) 多排错交

图 8-90　搭接的铆缝形式

钉，边宽≥120～150mm 时可用 2 排铆钉，边宽≥150mm 时，可并列 2 排或 2 排以上铆钉，但排距不小于 3 个铆钉的直径。铆钉的间距按国标要求，一般应符合表 8-60 的规定。

表 8-60　铆钉间距和边距

<table>
<tr><th rowspan="2">名称</th><th rowspan="2" colspan="2">位置与方向</th><th colspan="3">允许距离</th></tr>
<tr><th>最大(取两者之小值)</th><th colspan="2">最小</th></tr>
<tr><td rowspan="3">间距 p</td><td colspan="2">外　排</td><td>$8d_0$ 或 $12t$</td><td>钉并列</td><td>$3d_0$</td></tr>
<tr><td rowspan="2">中间排</td><td>构件受压</td><td>$12d_0$ 或 $18t$</td><td rowspan="2" colspan="2">钉错列 $3.5d_0$</td></tr>
<tr><td>构件受拉</td><td>$16d_0$ 或 $24t$</td></tr>
<tr><td rowspan="3">边距</td><td colspan="2">平行于载荷方向 e_1</td><td rowspan="3">$4d_0$ 或 $8t$</td><td colspan="2">$2d_0$</td></tr>
<tr><td rowspan="2">垂直于载荷方向 e_2</td><td>切割边</td><td colspan="2">$1.5d_0$</td></tr>
<tr><td>轧制边</td><td colspan="2">$1.2d_0$</td></tr>
</table>

注：1. t 为较薄板板厚，d_0 为钉孔直径，p 为间距，e_1、e_2 为边距。

2. 钢板边缘与刚性构件（如角钢、槽钢等）连接时，铆钉最大间距可按中间排确定。

3. 有色金属和异种材料铆接时的铆钉间距和边距推荐值为 $t=(0.5\sim3)d_0$，$e_1\geqslant 2d_0$，$e_2=(1.8\sim2)d_0$。

8.2.2　铆钉种类与用途

铆钉是铆接结构中最基本的连接件，它由圆柱铆杆、铆钉头和镦头所组成。根据结构的形式、要求及其用途不同，铆钉的种类很多。在钢结构连接中，常见的铆钉形式有半圆头铆钉、平锥头铆钉、沉头铆钉、半沉头铆钉、平头铆钉、扁圆头铆钉和扁平头铆钉等。其中：半圆头铆钉、平锥头铆钉和平头铆钉用于强固铆接；扁圆沉头铆钉用于铆接处表面有微小凸起，防止滑跌的地方或非金属材料的连接；沉头铆钉用于工件表面要求平滑的铆接。

选用铆钉时，铆钉材质应与铆件相同，且应具有较好塑性。常用钢铆钉材质有 Q195、Q235、10、15 等；铜铆钉有 T3、H62 等；铝铆钉有 L3、LY1、LY10、LF10 等。常见铆钉的种类及用途见表 8-61。

除此之外，在小型结构中，常用图 8-91 所示的空心或开口铆钉。

表 8-61 常见铆钉的种类与用途

名称	简图	标准	钉杆 d/mm	钉杆 L/mm	一般用途
半圆头铆钉	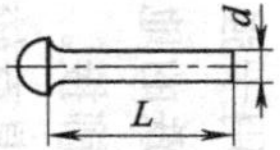	GB 863.1—86(粗制)	12～36	20～200	锅炉、房架、桥梁、车辆等承受较大横向载荷的铆缝
		GB 867—86	0.6～16	1～100	
平锥头铆钉		GB 864—86(粗制)	12～36	20～200	钉头肥大、耐蚀，用于船舶、锅炉
		GB 864—86	2～16	3～110	
沉头铆钉		GB 865—86(粗制)	12～36	20～200	承受较大作用力的结构，并要求铆钉不凸出或不全部凸出工件表面的铆缝
		GB 869—86	1～16	2～100	
半沉头铆钉	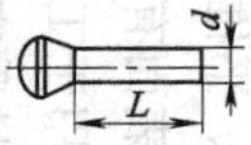	GB 866—86(粗制)	12～36	20～200	
		GB 870—86	11～6	2～100	
平头铆钉		GB 872—86	2～10	1.5～50	薄板和有色金属的连接，并适于冷铆
扁圆头铆钉	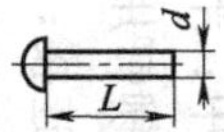	GB 871—86	1.2～10	1.5～50	

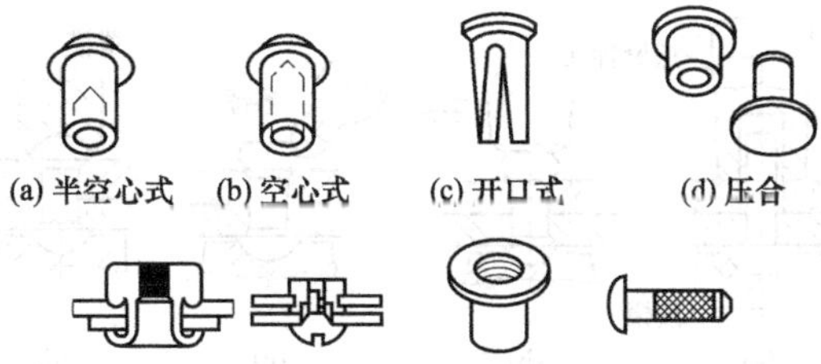

图 8-91　空心或开口铆钉

半空心式铆钉在技术条件和装配合适时，这种铆钉本质上变成了实心元件，因为孔深刚够形成铆钉头，主要用于铆合头压力不很大的连接。空心铆钉用于纤维、塑料板和其他软材料的铆接。

8.2.3　铆接的方法

铆接的方法主要有手工铆接和机械铆接两种。

(1) 手工铆接

手工铆接通常用于冷铆小铆钉，但在设备条件差的情况下也可以代替其他铆接方法。手工铆的关键在于铆钉插入钉孔后，应将钉顶顶紧，然后再用手锤（铆钉锤）锤击伸出孔外的钉杆，将其打成粗帽状或打平。如果是热铆就应用与铆钉头形状基本一样的罩模盖上，用大锤打罩模，并随时转动罩模，直到将铆钉铆好为止。

① 半圆头铆钉的铆接　图 8-92 为半圆头铆钉的铆接过程。

铆接前，应先清理工件，即被铆接件必须平整光滑，接触面边缘毛刺、接触表面上的锈迹、油污等应清除干净；铆接时，将需铆接的工件贴紧钻孔后，把铆钉从工件下方穿入孔内，用顶模的球面坑支承钉头压紧工件，锤击压紧冲头将连接件压实［图 8-92（a)］；再用手锤重击镦粗铆钉伸出部分，将钉孔充满并使杆头变粗［图 8-92（b)］；用锤顶斜向适当位置打击镦粗部分的周边［图 8-92（c)］；最后用罩模修整成形铆合［图 8-92（d)］。

② 沉头铆钉的铆接　与半圆头铆钉的铆接一样，沉头铆钉铆接前也应先清理工件，再进行铆接，半圆头铆钉铆接用的铆钉有两种：一种是现成的沉头铆钉；另一种是用圆钢按所需长度截断作为

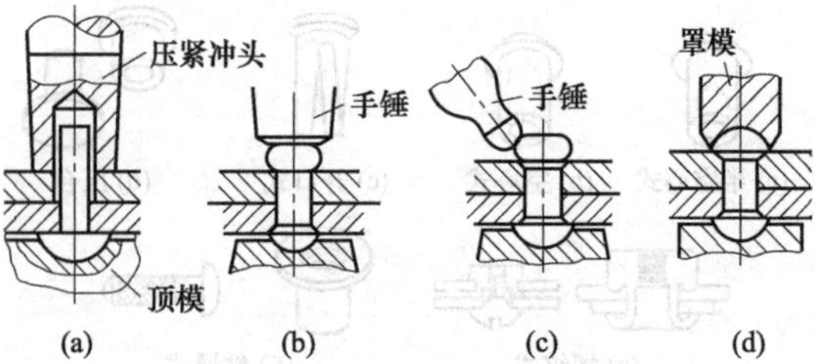

图 8-92　半圆头铆钉的铆接

铆钉。铆接时，将截断的圆钢插入孔内。压紧连接件，将钉两头伸出部分镦粗先铆第二个面，再铆第一个面，最后修平高出部分。这种方法不易将连接件压实，很少采用。

③ 空心铆钉的铆接　空心铆钉的铆接过程如图 8-93 所示。同样将工件清理干净后，将铆钉插入工件孔，下面压实钉头。先用锥形冲子冲压一下，使铆钉孔口张开与工件孔贴紧［图 8-93（a）］，再用边缘为平面的特制冲头边转边打，使铆钉孔口贴平工件孔口［图 8-93（b）］。

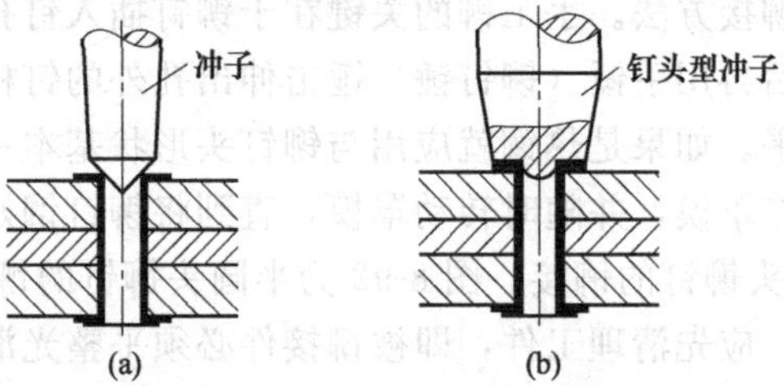

图 8-93　空心铆钉的铆接

④ 紧密和密固铆接　尽管铆钉也能装以密封膏，但接头对水和气体都不密封。对有紧密和密固要求的构件铆接，除按上述要求进行铆接操作外，还应对铆钉或铆件端面接缝处进行加强密固作用，常用的操作方法为捻钉与捻缝。捻钉与捻缝工作是用人工或借助气动铲使用专用的捻凿来捻压板缝及铆钉钉头的周围，使该部分金属微作弓形，直至板缝和钉缝具有较好的严密性而消除泄漏现象。

a. 捻钉。如图 8-94 所示，铆合的铆钉头上如有帽，则应先用切边凿切去（切帽沟痕深＜0.5mm），然后用捻凿对钉头捻打，环绕一周使它和板面紧密贴合。

b. 捻缝。用捻凿对铆件端面接缝处捻打出 75°的坡口，使两铆件接缝严实（见图 8-95）。

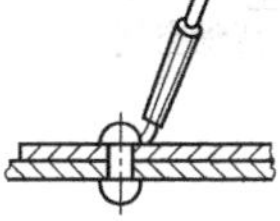

图 8-94　捻钉

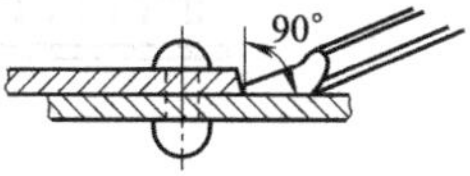

图 8-95　捻缝

(2) 机械铆接

机械铆接主要有气动铆和液压铆两种。

① 气动铆　气动铆是利用压缩空气为动力，推动气缸内的活塞往复运动，冲打安装在活塞杆上的冲头，在急剧地锤击下完成铆接工作的一种模具方法。气动铆的主要工具为铆钉枪，图 8-96 为铆钉枪的外形结构。

铆钉枪主要由罩模、枪体、扳机、管接头和冲头等组成，根据铆接参数的需要，枪体顶端孔内可安装各种形状、规格的罩模、铆接冲头等，以便进行铆接操作。

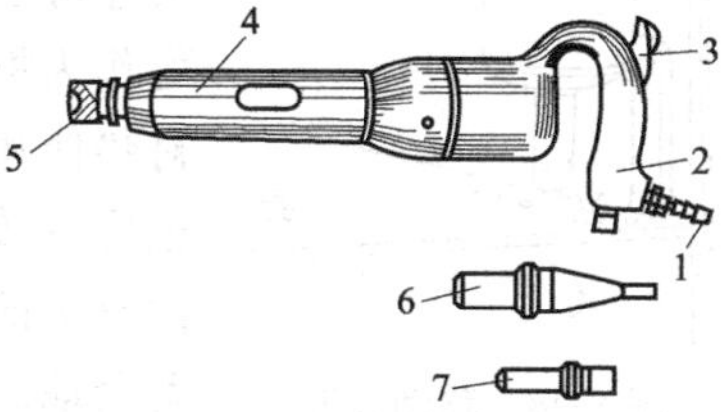

图 8-96　铆钉枪

1—风管接头；2—平把；3—扳机；4—枪体；5—罩模；6—冲钉头；7—铆平头

② 液压铆　液压铆是利用液压原理进行铆接的方法。它具有压力大、动作快、适应性较好等特点。液压铆接机分为固定式和移动式两种。

固定式气动液压铆接机如图 8-97 所示，它只用于铆接专门产品，一般配有自动进出料装置，因此生产效率高，劳动强度低。

移动式液压铆接机根据产品需要设有前后、左右移动装置，甚至还有上下升降装置。为了使工件进出方便，采用 C 形结构，如图 8-98 所示。液压铆接无噪声，且能大大减轻体力劳动，是目前

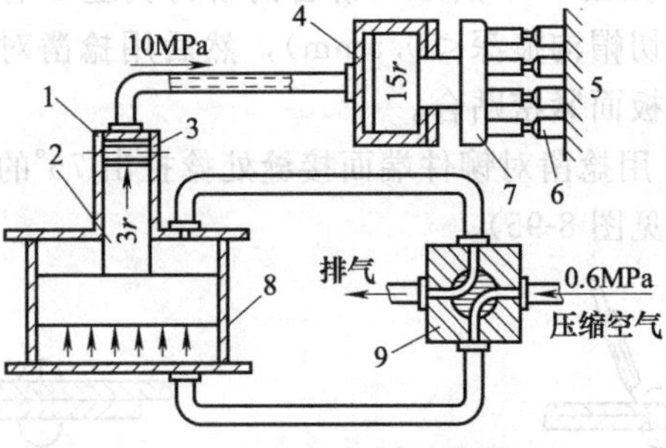

图 8-97　固定式气动液压铆钉机

1—升压液压缸；2—活塞；3—油；4—工作液压缸；5—顶模；6—铆钉；7—压模；8—气缸；9—换向阀

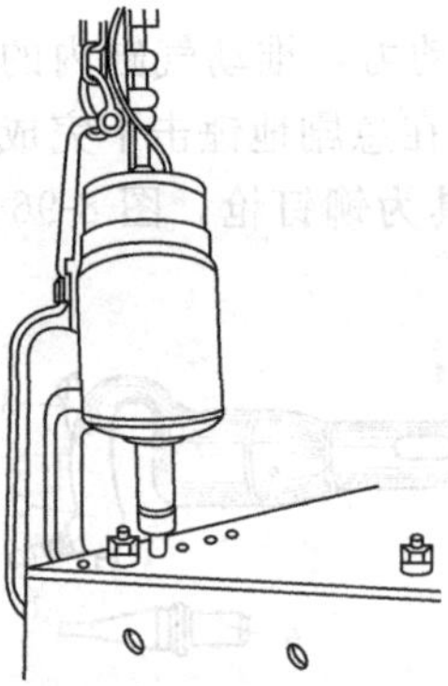

图 8-98　移动式液压铆钉机

一种较理想的铆接方法。

8.2.4　铆接工艺要点及操作注意事项

铆接加工的优点是能实现永久性连接，且铆钉及铆接装配的价格较低。铆件尺寸可从大桥直到精细的珠宝件。铆钉也可作为枢轴、垫圈、电接触点、停止器或衬垫使用。它们可用在已加工的表面上，也可有效地连接绝大多数的材料，只要它们有平的平行表面以及供翻转或铆接的活动余地。铆接加工的局限性是铆钉的疲劳强度比螺栓和螺钉小，大的拉伸负载能将铆钉头拉脱，剧烈的振动会使接头松弛。

为保证铆接质量，除按铆接工艺进行加工外，还应掌握铆接操作要点。

(1) 铆接工艺要点

铆接加工工艺要点是保证铆接质量的前提条件，以下各项中的任何一项出现问题，都将影响铆接质量。

① 铆钉直径 d 的确定　铆接时，若铆钉直径过大，则铆钉头成形困难，容易使板料变形；若铆钉直径过小，则铆钉确定不足，

造成铆钉数目增多，给施工带来不便。铆钉直径 d 的选择主要是根据铆接件的厚度 t 确定，而铆接件的厚度 t 依照以下三条处理原则确定：板搭接时，如厚度相近，按较厚板计算；厚度相差大时，按薄的算；板料与型材铆接时，按两者平均厚度算。通常，被铆件总厚度不应超过铆钉直径的 4 倍。铆钉直径 d 的计算可按以下公式计算，但在大批生产时，事先应试铆修正。

$$d=\sqrt{50t}-4$$

式中 t——铆接件的厚度，mm；

d——铆钉直径，mm。

此外，铆钉直径也可查表 8-62 确定。

表 8-62 铆钉直径 d 的选择 mm

板料厚	d	板料厚	d	板料厚	d
5～6 7～9	10～12 14～18	9.5～12.5 13～18	20～22 24～27	19～24 ≥25	27～30 30～36

② 铆钉长度 L 的确定 铆接时，若铆钉杆过长，铆成的钉头就过大或过高，而且在铆接过程中容易使铆钉杆弯曲；若铆钉杆过短，则铆钉头不足，而影响铆钉强度。铆钉所需的长度 L 应根据铆接件的总厚度 $\sum t$ 和应留作铆合头的部分来确定，铆钉长度 L 可按以下公式计算确定

$$L=1.1\sum t+1.4d\text{（半圆头）}$$

$$L=1.1\sum t+1.1d\text{（半沉头）}$$

$$L=1.1\sum t+0.8d\text{（沉头）}$$

式中 $\sum t$——铆接件的总厚度，mm；

d——铆钉直径，mm。

③ 铆钉孔直径 d_0 的确定 铆钉孔直径 d_0 与铆钉直径 d 的配合必须适当，如孔径过大，铆接时铆钉杆容易弯曲，影响铆接质量；如孔径与铆钉直径相等或过小，铆接时就难以插入孔内或引起板料凸起或凹起，造成表面不平整，甚至由于铆钉膨胀挤坏板料。

一般说来，冷铆时，铆钉孔直径 d_0 与铆孔直径 d 接近，而角

钢与板料铆接时，孔径应加大2%；热铆 d_0 稍大于 d；多层板铆接时，孔应先钻后铰（留铰孔量 0.5～1mm）。铆钉孔直径可参考表8-63 选择。

表 8-63　铆钉孔直径 d_0　mm

铆钉直径 d		2	2.5	3	3.5	4	5	6	8	10	12
d_0	精装	2.1	2.6	3.1	3.6	4.1	5.2	8.2	8.2	10.3	12.4
	粗装	2.2	2.7	3.4	3.9	4.5	5.6	8.5	8.6	11	13
铆钉直径 d		14	16	18	20	22	24	27	30	36	
d_0	精装	14.5	18.5								
	粗装	15	17	19	21.5	23.5	25.5	28.5	32	38	

④ 铆钉数目 Z 的确定　铆钉数目 Z 直接影响到铆接面的可靠性，其数值的确定按以下公式计算。

按铆钉剪切强度计算：$Z=\dfrac{1.27F}{md^2[\tau]}$

按铆钉挤压强度计算：$Z=\dfrac{F}{dt_2[\sigma_c]}$

式中　t_2——铆件中较薄板厚度，mm；

F——载荷，N；

m——每个铆钉上的抗剪面数量，如：对搭接和单层盖板对接，铆钉在一个截面上受剪力，$m=1$；对双盖板对接，铆钉在两个截面上受剪力，$m=2$；

d——铆钉直径，mm；

$[\tau]$——许用剪切应力，MPa；

$[\sigma_c]$——许用挤压应力，MPa。

(2) 铆接操作注意事项

铆接为永久性连接，如果在维修时必须拆卸，铆钉就应被钻掉并更换，若需要保证连接工件的尺寸偏差小于±0.03mm 时，就不能采用铆接加工。

铆接操作时，一定要遵守安全、文明生产要求，操作过程中应注意以下内容。

① 保持工作环境的整洁，有足够的操作空间。工件、工具的摆放都要有指定的地点，并摆放整齐，工作时，应将个人防护用品穿戴齐全。

② 热铆时，加热炉应有良好的防火、除尘、排烟设施。每次使用完后，要熄灭余火并清理干净；加热后的铆钉需扔、接时，操作工具要齐全，操作者要配合协调，掌握正确的扔、接技术。

③ 使用铆钉枪铆接时，严禁枪口平端对人。停止使用时，一定要将插在枪筒内的罩模取下，随用随上，养成良好的操作习惯。

④ 手工铆接时，要掌握锤子的操作方法，垫着罩模进行修形时，要注意防止击偏，使罩模弹起伤人。

表 8-64 给出了常见铆接操作缺陷的产生原因及预防措施。

表 8-64 铆接缺陷的产生原因及预防措施

缺陷名称	断面图	产生原因	预防方法	消除措施
铆钉头偏移	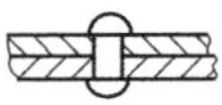	铆钉枪与板面不垂直	起铆时，铆钉与钉杆应在同一轴线上	偏心≥0.1d更换铆钉
钉杆歪斜	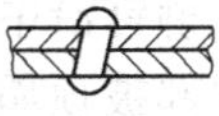	钉孔歪斜	钻孔时应与板面垂直	更换铆钉
板件结合面有间隙	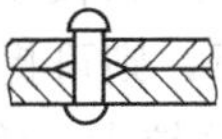	①装配螺栓未紧固 ②板面不平	①拧紧螺栓 ②装配前板面应平整	更换铆钉
铆钉突头克伤板料	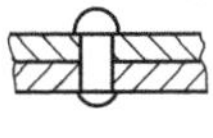	①铆钉枪位置偏斜 ②钉杆长度不足	①铆钉枪应与板面垂直 ②正确计算钉杆长度	更换铆钉
铆钉杆弯曲	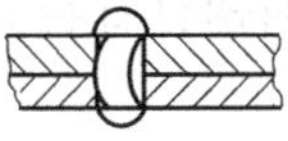	钉杆与孔的间隙过大	选用适当直径的铆钉与钉孔	更换铆钉
铆钉头成形不足	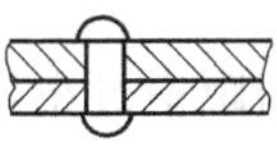	①钉杆较短 ②孔径过大	①加长钉杆 ②选用适当直径的孔径	更换铆钉

续表

缺陷名称	断面图	产生原因	预防方法	消除措施
铆钉头有过大的帽缘	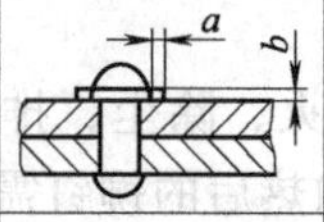	①钉杆太长 ②罩模直径太小	①正确选用钉杆长度 ②更换罩模	更换铆钉
铆钉头有伤痕	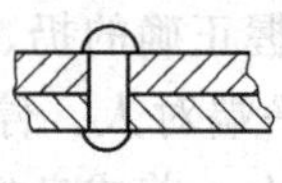	罩模击在铆钉头上	铆接时，紧握铆钉枪，防止铆钉枪跳动过高	更换铆钉
钉头局部未与板面贴紧	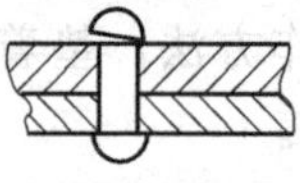	罩模偏斜	铆钉枪应与板面保持垂直	更换铆钉
钉头有裂纹	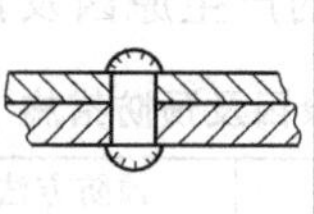	①加热温度不适当 ②铆钉材料塑性差	①控制加热温度 ②检查铆钉材质	更换铆钉

8.2.5 铆接强度的计算

通常，钢结构按等强度原理计算，并计入安全系数，其允许受力应大于实际受力。常见铆缝的破坏有：铆钉沿中心线被拉断、铆钉被切断、铆件孔壁被铆钉挤坏或铆件端部被顶塌四种情况。铆接强度与铆钉直径、数量成正比，与铆钉长度和板厚成反比，而铆钉孔将削弱铆件的强度，如对铆接件加盖板，则可提高强度。

① 铆钉剪切强度 τ 的计算（适于板厚较大、铆钉直径较小）

$$\tau=\frac{1.27F}{d^2}\leqslant[\tau]\ (\mathrm{MPa})$$

或铆钉直径 $d=1.13\sqrt{\dfrac{F}{n[\tau]}}$

② 铆件挤压强度计算（适于板薄而铆钉直径大的情况，按单个铆钉算）

$$\sigma_c=\frac{F'}{Zdt}\leqslant[\sigma_c](\mathrm{MPa})(\text{按 } F'=F)$$

③ 铆件拉伸强度计算（适于铆钉间距中过小，有可能铆件通过铆钉排的中心线平面断裂）

$$\sigma=\frac{F}{(b-Zd)t}\leqslant[\sigma](\mathrm{MPa})$$

④ 铆件剪切强度计算［适于铆钉排中心线至铆件端面距离 e_1 过小，铆件沿 $mnuv$ 剪坏的情况，见图 8-90（a）］

$$\tau=\frac{F}{2ZLt}\leqslant[\tau](\mathrm{MPa})$$

显然，多排铆钉核算强度时，应减去其他排所承受的 F 力部分。

式中 F——载荷，N；

d——铆钉杆直径，mm；

Z——铆钉数目；

n——每个铆钉上的抗剪切面数量，如：对搭接和单层盖板对接，铆钉在一个截面上受剪力，$n=1$；对双盖板对接，铆钉在两个截面上受剪力，$n=2$；

b——铆接板料的宽度；

t——板厚，mm；

τ，σ_c，σ——材料（板与钉相同）的剪切强度、挤压强度、拉伸强度，MPa；

$[\tau]$，$[\sigma_c]$，$[\sigma]$——许用剪切应力、许用挤压应力、许用拉伸应力，MPa。

以上四公式经过变换，还可求出铆件最大容许载荷 F。

8.3 薄板钣金构件的咬接

把两块薄板的边缘折转，相互扣合、压紧（手工咬缝为锤紧）的连接方法称为咬接，亦称咬缝、咬口。咬缝连接强度较高，可代替钎焊，又具有一定的密封性，所以应用很广，尤适用于 1mm 以内薄板。

8.3.1 咬接的结构形式

咬缝的结构形式较多，表 8-65 列举了常用的咬缝形式。

表 8-65　常用咬缝形式

名称	角缝					
	半扣		单扣		双扣	
简图	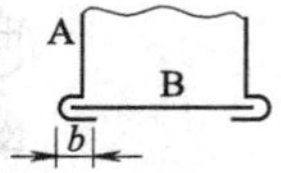	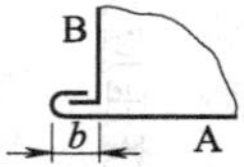	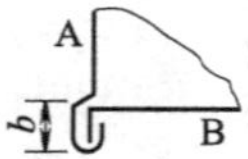	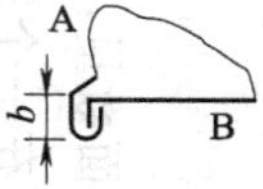	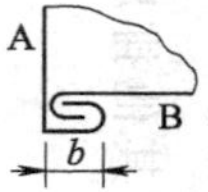	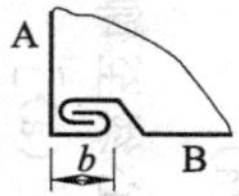
余量系数 K	$K_A=2, K_B=1$					
说明	①～④					
名称	角缝		平缝			
	卡扣	锥扣(匹茨堡扣)	挂扣	单扣	内平单扣	外平单扣
简图	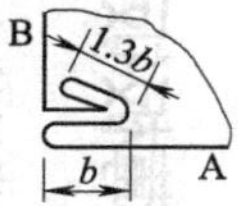	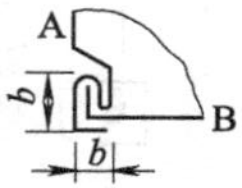	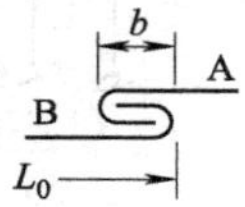	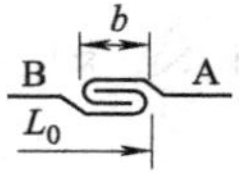		
余量系数 K	$K_A=3, K_B=1$		$K_A=2, K_B=1$			
说明	①～④		⑤～⑦		⑥⑦	

续表

名称	平缝		立缝		
	双扣	复合扣	套扣	单扣	双扣
简图	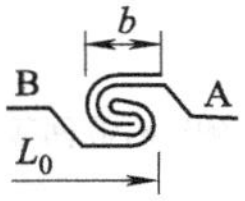	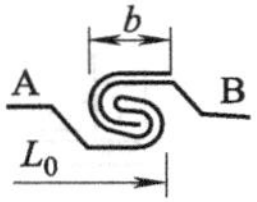	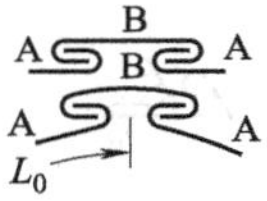	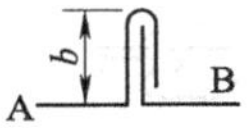	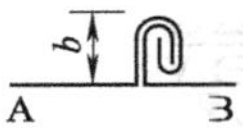
余量系数 K	$K_A=3, K_B=2$	$K_A=4, K_B=2$	$K_A=1$， 套 B 总长 $4.5b$	$K_A=2, K_B=1$	$K_A=3, K_B=2$
说明	⑥⑦				

① 角缝广泛用于角形连接，如盆、桶、箱、罩壳的上（下）底连接，各种曲面与底的连接。

② 一般构件板 $t=0.2\sim1.5$，取 $b=5\sim8$。

③ 锤扣用于各种形状管件柱面，大构件可取 $b=12.7$mm。

④ 可将图示位置转 90°使用。

⑤ 不重要连接（不要求高强度），如房顶一般的地方，铁皮门。

⑥ 应用最广，各种构件的平面、柱面或其他曲面连接、小板连接，若筒形件的周向连接，其内壁要求平滑者用内平单扣，外表要求平齐者用外平单扣，外表平齐者用外平单扣、圆筒、方筒皆可。

⑦ 当料厚 $t=0.2\sim0.5$mm 板用于一般构件的咬缝连接时，取 $b=3\sim5$mm；$t=0.5\sim0.75$mm 时，取 $b=5\sim8$mm；用于大面积拼接时，取 $b=12\sim20$mm；大弯头连接时，取 $b=7\sim12$mm。

注：1. 表中 K_A、K_B 分别表示图中 A 及 B 部位的余量系数。

2. 上述咬缝结构形式中，以复合扣的连接强度及密封性能最高，双扣次之，单扣高于半扣，套扣与卡扣略高于双扣。

表 8-66 手工咬缝的操作步骤

平缝单扣	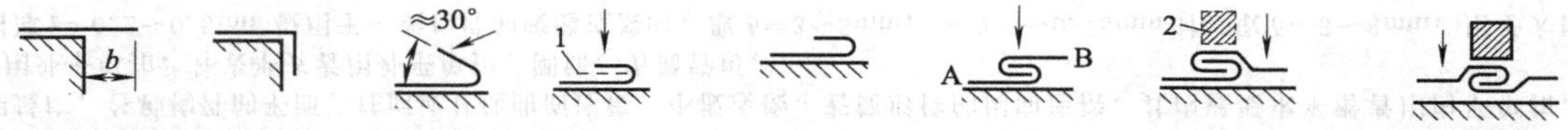(a) 对弯折线 (b) 折直角 (c) 翻面折30° (d) 垫衬1轻锤合 (e) 去衬 (f) 扣合AB锤紧 (g) 手压压铁锤下陷 (h) 翻面锤下陷
立缝双扣	A件的操作同平缝单扣(a)～(d)步骤 (a)～(d) 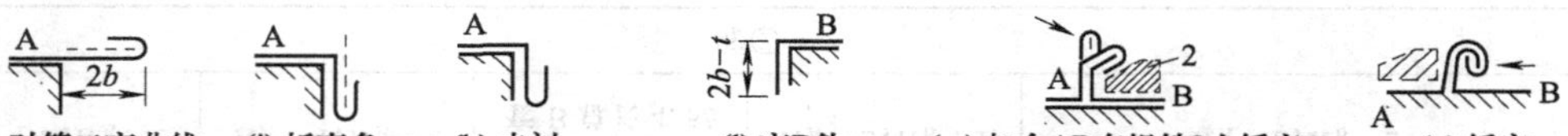(i) 对第二弯曲线 (j) 折直角 (k) 去衬 (l) 弯B件 (m) 扣合AB在规铁2上锤弯 (n) 锤实
匹茨堡扣	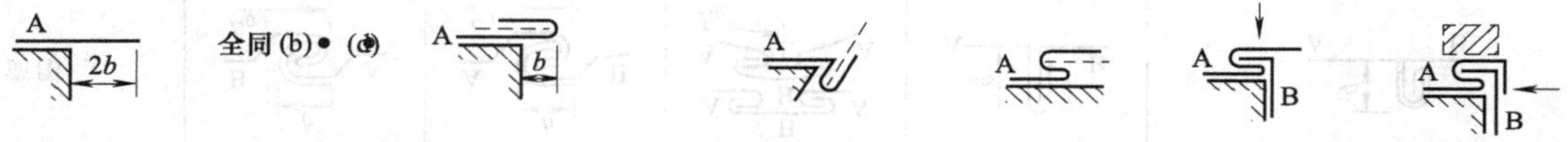(o) 对弯曲线 (b)•(d) (p) 轻拍直角 (q) 轻拍约60°角 (r) 轻拍平后，去衬制成袋扣 (s) 扣合锤实 (t) 锤实A板边缘

8.3.2 咬缝的操作方法及注意事项

咬缝的操作分手工咬缝及机械咬缝两种方法。

(1) 手工咬缝的操作步骤

表 8-66 给出了手工咬缝的操作步骤。

(2) 机械咬缝的操作步骤

机械咬缝的操作步骤与手工咬缝基本相同，对成批量的咬缝连接还可采用专门设备制作咬缝，图 8-99 给出了用折边机加工匹茨堡扣的步骤。

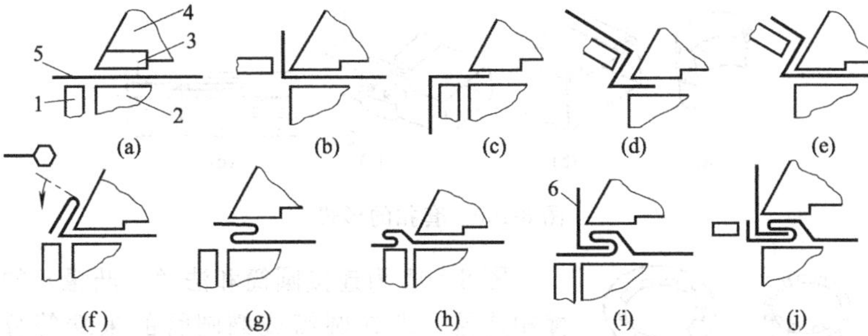

图 8-99 用折边机加工匹茨堡扣的步骤

1—下镶条及折边；2—下工作台；3—上镶条；4—压块；5—工件 A；6—工件 B

(3) 咬缝下料尺寸的确定

咬缝的下料尺寸 L 可按下式确定

$$L=L_0+Z$$

式中 L_0——制件基本尺寸；

Z——咬缝余量，按 $Z=Kb$ 确定，K 为余量系数，各种咬缝形式中的余量系数 K 见表 8-65 确定，b 为缝宽，常取 $b=(8\sim12)t$，咬缝余量 Z 也可按“2.4.2 加工余量的确定”的相关内容直接确定。

(4) 咬接操作注意事项

手工咬缝操作使用的工具主要有：锤、弯嘴钳、拍板、角铁盒规铁等。操作时，咬缝零件坯料必须按咬缝下料尺寸的要求留出足够的咬缝余量，否则，制成的零件尺寸小，将成为废品。

缝扣的形式不应拘泥于表 8-65 所列的结构模式，可根据具体情况灵活、综合性的运用，如图 8-100（a）是在柱面横断连接采用平缝连接的情况；图 8-100（b）是采用套扣连接纵长方向角缝的情形；图 8-100（c）所示结构则在导管 1 处用 S 形滑扣连接，2 处运用了套扣连接，采用套扣连接时，必须保证各连接部位平直，否则整个导管的边缘会参差不齐；图 8-100（d）则用两张薄板为木板制作包套，其一用 S 扣钉于木板上，并用滑扣连接另一张。

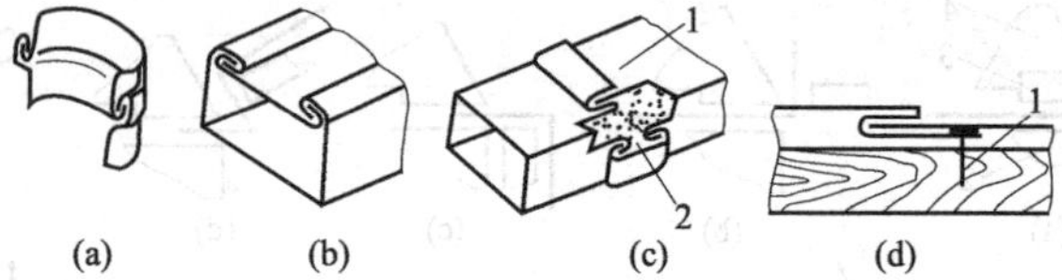

图 8-100　套扣的形式

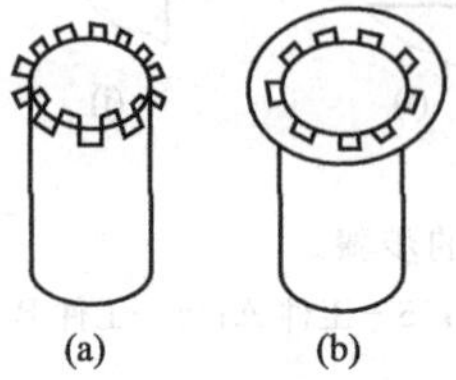

图 8-101　榫扣连接

图 8-101 为连接圆筒和法兰（凸缘）的榫扣连接，即在圆筒或椭圆管的末端等分偶数缝，每隔一片弯成直角，作为榫挡[见图 8-101（a）]，套上凸缘后将直榫片锤弯包在欲连接的凸缘上，如要密封可在接缝上采用软钎焊固定。

8.4　钣金构件的其他连接方法

钣金构件的连接除上述介绍的焊接、铆接和咬接方法外，主要还采用螺纹连接、粘接及胀接等连接方法。

8.4.1　螺纹连接

螺纹连接是由螺纹零件构成的可拆卸的一种固定连接。具有结构简单、连接可靠、装卸方便和成本低等优点，但紧固动作缓慢、装卸用的时间较长。在钣金构件中，虽然螺纹连接所占比例不大，但却是一种不可缺少的连接方式。

(1) 螺纹连接的形式

根据连接件的形式，螺纹连接可分为螺纹连接和螺栓连接；而根据连接的目的，螺纹连接又可分为强固连接和密固连接。强固连接只保证连接强度，密固连接既要保证连接强度，又要保证连接部位的密封性能。例如用于压力表及通过气、液体的管路接头等，通过螺纹连接还具有密封的能力。

对于密固型螺纹连接，多采用密封管螺纹、圆锥内螺纹与圆锥外螺纹连接、圆柱内螺纹与圆锥外螺纹连接或普通螺纹配合密封物（密封剂、密封带等）等方式实现，对于承受高强度载荷的螺纹连接，多采用高强度螺栓连接，高强度螺栓连接是依靠连接件之间的摩擦阻力来承受载荷的。高强度螺栓材料采用合金钢（35VB、35CrMo）和优质碳素结构钢（45 钢）制成，其粗牙螺纹共有 M12～M30 等 7 种规格。

表 8-67 给出了螺纹连接的形式。

表 8-67 螺纹连接的形式

连接形式		简图	说明
螺栓连接	普通	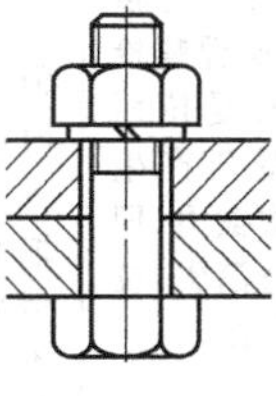	螺栓孔径比螺栓杆径大 1～1.5mm，制孔要求不高，结构简单、装卸方便、应用最广
	配合		铰制孔用螺栓的螺杆配合与通孔采用过渡配合，靠螺杆受剪及接合面受挤来平衡外载荷。具有良好的承受横向载荷能力和定位能力
	高强度		螺栓孔径比螺栓杆径大，靠螺栓拧紧受拉，接合面受压，而产生摩擦来平衡外载荷。钢结构连接代替铆接
双头螺栓连接		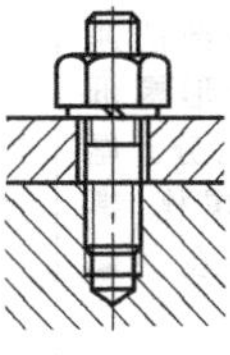	双头螺柱两端有螺纹，螺柱上螺纹较短一端旋紧在厚的被连接件的螺孔内，另一端则穿入薄的被连接件的通孔内，拧紧螺母将连接件连接起来 适用于经常装拆、被连接的一个件太厚而不便制通孔或因结构限制不能采用螺栓连接的场合

续表

连接形式	简图	说明
螺钉连接	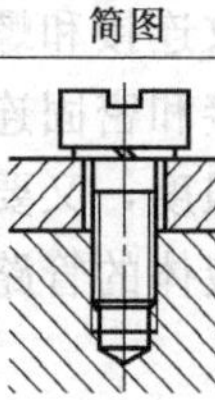	直接把螺钉穿过一被连接件的通孔，旋入另一被连接件的螺孔中拧紧，将连接件连接起来 适用于不宜多拆卸、被连接件之一较厚而不便制通孔或因结构限制不能采用螺栓连接的场合

(2) 螺纹连接的防松措施

螺纹连接的防松措施见表8-68。

表8-68 螺纹连接的防松措施

防松措施		简图	防松原理	说明
摩擦防松	弹簧垫圈	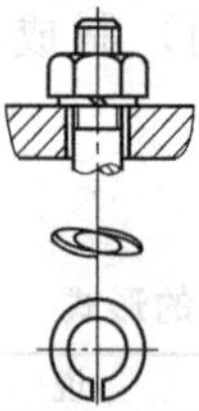	弹簧垫圈被压平后，弹性反力使螺纹副保持一定的摩擦阻力，另外垫圈斜口尖端阻止螺母反转	结构简单尺寸小，工作可靠，应用广泛。装卸后的弹簧垫圈不能重复使用
	双螺母	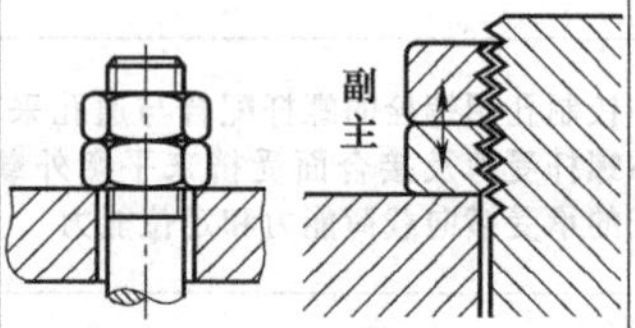	双螺母对顶拧紧，确保螺栓旋合段受拉而螺母受压产生附加摩擦力，即使外力消失，拉力仍存在	双螺母配置，上面螺母受力较大，应取厚的。但下面螺母太薄时，扳手不易伸入，所以双螺母取相同的厚度，但外廓尺寸大，不十分可靠，已很少应用
机械防松	开口销	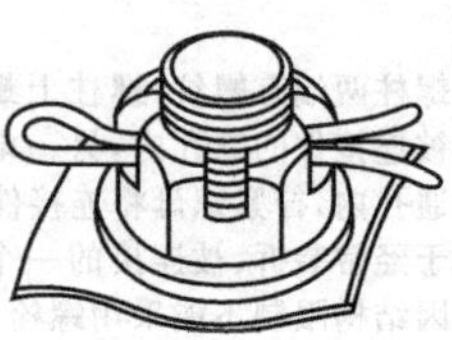	开口销插入螺栓尾部的通孔和槽形螺母的槽内，分开尾叉，使螺栓、螺母约束在一起不松脱	防松安全可靠，广泛用于高速有振动的机械

续表

防松措施		简图	防松原理	说明
机械防松	外舌止动垫圈	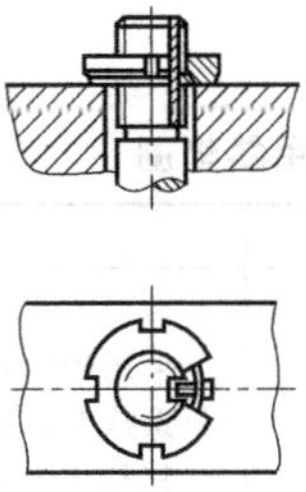	将垫圈外舌一边向上敲弯与螺母紧贴，另一边向下敲弯与被连接件贴紧，使螺母锁紧	防松安全可靠、装拆较麻烦，用于较重要或受力较大的场合
	六角螺母用止退垫圈	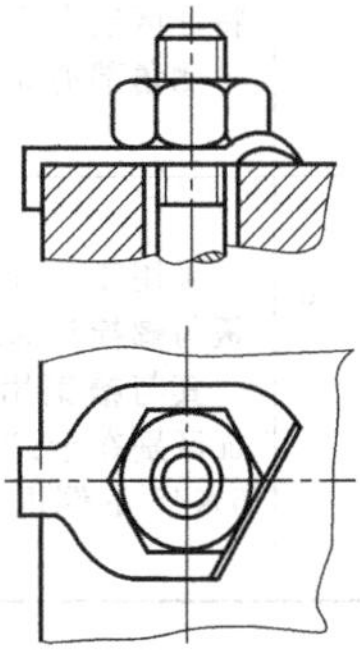	把带翅垫片内舌嵌入轴上的轴内，拧紧六角螺母后将外舌折入螺母槽内，使螺母锁紧	防松安全可靠，常用于固定滚动轴承
	金属丝	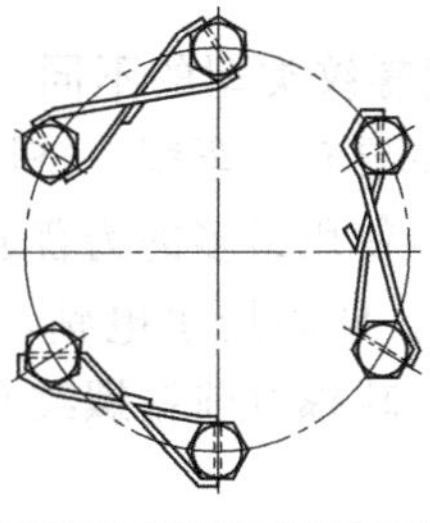	将金属丝依次穿入一组螺钉头部小孔内，相互约束防止松脱	捆扎时应注意金属丝的穿绕方向，应使螺钉旋紧，结构简单、安全可靠，常用于无螺母的螺钉组连接
破坏螺纹副防松	点焊、点铆、粘接	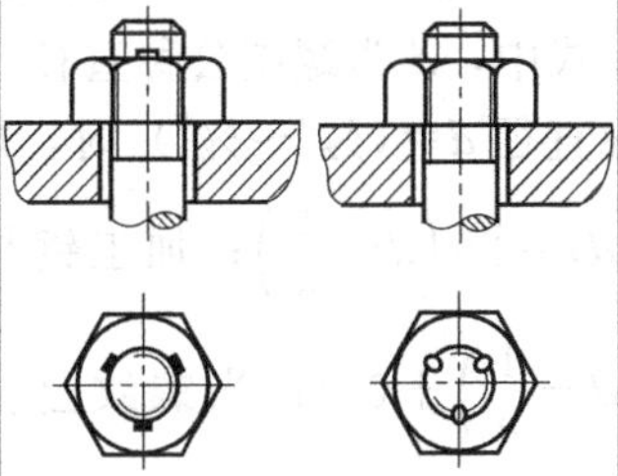	利用点焊、点铆或粘接方法，将破坏螺纹副关系	一次性永久防松

用于螺纹连接防松用的连接垫圈，除常用的平垫圈、弹簧垫圈外，还有型钢用斜垫圈等，采用斜垫圈主要用于型钢翼缘板斜度的补偿，具体可见表 8-69。

表 8-69　型钢用斜垫圈

名称	简　图	用　途
槽钢用斜垫圈	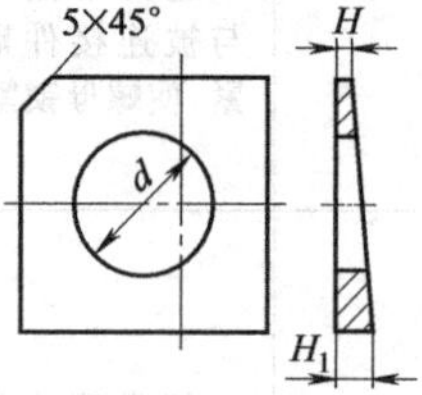	采用槽钢用斜垫圈，可使翼缘板与螺栓头部的接触保持成平面 其与工字钢用斜垫圈的最明显特征区别在于：槽钢用斜垫圈薄的一侧角部剪 5×45°的倒角
工字钢用斜垫圈	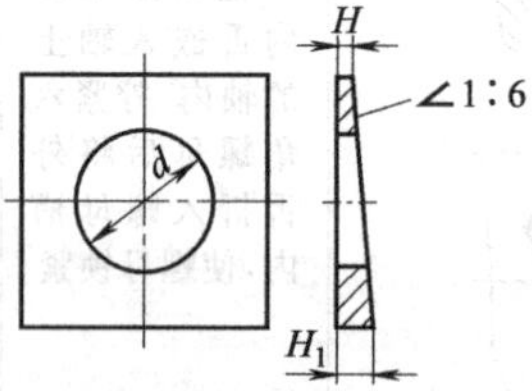	采用工字钢用斜垫圈可使翼缘板与螺栓头部的接触保持成平面 其与槽钢用斜垫圈的最明显特征区别在于：工字钢的斜垫圈没有 5×45°的倒角

(3) 螺纹连接的操作

① 螺纹的加工　根据所连接螺纹类型的不同，螺纹的加工方式也有所不同，常用螺纹的加工主要有：车削、挤压、滚压、拉削等多种方法。对于钣金加工构件，使用最多的为普通螺纹，其采用最多的加工方法为钻孔、攻螺纹。即利用手电钻、钻床钻螺纹底孔，再手工套螺纹或钻床攻螺纹。攻螺纹前钻螺纹底孔用钻头直径 d_2 的计算可按以下公式进行。

对公制螺纹，当螺距 $t<1$mm 时，$d_2=d-t$；当螺距 $t>1$mm 时，$d_2=d-(1.04\sim1.06)t$。式中，d 为螺纹公称直径。

对英制螺纹，当螺纹公称直径 $d=(\frac{3}{16}''\sim\frac{5}{8}'')$ 时，加工铸铁与青铜的螺纹底孔用钻头直径 $d_2=25\left(d-\frac{1}{n}\right)$；加工钢与黄铜的螺纹底孔用钻头直径 $d_2=25\left(d-\frac{1}{n}\right)+0.1$；当螺纹公称直径 $d=(\frac{3}{4}''\sim1\frac{1}{2}'')$ 时，加工铸铁与青铜的螺纹底孔用钻头直径 $d_2=25$

$\left(d-\frac{1}{n}\right)$；加工钢与黄铜的螺纹底孔用钻头直径 $d_2=25\left(d-\frac{1}{n}\right)+0.2$。式中，$d_2$ 为攻螺纹前钻孔直径，mm；d 为螺纹公称直径，英寸（″）；n 为每英寸的牙数。

② 螺栓的拧紧　螺栓至少要分两次拧紧，同时，还要选择适当的拧紧顺序。螺栓按顺序拧紧是为了保证螺栓群中的每一个螺栓的受力都均匀一致。螺栓的拧紧顺序有两项要求：一个是螺栓本身的拧紧次数；另一个是螺栓间的拧紧顺序。螺栓的拧紧顺序分为法兰型结构［见图 8-102（a）］和板式、箱型结构［见图 8-102（b）、（c）］两种类型。

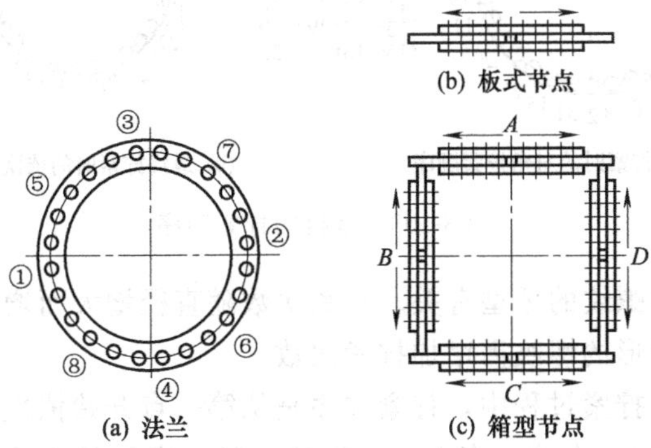

图 8-102　法兰、板式、箱型节点高强度螺栓拧紧顺序

a. 法兰型结构的螺栓拧紧顺序　压力容器的螺栓分布多呈环状，在法兰连接中，是为了螺栓的均匀受力以保证稳定的密封性能，图 8-103 所示为压力试验时的盲板螺栓拧紧顺序。

预拧主要是通过螺栓将密封圈与法兰盲板正确地摆放固定在接管法兰上，螺栓间的连接仅仅是拧上，但未拧紧，预拧对于呈垂直和倾斜法兰盲板的摆放，尤其对密封质量的影响更是不可忽略的。对于凸凹形法兰，要确认保证密封垫圈镶入准确后，方可进入后续的加载拧紧。

预拧经检验，确认密封垫圈放置合乎要求，各个螺栓都均匀地处于刚刚受力的状态后，再进行加载拧紧，螺栓的拧紧顺序呈对角线进行，具体加载拧紧顺序见图 8-103（a）。加载拧紧的次数与螺

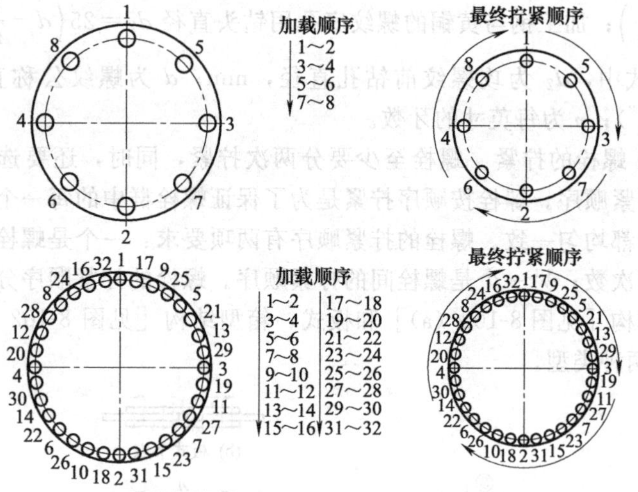

(a) 加载拧紧时的对角拧紧顺序　(b) 最终拧紧时的依次拧紧顺序

图 8-103　螺栓的拧紧顺序

栓的直径和螺纹的牙型有关。拧紧次数随直径增大而增多，齿形为梯形或锯齿形的螺纹需增加拧紧次数。

在最终拧紧过程中，拧紧顺序是从第一点开始依次进行的，见图 8-103（b）。在这一点上，与加载拧紧顺序是截然不同的。最终拧紧的次数与加载拧紧的规律相同。

b. 板式、箱型节点高强度螺栓拧紧顺序　板式、箱型节点高强度螺栓的拧紧以四周扩展，或从节点板接缝中间向外、向四周依次对称拧紧的顺序进行，具体参见图 8-102（b）、(c)。

c. 高强度螺栓的拧紧顺序　初拧和终拧顺序一般都是从螺栓群的中部向两端、四周进行。阀门、疏水阀、膨胀节、截止阀、疏水阀、减压阀、安全阀、节流阀、止回阀、锥孔盲板等一些管路上的控制元件，在管路的连接中，必须保证这些元件安装方向与介质的流动方向是一致的。

8.4.2　胀接

胀接是在管子内壁施压，通过管的塑性变形和管板的弹性变形，使端部扩胀，达到管子与管板孔的密固连接的方法，广泛应用于锅炉与热交换器的制造。

(1) 接头形式

胀接的接头形式见表 8-70。

表 8-70　几种常用胀接接头及适用范围

胀接接头	光孔胀接	扳边胀接	翻边胀接	开槽胀接	端面焊环缝胀接	
					光孔胀接	开槽胀接
简图	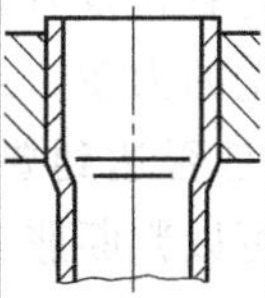	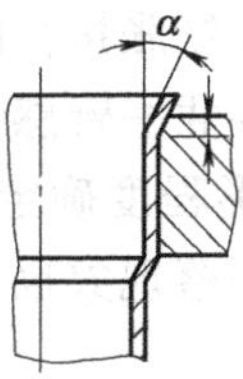	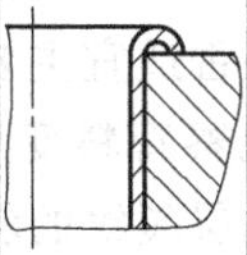	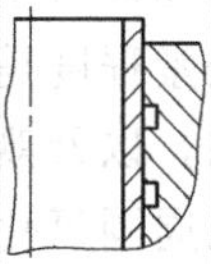	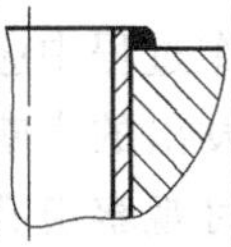	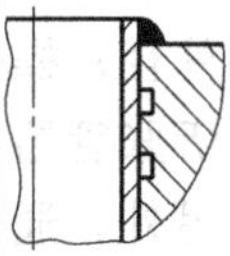
说明	胀接长度≤20mm 工作条件：<0.6MPa；<300℃	α=12°～15° 工作条件：0.1≤P<1.6MPa(低压锅炉)	工作条件：同扳边胀接	胀接长度≤20 工作条件：<3.9MPa；<300℃	工作条件：<7MPa；<350℃	工作条件：高温高压

(2) 胀管方法与工具

① 机械胀管　所用工具有螺旋式胀管器，适用于铜管或作辅助工具；前进式胀管器，适于管径 ϕ10～180，见图 8-104；后退式胀管器，适于小径厚管。

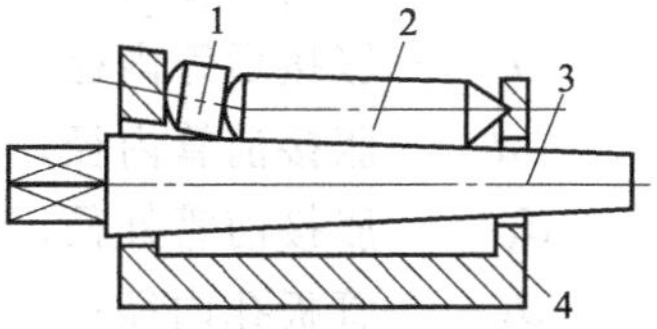

图 8-104　机械胀管器原理

1—翻边滚柱；2—胀孔滚柱（胀子）三个；3—胀杆；4—胀壳

② 液压胀管　所用工具为液袋胀管器和液压胀管器。

③ 橡胶胀管　所用胀管器中橡胶靠油缸活塞杆压缩变形，适用范围广。

④ 爆炸胀管　适于小径厚壁微胀。

(3) 胀管工艺过程

胀管的工艺过程为：管子退火（碳钢管 600～650℃、合金钢管 650～700℃)—检查与仔细清理管子与板孔—定位初胀—复胀—翻边—管端焊环缝—检验胀紧程度。

(4) 胀接质量的控制

胀接加工时，影响胀接质量的因素很多，因此，在实际操作中，应严格控制各胀接工序的加工质量，一般说来，主要有以下几方面的内容。

① 胀紧程度　胀紧程度直接影响到胀接加工的质量，因此，胀紧程度应控制在一定的范围内，扩胀量不足和过胀都会影响接头的强度及密封性。实际操作中，应严格控制胀接孔的直径及管料的外径；操作过程中胀紧程度是否适宜主要凭手臂感觉的力量，或者听胀管器发出的声响，以及观察管料变形程度确定是否达到要求。另外，通过观察板孔周围氧化层裂纹的剥落现象也可以判断胀紧程度是否达到要求。

衡量胀紧程度可用胀接率表示，一般用下述公式确定

$$内径增大率\ H=\frac{(d'-d)-(d_b-d_w)}{d_b}$$

$$管壁减薄率\ \varepsilon=\frac{(d'-d)-(d_b-d_w)}{2t}\times 100\%$$

式中　H——管料内径增大率；
d'——胀接后管内径；
d——胀接前管内径；
d_w——胀接前管外径；
d_b——管板孔内径；
t——管壁厚；
ε——管壁减薄率。

适宜的胀接率与管料的材料、规格等有关，一般可参照 $H=1\%\sim3\%$、$\varepsilon=4\%\sim8\%$进行初选，经试验后最后确定。

② 管端伸出长度　管端伸出管板的长度是影响胀接质量的一个重要因素。如果管端伸出管板长度过小，能够直接影响胀接后的扳边质量；伸出过长，将增加腐蚀的发生。表 8-71 给出了换热器类胀接件管端伸出长度的合理值。

表 8-71 换热器类胀接件合理的管端伸出长度

管外径/mm	38	51	60	76	83	102
管端伸出量	管端伸出长度/(mm/m)					
正常	9	11	11	12	12	15
min	6	7	7	8	9	9
max	12	15	15	15	18	18

③ 管板孔与管料间隙的确定　合理的管板孔与管料的间隙是保证胀接率和胀接质量的重要因素。过大的间隙会降低胀接程度，影响连接强度，过小会给组装时的穿管带来困难。选择合理的间隙是管料胀接组装前的一项不可缺少的工作，可根据具体尺寸情况实际测量进行选配。最大允许间隙与管径和压力有关，表 8-72 给出了管板与换热管间的最大允许偏差。

表 8-72 管板与换热管间的最大允许偏差

工作压力/MPa	换热管最大直径/mm							
	32	38	51	60	76	83	102	108
	管板孔与换热管的最大间隙/mm							
≤	1.2	1.4	1.5	1.5	2.0	2.2	2.6	3.0
>	1.0	1.0	1.2	1.2	1.5	1.8	2.0	2.0

④ 管端的处理　管端的处理包括软化热处理和除锈处理。

管端软化热处理是为了得到良好的胀接效果，应当对换热管的端部进行消应力退火处理，以达到软化的目的。消应力处理的方法是将管端加热到再结晶温度以上缓冷。

进行退火用的加热燃料，要严格控制其硫的含量，避免加热过程中产生渗硫现象。经过热处理的管端应将表面的氧化层除掉，保证胀接的质量。

退火温度对碳钢管取 600～650℃，合金钢管取 650～700℃。退火的长度取管板的厚度 $t+100$mm，保温时间为 10～15min，然后插入石灰或炉灰中缓冷。

管端加热可采用焦炭等热源，也可采用铅浴加热。铅浴加热具有加热均匀、防止渗硫、温度控制方便严格的特点。为了防止铅的氧化及铅蒸气的危害，可在铅液的表面覆盖一层10mm厚的炉灰类的保护层。

⑤ 胀接时的润滑　胀接时，对胀管器进行润滑，有助于胀接工作的进行和保护胀管器。但一定要注意，不得使润滑油进入管板与管端之间的胀接部位，从而降低胀接的密封性能，并在焊接时容易产生气孔。当胀接部位不慎沾有润滑油时，可采用丙酮清洗。

⑥ 胀接顺序　胀接顺序能影响到胀接的质量，选择合理的胀接顺序有利于提高胀接的质量。胀接顺序也是采用先断续胀接固定，然后连续胀接。对于管板从最外层到中心平均分出1、2、3圈，以分布在第1圆周上的管料对称间断胀接固定，然后进行第2圈的对称间断胀接固定，……，见图8-105。

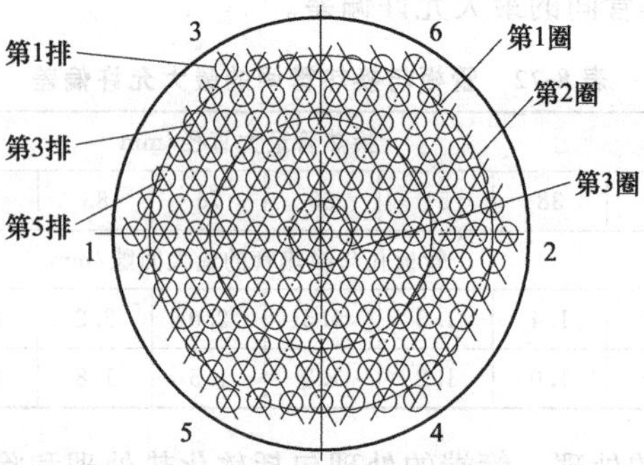

图8-105　管板的胀接顺序

(5) 胀接接头的缺陷及其预防

由于胀接过程中的操作或工具的使用等原因而产生的胀接缺陷大多数可凭经验作出判断，然后采取适当措施予以补救。常见的胀接缺陷如图8-106所示。

图8-106（a）所示为接头不严密，未胀牢的缺陷。图8-106（b）所示为接头的上、下端有间隙。造成接头未胀牢和有间隙的原因就是扩胀量不足。具体地讲，原因就是：过早停止胀接；胀管器胀子长度不够，与管板厚度及管料直径不相称；胀管器的装置距离比所需的小；胀子的圆锥度与胀杆的锥度不相配。

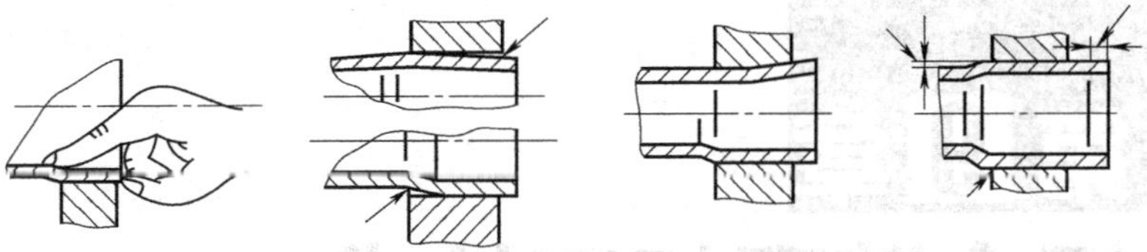

图 8-106　有缺陷的接头

当管料扩胀量不足时，可进行补胀。经过三次补胀，仍未达到严密性要求时，就要停止补胀。因为管料表面已产生硬化，失去弹性，即使再胀也不能奏效。这时可以抽出管料进行检查，如管料还可以用，则应对管端进行低温回火后再用，同时对管孔采取扩孔或镗孔的方法去掉硬化层。

图 8-106（c）所示为接头偏胀。管料在过渡区单面胀偏，而另一边不明显。此外，在胀子和扳边滚子的工作分界点单边形成切口。产生的原因是由于管料弯曲角度不准，造成管料与管孔的不同心，导致单边胀接。

图 8-106（d）所示为接头过胀。表现为管料端部伸出量过长，管孔端面的一圈有明显鼓起现象；管料下端鼓出太大，孔壁下端管料外表面被切；管料内壁起皮。

此外，胀接过程中还会出现：胀管后，管端内表面粗糙、起皮等，这是由于胀子表面有裂痕或凹陷引起的。

扳边形成的喇叭口边缘有裂纹。其产生的原因是：管端未经退火处理或退火不良，管料材料本身有缺陷及管端伸出量过大或扩胀量太大。

管料在过渡区转变太剧烈。这是由于胀子结构设计不合理，过渡段部分不正确所致。

对于那些有缺陷的管料，可按制造技术条件的要求，将管端根据规定长度割掉，重新换接一段，然后对其进行低温退火处理。对镗孔后扩大的管孔，应将管料端部用锥杆扩大。

第9章 钣金装配加工技术

9.1 装配原理

钣金构件的装配就是将组成构件的各个零件进行组合，并使每一个零件都获得正确的定位，然后固定并连接起来，从而组成合乎图纸要求的工艺过程。钣金构件的装配工艺过程，主要包括有装配、焊接（或铆接等）、矫正、涂装和检验等工序。

正确、合理的装配工艺规程对确定每道工序最合理的操作方法，以达到最大限度地防止和减少装配和焊后的变形，以及保证产品质量，提高劳动生产率方等方方面面都关系极大。因此，制订合理、正确的装配工艺规程十分重要；另一方面，受钣金构件产品多样性及厂房面积、设备情况、操作人员技术状况、材料等多方面因素的影响，又决定了钣金构件的装配方法不是唯一的，必须视生产的各种具体情况加以综合考虑，才能最后确定。

(1) 装配的三要素

钣金构件的装配工作，无论是采用什么方法，进行何种零件的装配，其装配过程都具有三个要素——支承、定位、夹紧。

① 支承。选用某一基准面来支持所装配构件的安装表面，称为支承。支承是装配的第一个要素，是解决产品的零件在何处装配这一首要问题的。例如表面具有平面的产品一般放在平台上或放在某一构架上进行装配。表面形状复杂的产品可放在某种特制的胎模上进行装配，这里所用的平台、构架、胎模都是用来支持所装配产品的零件表面，起装配时的支承作用。当支承起定位作用时又称定位支承。

② 定位。将所装配的零件正确地固定在所需位置上，称为定位。因为装配不是将零件任意地组合起来，而是使每一个零件都能获得正确的位置。只有通过定位并经固定或连接后，产品的几何形状和各部的尺寸才能符合图纸所规定的技术要求。产品的零件定位是装配的第二要素。

③ 夹紧。为了使零件在所选的支承及所在的定位位置上，进行固定并连接时不再产生位置的移动，需要加以一定的外力，称为夹紧。夹紧的目的就是通过外力促使零件进一步获得正确的定位。夹紧所需的夹紧力通常是用刚性夹具来实现的。使用夹具帮助完成装配工艺过程，是获得合格产品的重要技术措施。因此，夹紧是装配的第三要素。

装配的三要素是相辅相成的。研究装配技术总是围绕这三个要素来进行的。

(2) 定位原理

定位的目的就是对进行装配的零件（或部件）在所需位置上不让其自由移动。也就是说约束被装配零件的自由度。

任何空间物体在空间具有六个自由度，即沿三个坐标轴的移动和绕这三个坐标轴的转动。要使零件具有固定不变的位置，就必须限制工件的六个自由度。每限制一个自由度，零件就与夹具上的一个支承点相接触，限制六个自由度，就产生六个支承接触点。这种以六点限制零件六个自由度的方法称为六点定位原则。

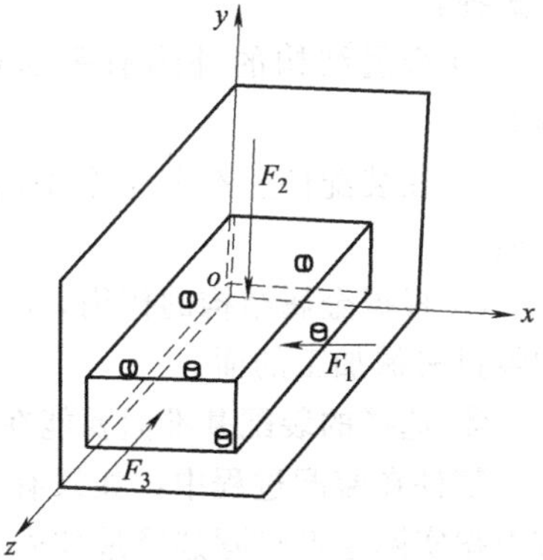

图 9-1　矩形零件的定位

图 9-1 所示为矩形零件的完全定位。xoz 平面相当于三个点限制了工件三个自由度（y 轴方向的移动及绕 x、z 轴的转动）。xoz 平面是矩形零件的主要支承面，而其所接触工件的表面则称为主要定位基准（工件上大而主要

的平面)。zoy 平面上限制了零件的两个自由度(x 轴方向的移动及绕 y 轴的转动)。zoy 平面是矩形零件的导向支承面，而其所接触工件的表面则称为导向定位基准(工件上窄而长的平面)。xoy 平面上只限制了工件一个自由度(z 轴方向的移动)。xoy 平面是矩形零件的止推支承面，而其所接触工件的表面则称为止推基准(工件上微小的平面)。

应该说明的是由于钢结构形式不一，零件又多，因此，设置定位点时要结合实际情况。以上所讲的六点定位规则是指对一个零件可以用六个支承点约束其全部自由度。当若干个零件组合在一起的时候，零件甲的某一个面可以作为零件乙的定位基准面，零件乙的某一个面又可作为零件丙的定位基准面，这是钢结构装配时零件定位常有的情况。因此，钢结构装配时零件定位并不是每一个零件都要在夹具内实施六点定位的。

(3) 装配基准的选择

零件和装配平台相接触的面称为装配基准面。它相当于六点定位中的首要定位基准面。一般情况下，装配基准面可按下列原则进行选择：

① 金属结构的外形有平面也有曲面时，应以平面作装配基准面。

② 在装配件上有若干个平面时，应选择较大的平面为装配基准面。

③ 根据金属结构的作用，应选择最重要的面作为装配基准面，如经过机械加工的面。

④ 选择的装配基准面要能在零件装配过程中便于定位和夹紧。

零件在装配过程中，如果有不止一个面可以做装配基准面时，应根据实际生产过程选择最佳表面作为装配基准面。

9.2 装配夹具及其选用

在钣金构件的装配过程中，为达到减轻装配零件定位方面的繁重操作，免除装配时零件的画线和简化装配的程序，减少所焊构件的变形，使焊件能处于最有利的焊接位置，并消除不符合要求的零件或部件进行装配，以简化检验手续，提高生产效率的目的，常常采用装配夹具进行操作。

装配夹具是用来对所装配的零部件施加外力，使其获得止确定位的工艺装备。

(1) 装配夹具的选用要求

对于不同的钣金构件在不同的生产加工条件下，其装配方法是不同的，因而其选用装配夹具的要求也是不同的，但不论选用何种夹具，一般均应符号以下方面的要求：

① 装配夹具本身应有足够的强度和刚度，即在拟订夹具方案时，必须仔细地求出受力机件的实际作用力。

② 具有良好的夹紧效果，使用安全灵活。

③ 焊接时能全部或局部地防止焊件的变形，使焊接部位能迅速地散热以减小翘曲。

④ 容易取下装配或焊好的制件，便于检验和测量制件的尺寸。

(2) 装配夹具的类型及应用

装配夹具主要包括简单轻便的通用夹具和装配胎型的专用夹具等。按其结构特点可分为：有丝杆夹具、杠杆夹具、气动夹具、液压夹具、偏心夹具、磁铁夹具等；按其动作又可分为手动、气动、液压和磁力等方式。

① 通用夹具　根据装配过程中装配夹具给予所装配零部件定位或夹紧等作用的不同，通用夹具主要有定位器及压紧器两大类。

a. 定位器。零件在装配中沿平面和曲面来定位，或者沿这两种表面的复合表面来定位的夹具，通常称为定位器。定位器可以用作独立夹具，也可以用作有若干定位装置和夹紧装置的组合式夹具的元件。在许多情况下，定位器可以同时是固定所装配零件的工具。定位器可分为以下四类。

ⅰ. 挡铁定位器。挡铁定位器是最常用的定位元件之一，其结构类型如图 9-2 所示。装配时，其定位位置和数量以及类型的选用由所装配的结构和所取基面的位置来决定。

其中：固定挡铁可以使一个或两个零件在水平面上定位或者将

所装配的零件固定在水平面和垂直面上［图 9-2（a）］；可拆挡铁大致与固定挡铁相同，只是在它的每边面上开有孔或槽口，利用台阶式圆销插入而固定在底板上［图 9-2（b）］；铰接式挡铁是当零件或部件在点焊或连接以后不能取下时，则应采用铰接式挡铁定位器，见图 9-2（c）。

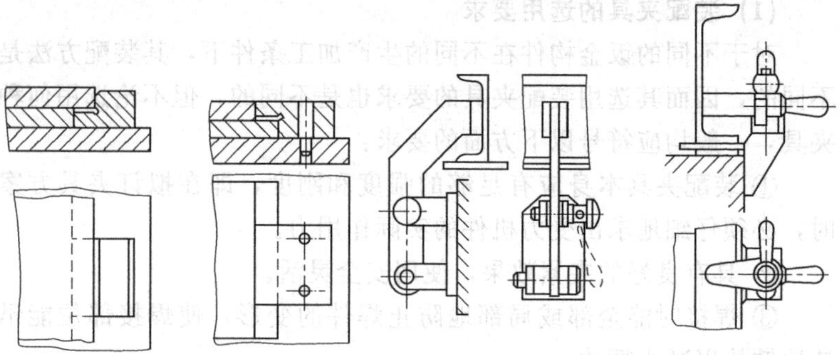

(a) 固定挡铁　(b) 可拆挡铁　(c) 铰接式挡铁　(d) 铰接式挡铁

图 9-2　挡铁定位器

ⅱ. 销轴定位器。销轴定位器是用一个或两个固定式定位销来进行定位的装置，如图 9-3 所示。

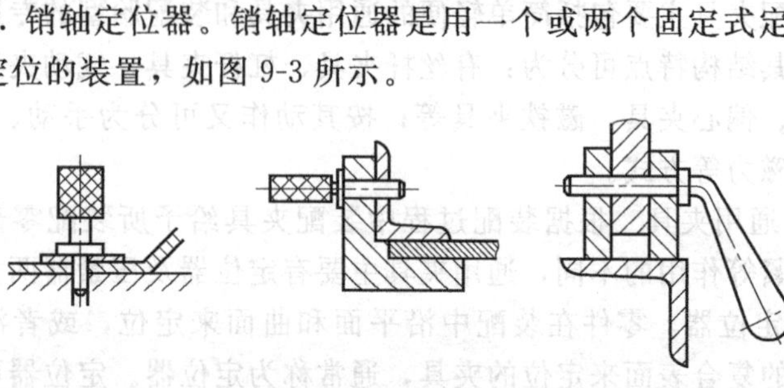

图 9-3　销轴定位器

定位销一般选用 20 钢制成，并经渗碳热处理，渗碳层为0.8～1mm，淬硬至 55～60HRC 使用，其配合处机械加工后具有较高的精度和粗糙度。

ⅲ. V 形铁定位器。V 形铁定位器有刚性的、可调节的等多种。在制造小尺寸圆筒形制件的装配时，适宜使用可调节的 V 形铁定位器。

ⅳ. 样板定位器。样板定位器是在装配时，通过专用的样板来模拟所需装配构件间的装配关系，从而保证其装配要求。

b. 压紧器。压紧器又叫压夹器。是对已经定好位的构件施加压紧力的夹具。

ⅰ. 楔条式压紧器。楔条式压紧器是属于制造上最简单的夹具元件，被广泛地作为独立的夹具进行使用。它是采用锤击或其他机械方法获得外力，利用楔条的斜面使外力转变为夹紧力，将所装配的构件压紧在另一个构件上，并对齐边缘，作为拉紧装置以供零件或部件在装配时的定位和安装。楔条式压紧器斜面角不能太大，一般为 10°～15°，能起自锁作用。为了增加楔条压紧力，可在其下面加入楔铁。图 9-4 所示为楔条式压紧器的应用实例。

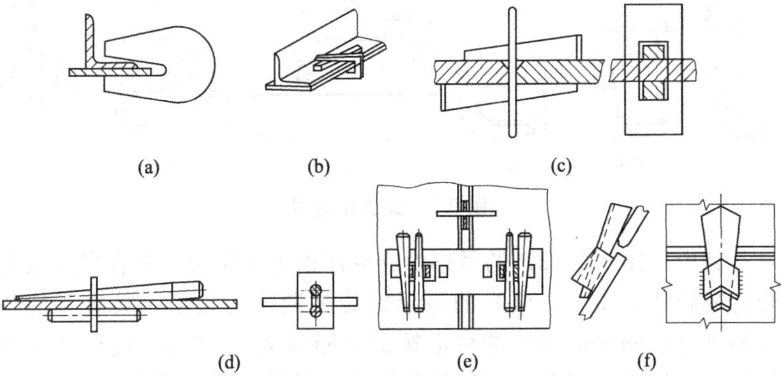

图 9-4　楔条式压紧器

图 9-4（a）为楔口角板，直接将型钢和钢板夹紧；图 9-4（b）是 U 形夹板和楔条联合使用，打入楔条，使型钢和钢板在 U 形夹板内被夹紧；图 9-4（c）和图 9-4（d）是带嵌板的楔条压紧器，楔条的截面形状可为矩形或圆形，用于有间隙的板料对接处使接口对齐；图 9-4（e）是用钢板或槽钢作为压紧器主体，并开有方孔，套在焊于构件的嵌板上，打入楔条使板料接口处对齐，同时还可以借用外面两根楔条调整板料接口处的间隙；图 9-4（f）为角钢楔子，通过气割将具有适当长度的角钢加工出斜度，打入焊在较低钢板上的角钢套，就能使板料接口对齐或矫平。

ⅱ. 螺旋压紧器。螺旋压紧器由主体、螺杆和螺母三部分组成。通常是利用螺杆的旋转来实现夹紧，而旋转螺母实现夹紧的情况较少。

螺旋压紧器广泛地被用作可拆式夹具，其种类极多，且具有夹、压、拉、顶撑等多种功能。为了保护受夹紧的零件表面并增大接触面，螺杆末端有抵靴装置。抵靴构造视受夹零件的外形和对连接的要求决定。当旋转螺杆时，抵靴不旋转，由于有球支承的关系，能在被夹紧的表面上自动调节。图 9-5 所示为螺旋压紧器常用的几种典型结构。

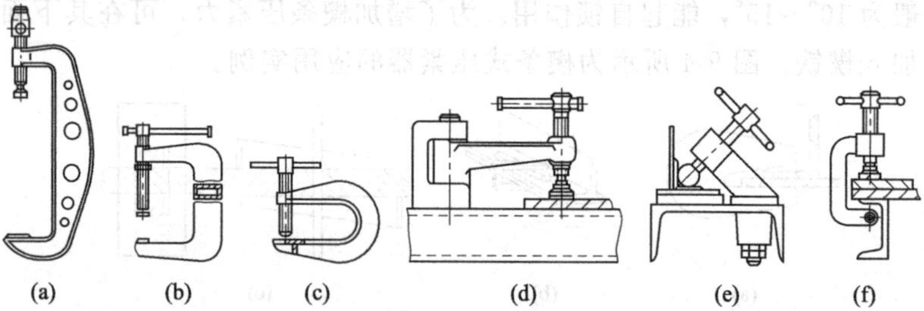

图 9-5　螺旋压紧器

其中：图 9-5（a）的弓形螺旋夹断面为工字形，且在弓形板上开有减轻孔；图 9-5（b）的弓形螺旋夹断面为箱形，具有高的强度和刚度；图 9-5（c）的弓形螺旋夹断面为 T 字形，这种结构重量轻、刚性好；图 9-5（d）为带固定销轴的回转式压紧器；图 9-5（e）为在活销轴上的压紧器；图 9-5（f）为铰接式压紧器，这类夹具都固定在装配台上，其装置位置是根据装配构件的形状和尺寸来确定，本身亦起定位作用。

图 9-6 所示螺旋拉紧器是由正反螺纹的丝杠和螺母加上圆管或钩具等零件制成，并利用转动丝杠或螺母起拉紧作用。

图 9-6（a）、（b）为装配板件用的简单螺旋拉紧器，旋转螺母就可起拉紧作用；图 9-6（c）、（e）有两根独立的丝杠，丝杠上的螺纹方向相反，转动两根丝杠的中间连接件，便能调节丝杠的距离，起到拉紧作用；图 9-6（d）为双头螺栓拉紧器，由于两端的螺纹方向相反，旋转中间螺杆就可调节两弯头的距离。

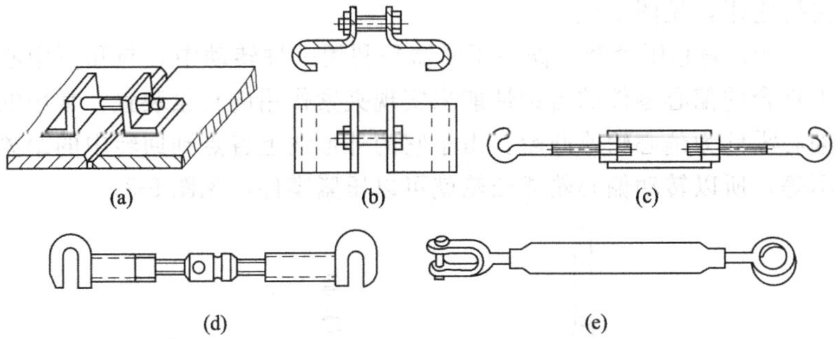

图 9-6 螺旋拉紧器

图 9-7 为常见的柱形螺旋推撑器，它是利用丝杠起撑开或顶紧作用，不仅用于装配，还可用于矫正，所以推撑器又叫顶杆。推撑器和拉紧器一样，亦有柱形、环形和特种形状。

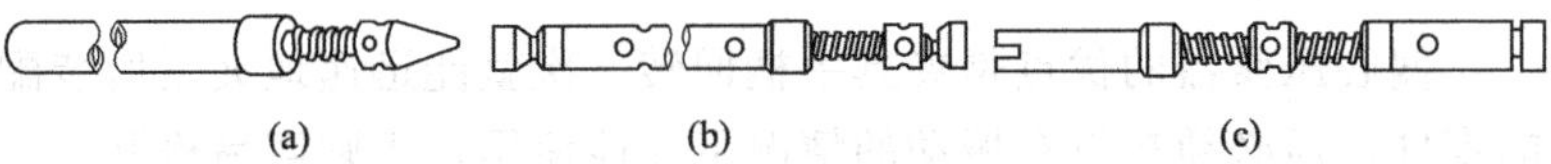

图 9-7 螺旋推撑器

其中：图 9-7（a）是最简单的丝杠顶具，由丝杠、螺母、圆管三种零件组成，这种顶杆头部是尖的，只适宜于顶厚板或较大的型钢；图 9-7（b）推撑器在头部增加了压块，顶压时不会损伤零件表面，也不会打滑，若两端均有压块时，可以转动中间圆管，加速调整丝杠距离，操作极为方便；图 9-7（c）所示推撑器是用具有正反方向螺纹的丝杠制成的，当两端固定后，即可起顶和拉的作用。

ⅲ. 杠杆压紧器。杠杆压紧器是利用杠杆原理将零件夹紧。除了固定零件以外，还可以对所装置的零件在点焊或连接前作定位、

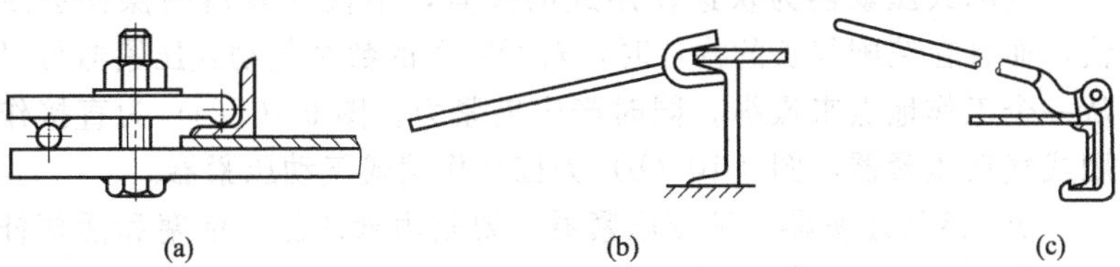

图 9-8 杠杆压紧器

夹持之用，见图 9-8。

ⅳ. 偏心压紧器。偏心压紧器是利用一种转动中心与几何中心不重合的偏心零件的自锁性能来实现夹紧作用的夹紧装置。常用的偏心零件为偏心轮或凸轮。由于它的外形线上各点到回转中的距离不等，所以转动偏心轮或凸轮就可以压紧零件，见图 9-9。

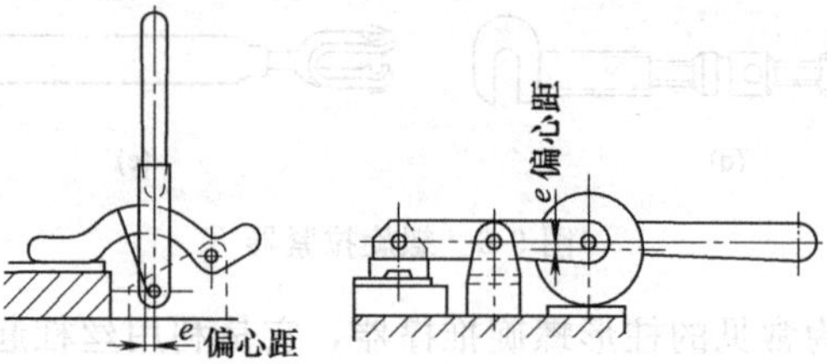

(a)　(b)

图 9-9　偏心压紧器

偏心压紧器的优点是夹具手柄回转一次就能迅速地夹紧所装配的零件，但必须在没有振动的情况下才能使用，否则容易松开。

ⅴ. 气动式压紧器。气动式压紧器的结构决定于夹具的形式、零件的夹紧特性等。气动式压紧器主要由气缸、活塞和活塞杆等部分组成。工作时，压缩空气作用于活塞上，推动活塞杆产生夹紧力，从而达到将零件和部件夹紧的目的。

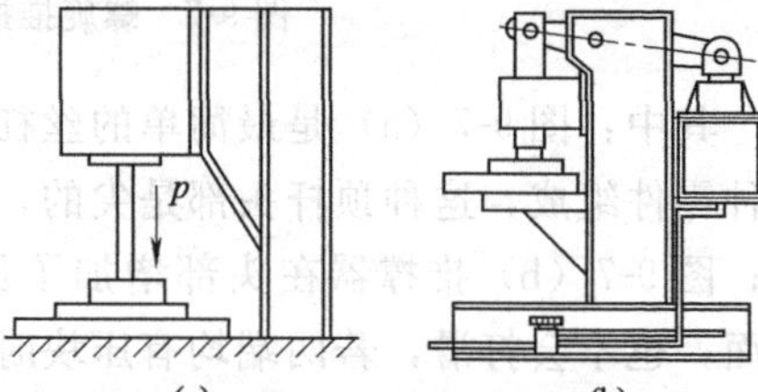

(a)　(b)

图 9-10　气动式压紧器

气动式压紧器为快速作用式的夹具，不仅压紧器的操作速度快，而且在装配很长的构件时，对所装置的数个气动式压紧器可以从一个工作地点来操纵，同时产生夹紧力。图 9-10（a）为直接作用式气动压紧器，图 9-10（b）为杠杆作用式气动压紧器。

ⅵ. 液压压紧器。液压压紧器主要是由液压缸、活塞和活塞杆等组成。缸内的工作介质是矿物油或乳化液。作用原理基本同于气压式压紧器。其优点是比气压式压紧器具有更大的压紧力，且工作平稳，夹紧可靠。缺点是液体易泄漏，辅助装置多维修不便，目前不如气压式压紧器使用广泛。

在薄板结构的装焊中，广泛采用气动液压联合装置。这种装置的特点是：把气压灵敏、反应迅速等特点用于控制部分，把液压工作平稳、能产生较大的动力用于驱动部分。

ⅶ. 磁力压紧器。磁力压紧器实际上是一个电磁铁。操作磁力压紧器时，电磁铁应在不接通电流时安置在需要夹紧的位置，磁铁装好以后，借助于操纵开关接通电源，而磁铁就进入工作状态。

电磁铁的应用是多种多样的，图 9-11 所示为几种常用的方式。

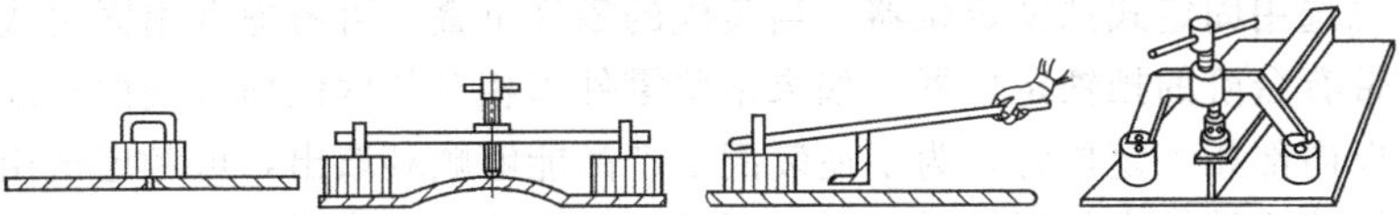

图 9-11　磁力压紧器

其中：图 9-11（a）是用电磁铁式压紧器代替点焊的实例；图 9-11（b）是用两个电磁铁式压紧器来对板料进行矫正；图 9-11（c）是用电磁铁作为将角钢压紧于焊接表面上的杠杆支点的应用实例；图 9-11（d）是用电磁铁来进行板料装配的实例。

② 专用夹具　专用夹具又称装配胎型，是在专用的支承底座安装多个或多种类型的定位器及压紧器组合而成。对于不同的装配构件，装配胎型结构也是不同的，但一般可按以下要求进行设计及选用。

a. 支承底座。支承底座是专用夹具的主体，既是产品的支承基准面，又是实现对装配零件的定位及夹紧的定位器和压紧器安装面。设计时，应满足以下要求：

ⅰ. 在保证具有足够的强度和刚度下，结构应力求简单。

ⅱ. 支承底座的尺寸一般应大于产品的外形尺寸。

ⅲ. 当采用气压式压紧器时，不但要考虑气缸的安装，还要考虑安装管道、杠杆或其他夹紧元件。所以支承底座的设计与制作，一般都是在确定了所用装配夹具的类型、尺寸以后才能确定。一般选择以厚钢板，角钢及槽钢制成桁架式支承底座的结构形式比较多。

ⅳ. 支承底座制作好之后，要按照所装配零、部件在底座平面上进行一次放样，以确定定位器、压紧器的安装位置。为了便于装配和检验，通常对一些重要线条（如中心线等）要用样冲打上冲眼，以示标记。

b. 定位器的选用和安装原则。在设计专用夹具时，其中定位器的选用及安装可按以下原则进行。

当以零件的一侧面或长、宽两个方向为基准进行定位时，可考虑选用固定式挡铁定位器。当装配的零件重叠，可考虑选用固定式带有台阶的挡铁定位器。如果某些零件以相对的两侧面（端面）或以内部相互定位时，为了使装配后产品能够顺利取出，可考虑选用铰接式挡铁定位器或采用可以回转的双面挡铁定位器。

在确定定位器位置时，还应注意以下几点：

ⅰ. 定位器一般设置在作定位基准的中心线、接合线和边缘线上的接近两端位置，若构件长度较长而刚性较小时，可在两端定位器之间再设置一个或多个定位器。

ⅱ. 定位器的位置不应妨碍装配、焊接、铆接、螺栓连接等项操作发生困难。

ⅲ. 保证装配的零件、部件各部分的尺寸公差与形位公差符合技术要求。

ⅳ. 便于装配后的零件、部件能顺利地从装配夹具上取出。

c. 压紧器的选用和位置的确定。在设计专用夹具时，多选用螺旋式和气动式两种压紧器，或两种压紧器综合应用。其中压紧器的安装位置的确定可按以下原则进行。

ⅰ. 压紧器应配置在定位器的对面或靠近定位器。当零件必须在两定位器之间压紧时，应防止零件有可能产生弯曲，必须采取加强结构刚度的措施（如：加支撑、临时加强板等）。

ⅱ. 螺旋压紧器应配置在离受热处尽量远的地方。如果必须在焊接部位附近装置压紧器时，应有防护装置遮盖，以免螺纹由于焊接时金属飞溅造成损坏。若无防护装置，可改用杠杆式或偏心式的压紧器。

ⅲ. 当装配的零、部件很高时，应该将压紧器配置在其重心的下部，以免零、部件受力不当而倾斜。同时压紧器的安装位置，应不妨碍装配工作和能顺利地取出制件为原则。

ⅳ. 在组合夹具上安装气动式压紧器时，可采用固定式安装[图 9-12 (a)] 和摆动式安装，见图 9-12 (b)、图 9-12 (c)。

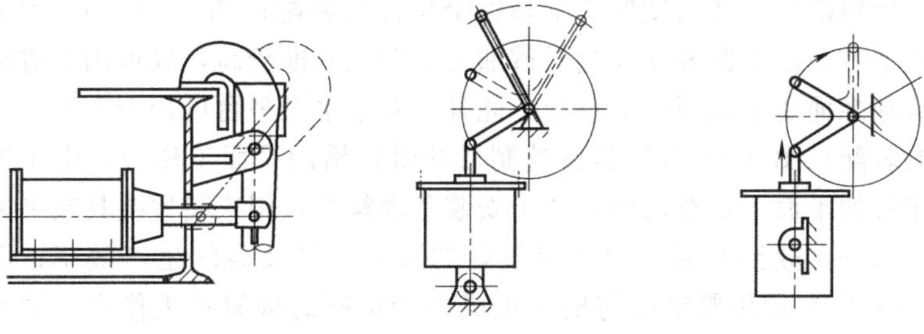

(a) (b) (c)

图 9-12 气动式压紧器的安装方法

9.3 装配的操作

钣金装配大多属于单件或小批量生产，涉及的工种较多，并且装配过程中常伴有大量焊接或其他连接加工，易产生焊后变形，因此，装配前应做好测量，装配后应做好校正、矫形工作，装配过程中，应做好所装配构件的尺寸、位置等的调整工作。

9.3.1 装配场址的选择

在产品组装过程中，由于重量不断增加，直接影响着基础的稳定性。同时，生产组织也同样对场地有一定的要求。在选择装配场址时，应注意以下几点。

① 选择坚固、稳定的装配场地　产品组装时，应选择坚固、稳定的装配场地。坚固性即基础的稳定性，一般应选择经过长期沉降的地址，尤其是对产生冷冻或化冻季节的地带、高地下水位、雨水流经带；新开挖的堆积、回填带；河流冲刷带；滑坡等对地表层

变形影响较大的地带，选择时要慎重和避开。

此外，还应避开风力、雨水等对找正基础失稳变形的影响，避免在制造、施工过程中，因基础的局部下沉，影响组装的精度。对已经找正的基础的加固程度，须满足对产品重量的承受能力。

② 合理选择装配平台　装配平台是用来支承零件的工作台。主要有以下几种。图 9-13（a）是用厚钢板制作的简易平台，可用于板料的拼接及精度要求不高钣金构件的装配；图 9-13（b）为铸铁平台，由于其表面经过机械加工，定位基准较高，故可用于对定位基准面要求较高件的装配，此外，对于水泥平台可用于大型产品的装配；图 9-13（c）是铸铁制成的带沟槽的平面工作台，由于工作台的平面上带有沟槽，便于安装紧固螺栓，用来装置夹具或夹紧零部件，故比普通平台具有较好的装配质量及高的生产效率；图 9-13（d）是用厚钢板与槽钢组成的带沟槽的构架式工作台，这种工作台可根据所需装配的钣金构件的尺寸需要进行制作，从而能有效地在构架上安装夹具和控制制件的焊接变形，适用于箱体、框架、桁架等制件的装配。

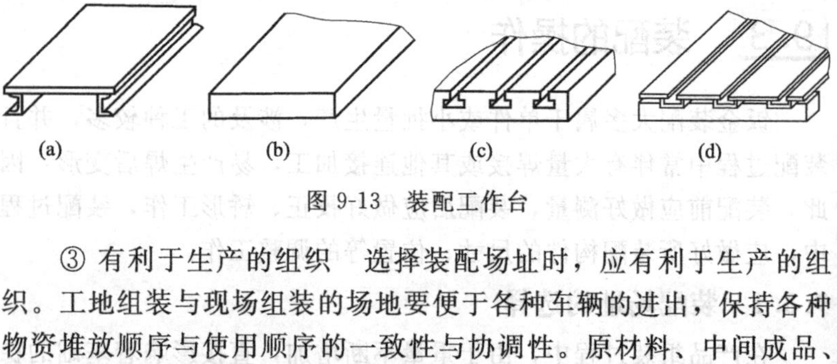

图 9-13　装配工作台

③ 有利于生产的组织　选择装配场址时，应有利于生产的组织。工地组装与现场组装的场地要便于各种车辆的进出，保持各种物资堆放顺序与使用顺序的一致性与协调性。原材料、中间成品、各工序所需场地的排序，已完成的待运产品、工装器材的堆放场地，焊材工具等的保管场地及人员生产、生活活动所必需的场地，安全保卫等的位置安排。

9.3.2　装配要领

各种钣金构件根据其用途、性能和使用中的情况，都在设计图纸上提出了一系列的技术要求。在装配时，要保证各项技术要求得以实现，必须掌握装配要领。

装配要领通常是指中心线、对角线、水平度、垂直度、挠度、斜度等项技术要求。由于这些技术要求在同一产品上相互之间又有着必然的联系，所以在装配过程中，要视具体情况，综合应用，才能保证产品的装配质量。

(1) 中心线

中心线通常被视为保证产品质量的主要技术要求之一。如图9-14所示支架，由管、板料及角钢等装配而成。从图样上标注的尺寸和图样特点来看，其轮廓边缘及中心线是图样的设计基准，从支架受力来看，各管料轴线的位置，对支架的受力状态、承载能力影响很大。因此，在装配前，应严格调直管1，严格控制圆弧托板2的尺寸正确性及其平面度及直线度等要求，同时，装配时应采取必要的工艺措施，防止支架在组焊中的变形。

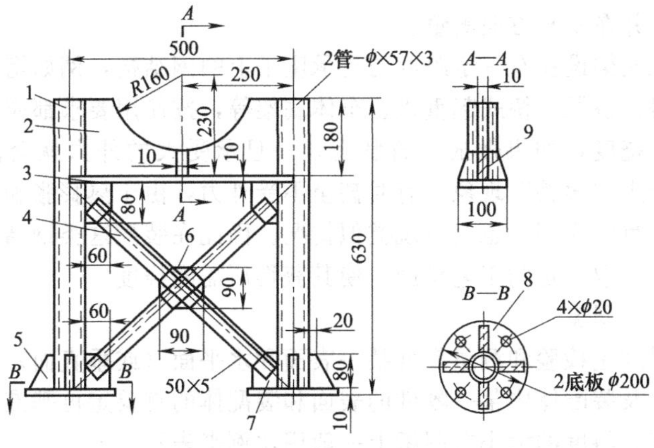

图 9-14　支架的结构

1—管；2—圆弧托板；3—板；4—角钢；5,7,9—加强肋；6—连接板；8—地脚板

(2) 对角线

对角线常作为对产品的一项技术要求。如图9-14所示的支架，为使整个构件受力均匀，装配后，应检验支架上、下两端对角线的差值。

(3) 水平度

任何面、线与水平面差距的比值称为水平度。水平度是检验和测量装配质量的重要技术参数，是保证钢结构装配中零、部件是否获得正确定位的关键之一。

(4) 垂直度

垂直度是用来检验和测量某些零、部件或产品侧表面与水平面、体的中心线与水平面间的垂直程度。

要求测量和检验垂直度的有下列两种情况：一是零件与零件之间或零件的某些表面之间的垂直度；二是产品组成后所要保持的垂直度，主要是铅垂方向的垂直度。

如矗入云天的烟囱，几十米高的铁塔等，其中心线都必须保持与水平面垂直。

(5) 挠度

挠度（或拱曲度）通常是指长形构件在整个长度方向上的弯曲程度，并在垂直方向测量。

凡属架设在有一定跨度的支承座子上的钢结构，例如桁架结构的厂房、桥梁、桥式起重机、车体底架等，按使用要求都应当有适当的上挠度，如果做成平直状态，一旦承受大的外力就会向下弯曲，产生“塌腰”现象。有时甚至不受外力，由于热膨胀和冷缩及结构自重的作用；也会出现类似情况。因此在装配这类钢结构产品时，应采取一定的工艺措施，使其获得所需的挠度。

(6) 斜度

斜度是检验和测量零件某一表面和水平面（或垂直面）的倾斜程度以及装配体中某一零件的表面和装配体的首要定位基准面的倾斜程度。斜度的大小在图纸上一般用比例来表示。

如图 9-15（a）中 AC 对 AB 的斜度 $=BC/AB=H/L$，即 $\tan\alpha=H/L$。在图样中，一般将斜度化成 $1:N(=H/L)$ 的形式表示，其标注形式如图 9-15（b）所示，斜度符号为“∠”，其方向应与所画斜度方向一致。

9.3.3 装配的测量

装配时的测量是针对所需装配的各类构件的装配要领进行的装

配加工前的定位及装配完成后的检测的主要步骤，也是保证所组装构件质量的重要加工内容。由于受加工场地、组装构件复杂程度等方面的影响，装配的测量具有一些与单个零件加工测量所不同的方法及手段。

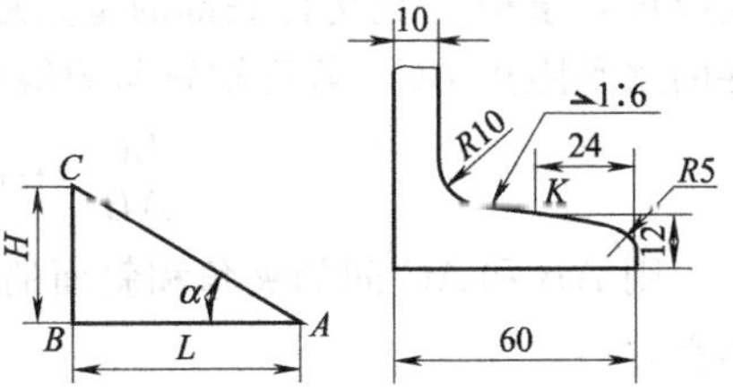

(a) 斜度　(b) 标注

图 9-15　斜度的标注

(1) 测量工、量具

装配中用于零部件定位找正、测量和检验用的工具，称为测量工、量具。装配时，组装用工、量具除了需采用单个工件加工所用的工、量器具外，还需要水平尺、线坠、水平仪、垂直仪等测量形位所用的工、量器具、仪器等，见图 9-16。

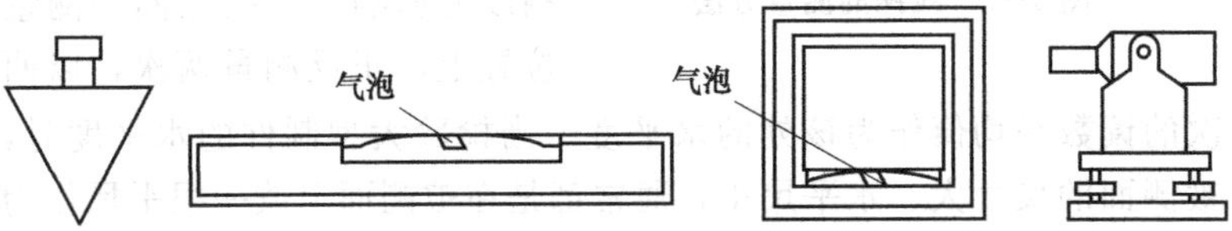

(a) 线坠　(b) 普通水平尺　(c) 高精度水平尺　(d) 水准仪

图 9-16　常用测量用器具

图 9-16 (a) 所示线坠用来检验零件和产品的垂直度。当测量距离较大时，应选择重线锤，以保证测量的准确性，距离较小时可选用小的线锤。线锤一般多用在其他方法无法检验垂直度的地方，如高大的钢结构、无水平基准面，无检验的参考基准等。

线锤的测量方法如下。

① 垂直度的测量。图 9-17 (a) 中，在构件的上端，沿水平方向安置一根横杆，将线锤拴在横杆上，量得杆件上端锤线与构件的水平距离再量得杆件底部与线锤尖端的水平距离，如果距离相等(同为 a 值)，说明杆件垂直，否则就要重新调正。

② 垂直于斜面的测量。图 9-17 (b) 中，在构件上端 A 处悬

挂线锤，量得 A 到构件底部的垂直距离 AB，再量得线锤尖端至构件的水平距离 BC，若已知斜面的斜度为 α，当

$$\frac{BC}{AB}=\tan\alpha$$

则 AB 和 AC 间的夹角和斜面的斜度 α 相等，说明构件与斜面垂直。

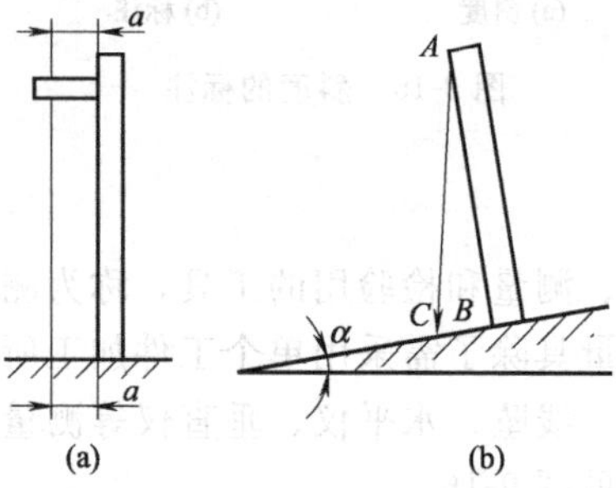

图 9-17　线锤的测量方法

图 9-16（b）所示水平尺是用来检验水平度的工具。用水平尺检验水平度时，如果气泡居中，说明被检验的制件表面处于水平位置，气泡偏左，说明左边偏高；气泡偏右，说明右边偏高。检验时，为了减少水平尺本身制造精度对测量精度的影响，往往在同一测量位置上，正反测量两次，以两次的读数平均值作为该处的水平度。当检验大型制件的水平度时，被测面的尺寸大、水平尺小，通常都是在被测面上放一根平尺作为辅助基准，再将水平尺放在平尺上进行测量，这样检验的结果才不至于因被测面局部不平而受到影响。

当所检验的水平度精度要求较高时，可采用图 9-16（c）所示高精度水平尺。

图 9-16（d）所示水准仪是用来测量制件的水平度和高度的工具，由望远镜、水准器和基座等组成。测量时，应在需测量的构件上预先标出基准点，再用水准仪进行观察，如果水准仪上基准点的读数相同，则说明所测量点处于同一水平面，否则，应进行调整。

(2) 测量方法

常用测量有面的测量、尺寸的测量和形位的测量。其中，被测面的合理确定与测量精度是保证组装精度的前提和基础。

① 面的测量　面的测量分为平面、垂直面和斜面。平面有找

平和找水平的区别。

找平与找水平是两个含义不同的概念。找平是对需要的面，经过调整，达到预期的平整度。找平的面可以是水平面，也可以是垂直面或是斜面。找水平则是对需要的面不但找平，而且这个平面还要具备水平的状态。具有一定水平精度的面的调整虽然比找平面麻烦，但在水平面上寻找垂直线或面却是非常方便的。在精度允许的范围内，只用重锤就可以确定垂直面。工作平台一般都需要进行找水平。

a. 平面的测量　找平有粉线法和目测法两种。粉线法是利用粉线或钢丝按图 9-18 所示进行调整。粉线或钢丝的粗细不宜超过 1mm。调平时，将粉线拉紧，并保持两条粉线拉紧的受力一致。以两条粉线的交点是否接触来判断两条粉线所在的四个端点是否在一个平面上。确定两条粉线的中点是否接触，不能单凭一次测定就确定下来。应当将两条粉线的上下位置经过几次变换后，无论哪条粉线的位置在上面或下面，两条粉线接触后的松紧程度都应当是一样的。这时，才能够最后确定所要找的平面平整程度。否则，还要继续进行。

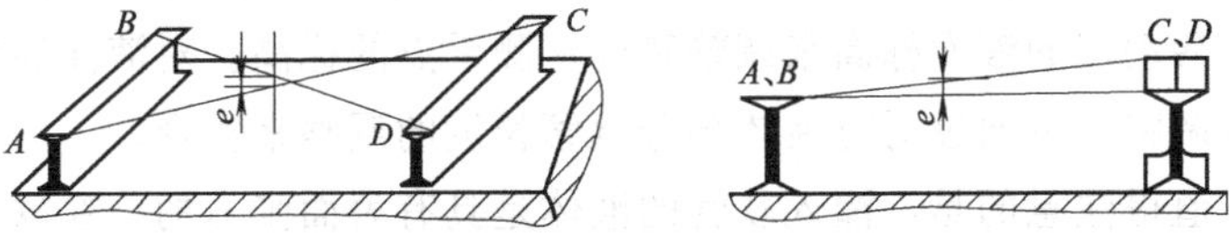

图 9-18　粉线的找平

目测法适用于呈杆状件或以杆状件为基础的框架结构在单片组装时的平面找正。图 9-19 所示为利用目测法，将两根杆件的上表面调整到平行的方法，即以两根工字钢 AB、CD 为找平依据（为了图中便于识别，将工字钢 CD 用双点画线画出），用眼睛观察，直到 AB、CD 平行为止，目测法的测量精度受观察者的位置、视力、环境和经验等影响较大，但比较实用。观察点距工字钢的距离不可过近，在能够观察的前提下，以较远距离为好。

b. 水平面的测量　水平面的测量常用的主要有软管法及水平

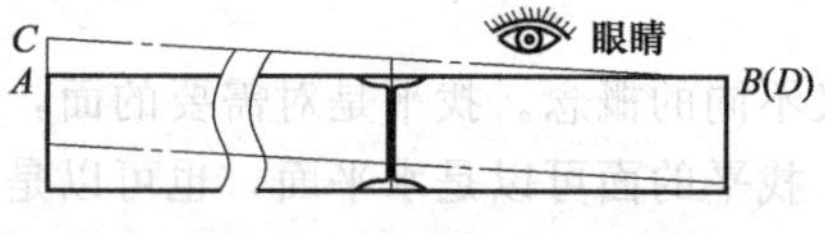

图 9-19 目测法找平

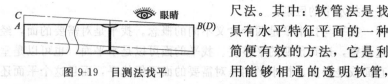

尺法。其中：软管法是找具有水平特征平面的一种简便有效的方法，它是利用能够相通的透明软管，将管内装入水或其他液体。为了便于观察，可将灌入软管的液体调出一对比度相对强烈的颜色，如黄蓝、红绿等颜色。当测量水平的环境温度低于0℃时，为了防止软管中出现结冰现象，可将灌入软管的水改其他液体或在水中加入防冻液。测量调整时是以软管的液面的高度为参照高度（见图 9-20），对所有与液面高度不相符的部位进行调整，直到所有需要调整的部位达到预期要求为止。软管法尤其适用于环境复杂、视野不开阔的地方的水平找正与标高的确定。

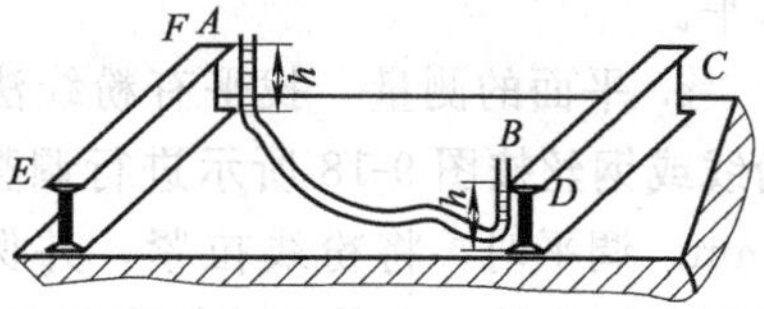

图 9-20 软管的找水平

测量时，将软管的一端固定在一个测量点上，并做好液面标高位置。然后移动软管的另一端。在保持固定端标高不变的前提下，依据活动端的液面标高来调整和确定测量点的标高。对液面高度的适当调整，可通过对有液体部分软管长度的调整来实现。

值得注意的是，灌入软管的液体是具有表面张力的。在软管直径较细的状态下，液面不是平面，而是曲面。特别是水，这种现象尤为明显。为了保持测量时的观测精度，观测时，观测确定面都取液面的最高位置，或都取液面的最低位置。

当存有液体的软管在平面部分的长度增加时，测量的液面高度下降。

采用液面法测量水平用软管需透明，管的内径以 $\phi 6\sim$ 10mm 为宜。

水平尺法是利用水平尺、水平仪进行的找水平。根据水平尺的功能和精度，能够进行水平、垂直甚至呈 45°倾斜角度平面的找正

（见图 9-21）。

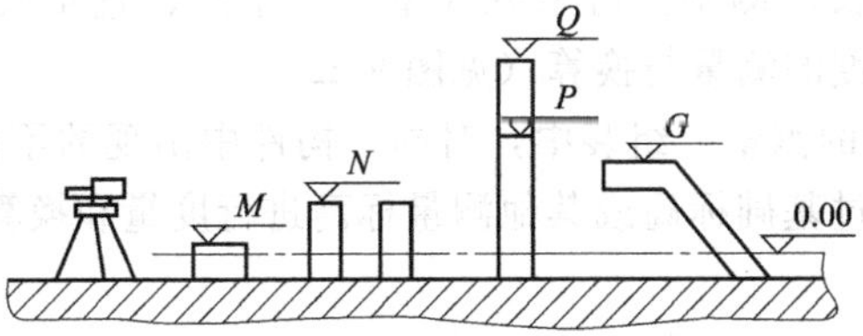

图 9-21　多点、多标高位置的水平确定

水平尺法找水平的精度随着水平尺精度的提高而提高。其中，以方形水平尺的精度相对最高。对于高速运转的泵类安装，一般应采用具有 2 级测量精度的方形水平尺。当被测量部位有平面时，可将水平尺直接放在平面上进行测量调整。采用普通水平尺测量部位的空间长度较大时，可辅以一条直径不大于 1mm 的钢丝，于被测量面的两端拉紧，将水平尺放在钢丝的中部，通过调整钢丝端部的高度，来确定钢丝端部的水平程度。使用该法时，注意钢丝因自重引起的下垂对测量的影响。

② 尺寸测量　组装时，常遇到以下几种与单个构件尺寸测量不同的测量方式。

a. 长度的测量　组装中长度测量的特点主要表现在层面的标

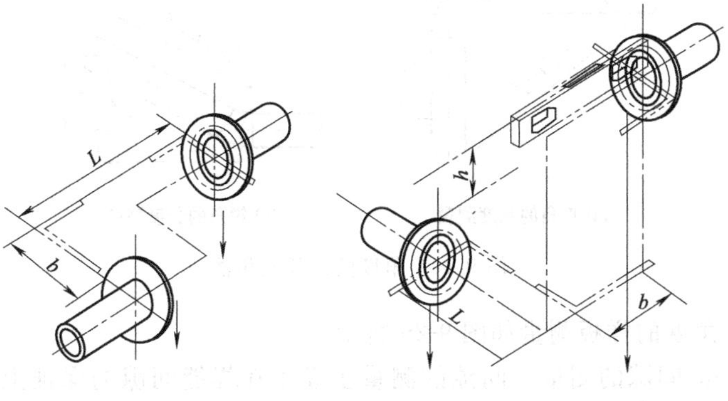

(a) 中心线距离的测量　(b) 不同标高中心线距离的测量

图 9-22　不同标高、不同中心线的距离测量

高不同、中心线的不同时，致使长度的标注并不表现在一个平面或轴线上时的长度测量。可采取线坠与水平尺、直角尺等的共同使用，进行长度的测量与换算（见图 9-22）。

b. 高度的测量　组装中，对同一构件中出现的不同高度测量，一般都是通过基础标高或其他测量标高进行度量和换算得出（见图 9-23）。

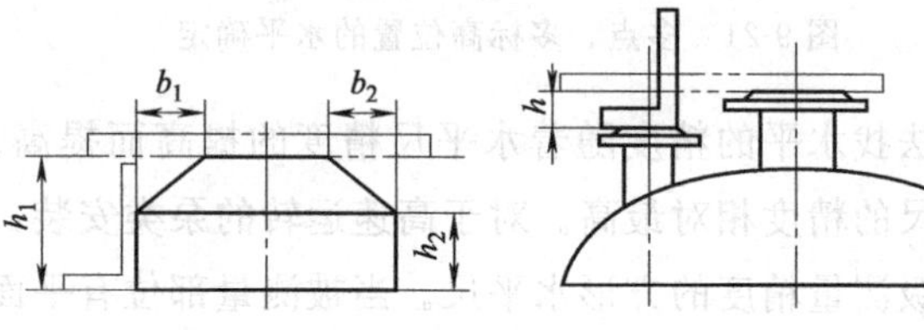

(a) 直筒和锥形筒的高度测量　　(b) 不同高度接管的测量

图 9-23　高度的间接测量

c. 角度的测量　角度的测量方法有角的边长测量法、样板法。当角的边长较长时，采用边长的测量能够有效地保证角度的精度。对于角的边长测量可直接采用勾股定理、正切或余切三角函数进行计算，见图 9-24。

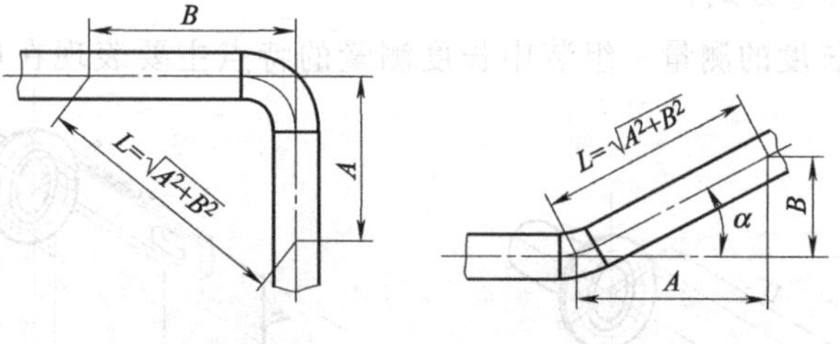

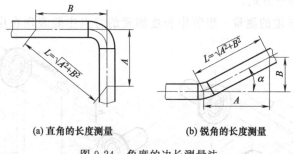

(a) 直角的长度测量　　(b) 锐角的长度测量

图 9-24　角度的边长测量法

角度的样板测量如图 9-25 所示。

d. 间隙的测量　间隙的测量多发生在焊缝间隙的保证上，一般多采用专用的焊缝测量卡尺进行，见图 9-26。

e. 错边量的测量　错边量的测量是对焊缝两侧高度差的测量，

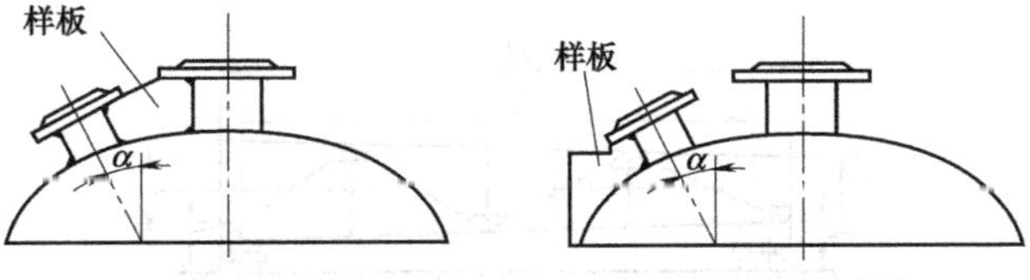

图 9-25 角度的样板测量

一般采用卡样板或焊缝测量卡尺进行，见图 9-27。

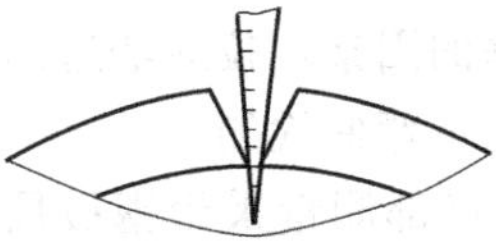

图 9-26 焊缝间隙的测量

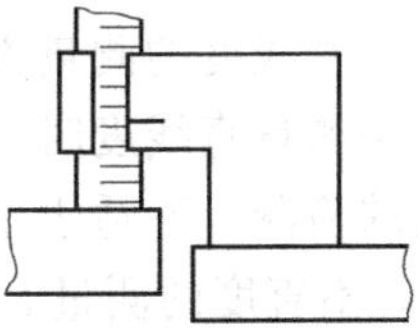

图 9-27 焊缝错边量的测量

f. 圆度的测量 圆度的测量应是多方向的，不仅仅是相互垂直的两个方向，如图 9-28 所示。

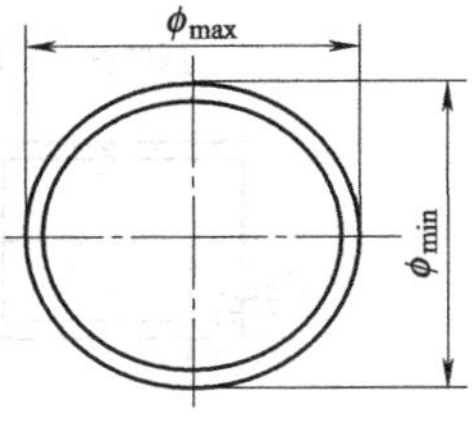

图 9-28 圆度的测量

③ 形位测量 形位测量是在尺寸测量的基础上进行的。焊接结构的形位测量与切削加工中的形位测量不论在检测精度上，还是在检测项目上、数量上都有所不同。切削加工的形位偏差多数是依靠切削面的精度来保证的，而焊接结构的形位偏差有许多是通过组装过程中的尺寸测量与控制来实现的。焊接结构的形位测量项目主要包括垂直度、水平度、直线度、对角线度等偏差。

a. 垂直度的测量 垂直度的测量包括垂直的测量和倾斜的测量。测量垂直和倾斜常用的工具有线坠、水平仪、垂直仪等。垂直仪适用于在较高高度中垂直精度的测量确定。

棱锥台形框架结构的平面组装时，其倾斜的测量如图 9-29 所示，组装时，可采用通过调整倾斜度的方法进行。

b. 水平度的测量 水平度的测量参见平面的测量。

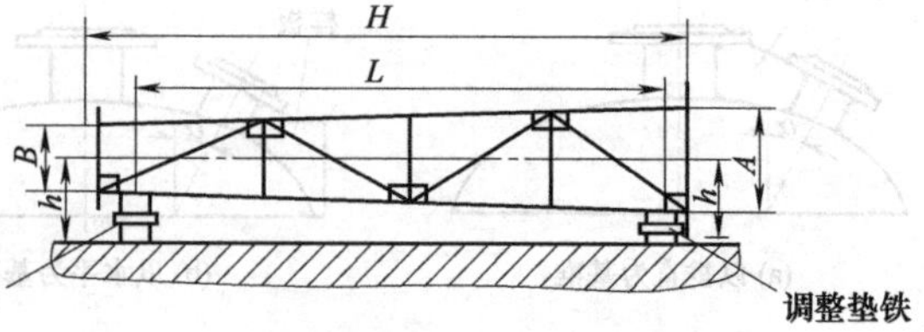

图 9-29 棱锥形框架倾斜的测量

c. 直线度的测量　直线度测量包括不直度、同轴度、拱度等的测量。直线度的测量方法有直尺法、钢丝法和仪器测量法等。采用钢丝法测量直线度时，由于自重下垂的因素，拉线法适用于侧弯直线度的检测，不适于水平状态时的上下弯曲检测。

ⅰ. 不直度的测量。拼接的不直度局部测量采用钢板尺、钢丝法（见图 9-30）。钢丝法测量主要适用于筒节及长细比较大的杆状件等不直度的测量。

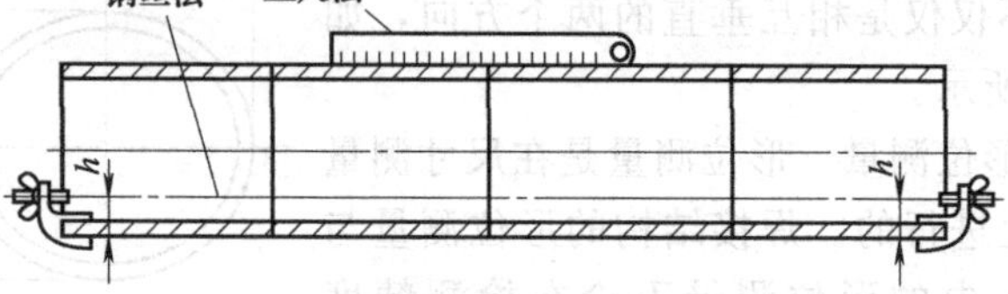

图 9-30 不直度的测量

ⅱ. 同轴度的测量。同轴度测量有等径同轴度测量和不等径同轴度测量，不同直径的同轴度的测量，应当采取分部组装筒体内钢丝分部测量的方法进行，见图 9-31（a)。

对于图 9-31（b）所示不同直径的筒体，应当分成中部的直筒节、两端的直筒节与锥形体三部分组装，并分别测量其各自直线度、同轴度。待各自的同轴度均符合相关规定后，再共同组装、测量。

顶部拉钢丝测不直度时应考虑钢丝自重的下垂量，见图 9-32。当钢丝的直径 $\phi=0.5\sim1.0$mm，重锤的质量 $G=10\sim15$kg 时，影响下垂的具体数值见表 9-1。

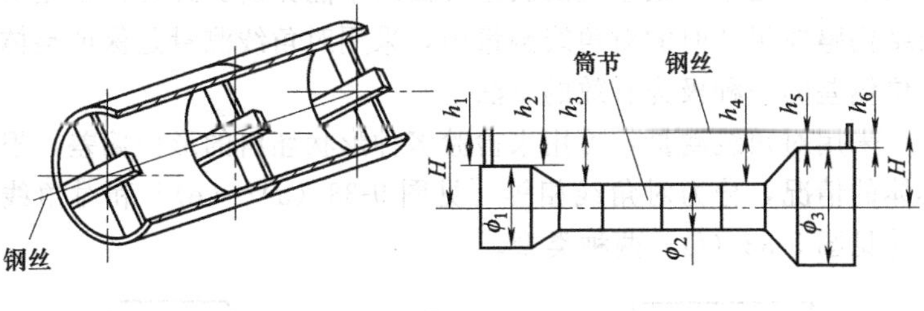

(a) 筒体内钢丝法测量同轴度　　(b) 筒体外钢丝法测量同轴度

图 9-31　同轴度的钢丝测量

表 9-1　钢丝因自重下垂的扣除值

跨度 L/m	10.5	13.5	16.5	19.5	22.5	25.5	29.5	31.5
钢丝下垂值 f/mm	1.5	2.5	3.5	4.5	6	8	10	12
拉力/N	98	98	98	98	98	147	147	147

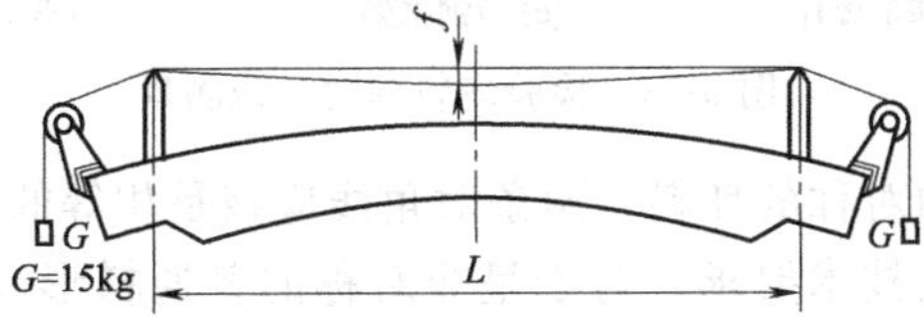

图 9-32　钢丝法的拱度测量简图

ⅲ. 拱度的测量。拱度的测量，通常都是出现在桥式吊车梁的测量中，一般采用钢丝法，如对吊车梁拱度的测量就常采用吊钢丝法测量。测量用钢丝因自重现象的存在，将产生一定的下垂，因此，其测量的拱度应考虑到钢丝自重的下垂量。当拱度的测量精度要求高时，可采用水平仪法进行。

ⅳ. 挠度的测量。挠度是拱度的一种，即向上弯曲为拱度，向下弯曲为挠度。挠度测量与拱度测量方法是一样的，方向相反。

d. 对角线偏差的测量　对角线偏差的测量是组装测量中不可缺少的方法与程序。尤其在经过找平，而不是找水平的平面上组装框架时，对整体形位的保证，是完全通过对角线的测量和偏差的控制来实现的。不仅如此，对呈矩形平面上的直角，采用对角线测量方法的效果是水平或垂直的测量方法所不能比的。此外，在矩形框架结构整体组装时的对角线测量中，采用对角线测量是保证整体的形位偏差的一种极为有效的方法。

采用对角线测量，可用来检验多种形状坯料的形位偏差，根据具体的情况，分为对角线相等［见图 9-33（a）~（e）］和对角线不等［见图 9-33（f）］两种类型。

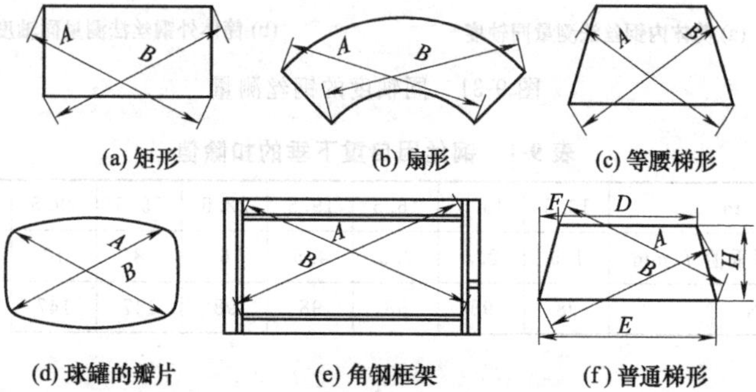

图 9-33 检验坯料的对角线测量

对于呈轴对称的坯料，两条对角线应该是相等的，其不等的偏差应符合相关技术要求。对于呈非对称的普通梯形［图 9-33（f）］的对角线，其长度是不相等的。两不相等的对角线各自长度可通过下式计算求得

$$A=\sqrt{(E-F)^2+H^2}$$
$$B=\sqrt{(F+D)^2+H^2}$$

9.3.4 装配的方法

钣金构件的装配方法较多，按是否使用工装及所用工装复杂程度的不同，可分为自由装配及胎具装配两大类。表 9-2 给出了自由装配及胎具装配各自的适用范围及操作特点。

在钣金构件的装配过程中，针对所组装构件结构的不同，往往选用不同的方法。根据装配时，定位方式的不同，装配方法主要有：划线装配、复制装配、仿形装配等，而根据装配方位的不同，装配方法主要有：卧装（平装）、立装（正装）及倒装等。常用的

表 9-2　不同装配方法的比较

特点＼装配方法 项别	自由装配	胎具装配	
		简单胎具的装配	复杂胎具的装配
适用范围	适用于单项产品或其他特定产品	适用于中、小批量生产和采用成组技术	适用于大批量生产
工装制作	设计和制作出一些单个独立的夹具或其他工具，成本较低	设计和制作出比较简单的装配胎具。成本较低	经过周密设计，制作出高效率的装配胎具。工装成本较高
定位方式	进行划线定位和样板定位，需要边装配边定位	有定位元件，一般不需要划线定位和找正	完全自动定位，不需划线
夹紧方式	采用各种丝杠、斜楔等形式的简单夹具或通用夹具	主要采用螺旋夹紧器，也可用气压增加压力	主要采用风动、液压等形式的快速夹紧机构，少数辅以其他夹具
上下料方式	大件吊装，其他件手工操作	大件吊装，小件手工或半自动进料	大件吊装，其他件自动进料
操作特点	要由技术很熟练的工人进行操作	可由一定熟练程度的工人进行操作	要由熟练本胎具特点的工人进行操作

装配方法及其特点主要有以下方面。

（1）划线装配

划线装配又称地样装配，它是在在底板（或地面）上划出十字线为装配基准，再将构件以 1∶1 的实际尺寸绘制出轮廓位置线与接合线。然后按线装配。主要适用于桁架、框架类构件的装配。

（2）复制装配

它是在已经组装完毕的产品或部件上，依照组装完毕的产品或部件进行组装。对表面凸出的节点板等，在不影响尺寸稳定性的前提下，可暂不进行组装，待组装结束后，再对节点板类的凸出部件进行组装，复制装配主要适用于型钢类具有单层（片）框架特点的结构的组装，如梁、柱、屋架等组装，如图 9-34 所示。

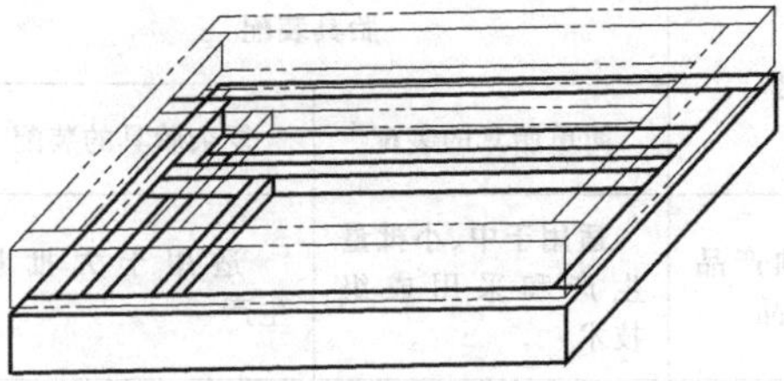

图 9-34　复制装配示例

(3) 仿形装配

仿形装配是利用对称断面形状，先装配成单面一半的结构，再以此为样板装配另一面。适于断面形状对称的结构件，如图 9-35 所示。

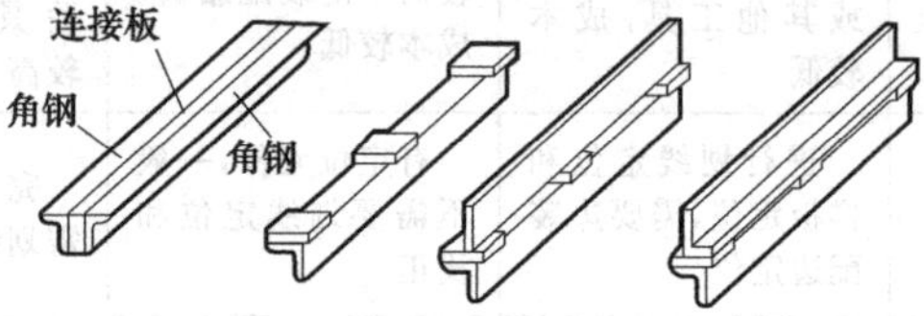

图 9-35　仿形装配示例

(4) 拉线装配

拉线装配适用于呈阵列结构的组装。如槽车遮阳罩支架的组装，先将两端的支架找正并固定，然后采用粉线或钢丝将两端支架连起，其他支架则依据粉线或钢丝为参照基准进行组装，粉线或钢丝根据需要情况可拉 2～3 条或更多（见图 9-36）。

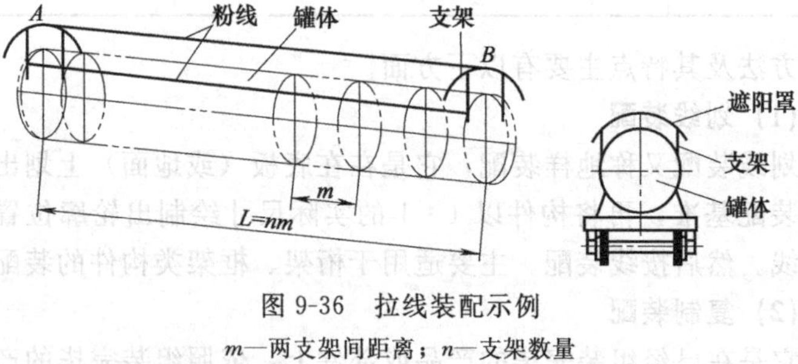

图 9-36　拉线装配示例

m—两支架间距离；n—支架数量

(5) 销轴定位装配

销轴定位有保证孔距和同轴度等功能。定位用销轴的直径以能够穿入孔中，而又只有较小的间隙为原则，一般间隙不大于

0.2mm，销轴定位装配主要用于有以下要求的钣金装配中。

① 保证安装孔距尺寸　对于安装时有孔距要求的装配，也可采用销轴定位装配，如图 9-37（a）所示的斜拉杆两端螺栓孔的孔距，就是通过销轴定位装配来保证的，见图 9-37（b）。

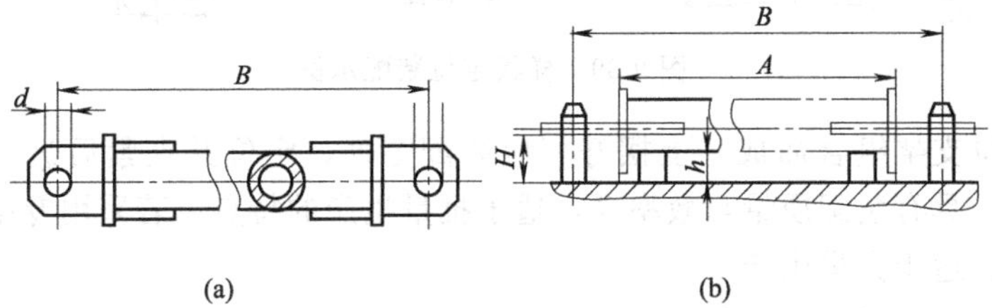

图 9-37　保证安装孔距的销轴定位装配

② 保证同轴度　对于具有同轴度要求的钣金构件，往往采用销轴定位装配，如图 9-38 所示的铰链型孔盖，要求能够转动、开闭自如，保证铰链部位的同轴度是组装的关键。为此，装配时，可先通过销轴确定上下铰链间的位置，以保证同轴精度，然后保证铰链与孔盖、罐体间的相互位置关系。

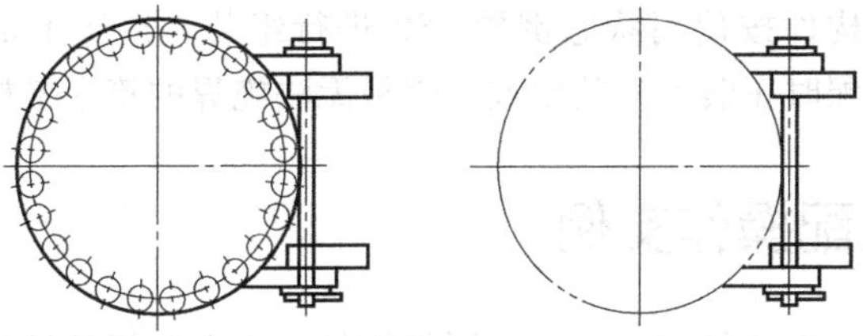

图 9-38　保证同轴度的销轴定位装配

（6）样板定位装配

样板定位装配适用于各构件间的定位、测量比较困难时的装配，如图 9-39 所示的法兰组装，由于筒节与法兰接管各装配尺寸难以测量且保证组装状态位置的稳定性困难，因此，采用了样板定位装配。

（7）胎模装配

胎模装配是在拼装模具（又称组合模具，由模座和各种夹紧、

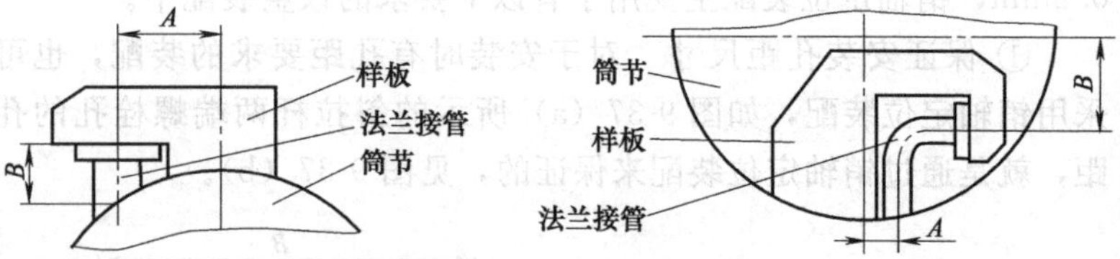

图 9-39　样板定位装配示例

定位支架组合而成）上摆好相应装配零件、定位并夹紧后进行组装，具有装配质量与效率高，适于批量生产的特点。若采用专用胎模、适于大量生产。

(8) 卧装（平装）

卧装（平装）是将细长构件水平放置后进行组装的装配方法。适于断面不大但较细长构件的装配。

(9) 立装（正装）

立装（正装）是将构件自上而下进行装配。适于高度不大或下部基础较大的构件的装配。

(10) 倒装

倒装是将构件按使用状态倒置 180°进行组装。适于上部体积大的结构和装配时正装不易放稳或上盖板无法施焊的箱形梁构件。

9.4　装配操作实例

装配加工的方法较多，对于不同的构件，应在分析其结构、生产批量、装配条件等因素的基础上有选择地选用，以下通过几个典型结构件，说明其装配方法。

(1) T 形梁的装配

T 形梁由翼板和腹板两个零件装配组合而成。在小批量及单件生产时，一般采用划线定位法装配。装配前，应先将翼板和腹板矫正平直，并除去其表面上的毛刺、脏物等。在翼板上画出腹板的位置线，并打上样冲眼。将腹板按位置线立在翼板上，并用 90°角尺矫正腹板与翼板的相对垂直度，进行定位焊。定位焊后，先检验、矫正腹板与翼板的垂直度，再进行焊接。

成批装配T形梁时，为了提高装配效率，常采用如图9-40所示的胎型装配法。

图9-40中，双点画线表示T形梁在胎型中的装配位置。在胎型上，螺旋压紧器的支座内直立面和支座的内直立面的凹口，分别为腹板和翼板的定位挡铁。螺旋压紧器按夹紧作用分为水平压紧器和垂直压紧器两种形式。水平的螺旋压紧器用来使腹板定位固定，垂直的压紧器用来使翼板定位固定。这两种压紧器在胎型支承上按一定的距离间隔设置，其数量视T形梁的长度而定。支承底座常用刚度大的槽钢制作。

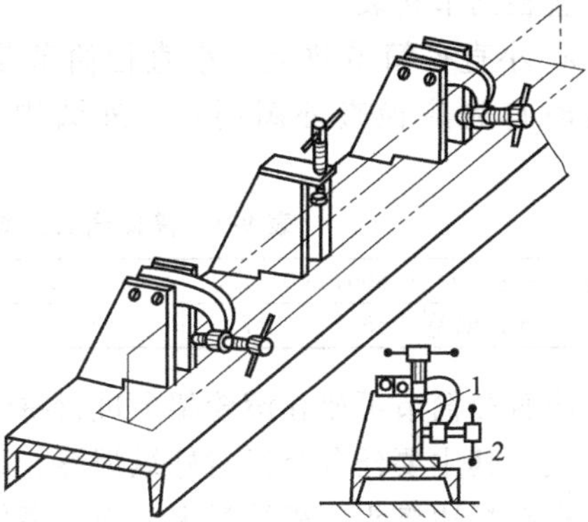

图9-40　T形梁的装配胎型

1—腹板；2—翼板

由于T形梁的刚性较小，焊后将产生上拱和角变形，有时也发生旁弯，所以，在胎型的支承底座（槽钢）的两边，按一定间隔装上若干个弓型夹紧器，并采用反变形法来进行装配。即在腹板的中线位置、翼板的底部垫一小钢条，利用弓型夹紧器的夹紧力，使翼板造成反变形，然后再进行焊接，这样能有效地防止角变形和上拱现象。增加夹紧器可减小或防止制件产生旁弯。

(2) 圆筒形工件的装配

根据圆筒形工件大小、长度的不同，圆筒形工件的装配主要包括单节圆筒的拼装和筒节与筒节的组装两项工作内容。单节圆筒的拼装，就是将预加工（滚制）好的圈板坯料拼接成筒节单体。对小直径的筒节是由一块钢板滚制成的，只有一条纵缝；而大直径的筒节则是由若干块滚弯的钢板拼接组成的，有多条纵向焊缝。

筒节与筒节的组装，就是指筒节与筒节对接，主要用于长筒形件的装配。筒节与筒节的组装是环缝连接，保证环焊缝质量是组装中的重要的方面。

① 单节圆筒的拼装　单节圆筒的拼装可分为小直径筒节拼装与大直径筒节拼装。

a. 小直径筒节拼装。小直径筒节是由一块钢板滚弯而成的，拼装时首先应检查外圆周长，外圆周长公差应符合规定，见表 9-3。

表 9-3　筒体周长允许偏差　mm

筒体公称直径 D	<800	800～1200	1300～1600	1700～2400	2600～3000	3200～4000
外圆周长允许偏差	±5	±7	±9	±11	±13	±15

小直径筒节可放在滚轮架上进行拼装，也可在两根平行的钢管上拼装，其主要任务是组对好纵焊缝。滚制成的筒节，其纵向接缝常会存在板边搭头、板缝过大、板边高低不平、端面歪扭和筒节截面椭圆等缺陷，如图 9-41 所示。

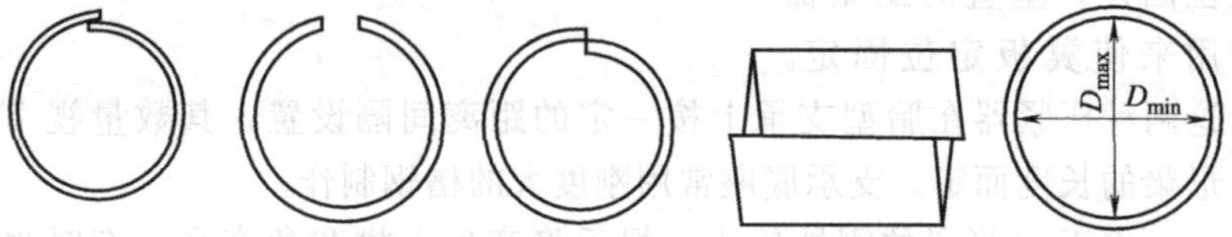

(a) 板边搭头　(b) 板缝过大　(c) 板边高低不平　(d) 端面歪扭　(e) 截面椭圆

图 9-41　筒节存在的缺陷

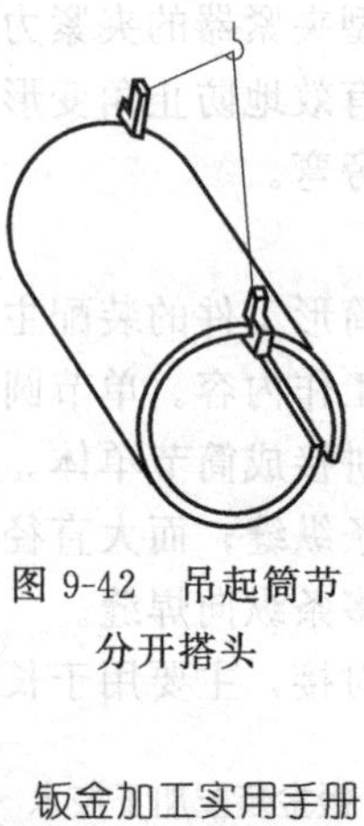
图 9-42　吊起筒节分开搭头

滚制出的圆筒，若纵缝出现搭头现象，可用大锤击打圆筒曲率过大处的外壁，使搭接接头放开。如搭接量不大，可用撬杆撬开。如圆筒节较重，可在适当位置将其吊起，靠其自重使搭接头分开，如图 9-42 所示。

对接缝处出现的过大的缝隙，可用螺旋拉紧器将其拉紧。

矫正筒节两边缘高低不平的方法，如图 9-43 所示。

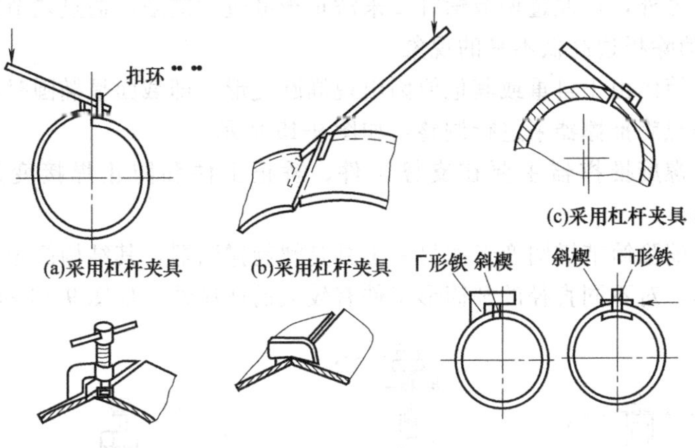

图 9-43　对齐圆筒板边的方法

圆筒两端面产生歪扭现象时，常采用两个螺旋-杠杆组合夹具，如图 9-44（a）所示。将夹具分别夹在圆筒两端，再借助另外一拉紧器，将筒节拉正，如图 9-44（b）所示。

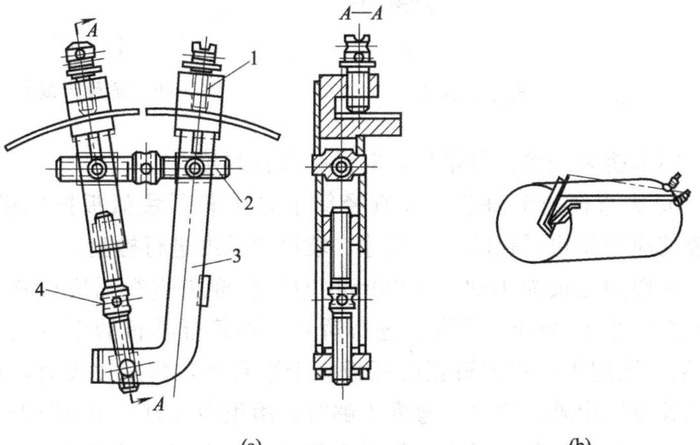

图 9-44　用螺旋-杠杆组合夹具矫正歪扭现象

1—弓形卡；2,4—螺杆；3—弯臂

另外，可通过调节螺杆 2 来矫正板缝过大缺陷，通过调节螺杆 4，消除板边高低不平的现象。

筒体由于自重或其他原因出现椭圆变形，即截面呈椭圆时，可采用螺旋推撑器来进行调整，如图 9-45 所示。

螺旋推撑器主要在支撑工件、矫正工件和防止焊接变形时使用。

消除筒节椭圆变形的另一工具是螺旋撑圆器，其结构简单、易制作，对不同直径的圆筒形工件有较大的适应性，如图 9-46 所示。

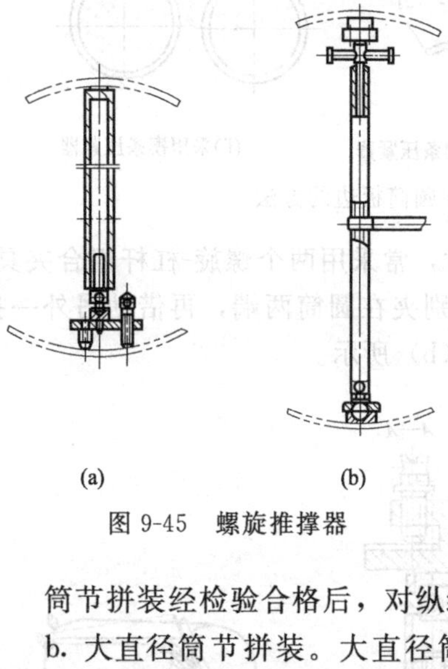
(a) (b)

图 9-45 螺旋推撑器

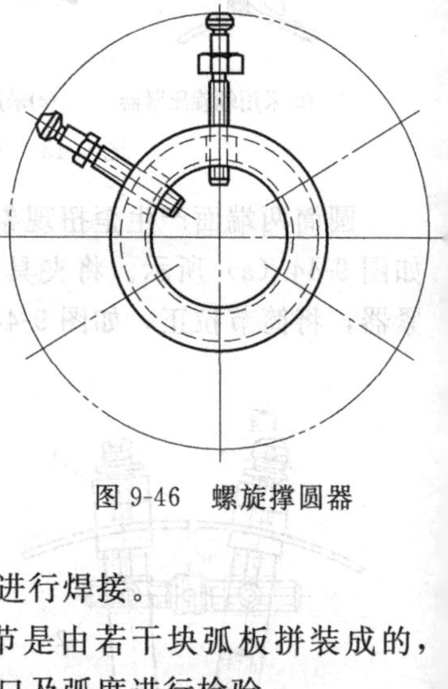
图 9-46 螺旋撑圆器

筒节拼装经检验合格后，对纵缝进行焊接。

b. 大直径筒节拼装。大直径筒节是由若干块弧板拼装成的，拼装前应对每块弧板的几何尺寸、坡口及弧度进行检验。

一般用弦长为 1000～1200mm 的内弧样板进行弧度检查，最大间隙应小于 3mm，否则应进行矫正。不符合样板的部位用粉笔（石笔）圈起来，将被矫正的弧板立于平台上，弯度过大时，用木锤或胶皮锤由外向里打，弯度不够时，由里向外打。用锤打时，要沿线打、用力均匀、适合，打时应用两把锤在弧板反面顶住，如图 9-47 所示。

如弧板弯曲度与样板的弧度差距很大时，可用滚弯机（卷板机）再滚一次，以达到矫正的目的。

弧板检验合格后，在平台上对弧板进行拼装。

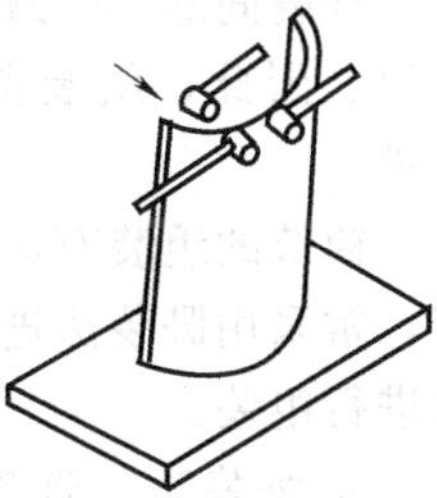
图 9-47 矫正弧形钢板

先在平台上，按筒节的内、外径划两个同心圆，并在圆周的边线上，每隔一段距离点焊限位板（用厚度为 6～8mm 钢板制成的小三角板）。然后，将任一弧板放置限位板内，根据筒体的排料图，按编号顺序拼装。拼装好两块弧板、用弧度样板检验合格后，进行点焊，照此方法将一圈的圈板全部点焊上。拼装后的筒节，两端面应平行，并与筒体上四条中心线垂直，其圆周长应符合规定要求。对拼装中出现的缺陷，可采用在小直径筒节拼装中所用的方法进行调整修正。

② 筒节与筒节的组装　筒节与筒节之间是环缝连接，环焊缝的组对比纵缝的组对困难，常出现环缝错口、棱角及间隙不一致等缺陷。这些缺陷应在组装中及时加以调整、修正和消除，确保装配质量。

环缝错口如图 9-48 所示。

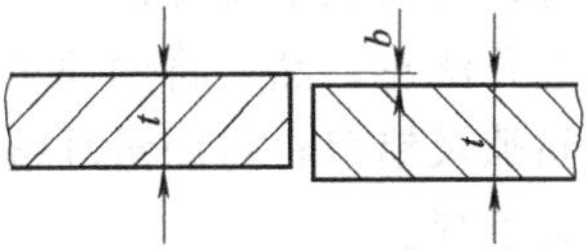

图 9-48 环缝错口

环缝错口主要是由于两筒节同轴度误差、截面呈椭圆、周长误差和局部凸凹等因素造成的。如 b 值超过允许数值时，应进行调整，调整方法与筒节拼装中对齐圆筒板边的调整方法基本相同。

对接环焊缝形成的棱角如图 9-49 所示。如棱角超出规定的范围，可用大锤矫正或火焰矫正。

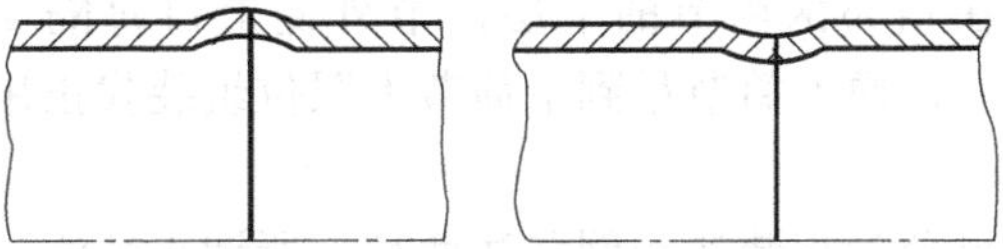
图 9-49 对接环焊缝棱角

环缝间隙不一致，主要是由于筒节边缘不平直和两筒节不同心所致。因此，组装前应对两筒节分别进行矫正，使其指标符合要求。

筒节的组装有卧装和立装两种方法。对直径较小且较长的筒节，常采用卧装法进行组装；对直径较大且薄而短的筒节常用立装法进行组装。

a. 卧装法。筒节的卧装常在专用胎具上进行，如滚轮架等，如图 9-50 所示。

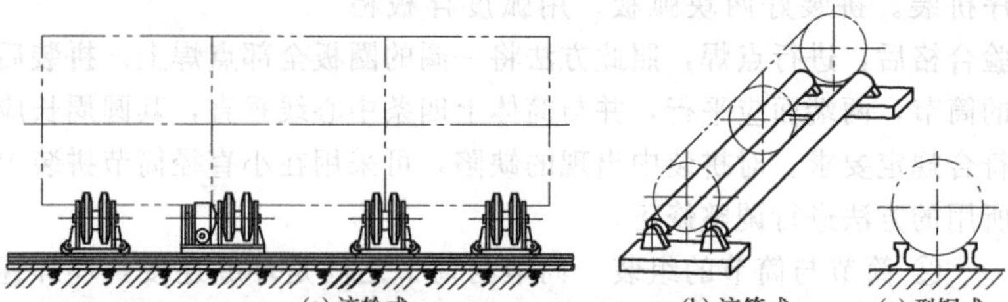

图 9-50　筒节环缝装配专用胎具

采用卧装法组装筒节时，先要根据排料图规定的方位，将筒节外壁相隔 90°四条纵向组装线重新画出，作为组装的依据。

在滚轮架上，采用卧装法组装筒节时，可按如下步骤进行：首先将筒节吊到滚轮架上，筒节上的孔应避开滚轮；然后将两筒节的四条纵向组装线分别对齐，并调整环缝间隙及错口；再测量环缝和两筒节的同轴度，符合技术要求后，实施点焊。

b. 立装法。对于直径较大且短而薄的筒节组装可用立装法，以解决筒体因自重而产生的变形问题。

组装筒节前，先根据排料图规定的方位，将筒节外壁相隔 90°四条纵向组装线重新画出，并把四条纵向组装线返到内壁上。因为立装时，要在相邻两筒节的下层筒节外侧上口每隔 400～500mm 焊一限位板，以便上筒节吊到下筒节上限位组装找正用，这点与卧装法不同。

立装法可分为正装法和倒装法两种。所谓正装法，就是从底部筒节向上依次组装；倒装法就是从顶部开始，向下依次组装。正装法是高空作业，不利于装配，所以倒装法应用较多、较广。

倒装是在平台上或合适的平面上进行的，先将筒节吊起，经检测并调整，使平台上的下一筒节与吊起的筒节的同轴度符合技术要求，同时在下层筒节上部外侧焊上限位板，以便于上、下筒节对中找正。同轴度检测后，再检查环缝接口情况，对不合格处进行适当的调整，即可实施定位焊，其中角铁 3 和斜楔 2 用于调整错口，如图 9-51 (a) 所示。对于立装圆筒环缝错口的调整也可采用图 9-51 (b)～(d) 所示方法，其中：图 9-51 (b) 为螺旋压马提压法，此法简单易行，只在底板的前端点焊固定底座即可实现；图 9-51 (c) 为用扁嘴小撬棍提压，主要适用于薄板和小量错口筒体的处理；图 9-51 (d) 为楔铁加压马法，具有操作简单、处理效果好等优点。

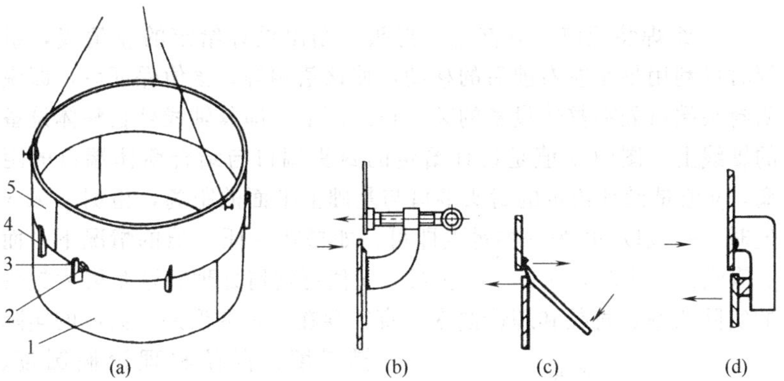

图 9-51 筒体的立装

1,5—筒节；2—斜楔；3—角铁；4—限位板

(3) 带封头筒体的装配

在各类钣金构件中，特别对化工类产品，常会遇到各类封头与筒体的连接件。由于是封头的曲面与筒体端口相互连接，且对组焊后的同轴度有一定的要求，因此，该类件的装配必须针对性采取相应的措施才能保证，常用的装配方法主要有以下几种。

① 立式组焊装配　封头与筒体的连接，以立式组焊装配为好，因其可用吊车吊起，利用自重使两者重合，并可利用吊车的上下左右移动调整同轴度，操作人员可方便地在地面上量取各种尺度，方便地进行调节。

封头与筒体的装配组焊，最关键的问题是保证同轴度。图 9-52 给出了几种封头与筒体连接时，采用立式组焊装配保证同轴度的方法，具体的操作要点为如下。

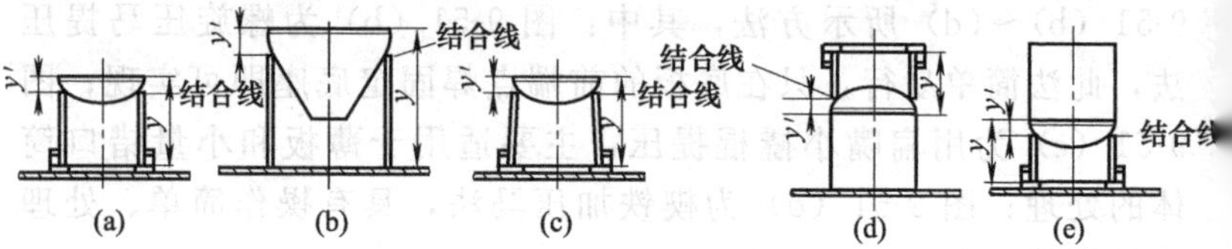

图 9-52　立式组焊装配保证同轴度的方法

a. 组焊装配前，应首先在封头上划出设计给定的 y 值线，组焊时可利用吊车左右前后的移动，使该值相等，该值保证后，即说明封头端口处在整体设备的某一正断面上，即其轴线处在整体设备的轴线上。图中 y' 值是设计给定的封头端口与结合筒体端口的距离，y 值是设计给定的封头端口与基础上平面的距离，检测 y' 及 y 值时，一般以 90°为一测量点即可，如果在保证 y 值的情况下，而 y' 值或大或小时，应以 y 值为准，y' 值可酌情处理。这是因为封头的实际曲率、直径和理论曲率、直径存在一定的误差，筒体的实际椭圆度、直径和理论椭圆度、直径也存在着一定的误差。

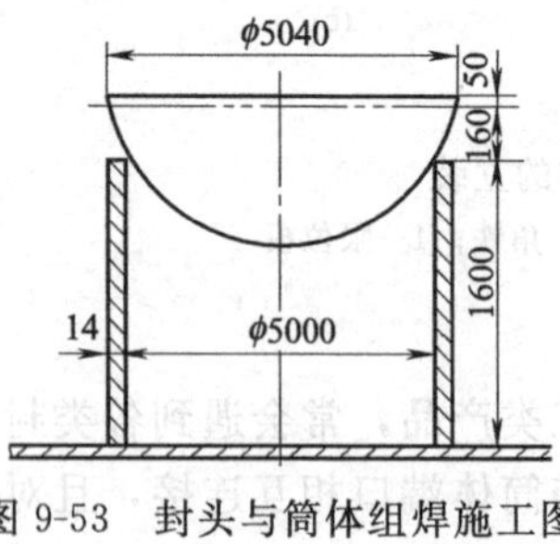

图 9-53　封头与筒体组焊施工图

b. 封头与筒体接触后，由于封头与筒体曲率、直径误差的存在，其结合部位会出现间隙不均匀，因此，组焊前，还应调整间隙均匀。以下给出了图 9-53 所示封头与筒体（其 y=1810mm，y' = 210mm）装配组焊过程中，其定位前粗调和定位后微调各种缺陷的方法和步骤。

ⅰ. 定位前的粗调。调整前，先用吊车吊起封头置于裙筒后，利用吊钩的升降、偏心吊的前后左右移动，使各处（约四等分处即可）的 y'值大致相等，但不一定等于 210mm，然后，选择直径方向 y 值最大和最小部位同时进行调整，即将最大部位（不论有间隙或无间隙）用倒链拉近使之缩小，同时最小部位增大，见图 9-54（a）、(b)；在周向约四等分处，全部采用图 9-54（a）所示的倒链法同时往下逼近，高的部位多用力，低的部位微用力限制其上升，使各处都在倒链的拉紧状态下，从而高度可得到调整，间隙被迫产生移动并均匀；再次量取四周的 y'值，若大于 210mm，超过允差，可将封头直边处适当割去一部分，若小于 210mm，则可在封头直边处采用加长焊缝，或在筒体上口加长焊缝的方法组焊，若在 210mm 的允许范围内，则应在间隙合适处点焊定位。

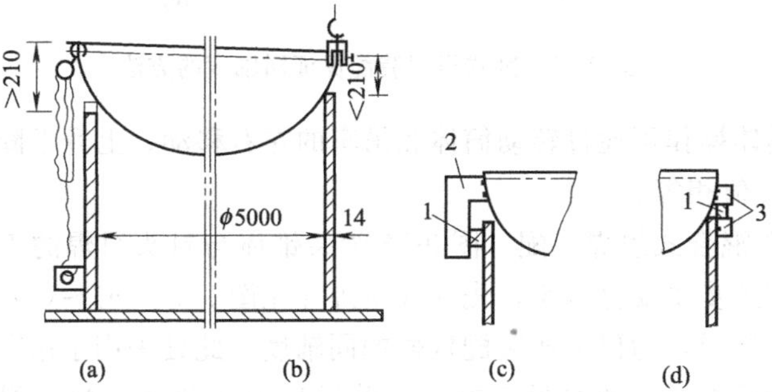

图 9-54　各种缺陷的调整方法

1—楔铁；2—压马；3—限位铁

ⅱ. 定位后的微调。定位后的缺陷主要表现在间隙和结合高度的误差，处理时要根据 y'值的大小来决定。当间隙大而该处的 y'值又较小时，可用图 9-54（c）所示的方法使间隙缩小，当楔铁与筒体接触后继续击打楔铁迫使封头上升而扩大 y'值；当间隙大或无间隙而该处的 y'值又较小时，可将此部位用倒链拉近使间隙和 y'值同时缩小，如图 9-54（a）所示；对单纯 y'值小的情况，可采用图 9-54（b）、(d) 所示方法使之扩大；对间隙不均匀、y'值接近

210mm 而在允差范围时，就不要考虑了，应在间隙合适处点焊，间隙大处利用焊缝进行补偿。

② 卧式组焊装配　受吊车起吊高度、装配场地等各类因素的影响，有时，也必须采用卧式组焊装配。与立式组焊装配一样，要保证封头与筒体的同轴度，只需使 y 及 y_1 值相等就可保证所装配构件的同轴度了，见图 9-55。

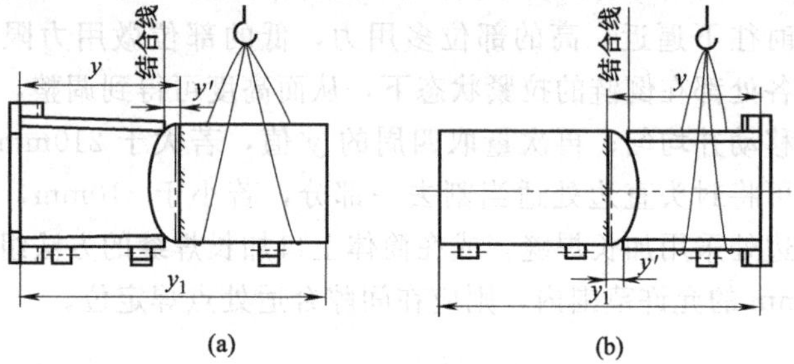

图 9-55　卧式组焊装配保证同轴度的方法

具体操作可通过转动筒体和吊车的左右移动、上升下降而调整 y 及 y_1 值相等。

③ 混合式组焊装配　图 9-56 为某锥体与封头组焊的工步和方法。其工步主要分两步，先立式组焊［见图 9-56（a）～(c)］，然后再卧式组焊，为保证所装配构件的同轴度，此处采用了吊车加倒链相配合的方法，通过吊车的左右前后移动和升降再配以倒链的紧松，使各点的 y_3 值相等，见图 9-56（d）。

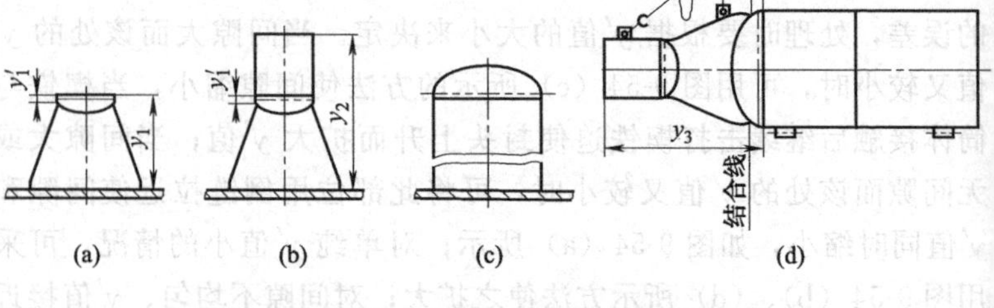

图 9-56　混合式组焊装配保证同轴度的方法

9.5 装配的检验

装配完成后的钣金构件，其形位公差在操作者自检合格后，还须进行互检及专检，对于锅炉、压力容器、钢瓶、压力管道等，还需进行强度及渗漏检验。

9.5.1 形位公差检验

装配完成后的构件，其形位公差应满足图样所标注的技术要求，形位公差的检验可参照本章“9.3.3 装配的测量”形位公差的测量的相关内容进行。

形位公差的要求与产品构件所处的部位及产品所使用行业的不同而不同。表 9-4 给出了焊接结构件尺寸公差与形位公差精度等级选用标准，其相应的尺寸偏差与形位公差见表 9-5。

表 9-4 尺寸公差与形位公差精度等级选用

精度等级		应用范围
长度尺寸、角度	形位公差	
A	E	尺寸精度要求高、重要的焊接件
B	F	比较重要的结构、焊接和矫形产生的热变形小、成批生产
C	G	一般结构(如箱形结构)焊接和矫形产生的热变形大
D	H	允许偏差大的结构

表 9-5 尺寸偏差与形位公差 μm

精度等级		尺寸偏差与形位公差									
		>30～120mm	>120～400mm	>400～1000mm	>1000～2000mm	>2000～4000mm	>4000～8000mm	>8000～12000mm	>12000～16000mm	>16000～20000mm	>20000mm
尺寸偏差	A	±1	±1	±2	±3	±4	±5	±6	±7	±8	±9
	B	±2	±2	±3	±4	±5	±8	±10	±12	±14	±16
	C	±3	±4	±5	±8	±11	±14	±18	±21	±24	±27
	D	±4	±7	±9	±12	±16	±21	±27	±32	±36	±40
形位公差	E	0.5	1.0	1.5	2.0	3.0	4.0	5.0	6.0	9.0	9.0
	F	1.0	1.5	3.0	4.5	6.0	9.0	10	12	14	16
	G	1.5	3.0	5.5	9.0	11	16	20		25	
	H	2.5	5.0	9.0	14	18	26	32	36	40	

焊接结构件角度未注极限偏差按表 9-6 角度偏差的公称尺寸，以短边为基准边，其长度从图样标明的基准点算起，见图 9-57。如果在图样上不标注角度，而只标注长度尺寸，则允许偏差应以 mm/m 计。一般选 B 级，可不标注。选用其他精度等级均应在图样中按表 9-6 注的技术要求处理。

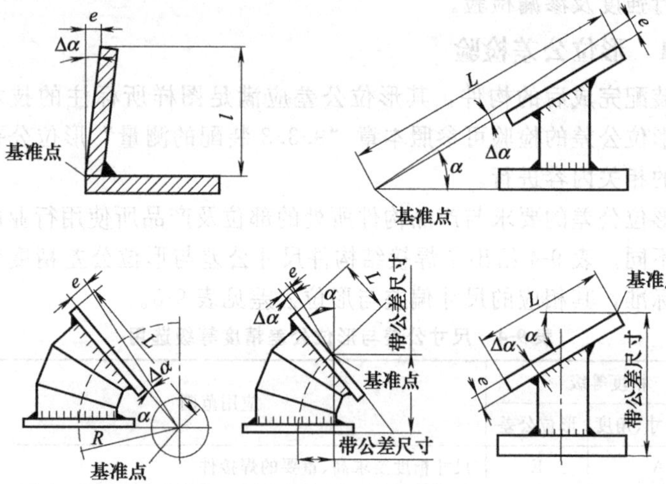

图 9-57　角度偏差

表 9-6　角度偏差

精度等级	工程尺寸(短边长度)/mm					
	≤315	>315～1000	>1000	≤315	>315～1000	>1000
	角度偏差			长度偏差/mm		
A	±20′	±15′	±10′	±6	±4.5	±3
B	±15′	±30′	±20′	±13	±9	±6
C	±1	±45′	±30′	±18	±13	±9
D	±1°30′	±1°15′	±1°	±26	±22	±18

注：1. 公称尺寸小于 300mm，允许偏差±1mm。
2. 一般选用尺寸偏差 B级和形位公差 F级，在图样上可不标注，其他等级均应注明。
3. 表列形位公差指焊接件的未注直线度、平面度和平行度公差。

9.5.2　强度及渗漏检验

对于锅炉、压力容器、钢瓶、压力管道等，当焊缝处的无损检测合格并经过热处理（需要时）时要做水压或气压试验，来检验容器的强度及气密性能。

由于压力试验规范随技术的进步与时间的推移而不断修改，压力试验规范应以产品出厂年代所执行的相关标准与规范的具体要求来确定，常用的强度及渗漏检验方法主要有以下几方面。

(1) 水压试验

① 水压试验的压力　一般水压试验的压力 p_T 可应按 $p_T = 1.25p_s$ 确定。其中：p_T 单位为 MPa；p_s 为设计压力，MPa。

压力试验的试验压力系数也可通过表 9-7 查得。

表 9-7　压力试验的试验压力系数表

压力容器形式	压力容器的材料	容器压力等级	试验压力系数	
			水压试验 p_T	气压试验 p_T
固定式	钢和有色金属	低压	$1.25p_s$	$1.15p_s$
		中压		
		高压		
	铸铁		$2.0p_s$	$1.15p_s$
	搪玻璃		$1.25p_s$	
移动式		中、低压	$1.5p_s$	

注：表中 p_s 为设计压力。

② 压力试验曲线　压力试验曲线见图 9-58。

③ 保压时间　试验时，压力应缓慢上升，达到图样规定的试验压力后，保压时间不少于 30min。保压期间，对所有焊缝和连接部位进行全面检查。

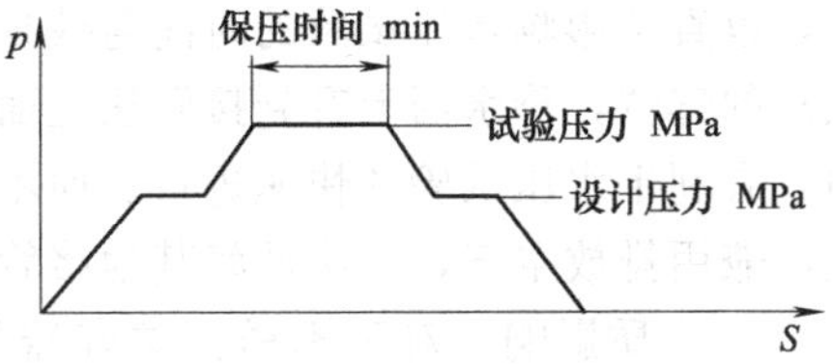

图 9-58　压力试验曲线

④ 压力表　在进行水压试验时，压力表的量程选择应为试验压力的 1.5～4 倍。压力表在数量上应是两块，规格是相同的。分别装置于压力泵和容器的便于观察、又不受压力用水和其他方面的

干扰的位置。

⑤ 影响水压试验的因素　影响水压试验的因素主要有以下方面：

a. 温度影响　水压试验对温度是有一定要求的，通常水压试验用水的温度不得低于5～7℃，水压试验的环境温度不得低于5℃。如果容器所用材料的脆性转变温度较高，必须采取相应措施，提高试验温度。通常试验温度应比材料脆性转变温度高出16℃以上，以消除出现脆性断口破裂的敏感性。

为了便于观察、注视水压试验情况，避免容器表面因水温与环境温度相差过大，在水压试验环境空气湿度过大时，致使容器表面结露，影响观察。可采取如下措施：设置专用储备水箱，用以获得与环境温度相仿的水压试验用水，这种方法适用于制造工厂；容器注水后静置一段时间，待水温上升后进行水压试验，这种措施适用于工地管道的水压试验。

水压试验用水的温度也不应明显高出环境温度，以避免因水温的逐渐下降使试验压力也随着逐渐下降，造成假泄漏的误判断。

对于置于露天的管道类的水压试验，昼夜温差尤其是日照等环境温度对管道类的水压试验的影响不可忽视。这是由于管道类容器表面积较大，注水时，容器内部的空气排放不彻底，残存空气较多，在日光的照射下，容易引起压力急剧上升的后果。

b. 空气影响　压力试验的容器内，注水时空气排放的是否彻底，也直接影响水压试验的时间与效果。尤其是局部空气排放存在死角的部位，待水面上升到接管法兰面时才开始对这个法兰进行封闭，有利于水压试验的快速进行。而不是只通过一个注水的接管法兰，兼用排放空气，一次性将其他接管法兰全部封闭。

c. 水质影响　对于不锈钢类容器的水压试验，试验用水的氯离子含量不得超过25mg/kg，以防止引起应力腐蚀现象发生。对于采用的以氯元素为主要成分的漂白粉或直接用氯气进行消毒的自来水每次都须对氯离子含量进行检验，对于氯离子超标的自来水一般可通过离子交换法进行处理，或使用经检测氯离子含量符合要求的井水或天然水。对于天然水，要经过净化处理，去除泥沙等杂物，避免水中泥沙在容器中的沉积，增加清理这些沉积物的麻烦。

d. 放水的要点　放水时，必须于试压容器的最高部位和最低部位打开不少于两个接管口，一个作为空气的进气口，一个作为排水口，以免因此形成负压，损坏压力表甚至使试压容器被大气压压瘪。

e. 水压试验的支撑基础　对于容积较大的容器，在水压试验前，要充分考虑到水压试验用水重量对容器支撑能力的影响。例如一 $3000m^3$ 的容器，自重 600t，试验的用水量达 3000t，总重达 3600t。鞍座及鞍座弧板部位的承重能力是否具备，将直接影响到容器筒壁的变形。塔类容器在卧置试验时，由于塔体较长、筒体壁厚较薄、鞍座的不适用等因素都影响试验时容器的变形。这种状况下可采用沙堆、沙袋筑成的沙枕或沙床等，构成具有足够支撑面积的稳定形状，达到加固支撑的目的。采用沙枕或沙堆、沙床等支撑措施，要注意焊缝避开这些部位，以免影响对压力试验的观察。

(2) 气压试验

由于气压试验的危险性比液压试验大，因此气压试验时，应采取相应措施，保证试验的安全。气压试验必须在水压试验合格后方可进行。

气压试验压力 p_T 按 $p_T = 1.15p_s$ 确定。式中 p_s 为设计压力，MPa。

气压试验时，试验压力应缓慢上升，到规定试验压力的 10%，且不超过 0.05MPa 时，保压 5min。然后对容器所有焊缝和连接部位进行初次泄漏检查。如有泄漏，卸压修补，然后按上述规定重新进行试验。合格后，再缓慢升到规定试验压力的 50%。合格后，按每级为规定试验压力的 10%的级差逐级升压到规定的试验压力，保压 10min。然后将压力降至规定试验压力的 87%（即设计压力)，并保持足够长的时间，对检查部位涂以肥皂水之类的发泡物，观察是否发泡，进行泄漏检查。对于液化石油气类的小型钢瓶可采用将其浸入水中的方法，观察有无气泡的产生。

(3) 气密性试验

气密性试验是检验容器的严密性。做过气压强度试验，并经检查合格的容器，可不另做气密性试验，但气密性试验必须在液压试验合格后才能进行。

气密性试验压力 p_T 按 $p_T=1.05p_s$ 确定。式中 p_s 为设计压力，MPa。

气密性试验是在容器充压（空气、氮气）后，用肥皂水检验或浸水检验或保压 24h（在剧毒、易燃、易爆和具有渗透性强的操作介质中工作的设备时）后检查其泄漏。

试验时压力应缓慢上升，达到规定试验压力后保压 10min。然后降至设计压力，对焊缝和连接部位进行泄漏检查。如有泄漏，卸压修补后，重新进行液压试验和气密性试验。

(4) 渗漏试验

渗漏试验用液体应具备两点：具有较高的渗透能力，较低的挥发性能。这类液体一般都具有易燃的特性，使用时，防火、防爆的安全措施要完善。

① 煤油渗漏试验　煤油渗漏试验适用于不承受压力或仅承受自来水压力的容器（如冶金炉炉门的冷却系统）的密封性检验。检验前应将焊缝能观察到的一侧表面清理干净，并涂上石灰（白垩）水溶液。待干燥后，于焊缝的另一面或喷或涂遍煤油，使煤油沿焊缝缺陷渗透到焊缝表面，致使已经干燥的石灰显露油渍。为了准确地确定缺陷的大小和位置，应当在涂完煤油之后，立即进行观察，仔细查出首先出现的煤油斑点或油渍带部位，及时标出缺陷区。经半小时后，干燥的石灰表面无油渍出现为合格。

涂煤油时，千万注意不得把煤油溅到被检的焊缝表面，以免发生误判断。

做煤油试验所需时间推荐值见表 9-8。

表 9-8　低碳钢和普通低合金高强度结构钢作煤油试验所需时间推荐

材料厚度/mm	最少观测时间	说　明
≤5	20min	当煤油渗漏试验为其他位置时，煤油作用的观测时间应酌情延长
5～10	35min	
10～15	45min	
>15	1h	

煤油试验应在不低于-5℃环境温度下，在规定时间内无渗漏现象发生，即为合格。

② 盛水试验　盛水试验用水的温度不低于5℃，环境温度可不低于0℃。盛水前，将容器内被检查部位仔细清理干净，并用压缩空气吹净、吹干。观察时间不低于1h。无渗漏、“出汗”为合格。

③ 浸水试验　浸水试验只适用于小型容器。试验时，将容器先充入压缩空气，然后放入水中，被检测部位无气泡为合格。

④ 冲气试验　用不低于0.4MPa的压缩空气喷吹焊缝的一侧，另一侧涂以100g/L肥皂水之类的具有发泡功能的液体，无气泡为合格。压缩空气喷嘴与焊缝间距离不大于30mm，且垂直对准焊缝。

⑤ 冲水试验　对进行盛水试验难以进行的大型、特大型容器，可采用向焊缝上冲水的方法进行检验试验。试验时，冲水出口直径不小于15mm，冲水压力不小于0.1MPa，冲水射流方向与焊缝所在表面的夹角不小于70°，以造成水在被喷射表面上形成的反射水环直径不小于400mm（见图9-59）。试验时，应自下而上地进行。冲水的同时，对焊缝的另一侧进行观察。冲水试验用水的温度不得低于5℃，环境温度不得低于0℃。冲水的顺序应当自下而上，以免因上部的缺陷渗漏，使下部产生误判断。

⑥ 氨气试验　氨气试验适用于能够封闭的容器或工件的密封性能检验。试验时，在容器外表面贴上宽度比焊缝宽20mm浸透5%硝酸银或硝酸汞的试纸。然后根据技术要求向容器内充入含有10%体积氨气的混合压缩空气，保压3～5min后，试纸上不出现黑色斑点为合格。黑色斑点处即为缺陷位置。此法比吹气试验更迅速、准确。

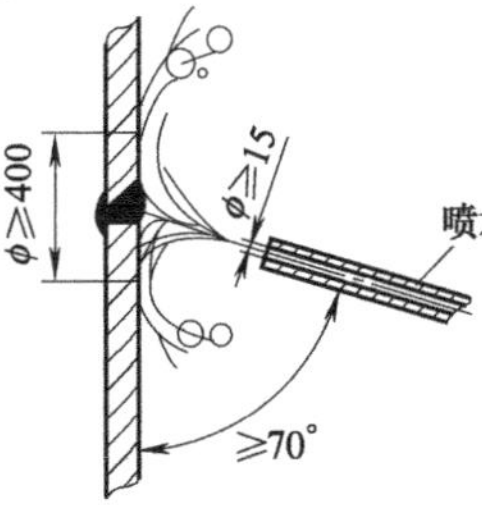

图9-59　冲水试验

⑦ 氦气试验　氦气试验是一种灵敏度很高的密封性检验方法，用于检验致密性要求很高的焊缝。检验时，将容器抽真空，然后喷射氦气或通入微量氦气，由专用氦气质谱检漏仪进行检漏。

(5) 压力容器试验时的安全

压力容器的试验安全包括容器的安全和人身的安全两个方面。容器的安全包括容器对试验用水重量的承受能力和容器的变形。基础沉降的观察，对于容积较大的立式储罐类容器，无论进行压力试验，还是盛水试验，由于在试验用水的重量作用下，使储罐的总体重量陡增，能够严重影响基础的沉降程度。试验时，要注意观察基础的沉降情况。进水时须采用分段进水的方式，以便于及时观察和掌握基础沉降的情况。进水量的比例按容器容积的50%、75%、100%三段进行。停放间隔时间一般为8～12h。

无论进行液压试验，还是进行气压试验，检查时，都不得使容器在受压状态时遭到敲击、震动等现象的发生，更不允许带压进行修补。

在环境温度较低时用水进行压力或渗漏试验时，必须严密观测试验场地及周围的温度变化，一旦出现温度继续下降，必须及时采取相应措施，保证试验环境及用水的温度正常，输送压力用水的管路压力表等避免发生冻结现象。

煤油渗漏试验的缺陷修补时，严格注意防火、防爆。尤其是封闭性较强的容器，更应引起足够重视。

附　录

附录A　钣金常用金属板材的规格尺寸

附录 A-1　冷轧切边钢板、钢带的宽度允许偏差（GB/T 708—2006）

mm

公称宽度	宽度允许偏差	
	普通精度	较高精度
≤1200	+4 0	+2 0
>1200～1500	+5 0	+2 0
>1500	+6 0	+3 0

注：1. 表中规定的数值适用于冷轧切边钢板、钢带的宽度允许偏差，不切边钢板、钢带的宽度允许偏差由供需双方商定。

2. 钢板和钢带的公称宽度 600～2050mm，在此范围内按 10mm 倍数的任何尺寸。

附录 A-2　冷轧纵切钢带的宽度允许偏差（GB/T 708—2006）

mm

公称厚度	宽度允许偏差				
	公称宽度				
	≤125	>125～250	>250～400	>400～600	>600
≤0.40	+0.3 0	+0.6 0	+1.0 0	+1.5 0	+2.0 0
>0.40～1.0	+0.5 0	+0.8 0	+1.2 0	+1.5 0	+2.0 0
>1.0～1.8	+0.7 0	+1.0 0	+1.5 0	+2.0 0	+2.5 0

续表

公称厚度	宽度允许偏差				
	公称宽度				
	≤125	>125～250	>250～400	>400～600	>600
>1.8～4.0	+1.0 0	+1.3 0	+1.7 0	+2.0 0	+2.5 0

附录 A-3　冷轧钢板的长度允许偏差（GB/T 708—2006）　mm

公称长度	长度允许偏差	
	普通精度	较高精度
≤2000	+6 0	+3 0
>2000	+0.3%×公称长度 0	+0.15%×公称长度 0

注：钢板的公称长度 1000～6000mm，在此范围内按 50mm 倍数的任何尺寸。

附录 A-4　冷轧钢板和钢带的厚度允许偏差（GB/T 708—2006）

mm

公称厚度	厚度允许偏差					
	普通精度			较高精度		
	公称宽度			公称宽度		
	≤1200	>1200～1500	>1500	≤1200	>1200～1500	>1500
≤0.40	±0.04	±0.05	±0.05	±0.025	±0.035	±0.045
>0.40～0.60	±0.05	±0.06	±0.07	±0.035	±0.045	±0.050
>0.60～0.80	±0.06	±0.07	±0.08	±0.040	±0.050	±0.060
>0.80～1.00	±0.07	±0.08	±0.09	±0.045	±0.060	±0.060
>1.00～1.20	±0.08	±0.09	±0.10	±0.055	±0.070	±0.070
>1.20～1.60	±0.10	±0.11	±0.11	±0.070	±0.080	±0.080
>1.60～2.00	±0.12	±0.13	±0.13	±0.080	±0.090	±0.090
>2.00～2.50	±0.14	±0.15	±0.15	±0.100	±0.110	±0.110
>2.50～3.00	±0.16	±0.17	±0.17	±0.110	±0.120	±0.120
>3.00～4.00	±0.17	±0.19	±0.19	±0.140	±0.150	±0.150

注：1. 表中规定的数值为最小屈服强度小于 280MPa 的冷轧钢板和钢带的厚度允许偏差，对最小屈服强度大于 280MPa 小于 360MPa 的钢板和钢带，其厚度允许偏差应比本表规定增加 20%；对最小屈服强度不小于 360MPa 的钢板和钢带，其厚度允许偏差应比本表规定增加 40%。

2. 钢板和钢带（包括纵向钢带）的公称厚度 0.30～4.00mm，公称厚度小于 1mm 的钢板和钢带按 0.05mm 的倍数的任何尺寸，公称厚度不小于 1mm 的钢板和钢带按 0.1mm 的倍数的任何尺寸。

附录 A-5 热轧单张轧制钢板厚度的允许偏差（N类）（GB/T 709—2006）

mm

公称厚度	厚度允许偏差			
	≤1500	>1500～2500	>2500～4000	>4000～4800
3.00～5.00	±0.45	±0.55	±0.65	—
>5.00～8.00	±0.50	±0.60	±0.75	—
>8.00～15.0	±0.55	±0.65	±0.80	±0.90
>15.0～25.0	±0.65	±0.75	±0.90	±1.10
>25.0～40.0	±0.70	±0.80	±1.00	±1.20
>40.0～60.0	±0.80	±0.90	±1.10	±1.30
>60.0～100	±0.90	±1.10	±1.30	±1.50
>100～150	±1.20	±1.40	±1.60	±1.80
>150～200	±1.40	±1.60	±1.80	±1.90
>200～250	±1.60	±1.80	±2.00	±2.20
>250～300	±1.80	±2.00	±2.20	±2.40
>300～400	±2.00	±2.20	±2.40	±2.60

注：1. 热轧单张轧制钢板公称厚度 3～400mm，热轧单张轧制钢板公称宽度 600～4800mm。在此范围内，厚度小于 30mm 的钢板按 0.5mm 倍数的任何尺寸；厚度不小于 30mm 的钢板按 1mm 倍数的任何尺寸，公称宽度按 10mm 或 50mm 倍数的任何尺寸。

2. 钢板的公称长度 2000～20000mm，在此范围内，公称长度按 50mm 或 100mm 倍数的任何尺寸。

附录 A-6 热轧单张轧制钢板厚度的允许偏差（A类）（GB/T 709—2006）

mm

公称厚度	厚度允许偏差			
	≤1500	>1500～2500	>2500～4000	>4000～4800
3.00～5.00	+0.55 −0.35	+0.70 −0.40	+0.85 −0.45	—
>5.00～8.00	+0.65 −0.35	+0.75 −0.45	+0.95 −0.55	—
>8.00～15.0	+0.70 −0.40	+0.85 −0.45	+1.05 −0.55	+1.20 −0.60
>15.0～25.0	+0.85 −0.45	+1.00 −0.50	+1.15 −0.65	+1.50 −0.70

续表

公称厚度	厚度允许偏差			
	≤1500	>1500～2500	>2500～4000	>4000～4800
>25.0～40.0	+0.90 −0.50	+1.05 −0.55	+1.30 −0.70	+1.60 −0.80
>40.0～60.0	+1.05 −0.55	+1.20 −0.60	+1.45 −0.75	+1.70 −0.90
>60.0～100	+1.20 −0.60	+1.50 −0.70	+1.75 −0.85	+2.00 −1.00
>100～150	+1.60 −0.80	+1.90 −0.90	+2.45 −1.05	+2.40 −1.20
>150～200	+1.90 −0.90	+2.20 −1.00	+2.45 −1.15	+2.50 −1.30
>200～250	+2.20 −1.00	+2.40 −1.20	+2.70 −1.30	+3.00 −1.40
>250～300	+2.40 −1.20	+2.70 −1.30	+2.95 −1.45	+3.20 −1.60
>300～400	+2.70 −1.30	+3.00 −1.40	+3.25 −1.55	+3.50 −1.70

附录 A-7 热轧单张轧制钢板厚度的允许偏差（B类）（GB/T 709—2006）

mm

<table>
<tr><th rowspan="2">公称厚度</th><th colspan="8">厚度允许偏差</th></tr>
<tr><th colspan="2">≤1500</th><th colspan="2">>1500～2500</th><th colspan="2">>2500～4000</th><th colspan="2">>4000～4800</th></tr>
<tr><td>3.00～5.00</td><td rowspan="12">−0.30</td><td>+0.60</td><td rowspan="12">−0.30</td><td>+0.80</td><td rowspan="12">−0.30</td><td>+1.00</td><td colspan="2">—</td></tr>
<tr><td>>5.00～8.00</td><td>+0.70</td><td>+0.90</td><td>+1.20</td><td colspan="2">—</td></tr>
<tr><td>>8.00～15.0</td><td>+0.80</td><td>+1.00</td><td>+1.30</td><td rowspan="10">−0.30</td><td>+1.50</td></tr>
<tr><td>>15.0～25.0</td><td>+1.00</td><td>+1.20</td><td>+1.50</td><td>+1.90</td></tr>
<tr><td>>25.0～40.0</td><td>+1.10</td><td>+1.30</td><td>+1.70</td><td>+2.10</td></tr>
<tr><td>>40.0～60.0</td><td>+1.30</td><td>+1.50</td><td>+1.90</td><td>+2.30</td></tr>
<tr><td>>60.0～100</td><td>+1.50</td><td>+1.80</td><td>+2.30</td><td>+2.70</td></tr>
<tr><td>>100～150</td><td>+2.10</td><td>+2.50</td><td>+2.90</td><td>+3.30</td></tr>
<tr><td>>150～200</td><td>+2.50</td><td>+2.90</td><td>+3.30</td><td>+3.50</td></tr>
<tr><td>>200～250</td><td>+2.90</td><td>+3.30</td><td>+3.70</td><td>+4.10</td></tr>
<tr><td>>250～300</td><td>+3.30</td><td>+3.70</td><td>+4.10</td><td>+4.50</td></tr>
<tr><td>>300～400</td><td>+3.70</td><td>+4.10</td><td>+4.50</td><td>+4.90</td></tr>
</table>

附录 A-8 热轧单张轧制钢板厚度的允许偏差（C类）（GB/T 709—2006）

mm

公称厚度	厚度允许偏差							
	≤1500		>1500～2500		>2500～4000		>4000～4800	
3.00～5.00	0	+0.90	0	+1.10	0	+1.30	0	—
>5.00～8.00		+1.00		+1.20		+1.50		—
>8.00～15.0		+1.10		+1.30		+1.60		+1.80
>15.0～25.0		+1.30		+1.50		+1.80		+2.20
>25.0～40.0		+1.40		+1.60		+2.00		+2.40
>40.0～60.0		+1.60		+1.80		+2.20		+2.60
>60.0～100		+1.80		+2.20		+2.60		+3.00
>100～150		+2.40		+2.80		+3.20		+3.60
>150～200		+2.80		+3.20		+3.60		+3.80
>200～250		+3.20		+3.60		+4.00		+4.40
>250～300		+3.60		+4.00		+4.40		+4.80
>300～400		+4.00		+4.40		+4.80		+5.20

附录 A-9 热轧钢带（包括由宽钢板剪切而成的连轧钢板）厚度的允许偏差（GB/T 709—2006）

mm

公称厚度	厚度允许偏差							
	公称宽度				公称厚度			
	600～1200	>1200～1500	>1500～1800	>1800	600～1200	>1200～1500	>1500～1800	>1800
0.8～1.5	±0.15	±0.17	—	—	±0.10	±0.12	—	—
>1.5～2.0	±0.17	±0.19	±0.21	—	±0.13	±0.14	±0.14	—
>2.0～2.5	±0.18	±0.21	±0.23	±0.25	±0.14	±0.15	±0.17	±0.20
>2.5～3.0	±0.20	±0.22	±0.24	±0.26	±0.15	±0.17	±0.19	±0.21
>3.0～4.0	±0.22	±0.24	±0.26	±0.27	±0.17	±0.18	±0.21	±0.22
>4.0～5.0	±0.24	±0.26	±0.28	±0.29	±0.19	±0.21	±0.22	±0.23
>5.0～6.0	±0.26	±0.28	±0.29	±0.31	±0.21	±0.22	±0.23	±0.25
>6.0～8.0	±0.29	±0.30	±0.31	±0.35	±0.23	±0.24	±0.25	±0.28

续表

公称厚度	厚度允许偏差							
	公称宽度				公称宽度			
	600～1200	>1200～1500	>1500～1800	>1800	600～1200	>1200～1500	>1500～1800	>1800
>8.0～10.0	±0.32	±0.33	±0.34	±0.40	±0.26	±0.26	±0.27	±0.32
>10.0～12.5	±0.35	±0.36	±0.37	±0.43	±0.28	±0.29	±0.30	±0.36
>12.5～15.0	±0.37	±0.38	±0.40	±0.46	±0.30	±0.31	±0.33	±0.39
>15.0～25.4	±0.40	±0.42	±0.45	±0.50	±0.32	±0.34	±0.37	±0.42

注：1. 对最小屈服强度大于 345MPa 的钢带，其厚度允许偏差应比本表规定增加 10%。

2. 对不切头尾的不切边钢带检查厚度、宽度时，两端不考核的总长度 L 为 L(m)＝90/公称厚度（mm），但两端最大总长度不得大于 20m。

3. 热轧钢带（包括由宽钢板剪切而成的连轧钢板）公称厚度 0.8～25.4mm，热轧钢带（包括由宽钢板剪切而成的连轧钢板）公称宽度 600～2200mm。在此范围内，厚度按 0.1mm 倍数的任何尺寸，公称宽度按 10mm 倍数的任何尺寸。

4. 纵切钢带公称宽度 120～900mm。

5. 钢板的公称长度 2000～20000mm，在此范围内，公称长度按 50mm 或 100mm 倍数的任何尺寸。

附录 A-10　碳素结构钢和低合金结构钢热轧钢带厚度允许偏差（GB/T 3524—2005）

mm

钢带宽度	允许偏差							
	≤1.5	>1.5～2.0	>2.0～4.0	>4.0～5.0	>5.0～6.0	>6.0～8.0	>8.0～10.0	>10.0～12.0
<50～100	0.13	0.15	0.17	0.18	0.19	0.20	0.21	—
≥100～600	0.15	0.18	0.19	0.20	0.21	0.22	0.24	0.30

注：钢带厚度应均匀，在同一横截面的中间部分和两边部分测量三点厚度，其最大差值（三点差）应符合下表 1 的规定。

表 1　钢带三点差　mm

钢带宽度	三点差不大于
≤100	0.10
>100～150	0.12
>150～200	0.14
>200～350	0.15
>350～600	0.17

附录 A-11　碳素结构钢和低合金结构钢热轧钢带宽度允许偏差（GB/T 3524—2005）

mm

钢带宽度	允许偏差		
	不切边	切边	
		厚度	
		≤3	>3
≤200	+2.00 −1.00	±0.5	0.6
>200～300	+2.50 −1.00	0.7	0.8
>300～350	+3.00 −2.00		
>350～450	±4.00		
>450～600	±5.00	0.9	1.1

注：1. 表中规定的数值不适用于卷带两端 7m 以内没有切头的钢带。

2. 经协商同意，钢带可以只按正偏差订货。在这种情况下，表中正偏差数值应增加一倍。

附录 A-12　花纹钢板的尺寸

mm

钢板基本厚度		纹高				钢板宽度	钢板长度
		菱形		扁豆形			
厚度	偏差	尺寸	公差	尺寸	公差		
2.5	±0.3	1.0	+0.5 −0.2	2.5	+0.8 −0.3	600～1800(以50mm 进级)	600～12000（以 100mm 进级）
3	±0.3	1.0	+0.5 −0.2	2.5	+0.8 −0.3		
3.5	±0.3	1.0	+0.5 −0.2	2.5	+0.8 −0.3		
4	±0.4	1.0	+0.5 −0.2	2.5	+0.8 −0.3		
4.5	±0.4	1.0	+0.5 −0.2	2.5	+0.8 −0.3		
5	+0.4 −0.5	1.5	+0.5 −0.4	2.5	+0.8 −0.3		

续表

钢板基本厚度		纹高				钢板宽度	钢板长度
		菱形		扁豆形			
厚度	偏差	尺寸	公差	尺寸	公差		
5.5	+0.4 −0.5	1.5	+0.5 −0.4	2.5	+0.8 −0.3	600～1800(以50mm进级)	600～12000(以100mm进级)
6	+0.5 −0.6	1.5	+0.5 −0.4	2.5	+0.8 −0.3		
7	+0.5 −0.7	2.0	±0.5	2.5	+0.8 −0.3		
8	+0.6 −0.8	2.0	±0.5	2.5	+0.8 −0.3		

附录 A-13 铝及铝合金板的厚度、宽度允差 mm

厚度	板料宽度								宽度公差
	400 500	600	800	1000	1200	1400	1500	2000	
	厚度公差								
0.3	−0.05								
0.4	−0.05								宽度≤1000者
0.5	−0.05	−0.05	−0.08	−0.10	−0.12				
0.6	−0.05	−0.06	−0.10	−0.12	−0.12				
0.8	−0.08	−0.08	−0.12	−0.12	−0.13	−0.14	−0.14		+5
1.0	−0.10	−0.10	−0.15	−0.15	−0.16	−0.17	−0.17		−3
1.2	−0.10	−0.10	−0.10	−0.15	−0.16	−0.17	−0.17		
1.5	−0.15	−0.15	−0.20	−0.20	−0.22	−0.25	−0.25	−0.27	宽度>1000者
1.8	−0.15	−0.15	−0.20	−0.20	−0.22	−0.25	−0.25	−0.27	
2.0	−0.15	−0.15	−0.20	−0.20	−0.24	−0.26	−0.26	−0.28	+10
2.5	−0.20	−0.20	−0.25	−0.25	−0.28	−0.29	−0.29	−0.30	−5
3.0	−0.25	−0.25	−0.30	−0.30	−0.33	−0.34	−0.34	−0.35	

附录 A-14 铜板厚度尺寸允差

mm

<table>
<tr><td rowspan="4">厚度</td><td colspan="2">黄铜板</td><td colspan="6">宽度和长度</td></tr>
<tr><td colspan="2">宽 200 500</td><td colspan="2">700×1430</td><td colspan="2">800×1500</td><td colspan="2">1000×2000</td></tr>
<tr><td colspan="8">厚度允差</td></tr>
<tr><td>普通级</td><td>较高级</td><td>纯铜</td><td>黄铜</td><td>纯铜</td><td>黄铜</td><td>纯铜</td><td>黄铜</td></tr>
<tr><td>0.4</td><td rowspan="4">−0.07</td><td rowspan="6">—</td><td rowspan="3">−0.09</td><td rowspan="2">—</td><td colspan="2" rowspan="5">—</td><td rowspan="5">—</td><td rowspan="7">—</td></tr>
<tr><td>0.45</td></tr>
<tr><td>0.5</td><td>−0.09</td></tr>
<tr><td>0.6</td><td colspan="2" rowspan="3">−0.10</td></tr>
<tr><td>0.7</td><td rowspan="2">−0.08</td></tr>
<tr><td>0.8</td><td colspan="2">−0.12</td><td>−0.15</td></tr>
<tr><td>0.9</td><td rowspan="2">−0.09</td><td rowspan="2">−0.08</td><td colspan="2" rowspan="3">−0.12</td><td rowspan="3">−0.14</td><td>−0.12</td><td>−0.17</td></tr>
<tr><td>1.0</td><td>−0.14</td><td>−0.17</td><td rowspan="4">−0.18</td></tr>
<tr><td>1.1</td><td rowspan="4">−0.10</td><td rowspan="4">−0.09</td><td>−0.14</td><td rowspan="3">−0.18</td></tr>
<tr><td>1.2</td><td colspan="2">−0.14</td><td colspan="2" rowspan="2">−0.16</td></tr>
<tr><td>1.35</td><td>−0.14</td><td rowspan="4">−0.16</td></tr>
<tr><td>1.5</td><td rowspan="3">−0.16</td><td colspan="2" rowspan="3">−0.18</td><td colspan="2" rowspan="4">−0.21</td></tr>
<tr><td>1.65</td><td rowspan="5">−0.12</td><td rowspan="5">−0.10</td></tr>
<tr><td>1.8</td></tr>
<tr><td>2.0</td><td colspan="2" rowspan="2">−0.18</td><td colspan="2" rowspan="2">−0.20</td></tr>
<tr><td>2.25</td><td colspan="2" rowspan="4">−0.24</td></tr>
<tr><td>2.5</td><td colspan="2" rowspan="2">−0.21</td><td colspan="2" rowspan="2">−0.24</td></tr>
<tr><td>2.75</td><td rowspan="2">−0.14</td><td rowspan="4">−0.12</td></tr>
<tr><td>3.0</td><td colspan="2" rowspan="3">−0.24</td><td colspan="2" rowspan="3">−0.27</td></tr>
<tr><td>3.5</td><td>−0.16</td><td colspan="2" rowspan="2">−0.30</td></tr>
<tr><td>4.0</td><td>−0.18</td></tr>
</table>

附录 B　型钢的规格尺寸及重心距位置

附录 B-1　热轧等边角钢的规格尺寸及重心距位置（摘自 GB/T 706—2008）

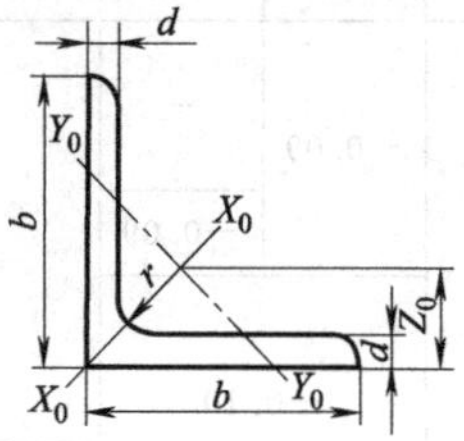

b——边宽度　　　r——内圆弧半径
d——边厚度　　　Z_0——重心距离

型号	尺寸/mm			Z_0/cm
	b	d	r	
2	20	3	3.5	0.6
		4		0.64
2.5	25	3		0.73
		4		0.76
3	30	3	4.5	0.85
		4		0.89
3.6	36	3		1.00
		4		1.04
		5		1.07
4	40	3	5	1.09
		4		1.13
		5		1.17
4.5	45	3		1.22
		4		1.26
		5		1.30
		6		1.33

续表

型号	尺寸/mm			Z_0/cm
	b	d	r	
5	50	3	5.5	1.34
		4		1.38
		5		1.42
		6		1.46
5.6	56	3	6	1.48
		4		1.53
		5		1.57
		6		1.68
6.3	63	4	7	1.70
		5		1.74
		6		1.78
		8		1.85
		10		1.92
7	70	4	8	1.86
		5		1.91
		6		1.95
		7		1.99
		8		2.03
(7.5)	75	5	9	2.04
		6		2.06
		7		2.11
		8		2.15
		10		2.22

续表

型号	尺寸/mm			Z_0/cm
	b	*d*	*r*	
8	80	5	9	2.15
		6		2.19
		7		2.23
		8		2.27
		10		2.35
9	90	6	10	2.44
		7		2.48
		8		2.52
		10		2.59
		12		2.67
10	100	6	12	2.67
		7		2.71
		8		2.76
		10		2.84
		12		2.91
		14		2.99
		16		3.06
11	110	7	12	2.96
		8		3.01
		10		3.09
		12		3.16
		14		3.24
12.5	125	8	14	3.37
		10		3.45
		12		3.53
		14		3.61

续表

型号	尺寸/mm			Z_0/cm
	b	d	r	
14	140	10	14	3.82
		12		3.90
		14		3.98
		16		4.06
16	160	10	16	4.31
		12		4.39
		14		4.47
		16		4.55
18	180	12		4.89
		14		4.97
		16		5.05
		18		5.13
20	200	14	18	5.46
		16		5.54
		18		5.62
		20		5.69
		24		5.87

附录 B-2 热轧不等边角钢的规格尺寸及重心距位置

(摘自 GB/T 706—2008)

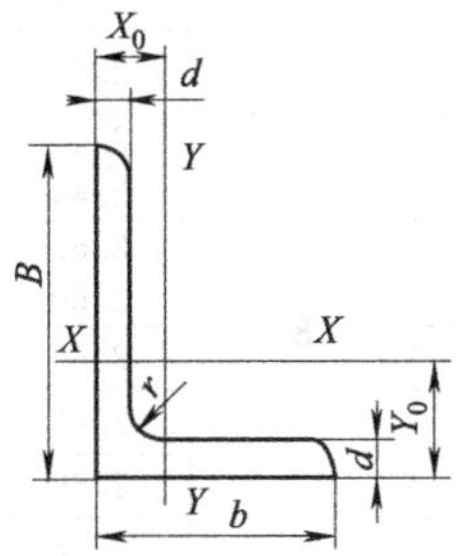

B——长边宽度
b——短边宽度
d——边厚度
r——内圆弧半径
Y_0——短边重心距离
X_0——长边重心距离

续表

型号	尺寸/mm				Y_0/cm	X_0/cm
	B	*b*	*d*	*r*		
2.5/1.6	25	16	3	3.5	0.86	0.42
			4		0.90	0.46
3.2/2	32	20	3		1.08	0.49
			4		1.12	0.53
4/2.5	40	25	3	4	0.59	1.32
			4		1.37	0.63
4.5/2.8	45	28	3	5	1.47	0.64
			4		1.51	0.68
5/3.2	50	32	3	5.5	1.60	0.73
			4		1.65	0.77
5.6/3.6	56	36	3	6	1.78	0.80
			4		1.82	0.85
			5		1.87	0.88
6.3/4	63	40	4	7	2.04	0.92
			5		2.08	0.95
			6		2.12	0.99
			7		2.15	1.03
7/4.5	70	45	4	7.5	2.24	1.02
			5		2.28	1.06
			6		2.32	1.09
			7		2.36	1.13
(7.5/5)	75	50	5	8	2.40	1.17
			6		2.44	1.21
			8		2.52	1.29
			10		2.60	1.36
8/5	80	50	5		2.60	1.14
			6		2.65	1.18
			7		2.69	1.21
			8		2.73	1.25

续表

型号	尺寸/mm				Y_0/cm	X_0/cm
	B	b	d	r		
9/5.6	90	56	5	9	2.91	1.25
			6		2.95	1.29
			7		3.00	1.33
			8		3.04	1.36
10/6.3	100	63	6	10	3.24	1.43
			7		3.28	1.47
			8		3.32	1.50
			10		3.40	1.58
10/8	100	80	6		2.95	1.97
			7		3.00	2.01
			8		3.04	2.05
			10		3.12	2.13
11/7	110	70	6		3.53	1.57
			7		3.57	1.61
			8		3.62	1.65
			10		3.70	1.72
12.5/8	125	80	7	11	4.01	1.80
			8		4.06	1.84
			10		4.14	1.92
			12		4.22	2.00
14/9	140	90	8	12	4.50	2.04
			10		4.58	2.12
			12		4.66	2.19
			14		4.74	2.27

续表

型号	尺寸/mm				Y_0/cm	X_0/cm
	B	b	d	r		
16/10	160	100	10	13	5.24	2.28
			12		5.32	2.36
			14		5.40	2.43
			16		5.48	2.51
18/11	180	110	10	14	5.89	2.44
			12		5.98	2.52
			14		6.06	2.59
			16		6.14	2.67
20/12.5	200	125	10		6.54	2.83
			12		6.62	2.91
			14		6.70	2.99
			16		6.78	3.06

附录 B-3 热轧普通槽钢的规格尺寸及重心距位置（摘自 GB/T 706—2008）

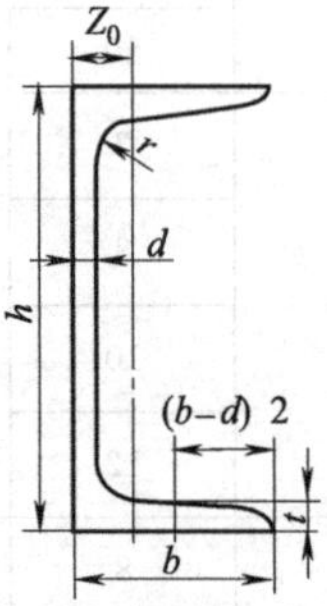

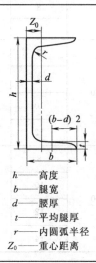

h——高度
b——腿宽
d——腰厚
t——平均腿厚
r——内圆弧半径
Z_0——重心距离

续表

型号	尺寸/mm					Z_0/cm
	h	b	d	t	r	
5	50	37	4.5	7	7.0	1.35
6.3	63	40	4.8	7.5	7.5	1.36
8	80	43	5.0	8.0	8.0	1.43
10	100	48	5.3	8.5	8.5	1.52
12.6	126	53	5.5	9.0	9.0	1.59
14a	140	58	6.0	9.5	9.5	1.71
14b	140	60	8.0	9.5	9.5	1.67
16a	160	63	6.5	10.0	10.	1.80
16	160	65	8.5	10.0	10.0	1.75
18a	180	68	7.0	10.5	10.5	1.88
18	180	70	9.0	10.5	10.5	1.84
20a	200	73	7.0	11.0	11.0	2.01
20	200	75	9	11.0	11.0	1.95
22a	220	77	7	11.5	11.5	2.10
22	220	79	9.0	11.5	11.5	2.03
24a	240	78	7.0	12.0	12.0	2.10
24b	240	80	9.0	12.0	12.0	2.03
24c	240	82	11.0	12.0	12.0	2.00
25a	250	78	7.0	12.0	12.0	2.065
25b	250	80	9.0	12.0	12.0	1.98
25c	250	82	11	12	12	1.92
28a	280	82	7.5	12.5	12.5	2.10
28b	280	84	9.5	12.5	12.5	2.02
28c	280	86	11.5	12.5	12.5	1.95
32a	320	88	8	14	14	2.24
32b	320	90	10	14	14	2.16

续表

型号	尺寸/mm					Z_0/cm
	h	*b*	*d*	*t*	*r*	
32c	320	92	12	14	14	2.09
36a	360	96	9	16	16	2.44
36b	360	98	11	16	16	2.37
36c	360	100	13	16	16	2.34
40a	400	100	10.5	18	18	2.49
40b	400	102	12.5	18	18	2.44
40c	400	104	14.5	18	18	2.42

附录 B-4 热轧普通工字钢的规格尺寸及重心距位置（摘自 GB/T 706—2008）

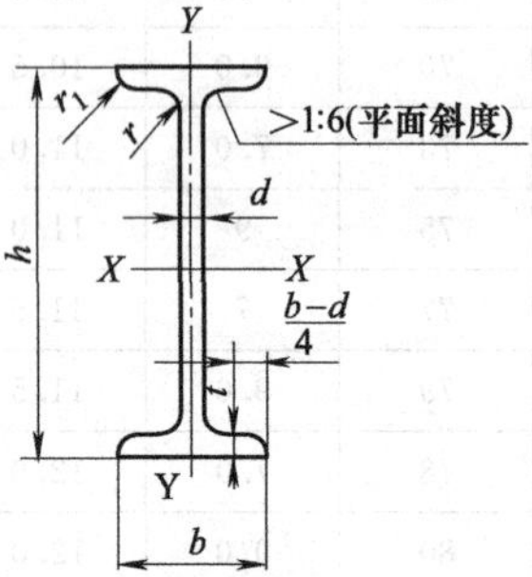

h——高度
b——腿宽
d——腰厚
t——平均腿厚
r——内圆弧半径
r_1——腿端圆弧半径
$\frac{b-d}{4}$——腿内斜平面宽度

型号	尺寸/mm			
	高度 *h*	腿宽 *b*	腰厚 *d*	平均腿厚 *t*
10	100	68	4.5	7.6
12.6	126	74	5.0	8.4

续表

型号	尺寸/mm			
	高度 h	腿宽 b	腰厚 d	平均腿厚 t
14	140	80	5.5	9.1
16	160	88	6.0	9.9
18	180	94	6.5	10.7
20a	200	100	7.0	11.4
20b	200	102	9.0	11.4
22a	220	110	7.5	12.3
22b	220	112	9.5	12.3
25a	250	116	8.0	13.0
25b	250	118	10.0	13.0
28a	280	122	8.5	13.7
28b	280	124	10.5	13.7
32a	320	130	9.5	15.0
32b	320	132	11.5	15.0
32c	320	134	13.5	15.0
36a	360	136	10.0	15.8
36b	360	138	12.0	15.8
36c	360	140	14.0	15.8
40a	400	142	10.5	16.5
40b	400	144	12.5	16.5
40c	400	146	14.5	16.5
45a	450	150	11.5	18.0
45b	450	152	13.5	18.0
45c	450	154	15.5	18.0
50a	500	158	12.0	20.0
50b	500	160	14.0	20.0
50c	500	162	16.0	20.0

续表

型号	尺寸/mm			
	高度 *h*	腿宽 *b*	腰厚 *d*	平均腿厚 *t*
56a	560	166	12.5	21.0
56b	560	168	14.5	21.0
56c	560	170	16.5	21.0
63a	630	176	13.0	22.0
63b	630	178	15.0	22.0
63c	630	180	17.0	22.0
12①	120	74	5.0	8.4
24a①	240	116	8.0	13.0
24b①	240	118	10.0	13.0
27a①	270	122	8.5	13.7
27b①	270	124	10.5	13.7
30a①	300	126	9.0	14.4
30b①	300	128	11.0	14.4
30c①	300	130	13.0	14.4
55a①	550	168	12.5	21.0
55b①	550	168	14.5	21.0
55c①	550	170	16.5	21.0

注：1. 所列工字钢的型号后带①者不推荐使用，经双方协议可以供应。

2. 型号10～18工字钢的长度为5～19m；型号20～63工字钢的长度为6～19m。不大于8m者长度允许偏差为＋40mm，大于8m者长度允许偏差为＋80mm。

3. 工字钢的重心在其截面的几何中心。

参 考 文 献

[1] 钟翔山等. 冲压工速成与提高. 北京：机械工业出版社，2010.

[2] 钟翔山等. 冲压工操作质量保证指南. 北京：机械工业出版社，2011.

[3] 钟翔山等. 冷作钣金工实用技能. 北京：金盾出版社，2011.

[4] 陈忠民主编. 钣金工操作技法与实例. 上海：上海科学技术出版社，2009.

[5] 王孝培主编. 实用冲压技术手册. 北京：机械工业出版社，2001.

[6] 李占文主编. 钣金工操作技术. 北京：化学工业出版社，2009.

[7] 杨国良主编. 冷作钣金工. 北京：中国劳动社会保障出版社，2001.

[8] 许超主编. 高级钣金工技术与实例. 南京：江苏科学技术出版社，2009.

[9] 王爱珍主编. 钣金技术手册. 郑州：河南科学技术出版社，2007.

[10] 吴洁等. 冷作钣金工实际操作手册. 沈阳：辽宁科学技术出版社，2006.

[11] 夏巨谌等. 实用钣金工. 北京：机械工业出版社，2002.

[12] 周义主编. 钳工技能. 北京：航空工业出版社，2008.